수의조직학 7판

Dellmann's Textbook of Veterinary Histology

Marxa L Figueiredo
John J. Turek
| 한국수의조직학교수협의회 |

범문에듀케이션

This is a translation of **Dellmann's Textbook of Veterinary Histology, 7th Edition(9781394196678) by Marxa L. Figueiredo and John J. Turek.**

Translated version ISBN : 979-11-5943-543-0
Publication Date in Korea : February 26, 2026

H.-Dieter Dellmann, Docteur-Vétérinaire, Habil.

옮긴이 머리말

Foreword

이 책의 원본인 『Dellmann's Textbook of Veterinary Histology(Seventh edition, 2025)』는 미국의 Marxa L. Figueiredo 교수와 John J. Turek 교수가 대표 저자로 미국과 유럽의 수의조직학 교수가 참여하여(총 15명) 함께 집필한 책으로 현재 미국을 비롯하여 세계 각국의 수의과대학에서 교재로 사용하고 있다. 1976년 첫째 판이 간행된 이래 50여 년 동안 세계 각국에서 한국어를 비롯한 6개 국어로 번역되었다. 집필진의 구성도 대부분 미국이나 스위스, 노르웨이, 브라질 등 4개국의 저명한 교수로 구성되었다. 이번 개정판은 지난 2006년 이후 19년 만의 개정으로 중요한 내용이 보완되어 기초수의학 발전에 많은 도움을 주고 있다. 수의조직학 지식을 익히는 수의과대학 학생은 물론 비교해부학 지식을 습득하고자 하는 관련 분야 학자에게도 좋은 참고도서라고 생각한다. 이 책의 둘째 판(1980)은 1983년 처음으로 '동물조직학'이라는 이름으로 번역을 시작한 이래 장의 구성은 거의 동일하나 내용과 구성이 많이 개선되었다. 제6판 이전 교재 번역에 참여하셨던 각 대학 명예교수님(이준섭 교수, 곽수동 교수, 이재현 교수, 김무강 교수, 양홍현 교수, 강종구 교수, 장병준 교수, 윤여성 교수, 김대중 교수)과 한국수의조직학교수협의회 모든 교수께도 감사드린다. 수의조직학 교재 제6판은 2009년 이후 총 다섯 번의 개정을 통하여 용어의 정확성과 번역의 오류를 수정하고자 노력하였다. 『가축해부학용어(1993, 정문각)』 이후 20년 만에 『우리말 수의해부학용어(2013, 고려의학)』가 출간되었다. 의학용어는 최근 대한의사협회에서 발행한 '의학용어집(2020)'을 참고하였으며, 조직학 용어집인 『Terminologia Histologica(FICAT, 2008)』와 『Nomina Veterinaria Histologica(WAVA, 2017)』, 『수의학용어집 제3판(2024, 농림축산검역본부)』을 참고하였다. 현재 대한해부학회 용어위원회와 한국수의해부학회 용어위원회에서 최신의 용어 다듬기를 최대한 반영하였다. 우리나라 수의과대학 학생과 조직학을 연구하는 관련 분야 전공자에게도 많은 도움이 되기를 바란다. 또한 수의학 분야 교재 출간에 새로운 장을 열게 된 협의회 모든 교수님께 깊은 감사의 마음을 전한다. 이번 일곱째판 수의조직학 교재를 단시간 내에 번역을 하는 데 흔쾌히 감수를 맡아주신 윤여성 명예교수님과 장병준 명예교수님께 깊이 감사의 마음을 전한다. 어려운 여건에도 불구하고 매번 이 책의 출판을 위하여 도움을 주신 범문에듀케이션 유성권 사장님과 외서 출판을 담당하신 임직원에게도 진심으로 사의를 표하는 바이다.

2026년 2월

한국수의조직학교수협의회

지은이 머리말

Preface

수의조직학 교과서 제7판의 출간은 H.-디터 델만(H.-Dieter Dellmann)과 에스더 M. 브라운(Esther M. Brown)이 1976년 수의대생, 조직학 강사, 그리고 생물학자에게 이 책을 처음 선보인 지 거의 반세기가 되었다. 델만 박사는 이 책을 다섯 번의 영어판으로 이어갔다. 또한, 해외 수의대생을 위해 스페인어, 일본어, 이탈리아어, 인도네시아어, 포르투갈어, 그리고 한국어판으로 재출간되었다. 델만 박사의 수의조직학에 대한 헌신과 공헌은 다양한 편집진에 의해 그 이후로 계승되어 왔으며, 그의 이름은 이번 개정판의 제목에 새겨져 있다.

이 교과서의 최신판은 수의대생뿐만 아니라 대학원생 및 수의학 관련 분야에서 수련하는 기타 조직학자를 위한 교육 도구로 각색되었다. 이번 판의 텍스트와 이미지는 출판 당시 이용 가능한 최신 정보를 바탕으로 보강되었다.

델만 박사의 은퇴로 J. A. Eurell 박사와 B. Frappier 박사가 6판 편집에 참여해 주셨다. 그들의 뛰어난 기여에 감사드리며, 그중 상당수는 7판에도 그대로 유지되었다. 또한 이번 판에 참여하지 않았지만 6판 제작에 기여해 주신 분들께도 감사드린다. 그들의 노고에 매우 감사하며, 저희의 업데이트에 많은 도움이 되었다. 7판에서 각 장이 업데이트된 이전 기여자들은 다음과 같다(기여자 명단은 생략). 이들의 매우 다양한 전문 지식 덕분에 이 프로젝트가 가능했다. 퍼듀 대학교 편집진은 로리 재거 박사님께 전문적인 조언을 주시고, 편집팀이 7판을 완성할 수 있도록 지원해 주신 데 대해 깊은 감사를 표한다.

최근 델만 박사님께서 2023년 가을에 별세하셨다는 소식을 접했다. 델만 박사는 1954년 프랑스 알포르 국립수의학교(École Nationale Vétérinaire d'Alfort)에서 수의학사 학위를 받았다. 이후 1961년 독일 뮌헨 루트비히-막시밀리안 대학교(Ludwig-Maximilians University)에서 대학원 과정을 마치고 수의학박사 학위를 받았다. 그는 아이오와 주립대학교에서 21년 넘게 수의해부학과 현미경해부학을 가르쳤다. 그는 클라랑스 할리 코볼트(Clarence Harley Covault) 석좌교수로 임명되었으며, 프랑스 국립수의학아카데미(French National Academy of Veterinary Medicine)의 선출 회원이기도 했다. 베토벤의 오페라 피델리오에 나오는 아리아에서 델만 박사가 가장 좋아하는 구절은 "나는 의무를 다했다"였다고 한다. 이는 사실이며, 그는 수의학에 큰 공헌을 한 매우 존경받는 조직학자로 남을 것이다. 우리는 그에게 경의를 표하며, 이 분야에 기여한 모든 것에 감사드린다. 그는 조직학계에서 영원히 그리워할 것이다.

또한, 편집팀의 일원으로 함께할 예정이었던 친애하는 동료 러셀 P. 메인 박사의 부재로 아쉽게도 이 작업을 마무리하게 되었다. 메인 박사의 연구는 주요 네발동물 그룹의 비교 골격 역학, 골조직 형태학, 그리고 성장에 중점을 두었다. 그는 2011년부터 2023년까지 퍼듀 대학교 수의과대학과 웰던 생체공학대학에서 교수로 재직했다. 메인 박사는 헌신적인 과학자, 교사, 그리고 멘토로서 끊임없이 헌신했다. 퍼듀대학교 조직학계와 그 너머의 모든 사람이 그를 그리워할 것이다.

마지막으로, 6판에 기여해 주신 W. E. Haensly 박사와 J. Eurell 박사에게 깊은 감사를 드린다. 두 분께서 보여주신 수많은 훌륭한 이미지 중 상당 부분은 7판에 그대로 보존되었다.

앞으로 수년간 수의학 관련 분야에서 활동할 수 있는 수의대생, 대학원생, 그리고 조직학자에게 이 업데이트된 자료를 제공하게 되어 기쁘다.

Marxa L. Figueiredo,
John J. Turek
West Lafayette, Indiana

집필진
Contributors

Elikplimi K. Asem, DVM, PhD
Professor
Department of Basic Medical Sciences
Purdue University College of Veterinary Medicine
West Lafayette, Indiana

Estela Bevilacqua, PhD
Professor
Lab for Maternal–Fetal Interactions and Placenta Research
Department of Cellular and Developmental Biology
Institute of Biomedical Sciences
University of São Paulo
São Paulo, SP, Brazil

Ji-Ming Feng, PhD
Associate Professor
Department of Comparative Biomedical Sciences
School of Veterinary Medicine
Louisiana State University
Baton Rouge, Louisiana

Marxa L. Figueiredo, PhD
Associate Professor
Department of Basic Medical Sciences
Purdue University College of Veterinary Medicine
West Lafayette, Indiana

Carlos E. Fonseca Alves, DVM, MSc, PhD
Associate Professor, Universidade Paulista-UNIP, Bauru
Laboratory of Cancer Immunopathology and Biology
Department of Veterinary Surgery and Anesthesiology and
School of Veterinary Medicine and Animal Science
São Paulo State University-UNESP
Botucatu, SP, Brazil

Karl Klisch, PhD
Division of Veterinary Anatomy
Vetsuisse Faculty
Länggass-Strasse 120
University of Bern
Bern, Switzerland

Craig McGowan, PhD
Associate Professor
Department of Clinical Integrative Anatomical Sciences
Keck School of Medicine
University of Southern California
Los Angeles, California

Joanne B. Messick, VMD, PhD, Dip. ACVP
Professor
Department of Comparative Pathobiology
Purdue University College of Veterinary Medicine
West Lafayette, Indiana

Nancy A. Monteiro-Riviere, PhD, ATS
Distinguished University Professor Emeritus and
Regents Distinguished Professor of Toxicology
Kansas State University, Manhattan, Kansas

and

Professor Emeritus of Investigative Dermatology and
Toxicology
Center for Chemical Toxicology Research
North Carolina State University
Raleigh, North Carolina

Olalekan M. Ogundele, PhD
Associate Professor
Anatomy and Neuroscience
Department of Comparative Biomedical Sciences
School of Veterinary Medicine
Louisiana State University
Baton Rouge, Louisiana

Cornelia W. Peterson, DVM, PhD, DACVP
Assistant Professor of Anatomic Pathology
Department of Comparative Pathobiology
Tufts University Cummings School of Veterinary Medicine
North Grafton, Massachusetts

Charles G. Plopper, PhD
Professor Emeritus
Department of Anatomy
Physiology and Cell Biology
School of Veterinary Medicine
University of California
Davis, California

Christopher Premanandan, DVM, PhD, DACVP, DACT
Professor
Department of Veterinary Biosciences
The Ohio State University
Columbus, Ohio

Charles McLean Press, BSc (Vet.), BVSc, PhD
Professor
Department of Preclinical Sciences and Pathology
Faculty of Veterinary Medicine
Norwegian University of Life Sciences
Ås, Norway

John J. Turek, PhD
Professor
Department of Basic Medical Sciences
Purdue University College of Veterinary Medicine
West Lafayette, Indiana

차례

Contents

CHAPTER 01

세포학

Cytology

제1절 일반 개요 *General Overview*

세포(cell)란 생물체를 구성하는 가장 작은 단위이며 모든 살아 있는 물질, 즉 **원형질(protoplasm)**은 세포로 구성된다. 세포는 복제할 수 있고 무생물(inanimate matter)로부터 에너지를 만드는 독특한 능력을 가지며, 이는 생명 그 자체의 특성이다. 살아있는 많은 생물체는 홑세포(하나의 세포)로 구성되나, 고등생물은 흡수(absorption), 소화(digestion), 배설(excretion)과 같은 다양한 기능에 맞게 특수화된 여러 종류의 세포로 구성된다.

세균과 같은 **원시원핵세포(primitive prokaryotic cell)**는 생명과정에 필요한 분자 조직화(organization)가 거의 되어 있지 않다. 반면 **진핵생물(eukaryotic organism)**에서는 유전물질이 핵(nucleus, karyon) 내에서 조직화되었으며, 다양한 여러 과정은 막으로 둘러싸인 **세포소기관(organelle)** 안에서 국한되어 일어난다. 이러한 기능의 **구획화(compartmentation)**는 여러 생화학적 경로의 무질서한 혼란을 방지하며 보다 정교한 세포기능을 가능하게 한다. 이러한 구획화는 또한 막으로 구분된 분자를 적절한 목적지로 순차적으로 전달함으로써 세포의 크기를 증가시킬 수 있도록 한다. 따라서 세균은 단지 1~5 μm의 크기이지만, 대부분 진핵세포는 5~50 μm 정도이다.

진핵세포(eukaryotic cell)의 구조와 기능은 막과 막에 의해 둘러싸인 구조에 의해 결정된다. 세포 자체는 **세포막(cell membrane)**에 의해 둘러싸여 있다. **세포질(cytoplasm)**은 반점성 액체, 즉 **세포질액(cytosol)** 안에 갇혀 있는 세포소기관(organelle), 세포포함물(inclusion), 세포뼈대성분(cytoskeletal component)으로 구성된다(그림 1-1). 세포의 구조적 요소를 연구하는 학문을 **세포학(cytology)**이라 하며, 조직과 장기를 형성하는 세포의 통합(integration)을 연구하는 학문을 **조직학(histology)**이라고 한다. 이러한 세포통합은 세포 자체, **세포바깥바탕질(extracellular matrix, ECM)**, **조직액(tissue fluid)**의 세 가지 다른 구성요소를 포함한다. 세포바깥바탕질(ECM)의 구성요소는 세포에 의해 합성되며, 조직에 따라 다른 비율로 존재한다. 조직액은 영양분, 호르몬, 기체와

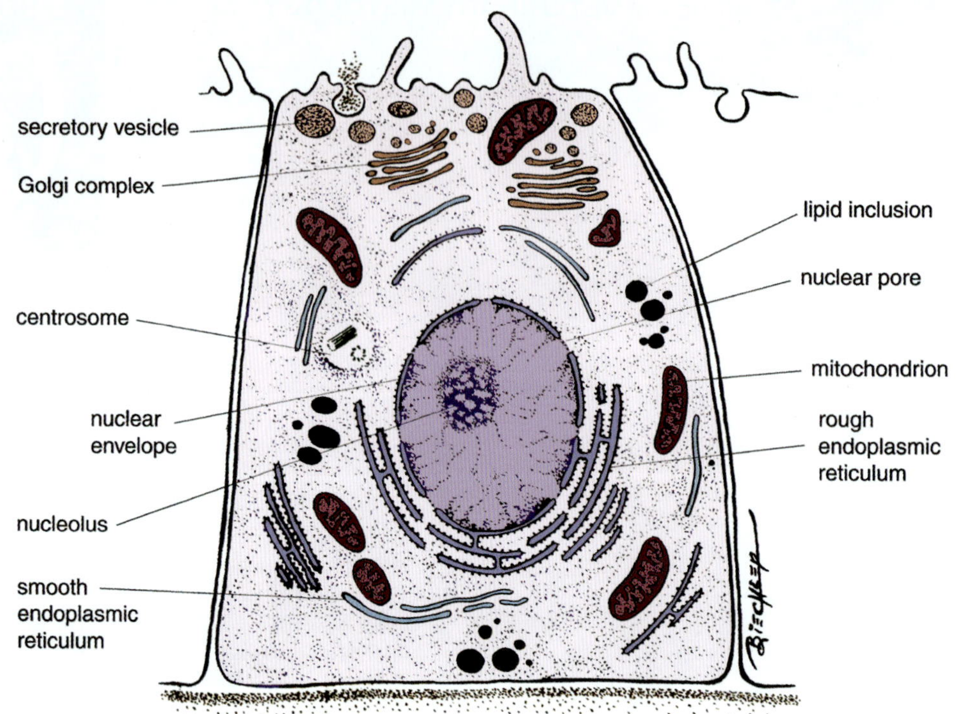

그림 1-1 • 상피세포의 일반적 구조의 도해.

폐기산물을 세포 안팎으로 수송한다.

광학현미경을 사용하면 세포의 많은 부분을 연구할 수 있으며, 최대 1,000~1,500배의 배율에서 지름 0.2 μm 이하의 구조물을 구분할 수 있는 최고의 분해능(resolution)을 제공한다. 그러나 많은 세포 구조는 크기가 더 작아 전자현미경을 사용해야 하는데, 전자현미경은 훨씬 더 좋은 분해능(0.1 nm까지)과 더 높은 배율(최대 400,000배)을 제공한다.

대부분의 경우, 광학현미경이나 전자현미경에서 세포와 조직의 대조(contrast)를 증가시키기 위하여 염색이 필요하다. 광학현미경을 위한 일반적인 염색은 핵을 푸른색으로 염색하는 헤마톡실린(hematoxylin)과 세포질을 분홍색으로 염색하는 에오신(eosin)의 혼합염색이다. 음성분자군은 헤마톡실린의 유도체와 같은 양전하염료(염기성염료, basic dye)와 결합하고, 이렇게 염색된 구조물은 **호염기성(basophilic)**이라고 한다. 이와는 반대로, 염기성 성분(예, 성숙적혈구의 혈색소)은 에오신과 같은 음전하염료(산성염료, acidic dye)와 결합하게 되며 이런 염색성을 **호산성(acidophilic)**이라고 한다. 전자를 흡수하는 중금속이온은 전자현미경 관찰을 위한 염색에 활용된다. 이러한 염색은 화학적 특이성은 거의 없지만 세포 구조와 대조(contrast)되는 특징을 보인다. 이와는 대조적으로, 조직화학(histochemistry)은 광학 또는 전자현미경으로 검출 가능한 표지가 부착된 항체를 사용하여 특정 분자의 위치를 알 수 있다(면역조직화학, immunohistochemistry). 항체는 형광현미경(fluorescence microscope)으로 관찰하기 위해 형광염료로 표지되는 경우가 많다. 효소조직화학(enzyme histochemistry)은 효소 활성부위에 침착되는 유색 또는 전자밀도가 높은 반응물을 생산하는 효소기질(enzyme substrate)을 활용하는 것이다. 살아있는 세포에 대한 연구는 다른 세포 구성요소에 대조(contrast)를 제공하는 위상차현미경(phase contrast microscope)과 같은 특수광학기법이 사용된다. 살아있는 세포 또한 생체염료(vital dye)를 이용하여 유전자 조작으로 살아있는 세포에 의해 발현되는 형광단백질을 염색하여 관찰할 수 있다.

제2절 | 세포막 *Cell Membrane*

세포막(형질막, **cell membrane**, plasmalemma)은 세포를 둘러싸고, 주위환경과 접촉영역을 형성한다. 세포 내부환경은 항상 일정하게 유지되어야 하므로, 세포막은 이온, 물, 산소, 이산화탄소, 영양분, 분비물과 배출물의 능동수송과 수동수송에 관여한다. 세포막은 또한 신호전달, 인식(recognition)에 참여할 뿐 아니라, 세포의 주위구조 부착에 관여한다. 이 구조는 모든 생체막이 동일한 구조를 공유한다는 이론에 기초하여 종종 **단위막(unit membrane)**이라 한다.

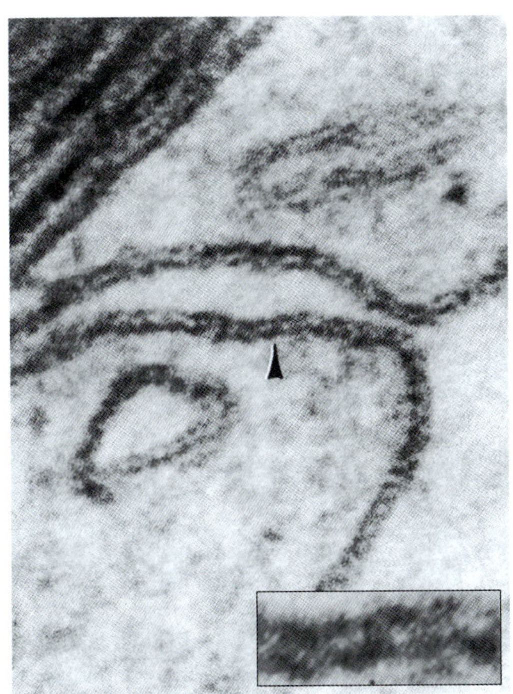

그림 1-2 • 말이집을 형성하는 신경집세포의 축삭간막에서 세포막(화살표머리)의 전자현미경사진과 세겹막 구조를 보여주는 도해(오른쪽 아래). (×415,000).

세포막의 두께는 8~10 nm이며, 전자현미경에서 특징적인 세겹막구조(trilaminar structure)를 가진다(그림 1-2). 세 층의 판구조는 바깥전자치밀판, 속전자치밀판(outer and inner electron-dense lamina)과 이 두 층을 나누는 전자밀도가 낮은 투명판(electron-lucent layer)으로 구성된다. 생화학적으로 세포막은 친수성 머리(hydrophilic head)와 소수성 꼬리(hydrophobic tail)로 된 두 개의 **인지질층(phospholipid)**으로 구성된다. 인지질층은 소수성 꼬리가 서로 마주하는 형태로 세포막에서 두 층(bilayer)을 형성하고 있다. 따라서 바깥쪽의 친수성 머리는 세포의 바깥면과 마주하게 되며, 반면에 안쪽의 소수성 꼬리는 세포질과 면하게 된다(그림 1-3). 인지질의 이러한 배열은 세겹막구조와 연관이 있다. 전자치밀판(electron-dense laminae)은 극성머리(polar head)와 관련 단백질로 구성되며, 전자투명판(electron-lucent layer)을 형성하는 소수성 꼬리로 되어 있다. 이러한 세포막 두 층(bilayer)은 세포막 유동성과 안정성 유지에 도움이 되는 콜레스테롤과 같은 지질과, 세포 인식(recognition)과 신호전달에 중요한 역할을 하는 탄수화물을 함유한 당지질을 포함한다.

세포막 관련 단백질은 인지질 이중층에 삽입되어 있거나(**통합막단백질, integral membrane protein**), 인지질층의 속면 또는 바깥면에 부착되어 있다(**주위단백질, peripheral protein**). **막통과단백질(transmembrane protein)**은 지질이중층 전체를 가로지르는 통합막단백질이다. 막통과단백질에 의해 유동성모자이크(fluid mosaic)가 만들어지며, 이는 지질이중층의 가쪽면으로 확산될 수 있다. 그러나, 단백질 확산은 세포뼈대 성분(cytoskeleton component), 세포이음(cell junction), 지방뗏목이라고 하는 특수한 막의 하부구조에 의해 종종 제한된다(often restricted). **지방뗏목(lipid raft)**은 콜레스테롤과 스핑고지질(sphingolipid)이 고농도로 존재하는 영역으로, 지질이중층의 유동성을 감소시킨다. 일부 지방뗏목은 카베올린(caveolin)이라는 단백질이 포함되어 있는데, 이는 막을 배모양 함입(pear-shaped invagination)으로 재편성하는 데 도움을 주며, 이를 **작은움(caveolae)**이라고 한다. 이 작은움은 다양한 세포 과정에 참여하며, 알부민, 폴산(folic acid), 알칼리성인산염분해효소(alkaline phosphatase)와 같은 특정 리간드가 작은움을 통해 세포 내로 흡수된다. 또한, 작은움은 폴리오마바이러스(polyoma virus)와 1형 섬모형 대장균(type 1 fimbriated bacteria, strains of *Escherichia coli*)과 같은 병원균의 세포 유입 경로이기도 하다.

일부 통합막단백질은 올리고당(oligosaccharide)과 결합하여 당단백질을 형성하고, 다른 단백질은 더 큰 다당류(polysaccharide)인 글리코사미노글리칸(glycosaminoglycans, GAGs)과 결합하여 프로테오글리칸(proteoglycan)을 형성한다. 올리고당과 글리코사미노글리칸은 모두 세포막의 바깥면에 존재한다. 당지질(glycolipid)의 탄수화물 부분과 함께, 이들은 탄수화물이 풍부한 세포외피(carbohydrate-rich external cell coat)인 **당질층(glycocalyx)**을 형성한다. 당질층은 세포인식, 신호전달, 그리고 기계적 보호와 관련된 여러 중

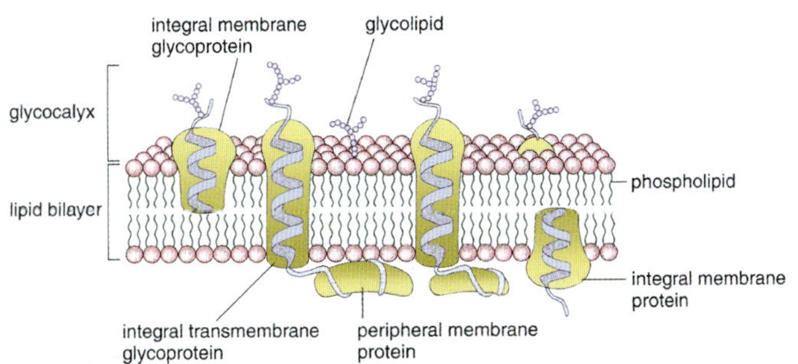

그림 1-3 • 세포막 구조의 도해.

요한 기능에 관여한다. 혈액그룹항원(blood group antigen)은 혈액 세포의 당질층의 일부이다. 당질층은 PAS(과아이오딘산시프, periodic acid Schiff)법과 같은 조직화학염색법이나 특정 탄수화물 구조에 결합하는 단백질에 표지된 렉틴(lectin)을 이용하여 시각화할 수 있다. 세포막은 막단백질(membrane protein), 당질층, 그리고 인지질(phospholipid)이 비대칭적이다. 이러한 비대칭성은 세포 신호전달, 막수송, 그리고 세포사이 상호작용을 포함한 다양한 세포활동(cellular process)에 필수적이다.

일부 **막통과단백질(transmembrane protein)**은 세포사이(cell-to-cell) 또는 세포와 바탕질(cell-to-matrix)에서 상호작용(interaction)에 관여하며, 다른 막통과단백질은 세포막을 통하여 이온, 포도당과 같은 물질을 이동시키기 위한 운반체(carrier) 또는 통로(channel)를 형성한다. 또 다른 막통과단백질은 세포 밖으로부터 안으로 신호를 전달하는 **수용체(receptor)**를 형성한다. 스테로이드호르몬과 같은 특정 호르몬은 세포막을 직접 통과하여 세포속수용체(intracellular receptor)와 직접 결합한다. 성장인자(growth factor), 신경전달물질(neurotransmitter) 같은 대부분 호르몬은 세포막을 통과하기에 너무 크거나 친수성이 높기 때문에 수용체와 같은 막통과단백질을 이용한다. 이러한 분자는 수용체의 세포바깥부분과 결합하면 cAMP(cyclic adenosine monophosphate)와 같은 소위 **이차전령(secondary messenger)**의 세포속활성을 일으킨다. 이차전령은 세포 속에 있는 분자로 세포바깥신호를 세포안으로 전달하여 일련의 세포반응을 유발한다.

제3절 | 핵 *Nucleus*

핵(**nucleus**)의 형태, 구조, 위치는 세포형태에 따라 상당히 다양하며, 이러한 특징은 세포를 구별하는 데 유용하다. 예를 들면 림프구는 둥근 핵(round nucleus)을 가지는 반면, 과립백혈구는 분엽핵(lobulated nucleus)을 가지고 있다. 핵은 대부분 세포에서 중심에 위치하지만, 지방세포와 뼈대근육세포의 경우처럼 주변부에 위치하기도 한다. 대부분의 세포는 하나의 핵을 가지지만 뼈파괴세포(osteoclast)와 같은 몇몇 세포는 여러 개의 핵을 가진다. 뭇핵세포(multinucleated cell)는 홑핵세포의 융합이나 불완전한 세포분열에 의해 발생할 수 있다. 포유동물의 성숙적혈구는 핵을 가지고 있지 않다.

1. 핵껍질 Nuclear Envelope

핵은 **핵껍질(nuclear envelope)**에 의해 둘러싸여 있으며, 핵

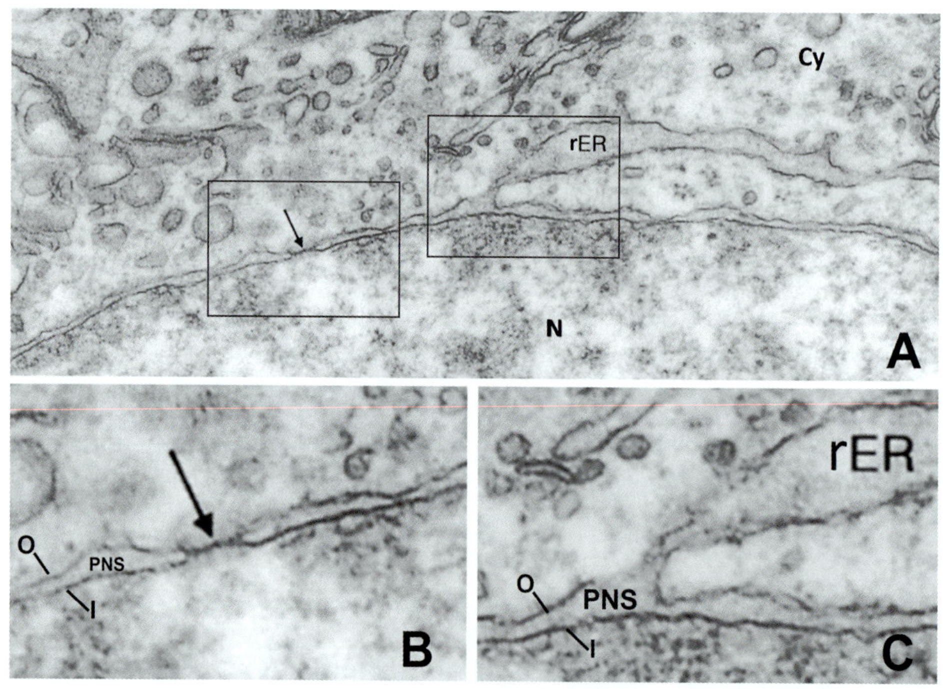

그림 1-4 • **A.** 신경뇌하수체 신경아교세포의 핵(N)과 세포질(Cy) 일부의 전자현미경사진. (×67,000). **B.** 핵구멍(화살표)으로 뚫려있는 핵껍질은 좁은 핵주위공간(핵막사이공간, perinuclear space, PNS)으로 분리된 이중단위막으로 구성되어 있다. **C.** 속핵막(I)과 바깥핵막(O) 사이의 핵주위공간(PNS)은 과립세포질그물의 수조(cisterna)와 연결되어 있다.

껍질은 핵과 세포질 사이의 물질 이동을 조절하는 핵구멍(nuclear pore)을 가지고 있다. 핵껍질은 25~70 nm의 좁은 **핵주위공간(perinuclear space)**으로 분리된 두 개의 단위막(unit membrane)으로 구성된다(그림 1-4). 바깥핵막(outer membrane)은 종종 리보소체(ribosome)가 부착되어 있고 과립세포질그물(rough endoplasmic reticulum, rER)과 연속되기도 한다. 속핵막(inner membrane)의 안쪽에는 **핵판(섬유판, nuclear lamina, fibrous lamina)**이 있다. 핵판은 **라민(lamin)**이라는 특수한 중간잔섬유(intermediate filament)가 얽혀 있는 그물망이며, 핵에 기계적 강도를 제공한다. 고리 **핵구멍**(circular **nuclear pore**)이 핵껍질 전체에 일정한 간격으로 위치한다.

물질은 이 핵구멍을 통하여 이동하는데, 핵구멍복합체(nuclear pore complex) 단백질에 의해 엄격하게 조절된다. 작은 분자와 이온(ion)은 확산에 의해 핵구멍을 통과할 수 있지만, 크기가 11 nm 이상의 큰 분자(예, 단백질)는 선택적인 운반과정을 통하여 왕복이동(shuttle) 할 수 있다. 운반될 거대분자 신호서열(signal sequence)은 핵구멍복합체의 수용체에서 인식되어야 한다. 핵과 세포질 사이 거대분자의 양방향 이동은 특정 단백질 그룹에 의해 매개된다: ① 핵에서 세포질로 거대분자(예, ribonucleic acid, RNA)를 운반하는 **엑스포틴(exportin)**과 ② 세포질에서 핵으로 물질(예, 리보소체 단백질 소단위)을 운반하는 **임포틴(importin)**. 이런 방식으로 단백질 합성은 세포질로 제한되는 반면, 핵은 전구체 전령리보핵산(precursor mRNA)을 처리하고 정제할(refine) 수 있으며, 처리 중에 단백질로 유전자암호해독(translation) 위험이 없다(예, 비코딩 인트론 부분을 제거하기 위한 전구체 mRNA의 대체 이어붙이기).

2. 염색질과 염색체 Chromatin and Chromosome

염색질(chromatin)은 단백질과 결합된 DNA(deoxyribonucleic acid)이며, 염기성 **히스톤(histone)**은 양적으로 가장 중요한 부분을 형성하며, 염색질 포장(packing)에 관여한다. 비히스톤단백질(nonhistone protein)은 염색질의 포장과 보호에 관여하거나 DNA의 복제, 전사, 수복(repair)을 조절하는 데 참여한다.

헤마톡실린이나 다른 염기성염료에 의해 염색된 시료에서, 핵은 **뭉친염색질(heterochromatin)**로서 진하게 염색되는 부위를 가지고 있다. 뭉친염색질은 핵판에 부착되어 핵의 주변부에서 종종 관찰되며, 농축 DNA로 구성된다. 또한 핵은 꼬이지 않은 DNA인 **퍼진염색질(euchromatin)**을 포함하며, RNA로의 전사(transcription) 시에 볼 수 있다. 전자현미경에서 뭉친염색질은 전자밀도가 높은 과립의 덩어리로 관찰되는 반면 퍼진염색질은 전자밀도가 낮다. 퍼진염색질에 대한 뭉친염색질의 비율은 세포에 따라 다르며, 종종 세포를 구별하는 특징이 되기도 한다(그림 1-5).

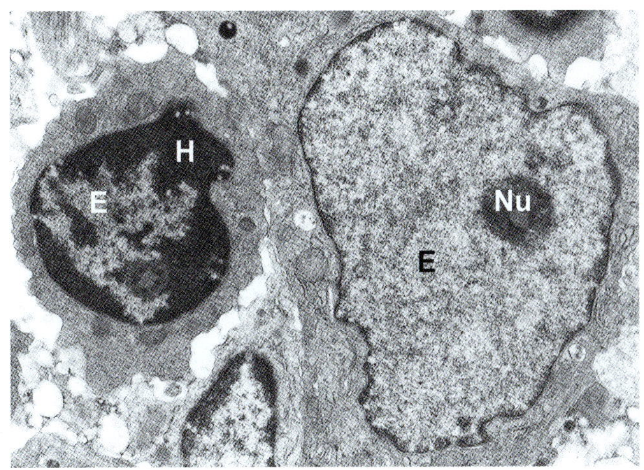

그림 1-5 • 주변부에 전자밀도가 높은 뭉친염색질(H)을 가진 림프구(왼쪽)의 전자현미경사진, 반면 그물세포(오른쪽)는 전자밀도가 낮은 퍼진염색질(E)을 보여준다. 그물세포의 핵에는 핵소체(Nu)가 존재한다. (×10,000).

염색질은 다양한 수준에서 유기적 구조로 꼬여서 포장되는데, 기본적 단위는 몇 개의 히스톤과 결합된 200개의 염기쌍을 가진 이중나선 DNA로부터 형성된 **뉴클레오솜(nucleosome)**이다. 염기쌍의 정확한 수는 종에 따라 다양하며, 뉴클레오솜은 보다 짧은(약 50염기쌍) DNA 배열에 의해 분리된다. 전사(transcription)를 하는 동안에도 퍼진염색질은 뉴클레오솜과 뉴클레오솜사이가닥(internucleosomal strand)으로 구성되나, 전사적으로 불활성 상태인 뭉친염색질은 좀 더 꼬이게 된다. 뭉친염색질은 나선형의 꼬인 뉴클레오솜으로 이루어진 30 nm 두께의 **염색질섬유(chromatin fiber)**를 특징으로 한다. 염색질은 유사분열(mitosis) 또는 감수분열(meiosis) 때 훨씬 더 꼬이고 구조화되어(more elaborate coiling and structuring) 관찰이 가능한 **염색체**(recognizable **chromosome**)가 된다.

암컷의 모든 세포에 있는 두 개의 X 염색체 중 하나는 영원히 불활성화되어 전사에 참여하지 못한다. 그 불활성화 X염색체는 핵판(nuclear lamina)에 하나의 과립형태로 부착되어 있는 **성염색질(sex chromatin, sex body, Barr body)**로 관찰되는데, 입안 상피세포에서 확인할 수 있다. 중성구(neutrophil)에서 성염색질은 핵에 붙어 있는 북채부속물(drumstick-like appendage)이다(그림 1-6). 이러한 구조는 과거에 성을 구별하는 데 이용되었으나, 오늘날에는 X염색체에 특이적으로 결합하는 표지된 DNA탐색자(DNA probe)를 이용하는 제자리부합법(*in situ* hybridization technique)이 보다 널

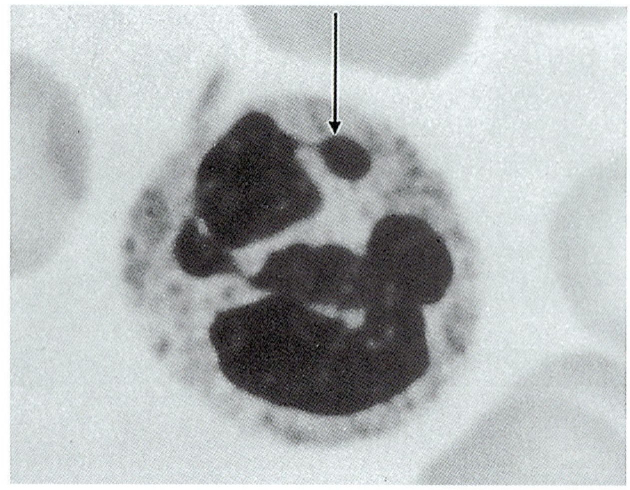

그림 1-6 • 성염색질(화살표)은 암컷 동물의 중성구 핵에서 볼 수 있다. (×3,800).

리 사용된다. DNA에서 코드화된 유전정보는 염기(base), 즉 아데닌(adenine, A), 구아닌(guanine, G), 티민(thymine, T), 사이토신(cytosine, C)을 나타내는 네 종류의 문자로 쓴다. 이러한 염기서열은 DNA의 유전자에서 코드화된 정보를 결정하며, 이러한 정보는 RNA로 전달된다.

부합화(hybridization)는 적용된 탐색자(applied probe)의 고유한 염기서열이 조사 대상 DNA의 상보적인 뉴클레오타이드(nucleotide)의 상보서열(complementary sequence)에 결합하는 과정이다(T와 결합하는 A와 C와 결합하는 G). 이러한 기법은 고도의 특이성을 제공하며 탐색자는 광학현미경 또는 전자현미경에서 확인할 수 있는 여러 종류의 물질로 표지될 수 있다. 특정 염색체부위 또는 유전자에 상보적인 탐색자는 유전질환의 출생 전 진단을 위해 사용될 수 있다(그림 1-7).

3. 핵소체 Nucleolus

핵소체(nucleolus)는 핵바탕질에 떠 있는, 리보소체 생산에 관여하는 뚜렷한 둥근 구조이다. 광학현미경에서 관찰되는 핵소체는 최대 지름이 1 μm이며 일반적으로 헤마톡실린과 같은 염기성 염료에 RNA 양에 따라 다른 정도로 염색된다(그림 1-8A). 핵소체의 수는 활성 **핵소체형성부위(nucleolar organizing regions, NORs)**의 수에 따라 결정된다. NORs는 **리보소체리보핵산(ribosomal RNA, rRNA)**을 부호화하는 역할을 하는 염색체 영역이다. 일반적으로 핵소체의 수는 NORs보다 적다. 이는 일부 NORs가 불활성화되었거나, 여러 NORs가 융합하여 하나의 핵소체를 형성하기 때문이다. 전자현미경관찰에서 핵소체는 전자밀도가 다양하게 나타나는 부위를 가진 전자밀도가 높은 막으로 싸이지 않은 구조(dense nonmembrane-bounded structure)이다(그림 1-8B). 성숙하는 리보소체 소단위를 나타내는 **과립부분(pars granulosa,**

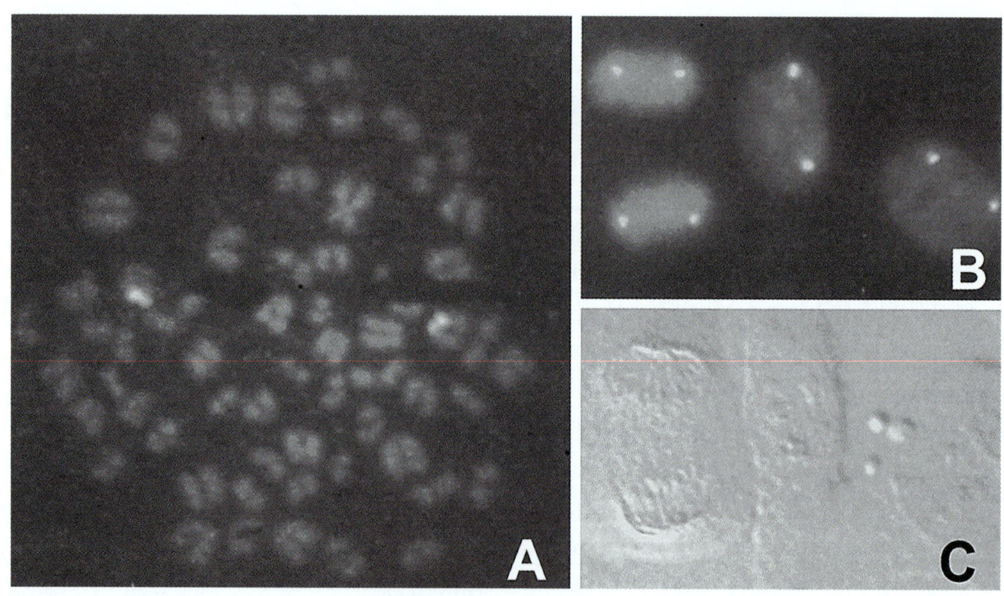

그림 1-7 • 소 염색체 쌍 7번은 펴진 중기염색체(A), 형광으로 관찰된 배양된 소 내피세포(B), 형태학적 세부 사항을 강조하기 위한 간섭대조(C)가 제자리 부합화(in situ hybridization)에서 강한(흰색) 형광으로 식별된다. DNA는 더 약한 형광염료 사이에서 부드럽게 대조염색 되었다. 패널 B와 C에서 두 쌍의 7번 염색체가 두 개의 딸세포 사이에서 나뉘어지는 분열세포(후기, 왼쪽)의 존재에 주목하시오. 패널 B와 C에서 두 개의 사이기세포(interphase cell, 오른쪽)의 존재도 주목하시오. 각각은 7번 염색체의 두 사본에 해당하는 두 개의 형광 점을 포함한다. 이러한 방법으로 후기 염색체의 경우 장시간의 준비과정이 필요한 것을 배제하기 위해서 사이기세포에서 염색체 수를 쉽게 결정할 수 있다. (×2,000).

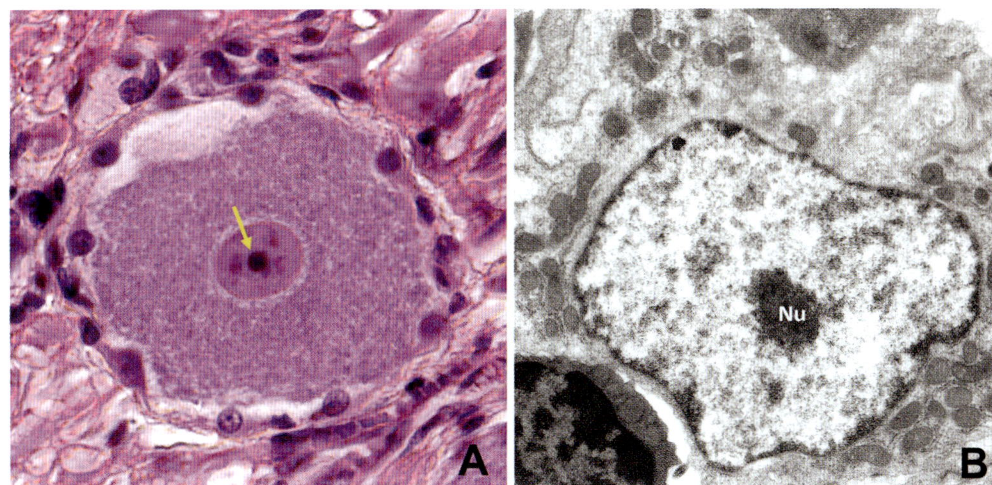

그림 1-8 • A. 광학현미경으로 관찰한 포유동물의 등쪽뿌리신경절의 감각신경세포. 핵에는 뚜렷한 둥근 핵소체(화살표)가 있다. 세포질은 호염기성 과립 덩어리인 호색소물질(니슬물질, 풍부한 과립세포질그물을 나타냄)로 채워져 있다. H&E. (×800). B. 전자현미경으로 관찰한 핵소체(Nu)는 그물세포에서 핵에 떠 있는 막으로 싸이지 않은 구조로 관찰된다. (×6,000).

granular component)이 종종 눈에 띈다. NOR DNA와 전사된 rRNA(transcribed rRNA)를 나타내는 **섬유부분(pars fibrosa, fibrillar component)**도 관찰된다.

1) 핵질과 핵바탕질 Nucleoplasm and Nuclear Matrix

핵 안에서 형태학적으로 구별할 수 없는 모든 물질을 **핵질(nucleoplasm)**이라고 한다. 핵질은 다양한 유형의 RNA(예, tRNA, rRNA, mRNA), 효소, 다양한 크기의 리보핵단백질입자(ribonucleoprotein particles, RNPs), 그리고 핵바탕질로 구성된다. 리보핵단백질입자(RNPs)는 mRNA 이어맞추기(mRNA splicing)에 관여한다. **핵바탕질(nuclear matrix)**은 핵을 효소 분해하여 추출 후 남은 미세섬유성 형태의 물질을 말하며, 세포의 세포뼈대와 어느 정도 유사하지만 훨씬 역동적으로 변화한다. 핵바탕질은 세포분열 시 관찰되는 것과 유사한 양상으로 핵 내 염색체를 배치하는 데 중요한 역할을 하는 것으로 알려져 있다.

제4절 세포질액 *Cytosol*

세포질액(cytosol)은 세포부피의 약 반을 차지하며 물, 이온, 당, 아미노산, 뉴클레오타이드(nucleotide), 수백 개의 수용성 효소(예, 해당과정의 효소들), 세포뼈대성분의 소단위, 전령리보핵산(mRNA), 전달리보핵산(tRNA), 무수한 다른 분자를 포함한다. 액틴(actin)의 중합(polymerization)은 세포질액의 점도(viscosity of the cytosol)를 조절하는 데 관여한다. 젤(gel) 상태에서 보다 수용성인 상태로의 이행(변이, transition)은 세포운동성(cell motility)에 관여하는 확장, 즉 거짓발(pseudopodia)의 형성을 돕는다.

제5절 세포소기관 *Organelles*

1. 과립 및 무과립세포질그물과 리보소체

Rough and Smooth Endoplasmic Reticulum and Ribosomes

세포질그물(endoplasmic reticulum, ER)은 막으로 둘러싸인 주머니인 수조(cisternae)와 세관(tubule)의 연결그물(anastomosing network)을 형성한다. **과립세포질그물(rough endoplasmic reticulum, rER)**에는 리보소체가 조밀하게 부착되어 있으며 단백질합성에 관여한다(그림 1-9). 반면에 **무과립세포질그물(smooth endoplasmic reticulum, sER)**은 리보소체가 없으며, 지방합성, 칼슘방출, 스테로이드 호르몬 합성, 독성물질의 해독에 관여한다. 이 두 가지 세포질그물은 서로 연결되어 있으며, 과립세포질그물은 바깥핵막과도 연결되어 있다. 세포질그물과 리보소체의 막은 광학현미경에서 관찰할 수 없지만, 다량의 단백질을 합성하는 세포의 세포질은 리보소체와 전령리보핵산(mRNA)을 풍부하게 가지고 있어 강한 호염기성을 나타낸다. 호염기성의 축적, 즉 잘 발달된 과립세포질그물은 이자세포(pancreatic cell)에서는 ergastoplasm, 신경세포(neuron)에서는 호색소물질(Nissl substance, chromatophilic substance)이라고 한다(그림 1-8).

무과립세포질그물은 부착된 리보소체를 가지고 있지 않

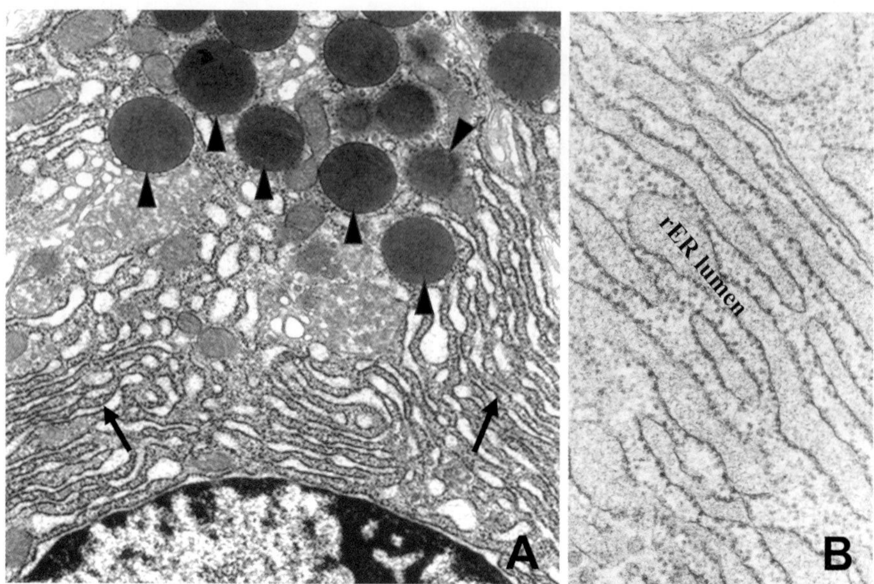

그림 1-9 • A. 풍부한 과립세포질그물(rER, 화살표)과 여러 분비과립(화살표머리)을 포함하는 이자효소원세포(zymogen cell)의 일부를 보여주는 전자현미경사진. (×6,600). B. 과립세포질그물의 바깥표면에 리보소체가 빽빽하게 덮여 있으며, 활발한 분비를 하는 세포에서는 속공간이 종종 확장되어 단백질 합성을 나타낸다. (×24,000).

아 단백질 합성에 관여하지 않는다. 대신에 무과립세포질그물은 세포막 지질과 스테로이드호르몬을 합성한다. 생식샘의 내분비세포와 부신겉질은 잘 발달된 세관형 무과립세포질그물(tubular sER)을 가지고 있다(그림 1-10). 또한 독성물질과 발암물질의 해독에 관여하는 몇 가지 약물 대사효소가 무과립세포질그물에 존재한다. 마지막으로, 많은 세포에서 무과립세포질그물은 칼슘방출 기능을 수행한다. 무과립세포질그물로부터 칼슘 방출은 몇 가지 외부자극에 의해 일어날 수 있으며, 여러 가지 세포 활동을 촉진한다. 뼈대근육세포와 심장근육세포는 정교한 형태의 무과립세포질그물을 가지고 있으며, 근육세포질그물(sarcoplasmic reticulum)이라 하며, 이것은 근육수축 자극 시 유리되는 칼슘이온을 저장한다.

세포질액(cytosol)에서 리보소체(ribosome)는 과립세포질그물에 부착되어 있거나, 자유리보소체의 형태로 존재한다. 둥글며 크기가 다른 두 개의 소단위는 세포질액에서 합성된 여러 가지 단백질과 rRNA를 포함한다. 여러 종류의 세포질 단백질은 핵구멍을 통하여 핵으로 들어가 핵소체의 rRNA와 결합하여 소단위를 형성한다. 미성숙(형성이 완료되지 않은) 리보소체 소단위는 핵구멍을 통하여 세포질로 거꾸로 빠져나간다. 부가적인 리보소체단백질(additional ribosomal protein)이 세포질액에서 더해진다.

단백질은 핵 안에서 유전자의 전사를 통해 형성되며, 이를 위하여 **전령리보핵산(messenger ribonucleic acid, mRNA)**이 형성된다. 전령리보핵산은 세포질액으로 방출되어

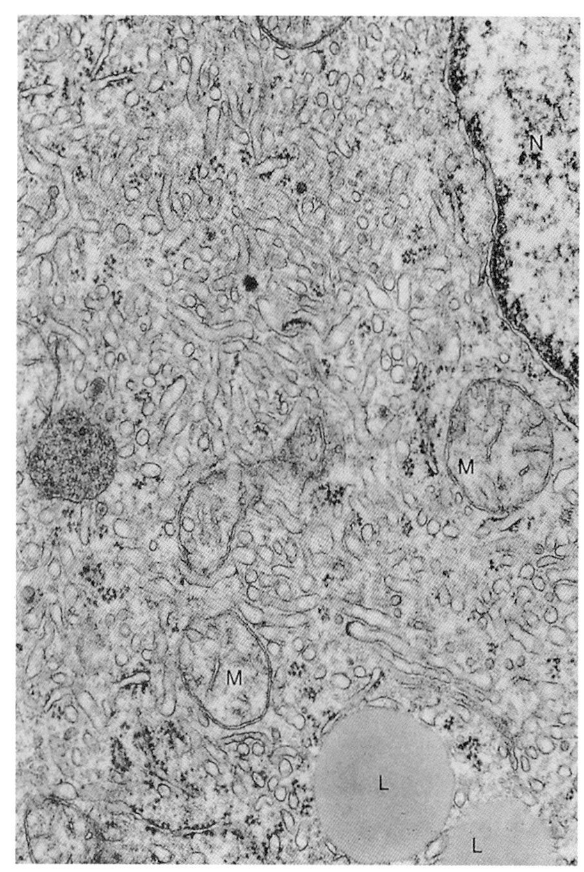

그림 1-10 • 핵(N) 근처에 모여 있는 풍부한 무과립세포질그물(sER), 사립체(M), 지방방울(L)을 포함하는 부신겉질세포의 전자현미경사진. (×27,000).

리보소체 소단위(subunit)와 결합하게 된다. 전령리보핵산은 여러 리보소체에 의해 동시에 번역되어 **무리리보소체(polyribosome, polysome)**를 형성할 수 있다. 다중(multiple) 무리리보소체는 종종 세포질 전체에 흩어져 있다. mRNA의 뉴클레오타이드 서열은 그것이 전사된 유전자의 염기서열에 따라 결정되며, 결과적으로 다른 단백질을 부호화한다. 모든 전령리보핵산은 메싸이오닌(methionine)을 암호화하는 시작코돈인 AUG (AUG는 adenine, uracil, guanine을 나타냄)에 의해 리보소체에 부착한다. 전령리보핵산(mRNA) 서열 안에 암호화된 모든 아미노산에 대해 아미노산을 전령리보핵산-리보소체복합체(mRNA-ribosome complex)로 수송하는 해당 **전달RNA(transfer RNA, tRNA)**가 존재한다. 첫 번째 전달RNA는 메싸이오닌(methionine)을 복합체로 운반한다. 계속해서 리보소체는 전령리보핵산을 따라 다음 유전자부호(코돈, codon)로 이동하고 다음의 상응하는 전달RNA를 끌어들인다. 전달RNA에서 분리된 아미노산은 펩타이드결합에 의해 함께 합쳐져 전령리보핵산리보소체복합체로부터 성장펩타이드사슬(growing peptide chain)을 형성한다.

단백질이 용해소체와의 합일화(incorporation), 막으로의 삽입(insertion), 세포밖분비 등의 운명이 결정되어 있다면 짧은 소수성 신호펩타이드서열(신호서열, signal sequence)로 결정된다. **신호펩타이드(signal peptide)**는 세포질액에 존재하는 **신호인식입자(signal recognitionparticle, SRP)**와 결합한다. 이후 생성된복합체는 과립세포질그물의 세포질액면(cytosolic face)에 있는 **SRP수용체(SRP receptor)**에 결합하고, 그 결과 세포질그물 수조(cisternae) 속으로 삽입되며 단백질 가닥(threading)이 형성된다. 일단 과립세포질그물 안으로 들어가면 단백질은 접힘(folding)과 당화(glycosylation)뿐만 아니라 신호펩타이드의 절단(cleavage)을 포함한 여러 번역후변화(posttranslational modification)를 겪는다. 세포에 남아 있는 세포질액단백질(cytosolic protein)은 신호펩타이드가 없으며, 세포질액에서 자유리보소체(rER에 부착되지 않은)에 의해 합성된다.

2. 골지복합체와 소포수송

Golgi Complex and Vesicular Transport

골지복합체(Golgi complex)는 3~10개의 일련의 납작한 수조(flattened cisternae)로 구성되며, 핵을 향하고 있는 볼록한(convex) **들면(시스면, *cis* face, entry face)**과 일반적으로 세포 주변을 향하는 오목한(concave) **날면(트랜스면, *trans* face, exit face)**이 있다(그림 1-11). 날면에서 연결세관(anastomosing tubule)과 수조(cisternae)는 **날골지그물(trans Golgi network, TGN)**을 형성한다(그림 1-12). 수조의 주위에 소포가 존재하며 날면에는 더 큰 소포 또는 공포(larger vesicles or vacuoles)가 자주 관찰된다(그림 1-11, 1-12). 골지복합체는 은염색(silver impregnation)으로 광학현미경으로 관찰할 수 있으나, 완전한 구조를 확인하기 위해서는 전자현미경관찰이 필요하다.

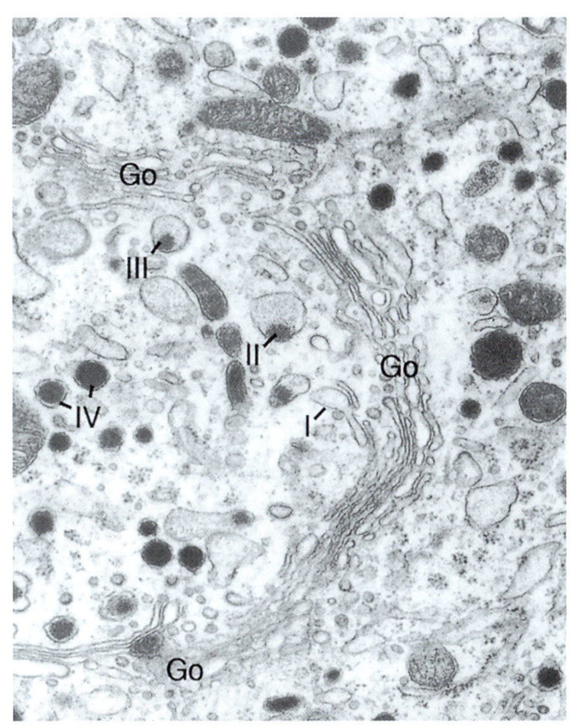

그림 1-11 • 샘뇌하수체세포의 골지복합체(Go)와 주변 세포질의 전자현미경사진. 분비과립이 성숙함에 따라 골지복합체의 오목한 날면(trans face)에서 멀어지고, 그 내용물은 전자밀도가 더 높아진다. 분비소포 성숙순서(sequence of secretory vesicle maturation)에 있어서 I(소포 I)이 가장 최신이고, IV(소포 IV)가 가장 성숙하다. (×23,700).

막통과단백질, 분비단백질, 용해소체단백질은 과립세포질그물로부터 골지복합체로 전달된다(transfer). 새로 합성된 단백질로 채워진 작은 수송소포(small transport vesicle)는 과립세포질그물의 수조에서 떨어져 나와 골지복합체의 들면 수조(cisternae)와 융합한다(그림 1-12). 그 후, 소포에서 나온 단백질이 시스에서 트랜스방향(*cis-to-trans* direction)으로 골지복합체를 통해 수송된다. 이러한 수송과정 동안에 단백질은 농축되며, 당화(glycosylation)를 포함하는 번역후변화(posttranslational modification)를 겪는다. 날면에서 적절하게 변형된 단백질은 날골지그물에서 분류되고(sorted) 소포에 포장된다. M-6-P(mannose-6-phosphate)를 포함하는 용해소체효소는 날골지그물의 M-6-P수용체와 결합하여 소포에 포장되어 일차용해소체(primary lysosome)가 된다. 날골지그물로부터 떨어져 나올 때(budding off), 이 소포는 **클라트린(clathrin)**이라는 단백질에 의해 덮인다.

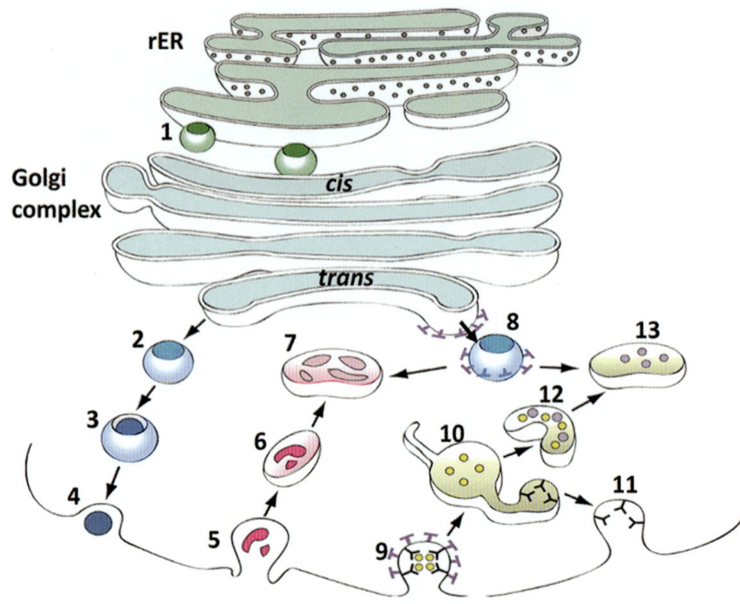

그림 1-12 • 세포에서 소포의 수송을 설명하는 도해. 작은 전달소포(1)가 과립세포질그물에서 떨어져 나와 골지복합체의 들면(*cis* face)과 융합한다. 분비과립(2)은 날골지그물(TGN)에서 떨어져 나온 소포로부터 형성된다. 성숙분비과립(3)은 세포외배출(4)을 통해 내용물을 방출한다. 입자물질은 포식작용(5)을 통해 세포 내로 흡수되어 포식소체(phagosome, 6)를 형성한다. 이차용해소체(7)는 포식소체가 날골지그물(TGN)에서 떨어져 나온 클라트린(T)-덮인소포(clathrin-coated vesicle)에서 유래한 일차용해소체(8)와 융합하여 형성된다. 수용체매개세포내섭취(receptor-mediated endocytosis, 9)가 일어나는 동안 수용체(receptor, Y)와 결합된 리간드(ligand)는 이른섭취소체(10)로 전달된다. 해리된 수용체는 세포외배출(11)을 통해 세포막으로 재순환되는 반면, 리간드는 뭇소포체(multivesicular body, 12)에 의해 늦섭취소체(13)로 수송된다. 늦섭취소체 또한 일차용해소체와 융합하여 이차용해소체로 성숙한다. 소화되지 않은 물질을 포함하는 이차용해소체는 잔류소체(residual body, 보이지 않음)로 남을 수 있다.

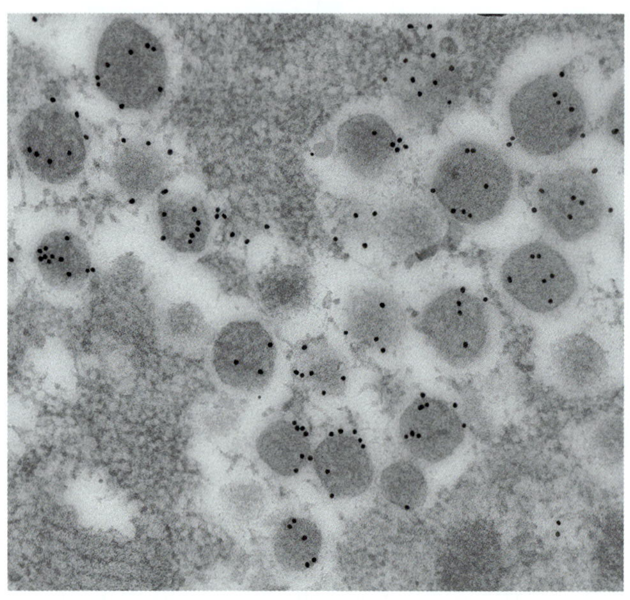

그림 1-13 • 전자현미경사진은 18 nm 금 입자(18-nm gold particle)에 결합된 인슐린 항체로 면역조직화학적으로 염색된 이자섬(pancreatic islet) 베타세포의 일부를 보여준다. 이 금 입자는 인슐린을 저장하는 분비과립 위에 전자밀도가 높은 검은 점으로 나타난다. 조절분비에 관여하는 세포는 세포질 내에 수많은 분비과립을 저장한다. 이러한 과립의 서로 다른 크기와 형태는 세포의 구별을 가능하게 해 준다. (×80,000).

특정 소화샘과 호르몬 생성세포에서 분비물은 농축공포(condensing vacuole)에서 포장되어 **분비과립(분비소포, secretory granule, secretory vesicle)**으로 성숙한다(그림 1-12, 1-13). 과립은 세포가 신호를 받아 내용물을 분비할 때까지 세포질에 남아 있다. 이러한 형태의 분비를 **조절분비(regulated secretion)**라 한다. 신호를 받으면 분비소포의 막은 세포막과 융합되어 구멍이 만들어지고 소포 내용물이 **세포외배출(exocytosis)**을 통해 배출(분비)된다. 물론 소포가 세포의 정확한 막과 융합하는 것은 중요하며, 이를 위해 소포와 표적막(target membrane)에는 **SNAREs** (*S*oluble *N*-ethyl-maleimide-sensitive fusion protein *A*ttachment protein *RE*ceptors)라고 하는 보완적인 '주소꼬리표'(complementary 'address tags')를 갖추고 있다. 소포SNAREs (vSNAREs)와 표적막SNAREs (tSNAREs)의 올바른 조합(combination)은 적절한 구성요소가 융합되도록 하는 데 도움이 된다.

조절분비가 특정 분비세포의 영역이지만, 모든 세포는 성장인자, 세포막 구성요소, 그리고 세포바깥바탕질(extracellular matrix)을 지속적으로 세포표면에 전달하는 **기본분비(constitutive secretion)**가 가능하다. 이 전달은 특정 자극이 필요하지 않으며, 골지복합체의 날골지부위(trans region)에서 지속적으로 떨어져 나와 세포막과 융합하여 세포외배출을 통해 내용물을 전달하는 작은 소포에 의해 작용된다.

조절분비와 기본분비 모두 상당한 양의 막물질(membrane material)을 세포막(plasmalemma)으로 전달한다. 이러한 막 축적은 **세포내섭취(endocytosis)**라고 하는 역과정에 의해 균형을 이룬다(그림 1-12). 세포내섭취는 세포막이 함입하여 작은소포를 형성하고, 이 소포가 세포질로 싹을 틔우는 것을 말한다. 섭취하는 물질에 따라 다양한 유형의 세포내섭취가 발생하며, 세포내섭취는 막교환(membrane exchange) 이외에도 다양한 기능을 한다. 고형입자(solid particulate material)의 세포내섭취를 **포식작용(phagocytosis**, cell eating)이라 한다. 이 과정은 중성구(neutrophil)와 큰포식세포(macrophage)의 특징이지만, 다양한 세포 유형에 의해 수행될 수 있다. 포식작용은 감염세균에 대한 방어기전이며, 또한 입자와 세포조각(cell debris)의 제거에 도움을 준다. **포음작용(pinocytosis, cell drinking)**은 액체유입을 의미하는데, **수용체매개세포내섭취(receptor-mediated endocytosis)**는 수용체 결합물질의 유입을 의미한다. 저밀도지질단백질(low-density lipoproteins, LDLs)의 세포유입(cellular uptake)은 수용체매개세포내섭취의 한 예이다. LDL입자는 세포표면수용체에 결합하여 클라트린덮인막함입(clathrin-coated membrane invagination), 즉 **덮인오목(coated pit)**에 축적된다(그림 1-12). 이 덮인오목은 더욱 깊숙이 침투하여 수용체결합 LDL(receptor-bound LDL)이 안쪽을 향하도록 세포내섭취소포(endocytotic vesicle)를 형성한다. 소포는 내용물을 막으로 둘러싸인 세관과 소포(membrane-delimited tubules and vesicle)의 계통인 **이른섭취소체(early endosome)**로 전달한다. 섭취소체 내부 pH는 산성이므로 LDL은 수용체로부터 유리된다. 자유수용체(free receptor)는 섭취소체의 세관부위에서 풍부해지며, 결국 세포표면으로 수용체를 되돌리는 왕복소포(shuttle vesicle)를 형성하기 위해 떨어져 나간다. 자유리간드는 **뭇소포체(multivesicular body, MVB)**로 분류되고 **늦섭취소체(late endosome)**로 계속 전달된다. 늦섭취소체는 일차용해소체와 융합되어 **이차용해소체(secondary lysosome)**로 변환된다. 섭취소체계통(endosomal system: 세포내섭취소포, 이른섭취소체와 늦섭취소체, 용해소체)의 다른 구성요소가 성숙계통(maturing system)을 나타내는 것인지, 또는 그들 사이의 구성요소를 왕복하는(shuttling component) 별도의 구조인지에 대한 논란이 있다.

세포통과(transcytosis)는 세포를 통해 물질을 수송하기 위해 사용된다. 세포의 한쪽 표면에서 세포내섭취된 물질은 세포질을 통과하여 다른 표면에서 세포외배출이 이루어진다(그림 1-14). 세포통과 예시는 혈액에서 가까운 조직액으로 물질을 수송하는 것이다.

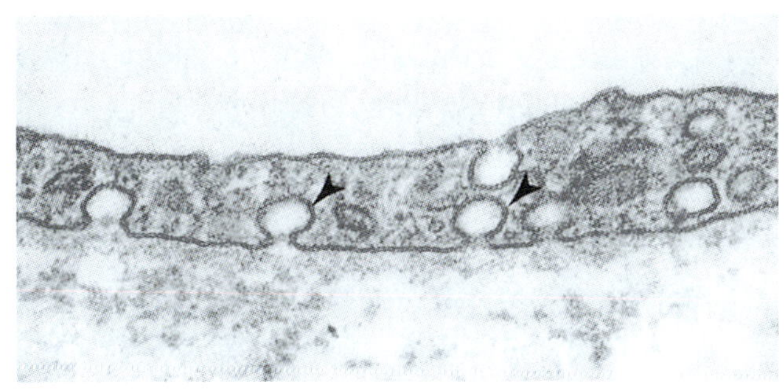

그림 1-14 • 세포통과소포(화살표머리)는 세포막에서 형성되며, 모세혈관내피세포의 세포질에 존재한다. 소포의 Ω모양은 소포가 세포막을 형성하거나 세포막과 융합하는 과정에 있음을 나타낸다. (×76,000).

용해소체효소는 결국 포식작용, 포음작용, 또는 수용체매개세포내섭취에 의해 유입된 대부분의 세포바깥물질을 분해하지만, 세포통과를 통하여 이동하는 물질을 분해하지 않는다. 용해소체효소는 골지복합체에서 일차용해소체로 분류된다(sorted). **일차용해소체(primary lysosome)**는 매우 작고(50 nm 이하) 대부분 세포내에서 잘 보이지 않지만 중성구와 큰포식세포와 같은 특수한 포식세포에서는 더 크다(최대 500 nm). 수용체매개세포내섭취(receptor-mediated endocytosis)나 포음작용(pinocytosis)을 겪는 물질은 이른섭취소체에서 늦섭취소체로 이동한다. 늦섭취소체는 일차용해소체로부터 효소를 받아서 이차용해소체로 성숙한다(그림 1-12). 포식소체(phagosome)의 포식물질은 섭취소체 구조를 통과하지 않고, 대신 일차용해소체와 직접 융합한다. 이러한 융합구조를 **이차용해소체(secondary lysosome)** 또는 **포식용해소체(phagolysosome)**라고 한다. 또한, 세포 자체의 구성요소는 **자가포식소체(autophagosome)** 속으로 삼켜질 수 있다(engulfed). 이 기전은 세포가 노화되거나 거의 사용되지 않은 세포소기관을 유용한 대사산물로 소화하는 방법이다. 이차용해소체에서 용해소체 가수분해효소는 대부분의 삼켜진 물질(engulfed material)을 분해한다. 이러한 효소는 대부분의 세포물질을 소화할 수 있으며, 산성인산염분해효소(acid phosphatase), 리보핵산분해효소(ribonuclease), DNA분해효소(deoxyribonuclease), 단백분해효소(protease), 지방분해효소(lipase), 황산염분해효소(sulfatase), 베타글루쿠론산분해효소(β-glucuronidase)를 포함한다. 이 모든 효소는 산성 pH를 나타내며, 용해소체막의 양성자펌프(proton pump)는 용해소체의 내부가 최적의 산성을 갖도록 한다. 수많은 효소의 작용에도 불구하고, 일부 소화되지 않는 물질이 남아 있고, 이차용해소체에 남아서 **잔류소체(residual body)**를 형성한다.

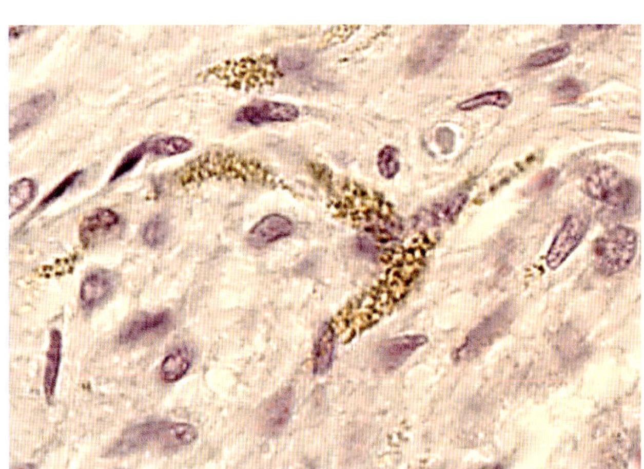

그림 1-15 • 지방갈색소과립은 노화된 신경뇌하수체의 여러 뇌하수체세포에서 황갈색 색소로 관찰된다. H&E. (×800).

신경세포, 심장근육세포, 간세포와 같은 수명이 긴 세포(long-lived cell)에서 잔류소체가 점진적으로 축적되면 황갈색 노화 색소인 **지방갈색소(lipofuscin)**가 형성된다(그림 1-15).

3. 사립체 Mitochondria

사립체(mitochondria)는 원형에서 사각형의 막으로 둘러싸인 세포소기관(organelle)으로 지름이 0.3~1 μm이며, 길이는 최대 20 μm이다. 사립체는 세포화학적 방법이나 생체염료(vital dye)로 염색하면 광학현미경으로 관찰할 수 있다. 전자현미경으로 관찰하면 사립체는 **막사이공간(intermembrane space)**으로 분리된 **바깥막(outer membrane)**과 **속막(inner membrane)**으로 경계를 이룬다. 사립체의 전자현미경적 구조를 살펴보면, 속막은 **능선(cristae**, crista의 복수형)의 형태로 주름이 있으며(그림 1-16), 능선사이공간(intercristal space)에는 미세한 과립**바탕질**(granular **matrix)**이 존재한다. 능선은 또한 미세한 세관(tubule)으로 속막과 연결되어 있다. 대부분의 세포는 선반모양 능선(shelflike cristae)이 있는 사립체이지만, 스테로이드호르몬 생성세포의 사립체능선(mitochondrial cristae)은 세관형(tubular)이라는 점에서 독특하다. 바깥사립체막(outer mitochondrial membrane)은 많은 분자를 투과할 수 있지만, 속막을 통과하는 수송에는 특정 통로(specific channel)나 운반체(carrier)가 필요하다.

사립체바탕질(mitochondrial matrix)에는 지방산산화와 시트르산회로(citric acid cycle)에 관련된 대부분의 효소가 포함된다. 각 능선의 안쪽은 **ATP(삼인산아데노신, adenosine triphosphate)**의 합성에 관여하는 8.5 nm의 입자(particle)가 박혀 있다. ATP(삼인산아데노신)에 저장된 에너지는 세포에서 에너지를 필요로 하는 많은 반응에 쉽게 교환될 수 있다. 사립체의 주요 기능은 당이나 지방산과 같은 원료에 저장된 교환할 수 없는 에너지를 쉽게 사용할 수 있는 ATP 형태로 전환하는 것이다.

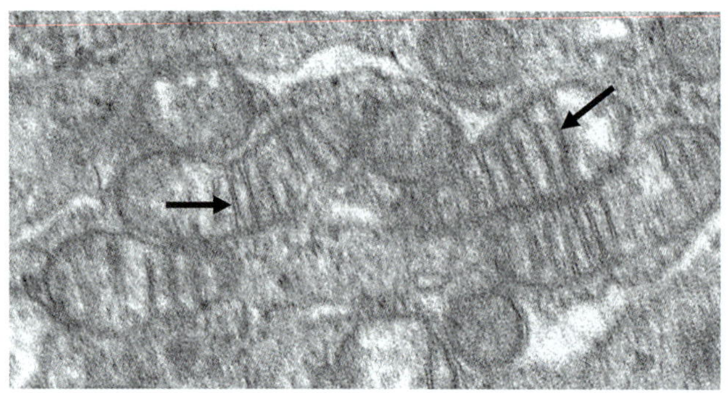

그림 1-16 • 뼈대근육세포에서 사립체 능선(cristae, 화살표)을 보여주는 전자현미경사진. (×60,000).

흡입된 산소의 80%를 소비하여 이산화탄소를 생산하는 **산화적인산화(oxidative phosphorylation)** 과정은 이러한 전환을 촉진한다. 세포질에서 포도당 대사(당분해작용)가 일어나 파이루브산염(pyruvate)이 생성되고, 이후 이 파이루브산염은 사립체 내에서 아세틸보조효소에이(acetyl CoA, acetyl coenzyme A)로 전환된다. 또한 사립체의 지방산산화(fatty acid oxidation)는 아세틸보조효소에이를 형성한다. 아세틸보조효소에이는 **시트르산회로(citric acid cycle)**에 들어가 NADH(nicotinamideadeninedinucleotide)와 $FADH_2$(-flavin adenine dinucleotide)를 생산한다. 이들 분자의 전자는 속사립체막(inner mitochondrial membrane)의 운반체(carrier)를 통과하여 산소로 이동하며, 이러한 운동은 막사이공간(intermembrane space)으로 수소이온(H^+)을 펌핑하는 것과 연결되어 있다. 이 반응은 전자화학기울기(electrochemical gradient)를 생성하여 8.5-nm ATP합성효소입자(기본입자, ATP synthase particle, elementary particle)에 결합된 양성자통로(proton channel)를 통해 수소이온(H^+)의 흐름을 일으킨다. 속막과 능선 사이 좁은 세관에 의한 연결은 양성자기울기(proton gradient)를 구획화(compartmentalize)하고 바깥사립체막을 통한 양성자누출(proton leakage)을 최소화한다. 양성자 흐름은 ATP합성을 촉진하고 능선은 ATP합성효소입자를 수용할 수 있는 면적을 증가시킨다. 심장근육세포와 날갯짓근육세포(flight muscle cell)같이 높은 에너지 요구가 있는 세포는 많은 능선이 있는 사립체를 가지고 있다. **열발생소(thermogenin)**라는 단백질은 속사립체막에 양성자구멍을 생성하여 ATP합성효소입자를 통하여 양성자수송을 우회한다(bypass). 이러한 산화적인산화(oxidative phosphorylation)의 짝풀림(uncoupling)은 ATP 대신 열을 발생하며, 동면동물(hibernating animal)과 추운 기후에 적응한 동물(animals adapted to cold climate), 갓난동물(newborn)이 체온을 유지하는 데 사용된다. 이 유형의 체온조절(thermoregulation)은 주로 열발생소가 풍부한 사립체가 있는 갈색지방조직(brown adipose tissue)에서 일어난다.

사립체바탕질은 또한 일부 세포 유형처럼 칼슘이 풍부한 전자치밀소체(electron-dense body)를 포함하고 있지만, 이들 **치밀소체(dense body)**의 기능은 알려져 있지 않다. 또한 사립체바탕질은 rRNA, mRNA, tRNA뿐만 아니라, 세균 DNA와 유사한 사립체 고리DNA(circular DNA of mitochondria, cDNA)를 포함한다. 일부 사립체 단백질은 사립체DNA(mitochondrial DNA, mtDNA)에 의해 암호화되어 사립체 자체 내부에서 합성되는 반면, 다른 단백질은 세포질액(cytosol)에서 합성된다. 사립체 리보소체는 진핵 리보소체와 구별되며 세균 리보소체와 유사하다. 사립체는 진핵생물(eukaryotes)에만 존재하며, 사립체는 원시혐기성진핵세포(anaerobic eukaryotic cell)와 공생관계에 들어간 호기성 세균의 조상(antecedents of aerobic bacteria)이라고 믿어진다. 세포분열 동안 사립체는 자신의 DNA를 복제하고 세균 분열과 유사한 과정으로 분열한다. 또한, 사립체는 운동 후와 같은 특정 요구에 따라 분열하며, 다른 특수한 상황에서는 사립체 투과성 변화가 막사이공간(intermembrane space)에서 전자운반체(electron carrier, cytochrome C)의 누출을 유도하여 세포자멸사(apoptosis)를 촉발할 수 있다.

4. 과산화소체 Peroxisomes

과산화소체(peroxisome, microbody)는 지름이 0.2~1.2 μm의 둥근 막으로 싸인 세포소기관이며 일부 종에서는 유사결정포함물(paracrystalloid inclusion)을 포함한다. 이름은 과산화수소(hydrogen peroxide)를 대사하는 능력에서 유래한다. 과산화소체는 과산화수소를 물과 산소로 전환하는 과산화수소분해효소(catalase)와 지방산산화에 관여하는 효소도 있다. 사립체의 지방산산화와 마찬가지로 과산화소체 지방산산화(peroxisomal fatty acid oxidation)도 아세틸보조효소에이(acetyl CoA)를 생산한다. 그러나 과산화소체 아세틸보조효소에이는 ATP합성에 사용되지 않고 세포질액으로 수송되어 다양한 합성경로에 참여한다. 과산화소체는 산소와 과산화수소를 환원할 뿐만 아니라 L-아미노산, D-아미노산 등의 기질을 산화하는 효소도 함유한다. 과산화소체 단백질은 세포질액에서 합성되어 과산화소체막수용체에 의해 인식되는 짧은 아미노산서열을 포함하며 세포소기관에 단백질유입을 용이하게 한다. 과산화소체는 분열에 의해 수가 증가한다.

제6절 세포뼈대 *Cytoskeleton*

세포뼈대(cytoskeleton)라는 용어는 그것이 세포의 모양을 유지할 뿐 아니라 운동(motility), 세포속수송기능(intracellular transport function)을 담당하고 있다는 점에서 꼭 맞는 것이라 볼 수 없다. 세포뼈대는 미세관(microtubule), 미세잔섬유(microfilament), 중간잔섬유(intermediate filament)의 세 가지 주요 구성요소가 있다.

1. 미세관 Microtubules

미세관(microtubule)은 세포질내 소포와 다른 세포소기관의 이동, 세포분열 시 염색체분리, 섬모와 편모의 운동에 중요한 역할을 한다(그림 1-17). 각 미세관은 13줄의 평행한 원미세잔섬유(protofilament)로 구성된 지름이 25 nm인 속빈관(hollow tube)을 형성한다. 이 원미세잔섬유(protofilament)는 두 개의 단백질, 즉 **알파튜불린(α-tubulin)**과 **베타튜불린(β-tubulin)**으로 이루어진 소단위(subunit)로 구성된다(그림 1-18). 미세관은 핵 근처에 있는 **미세관형성중심(microtubule organizing center, MTOC)**, 즉 **세포중심(centrosome, cytocenter)**에서 바깥쪽으로 성장한다(그림 1-17). 세포중심 내부에는 두 개의 **중심소체(centriole)**가 있으며, 이 중심소체는 아홉 개의 주위미세관세짝(nine peripheral triplet)으로 배열되어 있고 서로 수직으로 위치한다(그림 1-1). 중심소체는 튜불린중합(tubulin polymerization)에 중요한 세포중심단백질(centrosome protein)을 끌어들이는 것으로 알

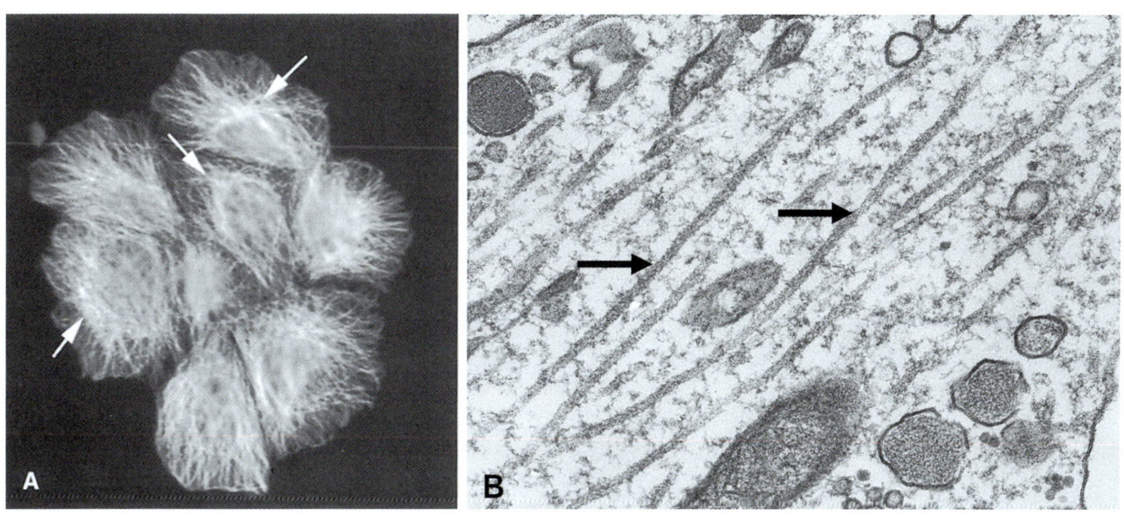

그림 1-17 • A. 배양된 젖샘상피세포에서 튜불린에 대한 면역조직화학염색. 형광염료로 표지된 항튜불린 항체를 사용하였으며, 미세관은 형광현미경에서 어두운 배경에 흰색 구조로 나타난다. 미세관은 핵(화살표) 근처의 미세관형성중심(microtubule organizing center)에 모이는 것을 주목하시오. B. 신경분비신경세포 축삭(axon of neurosecretory neuron)의 미세관(화살표). (×63,000).

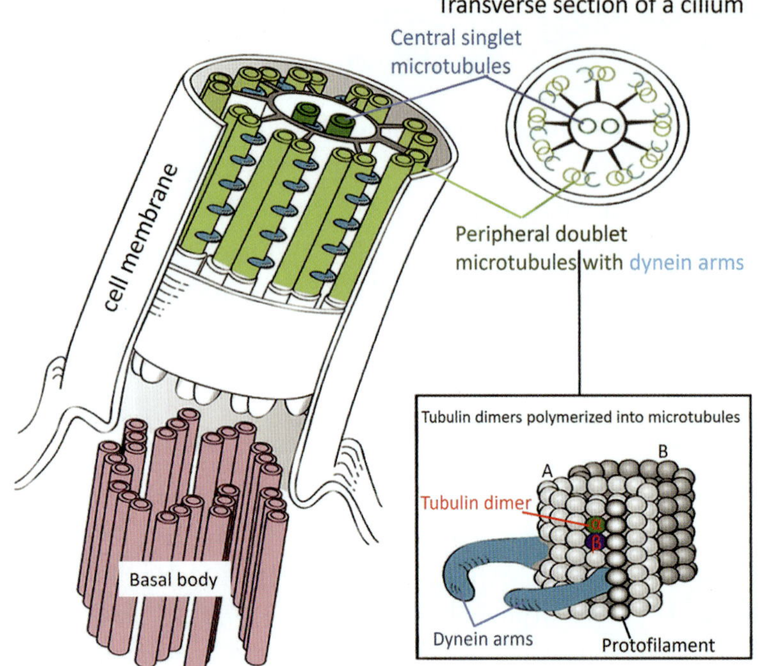

그림 1-18 • 섬모의 구조 도해. 섬모 주변 영역에는 아홉 개 미세관두짝이 있고. 두 개의 단일미세관(two singlets)이 중심에 위치하며, 알파-와 베타-튜불린소단위(α-, β-tubulin subunit)는 쌍을 이루는 미세관에서 표시되어 있다(오른쪽 아래 그림). 다이네인팔은 A미세관에서 뻗어 나와 인접한 미세관두짝의 B미세관과 접촉한다. 섬모의 바닥에는 아홉 개의 미세관세짝(triplet microtubule)이 있는 바닥소체(basal body)가 보인다.

려져 있다. 중심소체 미세관과는 다르게 세포질 미세관은 직접 연장(extend)되지 않는다. 대신 세포질 미세관은 중심소체 근처에 있는 감마튜불린(γ-tubulin) 고리에서 중합한다. 이러한 세포질 미세관은 분극화되고 양극(plus end), 즉 베타소단위(β-subunit) 끝에서 매우 빠르게 성장한다. 미세관의 음극(minus end)은 세포중심과 부착한 상태이거나(예, 유사분열 동안), 세포중심과 분리될 수 있다. 분리된 미세관(detached microtubule)은 음극이 세포중심에 가까운 방향(orientation)으로 유지된다. 세포질 미세관(cytoplasmic microtubule)은 세포질액의 자유미세관 소단위(free microtubular subunit)와 평형 상태이며, 삼인산구아노신(guanosine triphosphate, GTP) 가수분해에 의존하는 과정을 통해 지속적으로 성장하고 줄어든다. 이와는 달리 섬모와 편모에 있는 미세관은 안정을 유지하며 크기는 변하지 않는다.

두 개의 **운동단백질(motor protein)**인 키네신(kinesin)과 다이네인(dynein)은 미세관의 기능에 중요하다. 키네신은 미세관의 음극(minus end)에서 세포 주변으로 소포와 다른 물질을 운반하는(앞방향, anterograde) 반면, 다이네인은 소포와 다른 물질을 반대방향(뒤방향, retrograde)으로 운반한다. 두 운동단백질은 화물(cargo)과 결합하여 미세관을 따라 플러스(키네신) 또는 마이너스(다이네인) 방향으로 '주행(walk)' 과정에서 ATP의 가수분해로부터 에너지를 얻는다. 발생 중인 세포에서 키네신은 세포질그물(ER)을 세포 주변 바깥쪽으로 당기고, 다이네인은 골지복합체를 반대방향으로 당긴다. 말초신경내 축삭의 미세관을 통한 뒤방향수송(retrograde transport)은 바이러스를(광견병, 뇌염) 중추신경계통으로 이동할 수 있다.

2. 미세잔섬유 Microfilaments

미세잔섬유(microfilament)는 지름이 7 nm 정도이며 **액틴(actin)** 단백질로 구성된다. 지름이 15 nm의 보다 더 굵은잔섬유(thicker filament)인 **마이오신(myosin)** 단백질과 함께 액틴은 근육수축에 관여하는 주요 단백질이다. 뼈대근육(skeletal muscle)에서 액틴은 총 단백질의 10%를 차지하나, 비근육세포에서도 1~5% 정도로 풍부하다. 액틴은 단량체인 공모양액틴(G-actin, globular actin)으로 존재하고, 중합하여 두께 7 nm의 미세잔섬유(actin filament or F-actin이라고 함)를 형성할 수 있다(그림 1-19). 미세관처럼 액틴잔섬유는 양극(plus end)과 음극(minus end)으로 양극화되어 운동단백질(이 경우 마이오신)의 방향성 있는 움직임을 가능하게 한다. 미세잔섬유는 세포막 아래에 있는 세포겉질(cell cortex)에서도 매우 많으며, 여기에서 액틴잔섬유는 막통과단백질(transmembrane protein)과 결합하여 세포의 모양(shape)을 안정시키고 동시에 단백질의 이동(mobility)을 제한한다. 수용체 결합호르몬과 성장인자도 겉질 액틴잔섬유(cortical actin filament)와 상호작용한다. 유사분열 말기에 액틴과 마이오신 잔섬유는 딸세포(daughter cell)를 서로 분리하는 띠(band)를 형성한다. 세포이동을 자극하는 약제에 세포를 노출하면 액틴 세포뼈대(actin cytoskeleton)와 그 위에 있는 세포막(plas-

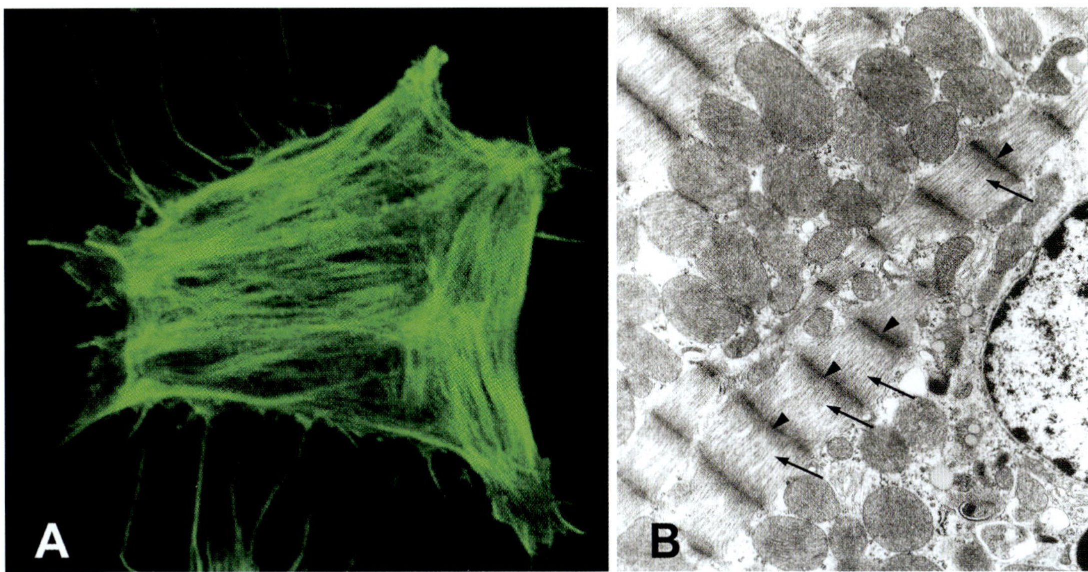

그림 1-19 • A. 배양된 상피세포는 액틴잔섬유(F-actin)를 시각화하기 위하여 FITC가 결합된 팔로이딘으로 염색하였다. F-액틴은 세포겉질에서 세포막 아래에 곧은 긴장섬유(stress fiber)로 존재하며, 털모양 실돌기에도 존재한다. (×800). B. 전자현미경관찰에서 근육세포의 액틴섬유(화살표)는 전자밀도가 높은 Z선(화살표머리)에 고정되어 있으며, 규칙적인 띠 모양으로 잘 조직화되어 있다. (×20,000).

malemma)이 손가락모양 또는 나뭇잎모양 돌기로 재구성되며, 이것을 각각 **실돌기(filopodium)**와 **판돌기(lamellipodium)**라고 한다. 이 돌기는 특수 바탕질 수용체(specialized matrix receptor)인 인테그린을 형성하기 전에 세포 주위를 탐색하며, 세포바깥바탕질(ECM) 단백질에 결합하여 국소부착(focal adhesion)을 형성한다. **인테그린(integrin)**은 세포 안에서 여러 가닥으로 이루어진 액틴잔섬유로 구성된 튼튼한 긴장섬유(stress fiber)로 연결되어 세포를 그 부착부위에 고정한다. 액틴잔섬유는 부착띠(zonula adherens) 이음에서 세포-세포사이 부착현상(cell-to-cell adhesion phenomena)과 미세융모 지지에도 관여한다(그림 1-21B).

3. 중간잔섬유 Intermediate filaments

중간잔섬유(intermediate filament)의 지름은 10 nm로 가는미세잔섬유(thin microfilament, 액틴, 7 nm)와 굵은미세잔섬유(thick microfilament, 마이오신, 15 nm) 사이이다. 중간잔섬유는 극성화되어 있지 않기 때문에 세포속수송에 관여하지 않고, 대신 고정과 구조적 기능(anchoring and structural function)을 수행한다. **각질(keratin)**, 즉 **세포각질(cytokeratin)**, **비멘틴(vimentin)**, **데스민(desmin)**, **아교세포원섬유산성단백질(glial fibrillar acidic protein, GFAP)**, **신경잔섬유(neurofilament)** 등 여러 가지 종류의 중간잔섬유가 존재한다. 또한 **핵판(nuclear lamina)**과 관련된 잔섬유, 즉 **핵라민(nuclear lamin)**이 이 그룹에 속한다. **각질(keratin)**은 대부분의 상피세포에 존재한다(그림 1-20). 비멘틴(vimentin)은 대부분의 중간엽유래세포(mesenchymal origin cell)에서 발현되지만, 데스민은 민무늬근육세포, 심장근육세포, 뼈대근육세포에서 전형적이다. 아교세포원섬유산성단백질(glial fibrillar acidic protein, GFAP)은 신경아교세포(glial cell)에서 관찰되며, 신경잔섬유(neurofilament)는 신경세포(neuron)에 존재한다. 어떤 종양세포는 중간잔섬유의 원래의 형태를 발현하는 것을 계속할 수 있기 때문에, 중간잔섬유에 대한 면역조직화학은 종양 기원세포 유형(origin cell type of the tumor)을 결정할 수 있다.

제7절 세포포함물 *Inclusions*

세포질액은 특정 화학반응을 수행하지 않아 세포소기관으로 분류되지 않는 많은 물질을 함유한다. 이러한 **세포포함물(inclusion)**에는 다음과 같은 물질이 있다.

① 지방세포, 부신겉질세포, 간세포에서 생성되는 **지방방울(lipid droplet, fat droplet)**이 있다(그림 1-10). 일반적인 광학현미경표본 준비과정에서 지방은 용해되어 세포질에 염색되지 않은 영역으로 나타난다. 동결절편에서는 지방(lipid)이 유지되며 오스뮴산(osmic acid)과 같은 특수한 염색약(special dye)으로 지방은 광학현미경이나 전자현미경에서 어두운 색상으로 나타난다.

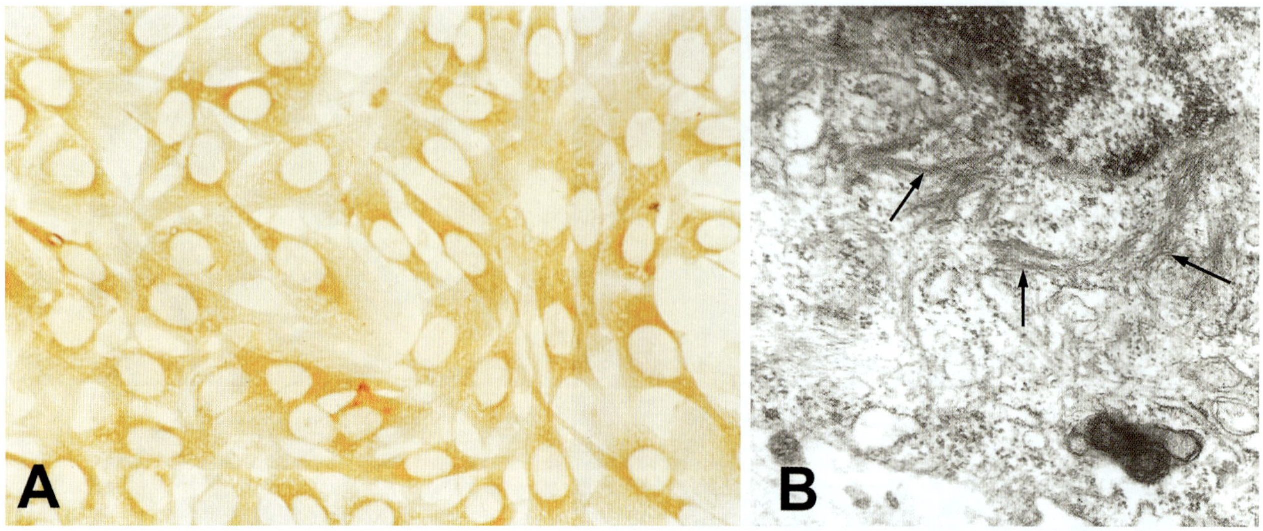

그림 1-20 • **A.** 면역세포화학 염색으로 배양된 가슴샘상피세포는 상피유래 세포의 중간잔섬유를 구성하는 주요 단백질 성분인 세포각질(갈색)이 풍부하게 함유되어 있는 것을 보여준다. (×400). **B.** 전자현미경관찰 결과, 중간잔섬유는 세포질 내에서 다발(화살표)로 조직화되어 있음을 보여준다. (×20,000).

② 간세포와 근육세포에서 빈번하게 **당원(glycogen)**이 침착한다. 당원은 일반적으로 광학현미경에서 식별이 불가능하나, PAS(periodic acid-Schiff)나 베스트카민(Best's carmine)과 같은 특수한 염색(special stain)을 통해 관찰 가

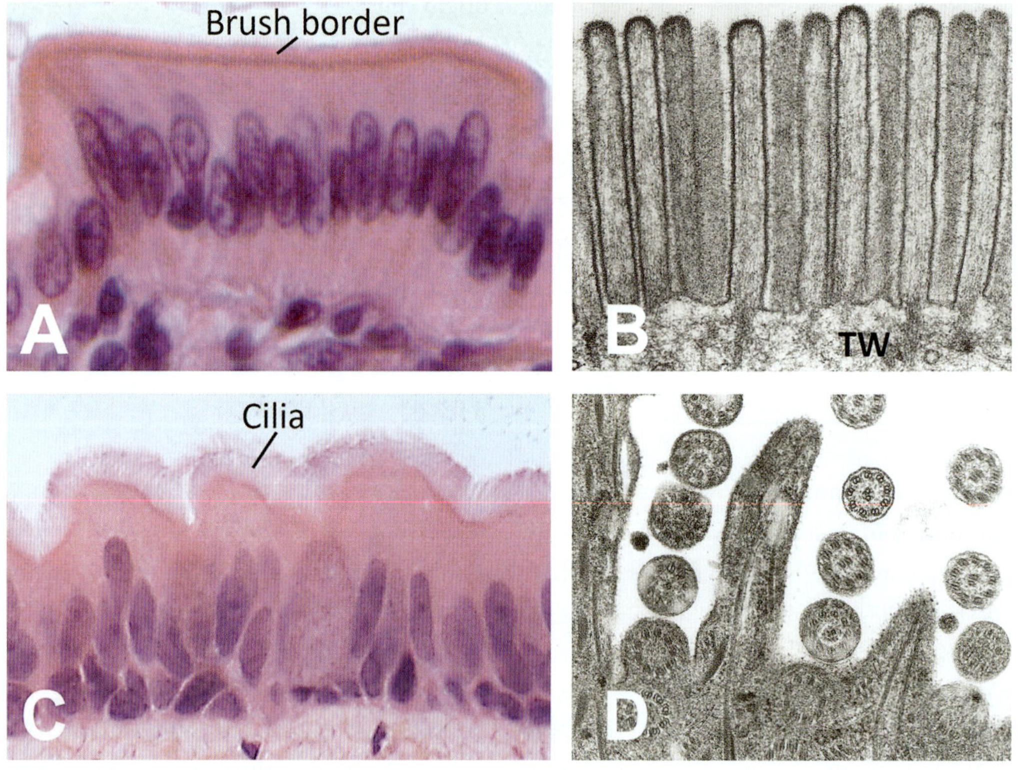

그림 1-21 • **A.** 작은창자 흡수상피세포의 미세융모는 광학현미경으로 꼭대기면에 흐릿한 솔가장자리(brush border)로 식별된다. H&E. (×800). **B.** 전자현미경 사진은 솔가장자리가 종말그물(TW)로 돌출된 미세잔섬유를 포함하는 빽빽하게 밀집된 미세융모로 되어 있음을 보여준다. (×51,000). **C.** 광학현미경으로 관찰한 기관지 호흡상피세포 꼭대기면의 섬모. H&E. (×800). **D.** 전자현미경 사진은 섬모의 축(axoneme)은 아홉 개의 주위미세관두짝과 두 개의 중심미세관 단일체를 특징으로 한다는 것을 보여준다. (×51,000).

능하다. 전자현미경에서 당원은 미세한 전자치밀과립과 응집체로 보인다.

③ 노화세포의 **지방갈색소(lipofuscin)**, 색소침착세포의 멜라닌(melanin), 혈색소의 분해로부터 유래된 **혈철소(hemosiderin)**와 같은 **색소(pigment)**가 있다. 지방갈색소포함물(lipofuscin inclusion), 즉 잔류소체(residual body)는 광학현미경에서 밝은 갈색으로 보이며 노화세포(aging cell)의 핵 가까이에서 흔히 볼 수 있으며(그림 1-15), 이들의 형성은 색소를 축적하는 용해소체와 연관되어 설명되어 왔다. 멜라닌포함물(melanin inclusion)은 색소표피세포, 멜라닌세포, 특정 유형의 신경세포에 존재하는 미세한 어두운 과립으로 검출되는 반면, 혈철소는 적혈구를 포식한 큰 포식세포에서 검출되는 황금빛 갈색 색소이다.

제8절 세포표면변화

Cell Surface Modifications

미세융모(microvilli)는 흡수세포의 표면적을 증가시키는 세포막의 손가락모양 돌기이다. 미세융모는 매우 작아서 전자현미경만으로 관찰할 수 있으며, 광학현미경상에서는 빽빽하게 뭉쳐있는 미세융모는 흡수상피표면에 있는 흐릿한 가장자리, 즉 **솔가장자리(brush border)**로 집합적인 구조로 확인된다(그림 1-21A). 미세잔섬유는 미세융모의 중심구조(core structure)를 구성한다(그림 1-21B). **고정섬모(stereovilli, stereocilia**; 'stereo-'는 'solid(고정)'의 의미로 사용됨)는 길게 변이된 미세융모(long variant of microvilli)이다. 미세융모와 고정섬모 모두 비운동성(nonmotile)이다.

섬모세포(ciliated cell)는 세포표면에 2~10 μm 길이의 수많은 운동성 **섬모**(motile **cilia**)를 가지고 있으며, 이 섬모들이 동시성파동(beat in a synchronous manner)을 일으켜 물질을 한 방향으로 이동시킨다(그림 1-21C). 따라서 호흡기도에서 섬모는 입쪽으로 점액과 입자를 이동시킨다. 정자와 같은 편모세포(flagellated cell)는 하나의 **편모(flagellum)**를 가지고 있으며 섬모와 편모의 구조는 매우 유사하다(그림 1-18, 1-21D). 섬모와 편모 모두 세포막에 의해 둘러싸여 있으며, 중심영역(즉, 축, axoneme, 9+2)에는 중심미세관 단일체 한 짝(two central microtubule singlet, 중심부에 관모양의 두 개 미세관으로 구성)과 아홉 개의 주위미세관두짝(peripheral microtubule doublet)이 특징이다. 중심미세관은 중심집(central sheath)에 의해 주위미세관과 분리된다. 주위미세관두짝(peripheral doublet)은 하나의 완전한 A미세관(subunit A, 13개의 원미세잔섬유로 구성됨)과 벽의 일부를 A미세관과 공유하는(세 개가 공유됨) 하나의 불완전한 B미세관(subunit B)으로 구성된다. 아홉 개의 A와 B 주위미세관두짝은 단백질다리, 즉 넥신(nexin)에 의해 서로 연결되며, 부챗살(radial spoke)에 의해 중심집과 연결된다. 운동단백질 **다이네인팔(dynein arm)**은 A미세관에서 뻗어 있다. 섬모운동을 하는 동안 다이네인팔은 인접한 주위미세관두짝의 B미세관에 부착한다. 넥신 단백질다리는 미세관과 연결하기 때문에 서로 미끄러져 지나갈 수 없다. 대신, 음의 방향으로의 다이네인 움직임은 굽힘운동(bending motion)으로 변환되어 정자의 편모운동과 호흡상피의 섬모운동을 일으킨다. 각 섬모 또는 편모의 바닥에는 **바닥소체(basal body)**가 있다. 중심소체(centriole)와 마찬가지로 바닥소체는 아홉 개의 주위미세관세짝(nine peripheral microtubule triplet)이 있으며 중심미세관은 없다. 섬모 또는 편모의 A와 B미세관은 바닥소체의 상응미세관으로 연속된다. **축(axoneme)**의 중심미세관은 중심소체(centriole)보다 먼저 종료되며, 바닥소체 미세관세짝의 세 번째 미세관은 축까지 뻗어 있지 않다. 특정 식물에는 미세관 형성을 방지하는 콜히친(colchicine)을 함유한다. 이 물질은 세포분열과 소포수송을 억제하며 이 식물을 섭취한 소에서 사망을 유발할 수 있다.

제9절 세포주기, 세포분열 및 세포자멸사

Cell Cycle, Cell Division, and Apoptosis

생식세포는 감수분열이라고 하는 복잡한 과정을 통해 증식하는 반면, 체세포는 유사분열로 증식한다(13장 참조). 세포가 유사분열 이전에 생성된 두 딸세포가 어미세포와 동일한 양의 DNA를 함유하도록 유전정보 내용을 복제해야 한다. 또한, 세포질분열 과정에서 세포질과 세포소기관이 딸세포 사이에서 나누어지기 때문에 분열 전의 성장을 통해 어미세포 크기도 커져야 한다. 따라서 세포는 **세포주기(cell cycle)**라고 하는 일련의 구별이 가능한 단계를 거친다. 이러한 단계는 **G1(유사분열뒤기, 합성전기)**, **S(DNA합성기**, synthesis of DNA), **G2(유사분열앞기, 합성후기)**, M(**유사분열기**, mitosis)이다. **G1**기 동안 세포는 성장하고 주변에서 신호(성장인자)를 수신하여 유사분열 준비를 시작한다. **S**기 동안 세포는 DNA를 두 배로 늘린다. **G2**기 동안 세포는 더 성장하며 S기 동안에 복제된 DNA의 질(quality)을 확인하고 **M기(유사분열기)**에 필요한 단백질(예, 튜불린소단위)을 합성한다. 유사분열 후 딸세포는 새로운 세포주기나 **G0(정지기**, resting stage)에 들어간다. 이러한 각 단계를 통해 순서대로 진행되어야 한다. 중요한 확인점에서(at critical check-point) 세포는 크기가 적절한지, DNA가 올바르게 복제되었는지 확인한다. 세포주기의 다

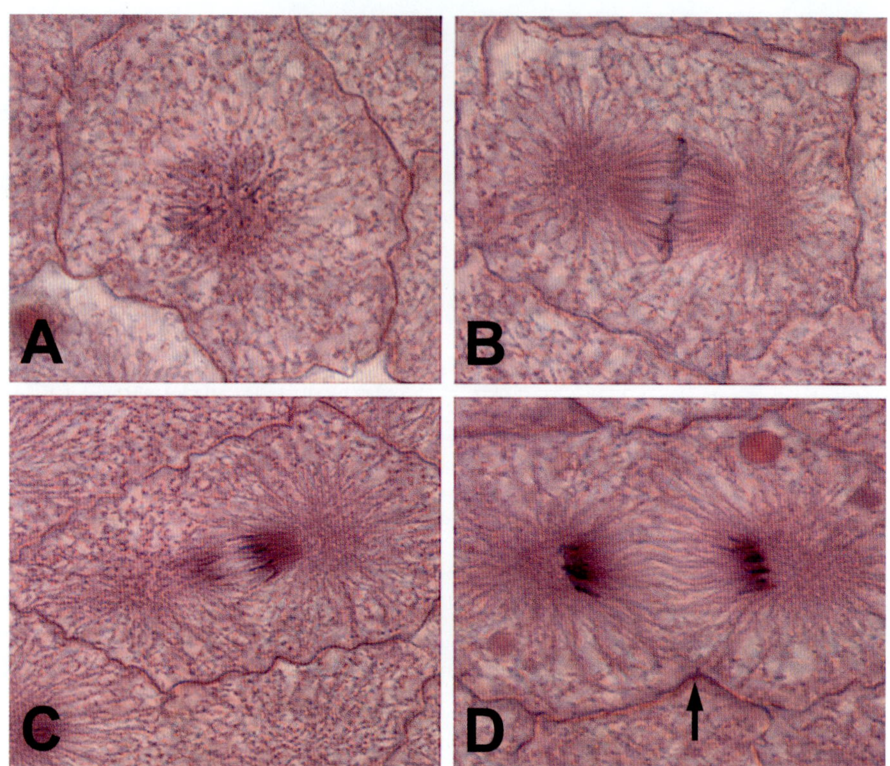

그림 1-22 • **A.** 전기. **B.** 중기. **C.** 후기. **D.** 태아 입안상피의 종기. Iron-hematoxylin. (×1,000). B와 C에서 세포중심(centrosome)과 방추장치의 미세관 부분을 확인하고, D에서 분할고랑(화살표)을 관찰한다.

음 단계로 진행하기 전에, 인접세포에서 적절한 신호를 수신해야 한다. 진행은 **사이클린(cyclin)**이라는 특수 단백질에 의해 제어된다. 서로 다른 확인점(checkpoint)에서는 서로 다른 사이클린이 필요하며, 세포가 다음 단계로 계속 진행할 수 있도록 하는 효소, 즉 **사이클의존인산화효소(cyclin-dependent kinase, CDK)**를 활성화한다. 따라서 세포주기가 엄격하게 제어된다. 세포가 적시에 올바른 사이클린을 생산하지 못하면 세포주기 진행이 중단되며, 세포자멸사를 통해 세포가 사라질 수도 있다. 세포주기가 진행되면 세포는 유사분열에 들어간다.

유사분열(mitosis, M)은 다음과 같이 형태학적으로 구별이 가능한 단계를 특징으로 하는데, 즉 전기(prophase), 중기(metaphase), 후기(anaphase), 종기(telophase)이다(그림 1-22). **전기(prophase)** 동안 염색질은 점차적으로 더 응축되어 헤마톡실린이나 기타 염기성 염료로 강하게 염색되는 개별적으로 식별 가능한 염색체를 형성한다(그림 1-22A). 또한, 핵소체는 사라지며 세포중심(centrosome)은 두 개의 세포중심으로 분리되어 세포의 반대쪽 극으로 이동하여 미세관을 유사분열 방추(mitotic spindle)로 조직한다(organize). 전기의 다음 단계는 종종 전중기(prometaphase)라고 하며, 핵껍질 소멸이 특징이다. 이것은 M기촉진CDK(M-phase-promoting CDK)를 통한 핵라민인산화(phosphorylation of the nuclear lamin)에 의해 발생하며, 라민소단위(lamin subunit) 사이의 정전기 반발(electrostatic repulsion)을 유발하여 핵판을 파괴한다.

중기(metaphase) 동안 염색체는 세포중심에 수직인 적도면으로 배열된다(그림 1-22B). 중기의 염색체는 두 개가 밀접하게 마주하는 동일한 반쪽, 즉 **염색분체(chromatid)** 또는 **자매염색분체(sister-chromatid)**로 쉽게 관찰된다(그림 1-23). S기에 DNA복제에 의해 더 일찍 형성된 자매염색분체는 DNA의 꼬임(coiling)이 증가하여 가시화된다. 염색분체는 단백질 복합체, 즉 **동원체(kinetochore)**를 포함하는 잘록하고 창백한 염색구조인 **중심절(centromere)**에서 서로 연결되어 있다. 동원체는 반대쪽의 세포중심에서 나오는 미세관의 부착점이다. 콜히친(colchicine)은 미세관 중합을 방해하고 중기에 유사분열을 정지시킨다. 콜히친을 사용하는 기술은 때때로 세포유전학 연구에서 중기염색체를 얻기 위해 사용된다(그림 1-23).

후기(anaphase) 동안 두 자매염색분체는 서로 분리되어 동원체 미세관에 의해 반대쪽세포중심쪽으로 당겨진다(그림 1-22C). 후기 말에는 자매염색분체(이때부터 딸염색체라고 함)가 세포의 반대쪽으로 분리될 때 끝난다.

종기(telophase) 동안 라민의 탈인산화의 도움을 받아 핵껍질이 다시 나타나고, 염색체가 풀어지며, 핵소체가 나타

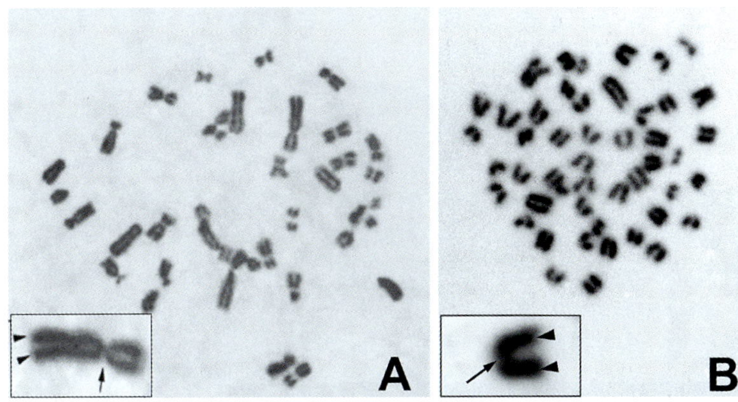

그림 1-23 • A. 수태지의 중기 염색체. B. 쥐 세포주(murine cell line)의 중기 염색체. 삽입 그림에서 자매염색분체(화살표 머리)와 중심절(화살표)을 주목하시오. 쥐 염색체는 한쪽 끝 가까이에 중심절이 있고 짧은 팔이 없다.

난다. **세포질분열(cytokinesis)**은 종기와 함께 동시에 발생하여 세포의 적도면 주위에 **분할고랑(cleavage furrow)**이 생긴다(그림 1-22D). 이 분할고랑은 액틴(actin)과 마이오신(myosin) 잔섬유의 수축에 의해 생성되며, 세포질은 새로 형성된 각각의 핵을 둘러싼 두 개의 세포로 나누어진다.

세포가 세포주기를 통과하고 분열하는 빈도는 상당히 다양하다. 성숙동물의 창자흡수세포와 같은 특정세포는 3~5일마다 교체되어 지속적으로 재생된다. 대부분의 세포는 영구적 또는 일시적으로 G0 (G0 phase)에 있다. 신경세포와 같은 일부 세포는 성숙동물에서 분열하는 능력을 잃고 영구적 G0상태(G0 state)가 된다. 일시적 G0 (G0 phase) 세포는 일반적으로 복제하지 않지만, 필요한 경우 복제할 수 있다.

세포증식 유도는 G1기에서 세포주기 활성화에 중요한 성장인자에 의한 자극이 필요하다. 종양세포에서 돌연변이는 성장인자신호전달기전(growth factor-signaling mechanism)의 자동 활성화를 초래할 수 있다. 이 활성화는 종양세포가 체내의 제어된 신호전달기전을 인식하지 못하게 하여 주변환경과 관계없이 세포의 지속적인 증식을 초래한다. 세포분열의 모든 단계가 돌연변이를 유발할 위험이 있기 때문에, 이렇게 통제되지 않은 세포는 결국 침습적이고 악성 행동을 보이는 추가적인 돌연변이를 일으킬 가능성이 높다.

돌연변이를 피하기 위한 보호장치는 **세포자멸사(apoptosis**, programmed cell death라고도 함)라고 하는 세포자살기전의 형태로 존재한다. 세포자멸사는 세포파괴로 이어지는 일련의 형태학적 변화로 정의된다. 조직절편에서 자멸세포(apoptotic cell)는 응축된 핵, 즉 **농축핵(pyknotic nucleus)**의 존재에 의해 인식되며 전자현미경으로 관찰할 수 있다(그림 1-24 윗줄). 세포자멸 후기단계에서 농축핵은 결국 파편으로 분해되는 **핵파괴(karyorrhexis)**이다. 핵파편은 세포질 파편(fragments of cytoplasm)에 의해 둘러싸여 나중에 주위세포에 의해 포식되는 **자멸소체(apoptotic body)**를 형성하고 이후 주위세포에 의해 포식된다. 세포자멸 프로그램이 활성화되면 일련의 생화학적 반응이 궁극적으로 세포의 DNA를 단편화시켜 파괴한다. 이는 TUNEL(terminal deoxynucleotidyl transferase biotin-dUTP nick end labeling) 방법을 통해 현장에서(*in situ*) 검출할 수 있다(그림 1-24, 아랫줄). 세포자멸사(apoptosis)는 생물체의 발생조각화와 노화되거나 감염세포의 교체에 중요한 역할을 한다.

제10절 | 세포에서 조직으로 *From Cells to Tissues*

뭇세포생물체에서 세포는 다른 주위의 세포와 군집하여 통합을 이루고, 생물체 전체에 도움을 주는 기능을 가진 특수 역할을 수행한다. 특수한 기능을 맡는 과정(process of assuming specific function)을 세포의 **분화(differentiation)**라고 한다. 군집에서의 상호관계는 세포가 다른 세포 또는 세포바깥바탕질(ECM)과 접촉을 하여 조직과 기관을 형성한다. 또한 세포는 국소적 또는 전체적 수단으로 서로 간의 교통을 지속적으로 필요로 한다.

1. 세포사이이음 Intercellular Junctions

여러 유형의 **세포이음(cell junction)**, 즉 폐쇄이음(occluding junction), 부착이음(anchoring junction), 교통이음(communicating junction)이 세포사이에 나타난다(그림 1-25). 부착(anchoring)은 인접한 세포사이뿐만 아니라, 세포바깥바탕질(ECM) 사이에도 존재한다. 폐쇄접촉(occluding contact)과 교통접촉(communicating contact)은 세포사이에서만 존재한다. 세포사이접촉은 고리모양(띠, zonulae) 또는 점모양(반, maculae)이다.

세포사이의 폐쇄접촉의 존재는 상피세포의 특징이다. 위창자관을 덮고 있는 많은 상피세포에서 **폐쇄띠(치밀이음, zonu-**

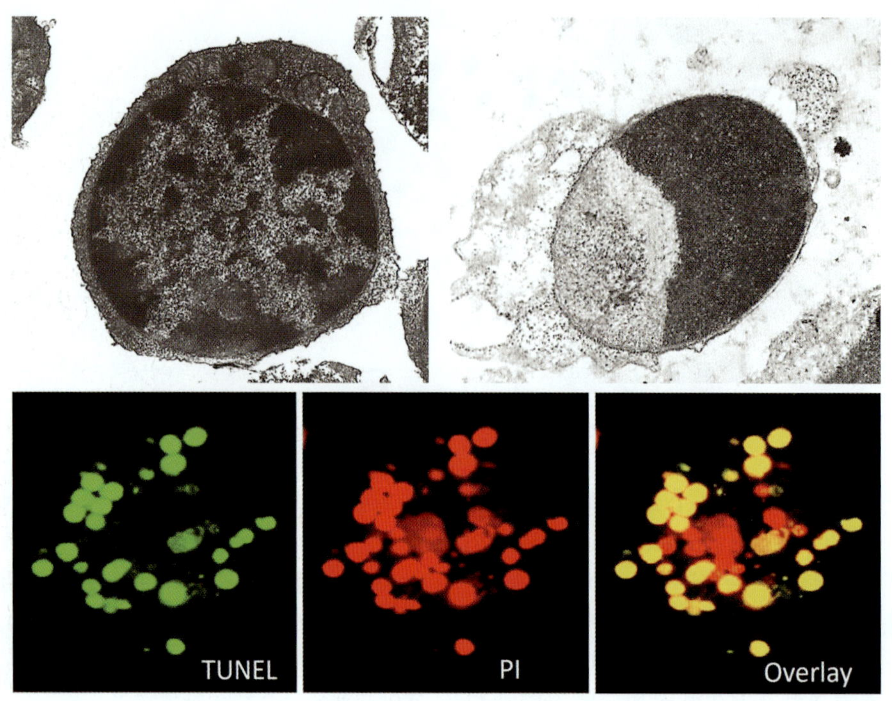

그림 1-24 • 정상 가슴샘세포(왼쪽 위)와 세포자멸 중인 가슴샘세포(오른쪽 위)의 전자현미경사진. (×6,600). 세포자멸 가슴샘세포의 손상된 핵 구조(compromised nuclear structure)에 주목하시오. 이 세포는 크고 초승달 모양의 응축된 뭉친염색질 응집체를 가지고 있다. 아래 패널의 공초점형광현미경 그림은 TUNEL법으로 검출된 DNA단편화(녹색)를 가진 세포자멸 가슴샘세포 무리가 배양 중인 큰포식세포에 의해 포식되는 모습을 보여준다. 고정 후 PI(propidium iodide)로 DNA를 대조염색한다. (×800).

la occludens, tight junction, 복수형은 *zonulae occludentes*)는 상피세포 위쪽을 밀봉한다. 이 기전(mechanism)은 속공간에서 상피 밑공간으로 또는 그 반대로 물질이 누출되는 것을 방지한다. 또한, 폐쇄띠는 세포막에서 막통과단백질의 자유로운 이동을 방지한다. 개별 폐쇄띠는 연결융기(anastomosing ridge)로 구성된 띠모양의 구조에 의해 두 개의 인접한 세포를 결합한다. 이음은 두 세포막을 함께 연결하는 막통과단백질인 **오클루딘(occludin)**과 **클라우딘(claudin)**으로 구성된다. 주위세포질단백질인 ZO-1과 ZO-2는 클라우딘과 오클루딘을 세포내 구조단백질인 스펙트린(spectrin)에 연결한다.

부착띠(zonula adherens)와 부착반점(macula adherens, desmosome)은 세포사이 부착접촉을 형성하는 반면, 국소부착(focal adhesion)과 반부착반점(hemidesmosome)은 세포-세포바깥바탕질(cell-to-ECM) 또는 세포-바닥막(cell-to-basement membrane) 접촉을 형성한다. **부착띠(zonula adherens**, 복수형은 zonulae adherentes)는 **카드헤린(cadherin)**이라고 하는 다양한 부착막 통과단백질로 구성된다. 카드헤린분자의 세포바깥영역은 인접한 세포에서 연장된 카드헤린분자와 동종결합을 하여 세포사이의 단백질다리를 형성한다. 카드헤린 결합에는 칼슘이온(Ca^{2+})이 필요하다. 따라서 세포분산(cell dispersal)은 종종 세포에서 칼슘이온을 제한함으로써 달성될 수 있다. 세포막 안쪽에서 카드헤린은 연결단백질(linker protein)에 부착되고, 차례로 미세잔섬유에 연결된다. 부착띠이음에서 카드헤린은 인접세포의 미세잔섬유를 연결하여 네트워크를 형성한다. 미세잔섬유는 **종말그물(terminal web)**과 연결되는데, 종말그물은 액틴, 마이오신, 각질잔섬유의 집합체이다(그림 1-21B). 이러한 연결은 세포들을 효과적으로 고정시킨다. 더욱이 마이오신과 상호작용함으로써 액틴잔섬유가 수축하여 상피의 모양을 변화시킬 수 있다. 부착띠에 연결된 액틴마이오신 잔섬유의 수축은 신경관(neural tube)의 정보를 생성하는 신경외배엽 상피의 주름형성에 역할을 하는 것으로 알려져 있다. 긴 원주상피세포에서 부착띠는 폐쇄띠(zonula occludens) 바로 아래에 존재한다. 동시에, 이 구조들이 모여 **종말막대(terminal bar)**를 형성하는데, 광학현미경으로 관찰하면 세포막이 치밀하게 응축된 것처럼 보인다.

부착반점(macula adherens, 복수형은 maculae adherentes, **desmosome)**은 지름이 200~400 nm인 원반모양의 세포사이접촉(cell-to-cell contact)으로, 특히 피부의 표피에서 잘 발달되어 있다. 부착띠와 마찬가지로 부착반점은 이음단백질 기능의 카드헤린을 가진다. 카드헤린은 인접한 세포의 중

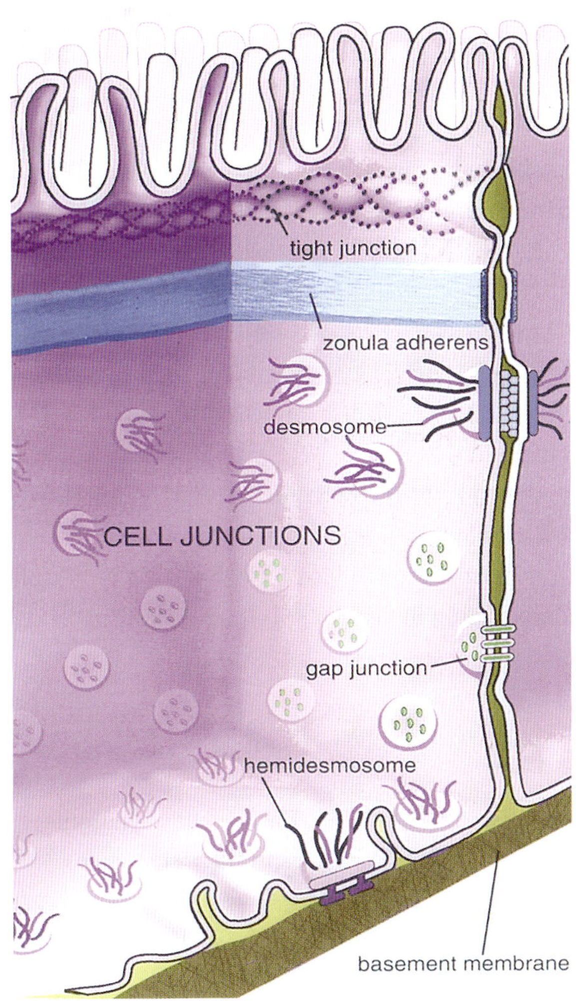

그림 1-25 • 세포사이이음 도해. 치밀이음(tight junction), 부착띠(zonula adherens), 부착반점(macula adherens), 반부착반점(hemidesmosome), 틈새이음(gap junction)을 나타낸다. (From: Eurell J. *Veterinary histology*. Jackson, WY: Teton NewMedia, 2004.)

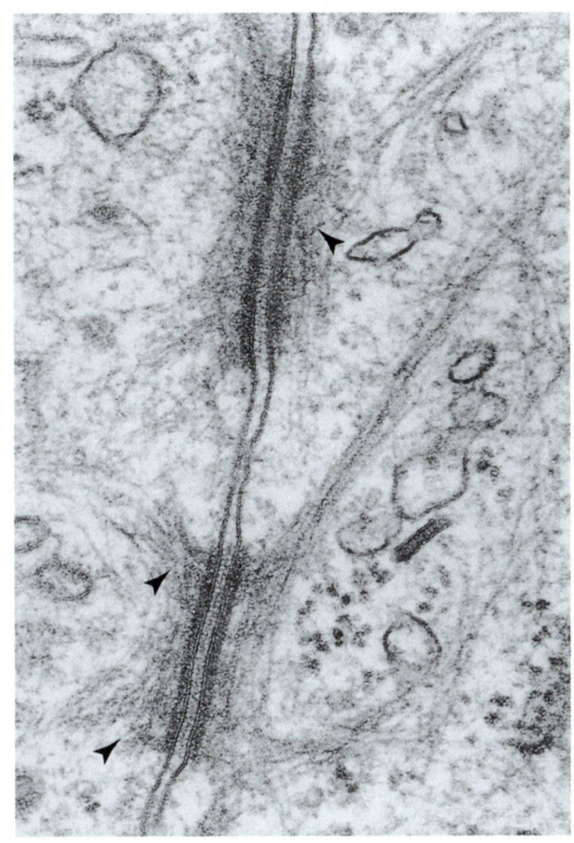

그림 1-26 • 두 신경뇌하수체 신경아교세포(glial cell) 사이의 부착반점. 뚜렷한 중앙 전자치밀선(distinct central electron-dense line)과 치밀소판(dense plaque)에 삽입된 후 머리핀 모양의 고리를 이루며 세포질로 돌아가는 중간잔섬유(화살표머리)에 주목하시오. (×87,500).

간잔심유에 결합하는 세포속어댑터단백질복합체(intracellular adaptor protein complex)에 결합하여 매우 강력한 점 모양의 세포부착을 생성한다(그림 1-25). 전자현미경으로 부착반점은 두 개의 인접한 세포막의 안쪽에 위치하는 두 개의 뚜렷하고 어둡게 염색되는 소판(plaque)이 특징이다. 이러한 소판은 어댑터단백질복합체에 대응한다. 중간잔섬유는 소판에서 세포질로 뻗어 있다. 부착반점에서 인접한 세포막은 전자치밀선(electron-dense line)을 포함하는 약 30 nm의 틈(gap)으로 분리된다(그림 1-26).

반부착반점(hemidesmosome, half desmosome)은 **인테그린(integrin)**이라고 하는 특정 세포표면바탕질수용체단백질을 통해 세포를 바닥막 복합체에 연결한다. 부착반점과 마찬가지로 반부착반점은 어댑터단백질을 통해 세포내에서 중간잔섬유에 연결한다. 전자현미경적으로 반부착반점은 **중간잔섬유(intermediate filament)**가 부챗살모양으로 세포질까지 뻗어 있고 세포막 안쪽에 소판이 있는 절반의 부착반점(half desmosome)처럼 보인다. 피부 표피에서 부착반점은 가쪽가장자리를 따라 서로 고정된 표피세포를 부착하고, 반부착반점은 진피 위의 바닥막에 세포를 부착한다. 각질유전자, 인테그린, 또는 세포바깥바탕질 단백질의 돌연변이는 표피세포의 부착결함으로 인한 물집형성(blister formation)을 특징으로 하는 통증성 질병인 물집표피박리증(epidermolysis bullosa)을 일으킨다.

국소부착(focal adhesion)은 또한 인테그린을 통해 아래 바탕질에 세포를 연결한다. 국소부착에서 세포속연결은 부착띠이음과 유사한 미세잔섬유를 통해 이루어진다. 국소부착은 세포의 부착에 관여할 뿐만 아니라, 세포 운동과 신호 전달에도 관련된다.

틈새이음(gap junction, nexus)은 전기신호, 이온, 작은

수용성분자(1,000 Da 이하)를 세포사이에 통과시킬 수 있는 교통이음(communicating junction)이다. 이 이음에서 인접한 세포의 세포막은 2~4 nm의 틈으로 분리된다. **커넥손(connexon)**으로 알려진 단백질복합체는 틈새에 걸쳐 있고 작은 분자가 한 세포에서 다른 세포로 통과할 수 있는 좁은 통로를 형성한다. 틈새이음은 여러 세포유형에서 존재한다. 예를 들어, 이러한 틈새이음은 심장근육세포의 사이원반(intercalated disc)을 통한 전기신호를 전달하는 데 중요하므로 심장근육 전체에 걸쳐 조정된 수축파동에 기여한다.

2. 세포교통 Cell Communication

다른 세포와 세포바깥바탕질(ECM)에서 나오는 신호(signal)는 세포의 기능과 과정을 지시한다(direct). 세포교통(cell communication)은 내분비(endocrine), 신경분비(neurocrine), 주변분비(paracrine)로 나뉜다. 혈액으로 분비되는 호르몬을 통한 **내분비신호전달(endocrine signaling)**과 신경전달물질을 통한 **신경분비신호전달(neurocrine signaling)**은 먼 신호경로를 나타낸다. **주변분비(paracrine secretion)**는 확산 거리 내에서 세포로 신호를 국소적으로 전파(local transmission of signal)하는 것이다. **자가분비신호전달(autocrine signaling)**은 분비세포가 스스로에게 신호를 보내는 기전이다. 이 현상은 성장인자의 자가분비신호전달을 사용하여, 정상적인 세포사이조절을 우회하여 종양의 크기를 증가시키는 암세포에서 가장 잘 알려져 있다. 내분비, 신경분비, 주변분비 기전에 의한 신호전달(signaling)은 모든 분화된 세포가 제대로 기능하도록 하는 신체조절기전을 나타낸다. 증식(proliferation)은 필요할 때만 자극되고, 세포와 조직의 선택성을 갖는 **성장인자(growth factor)**에 의해 조절된다. 성장인자의 예로는 적혈구형성호르몬(erythropoietin), 표피성장인자(epidermal growth factor), 혈소판유래성장인자(platelet-derived growth factor)가 있다.

임상 관련 *Clinical Correlations*

중추신경계통(CNS)의 치밀이음(폐쇄띠, tight junction, occluding junction)은 혈액뇌장벽(blood-brain barrier)에 영향을 미치며. 틈새이음(gap junction)의 connexin 40 유전자의 유전적 결함은 개에서 심장전도 결함을 초래한다. 섬모의 다이네인팔(dynein arm) 손실은 섬모운동이상증(ciliary dyskinesis, 카타게너증후군, Kartagener's syndrome)을 유발하여 개에서 호흡 청소율(respiratory clearance) 저하 및 생식 불임을 초래한다. 신경축삭을 따라 역행(뒤방향수송, retrograde transport)하는 미세관 수송은 바이러스(예, 광견병 및 뇌염)가 중추신경계에 접근할 수 있게 한다.

핵심 정리 *Essentials*

현미경 이미지를 해석하기 위해서는 각기 다른 종류의 기본 현미경으로 관찰 가능한 구조물과 그렇지 않은 구조물에 대한 이해가 필요하다. 조직학 및 병리학에서의 초기 관찰이나 진단은 대부분 H&E 염색 조직절편에 기반한다. 추가적인 검사가 필요할 경우에는 세포화학 또는 조직화학 염색, 면역세포화학 또는 면역조직화학 염색과 같은 특수 염색법이 활용된다. H&E 염색에서 가장 뚜렷하게 관찰되는 구조는 세포의 핵(nucleus)과 핵소체(nucleolus)이며, 일반적으로 세포소기관(organelle)이나 세포뼈대(cytoskeleton)는 이러한 일반 염색으로는 명확하게 관찰되지 않는다. 이들 구조를 자세히 관찰하기 위해서는 투과전자현미경(transmission electron microscope, TEM)이 필요하다. 다만 예외적으로, 과립세포질그물은 mRNA가 풍부하게 존재하여 **호염기성(basophilia)**을 나타내기 때문에 H&E 염색에서도 관찰 가능한 경우가 있다. 또한 골지복합체(Golgi complex)는 염색이 되지 않아 세포질 내에서 투명층(clear zone, 염색이 안 됨)으로 나타날 수 있다. 한편, 세포 내에 존재하는 모든 구조물이 세포소기관인 것은 아니며, 일부는 **세포포함물(inclusion)**로 분류된다. 대표적인 세포포함물에는 색소(pigment), 지질(lipid), 결정체(crystalline material), 저장-분비 과립(storage-secretory granule), 당원(glycogen) 등이 있다.

CHAPTER 02

상피
Epithelium

제1절 | 서론 *Introduction*

1. 세포, 조직, 장기 Cells, Tissues, and Organs

동물의 몸은 세포로 이루어져 있으며, 이 세포는 조직(tissue)을 형성하고, 이러한 조직이 모여 다양한 기관(organ)을 구성한다(그림 2-1). 이러한 조직은 기본적으로 네 가지 유형으로 나뉜다: **상피조직(epithelium), 결합조직(connective tissue), 근육조직(muscle), 신경조직(nervous tissue)**이다.

2. 상피의 특성 Characteristics of Epithelium

상피(epithelium)는 표면상피와 샘상피의 두 가지 형태로 존재한다. **표면상피(surface epithelium)**는 비슷한 모양의 세포가 모여서 층을 만들고 동물체의 모든 바깥표면과 속표면을 둘러싸고 있다. **샘상피(glandular epithelium)**는 내분비샘(endocrine gland)과 외분비샘(exocrine gland)의 분비세포이며, 표면상피가 그 밑에 있는 결합조직(connective tissue) 속으로 증식해 들어가서 형성된다. 표 2-1은 조직으로서 상피의 주요 특성을 요약한 것이다.

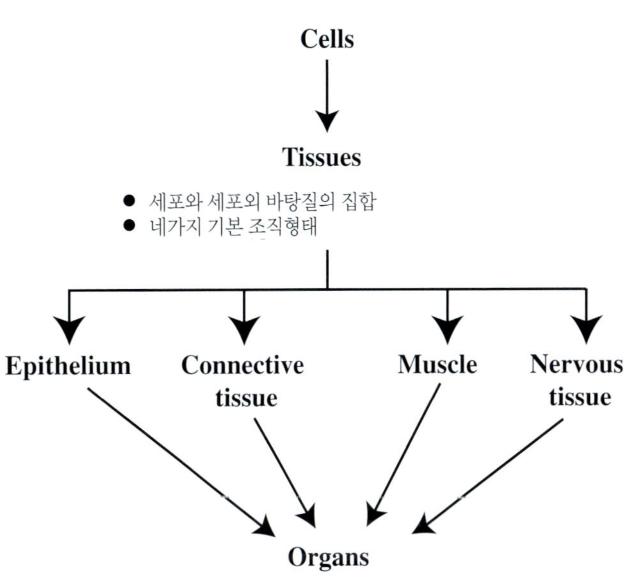

그림 2-1 • 동물 몸의 구조적 체계.

표 2-1 • 상피의 특징(Characteristics of Epithelium)

체표면을 덮음(Cover body surfaces, surface epithelium)
샘의 분비세포 형성(Form secretory cells of glands, glandular epithelium)
기능적 다양성을 가지고 있음(Cells are functionally diverse)
세포각질잔섬유를 가지고 있음(Cells contain cytoplasmic cytokeratin filaments)
세포분열 할 수 있음(Cells are capable of mitosis, regeneration)
바닥막에 접촉(Contact a basement membrane)
혈관분포 없음(Devoid of blood vessel, avascular)
세 개의 배엽 각각에서 발생(Derived from each of the three embryonic germ layers)

상피조직은 보호, 흡수, 분비, 배설 등의 기능에 특화되어 있으며, 선택적 투과성을 갖는 장벽을 형성한다. 포유동물에서 내피세포를 제외한 모든 상피는 **세포각질(cytokeratin)**로 구성된 중간잔섬유를 가지고 있다. 상피유래가 아닌 세포(즉 중간엽세포)는 세포각질이 없다. 이러한 특징은, 일반적인 조직학적 방법으로는 구분이 어려운 악성종양(암)의 세포유래를 진단병리학적으로 확인할 때 유용하게 사용된다.

모든 상피세포의 바닥부위에는 **바닥막(basement membrane)**이라는 세포바깥바탕질(extracellular matrix)이 존재한다. 기관(trachea)과 같은 일부 장기에서는 바닥막이 두껍게 존재하여 H&E 염색으로도 관찰될 수 있다. 대부분의 다른 기관에서는 바닥막이 H&E 염색으로는 보이지 않지만, PAS(과아이오딘산시프, periodic acid-Schiff) 기법이나 은염색(silver stain)을 사용하면 확인할 수 있다. 투과전자현미경(transmission electron microscope, TEM) 사진에서 상피세포 밑의 바닥막은 바닥판(basal lamina)과 그물판(reticular lamina)의 두 층으로 구성되어 있음을 볼 수 있다. 바닥판은 라미닌(laminin)과 섬유결합소(fibronectin)를 포함하는 전자밀도가 낮은(전자투과성이 높은) 영역(투명판, lamina lucida)과, 4형아교질(collagen IV)을 포함한 전자밀도가 높은 영역(치밀판, lamina densa)으로 나뉜다(그림 16-9). 바닥판은 7형아교질(collagen VII)을 통해 그 아래의 그물판(치밀밑판, reticular lamina, sublamina densa)과 연결되며, 그물판은 주로 3형아교질과 프로테오글리칸으로 구성된다. 이 두 판(바닥판과 그물판)은 상피세포에 의해 합성된다. 그물판은 그물섬유(reticular fiber), 즉 3형아교질로 이루어져 있으며, 치밀판을 상피밑결합조직과 연결한다. 바닥막은 상피의 부착 기반을 제공할 뿐만 아니라, 팽창성과 수축성(distensibility)을 가지는 장기에서 상피의 신장과 복원을 가능하게 한다. 바닥막은 16장에서 더 자세히 설명된다.

바닥막은 결합조직과 접하는 모든 상피 밑에 존재할 뿐만 아니라, 콩팥의 콩팥소체(renal corpuscle)와 허파꽈리(pulmonary alveolus)에서와 같이 두 상피층 사이에서도 확인되는 데, 이러한 부위에서는 그물판이 존재하지 않으며, 이 구조를 단순히 **바닥판(basal lamina)**이라고 한다. 바닥판은 민무늬근육세포, 뼈대근육세포, 심장근육세포, 지방세포, 신경집세포(Schwann cell)의 주위에도 있다.

바닥막은 다양한 기능을 수행한다. 바닥막은 토리모세혈관에서 초여과작용(ultrafilter)을 하며 고분자의 교환에 대한 선택적인 장벽으로 작용한다. 상피조직에는 혈관이 없기 때문에 모든 상피세포는 바닥막을 통해 아래 결합조직의 모세혈관으로부터 확산에 의해 영양분을 공급받는다.

배아의 세 배엽은 모두 상피 형성에 기여한다. **외배엽(ectoderm)**은 피부의 표피와 같은 신체 외부 표면의 상피를 형성한다. 대부분의 내피상피(lining epithelium, 즉 소화계통과 호흡계통의 속공간 표면을 덮는 상피)는 **내배엽(endoderm)**에서 유래하는 반면, **중배엽(mesoderm)**은 맥관계통, 장액막 체강, 그리고 비뇨계통과 생식계통의 특정 부위를 덮는 상피를 형성한다.

제2절 | 표면상피 *Surface Epithelium*

1. 분류 Classification

상피조직은 세포층의 수와 상피세포의 형태에 따라 분류된다. 가장 기본적인 형태인 **단층상피(simple epithelium)**는 바닥막(basement membrane) 위에 하나의 세포층으로만 구성된다. 반면, **중층상피(stratified epithelium)**는 두 층 이상의 세포층으로 구성되어 있으며, 오직 바닥층 세포(basal layer)만 바닥막에 부착되어 있다. 중층상피 명칭은 깊은 층에 위치하는 세포의 모양과 무관하게 표면에 위치하는 세포 모양에 따라서 분류된다. 상피층을 이루는 모든 상피세포가 바닥막에 닿고 있으나, 일부 세포의 꼭대기가 상피의 표면까지 도달하지 않은 경우는 **거짓중층상피(pseudostratified epithelium)**라고 한다. 이 때문에 거짓중층상피에서는 세포핵이 서로 다른 높이에 위치하여 여러 층으로 구성된 것처럼 인식된다. 상피조직 분류에 대해서는 그림 2-2에 정리되어 있다.

2. 현미경적 구조 Microscopic Structure

1) 단층편평상피 Simple Squamous Epithelium

단층편평상피(simple squamous epithelium)는 납작하고 얇은 비늘 모양(scale-like)의 세포로 이루어진 단일 세포층으로 구성된다. 표면에서 관찰하면(그림 2-3A, 2-4), 각 세포는

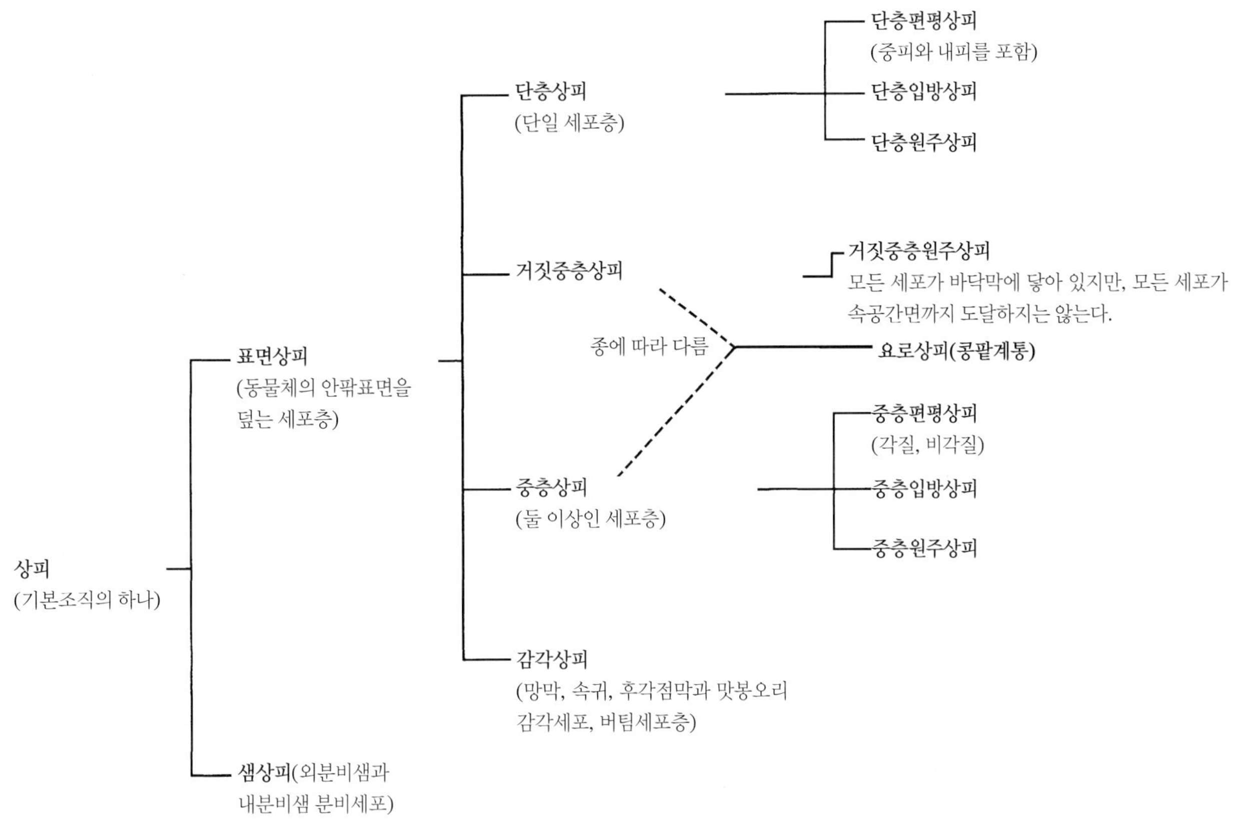

그림 2-2 • 상피조직의 다양한 형태 분류.

주변부가 약간 톱니모양 불규칙한 형태를 띠며, 서로 맞물리듯 연결되어 연속적인 막을 형성한다. 핵은 일반적으로 구형 또는 타원형이며, 세포의 중심에 위치한다. 세포를 가로단면에서 보면, 핵이 위치한 부위는 다소 두껍고, 그 양옆으로는 얇고 가는 세포질이 길게 뻗어 있는 형태를 보인다(그림 2-4).

단층편평상피는 몸속의 장막(serous membrane)을 덮는 내면과, 심장, 혈관, 림프관으로 이루어진 순환계통의 내면을 감싼다. 몸통 공간 속에서도 가슴막안(pleural cavity), 심장막안(pericardial cavity), 배막안(peritoneal cavity)의 장막을 감싸는 단층편평상피를 **중피(mesothelium)**라고 하며, 혈관계통 내부를 덮는 상피는 **내피(endothelium)**라고 부른다. 그 외에도, 단층편평상피는 허파꽈리(pulmonary alveoli), 눈의 안구앞방(anterior chamber of eye), 고막의 속면(internal surface of tympanic membrane), 속귀의 막미로(membranous labyrinth of internal ear), 콩팥소체의 토리주머니(glomerular capsule), 콩팥세관고리(loop of nephron) 등에서 확인된다.

2) 단층입방상피 Simple Cuboidal Epithelium

단층입방상피(simple cuboidal epithelium)는 세포의 폭과 높이가 대체로 비슷한 세포가 한 층으로 배열되어 있다. 세포의 높이가 폭의 길이에 비해서 약간 짧을 때는 낮은 입방상피(low cuboidal epithelium)라고 부르고, 높이가 폭의 길이보다 더 길 때는 높은 입방상피(tall cuboidal epithelium)라고 부른다. 가로 단면에서 보면 세포는 정사각형처럼 보이지만, 표면에서 관찰하면 육각형(hexagonal) 형태를 띤다(그림 2-3B, 2-5).

이러한 상피는 여러 외분비샘(exocrine gland)의 관(duct)과 콩팥의 집합관(collecting duct)을 덮고 있다. 또한, 뇌 맥락얼기(choroid plexus)와 눈의 섬모체(ciliary body)에도 존재하며, 갑상샘소포(thyroid follicle)의 속면 역시 단층입방상피이다. 눈의 수정체(lens) 상피와 망막색소상피(retinal pigment epithelium) 또한 단층입방상피의 예이다.

3) 단층원주상피 Simple Columnar Epithelium

단층원주상피(simple columnar epithelium)는 세포의 높이가 폭의 길이보다 긴, 길고 좁은 형태의 세포로 구성되어 있다(그림 2-3C, 2-6). 핵은 일반적으로 타원형이고 세포의 바닥부위에 가깝게 위치한다. 단층원주상피는 일반적으로 흡수기능이나 분비기능을 가진, 즉 소화계통의 샘위(glandular stomach), 작은창자(소장, small intestine), 큰창자(대장, large intestine), 쓸개(담낭, gallbladder)의 속공간면

그림 2-3 • 표면상피의 도해. A. 단층편평상피, B. 단층입방상피, C. 미세융모를 가지고 있는 단층원주상피. D. 섬모와 잔세포를 가지고 있는 거짓중층원주상피, E. 이행상피(요로상피). F. 비각질중층편평상피. G. 중층입방상피. H. 중층원주상피.

(luminal surface)을 덮고 있으며, 수컷생식계통의 덧생식샘인 망울요도샘(bulbourethral gland)과 암컷생식계통의 자궁(uterus)과 자궁관(난관, uterine tube)도 단층원주상피로 덮여 있다.

4) 거짓중층상피 Pseudostratified Epithelium

거짓중층상피(pseudostratified epithelium)에서는 모든 세포가 바닥막(basement membrane)과 접촉하지만, 모든 세포가 자유면(free surface)에 닿는 것은 아니다.

(1) 거짓중층원주상피 Pseudostratified Columnar Epithelium

거짓중층원주상피(pseudostratified columnar epithelium)는 단일 세포층으로 이루어져 있으나, 세포들의 크기와 형태가 불규칙하여 세포핵이 다양한 층에 분포함으로써 겹겹이 쌓인 것처럼 보인다(그림 2-3D, 2-7). 이 유형의 상피에서는 모든 세포가 바닥막에 닿아 있으나, 일부 세포만이 자유면까지 도달한다. 자유면에 닿는 세포들은 바닥막에서부터 자유면까지 이어지는 세포몸체를 가지며 이들의 자유면에는 돌기(process)를 내밀고 있는데, 이 돌기는 섬모(cilium, hair-like structure), 미세융모(microvillus, 흡수에 관여하는 작은 돌기), 또는 다른 특수한 세포 돌기일 수 있다. 거짓중층원주상피는 **섬모상피세포(ciliated epithelial cell)**, **무섬모상피세포(nonciliated epithelial cell)**와 **잔세포**(훌세포점액샘, **goblet cell**)로 구성될 수 있다. **바닥세포(basal cell)**는 바닥막에 부착되어 있으나 상피의 자유면까지 도달하지 않는다. 이 바닥세포는 분열과 분화를 통해, 마모로 손실된 다른 상피세포를 대체한다.

잔세포를 갖는 거짓중층섬모원주상피(pseudostratified

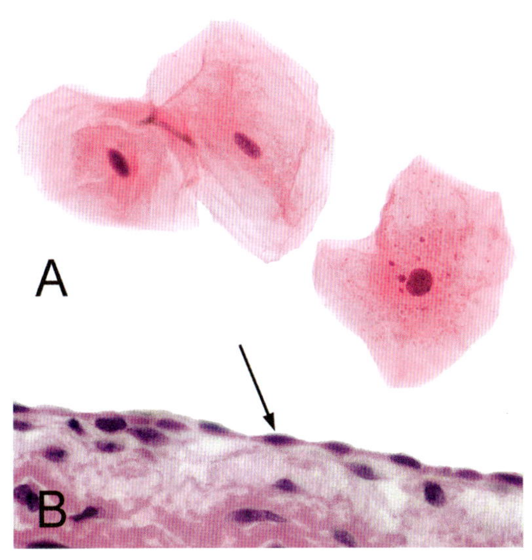

그림 2-4 • A. 유리 슬라이드 위에 펼쳐진 편평상피 세포. 세포의 불규칙한 형태가 관찰된다. 호염기성인 핵은 호산성인 세포질의 중앙에 위치한다. 입안 점막, H&E. (×400). B. 돼지 흉부 대동맥 내면을 덮고 있는 단층편평상피(화살표). H&E. (×600). (Images by W.E. Haensly.)

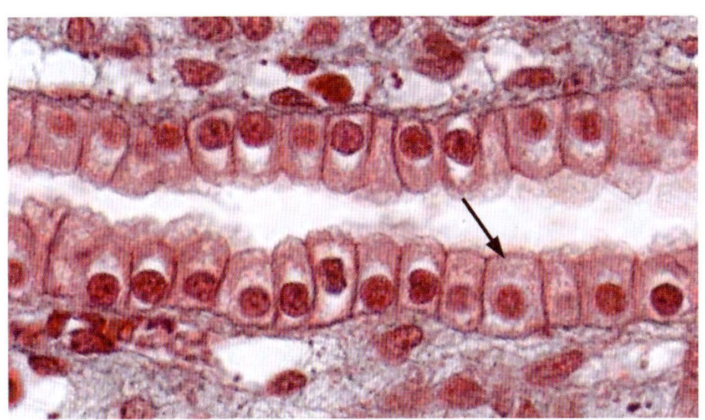

그림 2-5 • 단층입방상피, 콩팥의 집합관. Modified Masson trichrome. (×500). (With permission of Purdue University.)

ciliated columnar epithelium)는 코안(nasal cavity), 코곁굴(paranasal sinuses), 코인두(nasopharynx), 귀관(auditory tube), 기관(trachea), 그리고 큰 기관지(larger bronchi)의 대부분을 덮고 있다. 호흡계통에서는 잔세포가 상피 표면에 얇은 점액층을 형성하며, 흡입된 먼지 입자들이 이 점액에 포획된다. 섬모가 만드는 운동은 먼지로 가득 찬 점액을 체외로 이동시킨다. 부고환관(duct of epididymis)과 정관(ductus deferens)의 내면을 덮는 거짓중층원주상피는 고정섬모(stereovilli, stereocilia)를 가지고 있으나 잔세포는 없다.

(2) 요로상피, 이행상피 Urothelium, Transitional Epithelium

이행상피(transitional epithelium)라는 용어는 과거 여러 종류의 상피를 지칭하는 데 사용되어 왔다. 콩팥계통(renal system)의 상피, 즉 콩팥깔때기(renal pelvis)와 콩팥잔(calices), 요관(ureter), 방광(urinary bladder), 그리고 요도(urethra)의 상피는 전통적으로 이행상피로 불렸다. 그러나 이 조직은 독특한 상피로서, 최근에는 **요로상피(urothelium)**라는 명칭이 보다 적절하게 사용되고 있다. 요로상피는 세포 한 층으로 이루어진 두꺼운 모양의 바닥세포층(basal cell layer)과 그 위에 여러 겹으로 구성된(종에 따라 두께가 다름) 중간세포층(intermediate cell layer), 그리고 가장 바깥에 위치한 한 층의 우산세포(umbrella cell)로 구성된다. 문헌에 따르면, 요로상피는 중층상피(stratified epithelium) 또는 거짓중층상피(pseudostratified epithelium)로 분류할 수 있으며, 이러한 분류는 종에 따라 다르다는 최근 연구 결과가 있다(그림 2-3E, 2-8). 요로상피가 팽창되면 세포는 납작하고 길쭉한 형태로 변하며, 전체 상피의 높이는 낮아진다.

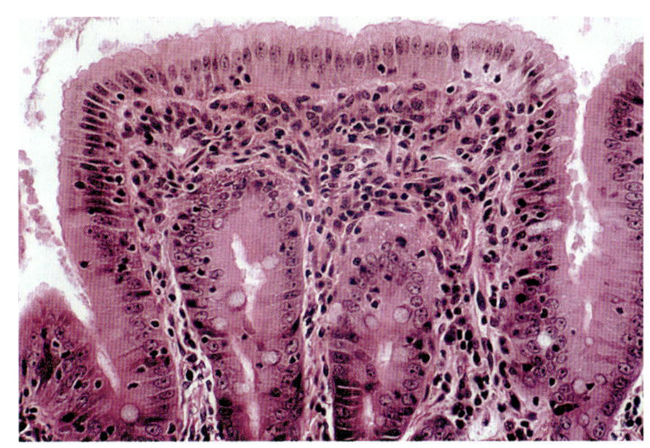

그림 2-6 • 단층원주상피, 돼지 샘창자. H&E. (×400). (Image by W.E. Haensly.)

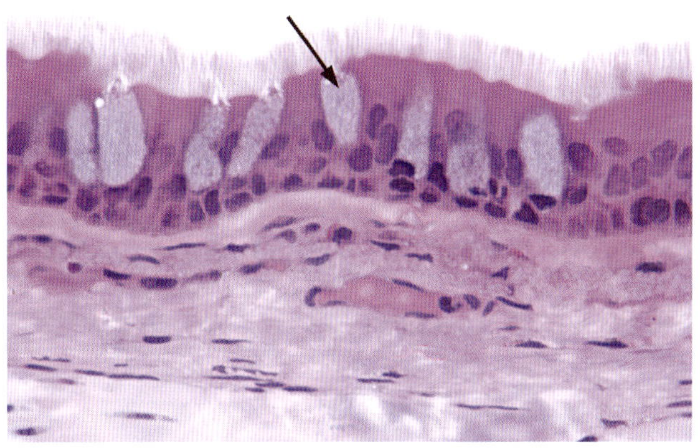

그림 2-7 • 섬모와 잔세포(화살표)를 가진 거짓중층원주상피, 기관. H&E. (×1,000). (Image by J. Eurell.)

광학현미경으로 관찰하면 요로상피의 속공간 표면(lumi-

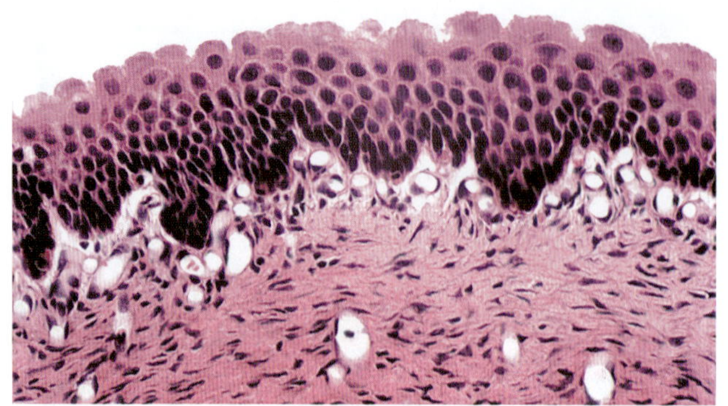

그림 2-8 • 요로상피(이행상피)의 세포는 바닥층에서 표면으로 갈수록 크기가 커진다. 표면 세포는 조개 모양의 우산세포(umbrella cell) 형태를 가지며, 상피가 늘어날 때는 평평해지고 길쭉해진다. 방광, 고양이. H&E. (×400). (Image by W.E. Haensly.)

nal surface)은 비교적 매끄럽게 보인다. 그러나 전자현미경으로 관찰하면, 세포 속공간 표면에는 두꺼워진 세포막(plasmalemma)의 영역인 소판(plaque)이 여러 개의 세포질잔섬유(cytoplasmic filament)에 의해 고정되어 있는 것이 관찰된다. 이 막소판 사이의 영역은 정상적인 세포막으로 이루어져 있으며, 방광이 수축할 때 소판은 경첩처럼 접히고, 방광이 팽창할 때 소판들은 펼쳐져 속공간 표면의 확장을 가능하게 한다.

'이행(transitional)'이라는 명칭의 상피는 후두(larynx), 코인두(nasopharynx), 그리고 눈꺼풀결막(palpebral conjunctiva)에서도 발견되나, 이들은 요로계통에서 발견되는 요로상피와는 다르다. 호흡계통에서는 적어도 네 가지 종류의 상피가 존재하는데, 편평상피와 전형적인 호흡상피 사이에는 섬모를 갖거나 갖지 않은 입방형상피와 원주형상피가 존재하며, 이는 종종 '이행상피'로 불린다. 비슷한 경우로, 코선반(turbinate)에서도 입방상피와 섬모가 있거나 없는 상피가 이행상피라고 불린다.

방광의 표면상피는 상피밑조직에서 방광 내에 저장된 높은 농도의 오줌(고장성오줌, hypertonic urine)으로의 수분확산(diffusion)을 차단하는 장벽 역할을 한다. 이 확산 장벽을 뒷받침하는 형태학적 증거는 다음과 같다: ① 세 층으로 이루어진 세포막에서 속판(inner lamina)에 비해 바깥판(outer lamina)의 두께가 증가되어 있다. ② 세포뼈대잔섬유인 당김잔섬유(tonofilament)가 속공간 표면 바로 아래에 집중되어 있다. ③ 인접한 표면 세포 사이에 위치하여 세포 사이로의 확산을 차단하는 치밀이음(tight junction)과 같은 이음복합체(junctional complex)가 있다.

이행상피에 대한 상세한 연구에 따르면, 상피가 이완 상태에서는 세포가 길게 늘어나 서로 겹쳐지게 되며, 그 결과 중층상피처럼 보인다. 모든 이행상피의 세포는 가느다란 세포질돌기(cytoplasmic process)를 통해 바닥막에 부착되어 있다(그림 2-3E). 이러한 부착 방식은 거짓중층원주상피에서 관찰되는 모습과 유사하다. 이런 구조 덕분에 방광이 팽창했을 때 세포들이 서로 평행하게 정렬할 수 있으며, 그 결과 관찰되는 세포층의 수가 줄어든 것처럼 관찰된다.

5) 중층편평상피 Stratified Squamous Epithelium

중층편평상피(stratified squamous epithelium)는 여러 층의 세포로 구성되며, 가장 표면에 위치한 세포는 편평한 형태를 가진다(그림 2-3F). 중층편평상피에는 크게 두 가지 유형이 있다(그림 2-9). 첫째, **각질중층편평상피(keratinized stratified squamous epithelium)**에서는 표면층 세포가 핵

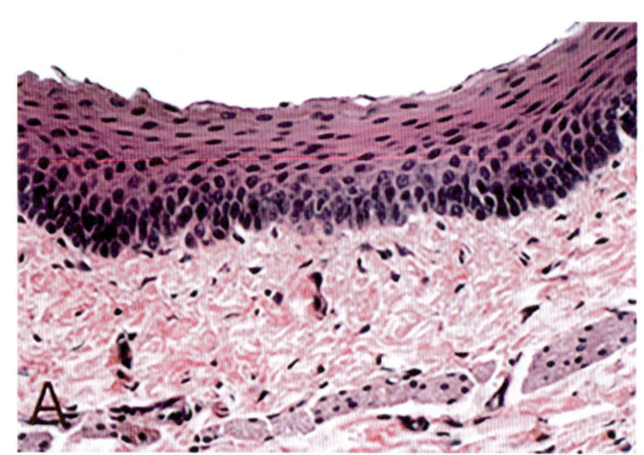

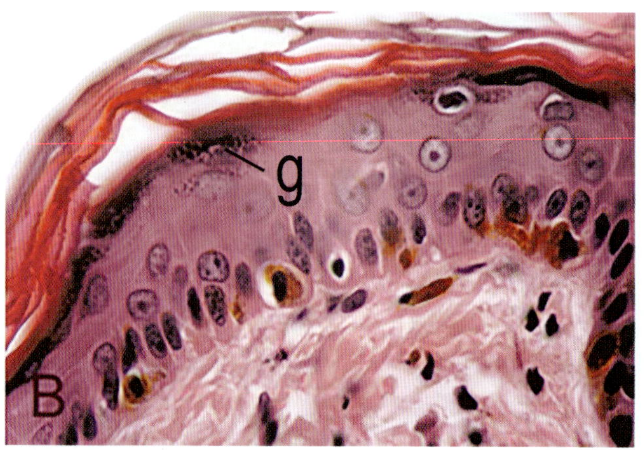

그림 2-9 • **A.** 비각질중층편평상피. 가장 위층세포는 납작하며 핵을 유지한다. 식도, 고양이(×400). **B.** 각질중층편평상피. 이 상피의 가장 깊은 층에는 갈색색소를 포함한 세포들이 여러 개 존재한다. 상피세포가 바닥층에서 표면으로 이동하면서 납작해지고, 짙은 색소를 가진 과립(과립층, g)을 형성하며 결국 핵을 잃는다. 상피 위에 남은 세포 잔해들이 각질층을 형성한다. 귓바퀴(pinna), 고양이. (×1,000). (Images by W.E. Haensly.)

을 잃고 각질로 가득 차 있다. 둘째, **비각질 중층편평상피(부분 각질중층편평상피, nonkeratinized stratified squamous epithelium, parakeratinized stratified squamous epithelium)**에서는 세포 내 각질이 존재하지만, 표면의 납작한 세포는 핵을 그대로 유지한다.

중층편평상피는 일반적으로 3~5개의 뚜렷한 세포층으로 이루어져 있다(16장도 참고). 바닥막에 가장 가까운 가장 깊은 층은 **바닥층(stratum basale)**으로, 단층의 입방형에서 원주형 세포로 구성된다(그림 2-3F, 2-9). 바닥층 세포는 유사분열(mitotic)이 활발하며, 끊임없이 분열하여 새로운 세포를 만든다. 이 신생 세포는 세포 교체(cell turnover) 또는 재생(cell renewal) 과정을 통해 상피의 위쪽 층으로 이동한다.

바닥층 바로 위의 다음 층은 **가시층(stratum spinosum**, 그림 2-9)으로, 뭇면체세포가 수많은 **부착반점(desmosome, maculae adherens)**을 통해 서로 단단히 결합되어 여러 층을 이룬다. 일반적인 조직학적 표본을 제작하는 과정에서 부착반점 결합 부위 사이의 세포질이 수축하여, 세포가 부착된 부위에서는 세포 표면에서 가시모양의 작은 돌기가 방사상으로 뻗어 나오는 모습을 보인다. 이러한 형태적 특징 때문에 이 층을 'spiny layer (stratum spinosum)'라 한다. 이러한 가시모양돌기 안에는 **당김잔섬유(tonofilament)**라고 하는 **세포각질잔섬유(cytokeratin filament)**가 들어있으며, 부착반점 부위에서 농축된다(그림 16-6).

가시층의 세포는 표면으로 이동할수록 점차 납작해지며, 세포질 속에 **각질유리과립(keratohyalin granule)**과 **층판과립(lamellar granule)**을 축적한다. 각질유리과립은 각질형성에 기여하고, 층판과립은 피부 장벽 기능에 중요한 지질을 포함한다. 이 층은 **과립층(stratum granulosum)**이라고 하는데, 비각질중층 편평상피에서는 과립층이 존재하지 않는다. 또한 되새김동물의 발굽벽과 뿔과 같이 단단한 각질(hard keratin)이 생성되는 부위에서는 과립층이 없다. 이러한 부위에서는 단단하고 튼튼한 내구성 있는 구조를 형성하는 방식으로 각질화가 진행된다.

투명층(stratum lucidum)은 털이 없는 피부 부위에서만 관찰된다(그림 16-2C). 이 층은 과립층과 각질층 사이에 위치한 납작한 각질세포로 이루어져 있으며 **엘라이딘(eleidin)**이라는 단백질을 포함하고 있어 반투명한 모습을 보인다. 엘라이딘은 각질과 유사하지만 조직학적 염색에서 반투명하게 보인다.

각질중층편평상피의 가장 바깥층은 죽은 각질세포로 이루어진 **각질층(stratum corneum)**이다. 세포가 바닥층(stratum basale)에서 각질층까지 이동하면서 단계적으로 변형 과정을 거쳐 각질 상태에 도달한다. 이 **각질화(keratinization)** 과정에서는 핵, 골지복합체, 사립체가 점차 사라지고, 용해소체의 활성이 감소하며 동시에 **당김잔섬유(tonofilament)**가 축적된다. 바닥층의 증식세포는 무리리보소체(polyribosome)가 풍부하며 각질을 합성한다. 이 세포가 가시층으로 이동하면서 당김잔섬유는 광학현미경으로 관찰이 가능한 **당김원섬유(tonofibril)**로 응축되고 부착반점에 부착된다. 과립층에서는 납작한 세포가 수많은 **각질유리과립(keratohyalin granule)**과 층판과립을 가지고 있어 이 과립이 광학현미경에서 쉽게 확인되며, 전자현미경으로는 당김잔섬유가 세포 주변부로 뻗어 과립과 뒤섞여 있는 모습이 관찰된다. 과립층의 세포들은 또한 막으로 둘러싸인 독특한 타원형의 과립(크기 100~500 nm)을 포함하고 있는데, 이 과립은 밝고 어두운 층판(lamellae)이 교대로 배열되어 있다. 골지복합체에서 유래한 이러한 **층판과립(피막과립, lamellar granule, membrane-coating granule)**은 세포 가장자리에 위치한다. 세포가 투명층에 도달할 즈음에는 길게 늘어나고 납작해지며, 모든 세포소기관이 사라진다. 각질층 세포는 광학현미경에서 윤곽선만 보이지만, 조밀하게 배열된 당김잔섬유가 치밀한 바탕질에 박혀 있다. 이 바탕질은 아마도 각질유리과립에서 유래된 것으로 보인다. 각질층에서는 층판과립의 내용물이 세포외배출(exocytosis)을 통해 분비되어 각질층 세포 사이에서 세포사이물질로 기여하며, 이는 상피의 장벽 기능에 매우 중요한 역할을 한다. 각질층의 가장 바깥쪽 세포집단은 점차 느슨해지고 분리되어 떨어져 나가며, 이와 같은 과정 때문에 **박리층(stratum disjunctum)**이라고 한다.

습윤한 표면에 위치한 비각질중층편평상피에는 각질층(stratum corneum)이 없다(그림 2-9). 대신, 상피 표면으로 이동하면서 핵을 잃지 않고 각질을 포함하는 세포층이 있으며 이를 **얕은층(stratum superficiale)**이라고 한다.

6) 중층입방상피 Stratified Cuboidal Epithelium

중층입방상피(stratified cuboidal epithelium)는 두 층 이상의 세포층으로 이루어지며, 표면층은 전형적인 입방형 세포로 구성된다. 주로 샘의 배출관 내면을 두 층으로 구성된 중층입방상피가 둘러싼다(그림 2-3G, 2-10).

7) 중층원주상피 Stratified Columnar Epithelium

중층원주상피(stratified columnar epithelium)는 여러 세포층으로 이루어져 있으며, 가장 표면층은 키가 큰 원주세포로 구성되어 있으나 바닥막에는 닿지 않는다(그림 2-3H, 2-11). 깊은층은 세포는 작은 뭇면체세포로 구성되며 상피 표면까지 도달하지 않는다. 이러한 상피는 요도 먼쪽부위, 이행상피 내의 일부 한정된 부위 속에서 부분적으로 나타나며, 귀밑샘(parotid gland)과 턱샘(mandibular gland)의 도관, 눈물주머니(lacrimal sac)와 눈물관(lacrimal duct)에서 관찰할 수 있다.

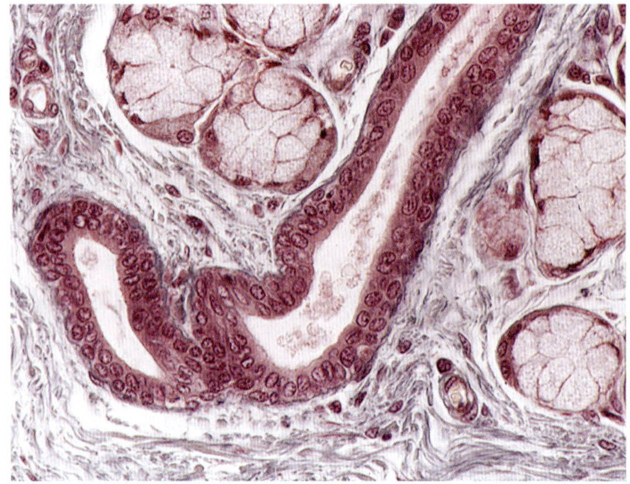

그림 2-10 • 중층입방상피, 돼지 앞발목샘관(carpal gland duct). H&E. (×1,400).

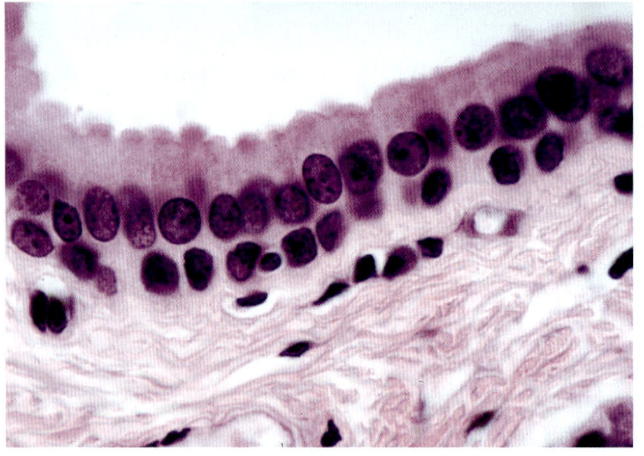

그림 2-11 • 중층원주상피, 수말의 음경 요도. H&E. (×620). 표면세포는 원주형이며, 핵들이 비교적 규칙적인 배열되어 있다.

8) 감각상피 Sensory Epithelium

버팀세포(sustentacular cell)와 특수한 수용기 세포(receptor cell)를 포함하는 상피가 눈의 망막(retina), 속귀(internal ear), 후각점막(olfactory mucosa), 맛봉오리(taste bud)에서 관찰된다. 이들 고도로 특수화된 **감각상피(sensory epithelium)**는 시각, 청각, 평형감각, 후각, 맛 감각에 관여한다, 이들 상피는 9장, 10장, 17장에서 자세히 다룬다.

제3절 샘상피와 샘 Glandular Epithelium and Glands

샘상피(glandular epithelium)는 내분비샘과 외분비샘의 분비세포로 구성된다. 이 세포들은 표면상피세포가 증식하여 아래의 결합조직으로 자라 들어가면서 형성된다. **샘(gland)**은 오직 분비상피로만 구성될 수도 있지만, 일반적으로 내부가 표면상피로 덮여 있는 복잡한 관계통(duct system)과 **버팀질(stroma)**이라고 불리는 결합조직 지지 구조를 함께 포함하고 있는 복합적인 구조로 이루어져 있다. 샘은 체내의 대부분 장기에서 한 가지 혹은 다양한 형태로 존재한다.

1. 샘의 분류 Classification of Glands

분비샘은 **형태학적 특징(morphological characteristics)**, **분비물의 특성(nature of the secretory product)**, **분비물 배출 방법(mode of release of the secretory product)**에 따라 분류된다(표 2-2).

표 2-2 • 샘의 분류(Classification of Glands)

형태학적 특징에 의한 분류 (Based on Morphological Characteristics)	분비물 특성에 따른 분류 (Based on the Nature of the Secretory Product)
홑세포샘(Unicellular glands)	장액샘(Serous)
뭇세포샘(Multicellular glands)	점액샘(Mucous)
상피속샘(Intraepithelial)	장액점액샘(혼합샘, Seromucous, mixed)
상피바깥샘(Extraepithelial)	
내분비샘(Endocrine)	**분비물의 분비방법에 따른 분류**
외분비샘(Exocrine)	**(Based on the Mode of Release of the Secretory Product)**
단순(Simple)	샘분비(Merocrine, eccrine)
대롱—곧은, 나선, 분지(Tubular—straight, coiled, branched)	부분분비(Apocrine)
(샘)꽈리/꽈리—단순, 분지(Acinar/Alveolar—single, branched)	온분비(Holocrine)
대롱꽈리(Tubuloacinar/Tubuloalveolar)	세포분비(Cytocrine)
복합(Compound)	
대롱(Tubular)	
꽈리(Acinar/Alveolar)	
대롱꽈리(Tubuloacinar/Tubuloalveolar)	

1) 형태학적 특징 Morphological Characteristics

홑세포샘(unicellular gland)은 비분비상피에 속에 있는 단 하나의 분비세포로 이루어진다. 이러한 종류의 샘의 한 예로, **점액원(mucinogen)**을 만들어 내는 특수한 상피세포인 **잔세포(goblet cell)**가 있다. 점액소원은 합성된 후 **점액소(mucin)** 형태로 상피 표면에 분비되며, **점액(mucus)**의 주요 요소가 된다. 이 분비물이 합성되면서 세포의 꼭대기 부분에 축적되고, 이로 인해 그 부위가 팽창하고 핵은 세포의 좁은 바닥 부위 쪽으로 밀려나게 되어 독특한 '잔 모양'을 형성한다(그림 2-7). 홑세포샘은 위창자관, 호흡계통, 비뇨생식계통과 같은 속 빈장기 안쪽면의 상피 전반에, 그리고 부신, 갑상샘, 심장, 콩팥에도 존재한다. 이들 세포는 퍼진신경내분비계통(diffuse neuroendocrine system)의 일부분으로, 아민전구물질을 흡수하고 탈탄산화 과정을 통해 아민 또는 펩타이드호르몬을 합성하는 능력 때문에 **APUD세포**(amine precursor uptake and decarboxylation cells)라 한다. APUD세포에 대한 자세한 내용은 12장에서 자세히 다룬다.

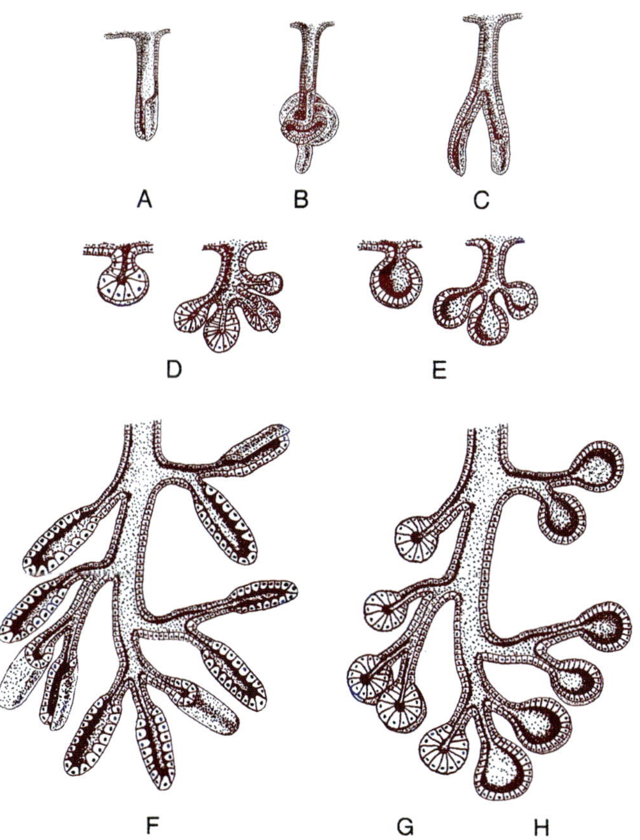

그림 2-12 • 외분비샘의 형태를 나타낸 도해. **A.** 단순대롱샘. **B.** 단순나선대롱샘. **C.** 단순분지대롱샘. **D.** 단순꽈리샘과 단순분지꽈리샘. **E.** 단순꽈리샘과 단순분지꽈리샘. **F.** 복합대롱샘. **G.** 복합꽈리샘. **H.** 복합꽈리샘. 복합대롱꽈리샘은 대롱분비단위(tubular secretory unit)와 꽈리분비단위(acinar/alveolar secretory unit)가 섞여 있거나, 대롱분비단위의 끝부분을 꽈리가 '마개처럼(capped)' 덮고 있다.

뭇세포샘(multicellular gland)은 두 개 이상의 분비세포로 이루어져 있으며 대부분의 샘이 여기에 속한다. 이들은 표층 상피속에서 소수의 분비세포가 모여서 **상피속샘(intraepithelial gland)**을 이루거나, 결합조직 속에서 많은 분비세포가 증식해서 **상피바깥샘(extraepithelial gland)**을 형성한다.

내분비샘(endocrine gland)은 관계통이 없는 뭇세포샘으로, 그 분비물(호르몬)을 직접 세포사이질액으로 분비한다. 이 호르몬은 창모세혈관(fenestrated capillary)과 림프관에 흡수되어 전신 순환을 통해 작용 부위로 운반된다.

외분비샘(exocrine gland)은 분비물을 이용부위로 운반하는 관계통을 가진 뭇세포샘이다. 외분비샘은 단순샘(simple gland)과 복합샘(compound gland)으로 구분된다. 단순샘은 하나 또는 여러 개의 분비단위가 분지되지 않은 단일 도관을 통해 표면과 연결되어 있고, 복합샘은 여러 개의 분비단위가 복잡하게 분지된 관계통으로 연결되어 있다.

(1) 단순샘 Simple Glands

단순외분비샘(simple exocrine gland)은 분비단위의 형태와 배열이 다양하다. 큰창자에 있는 **단순곧은대롱샘(simple straight tubular gland)**은 주변 조직 속에서 곧고 분지되지

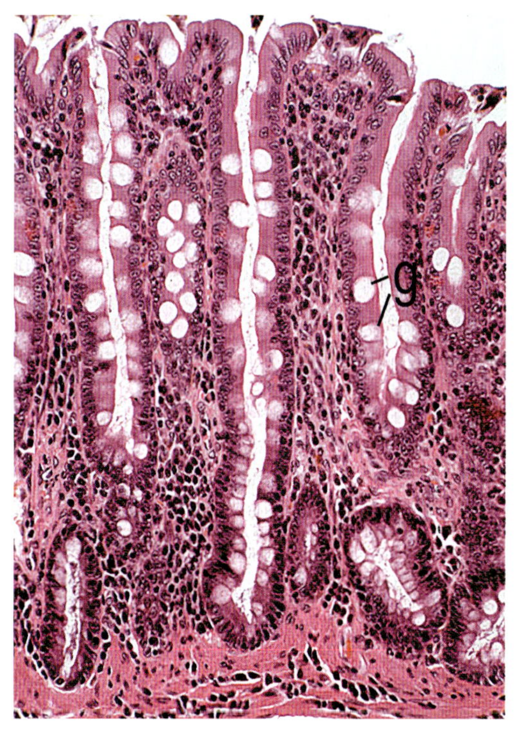

그림 2-13 • 단순곧은대롱샘(simple straight tubular gland)은 상피 표면에서 곧게 뻗어 나가며 분지가 없으며, 잔세포(g)가 있는 단층원주상피로 덮여 있다. 고양이 곧창자. H&E.(×250). (Image by W.E. Haensly.)

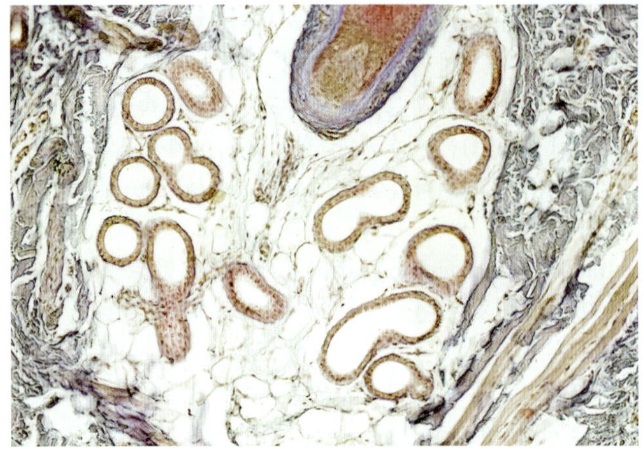

그림 2-14 • 단순나선대롱샘(simple coiled tubular gland). 귀지샘(ceruminous gland)은 바깥귀길에 위치한다. Masson's trichrome. (×120). (Image by John J. Turek.)

않은 경로를 따라 이어지며, 분비물이 표면으로 직접 배출된다(그림 2-12A, 2-13). **단순나선대롱샘(simple coiled tubular gland)**은 끝부분이 나선형 또는 복잡하게 구불구불한 형태를 가지고 있다. 조직표본에서 이 분비단위는 여러 개의 단면이 모여 있는 군집형태로 관찰된다(그림 2-12B, 2-14). 피부의 땀샘이 이러한 유형의 대표적인 예이다. **단순분지대롱샘(simple branched tubular gland)**은 샘의 끝부분이 여러 갈래로 분지되어 있다(그림 2-12C, 2-15). 이들 분지는 배출되는 표면에서 하나의 관으로 합쳐지며, 분비부분과 관이 모두 분비세포로 덮여 있다. 위샘(gland of stomach)은 전형적인 단순분지대롱샘이다.

단순꽈리샘(simple acinar gland, simple alveolar gland)은 모두 크고 둥근 형태의 분비단위가 짧은 관을 통해 표면과 연결되어 있다는 점에서 유사하다(그림 2-12D, 2-12E, 2-16). **'Acinus(꽈리**, 샘꽈리**)'**는 작고 좁은 속공간을 가지는 반면, **'alveolus(꽈리)'**는 크고 확장된 속공간 가지고 있다(그림 2-17). 이러한 단순꽈리샘은 드물며 기름샘(sebaceous gland)의 일부가 꽈리형(acinar type)이고 닭의 호흡계통에서 꽈리형(alveolar type)이 관찰된다. **단순분지꽈리샘(simple branched acinar gland/simple branched alveolar gland)**은 분지되지 않는 단순꽈리샘보다 더 흔하게 나타난다. 이 분지꽈리샘에서는 두 개 이상의 꽈리(acinus 또는 alveolus)가 함께 보이는데, 이들의 분비물은 하나의 공통관(common duct)을 통해서 분비된다(그림 2-12D, E). 피부의 큰 기름샘 중 다수가 이러한 형태(acinar type)이며 닭의 호흡계통에서도(alveolar type) 발견된다.

단순대롱꽈리샘(simple tubuloacinar gland/simple tubuloalveolar gland) 이들은 대롱부위(tubular portion)와 말단의 꽈리(terminal acinus 또는 terminal alveolus)로

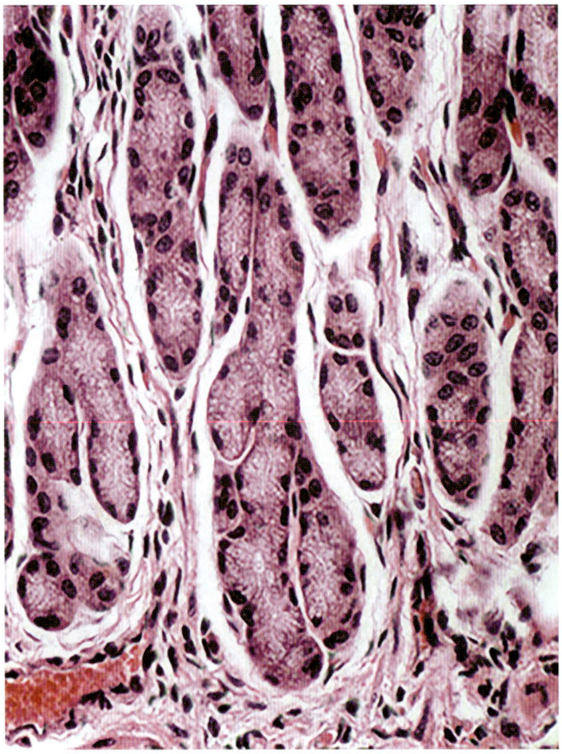

그림 2-15 • 단순분지대롱샘의 관 구조가 여러 번 분지한다. 말 위 날문샘(pyloric gland). H&E. (×400). (Image by W.E. Haensly.)

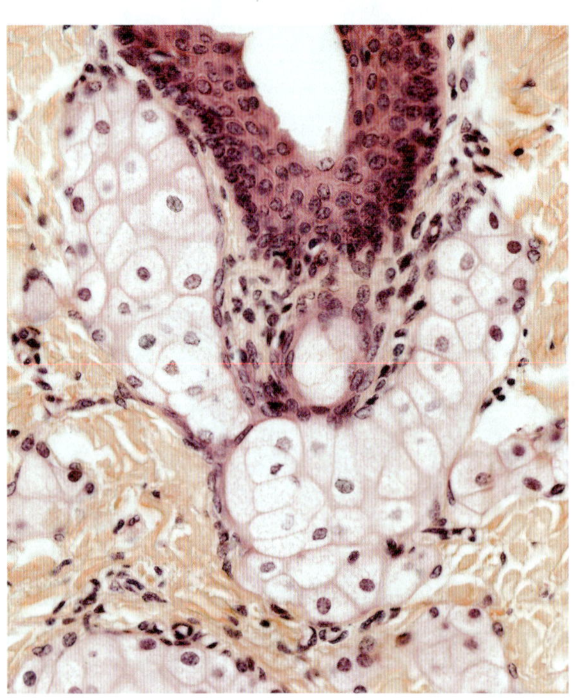

그림 2-16 • 단순꽈리샘. 귀의 기름샘(sebaceous gland). Masson's plus elastin stain. (×300).

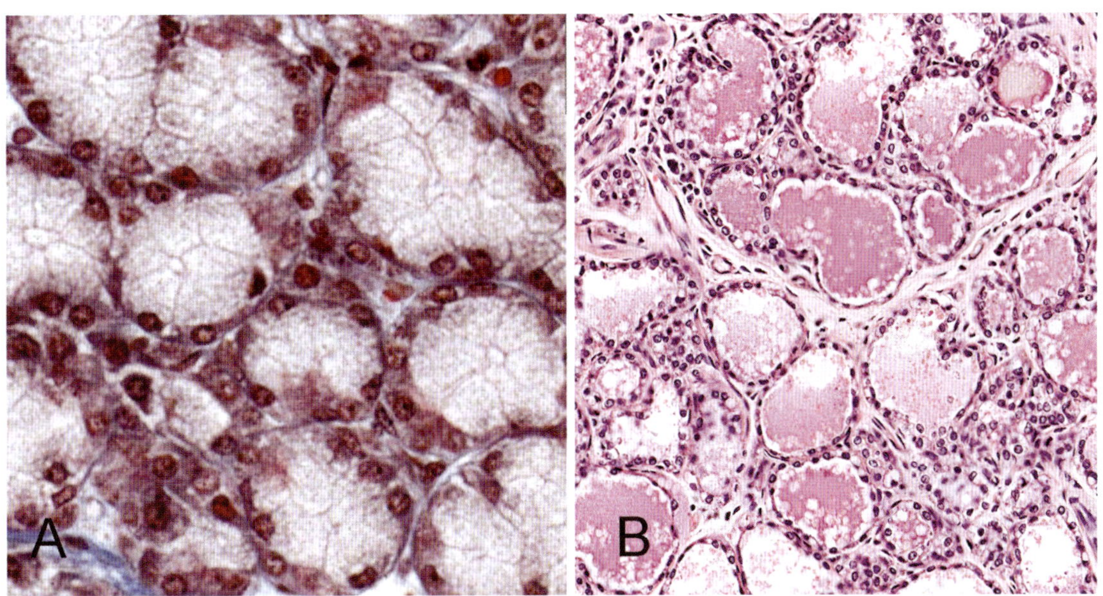

그림 2-17 • 분비단위의 유형. **A.** 꽈리(샘꽈리, acini), 작은 속공간이 특징이다. 개의 귀밑샘. Masson's trichome. (×400). **B.** 꽈리(alveoli), 돼지의 젖샘. 큰 속공간에 주목하라. H&E. (×300). (Image by John J. Turek.)

구성된 분비부분을 가지고 있으며 항상 분지된 형태로만 존재한다. 입안으로 배출되는 작은 침샘이 이와 같은 형태이다.

(2) 복합샘 Compound Glands

복합샘(compound gland)은 단순샘과 동일한 종류의 분비단위로 이루어졌으나, 관계통(duct system)이 매우 복잡하고 여러 번 분지된다. 복합샘은 대롱형(tubular type), 꽈리형(acinar type, alveolar type), 대롱꽈리형(tubuloacinar type, tubuloalveolar type)으로 분류된다. 예를 들어 고도로 분지된 관계통과 대롱으로 배열된 분비단위로 이루어진 샘을 **복합대롱샘(compound tubular gland)**이라 한다. 반면 **복합대롱꽈리샘(compound tubuloacinar gland)**은 꽈리분비단위와 대롱분비단위가 혼합되어 있거나 대롱분비단위 종말부위에 샘꽈리가 존재하는 형태를 가진다. 그림 2-12F, G, H와 그림 2-18은 복합샘에서 볼 수 있는 다양한 형태의 분비단위(secretory unit)와 관(duct) 구조를 보여준다.

(3) 실질 Parenchyma

복합샘은 분비단위와 관으로 구성된 **실질(parenchyma)**과 이를 지지하는 조직인 결합조직 성분으로 이루어진 **버팀질(stroma)**로 구성된다. 큰 샘은 일부 또는 전체가 **엽(lobe)**으로 구분되며, 엽은 크고 쉽게 식별되는 구조 단위이다. 이와 같은 엽은 결합조직에 의해 **소엽(lobule)**으로 다시 나뉘며, 각 소엽은 다수의 **분비단위(secretory unit)**로 이루어져 있다(그림 2-18). 작은 복합샘 중 일부는 엽 대신 단지 소엽과 분비단위만으로 이루어진 것도 있다. 복합샘의 관계통 체계는 샘 내에서의 위치에 따라 다양하게 구분되어 명칭을 붙인다.

복합샘의 대롱(tubule) 또는 꽈리(acinus/alveolus) 부분에서 생성된 분비물은 보통 소엽(lobule) 중앙에 위치한 **소엽속관(intralobular duct)**으로 흐른다. 소엽속관은 소엽을 빠져나와 소엽사이결합조직(interlobular connective tissue)으로 들어가면서 **소엽사이관(interlobular duct)**으로 연속된다. 소엽사이관은 모이고 합쳐지면서 각 엽에서 배출되는 큰 **엽관(lobar duct)**을 형성한다. 그리고 이러한 엽관이 모여 합쳐져서 **주관(main duct)**이 된다(그림 2-18).

일부 샘, 예를 들어 귀밑샘(parotid gland)에서는 소엽속관의 일부가 분비물을 형성하므로 이들을 **분비관(secretory duct)**이라고 한다. 이러한 관은 바닥 세포막(basal plasmalemma)의 주름 사이에 위치한 사립체가 세포의 세로축 방향으로 수직 배열되어 있어 줄무늬모양(striated appearance)을 띠기 때문에 **줄무늬관(striated duct)**으로 알려져 있다(그림 2-18G). **사이관(intercalated duct)**은 분비단위를 분비관(secretory duct, striated duct)에 연결시키는 작은 비분비 소엽속관이다(그림 2-18C, E). 사이관은 귀밑샘에서 잘 발달되어 있고, 턱샘, 혀밑샘, 그리고 이자에도 있다.

일반적으로 **배출관(excretory duct)**이라는 용어는 앞서 언급된 여러 관 중에서 분비물을 이용 부위로 운반하는 역할만 하는 관을 의미한다. 분비관과는 달리, 배출관은 분비물 형성에 관여하지 않는다.

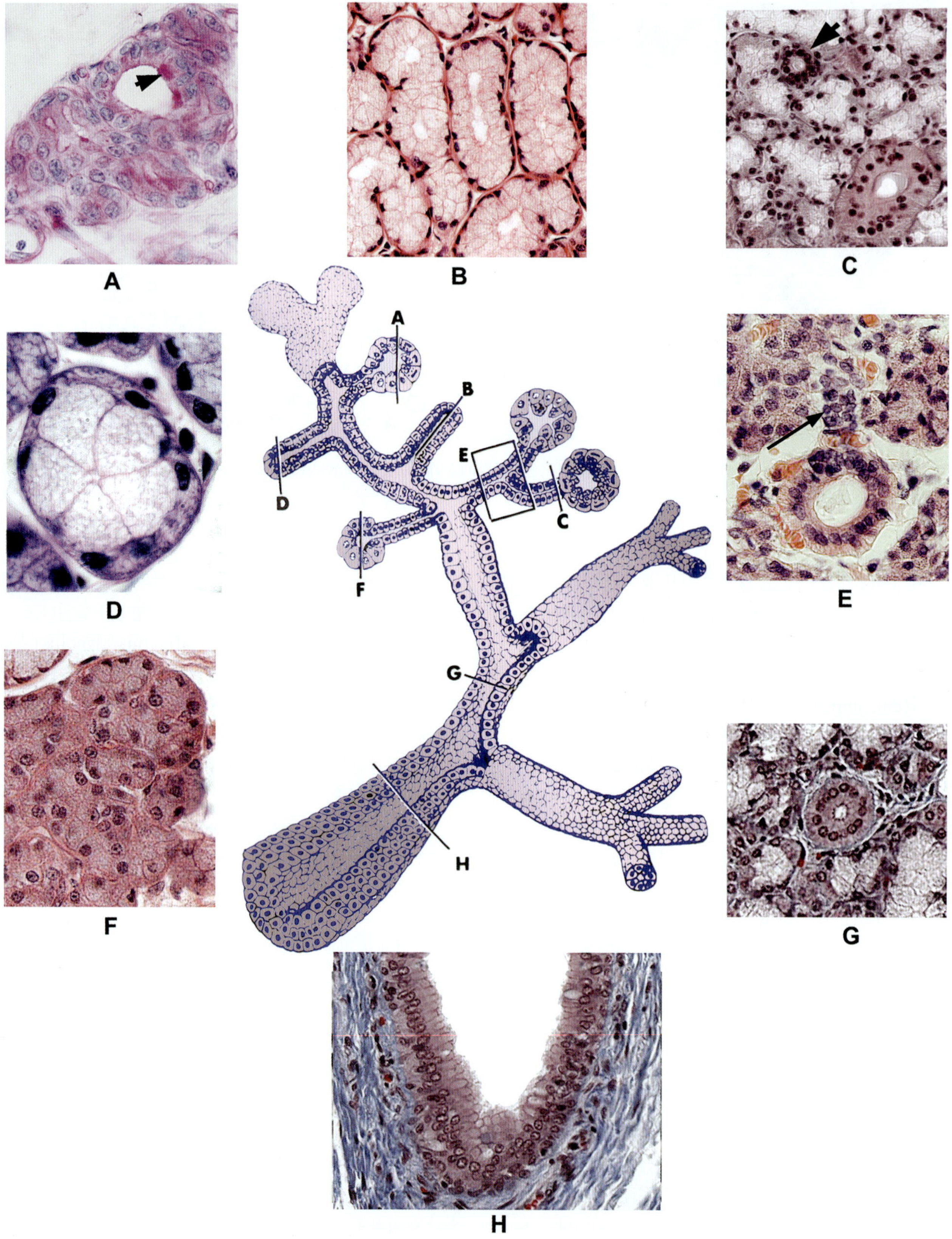

그림 2-18 • 복합샘 관계통과 분비단위 도해, 조직사진. 조직사진에 붙은 A부터 H까지의 기호는 도해에 붙은 기호와 일치한다. **A.** 정액점액꽈리(seromucous alveolus), 점액세포(화살표). 돼지의 기관(trachea). PAS. (×400). **B.** 점액대롱샘 분비단위, 소의 망울요도샘. H&E. (×400). **C.** 사이관 가로단면, 개의 침샘. Masson's trichrome. (×400). **D.** 장액반달을 가진 점액꽈리, 말의 장액점액 침샘. H&E. (×1000). **E.** 사이관 세로단면(화살표), 개의 귀밑샘. H&E. (×480). **F.** 장액꽈리(serous acinus), 개의 귀밑샘. H&E. (×400). **G.** 소엽속줄무늬관, 개의 침샘. Masson's trichrome. (×400). **H.** 소엽사이관, 개의 귀밑샘. Masson's trichrome. (×300). (With permission of Purdue University.)

(4) 버팀질 Stroma

복합샘의 **버팀질(stroma)**은 **피막(capsule)**과 내부를 지지하는 뼈대(framework)를 포함한다. 피막은 아교섬유, 탄력섬유, 그물섬유로 이루어져 샘 전체를 완전히 둘러싸고 있으며 실질 깊숙이 연결되는 결합조직의 띠, 즉 **사이막(septa)** 또는 **잔기둥(trabeculae)**을 형성한다. 사이막은 여러 엽과 소엽을 명확하게 나누고 많은 엽관과 소엽사이관을 지지한다. 미세한 **그물섬유(reticular fiber)**는 각각의 분비단위를 둘러싸고 있다.

2) 분비물의 특성 Nature of the Secretory Product

단순샘과 복합샘 모두 분비하는 분비물의 특성에 따라서 점액샘(mucous gland), 장액샘(serous gland), 또는 장액점액샘(seromucous gland; 혼합샘, mixed gland)으로 분류될 수 있다. **장액샘(serous gland)**은 맑고 묽은 분비물을 만들어 낸다. 분비단위의 세포들은 보통 세포 중앙 근처에 둥근 핵을 가지고 있으며, 세포질의 꼭대기(apical) 부위에는 작은 분비 과립들이 가득 차 있다(그림 2-18F). 이 분비과립은 많은 장액샘에서 만들어지는 효소의 전구물질로, 이를 **효소원과립(zymogen granule)**이라고 한다. 귀밑샘과 이자 외분비부위는 전형적인 장액샘에 속한다.

점액샘(mucous gland)은 **점액소(mucin)**라 불리는 진하고 끈적한 분비물을 생성하며 이 점액소는 몸의 바깥과 연결되는 속빈장기(hollow organ)의 내면을 덮는 보호성 피막을 형성하는데 기여한다(그림 2-18B). 속빈장기 내면을 보호하는 층을 **점액(mucus)**이라 하며, 보호막인 점액에는 점액소 외에 탈락된 상피세포와 백혈구도 포함하고 있다. 점액분비단위의 세포는 **점액소(mucin)**의 전구물질인 **점액소원(mucinogen)**으로 가득 차 있으며, 이 점액소원은 H&E 염색 시 밝게 염색된다. 이 세포의 핵은 바닥부위쪽에 위치하며 흔히 바닥막 쪽에서 납작한 형태로 관찰된다.

점액세포와 장액세포가 혼합된 샘을 **장액점액샘(seromucous gland), 점액장액샘(mucoserous gland)**, 또는 단순히 **'혼합샘(mixed gland)'**이라고 부른다. 분비샘에 따라서 샘분비단위에 이 두 가지 유형의 세포가 섞여 있는 형태가 매우 다양하다. 일부 분비단위는 장액세포와 점액세포가 뒤섞여 있는 경우도 있다(그림 2-18A). 다른 장액점액샘에서는 하나의 꽈리 안에 두 가지 세포가 섞여 있는 것이 아니라, 점액세포로만 이루어진 점액꽈리(all-mucous acinus)와 장액세포로만 이루어진 장액꽈리(all-serous acinus)가 각각 혼합되어 있는 구조를 보인다. 가장 흔한 경우는 점액분비단위의 주변에 반달(half moon) 또는 초승달(crescent-shaped) 모양의 장액세포가 위치하는 형태이며, 이러한 모양의 장액세포를 **장액반달(serous demilune, serous crescent)**이라 한다(그림 2-18D). 이 장액세포는 점액세포 사이의 작은 통로인 세포사이모세관(intercellular canaliculi)으로 분비물을 내어 분비단위의 속공간으로 보낸다. 어떤 장액점액대롱꽈리샘(seromucous tubuloacinar gland)은 종말장액꽈리(terminal serous acinus)와 함께 점액대롱단위(mucous tubular unit)를 가지고 있다.

3) 분비물의 분비방법

Mode of Release of the Secretory Product

분비물이 세포에서 분비되는 방법은 분비샘을 분류하는 세 번째 기준이 된다. 분비방법은 다음의 네 가지가 알려져 있다: 샘분비(merocrine secretion), 부분분비(apocrine secretion), 온분비(holocrine secretion), 그리고 세포분비(cytocrine secretion)이다.

샘분비(merocrine secretion, eccrine secretion) 방식에서는 작은 분비과립(secretory granule)의 내용물이 분비물이 되어 방출된다(그림 2-19A). 분비과립은 보통 막으로 둘러싸여 있다. 분비과립이 세포 표면에 도달하면, 분비과립의 막은 세포막과 융합되면서 분비물은 **세포외배출(exocytosis)**에 의해서 분비된다.

부분분비(apocrine secretion) 방식에서는 하나의 큰 분비과립이 세포질 내에서 세포 꼭대기 부위로 이동하여 세포막(plasma membrane)과 그 주변의 세포질로 둘러싸인 채 샘 속공간 쪽으로 돌출된다(그림 2-19B). 세포막이 수축하면서 돌출물이 샘 속공간으로 떨어져 나오게 되고, 나머지 세포막은 손상되지 않은 상태로 남게 된다.

분비 중인 부분분비샘은 쉽게 알아볼 수 있으나, 휴식 중일 때는 분비되는 '작은방울(droplet)'이 없어서 샘분비와 구분하기 어렵다. 젖샘(mammary gland)과 땀샘(sweat gland)이 부분분비샘에 속한다.

온분비(holocrine secretion) 방식에서는 세포체 전부가 분비물이 되어 방출된다(그림 2-19C). 피부기름샘(sebaceous gland)이 전형적인 온분비샘이다. 기름샘세포가 지방과립(lipid granule)으로 차면서 분비관 쪽으로 이동한 뒤, 세포는 분해되면서 그 내용물은 관으로 방출된다.

세포분비(cytocrine secretion) 방식에서는 분비물질이 한 세포에서 다른 세포의 세포질로 직접 전달된다. 대표적인 예는 표피에서 멜라닌세포(melanocyte)가 갈색색소인 멜라닌(melanin)을 각질세포(keratinocyte)의 세포질 속으로 전달하는 것이다.

2. 근육상피세포 Myoepithelial cells

일부의 샘에서 **근육상피세포(myoepithelial cell)**가 분비세포의 바닥부위와 바닥막 사이에 위치해 있는 것을 볼 수 있다.

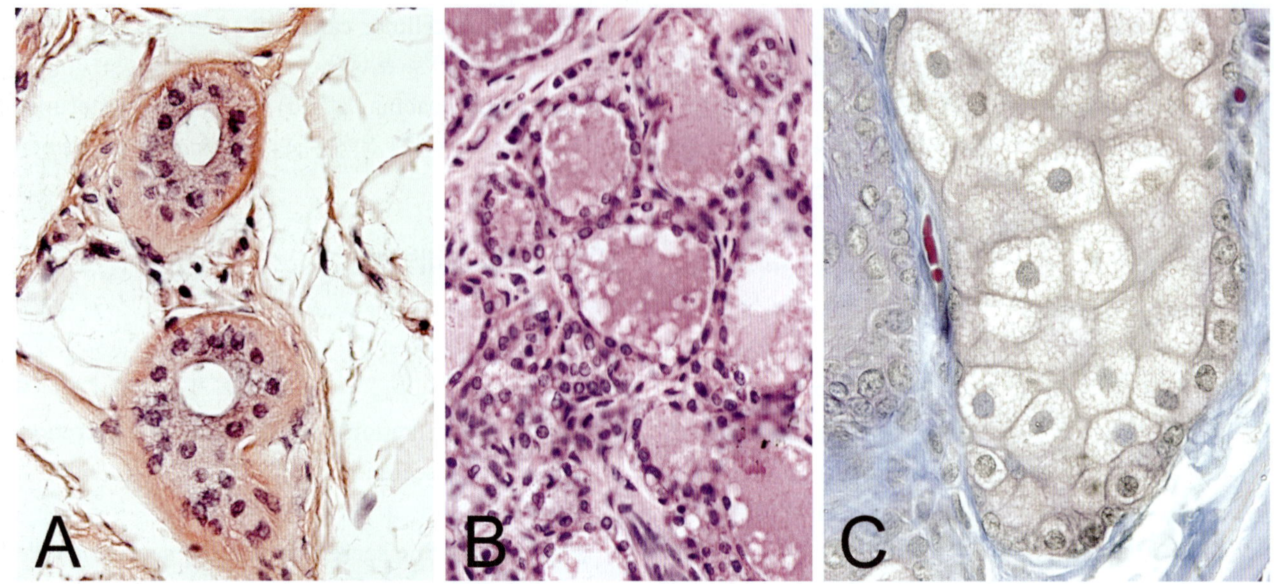

그림 2-19 • 분비물의 분비방법에 의한 분비단위 형태. **A.** 개 피부의 샘분비땀샘. H&E. (×400). **B.** 돼지 젖샘의 부분분비샘. H&E. (×400). **C.** 온분비샘, 개의 기름샘. Masson's trichrome. (×400). (Image by John J. Turek.)

이 세포의 이름에서 알 수 있듯이, 근육상피세포는 근육세포의 특징인 액틴근육잔섬유(가는근육잔섬유, actin filament)와 마이오신근육잔섬유(굵은근육잔섬유, myosin filament), 상피세포의 특징인 세포각질(cytokeratin)을 모두 가지고 있다. 이들 세포가 자극을 받게 되면 수축해서 상피세포의 분비물을 관계통으로 밀어내게 된다. 근육상피세포는 땀샘(sweat gland)과 젖샘(mammary gland)에서 잘 발달되었다(그림 2-19B). 젖샘에서 근육상피세포는 옥시토신(oxytocin)에 의해서 자극을 받는다.

임상 관련 *Clinical Correlations*

젖샘의 **상피증식(epithelial hyperplasia)**은 중성화를 하지 않은 암캐에서 흔히 발생하는 현상으로, 특히 발정기와 임신 중에 또는 호르몬 치료나 일부 약물에 반응하여 상피세포 수가 증가하는 것을 말한다. 이러한 비정상적인 증식은 젖샘의 비대와 촉지 가능한 종괴(palpable mass)의 형성을 초래한다. 상피증식(epithelial hyperplasia) 자체를 악성 변화로 간주하지 않으나, 샘종(adenoma)이나 암종(carcinoma)과 같은 젖샘 종양 발생 가능성을 증가시킬 수 있다. 젖샘의 정기적인 촉진과 관찰은 조기 발견에 매우 중요하다. 첫 발정 전에 중성화수술(spaying)을 시행하면 젖샘증식(mammary hyperplasia)과 이에 관련된 신생물(neoplasia)의 발생 위험을 줄일 수 있다. 촉지 가능한 종괴는 외과적으로 제거한 뒤, 조직병리학적 검사를 시행하여 악성 변화의 여부를 확인하고 향후 치료 방향을 설정하는 것이 권장된다. 조직학적 평가는 과형성 변화의 범위와 중증도를 판단하는 데 도움을 주며, 치료계획수립과 예후 평가에 중요한 정보를 제공한다.

또한, 상피 기원의 암종(carcinoma)은 특정 장기나 샘(gland)에서 기원하는 샘암종(adenocarcinoma)이나, 편평상피에서 유래하는 편평세포암종(squamous cell carcinoma)으로 발생할 수 있다. 섬모의 미세관에서 다이네인팔(dynein arm)이 소실되면 **카타게너증후군(Kartagener's syndrome)**이 유발되며, 이는 호흡기 점액제거 기능저하 및 불임을 초래하는 증상으로 나타난다. 7형아교질(collagen VII)의 결함은 개에서 이상증물집표피박리증(dystrophic epidermolysis bullosa)을 유발할 수 있다.

핵심 정리 *Essentials*

1) 상피조직은 신체의 표면을 덮고 있으며, 세포는 극성(polarity)을 가진다. 세포의 꼭대기부위(apical portion)는 흡수를 위한 특수 구조[액틴세포뼈대를 포함한 미세융모(microvilli) 또는 고정섬모(stereocilia)]나 운동성을 위한 구조[미세관을 포함한 섬모(cilia)]를 가질 수 있다. 외분비샘(exocrine gland)과 내분비샘(endocrine gland)은 모두 상피조직에서 유래한다.

2) 치밀이음(tight junction, zonula occludens)으로 꼭대기면(apical surface)과 가쪽면(lateral surface)을 구분할 수 있다. 가쪽면에는 다음과 같은 세포사이이음 구조가 있다:
   (1) 부착띠(belt desmosome, zonula adherens)−액틴세포뼈대와 연결됨
   (2) 부착반점(spot desmosome, macula adherens)−중간잔섬유와 연결됨
   (3) 틈새이음(gap junction)−화학적·전기적 신호전달에 관여

3) 세포의 바닥면은 바닥막(basement membrane)에 부착되어 있으며, 이는 바닥판(basal lamina)과 그물판(reticular lamina)으로 구성된다. 바닥판의 주요 구성 성분은 4형아교질과 라미닌(laminin)이다. 무정형구조인 바닥판은 7형아교원섬유를 통해 주로 3형아교질로 구성된 그물판과 연결되는데, 7형아교원섬유는 4형아교질과 3형아교질을 연결한다. 세포는 또한 반부착반점(hemidesmosome)을 통해 바깥쪽 세포바깥바탕질(extracellular matrix)과 바닥판에 부착되며, 이는 세포 내부의 중간잔섬유 세포뼈대와 막통과통합단백질인 인테그린(integrin)을 통해 연결된다.

4) 외분비샘은 관(duct)을 통해 분비물을 배출하며, 점액성(mucous), 장액성(serous), 또는 혼합성(mixed) 분비물을 생성할 수 있다. 많은 외분비샘은 작은 도관에서 큰 도관으로 이어지는 구조를 가지며, 이는 사이관(intercalated duct) → 소엽속관(intralobular duct) → 소엽사이관(interlobular duct) 순으로 구성된다. 외분비샘은 샘분비(merocrine), 부분분비(apocrine), 또는 온분비(holocrine) 방식으로 분비한다.

5) 내분비샘은 인접한 결합조직 공간으로 호르몬을 분비하며, 이 호르몬은 창모세혈관(fenestrated capillary)에 의해 흡수되거나, 직접 혈류로 분비되기도 한다.

CHAPTER 03

결합조직과 지지조직

Connective and Supportive Tissues

결합조직과 지지조직(connective and supportive tissues)은 다른 조직을 서로 연결하고, 연골과 뼈를 통해 몸 전체의 구조적 틀과 지지를 제공한다. 이들 조직은 체온 조절, 방어 작용, 조직 손상 복구 기전에도 중요한 역할을 한다. 또한 결합조직은 성장과 발달에 중요한 역할을 하는 다양한 호르몬과 사이토카인의 저장소 역할도 수행한다.

대부분의 결합조직과 지지조직은 몸분절(somite)과 벽중배엽(somatic mesoderm), 내장중배엽(splanchnic mesoderm)의 가쪽판(lateral plate)에서 유래한 중배엽(mesoderm)에서 기원한다. 이와 더불어, 표면외배엽(surface ectoderm)에서 유래한 신경능선세포(neural crest cell)는 머리중간엽(head mesenchyme)을 형성하며, 이후 앞머리(rostral head) 부위의 결합조직으로 발달한다. 결합조직과 지지조직은 다양한 비율로 존재하는 **세포(cell), 섬유(fiber), 무형질(ground substance)**로 구성된다. 배아기 중간엽(mesenchyme)은 초기 발생중에 섬유를 포함하지 않는 독특한 결합조직이다. 결합조직과 지지조직은 출현부위에 따라 몇 개의 아군(subgroup)을 가진 배아기와 성숙조직으로 분류한다.

제1절 결합조직세포 *Connective Tissue Cells*

고유결합조직(connective tissue proper)을 구성하는 세포는 매우 다양하며, 결합조직 성분의 생산에서 포식작용(phagocytosis), 항체 형성에 이르기까지 다양한 기능을 수행한다. 결합조직을 구성하는 많은 세포 중 섬유세포(fibrocyte)의 경우는 조직 속의 일정한 장소에 고정되어 있다. 반면, 큰포식세포(macrophage)는 이주세포(wandering cell)로서 조직을 따라 이주할 수 있다.

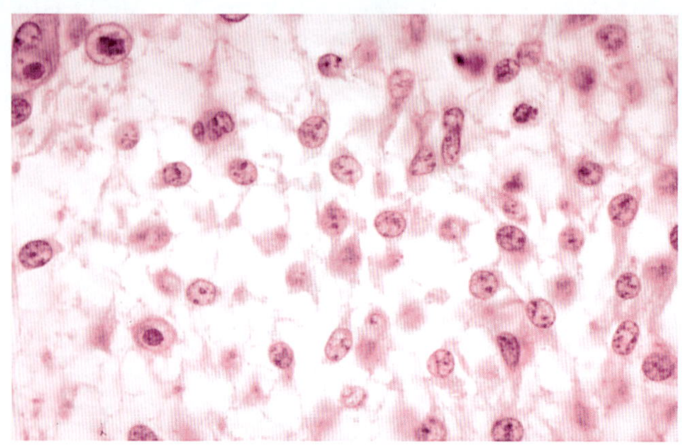

그림 3-1 • 중간엽(쥐 배아). 무형질에서 별모양 중간엽세포가 관찰된다. H&E. (×800).

1. 중간엽세포 Mesenchymal cells

중간엽세포(mesenchymal cell)는 많은 돌기를 가진 불규칙한 모양이다(그림 3-1). 이 세포는 섬유모세포(fibroblast)보다 작고, 세포질 소기관의 수도 적다. 세포핵은 크고 타원형이며, 뚜렷한 핵소체(prominent nucleolus)와 미세한 염색질(fine chromatin)을 갖고 있다. 중간엽세포군은 필요에 따라 다른 형태의 결합조직세포로 분화될 수 있는 만능분화세포의 저장소(reservoir of pluripotent cell)의 역할을 수행한다.

2. 섬유세포와 섬유모세포 Fibrocytes and Fibroblasts

결합조직에서 가장 흔한 세포는 **섬유세포(fibrocyte)**이다(그림 3-2B). 섬유세포는 일반적으로 길고 방추모양이며, 인접한 세포나 섬유와 접촉하는 돌기를 가진다. 세포질은 엷고 희미하게 염색되며, 세포질 안에는 뭉친염색질(heterochromatin) 핵이 존재한다. 세포질 내 분비소포(secretory vesicle)는 전구아교질(procollagen), 프로테오글리칸(proteoglycan), 전구탄력소(proelastin)와 같은 물질을 주변 미세환경으로 분비한다. 투과전자현미경 수준에서, 세포질은 소량의 과립세포질그물(rER)과 작은 골지복합체(Golgi complex)를 포함하고 있으며, 자유리보소체, 사립체, 용해소체, 소포도 존재한다. 세포질돌기 내에는 액틴잔섬유(actin filament)가 다발 형태로 존재한다. 섬유세포는 섬유를 형성하고 무형질을 지속적으로 형성함으로써 결합조직 바탕질(matrix)을 유지하는 역할을 한다.

섬유모세포(fibroblast)는 섬유세포에 비해 핵이 크고 퍼

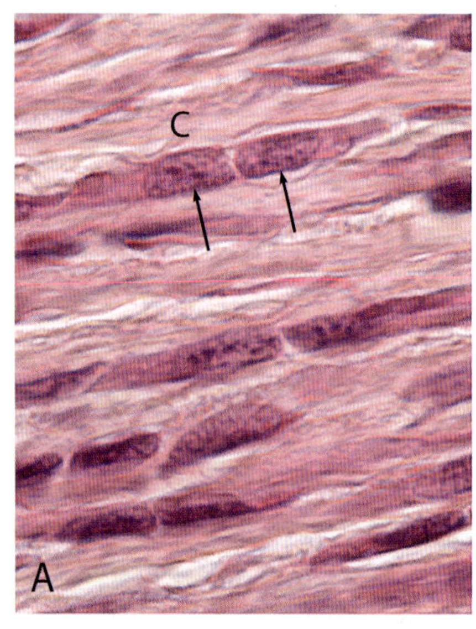

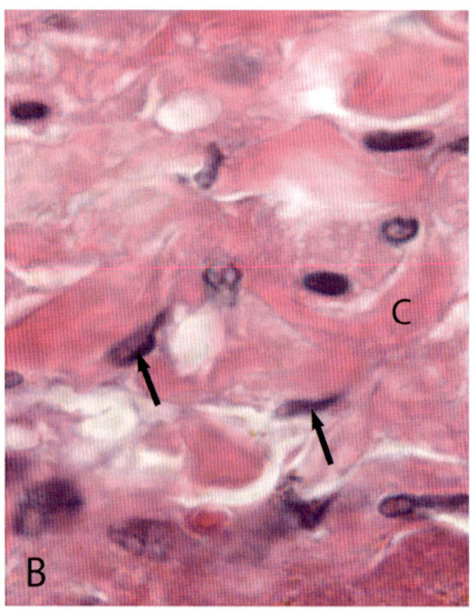

그림 3-2 • A. 섬유모세포(화살표), 아교섬유(C). 힘줄, 어린 강아지. H&E. (×1,200). B. 섬유모세포(화살표) 섬유세포보다 결합조직의 섬유와 무형질을 생성하는 데 더 활동적이다. 아교섬유(C)는 이를 생성하는 세포사이에 존재한다. 간의 결합조직, 개. H&E. (×1,200). (Image by J. Eurell)

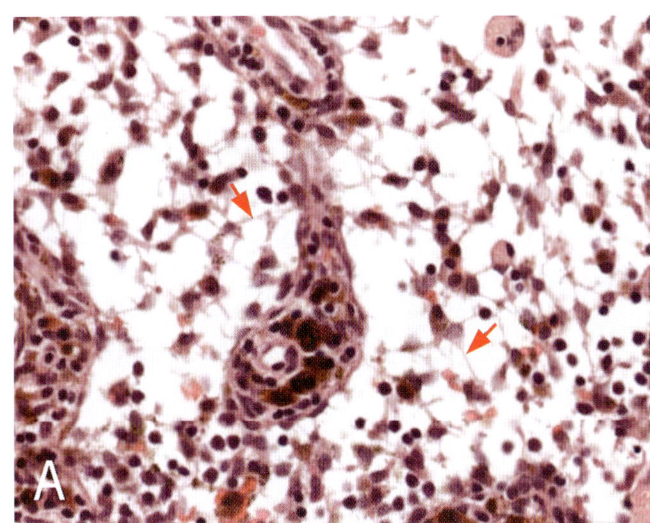

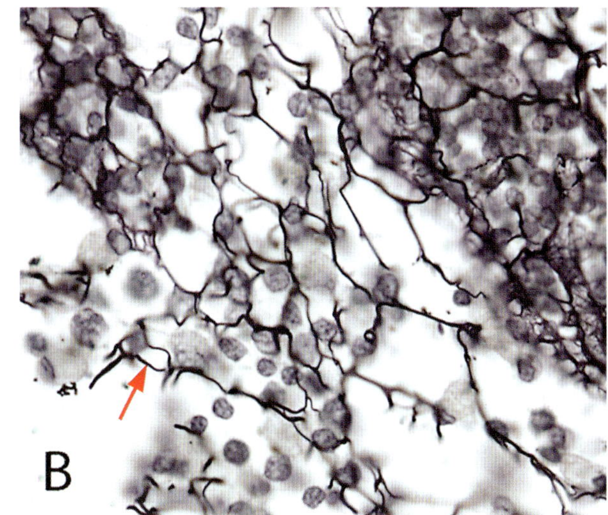

그림 3-3 • **A.** 돼지 림프절의 속질굴 내에 존재하는 그물결합조직. 서로 연결된 수많은 그물세포(화살표)가 입체적인 그물을 형성하고 있다. H&E. (×600). **B.** 은염색된 림프절에서 관찰되는 그물섬유(화살표). (×800). (Image by John J. Turek.)

진염색질성(euchromatic)이며, 세포질은 더 풍부하고 호염기성으로 관찰된다(그림 3-2A). 전자현미경 수준에서 섬유모세포의 세포질은 풍부한 과립세포질그물(rER)과 뚜렷한 골지복합체를 보여준다. 이러한 구조적 특징은 섬유모세포가 섬유세포보다 결합조직 바탕질의 형성에 더 적극적으로 관여하고 있음을 시사한다. 섬유모세포는 미분화된 중간엽세포로부터 직접 유래하거나, 사이토카인과 같은 미세환경 요인에 의해 섬유세포가 전환되어 발생할 수 있다. 특정 상황에서는 섬유모세포가 지방세포, 연골모세포, 또는 뼈모세포로 분화할 수도 있다.

근육섬유모세포(myofibroblast)는 민무늬근육의 α-액틴(smooth muscle α-actin)이 포함된 치밀소체(dense body)와 관련된 액틴잔섬유를 포함하고 있어 민무늬근육세포와 유사한 구조를 가지는 섬유모세포의 일종이다. 근육섬유모세포는 상처 치유과정에서 조직 수축(contraction)을 유도하는 역할을 하는 것으로 알려져 있다.

3. 그물세포 Reticular Cells

그물세포(reticular cell)는 형태상 섬유세포(fibrocyte)와 유사한 모습을 보인다(그림 3-3A). 이들은 별모양 세포로, 둥근 핵과 호염기성 세포질을 가지고 있다. 그물세포는 **그물섬유(reticular fiber)**를 생성하며, 이는 림프절, 지라, 골수와 같은 장기에서 미세한 구조적 그물(structural network)을 형성한다(그림 3-3B). 이러한 세포는 조직 내에 고정되어 있으며 포식작용을 수행할 수 있는 능력을 지니고 있다. 그물세포는 미성숙 적혈구인 그물적혈구(reticulocyte)와 혼동해서는 아니 된다.

4. 지방세포 Adipocytes

지방세포(adipocyte, adipose cell)는 단일 또는 여러 개의 지방세포로 구성된 무리(cluster)로 존재하는 성긴결합조직의 정상 구성요소이지만(그림 3-4), 다른 세포보다 수적으로 많아질 경우, 이 조직을 **지방조직(adipose tissue)**이라 부른다(자세한 내용은 아래 '지방조직' 참조).

성숙 **홑칸지방세포(unilocular adipocyte)**는 지름이 120 μm까지 되는 공모양 또는 뭇면체세포이다. 세포 대부분은 하나의 큰 지방방울(lipid droplet)로 차 있으며, 이 방울은 세포막으로 둘러싸여 있지 않고 얇은 세포질 층으로 둘러싸여

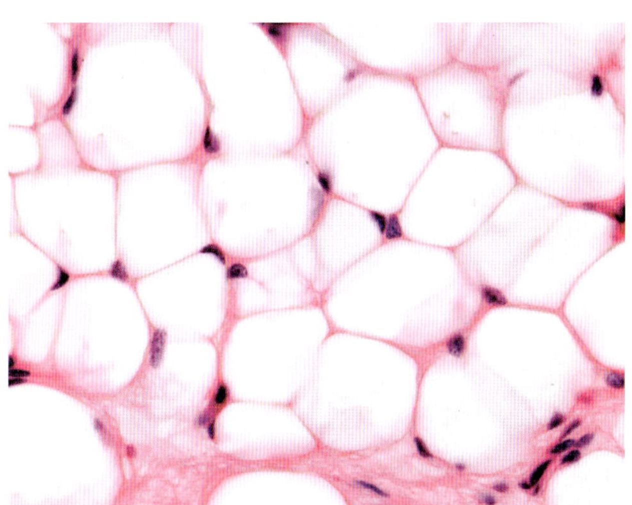

그림 3-4 • 돼지 피부의 피부밑조직에 있는 백색지방조직. H&E. (×400). (Image by John J. Turek.)

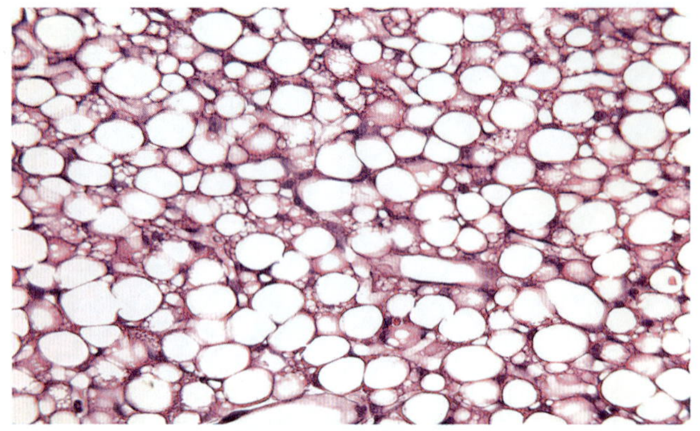

그림 3-5 • 다양한 크기의 지질공포를 함유하고 있는 갈색지방조직. 이 조직은 갓난동물과 동면동물에서 체온조절에 관여한다. 척주 배쪽의 지방조직, 개. H&E, (×400). (Image by J. Eurell.)

있다. 지방방울로 인해 세포핵은 가장자리에 위치하게 되며, 주변의 세포질에는 작은 골지복합체, 사립체, 과립세포질그물(rER), 미세잔섬유(microfilament)가 포함되어 있다.

이에 반해, 성숙 **뭇칸지방세포(multilocular adipocyte)**는 중심부에 위치한 핵을 가지며, 세포질에는 다수의 지방방울이 분포한다(그림 3-5). 이들 세포는 골지복합체와 과립세포질그물이 다소 뚜렷하지 않으나 사립체는 풍부하다. 사립체의 사이토크롬(cytochrome)의 높은 농도는 이들 세포 집단이 갈색을 띠게 하며, 이를 갈색지방(brown fat)이라 한다(뒤에 언급함).

홑칸지방세포는 화학적 에너지(chemical energy)를 생성하는 기능을 하며, 뭇칸지방세포는 지방을 대사하여 열을 생산한다. 홑칸지방세포에서 생성되는 단백질인 렙틴(leptin)은 신체 내 지방조직의 양을 조절한다. 갈색지방의 사립체 내에 존재하는 **열발생소(thermogenin)**는 양성자(proton) 흐름을 ATP(adenosine 5-triphosphate) 합성에 사용하는 대신 열을 발생시키는 역할을 한다.

지방의 대부분이 조직절편 제작 시 사용하는 탈수제나 투명화 물질에 의해 쉽게 용해되기 때문에 지방방울은 투명한 공간으로 나타나고 그 주변이 세포질로 둘러싸여 있다(그림 3-4). 그러나 지방조직을 신속하게 처리하면 지방이 보존되어 사산화오스뮴(osmium tetroxide)이나 수단 III(Sudan III)와 같은 염료로 염색할 수 있다.

5. 혈관주위세포 Pericytes

혈관주위세포(pericyte) 또는 내피주위세포(periendothelial cell)는 모세혈관과 모세혈관뒤세정맥을 둘러싼 내피세포에 인접하여 위치한 긴 세포이다. 이 세포는 내피세포와 바닥막(basement membrane)을 공유하며, 양쪽 바닥막을 구성하는 인자를 생성한다. 혈관주위세포는 돌기를 통해 바닥막을 관통하여 아래에 위치한 내피세포와 자주 접촉한다. 형태적으로는 섬유세포(fibrocyte)와 유사하지만, 민무늬근육세포처럼 수축성 미세잔섬유를 포함하고 있다. 혈관주위세포는 다양한 기능을 수행하는 것으로 제안되고 있으며, 여기에는 모세혈관 혈류 조절, 혈관 민무늬근육세포로 분화할 수 있는 뭇분화중간엽세포(multipotent mesenchymal cell)로서의 역할, 포식작용, 그리고 새로운 모세혈관 생장을 조절하는 기능이 포함된다. 또한 혈관주위세포는 지방세포, 뼈모세포, 포식세포로 분화할 수 있는 능력도 가지고 있다.

6. 비만세포 Mast Cells

비만세포(mast cell)는 성긴결합조직에서 흔히 관찰되며, 특히 신경종말과 미세순환조직 주위에서 자주 발견된다. 피부 진피, 호흡관 및 위창자계통의 결합조직에서도 이 세포가 관찰된다. 비만세포는 골수에서 유래하며, 조직으로 이동하여 자리잡는 분비세포이다.

비만세포는 크고 다양한 형태를 가지며, 공 모양 또는 타원형의 형태로 중심에 뚜렷한 핵을 가지고 있다. 세포질에는 다수의 분비 과립이 존재한다(그림 3-6). 이 세포는 면역세포화학적염색 또는 **딴색듦염색(이염염색, metachromatic stain)**을 통해 확인할 수 있다. 예를 들어, 톨루이딘 블루(toluidine blue) 같은 푸른색 염료는 헤파린을 포함한 과립을 적색으로 변색시켜 염색되게 한다. 전자현미경으로 관찰하면 비만세포 과립은 막으로 둘러싸여 있으며, 결정모양, 층판모양 또는 미세한 과립의 특성을 보인다. 나머지 세포질은 잘 발달된 골지복합체, 과립세포질그물(rER)의 수조, 자유리보소체, 그

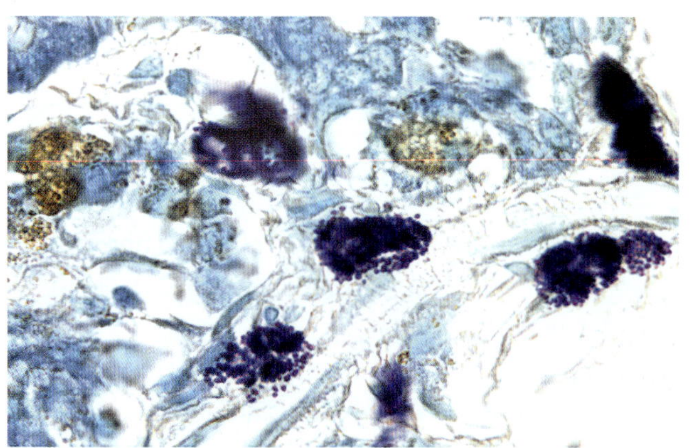

그림 3-6 • 비만세포. 비만세포 과립은 진한 자주색에서 청색으로 염색되며, 종종 세포핵을 가린다. 이 조직표본에서 큰포식세포는 금색물질을 포식하였다. 피부, 쥐(래트). Toluidine blue, (×1,000). (Image by J. Eurell)

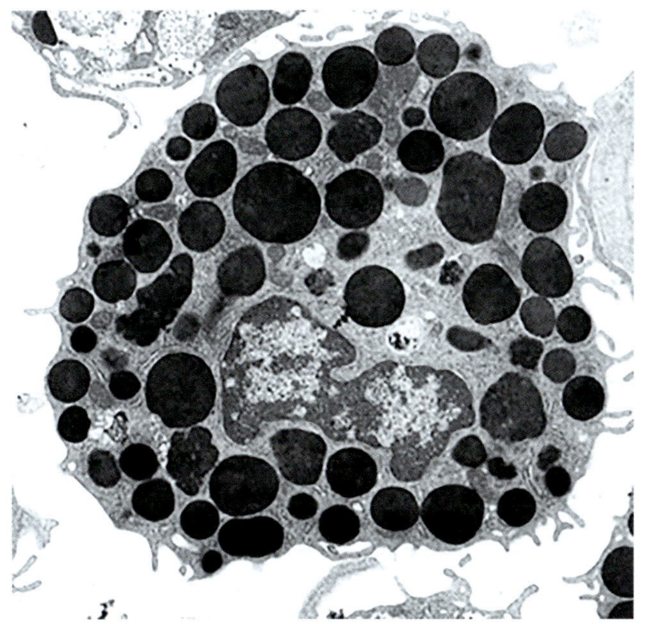

그림 3-7 • 비만세포. 비만세포 내 수많은 과립을 포함한다. 전자현미경사진. (Reproduced with permission from R.P Siraganian (1998) / ELSEVIER).

리고 사립체로 채워져 있다(그림 3-7).

비만세포 과립은 히스타민, 헤파린, 다양한 단백질분해효소(protease)를 포함한다. **히스타민(histamine)**은 생체아민으로서 세정맥 투과성을 증가시켜 혈장의 유출을 유도하고, 그 결과 조직 부종이 발생하게 된다. 이러한 국소적인 염증 반응은 외래 항원을 신속하게 제거하기 위한 것이다. 또한 히스타민은 작은 기도의 민무늬근육 수축을 유도하기도 한다. **헤파린(heparin)**은 항응고작용을 하는 글리코사미노글리칸으로, 혈관신생(angiogenesis)을 자극한다고 여겨진다.

비만세포는 다양한 자극에 의해 과립을 방출(탈과립, degranulation)할 수 있으며, 이에는 창상이나 햇빛과 같은 물리적 자극이나 면역글로불린 E(IgE), 도움체(보체), 사이토카인(cytokine)과 같은 면역 관련 자극 및 신경펩타이드와 같은 신경성 자극이 포함된다.

단백질분해효소 함량에 따라 세 가지 유형의 비만세포가 알려져 있다. **MC_T(점막비만세포, mucosal mast cell)**는 트립신분해효소(tryptase)만을 포함하는 반면, **MC_{TC}(결합조직비만세포, connective tissue mast cell)**는 트립신분해효소, 카세인응고효소(chymase), 펩타이드카복시말단분해효소(carboxypeptidase), 카텝신(cathepsin)을 포함한다. 세 번째 유형인 MC_C는 카세인응고효소, 펩타이드카복시말단 분해효소를 포함한다. 개와 고양이는 약 70%가 **MC_{TC}(결합조직비만세포)**이다. 이러한 단백질분해효소는 인접한 세포와 조직의 바탕질을 파괴하고, 보체 성분을 활성화할 수 있다.

또한 아라키돈산 부산물(arachidonic acid product)인 류코트리엔(leukotriene)과 다양한 사이토카인(다양한 형태의 인터루킨, 줄기세포 인자, TNF-α)은 비만세포에서 생산되며 세포질 과립에 저장되지 않고 즉시 방출된다.

과거에는 비만세포를 '조직호염기구(tissue basophil)'라고 부르기도 했지만, 두 세포는 유사점에도 불구하고 서로 다른 세포이다. 두 세포 모두 만능분화줄기세포(pluripotent stem cell, CD34+)에서 유래하며, 비슷한 염증 관련 과립을 포함한다. 하지만 호염기백혈구는 혈중으로 들어가기 전에 최종적으로 분화되어 있고, 비만세포는 골수에서 순환계를 통해 조직으로 이동하여 그곳에서 분화된다. 또한 비만세포는 세포분열이 가능하지만 호염기구는 그렇지 않으며, 수명 역시 호염기백혈구는 수일, 비만세포는 수 주에서 수개월까지 생존할 수 있다.

7. 큰포식세포 Macrophages

큰포식세포(macrophage)는 포식작용을 수행하는 세포로 전신에 퍼져 있으며, **단핵포식세포계통(mononuclear phagocyte system)**의 일원이다. 이들은 골수선조세포(CFU-GM)로부터 유래하며, 이 세포는 분열하여 혈중을 순환하는 단핵구(monocyte)를 형성한다. 단핵구는 혈관벽을 통과하여 결합조직이나 장기로 이동한 후 큰포식세포로 분화한다. 이주큰포식세포는 조직 내를 자유롭게 이동하며 포식작용을 수행하고, 고정큰포식세포는 특정 부위에 자리잡아 작용한다. 결합조직 내 고정큰포식세포는 **조직구(histiocyte)**라고 하며, 간의 별큰포식세포(stellate macrophage, Kupffer cell), 미세아교세포

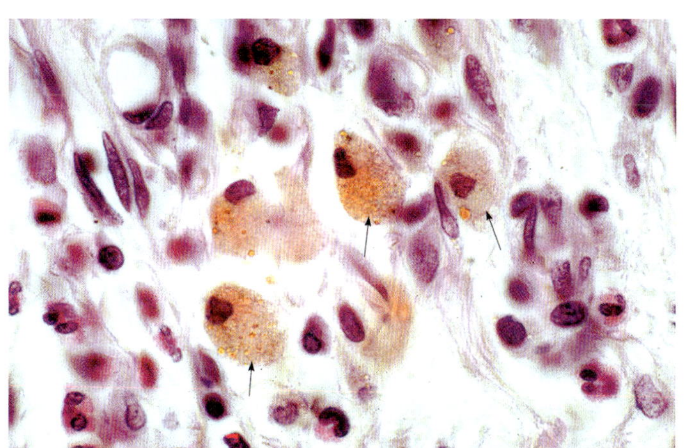

그림 3-8 • 큰포식세포(화살표)는 크고, 타원형 또는 둥근 세포이다. 그들은 포식작용을 하며, 수많은 세포질공포와 포식용해소체를 포함한다. 간, 쥐(래트). H&E. (×1,000). (Image by W.E. Haensly)

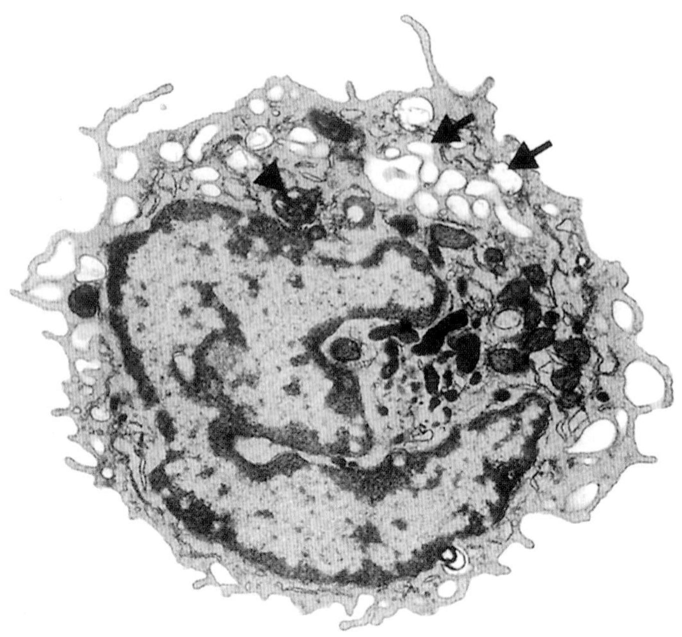

그림 3-9 • 큰포식세포. 풍부한 포음소포(화살표)와 포식용해소체(화살표 머리)를 포함한다. (×8,000).

(microglia), 랑게르한스세포(Langerhans cell), 뼈파괴세포(osteoclast) 등 특정 기관에 특화된 큰포식세포도 있다.

큰포식세포는 크고 타원형 또는 공모양이며, 세포질 내에 공포를 포함하고 있어 광학현미경에서도 쉽게 관찰된다(그림 3-8). 전자현미경 수준에서는 다수의 용해소체(lysosome), 포식소체(phagosome), 포식용해소체(phagolysosome), 거짓발(pseudopodia, 세포막의 발같은 확장) 구조가 확인된다(그림 3-9). 세포 내에는 풍부한 과립세포질그물(rER), 무과립세포질그물(sER), 사립체, 골지복합체가 있으며, 산성인산염분해효소(acid phosphatase)와 같은 용해소체 효소에 대한 조직화학적 염색을 하면 큰포식세포를 쉽게 감별할 수 있다. 활성화되면 미세융모(microvilli)와 **판돌기(lamellipodium)**가 증가하며, 판돌기는 주위바탕질과 일시적 부착을 형성하여 세포 이주를 가능하게 한다.

조직 내 큰포식세포 수는 혈액에서의 단핵구 유입, 단핵구의 국소 증식, 큰포식세포의 자멸사로 조절되며, 조직 내 평균 수명은 3주 미만이다. 다양한 화학주성인자 자극(감염체, 사이토카인 등)에 의해 큰포식세포는 이물질이 존재하는 신체부위로 이주하게 한다. 이들은 세포조각(cell debris), 비정상의 바탕질구성요소, 종양세포, 세균, 불활성물질 등을 포음작용(pinocytosis)이나 포식작용(phagocytosis)으로 제거한다. 포식작용은 비특이적으로 작용하거나(예, 허파 속의 먼지 입자), 특정 수용체(Fc 수용체, IgG, IgM 등)를 통한 선택적 반응으로 일어나기도 한다. 또한, 큰포식세포는 항원제시세포(antigen-presenting cell)로서 외래 항원을 처리하여 림프구가 효과적으로 반응할 수 있도록 한다.

염증은 호중백혈구와 큰포식세포의 상대적 비율에 따라 급성과 만성으로 구분된다. 급성 염증에서는 호중백혈구가 우세하고, 만성 염증에서는 큰포식세포가 우세하다. 자극을 받은 큰포식세포는 상피세포와 유사한 모양의 **상피모양세포(epithelioid cell)**로 무리(clusters)를 이루기도 하며, 여러 큰포식세포가 융합하여 **뭇핵거대세포(multinucleated giant cell)**나 이물질세포(foreign body cell)를 형성하기도 한다(그림 3-10).

큰포식세포는 다양한 기능에 따라 여러 물질을 합성 및 분비한다. 여기에는 세균의 세포벽을 분해하는 용균효소(lysozyme), 인터페론과 인터루킨 등의 사이토카인, 보체요소(C2, C3, C4, C5), 응고인자, 과산화수소, 하이드록실 라디칼, 일산화질소(NO) 등의 화학활성물질이 포함되며, 이는 큰포식세포의 살균과 세포살해작용(예, 종양세포) 기능에 관여한다.

최근 연구에 따르면 큰포식세포는 인터페론 외에도 TNF-α, IL-1, IL-6과 같은 다양한 사이토카인을 생성하며, 화학활성물질은 단순 독성 물질이 아니라 세포신호전달 및 염증 조절에 역할을 한다. 큰포식세포는 기능에 따라 서로 다른 극성 상태를 띠는데, 이는 생리적·병리적 환경에서의 역할을 결정짓는다. M1형 큰포식세포는 IFN-γ나 LPS와 같은 염증성 자극에 의해 활성화되며, TNF-α, IL-1β, IL-6 등 염증유도성 사이토카인을 많이 생성하여 병원체와 종양 방어에 기여하나 과도할 경우 조직 손상을 유발할 수 있다. 반면, M2형 큰포식세포는 IL-4, IL-13 등의 자극에 의해 유도되며, 조직 복구, 염증 억제, 면역 조절에 관여하며 대표적으로 IL-10을 생

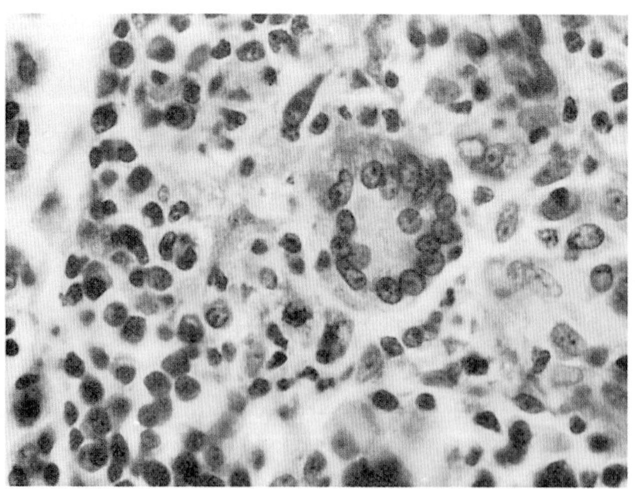

그림 3-10 • 면양 림프절의 뭇핵거대세포. Crossman's trichrome stain. (×435).

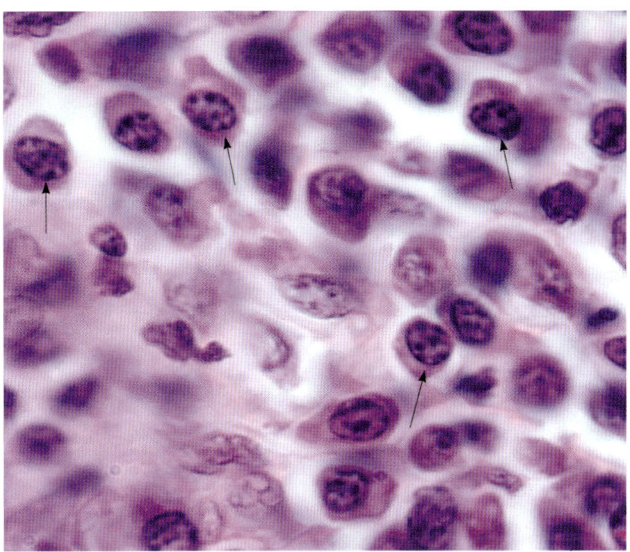

그림 3-11 • 형질세포(화살표)는 둥근 또는 타원형이며, 중심에서 벗어난 핵을 가진다. 핵의 염색질은 종종 핵주위에 응집된 형태로 배열된다. 핵 근처의 세포질 내 옅게 염색되는 부위는 골지복합체가 위치한다. 물렁입천장, 고양이. H&E. (×1,000). (Image by W.E. Haensly).

성한다. 이러한 극성은 큰포식세포가 면역 반응을 넘어 다양한 생리적 기능을 수행할 수 있는 유연성을 지님을 보여준다.

8. 형질세포 Plasma Cells

형질세포(plasma cell)는 공 모양, 타원 모양 또는 서양배 모양의 세포로, 세포의 한쪽에 위치하는 둥근 핵을 가지고 있다. 핵 내 염색질(chromatin)은 보통 주변부에 응집되어 있거나 중심으로 향하는 띠 형태로 배열되어 있어 핵이 '수레바퀴(cartwheel)'처럼 보이는 것이 특징이다(그림 3-11). 세포질은 강하게 호염기성으로 염색되며, 골지복합체가 위치한 부위는 음성으로 염색되어 투명하게 보인다. 전자현미경으로 관찰하면 광범위한 골지복합체 외에도 세포질에 확장된 과립세포질그물(rER)이 풍부하며, 그 확장된 수조가 존재한다. 이곳에는 약간의 과립성 및 중등도의 전자 밀도를 가지는 물질이 들어 있다. 또한, 면역글로불린을 함유한 공모양포함물(spherical inclusion)인 러셀소체(Russell body)가 관찰된다(그림 3-12). 이 외에도 자유리보소체와 사립체가 세포질에 존재한다.

형질세포는 림프조직에서 가장 많이 발견되며, 특히 림프절의 속질끈(medullary cord) 중심부에서 다수 존재한다. 또한 골수, 위창자관, 호흡계통, 암컷생식계통의 결합조직에서도 풍부하게 분포한다. 이러한 분포는 신체 내 여러 부위에서 면역 감시 및 항체 생성을 수행하는 형질세포의 역할을 반영한다.

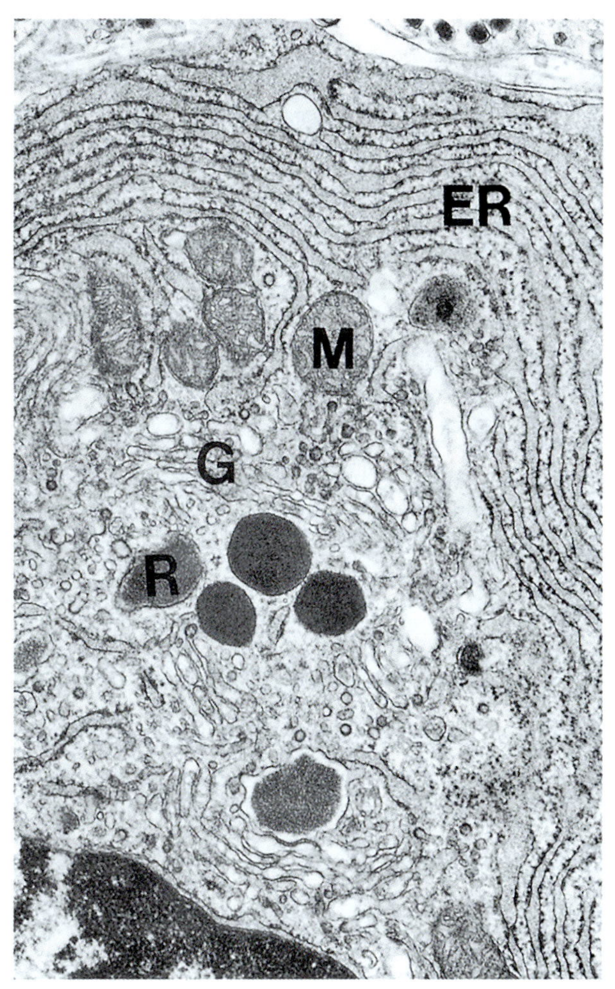

그림 3-12 • 풍부한 과립세포질그물(ER), 사립체(M), 폭넓게 분포하는 골지복합체(G), 러셀소체(R)를 갖고 있는 형질세포의 일부분. (×19,500).

형질세포는 성긴결합조직에서 직접 생성되지 않으며, 혈액을 통해 결합조직으로 이주해온 B림프구로부터 분화되어 형성된다. 이들은 순환 항체 또는 체액성 항체(humoral antibody)를 생성한다(8장 참조).

9. 색소세포 Pigment Cells

결합조직 내에는 색소를 포함하는 다른 세포도 존재하며, 포유동물에서는 멜라닌(melanin), 어류나 양서류에서는 테리딘(pteridines)과 퓨린(purines) 등이 이에 해당된다(그림 3-13). 이러한 세포가 다수 존재할 경우, 결합조직에 색을 띠게 한다. 색소세포는 진피, 면양의 자궁속막언덕(uterine caruncle), 수막, 맥락막, 홍채 등 여러 위치에서 발견되며, 그 기능적 중요성은 각 기관의 특성과 관련하여 다르게 설명된다.

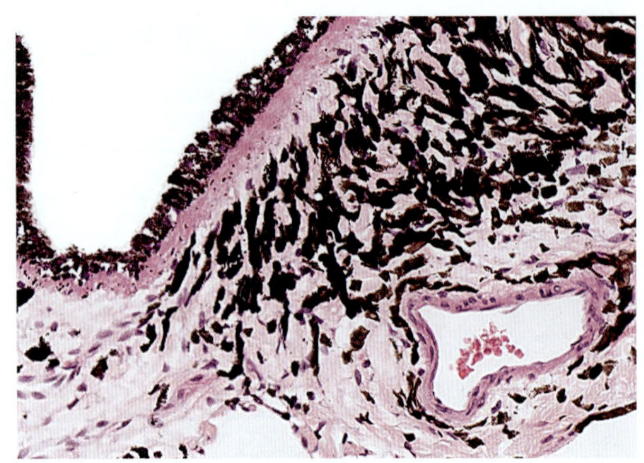

그림 3-13 • 색소함유세포가 있는 홍채 결합조직, 눈, 개. H&E. (×400). (Image by John J. Turek.)

10. 성긴결합조직의 기타 세포

Other Cells of Loose Connective Tissue

결합조직이 위치한 부위나 다양한 요인들(예, 기생충 감염, 세균 존재 등)에 따라 성긴결합조직에는 림프구, 단핵구, 과립구(특히 호산백혈구와 중성구) 등이 다양한 수로 존재할 수 있다. 이러한 자유세포의 구조와 기능은 혈액에서 기술하였다(6장 참조).

공모양백혈구(globule leukocyte)는 호산성(acidophilic)과 판색듦(이염염색, metachromatic)의 세포질과립을 가진 홑핵세포이다. 이들은 호흡계통, 소화계통, 생식계통, 비뇨계통의 상피와 결합조직에서 발견된다. 이 세포는 점막비만세포로 여겨졌으나, 최근에는 T림프구의 아집단(subpopulation)에서 기원한 것으로 제안되고 있다.

제2절 결합조직섬유

Connective Tissue Fibers

구조결합조직섬유(structural connective tissue fiber)에는 아교섬유(collagen fiber), 그물섬유(reticular fiber), 탄력섬유(elastic fiber)가 포함된다. 이 외에도 섬유결합소(fibronectin)나 라미닌(laminin)과 같은 **섬유성부착단백질(fibrous adhesive protein)**이 구조적 섬유를 서로 연결하거나 세포가 결합조직 바탕질(matrix)에 부착하도록 돕는다.

1. 아교섬유 Collagen Fibers

아교섬유(collagen fiber)는 성숙결합조직에서 가장 기본적인 섬유 유형이다. 아교섬유의 교환율(turnover rate)은 조직특이적이며, 동일 조직 내에서도 그 비율은 다를 수 있다. 대부분 아교질(collagen) 소화는 아교질분해효소(collagenase)와 같은 금속단백분해효소(metalloproteinases)나 세린단백분해효소(serine proteases)의 작용을 통해서 일어난다. 아교섬유 폴리펩타이드사슬(collagen polypeptide chain)은 과립세포질그물에서 pro-α사슬로 합성되며, 이 사슬은 양쪽 끝에 연장된 펩타이드(전구펩타이드)를 가진다(그림 3-14). 다양한 α사슬이 존재하며, 이들 pro-α사슬은 과립세포질그물의 수조 내에서 삼중나선 구조로 조립되어 **전구아교질분자(procollagen molecule)**를 형성한다. 이 분자는 골지복합체로 이동하여 분비소포로 포장된 뒤, 세포바깥으로 방출된다.

이때 아교질은 원섬유형성아교질(fibril-forming collagen), 원섬유연관아교질(FACIT collagen), 판형성아교질(sheet-forming collagen), 멀티플렉신(multiplexin), 연결과 고정아교질(connecting and anchoring collagen), 또는 막통과아교질(transmembrane collagen) 등으로 분류될 수 있다. 현재까지 28종류의 아교질이 확인되어 있다.

원섬유형성아교질(fibril-forming collagen)은 세포 밖에서 전구펩타이드가 효소에 의해 절단된 후 아교질 분자가 되며, 이것이 세포바깥바탕질(extracellular matrix) 내에서 다시 모여 **아교원섬유(collagen fibril)**를 형성한다. 이 원섬유는 전자현미경으로만 관찰 가능하며, 수 마이크로미터에 이르고, 폭은 10~300 nm로 다양하고, 67 nm 간격으로 특징적인 가로무늬(characteristic cross-striation)가 반복되는 특징이 있다(그림 3-14, 3-15). 이러한 원섬유가 모여 광학현미경으로 관찰 가능한 **아교섬유(collagen fiber)**를 형성한다(그림 3-2A).

원섬유형성아교질에는 1형, 2형, 3형, 5형, 11형, 24형, 27형이 포함된다. 이 중 1형아교질(type I collagen)은 전체 체내 아교질의 90%를 차지하며, 피부, 힘줄, 뼈, 상아질(dentin) 등에 존재한다. 2형아교질(type II collagen)은 연골과 유리체액(vitreous humor)에 특이적으로 존재하고, 3형아교질(type III collagen)은 1형과 함께 위치하며 1형의 원섬유발생(fibrillogenesis)에 필수적이다. 5형아교질(type V collagen)은 태아조직과 태반에서 발견되며, 결합조직의 세포바깥바탕질 형성에 중요하다. 11형아교질(type XI collagen)은 유리연골에, 24형아교질(type XXIV collagen)은 발생 중인 각막과 뼈에 존재한다.

신선한 아교섬유는 흰색이며, 조직학적으로는 산성 염료(acidic dye)에 염색된다. 따라서 H&E 염색에서는 적색 또는 분홍색, Van Gieson 염색에서는 적색, 삼염색(Mallory's and Masson's triple stain)에서는 푸른색 또는 녹색(사용 염료에 따라)으로 나타난다. 아교섬유는 유연하여 주변 장기의 움

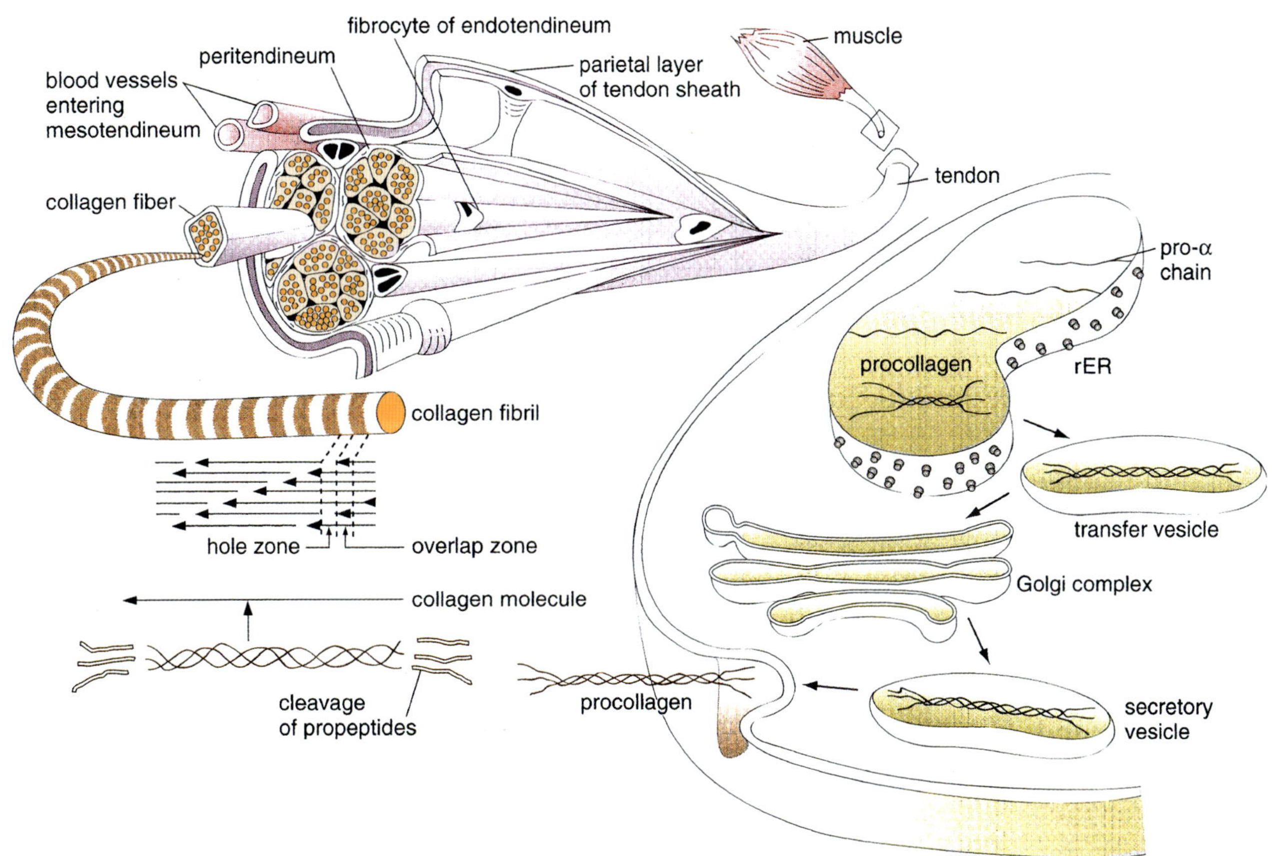

그림 3-14 • 아교섬유 형성의 도해. 아교섬유 폴리펩타이드사슬은 세포 내에서 합성되어 전구아교질(procollagen)이 되어 세포바깥공간으로 분비된다. 원섬유형성아교질에서 펩타이드는 전구아교질로 분리되어 아교질분자가 된다. 아교질분자는 염색이 잘 안 되는 중첩구역(overlap zone)과 짙게 염색되는 틈새구역(hole zone)을 만든다. 밝고 어두운 아교원섬유다발은 아교섬유(collagen fiber)를 형성한다. 힘줄에서 각각의 아교섬유가 힘줄속막(endotendon)에 의해 둘러싸이고, 섬유다발은 힘줄다발막(peritendon)으로 경계가 지어진다. 이 도해에서는 힘줄을 둘러싸고 있는 집(sheath)이 안쪽의 아교섬유다발(섬유다발, fascicle)을 나타내고 있다. 혈관은 힘줄간막(mesotendon)을 통해서 힘줄에 분포한다.

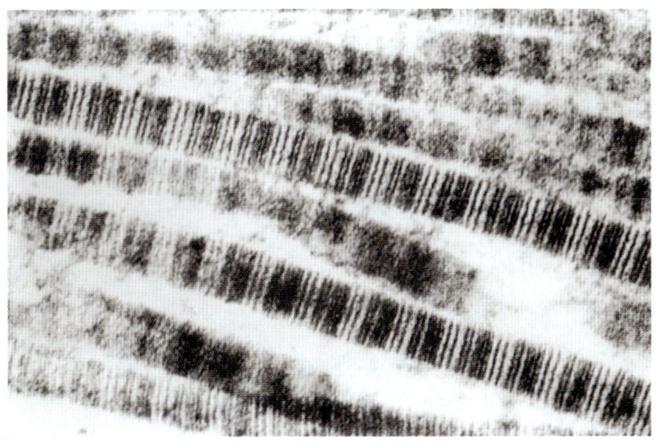

그림 3-15 • 가로무늬가 특징인 아교원섬유의 전자현미경사진. (×88,000).

직임이나 크기 변화에 잘 적응하며, 고도의 장력(high tensile strength)을 갖지만 전단력(shear strength)은 낮고, 원래 길이의 약 5% 정도까지 늘어날 수 있다. 결과적으로, 이 섬유는 힘줄, 인대, 장기의 피막 등 고도의 장력이 요구되는 부위에서 주로 발견된다.

FACIT(원섬유연관아교질, fibril-associated collagens with interrupted triple helices collagen)에는 9형, 12형, 14형, 20형, 21형, 22형이 있으며, 세포바깥바탕질의 조직화 및 안정성에 중요한 분자적 연결 다리 역할을 한다. 9형아교질(type IX collagen)은 유리연골의 2형아교질과 결합하여 글리코사미노글리칸(GAGs)과 연결되며, 20형(type XX collagen)은 각막상피에서, 21형아교질(type XXI collagen)은 혈관벽의 세포바깥바탕질(ECM)에서, 22형아교질은 조직경계에서 주로 발견된다. 일부 FACIT아교질(16형과 19형)은 섬유에 결합할 수 없어서 FACIT유사아교질(FACIT-like collagen)로 불린다.

판형성아교질(sheet-forming collagen)은 섬유가 아닌 유연한 판 형태의 구조를 형성한다. 4형아교질(type IV collagen)은 상피의 바닥판을 구성하며, 8형아교질(type VIII collagen)은 각막의 뒤경계판(posterior limiting lamina, Descemet's membrane)을 형성한다. 10형아교질(type X collagen)은 뼈끝연골(physis)의 비대연골층(hypertrophic zone)에서 발견된다.

멀티플렉신(multiplexin, multiple triple-helix domains and interruption)은 다수의 삼중나선 도메인과 간섭 부위를 포함하는 아교질이며, 바닥막과 관련된다. 이 범주에는 15형과 18형이 포함된다.

연결과 고정아교질(connecting and anchoring collagen)은 원섬유형성아교질의 표면에 부착하여 서로 간, 또는 다른 기질 성분과의 상호작용을 매개한다. 6형아교질은 특이한 구슬모양섬유(beaded filament)를 형성하고, 7형아교질은 표피의 바닥막에 존재하는 4형아교질과 진피의 아교질을 연결하는 **고정원섬유(anchoring fibril)**를 형성한다.

막통과아교질(transmembrane collagen)은 13형, 17형, 23형, 25형 등이 있으며, 이 중 17형은 피부의 반부착반점(hemidesmosome)과 관련되고, 변형 시 수포성 질환인 물집표피박리증(epidermolysis bullosa)을 유발할 수 있다. 23형은 전이성 종양세포에서, 25형은 신경아교질에서 관찰된다. 26형 아교질은 아직 분류되지 않았으며, 고환과 난소에서 발견된다.

2. 그물섬유 Reticular Fibers

일반적인 조직학적 표본에서 **그물섬유(reticular fiber)**는 다른 작은 아교섬유와 구분되지 않는다. 이 섬유는 은염색(silver impregnation)에 잘 반응하기 때문에 **은친화섬유(argyrophilic fiber, argentiaffin fiber)**라고 부르기도 하고(그림 3-3B), PAS반응(periodic acid-Schiff reaction, PAS reaction) 시약으로도 염색이 가능하다. 그물섬유는 실제로는 3형아교질로 구성된 개별 아교원섬유에 프로테오글리칸(proteoglycan)과 당단백질(glycoprotein)이 코팅된 형태이다. 이 코팅층은 은염색에 대한 친화성을 증가시키는 역할을 한다. 그러나 개별 그물섬유가 다발로 뭉쳐 아교섬유를 형성하게 되면, 이러한 코팅은 밀려나면서 은친화성(argyrophilia)이 감소되는 것으로 알려져 있다.

그물섬유는 모세혈관, 근육섬유, 신경, 지방세포, 간세포 주위에 섬세하고 유연한 그물망(delicate, flexible network)을 형성하며, 내분비기관, 림프기관, 조혈기관의 세포 또는 세포군을 지지하는 거푸집(scaffolding)으로 기능한다. 또한 바닥막의 필수적인 구성 요소이기도 하다.

3. 탄력섬유 Elastic Fibers

탄력섬유(elastic fiber) 또는 탄력판(elastic laminae)은 고도의 탄력과 장력이 요구되는 장기에서 발견된다. 탄력섬유는 본래 길이의 약 2.5배까지 늘어날 수 있으며, 늘어난 후에는 원래 길이로 되돌아간다. 이들은 바깥귀, 성대, 후두덮개, 허파, 목덜미인대, 진피, 대동맥, 근육동맥 등과 같이 탄성과 유연성이 동시에 필요한 기관에서 관찰된다. 탄력섬유는 화학적 연화(산 또는 알칼리처리, chemical maceration)나 고압증기(끓임, autoclaving)에도 견딜 수 있는 결합조직 섬유 중 가장 강인한 종류에 속한다. 이 섬유는 흔히 단독으로 존재하는데, 분지하거나 연결된 형태도 존재한다. 성긴결합조직에서는 직경이 0.2~5.0 μm에 이르며, 목덜미인대 같은 부위에서는 12 μm

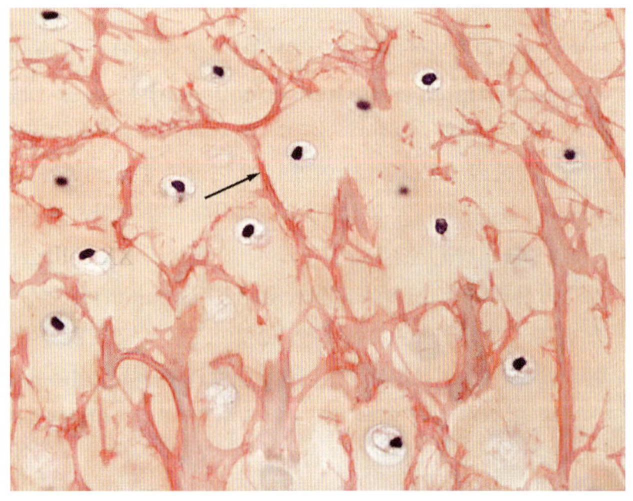

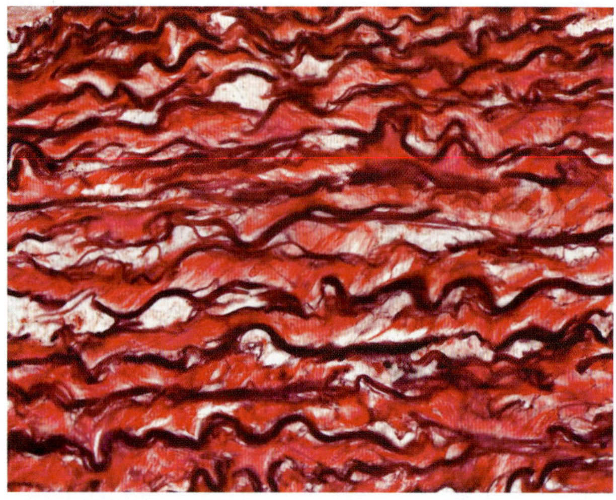

그림 3-16 • 왼쪽: 개 귓바퀴 탄력연골 내에 존재하는 탄력섬유(화살표). (×400). 오른쪽: 대동맥 내의 탄력섬유, 돼지. Elastin stain. (×400). (Image by John J. Turek.)

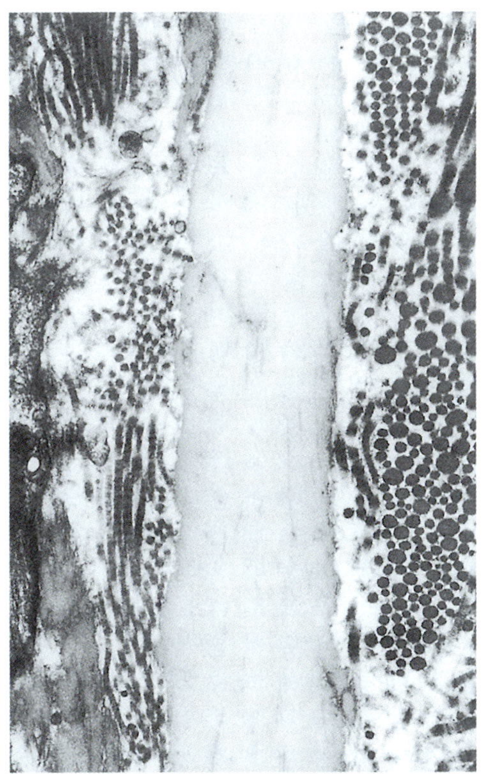

그림 3-17 • 세로와 가로로 절단된 아교원섬유 사이에 있는 탄력판(elastic lamina)의 전자현미경사진. 탄력판 내에서 높은 전자밀도의 가는 선은 미세원섬유이다. (×21,000).

에 달하는 경우도 있다. 일반적인 H&E 염색 절편에서는 탄력섬유가 굴절성이 높고 무정형이며 연한 분홍색의 띠로 나타난다. 올세인(orcein)과 레솔신-푹신(resorcine-fuchsin) 같은 선택적 염색을 통해 쉽게 구별할 수 있다(그림 3-16).

탄력섬유의 주요 구성성분은 **탄력소(elastin)**이며, 이 단백질은 **피브릴린(fibrillin)** 미세원섬유의 그물(network) 구조에 의해 지지된다. 탄력소는 프롤린(proline)과 글라이신(glycine)이 풍부하고, 무작위적인 코일 구조를 가지며, **데스모신(desmosine)**을 기지는 안정된 공유결합에 의해 안정화된다. 이러한 구조 덕분에 탄력소는 쉽게 늘어나고 복원될 수 있다. 탄력소는 섬유모세포와 민무늬근육세포에 의해 합성된다.

탄력섬유의 부성분은 직경 약 10 nm의 미세원섬유(microfibril)이며, 이는 섬유의 중심을 둘러싸고 내부에 박혀 구조적 안정성을 제공한다(그림 3-17). 이 미세섬유는 **피브릴린(fibrillin)**이라는 당단백질(glycoprotein)로 구성되어 있고, 탄력섬유의 통합과 기능 유지에 필수적이다.

탄력섬유의 발생 과정에서 피브릴린 미세원섬유가 탄력소보다 먼저 분비되어 탄력소가 침작될 수 있는 발판을 형성한다. 이 초기 단계는 **옥시탈란(oxytalan)** 섬유라 하며, 이후 탄력소가 미세원섬유 사이에 침착되어 **엘라우닌(elaunin)** 섬유가 형성된다. 탄력소가 지속적으로 축적되면 성숙된 **탄력섬유(elastic fiber)**가 완성된다. 발달 과정에서 탄력섬유는 허파와 같은 장기나 결합조직 내에서 가장 늦게 나타나는 섬유 유형이다.

4. 섬유성부착단백질 Fibrous Adhesive Proteins

세포바깥바탕질에는 바탕질 조직구성과 세포부착에 필수적인 비아교성섬유단백질(noncollagenous fibrous protein)이 존재한다. **섬유결합소(fibronectin)**는 중간엽세포에서 유래한 주요 산물로, 섬유를 형성하는 단백질이며 세포막, 아교질(collagen), 탄력소(elastin), 프로테오글리칸(proteoglycan) 등 다양한 구조와 결합하여 세포뼈대와 세포바깥바탕질 사이의 연결을 매개한다. 섬유결합소는 세포부착, 세포분화, 세포성장, 그리고 포식세포 작용 등 다양한 생물학적 과정에 관여한다.

라미닌(laminin)은 큰 당단백질로 바닥판의 주요 구성성분이며, 바닥막과 접촉하는 내피세포, 민무늬근육세포, 신경집세포 등에 의해 합성된다(그림 4-12). 라미닌은 바닥막의 투명판(lamina lucida, lamina rara)과 치밀판(lamina densa) 모두에 존재하며, 부착당단백질(adhesive glycoprotein)인 니도겐(nidogen) 또는 엔탁틴(entactin)에 의해 4형아교질과 연결된다. 라미닌은 바닥막 내에서 구조적 망을 형성하며, 여기에 다른 당단백질이나 프로테오글리칸이 부착된다. 또한, 라미닌은 세포막 수용체를 안정화하는 신호전달 분자로서의 역할도 수행한다.

제3절 무형질 Ground Substance

결합조직의 세포와 섬유는 형태가 없는 무형질에 의해 둘러싸여 있다. 무형질은 글리코사미노글리칸(GAGs), 프로테오글리칸(proteoglycan), 혈장 성분, 대사산물, 수분, 이온 등으로 구성된다. 무형질은 수분 함량이 높아 함수성 젤(hydrated gel)을 형성하며, 이로 인해 특유의 탄력성을 지닌다.

글리코사미노글리칸(glycosaminoglycans, GAGs)은 우론산(uronic acid)과 헥소스아민잔기(hexosamine residue)가 교대로 연결된 가지가 없는 다당류로 구성되어 있으며, 총 7종의 주요 GAG이 존재한다. **히알루로난(hyaluronan, hyaluronic acid)**은 비황산화 GAG로, 길고 큰 분자로서 조직액이 채워지는 그물구조를 형성한다. 이로 인해 형성된 젤은 눈의 유리체액, 윤활액에 풍부하며, 탯줄, 피부의 성긴결합조직, 연골 등에서도 발견된다. 히알루로난은 프로테오글리칸(pro-

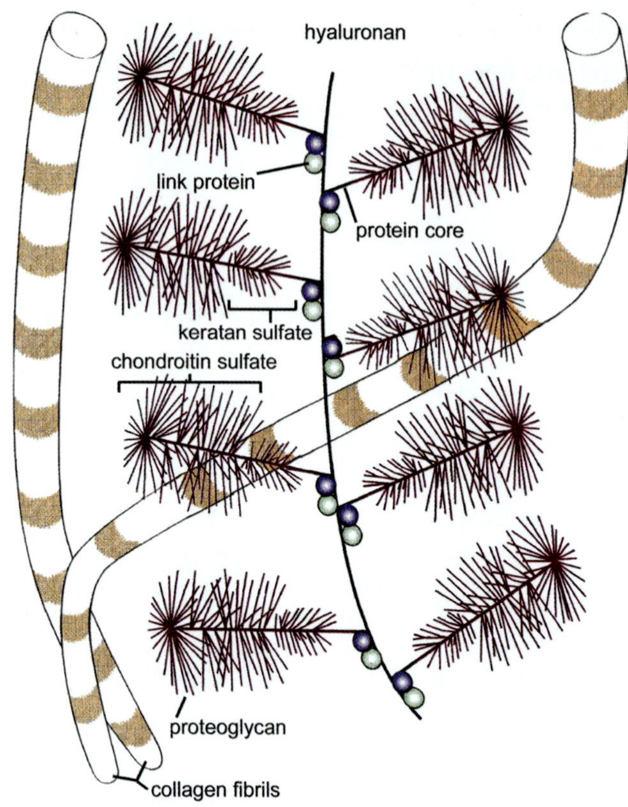

그림 3-18 • 연골바탕질은 연결단백질에 의해서 히알루로난사슬과 결합된 프로테오글리칸으로 구성된 아그레칸(aggrecan)을 포함한다. 프로테오글리칸은 황산콘드로이틴과 황산케라탄과 같은 글리코사미노글리칸이 단백질핵(protein core)과 결합되어 구성된다.

teoglycan)과 결합하여 더 큰 단백질인 **아그레칸(aggrecan)**을 형성한다(그림 3-18).

황산화 GAG에는 **황산콘드로이틴-4(chondroitin-4-sulfate)**와 **황산콘드로이틴-6(chondroitin-6-sulfate)**, **황산더마탄(dermatan sulfate)**, **황산케라탄(keratan sulfate)**, **황산헤파란(heparan sulfate)**, 그리고 **헤파린(heparin)**이 포함된다. 이들 중 황산콘드로이틴은 연골, 동맥, 피부, 각막에 풍부하며, 소량은 뼈에서도 발견된다. 황산더마탄은 피부, 힘줄, 목덜미인대, 공막, 허파에 분포한다. 황산케라탄은 연골, 뼈, 각막에 존재하고, 황산헤파란은 동맥과 허파에서 발견되는 반면, 헤파린은 주로 비만세포, 허파, 간, 피부에 존재한다.

글리코사미노글리칸(GAGs)이 단백질핵과 공유결합하여 형성된 **프로테오글리칸(proteoglycan)**은 작은 분자인 데코린(decorin, 40,000 m.w.)부터 큰 무리인 아그레칸(210,000 m.w.)으로 다양하다(그림 3-18). 이들은 결합조직 바탕질 공간을 채우고, 특이한 생화학적 특성을 제공하며, 세포사이공간 안에 있는 분자와 세포와의 통로를 조절하고 세포 사이의 화학적 신호전달에 중요한 역할을 한다.

일반적인 H&E 염색에서는 농도가 낮은 경우 프로테오글리칸이 잘 관찰되지 않으나, 유리연골(hyaline cartilage)처럼 농도가 높은 경우에는 염기성 염색약에 잘 염색된다. 톨루이딘블루(toluidine blue)나 크리스탈바이올렛(crystal violet)과 같은 염색약을 사용하면, 딴색듦변화(metachromatic change)가 발생하여 색상이 분홍 또는 자홍색(magenta)으로 변하는 특징이 있다.

제4절 | 배아결합조직 *Embryonic Connective Tissues*

1. 중간엽 Mesenchyme

중간엽(mesenchyme)은 발생 중인 배아의 결합조직으로, 형태가 불규칙한 미분화 중간엽세포와 무형질로 구성되어 있다(그림 3-19). 중간엽세포는 세포질돌기를 뻗어 인접한 세포와 접촉함으로써 3차원적인 그물망을 형성한다. 이들 중간엽세포는 세포분열을 활발히 수행하며, 배아의 성장에 따라 발생하는 구조적 변화에 적응하기 위해 지속적으로 형태와 위치를 변화시킨다. 초기 발생 단계에서는 중간엽에 섬유가 존재하지 않으며, 세포사이공간은 풍부한 기질로 채워져 있다. 중간엽은 다양한 성숙결합조직뿐만 아니라 혈액과 혈관의 전구체로 기능한다는 점에서 매우 중요하다.

2. 점액결합조직 Mucous Connective Tissue

점액결합조직(mucous connective tissue)은 주로 배아의 진피밑조직(hypodermis)과 탯줄(umbilical cord)에서 관찰된다(그림 3-19). 이 조직은 별모양 섬유모세포(stellate

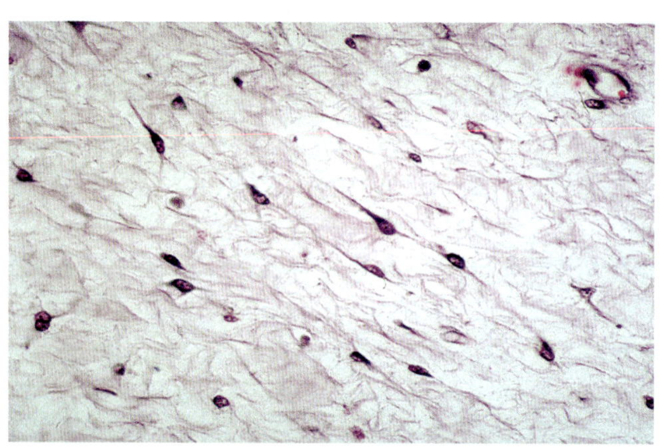

그림 3-19 • 별모양 섬유모세포가 점액결합조직 바탕질을 형성한다. 바탕질은 아교섬유와 글리코사미노글리칸 또는 프로테오글리칸으로 구성된 무형질로 구성된다. 탯줄. H&E. (×400). (Image by W.E. Haensly.)

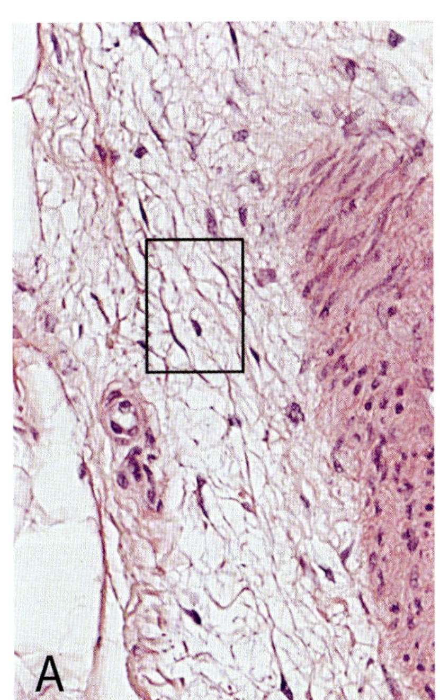

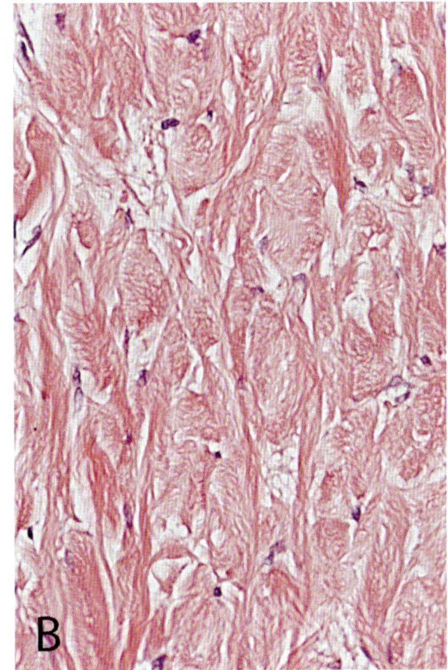

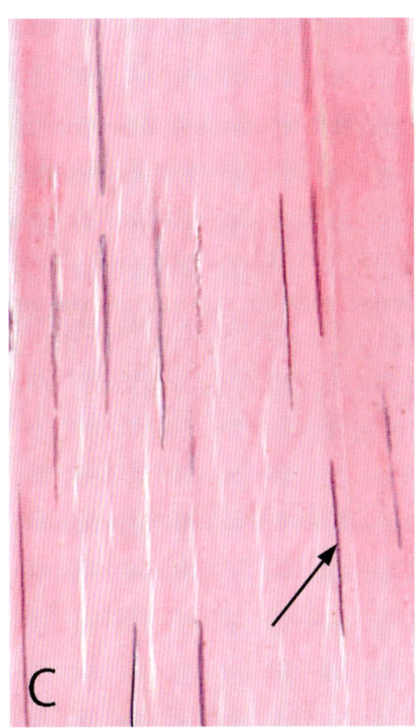

그림 3-20 • **A.** 동맥에 인접한 성긴결합조직(네모박스), 피부, 돼지. **B.** 치밀불규칙결합조직, 진피, 돼지. **C.** 치밀규칙결합조직에 있는 섬유세포의 핵(화살표), 힘줄. H&E. (×500). (Image by John J. Turek.)

fibroblast)가 그물망 구조를 이루는 것이 특징이다. 세포사이 공간은 점성의 젤 같은 무형질로 채워져 있으며, 이는 GAGs나 프로테오글리칸에 대해 양성 반응을 나타낸다. 또한 1형과 3형아교질 섬유도 존재한다. 성체에서 젤라틴결합조직은 되새김동물의 2위능선과 3위판유두(papillae of reticular crests and omasal laminae), 소의 음경귀두(glans penis), 수탉 볏(rooster comb) 중심부 등에 존재한다.

제5절 | 성숙결합조직 *Adult Connective Tissues*

성숙결합조직(adult connective tissue)은 세포바깥바탕질 내 섬유의 양과 배열 방식에 따라 분류된다. 세포의 구조적 특성과 섬유 및 무형질의 생화학적 구성은 결합조직의 종류에 따라 일반적으로 유사하다.

1. 성긴결합조직 Loose Connective Tissue

성긴결합조직(loose connective tissue, areolar connective tissue)은 성체에서 가장 널리 분포하는 결합조직이다(그림 3-20A). 성긴결합조직에서는 세포와 섬유가 무형질로 채워진 넓은 공간에 분산되어 있다. 이 조직은 다른 결합조직에 비해 세포의 수가 많으며, 고정세포와 이주세포가 모두 포함된다. 그물섬유, 아교섬유, 탄력섬유의 세 가지 섬유 모두 존재한다. 이들 섬유의 상대적 양과 배열은 조직의 위치별 기능에 따라 크게 달라질 수 있다. 손상이 발생한 경우, 치유의 단계에 따라서도 섬유 배열이 달라질 수 있는데, 초기의 결합조직은 세포가 많고 가느다란 그물섬유가 주를 이루는 반면, 이후 단계에서는 주로 두꺼운 아교섬유가 풍부해진다.

성긴결합조직의 무형질은 많은 양의 조직액을 결합할 수 있는 프로테오글리칸으로 구성되어 있다. 이 바탕질은 조직액에 녹아 있는 물질이 바탕질을 통해 쉽게 확산되도록 하여, 결합조직 세포가 물질에 쉽게 접근할 수 있도록 한다. 순환조직액은 동맥모세혈관의 동맥 말단에서 형성되어 정맥모세혈관 또는 모세림프관을 통해 다시 흡수된다.

성긴결합조직은 많은 상피조직 바로 아래에 존재하여 구조적 지지와 혈관 공급을 제공한다. 또한 대부분의 장기에서 사이질조직(interstitial tissue)을 형성하여 장기의 유연한 움직임과 위치 조절을 가능하게 한다. 이 조직은 신경과 뼈대근육 다발을 둘러싸는 조직층(예, 신경속막, epineurium)을 구성하며, 속빈장기(hollow orgna)의 민무늬근육층 사이에도 존재한다. 뇌와 척수의 연막(pia mater)과 거미막(arachnoid) 역시 성긴결합조직으로 구성되어 있다.

성긴결합조직의 기능은 다양하며, 피부밑조직(hypodermis)과 같은 부위에서는 기계적 지지와 물리적 충격을 흡수하는 기능부터, 염증반응을 포함한 조직회복 및 생체방어기능에 이르기까지 폭넓은 역할을 수행한다.

2. 치밀결합조직 Dense Connective Tissue

치밀결합조직(dense connective tissue)은 세포와 무형질에 비해 섬유의 비율이 높은 것이 특징이다. 이 결합조직은 일반적으로 섬유다발의 배열 양상에 따라 **치밀불규칙결합조직(dense irregular connective tissue)**과 **치밀규칙결합조직(dense regular connective tissue)**으로 분류된다. 치밀불규칙결합조직은 섬유다발이 무작위로, 그물망처럼 배열되어 있으며, 치밀규칙결합조직은 섬유가 일정하고 평행하게 배열되어 있다.

1) 치밀불규칙결합조직 Dense Irregular Connective Tissue

치밀불규칙결합조직(dense irregular connective tissue)에서는 섬유세포(fibrocyte)가 주요 세포 구성원이다(그림 3-20B). 아교섬유는 일반적으로 다양한 각도로 교차하는 다발 형태로 배열되어 있다. 얇은 널힘줄(aponeurosis)이나 근막에서는 이 다발들이 단일층으로 존재하며, 더 두꺼운 널힘줄, 장기 피막 또는 진피에서는 여러 층으로 중첩되어 다방향으로 얽혀 있는 구조를 형성한다. 이러한 불규칙한 배열은 장기의 크기나 근육의 직경이 변화할 때 이에 적응할 수 있게 해주며, 어떤 방향에서 오는 신장력(stretching force)도 견딜 수 있게 한다. 표면결합조직이 장기나 근육 내부로 연속되어 들어감으로써 조직의 구조적 강도가 증가하며, 조직 내에 존재하는 탄력그물(elastic network)은 원래 상태로 빠르게 복귀하는 능력을 제공한다.

치밀불규칙결합조직은 다양한 부위에 존재하며, 예를 들어 소화계의 시작 부위에 위치한 고유판(lamina propria), 허파의 피막(허파가슴막), 그리고 지라, 간, 콩팥, 고환 등의 장기 피막, 근막, 널힘줄(aponeuroses), 관절주머니, 심장막, 진피 등에 분포한다. 각 장기계통에 따라 이 조직은 기능적·형태학적으로 특화된 특성을 지닌다.

2) 치밀규칙결합조직 Dense Regular Connective Tissue

치밀규칙결합조직(dense regular connective tissue)은 아교힘줄과 아교인대(collagenous tendons and ligaments), 또는 탄력인대(elastic ligaments) 형태로 나타나며, 기능적 요구에 따라 모든 섬유가 동일한 방향으로 정렬되어 있다(그림 3-20C).

(1) 아교힘줄과 아교인대 Collagenous Tendons and Ligaments

아교힘줄(collagenous tendon)은 매우 강한 장력(tensile strength)을 가지며, 이는 그 구조에 잘 반영되어 있다. 힘줄은 평행하게 배열된 아교섬유다발로 구성되어 있으며(그림 3-14), 각각의 아교섬유는 섬유세포에 의해 둘러싸여 있고 이를 **힘줄속막(endotendon)**이라 한다. 이 섬유 다발들은 희박한 성긴결합조직인 **힘줄다발막(peritendon)**에 의해 함께 묶여 있으며, 이 조직은 혈관과 신경을 감싸 보호하는 역할을 한다. 힘줄다발막은 전체 힘줄을 감싸는 조밀 불규칙 결합조직인 **힘줄바깥막(epitendon)**으로 연속된다. 힘줄 내 섬유세포는 길고 납작하며 형태가 다양하다. 이들은 아교질 섬유 사이로 날개 모양의 세포질 돌기를 뻗어, 횡단면에서 별 모양으로 보이게 된다. 손상이 발생하면, 힘줄 주변의 결합조직에 있는 섬유모세포가 증식하여 복구 과정에 기여한다.

힘줄의 구조는 뼈나 연골에 부착되는 부위 또는 뼈를 감싸며 지나가는 부위에서 변화할 수 있다. 힘줄이나 인대가 뼈 또는 연골에 삽입되는 부위에서는 규칙치밀아교결합조직이 점진적으로 섬유연골(fibrocartilage)로 변하고, 이어서 석회화 섬유연골로 전환되며, 최종적으로 뼛속에 삽입된다. 이때 아교질 섬유는 뼈바탕질 내로 박혀 **관통섬유(perforating fiber, Sharpey's fiber)**를 형성한다. 이러한 구조는 유연한 섬유성 단위에서 단단한 뼈조직으로 기계적 힘을 점진적으로 전달하는 데 기여한다. 힘줄이 뼈를 감싸며 지나갈 때는 긴장력뿐만 아니라 압력도 받게 되며, 이로 인해 세포는 커지고 캡슐화되어 섬유연골과 유사한 형태를 띠게 된다.

힘줄의 유동성은 힘줄바깥막이나 **힘줄집(tendon sheath)**에 의해 보장된다. 힘줄바깥막은 힘줄부분(tendinous portion, visceral portion)과 벽부분(parietal portion)으로 구성되며(그림 3-14), 그 사이에는 윤활안(synovial cavity)이 존재한다. 힘줄부분은 힘줄의 벽부분에 단단히 부착되어 있으며, 외막과는 유체로 분리되어 있다. 힘줄부분과 벽부분 모두는 치밀불규칙결합조직과 윤활층(synovial layer)으로 구성되어 있으며, 이는 관절의 윤활막(synovial membrane)과 유사한 구조이다. 힘줄로 혈관이 진입하는 부위는 윤활집의 양끝 사이 틈인 **힘줄간막(mesotendom)**을 통해 이루어진다. 이 구조는 힘줄의 원활한 움직임을 보장하면서 혈류 공급도 가능하게 한다.

아교인대(collagenous ligament)는 힘줄보다 무정형 기질의 비율이 낮아 유연성이 떨어지고 변형에 대한 저항이 크다. 또한, 인대의 아교질 섬유는 힘줄처럼 완전히 평행하게 배열되어 있지 않다. 인대는 일반적으로 힘줄처럼 명확한 명칭이 붙은 결합조직막을 가지지 않으며, 대신 성긴결합조직에 의해 둘러싸이거나 관절주머니나 인접한 구조물과 부분적으로 통합되어 있다.

(2) 탄력인대 Elastic Ligaments

탄력인대(elastic ligament)에서는 굵고 가지를 치며 서로 연결된 탄력섬유가 주를 이루며, 인대에 탄력성과 복원력을 제공한다. 이러한 섬유들은 성긴결합조직에 의해 둘러싸여 있다.

대표적인 예로는 목덜미인대(ligamentum nuchae)와 척주 일부의 등쪽 인대(예, 황색인대, ligamenta flava) 등이 있다.

3. 그물결합조직 Reticular Connective Tissue

지라, 림프절, 혈액절, 편도 등 모든 림프기관의 버팀질(stroma)은 그물결합조직으로 이루어져 있다. 또한, 퍼진림프조직, 홑림프소절(solitary lymphatic nodule), 골수 버팀질(stroma) 또한 이 조직으로 구성되어 있다. 그물결합조직은 별모양 그물세포(stellate reticular cell)와 복잡한 3차원 구조의 그물결합조직(reticular connective tissue)으로 구성되어 있으며, 이는 해당 조직 내 세포와 다양한 성분을 지지하는 뼈대 역할을 한다(그림 3-3B, 8장 참조).

4. 지방조직 Adipose Tissue

지방조직(adipose tissue), 또는 지방(fat)은 절연 및 기계적 기능 외에도 동물의 대사에서 중요한 역할을 수행하는 특수한 형태의 결합조직이다. 지방조직의 가장 중요한 기능 중 하나는 지방 대사에 관여하는 것이다. 세포 내 지방은 지속적으로 저장과 소모의 순환을 반복하며 빠르게 교체되며, 이는 개체가 식이를 통해 섭취한 영양소 외에 저장 지방을 활용할 수 있도록 한다.

세포내 지질은 주로 지방산으로부터 합성되며, 탄수화물이나 단백질에서도 일부 합성된다. 지방 합성에 필요한 지방산은 혈중 암죽미립(chylomicron)이나 지질단백질(lipoprotein)에 포함된 중성지방(triglyceride)이 지질단백질분해효소(lipoprotein lipase)에 의해 효소적으로 분해되면서 유래된다. 이 지방산은 지방세포(adipocyte)에 흡수된 후 다시 중성지방으로 재합성되어 저장된다.

인슐린(insulin) 등의 호르몬이나 노에피네프린(norepinephrine) 등의 신경자극에 의해 세포 내 중성지방이 효소적으로 가수분해되어 지방산과 글리세롤이 혈액으로 방출되고, 에너지 생산을 위한 산화반응을 통해 대사된다. 갈색지방세포(brown adipocyte)의 경우, 사립체 호흡이 ATP 합성과 분리되어 저장된 지방의 산화가 ATP가 아닌 열을 생성하게 되며, 이는 동면동물(hibernating mammals)이나 추위에 노출된 경우 체온 상승에 기여한다.

포유동물의 피부밑결합조직(subcutaneous connective tissue)에서 지방조직은 열 절연 및 기계적 완충 작용을 한다. 특히 발볼록살(foot pad)이나 발가락받침(digital cushion)에서는 지방조직이 아교섬유다발과 탄력섬유다발이 함께 존재한다. 이러한 섬유와 지방세포의 조합은 지방조직이 충격을 흡수하는 완충장치 역할을 하게 하며, 동시에 아교섬유의 높은 장력에 의해 세포가 보호된다. 지방조직의 변형이 일어나게 되면 탄력섬유의 성질에 의해 지방세포가 원래의 형태로 회복된다.

대부분 포유동물에서는 지방조직이 색깔, 혈관분포, 구조 및 기능의 차이에 따라 **백색지방조직(white adipose tissue)**과 **갈색지방조직(brown adipose tissue)**의 두 가지 유형으로 구분된다.

1) 백색지방조직 White Adipose Tissue

백색지방조직(white adipose tissue) 세포는 성긴결합조직 사이막(septa)에 의해 소엽이라고 하는 지방세포의 집단으로 분리되어 있다. 각각의 지방세포는 치밀한 모세혈관얼기와 신경섬유를 지지하고 있는 아교섬유와 그물섬유로 된 섬세한 그물로 둘러싸여 있다(그림 3-4). 또한 협소한 세포사이공간에는 소수의 섬유세포, 비만세포, 그리고 소량의 무형질이 존재한다.

2) 갈색지방조직 Brown Adipose Tissue

갈색지방조직(갈색지방, brown adipose tissue, brown fat)은 뭇칸지방세포(multilocular adipocyte)의 집합으로 구성되어 있다(그림 3-5). 세포사이결합조직은 섬유세포, 아교섬유, 그물섬유로 구성된다. 모세혈관은 치밀한 얼기를 이루고 지방세포에는 아드레날린성축삭(adrenergic axon)에 의해 직접 신경 지배를 받는다.

갈색지방조직은 특히 설치류와 동면하는 포유동물에 많다. 주요 위치는 겨드랑부위(axilla), 목 부위, 가슴 대동맥 주변, 가슴세로칸, 창자간막, 콩팥근처의 배대동맥 및 뒤대정맥 주변 등이다. 이러한 부위에 갈색지방조직이 풍부하게 존재하는 것은 열조절(thermoregulation)에서의 중요한 역할을 반영한다.

제6절 성숙지지조직 *Adult Supportive Tissues*

1. 연골 Cartilage

연골(cartilage)은 체내에서 지지 역할을 수행하도록 특화된 조직이다. 세포사이물질이 아교섬유와 탄력섬유로 지지하고 있어 상당한 장력을 지닌다. 연골의 무형질(ground substance)은 단단하면서도 유연하여 하중을 지탱하는 능력을 높인다. 일반적으로 연골조직에는 혈관, 림프관, 신경이 없다. 그러나 발생 중의 혈관은 일부 연골구조에 침투할 수 있다.

1) 연골세포 Cartilage Cells

연골에는 두 가지 종류의 세포가 있다. 하나는 **연골모세포(chondroblast)**이며 또 하나는 **연골세포(chondrocyte)**이다.

(1) 연골모세포 Chondroblast

연골모세포(chondroblast)는 성장 중인 연골에서 관찰된다(그림 3-21), 연골모세포는 공모양의 핵과 뚜렷한 골지복합체를 지닌 타원형 세포이다. 세포질은 과립세포질그물(rER)이 풍부하여 호염기성(basophilic)으로 염색된다. 연골모세포는 세포 주위를 감싸는 연골바탕질(cartilage matrix)을 활발하게 형성한다.

(2) 연골세포 Chondrocyte

연골바탕질 형성이 완성되면 연골모세포는 다소 활동성이 떨어져 **연골세포(chondrocyte)**가 된다(그림 3-22A). 연골세포의 형태는 위치에 따라 길쭉하거나 공 모양이며, 각각의 연골세포는 약간 견고한 연골바탕질 내의 **연골방(cartilage lacuna)**이라는 작은 공간 속에 존재한다. 생체 내 혹은 전자현미경 수준에서는 세포가 연골방 전체를 채우고 있으며, 짧은 세포질 돌기가 세포사이물질로 뻗어나간다. 그러나 대부분의 광학현미경 조직표본에서는 세포수축으로 인해 세포 표면과 연골방 벽 사이에 공간이 있는 것처럼 보인다. 연골세포는 하나 또는 그 이상의 핵소체(nucleolus)가 포함된 둥근 핵, 풍부한 과립세포질그물(rER), 그리고 발달된 골지복합체를 포함한다. 연골세포가 나이를 먹으면서 당원(glycogen)과 지질(lipid)을 축적하게 되며, 이는 일반적인 조직 염색에서 공포(vacuole)로 관찰된다. 연골세포는 연골모세포보다 활동성이 적은 세포로 간주되지만, 주위바탕질을 지속적으로 유지하고 보수하는 역할을 담당한다.

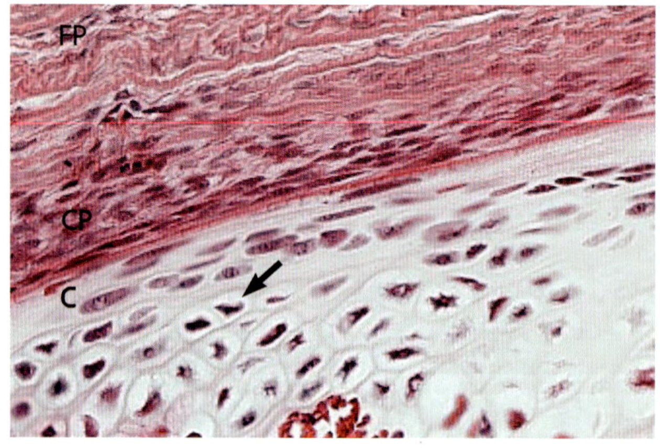

그림 3-21 • 미성숙 유리연골, 개. 연골막의 섬유층(FP)과 세포층(CP)이 연골모세포(화살표)를 포함하는 연골(C)을 경계로 하고 있다. H&E. (×300). (Image by John J. Turek.)

2) 연골바탕질 Cartilage Matrix

연골바탕질은 다른 결합조직과 마찬가지로 섬유와 무형질로 구성되어 있지만, **연골바탕질(cartilage matrix)**은 독특한 생역학적 특성을 지닌다. 아교질은 바탕질 그물구조를 형성한다. 연골에서 가장 풍부한 아교질은 2형(type 2)이다. 다만 섬유연골에서는 1형(type 1)이 우세하다. 이외에도 여러 종류 아교질이 소량 존재한다.

무형질에는 황산콘드로이틴(chondroitin sulfate), 황산케라탄(keratan sulfate), 히알루로난(hyaluronic acid)과 같은 글리코사미노글리칸(GAGs)이 포함되어 있다. 이들 GAG은 물과 전해질을 운반하고 물분자를 결합시켜 유리연골에 압박력을 견딜 수 있는 탄력을 부여한다. 단백질과 함께 GAGs복합체는 프로테오글리칸을 형성한다(그림 3-18). 많은 프로테오글리칸은 **연결단백질(link protein)**의 도움을 받아 히알루로난핵(hyaluronan core)축에 결합하여 큰 **아그레칸(aggrecan)** 구조를 이룬다. 이러한 큰 아그레칸에 인접한 아교원섬유와도 결합하여 성긴그물망(loose network) 구조를 이루며, 분자의 이동을 제한하는 분자여과(molecular sieve) 역할을 하여 선택적 투과성과 영양 및 노폐물 이동 기능을 담당한다.

연골바탕질에는 **연골결합소(chondronectin)**, **안코린 CII(anchorin CII)**, **섬유결합소(fibronectin)**와 같은 부착단백질도 존재하며, 이들은 아교질과 연골세포 사이의 상호작용에 기여한다. 연골바탕질은 관절연골의 깊은 층과 연골판의 비대층, 흡수층, 뼈형성층에서 연골바탕질이 **수산화인회석(hydroxyapatite)** 결정 형태로 침착되면서 부분적으로 석회화된다.

염색 특성으로는 H&E 염색에서 약한 염기성 반응을 보이고, GAG와 프로테오글리칸의 존재로 인해 PAS 염색에서는 양성 반응을 나타낸다. 또한 톨루이딘블루나 알시안블루와 같은 딴색듦염색(이염염색, metachromatic stain) 염료로 염색할 경우 색 변화가 뚜렷하다. 염색 강도는 연골바탕질 내에서의 생화학적 조성 변화와 그에 따른 생역학적 스트레스에 따라 달라질 수 있다.

3) 연골 분류 Classification of Cartilage

바탕질의 구조적 특성에 따라 연골은 **유리연골(hyaline cartilage)**, **탄력연골(elastic cartilage)**, **섬유연골(fibrocartilage)**의 세 가지로 구분된다.

(1) 유리연골 Hyaline cartilage

유리연골(hyaline cartilage)은 윤활관절의 관절면에서 뼈의 마찰을 줄이는 역할을 하며, 코, 후두, 기관, 기관지에서도 지지

구조물로 존재한다. 배아 발달 시에는 다리뼈대와 몸통뼈대 대부분을 형성하는 주요 조직이다.

성숙한 유리연골의 연골세포는 위치에 따라 크기와 형태가 달라진다(그림 3-22A). 표면 가까이에 위치하는 연골세포는 작고 타원형의 연골방에 들어 있으며, 그 장축은 표면에 평행하게 배열되어 있다. 더 깊은 층에서는 연골세포가 크고 뭇면체 모양이며, 하나의 방에 한 개 또는 두세 개에서 많게는 여섯 개까지의 세포가 들어 있는 경우도 있다. 이처럼 여러 세포가 함께 있는 구조는 **세포둥지(cell nest)** 또는 **연골세포무리(동형세포무리, chondrocyte aggregate, isogenous cell group)**라고 한다.

유리연골의 무형질은 2형아교원섬유로 구성된 그물망과 단단한 아교(젤, gel)의 바탕질로 이루어져 있으며, 아교원섬유는 무형질과 똑같은 굴절률을 가지고 있기 때문에 이들은 일반 조직표본에서는 볼 수 없다. 각각의 연골세포 주변에는 **세포주위바탕질(피막바탕질, pericellular matrix, capsular matrix)**이라 불리는 얇은 층이 있으며, 이 부위는 아교질(collagen)은 결여되어 있고 프로테오글리칸이 풍부하다. 세포주위바탕질은 연골세포의 미세환경을 형성하고, 세포 기능 조절에 기여한다. **영역바탕질(territorial matrix)**은 세포주위바탕질을 둘러싸며, 미세한 아교원섬유그물망과 무형질로 구성된다(그림 3-22B). **영역사이바탕질(interterritorial matrix)**은 영역바탕질의 바깥쪽에 위치하며 바탕질의 나머지 공간을 채운다. 이 바탕질부위에는 큰 아교원섬유와 풍부한 프로테오글리칸을 포함한다. 광학현미경에서는 바탕질에 함유된 아교질과 프로테오글리칸의 함량 차이에 따라 염색 시 서로 다른 색조를 나타낸다.

전자현미경에서 연골세포 주변에는 **바탕질과립(matrix granule)**이 보이며, 이는 연골세포가 분비한 프로테오글리칸을 포함하고 있어 바탕질 생성 초기 단계를 나타낸다. 이러한 과립은 이후 아그레칸(aggrecan) 형성에 기여한다. 연골바탕질의 합성과 구성(organization)에 중요하다.

관절면을 제외한 유리연골은 **연골막(perichondrium)**이라 불리는 혈관이 분포된 결합조직으로 둘러싸여 있다(그림 3-21). 연골막은 두 개의 층으로 나뉘며, 연골에 인접한 층은 **세포층(cellular layer)** 또는 **연골발생층(chondrogenic layer)**으로, 연골모세포와 모세혈관이 존재하며 성장과 유지에 기여한다. 그 바깥쪽은 **섬유층(fibrous layer)**으로, 불규칙한 아교섬유와 섬유모세포가 있어 연골에 기계적 지지와 부착력을 제공한다.

(2) 탄력연골 Elastic Cartilage

탄력연골(elastic cartilage)은 일정 수준의 강성과 탄력이 함께 요구되는 부위인 후두덮개(epiglottis)와 바깥귀길(external acoustic meatus)에서 발견되며, 후두의 잔뿔돌기(corniculate process)와 쐐기돌기(cuneiform process)의 일

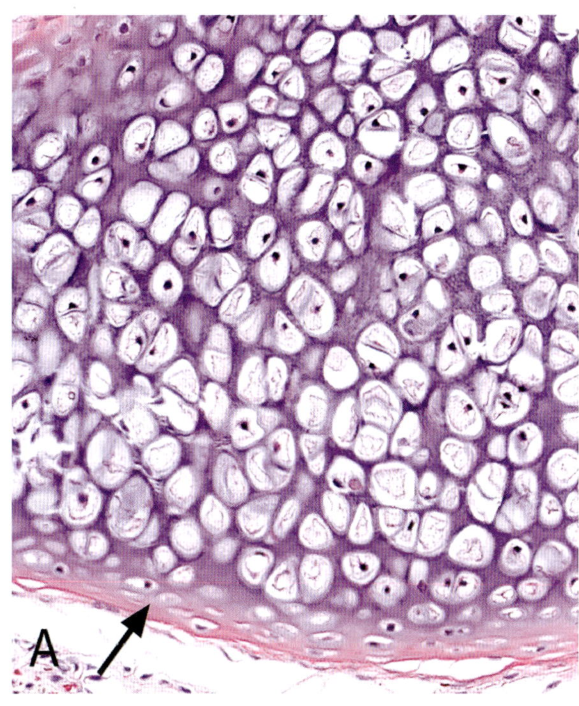

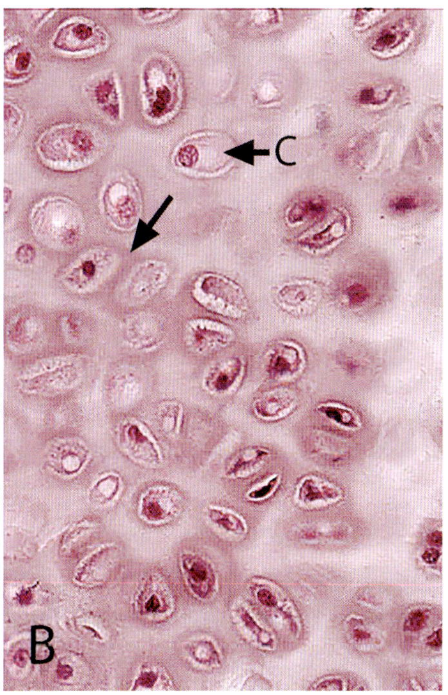

그림 3-22 • **A.** 성숙 유리연골, 후두, 쥐(래트). 연골덩이는 섬유성 연골막(화살표)에 의해 둘러싸여 있다. (×300). **B.** 연골세포(C)는 연골방 안에 위치하며, 영역바탕질(화살표)은 주변의 영역사이바탕질보다 진하게 염색된다. (×400). (Image by John J. Turek.)

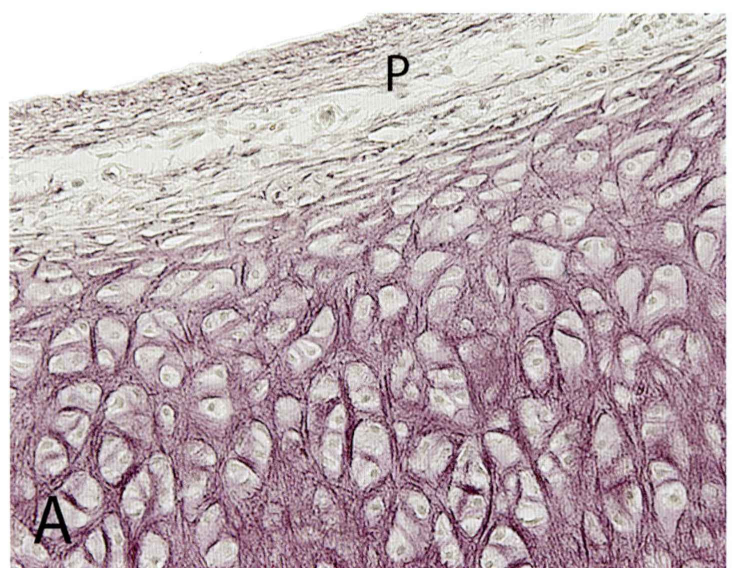

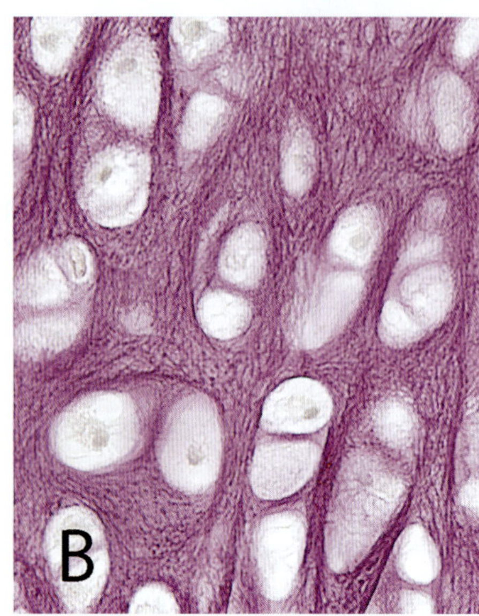

그림 3-23 • 탄력연골, 후두덮개, 개. **A.** 유리연골과 유사하게, 탄력연골은 연골막(P)에 의해 덮여 있다. (×200). **B.** 고배율에서 연골세포 주위에 바탕질을 통과하는 탄력섬유를 보여준다. (×400). (Image by John J. Turek.)

부에도 있다.

탄력연골은 유리연골의 모든 구조적 요소를 가지고 있을 뿐만 아니라, 일반적인 H&E 염색에서도 관찰될 수 있는 치밀한 탄력섬유망을 추가로 포함하고 있다. 탄력섬유는 연골막 근처에서는 밀도가 낮지만, 연골조직 내부에서는 치밀한 그물망을 형성한다(그림 3-23). 탄력연골의 표면에서 떨어진 부위에 위치한 연골세포는 종종 많은 지방공포(fat vacuole)를 가지고 있다. 성숙기 이후의 동물에서는 이러한 지방을 함유한 연골세포가 종종 지방조직으로 전환되기도 한다.

(3) 섬유연골 Fibrocartilage

세 가지 연골 유형 중에서 **섬유연골(fibrocartilage)**은 가장 드물게 존재한다. 이 연골은 다른 조직과 유리연골, 힘줄 또는 인대 사이에 놓여 있는 경우가 많다. 섬유연골은 척추사이원반(intervertebral disc)에 존재하며, 무릎관절의 반달(meniscus)을 구성한다. 척추사이원반에서는 척추 기둥에 완충 작용과 안정성을 제공하며, 반달에서는 관절 안정성과 하중 분산에 기여한다. 개에서는 심장의 심장뼈대(cardiac skeleton)에 섬유연골이 존재하며, 심방과 심실의 근육을 연결하는 구조를 이룬다.

섬유연골의 가장 뚜렷한 특징은 연골바탕질 내에 뚜렷하게 보이는 1형아교섬유의 존재이다(그림 3-24). 섬유연골의 현미경적 모습은 위치에 따라 다를 수 있다. 인대나 힘줄이 뼈에 부착되는 부위의 섬유연골은 장력 방향에 따라 평행하게 배열된 굵은 아교섬유다발로 구성되어 있으며, 이들 아교질 다발 사이에는 작은 연골세포(chondrocyte)가 존재한다(그림 3-24).

개의 섬유연골 심장뼈대(fibrocartilagenous cardiac skeleton), 즉 섬유삼각(fibrous trigone)과 같은 섬유연골에서는 연골세포와 아교섬유가 보다 불규칙하게 분포되어 있다. 무형질(amorphous ground substance)은 세포 주위에서 가장 풍부하게 존재하며, 그 외의 영역은 주로 아교섬유다발로 구성되어 있다. 섬유연골은 뚜렷한 연골막(perichondrium)이 없으며, 일부 부위에서는 아교섬유가 연골을 둘러싸고 있지만, 연골발생층(chondrogenic layer, cellular layer)은 존재하지 않는다.

4) 연골발생 Development of Cartilage

배아에서 연골 형성의 초기 단계는 중간엽세포(mesenchymal

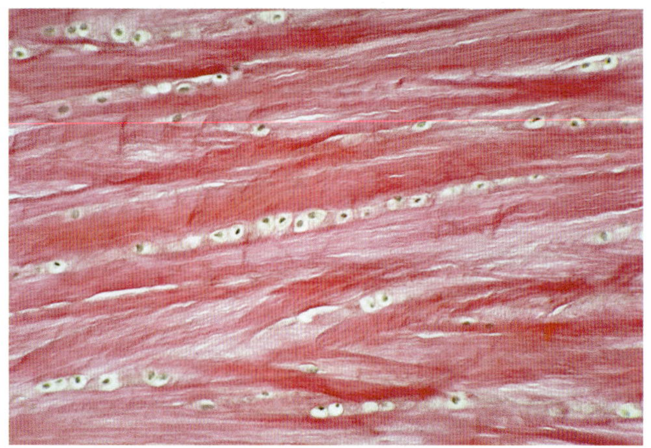

그림 3-24 • 뼈에 부착된 인대에 있는 섬유연골, 개. 연골방은 당기는 힘방향면과 나란히 배열되어 있다. H&E. (×300). (Image by W.E. Haensly).

cells)가 무리를 형성하는 것이다. 이 세포들은 커지면서 세포돌기가 소실되며, 무형질(amorphous ground substance)과 전구아교질(2형)을 합성하고 분비한다. 이 단계에서 세포는 연골모세포(chondroblast)로 불리며, 이들 세포가 모여 형성한 무리를 **연골발생중심(center of chondrification)**이라 한다. 세포사이바탕질이 증가함에 따라 세포는 둥글게 되고, 서로 떨어져 연골방(lacunae) 속에 고립된다. 이 시기에서 이들 세포를 **연골세포(chondrocyte)**라고 한다.

연골모세포는 몇 번 유사분열을 반복하고, 각 분열 이후 생성된 두 딸세포 사이에는 새로운 세포사이바탕질(intercellular matrix)이 형성된다. 이 과정은 연골이 안쪽으로부터 연골의 실질적인 확장이 일어나며 이 과정을 **사이질성장(interstitial growth)**이라 한다. 동시에 연골의 원기(cartilage primordium)를 둘러싼 중간엽은 연골막(perichondrium)으로 분화된다. 연골막의 세포층에 존재하는 연골모세포는 분열을 통해 기존 연골 표면에 바탕질을 추가로 축적하며, 이러한 성장 방식을 **덧붙이성장(appositional growth)**이라고 한다. 성숙한 동물에서도 연골발생층(chondrogenic layer)은 연골을 생성할 수 있는 잠재력을 유지하고 있지만, 이 능력은 새로운 연골이 필요한 상황에서만 활성화된다.

탄력연골(elastic cartilage)의 발생 과정에서는 섬유모세포(fibroblast)가 먼저 미분화된 원섬유를 생산한다. 이후 일부 섬유모세포는 연골모세포로 전환되며, 이들이 성숙한 탄성섬유를 생성하고 연골바탕질에 통합시킨다.

5) 연골의 영양 Nutrition of Cartilage

연골은 대부분 혈관이 없는 조직으로, 다른 결합조직과는 달리 영양 공급에 제한이 있다. 따라서 연골세포는 인접한 연골막 내의 모세혈관 또는 연골 표면을 덮고 있는 윤활액으로부터 영양분을 공급받는다. 이러한 영양분은 젤 상태의 아교바탕질을 통해 확산되며, 이 과정을 통해 연골세포가 생존하고 기능을 유지한다. 그러나 세포사이 바탕질이 석회화되면, 이 확산이 차단되고 연골세포는 결국 죽게 된다. 이러한 석회화 현상은 노화와 관련되어 자연적으로 발생하며, 뼈의 발달 과정 중 나타나는 연골속뼈발생(endochondral bone development) 과정에서도 관찰된다.

일반적으로 연골의 부피가 3 mm^3를 초과하게 되면, 혈관이 바탕질 속으로 침투하기 시작한다. 혈관이 분포된 연골의 예는 긴뼈의 성장 중인 뼈끝(epiphysis)의 유리연골이며, 여기에서는 혈관과 신경이 **연골관(cartilage canal)**이라 불리는 결합조직 구조에 의해 둘러싸여 존재한다. 이 구조를 통해 혈관이 연골로 들어가 영양과 산소를 공급한다.

2. 뼈 Bone

뼈(bone)는 세포와 섬유가 단단하게 무기질화된 물질에 박혀 있는 결합조직으로, 구조적 지지와 보호 기능에 매우 적합하다. 기관으로서의 뼈는 몸 전체에 내부적인 지지대를 제공하며, 근육과 힘줄이 부착할 수 있는 부위를 형성하여 움직임을 가능하게 한다. 또한 뇌와 가슴안(thoracic cavity) 속 장기를 보호하고, 골수공간 내에는 조혈기관인 골수를 포함하고 있다. 대사적인 측면에서도 뼈는 중요한 역할을 한다. 혈중 칼슘 농도를 유지하기 위한 칼슘 저장소로 기능하며, 재형성과 관련된 다양한 성장인자[예, TGF-β(전환성장인자베타, transforming growth factor beta)]를 포함하고 있다.

뼈는 모든 포유동물의 일생 동안 지속적으로 재형성되고 갱신되는 역동적인 조직이다. 뼈는 독특한 구조적 특성을 가지고 있어, 다른 조직에 비해 가장 적은 무게로 최대한의 장력을 제공한다.

1) 뼈 세포 Bone Cells

(1) 뼈모세포 Osteoblast

뼈모세포(osteoblast)는 뼈바탕질의 형성과 무기질화를 활발히 수행하는 세포이다. 이 세포는 원주형에서 편평한 모양까지 다양한 형태를 가지며, 새로운 뼈가 침착되고 있는 뼈 표면에 위치한다(그림 3-25, 3-26). 세포질은 강한 염기성을 띠며, 핵은 세포의 바닥 부위에 위치한다. 골지복합체와 과립세포질그물(rER)은 핵과 분비 표면 사이에 뚜렷하게 발달되어 있다. 뼈모세포는 무기질화되지 않은 뼈바탕질인 **풋뼈(osteoid)**를 생산하며, 이는 1형아교질과 프로테오글리칸으로 구성되어 있다. 이 외에도, 뼈모세포는 다양한 성장인자와 신호매개물질을 생산하는데, 여기에는 섬유모세포성장인자(FGF), 인슐린성장인자(IGF), 혈소판유래성장인자(PDGF), 뼈발생단백질(BMP), 프로스타글란딘(PG), 그리고 전환성장인자베타(TGF-β) 등이 포함된다.

뼈모세포는 연골모세포, 섬유모세포 등과 같이 만능분화중간엽줄기세포로부터 유래한다. 이 줄기세포는 **뼈선조세포(osteoprogenitor cell)**를 거쳐 뼈모세포로 분화하는데, 이 과정에서는 세포의 형태학적 특징보다는 세포 표면에 발현되는 특정 분자들이 계통을 식별하는 데 도움이 된다. 뼈형성단백질(bone morphogenetic protein, BMP)은 이 분화과정에서 중요한 역할을 한다. 성숙한 뼈조직의 표면에는 휴지기의 납작한 뼈모세포들이 존재하는데, 이를 **뼈면세포(bone lining cell)**라고 부른다. 이들은 자극을 받으면 다시 활성화되어 뼈모세포로 전환될 수 있다.

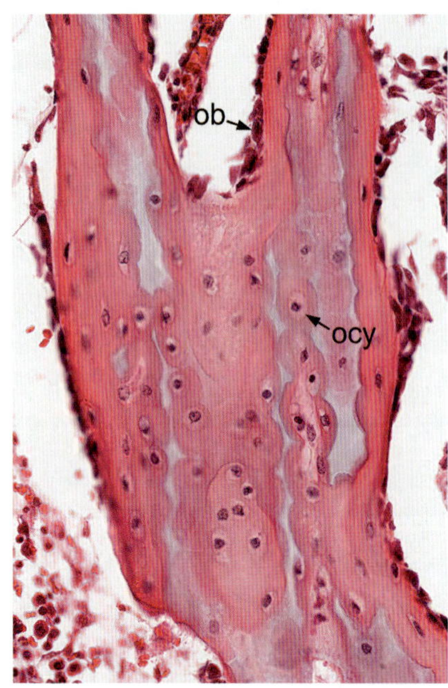

그림 3-25 • 연골속 뼈발생으로 인한 잔기둥뼈는 뼈모세포(ob)와 뼈세포(ocy)가 뼈방 내에 관찰된다. 호염기성 연골은 여전히 남아 있다. H&E. (×200). (Image by John J. Turek.)

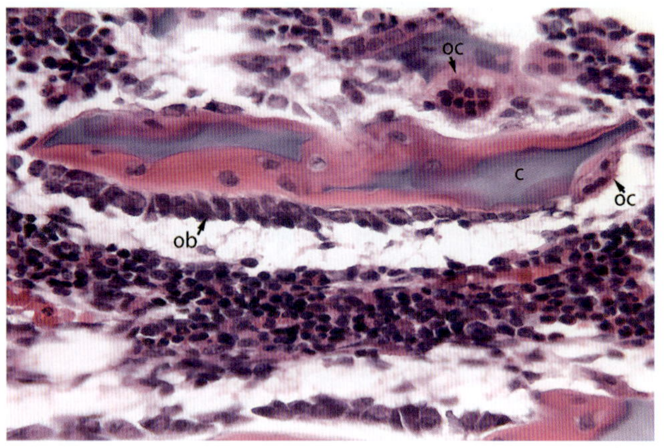

그림 3-26 • 뭇핵뼈파괴세포(oc)는 해면뼈 표면의 뼈를 흡수한다. 근처의 뼈모세포(ob)는 새로운 뼈를 형성한다. 잔기둥의 뼈 안에서 뼈세포는 조직 유지를 담당한다. 보라색 석회화연골 바탕질(c)은 이 일차해면질에 여전히 존재한다. 발가락, 개. H&E. (×400). (Image by J. Eurell).

뼈모세포는 세포막에 부갑샘선호르몬(parathyroid hormone, PTH) 수용체를 지니고 있으며, PTH가 결합하면 뼈모세포는 뼈파괴세포의 활성을 간접적으로 자극하는 물질을 분비한다. 그 주요 인자로는 RANKL과 OPG가 있다. RANKL은 뼈파괴세포 전구세포의 분화를 촉진하는 신호를 제공하며, OPG는 이에 대한 길항제로 작용하여 RANKL의 작용을 억제한다. 이와 같은 방식으로 뼈모세포는 뼈의 흡수 작용을 조절하며, 뼈의 항상성과 재형성 과정에서 중요한 역할을 수행한다.

(2) 뼈세포 Osteocyte

뼈모세포는 바탕질의 분비가 거의 다 이루어지면 약 10%의 뼈모세포는 자신이 분비한 풋뼈조직으로 둘러싸이고 뼈세포로 전환된다. **뼈세포(osteocyte)**는 성숙한 뼈의 주세포이며, 석회화된 사이질바탕질(interstitial matrix)로 둘러싸인 **뼈방(lacuna, bone lacuna)** 안에 위치한다(그림 3-25). 세포체로부터 길고 가느다란 돌기가 뻗어 나와 뼈바탕질 내의 **뼈모세관(canaliculus)**을 따라 인접한 뼈세포들과 연결되며, 이 접점에는 틈새이음(gap junction)이 존재해 세포사이에서 직접적인 소통을 가능하게 한다. 이러한 돌기들은 수축과 이완이 가능하며, 이를 통해 뼈방과 뼈모세관 내의 체액을 이동시키는 일종의 펌프 역할을 하여 대사물질이 뼈 표면에서 뼈세포까지 전달되도록 돕는다.

어린 뼈세포의 세포소기관은 뼈모세포와 유사하지만, 시간이 지나면서 골지복합체와 과립세포질그물은 줄어들고 용해소체의 수가 증가한다. 이는 뼈모세포로서의 활발한 바탕질합성에서 뼈세포로서의 유지·조절 기능으로 전환됨을 반영한다. 뼈세포가 뼈바탕질의 완전성을 어떻게 유지하는지는 명확히 밝혀지지 않았지만, 이 세포는 뼈조직 보존에 필수적이다. 뼈세포가 죽게 되면 RANKL과 같은 신호물질이 분비되어 뼈파괴세포가 해당 부위로 유입되고, 뼈 흡수가 시작된다. 즉, 뼈세포의 세포사멸은 뼈재형성(bone remodeling)을 유도하는 신호경로(signaling pathway)의 일부일 수 있다. 뼈세포는 또한 뼈모세포 활성을 조절하는 스클레로스틴(sclerostin)과 같은 인자를 통해 뼈형성 조절에도 관여할 수 있다.

뼈세포 또한 칼슘 항상성에 중요한 역할을 할 수 있지만, 뼈파괴세포는 주로 뼈흡수(bone resorption)를 통해 칼슘 방출을 담당한다. 뼈세포는 뼈방을 둘러싼 약 1 μm 두께의 뼈방주위뼈(perilacunar bone)를 흡수하고 대체하는데, 이 과정을 **뼈세포뼈용해(osteocytic osteolysis)**라고 한다. 이 과정이 생리적으로 어느 정도 발생하는지는 불분명하다.

뼈방(lacuna)과 뼈모세관(canaliculus) 내의 뼈세포를 둘러싼 세포바깥바탕질(ECM)에는 GAGs를 포함한 다양한 단백질과 프로테오글리칸이 포함되어 있다. 뼈세포가 이 바탕질을 유지하는 것은 조직의 온전성(integrity)을 유지하는 데 중요하다.

(3) 뼈파괴세포 Osteoclast

뼈파괴세포(osteoclast)는 뼈 표면에 존재하는 큰 뭇핵세포로, 직경은 40~100 μm이며 한 개의 세포당 핵이 15~30개 정도 존재한다(그림 3-26). 드물게 홑핵뼈파괴세포도 나타나는데, 이는 뼈파괴세포 형성 초기 단계에서 관찰된다. 뼈파괴세포의 세포질은 호산성을 띠며, 소량의 과립세포질그물(rER), 리보솜, 수많은 평활한 소포(smooth vesicle), 사립체를 포함한다. 이러한 세포소기관은 효소 분비와 뼈 흡수를 포함한 뼈파괴세포의 대사활동에 관여한다.

활성화된 뼈파괴세포(activated osteoclast)는 뼈 표면에 접한 세포막이 깊게 주름져 주름가장자리(ruffled border)를 형성하며, 이 부위에서 산과 용해소체 효소가 분비된다. 주름가장자리에 인접한 세포막은 뼈 표면에 밀착되어, 뼈 흡수가 일어나는 영역을 밀폐시킨다. 이 부위에서 효소적으로 바탕질이 분해되면서 **침식움(erosion lacuna, resorption lacuna, Howship's lacuna)**이 생성되며, 이는 뼈파괴세포가 사라진 후에도 남아 과거의 뼈 흡수 위치를 나타낸다. 성숙동물 치밀뼈 내에서 이루어지는 뼈재형성단위(bone remodeling unit)에서도 뼈파괴세포는 중요한 구성원으로 작용한다.

뼈파괴세포는 뼈의 무기질과 단백질 성분을 분해하여 방출할 뿐만 아니라, 뼈바탕질에 저장된 TGF-β를 방출하고 활성화시키는 기능도 한다. TGF-β는 뼈 대사와 재형성에 관여하는 다기능성 사이토카인이다. 뼈파괴세포의 활성을 유도 인자로는 부갑상샘호르몬(PTH), 인터루킨, RANKL이 있으며, 억제 인자로는 칼시토닌, 오스테오프로테게린(osteoprotegerin, OPG, RANKL의 미끼 수용체), 생식샘스테로이드가 있다.

뼈파괴세포는 골수의 만능분화줄기세포(pluripotent stem cells, CFU-GM)에서 유래하며, 이는 단핵구와 큰포식세포도 함께 유래하는 공통전구세포이다. 순환 중인 단핵구가 뼈 흡수 부위로 유도되면, 큰포식세포집락자극인자(M-CSF)와 RANKL 등의 신호에 의해 서로 융합하여 뭇핵뼈파괴세포로 분화한다. 수명이 다한 뼈파괴세포는 세포자멸사(apoptosis)를 통해 제거되며, 이는 뼈재형성(bone remodeling)과 재편성을 조절하는 중요한 과정이다.

2) 뼈바탕질 Bone Matrix

뼈바탕질(bone matrix)은 뼈모세포가 생성한 풋뼈(osteoid)로 구성되며, 풋뼈는 무기질화 과정을 통해 수산화인회석결정(hydroxyapatite crystal)이 침착되어 경화된다.

뼈의 세포사이 유기물질은 글리코사미노글리칸황산염(sulfated glycosaminoglycans, GaGs), 당단백질(glycoprotein), 그리고 주로 1형아교질로 구성되어 있다. 뼈에서 발견되는 당단백질로는 알칼리성인산염분해효소(alkaline phosphatase), 오스테오넥틴(osteonectin), 오스테오폰틴(osteopontin), 그리고 시알로단백질(sialoprotein) 등이 있으며, 이들은 뼈의 무기질화, 세포신호전달, 무기질침착에 있어서 다양한 역할을 한다. 뼈모세포에서 생성되는 비아교질성 단백질인 오스테오칼신(osteocalcin)은 뼈파괴세포의 활성을 간접적으로 조절한다. 오스테오칼신은 뼈 무기질화에 핵심적으로 관여하며, OPG와 RANKL과 같은 뼈재형성 관련 인자 생성도 조절한다. 이러한 인자는 뼈파괴세포의 형성, 기능, 생존에 영향을 준다.

뼈바탕질에서 주로 존재하는 아교질은 1형이며, 소량의 3형, 5형, 10형 아교질도 포함된다. 뼈단위(osteon)의 바깥둘레층판(lamellae)마다 아교원섬유는 중심관의 장축을 따라 나선형으로 배열되어 있으며, 인접한 층판과는 서로 직각 방향으로 교차한다. 이러한 교차층판구조(crossed lamellar structure)는 외부 압력과 인장에 대한 강한 저항력을 제공하여, 각 뼈단위에 다방향의 힘을 효과적으로 분산시킨다.

뼈의 무기 성분은 미세한 수산화인회석결정으로, 아교원섬유그물망(collagen fibril network) 내에 바늘 모양으로 침착된다. 이러한 효율적인 배열은 뼈에 특유한 장력을 부여한다. 뼈 무기염류의 주요 이온은 칼슘(Ca^{2+}), 탄산염(CO_3^{2-}), 인산염(PO_4^{3-}), 수산이온(OH^-)이며, 소듐(Na^+), 마그네슘(Mg^{2+}), 철(Fe) 등의 미량 원소도 포함된다. 뼈는 칼슘과 인의 주요 저장고로 기능하며, 이들 무기질은 무기질화, 근육 수축, 신경기능 등 생리적 과정에 필수적이다. 식이 섭취가 부족하거나 생리적 수요가 증가할 경우, 뼈로부터 무기질이 동원된다.

3) 구조적 · 기능적 특징

Structural and Functional Characteristics

성숙뼈는 연골과는 달리 뼈모세관계통(canalicular system)이 존재하고 혈관이 직접 공급되며, 뼈의 성장과정 또한 연골과 다르다.

성숙연골은 영양공급을 확산에 의존하지만, 뼈는 석회화된 뼈바탕질의 특성으로 확산이 되지 않아서 독특한 뼈방-뼈모세관계통(lacunar-canalicular system)을 통해 뼈세포로의 영양물질 공급이 가능하다(그림 3-27, 3-28). 뼈모세관은 하나의 방(lacuna)에서 다른 방과 뼈표면까지 뻗어 있는데, 이는 모세혈관을 둘러싸는 결합조직으로 열려 있다. 뼈모세관계통은 뼈의 깊은 곳에 위치하는 성숙한 뼈세포에 영양물질을 공급하기 위한 관계통을 제공하고, 모세혈관의 광범위한 분포가 뼈모세관계통의 효율을 한층 더 높여준다.

연골과는 달리, 뼈는 덧붙이성장만이 가능하다. 뼈세포사이물질은 빨리 식회화되기 때문에 시이질성장이 불가능하다. 따라서 뼈는 하나 또는 그 이상의 표면에 층을 더하고 뼈의 다른 쪽 표면에서 뼈를 제거하여, 크기가 증가하거나 감소하고 모양을 변화시킨다.

(1) 육안 구조 Macroscopic Structure

성숙한 긴뼈(예, 상완뼈, humerus)를 세로로 자르면, 속빈 원통모양의 **뼈몸통(diaphysis)**에 확장된 끝인 **뼈끝(epiphyses)**이 연결된 형태이다(그림 3-29). 뼈끝은 **관절연골(articular cartilage)**이라 불리는 얇은 유리연골층으로 덮여 있으며, 나머지 외부 표면은 혈관이 분포된 섬유막인 **뼈막(periosteum)**으로 덮여 있다(그림 3-27, 3-30). 뼈의 각 부위는 생체

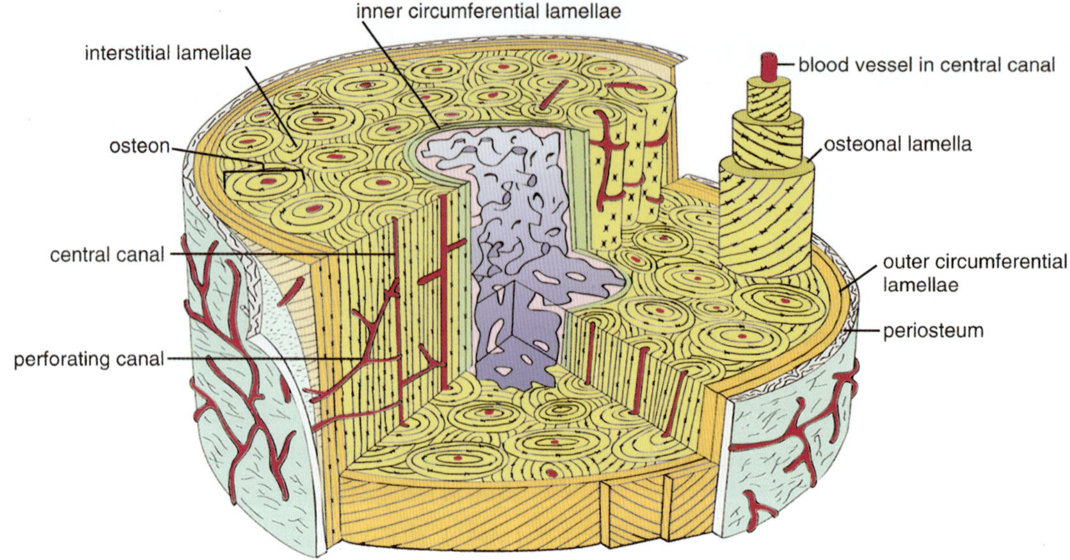

그림 3-27 • 치밀뼈의 구조단위 도해. 치밀뼈의 구성단위는 원통형 뼈단위이다. 중심관을 둘러싸고 있는 치밀한 뼈층판을 보기 위해서 뼈단위를 바라본 도해로 나타내었다. 혈관이 뼈막이나 뼈속막 표면으로부터 관통관을 통해서 중심관으로 유입된다. 뼈단위 사이는 사이층판으로 채워져 있으며, 바깥둘레층판과 속둘레층판은 치밀뼈의 표면을 형성한다.

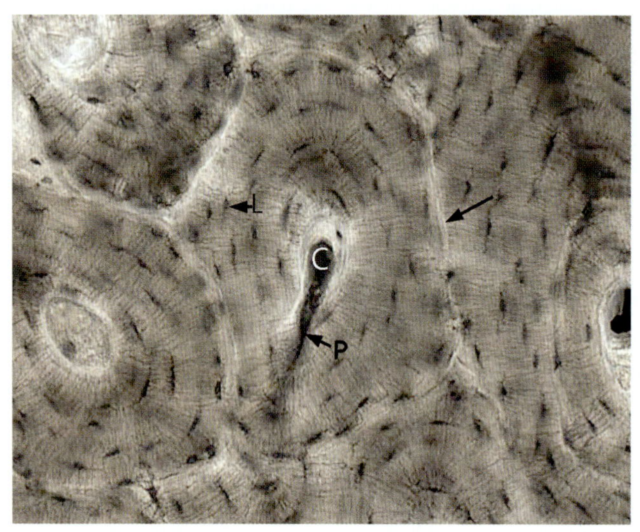

그림 3-28 • 밝은 시멘트선(화살표)으로 둘러싸인 연마뼈(ground bone)의 뼈단위. 중심관(C)은 혈관과 림프관, 신경을 수용하며 가로 관통관(P)으로 분지되어 있다. 뼈방(L)은 중심관을 둘러싼 치밀뼈의 층 사이에 자리 잡고 있다. 가는 뼈모세관이 각각의 뼈방에서 뻗어있다. 무염색. (×230).

역학적 기능을 최적화하기 위해 층판뼈(lamellar bone)로 배열되어 있다. 뼈끝은 관절연골 아래에 치밀한 뼈층(연골밑뼈, subchondral bone)이 얇게 분포하며, 그로부터 뻗어 나온 가는 **뼈잔기둥**그물망(network of **trabeculae**)으로 구성된 **해면뼈(spongy bone)**가 뼈의 중심부를 형성한다. 뼈몸통벽은 **치밀뼈(compact bone)**로 구성되며, 뼈단위(osteon)를 포함하고 있다. 뼈의 내부 공간인 골수강(medullary cavity)은 **뼈속막(endosteum)**으로 덮여 있으며, 동물의 나이나 뼈의 부위에 따라 황색골수(지방조직) 또는 적색골수(조혈조직)를 포함하고 있다.

성장 중인 동물에서 뼈끝과 뼈몸통은 **성장판-뼈몸통끝부위(physeal-metaphyseal region)**에 의해서 서로 분리되어 있다(그림 3-31). 이 부위는 **뼈끝연골(physis)**이라 불리는 특수한 유리연골판(hyaline cartilage plate)과 그 아래 위치한 해면뼈 부위인 **뼈몸통끝(metaphysis)**으로 구성된다. 뼈끝연골은 동물뼈의 길이성장(longitudinal growth)을 담당한다. 성장 과정에서 뼈끝연골 아래의 뼈몸통끝에서는 연골을 중심으로 한 일시적인 뼈기둥이 형성되고, 이후 이 구조는 영구적인 뼈잔기둥으로 리모델링된다(그림 3-29, 3-32). 성장이 끝나면 뼈끝연골(physis) 내 연골세포의 증식은 멈추지만, 뼈몸통끝 측에서는 계속해서 뼈형성이 진행된다. 결국 뼈끝연골(성장판)은 뼈형성이 되어 뼈끝흉터(뼈끝반흔, epiphyseal scar)로 남는다. 이는 성숙동물 뼈성숙의 특징이다. 이 흔적은 방사선영상에서 뼈끝선(epiphyseal line)으로 나타날 수 있다.

(2) 조직표본 제작 Histologic Preparation

뼈는 밀도가 높은 무기질이 침착되어 있어 절편제작과 조직표본을 제작하는 과정이 힘들다. 조직을 처리하기 전에 탈회(decalcification) 과정을 선행하면, 뼈의 무기질 성분이 제거되고 유기질바탕질(organic matrix)과 뼈세포가 남아 연구에 활용될 수 있다(그림 3-30). 반면, 뼈조직의 무기질 함량을 평

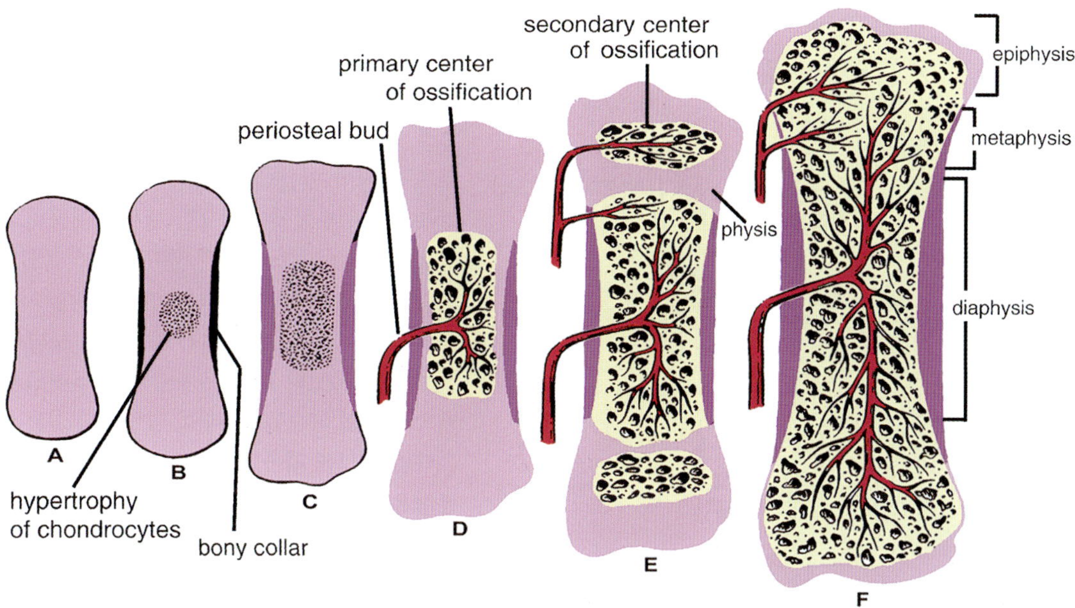

그림 3-29 • 긴뼈의 연골속뼈형성 단계 도해. **A.** 처음에 유리연골모형이 형성된다. **B.** 모형의 중앙에 있는 연골세포가 비대된다. **C.** 연골모형 주위에서 뼈막고리(bony collar)가 형성되기 시작한다. **D.** 뼈막(뼈발생싹, periosteal bud)으로부터 혈관이 뼈형성세포를 동반하고 연골모형으로 침투하여 일차뼈형성중심을 시작하게 된다. **E.** 뼈끝연골(physis), 즉 성장판(growth plate)과 이차뼈형성중심이 형성된다. **F.** 성숙뼈에서 뼈끝연골(성장판, physis)이 닫히고, 뼈끝에서부터 뼈몸통까지 합류된 골수공간이 형성된다.

가하고자 할 경우에는, 특수한 기술을 이용하여 탈회하지 않은 절편(undecalcified section)을 제작해야 한다(그림 3-28).

(3) 현미경적 구조 Microscopic Structure

긴뼈의 몸통(shaft) 가장 바깥층은 **바깥둘레층판(outer circumferential lamellae)**으로 배열된 치밀뼈(compact bone)로 이루어져 있으며, 각 층판 두께는 약 2~8 μm이다. 이 바깥둘레층판 안쪽에는 **중심관(central canal)**을 중심으로 동심원 형태로 배열된 층판으로 구성된 **뼈단위(osteon, Haversian system)**가 존재한다(그림 3-27). 성숙동물의 치밀뼈 속표면은 골수공간(medullary cavity, marrow cavity)을 둘러싸는 **속둘레층판(inner circumferential lamellae)**으로 구성된다.

뼈방(lacunae)은 치밀뼈 층판 사이에 위치한다(그림 3-28). 뼈방으로부터 뻗어 나오는 **뼈모세관(canaliculus)**은 분지하여 뼈방에 인접한 층판의 뼈모세관과 연결된다. 이러한 뼈방과 뼈모세관의 네트워크는 뼈세포에 영양분을 전달하기 위한 광범위한 연결통로가 된다.

각 뼈단위 **중심관(central canal, osteonal canal, Haversian canal)**에는 모세혈관, 림프관, 민말이집신경섬유가 포함되어 있으며, 이 모든 것이 그물결합조직(reticular connective tissue)에 의해 지지된다. 중심관은 가로방향 또는 수평방향 통로인 **관통관(perforating canal, Volkmann's canal)**

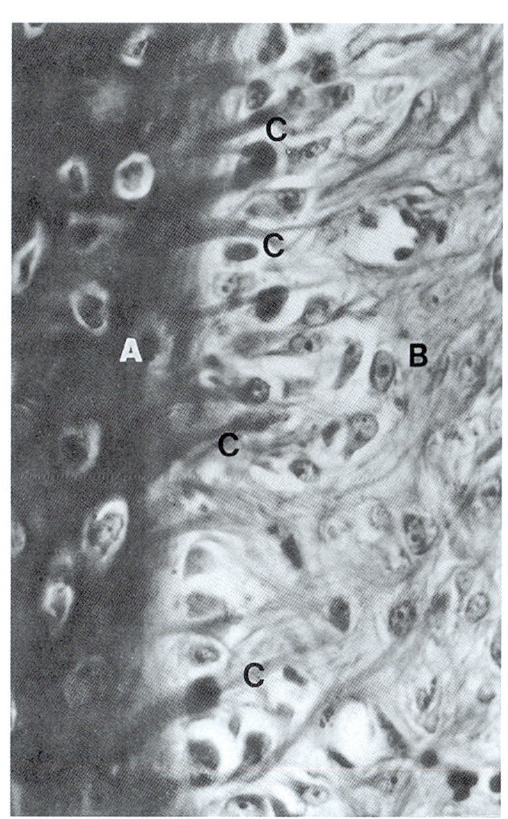

그림 3-30 • 고양이의 탈회한 뼈. 뼈막(B)을 갖는 뼈(A)는 관통섬유(C)에 의해서 부착되어 있다. H&E. (×500). (Courtesy of A. Hansen).

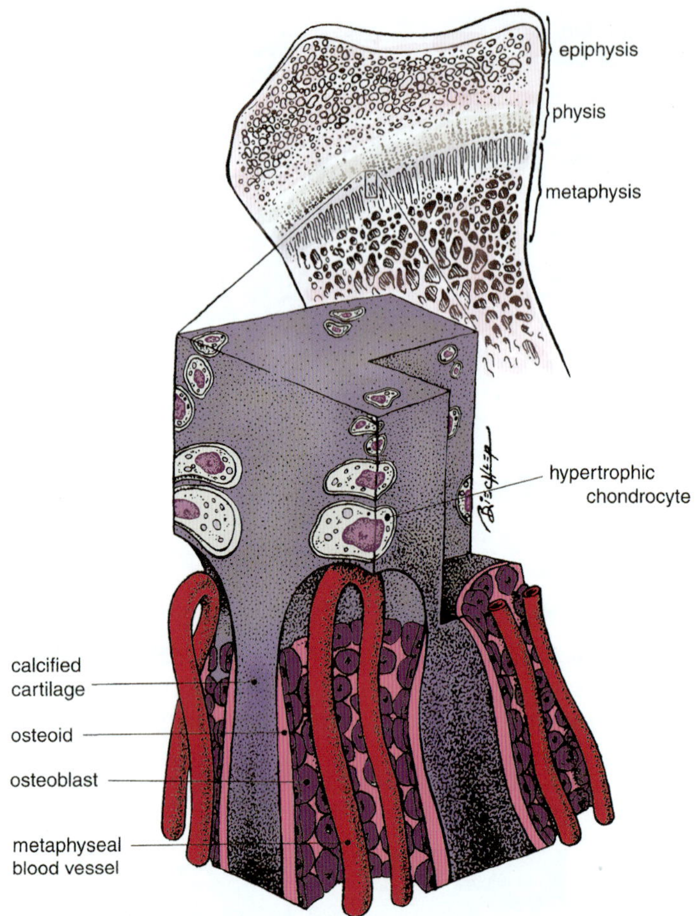

그림 3-31 • 뼈끝구성 도해. 뼈몸통끝부위 혈관은 흡수층에서 급격하게 구부러진다. 모세혈관고리는 변성하는 비대연골세포의 방(lacunae)으로 침입한다. 뼈모세포는 석회화된 뼈끝연골의 남은 부분에서 뼈를 형성한다.

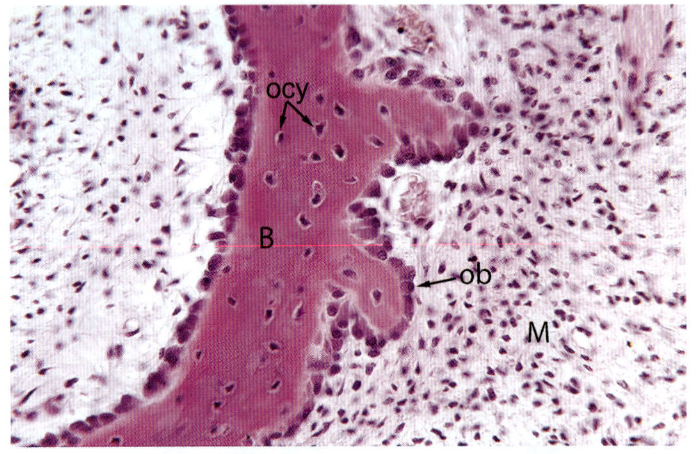

그림 3-32 • 막뼈형성. 뼈(B)는 중간엽(M)으로부터 직접 발생한다. 중간엽세포로부터 분화된 뼈모세포(ob)는 뼈바탕질을 분비하며, 이들이 바탕질에 둘러싸이면서 일부는 뼈 안의 뼈세포(ocy)가 된다. 머리, 태아 돼지. H&E. (×250). (Image by J. Eurell).

을 통해 서로 연결되고 자유 표면과도 연결된다(그림 3-27, 3-28).

대부분 뼈는 질긴 결합조직층인 **뼈막(periosteum)**으로 덮여 있다(그림 3-27, 3-30). 뼈막은 두 개의 층으로 구성되어 있는데, 안쪽층은 **뼈발생층(osteogenic layer)**으로 뼈형성에 필요한 세포를 제공하고, 바깥층은 **섬유층(fibrous layer)**은 불규칙하게 배열된 아교섬유와 혈관으로 구성되어 있다. 이 혈관은 분지되어 관통관을 따라 뼈 안쪽으로 들어가 중심관에 도달한다. 세포층은 성숙 동물보다 어린 동물에서 더 뚜렷하게 관찰된다. 뼈막은 뼈의 바깥둘레층판과 결합되어 있는 거친 아교섬유다발에 의해 뼈에 견고하게 부착되어 있으며, 이를 **관통섬유(perforating fiber, Sharpey's fiber)**라 한다(그림 3-30). 유리연골로 덮여 있는 관절면(surface of hyaline articular cartilage)이나 힘줄과 인대가 결합되는 곳에는 뼈막이 없다.

골수공간(marrow cavity), 중심관, 관통관 등은 뼈면세포(bone lining cell)로 이루어진 **뼈속막(endosteum)**으로 둘러싸여 있으며, 이 뼈속막에는 뼈선조세포(osteoprogenitor cell), 뼈모세포(osteoblast), 뼈파괴세포(osteoclast)가 포함된다. 뼈속막 일부 세포는 세포질돌기를 뼈모세관으로 보내서 인접한 뼈세포와 연결된다. 이들이 뼈방과 뼈모세관 내의 액체를 사이질액과 구분하는 이온 장벽(ion barrier)을 형성한다고 제안되기도 한다. 또한, 뼈속막세포(endosteal cell)는 칼슘과 인의 흐름을 조절하여 무기질 항상성(mineral homeostasis)을 유지함으로써, 뼈결정(bone crystal)이 자라기에 최적의 미세환경을 제공할 수 있도록 조절하는 역할을 한다.

3. 뼈발생 Osteogenesis

뼈발생(osteogenesis)은 두 단계의 과정을 통해 일어난다. 먼저, 뼈모세포(osteoblast)가 풋뼈(osteoid)를 분비한 후, 수일 뒤 이 풋뼈가 무기질화되어 뼈조직이 완성된다. 뼈 무기질화가 시작되는 기전에 대해서는 두 가지 이론이 제시되어 있다. **핵형성이론(nucleation theory)**은 1형아교원섬유(type I collagen fibril)의 구멍(hole) 영역이 인산칼슘결정(calcium phosphate crystal)이 침착되는 주요 부위라고 설명한다. 다른 이론은 **바탕질소포(matrix vesicle)**가 무기질화를 유도한다고 본다. 이 소포는 뼈모세포막에 따라 형성되는 막에 둘러싸인 구조물로, 무기질화에 필수적인 지질, 축적된 칼슘 이온, 알칼리성인산염분해효소(alkaline phosphatase)를 포함한다. 이러한 구성 성분이 무기질 침착의 시작과 유지에 관여한다.

뼈는 바탕질 내 아교원섬유 배열에 따라 격자뼈(woven bone)와 층판뼈(lamellar bone)로 분류되고, 또한 전구결합조직의 유형에 따라 막뼈형성(intramembranous ossification)과 연골속뼈형성(endochondral ossification)으로 분류된다.

격자뼈(woven bone)는 아교원섬유가 불규칙하게 교차 연결된 형태로 배열되어 있으며(그림 3-32), **층판뼈(lamellar bone)**는 보다 조직화된 층상(matrix lamellae) 구조로 되어 있다(그림 3-28). 격자뼈는 빠르게 형성되며 미성숙 형태의 뼈로 생각된다. 이는 일반적으로 이후 층판뼈로 대체된다. 격자뼈는 주로 발생 중인 뼈, 골절 치유 부위, 일부 뼈종양에서 흔히 발견된다. 무기질화 과정에서, 격자뼈와 석회화된 연골(calcified cartilage)은 주로 바탕질소포(matrix vesicle)와 연관되어 무기질이 침착되며, 반면 층판뼈의 무기질화는 주로 핵형성이론을 따른다.

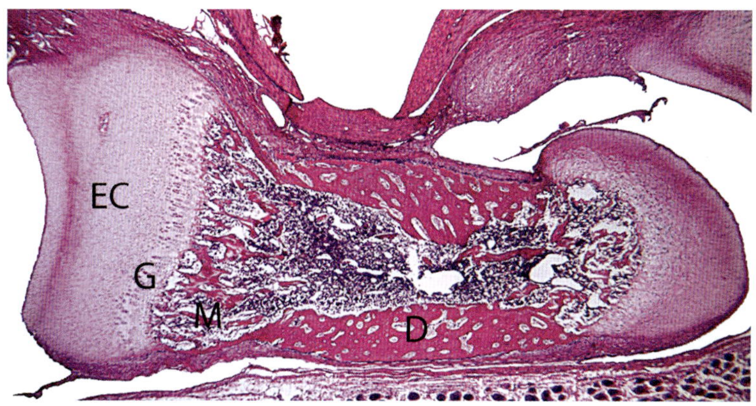

그림 3-33 • 연골속뼈형성. 일차뼈형성중심은 모형 내에서 확장되어 뼈몸통부위(D)와 뼈끝부위(M)를 형성한다. 뼈끝연골(EC)은 원래 연골모형의 잔류물이다. 성장판(G)은 뼈대가 성숙기에 도달할 때까지 발달 중인 뼈의 길이 성장을 담당한다. 발가락뼈, 개. H&E. (×25). (Image by J. Eurell).

어떤 부위에서든 뼈는 기존 결합조직에서의 전환 과정을 통해 형성된다. 뼈발생의 두 가지 경로는 각각 고유한 미세환경에서 특정 세포가 분화하는 방식에 따라 달라진다. 결합조직에서 직접 뼈가 형성되는 경우, 이를 **막뼈형성(intramembranous ossification, membranous ossification)**이라고 한다(그림 3-32). 이 용어는 뼈가 형성될 위치에 존재하는 연조직이 막(membrane) 형태로 배열되어 있다는 점에서 유래되었다. 한편, 기존의 연골 모델을 바탕으로 뼈형성과정을 **연골속뼈형성(endochondral ossification, cartilaginous ossification)**이라 한다(그림 3-33). 이 과정에서는 석회화된 연골이 뼈로 대체된다.

여기서 주의할 점은, 막뼈형성과 연골속뼈형성이라는 용어는 성숙한 뼈의 형태가 아니라 뼈가 형성되는 미세환경의 유형을 설명한다는 것이다. 예를 들어, 막뼈형성과 연골속뼈형성 모두 성숙시 해면뼈를 형성할 수 있다.

1) 막뼈형성 Intramembranous Ossification

막뼈형성(intramembranous ossification, membranous ossification)은 머리덮개뼈의 발달 과정에서 판사이층(diploe of the developing calvaria of the skull)에 존재하는 혈관이 풍부한 결합조직 내에서 일어나는 뼈발생 방식이다. 이 과정에서 뼈선조세포(osteoprogenitor cell)는 뼈모세포(osteoblast)로 분화하고, 이들은 뜻뼈(osteoid)를 합성하고 분비하기 시작한다. 뜻뼈에서 처음으로 분비되는 성분은 아교질이며, 그 뒤를 이어 다른 바탕질성분이 생성된다. 막뼈형성의 초기 단계에서는 뼈모세포들이 부분적으로 석회화된 바탕질에 의해 둘러싸이게 되며, 이 바탕질에는 명확한 아교질 섬유가 관찰된다(그림 3-32). 점차적으로 뼈모세포들이 더 많은 뜻뼈를 분비하고, 이 바탕질은 완전히 무기질화된다. 그 결과, 일부 뼈모세포들은 뼈방(lacuna)에 갇혀 성숙한 뼈세포(osteocyte)로 된다. 이러한 결합조직 내에서 형성되는 작고 고립된 초기 뼈조직을 **뼈형성중심(ossification center, center of ossification)**이라 하며, 이들은 여러 방향으로 뻗어 잔기둥(trabeculae)을 형성한다(그림 3-25). 이 시기에 형성되는 뼈를 **해면뼈(spongy bone, cancellous bone, trabecular bone)**라고 한다.

뼈잔기둥은 새로운 층판(lamellae)이 축적됨에 따라 폭과 길이가 확장되며, 이를 통해 일차해면질(primary spongiosa)이 형성된다. 이 해면골 내에서 치밀뼈(compact bone)가 형성되는 부위에서는, 뼈잔기둥 사이의 중간엽 결합조직 공간이 뼈조직으로 채워지고, 새로운 뼈단위(osteon)의 혈관을 포함하는 중심관(central canal)을 남긴다. 반면, 해면뼈가 유지되는 부위에서는 뼈잔기둥 사이의 중간엽조직이 골수(bone marrow)가 된다.

2) 연골속뼈형성 Endochondral Ossification

연골속뼈형성(endochondral ossification, cartilaginous ossification)은 다리뼈대, 척주, 골반, 그리고 머리덮개뼈의 바닥 등에서 일어나는 뼈발생 방식이다. 이러한 부위의 뼈는 배아 발생 초기에 유리연골(hyaline cartilage) 형태의 모델로 먼저 형성되며, 이후 이 연골 구조가 점차적으로 뼈조직으로 대체되어 뼈로 발달하게 된다.

(1) 일차뼈형성중심 Primary Ossification Center

연골모형의 폭과 길이가 성장하면서, 성장의 대부분은 양쪽 끝에서 집중적으로 일어난다. 가운데 부위의 연골세포는 성숙하여 크기가 커지고, 그 사이의 바탕질은 점점 얇아진다(그림 3-35). 이와 동시에, 이 연골세포들은 뼈모세포와 유사한 바탕질소포(matrix vesicle)를 분비하여 주변의 연골바탕질을 석회화시킨다. 이렇게 석회화된 바탕질은 연골세포에 필요한 영양분의 확산을 방해하여, 연골세포는 점차 퇴행하고 결국 죽게 된다.

이러한 과정과 동시에 연골막(perichondrium)에는 다수의 모세혈관이 침입한다. 이로 인해 연골막의 연골발생층은 뼈발생이 일어나기 쉬운 미세환경으로 변화하며, 이 층의 뼈선조세포(osteoprogenitor cell)는 뼈모세포로 분화한다. 그 결과 연골모형의 중간부분 둘레에 얇은 뼈테두리(shell of bone)를 형성한다. 이 구조는 막뼈형성에 의해서 이 **뼈막고리(periosteal band, bony collar)**가 형성되고 연골막은 뼈막이 된다. 혈관은 연골막 속층의 뼈발생능력을 자극하며; 이 층에 있는 세포들은 일생 동안 연골모세포나 뼈모세포로 분화할 수 있다. 이러한 능력은 특히 골절 치유 시 중요한데, 모세혈관이 없는 부위에서는 일시적으로 연골이 형성되고, 이후 혈관이 침투하면 연골속뼈형성이 다시 일어나기 때문이다.

뼈막고리가 형성된 이후, 뼈막에서 혈관이 침입하여 퇴행 중인 비대연골세포 영역으로 들어가면서 산소 농도가 증가한다(그림 3-29, 3-34). 이때 침입하는 혈관은 뼈막 유래 뼈선조세포, 혈관주위세포, 미분화중간엽세포 등을 동반하며, 이들을 통틀어 **뼈발생싹(periosteal bud)**이라고 한다. 뼈발생싹이 연골모형의 중간부분에 도달하면 **일차뼈형성중심(뼈몸통뼈형성중심, primary ossification center, diaphyseal ossification center)**이 형성된다. 혈장 속 뼈발생인자의 자극을 받은 뼈선조세포는 뼈모세포로 분화하여, 석회화된 연골조각 주위에 풋뼈를 분비하고, 이것이 무기질침착과정에 기여하며 뼈잔기둥을 형성된다. 뼈잔기둥은 내부에 석회화된 연골핵을 포함한다.

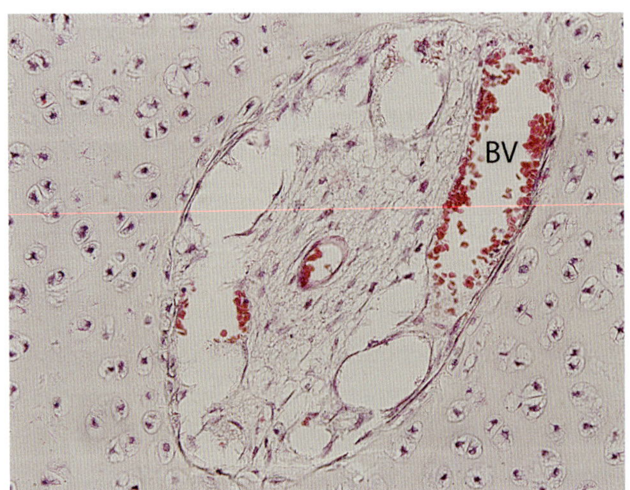

그림 3-34 • 연골속뼈형성 과정에서 혈관(BV)을 포함하는 연골관이 뼈끝연골을 관통한다. 연골은 이후 무기질화되어 이차뼈형성중심을 형성하기 시작한다. 상완뼈, 개. H&E. (×200). (Image by John J. Turek.)

한편, 연골모형의 양 끝에서는 연골세포가 사이질성장을 지속하면서 뼈의 길이를 늘리고, 뼈막고리는 계속해서 두꺼워지고 길어지며 확장된다. 이 과정에서 형성된 원시뼈(primitive bone)는 구조적 지지가 필요 없게 되므로 뼈파괴세포에 의해 흡수되고, 그 자리는 뼈발생싹과 함께 들어온 중간엽세포로부터 분화된 조혈조직으로 채워져 골수공간(marrow cavity)이 형성된다.

(2) 이차뼈형성중심 Secondary Ossification Centers

크고 긴뼈의 뼈끝연골(epiphysis)에는 추가적인 뼈형성중심이 형성되며, 이를 **이차뼈형성중심(뼈끝뼈형성중심, secondary ossification center, epiphyseal ossification center)**이라 한다(그림 3-29). 신생 동물의 뼈끝연골(epiphyseal cartilage)은 **연골관(cartilage canal)**으로 잘 발달되어 있는데, 이 관들은 세동맥, 세정맥, 민말이집 신경섬유 등을 포함하며, 결합조직으로 둘러싸여 있다(그림 3-34). 연골관은 연골막(perichondrium)에서 기원하며 뼈끝 전체에 고르게 분포하여 각 부위에 영양을 공급한다. 그러나 이 혈관은 뼈끝연골(성장판, physis, growth plate)이나 장차 관절연골(articular cartilage)이 될 곳에는 침투하지 않는다. 연골관의 세동맥은 모세혈관토리(capillary glomerulus)로 끝나며, 뼈형성의 초기 시작은 이 토리에 인접한 수많은 반점에서 발생한다. 뼈형성이 시작되면, 연골관의 토리 인근에 위치한 연골세포가 비대하고 퇴화되며, 이 주변의 바탕질은 석회화된다. 이어서, 이러한 부위에는 원형 배열의 비대연골세포층과 분열 중인 연골세포층이 둥글게(동심원상) 배열된다. 이는 뼈끝연골에서 볼 수 있는 성장층과 유사한 세포 배열을 보인다. 연골관 내의 결합조직은 연골막과 연속되어 있어, 이들 세포는 뼈발생을 위한 뼈발생 잠재력을 지닌다. 결국, 여러 개의 작은 뼈형성 반점(foci)이 융합되어 하나의 이차뼈형성중심을 이루며, 뼈끝 내에 해면뼈(spongy bone)를 형성한다.

뼈형성(ossification)은 뼈끝연골 전체를 대체하지는 않는다. 뼈끝의 말단 성장을 위한 주형으로 작용할 수 있을 만큼의 연골이 남게 되며, 그 표면부는 관절연골로 기능한다. 뼈몸통(diaphysis)과 각 뼈끝 사이에는 연골가로판이 남는데, 포유동물에서는 이 뼈끝연골이 성성숙기(사춘기)까지 지속되며 이후에는 뼈로 대체된다.

3) 길이 성장 Growth in Length

뼈끝연골(physis)과 뼈몸통끝의 기능은 뼈의 길이성장에 있어서 중요한 역할을 하고 뼈몸통끝의 해면뼈를 구성하는데 거푸집(scaffolding)을 제공한다. 뼈끝연골 내 연골은 지속적인 사이질성장을 통해 길이를 늘리며, 이 과정에서 연골세포의 증식, 프로테오글리칸의 합성, 연골세포의 비대가 긴뼈의 길이성장을 가능하게 한다.

뼈끝연골의 세로절단면에는 뼈끝(epiphysis)에서 뼈몸통(metaphysis)끝까지 다섯 개의 구별되는 층(zones)이 존재한다(그림 3-35).

① **휴지층(reserve zone, resting zone)**은 뼈와 뼈끝의 골수공간에 인접해 있으며(그림 3-35), 여기에서는 작은 연골세포(chondrocyte)들이 불규칙하게 분포해 있다(그림 3-36). 이 세포들은 토리(glomeruli)로 배열된 뼈끝의 혈관들에 의해 영양을 공급받는다. 이 구역의 연골세포는 뼈모세포(osteoblast)가 생산하는 것과 유사한 막으로 둘러싸인 구조인 바탕질소포(matrix vesicle)를 형성하지만, 바탕질의 무기질화(mineralization)는 뼈끝연골의 더 깊은 층에서 발생한다.

② **증식층(zone of proliferation)**은 연골세포가 약간 크고 뼈끝을 향해서 수직으로 줄이나 기둥을 형성한다(그림 3-35, 3-36). 새로운 연골세포는 연골기둥의 끝부분에서 세포분열에 의해서 생겨난다. 이들 세포는 바탕질 합성에 필요한 모든 세포소기관을 가지며, 각 세포는 바탕질층에 의해서 인접한 세포로부터 분리되어 있다.

③ **비대층(zone of hypertrophy)**에서 성숙과정이 진행되면서 세포의 크기가 증가하고 칼슘을 축적하기 시작한다. 세포속 칼슘은 깊은 비대층의 바탕질로 분비되고, 바탕질소포가 칼슘을 흡수하기 시작한다(그림 3-37). 바탕질소포에서 나온 알칼리성인산염분해효소(alkaline phosphatase)와 중성단백분해효소(neutral proteases)는 국소적으로 인산염을 증가시킨다. 소포에서 칼슘 축적과 인산염 증가는 바탕질의 무기질침착을 유도하고 연골기둥의 마지막 두세 개의 비대연골세포는 석회화 바탕질(calcified matirx) 벽에 접해 있다. 연골세포사이의 가로사이막은 석회화되지 않는다. 일부 비대연골세포는 위축되어 응축된 핵(pyknotic nucleus)을 가지며, 이는 가로사이막에 부착되어 있는 것처럼 보인다.

④ **흡수층(zone of resorption)**에서는 뼈몸통끝 모세혈관이 U자형으로 급격히 굽어져 골수순환으로 되돌아간다(그림 3-31, 3-38). 개개의 모세혈관고리(capillary loops)들과 혈관주위결합조직이 세포기둥(cell column)의 바닥부위에 위치하는 변성된 비대연골세포의 연골방(lacunae)으로 침투한다.

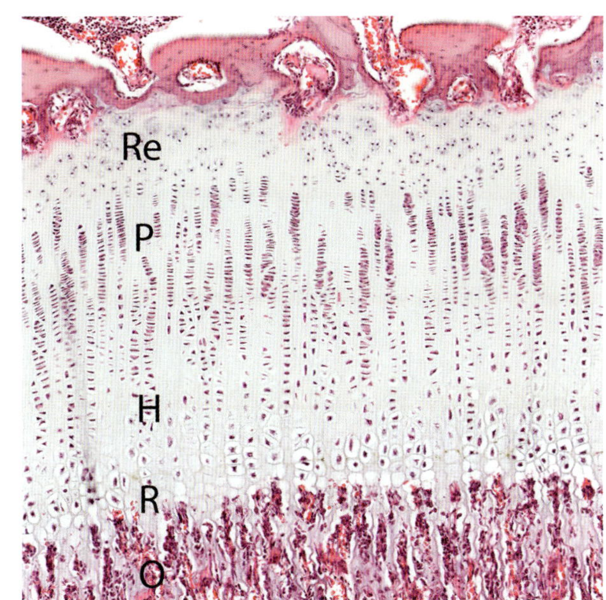

그림 3-35 • 개 성장판. 휴지층(Re)의 연골세포는 바탕질에 흩어져 있다. 증식층(P)에서 연골세포는 기둥 모양으로 배열되어 있다. 비대층(H)에서 세포 크기가 증가한다. 뼈몸통끝 모세혈관이 흡수층(R)으로 진입하고, 뼈형성층(O)에서 성장판의 연골잔류물 위에 뼈가 형성된다. H&E. (×200). (Image by John J. Turek.)

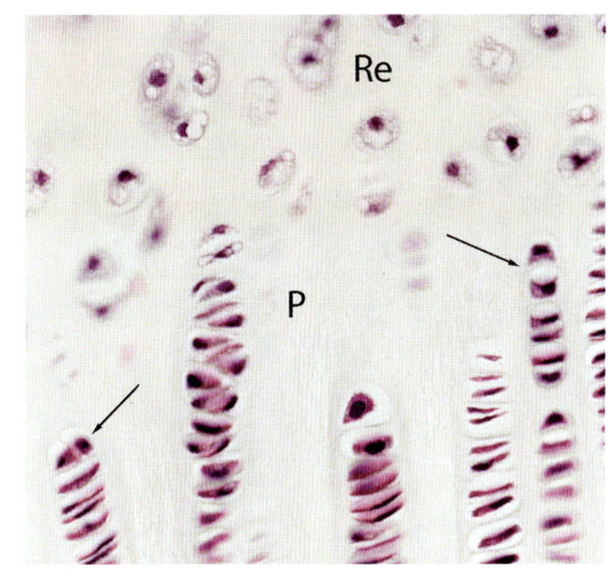

그림 3-36 • 휴지층(Re)의 둥근 연골세포는 흩어져 있다. 새로운 세포는 증식층(P)의 기둥 꼭대기(화살표)에서 생성된다. H&E. (×400). (Image by John J. Turek.)

⑤ **뼈형성층(zone of ossification)**에서 뼈모세포는 모세혈관과 동반해서 들어오는 세포에서 분화된다. 이 세포는 연골방(chondrocytic lacunae)의 석회화벽의 남은 부위에

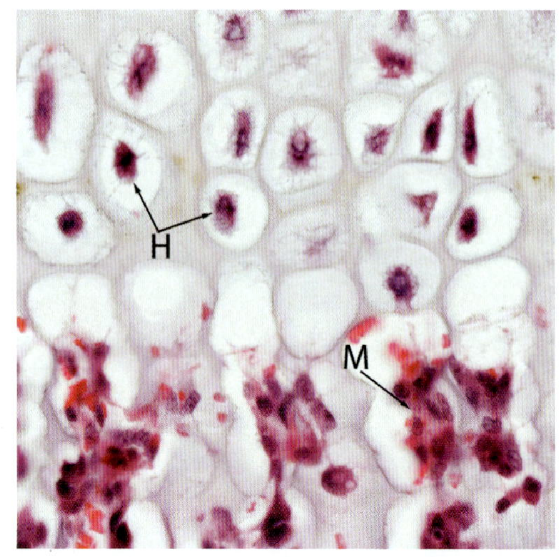

그림 3-37 • 흡수층 바로 위에 있는 비대층(H)에서 비대연골세포(화살표)는 퇴행되고 있으며, 흡수층에서는 뼈몸통끝 혈관(M)이 퇴행하고 있는 연골세포 방으로 침투한다. H&E. (×400).

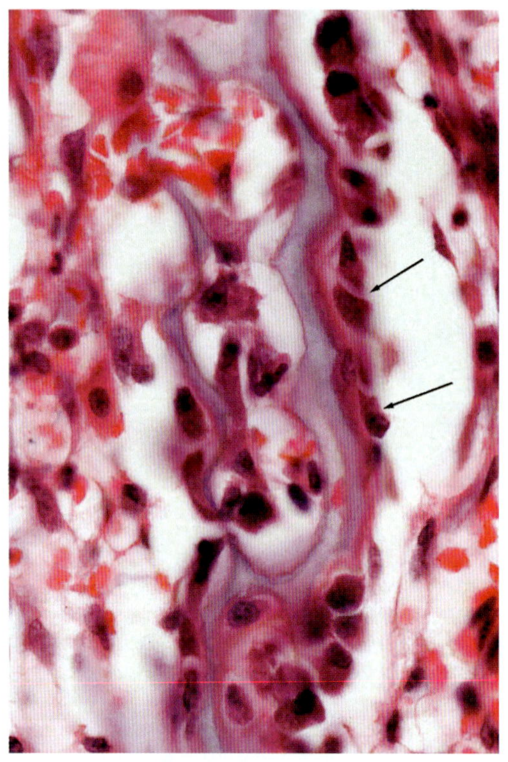

그림 3-38 • 뼈형성층에서 호염기성으로 염색되는 연골 위에 뼈모세포(화살표)가 뼈를 형성한다. H&E. (×400). (Image by John J. Turek.)

뼈를 침착시킨다. 석회화된 연골중심(calcified cartilage center)을 갖는 뼈잔기둥을 **일차해면질(primary spongiosa)**이라고 한다(그림 3-31, 3-38).

일차해면질(primary spongiosa)에서 수많은 잔기둥(trabeculae)은 골수 방향으로 짧게 뻗은 뼈파괴세포(osteoclast)에 의해 표면이 덮여 있다. 뼈파괴세포 선조세포는 침입하는 넓적다리 혈관과 함께 도달하며, 뼈조직 내에서 기능적인 뼈파괴세포로 분화한다. 이 뼈파괴세포는 뼈잔기둥의 표면에서 뼈를 흡수하여 잔기둥의 수를 감소시킨다.

뼈잔기둥의 연골핵(cartilage core)은 뼈끝연골(physis)의 연골바탕질(cartilaginous matrix)과 연속되어 있으므로, 새로 형성된 잔기둥은 뼈끝에 견고하게 부착된다. 뼈끝연골을 세로단면(longitudinal section)으로 관찰하면, 잔기둥과 그 내부의 연골 중심부는 뼈끝연골에 부착된 개별적인 줄기처럼 보인다. 그러나 넓적다리쪽 뼈끝연골을 가로단면(cross-section)으로 보면, 각 잔기둥은 실제로는 뼈발생세포(osteogenic cell)와 모세혈관으로 채워진 인접한 관 사이의 벽으로 존재한다(그림 3-31). 뼈끝에서 더 깊은 부위로 갈수록, 일차해면질(primary spongiosa)의 잔기둥(trabeculae)은 점차 감소하고, 층판뼈(lamellar bone)로 구성된 잔기둥이 주를 이루게 된다. 연골핵(cartilage core)이 없는 이러한 해면뼈를 이차해면질(secondary spongiosa)이라고 한다.

4) 폭과 둘레의 성장 Growth in Width and Circumference

초기 뼈막고리(bony collar)에서 형성된 뼈잔기둥은 치밀뼈로 전환되며, 이는 일차뼈단위(primary osteon)로 구성된다. 동시에 뼈바깥막에서의 뼈발생과 뼈속막에서의 뼈흡수가 함께 진행되어 골수공간이 확대되고 뼈몸통의 너비가 증가한다. 이때 뼈속막측 뼈흡수는 뼈바깥막측 뼈발생보다 느리게 진행되기 때문에, 뼈몸통 벽의 두께는 둘레가 증가함에 따라 서서히 두꺼워진다.

성장 중인 뼈의 외부 표면은 여러 개의 세로능선(ridge)과 세로고랑(groove)으로 인해 고르지 않다. 이러한 고랑 내부에서는 뼈바깥막에서 유래된 뼈모세포가 뼈바깥막 혈관을 둘러싸며 뼈를 침착시킨다. 시간이 지나면 고랑의 양쪽 가장자리가 만나 관을 형성하게 되고, 이 구조는 뼈모세포를 형성하는 세포로 내면이 덮이며, 뼈바깥막 혈관을 둘러싸게 된다. 이들 뼈모세포는 새로운 중심관 내에 존재하는 혈관 주위에 동심원적 뼈층판을 생성한다. 이러한 방식으로, 성장기 뼈의 바깥쪽 주변부에는 새로운 **일차뼈단위(primary osteon)**가 추가된다.

일차뼈단위는 이차뼈단위에 비해 크기가 작고 **시멘트선(cement line)**이 없으며, 중심관 내에 두 개 이상의 혈관이 존재할 수도 있다. 반면, 이차뼈단위는 H&E 염색에서는 호염기성으로, 연하게 보이는 시멘트선으로 둘러싸여 있다(그림 3-28). 시멘트선은 아교질이 적은 석화화된 바탕질로 구성되어 있다. 이차뼈끝위 사이에는 불규칙한 형태의 층판군이 존재하는데, 이를 **사이층판(interstitial lamellae)**이라 한다.

뼈의 성장이 느려지기 시작하면, 뼈막밑과 뼈속막밑에서의 덧붙이성장(appositional growth)을 통해 새로운 층이 더해지고, 이 층들은 외부 표면을 매끄럽게 만든다. 이때 형성되는 층을 바깥둘레층판과 속둘레층판이라 한다.

여기서 중요한 점은, 뼈의 길이 성장은 연골속뼈형성을 통해 이루어지는 반면, 폭성장(growth in width)은 막뼈형성(intramembranous ossification)에 의해 이루어진다는 것이다. 이 두 성장 방식은 각각 다른 생물학적 원리에 따라 조절되며, 하나의 성장에 영향을 미쳐도 다른 성장 방식에는 반드시 영향을 미치지 않을 수도 있다.

5) 뼈모형화 Bone Modeling

성장 과정 중에 일어나는 뼈의 길이와 모양이 변화하는 과정을 **뼈모형화(bone modeling)**라고 한다. 뼈의 재흡수와 형성은 뼈의 다른 표면에서 동시적 작용으로 인하여 전체적인 뼈 모양이 변한다. 이러한 뼈모형화는 성숙한 뼈 형태가 완성될 때까지 대부분의 골격에서 지속된다. 뼈모형화는 빠르게 진행되며, 결과적으로 체내 뼈의 총량이 증가한다(그림 3-39). 뼈모형화의 예로는 성장기에 나타나는 뼈몸통(diapysis)의 이동, 뼈몸통끝이 깔때기 모양(metaphyseal funnel)으로 변하는 것, 머리뼈 둥근천장(cranial vault)의 팽창 등을 들 수 있다.

뼈몸통에서는 뼈바깥막 표면에서 뼈형성(bone formation)이 일어나고, 동시에 뼈속막 표면에서 뼈흡수가 일어나면서 뼈몸통이 넓어지고 골수공간이 커지게 된다. 만약 이러한 모형화 과정이 편심적으로 진행되면, 뼈몸통 전체가 특정 방향으로 이동(drift)할 수 있다.

이와는 달리 뼈몸통끝 영역의 모양은 바깥쪽 표면의 뼈막흡수(periosteal resorption)에 의해서 뼈몸통을 향해서 깔때기모양을 좁히게 된다. 동시에 뼈속막 뼈형성(endosteal bone formation)이 일어나 뼈몸통끝 겉질(metaphyseal cortex)을 두껍게 한다.

(1) 뼈재형성 Bone Remodeling

일생 동안 뼈는 지속적으로 재형성된다. 초기의 격자뼈(woven bone)는 성숙한 층판뼈(lamellar bone)보다 질이 낮으며, 시간이 지남에 따라 뼈의 질도 점차 저하된다. **뼈재형성(bone remodeling)**은 이러한 뼈를 지속적으로 대체하는 과정이다.

모형화(modeling)와는 달리, 뼈재형성은 주기적으로 이루어지며 그 속도도 더 느리다. 이 과정은 일반적으로 뼈의 크기나 형태를 변화시키지 않는다. 뼈재형성은 짝지어진(coupled) 과정으로, 항상 정해진 방식으로 진행된다. 먼저, 생역학적 변화와 같은 자극에 의해 뼈재형성이 활성화(activation)된다. 이후, 뼈파괴세포(osteoclast)에 의한 뼈흡수가 일어나고, 그 뒤를 이어 뼈모세포(osteoblast)에 의한 뼈형성이 진행된다. 뼈흡수와 뼈형성 간의 균형은 건강한 뼈를 유지하는 데 중요하지만, 실제로는 뼈흡수가 더 큰 경우가 많아 순수한 뼈 손실(예, 노화에 의한 골다공증)이 발생한다.

겉질뼈(치밀뼈, cortical bone)에서는 **겉질뼈재형성단위(cortical remodeling units)**에 의해 재형성이 이루어진다. 이 단위는 세로 방향으로 볼 때, 먼저 **관통뿔(침식관, cutting cone, erosion canal)**이 선두에 위치하고 있으며, 이 관통뿔은 뼈파괴세포로 구성되어 뼈단위(osteon)의 경계를 무시하고 겉질뼈를 흡수한다(그림 3-40). 그 뒤에는 **역전층(reversal**

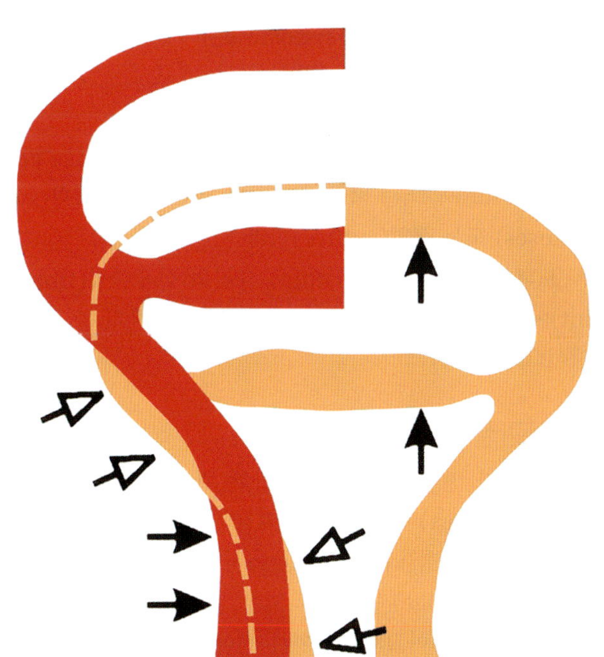

그림 3-39 • 성장하는 동안 새로운 뼈가 뼈몸통의 바깥쪽 뼈막 표면과 뼈몸통과 뼈끝(검은화살표)에 추가되면서 모형화가 발생한다. 뼈는 뼈속막과 뼈막 표면 모두에서 동시에 흡수되어 성숙한 뼈(빈화살표)의 형태가 이루어진다.

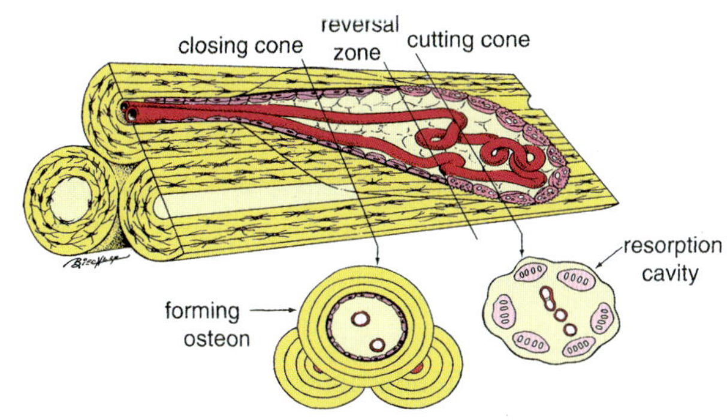

그림 3-40 • 겉질뼈 재형성단위는 뼈를 흡수하는 뼈파괴세포의 관통뿔(cutting cone)로 구성된다. 뼈파괴세포에 이어 역전층(reversal zone)에서 뼈모세포가 생성되고, 폐쇄뿔(closing cone)의 뼈모세포가 흡수공간(resorption cavity)을 채워 새로운 뼈단위를 만든다.

zone)이 형성되어, 여기서 뼈흡수에서 뼈형성으로 전환된다. 구조의 마지막은 **폐쇄뿔(closing cone)**로, 뼈모세포가 시멘트선(cement line)에서 중심 방향으로 층판뼈를 덧붙이며 새로운 뼈단위를 형성한다. 관통뿔 내의 뼈파괴세포는 토리(glomerulus)의 대사적 지지를 받고, 폐쇄뿔 내 뼈모세포는 새로운 중심관의 혈관으로부터 확산 가능한 거리 내에 위치해 있다.

해면뼈(spongy bone)에서는 뼈속막(endosteum) 표면에서 재형성이 일어난다. 뼈파괴세포는 뼈잔기둥(trabecula)의 표면에서 뼈흡수를 진행하고, 이후 뼈모세포가 동일한 위치 또는 반대쪽 표면에 새 뼈를 형성한다. 만약 반대쪽 표면에 뼈가 형성되면, 뼈잔기둥의 배열 방향은 새로운 뼈 형성 방향으로 변화하게 된다.

(2) 골절치유 Fracture Repair

뼈몸통중간부위가 골절된 다음 일정한 일련의 변화가 치유과정 중에 일어난다. 골절치유는 뼈흡수는 물론 세포의 증식과 분화에 영향을 미치는 혈액공급의 변화와 관련되어 있다.

골절이 수반되는 외상은 인접한 연조직과 혈관을 손상시킨다. 골절 부위에 형성된 혈액응고물(blood clot)은 혈액순환을 차단하고 주변 조직의 괴사 또는 사멸을 초래한다. 마찬가지로, 뼈단위(osteon) 내의 혈관이 차단되면 혈액 공급이 중단되어 골절 부위 양쪽의 뼈세포(osteocyte)는 죽게 된다.

골절 부위에 새롭게 형성되는 조직은 파편조각 사이를 연결하는 다리를 형성하며, 이를 **애벌뼈(callus)**라 하며 두 부분으로 구성된다. **중심애벌뼈(internal callus)**는 맞대고 있는 부러진 뼈끝 사이에서 형성되고, **바깥애벌뼈(external callus)**는 부러진 뼈의 맨 바깥면을 감싼다. 애벌뼈 형성에 관여하는 세포는 뼈막(periosteum)과 뼈속막(endosteum)의 뼈발생세포(osteogenic cell)이다. 치유과정 초기에 뼈막의 세포는 뼈막의 섬유층이 뼈로부터 떨어져 들어 올려져 있는 범위까지 증식한다. 뼈속막세포도 증식해서 그 결과로 뼈속막이 두꺼워진다. 미분화된 골수세포도 동일한 부위에서 그 수가 증가한다. 이들 세포의 분화는 혈액공급에 따라 두 가지 방식으로 일어난다. 골절조각에 가장 가까이에 위치한 세포는 혈관 존재하에 뼈모세포(osteoblast)로 분화하여 뼈잔기둥(trabecula)을 형성한다. 골절부위 뼈에서 좀 더 떨어진 세포는 모세혈관이 비교적 드문 부위에서 증식하게 되고, 그 결과 연골모세포가 형성되며 이 연골모세포는 바깥애벌뼈에서 연골을 만든다. 이 과정은 연골속뼈형성(endochondral ossification)에서 일어나는 것과 같은 일련의 과정에 따라서 결국 뼈로 대체되는 것으로 일시적인 덧대(부목, splint) 역할을 한다. 골절되기 전의 뼈의 원형을 다시 갖출 때까지 점차적으로 주변부위에서 뼈잔기둥이 흡수됨으로써 애벌뼈는 재형성된다.

골절된 뼈가 매끈하고 균일하며, 파편 사이에 공간이 없이 골절되어 마주한 면이 완전히 일직선이 된 때에는 바깥애벌뼈는 더 이상 발생되지 않는다. 골절치유과정을 통하여 단단하게 유지된다. 죽은 뼈가 골절선(fracture line) 양쪽 어느 정도 거리까지 뻗어 있기 때문에 살아있는 뼈에 있는 뼈발생세포와 모세혈관은 죽은 뼈 안으로 증식해 들어간다. 동시에 뼈파괴세포(osteoclast)가 해당 부위를 침입하여 겉질뼈재형성단위(cortical remodeling unit)를 형성하고 골절선을 가로지른다. 그 결과 새로운 뼈단위(osteon)가 골절 반대편의 겉질뼈로 확장되며, 이를 일차뼈합성(primary osteosynthesis)이라 한다.

골절로 부러진 부분이 서로 마주 보고 직접 덧붙이는 방식으로 재정열도 하지만, 골절부위 사이에 작은 공간이 형성되어 있는 경우도 있다. 골절부위에 고정이 단단하게 유지될 수 있으면 유사한 치유가 일어난다. 이들의 유일한 차이점은 골 절된 양 끝이 새로운 뼈단위에 의해서 서로 붙는 것보다 처음에는 격자뼈(woven bone)에 의해서 붙는다는 것이다. 재형성(remodeling)은 이차적 결과로 일어난다.

4. 관절 Joints

관절은 두 개 또는 그 이상의 뼈를 연결한다. 관절을 이루고 있는 조직 종류와 허용되는 운동의 정도에 따라서 몇 가지 종류의 관절로 분류된다. 나이가 듦에 따라 특정 섬유관절(fibrous joint)과 연골관절(cartilaginous joint)은 결국 해당 결합조직이 뼈로 대체되면서 **뼈붙음(synostoses)**이 된다.

1) 섬유관절 Fibrous Joint

아교섬유 또는 탄력섬유에 의한 치밀결합조직(dense connective tissue)에 의해 뼈들이 결합된 관절을 **인대결합(syndesmoses)** 또는 **봉합(suture)**이라 한다. 섬유결합관절의 예로는 노뼈(radius)와 자뼈(ulna) 사이의 **섬유관절(fibrous joint)**이 있으며, 봉합관절은 머리덮개뼈에서 흔히 볼 수 있는 형태이다.

2) 연골관절 Cartilaginous Joint

두 개의 뼈가 연골에 의해서 결합된 관절을 **유리연골결합(synchondroses)**이라고 하며, 뼈끝연골(physis)에서 볼 수 있다. **섬유연골결합(symphysis)**에서는 인접한 뼈의 유리연골(hyaline cartilage) 덮개가 두꺼운 섬유띠에 의해서 연결됩니다. 유리연골과 아교섬유사이는 섬유연골의 이행영역이다. 두덩결합(pelvic symphysis)은 이 관절의 좋은 예이다.

척추사이원반(intervertebral discs)은 섬유연골결합관절의 일종으로, 바깥쪽의 층판인 **섬유테(anulus fibrosus)**와, 등쪽 안으로 치우쳐진 아교성인 **속질핵(nucleus pulposus)**

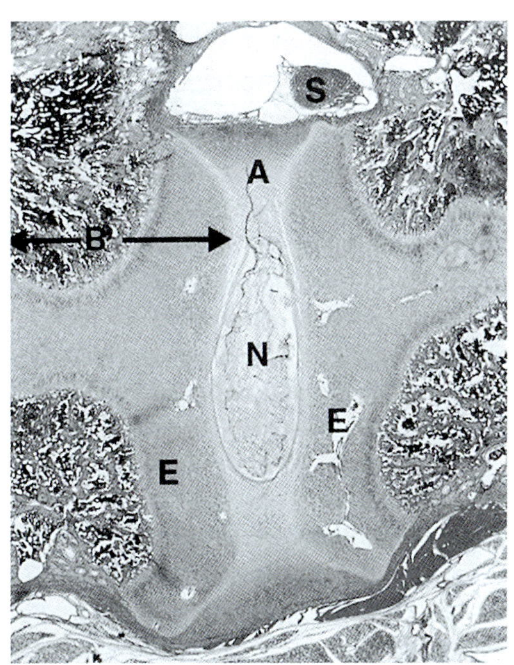

그림 3-41 • 강아지 척주의 세로단면. 척추사이원반의 중심의 속질핵(N)은 섬유테(A)에 의해서 둘러싸인다. 척추사이원반은 척추몸통(B)의 연골성 끝판(E)에 부착된다. 하나의 척수신경(S)이 척추사이원반 위의 척추사이구멍을 통해서 척수에서 나오고 있다. H&E. (×8).

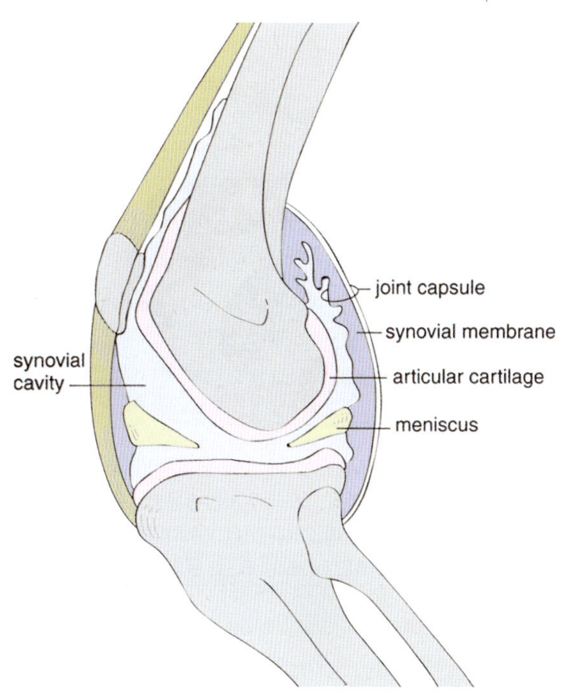

그림 3-42 • 관절연골은 이 무릎관절 그림에서 볼 수 있듯이 윤활관절의 마주보는 뼈 표면을 덮고 있다. 관절안은 관절주머니를 둘러싸고 있는 윤활막에서 생성되는 윤활액으로 채워져 있다. 섬유연골로 구성된 반달(meniscus) 연골이 관절 안으로 뻗는다.

으로 채워져 있다(그림 3-41). 속질핵은 동물이 성장함에 따라 더 단단해지며, 일부 품종에서는 약 5세 무렵부터 석회화되기도 한다. 섬유테는 배쪽이 등쪽보다 두꺼우며, 이 섬유는 인접한 척추의 끝을 덮고 있는 얇은 유리연골의 층으로 끼어들어 간다. 섬유테의 주위층판에 있는 세포는 섬유세포와 유사하나 깊은 층의 세포는 연골세포(chondrocyte)에 가까운 형태를 보인다. 섬유테는 무혈관성(avascular) 구조이기 때문에, 척추의 골수공간(medullary cavity)과 뼈막(periosteum)의 혈관으로부터 확산(diffusion)에 의해서 영양을 공급받는다.

3) 윤활관절 Synovial Joints

윤활관절(움직관절, synovial joint, diarthrodial joint)은 마주 보는 뼈의 표면을 덮는 관절연골, 폐쇄된 관절안 속의 윤활액(lubricating synovial fluid), 관절 전체를 감싸는 관절주머니(joint capsule)가 특징이다(그림 3-42).

윤활관절의 관절면은 유리연골(hyaline cartilage), 경계선(tidemark), 석회화연골(calcified cartilage)로 구성된 특수한 복합체인 **관절연골(articular cartilage)**로 덮여 있다(그림 3-43). 관절연골에는 연골막(perichondrium)이 없고, 연골세포의 모양과 바탕질 내 2형아교원섬유의 배열에 따라 세 층으로 구분할 수 있다. ① **얕은층(superficial zone)**은 편평한 세포가 표면과 평행하게 배열된 아교질 섬유층 사이에 위치

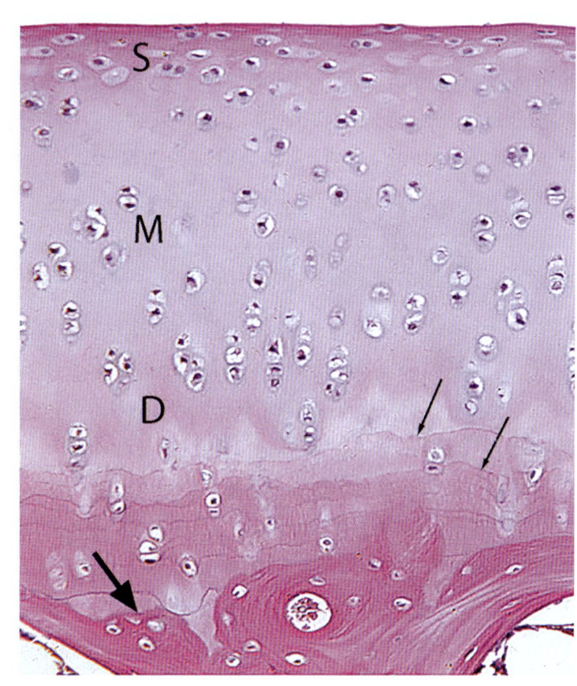

그림 3-43 • 관절연골층: 얕은층(S), 중간층(M), 깊은층(D). 석회화된 연골부위에는 여러 개의 경계선(작은화살표)이 있다. 관절연골과 연골밑뼈와의 경계는 큰화살표로 표시되어 있다. H&E. (×290).

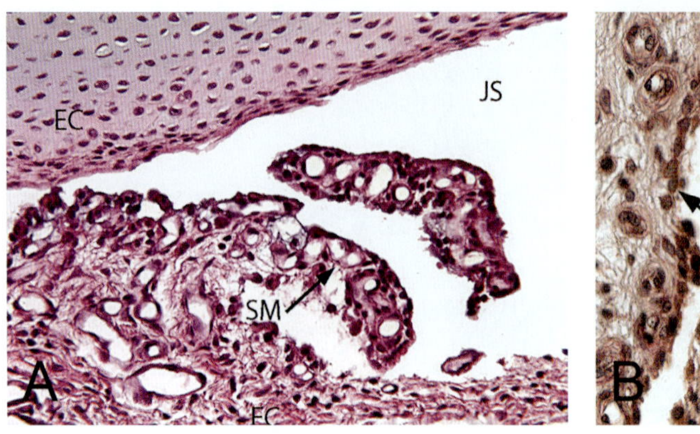

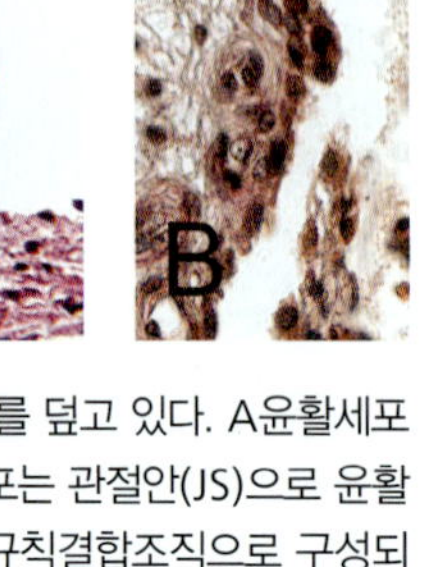

그림 3-44 • A. 윤활막(SM)은 윤활관절의 관절주머니를 덮고 있다. A윤활세포는 포식작용을 하는 반면, 섬유모세포와 유사한 B윤활세포는 관절안(JS)으로 윤활액을 분비한다. 관절주머니의 바깥섬유층(FC)은 치밀불규칙결합조직으로 구성되어 있다. 상완뼈, 강아지. H&E. (×250). B. 소 윤활막 표면의 윤활세포(화살표)를 나타낸다. (×400).

한다. ② **중간층(middle zone)**은 더 크고, 더 둥근 형태의 세포가 보이며, 아교섬유가 무질서하게 배열된 곳이다. 모든 구역 중 글리코사미노글리칸(GAGs)에 대한 염색성이 가장 강하다. ③ **깊은층(deep zone)**에는 아교원섬유 기둥 사이에 관절면에 수직으로 배열된 세포가 있다. 이 섬유는 관절연골의 가장 깊은층을 형성하는 석회화연골에 고정되어 있다. 석회화연골은 아교원섬유를 통과하지 않고 단순 부착을 통해 아래 연골밑뼈(subchondral bone)에 결합된다. 석회화되지 않은 관절연골(얕은층, 중간층, 위깊은층)은 생애 동안 두께가 변할 수 있으나, 석회화연골 층의 두께는 일정하게 유지된다.

경계선(tidemark, linea limitans)은 깊은층의 석회화층과 비석회화층 사이에 위치한 무기질, 당단백질, 지질이 모인 얇은 층이다. 탈회한 조직절편에서 이 경계선은 헤마톡실린으로 염색된다. 노령 동물에서는 경계선이 여러 겹 존재할 수 있으며, 이는 연골의 석회화가 중단되었다가 재개된 것을 의미한다. 석회화된 조직과 비석회화된 조직 사이의 대조적인 경계는 골절에 취약한 부위이다.

관절연골의 강한 음전하를 띤 GAGs, 즉 황산콘드로이틴과 이보다 낮은 수준의 황산케라탄은 정상적으로 물과 결합하며, 연골이 압박되면 물은 방출된다. 반대로 압박이 해소되면, 물이 다시 바탕질로 흡수되어 GAGs에 재결합된다. 이러한 과정은 관절면에 완전한(weeping) 윤활작용을 제공하고, 동시에 관절연골세포로의 영양분 순환과 노폐물 제거 기능도 수행한다. 이러한 체액 순환은 관절연골이 혈관과 림프관이 없는 조직이기 때문에 매우 중요하다.

관절주머니(joint capsule)는 관절 전체를 감싸며, 속 **윤활막(synovial membrane)**과 바깥 **섬유층(fibrous layer)**으로 구성된다(그림 3-42). 윤활막은 다시 윤활세포(synoviocyte)와 성긴결합조직, 섬유결합조직 또는 지방결합조직으로 구성된 세포밑결합조직으로 구성된다. 윤활막 내의 결합조직은 관절속에서의 위치와 윤활막 종류에 따라 다르다. 바깥 섬유층은 치밀불규칙결합조직으로 구성되고 인접한 뼈의 뼈막으로 연속된다.

윤활세포는 속 윤활막에 존재하는 특수화된 세포로, 두 가지 주요 유형으로 나눠진다. A윤활세포(type A synoviocyte)는 큰포식세포(macrophage)와 유사하거나 포식작용(phagocytic)을 지닌 세포로서, 관절 내의 세포조각(cellular debris), 병원체(pathogen), 그리고 이물질(foreign particle)을 포식하여 제거하는 기능을 한다. 또한 이들은 항원제시(antigen presentation)와 면역감시(immune surveillance)에도 관여한다. 이와 대조적으로, B윤활세포(type B synoviocyte)는 섬유모세포와 유사하며, 윤활액(synovial fluid)과 세포바깥바탕질(extracellular matrix)의 합성과 유지하는 역할을 한다. 이들은 히알루론산(hyaluronic acid)과 루브리신(lubricin) 등의 중요한 성분을 분비하여 윤활액의 윤활성과 점도 유지에 기여하며, 동시에 윤활막 구조의 통합성 유지를 위한 구조단백질도 생성한다. 이러한 두 종류의 윤활세포는 관절의 건강과 기능 유지에 매우 중요한 역할을 수행한다(그림 3-44).

윤활안(synovial cavity)은 **윤활액(synovial fluid)**으로 채워져 있으며, 이 윤활액은 성분상 혈장(plasma)과 유사하다. 윤활액은 혈액의 미세여과액(ultrafiltrate)에 윤활세포(synovial cell)에서 유래된 중합된 히알루론산(polymerized hyaluronic acid)이 상당량 첨가되어 형성된다. 윤활액은 관절면(articulating surface) 사이의 윤활작용을 하게 된다.

일부 윤활관절(synovial joint), 즉 무릎(stifle)에는 섬유연골(fibrocartilage)로 이루어진 관절속 **반달(intraarticular menisci)**이 존재한다(그림 3-42). 일반적으로 반달은 한쪽 끝이 관절주머니(joint capsule)의 섬유층(fibrous layer)에 부착되어 있다. 관절손상에 의해 연골이 제거된 경우, 관절주머니의 섬유층에서 새로운 구조물이 형성될 수 있으나, 이는 섬유연골이 아닌 치밀 아교질(dense collagen)로 구성된다. 이러한 구조는 관절의 생체역학(biomechanics)에 중요하며, 그 끝(end, horn)에는 고유감각기 신경이 강하게 지배된다.

임상 관련 *Clinical Correlations*

비만세포종(mastocytoma)은 개에서 흔히 발생하는 피부종양이다.

결합조직 질환의 가장 흔한 원인은 유전성 유전질환이며, 이는 다양한 아교질의 결합에 의해 발생한다. **5형아교질**은 1형아교섬유 형성에 관여하며, 이 아교질에 결함이 있을 경우 개에서 Ehlers-Danlos 증후군이 발생할 수 있다. 이와 유사하게, 피부과탄력섬유증(hyperelastosis cutis, HC) 또는 유전성말지역피부무력증(hereditary equine regional dermal asthenia, HERDA)은 쿼터호스에서 나타난다. HC는 아교질의 삼중나선 접힘에 필요한 싸이클로필린 B의 미스센스 돌연변이에 의해 유발된다.

7형아교질은 상피의 바닥막을 그물판에 고정시키는 역할을 하며, 이 단백질에 결함이 있을 경우 개에서 비정상물집표피박리증(dystrophic epidermolysis bullosa)이 발생할 수 있다.

핵심 정리 *Essentials*

1) 결합조직은 **세포(cell)**, **섬유(fiber)**, 그리고 **무형질(ground substance)**의 유형에 따라 특징지어진다. 섬유모세포/섬유세포(fibroblast/fibrocyte)는 아교질 조직에서 기본적인 세포이다. 1형아교질은 아교질 조직(치밀 및 성긴결합조직)에서 우세한 섬유이다. 3형아교질은 그물결합조직의 주요 섬유이다. 세포바깥바탕질(ECM)의 **무형질(ground substance)**은 주로 GAG에 결합된 단백질, 히알루론산(hyaluronic acid)과의 아그레칸(aggrecan), 그리고 다양한 당단백질(가장 중요한 것은 섬유결합소와 라미닌)로 구성된다.

2) **세포(Cells)**: 섬유모세포 외에도 결합조직에는 다양한 다른 세포가 존재할 수 있다. **비만세포(mast cell)**는 1형과민반응에 관여하며, 혈액의 **호염기구(basophil)**와 관련이 있다. **호산구(eosinophil)**는 기생충에 대한 면역반응에 관여한다. **중성구(neutrophil)**는 염증반응에서 가장 먼저 출현하는 세포이다. **림프구(lymphocyte)**는 면역기능의 조절자 역할을 하며, **형질세포(plasma cell)**는 항체를 생성한다. **혈관주위세포(pericyte)**는 모세혈관과 모세혈관뒤세정맥 일부 주변에 존재하는 줄기세포로, 상처치유에 중요하다. **큰포식세포(macrophage)**는 포식세포이자 면역조절자로 기능한다.

3) **결합조직의 유형(Connective tissue types)**: 1. **배아결합**(점액조직과 중간엽). 2. **성긴결합**(상피 아래, 혈관과 신경 주변); **치밀불규칙**(진피, 장기피막; 1형아교질); **치밀규칙**(인대, 힘줄; 1형아교질); **지방조직**(백색지방은 에너지 저장과 내분비 기능: 인슐린, 성장호르몬, 글루코코티코이드 수용체 보유/갈색지방은 열 생성 기능); **그물**(림프기관의 뼈대 제공; 3형아교질); **치밀규칙탄력**(탄력동맥).

4) **섬유(Fibers)**: **1형아교질(type I collagen)**이 가장 흔하며, 전구아교질(procollagen)로 분비된 후 트로포아교질(tropocollagen)로 절단되어 원섬유(fibril)로 조립된다. 각각의 원섬유는 무리지어 **섬유(fiber)**를 형성한다. **3형**그물섬유(**type III** reticular fiber)는 은염색에 반응하며, 림프조직과 바닥막의 그물층에서 발견된다. **탄력섬유(elastic fiber)**는 탄력소(elastin)와 피브릴린(fibrillin)으로 이루어진 무정형 섬유로, 탄력성과 강도가 필요한 여러 부위에서 발견된다.

CHAPTER 04

신경조직

Nervous Tissue

신경조직의 실질은 **신경세포(nerve cell, neuron)**와 버팀세포인 **신경아교세포(neuroglia)**로 구성되어 있다. 신경조직은 신경계통을 형성하며, 중추신경계통과 말초신경계통으로 분류된다. **중추신경계통(central nervous system, CNS)**은 뇌와 척수로 구성되며, **말초신경계통(peripheral nervous system, PNS)**은 뇌신경, 척수신경, 신경뿌리와 신경절로 구성된다. 추가적인 분류인 **자율신경계통(autonomic nervous system, ANS)**은 내장을 지배하는 운동신경(내장날신경, visceral efferent nerve)과 이와 연결된 신경절(ganglion)로 구성된다.

제1절 신경세포
Nerve cells, Neurons

신경세포(nerve cell, neuron)는 신경계통의 구조적, 기능적 단위이다. 또한, 신경세포는 자신이 지배하는 조직의 구조를 유지하고 변화시키기 때문에 영양단위(trophic unit)이기도 하다. 일반적으로 후각신경세포와 신경줄기세포를 제외한 대부분 신경세포는 유사분열(mitosis)을 하지 못하는 성숙한 신경세포이다. 그러나 최근 연구를 통해 뇌의 여러 영역에서 새로운 신경세포발생(성체신경발생, adult neurogenesis)이 관찰되고 있으며, 주로 해마(hippocampus)와 후각망울(olfactory bulb)의 특정 영역에서 보고되고 있다.

형태학적으로, 신경세포는 세포체(perikaryon)에서 길게 뻗어나가는 축삭(axon)과 가지돌기(dendrite)를 가지고 있다

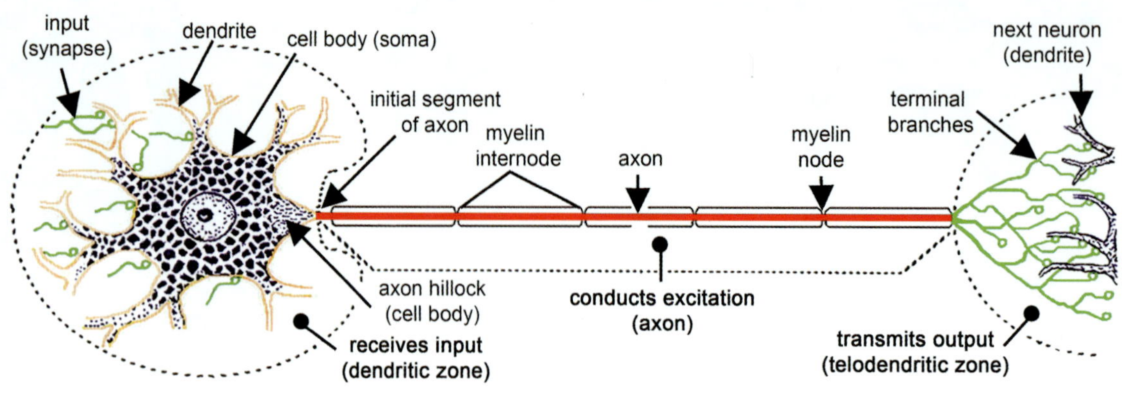

그림 4-1 • 세포체로부터 여러 개의 가지돌기(dendrite)와 하나의 축삭(axon)이 나오는 모습을 나타내는 전형적인 뭇극신경세포(multipolar neuron)의 도해. 기능적인 부분으로 자극을 받아들이는 가지돌기구역(세포체와 가지돌기, dendritic zone), 다른 신경세포와 연접을 하는 종말가지구역(축삭종말구역, telodendritic zone, axon terminal zone), 가지돌기구역과 종말가지구역 사이에서 흥분(자극)을 전도하는 축삭(axon)이 있다. 축삭은 말이집 형성이 되어 있다. 말이집절연(myelin insulation)은 말이집마디(myelin node, gap)에서는 이루어지지 않으나, 마디사이분절(internode)의 말이집은 신경아교세포(glial cell)에 의해서 둘러싸인다.

(그림 4-1). 대사적으로, 신경세포는 그들의 구조적 안정성 유지와 신경전달물질(neurotransmitter), 신경조절물질(neuromodulator), (신경전달)호르몬(neurotransmitter hormone)과 같은 분비성 물질을 합성, 포장, 수송 및 방출하는 데 관여한다.

신경세포는 다른 세포 또는 신경세포의 수용체 및 이온통로에 결합[리간드(ligand) 역할]하는 화학물질(신경전달물질, 신경조절물질 또는 신경호르몬)을 방출하여 의사소통한다. 이 리간드는 소포(vesicle)에 포장되어 세포뼈대/운반단백질에 의해 운반되며, 표적세포나 신경세포로 세포외배출(exocytosis)을 통해 전달된다.

신경세포는 흥분성 세포이다. 신경세포에서의 흥분(excitation)은 신경세포 세포막(neuronal plasma membrane)의 소수성장벽(hydrophobic barrier)을 통해 전기화학적 기울기(electrochemical gradient)의 변화가 발생하는 것을 의미한다. 신경세포 세포막에 위치한 단백질수용체와 이온통로는 이온의 이동을 촉진하여 신경세포막의 탈분극(depolarization)을 유발하고, 활동전위(action potential)라고 하는 일련의 전기적 '흥분상태(firing event)'를 일으킨다. 분비된 신경전달물질의 종류와 표적세포나 표적신경세포의 수용체 종류에 따라 활동전위는 표적세포의 흥분(excitation) 또는 억제(inhibition)를 유발할 수 있다.

1. 신경세포의 구조 Neuronal Structure

신경세포는 기능에 따라 다양한 모양과 크기를 가진다. 신경세포의 돌기(process)는 연결 대상의 거리와 종류에 따라 다양한 방식으로 배열된다. 특히 먼 거리를 연결하는 돌기(축삭)를 가진 신경세포는 상대적으로 크기가 큰 반면, 짧은 연결을 가진 신경세포는 크기가 작다. 또한, 큰 지름을 가진 축삭일수록 전기 신호를 더 빠르게 전도할 수 있기 때문에 긴급한 정보를 전달하는 신경세포의 축삭은 지름이 큰 경향이 있다. 또한, 가지돌기가 많은 신경세포는 보다 쉽게 흥분하게 된다.

1) 세포체 Cell Body

신경세포의 **세포체(cell body, perikaryon, soma)**는 핵과 이를 둘러싼 세포질과 세포막으로 구성되어 있다(그림 4-1). 통상적인 염색을 통한 조직절편에서 세포체는 신경세포를 확인할 수 있는 가장 특징적인 구조이다. 신경세포의 세포구성물은 세포체 내에서 합성되어 축삭(axon)과 가지돌기(dendrite)로 운반된다.

신경세포체의 지름은 10 μm 이하부터 100 μm 이상까지 다양하다. 세포체의 크기는 신경세포의 전체 부피 중에서는 일부를 차지하고 전체 표면적에서는 더 낮은 비율을 차지하지만, 신경세포의 전체 부피에 비례한다. 세포막에서 연접(synapse) 입력이 통합되는 뭇극신경세포(multipolar neuron)의 경우, 작은 세포체는 표면적 대비 입력저항(input impedance)이 높아 더 큰 세포체보다 활동전위가 쉽게 일어난다. 따라서 작은 신경세포가 큰 신경세포체에 비해 더 쉽게 흥분된다.

2) 핵 Nucleus

신경세포의 핵은 세포의 중심부에 위치하며 둥글거나 난원형이고, 높은 대사활동으로 비교적 퍼진염색질성(euchromatic)이다. 작은 신경세포의 핵은 뭉친염색질성(heterochromatic)이며, 자율신경절(autonomic ganglion)의 신경세포는 중심에서 벗어난 위치(eccentric position)에 핵을 가지는 경우가 많다. 핵의 크기는 신경세포의 크기와 비례하며, 핵을 둘러싼 세포질의 부피가 작기 때문에 핵은 상대적으로 커 보인다.

핵 내부에는 뚜렷한 핵소체(nucleolus)가 존재한다. 일부 종의 암컷에서는 핵소체 근처(고양이와 설치류) 또는 핵막 부근(영장류)에서 **성염색질(sex chromatin, Barr body)**을 관찰할 수 있다.

3) 세포체세포질 Cell Body Cytoplasma

신경세포체의 세포질에서는 세포뼈대단백질(신경잔섬유, 미세관), 막단백질(이온통로, 수용체), 효소단백질(포도당대사, 신경전달물질합성)과 분비펩타이드(신경조절물질과 신경호르몬) 등의 많은 단백질이 합성된다.

아닐린염료로 염색된 큰 신경세포의 세포체세포질을 광학현미경으로 관찰하면 **호색소물질(chromatophilic substance)**인 **니슬물질(Nissl substance)**이 관찰되는데, 이는 과립세포질그물(rough endoplasmic reticulum, rER), 자유리보소체(free ribosome), 뭇리보소체(polyribosome)가 응집된 것이다. 니슬물질은 가지돌기까지 연장되지만 축삭(axon)과 **축삭둔덕(axon hillock)**에는 존재하지 않는다. 축삭둔덕은 세포체에서 축삭이 시작되는 약하게 염색되는 부위로서, 신경잔섬유(neurofilament)와 미세관(microtubule)이 분포한다. 작은 신경세포의 경우, 세포질 내 니슬물질은 상대적으로 창백하고 흩어져 보인다.

축삭 절단과 같은 신경세포 손상 시에는 세포체의 부종이 나타나고, 핵은 중심에서 벗어나며, 리보소체는 분산되고, 세포체의 니슬물질이 사라지는 현상(**염색질용해, chromatolysis**)이 발생한다. 손상에 대한 이러한 반응을 **축삭반응(axonal reaction)**이라 부르며, 손상 후 수일 내에 시작되어 수 주간 지속될 수 있다(그림 4-2). 이 반응은 중추신경계통의 신경조직손상의 병리학적 증거로 간주된다. 축삭손상이 세포체 가까이에서 발생할 경우 축삭 및 신경세포의 변성(degeneration)이 올 수 있으며, 심한 경우 축삭의 퇴화가 세포체 쪽으로 진행되어(앞방향변성, retrograde degeneration), 결국 세포사멸(cell death)을 일으킨다. 반면, 손상 부위에서 먼쪽 부위로 변성(degeneration)이 발생(뒤방향변성, anterograde degeneration)하면 축삭 재생 및 유도가 가능해진다.

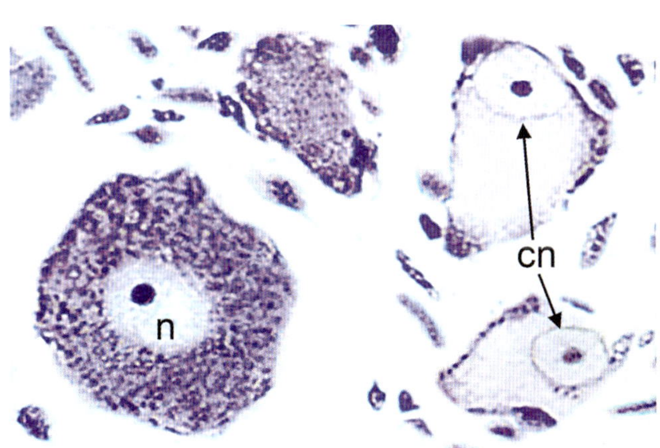

그림 4-2 • 사진에서 왼쪽의 뭇극신경세포체(n)는 정상적인 형태를 보인다. 오른쪽 두 신경세포의 세포체는 축삭이 절단된 손상에 대한 반응으로 염색질용해(chromatolysis)가 보인다. 염색질용해를 보이는 세포체는 부종을 보이고, 핵(cn)은 세포 중앙에서 벗어나 있으며(eccentric position), 호색소물질(chromatophilic substance)이 세포질 가장자리 부위를 제외한 대부분의 영역에서 사라져 있다. 척수, 개. Nissl stain. (×200). (Image by A.J. Beitz and T.F. Fletcher.)

신경세포의 세포질 내에는 다수의 사립체(mitochondria)가 포함되는 세포소기관(organelles)이 존재하는데, 이는 신경세포의 높은 호기성 에너지(aerobic energy) 요구량을 지원한다. 신경세포의 **사립체(mitochondria)**는 특히 연접(synapse) 부위에 풍부하여, 이온통로와 수용체가 집중된 이 부위의 높은 이온교환활성(ion exchange activity)을 위한 에너지를 공급한다. 또한 신경세포는 골지복합체(Golgi complex)가 뚜렷하게 발달되어 있어, 단백질합성과 분비단백질의 이동이 활발히 일어난다. **분비소포(secretory vesicle)**는 골지복합체에서 유래하여 축삭을 따라 연접부위까지 운반되며, 축삭종말(axon terminal)의 팽대부인 종말단추(synaptic boutton)에서 방출된다. 이 소포는 일반적으로 표적세포의 흥분성이나 성장에 영향을 미치는 신경활성펩타이드를 함유하고 있다. 특정 시상하부신경세포에서 분비소포는 혈관 근처에서 분비되어 궁극적으로 혈류로 유입되는 신경호르몬을 운반한다.

연접소포(synaptic vesicle)는 신경전달물질(neurotransmitter)을 함유하고 있으며, 축삭종말(axon terminal)에 집중되어 있다. 이 소포는 세포막과 융합한 후 연접틈새(synaptic cleft)로 신경전달물질을 방출시킨다. 수명이 긴(long-lived) 신경세포는 세포질에 용해소체활성의 잔류물로서 **지방갈색소과립(lipofuscin granule)**을 축적한다.

미세관(microtubule, 지름 25 nm)과 **신경잔섬유(neurofilament**, 지름 10 nm)는 세포체에 많이 존재한다. 미세관은 신경세포 내에서 막으로 둘러싸인 소기관의 빠른 수송에 관여하며, 이 수송은 소포를 세포체의 먼쪽(축삭쪽, anterograde) 또는 세포체 쪽(retrograde)으로 끌어당기는 미세관 조립구성요소(αβ 튜불린이합체, αβ tubulin dimer)와 운동단백질(motor protein)인 키네신(kinesin)과 다이네인(dynein)의 상호작용으로 촉진된다. 신경잔섬유 집단은 신경원섬유(neurofibril)라고도 불리며, 구조적 안정성을 제공하고, 신경세포 연결과 관련 돌기(projection)의 형태를 유지시킨다. 이는 광학현미경으로도 확인 가능하다.

4) 신경세포돌기 Neuron Processes

신경세포는 일반적으로 하나의 축삭(axon)과 세포체에서 여러 개로 나와 분지되는 다수의 가지돌기(dendrite)를 가진다(그림 4-1). 축삭은 다른 신경세포의 가지돌기나 세포체와 연접하는 종말가지(terminal branches)로 끝나거나, 근육이나 샘상피(glandular epithelium)로 종말가지를 내어 신경지배한다. 신경세포돌기는 특징에 따라 이온통로(channel), 수용체(receptor), 수송체(transporter), 펌프(pump) 등 세포막단백질의 조성이 다르기 때문에 각자 독특한 기능적 역할을 수행한다.

연접(synapse)은 두 개의 신경세포 사이 또는 신경세포와 흥분성 세포(근육세포 등) 사이에서 형성된다. 축삭의 종말가지(telodendron)는 연접에서 연접이전부분(presynaptic part)을 형성하고, 표적가지돌기의 세포막이나 연접이후치밀질(postsynaptic density)을 구성하는 부분은 연접이후신경세포(postsynaptic neuron) 또는 표적세포이다. 연접이전과 연접이후세포막 사이의 틈새(연접틈새, synaptic cleft)는 일반적으로 약 35 nm이다. 연접이전신경세포에 활동전위(action potential)가 도달하면 칼슘에 의해 연접소포가 활성화되어 신경전달물질을 연접틈새로 방출한다. 이러한 신경전달물질은 연접이후세포막에 존재하는 수용체에 결합하여 활동전위를 유도하거나, 연접이후 세포나 신경세포의 활성을 억제한다.

연접은 구조적, 화학적, 기능적으로 분류된다. 구조적 분류에는 축삭가지돌기(axodendritic), 축삭사이(axoaxonal), 축삭세포체(axosomatic) 연접 등이 있다. 화학적 분류는 연접에서의 신경전달물질(리간드, ligand)과 수용체의 유형[glutamate, gamma-aminobutyric acid (GABA), dopamine 등]으로 나눈다. 기능적 분류는 연접을 통과하는 신경전달물질의 효과에 따라 결정된다. 예를 들어 흥분연접(excitatory synapse)은 연접이전신경세포가 활성화될 때, 연접이후신경세포의 활성을 증가시킨다(glutamate, acetylcholine 등). 반대로 억제연접(inhibitory synapse)은 GABA와 glycine과 같은 신경전달물질을 통해 연접이후신경세포의 활성을 억제한다.

(1) 가지돌기 Dendrites

가지돌기(dendrite)는 많은 가지가 분지된 돌기로서, 다른 신경세포로부터의 수많은 연접을 받아들이는 데 특화된 구조이다. 나무와 비슷한 모양으로 각 가지돌기는 주요 줄기(trunk)에서 작은 가지로 반복적으로 분지된다. 가지돌기 몸통(trunk)은 세포체와 유사한 세포소기관(organelle)을 가진다. 작은 가지돌기가지에는 미세관, 신경잔섬유, 사립체, 무과립세포질그물(sER)이 주로 존재한다. 가지돌기는 신경잔섬유와 사립체를 포함하는 미세구획(microdomain)으로 더욱 조직화되어 있으며, 은염색(silver staining)하여 광학현미경으로 관찰할 수 있다. 일반적으로 전자현미경으로 관찰하였을 때 가지돌기가시(dendritic spine)는 큰 사립체와 더불어 연접이후치밀질(postsynaptic densities)을 포함한다.

가지돌기의 연접부위는 **연접이후세포막(postsynaptic membrane)**을 따라 전자밀도가 높은 세포질 띠로 구별되며, 이곳은 **연접이전부분(presynaptic element)**과 **연접틈새(synaptic cleft)**를 형성한다(그림 4-3). 이 치밀질은 수용체, 이온통로, 효소 등과 같은 연접이후활성(postsynaptic activity)에 관여하는 단백질을 포함한다.

많은 신경세포는 다수의 **가지돌기가시(dendritic spine, gemmule)**를 가지는데, 이들은 흥분연접에서 연접이후 영역이다. 가지돌기가시는 좁은 목(narrow stalk)에 의해 가지돌기몸통과 연결되고 짧고 확장된 돌출부이며, 나뭇가지 위의 싹과 비슷한 모양이다(그림 4-4). 가지돌기가시 내에서 교대로 **막주머니(membrane sac)**와 **치밀판(dense plate)**으로 이루어진 **가시장치(spine apparatus)**가 종종 발견된다. 가시는 가지돌기 표면적을 증가시키고, 연접이후 흥분성신호의 확산을 제한한다. 한 세기가 넘는 기간 동안 가지돌기가시는 대체로 정적인 구조로 간주되었다. 그러나 최근 연구에 따르면 가지돌기가시의 구조는 매우 역동적으로 밝혀졌다. 타임랩스(time-lapse) 이미지는 성체가시가 길이와 폭을 몇 초에서 몇 분 내에 30%까지 변화시킬 수 있음을 보여줬다. 또한 고주파자극(high-frequency stimulation)은 새로운 가지돌기의 돌출을 유발하고 심지어 수 분 내에 가시가 두 갈래로 나눠게도 한다. 이러한 연구는 가지돌기가시의 수와 형태의 변화가 신경연접가소성(synaptic plasticity)에 기여하여 새로운 기억과 경험을 장기적으로 유지하는 구조적 기질로 작용함을 보여주었다. 다양한 뇌 영역에서 가지돌기가시의 소실은 여러 신경학적 질환, 신경발달장애, 신경퇴행질환과 관련이 있다.

(2) 축삭 Axon

축삭(axon)은 세포체의 축삭둔덕(axon hillock)에서부터 길게 뻗어나가는 원통형 구조로서, 축삭의 끝부분은 종말가지(terminal branch)와 종말단추(synaptic bouton)로 끝난다. 일반적으로 축삭은 세포체에서 직접적으로 뻗어 나오지만, 부교감신경절(parasympathetic ganglion)이나 뇌에서 일부 신경세포에서는 가지돌기에서 가지의 형태로 나오기도 한다. 축삭종말 끝부분을 제외하고는 축삭의 가지는 드물다. 그러나 축삭의 중간에서도 직각으로 가지가 형성될 수 있으며, 이를 **곁가지(축삭곁가지, collateral branch, axon collateral)**라고 한다. 축삭 내부의 세포질을 **축삭형질(axoplasm)**이라고 하며, 이 축삭형질은 미세관, 신경잔섬유, 사립체, 무과립세포질

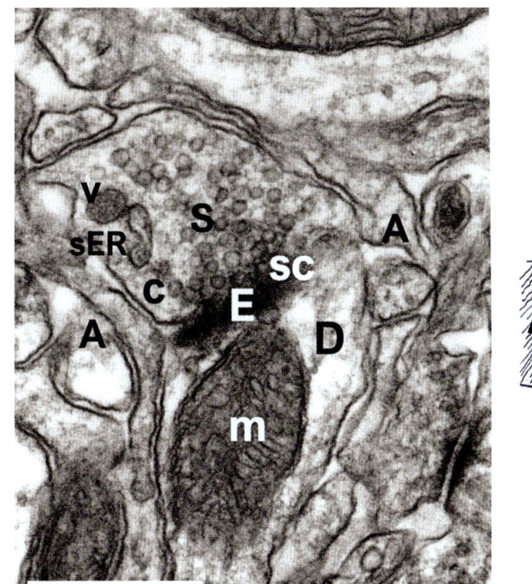

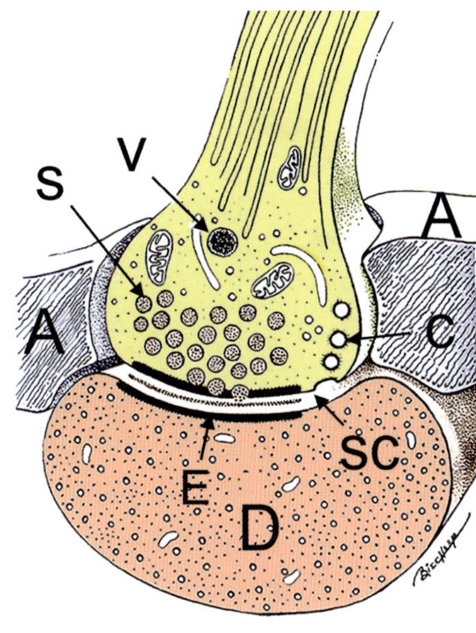

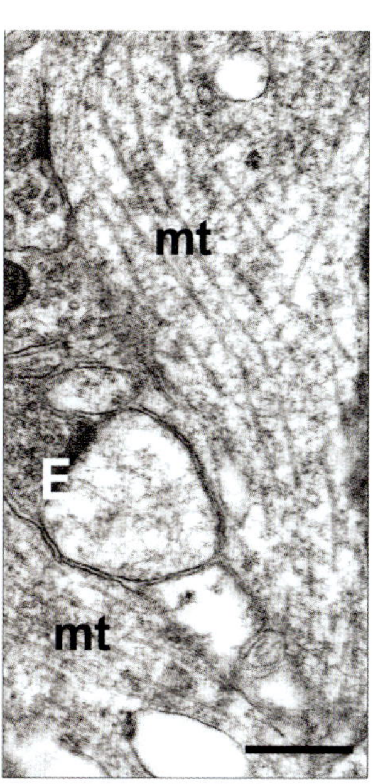

그림 4-3 • 축삭가지돌기연접(axodendritic synapse)의 도해와 투과전자현미경사진(생쥐 뇌; scale bar 500 nm). 축삭종말망울(axon terminal bulb)과 가지돌기(dendrite, D)는 당단백질(glycoprotein)을 함유한 연접틈새(synaptic cleft, SC)로 분리되어 있으며, 별아교세포 돌기(astrocyte process, A)에 의해 양쪽으로 경계를 이룬다. 종말망울 속에는 전자치밀띠(electron-dense band)가 세포막을 둘러싸는 활성구역(active zone) 주위에 연접소포(synaptic vesicle, S)가 모여 있다. 칼슘유입의 결과로 연접소포는 세포막과 결합, 세포외배출(exocytosis)에 의해서 신경전달물질분자를 방출할 수 있다. 소포막(vesicle membrane)은 세포막으로부터 복구되어 재순환을 위해서 덮인 소포(coated vesicle, C) 형태로 무과립세포질그물(sER)로 전달된다. (아마도 펩타이드 또는 monoamine neuroactive substance를 포함하는) 밀도가 높은 큰 하나의 분비소포(V)가 사립체와 미세관, 신경잔섬유(neurofilament)와 함께 보인다. 가지돌기의 가로단면에서 연접이후막을 따라 전자치밀띠(E)를 볼 수 있다. 또한 가지돌기에는 큰 사립체(m), 수많은 미세관(mt)과 신경잔섬유 및 소수의 무과립세포질그물(sER)이 분포한다.

그물을 포함한다. 과립세포질그물은 존재하지 않기 때문에 축삭형질(axoplasm)은 H&E 또는 일반적인 조직염색으로 잘 염색되지 않는다.

축삭의 **시작분절(initial segment)**은 축삭둔덕의 먼쪽에 위치하며, 활동전위가 일반적으로 시작되는 지점이다. 이곳의 축삭 지름은 축삭의 나머지 부위보다 좁다. 초미세구조 관찰에서, 시작분절(initial segment)의 원형질막 내부 표면을 따라 다발 형태의 미세관이 밀집해 있고, 전자밀도가 높은 물질이 관찰된다. 이러한 전자밀도는 시작분절에서 축적된 단백질과 이온펌프와 관련된다. 유사한 전자밀도의 물질은 말이집축삭의 말이집마디(node of Ranvier)에서도 발견된다.

축삭에서는 축삭형질의 느린흐름(slow flow, 하루 약 1 mm)과 세포뼈대성분(cytoskeletal elements)의 느린수송(하루 약 10 mm)이 일어나는데, 이를 앞방향수송(anterograde transport)이라고 한다. 또한 축삭에는 빠른수송(fast transport) 능력(하루 최대 400 mm)이 있으며, 이는 사립체 및 소포가 미세관을 통해 빠르게 이동하는 현상이다. 또한 세포 종말가지에서 세포체로 빠르게 세포소기관을 되돌려 수송하는 뒤방향수송(retrograde transport) 기전도 존재한다. 이 경로는 세포체로 용해소체가 소기관의 잔여물을 이동시키는 것과 관련이 있으며, 광견병바이러스(rabies virus)와 신경독소(파상풍독소, tetanus toxin 등)의 이동 경로로도 활용된다. 신경계 여러 부분 사이의 연결을 연구하기 위해, 연구자들은 축삭을 따라 앞방향과 뒤방향으로 운반되는 소포의 수송 경로를 이용하여 염료와 형광물질을 전달하는 방법을 이용한다. 앞방향성 표지(anterograde tracing)는 신경세포 핵 또는 신경절에 염료를 주입하여 해당 신경세포의 축삭이 신경계 내 어디에 연결되는지 확인하고, 뒤방향성 표지(retrograde tracing)는 축삭종말에서 염료를 흡수시켜 해당 신경세포의 세포체 위치를 확인한다.

축삭은 재생성 전도(regenerative conduction)를 수행하는데, 이는 축삭의 길이 전체에 걸쳐 초기에 생성된 활동전위와 동일한 강도로 신호를 전달하는 것을 의미한다. 큰 지름을 가진 축삭은 작은 지름의 축삭보다 빠르게 신호를 전달한다. 그러나 전도 속도를 더 높이기 위해 긴 축삭은 말이집이 형성되어 있으며, 이는 신경아교세포에 의해 형성된다. 말초신경계통에서 말이집형성(myelination)이 되지 않은 작은 축삭들도 신경아교세포로 둘러싸이지만, 중추신경계통에서는 작은 축삭들이 아교세포로 둘러싸이지 않을 수도 있다.

축삭의 변성은 노령 동물에서 흔히 관찰되는 기억력 및 행

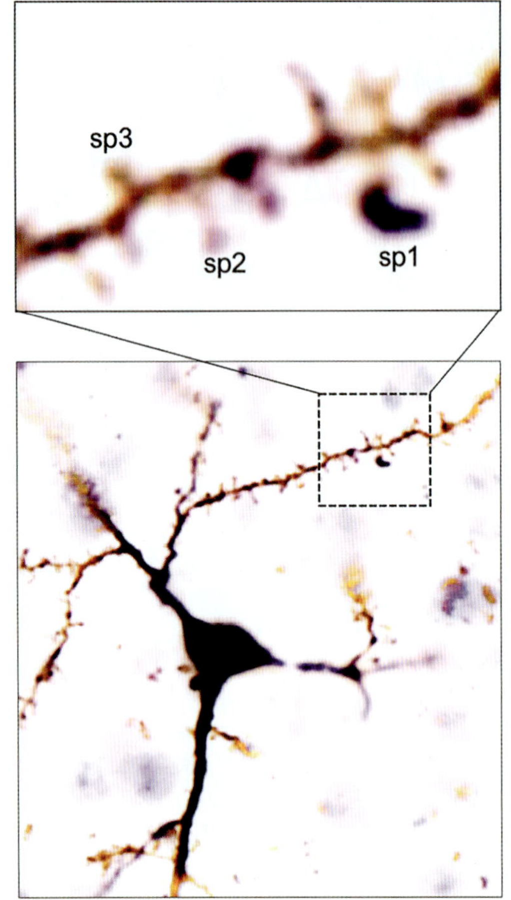

그림 4-4 • 대뇌겉질(cerebral cortex)의 피라미드 신경세포(pyramidal neuron)를 골지은염색(Golgi silver) 후 헤마톡실린으로 대조염색한 사진이다. 이 뭇극신경세포는 피라미드 세포체(cell body)를 가지고 있으며, 꼭대기(apical) 및 바닥(basal) 가지돌기가 뻗어 나온다. 축삭(axon, 사진에는 보이지 않음)이 세포체에서 나온다. 가지돌기가시(dendritic spine, sp)가 가지돌기를 따라 관찰된다. 확대된 사진(inset)은 꼭대기(apical) 가지돌기의 일부로, 다양한 크기와 모양(*sp1*> *sp2*> *sp3*)을 지닌 가지돌기가시를 보여준다.

동 장애와 인과관계가 있을 수 있다. 전통적으로 동물의 정상적인 노화에 따른 기억력 감퇴와 행동 이상은 뇌의 특정 부위 신경세포의 손실로 설명되어 왔다. 그러나 최근 자료는 노화가 뇌 내 신경세포의 심각한 세포소실보다는 특정 앞뇌(forebrain) 구조를 신경지배하는 축삭의 퇴행과 더 관련되어 있다고 한다.

(3) 종말가지 Terminal Branches, Telodendrites

축삭은 계속되는 분지를 통해 끝난다(그림 4-1). 이러한 전체적인 **종말가지(terminal branch. telodendrite)**를 축삭 종말가지구역(telodendritic zone)이라고 한다. 각 종말가지는 **종말망울(종말단추, terminal bulb, synaptic bouton)**이라고 하는 팽대부위(enlargement)에서 끝난다. 민말이집(nonmyelinated) 종말가지를 따라 다수의 국소적 팽대가 나타날 수 있으며, 이를 축삭염주(axonal varicosity) 또는 종말이전망울(preterminal bouton)이라 부른다. 축삭염주의 수는 매우 많을 수 있다. 예를 들어, 길이가 단 200 mm밖에 안 되는 하나의 해마신경세포 축삭이 최대 50,000개의 연접을 형성할 수 있다. 축삭염주와 말단 종말망울(terminal synaptic bouton)은 모두 신경전달물질을 함유한 연접소포가 저장되는 장소이다.

가장 흔한 **연접소포(synaptic vesicle)**는 지름 40~50 nm의 둥근 모양이며, 무과립 전자투명중심(electron-lucent core)을 가진다(그림 4-3, 4-5). 이 소포들은 여러 종류의 신경전달물질을 포함한다. 억제연접(inhibitory synapse)은 일반적으로 전자밀도가 낮은 연접소포와 관련되어 있으며, 높은 삼투압 용액에 노출되면 편평한 형태로 나타난다. 추가적으로 일부 신경세포는 지름이 40~60 nm 정도의 둥근 소포이며, 과립 전자치밀중심(electron-dense core)을 가진다. 이러한 전자치밀 연접소포는 일반적으로 도파민이나 노에피네프린을 함유하고 있다.

연접소포의 단백질은 세포체에서 합성되어 축삭종말의 무과립세포질로 빠르게 운반된다. 이곳에서 연접소포 단백질은 재활용된 소포막인 국소 연접소포의 생산을 보충한다. 연접소포 막에 박힌 수송체단백질(transporter protein)이 새로 형성된 소포에 재활용된 신경전달물질로 채운다. 연접소포는 세포뼈대 액틴잔섬유(actin filament)에 의해 연결되어 세포막 도킹(docking) 및 세포외배출(exocytosis)을 위한 준비상태로 함께 밀집된 형태로 유지된다(그림 4-3). 연접소포 외에도 종말가지(telodendritic branches)는 여러 종류의 신경활성펩타이드(neuroactive peptide, 수십 종류가 확인됨)를 저장하는 **분비소포(secretory vesicle)**를 포함한다. 이러한 펩타이드는 상대적으로 크기가 크고(지름 100~200 nm) 둥근 전자치밀소포(electron-dense vesicle) 안에 들어 있다. 분비소포는 세포체에서 합성되어 종말이전망울과 종말망울로 운반되어 저장된 후 방출된다. 이 펩타이드는 일반적으로 신경전달물질의 효과를 증폭시키는 신경조절물질(neuromodulator)로 작용한다. 특정 시상하부신경세포의 분비소포는 바소프레신(vasopressin) 및 옥시토신(oxytocin)과 같은 펩타이드호르몬을 포함하며, 신경뇌하수체(neurohypophysis)에 저장되고 방출된다.

환경 변화에 대응한 새로운 종말가지의 성장과 기존 가지의 퇴화는 신경가소성(neural plasticity)의 주요 기전이며, 이는 신경세포의 발달과 그에 따른 행동 변화 및 학습을 가능하게 한다.

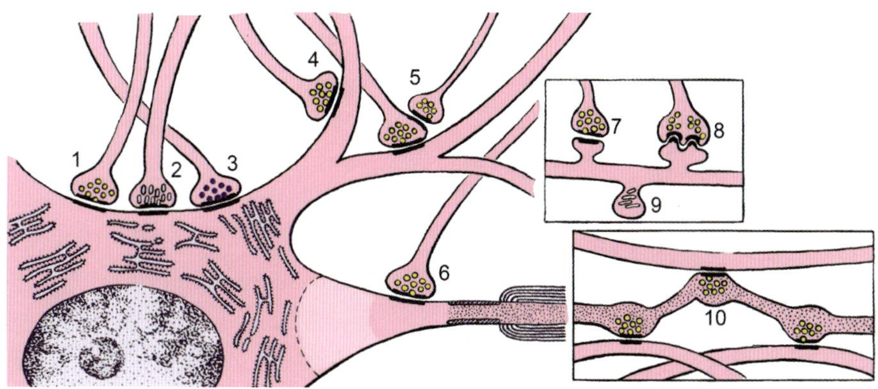

그림 4-5 • 중추신경계통(CNS) 연접 유형의 도해. **1.** 전자현미경으로 투명하게 보이며(electron-lucent) 둥근(spherical) 연접소포(synaptic vesicles)를 가지고 있는 축삭세포체연접(axosomatic synapse). **2.** 납작한 연접소포를 가지고 있는 축삭세포체연접(억제 연접과 연관된 인공산물). **3.** 전자밀도가 높은 연접소포(electron-dense synaptic vesicles)를 가지고 있는 축삭세포체연접. **4.** 축삭가지돌기연접(axodendritic synapse). **5.** 하나의 종말망울(terminal bulb)이 연접이전 억제와 연관된 다른 종말망울과 연접하는 축삭사이연접(axoaxonic synapse). **6.** 축삭의 시작분절 가까이 위치한 축삭둔덕에 있는 연접(synapse on an axon hillock). **7.** 가지돌기가시(dendritic spine)에 있는 축삭가지돌기연접. **8.** 가지돌기가시에 있는 비교적 복잡한 연접(elaborate synapse). **9.** (무과립세포질그물과 전자밀도가 치밀한 물질을 갖는) 가시장치(spine apparatus)를 나타내는 가지돌기가시. **10.** 통과하는[passing (en passant)] 3개의 축삭염주(axonal varicosity).

2. 분류 Classification

신경세포는 해부학적으로 세포체 돌기의 개수에 따라 홑극(unipolar), 두극(bipolar), 뭇극(multipolar)신경세포로 분류된다(그림 4-6).

홑극신경세포(unipolar neuron) 또는 **거짓홑극신경세포(pseudounipolar neuron)**에서 신경세포체는 하나의 축삭을 내보내고, 이 축삭은 바로 중추가지(central branch)와 말초가지(peripheral branch)로 갈라진다. 말초가지는 환경 자극에 민감한 수용기로 끝나고, 중추가지는 말초가지에서 받은 흥분자극을 중추신경계통으로 전달한다. 홑극신경세포의 세포체는 뇌신경과 척수신경의 뿌리(root)의 감각신경절(sensory ganglion)에 위치한다. 포유류의 홑극신경세포는 종종 거짓홑극신경세포로 불리는데, 이는 발달 초기에 두극신경세포(bipolar neuron)로 시작하여 나중에 홑극 형태로 변하기 때문이다. 거짓홑극신경세포의 구조적 특징은 세포체에서 자발적 탈분극(spontaneous discharge)을 일으킬 수 있는 것이며, 정상 동물에서 들신호전달(afferent signaling)의 정확한 전달을 방해할 수 있다. 특히 신경손상이 있는 경우 척수신경절세포에서 비정상적인 탈분극은 매우 증가하여 신경병증이상감각

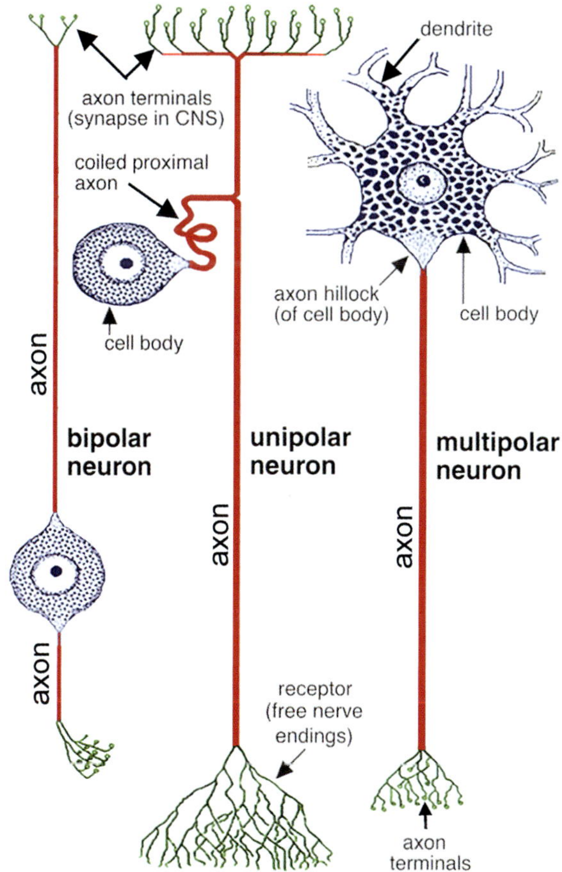

그림 4-6 • 두극신경세포(bipolar neuron, 왼쪽), 홑극신경세포(unipolar neuron, 가운데), 뭇극신경세포(multipolar neuron, 오른쪽)의 도해. 신경세포(neuron)는 신경세포체(cell body)에서 나와 있는 돌기의 수에 따라서 해부학적으로 분류한다. 홑극신경세포와 두극신경세포는 감각신경세포이다. 대부분 신경세포는 뭇극신경세포이다. 그러나 그 형태는 매우 다양하다. 신경세포체의 세포질은 호색소물질 덩어리(clump of chromatophilic substance)인 니슬물질(Nissl substance)의 모양을 갖고 있다.

(neuropathic dysesthesia)과 만성통증(chronic pain)을 유발할 수 있다. 거짓홑극신경세포는 주로 피부의 촉각수용기와 같은 일반적인 몸감각(somatic sensation)을 전달하며, 세포체는 등쪽뿌리신경절(dorsal root ganglion)에 위치한다.

두극신경세포(bipolar neuron)는 세포체에서 두 개의 돌기를 낸다. 속귀신경의 들신경세포 및 망막의 두극신경세포의 세포체는 두 개의 축삭 사이에 위치하고, 후각들신경세포의 세포체는 축삭과 하나의 가지돌기가 만나는 부위에 위치한다. 두극신경세포는 홑극신경세포와 같이 감각정보를 중추신경계통으로 전달하는 들신경세포이다. 두극신경세포의 세포체는 일반적으로 지배하는 기관의 층상구조(laminated structures)에서 보인다. 두극신경세포의 가지돌기는 신호를 받아들이는 종말부로 특화되어 있으며, 축삭은 중추신경계통으로 향하는 신경을 형성하기 위해 다른 축삭과 함께 주행한다.

뭇극신경세포(multipolar neuron)는 세포체에서 여러 개의 가지를 낸다. 일반적으로 여러 개의 가지돌기와 하나의 축삭을 갖는다. 중추신경계통을 구성하는 수십억 개의 신경세포의 대부분은 뭇극신경세포이며, 말초신경계통의 자율신경절에 있는 신경세포도 뭇극신경세포이다.

3. 신경세포의 부위 Regions of a Neuron

신경세포는 이온통로(channel)과 수용체(receptor)가 풍부한 지질이중막(lipid bilayer membrane)으로 둘러싸여 있다. 여기의 막단백질은 엄격한 전기화학적 기울기(electrochemical gradient)를 유지하고, 휴지막전위(resting membrane potential)로 약 70 mV를 유지한다. 일반적으로 신경세포는 막의 탈분극(depolarization)으로 인해 특정 문턱(threshold)을 초과할 정도로 전기양성도가 증가하면 흥분한다. 결과적으로 축삭은 자신의 출력부위(output region)로 흥분을 전달하고, 그것을 연접에서 화학적 분비(신경전달물질 분비)를 통해 전달한다(그림 4-1). 이러한 수용(reception), 전도(conduction), 흥분전달(transmission)의 과정은 기능적으로 서로 다른 이온통로와 세포구성요소를 필요로 한다. 즉, 각 신경세포는 몇 가지 명확한 영역이 있는데, 여기에는 ① 초기 흥분을 받아들이는 입력(input)부위 또는 **가지돌기구역(dendritic zone)**, ② 다른 세포로 흥분이 전달하는 출력(output)부위 또는 **종말가지구역(축삭종말구역, telodendritic zone, axon terminal zone)**, ③ 가지돌기구역과 종말가지구역 사이에서 흥분(자극)을 전도해주는 역할을 하는 **축삭(axon)**, ④ 신경세포에 영양과 지지작용을 제공하는 **세포체(cell body)**가 있다.

일반적으로 뭇극신경세포(그림 4-1)의 수용기 가지돌기영역은 수많은 분지를 하는 가지돌기와 그 세포체를 포함하여 넓은 표면적을 가진다. 축삭은 세포체에서 길고 원통형의 돌기로 뻗어 나온다. 축삭의 종말끝부분에 위치한 **축삭종말구역(axon terminal zone)**은 매우 많은 가지로 나누어진다. 이 종말부위에는 신경연접에서 신경전달물질이 저장 및 방출되는 **국소팽대(localized expansion,** bulb, bouton)가 존재한다. 반면, 홑극들신경세포(unipolar afferent neuron)는 축삭과 그 세포체만 존재하며, 수용기의 가지돌기영역은 주변 에너지를 신경흥분(neural excitation)으로 변환한다. 두극들신경세포(bipolar afferent neuron)의 가지돌기영역은 후각수용체가 있는 부위 또는 망막이나 속귀에서 수용기세포와 접하는 신경연접부위이다. 가지돌기구역에서 발생한 흥분은 축삭을 따라 중추신경계통의 축삭종말가지까지 전달된다.

신경세포의 세포막단백질은 각 부위별 기능에 따라 서로 다르다. 예를 들면 가지돌기구역의 세포막은 직접 또는 이차전령자(second messenger)를 통해서 이온통로를 열어주는 리간드반응성 단백질수용체(ligand-reactive protein receptor)를 가진다. 여기서 '수용체(receptor)'라는 용어는 세포밖신호와 상호작용하고 세포 내로 효과를 전달하는 세포막단백질을 지칭한다. 또한 축삭의 세포막은 막전위의 역전 및 활동전위의 재생성 전도(regenerative conduction)를 가능하게 하는 전압결합소듐통로(voltage-gated Na^+ channel)를 가진다. 종말가지와 종말망울의 세포막은 신경전달물질 방출과 관련된 칼슘의 유입을 조절하는 전압결합칼슘통로(voltage-gated Ca^{2+} channel)와 방출된 신경전달물질의 재흡수를 위한 세포막관련 수용체(membrane-associated receptor)를 가진다.

4. 신경세포 신경전달 Neuronal Communication

신경세포는 서로 또는 신경아교세포와도 소통하며, 신경축삭이 분포하는 근육과 샘과도 소통한다. 신경세포에서 신경세포로 흥분을 전달하는 과정은 신경계통 기능의 근본이다.

신경계통을 구성하는 수십억 개의 신경세포들 사이에서, 의사소통의 주된 수단은 신경세포 사이의 화학연접에서 신경전달물질 분자를 국소적으로 방출하는 것이다. 말초신경계통의 조직(peripheral nervous tissue section 참조)에서도 신경세포와 그들이 지배하는 근육 및 샘 사이에 유사한 화학연접이 나타난다. 몇몇 신경세포는 틈새이음(gap junction), 즉 전기연접(electrotonic synapse)을 통해 신경전달이 이루어지며, 이는 특히 무척추동물과 어류에서 흔하다. 그러나 포유동물에서 틈새이음을 통한 소통은 배아발달단계에서 신경모세포(neuroblast) 사이에서 흔하며, 성숙한 신경세포에서는 비교적 드물다. 또한 일부 신경세포는 신경세포막을 자유롭게 투과하는 기체(gas)를 생성하여 소통하기도 한다. 일산화질소(nitric oxide, NO)와 일산화탄소(carbon monoxide, CO)는 주요 신경전달물질로 점차 인정받고 있다. NO와 CO는 신경세포의 가용성 guanylyl cyclase의 활성화 장소인 헴(heme) 부위에 결합하여, 세포 속 이차전령자(second messenger)인 cyclic guanosine 5′-monophosphate(cGMP)의 농도를 증가시켜 신경세포 사이에서 신호를 전달한다.

1) 신경세포사이 화학연접 Interneuronal Chemical Synapses

신경세포사이 화학연접(interneuronal chemical synapse)은 하나의 신경세포 연접소포에서 방출되는 신경전달물질로 인해 다른 신경세포의 흥분성(excitability)에 영향을 미치는 특화된 장소이다. **신경전달물질(neurotransmitter)**의 대부분은 글루탐산염(glutamate), 글라이신(glycine), 도파민(dopamine), 노에피네프린(norepinephrine), 세로토닌(serotonin), 아세틸콜린(acetylcholine) 등과 같은 생체아민(biogenic amine)이다. 일반적으로 각 신경전달물질은 다양한 막수용체(membrane receptors)와 상호작용한다.

수용체(receptor)는 신경전달물질이 결합하는 막단백질(membrane protein)의 결합 부위이다. 이 수용체단백질은 이온통로로서 기능할 수 있으며, 선택적 이온투과를 허용하기 위한 형태적 변화를 일으킨다. 또한 G-단백질(G-protein)에 연결되어 있어 cAMP와 같은 이차전령자(second messenger)를 활성화시켜 이온통로를 직접 또는 간접적으로 개방하는 수용체이기도 하다. 이차전령자는 신경전달물질 신호의 강도를 증폭시키고 신호의 지속시간을 연장하는 역할을 한다. 자가수용체(신경전달물질의 합성과 분비에 영향을 주는 연접이전막에 있는 수용체)와 신경조절물질(neuromodulator, 분비소포에서 방출되는 펩타이드)은 이차전령자를 통해 역할을 수행한다.

이온지향막수용체(ionotropic membrane receptor)는 수용체단백질이 이온통로-수용체단백질복합체의 일부를 구성하는 주요 신경전달물질 수용체의 하나의 큰 그룹이다. 이 수용체가 활성화되면 이온통로가 열리거나 닫히면서 막투과성(membrane permeability)이 즉각적으로 변한다. 이와는 대조적으로, **대사지향수용체(metabotropic receptor)**는 또 다른 주요 신경전달물질 수용체의 유형이다. 이 수용체는 직접적으로 이온통로의 기능을 수행하지 않으며, 대신 G-단백질 또는 다른 단백질과 상호작용한다. 신경전달물질이 결합하여 활성화되면 대사지향수용체는 효소의 활성화나 억제를 하는 세포 속 신호전달경로를 개시하고, 이온통로이나 다른 세포기능을 조절한다. 이러한 과정은 즉각적인 이온 투과성 변화가 아니라, 보다 광범위한 세포기능 변화로 이어진다.

이온통로 또는 G-단백질 연결에 따라, 수용체는 흥분성이기나 억제성일 수 있다. 따라서 수용체의 유형과 신경전달물질의 종류가 연접의 기능적 특성(즉 흥분성 또는 억제성, 단기 또는 장기 작용 등)을 결정한다. 그럼에도 불구하고, 특정 신경전달물질(glutamate 등)은 주로 흥분연접과 관련되어 있고, 다른 신경전달물질(GABA와 글라이신)은 억제연접과 관련된다. 주목할 점은 글루탐산염 수용체가 뇌에서 가장 흔히 존재하는 흥분성 신경전달물질 수용체이며, 신경세포 사이의 거의 모든 흥분성 신호전달을 매개한다. 그래서 간질발작(epileptic seizure)은 흔히 글루탐산염 신경연접의 과도한 신경세포 활성으로 발생한다.

대부분 신경세포사이 연접은 하나의 신경세포의 축삭 종말망울(synaptic bouton)이 다른 신경세포의 입력부위(input region)와 연접을 형성하는 형태이며, 축삭가지돌기(axodendritic) 또는 축삭세포체(axosomatic) 연접이 흔하다(그림 4-5). 그러나 중추신경계통의 수조 개(trillion)의 연접에서는 가능한 모든 연접 조합이 발견되며, 축삭사이연접(axoaxonic), 가지돌기사이연접(dendrodendritic), 가지돌기세포체연접(dendrosomatic), 세포체가지돌기연접(somatodendritic), 세포체사이연접(somatosomatic)도 발견된다.

일반적인 뭇극신경세포의 입력부위는 수천 개의 연접접촉(synaptic contact)을 받는다. 흥분성 및 억제성 연접효과는 표적신경세포에 종합되어 통합되고, 이렇게 생성된 세포막전위는 신경세포에 대한 총연접입력의 고유한 효과를 지속적으로 나타나게 한다. 이렇게 세포체는 축삭의 인접한 시작분절(initial segment)에서 막전위에 영향을 미친다. 특정 순간에 시작분절에서 누적된 연접입력이 문턱을 초과하면 축삭의 시작분절에서 활동전위가 발생하고, 그렇지 않으면 활동전위는 발생하지 않는다.

하나의 신경세포가 다른 신경세포에 미치는 영향력은 그 신경세포가 표적신경세포와 형성하는 연접접촉의 수와 연접의 위치에 따라 달라진다. 시작분절에 가까운 연접일수록 먼쪽 가지돌기에 위치한 연접에 비해 활동전위를 발생시키는 데 훨씬 큰 영향을 미친다.

2) 연접의 미세구조와 기능

Synaptic Ultrastructure and Function

초미세구조적으로 신경세포사이 화학연접은 연접이전부분과 연접틈새, 그리고 연접이후막으로 구분된다(그림 4-3). **연접이전부분(presynaptic element)**은 세포막의 안쪽에 단백질 축적으로 인한 전자밀도가 높은 활성구역(active zone)이 존재하며 주변에 다수의 연접소포가 밀집되어 있다. **연접틈새(synaptic cleft)**는 중추신경계통에서 폭이 약 20~30 nm이며(일반적인 세포사이 공간과 폭이 거의 같음), 연접이전막과 연접이후막의 결합을 유지하는 막단백질이 존재한다. **연접이후세포체가지돌기막(postsynaptic somatodendritic membrane)**은 신경전달물질을 방출하는 연접이전종말망울의 맞은편에 기능적 작은 영역(microdomain)을 형성하는 여러 종류의 단백질 수용체를 포함한다. 이 영역은 전자현미경상

연접이후치밀질(postsynaptic density)이며, 연접이전 활성 구역을 마주보고 있다. 연접이후치밀질은 카드헤린-카테닌 복합체(cadherin-catenin complex), 수용체단백질(receptor protein), 연접밑거푸집단백질(subsynaptic scaffolding protein) 및 세포뼈대요소로 구성되어 있으며, 수용체의 안정화와 이동 및 신호전달의 촉진에 관여한다.

축삭 끝부분에 활동전위가 도달하면 연접이전부분(종말망울)의 막을 탈분극시킨다. 연접이전막의 전압결합칼슘통로가 열려 칼슘 유입이 발생한다. 세포질 속의 증가된 칼슘은 연접소포단백질의 인산화효소를 활성화하여, 가역적으로 연접소포를 세포뼈대 액틴잔섬유에 연결시키고, 소포를 세포막과 융합시킨다. 이로 인해 연접소포가 세포막과 결합하여 신경전달물질을 세포외배출 방식으로 방출한다. 방출된 신경전달물질은 연접틈새로 확산되어 다양한 수용체와 및 수송체와 결합한다.

연접은 수용체가 지속적으로 들어오고 나가는 매우 역동적인 구조이다. 연접부위에서 신경전달물질수용체의 급격한 전환은 세포내섭취(endocytosis), 세포외배출(exocytosis), 그리고 막면(membrane plane)으로의 가쪽 확산(lateral diffusion)을 포함한 활발한 과정이다. 이 과정은 신경세포의 활성과 거푸집단백질(scaffolding protein)과의 상호작용에 의해 조절된다. 따라서 연접이후 신경세포속 칼슘농도의 활성의존적 증가(activity-dependent increase)는 수용체의 빠른 고정과 신경세포 표면에 수용체의 국소적 축석을 촉발한다. 연접막의 안팎에서 신경전달물질수용체의 움직임은 연접가소성(synaptic plasticity) 동안 기능적 수용체의 수를 빠르게 변화시키는 핵심 기전 중 하나이다.

연접활성은 다양한 기전을 통해 중단된다. 신경전달물질은 연접틈새(synaptic cleft)에서 효소[아세틸콜린에스터분해효소(acetylcholinesterase), 모노아민산화효소(monoamine oxidase), 카테콜-O-메틸기전달효소(catechol-O-methyltransferase; 세로토닌, 도파민, 에피네프린, 그리고 노에피네프린)]에 의해 분해되어 제거된다. 또한 신경전달물질 분자의 표적수용체(target receptor)는 연접이후막(postsynaptic membrane)으로 유입되어 용해소체(lysosome)에서 분해된다. 신경전달물질 분자는 또한 연접이전막(presynaptic membrane)이나 인접한 신경아교세포(glial cell)의 막에 위치한 수송체(transporter, protein pump)에 의해 능동적으로 세포 속으로 운반된다. 따라서 신경전달물질 분자는 재활용(recycle)되어 연접이전세포질(presynaptic cytoplasm) 내에서 합성할 필요를 최소화한다. 또한 연접소포막도 재활용되는데, 연접이전 세포막에서 추출된 소포막은 덮인소포(coated vesicle)로서 연접이전세포질 내에서 무과립세포질그물로 수송된다(그림 4-3).

제2절 신경아교세포 *Neuroglia*

신경아교세포(neuroglia, gliocyte)는 신경계를 구성하는 세포의 90% 이상을 차지한다. 신경아교세포는 단순히 신경세포를 지지하는 역할만을 하지 않는다. 신경아교세포의 생물학은 아직 충분히 밝혀져 있지 않았지만, 신경세포-신경아교세포 또는 신경아교세포 사이의 상호작용이 신경계의 여러 핵심 기능에 필수적이다. 신경세포는 연접에서 ATP를 방출하거나 신경전달과정에서 축삭을 통해 ATP를 방출하여 신경아교세포와 소통한다. 신경아교세포는 신경세포의 발달, 대사, 활성, 형성, 손상으로부터 회복하는 데 중요한 역할을 한다.

신경아교세포는 신경세포에 영향을 미치는 많은 동일한 신호에 반응하고, 신경 반응을 조절할 수 있도록 하는 다양한 이온통로(ionic channel), 신경전달물질 수용체(neurotransmitter receptor), 수송기전(transport mechanism)을 가지고 있다. 신경아교세포는 신경세포의 정보흐름과 병행하여 칼슘의 세포 내 파동과 화학전령자(chemical messenger)의 세포사이 확산을 통해 다른 신경아교세포와 소통한다. 신경아교세포는 신경전달물질이나 세포밖신호분자를 방출하여 신경세포의 흥분과 연접신경전달에 영향을 주고, 이는 신경망의 활동을 조절할 수 있다. 또한 신경아교세포는 사이토카인(cytokine), 성장인자(growth factor), 영양인자(trophic factor)를 분비하여 신경세포의 장기 및 단기 생존을 조절하고, 연접연결 형성과 수축에도 중요한 역할을 한다. 특히 일부 신경아교세포, 특히 별아교세포(astrocyte)는 특수한 삼부연접(tripartite synapse)을 형성하여 이온농도를 조절하고 연접틈새에서 과도한 신경전달물질을 제거한다.

신경아교세포는 상대적으로 크기가 작으며, 일반 조직학적 염색에서는 핵과 세포체만 분명하고, 주로 세포체의 크기와 모양, 그리고 조직절편에서 핵 염색질의 형태만으로 구별된다. 하지만 표면 또는 내부의 단백질을 이용한 면역조직화학염색법은 뇌조직에서 신경아교세포를 명확히 감별 가능하게 한다. 신경세포와는 달리 신경아교세포는 유사분열(mitosis)이 가능하여 신경계통의 종양을 유발할 수 있다.

중배엽(mesoderm)에서 발생하여 중추신경계통으로 이주하는 미세아교세포(microglia)를 제외하고, 중추신경계통의 신경아교세포는 배아기 신경관(neural tube)을 형성하는 외배엽(ectoderm)에서 유래한다. 말초신경계통의 신경아교세포는 신경절(ganglion)의 신경세포와 같이 배아기 신경능선(neural crest)의 외배엽에서 유래한다.

1. 중추신경계통 신경아교세포

Central Nervous System Gliocytes

중추신경계통의 신경아교세포는 별아교세포(astrocyte), 희소돌기아교세포(oligodendrocyte), 미세아교세포(microglia), 뇌실막세포(ependymal cell)이다.

1) 별아교세포 Astrocytes

별아교세포(astrocyte)는 일반염색에서 창백하고 난원형의 핵을 가지며, 신경아교세포의 핵 중 가장 크며, 은염색에서는 신경아교원섬유(glial fibril)를 포함하는 여러 개의 돌기를 볼 수 있다. 이 돌기는 백색질(white matter)에서 길고 가늘며 적당하게 분지된 반면, 회색질(gray matter)에서는 짧지만 가지가 고도로 분지되어 있다. 따라서 백색질은 **섬유별아교세포(fibrous astrocyte)**를 포함하고, 회색질은 **원형질별아교세포(protoplasmic astrocyte)**를 포함한다(그림 4-7).

전자현미경으로 관찰해 보면 별아교세포는 다발형태로 밀집된 중간잔섬유(intermediate filament, 지름 8 nm)와 창백한 세포질(pale cytoplasm)을 가진다. 별아교세포에서만 독특하게 발견되는 **아교세포잔섬유(glial filament)**는 아교원섬유산성단백질(glial fibrillary acidic protein, GFAP)로 이루어져 있으며, 광학현미경에서도 보이는 **신경아교원섬유(glial fibril)**를 형성한다. 아교세포잔섬유의 밀도는 원형질별아교세포보다 섬유성별아교세포에서 더 높다.

인접한 별아교세포는 틈새이음(gap junction)으로 서로 연결되어 있다. 국소자극에 반응하여 상승된 세포질 속 칼슘 농도의 흥분자극파가 세포사이 틈새이음을 통하여 퍼져나간다. 또한 인접한 별아교세포는 작은 단추모양의 부착이음(adhering junction), 즉 부착반점(점부착반점, spot desmosome)에 의해서도 연결된다.

별아교세포의 돌기는 끝부분이 팽대부인 **종말발(end feet)**이라는 구조로 끝난다. 이러한 종말발이 모인 부분은 중추신경계통 표면인 연막(pia mater)에 부착되어 **아교경계막(glial limiting membrane, glia limitans)**이라는 막을 형성한다. 이 종말발은 특히 뇌실막밑아교층(subependymal layer)에 잘 발달해 있고, 척수에서는 사이막(septa)을 형성한다. 특히 특수화된 별아교세포의 종말발은 뇌와 척수의 혈관 주변을 둘러싸고, 모세혈관내피세포 사이의 치밀이음(tight junction)의 형성에 관여하며 혈액뇌장벽(blood-brain barrier) 형성에 중요한 역할을 수행하는 것으로 여겨진다(뒤에서 더 설명).

별아교세포는 신경아교원섬유로 구조적 지지 역할을 제공할 뿐 아니라, 뇌의 다양한 기능에도 중요한 역할을 수행한다. 당원을 저장하고 포도당을 방출함으로써 에너지원의 역할을 수행한다. 별아교세포의 세포막은 중추신경계통의 좁은 세포밖공간에서 포타슘이온 수준을 조절하는 이온펌프기능을 포함한다. 별아교세포 돌기는 연접을 절연시키고 연접의 민감성을 조절하는 물질을 방출한다. 또한 별아교세포는 연접틈새에서 지속적인 연접활동을 멈추기 위해 신경전달물질을 흡수하는 역할도 한다.

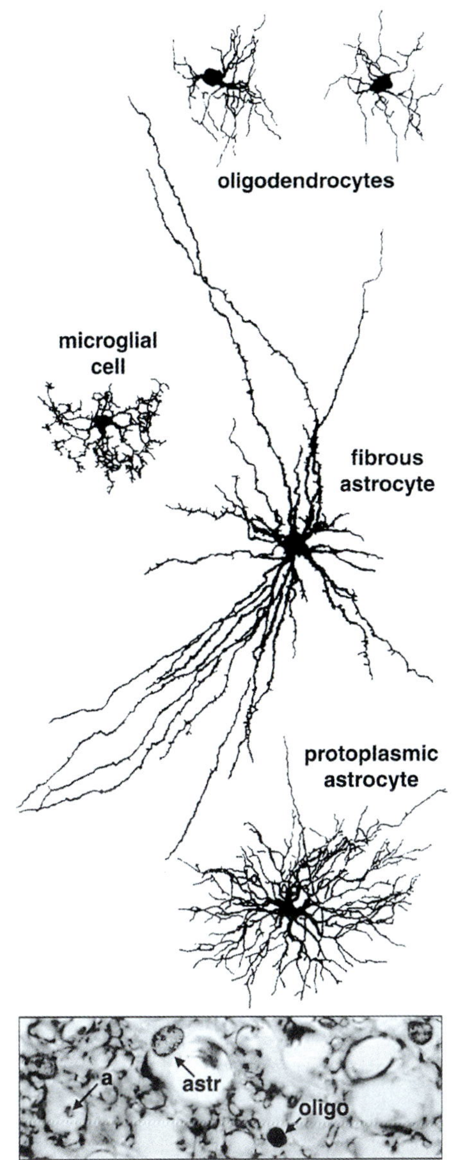

그림 4-7 • 중추신경계통 신경아교세포의 골지은염색(Golgi silver impregnation)을 한 도해(원숭이 대뇌겉질, monkey cerebral cortex). (×700). 아래 삽입그림은 별아교세포의 핵(astr)과 희소돌기아교세포의 핵(oligo)으로 Luxol blue와 hematoxylin에 염색되어 백색질에서 관찰된다. Luxol blue & Hematoxylin stain. 말이집공포와 신경각질(neurokeratin)에 의해 둘러싸인 축삭(a)을 볼 수 있다. (Adapted from Weiss L. Cell and Tissue Biology. A Textbook of Histology. 6th Ed. Baltimore, MD: Urban & Schwarzenberg, Inc., 1988.)

별아교세포의 활성은 신경세포의 활성화에 의해 상당한 영향을 받으며, 별아교세포 사이의 신호전달뿐만 아니라 신경세포에도 신호를 전달할 수 있다. 또한 별아교세포가 연접활성을 감지할 수 있기 때문에 신경세포와 뇌미세혈관순환(brain microcirculation) 사이의 핵심 매개체로 작용한다. 실제로 연접활성이 증가되면 별아교세포 속에서 칼슘유입이 촉진되고, 이는 별아교세포 종말발(end feet)에서 국소혈관확장을 촉진하는 물질을 방출하도록 한다. 이와 같은 기전을 통해 별아교세포는 에너지 요구뿐만 아니라 혈류량 요구를 위한 뇌의 활성화에도 관여한다.

마지막으로, 별아교세포는 면역기능에도 관여하는 것으로 보인다. 예를 들어, 이 세포는 T림프구에 항원을 제시하고, chemokine과 사이토카인을 분비하여 도움T세포 반응 및 단핵구/미세아교세포의 효과기(effector) 기능을 촉진한다. 외상성뇌손상(traumatic brain injury)이나 특정 병리적 상태에서 별아교세포의 반응은 세포의 증식과 비대, 돌기의 신장(elongation), 여러 가지 중간잔섬유의 발현 증가가 특징이다. 심한 외상이나 병적상태에서 이러한 반응성 별아교세포(reactive astrocyte)는 밀집된 신경아교세포반흔(glial scar) 형성 등의 특징이 나타난다. 이러한 과정을 별아교세포증(astrogliosis)이라고 부르며, 비대해진 별아교세포의 돌기가 손상된 신경세포와 말이집의 소실로 인해 생긴 공간을 채우게 된다.

2) 희소돌기아교세포 Oligodendrocytes

희소돌기아교세포(oligodendrocyte)는 상대적으로 가지(branch)가 적다(그림 4-7). 일반조직학적 염색에서 작고 둥글며 진하게 염색되는 핵을 가진 것으로 식별된다. 전자현미경 관찰 시 희소돌기아교세포의 세포질은 미세관과 세포소기관, 특히 rER 및 사립체가 풍부하며, 전자밀도가 높다. 희소돌기아교세포는 틈새이음을 가지고 있지 않다.

회색질(gray matter)에서 희소돌기아교세포는 신경세포 주위 위성세포(perineuronal satellite cell) 역할을 한다. 최근 연구에 따르면 희소돌기아교세포는 성장인자 공급원 역할도 하는 것으로 나타났다. 희소돌기아교세포는 특정 성장인자를 합성하고 근처 신경세포에 영양신호(trophic signal)를 보낸다. 또한 이 세포는 신경손상에 매우 민감하게 반응하는 것으로 보인다.

백색질(white matter)에서 희소돌기아교세포는 축삭 주위를 **말이집(myelin sheath)**으로 감싸 중추신경계통에서 활동전위의 전파 속도를 증가시킨다. 세포막 구성 요소의 세포속이동은 말이집의 생합성과 유지에 필수적인 역할을 한다. 필요한 단백질과 지질은 세포의 다른 곳에서 합성되어 세포뼈대를 따라 이동하는 세포속운반체소포(intracellular carrier vesicle)를 통해 말이집으로 수송된다.

3) 미세아교세포 Microglia

미세아교세포는 중배엽(mesodermal origin)에서 유래한 세포로서 배아기 혈관형성과정에서 중추신경계통에 침투하였다. 이들은 정상 조직에서 드물게 나타나며 발견하기 어렵다. 일반염색에서 미세아교세포는 작고 길쭉한 색소친화성 핵(chromophilic nucleus)으로 식별된다. 은염색(silver impregnation)에서는 극성돌기(polar process)를 가진 작고 길쭉한 세포로 관찰된다(그림 4-7). 생리적 환경에서 미세아교세포는 영양인자를 합성하고 분비한다. 그러나 중추신경계통의 손상에 반응하면 미세아교세포는 활성화되고, 증식하며, 보호작용 혹은 특정 상황에서는 세포독성의 특성을 나타낼 수 있다. 미세아교세포의 활성화는 흔히 뇌에서 다른 세포보다 먼저 일어나며, 활성화된 후에는 항원제시와 포식능력을 가진 큰포식세포로 전환된다. 반응성 미세아교세포는 종양괴사인자(TNF-α)와 인터루킨-1β(IL-1β)를 포함한 사이토카인을 분비하는데, 이는 연접전달(synaptic transmission)과 신경세포의 영양효과에 영향을 미친다. 미세아교세포는 바이러스 감염, 자가면역질환, 신경퇴행성질환을 포함한 다양한 질환에서 중요한 역할을 하는 것으로 알려져 있다.

미세아교세포 이외에도 다른 세포 유형도 중추신경계통 손상에 반응한다. 혈액에서 유래한 큰포식세포는 중추신경계통을 침투할 수 있으며, 중추신경계통 모세혈관과 연관되어 혈관주위세포(pericyte)는 수축 능력을 가진 것으로 여겨지며, 또한 포식작용을 하는 것으로 알려져 있다. 신경아교세포 흉터형성의 기능적 역할은 완전히 밝혀지지 않았지만, 중추신경계통이 손상된 부위를 분리하여 항상성을 회복하려는 시도로 여겨져 왔다.

4) 뇌실막세포 Ependymal Cells

뇌실막세포(ependymal cell, ependymocyte)는 뇌실안(ventricular cavity)과 척수의 중심관(central canal)을 덮는 상피세포이다. 이 세포는 꼭대기 표면(apical surface)에 다수의 운동성 섬모(motile cilia)를 가진 입방형 또는 원주형의 세포로 구성된다(그림 4-8). 뇌실막세포는 속공간 가장자리 주변의 부착띠(zonula adherens)와 틈새이음(gap junction)에 의하여 결합된다. 성체의 뇌에서 성숙한 뇌실막세포는 단순히 비활성표면상피가 아니라, 뇌척수액(cerebrospinal fluid, CSF)과 신경그물(neuropil) 사이의 이온이나 작은 분자와 수분의 이동을 조절하는 것으로 보인다. 뇌실막은 유해한 물질로부터 신경조직을 보호하는 중요한 장벽 역할을 한다. 이 기전이 완전히 이해된 것은 아니지만, 이온과 대사산물의 분비기능을 수행하는 것으로 생각된다. 뇌실막세포는 재생능력이 제한적이며 일반적으로 유사분열을 일으키지 않는다. 뇌실막이 손상되면, 파열된 부위는 뇌실밑별아교세포(subventricular astro-

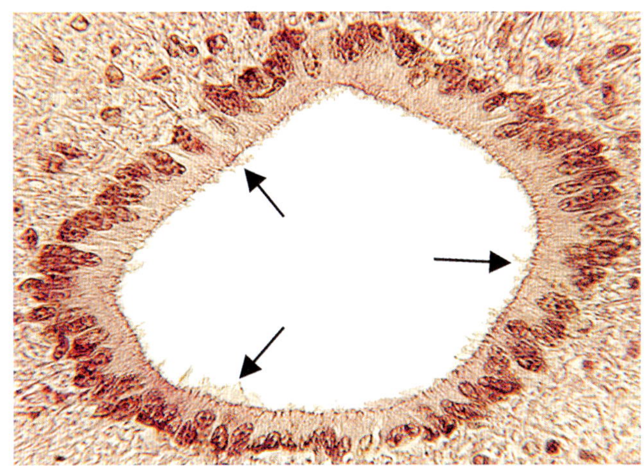

그림 4-8 • 개 척수의 중심관(central canal)을 뇌실막세포(ependymal cell, 단층원주상피)가 덮고 있다. 운동섬모(화살표)는 중심관 속공간으로 뻗어 있는 것이 분명하게 관찰된다. H&E.

cyte)에서 유래한 돌기로 채워진다.

뇌실막세포의 변형된 특수 세포로는 **맥락얼기상피(choroid plexus epithelium)**가 있으며, 이는 맥락얼기융모(choroid plexus villus)를 덮고 소듐이온(Na^+)의 능동적 분비를 통해 뇌척수액을 생성한다. 변형된 뇌실막세포는 모두 입방형이며 섬모(cilia) 대신 뇌척수액까지 뻗는 미세융모(microvilli)를 가지고 있다. 인접한 세포는 비교적 불투과성 이음인 폐쇄띠(tight junction)로 연결되어 국소적으로 뇌실막장벽(ependymal barrier)을 형성한다. 이 장벽은 창모세혈관의 존재로 인하여 국소적으로 감소된 혈액뇌장벽(blood-brain barrier)을 보완한다.

띠뇌실막세포(tanycyte)는 시상하부(hypothalamus)의 셋째뇌실의 시상하부 벽에 분포하는 변형된 뇌실막세포이다. 띠뇌실막세포는 뇌실안 경계면에 미세융모를 가지고 있으며, 바닥면은 신경세포와 모세혈관에 닿는 긴 돌기를 가진다. 띠뇌실막세포는 시상하부의 축삭을 유도하고, 뇌실과 시상하부-뇌하수체문맥계통의 혈관 사이에 수송기전에 관여하는 것으로 생각되고 있다. 따라서 띠뇌실막세포는 시상하부호르몬의 방출에 영향을 줄 수 있다.

어떤 부위에서는 신경세포돌기가 뇌척수액과 접촉하기 위해 뇌실막세포 사이로 뻗어 나온다. 고정섬모(stereocilium)를 가지고 망울구조로 끝나는 이 돌기들은 감각수용기능을 수행한다고 여겨진다. 또한 카테콜아민을 분비하는 것으로 추정할 수 있는 소포를 가진 신경세포가 뇌실막세포 사이에서 발견되기도 한다.

2. 말초신경계통 신경아교세포

Peripheral Nervous System Gliocytes

말초신경계통의 신경아교세포는 신경절아교세포(ganglionic gliocyte)와 신경집세포(neurolemnocyte, Schwann cell)로 나뉜다.

1) 신경절아교세포 Ganglionic Gliocytes

신경절아교세포(위성세포, ganglionic gliocyte, satellite cell)는 말초신경계통에서 신경세포의 세포체를 감싼다. 뇌신경 및 척수신경의 감각신경절(sensory ganglion)에서 각 신경세포의 세포체는 신경절아교세포가 형성한 치밀한 피막으로 둘러싸인다(그림 4-9). 자율신경절(autonomic ganglion)에서는 자율신경절아교세포에 의해 형성된 피막이 불완전하여 하나 이상의 신경절이후세포체(postganglionic cell body)를 함께 감싸기도 한다(그림 4-10). 세포체에서 멀어지면 신경절아교세포는 축삭을 감싸거나 말이집을 형성하는 신경집세포(neurolemnocyte)로 대체된다.

2) 신경집세포 Neurolemnocytes, Schwann cells

신경집세포(neurolemnocyte, Schwann cell)는 축삭을 감싸고 말이집을 형성하는 말초신경계통의 신경아교세포이다.

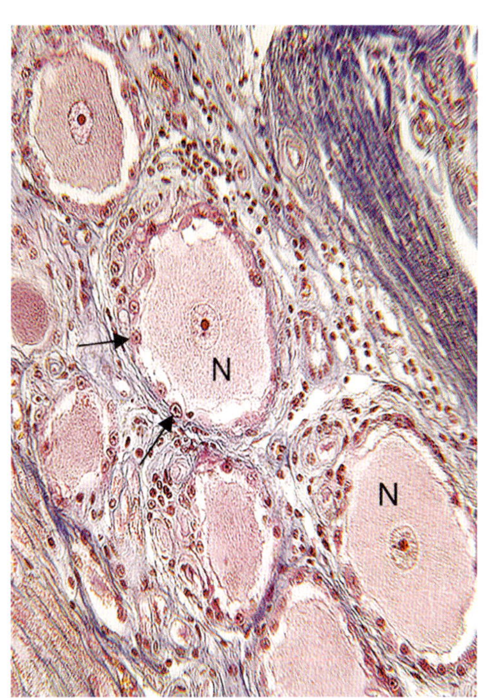

그림 4-9 • 개 척수신경절(spinal ganglion). 홑극신경세포 세포체(N)를 완전하게 싸고 있는 신경절아교세포(위성세포, ganglionic gliocyte, satellite cell)의 핵(화살표)을 가리킨다. Triple stain.

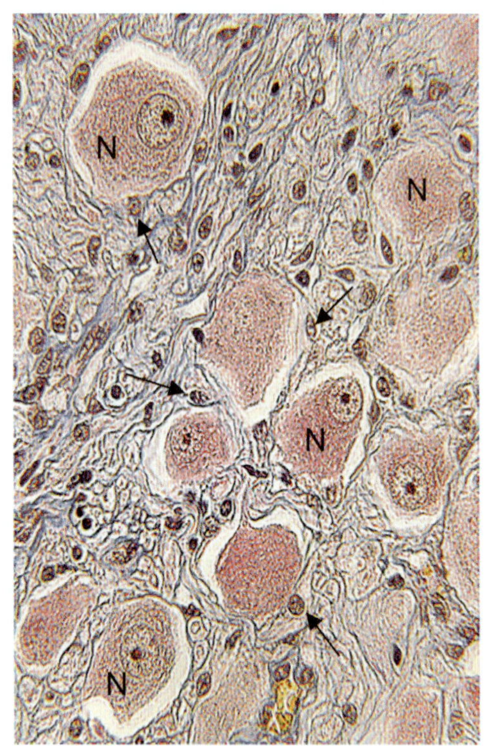

그림 4-10 • 개 자율신경절(autonomic ganglion). 신경절이후신경세포의 세포체(N)는 뭇극이며, 핵은 한쪽에 치우쳐 있다. 신경절아교세포(위성세포, 화살표)는 각각의 신경세포체 주위에서 불완전한 피막을 형성한다. Triple stain.

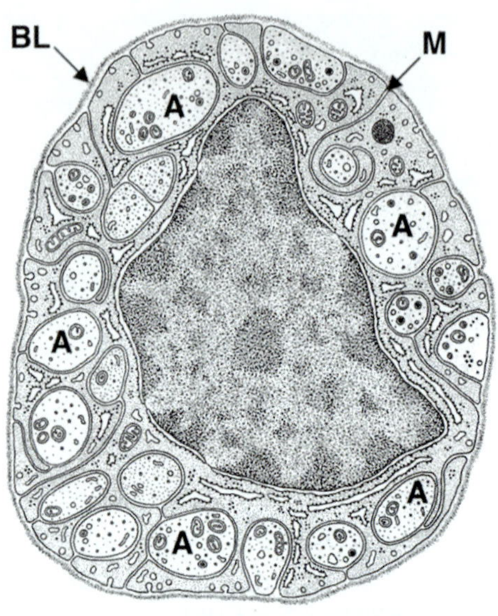

그림 4-11 • 말초신경 신경집세포의 22개 민말이집축삭(nonmyelinated axon, A)의 전자현미경 도해. 각 축삭은 신경집세포돌기(neurolemnocyte process)로 둘러싸여 있다. 축삭간막(mesaxon, M)은 돌기가 만나는 곳에 형성된다. 바닥판(BL)이 세포 전체를 둘러싸고 있다. (From Lentz TL. Cell Fine Structure. Philadelphia, PA: WB Saunders, 1971.)

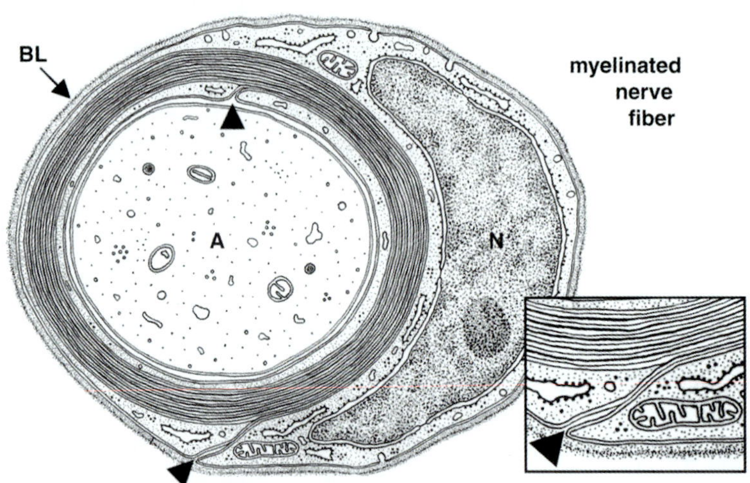

그림 4-12 • 말초신경계통(PNS)에서 가로절단된 말이집신경섬유의 전자현미경 도해. 신경집세포는 한 개 축삭주위를 말이집(myelin sheath)으로 둘러싼다(A). 말이집은 신경집세포 가지돌기가 쌍을 이룸으로써 형성되는 세포막으로 구성되며, 결국 바깥속축삭간막(outer and inner mesaxons)을 만든다(각각 6시와 12시 방향의 화살표머리). 신경집세포의 핵(N)과 신경집세포를 둘러싼 바닥판(basal lamina, BL)을 나타낸다. 오른쪽 아래는 바깥축삭간막(outer mesaxon)과 확대된 말이집을 보여준 그림이다. 말이집은 굵은치밀선(major dense line, 신경집세포 세포막 안쪽 표면을 따라 형성된 선)과 가는치밀선(intraperiod line, 신경집세포 세포막 바깥 표면을 따라 형성된 선)을 주목한다. (From Lentz TL. Cell Fine Structure. Philadelphia, PA: WB Saunders, 1971.)

이는 말초신경계통 신경세포의 기능적 보호환경을 제공하며, 축삭의 기능과 생존에 필수적이다. 각 신경집세포는 바닥판(basal lamina)으로 둘러싸인다. 신경집세포는 손상이 발생하면 증식하고 포식작용을 수행하여 잔해제거와 신경재생을 돕는다.

말초신경계통의 모든 축삭은 그 전체 길이를 따라 신경집세포에 의해 덮여 있거나 말이집이 형성된다(경우에 따라 대부분의 종말가지에서는 예외가 있을 수 있다). 신경집세포 하나의 길이는 1 mm 미만이므로 긴 축삭 한 개의 전체 길이를 감싸기 위해서는 수많은 신경집세포가 일렬로 배열되어 있어야 한다.

작은 축삭의 경우에는 한 개의 신경집세포가 여러 축삭을 동시에 둘러싸며, 그 축삭(신경섬유)을 **민말이집신경섬유(nonmyelinated nerve fiber)**라고 한다(그림 4-11). 하나의 고랑(furrow)에는 하나의 축삭이 위치하며, 한 쌍의 신경집세포돌기에 의해서 보호되는데, 축삭을 둘러싼 공간(space surrounding the axon)은 **축삭간막(mesaxon)**이라는 좁은 틈새를 통해서만 사이질공간(interstitial space)을 통하여 교통한다. 말초신경계통에서 축삭의 지름이 1 μm보다 크므로 각각의 신경집세

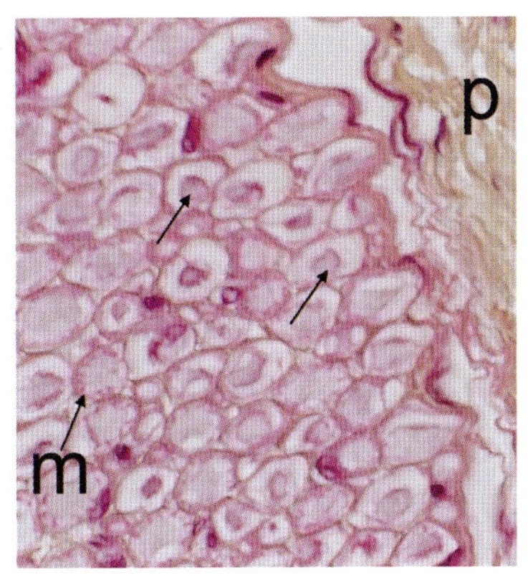

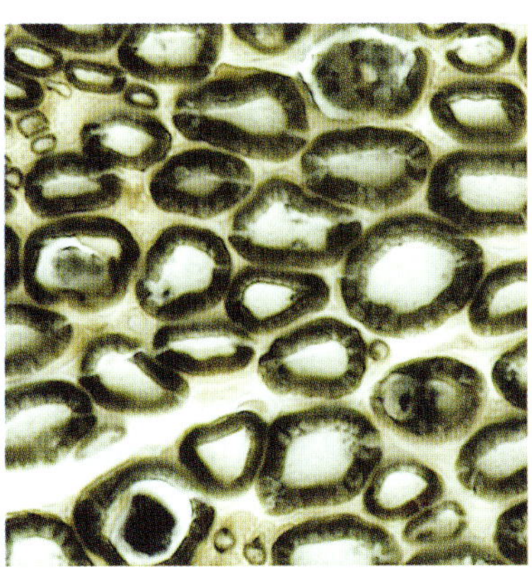

그림 4-13 • 개의 말초신경 말이집신경섬유(myelinated fibers)의 가로단면. (**왼쪽** 사진) 축삭 주위를 둘러싼 말이집(화살표)은 조직 준비 과정에서 사용된 용매에 의해 투명하게 나타난다. 몇몇 축삭에서 말이집(sheath)이 명확히 관찰된다. H&E. (×200). (**오른쪽** 사진) 사산화오스뮴(osmium tetroxide) 고정으로 보존한 말초신경사진. 축삭 주위의 말이집이 잘 보존되어 있다. (×200).

포는 한 개의 축삭과 그 주위를 둘러싸는 신경아교돌기가 축삭 주위를 에워싸며 **말이집(myelin sheath)**을 형성한다(그림 4-12).

3. 말이집 Myelin Sheath

말이집(myelin sheath)이란 축삭을 둘러싸고 빠른 신경전도 속도를 위해 절연시켜주는 여러 겹의 신경아교세포 세포막의 싸개이다. 말이집은 중추신경계통에서는 희소돌기아교세포, 말초신경계통에서는 신경집세포에 의해 형성된다.

말초신경계통의 말이집신경섬유를 가로로 절단하여 광학현미경으로 관찰하면, 축삭은 신경집세포의 세포질로 감싸인 말이집으로 둘러싸인 것을 볼 수 있다(그림 4-13). 전자현미경으로 관찰하면 말이집은 여러 층의 신경집세포 세포막으로 이루어졌고, 신경집세포는 바닥판에 둘러싸여 있다(그림 4-12).

말초신경계통에서 말이집형성은 고립된 축삭을 감싸는 신경집세포가 축삭간막을 형성하면서 시작된다(그림 4-14). 축삭의 자극에 의해, 신경집세포돌기가 길어지고 서로 미끄러지면서 지나가서 축삭을 여러 층으로 둘러싼다. 이 과정 동안 세포질은 싸개(wrapping)로부터 밀려나와 세포막의 동심원층판(concentric lamellae of plasma membrane)을 남기면서 말이집을 형성한다.

투과전자현미경으로 말이집을 관찰하면 가는치밀선(intraperiod lines)에 의해 분리되는 **굵은치밀선(major dense line)**이 동심원 모양으로 주기적으로 반복되는 구조를 보인다. 각 굵은치밀선은 말이집형성과정에서 세포질이 밀려나감에 따라 인접한 세포막 안쪽면이 서로 융합하여 형성된다. 반면, **가는치밀선(intraperiod line, minor dense line)**은 인접한 세포막의 바깥쪽면이 서로 만나 사이에 작은 틈새를 형성할 때 나타난다. 이 가는치밀선틈새(intraperiod gap)는 초기 말이집형성의 단순축삭간막(simple mesaxon)에서 모두 유래된 것인데, **속축삭간막(inner mesaxon)**과 **바깥축삭간막(outer**

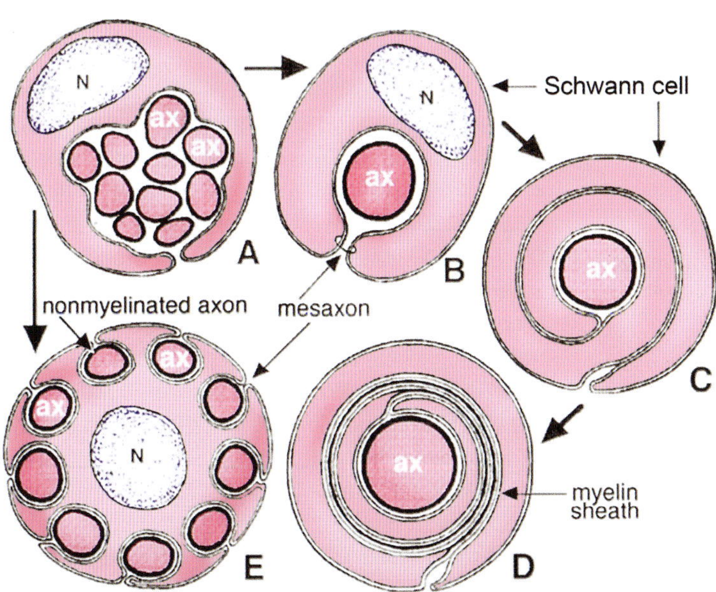

그림 4-14 • 축삭(ax)과 신경집세포 사이의 말이집형성(myelinated development), 민말이집형성(nonmyelinated development)의 발생학적 관계를 나타내는 도해(가로단면). **A.** 발생초기, 여러 개의 축삭이 하나의 신경집세포에 의해 둘러싸인다. **B.** 신경집세포의 증식 후 말이집형성이 될 큰 홑축삭(solitary large axon)이 신경집세포에 의해서 덮인다. 한편 신경집세포의 돌기가 만나는 곳에서 축삭간막(mesaxon)이 형성된다. **C.** 신경집세포돌기(neurolemnocyte processes)가 길어져서 축삭을 에워싸며, 그로 인해 원래의 축삭간막의 길이가 늘어난다. **D.** 축삭을 에워싸는 신경집세포돌기에서 세포질이 돌출하면 말이집(myelin sheath)이 형성되는데, 그로 인해 세포막(plasmalemma)이 남게 된다. 세포질은 일반적으로 말이집의 안팎에 보존된다. 이곳에서는 속축삭간막(inner mesaxon)과 바깥축삭간막(outer mesaxon)이 뚜렷하다. **E.** 민말이집축삭의 경우 신경집세포의 함입에 의해서 독립된 구획과 각각의 축삭을 둘러싸고 있는 축삭간막을 제공한다. 신경집세포의 핵(N). (Adapted from Copenhaver WM, Bunge RP, Bunge MB. Bailey's Textbook of Histology. 16th Ed. Baltimore, MD: Williams & Wilkins, 1971.)

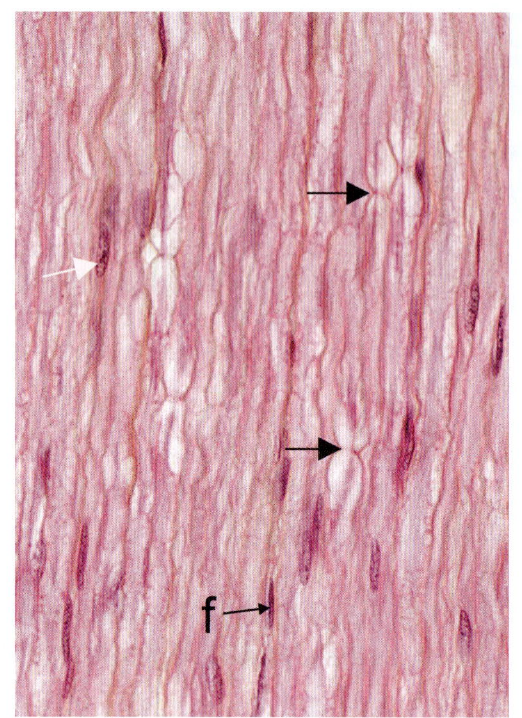

그림 4-15 • 개의 말초신경 세로단면의 광학현미경사진. 중앙에서 말이집마디를 지나는 축삭이 명확하게 보인다(검정색 화살표). 절편에서 섬유세포(fibrocyte, f) 또는 신경집세포(neurolemnocyte, 흰색 화살표)의 핵이 관찰된다. H&E. (×400). (With permission of Purdue University.)

mesaxon)으로 연속된다. 때때로 굵은치밀선(major dense line)이 분리되어 세포질주머니(pocket of cytoplasm) 모양을 보이기도 하며, 인접한 세포질주머니가 합쳐지고 말이집의 굵은부분 전체로 확장되어 **말이집틈새(myelin incisure, myelin cleft, Schmidt-Lanterman cleft)**를 형성하기도 한다.

말이집신경섬유의 세로단면을 보면 인접한 신경아교세포가 만나는 곳에서 말이집마디(myelin sheath gap)를 볼 수 있다(그림 4-15). 각 틈(gap)은 **말이집마디(랑비에마디, myelin node, node of Ranvier)**라 부르고, 이 마디 사이의 말이집 부분을 **마디사이분절(internode, internodal segment)**이라 한다. 말이집마디에서 마디사이분절로 이어지는 부위를 **마디곁부위(paranode, paranodal region)**라고 한다(그림 4-16). 마디곁부위는 굵은치밀선이 갈라지면서 세포질이 포함된 돌기가 축삭의 세포막에 접하며 겹겹이 쌓이는 구조로 되어 있다. 말초신경계통에서 말이집마디를 둘러싸는 가장 바깥쪽의 신경집세포 세포질돌기는 말이집에서 연속된 바닥판(basal lamina)으로 둘러싸인다. 말이집마디 부위에서 축삭은 약간 돌출되어 있으며, 세포막밑전자치밀물질(subplasmalemmal electron-dense material)이 보인다. 정상 축삭에서 소듐통로는 마디틈새 부위에 높은 밀도로 존재하여 신경전도를 촉진하고, 전압의존포타슘통로(voltage-dependent potassium channels)는 마디곁옆(juxtaparanode)으로 부르는 마디곁부위(paranode)의 마디사이분절쪽(internodal side)에 밀집되어 있다. 마디곁옆(juxtaparanode)과 그와 관련된 포타슘통로는 신경전도를 안정화시키고 마디사이분절의 휴지전위(internodal resting potential)를 유지하는 데 도움이 된다.

중추신경계통에서는 희소돌기아교세포에 의해 말이집이 형성되며, 말이집마디에 희소돌기아교세포의 세포질돌기가 덮지 않고, 세포밖공간으로 노출되어 있다(그림 4-16, 4-17). 중추신경계통에서는 말초신경계통에서보다 마디사이분절은 더 짧고, 말이집마디는 더 넓다. 하나의 희소돌기아교세포는 최대 50개의 말이집신경섬유의 마디사이분절을 형성할 수 있다. 마디사

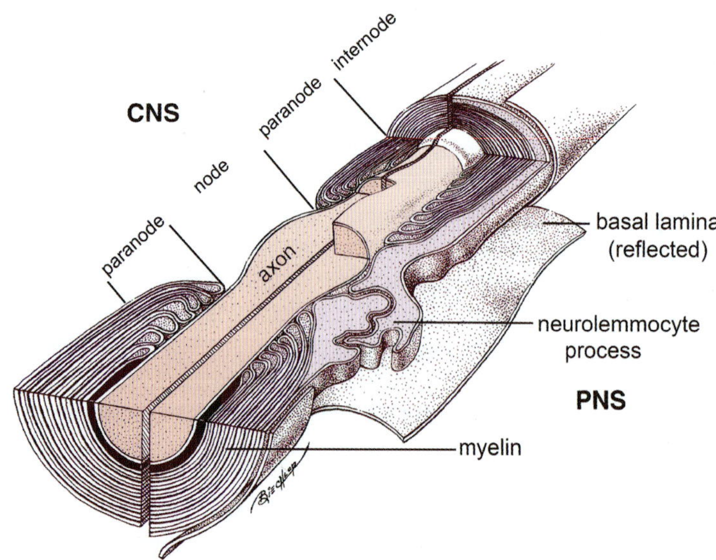

그림 4-16 • 중추신경계통(CNS, 왼쪽)과 말초신경계통(PNS, 오른쪽) 말이집신경섬유의 말이집마디부위(nodal region)와 마디곁부위(paranodal region)의 도해. 중추신경계통에서는 희소돌기아교세포(oligodendrocyte)에 의해서 말이집이 형성되며 말이집마디(nodes)는 세포밖공간에 넓게 노출되어 있다. 말초신경계통에서는 인접한 신경집세포(neurolemnocyte, Schwann cell)의 바깥세포질돌기(outer neurolemnocyte process)가 겹쳐져 세포밖공간으로 말이집마디가 노출되는 것을 억제시킨다. 또한 신경집세포는 연속되는 바닥판으로 둘러싸여 있다. 말이집은 신경아교세포(glial cell)의 압축된 막으로 구성되며, 가는치밀선(intraperiod lines)에 의해 분리된 일련의 굵은치밀선(major dense lines)과는 구별된다. 각 마디곁부위(paranode)에서 굵은치밀선은 여러 개의 종말세포질고리(terminal cytoplasmic 'loop')를 만들 수 있게 틈새로 분리되며, 이들 고리는 축삭막과 접하게 되고 말이집마디를 넘어서 이온이 흐르는 것을 방해한다.

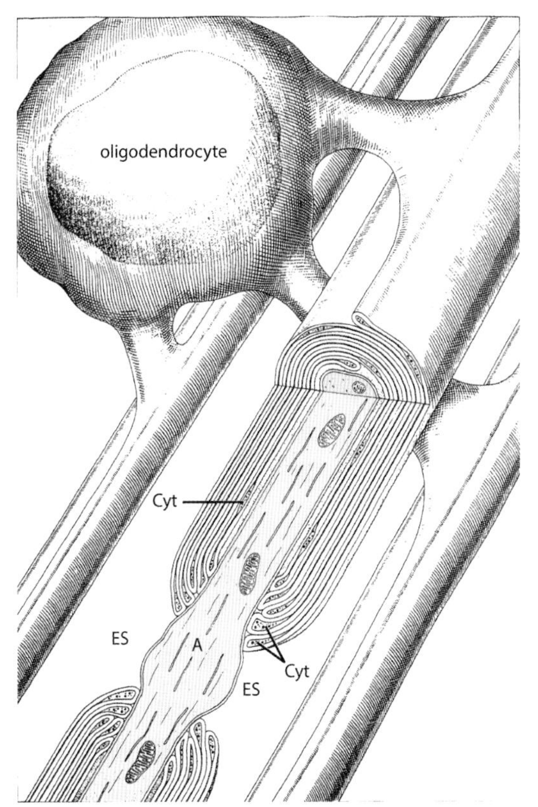

그림 4-17 • 하나의 희소돌기아교세포(oligodendrocyte)가 세 개의 축삭(axon)에 말이집 마디사이분절(internode)을 형성하는 도해. 마디곁부위(paranodal region)에 인접한 말이집마디의 단면과 마디사이분절 부분(part of an internode)이 바로 앞쪽에서 보인다. 축삭(A)이 말이집마디(node)에서 부풀어 세포밖공간(extracellular space, ES)에 노출되었다. 세포질(Cyt)을 포함하는 고리윤곽(loop profiles)은 마디곁부위(paranodal region)에서 축삭과 접촉하게 된다. 세포질은 속축삭간막과 바깥축삭간막(inner and outer mesaxons)과 연결되는 융기부를 따라 계속 남아있고 작은 세포질주머니(small cytoplasmic pocket)가 굵은치밀선이 연장되지 못하게 그 자리를 차지하고 있나. (Adapted from Bunge MB, Bunge RP, Ris H. Ultrastructural study of remyelination in an experimental lesion in adult cat spinal cord. J Biophys Biochem Cytol 1961;10:67 – 94.)

이분절의 바깥쪽 세포질은 하나의 융기부로 나타나는데, 희소돌기아교세포의 가는 돌기로 세포체와 연결되어 있다.

말이집은 전기적으로 절연효과를 일으켜, 활동전위가 민말이집축삭처럼 연속적으로 전달되지 않고, 말이집마디에서 마디로 긴너뛰어 전달된다. 이러한 **도약전도(saltatory conduction)**는 민말이집축삭의 신경전도보다 훨씬 빠르며, 마디사이분절의 길이가 길수록 전도도 더 빨라진다. 말이집의 두께가 두꺼워질수록, 축삭의 지름이 클수록 빨라진다. 신경집세포는 발달 과정에서 축삭과 초기부터 긴밀히 결합하기 때문에, 팔다리와 같이 멀리 자라는 축삭의 마디사이분절이 머리처럼 가까운 부위에서 자라는 축삭의 마디사이분절보다 더 길다.

최근에는 말이집층판(myelin lamellae) 사이에 치밀이음(tight junction)과 부착이음(adhering junction)이 관찰되어 치밀뭇층판구조(compact multilamellar structure)가 또 다른 역할을 밝혀내는 데 도움이 될지도 모른다. 반면 내피세포에서는 이 이음이 다른 세포 사이에 형성되고 말이집이 형성된 신경아교세포에서는 일명 자유형이음(autotypic junction)을 같은 세포의 막층판 사이에 형성한다. 이런 연접은 기본적으로 증가된 기계적 강도(increased mechanical strength)를 위해 인접한 세포막을 연결시키도록 한다. 그러나 다른 세포형에서 치밀이음은 신호전달뿐만 아니라 액체구멍(aqueous pore)과 통로(channel)를 경유하는 세포 사이의 액체이동을 포함하는 세포곁비장벽기능(paracellular nonbarrier function)을 결정적으로 수행한다. 이 사실은 정상 또는 병적인 말이집의 연구를 통하여 알 수 있는데, 기계적 힘에 부가하여 말이집에서 이음소판(junctional plaque)의 주된 기능이 축삭주위공간(periaxonal space)에서 관류를 조절하는 것임을 알 수 있게 해준다.

제3절 말초신경조직
Peripheral Nervous Tissue

말초신경계통(PNS)의 조직은 뇌신경(cranial nerve)과 척수신경(spinal nerve)으로 이루어지며 신경뿌리(root), 말초가지(distal branch), 신경절(ganglion)을 포함한다. **뇌신경(cranial nerve)**은 뇌에서 시작되어 머리안(두개강)을 나오며, **척수신경(spinal nerve)**은 척수에서 시작되어 척추관을 통하여 나온다. **신경뿌리(nerve root)**는 머리안 혹은 척주관 속에서 수막(meninges)에 싸인 뇌신경과 척수신경의 세포체 부위(proximal region)를 말한다. **신경섬유(nerve fiber)**란 하나의 신경 속에 있는 한 개의 축삭을 뜻하는데, **말이집신경섬유(myelinated nerve fiber)**라 함은 축삭과 말이집 그리고 신경집세포주위까지를 포함한다.

각각의 신경섬유는 들신경섬유 또는 날신경섬유로 분류한다. **들신경섬유(afferent nerve fiber)**는 자극을 중추신경계통으로 전달하기 때문에 감각성이다. 홑극신경세포체를 가진 전형적인 들신경세포는 뇌척수신경절(감각신경절)에 위치한다. 들신경세포 가지돌기구역은 수용체 또는 감각기관의 감각상피에 있는 연접이후종말로 구성된다. **날축삭(efferent axon)**은 뇌, 척수 혹은 자율신경절에 위치하는 뭇극신경세포체에서 시작되며, 자율신경절의 신경세포와 근육, 샘을 자극한다.

각 신경섬유는 몸(somatic) 또는 내장(visceral)이란 용어로도 구분되는데, **몸신경섬유(somatic fiber)**는 피부, 뼈대근육, 관절에 분포하고, **내장신경섬유(visceral fiber)**는 심장근육, 민무늬근육, 샘에 분포한다. 특히 내장날섬유(visceral efferent fiber)를 **자율신경계통(autonomic nervous system, ANS)**이라 한다. 내장날경로(visceral efferent pathway)에는 두 개의 신경세포를 포함한다. 첫째 신경절이전신경세포(preganglionic neuron)의 세포체는 중추신경계통에 있으며, 둘째 신경절이후신경세포(postganglionic neuron)의 세포체는 자율신경절에 존재한다.

운동(날)신경계통의 일부분인 자율신경계통(ANS)은 신경화학적 해부학(neurochemical anatomy)을 기준으로 두 가지로 나뉘며, 에너지소비(이화작용, catabolism)를 촉진하는 *교감신경계통(sympathetic system)*과 에너지보존 및 저장(동화작용, anabolism)을 촉진하는 *부교감신경계통(parasympathetic system)*으로 구분된다. 자율신경절 속에서 신경절이전신경세포와 신경절이후신경세포 사이의 상호작용은 콜린성 신경전달물질에 의해 이루어진다. 그러나 이러한 체계는 신경절이 아닌 에너지 조절 요구사항과 표적의 특이성에 따른 차이이다. 교감신경계통은 연접이후신경세포에서 카테콜아민(catecholamine, 아드레날린/노아드레날린)을 혈류 또는 표적기관으로 직접 방출함으로써 신속하고 광범위한 작용을 한다. 반면 부교감신경계통은 연접이후신경세포에서 아세틸콜린을 방출하여 표적조직의 콜린성수용체를 국소적으로 활성화하는 효과를 가진다.

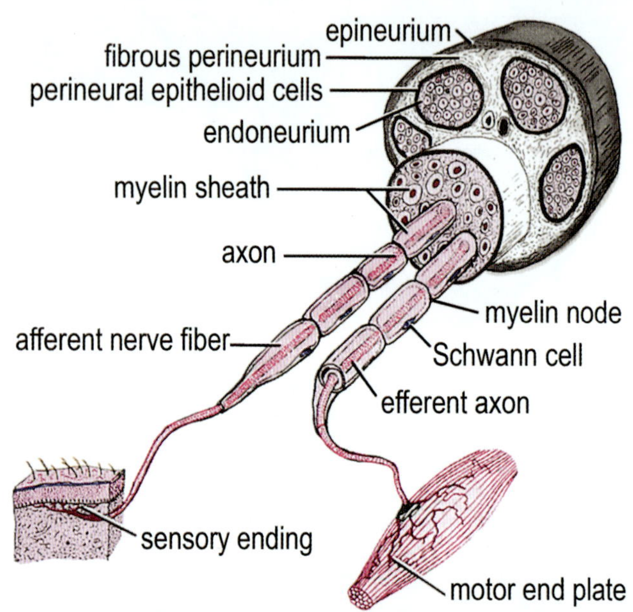

그림 4-18 • 말초신경 구성의 도해. 다섯 개 신경다발이 이 말초신경을 구성하고 있다. 신경다발은 결합조직인 주위 신경바깥막(epineurium)에 의해 결합된다. 각 다발은 신경다발막(perineurium)에 싸여 있으며, 신경다발막은 섬유신경다발막(fibrous perineurium)으로 둘러싸인 신경다발막 상피모양층으로 이루어져 있다. 하나의 다발 안에서 신경속막(endoneurium)은 각각의 말이집신경섬유(myelinated fiber)를 둘러싼다. 하나의 말이집신경섬유는 신경집세포에 의해서 형성된 말이집(myelin sheath)으로 둘러싸이고 말이집마디(node)에 의해서 단절되는 하나의 축삭으로 이루어진다. 몸들 · 날말이집신경섬유(somatic afferent and efferent myelinated fibers)를 그림으로 나타내었다. (Modified from Jenkins TW. Functional Mammalian Neuroanatomy. 2nd Ed. Philadelphia, PA: Lea & Febiger, 1978).

1. 신경 Nerves

수천 개의 축삭으로 구성된 전형적인 **신경(nerve)**은 신경집세포에 의해 덮여 있거나 말이집이 형성되고, 모든 신경은 결합조직에 싸여 신경다발을 이룬다(그림 4-18). **신경다발(nerve fascicle)**은 **신경다발막(perineurium)**에 의해서 경계가 이루어지는데, 이 막은 상피모양세포(epithelioid cell)로 둘러싸인 섬유조직으로 구성된다. 여러 개의 신경다발은 **신경바깥막(epineurium)**이라고 하는 결합조직에 의해서 함께 결합되어 있다. 신경다발 속에서는 섬유세포와 아교섬유가 각각의 신경집세포를 가장 안쪽에서 둘러싸서 **신경속막(endoneurium)**을 이루고 있다. 신경에 공급되는 혈관을 **신경혈관(vasa nervorum)**이라 한다.

각각의 신경다발막상피모양세포(perineuronal epithelioid cell)는 폐쇄띠(zonula occludens)에 의해 결합되고 바닥판(basal lamina)으로 싸여 있다. 아교원섬유가 중간 중간에 끼인 편평세포의 여러 동심원판은 신경섬유를 둘러싸는 연속관(tube)과 신경다발속의 신경속막을 형성한다. 신경다발막상피관(perineural epithelioid tube)은 신경이 수막으로 덮인 뿌리와 결합하는 장소인 기시부에서 12개의 동심원층을 갖는다. 신경이 분지함에 따라서 그 층수는 점차 줄어든다. 종말가지에서는 단 한 개 층의 세포가 에워싸고 있으나, 일부 수용체를 둘러싸기 위해 상피모양세포가 증식한다. 신경속막의 미세혈관의 내피와 상피모양세포로 구성된 **혈액신경장벽(blood-nerve barrier)**이 존재한다. 이 장벽은 호르몬과 이온의 혈중농도의 변동과 독성물질로부터 축삭과 신경내부환경을 보호하는 역할을 한다. 그러나, 폐쇄신경다발속공간이 감염원 혹은 독성물질이 상피모양세포장벽(epithelioid cell barrier)으로 침입한 경우에는 통로역할을 수행하게 된다.

신경다발막상피모양세포(perineural epithelioid cell)는 편평하고 동심원판으로 배열된다. **섬유신경다발막(fibrous perineurium)**은 아교결합조직이다. 각각의 신경다발을 감싸는 섬유신경다발막과 신경다발을 함께 결속시켜주는 신경바깥막(epineurium)의 형태학적 특징은 동물의 종에 따라 다르다. 개의 신경은 소수의 비교적 큰 다발로 이루어지고, 섬유신경다발막은 부서지기 쉬운 지방결합조직인 신경바깥막에 비하여 치밀하다. 반면, 다수의 작은 신경다발로 이루어진 소의 신경에서는 섬유신경다발막과 신경바깥막을 구별하기 어렵다.

2. 신경절 Ganglia

신경세포체(neuronal cell body)의 집합체(aggregation)는 중추신경계통과 말초신경계통에 모두 존재한다. 중추신경계통에 존재하는 세포체 집합체는 핵(nuclei)이라고 부르는 반면, 말초신경계통에서는 이를 신경절(ganglion)이라고 한다. 따라서 신경절은 중추신경계통의 밖에 있는 신경세포의 세포체 집합체이다. 구조적으로 **신경절(ganglion)**은 신경세포체의 축적으로 인한 신경가닥의 국소적인 비대이다. 척수신경의 등쪽뿌리에 있는 척수신경절과 뇌신경뿌리의 신경절은 감각신경절(sensory ganglion)로 일차들신경세포의 세포체를 포함한다(그림 4-9). 대부분의 들신경세포는 거짓홑극신경세포이지만, 예외적으로 속귀의 안뜰장치 및 달팽이, 눈의 망막, 코의 후각상피 등의 특정 감각기관에서는 두극신경세포이다.

감각신경절(sensory ganglion)에서 홑극신경세포체는 표면 가까이 분포하며, 신경섬유는 신경절 중앙부를 통과한다. 이들 세포체의 크기는 큰 것(30~50 μm)에서 작은 것(15~25 μm)까지 다양하며 각 세포체는 하나의 축삭을 내는데, 이 축삭은 중추가지와 말초가지로 나누어지기 전까지 꼬여 있다. 일반적으로 말초가지는 중추가지보다 더 굵다. 큰 세포체는 말이집축삭을 형성하며, 말이집마디에서 두 갈래로 분지된다. 각각의 세포체는 신경절아교세포에 의해 치밀하게 둘러싸여 있다.

자율신경절(autonomic ganglion)은 자율신경의 뭇극신경세포체의 집합체이다(그림 4-10). 정상적으로 편심핵(eccentric nuclei)과 가장자리쪽으로 분포된 니슬물질을 가지는 자율신경질의 세포체는 신경절아교세포로 성글게 싸인다. 자율신경절에서도 연접이 일어나는데, 바로 콜린성신경절이전신경세포의 종말이 신경절이후신경세포의 가지돌기구역과 연접하는 것이다. 내장기관(특히, 창자)의 신경얼기에 있는 신경절이후신경세포체가 미세하게 축적되어서 종말자율신경절(terminal autonomic ganglion)을 이룬다.

신경절이후신경세포는 아세틸콜린(부교감성)을 합성하고 분비하면 **콜린성신경세포(cholinergic neuron)**로, 신경전달물질이 노아드레날린(noradrenaline, 교감성)이면 **아드레날린성신경세포(adrenergic neuron)**로 분류한다. 아드레날린성신경세포는 치밀중심연접소포(dense-core synaptic vesicle)를 이루고, 일부의 자율신경절은 소수의 **작은치밀형광세포(small intensely fluorescent cell, SIF cell)**를 포함한다. 이들 형광세포는 신경조절에 의해서 방출되는 도파민을 갖는 다수의 큰치밀중심소포를 이룬다. 작은치밀형광세포(SIF cells)의 중요성에 대해서는 알려지지 않았으나, 이 세포는 세포체가지돌기연접을 형성하므로 사이신경세포의 기능을 하는 것으로 생각된다.

3. 날신경세포 Efferent Neurons

몸날신경세포(알파운동신경세포, somatic efferent neuron, α-motor neuron)는 뼈대근육에 분포한다. 이러한 하나의 신경세포와 그것이 분포하는 근육섬유를 합하여 **운동단위(motor unit)**라고 하는데, 신경세포가 자극되면 한 단위로 근육섬유가 수축하기 때문이다. 하나의 운동단위는 근육의 크기에 따라서 몇 개 또는 몇백 개의 근육섬유를 가질 수 있다. 전형적인 근육은 크고 작은 운동단위를 함께 가진다. **작은운동단위(small motor unit)**는 근육이 수축하는 동안 신경발화(firing)의 처음 시작과 종지기능을 하는 작은 신경세포가 분포되는 피로저항 근육섬유(fatigue-resistant muscle fibers)를 가진다. **큰운동단위(large motor unit)**는 큰 신경세포가 분포되는 수백 개의 근육섬유를 가지고 있다. 근육섬유는 쉽게 피로해지는데, 큰 신경세포가 문턱(threshold)에 도달하기 위해서는 부가적연접입력(additional synaptic input)이 필요하기 때문에 강력한 근육수축이 필요할 때만 흥분(발화)한다.

신경근육연접(neuromuscular synapse)은 근육섬유 중간부분에서 연접이후근육바닥판(postsynaptic muscle sole plate)을 덮는 연접이전신경종말판(presynaptic neuronal end plate)으로 구성된다(그림 4-19). **운동종말판(motor end plate)**은 날신경세포(efferent neuron)의 종말가지 끝의 에워싸인 구역(circumscribed zone or plate)내에서 아주 짧은 가지에 의해 형성된다. 종말판의 각각의 분지는 **바닥판(sole plate)**에 해당하는 홈통(trough)에 위치한다. 신경근육틈새(neuromuscular gap)의 폭은 40~50 nm이다. 그러나 이음주름(junctional fold)에 의해 틈새(gap)가 증가되고, 그 홈통의 근육세포막(sarcolemma)이 가로주름(transverse enfolding)이 된다. 신경집세포는 종말판을 덮고 있으며, 이와 관련된 바닥판이 신경근육틈새와 이음주름 쪽으로 뻗어나간다(그림 4-20).

종말판세포질(end-plate cytoplasm)은 많은 사립체와 지름이 40 nm인 무과립연접소포(agranular synaptic vesicle)를 갖고 있다. 이 소포는 아세틸콜린을 포함하며, 아세틸콜린은 이음주름의 반대편 활성부위에서 방출된다. 아세틸콜린분자는 신경근육틈새를 가로질러 확산되며 양이온통로를 열어주는 연접이후수용체부위와 결합하고 결과적으로 근육섬유의 탈분극을 유도한다. 일부 결합부위는 아세틸콜린을 분해하거나 결과적으로 연접활성을 중단시키게 하는 콜린에스터분해효소(cholinesterase enzyme)가 있다. 수송체단백질분자(transporter protein molecule)가 연접이전막에 존재하여, 콜린을 회수하고 재활용한다.

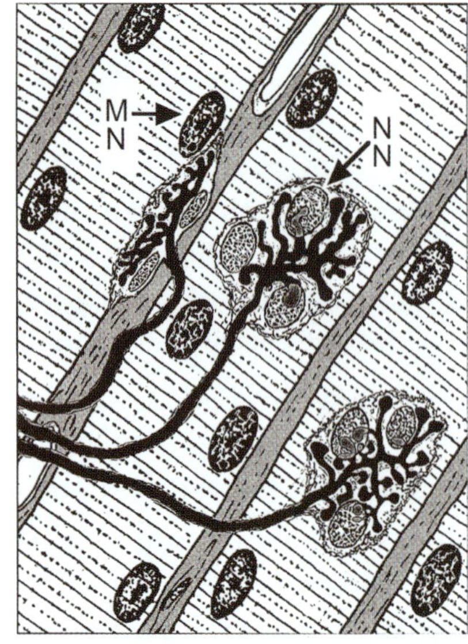

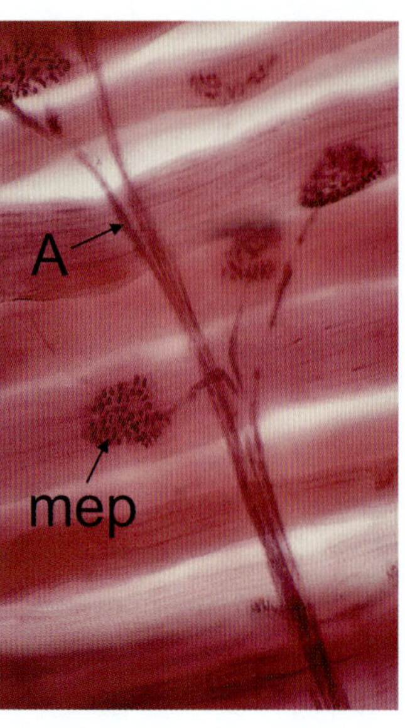

그림 4-19 • 뼈대근육섬유에 연접하는 운동종말판(motor end plate). **왼쪽** 도해: 세 개의 운동종말판이 뼈대근육섬유에 연접을 형성하는 도해이다. 하나의 축삭(axon)이 세 개의 종말가지로 갈라지며, 각 가지는 짧은 가지들의 분지를 이루며 전체적으로 '종말판(end plate)'이라 불리는 구조를 형성한다. 가장 위쪽의 종말판은 측면에서 본 모습이다. 축삭종말가지를 싸고 있는 신경집세포(neurolemnocyte)는 종말판가지를 덮는다(NN: 신경집세포의 핵; MN: 근육섬유의 핵). (Adapted from Krstić RV. General Histology of the Mammal. New York: Springer-Verlag, 1985). **오른쪽** 조직사진: 운동신경세포의 축삭(A)은 뼈대근육섬유 위에 운동종말판(mep)으로 끝난다. H&E. (×250). (Image by W.E. Haensly).

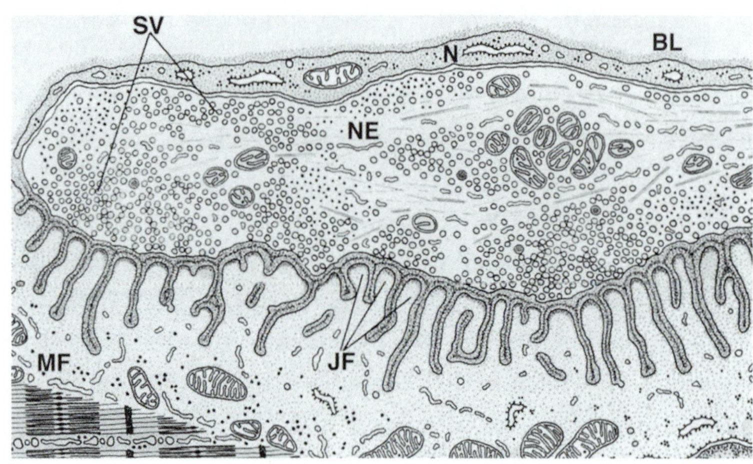

그림 4-20 • 근육섬유(muscle fiber, MF)에 연접하는 운동종말판(motor end plate)의 신경종말(nerve ending, NE)을 나타낸 전자현미경 도해. 신경종말(NE)은 수많은 연접소포(synaptic vesicles, SV)를 포함한다. 근육섬유 세포막은 연접틈새(synaptic cleft)로 넓게 확장되는 이음주름(junctional fold, JF)의 특징을 이룬다. 연접틈새는 바닥판(BL)을 포함하는데, 바닥판은 이것을 덮고 있는 근육섬유와 신경종말(nerve ending)을 덮는 신경집세포(N)에 연속된다. (From Lentz TL. Cell Fine Structure. Philadelphia, PA: WB Saunders, 1971.)

방추운동신경세포(감마운동신경세포, fusimotor neuron, γ-motor neuron)는 또 다른 종류의 몸날신경세포로서 근육방추(muscle spindle) 속의 방추속근육섬유(intrafusal muscle fiber)에 분포한다. 비교적 크기가 작은 이 신경세포는 근육섬유 표면을 따라 수많은 연접접촉(synaptic contact)을 형성하는 종말판 또는 추적종말(trail endings)로 끝나는 말이집축삭을 가진다.

신경절이전자율신경세포(preganglionic autonomic neuron)는 중추신경계통에서 기원하며 자율신경절의 신경절이후신경세포에 연접하는 전형적인 신경세포사이연접이다. **신경절이후자율신경세포(postganglionic autonomic neuron)**는 심장근육, 민무늬근육 또는 분비샘에 분포하는 민말이집신경축삭을 가진다. 신경절이후신경세포의 축삭은 특별히 근육이나 분비세포와 접촉하는 흔적이 없이 먼 부위까지 뻗어 있다.

초미세구조적으로, 종말자율신경은 한 개 이상의 종말가지를 싸고 있는 각각 고립된 신경집세포로 이루어져 있다. 종말가지는 그 경로를 따라 수많은 종말이전연접염주(preterminal synaptic varicosity)를 갖는다. 각각의 종말이전염주는 신경집세포 경계부위를 넘어서 돌출하며 연접소포의 집합체를 포함한다. 이렇게 신경전달물질이 여러 곳에서 분비되어 일정하지 않은 거리까지 확산하여 표적세포의 수용체와 결합하게 한다. 신경절이후신경연접의 상세한 부분은 아직 명확하게 알려지지 않았다.

신경절이후교감신경축삭은 지라와 림프절 같은 면역기관을 지배하며 면역세포에 의한 사이토카인의 생산을 조절할 수 있다(8장을 참조). 이것은 무연접축삭염주(nonsynaptic axonal varicosity)에서 노아드레날린의 방출에 의해 일어나며 면역반응을 억제시킨다. 반대로 면역세포는 신경성장인자와 뇌유래 신경영양인자 등의 신경영양인자(neurotrophic factor)

를 방출하며, 신경세포나 별아교세포에 존재하는 수용체에 작용하여 신경을 보호한다. 신경계통과 면역계통은 서로 밀접히 연결되어 있으며 한쪽에 미치는 생리적 또는 병리적 효과는 다른 쪽에 영향을 준다.

4. 수용기 Receptors

들축삭(afferent axon)은 수용기나 감각기관으로부터 중추신경계통으로 정보를 전달한다. 감각기관은 시각, 청각, 후각 또는 미각자극을 감지하는 감각상피세포, 신경세포, 버팀세포가 조화롭게 모여서 이루어진다. 한편 **수용기(receptor)**는 몸 전체에 넓게 분포하며, 각각 독립적으로 자극을 탐지한다(그림 4-21). 일반적으로 들축삭의 말초가지는 여러 번 분지되고 수용기는 각 분지의 종말부분에 분포한다. 단일 신경세포의 모든 수용기는 동일한 구조와 기능을 갖는다.

수용기는 여러 가지 방법으로 분류한다. 위치에 따라서, 몸 표면에 분포하는 **외수용기(exteroceptor)**, 근육뼈대구조(musculoskeletal structure)에 분포하는 **고유수용기(proprioceptor)**, 내장에서 관찰되는 **내장수용기(enteroceptor)**로 분류한다. 자극의 유형에 따라서는 수용기를 **기계적수용기(mechanoreceptor)**, **화학적수용기(chemoreceptor)**, **열수용기(thermoreceptor)**로 분류한다. 형태학적으로는 **피막수용기(encapsulated receptor)**와 **무피막수용기(nonencapsulated receptor)**로 분류한다. 다음은 일반적인 수용기이다.

1) 무피막수용기 Nonencapsulated Receptors

자유신경종말(free nerve ending)은 신체의 모든 부위에 분포하며 통각, 온각, 냉각, 촉각 등을 감지하는데, 이들 자극 정보는 동시에 무의식반사운동(subconscious reflex activity)을 일으키기도 한다. 이 수용기는 수용영역(receptive field)이라는 넓은 면적에 분포하도록 광범위하게 분지하는 민말이집 혹은 가늘게 말이집이 형성된 축삭과 관련되어 있다. 실제 수용기는 바닥판에 싸여진 단순 민말이집축삭의 종말가지이다(그림 4-21).

털주머니종말(hair follicle terminal)은 털의 움직임을

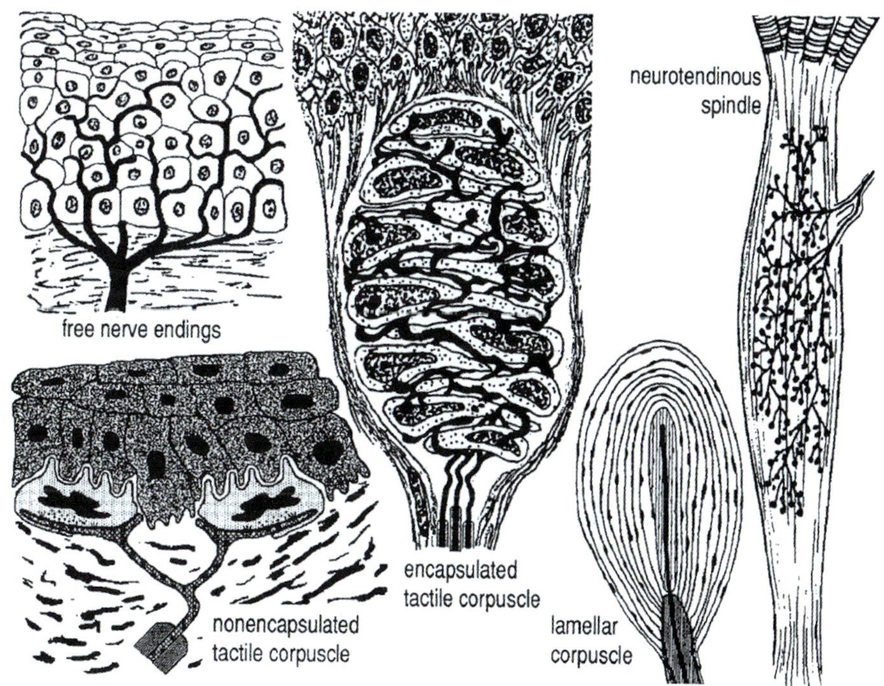

그림 4-21 • 다섯 가지 수용기(receptor) 도해. 자유신경종말(free nerve ending)은 표피(epidermis)의 세포 사이에서 가지를 낸다. 두 개의 무피막촉각소체(nonencapsulated tactile corpuscle)는 표피의 바닥에서 특수한 촉각상피세포, 즉 Merkel cell과 접촉하고 있다. 피막촉각소체(encapsulated tactile corpuscle)인 촉각소체(Meissner's corpuscle)는 진피(dermis)에 위치하며, 여러 개의 말이집축삭으로부터 나온 가지돌기가지(dendritic branch)는 신경다발막 상피모양세포의 피막 안에 있는 납작한 신경집세포 사이에 얽혀 있다. 층판소체(lamellar corpuscles, Pacinian's corpuscle)는 신경다발막상피모양세포로 구성된 층판피막(laminated capsule) 속의 납작한 신경집세포의 숭심부에 놓인 말이집축삭의 가지돌기가지를 특징적으로 나타낸다. 신경힘줄방추(neurotendinous spindle)는 작은 힘줄의 아교섬유다발 사이에서 비스듬히 뻗는다. 그 수용기는 얇은 피막을 가지며, 말이집축삭(보이지 않음)과 연결되어 있다. (Encapsulated tactile corpuscle and neurotendinous spindle from Krstić RV. General Histology of the Mammal. New York: Springer-Verlag, 1985).

감지하며, 수많은 털주머니에 폭넓게 분지하는 말이집축삭에서 유래한다. 각 털주머니는 털주머니 상피세포 사이로 신경종말을 분산시키는 민말이집신경얼기에 의해서 에워싸여 있다. 촉각털주머니[tactile hair follicle, 촉각털(vibrissae)]에서는 다른 종류를 볼 수 있는데, 이들은 여러 말이집축삭을 받아들여서 여러 가지 종류의 수용기를 만든다.

무피막촉각소체(nonencapsulated tactile corpuscle)는 촉각받침(tactile pad)이라는 피부에서 약간 높이 돋은 바닥에서 종종 볼 수 있다(그림 4-21). 각 수용기는 촉각상피세포(tactile epithelioid cell), 즉 Merkel cell의 돌기로 싸인 확장된 축삭종말가지로 이루어진다. 촉각상피세포는 신경종말의 영양 영향에 따라 발달하는데, 큰 중심치밀소포를 갖는다. 개별 촉각소체는 제한된 감각범위 내에 분포하는 말이집축삭에 의해서 신경지배를 받는다. 촉각소체는 지속적으로 발화(persistent firing)를 할 수 있어 긴장수용기(tonic receptor)라고도 한다.

2) 피막수용기 Encapsulated Receptors

피막촉각소체(encapsulated tactile corpuscle, Meissner's corpuscle)는 포유동물 피부의 진피유두 내에서 관찰되는 위상촉각수용기(phasic touch receptor)이다(그림 4-21). 몇몇 말이집축삭은 둘러싸인 납작한 신경집세포의 층판 사이로 신경다발막상피모양세포(perineural epithelioid cells)에 의해 민말이집 가지돌기를 낸다. 촉각소체와 그와 관련된 들신경섬유는 피부의 작은 변화에 민감하여 빠르게 적응한다.

층판소체(lamellar corpuscle, Vater's corpuscle, Pacinian corpuscle)는 신체에 광범위하게 분포하며 확대하지 않고 볼 수 있을 정도로 크다(0.5 × 1.0 mm). 말이집축삭의 종말가지가 납작한 신경집세포층 속에 들어 있는데 신경집세포는 액체공간과 신경다발막상피모양세포로부터 유래한 여러 개의 동심원층으로 둘러싸여 있다(그림 4-21). 이들 소체는 여러 겹의 층판이 극도의 고역필터(high-pass filter)로 작용하여 크고 동적인 스트레스를 줄이는 역할로서의 기능을 하고 진동자극과 같은 일시적 압력에 아주 민감하다. 따라서 층판소체는 피부에 전달되는 진동의 신경표상(neural representative)을 제공할 수 있다.

망울소체(bulbous corpuscle, Krause's corpuscle, Golgi-Mazzoni corpuscle, genital corpuscle)는 분포부위, 크기, 모양이 다양하다. 망울소체는 신경다발막상피모양세포에서 유래하는 비교적 얇은 피막에 싸인 고도로 분화된 코일모양의 종말가지를 가지는 말이집축삭에서 기시된 기계적수용기(mechanoreceptor)이다.

신경힘줄방추(골지힘줄기관, neurotendinous spindle, Golgi tendon organ)는 근육힘줄이음부(muscle-tendon junction)에 위치하며 긴장(tension)에 의해서 활성화된다. 큰 말이집축삭에서 유래되는 이 수용기는 신경다발막상피모양세포에서 유래되는 액체로 찬 얇은 피막 내에서 아교섬유다발 속으로 분포된 종말가지로 이루어진다(그림 4-21). 진피, 근막(fascia), 인대에서 볼 수 있는 강직성 기계적수용기(tonic mechanoreceptor)인 루피니소체(Ruffini's corpuscle)가 신경힘줄방추와 구조적으로 유사하다.

신경근육방추(근육방추, neuromuscular spindle, muscle spindle)는 감각기관 만큼이나 매우 정교하다. 대부분의 뼈대근육에 분포하며 이 방추는 신경다발막상피모양세포에서 유래하는 긴 피막(elongated capsule, 1.5 mm)을 갖고 있다. 이 방추주머니는 들날신경지배(afferent and efferent innervation)와 두 종류의 방추속근육세포(intrafusal muscle fiber), 즉 **핵주머니근육세포(nuclear bag fiber)**와 **핵사슬근육세포(nuclear chain fiber)**를 싸고 있다(그림 4-22). 전형적인 방추는 한 개 또는 두 개의 핵주머니근육세포를 가진다. 각각의 방추는 방추피막까지 뻗은 가로무늬의 극끝(striated polar end)과 핵으로 채워진 확장된 중간구역(dilated middle zone)을 가진다. 또한 방추는 여러 개의 핵사슬근육세포를 가지는데, 이 섬유는 핵주머니근육세포보다 크기가 작고 전체가 방추피막 속에 있으며, 섬유의 중간부분에 배열된 핵사슬이 특징적이다. 이 두 가지 형태의 방추속근육세포의 중앙 핵부위는 근육잔섬유(myofilament)를 거의 가지지 않으며, 가로무늬의 극부위(striated polar region)가 수축하면 펴진다(stretched). 두 종류의 방추근육세포의 가로무늬부위(striated region)에는 종말판(end plate) 또는 추적형태(trail-type)의 신경근육연접을 형성하는 방추운동신경세포(감마운동신경세포, fusimotor neuron, γ-motor neurons)가 분포한다. 추적종말은 종말가지가 근육세포 표면에 분포함에 따라 많은 연접을 형성한다.

방추속근육세포(intrafusal muscle fiber)에서는 두 가지 형태의 수용기가 관찰된다(그림 4-22). **일차종말(primary ending)**은 **고리나선종말(anulospiral ending)**이라고도 하는 나선모양으로 방추속근육세포의 핵부위를 둘러싸는 종말가지를 가지는 한 개의 큰 말이집축삭에서 유래한다. **이차종말(secondary ending)**은 꽃술모양(꽃술종말, flower-spray configuration)으로 배열된 가지돌기 분지와 함께 말이집축삭에서 유래하며 고리나선종말에 인접한 핵사슬근육세포 위에 위치하고 있다. 방추속근육세포의 극끝이 수축하거나, 모든 근육이 늘어날 때 일어나는 뻗침(stretch)의 빈도와 정도에 따라서 수용기는 활성화된다. 근육방추수용기로부터의 정보는 일차적으로 거의 무의식적으로 전달되며, 근육긴장의 조절, 자세교정과 근육의 조화로운 움직임에 중요하다.

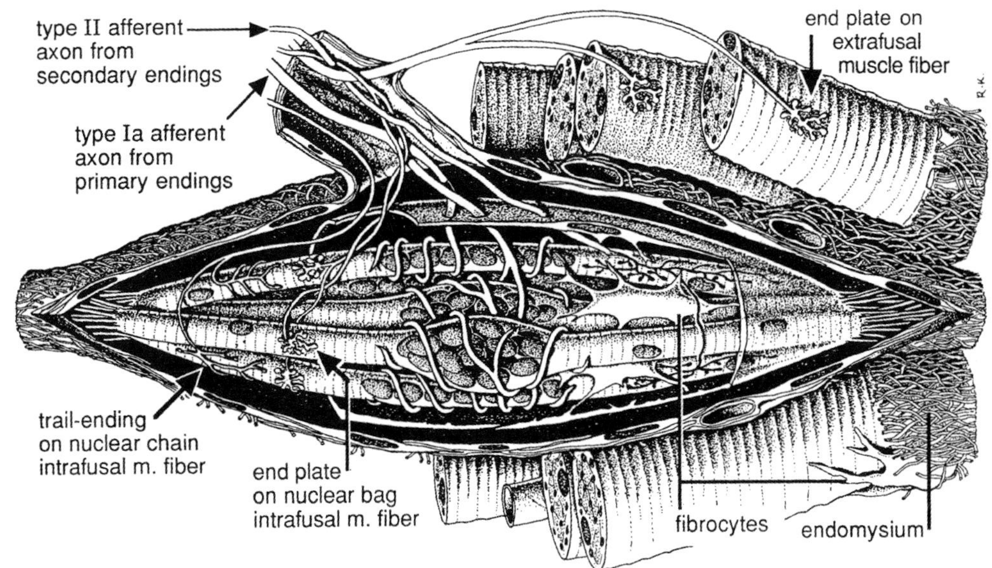

그림 4-22 ◦ 근육방추(muscle spindle)와 근육속막(endomysium)의 아교섬유와 결합된 여러 (방추밖)근육세포(extrafusal muscle fiber)의 도해. 신경섬유를 싸는 신경다발막상피모양세포(perineural epithelioid cell)가 계속 이어져 방추피막(spindle capsule)을 형성한다(절단하여 개방함). 근육방추는 핵주머니근육세포[nuclear bag (intrafusal muscle) fiber]와 핵사슬근육세포[nuclear chain (intrafusal muscle) fibers], 일차수용기, 이차수용기, 두 가지 형태의 신경근육연접(neuromuscular synapse), 섬유세포, 아교원섬유(collagen fibril)를 가지고 있다. 핵주머니(nuclear bag) 주위를 나선상으로 둘러싸는 일차종말(primary ending)인 고리나선종말(anulospiral ending)은 방추속근육세포(intrafusal muscle fiber)의 핵주머니부위와 핵사슬부위는 하나의 큰말이집축삭으로부터 시작된다. 이차종말(secondary endings)인 꽃술종말(flower-spray endings)은 일차종말에 인접한 곳에서 핵사슬근육세포(nuclear chain fiber)와 접해 있고 중간 크기의 말이집축삭으로부터 시작된다. 방추운동신경세포(감마운동신경세포, fusimotor neuron, γ-motor neuron)의 작은 말이집축삭은 방추속근육세포의 극부위에서 연접한다. 이들은 작은종말판(end plate)과 추적종말(trail ending)을 형성한다. 추적종말은 핵사슬섬유에 위치한다. 알파운동신경세포(α-motor neuron)의 종말가지는 (방추밖)근육세포에서 종말판을 형성한다. (From Krstić RV. General Histology of the Mammal. New York: Springer-Verlag, 1985).

제4절 | 중추신경조직 *Central Nervous Tissue*

중추신경계통(CNS)은 뇌(brain)와 척수(spinal cord)로 구성되며[발생학적으로 뇌에서 기원한 시각신경(optic nerve)과 망막(retina)을 포함], 뇌는 다시 뇌줄기(brainstem), 소뇌(cerebellum), 대뇌(cerebrum)로 나뉜다. 중추신경계통을 육안적으로 관찰하면, 말이집이 풍부한 영역은 백색질(white matter), 회색을 띤 영역은 회색질(gray matter), 그리고 이 두 가지가 혼재된 영역으로 구분된다.

백색질(white matter)은 지방이 풍부하여 흰색을 띠는 말이집으로 덮인 말이집축삭이 치밀하게 모여 형성된 영역이다. 중추신경계통의 말이집은 말초신경계통에 비해서 상대적으로 얇다. 중추신경계통에서 민말이집축삭은 말이집형성이 되지 않은 채 중추신경계통의 세포밖공간으로 그대로 노출된다. 백색질은 신경로[특별한 경우에는 신경다발(fasciculi) 또는 섬유띠(lemnisci)라고 함]의 집합체이다. 신경로는 기시점과 도착지가 유사하고 기능적 연관성을 지닌 신경섬유로 구성된다.

중추신경계통에서 말이집이 적거나 없는 부위는 회색을 띠는데, 이 **회색질(gray matter)**에는 신경세포 세포체, 신경아교세포, 신경그물이 풍부하다. **신경그물(neuropil)**은 축삭, 종말가지, 가지돌기, 신경아교세포의 돌기로 이루어지는데, 광학현미경으로 볼 수 있는 세포체에 대한 배경바탕질(background matrix)을 이룬다. 대부분 연접이 신경그물에서 일어나며, 중추신경계통의 세포밖공간이 폭 20 nm 정도로 좁기 때문에 신경그물이 치밀하게 보인다.

소뇌와 대뇌 표면의 회색질을 **겉질(cortex)**이라 한다. 반면, 척수의 회색질은 중심에 위치하기 때문에 겉질이 아니다. 중추신경계통의 구분이 뚜렷한 회색부위를 흔히 **신경핵(nuclei)**이라고 한다. 일반적으로 하나의 신경핵은 하나 또는 그 이상의 신경로에서 자극을 받아서 다른 신경로에 그 자극을 전달함으로써 다른 신경핵이나 겉질로 정보를 전달한다. 신경핵에서 들신경종말은 짧은 축삭을 가지는 작은 신경세포와 연접하는데, 이를 신경핵의 날신경로와 들신경로의 사이에 존재하여 **사이신경세포(interneuron)**라고 부른다. 궁극적으로 신경핵 속 사이신경세포는 특정한 들신경 신호를 통합하여 적절한 날신경전달을 결정한다.

신경조직은 중추신경계통의 여러 부위에서 다양한 모양을

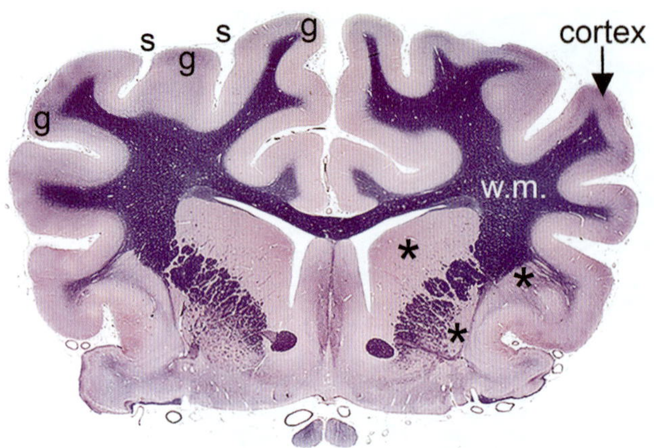

그림 4-23 • 개 대뇌(cerebrum)의 가로단면. 검은색으로 보이는 부분이 백색질(white matter)이다. 대뇌는 백색질의 뇌들보(corpus callosum)에 의해서 연결되는 좌우 두 대뇌반구(cerebral hemishperes)로 구성된다. 대뇌표면에는 고랑(s)에 의해서 분리되는 이랑(g)이라고 하는 융기의 특징을 나타난다. 대뇌 표면에 있는 회색질(gray matter)이 대뇌겉질이다. 대뇌백색질(white matter, wm)은 겉질의 안쪽 깊은 곳에 위치한다. 대뇌 바닥부위에 있는 회색질의 속덩어리는 바닥핵(basal nuclei)(*)이다. (Image by A.J. Beitz and T.F. Fletcher.)

나타낸다. 중추신경계통의 3대 주요 부위, 즉 대뇌겉질, 소뇌, 척수의 백색질과 회색질의 구조에 관하여 다음과 같이 기술한다.

1. 대뇌겉질 Cerebral Cortex

뇌의 대뇌(cerebrum)는 좌우 한 쌍의 대뇌반구(cerebral hemisphere)로 구성된다(그림 4-23). 각 반구의 표면은 **이랑(gyrus)**과 이랑 사이의 **고랑(sulcus)**에 의해 경계를 이룬다. 대뇌반구의 바깥층은 대뇌겉질(cerebral cortex)이라는 회색질로 덮여 있다. 대뇌겉질에는 특징적으로 꼭대기가 표면을 향한 피라미드모양세포체(pyramidal-shape cell body)를 가지는 피라미드신경세포(pyramidal neuron)가 있다(그림 4-24). 가지돌기는 피라미드세포의 꼭대기와 바닥부분의 가장자리에서 나오고 축삭은 바닥부위의 가운데에서 나와 백색질로 들어간다.

포유동물에서 배쪽대뇌겉질(ventral cerebral cortex)을 제외하고는 모두 계통발생학적으로 가장 최근의 것이기 때문에 **새겉질(neocortex)**이라고 부른다. 일반적으로 대뇌새겉질은 6개의 층으로 나눌 수 있지만, 층 구조는 두꺼운 절편에서만 명확히 관찰할 수 있으며, 부위에 따라 개별 층의 특징은 다양하다. 표면에서부터 깊은 층까지, 6개 층은 다음과 같다(그림 4-24).

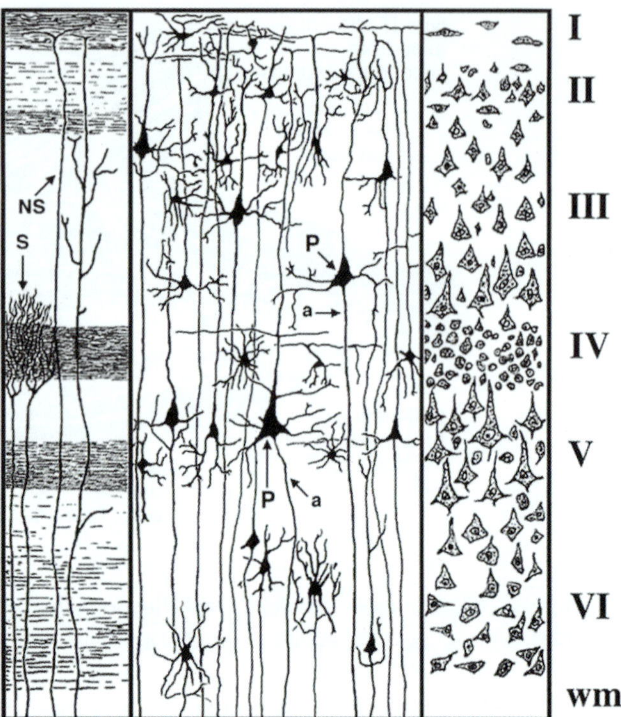

그림 4-24 • 세 가지 투시법으로 본 대뇌겉질(새겉질) 여섯 층(I-VI)의 도해. 왼쪽 구획은 대뇌겉질에 있는 신경섬유(축삭, 종말가지, 가지돌기)를 나타낸다. 백색질(wm)에서부터 특이한 모양의 유입섬유(S)는 네 번째 층에서 끝나고, 특히 비특이적 유입섬유(NS)는 표층에서 끝난다. 가운데 구획은 은염색(Golgi stain) 시 볼 수 있는 각각의 신경세포를 나타낸다. 대뇌겉질의 특징적 신경세포는 피라미드 모양이다. 피라미드신경세포(pyramidal neuron, P)가 표면으로 향하는 꼭대기가지돌기(apical dendrite), 방사상인 바닥부분의 가지돌기, 백색질로 향하는 단일축삭(a)을 가진다. 오른쪽 구획은 니슬염색(Nissl stain) 표본으로 대뇌겉질의 각 층에서 신경세포체(neuron cell body)가 보인다. (Modified from Crosby EC, Humphrey T, Lauer EW. Correlative Anatomy of the Nervous System. New York: The Macmillan Co., 1962).

1) **분자층(molecular layer):** 주로 신경그물에서 유래하여 피라미드세포의 꼭대기 가지돌기와 표층 겉질 들신경섬유 종말가지로 구성된다.
2) **바깥과립층(external granular layer):** 주로 사이신경세포로 작용하는 작은 신경세포로 구성된다.
3) **바깥피라미드층(external pyramidal layer):** 인접한 대뇌겉질로 축삭을 보내는 작거나 중간 크기의 피라미드신경세포가 분포한다.
4) **속과립층(internal granular layer):** 특수한 감각정보를 받아들이는 작은별신경세포(small stellate neuron)로 구성되며, 특히 대뇌겉질의 감각영역을 이루며 두꺼운 층이다. 대뇌겉질의 두꺼운 감각영역을 이룬다(예, 일차시각영역).
5) **속피라미드층(internal pyramidal layer):** 축삭을 백색질로 보내는 중간 크기 또는 큰 피라미드신경세포가 분포하

며, 특히 이 층은 겉질의 운동영역에서 뚜렷하며 두껍다.

6) **뭇모양층(방추세포층, multiform layer, fusiform layer):** 많은 방추모양신경세포(spindle-shaped neuron)가 분포하며 축삭은 백색질로 뻗는다, 이 층의 아래 부위에는 겉질을 출입하는 신경섬유로 구성된 대뇌 백색질이 위치한다.

새겉질의 기본적인 기능적 단위는 40~50 μm 길이의 **작은기둥(minicolumn)**으로, 세포가 드문 수직영역에 의해 인접한 작은기둥으로부터 분리되고, 수직영역은 겉질부위에 따라 크기가 다양하다. 작은기둥은 백색질로부터 겉질 표면까지 뻗어 있는 지름 0.3 mm 정도인 **겉질기둥(cortical column)**이라고 하는 큰 단위로 조직화된다. 겉질기둥은 50~80개의 작은기둥으로 구성되며 공유입력(shared input)과 짧은 수평접속에 의해 묶인다. 각 겉질기둥은 조직학적으로는 구별하기 힘들지만, 생리학적으로 하나의 기둥 속의 모든 신경세포는 특정한 자극에 대해 반응하고 활성화되며 그 자극이 사라지면 활성이 사라진다. 피라미드신경세포는 수직기둥 구조의 해부학적 기초가 된다. 피라미드신경세포는 하나의 기둥 내에서 방사상으로 결합하는 가지돌기를 바닥부위에 가지며, 표면 쪽으로 뻗은 꼭대기 가지돌기와 깊은 부위로 뻗은 축삭에 의해서 수직접촉을 형성하고 있다.

두 종류의 들신경섬유가 백색질로부터 겉질기둥으로 들어간다. 특수한 정보를 가지지 않는 일반들신경섬유는 모든 겉질층, 특히 얕은층에 가지를 낸다. 이 섬유는 겉질기둥(cortical column)을 자극함으로 배경흥분(background excitation)을 일으킨다. 다른 섬유형태로는 특수들신경섬유는 겉질기둥이 기능적으로 연관된 감각양식 특이적 정보(modality-specific information)를 전달한다. 이 신경섬유는 기둥 전체로 자극을 분산하는 사이신경세포의 역할을 하는 속과립층의 작은신경세포와 연접을 한다.

겉질기둥으로부터의 날신경전달은 주로 그들 축삭에서 백색질로 들어가는 피라미드신경세포를 통해서 이루어진다. 얕은신경세포는 겉질에 인접한 부위까지 보낸다. 겉질의 가장 깊은 부위에 있는 두 층의 신경세포는 긴 축삭을 뇌줄기로 보내는 투사섬유(projection fiber)를 내고, 반대쪽 대뇌반구로 보내는 맞교차섬유(commissural fiber)를 내며, 또한 같은 대뇌반구의 먼쪽부위로 보내는 긴연합섬유(long association fiber)를 내기도 한다.

2. 소뇌 Cerebellum

소뇌(cerebellum)의 표면은 **소뇌고랑(cerebellar sulcus)**에 의해서 분리된 좁은 융기(narrow ridges)인 **소뇌이랑(cerebellar folium)**이 특징적이다. 표면은 **소뇌겉질(cerebellar cortex)**이라고 부르는 회색질로 덮여 있다. 백색질은 겉질 깊은 부위에 위치하며 세 쌍의 양측성 소뇌핵(cerebellar nuclei)이 백색질 속에 묻혀 있다(그림 4-25).

소뇌겉질은 3개 층으로 나눌 수 있다(그림 4-26). 가장 바깥쪽의 표층은 **분자층(molecular layer)**이며, 주로 신경그물로 구성된다. 백색질에 인접하여 위치한 **과립층(granular layer, granule cell layer)**은 아주 밀집된 과립세포(granule cell, 뭉친염색질의 핵을 지닌 작은 신경세포)로 구성된다. 이 과립세포가 매우 조밀하게 밀집되어 있기 때문에, 소뇌는 대뇌겉질(cerebral cortex)에 비해 약 5배나 많은 신경세포를 포함한다. 마지막으로, 분자층과 과립세포층의 경계면에는 큰 세포체로

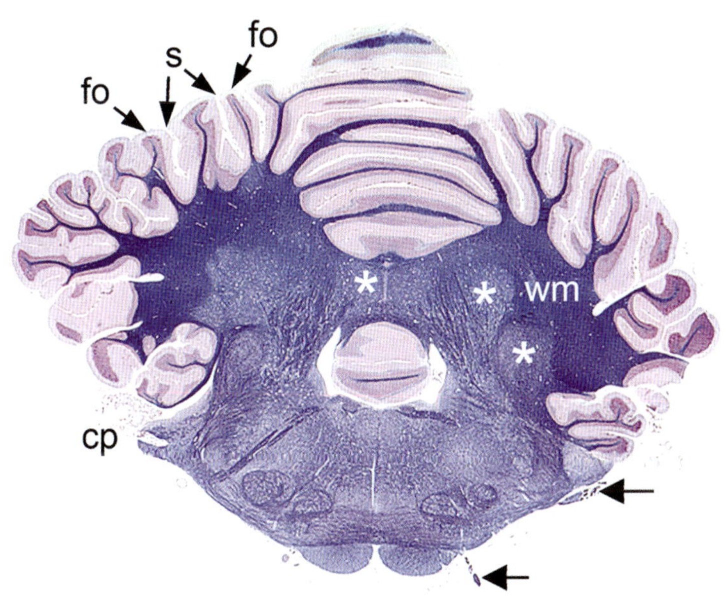

그림 4-25 • 개 마름뇌(canine hindbrain)의 가로단면. 소뇌(위)는 뇌줄기(brainstem, 아래)와 연결되어 있다. 소뇌표면에는 '고랑(sulci, s)'에 의해서 나눠진 이랑(folia, fo)이라고 하는 융기(elevation)가 있다. 표면의 회색질인 소뇌겉질에는 세포가 밀집해 있는 과립층(granular layer)이 이를 덮고 있으며 세포가 드문 분자층(molecular layer)이 있기 때문에 두 가지 색조로 보인다. 세 개의 소뇌핵(cerebellar nuclei, *)은 백색질(white matter, wm) 깊은 곳에 좌우 양쪽으로 위치한다. 뇌줄기는 백색질신경로, 회색질핵, 백색질과 회색질이 섞여 있는 부분과 뇌신경뿌리(cranial nerve roots, 화살표)가 보인다. 각 번에서 맥락얼기(choroid plexus, cp)의 끝부분이 거미막밑공간(subarachnoid space) 주위에서 보인다. (Image by A.J. Beitz and T.F. Fletcher).

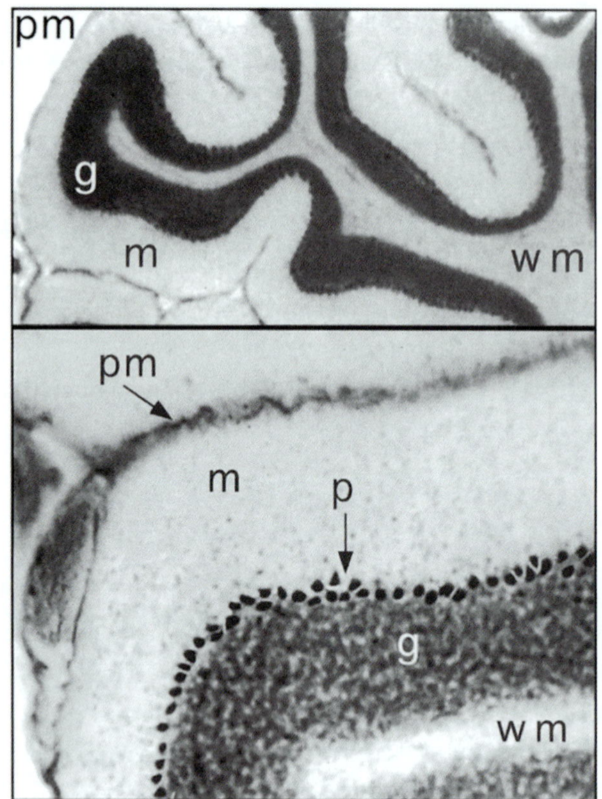

그림 4-26 • 돼지 소뇌겉질(cerebellar cortex)을 서로 다른 배율로 촬영한 광학현미경 사진. **위**: 백색질(wm)이 소뇌이랑(cerebellar folium)의 중심부분으로 뻗어 있다. 백색질을 덮고 있는 겉질은 세포가 밀집해 있는 층(dense cell layer, g)과 비교적 세포가 적은 층(acellular layer, m)을 보여준다. 연막(pia mater, pm)은 소뇌 표면을 덮으며, 이랑(folia)을 나누는 고랑(sulci)에까지 연장된다. (×15). **아래**: 백색질(wm)과 연막(pm) 사이에 위치한 소뇌겉질은 세 층으로 구성된다. 깊은 부위부터 과립층(granular layer, g), 조롱박세포층(piriform cell layer, Purkinje cell layer, p), 분자층(molecular layer, m)이다. 니슬염색. (×55).

이루어진 하나의 층이 존재한다. 이를 **조롱박세포층(piriform cell layer, Purkinje cell layer)**이라고 한다.

조롱박세포(piriform cell, piriform neuron, Purkinje cell)는 축삭을 백색질로 보내서 소뇌핵의 신경세포와 연접을 이루게 된다. 각각의 조롱박세포는 분자층으로 뻗는 정교한 가지돌기나무(elaborate dendritic tree)를 가지며(그림 4-27), 과립세포 축삭과 200,000개 이상의 연접을 한다. **과립세포(granule cell)**의 축삭은 분자층으로 들어가서 분지한 후 소뇌이랑 속에서 세로로 길게 뻗어 조롱박세포의 수많은 가지돌기나무와 연접한다. 소뇌겉질의 또 다른 세포는 종말가지가 인접한 조롱박세포의 세포체를 '바구니 모양(basket)'으로 둘러싸기 때문에 **바구니세포(basket cell)**라고 부른다. 바구니세포의 세포체는 깊은 분자층에 위치하며, 바구니세포 축삭은 소뇌이랑을 횡단하고 가쪽에 위치하는 조롱박세포를 억제한다.

두 종류의 들신경섬유가 소뇌겉질로 들어간다. 한 종류의 신경섬유, 즉 오름섬유(climbing fiber)는 조롱박세포의 가지돌기나무를 타고 올라가듯이 종말가지를 가지고 있으며, 각 섬유는 하나의 가지돌기에 수많은 신경연접을 하고 있다. 다른 들신경섬유는 과립층에서 종말확장(terminal expansion), 즉 **이끼종말(mossy ending)**을 가진다. 인접한 과립세포는 가지돌기를 내어 이들 종말확장과 **토리(glomerulus)**라고 하는 연접복합체(synaptic complex)를 형성한다.

소뇌는 근육의 긴장, 자세, 운동을 조절하여 이들을 적절하고 조화롭게 이루어지게 한다. 이 작용은 다음과 같다. 소뇌핵의 신경세포가 자발적으로 활성화되어, 축삭을 소뇌 밖으로 내보내어 자세와 운동을 유발하는 데 관여하는 뇌신경세포를 자극하게 된다. 뇌신경세포와 근육, 관절의 고유수용기(proprioceptor)로부터의 자극이 소뇌로 유입되면, 들섬유가 소뇌핵과 소뇌겉질 특정 부분을 자극하게 된다. 흥분성과립세포(excitatory granule cell)와 억제성바구니세포(inhibitory basket cell)가 상호작용하여 소뇌겉질 속의 활성 조롱박세포의 국소화 양상을 일으킨다. 조롱박세포의 축삭은 겉질에서 나오는 유일한 날신경섬유이며, 소뇌핵 신경세포를 억제한다. 결국 소뇌겉질은 운동수행과 운동시작을 계속해서 비교하여 소뇌핵의 일반화된 흥분성 영향을 선택적으로 억제함으로써 운동실행(movement execution)을 조절한다.

3. 척수 Spinal Cord

원기둥모양의 척수는 척수신경의 등쪽과 배쪽 뿌리의 양측성 출현에 의한 분절로 구분된다. 척수의 가로단면을 보면 H자 모양의 회색질이 **중심관(central canal)**을 가지고 있고, 그 회색질의 바깥을 백색질이 둘러싸고 있다(그림 4-28). 척수는 정중단면에서 **배쪽정중틈새(ventral median fissure)**와 **등쪽정중사이막(dorsal median septum)**으로 구분된다. 등쪽정중사이막은 척수의 절반 뒤쪽부분에서 틈새(fissure)로 대치된다. 다리에 신경을 공급하는 분절(segment)은 확장된 척수 회색질을 나타내는데, 이는 다리에서 많은 신경조직의 분포가 필요하기 때문이다.

척수 회색질(spinal gray matter)에는 세 종류의 신경세포, 즉 사이신경세포(interneuron, 회색질에 있으며 들날신경세포를 연결함), 투사신경세포(projection neuron, 축삭을 백색질 신경로를 따라 뇌까지 보냄), 날신경세포(efferent neuron, 축삭을 척수의 배쪽뿌리로 보냄)가 있다. 연관성이 있는 신경세포체의 집단이 하나의 **신경핵(nucleus)**을 구성한다. 예를 들면, 중간가쪽신경핵(intermediolateral nucleus)은 교감신경절이전신경세포체(sympathetic preganglionic neuron cell body)로 구성된다. 척수 회색질은 열 개 층판(10 defined

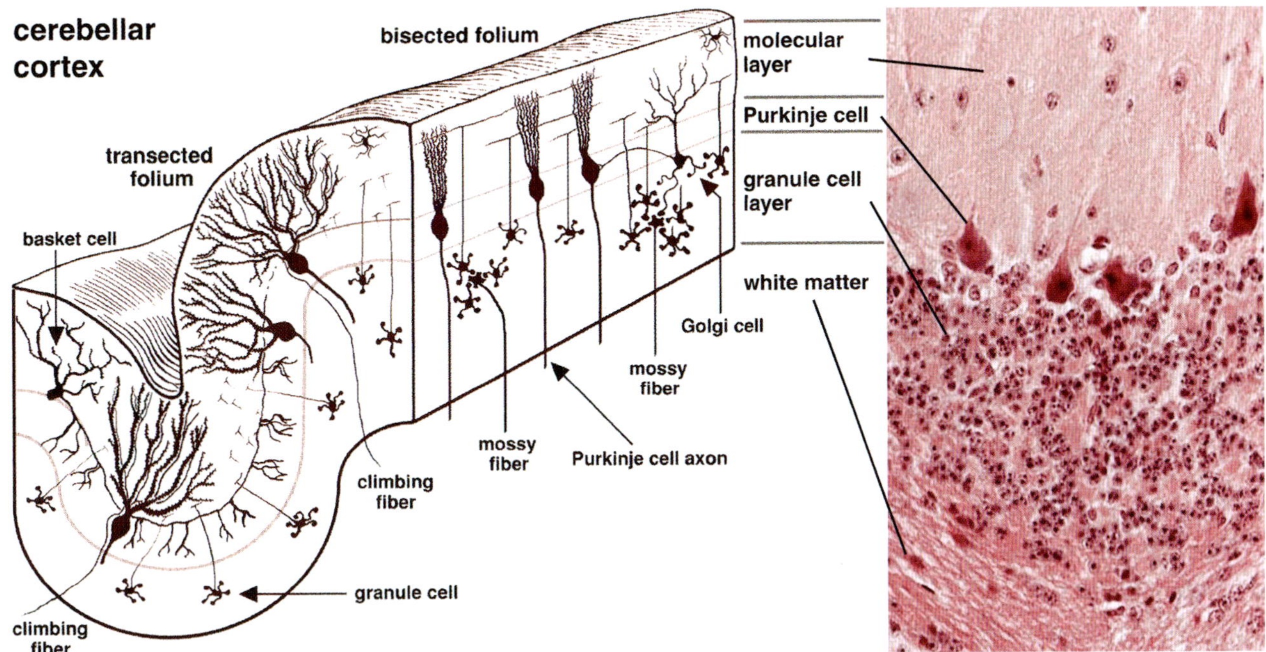

그림 4-27 • 소뇌겉질(cerebellar cortex)의 도해. 겉질의 세 가지 층(오른쪽 기입)이 이랑(folium)을 이등분한 단면(오른쪽면)과 가로절단면(왼쪽면)이 보인다. 소뇌겉질의 분자층(molecular layer)은 신경세포돌기와 소수의 작은별신경세포(a few small stellate neuron)로 구성된다(오른쪽 윗부분, 표시하지 않음). 조롱박세포층(piriform cell layer, Purkinje cell layer)은 조롱박세포 신경세포체(piriform cell body)를 가지고, 그 축삭을 백색질 속으로 보낸다. 조롱박세포의 가지돌기나무(piriform cell dendritic tree)는 편평하고 이랑의 긴축에 대해서 수직이다. 과립층(granular layer)은 분자층 안으로 축삭을 보내서 조롱박세포의 가지돌기에 연접하는 작은 과립세포(small granule cell)로 채워져 있다. 그 밖의 신경세포로는 큰별세포(Golgi cell, large stellate cell, 오른쪽 모서리)와 바구니세포(basket cell, 왼쪽 모서리)가 있다. 큰별세포는 과립층 위쪽에 위치하는 억제성사이신경세포(inhibitory interneuron)이다. 분자층 깊은 곳에 위치하는 억제성신경세포인 바구니세포는 조롱박세포 세포체 주위에서 바구니모양을 형성하는 축삭가지를 가지고 있다. 소뇌 백색질은 겉질을 빠져나온 조롱박세포의 축삭과 겉질들신경섬유(cortical afferent)의 두 가지, 즉 이끼섬유(mossy fiber)와 오름섬유(climbing fiber)로 구성된다. 이끼섬유는 과립세포 가지돌기(granule cell dendrite)와 연접을 한다. 이끼종말(mossy ending)은 연접토리(synaptic glomerulus)의 중심을 형성한다. 오름섬유는 조롱박세포가지돌기나무에 접촉하여 많은 연접을 한다. 오른쪽 H&E 사진(×200)은 소뇌겉질 세 개 층의 조직학적 구조를 나타낸다. (Modified from Jenkins TW. Functional Mammalian Neuroanatomy. 2nd Ed. Philadelphia, PA: Lea & Febiger, 1978).

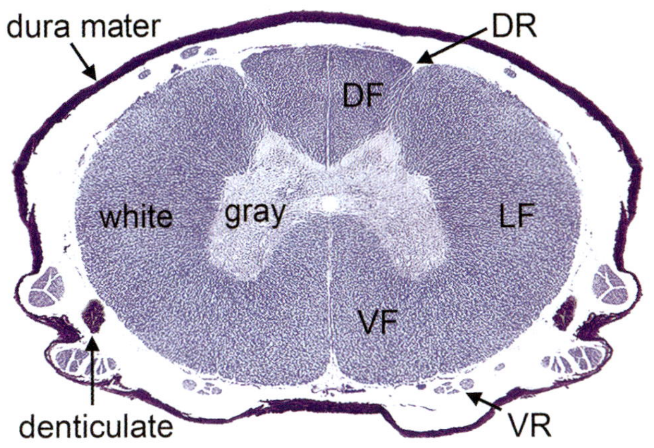

그림 4-28 • 개 가슴척수(canine spinal cord)의 중간부분에서의 가로단면. 중심관은 나비모양의 회색질(gray)에 싸여 있고, 그 회색질은 어둡게 염색된 백색질(white)로 둘러싸여 있다. 이 가슴척수(가슴분절)에서 회색질(gray matter)은 작은 등쪽뿔(dorsal horn), 희미한 가쪽뿔(lateral horn), 큰 배쪽뿔(ventral horn)로 나타난다. 수막과 가로절단된 신경뿌리(nerve roots)는 백색질의 바깥에 있다. 치아인대(denticulate ligament, denticulate)는 양쪽으로 연막(pia mater)과 경막(dura mater)을 연결한다. 척수는 배쪽정중틈새(ventral median fissure), 등쪽정중고랑(dorsal median sulcus), 등쪽정중사이막(dorsal median septum)에 의해서 양쪽으로 나뉜다. 한쪽 반구에서 백색질(white matter)은 등쪽섬유단(dorsal funiculus, DF), 가쪽섬유단(lateral funiculus, LF), 배쪽섬유단(ventral funiculus, VF)의 세 부분으로 나뉜다. 등쪽뿌리(dorsal root, DR)가 들어가는 등가쪽고랑(dorsolateral sulcus)이 등쪽섬유단(DF)과 가쪽섬유단(LF)의 경계가 된다. 가쪽섬유단과 배쪽섬유단은 배쪽뿌리(VR)의 융기(eminence)에 의해서 경계를 이룬다. Luxol blue와 Hematoxylin stain. (Image by A.J. Beitz and T.F. Fletcher.)

laminae)으로 세분할 수 있으며, 일반적인 조직표본에서는 그 층판의 경계가 불분명하다.

척수 회색질은 중간 회색질과 연결된 양측성 등쪽과 배쪽 회색질기둥(dorsal and ventral gray column)으로 이루어진다. 가로단면에서의 회색질기둥의 윤곽을 흔히 **뿔(horn)**이라고 한다. **배쪽기둥(배쪽뿔, ventral column, ventral horn)**은 뼈대근육을 자극하는 몸날신경세포를 가지며, **등쪽기둥(등쪽뿔, dorsal column, dorsal horn)**에는 사이신경세포와 투사신경세포가 있으며, 통증, 온도, 압력, 촉감과 관련이 있는 감각정보를 전달하는 일차들신경세포와 연접하는 곳이다. 중간의 회색질은 장기를 지배하는 내장신경세포(visceral neuron)를 가진다. 가슴허리척수(가슴허리분절, thoracolumbar segment)에는 교감신경절이전신경세포(intermediolateral nucleus)를 가지는 **가쪽기둥(가쪽뿔, lateral column, lateral horn)**이 있다.

척수 백색질(spinal white matter)은 상행과 하행신경로(ascending and descending tracts)를 형성하는 신경섬유와 등쪽척수신경으로 들어가거나 배쪽척수신경으로 나가는 신경섬유로 구성된다. 상행신경로는 뇌에서 끝나고, 하행신경로의 축삭은 뇌에서 시작하여 주로 회색질의 사이신경세포와 연접한다. 등쪽뿌리 들신경축삭(afferent axon)은 등가쪽고랑(dorsolateral sulcus)을 통해 백색질로 들어와서 주로 등쪽기둥으로 끝난다. 날신경축삭은 배가쪽부위에서 배쪽뿌리섬유(ventral root fibers)로 나간다.

척수 백색질은 해부학적으로 좌우 대칭인 세 부분으로 구분된다. **등쪽섬유단(dorsal funiculus)**은 등쪽정중선(dorsal midline)과 등쪽신경뿌리 부착점 사이에 위치하며, **배쪽섬유단(ventral funiculus)**은 정중선과 배쪽신경뿌리 부착점 사이에 위치한다. **가쪽섬유단(lateral funiculus)**은 등쪽과 배쪽신경뿌리 사이에 놓여 있다.

제5절 | 수막, 혈관, 뇌척수액

Meninges, Blood vessels, Cerebrospinal fluid

1. 수막 Meninges

뇌(brain), 척수(spinal cord), 그리고 말초신경(peripheral nerve)의 뿌리(root)는 일련의 결합조직막(connective tissue sheath)으로 싸여 있으며, 이를 **수막(뇌척수막, meninges)**이라 부른다. 이 막은 중추신경계통 조직인 시신경(optic nerve)도 완전히 둘러싸고 있다. 수막은 뇌척수액(cerebrospinal fluid)을 포함하며 보호장벽(protective barrier) 역할을 한다. 수막에 염증이 발생하면 수막염(meningitis)이라 한다.

수막은 세 층으로 구분하며, 맨 바깥 표층에서부터 경막(dura mater), 거미막(arachnoid mater), 연막(pia mater)이라 한다(그림 4-29). **경막(dura mater)**은 그 두께가 두껍고 강하기 때문에 **경수막(pachymeninx)**이라고도 한다. **거미막(arachnoid)**과 **연막(pia mater)**을 합하여 **연수막(leptomeninges)**이라고 하는데, 이들은 차이가 미묘할 뿐만 아니라 발생학적, 생리학적으로 서로 연관되어 있기 때문이다. 뇌척수액을 간직하는 **거미막밑공간(subarachnoid space)**은 거미막을 연막으로부터 분리시킨다.

경막은 척수부위의 경막에서 일정하게 세로로 향하고 머리부분의 경막에서는 불규칙하게 분포하는 두꺼운 아교섬유다발과 탄력섬유를 포함한다. 또한 섬유세포, 신경, 림프관, 혈관도 존재한다. 경막 속면은 여러 층의 납작한 섬유세포로 덮여 있고, 바로 여기에 거미막 바깥세포가 부착한다. 비록 경막밑공간(subdural space)이 없지만, 출혈 시 혈액이 섬유세포층 사이에 고여 경막밑공간의 거짓압박을 초래하는 경막밑혈종(subdural hematoma)이 생긴다.

척수경막(spinal dura mater)은 경막과 척주관(vertebral canal)의 뼈막(periosteum)을 분리하는 경막바깥공간(epidural space)으로 둘러싸여 있다. 척수경막 내 존재하는 아교섬유와 탄력섬유는 척주의 긴축과 나란히 배열되어 있으며, 이는 경막에 종축 방향의 인장력(longitudinal tensile strength), 경직성(stiffness), 이완성(relaxation)의 특성을 부여한다.

뇌경막(cranial dura mater)은 두 개의 판으로 구성된다. 속판은 척수의 경막과 유사하고, 바깥판은 머리뼈안의 뼈막 역할을 한다. 이 두 판은 뇌의 부위에 따라 속판이 바깥판과 분리되는 곳에서만 서로 분명하게 구별된다(그림 4-29). **경막정맥굴(dural venous sinus)**은 내피세포로 덮인 공간으로 속판과 바깥판이 분리되는 곳에 있다. 정맥혈액이 이 공간 안으로 들어오는데, 정맥굴의 벽이 강하기 때문에 붕괴를 막아준다.

거미막은 납작한 섬유세포(flattened fibrocyte)로 이루어진 바깥층과 작은 아교섬유다발과 연결된 성긴 섬유세포(loosely arranged, flattened fibrocyte)의 속층으로 이루어져 있다. **거미막잔기둥(arachnoid trabecula)**은 거미막밑공간을 가로지르는 안쪽 거미막의 가는 기둥으로 연막과 연결되어 있다. **거미막융모(arachnoid villus)**는 경막정맥굴 벽을 뚫고 들어가는 거미막의 미세한 돌출부로 뇌척수액의 배출에 관여하는 판막(one-way valve)으로 작용한다(그림 4-29). 뇌척수액의 압력이 정맥굴 혈압보다 높아질 때 거미막융모가 확장되어서 혈류로 액체이동을 용이하게 한다. 반대로 정맥굴 압력이 뇌척수액 압력보다 높으면 혈액의 역류를 방지하기 위해 융모는 수축한다. 뇌척수액은 말초신경의 림프관으로 배출될 수도 있다.

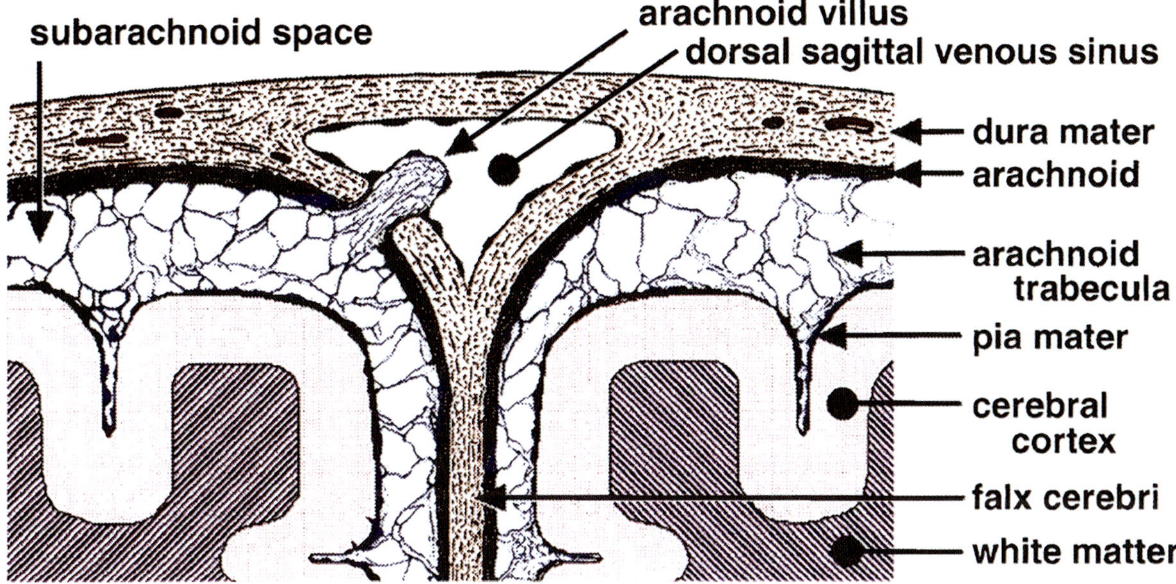

그림 4-29 • 머리뼈안의 등쪽정중선(dorsal midline)에서의 수막의 상관관계를 나타내는 도해. 경막(dura mater)의 속층(internal lamina)은 바깥층(뼈막)으로부터 분리되고 대뇌반구 사이에서 대뇌낫(falx cerebri)이라고 하는 칸막이(partition)를 형성한다. 이 분리는 또한 내피세포로 된 정맥굴(venous sinus)을 싸고 있다. 거미막(arachnoid membrane)은 경막의 내부 표면을 덮는 납작한 섬유세포와 붙어 있다. 거미막잔기둥(arachnoid trabecula)은 뇌척수액으로 채워져 있는 거미막밑공간(subarachnoid space)을 가로질러 연막에 연결되어 있다. 뇌척수액은 정맥굴로 흐르는 압력 차에 따라 협착하거나 확장되는 거미막융모(arachnoid villus)를 통해서 정맥혈액으로 배출된다. (Adapted from Weed LH. The absorption of cerebrospinal fluid into the venous system. Am J Anat 1923;31:191–221).

연막은 척수와 뇌의 모든 고랑(sulcus)과 틈새(fissure)를 덮는 혈관이 풍부한 막이다. 연막은 다양한 양의 얽힌 아교섬유와 미세한 탄력망(fine elastic network), 그리고 소수의 섬유세포, 림프구, 비만세포를 포함하는 넓은 세포사이공간을 특징으로 한다. 바닥판은 연막의 아교질과 그 아래의 별아교세포 돌기(astrocyte process)로 구성된 아교경계막(glial limiting membrane)과 분리한다. 연막은 바깥면이 납작한 섬유세포층으로 덮여 있다.

연막은 거미막과 함께 뇌척수액이 들어있는 거미막밑공간을 경계로 한다. 그 공간 전체를 관통하는 신경과 혈관 표면을 포함하며, 거미막밑공간 전체는 부착띠(zonula adherens)로 연결된 납작한 섬유세포로 덮여 있다. 이 섬유세포는 포식세포작용(phagocytosis)을 할 수 있으며, 큰포식세포는 거미막밑공간 내벽에서 드물게 발견된다. 거미막밑공간을 덮고 있는 섬유세포층에는 바닥판이 없기 때문에 뇌척수액과 거미막 및 연막 구획사이의 체액, 작은 분자, 또는 면역적격세포(immunocompetent cell)의 교환이 제한적이다.

척수의 중앙가쪽표면을 따라서 연막 아교질이 증가하여 **치아인대(denticulate ligament)**라 불리는 긴 인대를 형성한다. 이 인대에서부터 척수 가쪽으로 일정한 간격으로 돌출되어 척수경막에 부착한다(그림 4-28). 따라서 양쪽 치아인대는 척수를 경막 내에 떠 있게 함으로써 척수가 거미막밑공간 속에서 뇌척수액에 의해 완전히 에워싸이게 한다.

수막으로 싸인 신경뿌리가 결합조직에 싸인 뇌신경과 척수신경이 됨에 따라서 머리뼈구멍과 척추사이구멍(cranial and intervertebral foramen)에는 수막과 신경결합조직의 이행부가 생긴다. 연수막의 납작한 섬유세포가 신경다발막의 상피모양세포와 연속되며, 경막은 섬유신경다발막(fibrous perineurium), 신경바깥막(epineurium)과 연속된다. 연막 아교질은 신경속막(endoneurium)과 연속된다.

2. 혈관 Blood Vessels

거미막밑공간에 존재하는 혈관들은 거미막잔기둥 또는 연막에서 유래한 연수막에 의해 둘러싸여 있다(그림 4-30). 혈관이 중추신경계통으로 진입할 때 혈관벽과 아교경계막(glial limiting membrane) 사이에 위치한 **혈관주위공간(perivascular space)**으로 둘러싸인다. 이 공간은 더 작은 혈관까지 연장되며, 이곳에서 아교경계막에 연결된 바닥판이 혈관벽의 바닥판과 융합된다. 연수막(leptomeninges), 특히 연막의 아교섬유는 이 혈관주위공간을 채우고 있어 잘 구별되지 않지만, 병적 상태에서는 염증세포가 이 공간을 채워 구분하기 쉬워진다. 혈관주위공간과 거미막밑공간 사이의 소통은 연수막세포의 연속된 장벽에 의해 차단되며, 이 세포층은 혈관 표면과 연막 표면

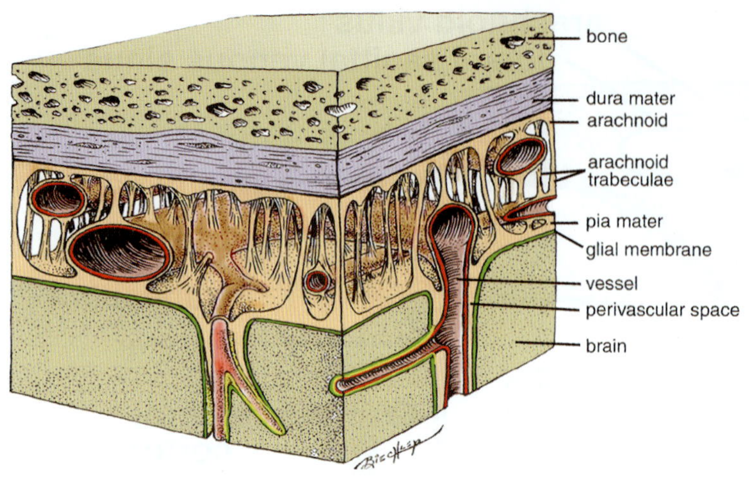

그림 4-30 • 뇌막(cranial meninges)과 혈관주위공간(perivascular space)의 도해. 혈관 표면을 포함하는 대부분의 거미막밑공간은 연수막(leptomeninges; 거미막과 연막, arachnoid and pia mater)으로 덮여 있다. 아교경계막(glial limiting membrane)과 혈관벽 사이에 있는 혈관주위공간은 연막아교섬유로 채워져 있다.

에서 형성된다.

신체 대부분의 혈관내피세포와는 달리 중추신경계통 모세혈관의 내피세포는 일반적으로 틈새가 전혀 없으며, 치밀이음(tight junction)에 의해서 결합된다. 내피세포의 특징은 **혈액뇌장벽(blood-brain barrier)**을 가지는 것으로, 친수성 분자가 혈류에서 중추신경계통으로 확산되는 것을 막아준나(극성 분자는 중추신경계통으로 특이적 이동을 한다). 중추신경계통 모세혈관주위의 바닥판과 접촉하는 별아교세포 종말발은 혈관내피세포가 연속(무창내피)되고 치밀이음을 형성한다. 혈액뇌장벽은 신생동물이나 성숙한 동물의 특수하게 변형된 뇌실막세포를 가지는 뇌 일부 부위(맥락얼기와 뇌실주위기관)에서는 볼 수 없다.

혈액뇌장벽과 유사한 장벽은 말초신경계통에도 존재한다. 신경절을 제외한 말초신경의 신경속막(endoneurium)에 위치한 모세혈관은 폐쇄띠(zonula occludens)를 가지고 있으며, 신경다발(neural fascicle)을 둘러싸는 신경다발막상피모양세포(perineural epithelioid cell) 또한 폐쇄띠를 가지고 있다. 이러한 치밀이음은 혈액신경장벽(blood-nerve barrier)을 형성하여 친수성 분자의 이동을 제한한다.

3. 뇌척수액 Cerebrospinal Fluid

뇌척수액(cerebrospinal fluid)은 뇌실 속 맥락얼기(choroid plexus)에서 생산된다. 각 뇌실벽의 한 부분이 **맥락조직(tela choroidea)**에 의해 형성되는데, 맥락조직이란 신경조직의 개입 없이 연막과 접촉하는 뇌실막(ependyma)을 말한다. **맥락얼기(choroid plexus)**는 맥락조직에서 뇌실 안쪽으로 보풀모양으로 자란 융모덩어리 형태로 형성된다. 각 융모는 **맥락얼기상피(choroid plexus epithelium)**로 부르는 변형된 뇌실막세포로 덮인 성긴결합조직 속에서 연막혈관구조물(pial vasculature)로 구성된다. 비록 맥락얼기 모세혈관이 창내피세포를 가지고 있으나, 맥락얼기 상피세포는 관속 표면 근처에서 폐쇄띠(zonula occludens)에 의해 연결된다. 이 치밀이음은 단백질과 약물이 뇌척수액으로 들어오는 것을 조절하는 **혈액뇌척수액장벽(blood-cerebrospinal fluid barrier)**을 형성하는 데 기여한다.

뇌척수액은 활성 소듐(Na^+) 분비와 관련된 과정을 통해서 맥락얼기상피에서 생산된다. 맥락얼기상피세포는 각 세포의 바닥에서 유래된 포음소포(pinocytotic vesicle)를 가지며, 이 소포가 속공간 표면으로 이동한다. 혈액과 뇌척수액 사이에서 이것의 분포를 따라 맥락얼기 상피세포는 수많은 돌기를 가지며 뇌에 영양분과 호르몬을 공급하거나 뇌의 대사물질이나 해로운 물질을 내보낸다. 또한 맥락얼기는 뇌의 신경호르몬 조절이나 신경면역에 참여하여 뇌의 항상성 유지에 크게 기여한다.

뇌척수액은 뇌실을 통해서 순환하는데, 뇌척수액은 넷째 뇌실의 가쪽구멍(lateral aperture)을 통해 밖으로 나와 뇌실을 떠나서 뇌와 척수를 에워싸고 있는 거미막밑공간으로 들어간다. 뇌척수액은 액체의 완충효과에 따른 물리적 보호기능 외에 중추신경계통에서 림프관이 없기 때문에 림프의 기능을 보완한다. 즉 큰 분자가 중추신경계통 세포밖공간에서 뇌실막세포 사이를 뚫고 뇌척수액으로 통과할 수 있기 때문이다.

가지돌기세포(dendritic cell)는 병원체와 종양에 대한 후천적 면역을 일으키거나 조절하는 항원제시세포 중 하나이다(8장 참조). 최근 연구에서는 가지돌기세포는 정상 수막, 맥락얼기, 뇌척수액에 존재하며 정상 뇌의 실질에는 존재하지 않는다. 중추신경계통에서는 혈액으로부터 염증이 발생하는 뇌조직까지 가지돌기세포의 이동에 의해 염증이 수행된다. 중추신경계통에서 가지돌기세포는 각기 다른 부분에 분포하며 중추신경계통 감염에 대한 방어에 중요한 역할을 한다. 그러나 이러한 세포들은 중추신경계 염증 재발이나 만성화, 그리고 중추신경계통의 자가항원에 대한 내성 저하(breakdown of tolerance)를 일으킬 수 있다. 중추신경계통에서 가지돌기세포의 동원과 기능을 조절하는 것은 신경염증성질환(neuroinflammatory disease)을 치료하는 새로운 전략이 될 수 있다.

임상 관련 *Clinical Correlations*

염증성, 종양성, 대사성 및 기생충 질환은 중추신경계통에 영향을 미치며, 일부 질환은 특정 종에 따라 특징적인 양상을 보인다. 분열하는 세포를 표적으로 하는 고양이파보바이러스(feline parvovirus)는 출생 전 또는 직후에 감염이 발생하면 어린 동물 소뇌(cerebellum)의 종자층(germinal layer)을 공격할 수 있다. 개와 고양이에서 원발 중추신경계통신생물(primary CNS neoplasm)은 흔히 발생하며, 신경계통의 다양한 세포 유형에서 유래한다. 프라이온(prion)과 같은 전염성스펀지뇌병증(transmissible spongiform encephalopathy, TSE)은 경구 경로를 통해 림프조직과 위창자관에서 증식하며, 효과는 중추신경계통의 목표 부위에 도달할 때만 나타난다. 수막의 염증, 즉 수막염(meningitis), 뇌의 염증, 즉 뇌염(encephalitis) 또는 둘 다 동시에 발생하는 경우는 세균, 바이러스, 기생충 또는 곰팡이의 감염으로 인해 동물에서 자주 발생하는 염증과정이다(그림 4-31).

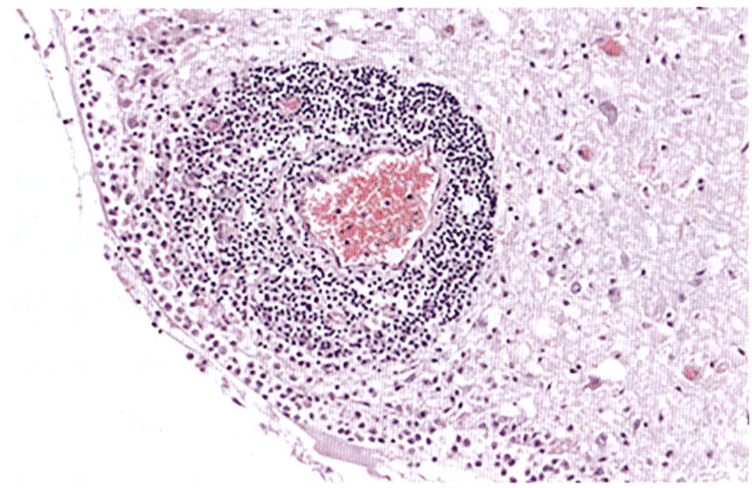

그림 4-31 • 염증의 현미경적 관찰 사진. 뇌와 수막의 염증부위에 염증세포가 유입된 모습이며, 흔히 혈관주위에 염증세포가 축적되어 혈관주위세포침윤(perivascular cuffing)을 보인다. (Reproduced with permission from Salguero Bodes FJ, Pallares Martinez FJ. Aughey and Frye's Comparative Veterinary Histology with Clinical Correlates. 2nd ed. Boca Raton: CRC Press, 2023).

핵심 정리 *Essentials*

1. 신경세포 Neurons

- **구조(Structure)**
  - *세포체(Cell body)*: 세포의 대사기능에 필요한 핵과 세포질을 포함한다. 가지돌기(dendrite)로부터 들어오는 신호를 통합하고 축삭(axon)을 따라 나가는 신호를 생성한다.
  - *신경돌기(Neuron process)*: 두 가지 주요 유형은 가지돌기(dendrite)와 축삭(axon)이다.
  - *가지돌기(Dendrite)*: 짧고 가지가 있는 돌기로, 다른 신경세포나 감각 수용체(sensory receptor)로부터 전기적(electrical), 화학적(chemical) 신호를 받아들인다.
  - *축삭(Axon)*: 세포체에서 다른 신경세포, 근육세포, 샘세포 등으로 전기적 신호(활동전위, action potentials)를 전달하는 하나의 긴 돌기이다.
  - *종말가지(Terminal branch, Telodendrite)*: 축삭의 끝 부분에서 미세하게 갈라진 가지로, 다른 신경세포 또는 표적세포(target cell)와 연접을 형성한다.
- **분류(Classification)**: 신경세포의 구조적 특징[뭇극(multipolar), 두극(bipolar), 홑극(unipolar)]과 기능적 특징[감각신경세포(sensory), 운동신경세포(motor), 사이신경세포(interneuron)]에 따라 분류한다.
- **신경세포의 부위(Regions of a neuron)**: 신호입력구역(input zone, 가지돌기), 통합구역(integration zone, 세포체), 출력구역(output zone, 축삭과 종말가지)을 말한다.
- **신경세포 신경전달(Neuronal communication)**: 신경세포는 서로 또는 다른 세포(근육세포 또는 샘세포 등)과 특수한 이음(junction)인 연접(synapse)을 통해 소통한다. 연접은 연접소포(synaptic vesicle)에 신경전달물질(neurotransmitter)을 포함한 연접이전종말(presynaptic terminal), 연접틈새(synaptic cleft, 연접이전막과 연접이후막 사이 틈), 그리고 신경전달물질 수용체(receptor)를 가진 연접이후막(postsynaptic membrane)으로 이루어진다.

2. 신경아교세포 Neuroglia

중추신경계통의 아교세포(CNS gliocyte)

(a) **별아교세포(Astrocyte)**: 신경세포에 구조적 지지 제공, 화학적 환경 조절 및 손상 후 복구 과정에 참여한다.

(b) **희소돌기아교세포(Oligodendrocyte)**: 중추신경계통에

서 축삭을 절연하고 전기신호의 전달속도를 증가시키는 말이집(myelin)을 생산한다.

(c) **미세아교세포(Microglia):** 중추신경계통에서 면역세포로 작용하여 병원체에 대한 방어 및 세포 잔해 제거 수행한다.

(d) **뇌실막세포(Ependymal cell):** 뇌와 척수의 안(cavity)을 덮고 뇌척수액을 생성하며 순환을 돕는다.

말초신경계통의 아교세포(PNS gliocyte)

(a) **신경절아교세포(Ganglionic gliocyte)**: 신경절(ganglion, 중추신경계통 바깥에 위치한 신경세포체들의 집합체)에 있는 신경세포에 지지와 보호기능을 제공한다.

(b) **신경집세포(Neurolemnocyte, Schwann cell)**: 중추신경계통의 희소돌기아교세포와 유사하게 말초신경계통의 축삭주위에 말이집을 형성한다.

1) 말이집 Myelin Sheath

말초신경계통(PNS)의 신경집세포와 중추신경계통(CNS)의 희소돌기아교세포가 형성한 지방질물질로, 축삭 주위를 감싸 절연하고 신경자극 전달의 속도를 향상시킨다.

2) 말초신경조직 Peripheral Nervous Tissue

- ***신경(Nerve)***: 중추신경계통과 말초기관 사이에 감각과 운동정보를 전달하는 축삭다발로, 결합조직에 의해 둘러싸여 있다.
- ***신경절(Ganglion)***: 중추신경계통 밖에 위치한 신경세포체 무리로, 감각정보처리와 반사작용을 조정하는 역할을 수행한다.
- ***날신경세포(Efferent neuron)***: 중추신경계통으로부터 근육과 샘으로 신호를 전달하여 움직임과 분비를 조절하는 운동신경세포(motor neuron)이다.
- ***수용기(Receptor)***: 무피막수용기(nonencapsulated receptor)는 조직 전체에 분포하여 온도, 통증 및 압력과 같은 자극에 반응하며, 피막수용기(encapsulated receptor)는 결합조직 피막 속에 위치하여 보다 구체적인 자극(촉각, 진동, 뻗침)에 반응한다.

3) 중추신경조직 Central Nervous Tissue

- ***대뇌겉질(Cerebral cortex)***: 대뇌(cerebrum)의 바깥층으로, 높은 인지기능(higher cognitive functions)을 담당한다.
- ***소뇌(Cerebellum)***: 수의적 움직임(voluntary movements)을 조절하고, 균형(balance)과 자세(posture)를 유지하는 역할을 수행한다.
- ***척수(Spinal cord)***: 뇌와 말초신경계통을 연결하여 감각 및 운동정보가 오가는 통로역할을 수행한다.

4) 수막과 뇌척수액 Meninges and Cerebrospinal Fluid

수막은 경막(dura mater), 거미막(arachnoid mater), 연막(pia mater)으로 이루어져 있으며, 뇌와 척수를 둘러싸고 물리적 보호와 지지기능을 제공한다. 혈관은 뇌와 척수에 산소와 영양소를 공급한다. 뇌척수액(cerebrospinal fluid, CSF)은 뇌와 척수 주위를 순환하는 맑은 무색의 액체로서, 완충(cushioning)과 부력(buoyancy) 기능을 제공하며, 신경계통의 화학적 안정성(chemical stability)을 유지하는 데 기여한다.

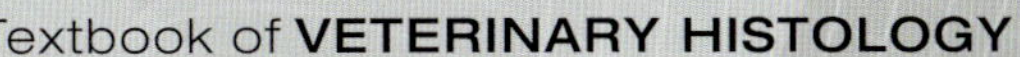

CHAPTER 05

근육조직

Muscle Tissue

제1절 개요 *Overview*

근육(muscle)은 몸 내·외부에서 움직임을 일으키는 주요 조직이다. **근육조직(muscle tissue)**은 몸 전체에 분포하며 세 가지 기본 유형으로 구분된다. **뼈대근육(skeletal muscle)**은 수의적 움직임(voluntary movement)에 관여하며, 주로 다리, 몸통, 머리에 위치한다. **심장근육(cardiac muscle)**은 심장에만 존재한다. **민무늬근육(smooth muscle)**은 혈관, 위창자관, 비뇨생식계통과 같은 속빈장기(hollow organ)의 벽을 덮고 있다. 세 가지 유형의 근육은 공통적인 특징을 갖지만, 각각의 기능적 역할에 맞게 뚜렷한 차이점도 있다. 이러한 특징은 육안 및 조직학적 검사에서 확인할 수 있다. 뼈대근육과 심장근육은 에오신호성(eosinophilic staining)이 매우 높은 근육잔섬유 구조로 인해 특징적인 줄무늬모양을 가지므로 **가로무늬근육(striated muscle)**이라고 한다. 민무늬근육은 불규칙한 배열이며, 줄무늬가 나타나지 않는다.

근육조직은 **근육세포(myocyte)** 또는 **근육섬유(myofiber)**라고 하는 특수한 근육세포로 구성되며, 간단히 **근육섬유(muscle fiber)**라고 한다. 근육세포는 길쭉하고 끝부분이 가늘어지는 방추모양(fusiform)이며, 수축 방향을 따라 정렬되는 경향이 있다. 이 방추모양은 세로단면(longitudinal section)에서 명확하게 드러나는 반면, 근육세포는 가로단면(cross-section)에서 뭇면체 모양을 보인다. 근육섬유는 세포바깥물질로 구성된 결합조직섬유와 다르다는 점에 유의해야 한다. 모든 근육섬유는 흥분성 막(excitability membrane)을 공유하며, 이 막은 탈분극되어 활동전위를 세포의 길이 방향으로 전파하고, 화학에너지를 기계적 에너지로 전환하여 운동을 일으킨다.

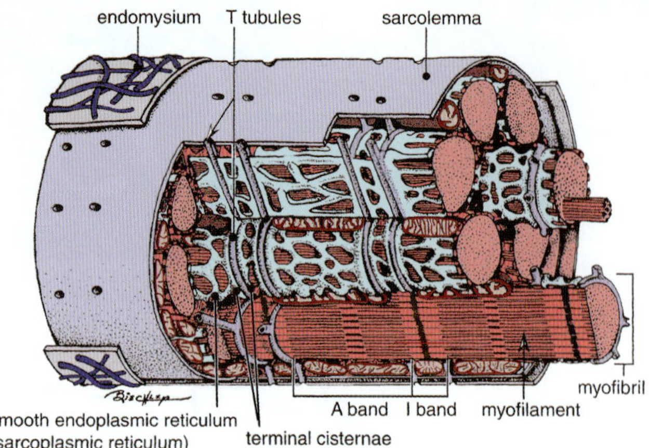

그림 5-1 • 뼈대근육 근육원섬유는 근육잔섬유로 구성된다. 근육세포질 그물은 각각의 근육원섬유를 둘러싸며, 가로세관 근처에서 종말수조를 형성한다. 가로세관은 세포막으로부터 세포질 깊숙이 뻗어있으며, A-I경계에서 근육원섬유를 둘러싸고 있다. 하나의 가로세관과 두 개의 종말수조는 함께 세동이(triad) 구조를 이룬다. 이 그림에서는 뼈대근육섬유의 주변부 핵은 나타내지 않았다.

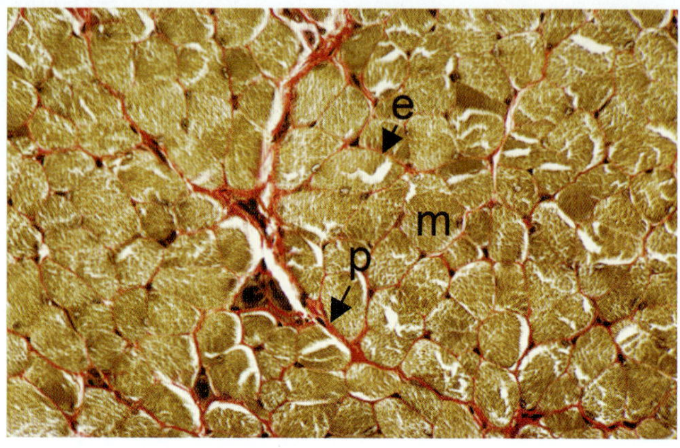

그림 5-2 • 결합조직은 붉게 염색되고, 근육섬유는 황금색으로 나타난다. 개별 뼈대근육섬유(m)는 근육속막(e)이라는 섬세한 결합조직으로 둘러싸여 있다. 근육섬유 다발(fascicle)은 치밀불규칙결합조직으로 구성된 근육다발막(p)에 의해 둘러싸여 있다. 근육바깥막(나타나 있지 않음)은 전체 근육을 감싸는 결합조직이다. 물렁입천장, 고양이. Verhoeff-van Gieson. (×250). (Image by W.E. Haensly.)

제2절 뼈대근육
Skeletal Muscle

1. 기능과 구조 Function and Structure

뼈대근육(skeletal muscle)의 주요 기능은 수의적 움직임을 일으키는 것이다. 신경계통의 제어를 받는 뼈대근육은 달리면서 다리를 크게 흔드는 동작부터 눈의 미세한 움직임까지 다양한 움직임을 수행한다. 또한, 자세를 유지할 때처럼 외부 부하가 가해졌을 때 근육은 단순히 움직임에 저항할 수도 있다. 가장 크고 강한 근육은 다리에 위치하지만, 뼈대근육은 몸 전체에 분포한다. 뼈대근육은 움직임을 일으키는 것 외에도 떨림(shivering)을 통해 열을 발생할 수 있다.

뼈대근육은 계층적 방식으로 조직된다(그림 5-1). 개별 근육세포의 지름은 10~110 μm이고 길이는 최대 수 센티미터까지 이를 수 있다. 이러한 근육세포는 세포 내부에 **근육원섬유(myofibril)**로 구성된 근육잔섬유로 빽빽하게 채워져 있다. 각 근육세포는 신경섬유와 근육세포에 공급하는 모세혈관그물망을 포함하는 **근육속막(endomysium)**이라는 결합조직층으로 둘러싸여 있다(그림 5-2). 근육세포집단은 다발형태로 모여 근육다발(muscle fascicle)을 형성한다. 각 근육다발은 **근육다발막(perimysium)**이라는 두 번째의 더 치밀한 결합조직층으로 둘러싸여 있으며, 이에는 역시 신경과 혈관도 포함되어 있다. 근육다발막에는 근육의 길이 변화를 감지하는 감각기관인 근육방추(muscle spindle)도 있다. 마지막으로, 전체 근육을 구성하는 근육다발의 집합은 **근육바깥막(epimysium)**이라는 또 다른 치밀결합조직층으로 싸여 있다. 근육 전체의 모든 결합조직층은 서로 연결되어 있으며, 근육에서 부착 지점까지 힘을 전달하는 기전을 제공한다.

2. 광학현미경적 구조 Light Microscope Structure

근육세포(myocyte)는 많은 근육모세포(myoblast)의 태아기 융합으로 형성되며, 이로 인해 각 근육세포는 여러 개의 핵을 갖게 된다. 세포 대부분이 밀집된 근육원섬유로 채워져 있기 때문에 핵은 세포 내 주변부에 위치한다(그림 5-3). 근육세포의 길이를 따라 핵이 분포되어 있기 때문에 모든 단면에서

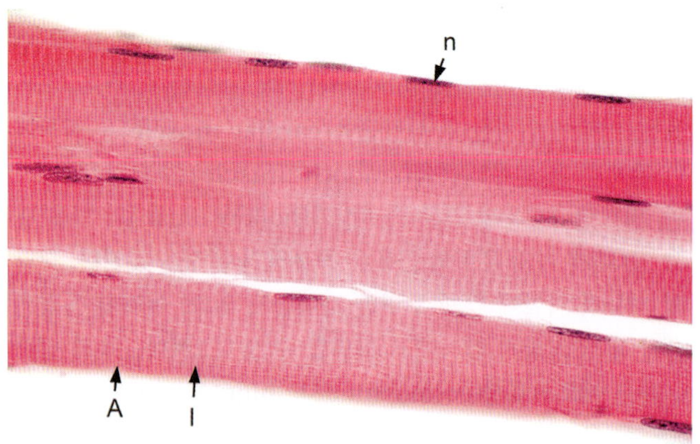

그림 5-3 • 뼈대근육섬유 가로무늬(cross-striation)는 세로로 절단했을 때 뚜렷이 관찰된다. 밝게 염색된 I띠(I)와 어둡게 염색된 A띠(A)가 교대로 나타난다. 여러 개의 핵(n)은 근육섬유 주변에 위치한다. H&E. (×400). (Image by W.E. Haensly.)

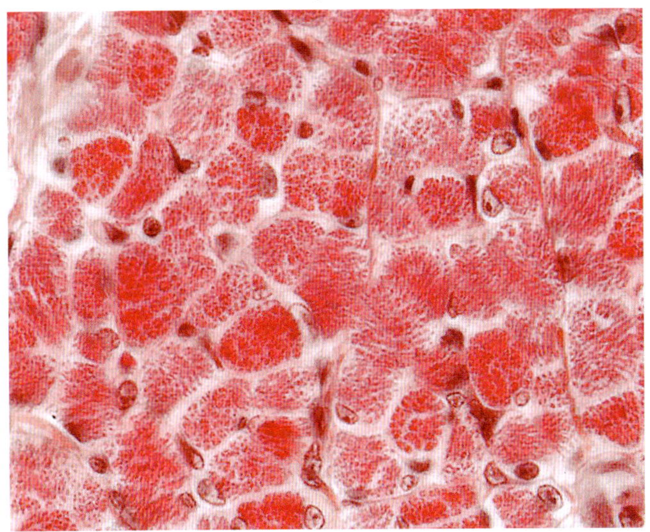

그림 5-4 • 뼈대근육섬유의 가로단면. 세포질은 수축성 근육원섬유(작은 분홍색 점으로 관찰됨)로 가득 차 있으며, 각 근육섬유의 핵은 세포의 주변에 위치한다. 가로막근육. H&E. (×400). (Image by John J. Turek.)

핵이 보이지 않을 수 있다(그림 5-4). 세로단면에서 각 세포는 일반적으로 여러 개의 타원모양 주변 핵을 갖는다. **위성세포(satellite cell)**는 근육세포의 바닥막과 세포막 사이에 있다. 이 세포는 미분화 전구세포(progenitor cell)에서 발달 중에 형성되며, 운동, 손상, 또는 질병에 대한 반응으로 근육을 유지하고 성장하는 데 필수적이다. 위성세포는 밝게 염색되는 근육세포의 핵과 대조적으로 뭉친염색질(heterochromatic)의 단일 핵을 가지고 있으며 전자현미경으로 가장 잘 관찰된다.

가로무늬근육의 세로단면에서 관찰되는 특징적인 줄무늬는 **근육원섬유마디(sarcomere)**를 구성하는 고도로 정렬된 근육잔섬유에서 기인한다. 이러한 근육원섬유마디는 근육세포를 따라 세로 방향으로 뻗어있는 근육원섬유 내에 일렬로 배열된다(그림 5-5). 각 근육원섬유마디는 두 개의 **Z선(Z line, Z disc)** 사이에 걸쳐있으며, 그 구조를 바탕으로 뚜렷한 띠(band)로 나눌 수 있다. Z선은 근육섬유에 수직인 어두운 선으로, 가는잔섬유와 탄력단백질인 티틴(titin)의 부착점 역할을 한다. 근육원섬유마디의 중심에는 굵은잔섬유의 부착점인 **M선(M line)**이 있다. Z선과 인접한 **I띠(I band)**는 가는잔섬유만 포함하고 있어 색상이 더 밝게 보인다. **A띠(A band)**는 굵은잔섬유의 전체 길이에 걸쳐있으며 특히 굵은잔섬유와 가는잔섬유가 겹치는 부위에서 더 어둡게 보인다. **H띠(H band)**는 M선에 인접한 A띠 내에 있으며 굵은잔섬유와 가는잔섬유가 겹치지 않아 약간 더 밝게 보인다. 가로단면에서 각 굵은잔섬유는 육각형 격자를 형성하는 여섯 개의 가는잔섬유로 둘러싸여 있다.

3. 미세구조 Fine Structure

뼈대근육의 수축 단백질은 주로 가는잔섬유와 굵은잔섬유로 구성된다. **가는잔섬유(thin filament)**는 **액틴(actin)**과 조절 단백질인 **트로포닌(troponin)**, **트로포마이오신(tropomyosin)**으로 구성된다. 가는잔섬유는 이중나선(double helix)으로 배열된 두 가닥의 F-액틴(F-actin)으로 형성된다. F-액틴은 둥근분자인 G-액틴(G-actin)의 중합체이며, 각 G-액틴은

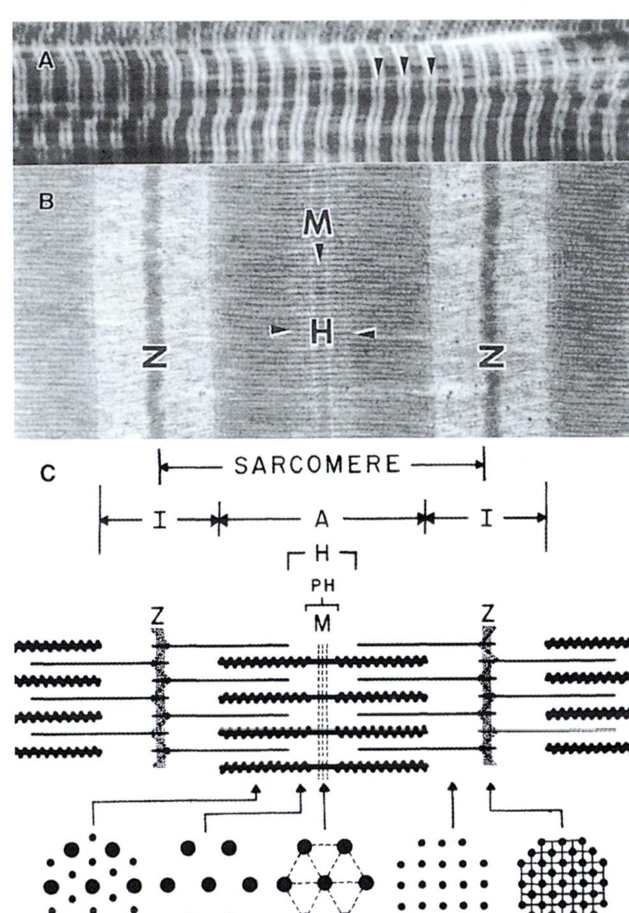

그림 5-5 • 세로로 절단된 뼈대근육의 광학현미경사진(A)과 전자현미경사진(B), 그리고 근육원섬유마디의 도해(C). A. 가로무늬는 밝은 띠(I띠)와 어두운 띠(A띠)가 교대로 나타나는 모습을 보여준다. 각 I띠는 Z선(Z, 화살표머리)에 의해 이등분된다. (×1,150). B. 가로무늬는 Z선에서 더욱 뚜렷하게 나타나며, Z선(Z)은 각 근육원섬유마디의 경계를 이루고 I띠를 이등분한다(표시하지 않음). A띠(A)는 전자밀도가 높은 구역으로, 가운데는 M선(M, 화살표머리)에 의해 이등분되고, 이는 인접한 굵은근육잔섬유를 연결한다. M선 양쪽에는 전자밀도가 낮은 영역(H띠, H)이 관찰되는데, 이 영역에서는 굵은근육잔섬유와 가는근육잔섬유가 겹치지 않는다. (×22,500). C. 근육잔섬유 배열에 대한 전자현미경사진의 도해. PH는 거짓H띠(pseudo-H band)로, 굵은근육잔섬유가 연결다리를 갖지 않는 전자밀도가 낮은 부위이다. 아래의 모형은 화살표 부위 단면을 나타내며, 큰 점은 굵은근육잔섬유, 작은 점은 가는근육잔섬유를 지시한다.

굵은잔섬유로부터 마이오신 연결다리를 위한 결합부위를 가지고 있다. 트로포마이오신의 잔섬유가닥은 F-액틴 가닥 사이에 형성된 고랑(groove)을 따라 달리며 마이오신 결합부위를 덮는다. 둥근 세 단위 단백질인 트로포닌은 가는잔섬유를 따라 간격을 두고 트로포마이오신에 부착한다. 근육이 활성화되면 칼슘이 트로포닌에 결합하여 구조적 변화(conformational change)를 일으켜 트로포마이오신을 움직여 마이오신 결합부위를 노출시킨다. **굵은잔섬유(thick filament)**는 단백질 **마이오신(myosin)**으로 구성되며, 마이오신은 아미노산의 무거운사슬(heavy chain) 두 개와 가벼운사슬(light chain) 네 개를 가지고 있다. 무거운사슬은 이중나선으로 꼬여 막대모양 꼬리를 형성하며, 각 무거운사슬의 한쪽 끝은 접혀서 돌출된 둥근 머리 부위를 형성하고, 각 머리에는 두 개의 가벼운사슬이 포함되어 있다. 이 마이오신 머리는 액틴과 ATP에 대한 결합부위가 있어, 근육수축 시 굵은잔섬유와 가는잔섬유 사이에 **연결다리(cross bridge)**를 형성한다.

수축성 잔섬유 외에도, 근육세포는 가로무늬 모양을 유지하는 데 기여하는 여러 구조 단백질을 가지고 있다. 거대 단백질인 **티틴(titin)**은 Z선에서 M선까지 뻗어있으며, 근육원섬유마디의 온전성(integrity) 유지, 수동적 장력 형성, 근육원섬유 조립, 세포 신호전달 등 다양한 기능을 한다. 티틴은 또한 칼슘에 민감하여 능동적인 근육 기능에 중요한 역할을 할 수 있다. **데스민(desmin)**은 Z선에서 인접한 근육원섬유를 서로 연결하며, **갈비마디(costamere)**라고 하는 갈비뼈 모양의 구조에서 근육원섬유를 세포막에 연결한다. 액틴(actin) 관련 단백질인 **네불린(nebulin)**은 가는잔섬유를 안정화하는 역할을 한다. **디스트로핀(dystrophin)**은 근육원섬유를 근육세포의 세포막에 부착하여 안정성을 제공하는 막통과단백질복합체(transmembrane protein complex)이다. 디스트로핀의 돌연변이는 동물과 사람 모두에서 근육디스트로피(muscular dystrophy)를 유발할 수 있다.

근육세포의 세포막은 종종 **근육세포막(sarcolemma)**이라고 하며, 섬유를 따라 또는 **가로세관(T tubule, transverse tubule)**을 통해 세포 내로 활동전위(action potential)를 전파하는 흥분성 막(excitable membrane)의 역할을 한다(그림 5-1). 가로세관은 세포막의 함입(invagination)으로, 규칙적인 간격으로 세포 내로 침투한다. 근육세포 내에서 각 근육원섬유는 **근육세포질그물(sarcoplasmic reticulum, SR)**이라고 하는 특수한 무과립세포질그물로 둘러싸여 있으며, 이는 칼슘 이온을 저장하고 방출한다. A-I띠경계(A-I band junction)에서 근육세포질그물은 확장되어 **종말수조(terminal cisterna, cisterna terminalis)**를 형성하는데, 전압관문칼슘통로(voltage-gated calcium channel)를 가지고 있는 종말수조로 확장되어 있고 칼슘 저장소 역할을 한다(그림 5-6). 각 가로세관은 두 개의 종말수조와 연결되어 있으며, **세동이(triad)**를 형성한다. 근육이 활성화되면, 활동전위가 가로세관을 따라 이동하여 근육세포질그물에서 칼슘이 방출되도록 촉발한다. 이 칼슘 방출은 근육수축을 개시시킨다.

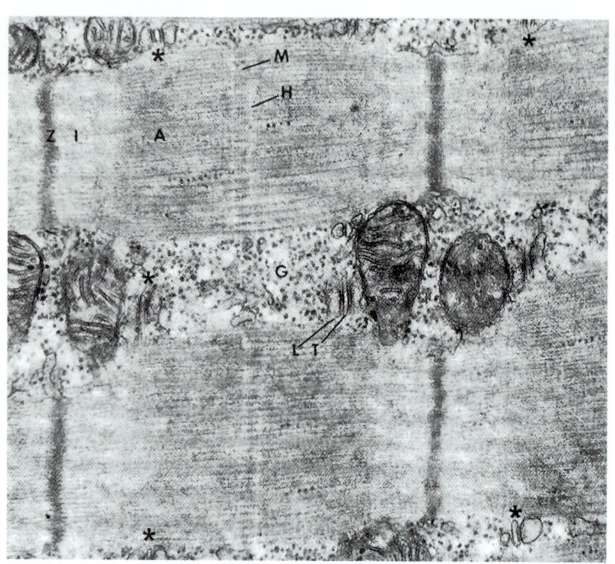

그림 5-6 • 뼈대근육세포 세로단면의 전자현미경사진. 식별 가능한 구조는 다음과 같다: A띠(A), I띠(I), Z선(Z), M선(M), 거짓H띠(H), 세포질 내 사립체에 인접한 당원(G), 종말수조(L), 가로세관(T), A-I경계에 위치한 부가적인 세동이(*). (×34,000).

4. 수축 Contraction

근육은 운동신경세포(motor neuron)에서 발생한 활동전위가 근육세포에 도달하면 수축한다. 한 운동신경세포는 근육 내의 여러 근육세포에 신경을 분포시킬 수 있지만[이를 운동단위(motor unit)라고 함], 각 근육세포는 단지 하나의 운동신경세포에 의해서만 신경이 분포된다. 운동신경세포는 근육 내에서 분지하여 **운동종말판(motor end plate)**을 형성하고, 여기서 개별 근육세포와 만난다(그림 5-7). 운동신경세포가 자극되면 아세틸콜린(acetylcholine)이 운동종말판으로부터 운동종말판과 근육세포 사이의 연접틈새(synaptic cleft)로 방출된다. 아세틸콜린은 근육세포막에 있는 수용체에 결합하여 소듐이 들어가 세포를 탈분극시킬 수 있는 통로를 연다. 활동전위는 세포막을 따라 퍼지고 가로세관을 따라 내려가며, 탈분극에 대한 반응으로 인접한 전압관문통로가 열린다. 가로세관의 탈분극으로 종말수조에서 칼슘이 방출되고, 이것이 근육잔섬유를 담그게 된다(bath). 가는근육잔섬유에서 칼슘은 트로포닌과 결합하여 트로포마이오신 가닥이 이동하면서 마이오신 결합부위를 노출시키는 구조적 변화를 일으켜, 그 결과 연결다리주기(cross-bridge cycling)를 유발한다. 연결다리주기는 액틴과

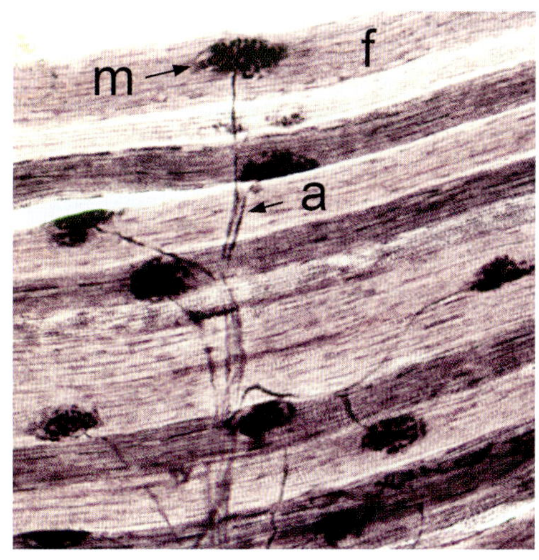

그림 5-7 • 운동신경세포의 축삭(a)이 뼈대근육섬유(f)의 운동종말판(m)에서 끝나는 모습. Silver stain. (×200). (Image by John J. Turek.)

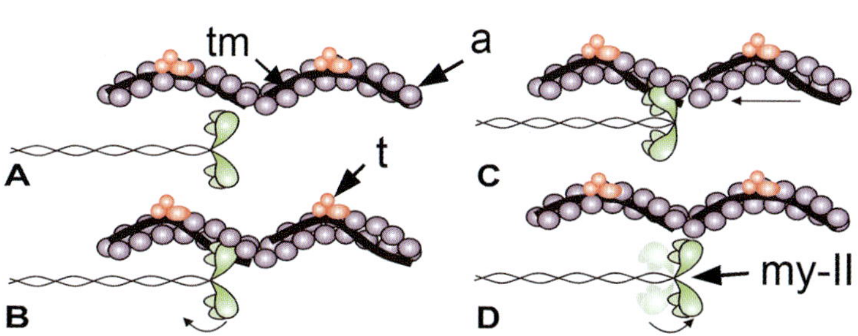

그림 5-8 • 가는근육잔섬유의 도해[액틴(a), 트로포닌(t), 트로포마이오신(tm), 그리고 마이오신 II분자(my-II)]. 여러 마이오신 II분자는 결합하여 굵은근육잔섬유를 형성한다. **A.** 근육이 이완된 상태; 액틴과 마이오신 II가 결합되지 않음. **B.** 수축이 시작되면서, 트로포닌-트로포마이오신 복합체가 액틴 결합 부위에서 이동되어 마이오신 II가 결합할 수 있게 됨. 마이오신 II머리가 굽어짐. **C.** 가는근육잔섬유가 근육원섬유마디의 중심부(그림상 왼쪽)로 끌려간다. **D.** 액틴-마이오신 복합체가 분리되고, 트로포닌-트로포마이오신이 다시 액틴 결합 부위를 덮으며, 마이오신머리는 앞으로 회전하여 주기를 반복함.

마이오신이 긴장을 유발하고 근육의 움직임을 일으키는 과정이다.

연결다리주기(cross-bridge cycle)는 일련의 단계를 포함한다(그림 5-8). (A) 근육이 이완되고 마이오신은 액틴에 결합되지 않는다. (B) ATP 가수분해로 에너지를 얻은 마이오신 머리(myosin head)는 액틴 가는잔섬유와 결합한다. (C) 마이오신 머리는 파워스트로크(power stroke)를 겪으며 머리가 회전하여 Z선을 M선 쪽으로 당기고, 가수분해된 ATP는 방출된다. (D) 새로운 ATP 분자가 마이오신 머리에 결합하고 마이오신 머리는 액틴 잔섬유에서 분리된다. 사후에 ATP가 고갈되면 사후강직(rigor mortis)이 시작되어 마이오신 머리가 액틴 잔섬유에서 분리되지 않는다. 세포가 더 이상 탈분극되지 않으면 칼슘이 근육세포질그물로 다시 능동 수송되어 복귀하고, 이로써 수축이 끝난다. 근육수축으로 인해 Z선이 서로 더 가까워지고, 굵은잔섬유와 가는잔섬유 사이의 중첩(overlap)이 증가하여 I띠와 H띠는 좁아진다. A띠 너비는 굵은근육잔섬유의 길이에 의해 결정되므로 일정하게 유지된다.

5. 근육섬유 유형 Muscle Fiber Types

뼈대근육섬유 유형은 수축(경련, twitch) 특징과 대사 특성을 기준으로 특성화된다. 느린수축섬유(slow-twitch fiber)

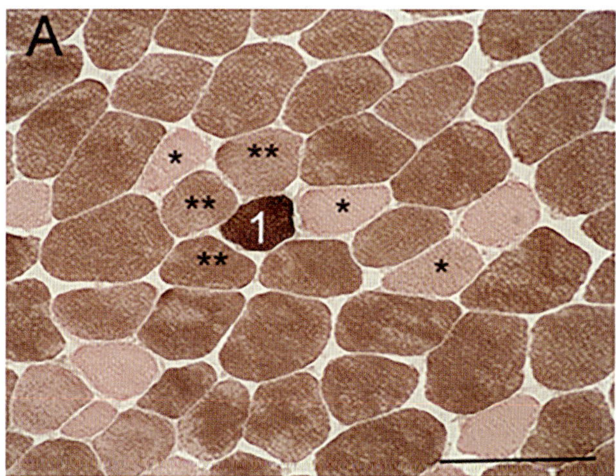

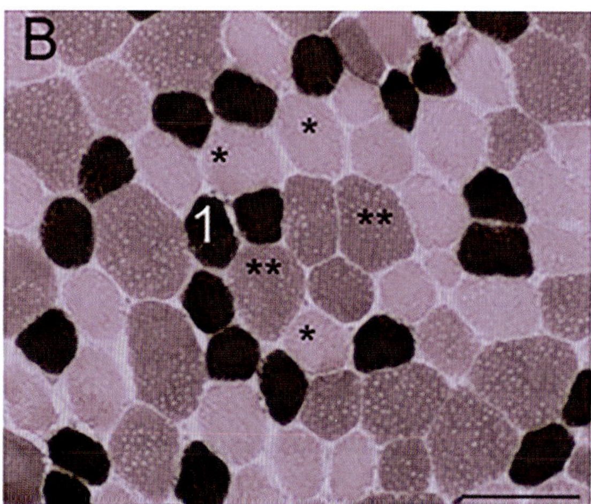

그림 5-9 • Quarter Horse와 Thoroughbred의 볼기근(gluteal muscle) 가로단면. Myosin ATPase로 염색(pH 4.4)하고, 에오신으로 대조염색함. **A.** Quarter Horse는 I형(1)과 IIa형(*) 섬유비율이 낮고, IIx형(**) 섬유비율이 높음. **B.** Warmblood는 I형(1)과 IIa형(*) 섬유비율이 높고, IIx형(**) 섬유비율이 낮음. (Reproduced with permission from Valberg et al., *Journal of Equine Veterinary Science*, vol. 118, 2022, article 104123).

와 빠른수축섬유(fast-twitch fiber), 그리고 피로저항섬유(fatigue-resistant)와 빠른피로섬유(fast-fatiguing fiber)를 구별하는 다양한 조직화학 및 면역조직화학 기법이 개발되었다(그림 5-9). 일반적으로, **I형섬유(Type I fiber)**는 느리게 수축하고, 비교적 낮은 힘을 생성하며, 유산소 대사와 피로 저항을 가능하게 하는 높은 사립체 밀도를 갖는다. 빠른수축섬유로 알려진 **II형섬유(Type II fiber)**는 **IIa형섬유(Type IIa fiber)**와 **IIb형섬유(Type IIb fiber)**로 나뉜다. 이들 IIa와 IIb 섬유는 I형섬유보다 훨씬 빠른 수축 속도와 더 큰 힘을 생성한다. 그러나 IIa형섬유는 아주 높은 수준의 사립체를 가지고 있는 반면, IIb형섬유는 매우 낮은 수준의 사립체를 가지고 있다. 따라서 IIb형섬유는 높은 힘을 빠르게 생성하지만 쉽게 피로해지는 반면, IIa형섬유는 다소 피로 저항성이 있다. 느린수축섬유와 빠른수축섬유는 육안으로 보이는 색상에서도 차이를 보인다. 사립체 농도가 높고 산소운반 단백질인 근육색소(myoglobin)가 존재하기 때문에 느린근육(slow muscle)은 **적색(red)** 또는 어두운색(dark)을 띠는 경향이 있는 반면, 빠른근육(fast twitch muscle)은 **백색(white)**이나 밝은색(light)을 띠는 경향이 있다. 대부분의 근육은 근육 전체에 무작위로 분포하는 여러 유형의 섬유로 구성되어 있다. 또한, IIx형섬유(Type IIx)와 같은 추가적인 근육섬유 아형(subtype)도 규명되었으며, 진단 기법의 지속적인 발전으로 더 많은 아형이 규명될 것으로 예상된다.

6. 근육발생, 비대, 위축, 재생

Myogenesis, Hypertrophy, Atrophy, and Regeneration

발생 과정에서 여러 개의 근육모세포(myoblast)가 융합하여 길쭉한 근육대롱(myotube)을 형성한다. 이 근육대롱 내에 수축성 근육원섬유가 형성되고, 더 많은 근육모세포가 근육대롱과 융합하면서 더 많은 근육원섬유가 추가된다. 각 근육모세포는 하나의 핵을 형성하고, 이 핵은 밀집된 근육원섬유에 의해 주변부로 밀려나 뭇핵근육세포(multinucleated myocyte)를 형성한다. Pax3와 Pax7 양성(Pax3+, Pax7+)인 잠재적 근육발생세포(potential myogenic cell)인 위성세포(satellite cell)는 성숙한 근육세포 옆의 바닥판에 남아 있다. Pax 전사인자는 근육 성장과 수복 과정에서 위성세포의 유지 및 활성화에 필수적이다.

뼈대근육은 **증식(hyperplasia, 근육세포 수의 증가)**보다는 근육세포의 **비대(hypertrophy**, 근육세포의 크기 증가)를 통해 주로 크기가 커진다. 성숙한 뼈대근육세포 비대는 위성세포의 활동을 통해 일어난다. 위성세포는 분열하여 두 개의 딸세포를 형성한다. 이 중 하나는 위성세포로 남고, 다른 하나는 근육세포와 융합하여 핵을 추가한다. 이 새로운 핵은 더 많은 근육원섬유와 세포질 성분을 합성하도록 한다. 비대 중에는 근육세포와 그 핵은 분열하지 않는다. 반대로 뼈대근육 위축(atrophy) 시에는 근육원섬유와 핵이 소실된다.

근육의 재생은 손상 정도에 따라 달라진다. 근육의 작은 부위는 위성세포와 기존 근육세포의 융합, 또는 위성세포끼리 융합하여 새로운 근육세포를 형성함으로써 재생될 수 있다. 그러나 손상이 광범위한 경우, 근육조직은 결합조직흉터로 대체될 수 있다.

제3절 심장근육

Cardiac Muscle

1. 기능 Function

심장근육(cardiac muscle)은 심장에만 존재하는 근육조직이다. **심장근육세포(cardiac myocyte, cardiomyocyte)**는 고도로 동기화된 활성 패턴(synchronized activation pattern)을 만들어 율동적인 수축을 일으켜서 혈액을 온몸으로 펌프질한다. 심장근육세포는 가로무늬(striation)가 보이는 가로무늬근육세포라는 점에서 뼈대근육세포와 구조·조직학적으로 많은 유사점을 가지지만, 심장근육만의 특수한 기능을 수행할 수 있는 몇 가지 중요한 차이점을 지니고 있다.

2. 광학현미경적 구조 Light Microscope Structure

심장근육세포는 뼈대근육세포와 유사한 줄무늬 형태를 가지고 있지만, 형태적으로 다양하게 가지치는 형태(branching morphology)는 특징을 가진다(그림 5-10). 일반적인 심장근육세

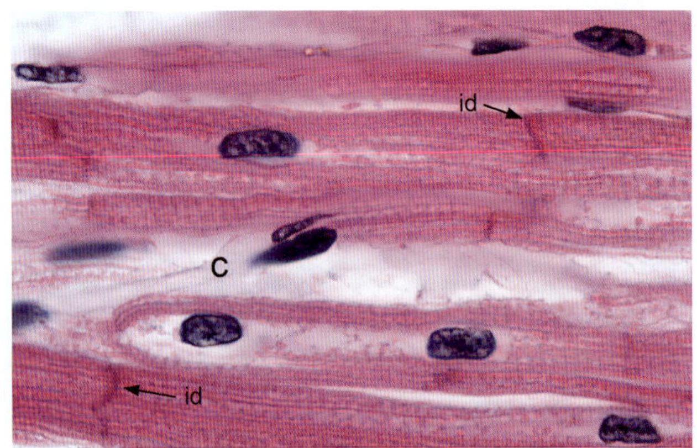

그림 5-10 • 심장근육세포는 뚜렷한 줄무늬가 있는 길고 분지하는 섬유이다. 중심부에 위치한 핵을 주목하시오. 인접한 근육세포는 사이원반(id)이라는 특수한 세포사이이음으로 연결된다. 이 조직은 많은 모세혈관(c)을 가진다. 심장, 개. H&E. (×700). (Image by J. Eurell).

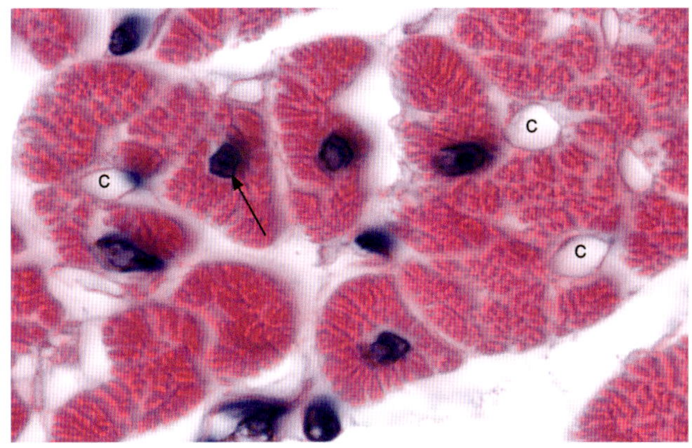

그림 5-11 • 심장근육의 가로단면. 중심부에 위치한 핵(화살표)과 다수의 모세혈관(c)을 주목하시오. H&E. (×800). (Image by J. Eurell).

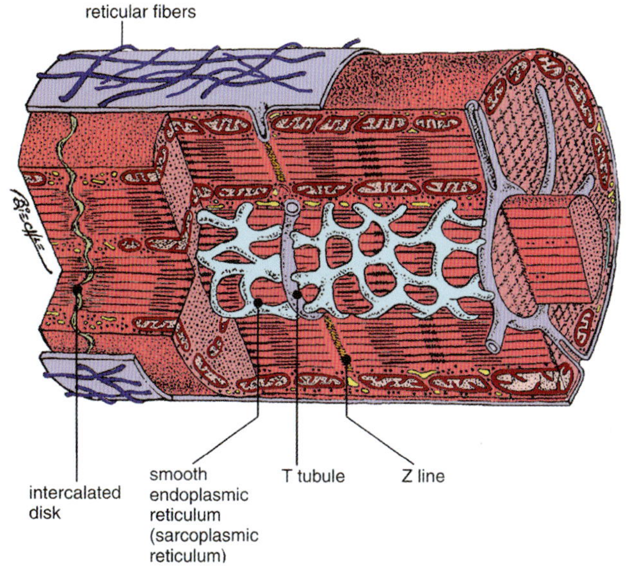

포의 크기는 길이 100~150 μm, 폭 20~35 μm 정도이다. 가지 끝부분에서 심장근육세포는 **사이원반(intercalated disc)**을 통하여 서로 연결되어 있다. 각 심장근육세포는 세포의 중앙에 위치하는 하나의 핵을 가진다(그림 5-11). 심장에서는 뼈대근육의 근육속막과 근육다발막과 유사한 결합조직층이 각각의 개별 심장근육세포와 근육세포집단을 둘러싸고 있다. 그러나, 뼈대근육의 근육바깥막과 유사한 조직은 존재하지 않는다. 심장은 높은 산소 요구량과 지속적인 수축을 견뎌야 하는 생리적 특성상, 심장근육세포는 치밀한 모세혈관그물(capillary network)로 둘러싸여 있다.

3. 미세구조 Fine Structure

심장근육세포의 근육원섬유는 구조와 형태에서 뼈대근육세포와 유사하다. 규칙적인 간격으로 배열된 가로세관이 Z선 인접 부위의 세포막에서부터 뻗어 들어간다(그림 5-12). 각 근육원섬유는 근육세포질그물에 의해 둘러싸여 있으며, 근육세포질그물은 Z선 가까이에서 종말수조로 확장되어 가로세관과 밀접히 연결된다. 뼈대근육에서는 하나의 가로세관과 두 개의 종말수조가 만나 세동이(triad)를 형성하는 반면, 심장근육에서는 하나의 가로세관과 하나의 종말수조가 짝을 이루어 **두동이(diad)** 구조를 형성하는 것이 다르다. 심장근육세포 근육원섬유는 데스민잔섬유(desmin filament) 그물에 의해 위치가 고정되며, 이 데스민 섬유는 갈비마디를 포함한 여러 지점에서 세포막에 부착되어 있다. 심장근육세포에는 뼈대근육세포에 비해 더 크고 조밀하게 배열된 사립체가 있으며(그림 5-13), 세포질에는 지방방울과 당원이 포함되어 있어 유산소대사를 위한 에너지원으로 사용된다. 심방(aterial) 근육세포는 심실(ventricle) 근육세포보다 길

그림 5-12 • 심장근육의 가로세관은 Z선에 위치한다. 근육세포질그물은 근육원섬유를 둘러싸고 있으며, 가로세관과 접하면서 두동이(diad) 구조를 형성한다. 인접한 근육섬유의 말단은 사이원반에 의해 연결된다. 심장근육섬유의 중앙에 위치한 핵은 이 그림에서 보이지 않는다.

고 가늘며, 가로세관의 수가 적거나 없는 것이 특징이다.

사이원반은 심장근육의 구조 및 기능에서 중요한 역할을 한다(그림 5-14). 사이원반은 가지 형태로 이어진 인접한 심장

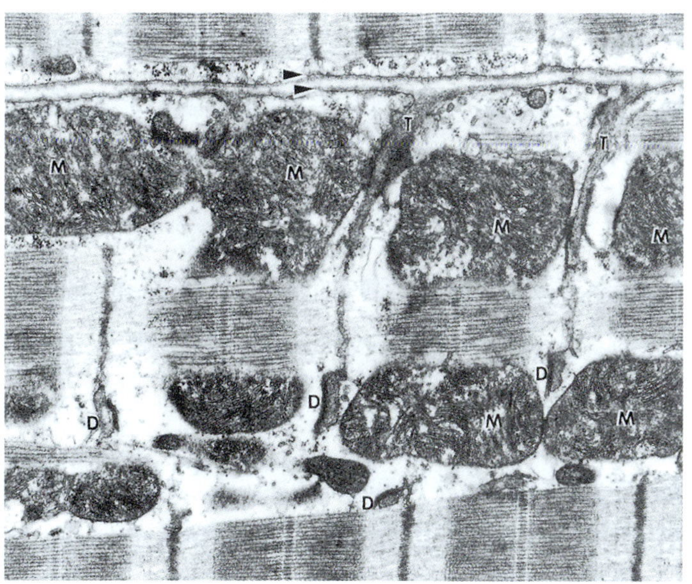

그림 5-13 • 심장근육 세로단면 전자현미경사진. 각 근육세포의 세포막과 바닥막은 화살표머리로 표시되어 있다. 치밀하게 배열된 능선을 가진 큰 사립체(M)가 세포막 바로 아래에 위치한다. 두 개의 큰 가로세관(T)이 Z선에서 아래의 근육세포로 유입되는 것을 주목하시오. 가로세관과 근육세포질그물로 구성된 두동이(diad, D)는 근육원섬유 사이에 있는 세포의 깊숙한 부위에 존재한다. (×22,500). (Courtesy of W.S. Tyler).

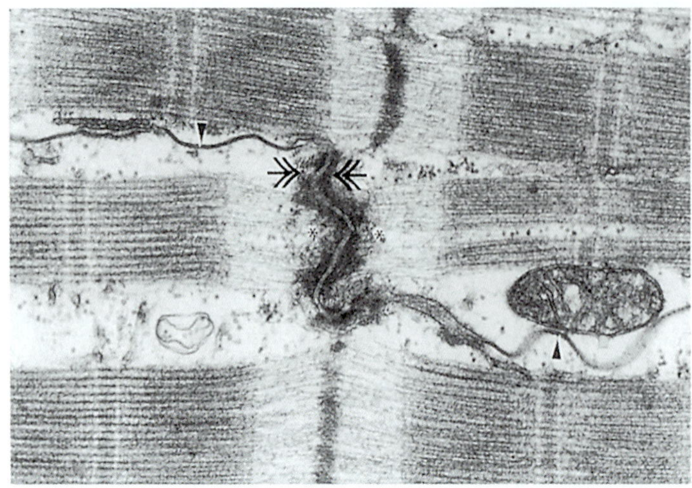

그림 5-14 • 심장근육 사이원반의 전자현미경사진. 부착판(*)은 근육원섬유의 긴 축을 가로지르는 방향으로 배열되어 있다. 부착반점은 이중화살표로 표시되어 있다. 틈새이음(화살표머리)은 긴 축과 평행으로 배열되어 있다. (×42,100). (Courtesy of W.S. Tyler).

근육세포의 세포막을 물리적으로 연결함과 동시에, 두 세포 간의 신속한 교통이 가능하게 한다. 사이원반의 가로면에는 **부착반점(desmosome)**과 **부착판(fascia adherens)**이 있어 세포를 기계적으로 연결한다. 부착반점은 세포막을 관통하여 세포질 내로 뻗는 중간잔섬유를 고정시켜 세포 사이의 강한 결합을 형성하며, 동시에 데스민잔섬유의 또 다른 부착점이다. 부착판은 근육원섬유의 액틴잔섬유가 부착점으로 작용하여, 세포 이음을 통한 수축력 전달을 가능하게 한다. **틈새이음(gap junction)**은 사이원반(intermediate disc)의 세로면에 위치하며 근육원섬유의 축과 평행하게 배열되어 있다. 이러한 이음(junction)에는 화학 신호를 직접 전달하고 한 세포에서 다음 세포로 활동전위를 빠르게 전도할 수 있는 통로들이 모여 있다.

4. 심장결절과 자극전도섬유

Cardiac Nodes and Impulse Conduction Fibers

변형 심장근육세포(modified cardiac myocyte)는 **심장결절(cardiac node)**과 **자극전도섬유(impulse conduction fiber)**를 형성하여, 심장의 동기화된 리듬 수축을 유도한다. 수축 주기는 굴심방결절(sinuatrial node, SA node)에서 시작되어 심방수축을 촉발한다. 이후 자극은 방실결절(atrioventricular node, AV node)로 전달되며, 이어서 방실다발(atrioventricular bundle, bundle of His), 주다발가지(main branch bundle), 그리고 심장전도근육세포그물(Purkinje fiber network)로 이루어진 특수전도계통(specialized conduction system)을 통해 심장꼭대기부터 심실의 수축을 자극한다. 심장결절세포(cardiac nodal cell)는 일반적으로 크기가 작고, 근육원섬유 수가 적으며, 틈새이음이 분산되어 있다. 이들 세포는 전도 기능으로 인해 아세틸콜린에스터분해효소 염색에서 양성을 나타

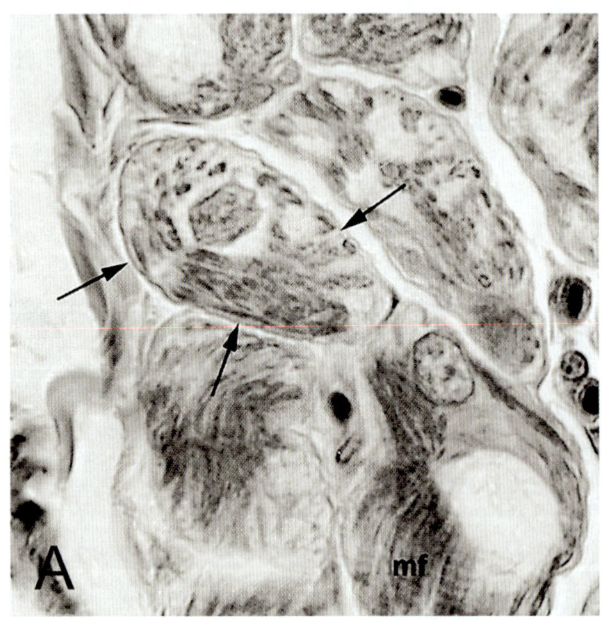

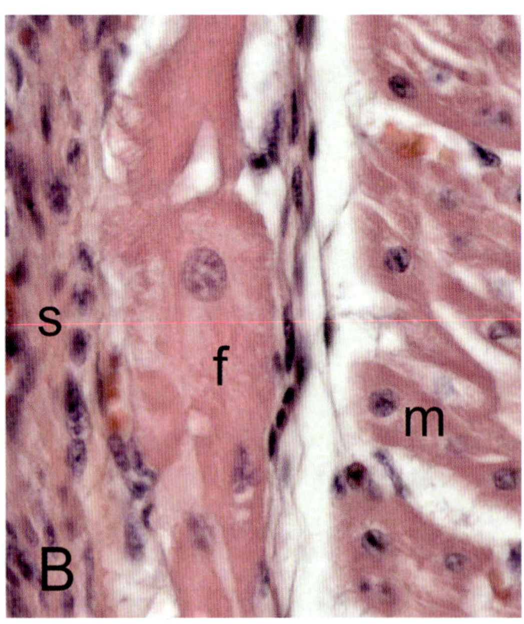

그림 5-15 • **A.** 심장전도근육세포(화살표로 둘러싸인 하나의 섬유)는 일반적인 심장근육세포보다 크며, 세포질에는 중앙에 위치한 핵과 소량의 근육원섬유(mf)가 관찰된다. PTAH(phosphotungstic acid hematoxylin) stain. (×1,200). **B.** 심실사이막에서 자극전도섬유 또는 심장자극전도근육섬유(Purkinje fiber, f)가 관찰된다. 인접한 동맥의 민무늬근육(s)과 심장근육세포(m). H&E.

난다. 이들 세포는 사립체와 근육세포질그물을 포함하지만, 가로세관은 없다. 자극전도섬유(그림 5-15)는 결절세포와 구조적으로 유사하지만, 활동전위의 빠른 전달을 위하여 틈새이음이 풍부하게 분포한다. 이들 세포는 일반 심장근육세포보다 크며, 특히 심장꼭대기(apical region) 쪽으로 갈수록 상대적으로 더욱 커지는 경향을 보인다.

5. 수축 Contraction

심장근육세포의 수축 기전은 뼈대근육세포와 매우 유사하다. 가로세관을 따라 활동전위가 전도되면, 근육세포질그물에서 칼슘 방출을 유도하고, 이는 굵은근육잔섬유와 가는근육잔섬유 사이에서 연결다리주기를 일으켜 근육수축을 유발한다. 굴심방결절에서 시작된 활동전위는 사이원반에 있는 틈새이음을 통하여 인접한 심장근육세포사이로 전파된다.

6. 근육발생, 비대, 재생 Myogenesis, Hypertrophy, and Regeneration

심장근육세포는 심장속막관(endocardial tube)을 둘러싼 내장중배엽(splanchnic mesoderm)으로부터 발생한다. 이 근육섬유는 단일세포의 분화와 성장을 통하여 생성된다. 세포가 성장함에 따라 새로운 근육잔섬유가 형성된다. 심장근육세포는 출생 직후부터 세포분열 능력을 상실하게 된다. 운동이나 질병 등으로 인한 심장벽 비대는 세포 수의 증가가 아닌 세포의 크기 증가를 통하여 일어난다. 또한, 심장벽 손상으로 세포 사멸이 일어난 경우, 새로운 심장근육세포로 재생되기보다는 결합조직에 의한 수복이 일어나며 이는 흉터 조직 형성으로 이어진다.

제4절 민무늬근육 Smooth Muscle

1. 기능 Function

민무늬근육(smooth muscle)은 몸 전체에 걸쳐 분포하는 근육조직이다. 예를 들어, 혈관벽, 기도, 위창자관, 방광의 벽에서 발견되며, 피부에서는 털을 세우는 기능을 하고, 눈에서는 동공을 수축시키는 역할을 한다. 민무늬근육은 수의적으로 조절되지 않으며, 일반적으로 자율신경계통(autonomic nervous system)에 의해 조절된다. 민무늬근육은 혈관 내 압력을 조절하기 위해 모양을 바꾸거나, 소화관을 통해 음식이 이동하기 쉽게 하기 위해 파동을 만드는 등 여러 가지 기능을 수행한다.

2. 광학현미경적 구조 Light Microscope Structure

민무늬근육세포는 길쭉한 방추모양 세포(fusiform cell)로, 세포 중앙에 크고 뚜렷한 하나의 핵을 가진다(그림 5-16). 핵 주변에는 사립체, 과립세포질그물, 골지복합체 등이 분포하는데, 이는 단백질 합성 능력이 매우 높음을 나타낸다. 민무늬근육세포의 길이는 약 20 μm에서 1 mm에 이르고, 폭은 5 μm에서 20 μm 정도이다. 세포의 양쪽 끝이 가늘어진 형태를 가지므로, 가로단면에서 세포의 크기가 크게 다를 수 있으며, 모든 세포에서 핵을 관찰할 수 있는 것은 아니다(그림 5-16B). 민무늬근육세포는 뼈대근육과 심장근육에서 보이는 고도로 정렬된 근육원섬유 배열이 없으므로, 특유의 띠무늬(banding pattern)도 나타나지 않는다. 개별 민무늬근육세포는 그물섬유, 혈관, 신경섬유 등으로 이루어진 그물 구조에 둘러싸여 있지만, 뼈대근육이나 심장근육에서 관찰되는 계층적 결합조직 조직화(hierarchical connective tissue organization)는 존재하지 않는다.

3. 미세구조 Fine Structure

가로무늬근육과 달리, 민무늬근육세포의 근육잔섬유는 세포질 전체에 다양한 각도로 분산되어 있다(그림 5-17). 가는근육잔섬유는 액틴과 트로포마이오신을 포함하지만, 트로포닌이 없고, 마이오신 굵은근육잔섬유는 상대적으로 수가 적다. 민무늬근육세포에서 액틴 대 마이오신 비율은 평균 약 15:1이며, 이

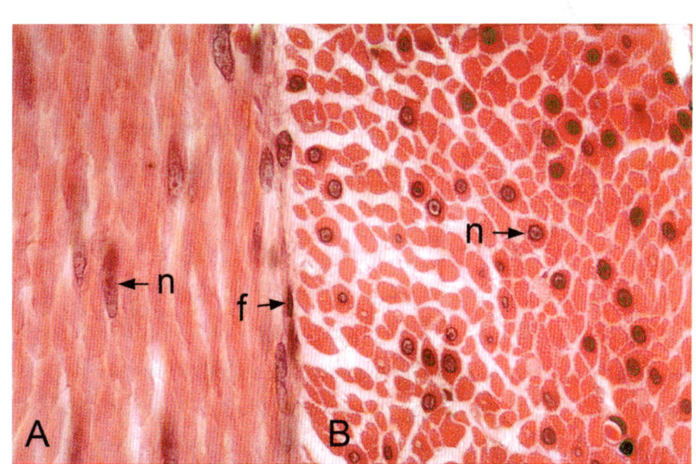

그림 5-16 • **A.** 민무늬근육섬유는 긴 방추형의 세포로, 중앙에 위치한 핵(n)을 가진다. **B.** 절단면의 위치에 따라 여러 섬유에서 핵이 관찰되지 않을 수 있다. 근육층 사이의 결합조직 내에는 섬유모세포(f)가 존재하며, 이들은 더 작고 진하게 염색되는 핵을 가진다. 개 빈창자의 근육층. H&E, (×1,000). (Image by W.E. Haensly).

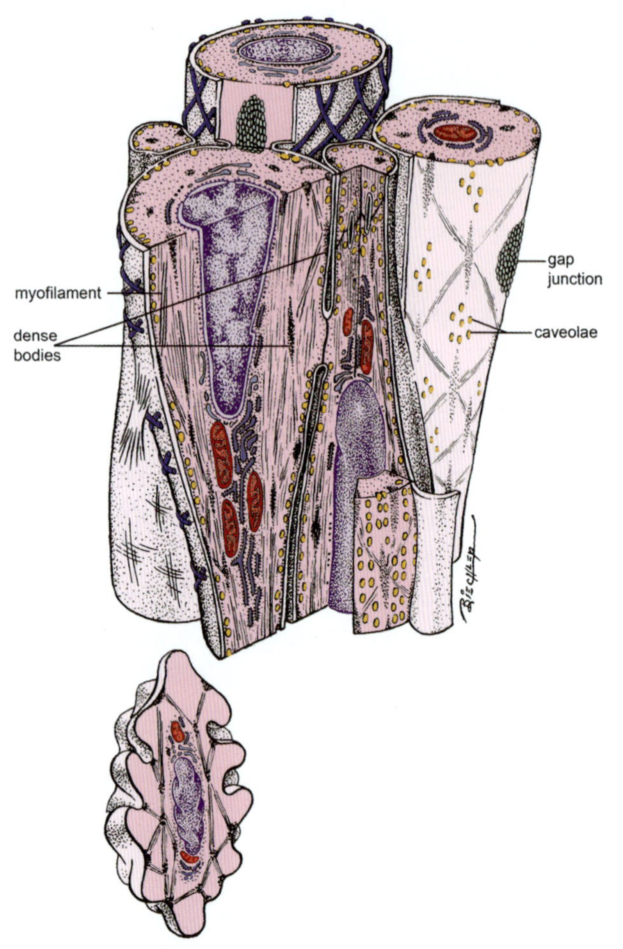

그림 5-17 • 민무늬근육세포는 중앙에 위치한 핵을 가지며, 그 주위의 세포질에는 다양한 방향으로 배열된 근육잔섬유가 존재한다. 수축성 근육잔섬유는 민무늬근육세포의 세포막과 세포질 내에 있는 치밀소체에 부착한다. 근육잔섬유가 수축하면 세포는 짧아진다(아래 그림 참조). 세포막을 따라 다수의 작은움(caveolae), 소포(vesicle), 그리고 틈새이음이 관찰된다.

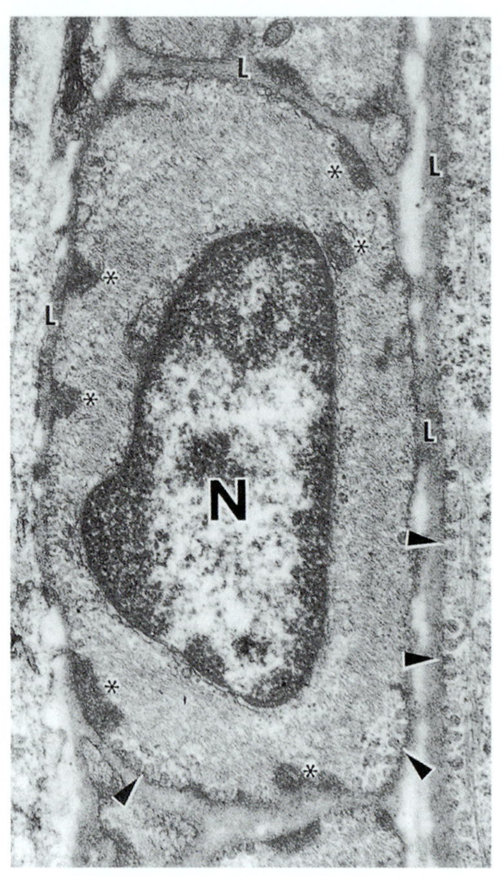

그림 5-18 • 민무늬근육세포 가로단면 전자현미경사진. 핵(N)은 중앙에 위치하며, 세포질은 많은 근육잔섬유를 포함한다. 전자밀도가 높은 치밀소체(*)는 근육잔섬유의 부착부위 역할을 한다. 인접한 세포의 세포막을 따라 수많은 작은움(caveolae, 화살표머리)이 존재한다. 두 세포 사이에는 바닥판(L)이 존재하며, 일부 부위에서는 융합된 모습이 관찰된다. (×23,900). (Courtesy of W.S. Tyler).

는 가로무늬근육에서의 6:1과 비교가 된다. Z선 대신, 근육원섬유는 세포 전체에 분포되어 있는 **치밀소체(dense body)**에 고정되어 있으며, **데스민(desmin)**과 **비멘틴(vimentin)**으로 구성된 중간잔섬유 그물망을 통해 서로 연결되어 있다.

민무늬근육세포에는 근육세포질그물이 제한적으로 존재하고, 가로세관은 없지만, 세포막을 따라 존재하는 칼슘통로가 활동전위에 반응하여 열리게 된다. 또한, 세포막을 따라 플라스크 모양의 함입 구조인 **작은움(caveolae)**이 줄지어 배열되어 있는데(그림 5-18), 이 구조는 세포 표면적을 크게 확장시키고, 세포막과 근육세포질그물 사이 거리를 좁혀주는 역할을 한다.

4. 수축 Contraction

민무늬근육세포의 수축은 세포질 내 칼슘 농도의 증가로 시작된다. 세포막의 전압관문칼슘통로(voltage-gated calcium channel)를 통하여 칼슘이 유입되거나, IP_3(inositol 1,4,5-triphosphate)에 의해 근육세포질그물에서 칼슘이 방출되어 세포질 내 칼슘 농도가 증가한다. 가로무늬근육에서는 칼슘이 직접 가는근육잔섬유에 결합하여 연결다리형성을 촉발하지만, 민무늬근육세포에서는 칼슘이 **칼모듈린(calmodulin)**에 결합한다. 칼슘칼모듈린복합체(calcium-calmodulin complex)는 마이오신 가벼운사슬 인산화효소(myosin light chain kinase)를 활성화시키고, 이는 굵은근육잔섬유 머리 부분의 마이오신 가벼운사슬(myosin light chain)을 인산화하여 액틴과의 연결다리주기를 가능하게 하고 그 결과 근육수축이 일어난다. ATP 분해효소(ATPase)의 활성속도가 느린 점과 기타 요인으로 인하여 민무늬근육의 수축은 가로무늬근육에 비해 수축 속도가 느리다.

민무늬근육의 수축은 불수의적으로 일어나며, 다양한 방식으로 촉발될 수 있다. 자율신경계로부터 방출되는 신경전달물질은 세포막의 탈분극을 일으켜 수축을 유도할 수 있다. 호르몬은 다양한 효과를 나타낼 수 있으며, 어떤 근육은 수축하고, 다른 근육은 이완한다. 일부 민무늬근육세포는 뻗침(stretch) 시 활성화되는 칼슘을 방출하는 특성을 갖추고 있어, 길이 변화에 빠르게 반응하고 내부압력을 자율적으로 조절한다. 내장기관 벽에서 발견되는 민무늬근육은 그물망 형태로 작용하는 경향이 있고, 이를 **단일단위민무늬근(single-unit smooth muscle)**이라고 한다. 이러한 근육의 근육세포는 틈새이음으로 서로 연결되어 있으나, 신경 분포는 드물게 나타난다. 반면, 눈의 홍채와 같은 **뭇단위민무늬근육(multiunit smooth muscle)**은 각 근육세포에 개별적인 신경지배가 이루어져 정밀한 운동 조절이 가능하며, 이들 근육세포는 틈새이음을 갖지 않는다.

5. 근육발생, 비대, 재생 Myogenesis, Hypertrophy, and Regeneration

민무늬근육세포는 중배엽과 신경능선세포(neural crest cell)에서 유래하고, 몸 전체의 다양한 부위에 분포되어 있다. 민무늬근육조직은 비대(hypertrophy, 기존 세포의 확장)와 증식(hyperplasia, 새로운 세포의 형성) 모두를 통하여 크기가 증가할 수 있다. 새로운 민무늬근육세포는 세포분열(mitosis) 또는 혈관주위세포(pericyte)의 분화를 통해 생성될 수 있다. 그러나 이러한 새로운 근육세포 형성은 제한적이기 때문에, 민무늬근육의 치유는 새로운 근육세포의 재생보다는 주로 결합조직 흉터 형성을 통해 이루어진다.

임상 관련 *Clinical Correlations*

근육병증(myopathy)은 선천성(congenital), 대사성(metabolic) 또는 염증성(inflammatory) 등으로 발생할 수 있으며, 이는 바이러스, 세균, 곰팡이, 기생충 등 다양한 병원체에 의해 유발될 수 있다. 염증 반응이 동반된 경우, 해당 질환은 **근육염(myositis)**이라 한다. 개의 저작근(masticatory muscle)에 일어나는 호산구근육염(eosinophilic myositis)에서는, 근육조직 내에 다수의 호산구(eosinophil)가 침윤하며, 림프구를 비롯하여 다른 염증세포가 적은 수로 관찰될 수 있다. 이 과정에는 근육 퇴행변성(degeneration)과 위축이 수반된다(그림 5-19A 참조). 또한, 돼지에서는 다양한 뼈대근육에서 육아종근육염(granulomatous myositis)이 발생할 수 있으며, 이 경우 뭇핵거대세포(multinucleated giant cell)가 근육섬유 사이 공간에 침윤한다. 이러한 병변은 2형돼지써코바이러스(type 2 porcine circovirus) 감염과 관련이 있는 것으로 보고되어 있다(그림 5-19B). 이외에도, 비종양성(non-neoplastic) 근육 질환 중에는 신경지배 장애로 유발되는 신경병증(neuropathy)이나, 운동종말판(motor end plate)의 이상에 의한 근무력증상태(myasthenic condition)도 포함된다.

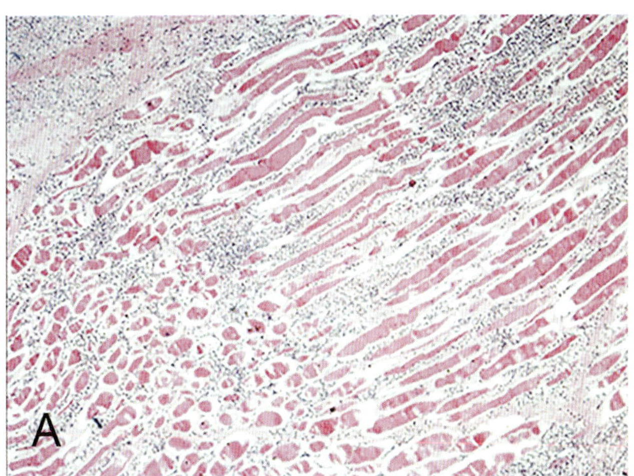

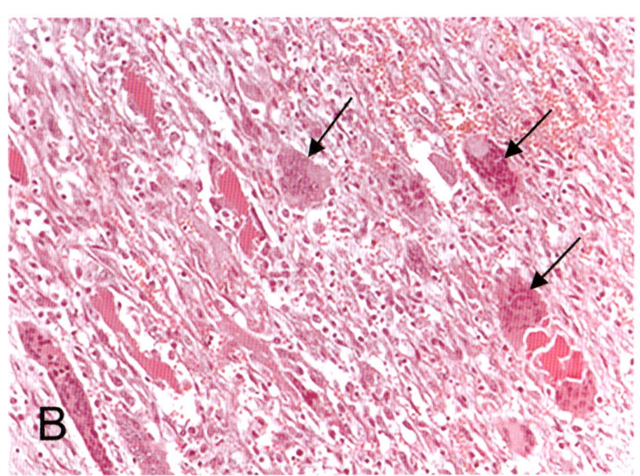

그림 5-19 • 근육염(myositis). **A.** 비정상적인 항체의 생성으로 저작근이 공격을 받아, 조직은 세포 빈응에 의해 점진적인 근육 파괴와 턱의 고정이 일어난다. 저먼셰퍼드 독. **B.** 돼지 뼈대근육에서 근육섬유 사이에 뭇핵거대세포(화살표)가 보인다. (Reprinted with permission from Salguero Bodes FJ, Pallares Martinez FJ. Aughey and Frye's Comparative Veterinary Histology with Clinical Correlates. 2nd ed. Boca Raton: CRC Press, 2023).

핵심 정리 *Essentials*

뼈대근육(가로무늬근육, **skeletal muscle,** striated muscle)은 세 층의 결합조직을 가진다. 가장 바깥층은 전체 근육을 둘러싸고 있는 *근육바깥막(epimysium)*이고, 중간층은 근육다발을 둘러싸는 *근육다발막(perimysium)*이며, 가장 안쪽은 개별 근육섬유를 감싸는 *근육속막(endomysium)*으로 구성되어 있다. 근육세포(또는 근육섬유)는 다핵성이며, 각각의 근육섬유는 바닥판(basal lamina)으로 둘러싸여 있다. 근육세포막은 세포 내로 함입되어 가로세관(T tubule)을 형성하며, 이 구조는 근육세포질그물과 상호작용한다. 가로세관은 세포내부로 탈분극신호를 전달하여 근육세포질그물로부터 칼슘 방출을 촉발한다. 방출된 칼슘은 트로포닌C에 결합하며, 액틴의 마이오신 결합부위를 노출시켜 마이오신 ATPase에 의한 근육원섬유마디 수축을 가능하게 한다.

수축의 기능적 단위는 근육원섬유마디(sarcomere)로, 하나의 Z선에서 다음 Z선까지 연장된다. Z선은 주로 α-액티닌에 의해 액틴 잔섬유를 고정하는 역할을 한다. 마이오신잔섬유는 오직 A띠에만 존재하며, 이 부위에는 액틴도 함께 존재한다. I띠는 액틴만 존재하는 구역으로, 근육수축 시 길이가 짧아진다,

근육섬유는 운동종말판에서 말이집신경섬유(myelinated nerve fiber)에 의해 신경지배를 받는다. 운동종말판에서 신경집세포(neurolemmocyte)와 근육섬유의 바닥판은 융합되어 있다. 운동신경의 축삭종말(axon terminal)에서 분비된 아세틸콜린은 연접이후틈새(postsynaptic cleft)에 존재하는 이음주름(junctional fold) 수용체에 결합한다.

근육방추(muscle spindle)는 피막으로 둘러싸인 방추속근육섬유(intrafusal muscle fiber)로 구성되어 있으며 *뻗침* 수용기(stretch receptor) 기능을 한다. **근육힘줄이음(myotendinous junction)**은 근육과 힘줄을 연결하는 부위로, 매우 주름이 잡힌 근육세포막이 힘줄아교와 맞물리는 구조를 이룬다. **골지힘줄기관(Golgi tendon organ)**은 근육이 뼈에 부착되는 힘줄 부위에 위치하며, 근육-힘줄 부위의 긴장을 감지한다. ***치유(healing)***: 위성세포는 바닥판과 근육세포막 사이에 위치한 줄기세포로 손상에 반응하여 증식하며, 회복 과정은 다양한 전사인자와 성장인자에 의하여 조절된다.

심장근육(cardiac muscle): 심장근육세포는 하나의 중심핵을 가지며, 세포는 가지를 형성하고, 부착판, 부착반점, 틈새이음을 포함하는 사이원반에 의해 서로 연결되어 있다. 심장근육세포는 사립체가 매우 풍부하고, 가로세관도 뼈대근육보다 크다. 근육세포질그물은 뼈대근육의 세동이 구조만큼 조직화되어 있지 않다. 심장근육의 수축은 근육세포질그물로부터의 세포내 칼슘 방출과 세포막 이온통로를 통한 세포밖 칼슘 유입에 의해 조절된다. ***치유(healing)***: 치유 능력이 낮으며 손상에 대한 반응은 전형적으로 섬유화를 통하여 이루어진다.

민무늬근육(smooth muscle): 민무늬근육세포는 교감신경과 부교감신경에 의해 지배되는 불수의근육이며, 방추형으로, 바닥판에 둘러싸여 있으며 다수의 틈새이음을 포함한다. 민무늬근육은 호흡계통, 소화계통, 생식계통의 여러 부위에서 층(sheet) 형태로 배열되어 있으나, 외분비샘에서는 분비를 돕는 단독 세포로 존재한다.

민무늬근육은 근육원섬유마디와 트로포닌이 존재하지 않으며, 액틴잔섬유는 α-액티닌을 함유하는 세포질 내 치밀소체(cytoplasmic dense body)에 부착된다. 이완된 세포에서는 마이오신잔섬유(myosin filament)가 가용성형태(soluble form)로 존재하므로, 전자현미경에서 관찰되지 않는다. 칼슘은 *칼모듈린*과 결합하여 수축을 촉발하며, 이는 마이오신 인산화와 잔섬유 조립으로 이어진다. 민무늬근육의 수축과 이완은 약물 또는 호르몬이 세포 내 칼슘 농도를 변화시켜서 유도될 수 있다. ***치유(healing)***: 손상 후에는 민무늬근육세포가 분열을 통해 새로운 세포를 형성한다.

CHAPTER 06

혈액과 골수

Blood and Bone Marrow

제1절 | 혈액 *Blood*

1. 혈액의 구성과 기능

Composition and Function of Blood

혈액은 골수에서 유래한 특수한 세포들이, 연한 노란색을 띠는 액체 성분인 혈장(plasma) 속에 떠 있는 형태로 구성되어 있다. 소화관을 통해 흡수된 수분과 염분(salts)이 혈액 속 혈장의 주요 공급원이다. 동물의 전체 혈액량은 혈관계 내의 세포성분(cellular element)과 혈장 성분의 부피를 더한 값이다. 혈액에서 혈장은 전체의 약 55%를 차지하며, 나머지 45%는 세포성분으로 이루어져 있다. 세포성분에는 적혈구(red blood cell), 백혈구(white blood cell), 혈소판(platelet)이 포함되는데 이 중 적혈구가 세포성분의 대부분을 차지하며, 백혈구와 혈소판은 합해도 1% 미만에 불과하다. 성체 동물에서는 전체 혈액량이 보통 체중 kg당 8~10%에 해당한다. 즉 체중 1파운드(0.454 kg)당 약 28~40 mL의 혈액을 가진다. 예를 들어, 454 kg(1,000 파운드) 체중의 말의 전체 혈액량은 약 35 L이고, 체중 4.54 kg(10파운드)의 개는 약 350~400 mL 정도의 혈액을 갖는다. 일부 실험동물(예, 래트)은 혈액량이 체중의 6% 수준에 불과할 수도 있다. 표 6-1에서는 다양한 동물의 건강한 성체 기준 순환 혈액량(kg당 mL)이 제시되어 있다. 하지만 비만하거나 노령의 동물에서는 표준 대비 최대 15%까지 혈액량이 줄어들 수 있다.

동물의 혈액량은 반드시 일정 수준 내에서 유지되어야만 전신 조직에 산소와 영양소를 지속적으로 공급할 수 있으며 이외에 여러 중요한 기능을 할 수 있다. 적혈구 내의 혈색소(hemoglobin)는 조직에 산소를 운반하고, 이산화탄소를 회수하여 제거를 용이하게 한다. 또한, 혈액은 아미노산, 당, 무기질과 같은

표 6-1 • 동물의 순환 혈액량

Animal	Average Blood Volume (ml/kg)
Cat	55
Dog	86
Horse	76
Cow	55
Pig	65
Sheep	60
Goat	70
Rabbit	56
Mouse	79
Rat	64

영양소를 조직에 전달하며, 간이나 콩팥에서 제거될 노폐물이나 독성 물질을 운반하는 경로의 역할을 한다. 호르몬, 효소, 비타민도 혈액을 통해 표적 조직으로 이동한다. 백혈구의 포식활성, 백혈구 과립의 살균 작용, 그리고 림프구에 의한 체액성 및 세포성 면역 반응으로 혈액은 방어 체계를 제공한다. 마지막으로, 혈소판은 지혈(hemostasis)에 중요한 역할을 하며, 출혈 시 과도한 혈액 손실을 방지한다. 특정 조직으로의 혈액 공급이 차단되면 허혈(ischemia)이 발생하여 조직은 괴사한다.

2. 혈장 Plasma

시험관에 항응고제 없이 갓 채혈한 혈액을 넣으면 혈장 내의 혈소판과 응고 인자가 작용해 혈병형성(clot formation)이 일어난다. 이 과정에서 섬유소원(fibrinogen)은 혈병을 만들기 위해 소모되고, 이렇게 혈병이 생성된 후 남는 맑은 노란색 액체 성분을 혈청(serum)이라고 한다. 반면 EDTA(ethylene diamine tetra-acetic acid)와 같은 항응고제를 사용해 혈액을 채취하면 혈병 형성을 막을 수 있다. 이렇게 항응고된 혈액을 원심분리(centrifugation)하면 위쪽에는 혈장(plasma)이, 아래에는 세포성분이 분리된다(그림 6-1). 혈장은 종에 따라 무색에서 연한 노란색까지 다양하며, 약 92%는 물, 8%는 용질(solid, dry matter)로 구성된 약한 알칼리성 액체이다. 용질의 약 90%는 포도당, 지질(콜레스테롤, 중성지방, 인지질, 레시틴, 지방), 단백질(알부민, 글로불린, 섬유소원 등), 당단백질, 호르몬, 아미노산, 비타민 같은 유기물질이다. 나머지 무기물질 또는 미네랄 성분(소듐, 포타슘, 칼슘, 염소, 탄산수소염, 황산, 인산)은 양이온 또는 음이온 상태로 존재한다. 혈장 단백질 중 가장 풍부한 것은 알부민이다. 알부민은 혈장 내에서 다양한 물질을 운반하는 역할뿐만 아니라, 혈액의 삼투압을 유지하는 데 중요한 역할을 한다. 삼투압이란 알부민이 주변 조직으로부터 혈관 내로 물을 끌어들이는 삼투작용의 힘이며, 이와 같은 체액 이동은 일정한 혈액량 유지에 기여한다.

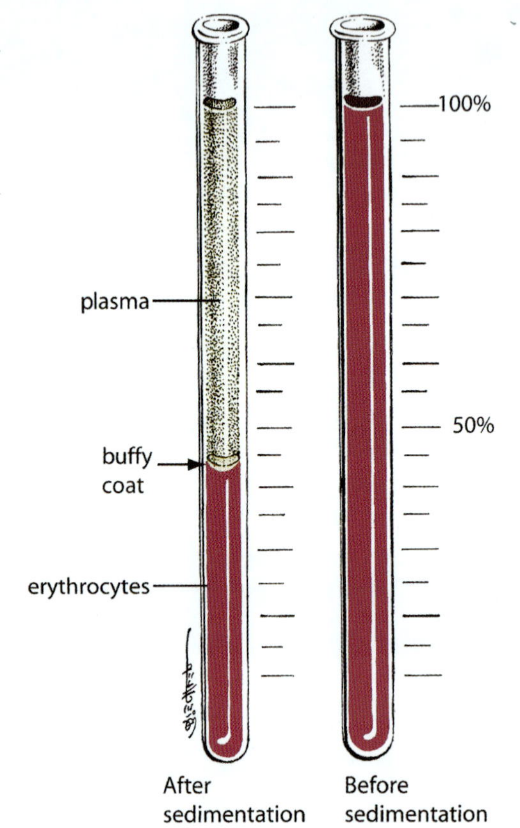

그림 6-1 • 침강 전후의 혈액. 충전적혈구용량은 약 45%를 차지하며, 백혈구와 혈소판은 백혈구층(buffy coat)이라는 얇은 층을 형성하여 전체 혈액량의 약 1%를 구성한다. 나머지 부분은 상층의 혈장이다.

3. 세포성분 Cellular Elements

혈액을 원심분리하면 **세포성분(cellular element)**은 혈장과 뚜렷하게 구분되는 층을 형성한다. 가장 아래에 위치한 적색층은 전체 혈액 부피의 약 45%를 차지하며, 적혈구(erythrocyte)로 구성되어 있다. 이 층은 충전세포용적(적혈구용적률, packed cell volume, PCV, hematocrit)이라고 불리며, 혈액 샘플 내에서 적혈구가 차지하는 부피의 비율(%)을 나타낸다. 적혈구 층 위에는 백혈구층(buffy coat)이라고 불리는 미세한 회백색 층이 존재한다. 정상 개체에서 백혈구층은 전체 혈액의 약 1%를 차지하며, 혈소판과 백혈구(중성구, 호산구, 호염기구, 단핵구, 림프구)로 구성된다. 백혈구층의 위쪽에는 더욱 희고 얇은 혈소판층(platelet layer)이 위치하며, 이는 그 아래의 백혈구층(leukocyte layer)과 구분될 수 있다. 백혈구층에 낮은 비중의 적혈구(예, 그물적혈구, reticulocyte)가 일부 섞여 있는 경우가 있어 약간 분홍빛을 띨 수도 있다. 백혈구와 혈소판의 수는 가축의 종류에 따라 다를 수 있으나, 일반적으로 혈액 중 백혈구 수는 8,000~12,000개/μL, 혈소판 수는 약 2십만 ~4십만 개/μL이다.

1) 적혈구 Erythrocytes

적혈구(erythrocyte, red blood cell)는 골수(bone marrow)의 만능분화줄기세포(pluripotent stem cell)에서 유래한다. 만능분화줄기세포는 일련의 분화 과정을 거치면서 형태학적 구별이 가능한 미성숙 적혈구 또는 적혈구전구세포(erythroid precursor)로 불리는 세포로 발달한다. 성숙의 마지막 단계에서는 세포 크기가 점차 작아지고, 세포질 내에 혈색소를 축적한 뒤 핵을 방출하고 골수에서 혈액 순환계로 유입된다. 이러한 적혈구 발생 과정을 적혈구형성(erythropoiesis)이라고 한다.

혈색소(hemoglobin)는 적혈구의 산소 운반 단백질이다. 혈색소는 산소 농도가 가장 높은 허파에서 산소와 결합한 후 이를 조직으로 운반한다. 성숙적혈구는 핵이 없고 양쪽이 오목한 이중오목(biconcave) 형태를 가지는데, 이는 산소 운반 능력을 높이는 데 기여한다. 특히 이중오목 구조는 세포 표면적을 증가시켜 산소 교환을 효율적으로 만든다. **그물적혈구(뭇색듦적혈구, reticulocyte, polychromatophilic red blood cell)**는 핵이 없으며 혈색소를 일부 가진 미성숙한 적혈구로 1~3일 이내에 순환계 내에서 성숙 적혈구로 발달한다.

일부 종의 말초혈액 도말 표본에서는 소수의 그물적혈구가 정상적으로 관찰된다. 그러나 건강한 성숙 말, 소, 산양의 혈액에는 일반적으로 그물적혈구가 존재하지 않는다. 그물적혈구는 Wright-Giemsa 염색을 한 혈액 도말 표본에서 성숙 적혈구에 비해 약간 푸르스름하게 보이는데, 이는 세포 내에 잔존하는 RNA 때문이다. New methylene blue(NMB)와 같은 생체 염색(vital stain)으로 이들 세포에 남아 있는 리보소체, 무리리보소체(polyribosome), 사립체로 구성된 그물조직(reticular mesh)을 확인할 수 있다. 말초혈액에서 NMB염색을 이용해 그물적혈구의 수를 측정하여 골수의 적혈구형성 활성을 평가할 수 있다. 그물적혈구는 수일 내에 그물조직을 잃고 적혈구로 성숙한다.

일반적으로 가축의 적혈구 크기는 3~7 μm이다. 개의 적혈구는 약 7 μm로 가장 큰 반면, 면양과 산양의 적혈구는 각각 4.5 μm와 3.2 μm이다. 적혈구의 형태와 핵의 존재여부는 종에 따라 다양하다. 포유동물의 적혈구는 광학현미경으로 관찰할 때 약한 중심창백(central pallor)이 보이는 오목한 원반 모양으로 보고되었으나, 이러한 특징은 개의 적혈구에서만 명확하게 보인다(그림 6-2). 낙타과(Camelidae, 낙타, 라마, 알파카)는 특징적인 타원형 적혈구를 가진다. 양서류, 파충류, 조류의 적혈구도 타원형이지만 포유동물의 적혈구와 다르게 성숙적혈구에도 핵이 존재한다. 고양이와 말에서는 순환 적혈구의 일부에서 핵의 조각(fragment)인 Howell-Jolly소체(Howell-Jolly body)가 정상적으로 관찰된다. 그러나, 다른 종에서 핵 또는 Howell-Jolly소체를 가진 적혈구 숫자가 증가하면 지라의 기능적 이상 또는 지라절제술이 시행되었음을 의미한다.

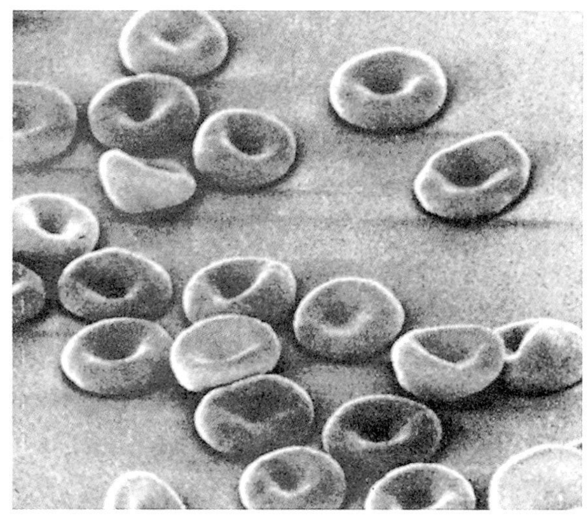

그림 6-2 • 임상적으로 정상인 개의 적혈구 주사전자현미경사진. 적혈구는 이중오목(biconcave) 원반 형태이다. (From Jain NC. Schalm's Veterinary Hematology. 4th Ed. Philadelphia: Lea & Febiger, 1983.)

적혈구 크기가 약간 불균일하게 나타나는 현상, 즉 **적혈구크기다름증(anisocytosis)**은 말초혈액 도말 표본에서 흔히 관찰된다. 또한, 적혈구 모양이 다양하게 나타나는 **변형적혈구증가증(poikilocytosis)**은 면양, 산양, 돼지에서는 정상적인 소견으로 간주되지만, 대부분 다른 종에서는 흔하지 않다. 수많은 짧고 고르게 배열된, 둔하거나 뾰족한 돌기를 가진 **톱니적혈구(crenated red blood cell, crenated cell)** 또한 흔히 관찰되는데, 일반적으로 도말 과정에서 생긴 인공적인 변화이지만, 림프종(lymphoma)이나 요독증(uremic)에 걸린 동물에서도 관찰될 수 있다.

적혈구가 서로 연결되어 '동전이 쌓인 것' 같은 모양의 **적혈구포갬(rouleau formation)**은 말과 고양이의 혈액도말에서 흔히 관찰된다. 반면, 개를 비롯한 다른 종에서 적혈구포갬이 관찰될 경우, 면역글로불린이나 섬유소원 같은 단백질을 포함하는 혈중 총 단백질의 농도가 증가하였음을 시사한다. 그러나 적혈구가 불규칙하게 응집된 혈구응집 현상은 어떤 종에서든 비정상 소견이며 적혈구포갬과 구분해야 한다. 혈구응집은 일반적으로 적혈구 표면에 항체가 결합되어 발생하며, 면역매개용혈빈혈(immune-mediated hemolytic anemia, IMHA)과 관련되어 나타난다. 게다가, IMHA 환자에서는 적혈구가 정상적인 오목한 원반 모양을 잃고, 중심창백이 없는 구형(spherocytic)의 세포로 변형되는 경우가 많다.

골수에서는 매초 약 1백만~3백만 개의 적혈구가 생성되어 순환계로 방출된다. 적혈구는 혈액의 **유형성분(formed element)** 중 가장 많은 수를 차지한다. 건강한 성체동물에서는 약 5백만~1천만 개/μL가 존재하고, 면양과 산양의 혈액에는 1천 2백만~1천 5백만 개/μL가 존재한다.

순환하는 적혈구의 수명은 동물마다 다르다. 생쥐(마우스)의 적혈구 수명은 약 30일이며, 고양이와 개의 적혈구 수명은 각각 68일, 110일로 보고된 바 있다. 산양, 소 그리고 말은 각각 115일, 130일, 145일로 적혈구 수명이 더 길다. 적혈구가 부족해지면 골수에서 그물적혈구와 성숙적혈구를 방출해서 지속적으로 균형이 유지된다. 수명이 다하거나 손상된 적혈구는 순환 중에 주로 지라와 간의 큰포식세포에 의해 제거된다.

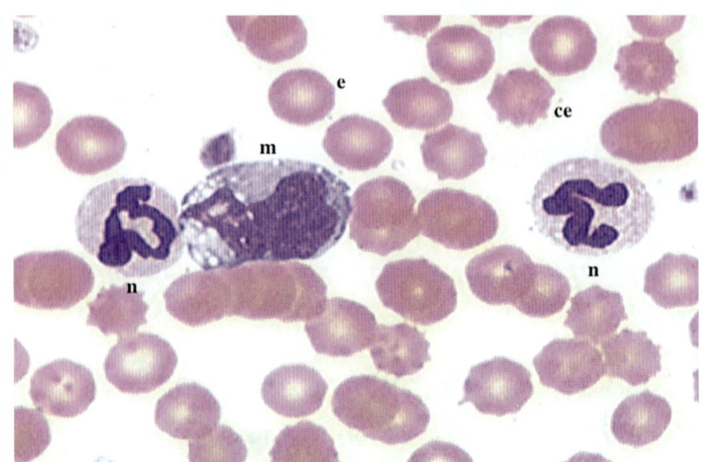

그림 6-3 • 개 혈액도말에서 두 개의 중성구(n)와 한 개의 단핵구(m)가 적혈구(e)에 둘러싸여 있다. 중성구는 분엽핵과 중성 염색성을 띠는 세포질이 특징이다. 중성구는 순환혈액에서 가장 많은 과립백혈구로, 미생물 감염에 반응하여 빠르게 조직으로 침투한다. 단핵구는 순환혈액에서 가장 큰 백혈구로, 다양한 형태의 핵(pleomorphic nucleus)과 공포(vacuole)가 있는 회청색 세포질을 가진다. 적혈구는 이중오목(biconcave) 형태로 인해 중심부가 연하게 염색된다. 톱니적혈구(crenated erythrocyte, ce)는 표면에 짧은 돌기가 나타나며, 이는 세포 형태 변화에 따른 인공산물(artifact)이다. (Image by J. Messick).

2) 백혈구 Leukocytes

적혈구와 마찬가지로 **백혈구(white blood cell, leukocyte)**도 골수에서 발생한다. 이들은 만능분화조혈줄기세포(pluripotent hematopoietic stem cell)로부터 유래하며, 계열특정분화(lineage-specific differentiation)를 거쳐 성숙한 백혈구로 발달한다. 이 과정을 백혈구형성(leukopoiesis)이라 한다. 말초혈액에서의 수요를 충족시키기 위해 골수는 백혈구를 지속적으로 방출하며, 하루에 약 10^{10}~10^{11}개의 백혈구를 순환계로 방출한다.

혈액 내 백혈구는 **과립백혈구(granulocyte)**와 **무과립백혈구(agranulocyte)**로 구분한다. 과립백혈구라는 용어는 이들 세포의 세포질 내에 특정 염색성을 가진 과립이 존재함을 의미하며, 이러한 과립의 염색 특성에 따라 중성구(neutrophil, 중성 또는 연한 분홍빛 과립), 호산구(eosinophil, 붉은 오렌지색 과립), 호염기구(basophil, 짙은 파란색 또는 자주색의 과립)로 분류된다. 반면 무과립백혈구는 뚜렷한 과립이 없는 백혈구이며, 림프구(lymphocyte)와 단핵구(monocyte)가 여기에 포함된다. 백혈구는 조직 손상과 감염에 대한 신체 반응을 일으킨다. 일반적으로 이들 세포는 면역계에 필수적이며, 선천성(비특이적) 면역과 후천성(특이적) 면역 반응 모두에 관여한다.

(1) 중성구 Neutrophil

중성구(neutrophil)의 주요 기능은 침입한 병원체, 특히 세균을 혈류 또는 조직 내에서 포식작용(phagocytosis)이라고 하는 과정을 통해 제거하는 것이다. 중성구는 혈관을 빠져나와 손상 부위로 이동하여 침입한 병원체를 제거할 수 있고 병원체를 조직에서 점검한 후 다시 혈류로 돌아갈 수 있다. 중성구는 과립백혈구집락자극인자(granulocyte colony-stimulating factor, G-CSF) 및 기타 사이토카인의 자극에 반응하여 골수에서 생성되며, 성숙되면 혈액 내로 방출된다. 성숙한 중성구의 지름은 약 12~15 μm이며, 흔히 3~4개의 엽(lobe)으로 나뉜 분엽핵(segmented nucleus)이 특징이다. 이 핵은 응집된(clumped) 염색질 또는 뭉친염색질성(heterochromatic) 염색질로 구성되어 있다(그림 6-3). 중성구의 세포질 과립에는 포식한 미생물을 비활성화 및 분해하기 위한 다양한 가수분해효소(hydrolytic enzyme)와 항균물질(antibacterial substance)이 포함되어 있다. 대부분의 포유동물에서 이 과립은 작고 중성 염색성이어서 세포질이 투명하게 보인다. 그러나 토끼, 기니피그, 조류, 양서류 그리고 파충류의 중성구는 세포질 과립이 크고 적색을 띠며, 이 경우 **이염색백혈구(heterophil)**라고 한다(그림 6-4).

전자현미경 및 세포화학 분석에 따르면, 중성구는 활발한 골지복합체(Golgi complex)는 갖고 있으나 사립체는 소수만 포함하고 있다. 중성구의 세포질 과립은 크기와 과산화효소의 활성이 다양하다. **일차과립(호아주르과립, primary granule, azurophilic granule)**은 크기가 크고 과산화효소 활성이 있지만, **이차과립(특이과립, secondary granule, specific granule)**은 크기가 작고 과산화효소 활성이 없다(그림 6-5). 일차과립은 막으로 둘러싸여 있으며 산성가수분해효소(acid hydrolase), 중성단백질분해효소(neutral protease), 탄력소분해효소(elastase) 같은 효소를 포함한다. 골수세포형 과산화효소(myeloperoxidase), 용균효소(lysozyme), 디펜신

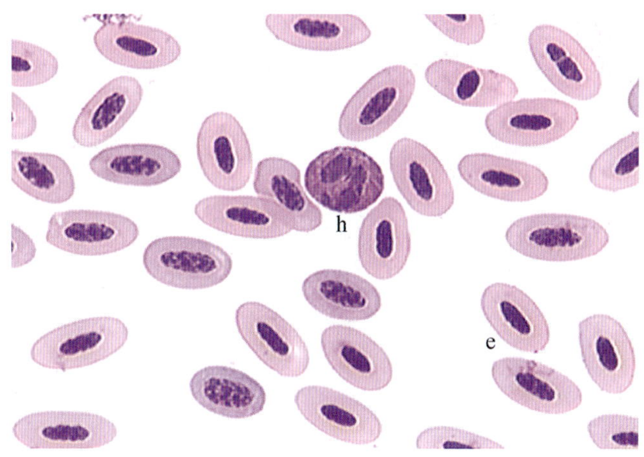

그림 6-4 • 이염색백혈구와 적혈구. 조류 적혈구(e)는 타원형이며 포유동물의 적혈구와 다르게 성숙 상태에서도 핵을 유지한다. 이염색백혈구(heterophil, h)는 세포질내에 큰 적색 과립을 가지며, 포유동물의 중성구와 기능적으로 유사하다. (Image by J. Messick).

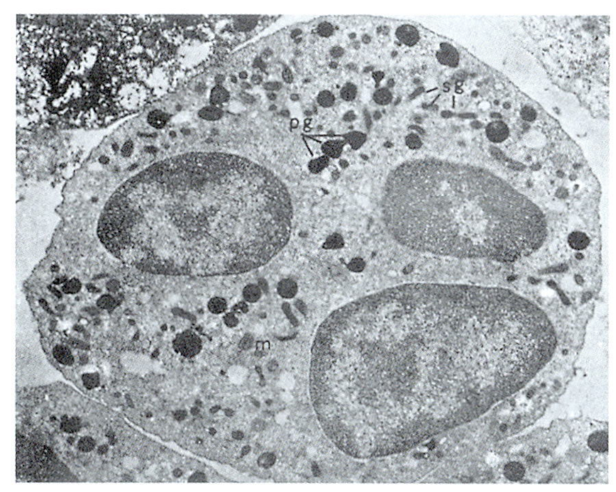

그림 6-5 • 과산화효소로 염색한 개 골수의 성숙 중성구 전자현미경사진. 세포질 내에는 크고 둥근 과산화효소 양성의 일차과립(pg)과 작고 다양한 모양의 과산화효소 음성의 이차과립(sg)이 존재한다. 몇 개의 사립체(m)가 관찰되며, 핵엽은 염색질 응축이 보인다. (From Jain NC. Schalm's Veterinary Hematology. 4th Ed. Philadelphia: Lea & Febiger, 1983.)

(defensin), 살균투과성유도단백질(bactericidal permeability-inducing protein) 같은 살균성분 또한 일차과립에 포함되어 있다. 일차과립의 성분과 세포화학적 작용에는 동물 간의 차이가 존재한다. 중성구의 이차과립은 알칼리성인산염분해효소(alkaline phosphatase), 아교질분해효소(collagenase), C5a분리효소(splitting enzyme) 같은 효소를 포함한다. 또한, 중성구는 세포 내로 섭취한 미생물을 파괴하기 위한 산소의존적, 산소비의존적 체계를 모두 이차과립 내에 갖고 있다. 이러한 살균성분에는 양이온성 단백질(cationic protein)과 가수분해효소(hydrolase), 단백질분해효소(protease), 락토페린(lactoferrin), 용균효소(lysozyme), 디펜신(defensin)과 같은 효소들, 그리고 산소의 독성대사산물을 발생시키는 효소가 포함된다.

대부분의 종에서 중성구는 순환하는 백혈구 중 가장 많으며, 전체 백혈구 수의 40~80%를 차지한다. 중성구는 미생물 감염에 대한 신체의 일차 방어선 역할을 한다. 약 8시간 동안 혈액 속에서 순환한 후 주위 조직과 몸공간(body cavity)으로 이동하여 특정 기능을 수행한다. 즉 순환하는 중성구분획(circulating pool)은 하루에 약 세 번 교체된다. 스트레스(corticosteroids)나 두려움(epinephrine)과 같은 생리적 자극은 중성구 수를 증가시킬 수 있는데, 이는 골수에서의 중성구 방출을 촉진하거나 혈액 내 이들 세포의 재분포를 유도하여 이루어진다.

건강한 정상 동물에서의 순환 중성구에는 보통 성숙한 분엽중성구(segmented neutrophil)와 소수의 띠중성구(band neutrophil)가 포함된다. 띠중성구는 약간 덜 성숙한 중성구로 크기는 성숙한 분엽중성구(12~15 μm)와 같거나 다소 크며, 핵 염색질은 덜 응축되어 있고, 핵은 분엽되지 않아서 매끄러운 가장자리가 서로 평행한 모양이다. **성숙중성구(분엽중성구, mature neutrophil, segmented neutrophil)**는 띠중성구와 유사하게 생겼지만 핵이 2~5개의 뚜렷한 엽으로 나뉘며 가는 핵잔섬유(nuclear filament)로 연결되어 있다. 띠중성구와 분엽중성구 모두 세포질은 투명하고, 연하거나 중성염색성 과립을 가지고 있다. 염증성 질환이 있는 경우 띠중성구 및 그보다 더 미성숙한 중성구 계열 세포의 수가 증가할 수 있다. 띠중성구의 수가 증가하였으나 여전히 성숙한 중성구보다 적을 경우 이를 '왼쪽이동(left shift)'이라고 한다. 염증성 혈액 양상을 시사하는 다른 형태학적 소견으로 푸른색 세포포함물인 돌소체(Dohle body, 리보소체와 세포질그물의 응집), 세포질의 호염기성(cytoplasmic basophilia), 세포질공포(cytoplasmic vacuole) 등이 관찰될 수 있다.

(2) 호산구 Eosinophil

호산구(eosinophil)는 특정 사이토카인과 성장인자의 영향을 받아 골수에서 발달하고 성숙한다. IL-5는 호산구 분화의 마지막 단계를 유도하고 혈류로 방출되도록 하는 데 중요한 역할을 하는 핵심 사이토카인이다. 또한 IL-5는 조직으로 이동한 호산구의 생존도 촉진한다.

호산구의 크기는 중성구와 비슷하지만, 세포질 내의 밝은 붉은색 과립으로 쉽게 구분할 수 있다. 호산구 과립은 Wright 염색약에 포함된 적색 산성 염료인 에오신(eosin)에 잘 염색되며, 이는 아르지닌(arginine)이 풍부한 강염기성 단백질의 함량이 높기 때문이다. 호산구를 구분하는 또 다른 특징은 중성

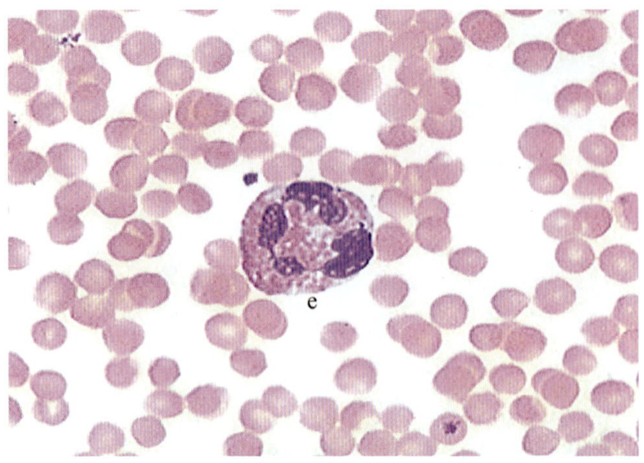

그림 6-6 • 소 호산구. 호산구(e)는 세포질에 적색 과립을 가진다. 이 세포는 급성 염증, 알레르기, 아나필락시스 반응(anaphylactic response)에서 중요한 역할을 한다. (Image by J. Messick).

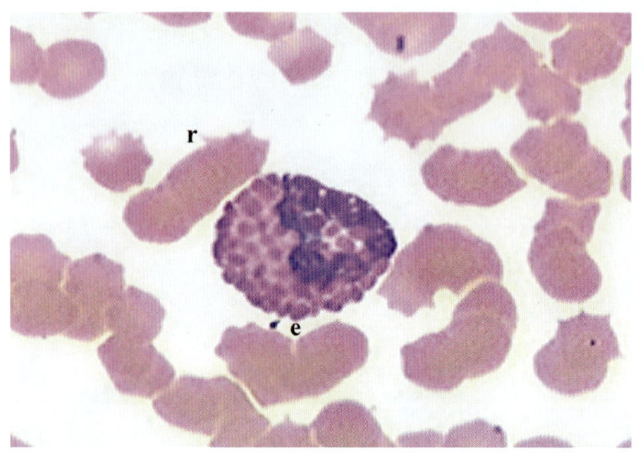

그림 6-7 • 말 호산구. 말 호산구(e) 내 밝은 적색 과립은 다른 종에서의 과립보다 크다. 호산구의 핵은 일반적으로 두 개 이상 엽을 가지지 않으며, 이는 중성구의 세 개 또는 네 개 엽과 대조적이다. 적혈구가 서로 쌓이는 현상인 적혈구포갬(rouleaux formation, r)은 말의 혈액에서 흔히 관찰된다. (Image by J. Messick).

구가 3~4개의 분엽핵을 가지고 있는 반면에 호산구는 두 개 이하의 분엽핵을 갖는다는 점이다.

호산구 내 과립의 크기, 모양, 수, 염색성은 종에 따라 다르다. 개의 호산구는 과립이 세포질 전체를 채우는 경우는 드물고, 작고 균일한 분홍빛 오렌지색의 과립으로부터 공포(vacuole)를 포함한 과립까지 다양한 형태의 과립을 갖는다. 고양이의 호산구는 붉은색으로 염색되는 많은 막대모양(rod-shaped) 과립을 갖는다. 말의 호산구에서는 크고 밝은 붉은색 과립이 보이지만 면양, 산양, 소, 돼지의 호산구에서는 세포질을 거의 완전히 채우는 작고 염색 정도가 약한 과립이 보인다(그림 6-6, 6-7).

호산구의 미세구조에 대한 연구에 의하면 골지복합체에서 수많은 일차과립(호아주르과립, primary granule, azurophilic granule)을 형성하며, 이는 중성구의 일차과립보다 크기가 더 크다. 개의 호산구에서 관찰되는 이차과립(특이과립, secondary granule, specific granule)은 형태가 다양하다. 어떤 것은 밝고 엷은 바탕질로 둘러싸인 전자밀도가 높은 균질한 과립(dense homogenous granule)이고, 또 다른 것은 전자밀도가 높은 물질로 모자처럼 둘러싸인 투명소포(clear vesicle) 형태의 과립이다. 성숙한 호산구에서는 소수의 사립체와 과립세포질그물의 잔유물(remnant)이 관찰된다(그림 6-8). 고양이와 기니피그의 호산구는 특징적인 결정모양(crystalloid) 특이과립을 갖지만, 소나 말 등의 다른 종에서는 균질한 과립만 갖는다.

호산구는 일반적으로 전체 백혈구 수의 0~8%를 차지하며, 혈액 1 μL당 0~500개의 절대 수치를 보인다. 개에서 혈관 내 호산구의 수명은 대략 1시간 미만으로 매우 짧은 것으로 추정된다. 호산구는 급성 염증, 알레르기, 아나필락시스 반응(anaphylactic reaction)에 중요한 역할을 하며, 연충류 기생충(helminthic parasite) 감염에도 관여한다. 알레르기와 염증반응을 조절하는 과정에서 호산구는 면역복합체를 포식하고 히스타민과 여러 혈관작용아민(vasoactive amine)의 방출과 재생산을 억제한다. 그러나, 호산구의 포식 및 살균 능력은 중성구보다는 제한적이다. 과도한 수의 호산구가 존재할 경우 조직 손상과 섬유증(fibrosis)을 유발한다는

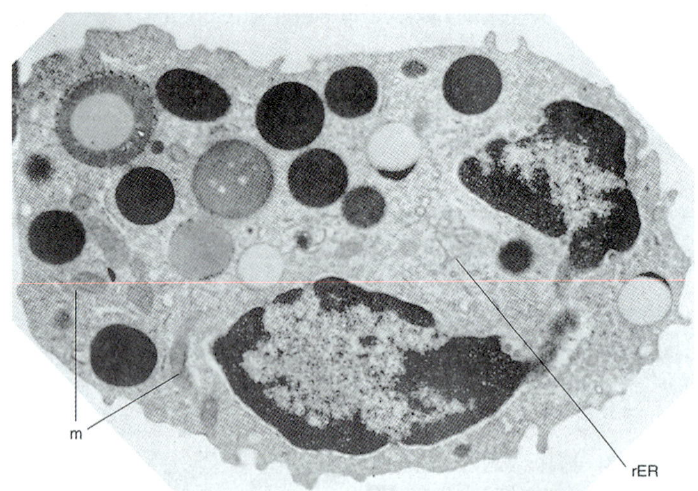

그림 6-8 • 개 호산구 전자현미경사진. 이 세포는 다양한 형태의 과립을 포함하고 있다. 짙거나 옅은 균질한 과립과 투명 소포가 존재하며, 소수의 사립체(m)와 과립세포질그물(rER)의 잔유물도 세포 전체에 흩어져 있다. (From Jain NC. Schalm's Veterinary Hematology. 4th Ed. Philadelphia: Lea & Febiger, 1983.)

것이 밝혀졌다. 항원-항체 복합체, 섬유소(fibrin), 섬유소원(fibrinogen) 등의 물질과 활성T림프구, 호염기구, 비만세포에서 분비되는 인자가 호산구의 화학주성인자(chemotactic factor)로 작용한다. 조직 손상이나 알레르기에 반응하여 비만세포와 호염기구에서 분비하는 히스타민은 호산구에 대한 주된 화학주성인자이다.

(3) 호염기구 Basophil

호염기구(basophil)는 혈액 내에서 가장 적은 과립백혈구이며, 주로 과민반응과 아나필락시스 반응에 관여한다. 이들은 골수의 줄기세포 선조세포(stem cell progenitor)에서 유래한다. 여러 사이토카인과 성장인자가 호염기구의 분화에 기여한다고 알려져 있는데, 그중 IL-3가 중요한 역할을 한다. 호염기구는 성숙된 형태로 혈액에 방출되며, 특유의 짙은 보라색(deep-purple) 세포질 과립으로 다른 세포와 구분할 수 있다. 자극을 받으면 이 세포는 과립에서 다양한 효과분자(effector molecule)와 사이토카인을 방출하여 강력한 면역 조절 기능을 발휘한다.

호염기구는 10~15 μm 크기이며 분엽핵을 가진다. 특징적인 짙은 보라색 과립은 세포질을 가득 채우며 핵을 가리기도 한다. 이 과립의 보라색 염색성은 과립 내 글리코사미노글리칸황산염(sulfated GAGs) 성분에서 기인한다. 개의 호염기구 과립이 붉은 보라색(reddish violet)으로 염색되는 반면, 고양이의 호염기구과립은 막대모양(rod-shaped)이며 글리코사미노글리칸황산염이 없어 흐린 보라빛을 띤 회색(dull purplish-gray)으로 염색된다(그림 6-9). 소, 말, 고양이의 호염기구 과립은 세포질을 가득 채우고 있는 반면에 개의 호염기구 과립은 세포질을 가득 채우고 있지 않다. 일부 종에서는 수용성 과립을 가지고 있기 때문에 혈액도말을 염색하는 과정 중에 부분적으로 용해되거나 소실될 수 있다.

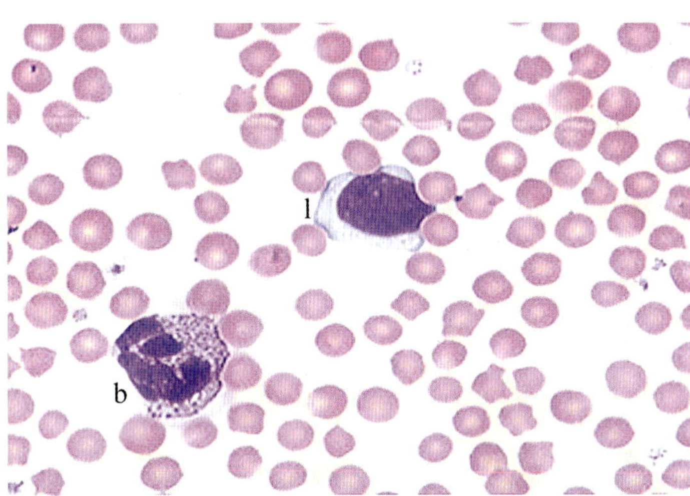

그림 6-9 • 면양 호염기구와 림프구. 림프구(l)는 둥글거나 약간 오목한 핵을 가지며, 핵-세포질 비율이 다른 백혈구에 비해 높다. 일반적으로 림프구의 세포질에는 과립이 없다. 림프구는 면역 반응에서 핵심적인 역할을 한다. 본 혈액도말 표본에는 호염기구(b)도 관찰된다. (Image by J. Messick).

호염기구는 전체 백혈구 수의 0~1.5% 또는 μL당 0~200개를 넘는 경우는 드물다. 호염기구는 두드러기(urticaria), 알레르기비염, 알레르기결막염, 천식(asthma), 알레르기위창자염, 약물반응이나 벌레에 물려 발생되는 아나필락시스(anaphylaxis) 등의 알레르기상태에서 작용한다고 알려져 있다. 호염기구의 또 다른 기능은 지방분해를 촉진하는 것이다. 과립에서 방출된 헤파린은 혈관 내피세포에서 지질단백질분해효소(lipoprotein lipase)를 유리시켜 혈중 암죽미립(chylomicron)을 분해하고 중성지방 대사를 촉진한다. 또한, 호염기구는 염증반응을 매개하는 데에도 주요한 역할을 한다. 호염기구가 분비하는 헤파린과 단백분해효소-유도 칼리크레인(protease-generated kallikrein)은 각각 항응고작용과 응고촉진작용을 하여 지혈(hemostasis)을 조절한다.

(4) 단핵구 Monocyte

단핵포식세포계통(mononuclear phagocyte system, MPS)은 **단핵구(monocyte)**, 가지돌기세포(dendritic cells, DCs), 그리고 조직 큰포식세포(tissue macrophage, 태아와 조혈줄기세포 기원 포함)로 구성된다. 이 중 단핵구와 가지돌기세포는 골수 내 조혈줄기세포(HSC)로부터 유래하며, 분화 경로상 중성구(neutrophil)와 밀접한 관련이 있다. 이들은 모두 동일한 선조세포(공통 골수계 선조세포, common myeloid progenitor)로부터 분화하는 특징을 지닌다. 단핵구와 가지돌기세포는 골수에서 방출된 후 말초혈액 내에 일시적으로만 순환한다. 이들 세포는 혈관 내에서 무작위로 또는 염증 자극에 반응하여 혈관 밖으로 이동하며, 단핵구는 조직 내에서 큰포식세포로 된다. 큰포식세포는 세포자멸사(apoptosis)로 생긴 잔해나 병원체를 포식하여 제거하는 반면, 가지돌기세포는 항원제시세포(antigen presenting cell)로서 T세포의 활성화에 기여한다. 또한 조직 내에는 태생기에 유래한 큰포식세포(fetal-derived macrophage)도 존재하며, 이들 상주 큰포식세포(resident macrophage)는 높은 자가 재생 능력(self-renewal capacity)을 갖는다. 따라서, 태생기 유래 큰포식세포와 조혈줄기세포 유래 큰포식세포는 다양한 조직에 함께 존재하며 기능을 수행할 수 있다. **단핵포식세포계통(mononuclear phagocyte system, MPS)**에 속하는 세포는 혈액뿐만 아니라 전신의 다양한 조직에 널리 분포되어 있다. 구체적으로, 간의 별큰포식세포(stellate macrophage, Kupffer cell), 허파의 허파큰포식세포와

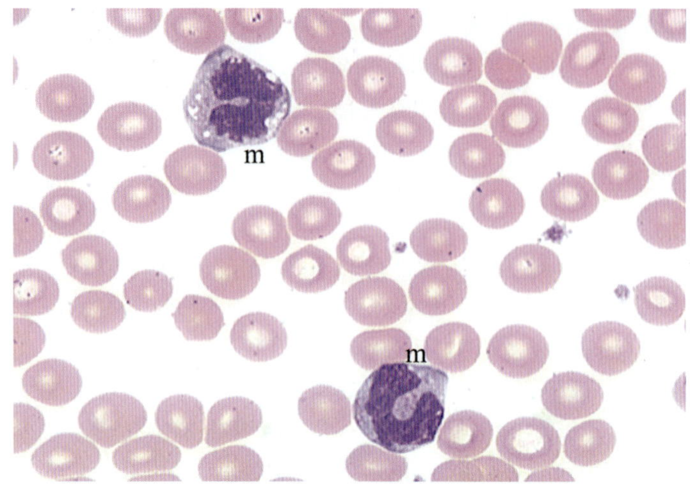

그림 6-10 • 개 혈액의 단핵구. 단핵구(m)의 크기는 주변의 적혈구와 비교했을 때 매우 크다. 짙은 보라색의 말발굽 모양 핵이 있으며, 위쪽 세포에는 특징적인 세포질 공포가 관찰된다. (Image by J. Messick).

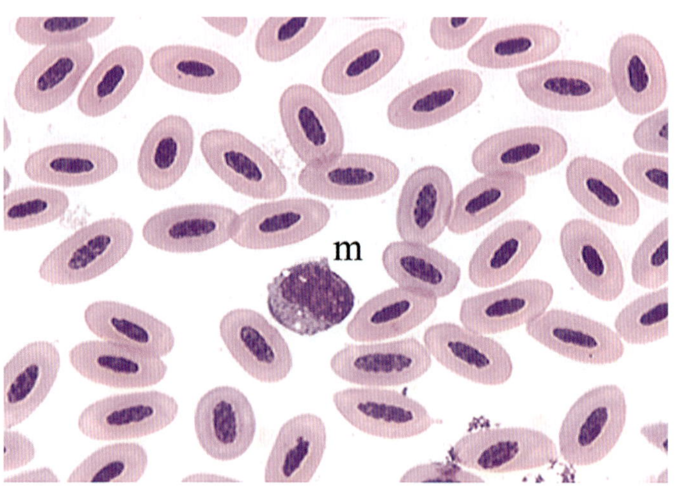

그림 6-11 • 조류 단핵구와 적혈구. 조류 단핵구(m)는 포유동물 단핵구와 유사한 형태를 보인다. 단핵구 주위에 핵이 있는 적혈구가 관찰된다. (Image by J. Messick).

사이질큰포식세포(alveolar and interstitial macrophages), 관절의 윤활세포(synovial cell) 등이 있다.

단핵구는 혈액 내에서 가장 큰 백혈구이다. 지름은 12~20 μm 정도이며 다양한 형태의 핵을 가지고 있다. 단핵구의 핵은 길쭉하거나, 접혀있거나, 오목하거나, 말굽 모양(horse-shoe-shaped)이거나 또는 엽모양(lobed)일 수 있다. 단핵구의 핵 염색질은 가늘고 불규칙하게 얽힌(lacy) 그물 모양(reticular)이며, 일부는 응축되어 있고 핵소체는 뚜렷하지 않다. 세포질은 풍부하고 회청색을 띠며, 종종 약간의 뚜렷한 공포(vacuole)를 볼 수 있거나 미세한 호아주르과립(azurophilic granule)이 보인다(그림 6-10, 6-11). 단핵구는 전체 백혈구 수의 약 3~8%를 차지한다. 따라서 단핵구의 절대 수는 1 μL당 약 200~1,000개이다. 혈중 단핵구 수의 증가는 만성 감염성 또는 염증성 질환, 외상, 자가면역질환, 그리고 일부 악성 종양과 관련이 있다. 순환 단핵구의 반감기는 종에 따라 다르다.

혈관을 빠져나온 단핵구는 특정 조직의 인자에 따라 수명이 긴 큰포식세포로 분화한다. 초기 큰포식세포는 형태학적으로 순환 중인 단핵구와 유사하지만, 시간이 지나면서 크기, 포식작용 활성, 그리고 용해소체효소(lyso-somal enzyme) 함량이 증가하며 활성화된다. 전자현미경사진(그림 6-12)에서는 큰포식세포 표면에 짧은 미세융모 같은 돌기들이 많이 관찰되며, 세포질은 종종 공포화(vacuolated)되어 있다. 조직 큰포식세포는 세포분열이 가능하지만, 염증 부위에서 관찰되는 대부분의 큰포식세포는 혈액에서 유래한 세포이다. 조직 내 큰포식세포의 정확한 수명은 알려지지 않았으나, 상주 큰포식세포는 수명이 길고, 염증자극에 반응하여 동원된 큰포식세포는 수명이 짧다.

단핵구/큰포식세포는 기능적으로 표현형적으로 이질적인 집단의 세포이다. 적어도 두 가지 아형(고전적, 비고전적)이 존재하는 것으로 알려졌지만 각 아형의 기능에는 상당한 중복이 있으며 일부 연구 결과는 상충되기도 한다. 고전적 단핵구(classical monocyte)는 조직에서 큰포식세포로 분화할 수 있으며, 초기 염증반응에서 중요한 역할을 한다. 고전적 단핵구의 주요 기능은 포식작용과 세포 조각(cellular debris), 미생물, 입자물질(particulate matter)을 소화하는 것이다. 이들 세포는 표면에 패턴 인식 수용체(pattern recognition receptor, PRR) 또는 TLR(톨유사수용체, toll-like receptor)을 발현하며, 이 수용체는 병원체-연관 분자 패턴(pathogen-associated molecular pattern, PAMP) 분자를 인식함으로써 침입한 미생물을 감지한다. 이를 통해 고전적 단핵구는 체내 면역 반응을 시작하며, 사이토카인과 성장인자를 생산해 더 많은 단핵구와 기타 염증세포가 병원체가 침입한 부위로 모이도록 유도한다. 게다가, 고전적 단핵구는 림프구에 항원을 제시하여 특이적인 체액성과 세포성 면역반응을 개시할 수 있다. 반면에, 비고전적 단핵구(nonclassical monocyte)는 병원체, 손상된 세포 또는 종양세포를 인식하고 제거하는 1차 방어선으로 작용하는 일종의 감시자(sentinel) 역할을 하며, 혈관 내피의 항상성을 유지하는 데에도 중요한 역할을 한다. 일반적으로 이들은 염증 해소(resolution of inflammation)를 촉진하는 데 더 많이 관여하는 것으로 알려져 있으나, 일부 경우에는 질병의 진행(disease progression)에 기여할 수도 있다.

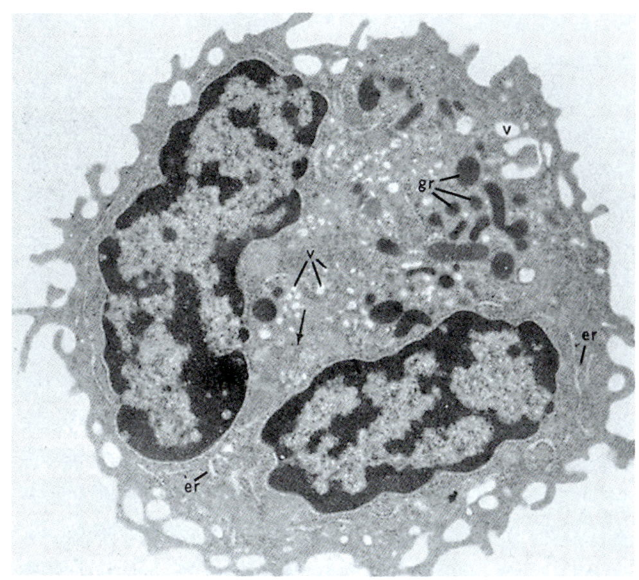

그림 6-12 • 개 단핵구 전자현미경사진. 이 세포는 다수의 용해소체과립(gr), 여러 크고 작은 소포(vesicles, v), 풍부한 리보소체(화살표), 그리고 특히 세포 주변부를 따라 뚜렷한 과립세포질그물을 포함하고 있다. 이 세포는 또한 세포 외곽을 따라 다수의 미세융모 유사 돌기(microvillus-like projection)를 가지고 있다. 핵은 두 엽(bilobed) 형태를 보이며, 염색질 응축(chromatin condensation) 영역이 관찰된다. (From Jain NC. Schalm's Veterinary Hematology. 4th Ed. Philadelphia: Lea & Febiger, 1983.)

(5) 림프구 Lymphocyte

림프구(lymphocyte)는 적응면역반응(adaptive immune response)의 핵심 구성 요소로 골수에서 조혈줄기세포(HSC)로부터 발생한다. B림프구(B lymphocyte)는 골수에서 성숙하는 반면, 일부 림프구는 골수를 빠져나와 가슴샘(thymus)에서 성숙하는데, 이들이 T림프구(T lymphocyte)이다. B림프구는 세포 표면에 면역글로불린 수용체(immunoglobulin receptor)를 발현하여 항체매개면역(체액성면역, antibody-mediated immunity, humoral immunity)에 관여하고, T림프구는 T세포 수용체(T-cell receptor)를 발현하여 세포매개면역(cell-mediated immunity)에 관여한다. B림프구와 T림프구의 발달은 각각 골수와 가슴샘에 있는 버팀질세포(stromal cell)가 제공하는 특수한 미세환경에 주로 의존한다.

림프구의 크기는 다양하며, 작은 림프구는 지름이 6~9 μm로 적혈구보다 약간 큰 정도이고 큰 림프구는 최대 15 μm에 이른다(그림 6-13, 6-14). 작은 림프구가 가장 흔하며 혈액, 림프계, 림프조직에서 관찰된다. 개와 고양이의 혈액에서 림프구는 대부분 작은 림프구이지만, 소, 면양, 산양의 혈액에는 작은 림프구와 더불어 큰 림프구도 존재한다. 이들 큰 림프구는 성숙한 세포이며 핵소체는 없다.

광학현미경으로 관찰하면 림프구의 세포 윤곽은 일반적으로 둥글고 매끈한데, 전자현미경에서는 표면에 짧은 미세융모(microvilli)가 관찰되기도 한다(그림 6-15). 림프구의 핵은 둥글거나 약간 오목하고 응축된 뭉친염색질(heterochromatin)을 가지고 있다. 림프구는 무과립백혈구(agranular)로 분류되지만, 일부 림프구에서는 세포질 내에 호아주르과립(azurophilic granule)이 소수 존재할 수 있다. 작은 림프구는 핵-세포질(nuclear-to-cytoplasmic ratio) 비율이 높고, 세포질은 양이 적고 옅은 푸른색으로 보인다.

말초혈액 내 림프구 수는 종에 따라 다르며 개, 고양이, 말에서는 전체 백혈구 수의 약 20~40%, 소, 생쥐, 돼지에서는 약 50~60%를 차지한다. 혈류 내 림프구의 대부분은 T림프구이다.

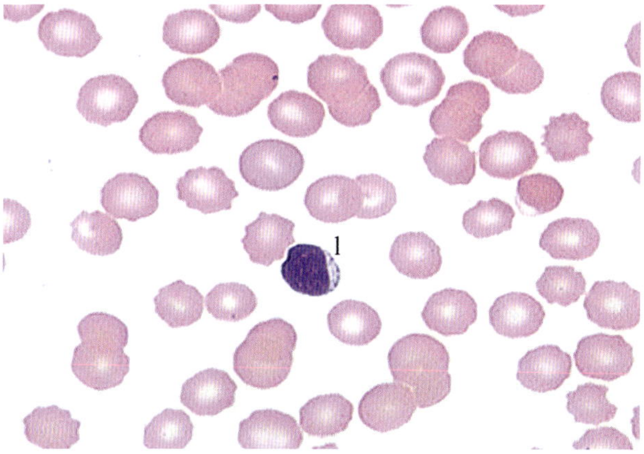

그림 6-13 • 개 림프구. 림프구(l)는 크기 차이가 크며, 이 작은 개 림프구는 그림 6-9의 큰 림프구와 비교된다. 이 작은 림프구는 지름이 6~8 μm인 주변 적혈구와 거의 같은 크기이다. (Image by J. Messick).

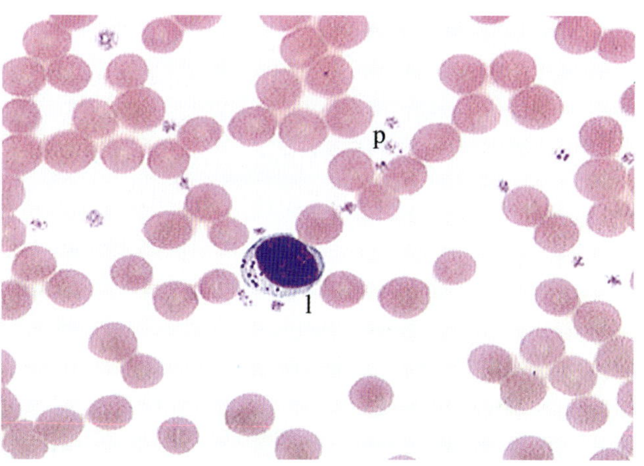

그림 6-14 • 소의 과립을 가진 림프구와 혈소판. 일반적으로 림프구(l)는 무과립이지만, 이 소 림프구처럼 세포질 내에 호아주르과립(azurophilic granule)이 존재하는 경우도 있다. 여러 개의 혈소판(p)이 적혈구 사이에 흩어져 있다. (Image by J. Messick).

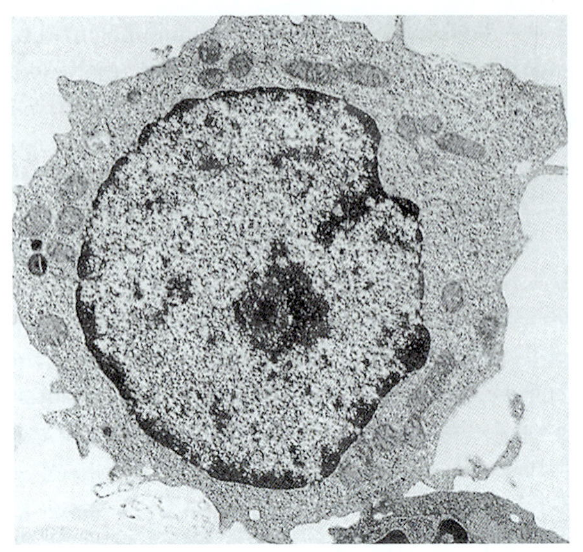

그림 6-15 • 개 림프구 전자현미경사진. 핵소체를 가진 큰 핵을 적당한 양의 세포질이 둘러싸고 있다. 세포질은 자유리보소체가 풍부하고, 약간의 과립세포질그물과 흩어진 사립체, 그리고 응축된 과립(호아주르과립, azurophilic granule)을 가진다. (From Jain NC. Schalm's Veterinary Hematology. 4th Ed. Philadelphia: Lea & Febiger, 1983.)

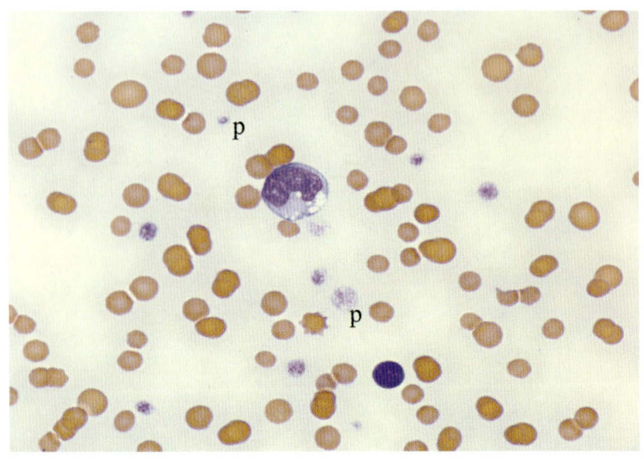

그림 6-16 • 고양이 혈소판. 고양이 혈소판(p)은 크기가 다양하며, 이는 이 종에서 흔한 특징이다.

3) 혈소판/혈전세포 Platelets/Thrombocytes

골수에서는 거대핵세포(megakaryocyte)가 **혈소판(platelets)**을 형성하고 혈류로 방출하는 역할을 한다. 이 세포는 만능분화줄기세포(pluripotent stem cell)에서 유래하며, 이후 두분화선조세포(bipotential progenitor cell)인 거대핵-적혈구선조세포(megakaryocyte-erythroid progenitor)로 발달한 후 계열특이적분화(lineage-specific differentiation)가 시작된다. 성숙한 거대핵세포는 골수에서 가장 큰 조혈세포이지만, 골수 내 핵을 가진 전체 세포 중 1% 미만을 차지한다. 혈소판형성(thrombopoiesis)은 주로 혈소판형성소(thrombopoietin, TPO)에 의해 조절된다.

혈소판의 크기는 종에 따라 길이 5~7 μm, 폭 1.3~4.7 μm 범위로 다양하게 나타난다. 대부분 종에서 혈소판 크기가 약간씩 다른 것이 정상적으로 관찰되지만, 이러한 크기 차이는 고양이에서 특히 두드러진다(그림 6-16). 말의 혈액에서는 때때로 20 μm에 이르는 거대혈소판 또는 풋혈소판(proplatelet)이 관찰되기도 한다. 염색된 혈액도말에서 혈소판은 원반형, 타원형, 또는 길쭉한 형태를 가지며, 핵은 없고, 세포질에는 작고 붉은 보라색의 과립이 포함되어 있다. 'Platelet'과 'thrombocyte(혈전세포)'라는 용어는 자주 혼용되지만, 어류, 파충류, 조류 등에 존재하는 핵이 있는 혈소판을 지칭할 때는 **'thrombocyte(혈전세포)'**라는 용어를 사용하는 것이 적절하다(그림 6-17).

전자현미경으로 관찰했을 때, 비활성 상태의 혈소판(resting platelet)은 표면이 매끄럽고 여기저기 불규칙하게 안으로 들어간 부위가 관찰되는데, 이 함몰 부위는 **열린모세관계통(open canalicular system, OCS)**의 세포막 함입(invagination)이다(그림 6-18). OCS는 혈소판 표면으로 열리며, 혈소판의 분비 물질을 외부로 배출하거나, 혈장의 물질을 혈소판 내부로 흡수하는 통로 역할을 한다. 소 혈소판은 OCS가 없고 내용물을 세포 외부로 직접 분비한다. 정상 혈소판은 얇은 바깥 당질층을 형성하는 무형질로 덮여 있으며, 이 당단백질이 풍부한 층은 혈소판의 접착 특성(adhesive property)을 담당한다.

혈소판의 표면막 아래에는 전자현미경으로 관찰이 가능한 미세잔섬유(microfilament)와 미세관(microtubule) 다발이 존재한다. 이들 세포뼈대(cytoskeleton) 요소는 혈소판

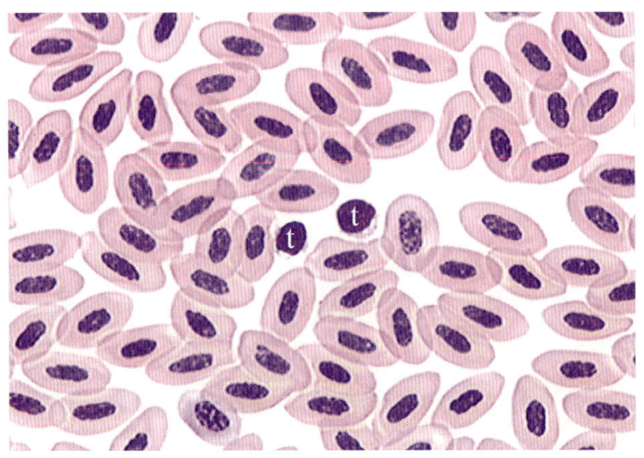

그림 6-17 • 조류의 혈전세포(thrombocyte). 조류의 혈전세포(t)는 핵을 가지고 있으며, 이는 더 작고 핵이 없는 포유동물의 혈소판과 동일한 기능을 수행한다. (Image by J. Messick).

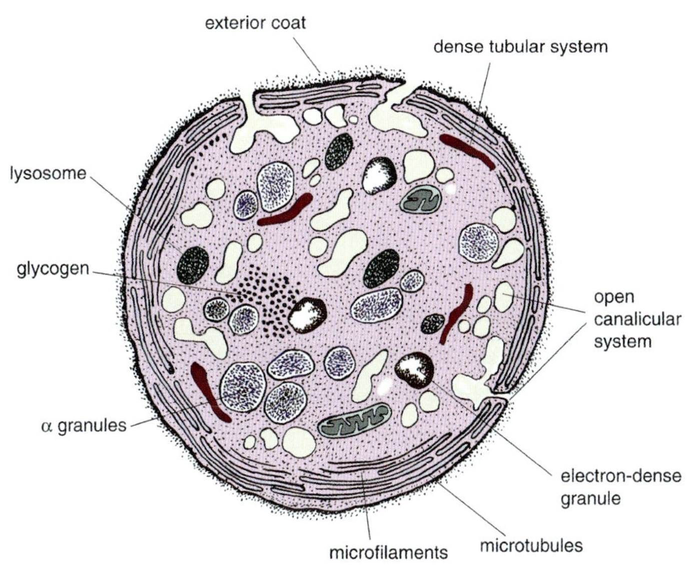

그림 6-18 • 혈소판의 미세구조를 나타낸 도해.

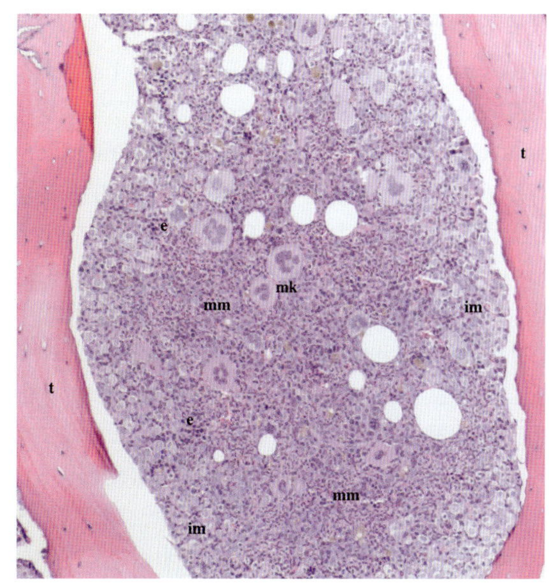

그림 6-19 • 개의 골수 중심 생검의 H&E 염색 사진. 뼈잔기둥(trabecular bone, t)이 골수공간을 둘러싸고 있으며, 이 공간은 미성숙 및 성숙한 골수계(myeloid, im과 mm), 적혈구계(erythroid, e), 거대핵세포계(megakaryocytic, mk) 세포성분으로 채워져 있다. 지방 함량은 최소이며, 조혈전구세포(hematopoietic precursor)에 의해 굴모세혈관(sinusoid)이 가려져 잘 보이지 않는다.

의 형태 유지와 수축체계(contractile system)를 구성하며, 혈소판이 활성화된 후 혈소판의 형태 변화와 혈소판 과립의 분비를 가능하게 한다. 표면 세포뼈대의 깊은 곳에 또 다른 세관계통인 **치밀세관계통(dense tubular system, DTS)**이 존재한다. 이 구조는 칼슘을 방출하는(sequestration) 장소이면서 프로스타글란딘 합성 효소가 위치하는 장소이다. 혈소판의 내부구조는 다수의 알파과립, 전자치밀과립, 당원과립으로 이루어져 있으며 사립체와 용해소체는 소수만 존재한다. 알파과립(α-granule)은 막으로 둘러싸인 과립이며, 혈소판인자4(platelet factor 4), 혈액응고인자1(섬유소원, coagulation factor I, fibrinogen), 혈액응고인자5(coagulation factor V, proaccelerin), 혈소판유래성장인자(platelet-derived growth factor, PDGF), 그리고 많은 다른 요소를 포함하고 있다. 전자치밀과립(electron-dense granule)은 아데닌뉴클레오타이드(adenine nucleotide), 히스타민(histamine), 세로토닌(serotonin) 및 카테콜아민(catecholamine), 칼슘 저장고의 역할을 한다.

혈액 내에 순환하는 혈소판의 수는 혈액 1 μL당 약 200,000~400,000개이며, 대부분 가축(domestic animal)에서 순환 혈소판의 수명은 8~12일 정도이다. 혈소판의 중요한 기능은 일차지혈(primary hemostasis)인 혈소판마개(platelet plug) 형성과 이차지혈(secondary hemostasis)인 응고(coagulation) 작용이다. 혈관 손상 시, 혈소판이 활성화되어서 노출된 조직에 달라붙어 혈소판마개를 형성한다. 응고인자는 혈소판마개 표면에 응집하여 혈소판마개를 안정화시키고, 혈병(clot)으로 전환시켜 출혈을 멈춘다.

제2절 골수
Bone Marrow

1. 구조와 기능 Structure and Function

골수(bone marrow)는 말초혈액 내의 고도로 분화된 세포가 생성되는 조혈작용(hematopoiesis)이 이루어지는 장소이다. 골수는 겉질뼈(cortical bone)로 둘러싸여 있으며, 이 겉질뼈는 일부 부위에서 안쪽으로 연결된 막대기나 판 모양의 구조물인 뼈잔기둥(trabeculae)을 형성한다. 이 뼈잔기둥 사이에 형성된 공간, 즉 골수공간(marrow space)은 조혈작용이 일어나는 주된 장소이다. 이 공간은 조혈 세포성분과 복잡한 미세환경으로 구성되어 있다(그림 6-19).

성체 동물에서 골수는 긴뼈의 납작하고(flat) 몸쪽(proximal portion)에 위치한 골수공간(medullary cavity) 내에 존재하며, 이는 총 체중의 약 5%를 차지한다. 골수는 부드럽고 젤리 같은(gelatinous) 조직으로 뼈잔기둥에 의해 불규칙하고 서로 연결되어 있는 공간으로 나뉘어 있다. 빠르게 분열하는 조혈전구세포(적혈구계, 골수계, 거대핵세포계)는 극도로 불안정한 세포 집단으로, 끊임없이 자가복제 및/또는 분화 과정을 겪는다. 이 전구세포는 적혈구, 백혈구, 혈소판을 포함하는 모든 말초혈액세포를 생성한다.

골수 미세환경에는 섬유모세포유사그물세포(fibroblast-like reticular cell), 내피세포(endothelial cell), 지방세포(adipocyte), 큰포식세포(macrophage) 등의 버팀질세포(stromal cell)와, T림프구, 자연살해세포(natural killer cell), 단핵구/큰포식세포 등의 덧세포(accessory cell), 그리고 이들이 생성하는 세포바깥바탕질(ECM)과 사이토카인이 포함된다. 이 구성 요소는 조혈 세포 발달을 위한 지지 구조를 제공하고 영양 공급 역할을 한다. 조혈을 지지하는 이러한 세포는 조혈전구세포(hematopoietic precursor cell)와의 직접적인 세포 대 세포 접촉을 통해, 또는 조혈전구세포의 성장을 촉진 및/또는 억제하는 여러 조절 인자를 분비함으로써 조혈작용을 조절한다. 버팀질세포가 생산하는 아교질(collagen), 섬유결합소(fibronectin), 라미닌(laminin), 트롬보스폰딘(thrombospondin), 헤모넥틴(hemonectin), 버팀질세포에서 생산되는 단백당(proteoglycan) 같은 세포바깥바탕질 분자는 성장인자에 결합하여 성장인자를 조혈전구세포에 제시하는 역할을 한다. 또한, 인접한 뼈잔기둥뼈 가까이에 있는 뼈모세포(osteoblast)와 뼈파괴세포(osteoclast)도 골수 미세환경의 일부로 존재한다. 이들은 각각 뼈형성과 뼈흡수 기능을 담당한다.

2. 혈액 공급 Blood Supply

골수는 두 가지 주요 경로를 통해 동맥혈을 공급받는다. 첫 번째 주요 공급원은 영양동맥(nutrient artery)으로, 이는 영양구멍(nutrient foramen)을 통해 뼈의 몸통을 관통하여 골수공간 중심부에서 뼈의 세로 방향으로 주행하는 중심동맥(central artery)으로 분지된다. 이 동맥은 골수 전체로 뻗어 여러 개의 분지(branch)를 내며, 이는 조혈공간(hematopoietic space)과 밀접하게 연결된 세동맥(arteriole)과 굴모세혈관(sinusoid)의 분지그물망을 형성한다. 두 번째 혈액 공급원은 뼈막그물망(periosteal network)으로 이는 작은 혈관을 관통관(perforating canal)을 통해 겉질뼈(cortical bone) 속으로 보내며, 이러한 뼈통과혈관(transosteal vessel)은 분지되어 굴모세혈관에 혈액을 공급하는 혈관과 합류한다(그림 6-20). 골수 내 굴모세혈관의 혈액은 중심정맥(central vein)으로 유입되어, 이는 관통관 또는 영양관 내의 정맥으로 연결된다. 이 정맥이 골수로부터 배출되는 주요 혈액 흐름을 이룬다.

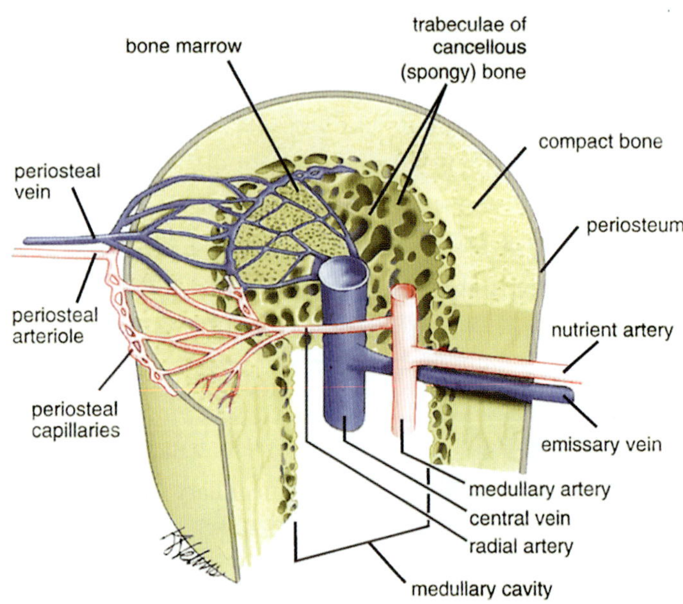

그림 6-20 • 골수의 미세순환(microcirculation)을 나타낸 도해. 굴모세혈관(sinusoid)은 두 가지 경로로부터 혈액을 공급받는데, 하나는 영양동맥(nutrient artery)이며, 다른 하나는 뼈막모세혈관그물(periosteal capillary network)이다. 이 두 경로는 모두 다수의 뼈관(osteal canal)을 통해 겉질뼈(cortical bone)를 관통하여 혈액을 공급한다.

매우 치밀하고 상호 연결된 미세혈관그물(microvascular network)을 통한 골수공간의 관류(perfusion)는 산소와 영양분을 공급하고 대사 노폐물을 제거하는 데 필수적이다. 뼈 근처에서는 작은세동맥(small arteriole)과 굴모세혈관의 분포가 높지만, 중심동맥근처로 갈수록 낮아진다. 이러한 혈관 분포 경향은 조혈(hematopoiesis)의 분포와 유사한데, 조혈은 뼈 근처 부위에서 더 활발하게 일어나고 중심동맥 주변에서는 가장 적게 나타난다. 다양한 종을 대상으로 한 실험에 따르면, 심장에서 나오는 혈류량 중 약 10~15%가 뼈와 골수 구획으로 공급된다고 한다. 골수에는 림프관이 존재하지 않지만, 혈관을 따라 분포하는 풍부한 신경이 존재한다. 이들 신경섬유는 세포 증식으로 인한 골수 내 압력(intramedullary pressure)에 반응하며 혈관벽에 신호를 전달한다. 이러한 신호 전달 기전은 혈류량 조절과 조혈세포가 혈류로 방출되는 과정에 관여한다.

3. 굴모세혈관 Sinusoids

골수 내부 **굴모세혈관(sinusoid)**의 벽은 얇으며, 내면(또는 vascular space)은 한 층의 내피세포로 구성되어 있는데, 이를 굴모세혈관 내피세포(sinusoidal endothelial cell, SEC)라 한다. 굴모세혈관의 바깥층은 바닥막과 지지하는 그물세포로 구성되는데, 이들은 불연속적으로 연결되어 있거나 때로는 결여되어 있는 경우도 있다. 인접한 내피세포가 서로 겹쳐지며 느슨한 세포사이이음(loose intercellular junction)을 형성함으로써 혈액과 골수 사이에 선택적 장벽(selective barrier)이 만들어진다(그림 6-21). 굴모세혈관의 벽은 구조가 독특하기 때문에 활동이 매우 활발하고 세포 증식성이 활발한 골수를 수용하기 위해 쉽게 확장될 수 있다. 굴모세혈

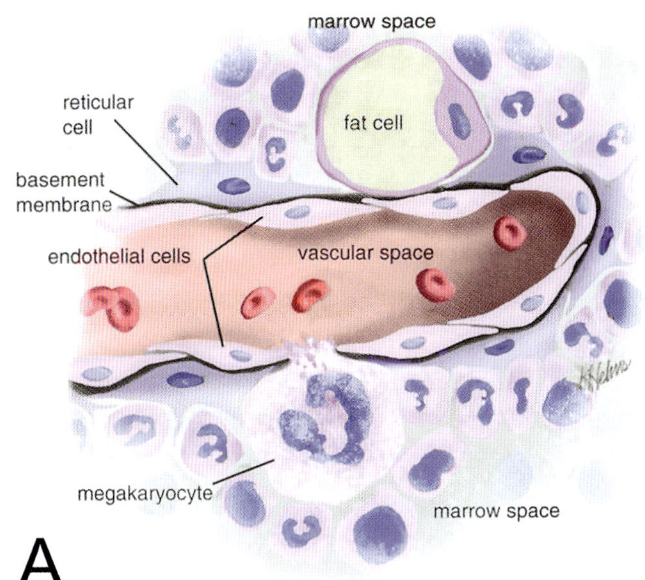

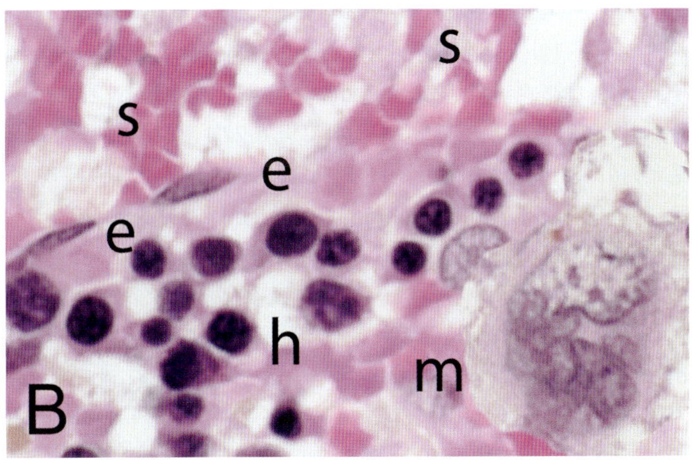

그림 6-21 • A. 혈관(굴모세혈관, sinusoid)과 골수(조혈, hematopoietic) 구획을 보여주는 골수 도해. 조혈 세포들은 얇은 벽의 정맥성 굴모세혈관(venous sinusoids)과 밀접하게 연관되어 있다. 굴모세혈관의 벽은 한 층의 내피세포로 구성되며, 바닥막은 불연속적이거나 없다. 그물세포는 골수공간으로 가지를 뻗어 조혈 전구세포(hematopoietic precursor)와 긴밀하게 접촉한다. B. H&E 염색한 골수 중심 생검의 조직학적 절편. 굴모세혈관 또는 혈관 공간(s), 조혈 또는 골수공간(h)이 보인다. 굴모세혈관을 둘러싸는 상피세포(e)와 굴모세혈관에 인접한 거대핵세포(megakaryocyte, m)도 함께 보인다.

관 벽의 외부 표면을 덮는 그물세포는 골수공간으로부터 혈류로 이동하는 세포의 접근을 조절하는 것으로 보인다. 말초혈액 세포에 대한 수요가 급증하면, 이 그물세포가 덮는 면적이 현저히 감소한다. 골수의 그물세포는 포식작용을 하며, 지방을 상당량 축적할 수 있어 조혈에 이용 가능한 골수공간을 줄이게 된다.

발달 과정에서 골수공간 내 조혈세포는 층화(stratification)되어 있는데, 미성숙 세포는 해면뼈(trabecular bone)에 가장 가까운 부위에, 성숙 세포는 혈관에 인접해서 위치한다. 성숙 단계에 이르면 조혈세포는 골수공간에서 내피세포를 거쳐 굴모세혈관 속공간으로 이동하여 혈관이나 혈액 구획에 접근한다. 한때 골수 내피세포가 세포속 구멍(intracellular pore)을 갖는다고 여겨졌으나, 현재는 연속적인 구조임이 밝혀졌다. 적혈구와 백혈구는 내피세포의 얇은 부위(세포통과이동 또는 혈구이주, transcellular migration, diapedesis)를 통해 이동하며, 특히 그들의 세포사이이음(intercellular junction) 근처에서 이동한다. 이러한 일정 수준의 혈구이주는 말초혈액 내에서 이들 세포의 적절한 수치를 유지하는 데 필수적이다. 성숙한 혈액세포의 세포통과이동 외에도, 거대핵세포의 세포질돌기는 굴모세혈관 벽을 관통한다. 거대핵세포의 이 돌출된 부분은 혈소판이라는 작은 세포 조각을 순환계로 흘러들게 한다.

4. 버팀질세포 Stromal Cells

1) 내피세포 Endothelial Cells

골수 내 굴모세혈관내피세포(SEC)는 골수계(myeloid)와 거대핵세포계(megakaryocytic) 선조세포(porgenitor)의 증식과 분화를 돕는 것으로 알려져 있다. 굴모세혈관 내피세포의 주요 기능은 골수내외로 조혈세포의 유출(trafficking)과 유입(homing)을 조절하는 것이다. 이러한 독특한 기능의 결과로, 골수 이식 시에는 선택된 세포만이 수혜자(recipient)의 골수에 접근할 수 있다. 내피세포와 섬유모세포유사세포(fibroblast-like cell)는 Wright 염색 골수 도말 표본에서 구별하기 어려운 경우가 많다.

2) 그물세포 Reticular Cells

섬유모세포유사그물세포(fibroblast-like reticular cell)는 골수 굴모세혈관의 벽을 지지하며, 조혈세포가 성장하는 골수공간 내의 그물(web)을 형성한다. 이 지지세포는 위치에 따라 더욱 세분화될 수 있는데, 사이질 공간을 차지하는 섬유모세포유사세포를 그물세포라고 하며, 작은 혈관 주변에 있는 세포는 바깥막세포(adventitial cell)라고 한다. 이러한 버팀세포를 통칭하여 바깥막그물세포(adventitial reticular cell)라고 한다. 이 세포의 형태는 다소 다양하며, 세포돌기가 길어 전체 지름이 30 μm에 이를 수 있다. 세포질 내에는 소수의 일차과립과 공포가 흔히 관찰된다. 세포의 핵은 전형적으로 둥근모양 또는 타원모양이며 염색질은 미세하게(fine) 분산되어 있고, 핵소체의 수는 다양하다. 이 섬유모세포유사세포는 골수의 버팀질 미세환경(stromal microenvironment)을 구성하며, 조혈줄기세포 중 초기 골수계세포와 B림프구 선조세포의 증식을 유도한다.

섬유모세포유사그물세포는 굴모세혈관 벽에서 골수공간으로 뻗어서 발달 중인 조혈전구세포를 완전히 둘러싸기도 한다. 이 그물세포들은 골수 내 혈관과 밀접하게 가까이 위치하고 있으며, 필수 성장인자들과 결합하여 조혈을 돕는다. 그러나 굴모세혈관 벽이나 골수공간 내에서 그물세포 또는 버팀질세포(stromal cell)의 과다 증식(골수섬유증, myelofibrosis)이 발생하면, 성숙한 조혈세포가 혈류로 진입하지 못하게 되어 조혈 기능에 장애가 발생한다. 골수섬유증이 있는 환자의 말초혈액에서는 심한 범혈구감소증(pancytopenia, 순환혈구수의 감소)이 흔히 관찰된다. 골수섬유증은 개와 고양이에서 골수증식성 질환(myeloproliferative disease)에 동반되거나, 적혈구 대사 결함(예, pyruvate kinase 결핍증)이 있는 개에서 말기 증상으로 나타나기도 하고, 고양이 백혈병(feline leukemia)에 감염된 고양이에서도 관찰된다. 그러나 대부분의 동물에서 골수섬유증은 원인불명(특발성, idiopathic)이다.

3) 지방세포 Adipocytes

골수 버팀질(marrow stroma)에서 지방세포(adipocyte)는 주요 구성 성분 중의 하나이다. 지방세포의 핵은 흔히 지방으로 채워진 세포질공포(cytoplasmic vacuole)에 의해 한쪽으로 치우치고(eccentric) 눌린 형태를 보인다. 골수공간 내 지방세포의 수는 개체의 나이와 골수의 위치에 따라 달라진다. 출생 시 골수 충실도(marrow cellularity)는 거의 100%(적색골수, red marrow)에 달하며, 신생 동물의 경우 긴뼈(long bone)의 뼈몸통(diaphysis)까지 조혈(hematopoiesis)이 확장되기도 한다. 반면, 성체 동물에서 긴뼈 골수공간(marrow cavity)에는 주로 지방조직(황색골수, yellow bone marrow)이 차 있다. 성체 동물의 활발한 골수는 복장뼈(sternum), 갈비뼈(ribs), 척추(vertebrae), 어깨뼈(scapulae), 머리뼈(skull), 골반뼈(pelvis), 넓적다리뼈(femur) 및 상완뼈(humerus) 몸쪽 끝(proximal ends)에만 존재한다. 나이가 들수록 지방조직의 비율이 현저히 증가하고 세포밀도는 감소하여, 노령 동물의 경우 조혈세포가 골수공간의 10~20%만 차지하기도 한다. 성체 및 노령 동물의 긴뼈 뼈몸통은 특징적으로 황색골수로 채워져 있다. 이러한 연령 관련 차이는 골수 세포밀도를 해석할 때 중요하다.

혈구 생산 수요가 증가할 때는 골수 내 지방조직이 증식하는 조혈세포로 신속히 대체될 수 있다. 중증 용혈빈혈(hemolytic anemia)이나 만성 저산소증(chronic hypoxia)과 같은 특정 질환이 있는 동물에서는 골수 지방 함량이 현저히 감소할 수 있다. 반대로, 재생불량빈혈(aplastic anemia)과 같은 다른 질환에서는 황색골수(yellow marrow)의 과도한 침윤이 보고된 바 있다. 이 상태는 조혈전구세포(hemopoietic precursor) 수가 극히 적고, 활발한 조혈 부위가 지방세포로 대체되며, 말초혈액에서는 범혈구감소증(pancytopenia)이 특징적이다. 특정 치료 약물 또한 골수 내 지방 생성(adipogenesis)에 영향을 미치는데, 특히 스테로이드소염제(steroidal anti-inflammatory agent)는 뼈형성을 억제하면서 골수 내 지방세포 생성을 자극하는 것으로 알려져 있다.

골수 내 지방세포는 단순히 에너지를 저장하는 수동적 저장소로 작용할 뿐 아니라, 지방분비인자(adipokine)로 알려진 세포 신호 전달 물질을 분비한다. 이러한 사이토카인(cytokine)은 국소적으로 작용하여 조혈과 뼈재형성(bone remodeling)을 촉진한다. 그러나 지방세포는 지방조직량(adipose mass)과 염증반응 조절에도 관여한다는 증거가 있으며 또한 먼 부위(distant site)에서의 당지질대사(glycolipid metabolism) 조절에도 관여하는 것으로 보인다.

4) 뼈모세포와 뼈파괴세포 Osteoblast and Osteoclast

골수 생검(bone marrow biopsy) 표본에서 뼈모세포(osteoblast)와 뼈파괴세포(osteoclast)는 뼈잔기둥(bony trabeculae) 인접 부위에서 발견된다(그림 6-22). 뼈모세포는 버팀질세포와 마찬가지로 조혈줄기세포(HSC)와 구별되는 특정 중간엽줄기세포(mesenchymal stem cell) 계통에서 유래한다. 뼈모세포는 크고 한쪽에 치우친 핵(eccentric nucleus), 뚜렷한 핵소체, 풍부한 호염기성 세포질을 가지고 있으며, 풋뼈(osteoid) 침착과 새로운 뼈형성에 관여한다. 어린 동물의 골수 생검에서는 뼈잔기둥을 둘러싸고 있는(lining) 뼈모세포를 볼 수 있으나, 성체의 검체에서는 드물다. 뼈파괴세포는 뼈의 재흡수(resorption)와 재형성(remodeling)에 관여하며, 단핵구(monocyte) 계열에서 유래한 뭇핵(multinucleated)세포이다. 뼈파괴세포의 핵은 각각 떨어져 서로 분리되어 있어, 하나의 과분엽(hyperlobulated) 핵을 가진 거대핵세포(megakaryocyte)와 구별된다.

제3절 | 조혈, 혈구형성 *Hematopoiesis*

조혈(혈구형성, hematopoiesis)은 고도로 분화된 혈액세포(적혈구, 백혈구, 혈소판)가 만능분화조혈줄기세포(pluripotent hematopoietic stem cell, HSC)로부터 발달하는 과정이다. 배아와 태아에서 HSC는 난황주머니(yolk sac)의 혈액섬(blood island)으로부터 발생 중인 기관으로 이동한다. 초기 임신 시기에 배아 혈색소를 생산하는 원시 유핵적혈구(primitive nucleated rbc)가 순환계로 방출된다. 난황주머니의 조혈 활동은 짧은 기간만 지속되고, 혈액세포 생산의 감소

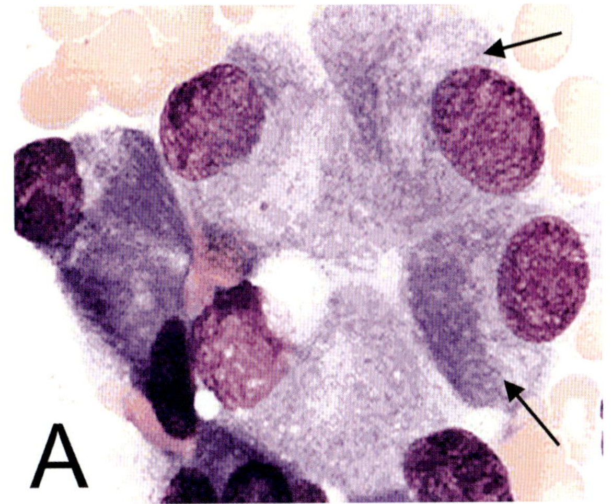

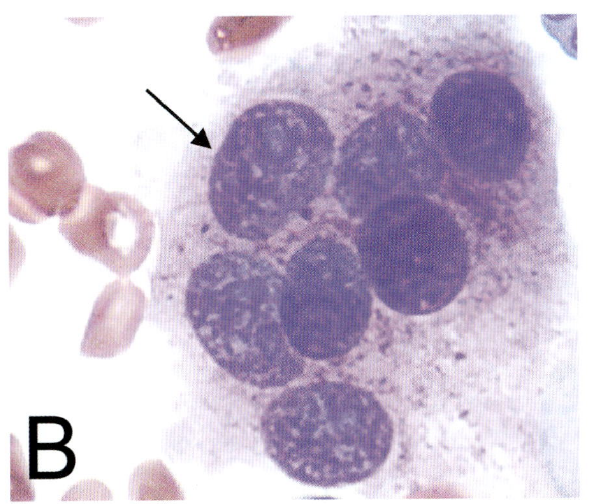

그림 6-22 • 골수의 도말 표본. **A.** 뼈모세포(osteoblast, 화살표). **B.** 하나의 뭇핵뼈파괴세포(multinucleated osteoclast, 화살표).

와 함께 간(liver)에서의 조혈 활동이 급격히 증가한다. 간에서의 조혈이 원시중간엽세포(primitive mesenchymal cell)가 HSC로 분화하여 시작되는지, 아니면 난황주머니로부터 이주한 줄기세포가 집락형성(colonization)을 하여 시작되는지는 불분명하다. 지라, 림프절, 가슴샘 등도 이 시기에 조혈에 기여할 수 있으나, 일반적으로 이 기관들은 림프구 생성에 더욱 활발히 관여한다. 간과 지라는 평생 동안 조혈 잠재력(potential)을 유지한다. 성체 동물에서 간과 지라에서 조혈이 일어나는 것을 골수외조혈(extramedullary hematopoiesis, EMH)이라고 하며 비정상 소견으로 간주된다. 골수외조혈(EMH)은 대부분 골수의 혈액세포 생산 부족에 대한 보상 반응(compensatory response)으로 나타난다. 개에서 심한 지라 EMH와 가장 흔히 연관된 상태는 골수섬유증(myelofibrosis), 골수기능부전(marrow failure) 또는 골수형성저하증(marrow hypoplasia), 그리고 골수증식질환(myeloproliferative disorder)이다. 개와 고양이에서의 심한 빈혈(severe anemia)도 지라에서 EMH 발생에 영향을 미칠 수 있다. 다만 설치류(rodents)는 예외로, 설치류의 지라는 정상적으로도 조혈 기관으로서 기능한다.

혈액세포 생성을 담당하는 장기에서 성장인자와 특정 세포바깥바탕질(ECM) 요소의 농도는 시간이 지나면서 변할 수 있다. 이러한 변화는 태아기에 조혈장소가 한 장기에서 다른 장기로 옮겨가는 현상을 설명할 수 있다. 골수는 임신 후기부터 혈액세포를 생산하기 시작하여 출생 시 일차조혈기관이 되며, 이후에도 세포 생산량이 지속적으로 증가한다. 성체 동물의 골수는 매우 활발한 조직으로, 체중 1 kg당 매일 약 25억 개의 적혈구, 이에 상응하는 수의 혈소판과 10억 개의 과립백혈구를 생산한다.

일반적인 조직 슬라이드에서는 관찰되지 않지만, 골수의 미세환경은 고도로 체계화되있다(organized). 적혈구형성(erythropoiesis)의 기능적 단위인 **적혈구모세포섬(erythroblastic island)**은 중심 큰포식세포, 즉 '간호세포(nurse cell)'와 이를 둘러싼 적혈구 전구세포로 구성된다. 이 큰포식세포는 발생 중인 적혈구 전구세포들에 철분을 공급한다. 적혈구모세포섬은 일반적으로 뼈잔기둥에서 멀리 떨어져 있고, 성숙한 적혈구들이 쉽게 혈류로 진입할 수 있도록 혈관 구조(sinusoids) 근처에 위치한다. 굴모세혈관은 종종 골수공간 내에서 발달 중인 조혈세포에 의해 경계가 불분명하거나(indistinct) 가려져 있다(obscurred). 그 밖의 미세환경 구성요소로는 세포바깥바탕질, 버팀질세포(stromal cell), 다양한 조절 사이토카인(regulatory cytokine) 등이 있으며, 이들은 조혈 전구세포의 증식 및 분화를 유지하는 데 중요한 역할을 한다. 예를 들어, 세포바깥바탕질 내의 특정 단백당(헤파란황산, 콘드로이틴황산, 히알루론산 등)은 성장인자에 결합한 후 이를 전구세포에 전달한다. 섬유결합소(fibronectin)는 특히 질병 상태에서 초기 적혈구 전구세포들에 부착하여 적혈구형성(erythropoiesis)을 조절하는 한편, 헤모넥틴(hemonectin)은 골수 내에서 과립백혈구의 성숙과 혈류로의 방출에 관여한다. 이러한 복합적 상호작용은 골수 내에서 특정한 위치별 분포 양상을 만든다. 예를 들어, 과립구형성(granulopoiesis)은 헤모넥틴과 알칼리성 인산분해효소 생성 버팀질세포(alkaline phosphatase-producing stromal cell) 농도가 높은 뼈잔기둥 아래 부위(subtrabecular area)에서 주로 이루어진다. 또한, 버팀질세포는 과립구형성을 조절하는 과립백혈구-큰포식세포 집락자극인자(granulocyte-macrophage colony-stimulating factor, GM-CSF), 과립백혈구집락자극인자(granulocyte colony-stimulating factor, G-CSF), 큰포식세포집락자극인자(macrophage colony-stimulating factor, M-CSF) 등 여러 성장인자를 생산한다.

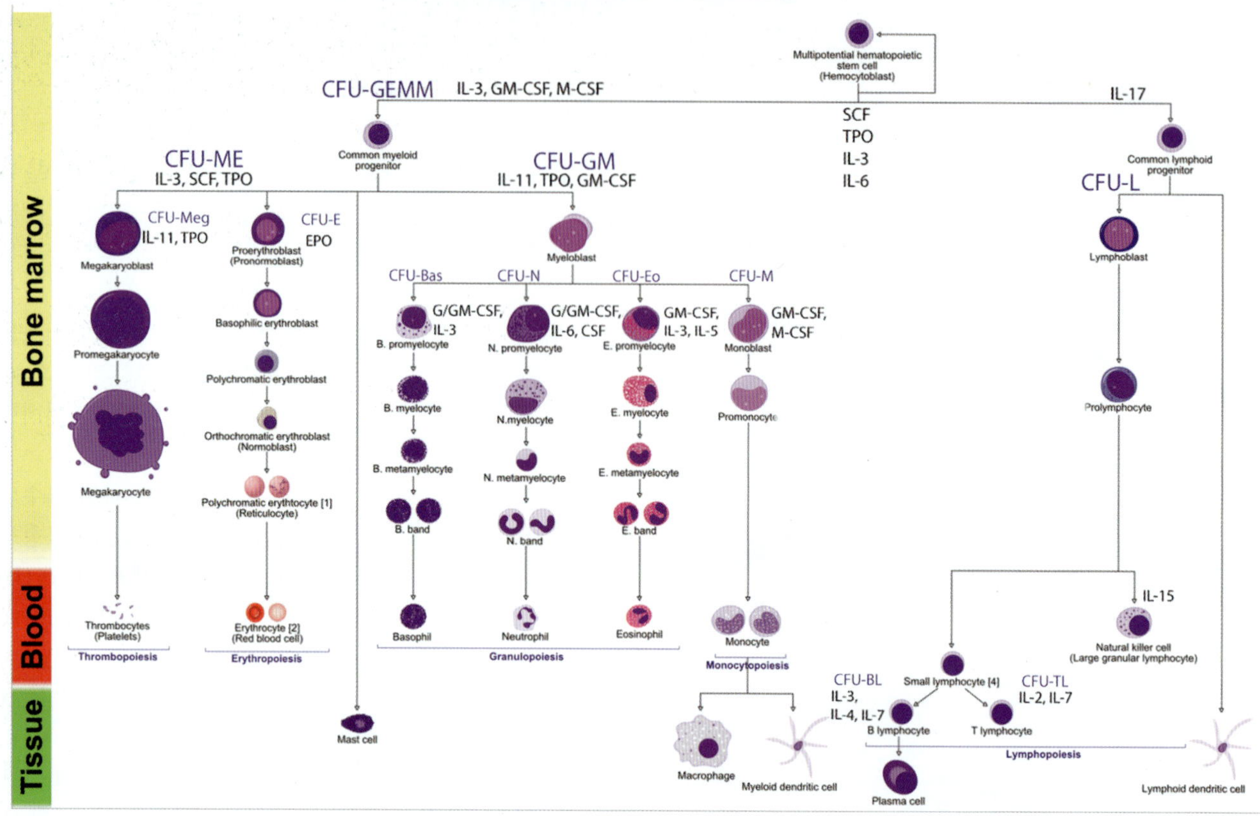

그림 6-23 • 조혈과 사이토카인. 조혈줄기세포(HSC)는 말초혈액 내 모든 혈액세포, 즉 골수계(과립백혈구계, 단핵구계, 적혈구계, 거대핵세포계)와 림프구계(T/B 림프구, NK 세포)를 생성한다. 그림에는 조혈 관련 사이토카인도 함께 제시되어 있다. (https://commons.wikimedia.org/wiki/File:Hematopoiesis_(human)_diagram_en.svg / CC BY 3.0)

1. 조혈줄기세포 Hematopoietic Stem Cells

조혈줄기세포(hematopoietic stem cell, HSC)는 주로 골수 내에 존재한다. 최근 연구에 따르면 조혈줄기세포는 두 가지 영역(region, niche), 즉 세동맥틈새(arteriolar niche)와 굴모세혈관-거대핵세포틈새(sinusoidal-megakaryocytic niche)에 풍부하게 분포한다고 알려져 있다. 이들 틈새는 모두 혈관이 풍부한 골수의 뼈속막(endosteal) 영역에 위치한다. 이들 틈새 내에는 조혈줄기세포 유지에 관여하는 버팀질세포가 밀집된 그물망을 이루고 있는데, 그러한 버팀질세포 중에는 CXC chemokine ligand 12를 풍부하게 발현하는 그물세포 집단이 포함된다. 이 세포가 조혈줄기세포 틈새의 주요 세포성분이다.

골수 내의 모든 세포, 즉 적혈구계(erythroid), 과립백혈구-단핵구계(granulocytic-monocytic), 림프구계(lymphoid), 거대핵세포계(megakaryocytic) 세포들은 모두 조혈줄기세포에서 기원한다(그림 6-23). 그동안 이 세포는 만능분화줄기세포(pluripotent stem cell) 또는 미분화줄기세포(uncommitted stem cell) 등의 다양한 명칭으로 불려왔다. 조혈줄기세포는 매우 드물어 골수 내 핵을 가진 세포의 약 0.01%에 해당하며, 형태학적으로는 구별되지 않는다. 그러나 이들은 골수에 특이적으로 정착하는 특성(homing)을 가지며, 자기 재생(self-renewal)과 조혈전구세포로의 분화 모두 가능하다. 조혈줄기세포는 두 종류의 원시뭇분화전구세포(primitive multipotent committed precursor cell)로 분화할 수 있는데, 이는 림프구계집락형성단위(colony-forming unit-lymphoid, CFU-L)와 과립백혈구, 적혈구, 단핵구/큰포식세포, 거대핵세포 집락형성단위(colony-forming unit-granulocyte, erythrocyte, monocyte/macrophage, megakaryocyte, CFU-GEMM)이다. 집락형성단위(colony-forming unit, CFU)라는 용어는 조혈세포의 집락(colony)을 생성할(give rise to) 수 있는 개별 세포를 의미한다. 뭇분화집락형성단위(multipotent CFU)는 추가 분화를 거쳐 특정 계열로 분화가 확정선조세포(committed progenitor)를 만들어 내며 이들 선조세포는 정해진 경로를 따라 증식과 성숙 과정을 거친다. 예를 들어, 과립백혈구와 단핵구 모두로 분화할 수 있는 두분화선조세포인 CFU-GM은 뭇분화전구세포인 CFU-GEMM에서 유래하며, 이후 추가적인 증식과 분화를 거쳐 더욱 제한된 자손세포(restricted progeny)로 된다. 이후, 일부 자손세포는 중성구계(neutrophilic, CFU-N), 호산구계(eosinophilic, CFU-Eo), 호염기구계(basophilic, CFU-Bas)로 분화하는 반면, 다른 일부는 단핵구계(monocytic, CFU-M)로만 분화한다. 거대핵세포와 적혈구는 두분화선조세포인 CFU-ME에서 유래하며, CFU-E(적혈구계)와 CFU-Meg(거대핵세포계)로 더 분화할 수 있다. 마찬가지로, 림프구계집락형성단위 CFU-L은 T세포계집락형성단위(CFU-TL)와 B세포계집락형성단위(CFU-BL)로 각각 분화한다. 홑분화전구세포(CFU-N 등)의 발달은 기능적 특성과 세포막 항원 발현을 통해 확인되었다. 궁극적으로, 확정선조세포(committed progenitor)가 특정 조혈 계열(specific hemopoietic lineage)로 분화하는 것은 세포 특이 전사인자(transcription factor)에 의해 조절되며, 이 전사인자는 특유의 세포 신호 경로를 활성화하여 계열 특이적 분화를 유도한다.

2. 사이토카인과 조혈조절

Cytokines and Regulation of Hematopoiesis

집락자극인자(colony-stimulating factors, CSF), 인터루킨(interleukin, IL), 성장인자 등 여러 **사이토카인(cytokine)**이 **조혈조절(regulation of hematopoiesis)**에 관여한다. 이들 사이토카인이 혈액세포와 그 선조세포 발달경로의 다양한 단계에서 미치는 주요한 효과가 광범위하게 연구되었다. 사이토카인은 다양한 조혈표적세포에 대해 종종 작용 범위가 넓고 서로 중첩된다. 조절 인자가 표적에 촉진 효과를 나타낼지 또는 억제 효과를 나타낼지는 사이토카인의 농도와 노출 기간에 따라 달라진다. 대상 세포의 성숙 단계(stage), 주변에 존재하는 사이토카인 환경(milieu), 표적 세포와 골수 미세환경 간 물리적 관계 등이 이러한 반응에 영향을 미친다.

대부분의 경우, 집락자극인자와 인터루킨은 성장 자극성(growth-stimulatory) 사이토카인이다. 여러 자극성 사이토카인 간의 상승작용은 중요한 생물학적 반응을 일으킬 수 있다. 예를 들어, 정상 조혈에서 필수 성장인자인 줄기세포인자(stem cell factor, SCF)는 과립백혈구 집락자극인자(G-CSF)와 함께 작용하면 강력한 효과를 발휘한다. IL-3는 또한 IL-1 및 적혈구형성인자(erythropoietin, EPO)와 함께 적혈구 선조세포 생성에 상승작용을 나타내는 반면, IL-3와 IL-5는 함께 호산구 발생을 촉진한다. 정상 동물에서 혈소판형성소(thrombopoietin, TPO)는 주로 혈소판 수를 증가시키는 역할을 하는데, 골수가 억제된 동물에 혈소판형성소를 투여하면 세 가지 세포 계열 모두에서 매우 빠르게 회복된다. 이는 골수 내 조혈줄기세포 유지에 혈소판형성소가 중요한 조절 인자임을 보여준다.

조혈과정을 주로 억제하는 사이토카인에는 TNF-α(tumor necrosis factor-α, 종양괴사인자알파), IFN-γ(interferon-γ, 인터페론감마), TGF-β(transforming growth factor-β, 전환성장인자베타), 락토페린(lactoferrin) 등이 있다. TNF-α와 IFN-γ가 만성질환에서 빈혈 발생에 관여한다는 뚜렷한 증거가 있다. 그러나 과립구형성의 음성되먹임 조절작용에서 락토페린의 역할에 대해서는 아직 논란이 있다.

3. 과립구형성 Granulopoiesis

골수에서 **과립구형성(granulopoiesis)**은 뼈잔기둥 주위영역(paratrabecular area)에 미성숙 과립백혈구 전구세포(precursor)가 존재하고 점차 중앙 골수공간 쪽으로 성숙이 진행되는 뚜렷한 패턴을 보인다. 정상 골수는 다양한 분화 단계에 있는 조혈세포의 이질적인(heterogenous) 집단을 포함하지만, 각 계열에서 가장 성숙한 세포가 가장 많은 수를 차지하며 그 중에서도 중성과립백혈구(neutrophilic granulocyte)가 가장 두드러진 세포 계열이다. 조혈 전구세포 또는 줄기세포에서부터 각각의 성숙 혈구세포 유형으로 분화하는 개별 경로와 주요 사이토카인은 그림 6-23에 제시되어 있으며, 이후에 자세히 설명된다. 골수 내의 이러한 특징적인 불균질성(heterogeneity)은 염증, 골수이형성증후군(myelodysplastic syndrome), 조혈계 종양(hematopoietic neoplasia) 등의 다양한 혈액 질환에서 변화할 수 있다.

과립구형성(granulopoiesis) 또는 백혈구형성 과정은 CFU-GM의 자손세포인 골수모세포(myeloblast)의 증식과 분화에서 시작된다(그림 6-23). 골수모세포 단계부터 성숙한 과립백혈구가 혈류로 방출되기까지 걸리는 시간(transit time)은 짧게는 4~5일에서 길게는 10일이다. 일반적으로 골수모세포가 성숙하면서 크기는 점차 작아지고, 핵 염색질은 응축되며, 핵소체는 사라진다. 궁극적으로 과립백혈구의 핵은 분엽화 또는 분절화되고, 세포질은 호염기성이 점차 감소하며, 특이과립 즉 이차과립이 축적된다.

골수 내 과립백혈구의 형태와 발달과정은 광범위하게 연구되었다. 골수계열의 첫 세 가지 세포인 **골수모세포(myeloblast)**, **풋골수세포(promyelocyte)**, **골수세포(myelocyte)**는 유사분열이 가능하다. 골수모세포는 분열과 분화를 거쳐 두 개의 풋골수세포를 생성하며, 각 풋골수세포는 다시 분열과 분화를 통하여 두 개의 골수세포가 된다(그림 6-24). 골수세포는 특별한 분화 없이 2~3회 연속 유사분열을 하여 추가적으로 골수세포의 수를 증가시킬 수 있다. 이러한 여러 차례의 연속 분열을 통해 과립구형성이 이 단계에서 증폭될 수 있다. 반

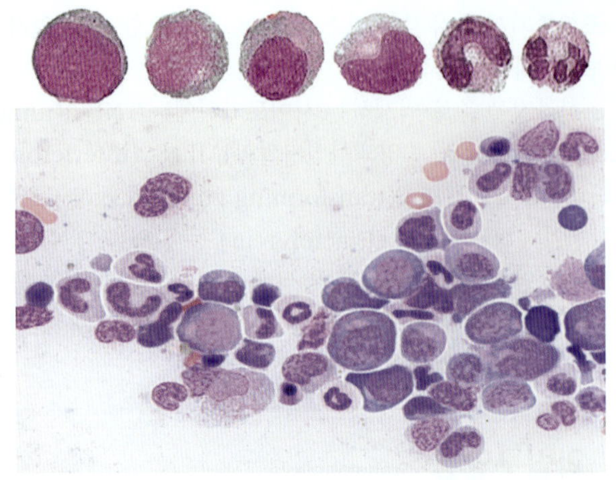

그림 6-24 • 과립백혈구 계열(위 그림, 왼쪽부터 오른쪽으로): 골수모세포(myeloblast), 풋골수세포(promyelocyte), 골수세포(myelocyte), 늦골수세포(metamyelocyte), 띠중성구(band neutrophil), 중성구(neutrophil). 골수 도말(아래 그림)에서 다양한 분화 단계의 과립백혈구가 보인다.

면, 성숙한 과립백혈구의 생산이 긴급히 요구되는 상황에서는 연속적인 유사분열 단계가 생략되어 분열 없이 빠르게 성숙 과정을 진행할 수 있다. 각 골수세포(myelocyte)는 추가적인 세포분열 없이 성숙 과정을 거치며, 결과적으로 늦골수세포(metamyelocyte), 띠백혈구(band cell), 그리고 성숙 뷰엽 과립백혈구(mature segmented granulocyte)가 형성된다.

혈류로 방출된 성숙 과립백혈구(주로 분엽중성구)는 두 가지 말초혈액 분획(peripheral blood pool)에 분포한다. 가장자리과립백혈구분획(marginal granulocyte pool, MGP)은 모세혈관과 세정맥의 벽을 따라 덮고 있는 과립백혈구로 구성되며, 순환과립백혈구분획(circulating granulocyte pool, CGP)은 혈관 내 중앙부에 자유롭게 떠다니는 세포로 구성된다. 전혈구계산(complete blood count, CBC)에서 측정되는 총 과립백혈구 수와 감별계산은 주로 순환과립백혈구분획(CGP)의 세포 수를 반영한다. 가장자리과립백혈구분획과 순환과립백혈구분획의 크기는 거의 비슷하지만, 두 분획 사이의 과립백혈구는 자유롭게 이동하며 교환될 수 있기 때문에 이들 분획의 세포 수는 상황에 따라 변화할 수 있다. 고양이의 경우 가장자리과립백혈구분획이 순환과립백혈구분획의 약 3배 크기이다. 과립백혈구는 혈액 내에 짧은 기간 머무르며, 이후 무작위로 순환계를 떠나 조직으로 이동하여 그곳에서 각자의 특수한 기능을 수행한다.

과립백혈구는 미생물에 감염된 조직에 특이적으로 유인될 수 있는데, 이를 화학주성(chemotaxis)이라 한다. 염증 상황에서는 주로 중성구를 중심으로 한 과립백혈구 전구세포의 골수 내 생산과 골수로부터의 방출이 증가하여 말초 조직의 수요를 충족시킨다. 염증 부위에서 생성되는 사이토카인, 특히 과립백혈구집락자극인자(G-CSF)와 과립백혈구-큰포식세포집락자극인자(GM-CSF)는 과립백혈구형성을 촉진하는 데 매우 중요한 역할을 한다. 중성구의 기능은 침입한 세균을 포식, 분해 및 사멸시키는 것이다. 호산구도 포식작용을 하지만, 주로 과민반응을 제한하고 기생충 감염을 방어하는 데 관여한다. 호염기구는 즉시형(알레르기와 아나필락시스)과 지연형 과민반응을 촉진하는 매개체로 작용한다.

1) 중성구전구세포 Neutrophilic Precursors

중성구전구세포(neutrophilic precursor: 골수모세포, 풋골수세포, 골수세포)는 이 계열 내에서 유사분열을 하며 증식하는 세포이다. 형태학적으로 확인할 수 있는 가장 초기의 과립백혈구 전구세포는 **골수모세포(myeloblast)**이다. 이 세포의 크기는 15~20 μm이며, 세밀하게 점모양으로 배열된 둥근 핵, 1~2개의 핵소체, 그리고 옅거나 중간 정도의 호염기성 세포질을 갖고 있다. 골수모세포의 세포질에는 일차과립(primary granule)이 없거나 매우 적게 존재한다. 특징적으로 골수모세포는 뚜렷하게 밝게 염색되는 핵주위영역(perinuclear region)이 없는데 이는 골지복합체(Golgi complex)가 잘 발달하지 않았음을 의미한다.

풋골수세포(promyelocyte)는 골수모세포보다 다소 크며 지름이 최대 25 μm에 이를 수 있다. 핵은 종종 한쪽으로 치우쳐 있고, 골수모세포에 비해 염색질이 다소 거칠며(균일하지 않고 뭉친 형태, coarse), 뚜렷한 핵소체를 가지고 있다. 눈에 띄게 밝게 염색되는 골지부분(Golgi zone)이 풋골수세포의 특징이다. 세포질은 골수모세포보다 더 풍부하고, 밝은 호염기성을 띠며, 수많은 일차과립을 포함한다. **골수세포(myelocyte)**의 핵은 둥글거나 타원모양이고, 거친 염색질(coarse chromatin)을 가지며, 뚜렷한 핵소체는 없다. 대부분 종에서 일차과립의 합성은 골수세포 단계에서 멈추며, 이후의 세포분열 과정에서 이 과립의 수는 감소한다. 골수세포에서 이차과립 또는 특이과립(specific granule)이 나타나는 것은 해당 세포가 특정 세포 계열(중성구성, 호산구성, 호염기구성 골수세포)으로 발달이 확정되었음을 의미한다.

유사분열을 마친 중성구전구세포에는 중성구성 **늦골수세포(neutrophilic metamyelocyte)**와 띠중성구(band)가 포함되며, 이들은 성숙하여 분엽핵 중성구(segmented neutrophil)가 된다. 일반적으로 세포가 성숙함에 따라 핵은 함입되어 띠 모양(band-shaped), 그리고 명확한 엽(lobe)을 가진 구조로 변한다. 성숙한 분엽핵 중성구의 핵은 2~5개의 엽을 가지며 평균적으로 3개이다. 이 엽은 가느다란 핵 연결부(nuclear strand)로 서로 연결된다. 염색질은 푸른 자주색(blueish-purple)이며 점차 거칠어지고 약간 응집된 형태를 보인다. 이들 유사분열을 마친 세포에는 핵소체가 관찰되지 않는다. 특이과립은 광학현미경 수준에서는 쉽게 구분되지 않아 세포질은 연한 분홍색으로 보인다. 평균적으로 유사분열을 마친 중성구전구세포의 크기는 10~18 μm이며, 성숙할수록 크기가 작아지는 경향이 있다.

2) 호산구, 호염기구와 비만세포

Eosinophilic and Basophilic Granulocytes and Mast Cells

호산구와 호염기구의 성숙 단계는 중성구와 유사하다. 그러나 특이과립 또는 이차과립의 크기, 모양, 염색상, 수는 종에 따라 크게 다르다. 일반적으로 **호산구(eosinophil)**의 이차과립은 용해소체(lysosomes)이며, 과산화효소(peroxidase), 산성인산염분해효소(acid phosphatase), 아릴설파타테이스(arylsulfatase) 등의 효소를 포함한다. 이 과립은 주염기성단백질(major basic protein), 호산구 과산화효소(eosinophil peroxidase), 호산구 양이온성 단백질(eosinophilic cationic protein)과 같은 강한 독성 단백질도 포함한다. 음이온성 염색시약인 에오신(eosin)에 친화적이므로 일반 과립은 혈액학적 염색에서 붉은색으로 염색된다. 과립 내 물질은 연충(helminth)과 원충(protozoa)에 직접 방출되어 기생충 제거에 도움을 준다. 호산구는 아나필락시스와 알레르기 반응에 관여하며 면역복합체와 같은 입자를 포식할 수 있다.

호염기구(basophil)의 과립에는 주로 생체아민(biogenic amines), 헤파린(heparin), 가수분해효소(hydrolytic enzyme), 단백당(proteoglycan), 주염기성단백질(major basic protein) 등이 저장되어 있다. 이들 과립은 일반적인 혈액학적 염색에서 짙은 보라색이며, 일부 종에서는 핵을 덮고 있어서 핵이 뚜렷하게 보이지 않는다. 호염기구는 주로 알레르기와 아나필락시스 반응에 관여한다. 이 과정은 호염기구 표면의 IgE 항체가 교차결합(cross-linking)되어 과립 내용물이 방출됨으로써 매개된다. 이때 주요 생체아민인 히스타민(histamine)은 혈관 투과성 증가, 민무늬근육 수축, 기관지 수축 등을 유도한다. 호염기구는 세균이나 바이러스 감염에 자가방어 역할을 하고 일부 만성 및 섬유화 질환, 종양 발생 및 진행에도 관여할 수 있으나, 호염기구에서 분비되는 사이토카인과 케모카인이 종양 촉진 또는 억제 작용을 하는지에 대해서는 분명하지 않다.

비만세포(mast cell)는 전통적으로 만능분화조혈줄기세포에서 유래하는 것으로 여겨지며 이는 단핵구 및 과립백혈구 전구세포와 구별되는 계열이다. 골수 유래 비만세포는 c-kit 리간드, 줄기세포인자(stem cell factor, SCF)와 다른 사이토카인의 영향으로 성숙한다. 성숙한 비만세포는 정상 상태에서는 혈액에서 발견되지 않고 조직으로 이동해 성숙을 마친다. 최근 연구에서는 조직 내에서 태아 유래 비만세포(fetal-derived mast cell)라는 별도의 집단이 밝혀졌으며, 이들은 자체 증식이 가능하고 성체 동물에서도 존재한다. 골수에서 여러 단계의 조혈과정을 거쳐 생성된 비만세포는 조직 내 비만세포 수를 유지하는 데 기여할 수 있다.

비만세포는 호염기구보다 크기가 크고, 더 풍부한 보라색 과립을 가지며, 둥근 핵을 가진다. 비만세포는 정상적으로 골수 내에도 존재하지만, 그 수는 매우 적다. 분화가 확정비만세포(committed mast cell) 전구세포는 골수에서 혈액을 거쳐 여러 조직으로 이동하는데, 특히 호흡계통과 점막 조직으로 이동한다. 조직 내에서 비만세포의 기능은 과민반응을 촉진하고, 면역 반응을 조절하며, 조직 내 기생충 방어 및 급성·만성 염증 반응을 촉진하는 것 등이다. 또한 일부 비만세포 집단은 미세혈관(microvasculature)과 신경조직(neural tissue) 근처에 위치하며, 이들은 혈관신생(angiogenesis)과 조직 복구 과정에 관여할 수 있다.

4. 단핵구형성 Monocytopoiesis

단핵구(monocyte)는 조혈줄기세포(HSC)와 과립백혈구-단핵구집락형성단위(granulocyte-monocyte colony-forming unit, CFU-GM)로 알려진 골수에 있는 확정선조세포(committed progenitor)에서 유래한다. 골수에서 단핵구의 성숙 단계는 정해지지 않은 수의(undetermined number) 유사분열을 통하여 진행된다. 단핵구는 선천 면역 세포로서 염증과 조직 수복(tissue repair)의 개시(initiation), 조정(orchestration), 그리고 종료(resolution)에 핵심적 역할을 한다. 단핵구는 혈액 내 핵을 가진 혈구 세포의 약 5%를 차지하며 반감기는 1~3일이다.

단핵구는 자극에 대한 반응으로 혈류에서 조직으로 이동하며, 그곳에서 조직 큰포식세포(tissue macrophage)가 된다. 그러나, 최근 연구에서는 조직 큰포식세포는 다양한 집단이 있는데, 어떤 큰포식세포는 난황주머니선조세포(yolk sac progenitor)에서 유래하고 또 다른 큰포식세포는 조혈줄기세포에서 유래함이 밝혀졌다. 단핵구와 큰포식세포는 이질적(heterogenous)이고 기능적으로 다양한 집단이나, 그 프로그래밍을 조절하는 기전에 대한 이해는 아직 부족하다.

단핵구/큰포식세포 계열에서 형태학적 구분이 가능하고 확정선조세포는 **단핵구모세포(monoblast)**이다. 둥글거나 약간 함몰된 핵, 미세한 염색질 양상과 핵소체를 가지지만 풋단핵구(promonocyte)와 쉽게 구분되지 않는다. 성숙 **단핵구(monocyte)**는 콩팥 모양(reniform) 또는 접혀있는(folded) 모양의 움푹들어간 핵을 가지는 것이 특징이며 풍부한 청회색 세포질을 가진다. 일반적으로 핵소체는 없으며, 가끔 작은 뚜렷하지 않은 일차과립과 다양한 세포질 공포(vacuolation)가 관찰된다. 단핵구 발달과 기능 조절에 주로 관여하는 사이토카인은 IL-3, GM-CSF, M-CSF 등이다. 개와 소의 GM-CSFs는 재조합 단백질로 생산되며, 이들을 투여 시 용량 의존적으로 중성구증가증(neutrophilia)과 단핵구증가증(monocytosis)이 나타난다.

5. 적혈구형성과 적혈구전구세포

Erythropoiesis and Erythroid Precursors

골수에서 **적혈구전구세포(erythroid precursor)**의 분화는 적혈구모세포섬(erythroblastic island)에서 이루어진다. 이 구조는 중앙의 큰포식세포와 주변의 다양한 분화 단계의 적혈구전구세포로 구성된다. 중앙의 큰포식세포는 발달 중인 적혈구전구세포에 혈색소 합성을 위해 철분을 공급하고, 적혈구전구세포의 증식과 생존 신호를 제공하며, 적혈구 성숙의 마지막 단계에서 방출되는 핵을 포식한다. 적혈구모세포섬은 골수공간 전반에 불규칙하게 분포한다.

적혈구형성(erythropoiesis)은 적혈구를 생성하는 과정으로, 세포 생존과 증식을 유도하는 성장인자와 계열 특이적 유전자를 활성화하는 핵 조절자(nuclear regulator)에 의해 조절된다. 주로 콩팥에서 생성되는 **적혈구형성호르몬(erythropoietin, EPO)**은 적혈구형성 과정의 주요 생리학적 조절자이다. EPO는 새로 형성된 적혈구 선소세포의 세포자멸사(apoptosis)를 억제하여 성숙 적혈구로 분화되도록 하고, 확정 적혈구선조세포의 증식과 분화에 관여하며, 더 많은 성숙 적혈구가 혈중으로 방출되도록 한다.

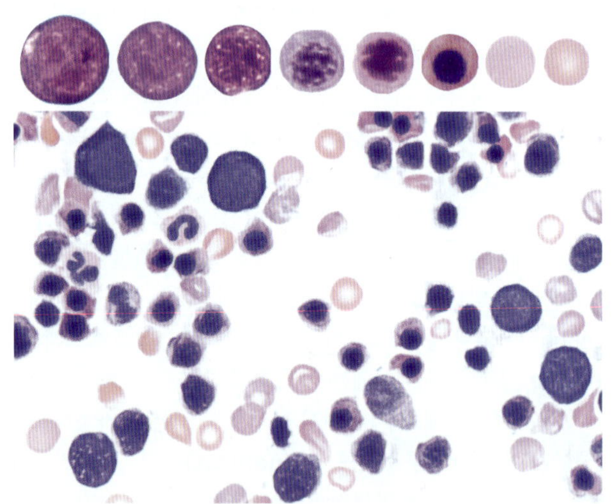

그림 6-25 • 적혈구 계열(위 그림, 왼쪽부터 오른쪽으로): 풋적혈구모세포(rubriblast), 두 개의 초기 및 후기 호염기적혈구모세포(basophilic rubricyte), 두 개의 초기 및 후기 뭇색듦적혈구모세포(polychromatophilic rubricyte), 늦적혈구모세포(metarubricyte), 그물적혈구(reticulocyte), 적혈구(erythrocyte). 골수 도말(아래 그림)에서 다양한 분화 단계의 적혈구계 세포가 보인다.

풋적혈구모세포(proerythroblast, rubriblast)는 적혈구 집락형성단위(colony-forming units-erythroid, CFU-E)에서 유래하는 최초의 구별 가능한 적혈구전구세포(erythroid precursor)이다(그림 6-25). 세포의 크기는 15~25 μm이고 둥근 핵, 점모양의 염색질, 한 개 또는 두 개의 핵소체를 가지며 핵 주변부는 창백하고 과립이 없는 진한 호염기성 세포질이 특징이다. 하나의 풋적혈구모세포는 분열하여 두 개의 **적혈구모세포(erythroblast, prorubricyte)** 또는 **호염기적혈구모세포(basophilic erythroblast, basophilic rubricyte)**가 된다. 호염기적혈구모세포는 풋적혈구모세포(rubriblast)와 모양이 비슷하나, 핵 염색질은 다소 응축(condensation)되어 있고, 핵소체는 뚜렷하지 않은, 전반적인 크기가 더 작다. 호염기적혈구모세포는 일련의 유사분열을 거친 후 계속 성숙하여 **뭇색듦적혈구모세포(polychromatic erythroblast, polychromatophilic rubricyte)**가 된다. 뭇색듦적혈구모세포의 핵 염색질은 응축되어 있으나 연한 선(light streak)으로 분리되어 있고, 크기는 적혈구모세포(prorubricyte)보다 약간 더 작다. 뭇색듦적혈구모세포에서 세포질이 회청색으로 변하는 것은 혈색소 합성이 잘 이루어지고 있음을 의미한다. 뭇색듦적혈구모세포는 적혈구 성숙 과정에서 유사분열이 가능한 마지막 단계이며, **늦적혈구모세포(정염색적혈구모세포, metarubricyte, orthochromatic rubricyte, orthochromatic erythroblast)**로 분화한다. 늦적혈구모세포는 핵을 가진 적혈구 중 가장 작은 세포로, 핵 염색질은 응축되어 있으며, 세포질은 약간 회색이 도는 분홍색에서 붉은색까지 나타나고, 거의 완전히 혈색소로 채워져 있다. 늦적혈구모세포에서 핵이 배출되면 **그물적혈구(reticulocyte)**가 되는데, 여전히 상당수의 리보소체를 포함하고 있어서 세포질은 로마노프스키 염색(Romanowsky stain)에서 회색 또는 흐릿한 청분홍색(dull bluish pink)으로 염색된다. 대부분의 그물적혈구는 골수 내에서 성숙하지만, 일부는 완전히 성숙한 적혈구와 함께 혈류로 방출될 수 있다. 혈류로 나온 그물적혈구는 1~2일 내에 리보소체를 소실하면서 성숙 순환 **적혈구**(circulating **erythrocyte**)가 된다.

일반적으로 적혈구전구세포는 유사분열을 반복할수록 점차 크기가 작아진다. 이 과정에서 핵 염색질은 점차 응축되며, 결과적으로 핵은 완전히 축소된 상태(핵농축 상태, pyknosis)가 되어 세포 밖으로 배출된다. 적혈구모세포는 3~5일 동안 이러한 성숙 과정을 거쳐 그물적혈구(reticulocyte)로 성숙하며, 이후 1~2일이 지나면 그물적혈구는 혈류로 들어간다. 노쇠한 적혈구는 단핵포식세포계통(MPS)에 의해 혈류에서 제거된다. 가축에서 혈류 내 적혈구의 수명은 약 70일에서 160일로 다양하다.

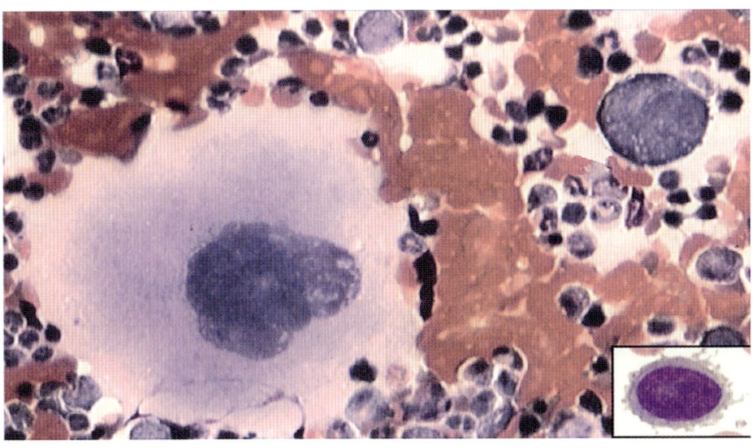

그림 6-26 • 거대핵세포계열: 골수 도말에서 성숙한 과립 거대핵세포(granular megakaryocyte)와 풋거대핵세포(promegakaryocyte)가 보인다. 오른쪽 아래에 삽입된 그림 속 세포는 거대핵모세포(megakaryoblast)이다.

6. 혈소판형성과 혈소판전구세포

Thrombopoiesis and Platelet Precursors

거대핵세포형성(megakaryopoiesis)은 혈소판 생산으로 이어지는 분화 과정으로 매우 정밀하게 조절된다. **거대핵모세포(megakaryoblast)**는 이 계열에서 최초의 구별가능한 전구세포로, 뭇분화선조세포(multipotent progenitor cell)인 CFU-GEMM에서 유래한다(그림 6-23). 줄기세포인자(stem cell factor, SCF), IL-3, GM-CSF 및 기타의 인자들은 거대핵모세포 생성을 자극하며(그림 6-26), 간에서 생성되는 호르몬인 **혈소판형성소(thrombopoietin, TPO)**는 거대핵세포계 선조세포의 증식과 분화를 촉진하고 성숙한 **거대핵세포(megakaryocyte)**로부터 혈소판이 혈류로 방출되는 것을 증강시킨다. 이러한 인자에 반응하여, 거대핵모세포는 세포분열 없이 핵분열과 세포질 성숙만 일어나는 핵속유사분열(endomitosis)을 한다. 거대핵세포의 성숙과정은 골수 내 굴모세혈관(vascular sinusoid) 근처에서 일어난다. 성숙하는 동안 세포의 크기, 핵의 수(다핵성, nuclear ploidy) 및 세포질 부피가 점진적으로 증가하며, 세포질은 호염기성이 옅어지고 일차 과립을 갖게 된다. 성숙한 거대핵세포는 16~32개의 핵을 가지며, 각 핵은 분리되어 보이지만 모두 연결되어 있다.

혈소판(platelets)은 거대핵세포계열의 최종 산물이다. 거대핵세포가 굴모세혈관 내피를 뚫고 세포질돌기(cytoplasmic projection)를 혈류로 뻗어 내어 혈관속 공간으로 세포질 조각을 떨어뜨리는데, 그 세포질 조각이 혈소판이다. 혈소판 생성의 최종 단계에서 TPO와 기타 체액성 조절인자(humoral regulator)의 역할은 명확하지 않다. 한 개의 거대핵세포는 1,000~3,000개의 혈소판을 혈류로 방출하는 것으로 추정된다. 체내 혈소판 총량의 약 2/3은 혈류에서 관찰되고 나머지 1/3은 지라에 존재한다.

7. 림프구형성과 림프구전구세포

Lymphopoiesis and Lymphoid Precursors

림프구(lymphocyte)도 다른 조혈세포처럼 만능분화줄기세포(pluripotent stem cell)에서 유래한다(그림 6-23). 림프구계열 최초의 선조세포인 **림프구모세포(lymphoblast)**는 골수 내에 소량 존재하며, 적혈구모세포(rubriblast)나 초기 골수모세포(myeloblast)와 구별하기 어렵다. 이 세포의 특징은 둥근 핵, 미세한 염색질, 다양한 수의 핵소체, 진한 호염기성의 가는 테두리를 가진 무과립성 세포질이다. 림프구모세포는 분열하고 분화하여 **풋림프구(prolymphocyte)**가 되고, 이들은 계속 분열하고 분화하여 **성숙림프구(mature lymphocyte)**가 된다. 선조세포와 성숙단계세포 사이의 정확한 유사분열 횟수는 알려지지 않았다. 대부분의 골수 내 림프구는 크기가 작고 핵 염색질이 뭉쳐있으며 뚜렷한 핵소체가 없다. 고양이의 골수에 존재하는 유핵세포 중 최대 20%가 성숙림프구인 반면, 개나 다른 종에서는 10% 미만에 불과하다.

성숙림프구에는 두 종류가 있는데 세포성 면역을 담당하는 **T림프구(T lymphocyte)**와 체액성 면역을 담당하는 **B림프구(B lymphocyte)**이다. B림프구와 T림프구는 모양만으로는 구별할 수가 없고, 면역표현형검사(immunophenotyping)와 같은 특수염색기법이 필요하다. B림프구의 마지막 분화는 골수에서 일어나는 것으로 알려졌지만, 미성숙 세포는 말초 림프절, 지라, 또는 다른 림프조직으로 이동하고 거기서 증식 및 성숙하여 세포 표면 면역글로불린 수용체를 발현하는 작은 림프구가 되기도 한다. B림프구는 추가적으로 분화하여 항체를 분비하는 B세포인 **형질세포(plasma cell)**가 될 수 있다. 형질세포는 더 풍부하고 진한 호염기성 세포질과 현저히 밝게 염색되는 핵 주위의 골지부분, 한쪽으로 치우친 핵을 가지고 있으며, 이는 휴지기(resting)의 림프구와 구별된다. 조류에서는 B림프구 성숙 과정이 배설강주머니(cloacal bursa, bursa of Fabricius)에서 일어난다.

림프구전구세포(lymphoid precursor)의 일부는 골수를 떠나 가슴샘(thymus)으로 이동하여 T림프구(가슴샘림프구, T lymphocyte, thymic lymphocyte)로 분화한다. 풍부한 밝은 호염기성 세포질과 호아주르과립을 가진 소수의 림프구집단을 골수에서 종종 볼 수 있는데, 이런 세포를 큰과립림프구(large granular lymphocyte, LGL)라고 한다. 큰과립림프구는 자연살해세포(natural killer cell, NK cell)나 세포독성 T림프구(cytotoxic T lymphocyte)로서 기능하며, 종양 저항성(tumor resistance)이나 바이러스나 다른 미생물감염에 대한 개체 면역에 중요한 역할을 한다.

임상 관련 *Clinical Correlations*

이자(pancreatitis) 손상과 연관된 염증성 질환을 **이자염(pancreatitis)**이라고 한다. 이 경우, 골수 반응(그림 6-27)은 조직(이자)의 요구를 충족시키기 위해 과립백혈구(granulocyte) 생산과 방출을 증가시키는 것이다. 전신적으로 G-CSF와 GM-CSF가 급격히 증가하여 골수가 더 많은 중성구와 단핵구를 생성하도록 유도한다. 이 백혈구들은 각각 침입한 세균을 포식 및 살균하고 조직 조각(debris)을 제거하는 기능을 수행한다.

조혈줄기세포(HSC) 손상으로 인하여 골수가 충분한 수의 조혈세포(적혈구계열, 골수계열, 거대핵세포계열의 세포)를 생산하지 못하는 상태를 **재생불량빈혈(aplastic anemia)**이라고 하고(그림 6-28), 말초혈액 내 적혈구, 백혈구, 혈소판의 수가 극도로 낮은 상태이다. 이 질환의 대부분 경우에는 원인이 밝혀지지 않았지만, 감염성 원인, 약물 치료, 독소, 전신 방사선 조사 등과의 연관성이 보고된 바 있다.

핵심 정리 *Essentials*

1) **혈액(Blood):** 혈액은 단백질과 다양한 용질이 녹아 있는 연한 황색의 액체 성분인 혈장(plasma)과 적혈구, 백혈구, 혈소판 등의 세포성분으로 구성된다.

2) **적혈구(Erythrocyte, red blood cell):** 적혈구는 핵이 없는 이중 오목형(biconcave)의 혈액세포로 혈색소를 포함하고 있어, 허파에서 산소와 결합하여 조직으로 운반하고, 조직에서 발생한 이산화탄소를 다시 허파로 운반하여 배출하는 주요 역할을 담당한다. 적혈구는 골수에서 적혈구선조세포(erythroid progenitor cell)로부터 생성되며, 적혈구형성(erythropoiesis)의 주요한 조절 인자는 EPO(적혈구형성호르몬, erythropoietin)이다.

3) **백혈구(Leukocyte, white blood cell):** 백혈구는 핵을 가진 혈액세포로, 선천 면역(비특이적 면역)과 체액성/세포성

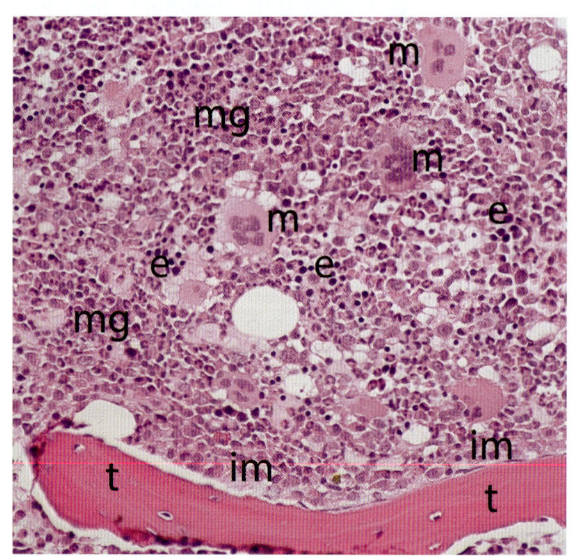

그림 6-27 • 이자염이 있는 개에서 채취한 골수 중심 생검 조직. 골수 세포충실도는 매우 높아 거의 100%에 이르며, 지방세포는 드물다. 미성숙 과립백혈구(im)의 수가 증가되어 있으며, 이들은 뼈잔기둥(trabecular bone, t) 근처에 분포하고 있다. 뼈잔기둥으로부터 멀어져 골수 중심으로 갈수록 점차 성숙되어 성숙과립백혈구(mg)가 된다. 적혈구섬(erythroid island, e)과 몇 개의 거대핵세포(m)도 확인된다. 모든 성숙 단계의 백혈구와, 적혈구계 및 거대핵세포계 전구세포를 포함한 다른 조혈전구세포들의 존재는 반응성 골수 반응(reactive bone marrow response)을 알 수 있는 중요한 특징이다. H&E. (×20).

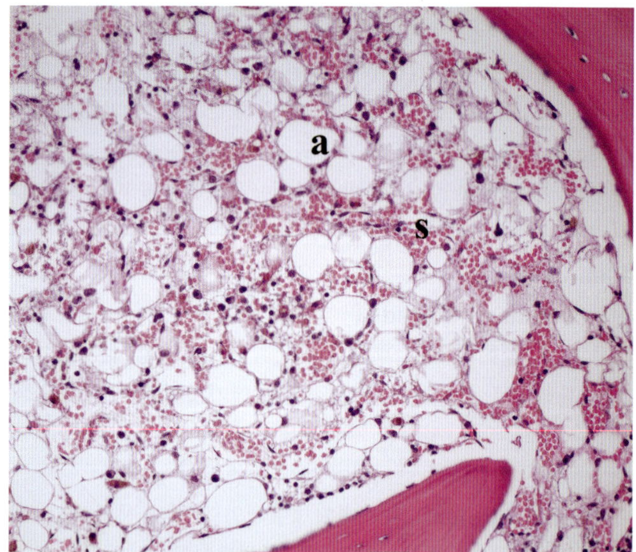

그림 6-28 • 재생불량빈혈(aplastic anemia)이 있는 개에서 채취한 골수 중심 생검 조직. 골수 세포충실도는 현저하게 감소되어 있으며, 조혈골수(hematopoietic marrow) 공간은 지방 또는 지방세포(adipocyte, a)로 대체되어 있다. 정상 골수에서는 굴모세혈관(sinusoid, s)이 명확히 관찰되지 않지만, 재생불량 골수에서는 굴모세혈관 내에 존재하는 성숙 적혈구로 인해 쉽게 확인할 수 있다. 이 개는 말초혈액 내 적혈구, 백혈구, 혈소판이 모두 매우 적은 수로 관찰되었다. 본 증례에서는 원인으로 추정할 수 있는 요인이 확인되지 않았다. H&E. (×20).

면역(특이적 면역) 반응 모두에 관여한다. 백혈구는 과립백혈구(granulocyte: 중성구, 호산구, 호염기구)와 무과립백혈구(agranulocyte: 림프구와 단핵구)로 분류된다. 이 세포들은 골수에서 골수계(myeloid) 또는 림프구계(lymphoid) 선조세포로부터 생산된다.

4) **혈소판(Platelets):** 혈소판은 거대핵세포(megakaryocyte)라 하는 전구세포에 의해 혈류로 방출되는 무핵 세포질 조각이다. 거대핵세포는 골수에서 거대핵세포계 선조세포(megakaryocytic progenitor cell)로부터 생성되며, TPO(혈소판형성소)는 혈소판 생성(혈전형성)의 주요 조절자이다.

5) **조혈(Hematopoiesis):** 조혈은 HSC(조혈줄기세포, hematopoietic stem cell)라 불리는 만능분화세포로부터 적혈구계(erythroid), 골수계(myeloid), 거대핵세포계(megakaryocytic) 전구세포(precursor)와 성숙 혈액세포가 생성되는 과정이다. 조혈은 뼈잔기둥 사이에 형성된 골수공간의 혈관밖(extravascular) 영역에서 이루어진다.

6) **골수 혈액 공급(Bone marrow blood supply):** 골수는 크게 두 가지 주요 혈액 공급원으로부터 혈류를 공급받는다. 하나는 영양동맥그물망(nutrient arterial network)이고, 다른 하나는 뼈막동맥그물망(periosteal arterial network)이다.

7) **굴모세혈관(Sinusoid):** 굴모세혈관은 단층 내피세포로 둘러싸인 혈관 구조로, 골수의 혈관밖 조혈 구획과 혈류 사이에서 대규모 세포 이동이 일어나는 장소이다.

8) **골수 미세환경(Bone marrow microenvironment):** 골수 미세환경은 버팀질세포(stromal cell), 덧세포(accessory cell), 그리고 이들 세포가 분비하는 사이토카인(cytokines), 그리고 세포바깥바탕질(ECM)을 포함한다. 이러한 미세환경 구성 요소는 조혈세포를 발달시키는 데 필요한 지지대(scaffold)와 영양분을 제공한다.

9) **사이토카인(Cytokines):** ILs, CSFs, 인터페론, EPO, TPO 등을 포함하여 조혈을 조절하는 특정 세포에서 분비되는 물질이다.

CHAPTER 07

심장혈관계통

Cardiovascular system

동물체 대부분의 조직과 장기에는 체액이 흐르는 맥관(tubular passage)이 그물모양으로 분포되어 있다. 세포가 풍부하고 점성이 높은 혈액은 **혈관계통(blood vascular system)**을 통해 흐르며, 상대적으로 세포가 거의 없고 수성인 림프는 **림프관계통(lymphatic vascular system)**을 통해 흐른다. 포유동물 혈관계통은 심장에서 나와 다시 심장으로 되돌아오는 순환 고리를 형성한다. 반면, 림프관계통은 조직액의 배출 경로를 형성하며, 이들은 앞가슴문(thoracic inlet)에서 주요 정맥에 합류하여 축적된 조직액이 혈액 순환으로 되돌아가도록 돕는다.

혈액과 림프는 각각의 맥관그물망 내에서 존재하는 속공간 압력기울기로 인해 흐른다. 이러한 압력기울기는 중력, 심장의 펌프 작용, 그리고 근육뼈대 몸의 움직임 등 다양한 힘에서 발생한다. 혈관 내부의 압력은 외부 압력과 다르며, 이로 인해 발생하는 압력기울기는 유체 흐름에 의한 전단력(shearing force)과 결합하여 혈관계통을 구성하는 다양한 관 부분의 구조를 결정하는 것으로 보인다.

제1절 혈관 *Blood Vessels*

1. 혈관의 구조-기능 관계

Structure-Function Relationships of Blood Vessels

탄력동맥과 근육동맥을 포함한 **거대혈관(macrovasculature)**의 혈관과 그에 수반되는 정맥은 육안으로 볼 수 있다. 거대혈관의 동맥은 심장에서 **미세혈관(microvasculature)**으로 혈액을 운반하는데, 미세혈관에는 세동맥(arteriole), 후세동맥(metarteriole), 모세혈관(capillary), 세정맥(venule), 그리고 동정맥연결(anastomoses)이 포함된다. 정맥(vein)은 미세혈관에서 심장으로 혈액을 되돌려 보내는 귀환 혈관 역할을 한다.

혈관은 일반적으로 혈관회로 내 위치에 따라 분류되며, 조직학적으로는 혈류 중에 견디는 특정 힘과 혈관 기능을 조절하는 기전을 반영하는 개별적인 구조에 따라 특징지어진다. 미세혈관에서는 혈액이 느리게 흐르고 혈압과 주변 조직 압력 사이의 미묘한 균형으로 인해 간헐적으로 멈출 수 있다. 정맥에서는 혈류 속도가 동반하는 동맥의 최소 절반으로 회복되나 혈압은 감소한다.

심실의 수축은 혈액 순환을 주도하는 주요 원동력이다. 수축할 때마다 대동맥과 같은 두꺼운 전도 **탄력동맥(elastic artery)**은 초기 혈액 급증을 받아 최고 속도와 압력을 형성한다. 수축기(systole) 동안 심실에서 생성되는 혈액에 의해 발생하는 높은 압력은 고탄력 동맥벽의 신장에 의해 대부분 흡수된다. 심실이 수축할 때(수축기) 혈액이 펌프질되는 동안, 높은 압력은 두꺼운 동맥벽의 탄력동맥의 팽창에 의하여 흡수된다. 심실이 확장(이완기, diastole)될 때, 동맥벽의 장력은 혈압을 유지하면서 감소하여 수많은 **근육동맥(muscular artery)**으로 혈액이 분배되는 것을 용이하게 한다. 이러한 동맥은 특정 기관이나 몸 부위로 이어지고 결국 동맥의 가장 작은 가지인 **세동맥(arteriole)**으로 배출된다. 추가적인 분배 가지가 혈관의 선체 용석을 크게 확장함에 따라 혈류 속도는 점차 감소하지만, 근육동맥의 압력은 높게 유지된다. 말초 혈액 유출은 자율신경계통의 교감신경계에 의해 조절되며, 이는 동맥벽 내 민무늬근육세포의 수축 또는 이완을 결정한다.

탄력동맥, 근육동맥, 세동맥은 각각 **큰동맥(large artery)**, **중간동맥(medium artery)**, **작은동맥(small artery)**으로 분류되는 경우가 많다. 그러나 비교해부학적 기준에서 볼 때, 후자의 명명은 혼란스러울 수 있다. 예를 들어, 고양이와 같은 한 종의 탄력동맥은 큰 되새김동물과 같은 다른 종의 근육동맥보다 지름이 작을 수 있기 때문이다. 그럼에도 불구하고, 단일 종 내에서는 구조와 상대적 크기 사이의 관계에 대한 가정이 타당하다.

동맥나무(arterial tree)에서 혈관은 **모세혈관(capillary)**이라고 하는 작고 균일한 얇은 벽을 가진 세관의 광범위한 그물망으로 열린다. 간, 골수, 특정 내분비샘과 같은 기관에서의 모세혈관을 **굴모세혈관(sinusoid)**이라고 한다. 모세혈관과 굴모세혈관 내의 총혈액량은 세동맥의 총혈액량을 크게 초과하여 동맥나무에서 초당 수 미터(m/sec.)에 달하는 혈류 속도가 모세혈관에서는 초당 1 mm(/sec.) 미만으로 감소한다. 좁은 세동맥을 통해 흐르는 점성 혈액에 의해 생성되는 전단력(shearing force)은 혈압을 주위 조직액의 압력보다 약 10 mmHg 이하로 약간 높일 때까지 감소시킨다. 따라서 모세혈관은 주로 작은 규모의 힘에 저항하기 때문에 단일 세포로 구성된 얇은 벽을 가질 수 있다. 혈액과 조직의 교환은 모세혈관 그물망 내부뿐만 아니라, 유사한 구조를 공유하는 모세혈관이 후세정맥(postcapillary venule)의 벽을 가로질러 발생한다.

모세혈관과 굴모세혈관에서 나온 혈액은 **정맥(vein)**을 통해 심장으로 돌아간다. 정맥은 **작은정맥(small vein)**, **중간정맥(medium vein)**, **큰정맥(large vein)**으로 구분되는 정맥은 크기가 점차 커진다. 정맥은 동맥나무(arterial tree)와 유사하고, 대부분 경우 평행한 역방향 혈관나무(inverse vascular tree)를 형성한다. 결과적으로 동맥과 그에 동반 정맥은 대부분 조직절편에서 서로 인접해 있는 것이 흔하다. 일반적으로 신경, 그리고 때로는 림프관이 한 쌍의 혈관을 따라간다. 그러나 허파처럼 동맥과 정맥이 독립적으로 모이는 예외도 있다.

정맥은 압력이 낮은 모세혈관에서 혈액을 받기 때문에, 심장의 박동작용에 의한 잔류 압력에 거의 저항하지 않는다. 그러나 중력이나 근육과 같은 주변 조직에 의한 압력은 견뎌낸다. 혈액은 모세혈관에서 정맥으로의 낮은 압력과 주변 조직과의 압력 차이에 의해 흐르며, 이러한 흐름은 다리의 긴 정맥 내에 존재하는 일련의 **판막(valve)**에 의해 보조되어 심장 방향으로의 혈류 이동하는 것을 촉진한다.

정맥 내의 압력 기울기가 작아 동맥에 비해 혈류 속도가 낮다. 그러나 이러한 차이에도 불구하고 정맥 통로는 동맥보다 크기가 더 크기 때문에 두 혈관을 통과하는 유속은 동일하다. 정맥은 크기가 더 크기 때문에 체내 총혈액량의 거의 절반을 수용한다. 큰 정맥벽의 수축상태는 총 혈관 용적을 결정하는 데 중요한 역할을 한다.

2. 혈관의 일반적인 구조적 조직화

General Structural Organization of Blood Vessels

모세혈관보다 큰 모든 혈관 벽은 세 개의 동심원층(concentric layer), 즉 **속막(tunica interna, tunica intima)**, **중간막(tunica media)**, **바깥막(tunica externa, tunica adventitia)**으로 구성된다(그림 7-1). 동맥과 정맥은 혈관벽 두께와 각 층의 구성 차이에 따라 구분된다. 특히 동맥의 중간막은 정맥보다 훨씬 두껍다(그림 7-2).

속막(tunica intima, tunica intima)은 단층편평상피인 **내피(endothelium)**로 덮여 있으며, 그 아래에 바닥판(basal lamina)이 위치한다. 이 혈관 내피는 순환하는 혈액과 주변 조직 또는 기관 사이의 장벽 역할을 한다. 내피세포는 매끄러운 표면을 제공할 뿐 아니라 아교질(collagen), 엔도텔린(endothelin), 산화질소(nitric oxide), 폰 빌레브란트인자(von Willebrand factor, vWF) 등을 분비한다. 또한 이 내피세포는 **안지오텐신 I(angiotensin I)**을 **안지오텐신 II(angiotensin**

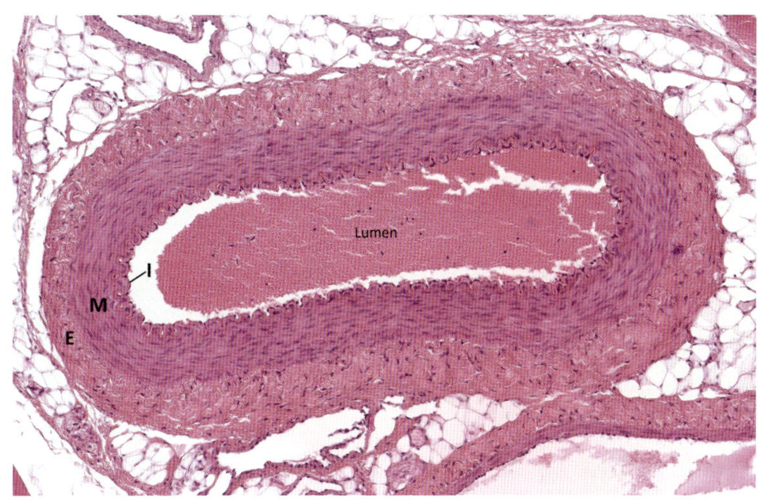

그림 7-1 • 근육동맥의 가로단면. 속막(I)은 뚜렷한 물결 모양 속탄력막(internal elastic membrane)을 갖는다. 중간막(M)은 여러 층의 민무늬근육세포로 구성되어 있다. 바깥막(E)은 많은 탄력섬유와 아교섬유를 포함하며 주변의 결합조직과 점차 융합된다. 속공간(lumen)은 혈액세포로 가득 차 있다. H&E. (×400). (Image by J. Feng.)

II)로 전환하는 **안지오텐신전환효소(angiotensin-converting enzyme)**, 지질단백질을 분해하는 **지질단백질분해효소(lipoprotein lipase)**와 같은 막결합효소를 막표면에 가지고 있다.

혈관 내피세포는 **뭇세관소체(multitubular body, Weibel-Palade body)**와 같은 세포소기관의 유무에 따라 구조적으로 이질성을 나타낸다(그림 7-3). 이 소체는 동맥 내피세포에서 주로 관찰되며, 혈소판 응고에 중요한 역할을 하는 vWF와, 종양으로부터 전이세포의 선택적 부착(seeding)과 림프구의 특정 조직 회귀(homing)에 관여하는 접착분자인 P-selectin을 포함한다. **내피밑층(subendothelial layer)**은 혈관 크기에 따라 두께가 다양하며, 작은 혈관에서는 거의 눈에 띄지 않으나 큰 혈관에서는 관찰된다. 이 층은 아교섬유(collagen fiber), 탄력섬유(elastic fiber), 섬유세포(fibrocyte)를 포함하며, 일부 혈관에선 민무늬근육세포(smooth muscle cell)도 존재한다. 속막의 가장 바깥층에는 **속탄력막(internal elastic membrane)**이 존재하며, 이 막은 탄력소(elastin)로 구성되며, 영양분이 중간막으로 확산을 허용하는 틈(gap)을 포함한다. 동맥에서는 이 구조가 물결 모양이며 굴절이 강한 막으로 종종 관찰되나(그림 7-1, 7-2A), 작은 정맥에서는 없으며 큰 정맥에서는 얇거나 불분명하다. 속탄력막은 전자현미경으로 쉽게 확인할 수 있다(그림 7-4). 속막은 혈관이 없어, 순환하는 혈액에서 물질의 내피통과수송(transendothelial transport)을 통해 영양을 공급받는다.

중간막(tunica media)은 여러 층의 민무늬근육층이 나선상으로 배열되어 구성되며, 그 사이에 탄력판, 탄력섬유, 아교섬유가 다양한 정도로 포함된다. 중간막의 안쪽 절반은 속막에서 영양을 받고, 나머지 부분은 혈관벽에 혈액을 공급하

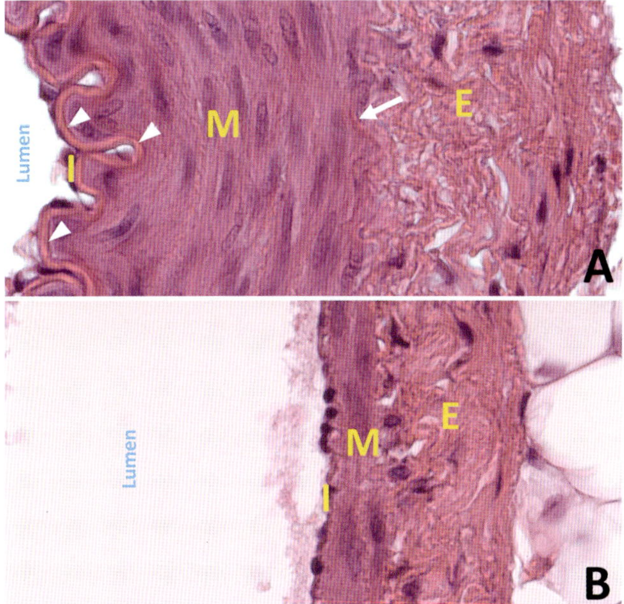

그림 7-2 • 근육동맥(A)과 동반하는 중간정맥(B)의 가로단면. 동맥은 같은 위치에 있는 정맥보다 중간막(M)에 있는 민무늬근육층이 훨씬 두껍다. 동맥의 속막(I)에서는 물결 모양이며 굴절성이 강한 속탄력막(화살표머리)이 뚜렷하며, 바깥막(E)에서는 바깥탄력막(화살표)이 비교적 덜 명확하다. H&E. (×800). (Image by J. Feng.)

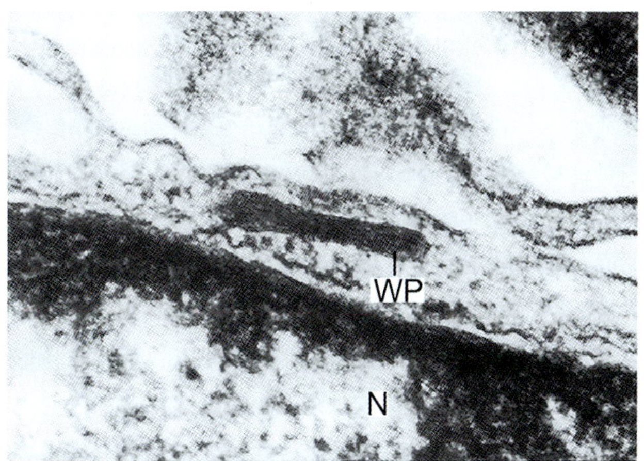

그림 7-3 • 돼지 맥락막 혈관내피세포의 전자현미경사진. 세로로 절단된 뭇세관소체인 바이벨-팔라데소체(Weibel-Palade body, WP). 이 구조는 혈관내피세포의 세포질에 존재하는 특수 저장 과립으로, 폰 빌레브란트인자(von Willebrand factor)와 P-selectin이다. 세포핵(N). (×150,000).

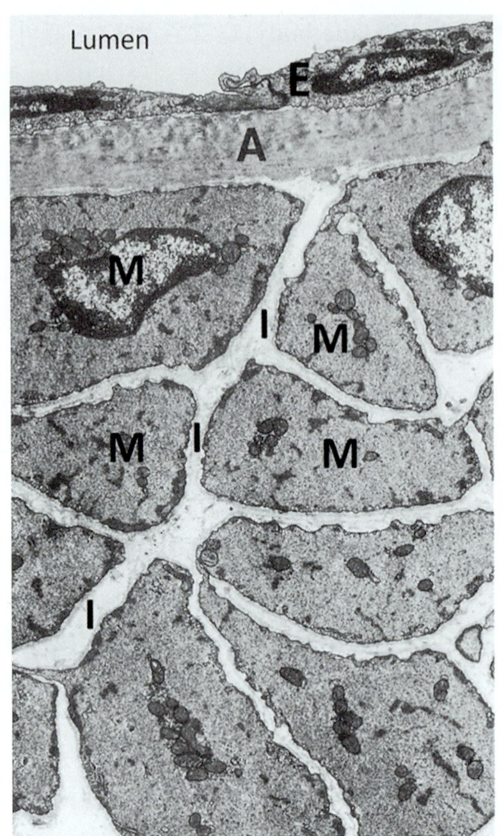

그림 7-4 • 근육동맥 벽의 전자현미경사진. 내피(E)는 두꺼운 속탄력막(A)에 접해 있다. 중간막의 민무늬근육세포(M)는 바닥판에 의해 둘러싸여 있으며, 세포사이 공간(I)에는 아교원섬유가 존재한다. (×7,800).

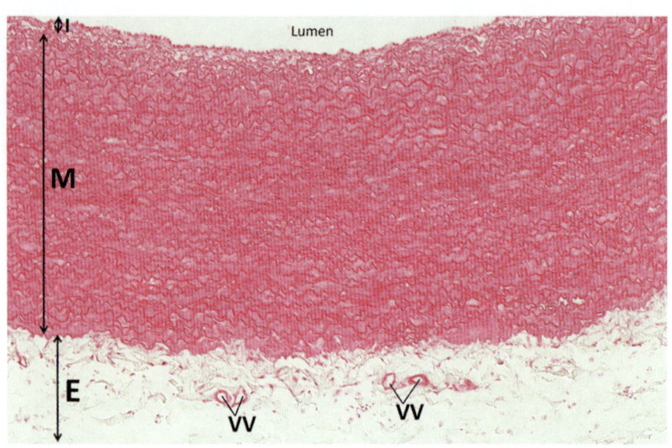

그림 7-5 • 탄력동맥의 가로단면. 바깥막(E)에는 혈관벽맥관(VV)의 작은 가지가 여러 개 관찰된다. 중간막(M)은 매우 두꺼우며, 많은 물결 모양 탄력판을 포함한다. 속막(I). H&E. (×150). (Image by J. Feng.)

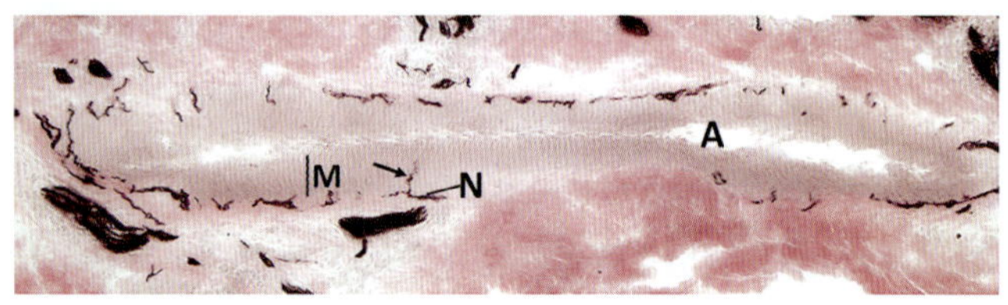

그림 7-6 • 소 발굽피부 세동맥(A)의 세로단면. 혈관신경(N)은 혈관 주위로 얼기를 형성하며, 일부 축삭(화살표)은 중간막(M)을 침투한다. 아세틸콜린에스테레이스 활성을 나타내는 신경얼기와 신경섬유는 조직화학염색을 통해 검은색으로 강조되었다. Acetylcholinesterase/nuclear fast red. (×100). (Courtesy of Dr S. Buda, Berlin.)

는 작은 혈관인 **혈관벽맥관(혈관벽혈관, vasa vasorum, vas vasis)**으로부터 영양을 공급받는다. 구조가 속탄력막과 유사한 **바깥탄력막(external elastic membrane)**은 구별하기 어렵고, 가장 큰 근육동맥에만 존재한다(그림 7-2A).

가장 바깥층인 **바깥막(tunica externa, tunica adventitia)**에는 아교섬유와 탄력섬유가 우세하며, 민무늬근육세포도 존재할 수 있다. 이 층에는 또한 혈관벽맥관이 있는데, 이는 중간막의 바깥층으로 뻗어 있다(그림 7-5). 혈관운동신경인 **혈관신경(nervi vasorum)**은 대부분의 큰 혈관의 바깥막에서 신경얼기를 형성하며, 몇몇 축삭은 중간막을 관통하여 민무늬근육세포 근처에서 끝난다(그림 7-6).

3. 동맥 Arteries

1) 탄력동맥 Elastic Arteries

탄력동맥(elastic artery)의 속막, 특히 내피밑층은 다른 유형의 동맥보다 두껍다(그림 7-7). 내피세포는 흔히 벽돌모양이다. 내피밑층에는 민무늬근육세포, 섬유모세포, 주로 세로로 배열된 아교섬유, 그리고 수많은 미세 탄력섬유가 포함되어 있다. 큰 포유동물 가축에서 이 층은 특히 두껍다(그림 7-8). 속탄력막은 종종 분리되어 중간막의 탄력판과 합쳐진다.

중간막(tunica media)은 혈관벽의 세 층 중 가장 두껍고, 주로 동심원으로 배열된, 창탄력판으로 주로 구성된다(그림 7-5, 7-7). 민무늬근육세포는 인접한 탄력판 사이에 있으며, 아교원섬유에 의해 부착되어 있다. 무형질은 글리코사미노글리칸황산염(GAGs)의 양이 많기 때문에 호염기성이다. 중간막 내의 모든 세포사이섬유와 무형질은 민무늬근육세포에 의해 합성된다. 심장에서 멀어질수록 탄력동맥 중간막의 민무늬근육세포의 수는 증가하는 반면, 탄력조직 양은 감소한다. 바깥탄력막은 없거나 불분명하다.

바깥막(tunica adventitia)에는 세로로 배열된 아교섬유 다발이 우세하며, 소수의 탄력섬유와 섬유모세포가 섞여 있다. 이러한 아교섬유의 얽힘(interlacing)은 혈관의 탄력 팽창(elastic expansion)을 제한한다.

탄력동맥에서 근육동맥으로의 이행은 점진적으로 또는 갑자기 일어날 수 있다. 개에서 전형적인 근육형 콩팥동맥(muscular renal artery)은 탄력형 배대동맥(elastic abdominal

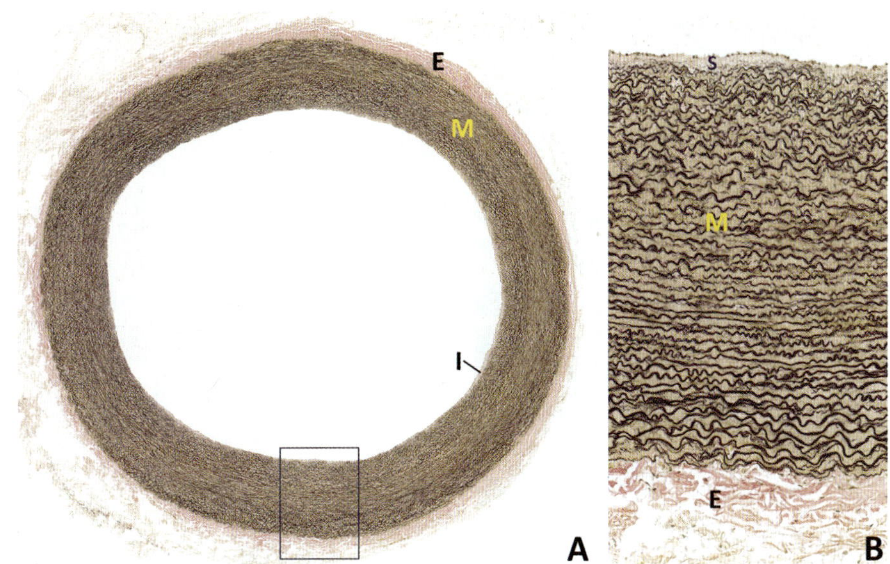

그림 7-7 • 고양이 목동맥의 가로단면. **A.** 탄력동맥의 낮은 배율. (×25). 중간막(M)이 가장 두꺼운 층이며, 동심원으로 배열된 탄력판(검정색)이 풍부하다. **B.** 확대된 이미지는 박스에 표시된 벽 부분을 확대한 것으로, 다른 동맥 유형보다 상대적으로 두꺼운 속막(I)의 내피밑층(S)을 나타낸다. 바깥막(E)에서는 아교섬유 다발이 분홍색으로 염색된다. Verhoeff's elastin stain. (×100). (Image by J. Feng.)

aorta)에서 직각으로 바로 기시한다. 반면, 상완동맥(brachial artery), 목동맥(carotid artery), 넓적다리동맥(femoral artery), 척추동맥(vertebral artery)은 일반적으로 탄력동맥으로 시작하여 말초부위에서 점차 근육동맥으로 변한다. 각 혈관의 전위층(transitional zone) 위치는 종과 개체마다 다르다.

2) 근육동맥 Muscular Arteries

근육동맥(muscular artery)의 속막(tunica intima)은 아교섬유와 탄력섬유로 구성된 얇은 내피밑층이 있는 내피세포로 구성된다. 큰 근육동맥에는 소수의 섬유모세포와 민무늬근육세포가 존재한다. 혈관 크기가 감소함에 따라 내피밑층은 점차 얇아진다. 눈에 띄고 두꺼운 속탄력막에는 내피세포 세포질돌기가 중간막의 민무늬근육과 접촉하는 창(fenestration)이 있다(그림 7-1, 7-2A, 7-4). 혈관 긴장도는 민무늬근육과 내피기능 모두에 의해 결정된다. 이 두 세포 유형은 역동적인 방식으로 상호작용하여 혈관 직경을 조절한다.

근육동맥은 두꺼운 중간막(tunica media)이 특징인데, 중간막은 주로 민무늬근육세포로 구성되며, 세포층은 3개에서 40개 이상까지 원형 또는 나선형으로 배열되어 있다(그림 7-1, 7-2A, 7-4). 바깥막에 인접한 바깥탄력막(external elastic membrane)은 흔히 불연속적이며 항상 명확하게 구분되는 것은 아니다.

바깥막(tunica externa)은 주로 아교섬유, 섬유모세포, 탄력섬유로 구성되어 있으며, 혈관 크기가 작아질수록 탄력섬유의 수는 감소한다.

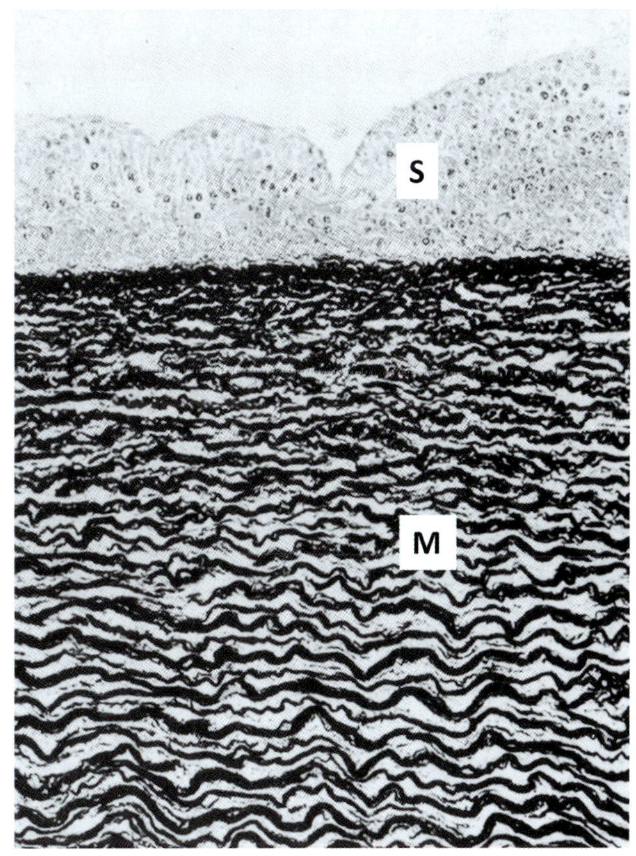

그림 7-8 • 말 가슴대동맥 벽의 가로단면. 두꺼운 내피밑층(S)은 세로로 배열된 많은 탄력섬유를 포함하고 있다. 중간막(M)에는 탄력판이 많다. Resorcin-fuchsin-van Gieson stain. (×50). (Courtesy of A. Hansen.)

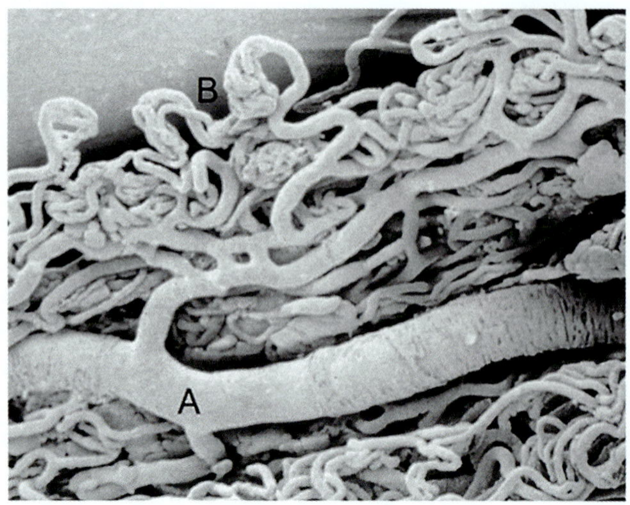

그림 7-9 • 미세부식주형의 주사전자현미경사진. 소 발굽피부 세동맥(A)과 분지되는곱슬 모세혈관(B). (×70). (Courtesy of Dr R. Hirschberg, Berlin.)

생체조직을 고정하기 위해 준비하거나 동물이 사망하면 근육동맥이 상당히 수축하여 속공간에서 더 확장할 수 있는 정맥순환으로 혈액을 밀어낸다. 결과적으로, 속막과 그 아래의 속탄력막과 바깥탄력막은 세로주름을 형성하게 된다. 결과적으로 대부분의 조직학적 표본에서 근육동맥의 가로단면은 혈액이 거의 없는 비교적 작은 속공간을 보이며, 탄력막은 조개껍질처럼 보인다(그림 7-1, 7-2A).

4. 미세혈관 Microvasculature

가장 단순한 형태의 미세혈관은 들세동맥(afferent arteriole)과 세정맥(efferent venule)으로 이어지는 모세혈관그물(capillary network)로 구성된다. 세동맥과 세정맥 사이에는 동정맥연결(arteriovenous anastomoses)이나 모세혈관바탕(capillary bed)을 통한 우선적인 흐름을 생성하는 중심통로(central channel) 형태로 우회로(shunt)가 존재할 수 있다. 많은 기관에서 미세혈관은 고유한 구조적·형태학적 특징을 가지고 있다. 매우 복잡하고 매우 꼬불꼬불한 미세순환의 예는 허파, 발굽, 갈고리발톱에서 발견된다(그림 7-9).

1) 세동맥 Arterioles

세동맥의 속막은 내피, 아교섬유와 탄력섬유(가장 작은 세동맥에는 없음)로 이루어진 내피밑층, 그리고 속탄력막으로 구성되어 있다. 속탄력막은 창이 있으며, 결국 가장 작은 세동맥에서는 사라져서 내피세포의 바닥돌기가 중간막의 아래 민무늬근육세포와 직접 접촉할 수 있게 한다. 중간막은 일반적으로 1~3층의 민무늬근육세포를 포함하고(그림 7-10), 바깥탄력막은

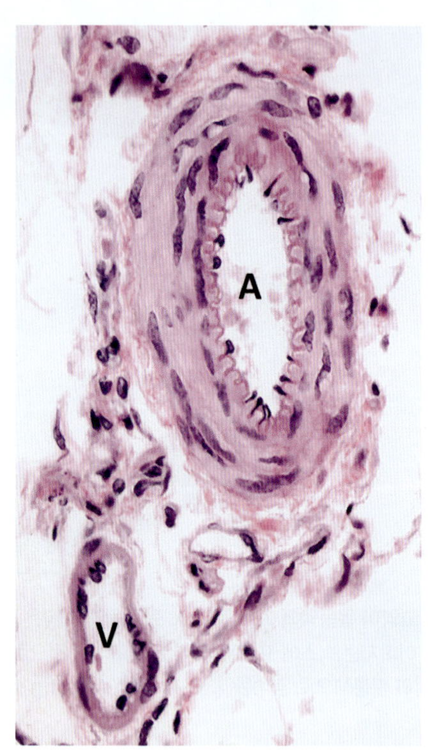

그림 7-10 • 세동맥과 세정맥의 가로단면. 세동맥(A)에는 뚜렷한 속탄력막이 관찰되며, 세정맥(V)에는 이러한 구조가 없다. 세동맥은 세 층의 민무늬근육으로 구성된 두꺼운 벽을 가지고 있다. 반대로, 세정맥은 단층의 민무늬근육층만으로 이루어진 얇은 혈관벽을 가지고 있다. H&E. (×400).

없으며, 바깥막은 성긴결합조직으로 구성된다.

2) 모세혈관 Capillaries

모세혈관은 지름이 균일하고 폭이 약 8 μm(5~10 μm)인 세관(tubule)이다. 모세혈관 벽은 내피세포, 관련 바닥판, 혈관주위세포, 그리고 얇은 바깥 결합조직층으로 구성되어 있다. 특히, 뇌 모세혈관 주변에는 이 바깥막이 없다(그림 7-11~7-15). 중간막도 없다.

혈관주위세포(pericyte)는 모세혈관과 모세혈관이후세정맥의 바닥판 내에 존재하는 세포로, 수많은 돌기를 특징으로 한다(그림 7-11, 7-12). 이들은 미분화중간엽세포로 간주되며, 쉽게 자극을 받아 세포 분열하고 혈관 주위를 돌거나 혈관에서 멀어질 수 있다. 혈관주위세포는 혈관 발달과 성숙에 중요한 역할을 하며, 특히 섬유모세포나 민무늬근육세포와 같은 다른 세포 유형으로 변형될 가능성이 있다. 모세혈관은 내부 흐름 특성이 변하면 이러한 방식으로 다른 유형의 혈관으로 변형될 수 있는 것으로 보인다. 실제로 이 개념은 **혈관발생(vasculogenesis)**이나 **혈관신생(angiogenesis)** 중에 단순한 내피세포로 둘러싸인 모세혈관유사 관에서 유래하는 동맥과 정맥의 배아 발생과 호환된다. 최근 연구에 따르면, 다양한 가용성

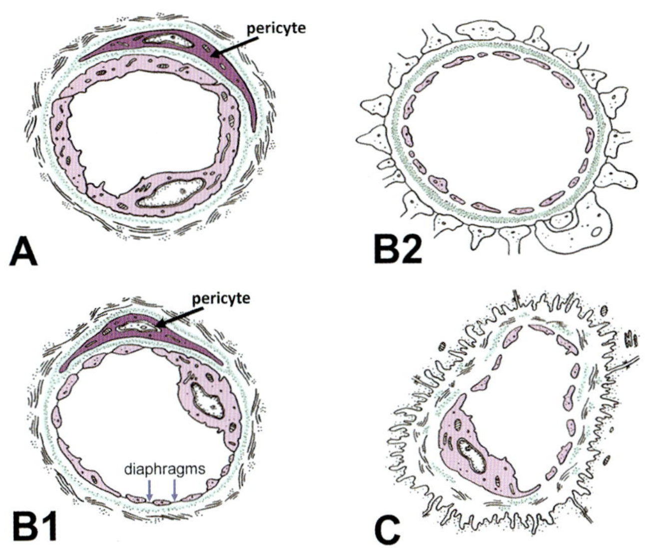

그림 7-11 • 세 가지 모세혈관 유형의 미세구조적 특징을 설명하는 도해. (A) 연속모세혈관, (B1) 가로막이 있는 창모세혈관, (B2) 가로막이 없는 창모세혈관, 구멍모세혈관, (C) 굴모세혈관. A와 B1에는 혈관주위세포가 표시되어 있다. 내피세포와 혈관주위세포를 둘러싼 미세한 점은 바닥판을 나타내며, 이는 가로막이 없는 창모세혈관(B2)에서 특히 두꺼우며, 굴모세혈관(C)은 불연속적이다.

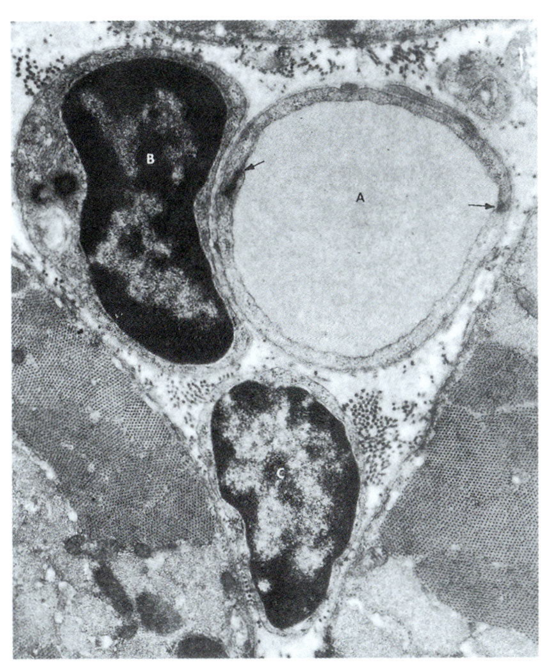

그림 7-12 • 연속모세혈관(근육모세혈관, A)의 전자현미경사진. 내피세포 사이에는 치밀이음이 존재한다(화살표). 내피 바닥판은 인접한 혈관주위세포(B)를 주위로 연속된다. C로 표시된 세포는 섬유세포이거나 다른 혈관주위세포이다. 세포 사이의 검은 점은 아교원섬유(collagen fibril)의 단면을 나타낸다. (×16,000).

인자(soluble factor)가 특정 조직에서 모세혈관 성장을 활성화하거나 억제할 수 있는 것으로 나타났다.

모세혈관은 여러 장기의 대사 요구를 반영하여 **모세혈관바탕(capillary bed)**을 형성한다. 예를 들어, 모세혈관바탕은 심장근육과 뼈대근육에 매우 밀집되어 있지만, 힘줄(tendon)에는 비교적 희박하다. 모세혈관은 대부분의 상피, 치아 사기질, 상아질, 시멘트질, 대부분의 연골, 각막, 유리체, 수정체를 포함하는 많은 조직에 존재하지 않는다. 섬유연골 관절반달(fibrocartilaginous articular menisci)에서는 혈관층과 무혈관층이 모두 확인되었다.

모세혈관바탕에서 순환혈액과 사이질조직액 사이에 교환이 일어나 물과 수용성 물질이 모세혈관의 동맥끝(arterial end)으로 빠져나간다. 이들 액체는 모세혈관의 정맥 쪽끝(venous end)과 더 하류에 있는 모세혈관이후세정맥(postcapillary venule)으로 다시 들어간다. 혈장 분자는 세포통과작용(transcytosis), 일시적인 내피세포통과통로(transendothelial channel), 단층의 가로막(monolayered diaphragm), 혹은 특히 지용성 물질의 경우 자유 확산을 통해 모세혈관 속공간에서 빠져나갈 수 있다.

모세혈관 벽의 미세구조적 특징을 통해 세 가지 유형의 모세혈관을 구분할 수 있다(그림 7-11). ① 연속모세혈관(무창모세혈관, continuous capillary), ② 창모세혈관(fenestrated capillary), ③ 구멍모세혈관(porous capillary), ④ 굴모세혈관(sinusoid)이다. 이러한 구조적 차이는 모세혈관 투과성의 측정가능한 차이에 해당한다. 창모세혈관은 투과성이 가장 높은 반면, 신경조직의 연속모세혈관은 투과성이 가장 낮다. 근육조직의 연속모세혈관의 투과성은 이 두 극단 사이에 위치한다.

(1) 연속모세혈관, 무창모세혈관

Continuous Capillary, Nonfenestrated Capillary

연속모세혈관(continuous capillary) 또는 **무창모세혈관(nonfenestrated capillary)**은 생물체 전반에 걸쳐 거의 보편적으로 존재한다. 개별 내피세포는 치밀이음(tight junction)으로 서로 연결되어 있다(그림 7-11A, 7-12, 7-13). 일반적으로 이러한 세포는 소수의 사립체와 리보소체, 제한된 세포질그물, 그리고 작은 골지복합체만을 포함한다. 세포통과소포(transcytotic vesicle)의 존재는 다양하다. 근육모세혈관(muscular capillary)에서 볼 수 있듯이 수가 많거나, 신경모세혈관(neural capillary)에서 관찰될 수 있듯이 거의 없거나 전혀 없을 수 있다.

(2) 창모세혈관 Fenestrated Capillary, Visceral Capillary

창모세혈관(fenestrated capillary, visceral capillary)은

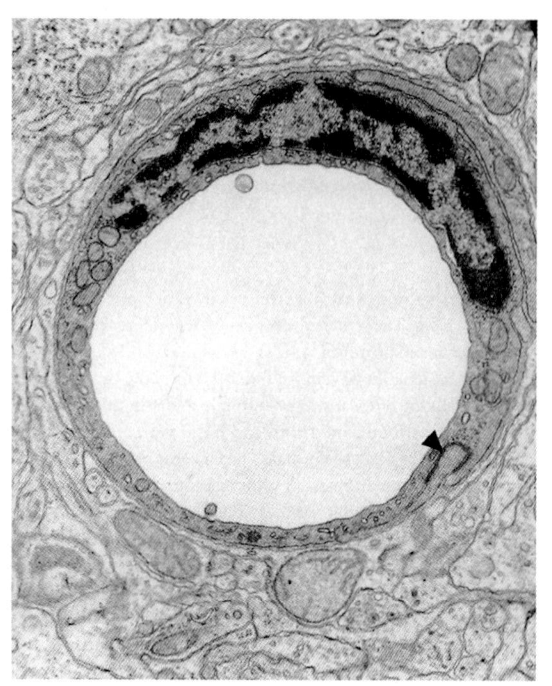

그림 7-13 • 연속모세혈관(신경모세혈관)의 전자현미경사진. 인접한 내피세포 사이에 치밀이음(화살표)이 존재한다. (×21,000).

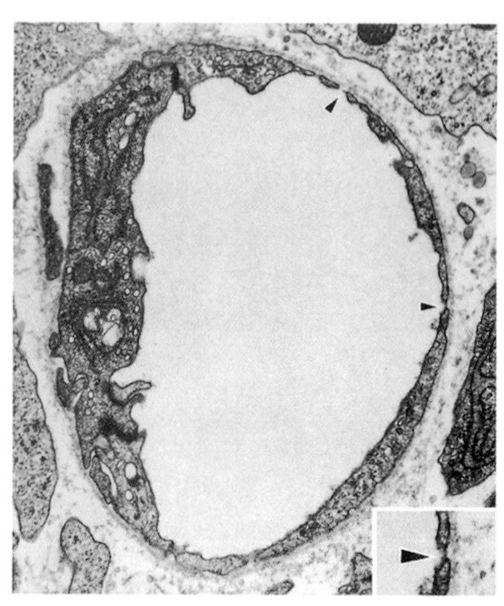

그림 7-14 • 작은창자의 점막고유판에 있는 창모세혈관의 전자현미경사진(쥐). 창(화살표머리)이 단층 가로막으로 닫혀 있다. (×15,600). 오른쪽 아래 삽입그림은 창의 가로막이 있는 하나의 구멍(pore)을 보여준다. (×45,000).

벽에 작은 **창**(구멍, **fenestrae**, pores)이 있고 위창자관과 같은 내장기관에서 흔히 발견된다(그림 7-11B, 7-14). 이 모세혈관은 지름이 더 크고 모양이 주변 실질세포에 맞게 적응되어 있으며, 이 실질세포는 바닥판과 소량의 바깥결합조직에 의해 분리되어 있다. 이 모세혈관에서 내피세포 일부는 가늘어지고 지름이 60~80 nm인 둥근 창(fenestrae)을 가진다. 창은 세포막보다 얇은 단층 **가로막(diaphragm)**으로 닫혀 있다(그림 7-11B, 7-14). 창모세혈관은 이러한 가로막 구조가 없는 예외가 콩팥 토리(renal glomerulus)에서 관찰된다(그림 7-11B, 7-15). 창문은 내피를 통한 물질의 통과를 용이하게 한다(**구멍모세혈관, porous capillary**).

(3) 굴모세혈관 Sinusoids, Discontinuous Capillary

굴모세혈관(sinusoid)은 간, 골수, 특정 내분비샘에도 존재한다(그림 7-11C). 이들 굴모세혈관은 다른 모세혈관보다 크고, 지름이 균일하지 않으며, 주변 실질의 경계 내 공간에 맞춰져 있다. 내피세포를 관통하는 큰 세포사이 구멍과 기공(pore), 그리고 주변 바닥판의 불연속성 또는 부재는 혈액과 주변 조직 사이의 최대 교환을 용이하게 한다. 포식세포(phagocytic cell)는 종종 굴모세혈관의 속공간(lumen)을 통과하거나 내피 바로 바깥쪽에 위치한다.

세동맥(arteriole)은 모세혈관바탕(capillary bed)으로 확장된다(그림 7-16). 각 모세혈관바탕에는 넓은 **중심통로(cen-**

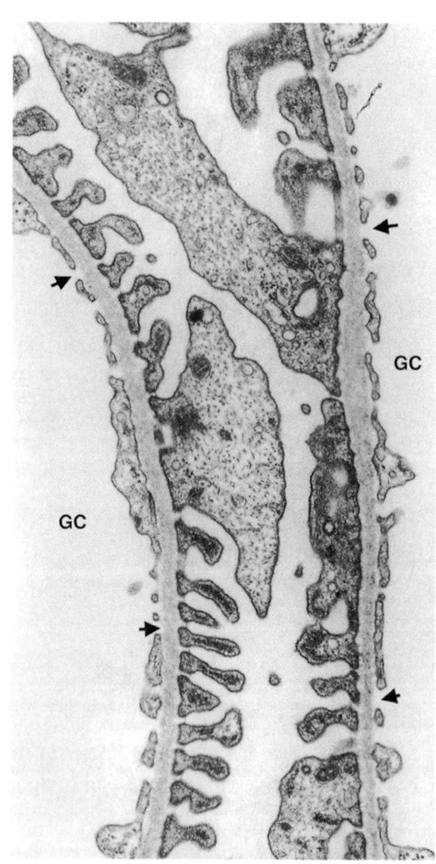

그림 7-15 • 콩팥의 두 개 토리모세혈관(GC) 벽의 전자현미경사진. 내피세포는 가로막이 없는 구멍(창, pore, fenestrae, 화살표)을 가지고 있다. (×27,600).

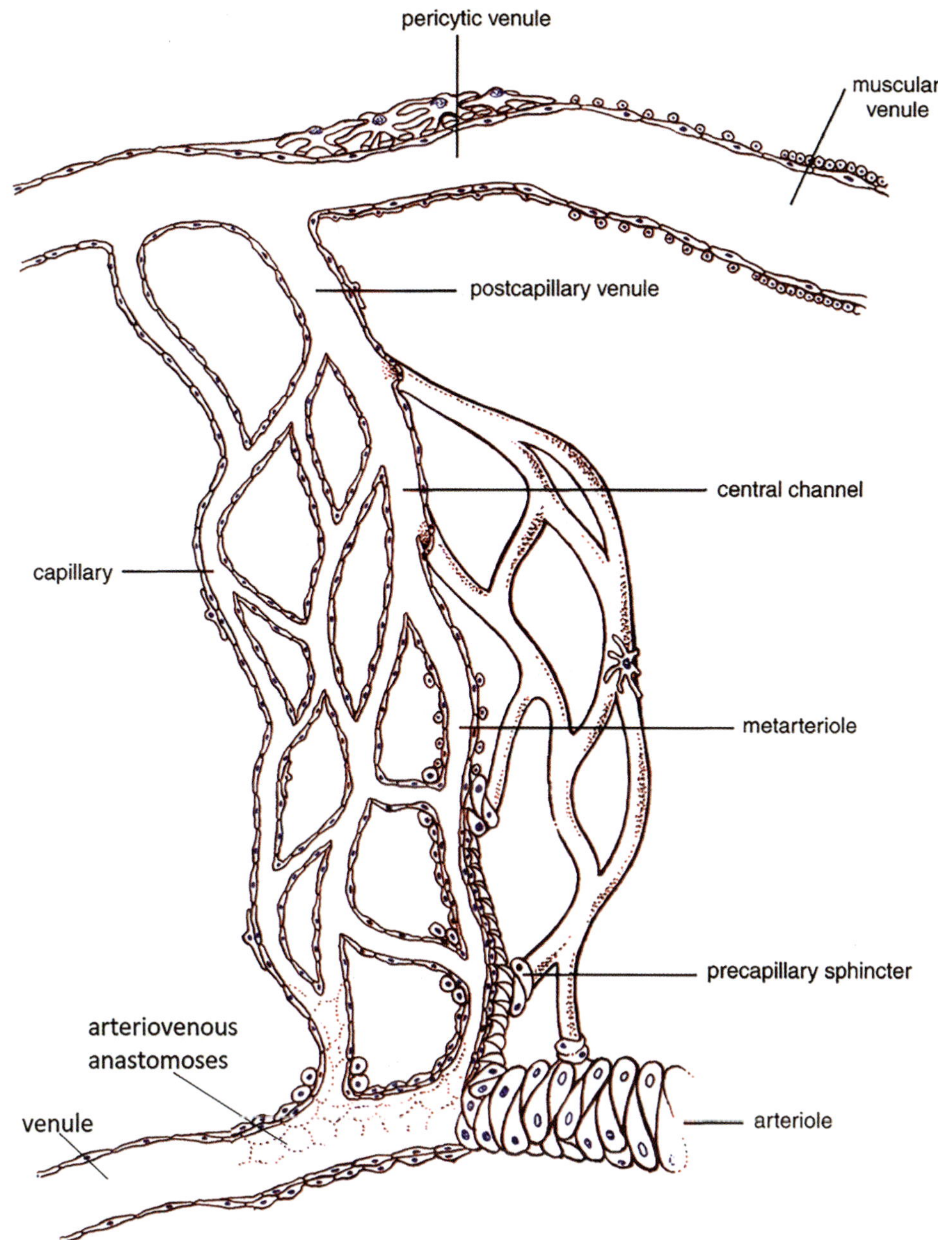

그림 7-16 • 미세혈관의 도해. 모세혈관은 세동맥과 후세동맥 모두에서 기시하며, 모세혈관이전조임근이 존재한다. 후세동맥은 중심통로로 이어지고, 그 뒤를 모세혈관이후세정맥, 혈관주위세정맥, 근육세정맥으로 연속되는데, 이들은 불완전한 민무늬근육층을 가진 세정맥으로 연결된다. 동정맥연결은 모세혈관 없이 세동맥과 세정맥을 거치지 직접 연결하는 것이다.

tral channel)가 있어 지속적인 혈류를 보장한다. 이 중심통로에서 갈라져 나온 모세혈관은 더 간헐적인 혈류를 경험한다. 중심통로의 몸쪽부분인 **후세동맥(metarteriole)**은 크고 고립된 민무늬근육다발로 둘러싸인 좁은 혈관이다. 후세동맥의 시작부위는 모세혈관바탕을 통한 혈류를 조절하는 **모세혈관이전조임근(precapillary sphincter)**을 형성하는 추가적인 민무늬근육세포로 둘러싸여 있다. 중심통로의 먼쪽부분은 다른 모세혈관과 구조가 유사하지만 후세동맥벽에 있는 민무늬근육은 없다. 중심통로의 이 부분은 세정맥으로 비워진다.

3) 세정맥 Venules

모세혈관이후세정맥(postcapillary venule)은 모세혈관과 구조가 유사하지만 지름이 더 크며(10~30 μm)(그림 7-10). 속박은 불완전한 치밀이음, 바닥판, 그리고 세로로 길게 뻗어 있는 아교섬유의 얇은 내피밑층으로 연결된 연속 또는 창 내피세포로 형성된다. 때때로 혈관주위세포가 존재한다.

모세혈관이후세정맥(postcapillary venule)은 단순한 형태학적 연구를 통해서는 분명하지 않은 기능적 중요성을 가지고 있다. 내피세포 사이의 이음(junction)은 모세혈관보다 투과성이 더 높고 세로토닌과 히스타민과 같은 물질에 의해 유도되는 누출에 특히 민감하다. 이러한 화합물은 염증 반응에서 중요한 역할을 하여 과도한 혈관외액, 가용성 물질 및 혈액세포의 축적을 초래한다. **큰키내피세정맥(high endothelial venule)**이라고 하는 모세혈관이후세정맥은 대부분의 림프조직에 널리 분포하며, 림프구의 이동에 필수적인 특수한 내피세포가 특징이다(8장 참조).

세정맥이 지름이 증가하면(30~50 μm), **혈관주위세정맥(pericytic venule)** 또는 **집합세정맥(collecting venule)**이라고 하며, 혈관주위세포가 연속적인 층을 형성한다(그림 7-16). 섬유세포와 아교섬유는 얇은 바깥막을 형성한다. 더욱 확장되면(50~100 μm) 혈관주위세포는 점차 원형으로 배열된 근육세포로 자리를 내준다(그림 7-16). 이러한 세포가 1~2개의 완전한 층을 형성하면, 세정맥을 **근육세정맥(muscular venule)**이라고 한다(그림 7-10, 7-16). 탄력섬유와 아교섬유, 그리고 흩어져 있는 섬유세포를 포함하는 바깥막이 두드러진다. 혈관주위세정맥은 혈관과 결합조직 공간 사이의 큰 분자 교환을 위한 확실한 장소 역할을 한다.

4) 동정맥연결 Arteriovenous Anastomoses

세동맥과 세정맥을 모세혈관바탕 없이 직접 연결하는 것을 **동정맥연결(arteriovenous anastomosis)**이라고 한다(그림 7-16). 이러한 연결은 일반적으로 짧고, 분지가 없으며, 종종 꼬인 혈관이다. 이들은 내피밑층에 두꺼운 민무늬근육층을 가지고 있으며, 밀집된 혈관운동신경 공급을 받는다. 종종 세로로 배열된 민무늬근육섬유가 방석(cushion)이나 소매(sleeve)를 형성한다. 동정맥연결이 열려 있으면 혈액은 본질적으로 모세혈관바탕을 우회하여 직접 정맥계로 흐른다. 반대로 닫히면 모세혈관바탕으로의 혈류가 증가한다. 동정맥연결은 피부, 입술, 창자, 침샘, 코점막, 암수 생식관에 풍부하다. 그들은 혈압 조절과 모세혈관바탕으로의 혈류를 조절하고, 체온 조절, 발기 등을 담당한다.

두꺼운 결합조직 피막으로 둘러싸인 매우 복잡한 동정맥연결을 **토리(glomus**, 복수는 glomera)라고 한다. 토리의 혈관은 중간막에 원형으로 배열된 근육세포로 둘러싸인 수많은 세로방향의 내피밑상피모양근육세포가 특징이다. 속탄력막은 없다. 사구체는 특히 발가락볼록살과 바깥귀에 많으며, 체온조절 기능을 한다.

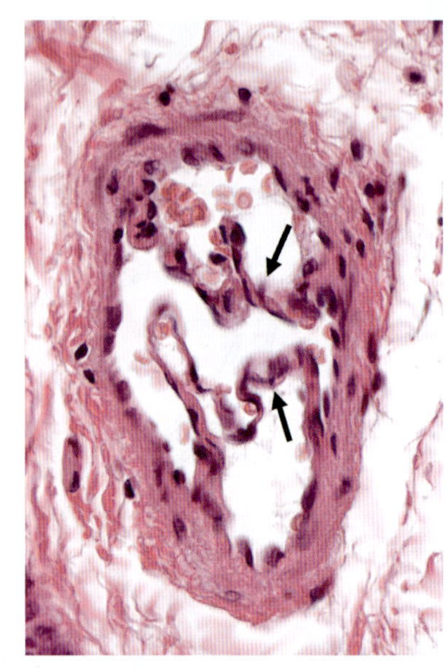

그림 7-17 • 원숭이 손바닥 피부 진피 내의 작은정맥의 가로단면. 속공간에는 속막에서 돌출된 한 쌍의 주름진 정맥판막(화살표)이 관찰된다. H&E. (×200). (Image by J. Feng.)

5. 정맥 Veins

혈액은 정맥나무(venous tree)를 통해 동맥나무(arterial tree)와 반대 방향으로 흐른다. 정맥의 구조는 매우 다양하며 국소적인 기계적 조건의 영향을 받는 것으로 보인다. 따라서 정맥을 분류하는 것은 어려운데, 특히 혈관 벽의 층이 없거나 구분하기 어려운 경우가 많다.

작은정맥(small vein), **중간정맥(medium vein)**, **큰정맥(large vein)**이라는 용어는 특정 동물 내에서 상대적인 의미만 갖는다. 예를 들어, 고양이의 큰정맥은 소의 중간 크기 정맥보다 작을 수 있다. 작은정맥은 근육세정맥에서 이어지는 반면, 중간 크기 정맥은 집합정맥 역할을 하며 중간동맥 또는 근육동맥과 기능과 위치가 비슷하다. 대동맥에 해당하는 정맥은 큰정맥(great vein), 대정맥(large vein), 또는 단순히 대정맥(vena cava)과 같은 해부학적 명칭으로 불린다.

중력을 거슬러 혈액을 운반하는 모든 정맥, 즉 다리의 세정맥을 포함하여 작은정맥과 중간정맥에는 판(flap) 같은 **반달판막(semilunar valve)**이 있다. 이 정맥판막(venous valve)은 아교섬유로 이루어진 중심부를 덮고 있는 속막의 한 쌍의 주름으로 이루어져 있다(그림 7-17). 판막이 부착되는 부위의 가까운 곳에서는 정맥 벽이 약간 팽창하여 판막굴(valve sinus)을 형성한다. 판막의 자유가장자리는 심장 쪽을 향하고 있다. 판막이 닫히면 혈액의 역류를 방지한다.

1) 작은정맥 Small veins

세정맥은 지름이 더 커짐에 따라 **작은정맥(small vein)**으로 변한다. 작은정맥을 감싸고 있는 내피세포와 그에 수반된 바닥판은 뚜렷한 중간막으로 둘러싸여 있다. 중간막은 원형으로 배열된 두 개에서 네 개의 연속적인 민무늬근육세포 층으로 이루어져 있으며, 그 사이에 다양한 양의 결합조직이 산재되어 있어 주변 바깥막과 뒤섞인다.

2) 중간정맥 Medium veins

중간정맥(medium vein)의 벽 구조는 중력의 물리적 응력과 이동 시 원심력을 견뎌야 함을 보여준다. 민무늬근육 구성 요소의 위치와 방향은 다양한 종 내에서도 정맥마다 상당히 다르기 때문에 포괄적인 설명은 어렵다.

속막(tunica interna)은 내피세포 내벽과 아교섬유와 탄력섬유로 이루어진 얇은 내피밑층으로 구성된다. 더 큰 혈관에는 속탄력막이 존재할 수 있다. 일반적으로 중간막은 여러 층의 민무늬근육으로 구성되어 있으며, 이 층에는 아교섬유와 탄력섬유 그물망이 연결되어 있으며, 일반적으로 원형 또는 나선형으로 배열되어 있다. 바깥 중간막(outer tunica media)에는 민무늬근육세포가 세로 방향으로 배열되어 있을 수 있다. 바깥막(tunica externa)에는 주로 중간막과 주변 결합조직에 고정된 아교섬유 그물망으로 구성되어 있으며, 세로 방향으로 배열된 탄력섬유가 있다.

3) 큰정맥 Large veins

큰정맥(large vein)의 속막은 중간정맥과 본질적으로 동일한 구조를 가지고 있다. 그러나 내피세포는 종종 약간 더 두껍고 블록 모양이며, 민무늬근육세포가 긴헐적으로 존재하고, 속탄력막이 더 두드러진다.

중간막(tunica media)은 혈관의 상대적인 크기나 속공간의 지름에 비해 얇다. 이 층은 아교섬유, 탄력섬유, 그리고 민무늬근육세포로 구성되며, 그 비율은 다양하다. 대부분의 큰정맥에서는 민무늬근육의 양이 미미하다(그림 7-18).

반대로, 바깥막은 세로 또는 나선형으로 배열된 민무늬근육세포 다발(그림 7-18)과 아교섬유와 탄력섬유로 구성되어 두드러진다. 이러한 구성 요소는 벽의 적절한 장력을 유지한다. 바깥막의 두께는 정맥의 위치에 따라 다르며, 가슴우리와 배안(복강) 내와 같이 주변 환경으로부터 더 큰 압력을 받는 정맥에서 더 두드러진다.

6. 특수혈관 Specialized Blood Vessels

많은 혈관은 혈류 조절에 있어 특정 기능을 수행하는 특수한 구조적 특징을 가지고 있다. 젖꼭지동맥(artery of teat)과 젖꼭지정맥(vein of teat), 귀두정맥(vein of glans penis), 심장동맥(관상동맥, coronary artery)과 같이 비정상적인 혈압에 노출된 혈관에서는 혈관벽 두께가 증가한다. 반대로, 머리뼈(예, 뇌동맥과 경막 정맥굴), 뼈, 허파와 같이 압력이 낮고 보호된 부위에서는 혈관벽 두께가 감소한다. 혈관을 통과하는 혈류를 차단할 수 있는 세로근육다발은 음경, 난소, 자궁의 동맥과 정맥 모두의 속막에 존재한다. 또한, 정맥의 중간막은 고리괄약근처럼 두꺼워져 큰창자, 간, 피부에서도 유사한 기능을 한다.

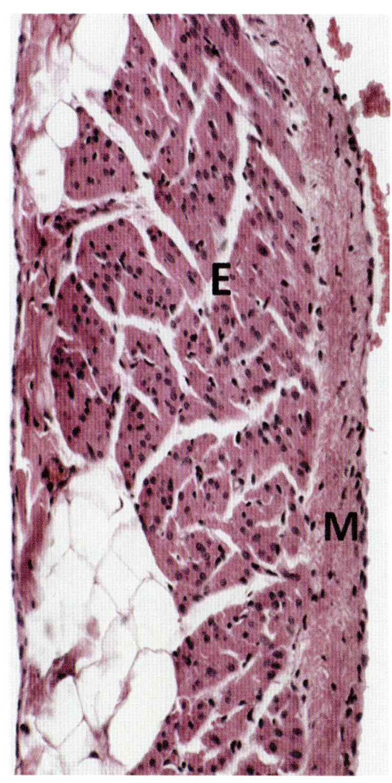

그림 7-18 • 면양 대정맥의 가로단면. 얇은 중간막(M)은 몇 개의 민무늬근육세포 다발로 구성되어 있다. 바깥막(E)은 가장 두드러진 층이며, 세로로 배열된 많은 민무늬근육다발을 포함한다. H&E. (×40).

7. 특수감각수용기 Specialized Sensory Receptors

주요 동맥벽에는 목동맥토리(carotid glomus), 대동맥토리(aortic glomus), 목동맥팽대(carotid sinus)라는 세 가지 유형의 특수감각수용기가 존재한다. 이러한 구조의 신경종말은 혈액의 화학적 조성(화학수용기)과 혈압(기계수용기)의 변화를 감지한다.

1) 목동맥토리 Carotid Glomus, Carotid Body

목동맥토리(carotid glomus, glomus caroticum, carotid body)는 온목동맥의 분기점에 있는 바깥막(adventitia)에 위

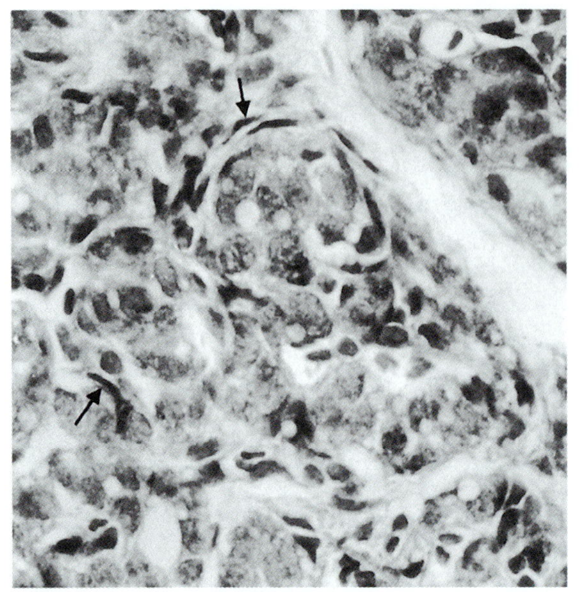

그림 7-19 • 면양의 목동맥토리. 토리세포(glomus cell)의 무리가 납작한 버팀세포(sustentacular cell, sheath cell, 화살표)로 둘러싸여 있다. H&E. (×350). (Courtesy of J.H. Riley.)

치한 양측성 동맥 화학수용기이다. 결합조직 피막에 둘러싸인 작고 타원형 구조이며, 세포 무리를 둘러싼 치밀 굴모세혈관 그물망으로 구성된다. 이 세포 무리 안에는 두 가지 세포 유형이 존재한다. 카테콜아민과 세로토닌이 많은 과립을 포함하는 **토리세포(화학수용기세포, glomus cell, chemoreceptor cell,** type I cell, granular endocrine cell)이며, 다른 하나는 과립이 거의 없거나 전혀 없는 **버팀세포(sustentacular cell,** sheath cell, type II cell)이다. 버팀세포는 여러 개 토리세포를 불완전하게 둘러싸고 있다(그림 7-19). 민말이집 들·날신경 종말은 이 토리세포(과립내분비세포)와 연접한다. 산소와 이산화탄소의 분압 변화와 혈액 pH 변화는 들신경섬유에서 활동전위를 생성한다. 이러한 활동전위는 중추신경계통(CNS)으로 이동하여 주로 호흡계통과 심장혈관계통에서 반응을 유발한다.

2) 대동맥토리 Aortic Glomus, Aortic body

대동맥토리(aortic glomus, glomus aorticum, aortic body)는 대동맥활(aortic arch) 아래쪽 표면 주위에 흩어져 있으며, 그 구조와 기능은 목동맥토리와 유사하다.

3) 목동맥팽대 Carotid Sinuses

목동맥팽대(carotid sinus, carotid bulb)는 온목동맥(common carotid artery) 분기 바로 위쪽에 있는 속목동맥(internal carotid artery)의 확장부위로 나타나는 양측성 혈압수용기(bilateral baroreceptor)이다. 이 부위에서 동맥의 중간막이 얇고 두꺼운 바깥막으로 둘러싸여 있으며, 이 바깥막에는 혀인두신경(아홉 번째 뇌신경, cranial nerve IX)의 목동맥팽대 가지에서 나오는 수많은 종말이 있다. 이 신경종말은 기계수용기(mechanoreceptor)로 작용하여 혈압이 상승에 의해 자극될 때 반사적 느린맥(reflex bradycardia, 심박수 감소)과 내장혈관(splanchnic vessel)의 확장을 유발한다.

제2절 심장 Heart

심장의 두꺼운 벽은 주로 자발적인 자발적인 리듬 수축을 할 수 있는 심장근육세포(cardiac muscle cell)로 구성되어 있으며, 이 세포는 혈액을 혈관계통으로 펌핑한다. 심장의 안쪽 층은 **심장속막(endocardium)은** 이는 심장으로 들어오고 나가는 큰혈관의 속막과 연속이다. 중간의 수축성 근육층은 **심장근육층(myocardium)**이라고 하며, 심장에서 가장 두꺼운 층이다. 마지막으로, 가장 바깥층은 **심장바깥막(epicardium)**이다.

1. 심장속막 Endocardium

심장속막(endocardium)은 심실과 심방을 완전히 덮으며, 심장판막(cardiac valve)과 그 관련 구조물을 덮고 있다. 심장속막은 일반적으로 세 개 층으로 구성된다(그림 7-20). 가장 안쪽 층은 연속적인 **내피(endothelium)**로 이루어져 있다. 내피 아래에는 아교섬유, 탄력섬유, 그리고 간혹 민무늬근육세포

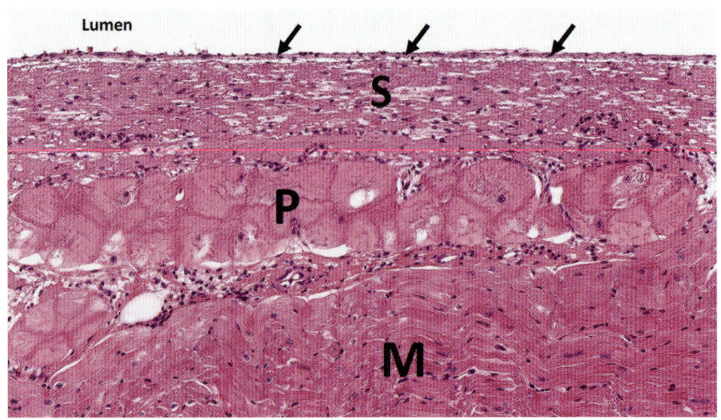

그림 7-20 • 소 심장벽의 수평단면. 연속 내피(화살표)가 가장 안쪽 층을 형성한다. 내피밑층(S) 주변부는 심장속막밑층이 놓여 있으며, 이 층에는 자극 전도를 담당하는 특수하게 변형된 심장근육섬유인 많은 큰 심장전도근육세포(Purkinje fibers, P)와 심장근육층(M)이 포함된다. H&E. (×200). (Image by J. Feng.)

를 포함하는 치밀불규칙결합조직으로 구성된 **내피밑층(subendothelial layer)**이 있다. 탄력섬유는 특히 심방벽에 풍부하며, 일반적으로 심장속막 표면과 평행하게 배열된다.

심장속막밑층(subendocardial layer)은 느슨하게 배열된 아교섬유와 탄력섬유로 주로 구성된다. 지방세포가 존재할 수 있으며, 풍부한 혈관과 림프관이 분포하고, 결합조직은 심장근육층(myocardium)의 그것과 연속적이다. 일부 부위에서는 심장자극전도계통(cardiac impulse conduction system)의 변형된 심장근육세포가 내피밑층에 존재한다(그림 7-20).

심장판막(cardiac valve)은 내피로 덮인 심장 심장속막 주름이다. 내피밑층은 탄력섬유와 아교섬유가 풍부하다. **방실판막(atrioventricular valve)**은 심방쪽에 위치한 **해면층(stratum spongiosum, spongious layer)**과 심실쪽에 있는 **섬유층(stratum fibrosum, fibrous layer)**으로 구성된다(그림 7-21). 해면층에서는 탄력섬유와 아교섬유가 느슨하게 배열되어 있으며 혈관은 이 층 안에만 있다. 섬유층에서는 아교섬유가 우세하며, 방실구멍(artrioventricular opening)을 둘러싸는 섬유고리(fibrous ring)와 연결된다. 이 섬유는 또한 꼭지근(papillary muscle)의 근육섬유막(endomysium)에서 유래하는 섬유끈(fibrous cords), 즉 **힘줄끈(chordae tendineae)**까지 확장된다. 대동맥(aorta)과 허파동맥(pulmonary trunk)의 **반달판막(semilunar valve)**에서 중심부 아교섬유가 대부분 돌림으로 배열되어 있으며, 혈관에 인접한 부위에는 얇은 탄력섬유층과 심실쪽(ventricular side)의 더 두꺼운 탄력섬유층에 의해서 강화된다. 반달판막의 자유모서리(free edge)가 두꺼워지는 것은 성긴결합조직과 연골조직의 존재로 인해 발생한다.

2. 심장근육층 Myocardium

심장의 중간층이자 가장 두꺼운 층인 **심장근육층(myocardium)**은 심장근육세포다발, 심장전도섬유의 분지, 광범위한 모세혈관그물, 심장뼈대(cardiac skeleton)로 구성된다.

심장근육세포다발은 치밀한 모세혈관그물, 림프관, 그리고 자율신경섬유를 포함하는 성긴결합조직에 묻혀있다. 사이질 결합조직의 양은 국소적인 변화에 따라 달라지며, 일반적으로 오른심실의 심장근육층이 왼심실보다 더 많다. 심방의 심장근육세포는 보통 심실의 심장근육세포보다 크기가 작다. 심방 심장근육세포에서는 **심방나트륨배설펩타이드(atrial natriuretic peptide, ANP)**를 함유하는 다수의 특수 **심방과립(atrial granule)**이 존재한다. ANP는 이뇨작용(diuresis), 나트륨배설증가(natriuresis), 혈관확장(vasodilation) 등 체액 항상성에 중요한 역할을 한다.

3. 심장바깥막과 심장막 Epicardium and Pericardium

심장근육층은 바깥쪽에서 **심장바깥막(epicardium)**, 즉 내장심장막(visceral serous pericardium)으로 덮여 있다. 가

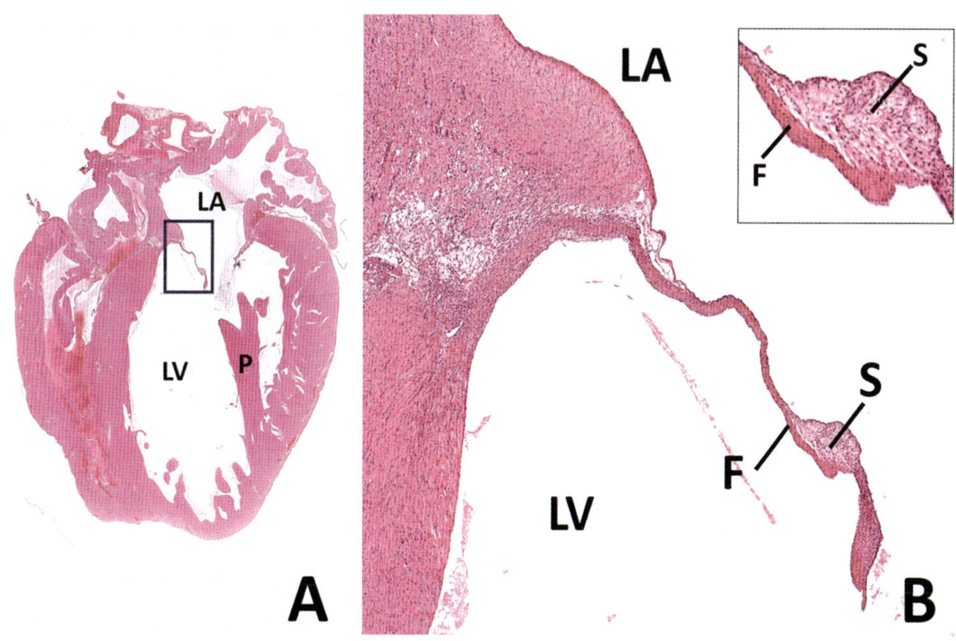

그림 7-21 • **A.** 낮은 배율로 관찰한 쥐 심장의 시상단면. 꼭지근(P)도 보인다. (×8). **B.** 직사각형 안의 영역을 확대하여 왼심방(LA)과 왼심실(LV) 사이에 위치한 방실판막(이첨판막, bicuspid valve)을 보여준다. (×50). 판막은 내피로 덮여 있고, 섬유층(F)과 해면층(S)으로 구성되어 있으며, 삽입그림(오른쪽 위)에 상세하게 나타나 있다. H&E. (Image by J. Feng.)

장 바깥층은 심장막안(pericardial cavity)을 감싸는 중피세포(mesothelial cell)로 이루어져 있다. 이 상피 아래에는 혈관과 신경 주위에 보호막을 형성하는 탄력섬유가 풍부한 성긴결합조직이다. 지방세포가 풍부한 이 결합조직은 특히 큰 혈관(심장동맥, large coronary vessel) 주변에 풍부하다.

심장바깥막은 심장 표면에서 반전되어 **벽장막심장막(parietal serous pericardium)**을 형성한다. 벽심장막은 얇은 성긴결합조직층 위에 놓인 중피세포의 가장 안쪽층으로 구성되어 있으며, 이 결합조직층은 아교섬유다발과 탄력섬유로 이루어진 두꺼운 층인 **섬유심장막(fibrous pericardium)**과 융합한다. 내장심장막과 벽장막심장막 사이에 위치한 **심장막안(pericardial cavity)**에는 중피세포 표면을 윤활하는 장액성 액체(serous fluid)가 있어 마찰 없는 심장운동을 가능하게 한다.

심장막은 심장 크기의 정상적인 지속적인 변화에 쉽게 적응할 수 있으며, 심장의 과충전을 제한할 수도 있다. 그러나 심장막안에 과도한 액체가 차면 심장눌림증(심장압박, cardiac tamponade, compression of the heart)이 발생할 수 있다.

4. 심장뼈대 Cardiac Skeleton

심방과 심실벽의 근육은 세 부분으로 구성된 **심장뼈대(cardiac skeleton)**에 삽입된다. ① 섬유고리(fibrous ring, anulus fibrosus), ② 섬유삼각(fibrous triangle, trigona fibrosa cordis), ③ 심실사이막 섬유부분(fibrous part of interventricular septum). **섬유고리(fibrous ring)**는 방실구멍(atrioventricular opening), 대동맥, 허파동맥의 입구를 둘러싼 아교섬유와 약간의 탄력섬유로 구성된다. **섬유삼각(fibrous triangles, trigona fibrosa cordis)**은 방실구멍(atrioventricular opening)과 대동맥 기시부 사이의 공간을 메우는 결합조직의 작은 부위이다. 이 결합조직의 특성은 종과 연령에 따라 다르다. 섬유삼각은 치밀불규칙결합조직(돼지, 고양이, 토끼), 섬유연골(fibrocartilage, 개), 유리연골(hyaline cartilage, cartilago cordis, 말), 뼈(ossa cordis, 큰되새김동물)로 구성되어 있다. **심실사이막 섬유부분(fibrous part of interventricular septum)**은 아교섬유다발(collagen fiber bundle)로 구성된다.

5. 심장전도계통 Cardiac Conduction System

심장수축을 위한 전기적 자극은 **굴심방결절(sinuatrial node)**에서 발생하여 이후 **방실결절(atrioventricular node)**로 퍼져 **방실다발(atrioventricular bundle, bundle of His)**을 통해 계속된다. 굴심방결절은 근육원섬유(myofibril)가 거의 없고, 사이원반(intercalated disk)이 없는 가늘고 분지하는 결절근육세포(nodal muscle cell)의 그물로 이루어져 있다. 이 결절섬유는 심방근육층의 정상적인 심장근육섬유와 연속적이다. 개별 섬유는 비교적 많은 양의 혈관이 풍부한 결합조직에 의해 분리되어 있으며, 이 결합조직에는 자율신경섬유와 간헐적으로 미주신경(vagus nerve)에서 유래하는 신경절세포가 포함되어 있다.

방실결절(atrioventricular node)은 불규칙하게 배열된 작고 분지하는 결절근육섬유로 구성되며, 형태는 굴심방결절의 세포와 유사한 형태를 보인다. 이 결절섬유는 심방 심장근육섬유와 방실다발을 형성하는 자극전도섬유 사이에 끼어 있다.

방실다발(atrioventricular bundle)의 **심장전도근육세포(cardiac conducting myofiber, Purkinje fiber)**는 심실사이막(interventricular septum)을 통과하여 하행하며, 심장속막 결합조직 내에서 심장전도근육세포(Purkinje fiber)로 이동하여 심장꼭대기(apex of heart)의 심장근육세포에 자극을 전달한다. 이러한 심장전도근육세포는 큰 지름, 큰 중앙 둥근 핵과 드문 주변 근육원섬유(myofibril)로 쉽게 식별된다. 세포질의 중앙부위는 당원이 풍부하여 핵 주위에 밝게 염색되는 달무리(halo)를 만든다(그림 7-20). 세로단면에서 심장근육세포에 특징적인 가로무늬(cross-striation)와 사이원반(intercalated disc)이 보인다. 이 심장전도근육세포는 사이원반이 없는 더 작은 이행세포와 연결되고, 이는 다시 일반 심심장근육세포와 연결된다.

6. 심장의 혈관, 림프관, 신경

Cardiac Blood Vessels, Lymph Vessels, and Nerves

심장동맥(관상동맥, coronary artery)은 두꺼운 근육동맥으로, 속막에 세로 민무늬근육세포와 상피모양근육세포(epithelioid muscle cell)의 다발을 포함하는 경우가 많다. 이 근육성분은 심장동맥 내 혈류를 조절한다. 심장동맥에서 기원하는 치밀한 모세혈관그물(capillary network)은 심장근육층(myocardium), 심장바깥막(epicardium), 심장뼈대(cardiac skeleton), 그리고 심장판막의 말초부위에 혈액을 공급한다. 심장 모세혈관바탕으로부터 나온 혈액은 심장정맥굴(coronary sinus)을 통하거나 심장속막(endocardium)의 직접적인 개구부, 즉 최소심장동맥(venae cordis minimae)을 통해 오른심방(right atrium)으로 연결되는 세정맥과 정맥에 모인다.

모세림프관(lymph capillary)은 심장 결합조직에서 그물(network)을 형성한다. 이 작은 림프관은 특히 심장바깥막의 내피밑층(subendothelial layer)과 상피밑결합조직(subepithelial connective tissue)에서 더 큰 림프관과 연속적이다.

교감신경과 부교감신경은 모두 심장을 지배하며, 심실보다 심방에 더 많이 분포하고, 심실에는 주로 교감신경섬유가 분포한다. 이들 신경은 광범위한 신경얼기(plexus)를 형성하며, 특히 굴심방결절과 방실결절 주위에 밀집되어 있다. 부교감신경(미주신경) 섬유는 앞서 언급한 신경얼기에 섬유를 공급하는 신경절세포(ganglion cell)에서 종결된다. 또한, 심장근육층과 심장바깥막에는 모두 곤봉 모양(club-shaped)이나 판모양(plate-like)으로 종지하는 확장된 감각신경섬유를 받는다.

제3절 림프관 *Lymph Vessels*

림프관계통(lymphatic vascular system)은 순환계통과 방어계통 모두에 필수적인 부분이다. 이 계통은 생명체의 결합조직에서 서로 연결된 모세림프관(anastomsing lymph capillary)의 그물(network)로 시작된다. 이 모세림프관은 더 큰 림프관(lymphatic vessel)과 연결되어 있으며, 이 림프관은 적어도 하나의 림프절(lymph node)을 통과하여 더 큰 림프 집합관(collecting duct)으로 이동하여 림프를 정맥계통(venous system)으로 배출한다.

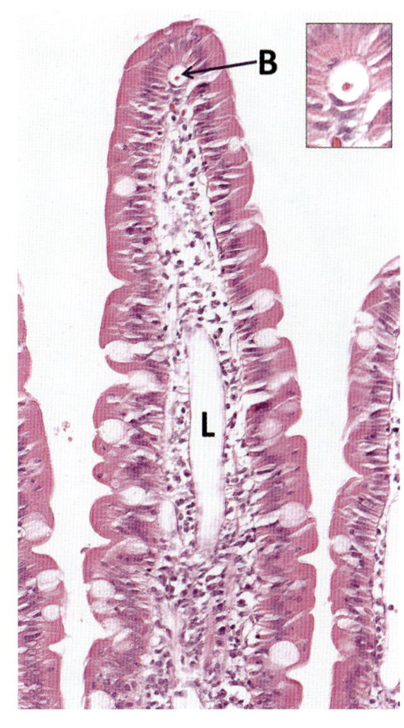

그림 7-22 • 고양이 창자융모의 시상단면. 모세림프관의 예로 암죽관(중심암죽관, central lacteal, L)을 보여준다. 모세혈관(B)도 보이며, 자세한 내용은 삽입그림(오른쪽 위)에 나와 있다. H&E. (×330). (Image by J. Feng.)

1. 모세림프관 Lymph Capillaries

모세림프관(lymph capillary)은 일반적으로 모세혈관보다 지름이 크고 모양이 다양한 내피로 둘러싸인 관이다(그림 7-22). 조직학적 절편에서 모세림프관과 모세혈관을 구분하기 어려운 경우가 많다. 그러나 혈관 내피와 림프 내피를 구별하는 조직화학적 표지자(marker)가 이러한 구별에 도움을 줄 수 있다. 모세림프관의 내피는 일반적으로 얇고, 많은 포음작용소포(pinocytic vesicle)를 포함한다(그림 7-23). 인접한 내피세포는 치밀이음(tight junction) 없이 단순히 겹쳐서(simple overlapping) 밀접하게 맞물려 있다. 인접한 세포 사이에 크기가 다양한 틈이 자주 관찰되며(그림 7-23), 이는 지속적으로 나타났다가 사라지므로 일시적일 가능성이 높다. 투과성은 포음작용과 내피세포 사이의 틈의 존재에 의해 촉진된다.

모세림프관은 연관된 혈관주위세포(pericyte)가 없으며, 바닥판(basal lamina)은 불연속적이거나 없다(그림 7-23). 미세한 세포바깥바탕질고정잔섬유(matrix-anchoring filament)는 내피세포의 바깥표면을 모세혈관 주위의 아교원섬유와 탄력섬유에 연결한다. 이 잔섬유는 특히 조직이 부종일 때 모세혈관 속공간을 개방 상태로 유지하는 역할을 한다.

판막은 모세림프관에 가끔씩 존재할 수 있으며, 다른 모든 림프관에서도 흔히 볼 수 있다(그림 7-24). 판막은 내피주름으로 구성되어 있으며, 결합조직이 풍부한 혈관벽과 경계를 제외하고는 결합조직이 거의 없다. 더 큰림프관의 판막에는 가끔 민무늬근육섬유가 발견된다.

일반적으로 모세림프관은 성긴결합조직과 함께 발견되며, 지방, 단백질, 세포, 입자 물질이 포함된 과도한 사이질조직액(interstitial fluid)을 배출한다. 모세림프관은 눈의 특정 구조, 골수, 연골, 지라의 적색속질, 간소엽에는 없다.

2. 작은림프관과 중간림프관 Small and Medium Lymph Vessels

작은림프관과 중간림프관의 벽 구조는 그 위치와 종에 따라 매우 다양하다. 이 림프관은 지름이 더 크고 연속적인 바닥판(basal lamina)이 존재한다는 점에서 모세림프관과 다르다. 림프관 지름이 증가함에 따라 얇은 내피밑결합조직층이 나타난다. 더 큰 림프관에서는 민무늬근육과 탄력섬유가 한두 층 더 추가된다. 바깥막은 림프관을 둘러싼 결합조직과 구별되지 않는다.

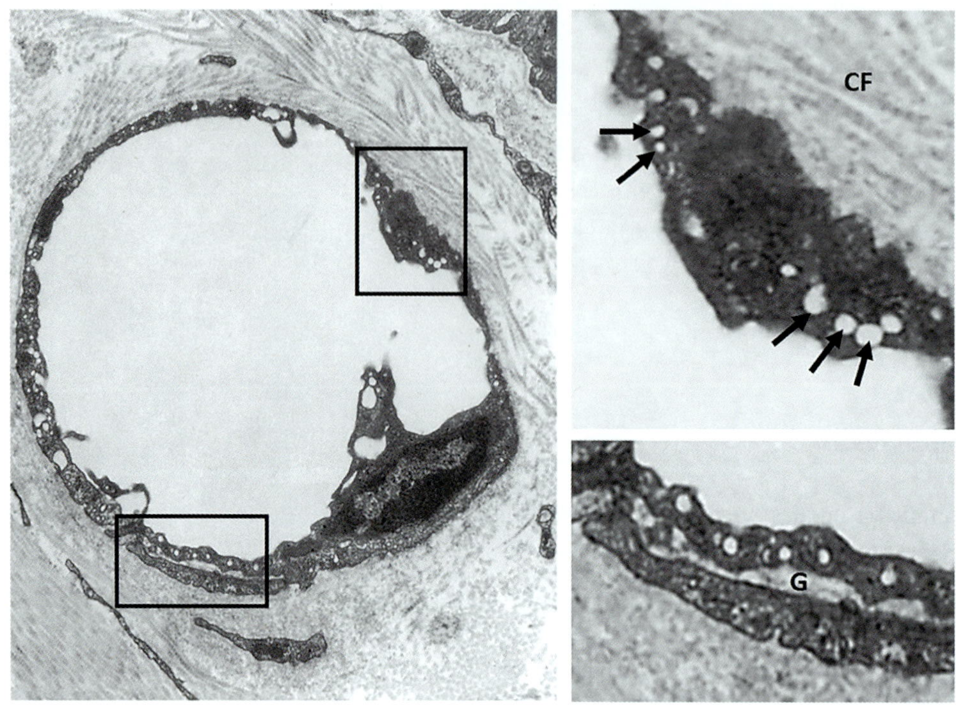

그림 7-23 • 모세림프관의 전자현미경사진. 모세림프관은 바닥판과 관련 혈관주위세포가 없다. 얇은 내피에는 많은 포음소포(화살표)가 있으며, 오른쪽 위 삽입 그림에서 모세혈관 주위 아교원섬유(CF)가 보인다. 오른쪽 아래 삽입 그림에서 내피세포 사이의 틈(G)이 있다. (×16,000).

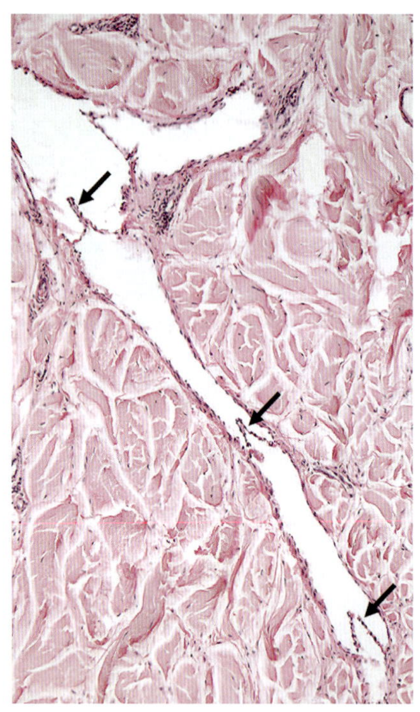

그림 7-24 • 소 진피 림프관의 세로단면. 림프관은 판막(화살표)이 있으며, 벽 두께에 비해 매우 넓은 속공간(lumina)을 보인다. H&E. (×100).

3. 큰림프관과 집합관

Large Lymph Vessels and Collecting Ducts

이들은 림프관계통에서 마지막 두 개의 집합관(collecting duct)이다. 짧은 **오른림프관(right lymph duct)**은 오른속목정맥(right internal jugular vein)과 빗장밑정맥(subclavian vein)이 합류 지점(경계)에서 내용물(림프)을 정맥계통으로 배출한다. 한편, 더 길고 큰 **가슴림프관(thoracic duct)**은 배(abdomen)의 **가슴림프관팽대(cisterna chyli)**에서 시작하여 왼속목정맥과 빗장밑정맥의 합류 지점(경계)에서 정맥으로 배출하기 위해서 가슴(thorax)과 목(neck)을 거쳐 올라간다. 오른림프관은 몸의 오른쪽 위 사분의 일로부터 림프를 모으고, 가슴림프관은 나머지 전신으로부터 림프를 모은다.

혈관과 유사하게 이 큰림프관(집합관)의 벽은 세 개의 층(tunic)으로 이루어져 있다. 그러나 각 층이 항상 명확하게 구분되는 것은 아니다. 속막은 내피와 세로방향으로 얽힌 아교섬유와 탄력섬유의 층으로 이루어져 있다. 속탄력막은 대개 없다. 중간막은 수많은 탄력섬유와 아교섬유로 둘러싸인 민무늬근육세포를 포함하고 있으며, 이들의 수와 배열은 위치와 종에 따라 다르다. 바깥막은 아교섬유와 탄력섬유로 구성되며, 근육세포도 포함되어 있을 수 있다.

임상 관련 *Clinical Correlations*

수의학에서 다양한 심장혈관 질환은 임상적으로 중요한 질환군을 이룬다. 심장은 선천성, 퇴행성, 염증성, 종양성 질환 등 다양한 원인에 의해 영향을 받을 수 있다. 성체 동물에서 주요 심장 질환은 일반적으로 심근병증(cardiomyopathy) 또는 심근 및 판막의 퇴행성 변화로 나타난다. 예를 들어, 12살 개의 이첨판막(승모판막, bicuspid valve, mitral valve)에서 심부전과 관련된 *점액종모양변성(myxomatous degeneration)*이 발생한 예가 그림 7-25에 제시되어 있다.

핵심 정리 *Essentials*

1) **혈관(Blood vessels):** 혈관은 세 개 층(tunics)으로 구성된다. 내피로 덮인 속막(tunica intima), 민무늬근육을 포함하는 중간막(tunica media), 그리고 바깥 결합조직층인 바깥막(tunica adventitia)이다.

2) **동맥(Arteries):** ① ***탄력동맥(Elastic artery)***은 심장과 관련된 주요 혈관으로, 탄력섬유띠와 민무늬근육이 포함된 두꺼운 중간막을 가지고 있다. 이들은 완전한 속탄력막은 없지만, 이완기 동안의 탄성 반동을 통해 혈류를 유지한다. ② ***근육동맥(Muscular artery)***은 잘 발달된 속탄력막과 함께 민무늬근육과 일부 탄력섬유로 구성된 중간막을 가지며, 바깥탄력막은 중간막의 경계를 나타낸다. 바깥막은 중간막만큼 두꺼울 수 있다.

3) **세동맥(Arterioles):** 1~3층의 민무늬근육층을 포함한다. 바깥막은 대부분 성긴결합조직으로 구성되며 주변 조직과 융합된다. 세동맥의 이완과 수축은 혈압 조절에 중요하다.

4) **모세혈관(Capillaries):** ① *연속형(continuous)*: 창(fenestrae)은 없고, 세포통과작용을 위한 치밀이음(tight junction)과 포음소포가 존재한다. 주로 근육, 중추신경계통, 결합조직에 존재한다. ② *창형(fenestrated)*: 내피세포에 작은 창이 있어 투과성을 조절하며, 내분비샘과 위창자관에서 발견된다. ③ *불연속형(굴형, discontinuous, sinusoidal)*: 내피세포 사이에 큰 틈이 있고, 바닥판이 불완전하거나 없으며, 세포와 큰 분자의 통과를 용이하게 한다. 간, 골수, 지라에서 발견된다.

5) **모세혈관이후세정맥(Postcapillary venules)**: 가장 많은 숫자의 혈관주위세포(pericyte)를 포함하며, 염증 반응(체액 유출과 염증세포의 장기 내 이동)이 주로 일어나는 부위이다.

6) **세정맥과 근육세정맥(Venules and muscular venules):** 모두 1~2층의 민무늬근육층을 가지며, 근육세정맥이 더 크다.

7) **정맥(Veins):** 지름이 크며, 잘 발달된 바깥막을 가진다. 중

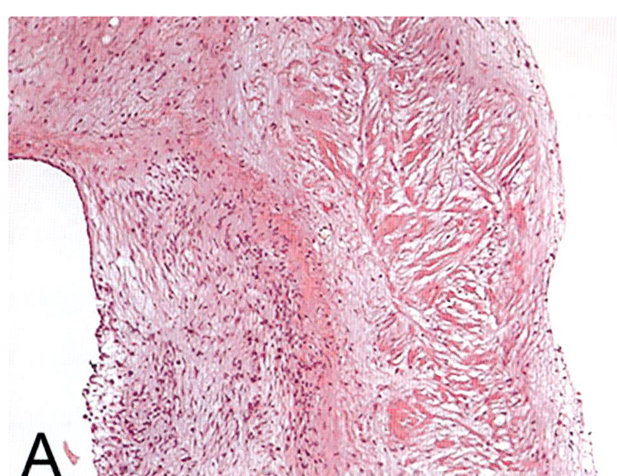

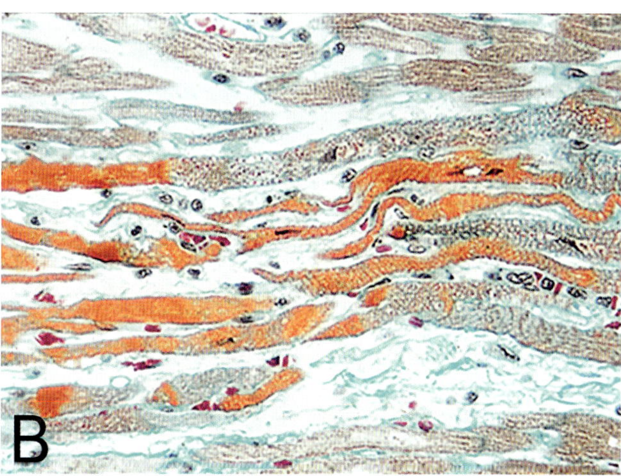

그림 7-25 • **A.** 이첨판막(승모판막, bicuspid valve, mitral valve). H&E. **B.** 퇴행 중인 근육섬유(적색/주황색)가 퇴화되고, 아교질물질(푸른색)로 대체되고 있는 모습이 강조된다. Masson's trichrome stain. (Reproduced with permission from Salguero Bodes FJ, Pallares Martinez FJ. Aughey and Frye's Comparative Veterinary Histology with Clinical Correlates. 2nd ed. Boca Raton: CRC Press, 2023.)

간막에는 일부 탄력섬유가 있으나 민무늬근육은 많지 않다. 가장 큰 정맥(예, 대정맥)은 3~5층의 민무늬근육과 역류를 방지하는 반달판막을 포함한다.

8) **림프관(Lymphatics):** 바닥판이나 치밀이음이 없는 끝이 막힌 모세림프관에서 시작한다. 내피세포는 미세한 고정잔섬유(anchoring filament)를 통해 주변 결합조직에 부착되어 있으며, 바닥판은 미약하게 발달되어 있다. 이들은 세포바깥액을 수집하고 림프절을 거쳐 정맥 혈류로 재순환된다. 림프절로 들어가는 림프관은 역류 방지 밸브를 가진다.

9) **내피세포의 기능(Endothelial cell function):** 내피세포는 ① 염증 조절에서 백혈구의 이주를 촉진하고, ② 산화질소(혈관확장제)와 엔도텔린-1(혈관수축제) 같은 물질 생성을 통해 혈압을 조절하며, ③ 프로스타사이클린을 생성하여 혈소판 부착과 응고를 억제함으로써 혈액응고를 조절한다.

10) **심장(Heart):** 심장은 세 개의 층으로 구성되어 있다. ① 내피로 덮인 ***심장속막(endocardium)***은 혈관의 속막과 유사하다. ② ***심장근육층(myocardium)***은 수축성 근육세포로 구성된 중간층으로 가장 두껍다. ③ ***심장바깥막(epicardium)***은 바깥층으로 중피세포로 덮여 있다. ***심장뼈대(cardiac skeleton)***는 주요 혈관과 판막의 바닥부위를 둘러싼 치밀불규칙결합조직으로 구성되어 있으며, 구조적 지지뿐만 아니라 심방과 심실의 전기적 분리를 돕는다. ***판막(valve)***은 치밀불규칙결합조직인 섬유층(fibrosa)과 성긴결합조직인 해면층(spongiosa)으로 구성되어 있으며, 섬유층은 심장뼈대와 연결된다. ***심장전도섬유(conducting fiber)***는 굴심방결절에서 시작되어 심실사이막을 따라 진행되고, 심실의 심장속막과 심장근육층 사이에 위치한 심장전도근육세포(Purkinje fiber)로 끝난다. ***변형심방근육세포(modified atrial muscle cell)***는 심방이 늘어날 때 소듐과 수분의 배출을 증가시키는 호르몬인 ***심방나트륨배설인자(ANF)***를 생성한다.

CHAPTER 08

면역계통
Immune System

면역계통(immune system)은 몸의 온전한 보전(integrity of the body)을 유지하는 역할을 하는 기관(organ), 무리림프조직(aggregated lymphatic tissue), 세포로 구성된다. 면역계통의 세포와 조직은 병원체를 인식하고 이로부터 몸을 보호하는 역할을 하며 이물질에 대해서 생체가 적절하게 반응하도록 한다. 면역계통은 조직손상부위나 감염부위를 찾아내고 경고 없이 산발적으로 일어나는 손상에 대한 숙주방어를 효과적으로 중재한다. 이러한 해결책으로, 면역계통은 그 조직부위에 드물게 분포하는 고정세포를 발달시킬 뿐만 아니라, 그 조직부위의 실질(조직)요소와 고정 감기세포로부터 나온 신호지시에 따라 순환혈액으로부터 이주세포의 이동을 발생시킨다. 미생물의 빠른 성장과 적응성으로 인해 면역계통은 면역조절의 회피를 막기위한 다양한 방어전략을 사용한다. 면역계통은 두 가지의 넓은 범주의 면역반응으로 발달하였다. 즉 *선천면역(자연면역)*과 *적응면역(후천면역)*이다. 면역계통은 신속하지만 비특이적으로 반응하는 선천면역(자연면역)과 특이적이지만 반응하는데 시간이 다소 걸리는 적응면역(후천면역)으로 구분된다. 선천면역반응은 미생물 물질에 대한 특수 센서를 통해 유발되는, 넓은 범주의 미생물 또는 숙주 산물에 직접 반응하는 면역세포가 관여한다. 적응면역 효과기는 병원체의 특정 성분(항원, antigen)에 대한 특이수용체(antigen receptor)를 가진 소수의 전구림프구(precursor lymphocyte)가 증식함으로써 발생한다. 이러한 림프구의 다양성은 일차림프기관(primary lymphatic organ)에서 생성된다. 특정 병원체에 특이적인 전구림프구는 매우 드물며, 병원체의 출현 또한 예측할 수 없기 때문에, 면역계통은 전신적 감시 전략(body-wide surveillance strategy)을 사용한다. 림프구는 혈류를 주기적으로 드나들며, 림프절(lymph node), 지라(spleen), 돌창자 파이어반(Peyer's patch)과 같은 조직화된 림프 구조를 순환한다. 지라는 혈액을 감시하여 병원체 확산 여부를 확인하는 반면, 다른 이차림프조직은 신체의 특정 부위(피부나 내부 장기)에서 온 병원체 정보를 집중시킨다. 이러한 탐색 과정은 드문 림프구가 항원을 찾아 활성화되고, 충분한 수로 증식하고, 병원체 제거를 위한 효과기 기능을 발달시키는 데 며칠이 걸릴 수 있다. 적응면역체계가 활성화되는 동안 병원균을 감시 억제하는 것이 선천면역체계의 역할이다. 면역체계의 기관과 조직은 면역계통의 두 가지 기능을 모두 담당하며, 병원체 확산을 막기 위해 미생물 방어를 지휘하고, 효율적인 병원체 제거와 향후 관련 위협으로부터 보호하기 위한 기억 반응을 생성하기 위해 적응면역을 활성화한다.

제1절 면역계통의 세포 *Cells of the Immune System*

면역반응에 참여하는 세포는 이주세포와 고정세포로 분류된다. 림프구, 과립백혈구, 단핵구는 생체 내 어디에도 자유롭게 이동할 수 있는 주요 이주세포(migratory cell)이다. 림프나 혈액을 통한 재순환(recirculation)은 이들 림프구의 두드러진 특징으로 이를 통해 조직에 대한 효과적인 감시활동이 가능하다. 반면, 고정세포(fixed cell)는 림프조직내 버팀질 바탕질 거푸집(scaffold for the stromal matrix)을 구성하는 중간엽세포(mesenchymal cell)나 상피세포이다. 이들 세포는 발생과 기능의 여러 단계에 걸쳐 림프구를 지지하는 틀을 형성한다. 또한, 감시세포(sentinel cell)로서 병원체가 침입했을 때 이를 인지하고 반응하는 역할도 수행할 수 있다. 이주세포와 고정세포가 가지는 엄청난 다양성이 림프조직의 고유한 특성을 보여준다.

1. 림프구 Lymphocytes

림프구(lymphocyte)의 조직학적 특징은 6장에서 자세히 언급하였다. 더 자세한 림프구의 기능을 알려면 수의면역학 교재를 참조하시오. 림프구는 면역계통의 이주세포로 항원을 인지한 후 특이적 반응을 일으킴으로써 적응면역을 조절한다. **항원(antigen)**은 세균, 바이러스, 원생동물 또는 독소와 같은 **외인성물질(exogenous agent)**과 종양세포와 같은 **내인성물질(endogenous agent)**의 분자성분이다. 림프구계열은 두 가지의 주요한 세포형태인 **B세포(B cell, bone marrow-dependent, bursa-dependent)**와 **T세포(T cell, thymus-dependent)**로 구분된다. B세포와 T세포, 그 아집단(subpopulation)은 항원, 즉 **항원수용체(antigen receptor)**와 **공동수용체(coreceptor)**를 인식하고, 신호전달과 세포사이협력(cell cooperation)에 연관되어 있는 세포표면분자의 차이로 구분할 수 있다. B세포와 T세포는 헤마톡실린과 에오신(H&E)과 같은 표준조직염색으로는 확인할 수 없다.

B세포와 T세포는 면역반응을 실행하는 방법에서도 차이를 보인다. B세포는 특정 항원에 선택적으로 결합할 수 있으며, 적절한 공자극(costimulation)을 통해 자신의 항원수용체를 체액(면역글로불린, 또한 항체로 알려진)으로 분비하여 반응한다. T세포는 항원제시세포의 표면에 있는 MHC(주조직적합복합체, major histocompatibility complex)분자와 함께 제시된 항원을 인식한다. 항원자극 후, 이 두 림프구는 증식과 분화를 거쳐 **기억세포(memory cell)**나 **효과세포(effector cell)**가 된다. 기억세포는 항원과 다시 만날 때 증가된 면역반응을 개시하는 능력을 지닌 수명이 긴 세포이다. **효과B세포(effector B cell)** 기능은 항체에 의해 매개된다. 활성 분비기 동안 효과B세포는 일반적으로 **형질세포(plasma cell**, 형질세포의 조직학적 특징은 3장을 참조)로 나타난다. 항체는 세포외액(체액, humor)을 따라 순환하기 때문에, B세포가 **체액성면역반응(humoral immune response)**을 담당한다고 한다. 항체가 결합한 항원은 **포식세포(phagocyte)**가 더욱 쉽게 인식하고 제거한다. 항원항체복합체(antigen-antibody complex)는 또한 **보체계(complement system)**라 부르는 일련의 형질 단백질(plasma protein)을 유도한다. 보체계는 선천적인 면역기능의 중요한 한 부분으로 미생물을 죽이는 능력을 포함하여 광범위한 기능을 갖는다.

한편, **효과T세포(effector T cell)**는 조직 내 인접한 세포에 좀 더 직접적으로 작용한다. 효과T세포에는 두 가지 주요 하위 집단(subset)이 있는데 이들은 서로 다른 방법으로 그 효력을 중개한다. **도움T세포(helper T cell)**는 사이토카인(cytokine)이라는 용해성 국소 작용 분자를 분비함으로써 작용하는 반면, **세포독성T세포(cytotoxic T cell)**는 표적세포의 항원에 결합하여 세포를 죽인다. 이들 세포살해작용은 세포사이의 접촉이 필요하기 때문에 T세포는 **세포매개성면역반응(cell-mediated immune response)**을 담당한다고 한다.

림프구의 세 번째 분류인 **선천성림프구(innate lymphoid cell, ILCs)**와 **자연살해세포(natural killer cell, NK cell)**는 B세포나 T세포에서 전형적으로 보이는 항원 수용체가 결핍되어 있다. 선천성림프구는 외래 항원에 빠르게 반응하거나 비정상 세포를 발견 즉시 제거한다. 이 범주에는 장내미생물군, 알레르기질환, 자가면역반응을 조절할 수 있는 선천도움세포(innate helper cell)가 포함된다. 자연살해세포는 B세포나 T세포보다 덜 특이적인 항원인식체계에 의존하는 것으로 보인다. 그러나 자연살해세포의 세포매개성 살해는 세포독성T세포와 그 기전이 유사하다. 어떤 종에서는 이 세포가 큰 과립림프구로 나타나기도 한다. **자연살해T세포(natural killer T cell, NKT cell)**는 NK세포 마커와 제한된 다양성을 가진 T세포수용체를 동시에 발현한다. 일반적으로 T세포 보다는 빠른 반응을 보이며, 다양한 질환에서 면역 조절을 위한 사이토카인을 생산한다. 자연살해T세포는 케모카인과 사이토카인의 분비를 유도하여 자연살해세포의 기능을 증가시키며, 가지돌기세포(dendritic cell, DC)의 성숙과 B세포 반응을 촉진한다.

림프구 다양성 Lymphocyte Diversity

미생물과 병원체에는 매우 다양한 항원이 존재를 하지만, 림프구의 항원수용체는 고유한 항원특이성을 가지고 있어, 한 림프구는 오직 자신이 인식할 수 있는 항원에 의해서만 활성화된다. 이처럼 항원의 다양성에 효과적으로 대응하기 위해, 면역계는 다양한 항원수용체를 가진 림프구 집단을 생성한다. 이러한 수용체의 다양성은 일차림프기관에서 T세포와 B세포의 유전자 재배열(gene rearrangement) 과정을 통해 생성된다. 생성된 T세포와 B세포는 수용체의 기능, 공동수용체(coreceptor), 사이토카인 분비 특성에 따라 여러 아집단(subpopulation)으로 나뉘어 다양한 면역반응을 수행한다.

1) 림프구 재순환 Lymphocyte Recirculation

림프구는 혈액에서 시작하여 림프조직, 비림프조직을 거쳐 바로 혈액으로 돌아오거나 혹은 림프를 거쳐 혈액으로 돌아오는 순환과정을 끊임없이 반복한다. 림프구재순환(lymphocyte recirculation)이라는 이러한 과정은 생체 전체에 걸친 면역반응의 전파를 촉진시키며 외부침입체와 생체 자체의 세포 변성에 대한 효과적인 면역감시를 가능하게 한다. 대부분 림프구는 허파, 간, 골수와 같은 장기에 들어간 후 세정맥을 거쳐 혈액으로 되돌아가는 반면, 일부 림프구는 림프를 통해 이러한 장기를 떠나 들림프관(afferent lymphatic vessel)을 통해서 림프절로 유입된다. 광범위한 말초부위에서 비롯되는 조직액 역시 국소림프절로 유입되는데, 이것은 림프구와 표적 항원이 만나게 될 가능성을 더욱 높여준다. 일정한 수준의 림프구는 **큰키내피세정맥(high endothelial venule, HEV)**이라는 특수 모세혈관이후세정맥을 통해서 혈액에서 직접 림프조직으로 이동한다(림프절 그림 8-13을 참조). 큰키내피세정맥은 다른 혈관의 납작한 내피세포와는 달리 입방형의 내피세포를 가지고 있다. 이러한 특수 세정맥은 림프조직에 풍부하고 T세포와 B세포가 혈액순환으로부터 빠져나와 림프조직으로 진입하는 입구 역할을 한다. 지라는 예외인데 이러한 특수 모세혈관이후세정맥이나 들림프관을 가지고 있지 않기 때문이다. 림프구는 가장자리구역의 모세혈관을 거쳐 지라로 이동한다(아래 '지라' 부분 참조). 일반적으로는, 비교적 적은 수의 림프구가 피부, 윤활액(synovia), 근육, 뇌와 같은 기관으로 이동한다. 그러나 급성과 만성 염증 동안에는 많은 수의 림프구가 유입되기도 한다.

2) 항원제시 Antigen Presentation

B세포는 항원을 인식하고 면역반응을 유발하기 위해 항원을 직접 인식하거나 혹은 소절가지돌기세포(nodular dendritic cell, NDC)와 같은 항원제시세포(antigen-presenting cell)가 제시하는 복합체의 형태로 인식한다. 반면에 T세포는 항원제시세포의 표면에 항원이 드러나 있어야 되는데 MHC분자(major histocompatibility complex molecule)를 통해 결합하는 소절가지돌기세포(NDC)가 그 예이다. 모든 핵을 가진 세포는 MHC I (MHC class I)을 가지고 있어 세포독성T세포(cytotoxic T cell)에 항원을 제시할 수 있다. 반면, B세포, 큰포식세포, 소절가지돌기세포는 MHC II (MHC class II)를 항상 발현하며, 이를 통해 도움T세포(T helper cell)에 항원을 제시한다. 대부분의 이물질을 섭취하는 큰포식세포와 달리, B세포는 특정 단일 항원을 표면의 면역글로불린을 통해 선택적으로 결합하고, 결합된 항원은 세포내섭취(endocytosis)되어 분해된 후, MHC II에 결합하여 제시된다. 또한, 항원제시 기능이 없는 세포(과립백혈구, 내피세포, 섬유모세포, 민무늬근육세포, 일부 상피세포)도 감염이나 염증 같은 특정 조건에서는 MHC II 발현을 유도할 수 있다. 하지만 이들 세포에서 MHC II 발현이 면역반응에서 어떤 기능을 수행하는지는 아직 완전히 밝혀지지 않았다.

2. 포식세포 Phagocytes

포식세포는 이물질, 즉 세균이나 해로운 입자, 죽은 세포 등을 감지하고 섭취하여 제거하는 역할을 하는 특수한 세포들이다. 대표적인 포식세포에는 큰포식세포(macrophage), 단핵구(monocyte), 중성구(neutrophil), 가지돌기세포(DC) 등이 있다. 이들은 외부 물질을 인식하는 세포 표면 수용체를 가지고 있으며, 강한 포식작용을 수행하고, 염증 및 면역반응을 조절하는 다양한 사이토카인을 생성한다. 반면, 상피세포, 내피세포, 섬유모세포, 중간엽세포와 같은 다른 세포는 포식작용 능력이 제한적이거나 상대적으로 비효율적이다.

1) 큰포식세포 Macrophages

큰포식세포(macrophage) 또는 단핵포식세포(mononuclear phagocyte)는 다양한 조직에 존재하고 포식작용과 더불어 외래물질을 분해한다(3장 큰포식세포 참조). 외래물질을 짧은 펩타이드로 분해하는 것은 MHC II분자 펩타이드 결합고랑을 통해 T세포에 항원을 제시하는 데 있어서 필수적이다. 림프조직에 존재하는 조직 상주 큰포식세포에는 지라의 가장자리구역(marginal zone)과 적색속질(red pulp) 큰포식세포, 림프절의 피막밑굴(subcapsular sinus)과 속질굴(mdeullary sinus) 큰포식세포, 종자중심과 가슴샘에 있는 가염성소체큰포식세포(tingible body macropahes)가 있다. 단핵구(monocyte)는 골수 전구세포에서 유래하며, 혈액을 따라 순환하다가 혈관 밖으로 이동하면 큰포식세포로 분화한다. 그러나 모든 조직 상주 큰포식세포가 단핵구에서 유래하거나 골수 기원을 가지는 것은 아니다. 일부 배아 전구세포, 난황주머니(yolk sac) 유래 큰포식세포, 태아 간 전구세포에서 기원할 수 있으며, 조직 내에서 국소적으로 증식하고 유지되기도 한다.

2) 가지돌기세포 Dendritic cells

가지돌기세포(dendritic cell, DC)는 단핵구와 조직 큰포식세포와 함께 단핵구-포식세포계통(mononuclear phagocyte system)을 이룬다. 큰포식세포가 주로 선천면역계통 효과세포(effector cell)로 가능한 반면, 가지돌기세포는 적응면역을 유도하도록 특수화되어 있다. 사이질가지돌기세포(interstitial dendritic cell), 깍지가지돌기세포(interdigitating dendritic cell), 미접촉세포(veiled cell), 랑게르한스세포를 포함하는 모든 가지돌기세포는 조혈줄기세포(hematopoietic stem cell)에서 유래한다. 전형적인 가지돌기세포는 다수의 긴 세포질돌기를 갖는다. 기능적으로 가지돌기세포는 생체 전반에 걸친 조직에서 항원과 결합하고 그 표면에 림프구가 열매를 맺듯이 달라붙는다. 일단 항원이 결합하여 처리되면 가지돌기세포는 항원제시세포가 되어 가공된 항원을 MHC II분자에 제시하여 T세포를 활성화한다. 중층편평상피에서 가지돌기세포는 가시층 위쪽에 위치하며 표피속큰포식세포(intraepidermal macrophage) 또는 **랑게르한스세포(Langerhans cell)**라고 한다(16장 참조). 가지돌기세포는 림프와 혈액 속에 있을 때 표면 주름을 가지고 있고, 이들 세포를 **미접촉세포(veiled cell)**라고 한다. **사이질가지돌기세포(interstitial dendritic cell)**는 심장, 콩팥, 창자, 허파에 있다.

깍지가지돌기세포 Interdigitating Dendritic cells

깍지가지돌기세포(interdigitating dendritic cell)는 림프절, 가슴샘 속질, 지라에서 관찰된다. 세포질과립은 항원제시와 관련된 다수의 세포표면 MHC II분자와 더불어 이들 가지돌기세포의 특징이다. 깍지가지돌기세포는 항원을 T림프구(도움세포)에 제시하고 이렇게 함으로써 세포성면역반응을 유도한다.

3) 다른 백혈구와 비만세포 Other Leukocytes and Mast cells

백혈구의 조직학에 대해서는 6장에서 자세히 설명한다. 림프구 외에도, 다른 백혈구들 역시 선천면역과 적응면역 모두에 관여한다. 중성구는 세균과 미생물을 제거하는 데 중요한 역할을 하며, 감염에 대한 숙주의 면역반응 조절과 면역 항상성 유지에 기여한다. 반면, 호산구, 호염기구, 비만세포는 외래균이나 이물질을 섭취하여 파괴하는 포식세포이다. 또한 이들 세포는 알레르기 반응과 기생충에 대한 방어에서 중요한 역할을 한다.

3. 버팀질세포 Stromal Cells

버팀질세포(stromal cell)는 조혈세포가 아닌 결합조직세포이다. 그물을 형성하는 림프계통의 고정세포로 면역반응을 지지한다. 형태와 기능에 따라 섬유모세포그물세포(fibroblastic reticular cell), 가장자리그물세포(marginal reticular cell), 림프관내피세포(lymphatic endothelial cell), 혈관내피세포(blood endothelial cell), 소절가지돌기세포(nodular dendritic cell)로 나뉜다. 가슴샘(thymus)에서는 상피세포가 림프장기 실질(parenchyma)을 구성하는 림프구를 위한 지지그물(supportive mesh) 또는 버팀질(stroma)을 형성한다.

1) 섬유모세포그물세포 Fibroblastic Reticular Cells

중간엽세포에서 유래하고 섬유모세포유사 구조인 **섬유모세포그물세포(fibroblastic reticular cell)**는 가슴샘의 겉질과 배설강주머니(cloacal bursa)를 제외한 모든 림프 장기에서 그물을 형성한다(림프절 그림 8-11을 참조). 여러 개의 길고 분지한 돌기 때문에 그물세포는 별모양을 띤다. 섬유모세포그물세포는 세포표면에 가깝게 근접하거나 함입되어 있는 그물섬유를 합성한다. 섬유모세포그물세포는 림프조직 내에 도관계통(conduit system)이라고 알려진 상호 연결된 네트워크를 형성하여 항원 및 체액 분포를 포함한 분자신호의 빠른 전달을 촉진한다. 특히, T세포가 풍부한 림프절의 깊은겉질 부위에 가장 밀집되어 있으며, 림프절의 일차 및 이차소절과 같이 B세포가 풍부한 부위에서는 분지형성이 감소하고 드물게 존재한다(그림 8-14).

소절가지돌기세포 Nodular Dendritic Cells

소절가지돌기세포(nodular dendritic cell, NDC)는 림프조직의 B세포 영역 내에 위치하는 특수 버팀질세포이다. 이름과 달리, 가지돌기세포와 관련이 없으며 골수에서 유래하지 않는다. 다른 가지돌기세포와 달리 소절가지돌기세포는 항원을 감싸 복합체의 형태로 장시간 유지할 수 있으며, 그래서 처리 안 된 항원을 제시한다. 소절가지돌기세포는 깍지가지돌기세포에서 관찰되는 MHC II 표면분자가 없다.

2) 가슴샘과 배설강주머니 상피세포

Thymic and Bursal Epithelial Cells

가슴샘(thymus)과 **배설강주머니(cloacal bursa)**에서는 별모양 상피그물세포(epithelial reticular cell)가 그물을 형성하고, 분화 중인 림프구와 큰포식세포를 지지한다(가슴샘 그림 8-4을 참조). 섬유모세포그물세포와 달리 가슴샘 상피그물세포는 그물섬유를 만들지 않는다(그림 8-14).

3) 내피세포와 굴내피세포

Endothelial Cells and Sinus-Lining Cells

림프관내피세포(lymphatic endothelial cell)는 림프절의 가지진 굴(sinus) 구조를 따라 늘어서 있으며, 림프절로 들어오고 나가는 들림프관과 날림프관으로 이어져 하나의 연속된 장벽을 이룬다. 림프절의 피막 쪽을 향한 내피세포는 굴천장 림프관내피세포(ceiling lymphatic endothelial cell), 림프구가 있는 림프질 실질을 덮고 있는 내피세포는 굴바닥 림프관내피세포(floor lymphatic endothelial cell)라고 한다. 굴 림프관내피세포(sinusoidal lymphatic endothelial cell)는 림프속에 있는 다양한 물질을 선별하고, 피막밑 바닥을 통해 세포들이 드나드는 과정을 조절하는 역할을 한다.

제2절 림프조직·기관을 형성하기 위한 세포 조직화

Organization of Cells to Form Lymphatic Tissues and Organs

태아가 발생하면서, 면역계통은 두 가지 주요 형태의 조직으로 분화된다. 즉 퍼진림프조직(diffuse lymphatic tissue)과 조직화된 림프조직(organized lymphatic tissue)이다. 퍼진림프조직은 창자(gut), 호흡기도, 비뇨생식계통(urogenital system), 그리고 피부나 림프기관의 소절바깥부위(extranodular area)의 성긴결합조직에 흩어져 있다. 장기림프조직은 가슴샘, 림프절이나 지라와 같은 피막으로 덮인 기관과 점막연관림프조직(mucosa-associated lymphatic tissue, MALT)의 소절집합체(nodular aggregate)가 포함된다.

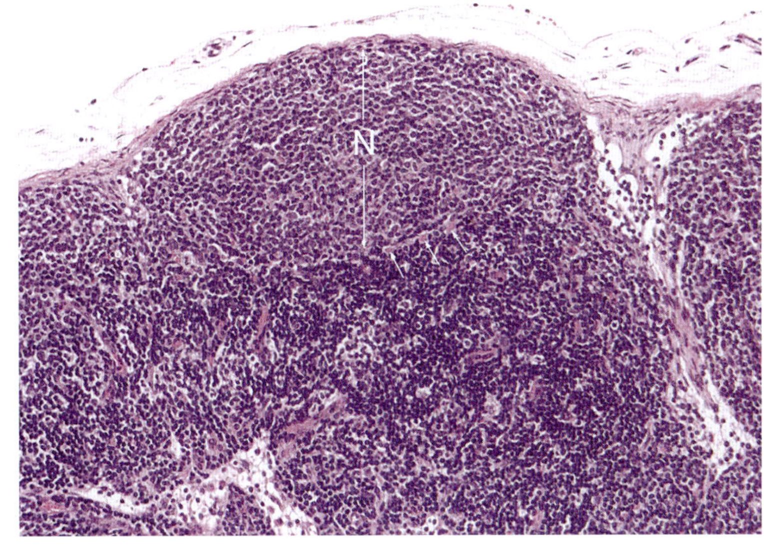

그림 8-1 • 임신 140일령 면양 태아 림프절. 바깥겉질에 있는 일차림프소절(N)은 크기가 작거나 중간 크기의 림프구와 일부 소절가지돌기세포(nodular dendritic cell)를 포함한다. 일차소절의 바깥경계를 이루는 모세혈관그물(화살표)이 있음을 주목하시오. H&E.

1. 퍼진림프조직 Diffuse Lymphatic Tissue

퍼진림프조직(diffuse lymphatic tissue)은 일정하지 않은 수의 작은 림프구를 포함하는데, (주로 유사분열에서 관찰되는) 림프구모세포(lymphoblast)나 큰포식세포와 뒤섞인 상태이다. 퍼진림프조직의 버팀질은 그물세포, 가지돌기세포, 결합조직의 삼차원적 그물(network)로 구성된다.

2. 조직화된 림프조직 Organized Lymphatic Tissue

조직화된 림프조직(organized lymphatic tissue)은 B세포가 모여 일차 및 이차소절(primary and secondary nodule)을 형성한 구조로 구성되어 있다.

1) 일차림프소절 Primary Lymphatic Nodules

일차림프소절(primary lymphatic nodule)은 결합조직과 미성숙 소절가지돌기세포의 버팀질그물(stromal network)로 구성된다(그림 8-1). 작게 뭉쳐진 림프구와 일부 중간 크기의 림프구는 버팀질그물에 퍼져있는데 이들은 재순환하는 미접촉B세포(naive B cell)에 해당한다. 일차소절에는 종자중심(germinal center)이 없다.

2) 이차림프소절 Secondary Lymphatic Nodules

이차림프소절(secondary lymphatic nodule)은 소절 내부에 밝게 염색되는 종자중심이 있는 것이 특징이다(그림 8-2). 종자중심은 일차소절에 큰 퍼진염색질림프구모세포(euchromatic lymphoblast)와 가염성소체큰포식세포(tingible body macrophage)가 축적되면서 형성되기 시작한다. 분화된 소절가지돌기세포가 이차소절의 버팀질을 형성한다. 완성된 종자중심은 가운데 밝은구역(light zone)과 주위의 어두운구역(dark zone)으로 이루어진다. 소절가지돌기세포는 종자중심의 밝은구역에 위치하고, 밝은구역은 밝게 염색되는 퍼진염색질의 세포핵을 가진 B림프구로 채워진다. 밝은구역의 주위를 따라서 작은 뭉친염색질림프구(heterochromatic lymphocyte)의 얇은 층이 있는데 종종 종자중심의 꼭대기너머로 모자(외투, cap, corona, mantle)를 이루기도 한다. 어두운구역은 활발히 유사분열 과정에 참여하고 있는 B림프구모세포로 구성된다. 종자중심은 일반적으로 림프절의 피막밑굴(subcapsular sinus)이나 점막소절(mucosal nodule)의 표면상피 혹은 지라의 가장자리구역(marginal zone)으로부터 밝은구역이 가장 가깝고 어두운구역이 가장 멀게 배열되어 있다. 면역반응의 후기에 세포활성이 떨어지면 종자중심은 퇴화한다.

종자중심 반응 Germinal Center Reaction

활성화된 B세포는 림프소설내 T세포-B세포 경계 부위로 이동하여 항원을 도움T세포에 제시하고, 공동자극을 받는다. 선택된 B세포는 소절 중심부로 이동하여, 어두운구역에서 증식과 체세포 과돌연변이를 시작한다. 이후 B세포는 밝은구역으로 이동하여, 소절가지돌기세포의 항원유래선택에 의해 다시 어두운구역으로 들어가 소절내 도움T세포의 지원을 받아 추가적인 증식과 체세포 과돌연변이를 수행한 후, 기억B세포(memoty B cell) 또는 형질세포(plasma cell)로 분화하여 종자중심에서 빠져나간다. 반면, 생존 신호를 받지 못한 B세포는 세포자멸사(apoptosis)를 통해 제거된다.

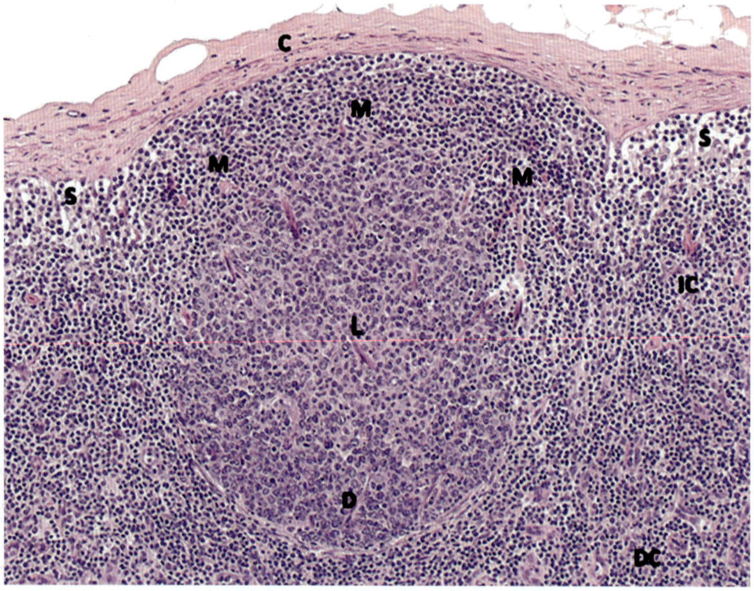

그림 8-2 • 산양 림프절. 종자중심이 있는 이차림프소절. 어두운구역(dark zone, D), 밝은구역(light zone, L), 모자(외투, corona, mantle, M), 피막(C), 피막밑굴(S), 소절사이겉질(internodular cortex, IC), 깊은 겉질(deep cortex, DC). H&E. (×150).

제3절 일차림프기관
Primary Lymphatic Organs

태아의 발생과정에서 T림프구와 B림프구의 고유한 정체성(identity)은 **일차림프기관(primary lymphatic organ)**에서 처음으로 확립된다. 일차림프기관은 골수(bone marrow, 포유동물), 돌창자 파이어반(ileal Peyer's patch, 면양과 소), 배설강주머니(cloacal bursa, 조류), 가슴샘(포유동물과 조류)을 포함한다. 이들 기관의 줄기세포는 순환하는 항원과 이물질로부터 격리되어 세포분화와 발생에 적합한 특수한 환경 속에 있게 된다('T림프구 발달' 참조). 강렬한 세포증식은 항원수용체를 담당하는 유전자의 무작위적 재배열(rearrangement)이 일어나고 다른 세포와의 상호작용을 용이하게 하고 효과기 기능(effector function)을 부여하는 보조 분자(accessory molecule)의 발현을 동반한다. 일차림프기관을 떠나는 림프구가 아직 항원에 노출되지 않았기 때문에 이들을 미접촉세포(naive cell, virgin cell)라고 부른다. 새로 만들어진 림프구는 90% 이상이 검사를 거쳐 제거되는데 이들은 대체로 생체 자체의 분자와 반응하여(자가반응, autoreactivity) 부적절하다고 확인된 세포이다. 이러한 림프구는 주위 조직에 대한 자극을 최소화하면서 선택된 세포를 재빨리 분해하는 유전자경로(genetic pathway)의 활성화를 포함하는 기전인에 의해서 제거된다.

세포의 대부분이 제거되기는 하지만 일차림프기관은 비자기항원특이성의 다양한 레퍼토리를 가진 많은 수의 B세포와 T세포를 생산한다. 유리된 세포는 생체 전반에 걸쳐 항원과 만나게 될 이차림프조직(예, MALT)이나 이차림프기관(예, 림프절) 또는 퍼진림프조직에 분포하게 되고 이곳에서 림프구는 항원과 만나 면역반응을 시작하게 된다.

1. 골수 Bone Marrow

골수(bone marrow)의 구조와 주요 조혈 기능에 대한 내용은 6장에서 기술하였다. 포유동물의 경우 골수는 B와 T 전구세포(precursor)를 포함하는 만능분화줄기세포(pluripotent stem cell)의 공급원이 되고, B세포 분화가 일어나는 곳이다. B세포는 뼈층의 뼈속막(endosteum)에 인접해 있으며, 조혈공간(hematopoietic space)의 중심에 위치한 정맥굴(venus sinus) 쪽으로 이동하면서 분화와 선별을 거치게 된다. B세포는 골수의 버팀질 그물세포, 큰포식세포와 밀접한 연관을 맺고 성숙한다.

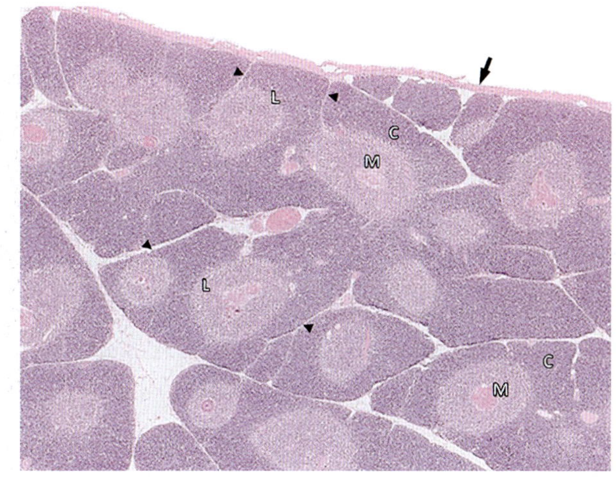

그림 8-3 • 고양이 가슴샘. 가슴샘소엽(L)은 밝은속질(M)이 어두운 겉질(C)에 둘러싸여 있으며, 얇은 결합조직사이막(화살표머리)에 의해 부분적으로 분리된다. 화살표는 피막(capsule)을 나타낸다. H&E. (×20).

2. 가슴샘 Thymus

가슴샘(thymus)은 셋째인두주머니(third pharyngeal pouch) 상피(내배엽, endoderm)로부터 속이 꽉 찬 조직으로 성장함(solid outgrowth)에 의해 유래한다. 이들 상피세포가 퍼지면서 가슴샘 상피그물(thymic epithelial reticulum)을 형성하고, 이를 둘러싼 중간엽에서 혈관이 침투한다. 림프구 선조세포(progenitor)는 개체발생 초기부터 골수에서 가슴샘으로 이동하는데, 아마도 가슴샘원기(thymic anlage)에서 만들어지는 화학주성 신호(chemotactic signal)와 연관되어 있다고 본다. 림프구 선조세포는 사이질조직으로 침입하여 상피세포 사이의 공간을 채우게 된다. 따라서 가슴샘을 '림프상피성 기관(lymphoepithelial organ)'이라 한다.

가슴샘은 왼엽과 오른엽으로 구성되며, 각 엽은 결합조직 피막으로 둘러싸여 있으며 여기에 연속되는 얇은 사이막은 각 엽을 부분적으로 분리된 소엽(lobule)으로 나눈다. 각 소엽중심의 속질(medulla)은 엽(lobe)의 중심 줄기에서 갈라져 나온 조직으로 겉질(cortex)에 의해 둘러싸여 있다(그림 8-3).

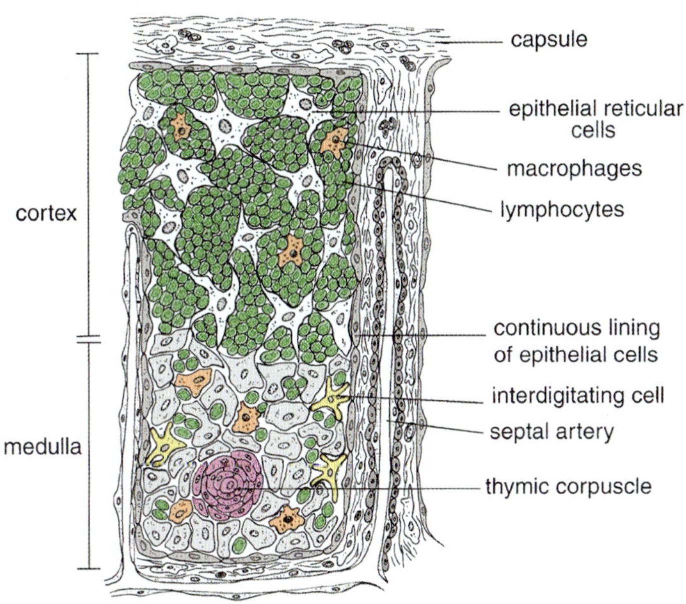

그림 8-4 • 가슴샘소엽 부분 도해. 소엽은 겉질과 속질로 구성되며, 납작한 상피세포로 둘러싸여 있다. 겉질 상피그물에는 세포분열과 분화를 거치고 있는 림프구가 빽빽하게 침윤되어 있다. 속질 상피세포는 가슴샘소체라고 하는 동심원 배열을 이루기도 한다. 혈관은 피막과 얇은 결합조직사이막을 통해서 겉질속질경계까지 도달한다.

1) 겉질 Cortex

가슴샘겉질(thymic cortex)은 주로 상피그물과 림프구로 구성된다(그림 8-4). 별모양 **상피그물세포(stellate thymic epithelial cells, TECs)**는 크고 옅은 타원형 핵과 많은 중간잔섬유가 섞인 긴 분지하는 세포질돌기(cytoplasmic process)를 가진다. 세포소기관은 뚜렷이 드러나지 않는다. 인접한 상피그물세포는 서로 부착반점(desmosome)으로 연결되어 있어서 세포버팀질그물(cellular stromal network)을 이룬다. 소엽주위부위와 혈관주위공간에 걸쳐 한 층의 길고 납작한 상피세포가 연속하고 있다. 림프구모세포(lymphoblast)와 중간림프구(medium-sized lymphocyte)는 주위상피그물의 그물구조(mesh)에 집중적으로 분포하며 세포분열이 계속되면서 깊은겉질(deep cortex)에서 작은림프구로 분화된다. 가염성소체큰포식세포(tingible body macrophage)는 죽은 T림프구를 포식 제거하며 종종 림프구 잔류를 포함하며, 특히 속질 근처에서 잘 나타난다. 가슴샘겉질은 속질보다 훨씬 많은 림프구를 가지고 있기 때문에 더 어둡게 염색된다(그림 8-5).

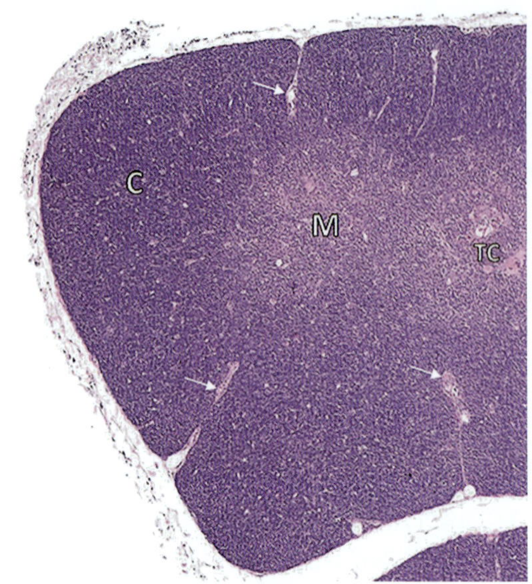

그림 8-5 • 면양 가슴샘. 어두운겉질(C)은 밝은속질(M)과 뚜렷이 구분되며, 속질에서는 큰 가슴샘소체(TC)를 쉽게 확인할 수 있다. 혈관은 얇은 결합조직사이막(화살표)에서 관찰된다. H&E.

2) 속질 Medulla

속질(medulla)에 나타나는 많은 상피그물세포 구조는 겉질의 것과 유사하다. 그러나 그 외의 상피그물세포는 훨씬더 크며 상피의 특성이 더 뚜렷하다. 이 큰 세포에서는 겉질상피그물세포(cortical epithelial reticular cell)에 비해 더 많은 사립체와 광범위한 과립세포질그물, 잘 발달된 골지복합체, 과립을 관찰할 수 있다.

일부 속질상피그물세포(medullary epithelial reticular cell)는 **가슴샘소체(thymic corpuscle, Hassall's corpuscle)**를 형성한다(그림 8-6). 가슴샘소체는 하나 혹은 여러 개의 석회화 또는 변성된 큰 중심세포로 구성되며, 그 주위를 편평하고 각질화된 세포가 동심원을 이루며 둘러싸고 있다. 이 세포는 부착반점으로 연결되어 있고 중간잔섬유 다발을 포함한다. 가슴샘소체는 단순히 퇴행성 구조물만이 아니며, 조절T세포(regulatory T cell)의 발달에 관여할 가능성이 있다는 증거도 있다.

또한, 속질에는 이차림프기관의 가슴샘의존층(T-cell area)에서 나타나는 세포와 유사한 깍지가지돌기세포(interdigitating dendritic cell)가 분포한다. 상피그물망(epithelial reticular network)의 그물구조(mesh)속 세포에는 작은림프구가 현저하게 나타나고 약간의 큰포식세포가 함께 관찰된다.

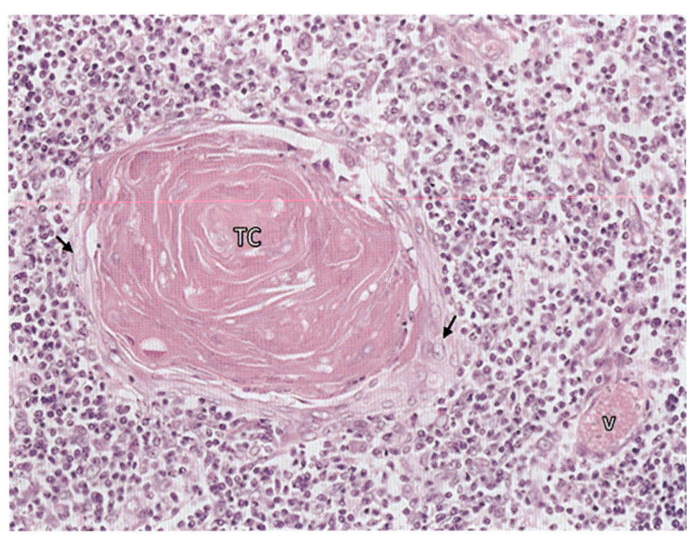

그림 8-6 • 고양이 가슴샘. 가슴샘소체. 큰 가슴소체(TC)에서 동심원층의 세포배열과 비대해진 가슴샘상피세포(화살표) 주목하시오. 혈관(v). H&E.

T림프구 발달 T Lymphocyte Development

가슴샘에서 림프구 전구세포는 T세포로 발달한다. 겉질-속질 경계(corticomedullary junction)에서 유래한 골수 기원의 림프구 전구세포는 성숙한 T세포의 특징인 CD4와 CD8 공동수용체를 모두 발현하지 않기 때문에 이중음성(double negative, DN) 가슴샘세포(thymocyte)라 한다.

이들 DN 가슴샘세포는 피막밑겉질부위(subcapsular cortical region)로 이동하여 증식과 분화를 거쳐 CD4와 CD8 공동수용체를 모두 발현하는 이중양성(double positive, DP) 가슴샘세포가 된다. 이중양성세포는 가슴샘 발달 초기 가슴샘세포의 대부분을 차지하며, 성숙한 T세포수용체(TCR) 복합체가 이 단계에서 형성된다.

성숙한 TCR을 발현한 이중양성 가슴샘세포는 이후 양성선택(positive selection)을 받는다. 이 과정에서 자가 MHC와 결합된 펩타이드를 인식하는 세포만이 생존하며, 이를 인식하지 못하는 세포는 세포자멸사(apoptosis)로 제거된다. 자가 펩타이드 인식 여부는 공동수용체에 의해 결정되며, 이 과정에서 CD4 또는 CD8 중 하나만 발현하는 단일양성(single positive, SP) 가슴샘세포로 분화한다.

단일양성세포는 속질(medulla)로 이동하여 음성선택(negative selection)을 받는다. 여기서 자가 반응성 T세포가 제거되며, 이를 통해 중심 관용(central tolerance)이 확립된다. 속질가슴샘상피세포(medullary thymic epithelial cell, mTEC)의 중요한 기능 중 하나는 조직 특이항원(tissue-restricted antigen)과 핵 내 자가면역조절인자(nuclear autoimmune regulator protein, AIRE)를 광범위하게 발현하는 것으로, 이는 중심관용 형성에 필수적이다. 또한 mTEC는 가지돌기세포(DC)로 항원을 전달하여 음성선택을 위한 또 다른 경로를 제공한다.

음성선택 동안 단일양성 T세포는 mTEC와 가지돌기세포로부터 조직 특이 항원을 제시받아 자가항원에 대한 결합 친화도를 시험받는다. 자가 펩타이드를 강하게 인식하는 세포는 세포자멸사로 제거된다. 발달 중인 T세포의 대부분(90% 이상)은 양성선택 또는 음성선택 과정에서 탈락하여 사멸하거나 가슴샘을 떠나지 못한다. 그럼에도 불구하고, 이 선택 과정을 거쳐 수백만 개의 서로 다른 항원 결정기를 인식할 수 있는 다양한 미접촉(naive) CD4+ 및 CD8+ T세포가 생성된다.

미접촉 CD4+ T세포는 MHC II 분자가 제시하는 항원결합부위를 인식하며, 다양한 병원체에 대한 세포성 면역을 조율하는 T도움효과세포(T-helper effector cell)로 분화한다. 미접촉 CD8+ T세포는 MHC I 분자가 제시하는 항원결합부위를 인식하며, 세포독성T세포(cytotoxic T cell)로 분화한다.

또한 속질에서의 음성선택은 조절T세포(regulatory T cell) 및 비전형적(unconventional) T세포 계통의 형성에도 중요하며, 여기에는 감마-델타(γδ) T세포, NKT 세포, 창자내 상피속림프구(intraepithelial lymphocyte)가 포함된다.

3) 혈관, 림프관, 신경

Blood Vessels, Lymph Vessels and Nerves

가슴샘의 혈액공급은 결합조직사이막(connective tissue septa)을 거쳐 겉질속질경계(corticomedullary junction)의 실질(parenchyma)을 뚫고 침투한 동맥에서 유래한다(그림 8-5). 동맥은 세동맥(arteriole)으로 갈라져 경계를 따라 지나가다가 겉질에서 모세혈관그물(capillary network)을 형성한다. 이 모세혈관은 겉질속질경계나 속질에 있는 모세혈관이후세정맥(postcapillary venule)으로 연결되고 결합조직막에 있는 정맥으로 연결된다. 겉질의 모세혈관은 연속되는 내피세포(endothelium), 혈관주위의 결합조직, 상피그물세포의 돌기로 이루어진 집(sheath)이 특징을 이룬다. 이 층은 함께 **혈액가슴샘장벽(blood-thymus barrier)**을 형성한다. 이 장벽은 겉질조직에서 순환 중인 항원이 접근하는 것을 줄여주는데 이 조직에서 일어나는 항원의 접근은 림프구의 긍정선택을 방해할 수 있다. 겉질속질경계에서 이와 같은 장벽이 없는 경우에는 순환 중인 항원이 림프구의 부정선택 과정에 영향을 미칠 것이다.

성숙한 T세포는 겉질속질경계의 모세혈관이후세정맥 내피세포를 통해서 혈액으로 들어간다. 가슴샘에서 나온 T세포는 퍼진림프조직, 이차림프조직과 이차림프기관의 T세포영역에 자리잡는다.

가슴샘은 특히 어린 동물에서 활동적이지만 성성수 이후에 정상적인 퇴축이 일어난다. 가슴샘퇴축(thymic involution)은 림프구의 점차적인 감소(특히 겉질부위에서부터), 상피그물세포의 비대, 소엽사이결합조직 유래 지방세포의 실질조직으로 침입을 특징으로 한다. 성숙한 동물에서, 가슴샘은 지방조직(adipose tissue)으로 둘러싸여 있는 확장된 상피그물세포(TECs)가 대부분을 차지하는 림프구의 좁은 끈(narrow cord)으로 구성된다.

3. 점막 표면의 일차림프기관

Primary Lymphatic Organs at Mucosal Surfaces

1) 되새김동물의 돌창자 파이어반

Ileal Peyer's patch of ruminants

창자와 관련된 대부분의 장기림프조직은 점막면역(mucosal immunity)과 전신면역(systemic immunity)에 관련된 기능을 가지고 있는 것으로 알려져 있다(아래 창자연관림프조직, GALT 참조). 어린 되새김동물, 돼지, 말, 육식동물에서 홑 큰 무리림프소절(돌창자 파이어반, ileal Peyer's patch)이 빈창자 먼쪽/돌창자에 존재한다. 전면역항원 수용체목록(preimmune antigen-receptor repertoire)의 다양성과 초기 B세포 집단의 확장에 있어서 차지하는 무리림프소절인 돌창자 파이어반(ileal Peyer's patch)의 특정 역할이 최근 면양과 소에서 확인되었다(그림 8-7). **무리림프소절(aggregated lymphatic nodule)**에서의 집중적인 세포분열은 외래항원과는 무관하다. 아래에 기술된 조류 배설강주머니와 비슷하게 림프구를 선별하는 긍정선택과 부정선택 과정이 있는 것으로 보이며, 림프구가 혈액과 림프순환에 유입될 수 있는데 림프구의 적합성을 보장한다. 반면, 토끼와 돼지에서는 일차 항체 다양화가 출생 후에 창자연관림프조직(GALT) 내에서 일어나며, 이 과정은 장내 미생물군에서 유래한 외부 인자에 의존한다. 토끼의 GALT는 작은창자 내 파이어반(peyer's patch), 돌창자막창자 경계에 위치한 둥근주머니(sacculus rotundus), 막창자의 먼쪽 끝에 있는 충수(appendix)로 구성된다.

최초로 면양의 작은창자 먼쪽부위에 있는 홑 큰 림프소절의 집단과 조류 배설강주머니로 이주한 림프구조차도 이미 B세포 계열로 예정되어 있다는 사실을 기억해야 한다. 따라서 엄밀한 의미에서 이러한 기관은 일차림프기관이라고 할 수 없다. 즉, B세포는 발생계열이 정해지지 않은(uncommitted) 선조세포로부터 새로이(de novo) 발생되는 것이 아니다.

가슴샘과 유사하게, 면양과 소의 돌창자 무리림프소절과 조류의 배설강주머니는 생후 일정 시점 이후 퇴축(involution)된다. 반면에, 토끼와 돼지의 GALT는 성체가 된 이후에도 퇴축되지 않으며, 이차림프기관으로 기능한다.

2) 조류 배설강주머니 Cloacal Bursa of Birds

림프구계열을 T세포와 B세포로 나누는 분류법(dichotomy)은 처음으로 조류에서 확립되었다. B세포는 조류의 배설강주

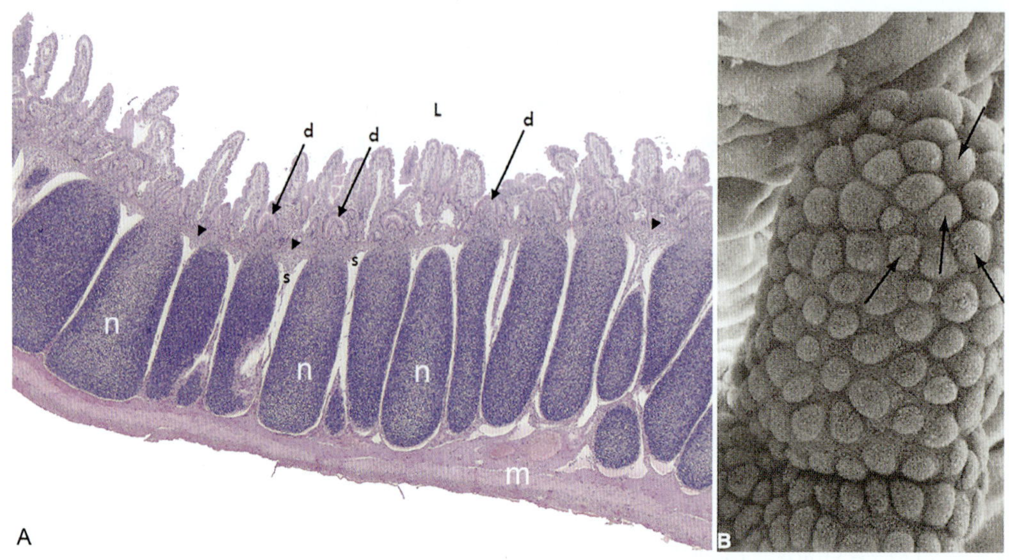

그림 8-7 • 돌창자 파이어반(Peyer's patch). **A.** 어린 산양. 점막밑층은 빽빽하게 나란히 위치하는 많은 큰 림프소절(n)을 포함하고 있으며, 림프굴(s)과 작은 삼각형의 소절사이부위(internodular region, T세포부위, 화살표머리)에 의해 분리된다. 작은 원뿔모양 돔(dome, d)이 점막을 뚫고 나와 창자 속공간(L)에 접하고 있다. 근육층(m). H&E. **B.** 송아지. 소절연관상피(nodule-associated epithelium). 표면주름(화살표)이 있는 변형된 상피세포의 균질한 집단이 돔(dome)을 덮고 있다. 주사전자현미경사진.

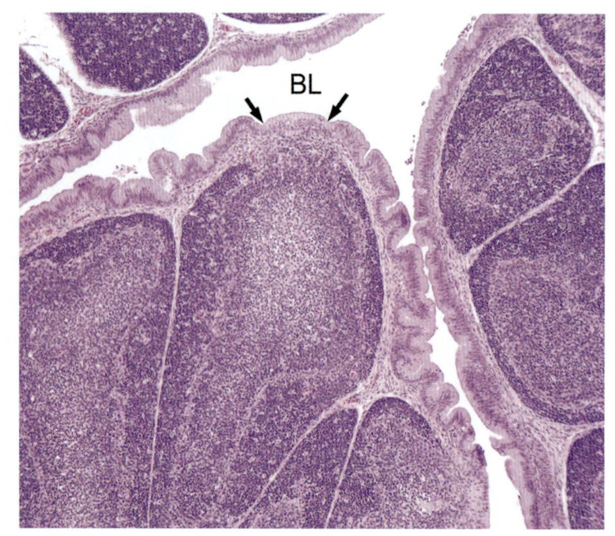

그림 8-8 • 닭 배설강주머니(cloacal bursa of chicken). 변형된 상피(화살표 사이)가 어두운 주위구역과 밝은 중심구역을 포함한 림프소절을 덮고 있다. 배설강주머니속공간(bursal lumen, BL). H&E.

머니와 연관되어 발견되었다. **배설강주머니(cloacal bursa, bursa of Fabricius)**는 배설강의 등쪽에 위치하는 림프기관이다(그림 8-8). 배설강주머니는 B세포 분화와 항체다양성을 생성하는 데 중요한 역할을 한다. B세포계열로 발생할 선조세포는 닭에서 부란 8~15일경에 발생 중인 장기로 이동한다. 림프소절은 부란 12일쯤 배설강주위조직으로 배설강상피가 함입되어 발생한다. 그리고 림프소절과 상피그물세포(epithelial reticular cell)로 된 버팀질을 지닌 세로 주름이 형성되어 배설강 속공간으로 돌출하고 이어서 밝은 중심구역(light central zone)과 어두운 주위구역(dark peripheral zone)이 형성되고 소절내에서 림프구 분화가 시작된다. 단층원주상피 또는 거짓중층상피로 덮여 있는 주름내 소절은 항원을 포함한 거대분자를 배설강 속공간으로부터 소절로 세포통과(transcytosis)할 수 있는 상당한 능력을 가지고 있다.

제4절 이차림프 조직·기관
Secondary Lymphatic Tissues and Organs

이차림프조직과 이차림프기관(secondary lymphatic tissues and organs)은 외부 유기체나 이물질이 침입하는 장소에 전략적으로 위치하며 이들을 감시하고 반응한다. 또한 주위조직으로부터 면역세포나 가용성 매개체를 통해 면역정보를 수집한다. 이차림프조직과 이차림프기관은 해로운 인자에 즉시 방어하는 선천면역반응을 일으키거나, 면역방어를 가동시키는 적응(후천)면역반응을 일으키는 특수한 미세환경이 잘 갖춰져 있다. 이차림프조직과 기관은 이물질에 대한 노출이 엄격히 제한된 일차림프기관과는 달리 미생물 생성물과 염증 매개체에 지속적으로 노출된다는 점에서 뚜렷이 차이가 난다. 병원체와 외부 항원은 침입한 위치로부터 혈액이나 림프를 통해서 독자적으로 혹은 가지돌기세포나 큰포식세포와 결합된 상태로 이차림프조직으로 이동한다. 이차림프조직은 점막 표면과

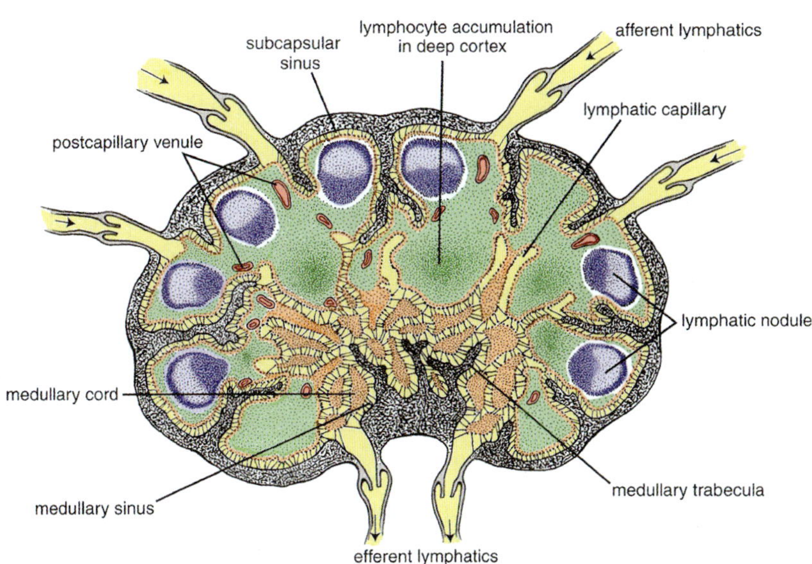

그림 8-9 • 림프절 도해. 림프 흐름 방향은 화살표로 나타내었다. 림프흐름은 들림프관을 통해 피막을 뚫고 들어와 피막밑굴로 들어간다. 날림프관은 배출된 림프를 모아서 림프절문(hium)에서 림프절을 떠난다.

연관되어 있어 점막연관림프조직(mucosa-associated lymphatic tissue, MALT)이라고 하며, 림프절, 지라, 혈액절이 이차림프기관의 예이다.

한편, 만성 염증에 반응하여 비림프조직(non-lymphatic tissue) 내에서 이차림프기관과 유사한 구조가 형성되기도 하는데, 이를 삼차림프조직(tertiary lymphatic structures)이라 한다. 삼차림프조직은 피막(capsule)이 없지만, 기능적으로 T 세포와 B세포 영역으로 구분되는 특징을 가진다.

1. 림프절 Lymph Nodes

광범위하게 분포된 림프관을 따라서 위치하는 **림프절(lymph node)**은 림프가 혈액으로 돌아가기 전에 이물질을 걸러낸다. 림프절은 들림프관(afferent lymph vessel)과 날림프관(efferent lymph vessel), 림프굴(lymph sinus)을 모두 갖춘 유일한 림프기관이다. 이 기관은 약간 함입된 부위인 **림프절문(hilum)**을 갖는데, 이곳으로 혈관과 림프관이 림프절을 출입한다. 실질조직은 림프소절과 퍼진림프조직으로 구성된 겉질과 림프조직이 끈(cord)으로 배열된 속질로 구분된다(그림 8-9).

림프절은 주로 치밀불규칙결합조직으로 구성된 피막으로 둘러싸여 있다. 되새김동물에서는 민무늬근육세포도 관찰된다. 피막으로부터 실질로 연장되는 잔기둥(trabeculae)은 겉질과 속질에 걸쳐 불규칙한 사이막을 형성한다(그림 8-10). 잔기둥은 림프절 전체를 지지할 뿐만 아니라, 그 속에 혈관과 신경이 있으며 굴(sinus)로 둘러싸여 있다. 림프절의 버팀질(stroma)은 그물세포와 그물섬유로 구성된다. 이 그물망(reticular meshwork)이 림프구(lymphocyte), 큰포식세포(macrophage), 형질세포(plasma cell)를 지지한다.

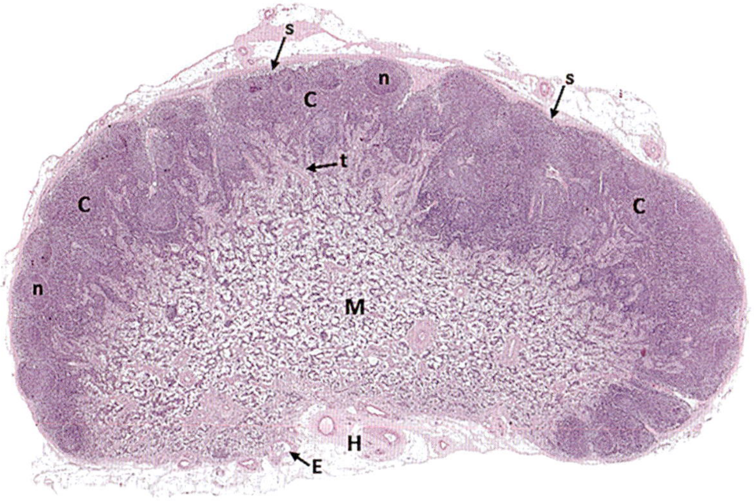

그림 8-10 • 산양 림프절. 림프소절(n)이 있는 어두운겉질(C)이 더 밝은 속질(M)과 인접해 있다. 피막밑굴(s)과 잔기둥굴(t)은 속질의 굴(sinus)과 연속되며, 이 굴은 날림프관(E)으로 비우기 위해 림프절문(H)으로 배출된다. H&E.

1) 림프관과 림프굴 Lymphatic Vessels and Sinuses

들림프관은 피막의 여러 부위로 들어와 **피막밑굴(subcapsular sinus)**로 연결된다(그림 8-9). 들림프관과 날림프관 모두에 판막이 있어서 림프가 한쪽 방향으로 흐르게 한다. **겉질굴(cortical sinus)**은 피막밑굴에서 시작하여 결합조직잔기둥(connective tissue trabeculae)을 따라 가다가 **속질굴(medullary sinus)**로 이어진다. 이 림프굴은 서로 갈라졌다 모였다 하는 그물(network)을 이루다 림프절문으로 모인 다음 날림프관으로 연결된다. 모든 림프는 날림프관을 통해서 림프절을 빠져나간다(그림 8-9).

림프굴은 납작한 림프관내피세포로 벽을 이루고, 이 세포는 피막과 기둥에 인접한 쪽에는 연속적으로 이어져 있으나, 실질과 가까운 부분에서는

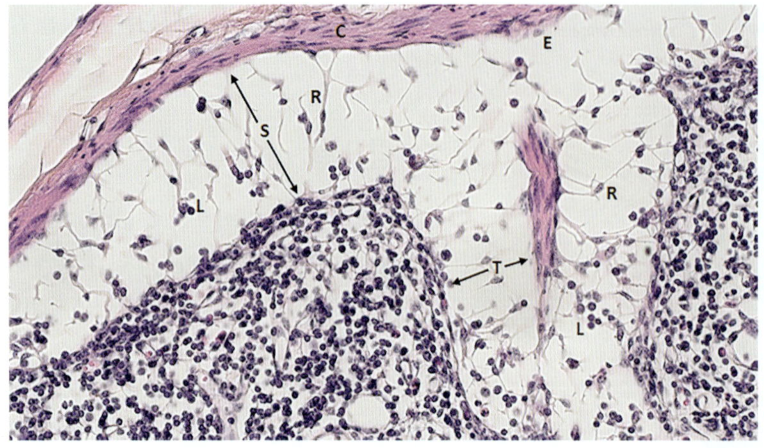

그림 8-11 • 소의 관류 고정한 림프절. 결합조직피막(C) 아래에는 피막밑굴(S)이 있으며, 편평한 림프내피세포(E)로 덮여 있다. 겉질굴(또는 잔기둥굴, T)은 림프절의 바깥 겉질로 들어가는 결합조직잔기둥을 동반한다. 굴에는 섬유모세포그물세포(R)와 림프구(L)가 존재한다. 관류 고정한(perfused during fixation) 림프절은 실질에서 많은 세포가 씻겨 나가고 굴이 확장되었으며, 이는 명확하게 보인다. H&E.

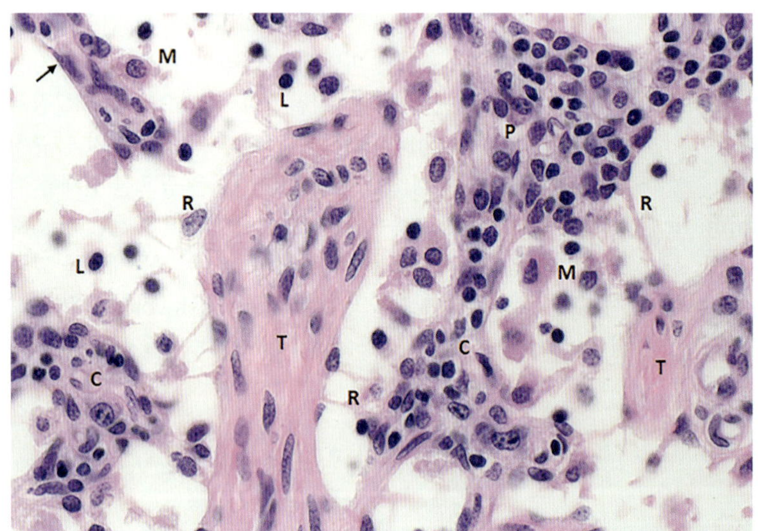

그림 8-12 • 산양 림프절 속질. 납작한 림프내피세포(화살표)가 속질굴을 감싸고 있으며, 여기에는 림프구(L), 큰포식세포(M), 형질세포, 그물세포(R)가 있다. 속질끈(C)은 림프구, 큰포식세포, 형질세포(P)로 구성되어 있다. 잔기둥(T)도 보인다. H&E.

점차 불연속적으로 연결된다. 림프굴 속공간에는 림프굴벽에 부착된 수많은 가는 돌기가 서로 이어진 그물세포의 촘촘한 그물이 가로지른다(그림 8-11). 굴큰포식세포가 이 그물에 많이 붙어 있다. 림프구, 큰포식세포, 가지돌기세포는 버팀질그물속이나 림프굴 속공간에 자유롭게 나타난다. 그물세포는 아마도 림프굴 안에서 림프를 서서히 흐르게 하여 항원에 대한 세포의 작용과 큰포식세포의 포식작용을 촉진시키는 조절판(baffle)의 기능을 수행하는 것으로 생각된다.

2) 겉질 Cortex

대부분 림프절 바깥겉질(outer cortex)은 퍼진 림프조직으로 나눠진 일차림프소절(primary lymphatic nodule)과 이차림프소절(secondary lymphatic nodule)로 구성된다(그림 8-10). 깊은겉질(deep cortex)은 퍼진림프조직으로 이뤄져 있고 림프관으로 모이게 된다(그림 8-10). 깊은겉질에 나타나는 대부분 림프구가 가슴샘에서 유래되기 때문에, 이 부위를 T세포영역(T-cell area) 혹은 가슴샘의존층(thymus-dependent zone)이라 한다. 곁겉질(paracortex)이라는 용어는 깊은겉질 또는 깊은겉질과 겉질 바깥부위(deep and outer regions of cortex)의 모두의 퍼진림프조직에까지 다양하게 적용된다.

3) 속질 Medulla

림프절 **속질(medulla)**은 겉질보다 덜 조직화되어 있다. 림프조직은 겉질의 가슴샘의존층에서 **속질끈(medullary cord)**으로 뻗어 나와 속질 전반에 걸쳐 갈라졌다 합쳐졌다 한다(그림 8-9). 이 속질끈은 림프굴의 그물(network)과 결합조직인 잔기둥(trabeculae)에 의해 나뉘며, 형질세포가 속질끈 버팀질 그물의 대부분을 이루고 여기에 림프구와 큰포식세포를 함께 포함한다(그림 8-12).

4) 혈관과 신경 Blood Vessels and Nerves

주된 동맥은 림프절문을 통해서 림프절로 들어가지만 작은혈관은 피막의 여러 부위로 들어간다. 림프절문으로 들어간 동맥은 여러 개의 가지로 분지되고, 분지된 동맥의 일부는 직접 속질끈으로 들어간다. 다른 분지된 동맥은 잔기둥(trabeculae)으로 들어가 결합조직과 피막에 혈액을 공급한다. 속질끈에 분포하는 혈관은 모세혈관으로 분지되고, 주된 혈관(main vessel)은 겉질로 가서 소절 사이와 소절 속에 모세혈관그물을 만든다. 소절사이혈관은 피막밑굴 아래에서 모세혈관고리를 형성하고, 내부로 연속되어 깊은겉질에서는 대부분 종에서 입방내피세포로 둘러싸인 모세혈관이후세정맥(postcapillary venule)을 형성한다(그림 8-13). 모세혈관이후세정맥은 또한 큰키내피세정맥(high endothelial venule)이라 하며, 속질잔기둥(medullary trabeculae)에 있는 정맥으로 연결되고 더 큰 정맥으로 연속되어 림프절문(hilum)을 빠져나간다.

신경섬유는 피막과 잔기둥에 나타나며, 혈관운동신경은 림프절 전반에 걸쳐 혈관주위그물을 형성한다.

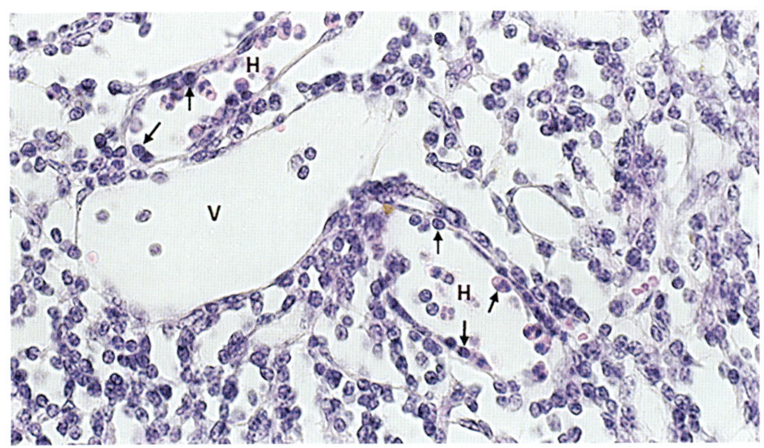

그림 8-13 • 소의 관류 고정한 림프절. 모세혈관이후정맥(H)에 높은 내피세포가 존재하며, 다수의 림프구와 과립백혈구(화살표)가 이동하고 있다. 더 큰 세정맥(V)도 관찰된다. 관류 고정한 림프절은 실질에서 많은 세포가 씻겨 나가고 혈관이 확장되었으며, 이는 명확하게 보인다. H&E.

5) 버팀질그물 Stromal Network

림프절의 림프조직 실질(lymphatic parenchyma)은 주로 3형아교섬유 다발로 구성된 그물섬유(reticular fiber)의 버팀질그물(stromal network)에 의해 지지된다(그림 8-14). 삼차원적인 그물구조의 공간은 림프구와 항원제시세포(antigen-presenting cell)로 채워져 있다. 그물섬유(reticular fiber)는 결합조직 피막과 잔기둥(trabeculae)에서 기원하여, 피막밑굴(subcapsular sinus)과 잔기둥굴(trabecular sinus)을 가로질러 바깥겉질의 퍼진림프조직(diffuse lymphatic tissue)으로 뻗고, 더 깊은겉질(deep cortex)과 속질(medulla)까지 침투한다. 섬유모세포그물세포(fibroblastic reticular cell)는 이 그물섬유를 생성하고, 세포바깥바탕질과 함께 이를 바닥막으로 둘러싸며, 도관계통(conduit system)이라 불리는 상호 연결된 관 구조를 형성한다. 이 계통은 분자체(molecular sieve)처럼 작용한다. 림프절로 들어오는 대부분의 체액은 들림프관과 피막밑굴을 통해 굴계통(sinus system)으로 이동하여 속질로 향하며, 최종적으로 날림프관

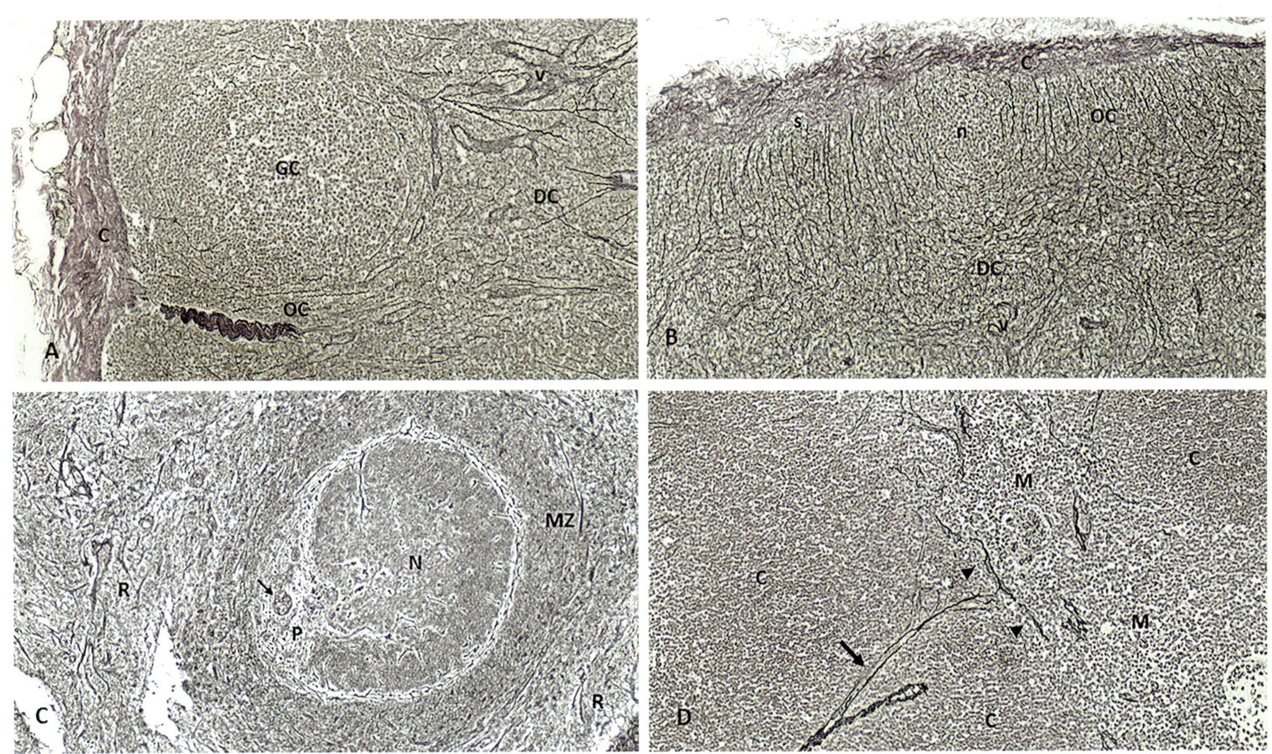

그림 8-14 • 림프조직의 그물섬유그물. Gomori 은염색(Gomori's silver impregnation)은 그물섬유를 검은색으로 염색하며, 핵은 회색, 결합조직은 붉은색으로 염색된다. **A.** 면양 림프절. 바깥겉질(OC)과 깊은겉질(DC)의 소절사이부위(internodular region)에는 검은색 그물섬유의 풍부한 그물(network)이 있다. 이차림프소절의 종자중심(GC)에는 그물섬유가 드물다. 혈관(v)도 보인다. **B.** 면양 림프절. 그물섬유는 결합조직피막(C)에서 시작하여 피막밑굴(s)을 가로질러 바깥겉질(OC)의 소절사이부위로 들어가 깊은겉질(DC)로 이어진다. 작은 림프소절(n)과 혈관(v)이 표시된다. **C.** 산양 지라. 적색속질(R)에는 검은색 그물섬유그물이 있으며, 가장자리구역(MZ)과 지라소절(N)의 종자중심에는 거의 없다. 동맥주위림프집(PALS, P)에는 뚜렷한 그물섬유그물이 존재한다. 중심동맥(화살표)이 표시되어 있다. **D.** 면양 가슴샘. 검은색 그물섬유는 결합조직 사이막(화살표)을 따라 겉질속질경계(화살표머리)로 이동하여, 속질(M)로 분지한다. 가슴샘 겉질(C)에는 그물섬유가 없다. Gomori's silver stain.

을 통해 림프절을 빠져나간다. 굴내피세포(sinus lining cell)는 바닥막을 형성하여, 체액이 림프조직 실질로 직접 유입되는 것을 차단한다. 큰 입자나 분자는 굴큰포식세포(sinus macrophage)에 의해 림프에서 제거된다. 반면, 체액과 더 작은 분자는 그물섬유망의 관을 통해, 굴내피세포 사이를 지나 림프 실질로 스며들 수 있다. 도관계통(conduit system)은 피막밑굴에서부터, 큰키내피세정맥(high endothelial venule, HEV)과 순환 중인 림프구 및 항원제시세포가 분포하는 겉질의 특정 부위까지 작은 항원을 운반하는 역할을 한다.

면역반응 발달 *Immune Response Development*

말초조직의 상태에 대한 정보는 들림프관을 통해 림프절로 전달되는데, 이는 림프로 직접 배출되거나 이동하는 가지돌기세포(DC)에 의한 능동적 운반을 통해 이루어진다. 림프절 내 또는 림프굴 인근에 위치한 큰포식세포와 상주 가지돌기세포(resident DC)는 항원과 염증 매개체를 효율적으로 포획한다. 피막밑굴 근처에 위치한 선천 면역세포와 적응 면역세포들은 초기 염증 반응을 시작하여 병원체의 억제와 제거를 촉진한다. 림프굴에 도달한 단백질과 입자는 물리적으로 분리된다. 더 작은 항원(분자량 70 kDa 미만)과 체액은 림프절의 도관계통으로 들어가 바깥겉질과 깊은겉질(T세포 영역)의 퍼진림프조직 전체에 분포한다. 이 도관은 체액에 포함된 항원, 사이토키인, 케모키인을 혈관으로 안내하여 큰키내피세정맥(high endothelial venule, HEV)을 통해 면역세포의 림프절 내 이동을 촉진한다. 큰 항원과 병원체는 림프굴 내에 머무르며, 국소적 여과구멍을 통한 수동 확산이나 림프관 내피세포의 능동적 세포통과(transcytosis)를 통해 림프절 실질(parenchyma)로 직접 이동할 수 있다. 대부분의 림프절 큰포식세포, 특히 피막밑굴큰포식세포(subcapsular sinus macrophage)와 속질큰포식세포는 림프굴 내에 위치하여 림프를 통해 들어오는 병원체를 신속하게 포획할 수 있도록 한다. 선천성림프구(innate lymphoid cell)에는 NK세포, 감마-델타(γδ) T세포, NKT세포, 선천성 CD8 T세포 등이 포함되며, 이들은 피막밑굴큰포식세포 근처에 위치하여 큰포식세포가 분비하는 염증 신호에 신속히 반응하고 초기 면역반응을 개시하는 데 도움을 준다.

도관계통에서 추출된 외부 항원이나 매개체를 접한 상주 가지돌기세포는 성숙해져 깊은겉질(T세포 영역)로 이동한다. 동시에, 염증 단핵구는 큰키내피세정맥을 통해 혈액에서 림프절로 침투한다. 이 두 세포는 협력하여 초기 T세포 활성화와 작동세포 분화를 시작한다. 항원, 조직손상과 세포사멸로 인한 매개체를 지니고 이주하는 가지돌기세포(DCs)는 T세포 영역과 B세포 영역(소절, nodule) 경계 부위로 이동하여 T세포 분화를 유도한다. 순환하는 미접촉 B세포는 큰키내피세정맥을 통해 림프절로 들어와 항원을 접촉하며, 항원을 지닌 가지돌기세포나 굴큰포식세포와의 상호작용을 통해 겉질의 퍼진림프조직에서 항원을 만나 활성화된다. 활성화된 B세포는 T세포와 상호작용하여 필수적인 신호를 받고 소절 중심부로 이동하여 초기 종자중심(germinal center) 집락을 형성하며 성공적인 종자중심 반응을 유지한다(자세한 설명은 앞서 참조).

6) 종 차이 Species Differences

돼지 림프절(porcine lymph node)은 다른 포유동물의 림프절과는 다르다(그림 8-15). 대부분 림프소절(nodule)이 잔기둥굴(trabecular sinus)을 따라 림프절의 중심부 깊숙이 위치한다. 일반적인 림프절 깊은겉질(deep cortex)과 유사한 영역은 많은 모세혈관이후세정맥과 함께 소절의 무리가 관찰되나,

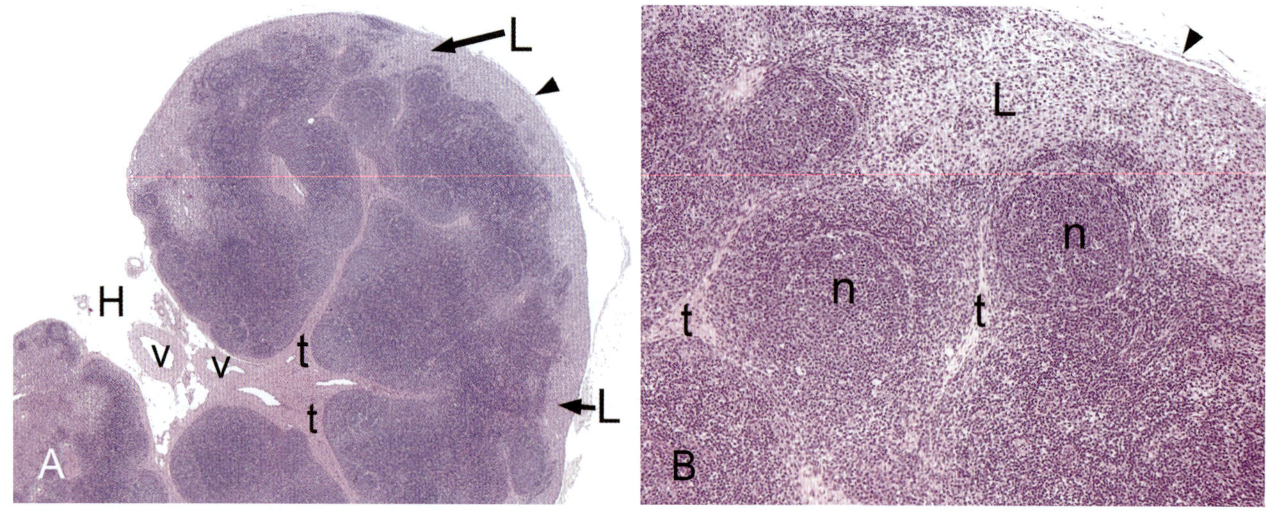

그림 8-15 • 돼지 림프절. **A.** 들림프관(v)은 림프절문(H)에서 림프절로 들어가 잔기둥(t)을 따라 실질 깊숙이 침투하여, 림프소절을 가지고 있는 중심조직에 도달한다. 피막(화살표머리). 성긴주위조직(L). H&E. **B.** 잔기둥(t)을 따라 림프소절(n)이 배열된 고배율 확대 사진. 피막(화살표머리). 성긴주위조직(L). H&E.

림프절 주변부는 큰포식세포와 약간의 형질세포를 함유하는 성긴림프그물조직(loose lymphoreticular tissue)이 주로 차지하고 있다. 들림프관은 하나 이상의 부위에서 피막으로 들어와, 잔기둥을 따라 림프소절이 있는 깊숙한 곳까지 확장되며, 이곳에서 잔기둥굴(trabecular sinus)과 연결된다. 림프는 림프절 주위굴(peripheral sinus)로 가서 여러 개의 날림프관을 통해서 림프절로부터 나간다. 기능적으로, 돼지의 림프절에서도 림프는 다른 동물과 동일하게 흐른다. 그 이유는 림프절로 들어온 림프는 우선 림프소절이 풍부한 영역에 도달하기 때문이다. 그러나 유출되는 림프에서는 다른 동물에 비해 림프구가 적게 관찰되고, 돼지 림프절에서 재순환하는 림프구는 혈액을 통해서 이동한다.

돼지에서 동맥은 들림프관과 함께 림프절로 들어와 정맥은 날림프관과 함께 나간다. 결국 정확한 림프절문(hilum)을 관찰하지 못할 수 있으며, 그 대신 들림프관이 림프절로 들어오는 부위에 미세한 림프절문과 같은 함입(hilumlike indentation)이 분명하게 나타난다. 작은 림프절이 많이 융합하여 하나의 커다란 림프절을 형성하는 경우가 많아 돼지 림프절에서 림프절문 위치를 정확히 찾아내기가 어렵다.

이와 대조적으로, 닭은 포유동물에서 일반적으로 관찰되는 피막으로 둘러싸인 림프절(encapsulated lymph node)을 가지고 있지 않지만, 미발달(흔적) 림프절(rudimentary lymph node)이 있는 것으로 알려져 있다. 깊은 림프관과 관련된 벽림프절(mural lymph node)은 생후 약 6주 이후에 나타나며, 성체에서도 지속된다. 이 림프절은 림프관의 가쪽벽에 묻혀있어 림프의 흐름을 막지 않는다. 벽림프절 내부의 림프굴에는 그물섬유와 큰포식세포가 존재하지 않는다. B세포와 T세포가 존재하는 치밀림프조직(dense lymphatic tissue)에는 종자중심(germinal center)이 존재한다. 벽림프절에는 큰키내피세정맥(high endothelial venule)이 없다. 포유동물과 유사한 '전형적인' 피막 림프절은 오리, 거위, 백조를 포함한 일부 조류 종에서 보고된 바 있다.

2. 지라 Spleen

지라(spleen)는 혈액의 여과와 혈액에서 비롯된 항원에 대한 면역반응에 관련된 주요 이차면역기관이다. 적혈구는 지라의 적색속질(red pulp)에 저장되어 있고 혈소판은 지라끈(splenic cord)에 저장되어 있다.

적혈구 세포막은 나이가 들수록 탄력성이 감소된다. 오래된 적혈구는 지라끈의 좁은 공간이나 정맥굴과 적색속질의 세정맥 내피세포사이틈새(interendothelial slit)를 더 이상 통과하지 못한다. 이때 큰포식세포가 손상적혈구를 순환과정에서 제거한다.

그물세포와 큰포식세포로 가득찬 그물섬유망(reticular fiber network)은 지라의 혈액 여과기능을 더욱 증가시킨다. 적색속질의 거의 모든 부위에서 적혈구의 파편이나 **혈철소(hemosiderin)**라고 하는 철색소로 완전히 가득 찬 큰포식세포를 다수 관찰할 수 있다.

1) 피막과 지지조직 Capsule and Supportive Tissue

지라는 두꺼운 결합조직 피막(capsule)이 둘러싸고 있고 이를 다시 배막(복막, peritoneum)이 싼다. 피막은 불규칙치밀결합조직층과 민무늬근육층의 두 층으로 구성된다. 피막의 두께나 민무늬근육의 분포 정도는 종에 따라 다양하다. 잔기둥(trabeculae)은 아교섬유와 탄력섬유로 구성되며, 민무늬근육세포는 피막과 지라문에서 실질까지 뻗어 있다. 잔기둥에는 동맥, 정맥, 림프관, 신경을 포함한다. 피막, 잔기둥, 그물섬유는 적혈구를 저장하는 적색속질과 림프구가 풍부해 면역반응이 활발한 백색속질로 구성된 지라실질(splenic parenchyma)을 지지한다.

2) 적색속질 Red Pulp

지라실질의 대부분은 **적색속질(red pulp)**인데 실제 그 이름도 그물망(reticular network) 속에 가득 찬 많은 양의 혈액에서 비롯된 것이다(그림 8-14, 8-16). 적색속질은 정맥굴(venous sinus)이나 세정맥(venule)과 **지라끈(splenic cord)**으로 구성된다. 포유동물의 지라에서 적색속질은 모세혈관이후혈관의 종류에 따라 굴지라(sinusal spleen)와 민굴지라(nonsinusal spleen)의 두 가지로 대별된다. 포유동물 중 개가 유일하게 **전형적 정맥굴(typical venous sinus)**이며, 사람과 쥐(랫드)의 지라와 유사하다.

지라굴(splenic sinus)은 넓은 혈관통로로서 세로방향의 가늘고 긴 내피세포로 벽을 이루고 있고, 가쪽벽에 인접한 부위에 수축성 잔섬유가 평행한 띠모양으로 배열되어 있다. 이 잔섬유가 수축될 때 지라굴 벽에 공간 혹은 틈이 생겨 적혈구가 지라끈에서 지라굴 속공간으로 이동하게 된다. 속공간을 둘러싸고 있는 세포는 창바닥판(fenestrated basal lamina)에 부착되며 그물섬유가 지지한다. 이 섬유의 일부는 지라굴의 세로축과 수직방향으로 휘감는 고리구조를 형성하기도 한다. 대부분 포유동물에서는 정맥굴보다는 세정맥이 관찰된다. 이것도 넓은 속공간 안쪽을 얇은 내피세포가 싸는데 이 내피세포에는 그물세포와 그물섬유가 지지하고 있는 불연속바닥판(discontinuous basal lamina)이 있다. 이 세정맥 벽의 내피세포 사이에서는 열린 구멍이 흔하게 나타난다(그림 8-17).

좁은 **지라끈(splenic cord)**은 그물섬유와 함께 배열된 그물세포, 적혈구, 큰포식세포, 림프구, 형질세포, 그 밖에 백혈구 등으로 구성된 방대한 삼차원그물(vast three-dimensional

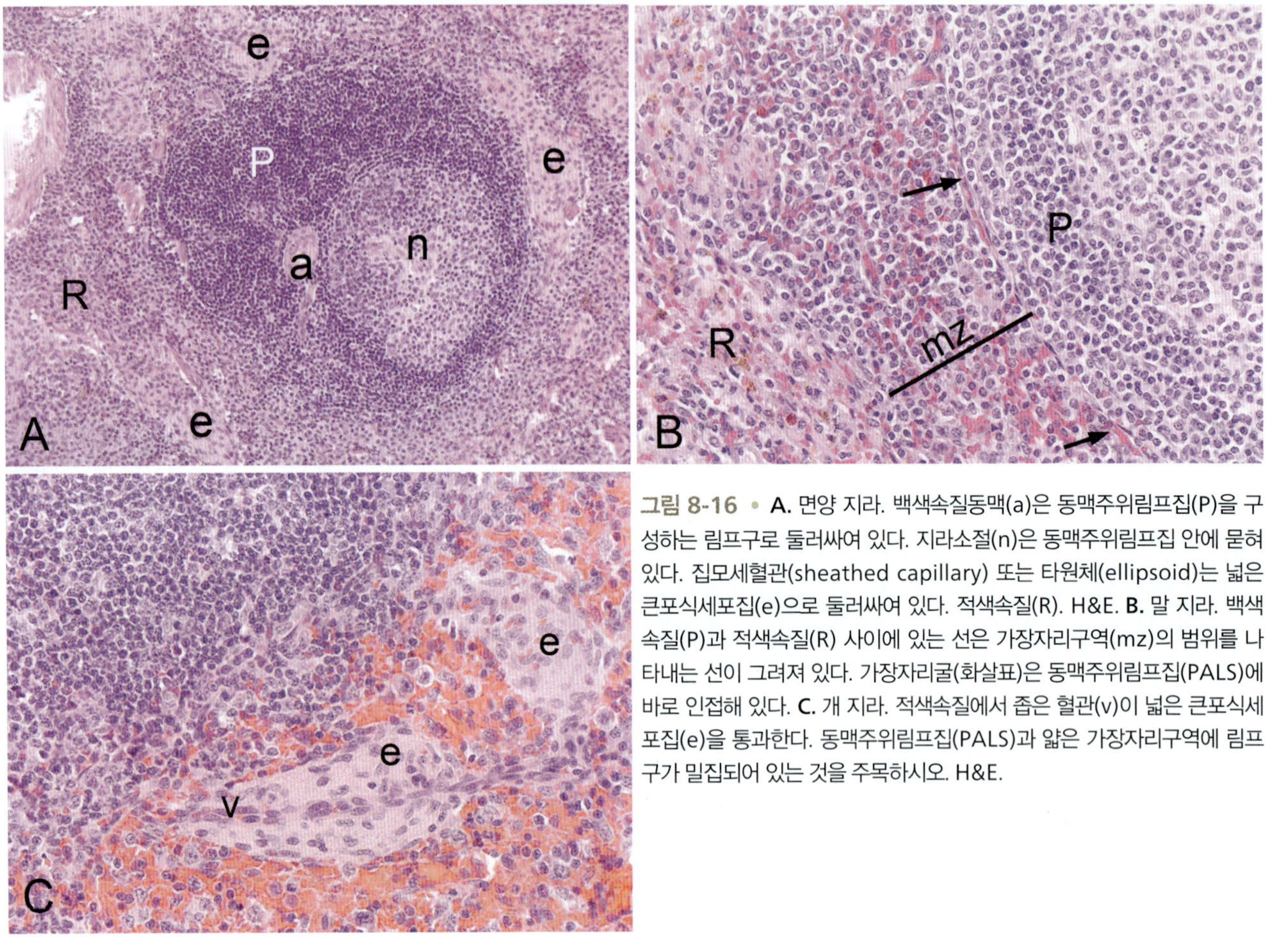

그림 8-16 • **A.** 면양 지라. 백색속질동맥(a)은 동맥주위림프집(P)을 구성하는 림프구로 둘러싸여 있다. 지라소절(n)은 동맥주위림프집 안에 묻혀 있다. 집모세혈관(sheathed capillary) 또는 타원체(ellipsoid)는 넓은 큰포식세포집(e)으로 둘러싸여 있다. 적색속질(R). H&E. **B.** 말 지라. 백색속질(P)과 적색속질(R) 사이에 있는 선은 가장자리구역(mz)의 범위를 나타내는 선이 그려져 있다. 가장자리굴(화살표)은 동맥주위림프집(PALS)에 바로 인접해 있다. **C.** 개 지라. 적색속질에서 좁은 혈관(v)이 넓은 큰포식세포집(e)을 통과한다. 동맥주위림프집(PALS)과 얇은 가장자리구역에 림프구가 밀집되어 있는 것을 주목하시오. H&E.

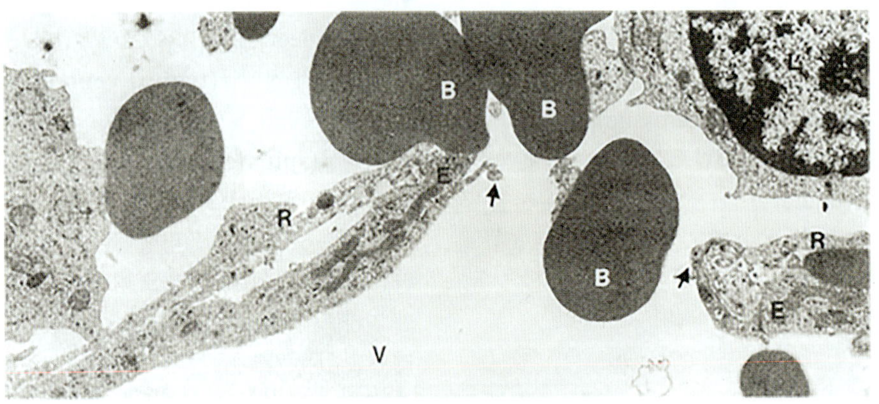

그림 8-17 • 면양 지라. 적혈구(B)가 벽 구멍을 통과하는 세정맥의 전자현미경사진. 속공간(V), 내피세포(E), 그물세포(R), 림프구(L), 화살표는 내피세포 구멍의 가장자리를 가리킨다. (×8,000).

network)을 형성하며 지라굴(sinus) 사이에 위치한다. 그물세포의 막성돌기가 통로모양 구조를 형성하는 경향이 있어서 혈액을 지라굴벽의 내피세포틈새(endothelial slit)로 유도하는 역할을 하기도 한다. 민굴지라(nonsinusal spleen)에서는 지라끈이 굴지라(sinusal spleen)에서 보다 더 넓다. 되새김질 동물과 돼지의 적색속질에는 수많은 민무늬근육세포를 포함하는 반면, 말과 개의 적색속질에서는 근육섬유모세포(myofibroblast)가 관찰된다. 이 근육섬유모세포는 섬유모세포와 유사하지만 액틴근육잔섬유(actin filament)와 치밀소체(dense body)와 같은 민무늬근육세포의 특징을 일부 지닌다.

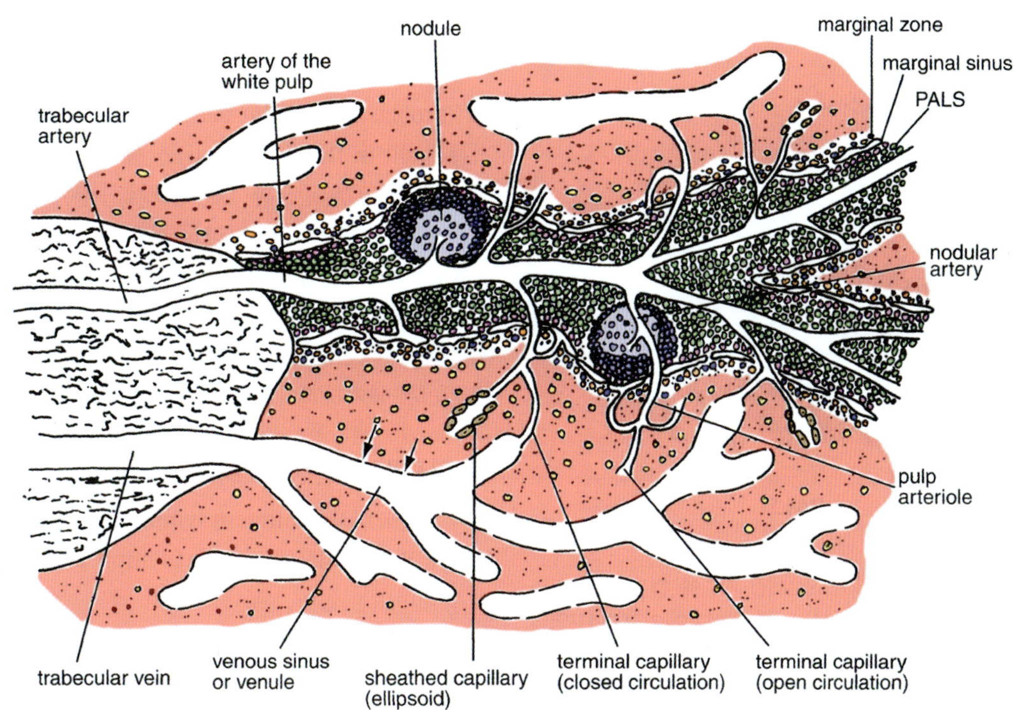

그림 8-18 • 혈관을 중심으로 한 지라실질 도해. 잔기둥동맥(trabecular artery), 림프집(lymphatic sheath)을 가진 백색속질동맥(artery of white pulp), 소절동맥(nodular artery), 붓털세동맥(속질세동맥, penicillar arteriole, pulp arteriole), 집모세혈관(타원체, sheathed capillary, ellipsoid), 그물망으로 비워지는 종말모세혈관(terminal capillary)(열림순환), 정맥굴이나 세정맥으로 비워지는 종말모세혈관(닫힘순환), 정맥굴(sinus)이나 세정맥(venule), 잔기둥정맥(trabecular vein). 화살표는 정맥굴이나 세정맥 벽 구멍(opening)을 나타낸다. 동맥주위림프집(PALS).

3) 백색속질 White Pulp

백색속질(white pulp)은 지라 전체에 걸쳐 분포하는 림프조직으로 림프소절(lymphatic nodule)과 **동맥주위림프집(periarterial lymphatic sheaths, PALS)**이라고 하는 퍼진림프조직(diffusc lymphatic tissue)으로 구성된다(그림 8-16, 8-18). 백색속질의 **지라소절(splenic nodule, nodule of white pulp)**은 B세포층으로 기능적인 상태에 따라 종자중심이 있을 수도 있고 없을 수도 있다. 동맥주위림프집(PALS)은 백색속질의 동맥을 따라 형성되어 있다. T림프구는 동맥주위림프집의 동맥 중간막(tunica media) 근처에서 집중적으로 나타나는 반면, T세포, B세포, 큰포식세포, 가지돌기세포(dendritic cell)는 다양하게 섞여 동맥주위림프집의 주위부위(peripheral region)에서 나타난다. 백색속질 전체에 걸쳐 그물세포와 관련된 그물섬유는 림프절과 같이 림프구, 큰포식세포, 가지돌기세포를 포함하는 삼차원버팀질(three-dimensional stroma)을 형성한다.

4) 가장자리구역 Marginal Zone

가장자리구역(marginal zone)은 백색속질과 적색속질 사이에 놓여있다. 백색속질의 주변부는 주위를 둘러싸고 있는 그물로 경계가 되어 있으며(circumferential reticulum), 그 그물세포가 가장자리구역으로 가지를 뻗고 있다. 가장자리구역은 적색속질에서 지라끈(splenic cord)과 뒤섞여 들어간다(그림 8-16, 8-18). 백색속질에서 뻗어 나온 모세혈관과 적색속질의 일부 종말모세혈관이 가장자리구역 그물망(reticular network)으로 열려 있다. 이들 모세혈관은 **가장자리굴(marginal sinus)**로 연결되며, 일련의 서로 연결되는 통로(series of anastomosing channel)를 만드나, 모든 종에서 같은 모습으로 나타나지는 않는다(그림 8-18). 여기에서 혈액은 서서히 적색속질의 정맥굴이나 세정맥으로 흘러 들어간다. 가장자리구역에는 많은 큰포식세포와 B세포가 있다. 항원과 분자뿐만 아니라 혈액내 모든 구성성분은 이곳에 위치한 국지적으로 큰포식세포, 림프구와 접촉하고 이를 통해 포식작용과 면역반응이 개시된다. 가장자리구역에 갇힌 혈액과 함께 흘러들어온 항원은 가장자리구역 큰포식세포(marginal zone macrophage)에 의해서 재순환 중인 림프구와 가지돌기세포가 풍부한 환경의 동맥주위림프집(PALS)으로 운반된다.

5) 혈관 Blood Vessels

지라를 통한 혈액순환은 중요한 기능적 의미를 갖는데, 특히 항원자극(antigenic stimulation)과 적혈구로부터 헤모글로빈과 철분을 추출하는 측면에서 의미가 있다. 지라동맥

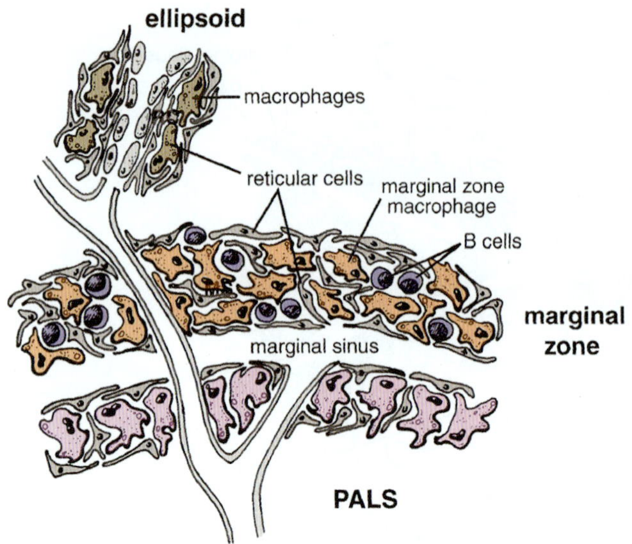

그림 8-19 • 가장자리구역과 타원체(집모세혈관) 도해. 혈관은 동맥주위림프집(PALS)을 떠나 큰포식세포의 가장자리를 통과하여 가장자리구역의 안쪽 경계를 형성하는 가장자리굴로 배출된다. 가장자리구역은 그물세포, B세포, 가장자리구역큰포식세포(marginal zone macrophage)로 구성된다. 일부 혈관은 가장자리구역을 통과하여 그물세포와 큰포식세포로 둘러싸인 적색속질에서 집모세혈관(sheathed capillary)이나 타원체(ellipsoid)로 끝난다.

(splenic artery)의 가지가 림프절문으로 들어가 큰 잔기둥으로 뻗으면서 **잔기둥동맥(trabecular artery)**이 된다. 이 잔기둥을 떠난 동맥을 **백색속질동맥(artery of white pulp)**이라 한다(그림 8-18). 백색속질동맥이 가늘어지면서 동맥주위림프집(PALS)과 가장자리구역은 옅어지고 결국 주위를 둘러싼 그물이 사라진다. 백색속질이 옅어진 가장자리구역을 지나 적색속질까지 뻗쳐 연결통로(bridging channel)를 형성한다. 백색속질동맥의 가지는 소절내의 모세혈관으로 연속되는데 이들은 가장자리구역에서 끝나거나, 적색속질로 들어가 솔같은뭉치(brushlike tuft)인 **붓털동맥(penicillar artery, penicillus)**을 형성한다. 붓털동맥은 적색속질로 들어가 **붓털세동맥(속질세동맥, penicillar arteriole, pulp arteriole)**을 형성한다. 각각의 붓털세동맥은 **집모세혈관(sheathed capillary)** 또는 **타원체(ellipsoid)**라는 독특한 구조로 연속된다(그림 8-19). 이 혈관은 속공간이 협소하고, 내피세포는 투과성 이음(permeable junction)과 불연속바닥판(discontinuous basal lamina)을 갖는 입방형이다. 이 혈관은 그물세포와 그물섬유의 그물에 붙은 큰포식세포집(sheath of macrophage)으로 둘러싸여 있고, 이것을 **모세혈관주위큰포식세포집(pericapillary macrophage sheath, sheath of Schweigger-Seidel)**이라 한다. 집모세혈관은 집으로 둘러싸이지 않은(unsheathed) **종말모세혈관(terminal capillary)**으로 이어진다.

대부분의 종말모세혈관은 적색속질의 섬유모세포그물세포(fibroblastic reticular cell) 사이 공간으로 열려 혈액이 굴벽틈새(slit in the sinus wall)를 통해 정맥 순환으로 들어갈 수 있게 한다("열린순환"). 종말모세혈관은 팽대부(ampulla)를 형성하여 확장되고 지라굴(splenic sinus)이나 세정맥(venule)으로 직접 열려 연속적인 관 구조를 형성할 수 있다("닫힌 순환"). 적색속질 세정맥 내의 혈액은 결국 잔기둥정맥(trabecular vein)으로 배출되고 지라정맥(splenic vein)을 통해 지라를 빠져나간다.

6) 림프관과 신경 Lymph Vessels and Nerves

지라에는 들림프관(afferent lymph vessel)이 없다. 피막과 잔기둥에 있는 날림프관(efferent lymph vessel)은 백색속질에서 유래하며 이들이 일부 림프구가 백색속질을 빠져나가는 출구가 된다. 날림프관은 지라림프절(splenic lymph node)로 모인다.

7) 종 차이 Species Differences

말, 개, 돼지의 지라는 림프소절과 동맥주위림프집(PALS)이 풍부하지만 고양이와 되새김질동물의 지라는 림프조직이 그만큼 풍부하지는 않고 주로 림프소절로 나타나며 동맥주위림프집(PALS)이 짧다.

집모세혈관의 크기와 수는 종에 따라 상당한 차이를 보인다. 돼지와 고양이에서는 모세혈관주위큰포식세포집이 크고 풍부하며, 종종 백색속질 근처에 특히 많다. 모세혈관주위큰포식세포집은 말과 개에서 다른 가축에 비해 작고 되새김질동물의 경우에는 작고 협소하다. 생쥐(마우스), 쥐(래트), 기니피그, 토끼에는 집모세혈관이 없다.

지라에 저장된 적혈구를 재빨리 이동시키는 능력은 서러브레드종 말(thoroughbred horse)이나 그레이하운드종 개에서 운동 후 관찰되는 충전세포용적(적혈구용적률, packed cell volume, PCV, hematocrit)의 급격한 증가에서 알 수 있듯이 종 사이에서 다르고, 같은 종에서도 개체에 따라 다르다. 면양과 같은 다른 포유동물에서는 충전세포용적 변화가 보통이거나 작다.

3. 점막연관림프조직 Mucosa-Associated Lymphatic Tissue

면역계통의 세포는 호흡계통, 소화계통, 비뇨생식계통, 젖샘(mammary gland) 등의 점막 내부 혹은 그와 연관하여 존재하며 이로인해 집합적으로 **점막연관림프조직(mucosa-associated lymphatic tissue, MALT)**이라고 한다. 이 림프조직은 통합된 점막면역계통(integrated mucosal immune system)으로서 역할을 하는데 표면 점막상피세포의 기계적 혹은 화학적 장벽(barrier)을 보완한다. 점막 면역계통의 다양한 조직 구획은, 항원이 점막 표면에 포획되어 미접촉(naive) T세포와 B세포를 자극하는 유도부위(inductive site)이며, 다른 하나는 면역계통의 작동세포가 실제로 방어 기능을 수행하는 작동부위(effector site)이다. 점막 면역계통의 유도 부위는 점막연관림프조직과 그와 연결된 지역 배수 림프절(regional draining lymph node)로 구성되어 있다. 작동부위는 다양한 점막의 고유층(lamina propria), 외분비샘의 버팀질(stroma), 그리고 표면 상피층 등의 조직학적으로 구별되는 부위로 이루어진다. MALT는 림프구가 점막의 작동부위로 이동하는 출발점이 되며, 림프절과 유사한 구조를 갖는 이차림프조직으로, B세포 소절들 사이에 T림프구가 풍부한 퍼진림프조직(T세포 영역)이 존재한다. 이 부위에는 항원제시세포인 가지돌기세포(DC)와 큰포식세포(macrophage)도 포함된다. MALT는 홀림프소절(solitary lymphatic nodule) 형태이거나, 더 큰 무리림프소절(aggregates of lymphatic nodule) 형태로 존재할 수 있다. 림프절과는 달리, MALT는 들림프관(afferent lymphatic)을 가지지 않으며, 각각의 림프소절을 덮는 특수한 상피와 그 아래 솟아오른 상피밑돔영역(subepithelial dome region)을 통해 점막 표면으로부터 외부 항원을 직접 채취한다. 이 상피는 형태학적으로 항원 포획에 특화된 세포인 M세포(M cell)를 포함하고 있으며, 이들은 일반적으로 상피속림프구를 감싼다. 따라서 이 상피는 림프상피(lymphoepithelium) 또는 소절연관상피(nodule-associated epithelium)라고 불린다. 재순환 림프구는 큰키내피세정맥(high endothelial venule, HEV)을 통해 MALT의 B세포영역 사이에 있는 T세포 영역으로 유입된다. 이러한 MALT의 구획화된 조직 구조는 점막 림프구 침윤(focal lymphocytic infiltrate)과는 뚜렷하게 구별된다.

MALT는 해부학적 위치에 따라 세분화되며, 그 구조의 분포와 구성은 종에 따라 다양하게 나타난다. 또한 MALT의 구조는 연령, 조직의 상태, 그리고 외부 항원 자극의 정도 및 기간에 따라 달라질 수 있다. 홑림프소절은 대부분 점막의 상피밑결합조직(subepithelial connective tissue)에서 흔히 관찰된다. MALT의 무리림프소절은 특정 점막 부위에 지속적으로 존재하거나, 위치가 유동적일 수 있으며, 항원 노출에 의해 유도되기도 한다. 구체적으로 확인된 MALT 구조는 다음과 같다: 결막연관림프조직(conjunctiva-associated lymphatic tissue), 눈물관연관림프조직(lacrimal duct-associated lymphatic tissue), 침샘연관림프조직(salivary gland-associated lymphatic tissue), 코인두연관림프조직(nasopharynx-associated lymphatic tissue, NALT), 후두연관림프조직(larynx-associated lymphatic tissue), 기관지연관림프조직(bronchus-associated lymphatic tissue, BALT), 창자연관림프조직(gut-associated lymphatic tissue, GALT). 인두(pharynx)의 무리림프소절(aggregated lymphatic nodule)을 편도(tonsil)라 한다.

1) 편도 Tonsils

편도(tonsil)는 인두로 이어지는 코안, 입안, 그리고 귀관 통로에 위치한 림프조직 집합체이다. 입인두(oropharynx)에는 혀편도(lingual tonsil), 목구멍편도(palatine tonsil), 물렁입천장편도(tonsil of soft palate)의 세 가지 편도가 존재한다. 코인두(nasopharynx)에는 인두편도(pharyngeal tonsil)와 귀관편도(tubal tonsil)가 있다. 이러한 림프조직을 통틀어

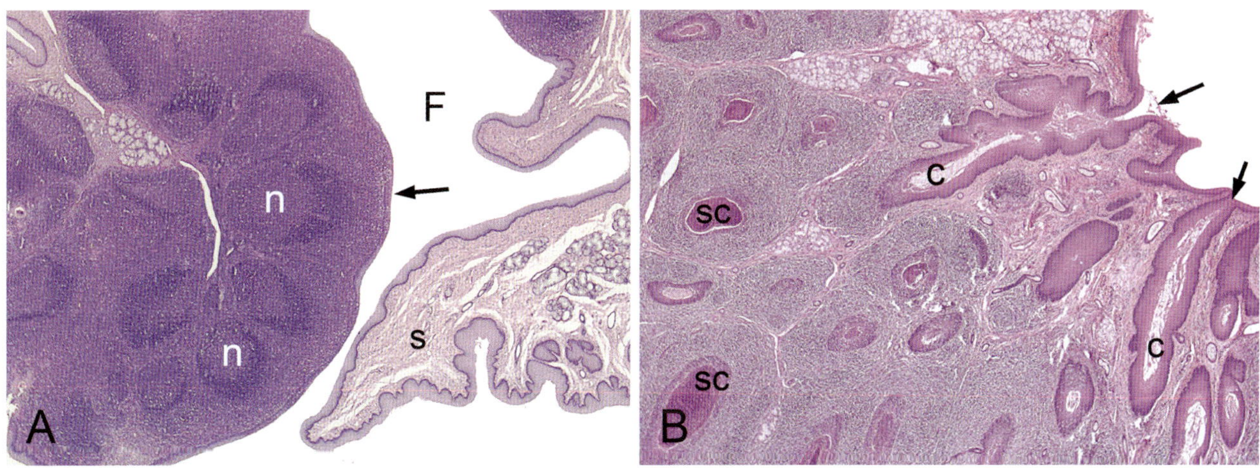

그림 8-20 • 목구멍편도. A. 개. 림프조직은 편도오목(fossa, F)에 묻혀있으며, 반달주름(s)으로 부분적으로 덮여 있다. 매끄러운 편도표면(화살표)은 중층편평상피이며, 많은 림프소절(n) 위에 있다. B. 송아지. 중층편평상피는 함입하여 편도움구멍(tonsillar fossula, 화살표)을 형성하고, 이 편도움구멍은 림프조직으로 둘러싸인 막힌 상피관(epithelial tube)이나 편도움(tonsillar crypt, c)으로 이어진다. 침소체(salivary corpuscle, sc). H&E.

Waldeyer고리(Waldeyer's ring)라고 한다. 편도는 종종 감염원이나 다른 항원과 초기에 만나는 장소이다. 편도세포의 국소적인 항체 생산은 빠른 초기 면역반응과 연이은 일반적인 면역반응에 있어서 중요하다.

편도는 인접한 기관(host organ)의 속공간에 면해 있고, 중층편평상피(입인두)나 거짓중층원주상피(코인두)로 덮여 있다. 편도표면은 비교적 매끈하거나(예, 개와 고양이의 목구멍편도, palatine tonsil)(그림 8-20A), 편도움구멍(tonsillar pit)이라는 깊숙이 침투해 있는 구멍모양의 표면함입(예, 말의 혀편도, 말과 되새김동물의 목구멍편도)을 포함하기도 한다(그림 8-20B). 이 함입(invagination)으로 인하여 주어진 영역 안에서 높은 밀도의 림프조직을 간직하는 것이 가능하다.

상피는 상당한 정도의 림프구, 중성구, 큰포식세포가 흔히 침윤되어 있다. 이러한 침윤은 특히 입인두편도에서 뚜렷하다. 속공간에 도달한 백혈구는 **침소체(salivary corpuscle)**를 이룬다(그림 8-20B). 주위 침샘에서 나온 분비물이 편도움구멍에서 이들을 씻어내지 못하면 미생물과 함께 이 세포가 편도움구멍을 막아 염증을 초래한다.

상피 밑에는 형질세포와 섞인 퍼진림프조직이 림프소절을 둘러싼다. 림프소절에서는 종종 종자중심과 상피세포에 인접한 작은림프구의 종자중심모자(외투, cap, corona, mantle)가 상피와 인접해 있다. 편도는 뚜렷한 결합조직 피막에 의해서 주위 조직으로부터 분리되어 있는데 이로 인해 편도는 적출(enucleation)이 용이하다(예, 개의 인두편도). 편도 속의 혈관은 기본적으로 분포와 특징이 림프절과 유사하다(아래 림프절 참조). 들림프관은 없으나 모세림프관얼기는 편도의 깊은 층에도 있어 편도 피막에 있는 커다란 날림프관으로 흘러 들어간다.

종 차이 *Species differences*

소에서는 편도 조직이 적당량 존재하는 반면, 면양과 산양에서는 Waldeyer 고리의 림프조직이 덜 발달되어 있다. 돼지의 인두 림프조직은 잘 발달되어 있으며, 특히 말에서 더욱 발달되어 있다. 쥐(래트)와 생쥐(마우스)는 편도가 없지만, 잘 발달된 코인두연관림프조직(NALT)은 존재한다. 토끼에는 입천장편도가 있다.

2) 창자연관림프조직 Gut-Associated Lymphatic Tissue

홑림프소절, 무리림프소절, 상피속림프구(intraepithelial lymphocyte), 상피밑림프구(subepithelial lymphocyte), 형질세포, 큰포식세포를 포함하는 **창자연관림프조직(gut-associated lymphatic tissue)**을 약어로 **GALT**라고 한다. 작은창자에서 관찰되는 무리림프소절(aggregated lymphatic nodule), 즉 파이어반(Peyer's patch)은 육안적으로도 점막이 융기한 것을 볼 수 있다(그림 8-7, 8-21). 이 무리림프소절은 되새김동물, 돼지, 말, 육식동물의 돌창자와 빈창자 먼쪽부위에 하나의 큰 무리 형태로 가장 현저하게 관찰된다('되새김동물의 돌창자 파이어반' 참조) 또한, 작은창자에는 다수의 분산된 작은 무리림프소절이 있고, 잘록창자와 곧창자에도 분산된 무리림프소절 혹은 홑림프소절이 있는데, 모두 작은 무리림프소절로 이차림프조직이다. 이들은 음식 단백질과 공생하는 세균에 대한 면역 관용을 유지하는 동시에 병원 미생물에 대한 능동적 면역반응을 유도하는 역할을 한다. GALT의 이차림프조직은 성체에서도 지속되지만, 반면에 GALT의 일차림프조직[primary lymphatic tissue; 예, 면양과 소의 돌창자 파이어반이나 조류의 배설강주머니(cloacal bursa)]은 성적 성숙 시기에 퇴화한다.

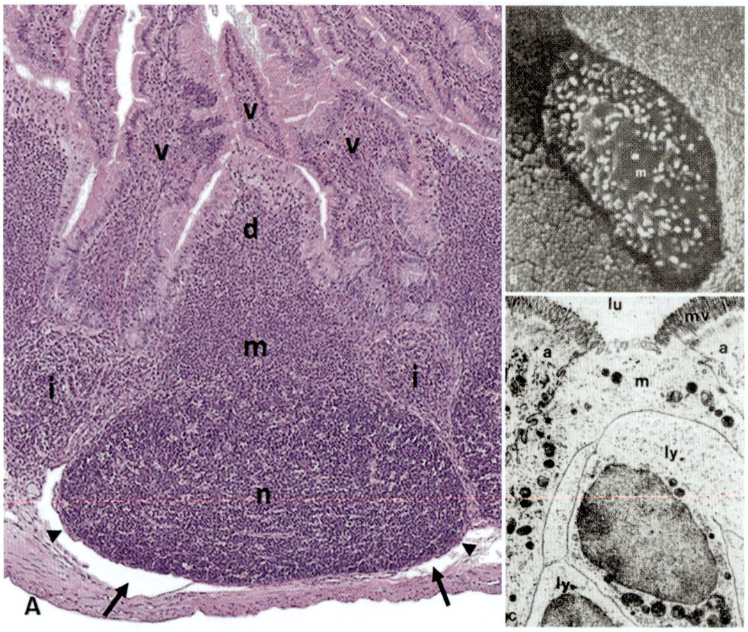

그림 8-21 • **A.** 어린 면양 빈창자 무리림프소절. 큰 주머니모양의 림프소절(n)은 넓은 소절사이부위(T세포부위, i)에 의해 다른 점막밑의 림프소절과 분리되어 있다. 뚜렷한 외투(모자, mantle, corona, m)는 소절과 창자 속공간까지 뻗어 있는 넓은 돔모양부위(d) 사이에 끼여 있다. 창자융모(v), 림프굴(화살표), 소절의 피막(화살표머리). H&E. **B.** 3주령 송아지 빈창자 파이어반(Peyer's patch). 돔 표면의 M세포(M cell)(m)에 짧은 미세주름이 존재한다. 인접한 흡수세포에는 미세융모가 빽빽하게 밀집되어 있다. (×10,000). **C.** 3주령 송아지 빈창자 파이어반. M세포는 두 개의 미세융모(mv)를 가진 흡수세포(a) 사이에 끼어 있으며 림프구(ly)를 감싸고 있다. 속공간(lu). (×7,500).

창자의 무리림프조직(그림 8-22)은 여러 구성요소를 포함하고 있다: ① 유사분열 활성도가 매우 높은 점막밑림프소절(submucosal lymphatic

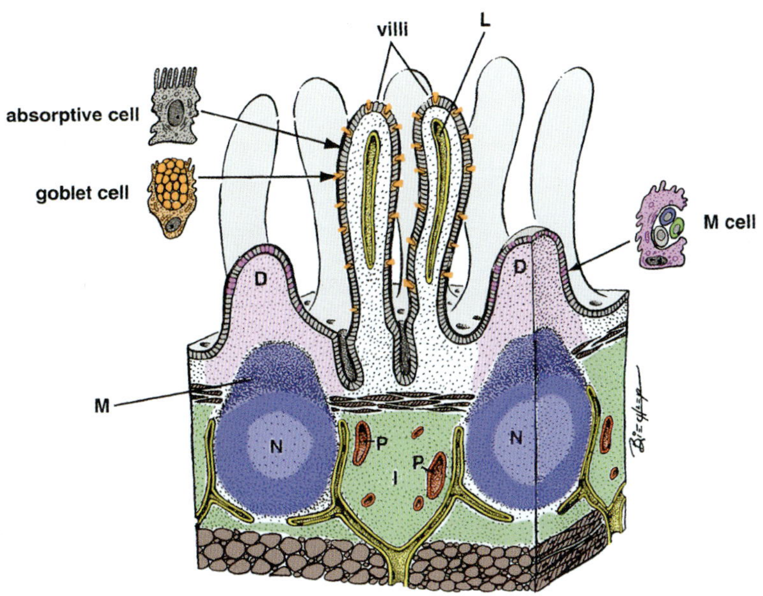

그림 8-22 • 작은창자의 무리림프소절 도해. 점막밑림프소절(N)은 외투(모자, mantle, corona, M)에 의해서 덮여 있으며, 돔(D) 아래에 위치한다. 돔을 덮고 있는 소절연관상피(nodule-associated epithelium)에는 흡수세포 사이에 많은 M세포(M cell)가 있지만 잔세포는 없다. 모세혈관이후세정맥(P)와 T림프구는 융모 고유판과 함께 림프관(L)으로 배출되는 소절사이부위(I)에 존재한다.

nodule) ② 점막밑림프소절 위로 작은림프구가 모여 층을 이룬 모자(외투, cap, corona, mantle), ③ T세포와 림프구 재순환의 통로인 모세혈관이후세정맥이 풍부한 소절사이부위(internodular region), ④ 림프소절 위로 솟아오른 돔부위(dome), ⑤ 소절연관상피(nodule-associated epithelium)가 있다. 돔부위는 일반적으로 작은창자융모(intestinal villi)와 창자움(intestinal crypt) 사이에 있다. 돔을 덮고 있는 소절연관상피세포에는 잔세포가 없으나, 속공간표면(luminal surface)에 수많은 미세주름(microfold)을 가진 **M세포(미세주름세포, M cell, microfold cell)**가 있다(그림 8-21). M세포는 일반적으로 림프구 무리를 둘러싸며 때로는 큰포식세포나 가지돌기세포를 둘러싸기도 한다.

창자의 여러 구간에 따라 창자연관림프조직(GALT)의 국소적인 차이가 존재한다. 빈창자에 존재하는 파이어반(Peyer's patch)은 작은 배 모양의 림프소절과 함께 큰 돔구조와 광범위한 점막밑소절사이영역을 포함한다. 반면, 돌창자에서 관찰되는 파이어반은 긴 타원형 림프소절, 더 작은 돔, 축소된 점막밑소절사이 부위를 가진다.

종 차이 *Species Differences*

소의 큰창자에서 림프소절은 고유층(lamina propria)이나 림프샘복합체의 일부로 존재한다. 이 복합체는 점막표면에서 림프조직 속으로 뻗어 들어가는 하나 이상의 상피 함몰과 함께, 점막밑층에 위치한 하나 이상의 림프소절이 있는 것이 특징이다. 쥐와 생쥐의 GALT 구조는 빈창자 파이어반과 유사하다.

3) 기관지연관림프조직

Bronchus-Associated Lymphatic Tissue

기관지(bronchi)와 세기관지(bronchiole)의 벽에 있는 림프구의 집단을 포함하는 **기관지연관림프조직(bronchus-associated lymphatic tissue)**은 약어로 **BALT**라고 한다. 주로 호흡기도의 분지부위 근처에 존재한다. BALT에는 T세포와 B세포가 세동맥과 기관지상피 사이에 주로 있다. 그러나 이들 세포는 창자의 무리림프소절과 같은 소절을 이루지는 못한 상태이다. 기관지연관림프조직의 발생은 항원의존적이고, 모든 동물에서 구조적인 형태를 가지고 있지는 않다. 기관지연관림프조직은 다양하게 나타나는데, 토끼와 쥐(랫드)에서 100%, 기니피그에서 50%, 돼지에서 33% 정도 관찰되나, 정상적으로는 고양이와 사람의 허파에서는 관찰되지 않는다. 기관지연관림프조직은 면양과 소에서는 잘 발달되지 않는다.

4. 혈액절과 우유반점 Hemal Nodes and 'Milk Spots'

혈액절(hemal node)은 다양한 포유류 종, 특히 되새김질동물, 쥐(랫드), 말, 돼지, 사람에서 기술되어 있다. 되새김질동물에서는 대정맥(vena cava)과 배대동맥(abdominal aorta)을 따라서 허리아래부위에서 주로 관찰된다. 일반적으로 작고 갈색이나 암적색의 장기이지만 그 크기와 수, 조직학적 특징은 다양하게 나타난다. 혈액절은 림프절원기(lymph node primordia)에서 발생되며, 태아시기 동안 모든 림프관이 소실되는 것으로 알려져 있다. 따라서 혈액절은 모든 세포와 항원을 혈액에서 받는다. 혈액절의 기능적인 의미는 혈액유래 항원에 대한 반응과 연관이 있을 수 있으나 명확하지 않다.

혈액절은 혈관이 지나가는 혈액절문을 포함한 얇은 결합조직피막으로 덮여 있으며, 피막 아래에는 피부밑혈액굴과 림프소절이 존재한다. 어린 동물의 경우에는 림프절 깊은겉질(deep cortex)과 같은 위치에서 림프구의 무리가 분명하게 관찰되지만 소절은 거의 나타나지 않는다(그림 8-23). 건강한 성숙동물에서는 혈액절 전체가 적혈구로 꽉 차 있다. 항원자극이 이루어지면 소절이 많이 형성되고 적혈구는 적게 관찰된다. 혈액굴(blood sinus)은 넓고, 큰포식세포나 림프구는 소수만이 관찰된다. 퍼진림프조직에서도 림프구는 비교적 적은 수로 나타나지만 적혈구나 과립백혈구를 포식한 큰포식세포가 많이

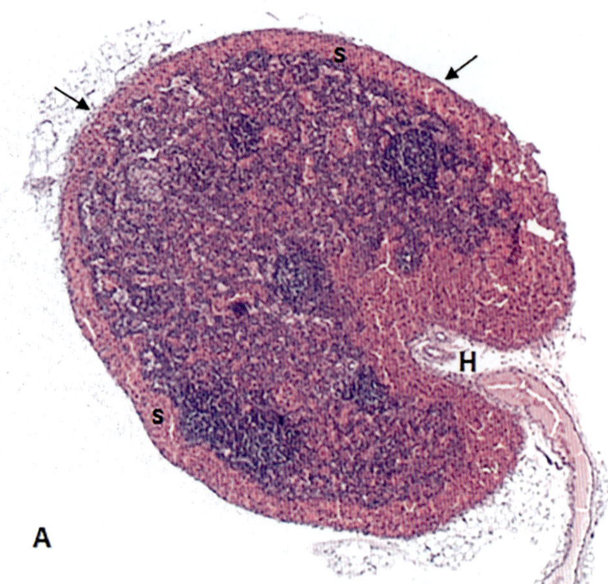

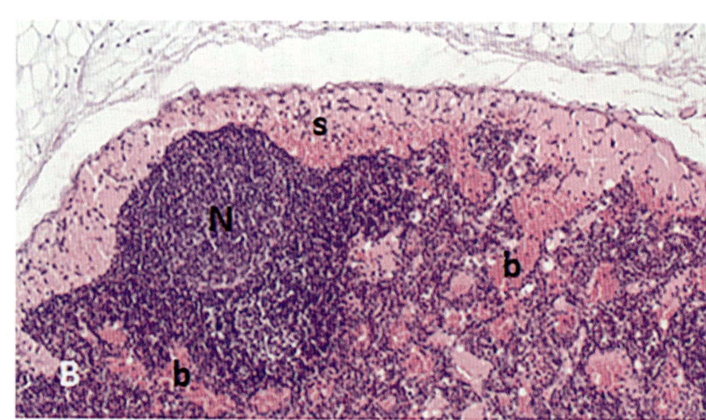

그림 8-23 • 면양 혈액절. **A.** 얇은 결합조직피막(화살표) 아래에 혈액으로 가득 찬 넓은 피막밑굴(s)이 있다. 혈관은 림프절문(H)을 통해 혈액절로 들어오고 나간다. **B.** 림프소절(N)은 피막밑굴(s) 옆에 있다. 퍼진림프조직의 끈(cord)은 혈액굴(b)에 의해 분리된다. H&E.

분포한다. 전형적인 속질은 존재하지 않는다.

혈관공급은 림프절과 유사하나 모든 세정맥은 얇은 내피세포로 에워싸인다. 많은 림프구와 적혈구가 이 내피세포를 통과한다.

소위 **'우유반점(milk spot)'**이라 부르는 것은 림프구와 큰 포식세포가 작게 뭉쳐있는 것으로 그물막(omentum)의 혈관을 따라서 관찰된다.

임상 관련 *Clinical Correlations*

소절증식(follicular hyperplasia)은 반응성 림프증식(reactive lymphatic proliferation) 가운데 가장 흔한 유형으로, 세균, 바이러스 또는 기타 미생물 감염에 대한 반응으로 발생할 수 있다. 이는 B세포구획(B-cell compartment)의 자극으로 인해 림프소절(lymphatic nodule)의 수와 크기가 증가하는 것이 특징이다(그림 8-24A). 림프종(lymphoma)은 개에서 발견되는 가장 흔한 암 유형 중 하나로, 림프구에 영향을 미친다. 림프절에서 흔히 나타나지만 간, 지라, 위창자관과 같은 다른 기관도 침범될 수 있다. '퍼진(diffuse)' 형태에서는 종양성 침윤(neoplastic infiltrate)이 림프절 구조 대부분 또는 전부를 소실시킨다(그림 8-24B).

또한, 복잡한 면역계통과 관련된 질병은 면역결핍증(immunodeficiency), 과민반응(hypersensitivity), 또는 자가면역질환(autoimmune disease)의 형태로 나타날 수 있다. 포식세포(phagocyte)와 관련된 면역결핍 질환(제6장 참조)은 종종 바이러스성으로, 예를 들어 고양이 범백혈구감소증바이러스(feline panleukopenia virus)와 고양이 백혈병바이러스(leukemia virus)가 있다. 과도한 염증반응 역시 단핵구(monocyte), 큰포식세포(macrophage), 중성구(neutrophil)와 같은 면역세포를 포함한다.

종양괴사인자(TNF), IL-1, IL-6와 같은 전염증성 사이토카인(proinflammatory cytokine)이 포식세포에서 생산되면 패혈성 쇼크(septic shock)를 유발할 수 있다. 마찬가지로, 혈액 백혈구와 조직세포(예, 비만세포)는 히스타민(histamine), 류코트리엔(leukotrienes), 호산구화학주성인자(eosinophil chemotactic factor) 등을 생성함으로써 제1형과민반응(type I hypersensitivity reaction)에 참여한다. 제2형과민반응(type II hypersensitivity)은 자가면역반응으로, 항체가 정상세포를 공격하는데, 가장 흔한 표적은 혈액세포이다. 이 자가면역반응의 표적에는 적혈구(용혈빈혈, hemolytic anemia), 백혈구(백혈구감소증, leukopenia), 혈소판(혈소판감소증, thrombocytopenia)이 포함될 수 있다.

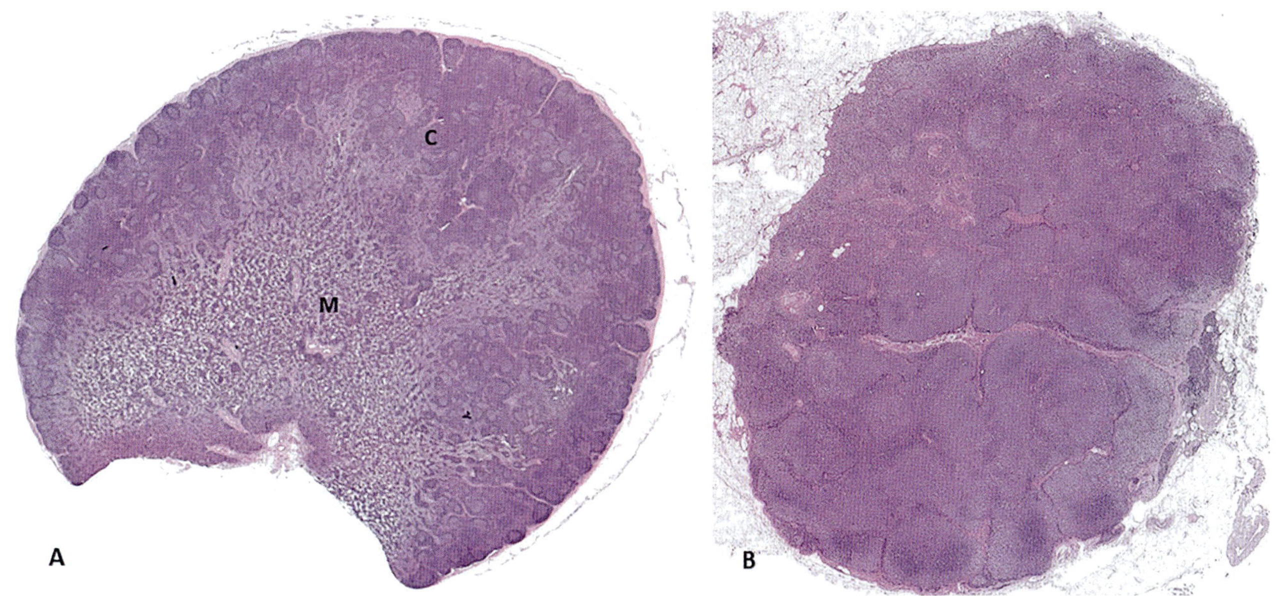

그림 8-24 • A. 소 림프절. 소절증식(follicular hyperplasia). 림프절이 비대해져 있으며, 겉질(C) 전체에 걸쳐 수많은 소절이 존재하고, 이 중 다수는 종자중심을 보인다. 소절이 속질(M)로 확장이 관찰된다. H&E. B. 개 림프절. 림프종(lymphoma). 림프절이 비대해져 있으나, 소절증식과 달리 실질은 림프구모세포로 가득 차 있어 뚜렷한 겉질과 속질을 포함한 림프절의 정상적 구조를 가리고 있다. H&E. (Courtesy of G. Gunnes.)

핵심 정리 *Essentials*

1. **면역계통(immune system)**은 몸의 온전성을 유지하기 위해 작용하는 기관, 무리림프조직, 그리고 세포로 구성된다. 빠른 *선천면역반응(innate immune response)*은 숙주에 대한 광범위한 위협을 인지하고 대응한다. *적응면역반응(adaptive immune response)*은 더 천천히 발달하며 특정 위협에 특이적으로 반응한다.

2. **면역계통 세포(cells of immune system)**: 림프구는 외래 항원을 인식하며, 이는 적응 면역에 필수적이다. B림프구는 항체를 생산하며 체액면역을 담당한다. T림프구는 세포매개면역을 담당한다. 림프조직은 B림프구가 풍부한 조직구획(소절)과 인접한 T림프구가 풍부한 영역으로 구성된다. 포식세포는 유해한 미생물과 물질을 포식 및 파괴함으로써 위협에 대응한다. 일부 포식세포는 항원을 포식, 처리하고 림프구에 제시할 수 있다. 버팀질세포는 림프조직의 구조를 돕고 면역반응을 조절한다.

3. 일차림프기관은 미접촉림프구를 다량 생산하여 다양한 병원체를 인식하는 림프조직에 보내 분포시킨다.

4. **가슴샘(thymus)**은 일차림프기관으로서 T림프구를 생산한다. 그 피막은 사이막이 실질을 주변부 겉질과 중심부 속질을 갖는 소엽으로 나눈다. 가슴샘상피세포와 깍지가지돌기세포는 가슴샘을 떠날 림프구를 선택하는 역할을 한다. 가염성소체큰포식세포(tingible body macrophage)는 생존을 위해 선택되지 않은 세포자멸사 림프구를 제거한다. 가슴샘소체는 가슴샘속질의 특징적 구조이다.

5. **골수(bone marrow)**는 일차림프기관으로 B림프구 생산을 담당한다. 일부 종에서는 면양과 소의 돌창자 파이어반, 조류의 배설강주머니와 같은 창자점막관련조직도 미접촉 B림프구 생산에 기여한다.

6. 이차림프조직은 외래 유기체와 물질을 포획하여 면역방어를 유도할 수 있다.

7. **림프절(lymph node)**은 이차림프기관으로, 들림프관을 통해 림프를 받아 피막을 관통하여 피막밑굴로 림프를 배출한다. 잔기둥은 겉질과 속질을 가로지르며, 이어서 림프굴이 있다. 배출된 림프는 림프절문에 위치한 혈관과 함께 림프절을 빠져나가는 날림프관에 모인다. 바깥겉질에는 종자중심을 포함할 수 있는 B림프구 소절이 존재하며, 깊은겉질과 소절사이조직은 T림프구와 림프구 재순환에 중요한 큰키내피세정맥(high endothelial venule, HEV)이 풍부하다. 속질은 면역세포로 이루어진 속질끈으로 구성되어 있으며, 이들은 굴과 산기둥의 망에 의해 구분된다. 림프질 실질은 섬유모세포그물세포의 망에 의해 지지된다.

8. **지라(spleen)**는 주요 이차림프기관으로서 혈액을 여과

한다. 혈관은 피막(capsule)의 문(hilum)을 통해 들어오고 나가며, 잔기둥(trabeculae)으로 이어진다. 실질은 적색속질(red pulp)과 백색속질(white pulp)로 나뉜다. 적색속질은 적혈구로 가득 찬 정맥굴(venous sinus)과 지라끈으로 구성되어 있고, 백색속질은 동맥을 둘러싼 동맥주위림프집(PALS) 내 주로 T림프구와 B림프구 소절(lymphocyte nodule)로 이루어져 있다. 혈관은 적색속질과 백색속질 사이의 가장자리구역(marginal zone)으로 혈액을 배출하는데, 이 부위는 큰포식세포(macrophage)와 특수화된 B세포가 풍부하다. 다른 혈관은 집모세혈관(타원체, sheathed capillary, ellipsoid)을 통과하여 지라끈으로 혈액을 배출한다.

9. **점막연관림프조직(mucosa-associated lymphatic tissue, MALT)**은 호흡계통, 소화계통, 비뇨생식계통, 젖샘 등의 점막 내 또는 인접한 이차림프조직이다. 이 조직은 들림프관(afferent lymph vessel)이 없으며, 점막 표면에서 직접 항원을 인지한다. 점막연관림프조직(MALT)은 면역관용을 유지하고 병원성 미생물에 대해 능동적인 면역반응을 유도한다.

10. **편도(tonsil)**는 인두(pharynx)에 있는 무리림프조직이다. 편도 표면은 인두 속공간과 인접하거나 깊게 뻗어 들어가는 움(crypt)과 인접해 있을 수 있다. 그물상피에는 림프구가 침윤되기도 한다. 편도는 피막에 의해 주변 조직과 분리된다.

11. 창자연관림프조직(gut-associated lymphatic tissue, GALT)은 작은창자에 있는 무리림프소절인 **파이어반(Peyer's patch)**을 포함한다. 점막밑층의 B세포 소절은 큰키내피세정맥(high endothelial venule, HEV)을 포함하는 소절사이 T세포영역에 의해 구분된다. 이 소절은 돔(dome) 구조로 덮여 있으며, 점막을 가로질러 외래 항원을 점막 표면에서 채취하는 특수 상피인 M세포를 포함한다.

12. **혈액절(hemal node)**은 림프관이 없으며, 혈액만을 여과한다. 혈액절은 되새김동물에서 뚜렷하다.

CHAPTER 09

호흡계통
Respiratory System

호흡계통(respiratory system)의 주요 기능은 생물체와 환경 사이의 호흡가스(산소와 이산화탄소)를 교환하는 것이다. 전도기도(conducting airway)는 허파의 가스교환구역으로 공기를 이동시키는 일련의 기도를 제공한다. 전도기도는 유입(흡입) 공기를 조절하여 보호 기능을 한다. 이 조절에는 공기를 체온으로 가열하고, 상대 습도 100%로 포화시키고, 유해가스와 입자를 걸러내는 것이 포함된다. 전도기도는 또한 호기 시 공기에서 열과 수분을 추출하여 보존한다. 전도기도의 점막 표면을 덮고 있는 점액섬모층(mucociliary blanket)은 흡입된 입자를 가두고, 세포조각과 함께 호흡계통 밖으로 운반하는 역할을 한다. 전도기도는 코눈물관(nasolacrimal duct), 보습코기관(vomeronasal organ), 코곁굴(paranasal recesses and sinuses), 귀관(auditory tube), 말의 귀관곁주머니(guttural pouch, diverticulum of auditory tube)와 같은 다른 구조도 연결되어 있다.

먼쪽의 가장 작은 전도기도는 호흡세기관지(respiratory bronchiole), 꽈리관(alveolar duct), 꽈리주머니(alveolar sac)를 포함하는 가스교환구역에 연결된다. 가스교환은 꽈리(alveoli)에서 발생하며, 허파모세혈관의 혈액과 호흡 공기 사이에는 얇은 혈액공기장벽(blood-air barrier)만 존재한다. 광범위한 허파모세혈관바탕(pulmonary capillary bed)은 심장 오른심실의 모든 배출물을 받아들인다.

제1절 코안, 보습코기관, 코곁굴
Nasal Cavity, Vomeronasal Organ and Paranasal Sinuses

1. 코안 Nasal Cavity

코안(nasal cavity)은 피부부위, 호흡부위(respiratory region), 후각부위로 나뉜다. 코끝(nasal apex)의 피부는 조직의 점진적인 변화를 통해 코안의 뒤쪽(뒤고유코안, caudal nasal cavity proper)의 점막과 연속된다.

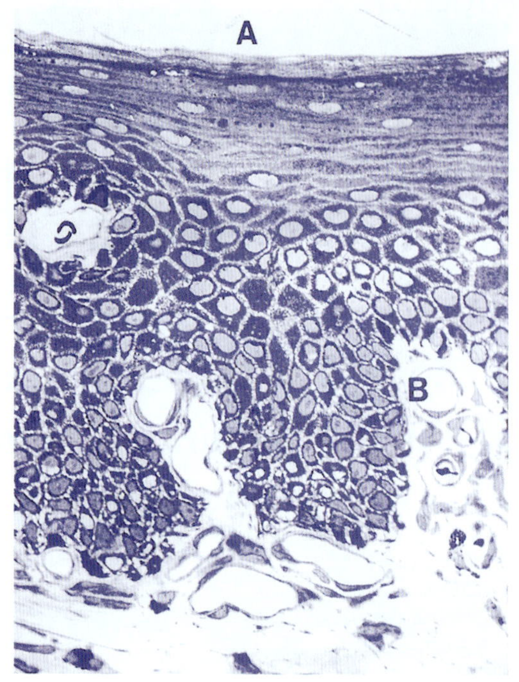

그림 9-1 • 개 코안 피부부위의 중층편평상피. 기도속공간(A), 진피유두(B). 1 μm. Azure Ⅱ. (×385). (With permission from Adams DR, Hotchkiss DK. The canine nasal mucosa. *Zentralbl Veterinarmed C Anat Histol Embryol* 1983; 12:111).

1) 피부부위 Cutaneous Region

앞쪽으로 **피부부위(코안뜰, cutaneous region, nasal vestibule)**는 비교적 두꺼운 각질중층편평상피로 덮여 있다(그림 9-1). 중간안뜰부위(midvestibule)의 상피는 얇은 비각질중층편평상피로 되어 있다. 얕은세포(sperficial cell)는 자유면에 미세주름(microridge)을 가지고 있다. 피부부위 뒤쪽부분과 고유코안 앞쪽 3분의 1은 중층입방상피에서 무섬모거짓중층원주상피까지 다양한 상피로 덮여 있는 **이행층(transitional zone)**이다. 이행층의 표면상피세포는 뭇엽 핵을 포함하고, 자유면에는 미세융모를 가지고 있으며 종종 둥근 모양이다(그림 9-2).

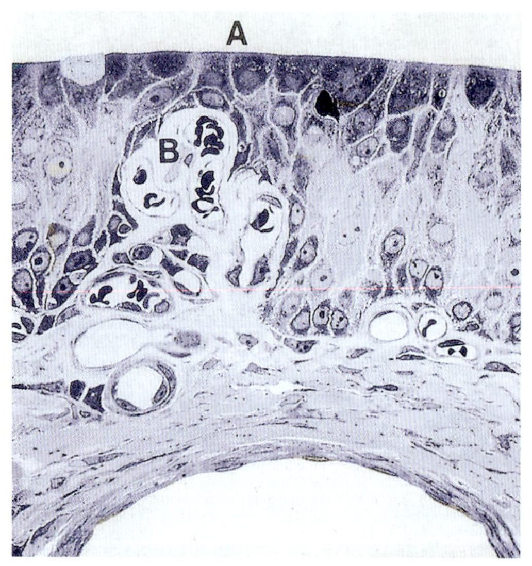

그림 9-2 • 개 코안 이행층의 중층입방상피. 기도속공간(A), 결합조직유두(B). 1 μm. Azure II. (×385). (With permission from Adams DR, Hotchkiss DK. The canine nasal mucosa. *Zentralbl Veterinarmed C Anat Histol Embryol* 1983; 12:113).

피부부위의 고유판-점막밑층(propria-submucosa)은 진피유두(papilla)를 통해서 상피와 맞물려 있다. 유두에는 작은 혈관과 신경, 그리고 비만세포(mast cell), 형질세포(plasma cell), 림프구(lymphocyte), 큰포식세포(macrophage), 과립백혈구(granulocyte)를 포함한 수많은 이주세포(migratory cell)가 있다. 림프구와 기타 이주세포는 상피 바닥부위에서도 자주 관찰된다. 아교섬유다발, 더 큰 혈관과 신경, 그리고 장액샘이 고유판-점막밑층 깊숙이 위치한다.

말의 경우, 피부로 덮인 코곁주머니(nasal diverticulum)가 코안뜰의 피부부위로 열린다. 이 부위는 코털(vibrissae), 기름샘(sebaceous gland), 땀샘(sweat gland)을 포함하는 외피로 덮여 있다. 개의 경우, 코안뜰 고유판-점막밑층의 유두층에는 특히 많은 유두와 모세혈관 고리가 있다.

2) 호흡부위 Respiratory Region

후각부위를 제외한 고유코안의 뒤쪽 3분의 2를 덮는 상피는 **호흡상피(respiratory epithelium)**, 즉 거짓중층섬모원주상피(pseudostratified ciliated columnar epithelium)로 분류된다. 이와 대조적으로, 중간콧길(middle nasal meatus)을 덮는 상피는 더 얇고 섬모세포와 잔세포가 적다. 코안의 거짓중층섬모상피는 섬모세포(ciliated cell), 분비세포(secretory cell), 솔세포(brush cell), 바닥세포(basal cell)를 포함한 다양한 유형의 세포를 포함한다(그림 9-3, 9-4, 9-5).

개별 **섬모세포(ciliated cell)**는 원주형이며 200~300개의 운동섬모를 가지고 있으며 코안으로 돌출된 수많은 미세융모를 가지고 있다. 세포의 핵위부위(supranuclear portion)에는 바닥소체(basal body), 골지복합체(Golgi complex), 수많은 사립체(mitochondria)가 포함되어 있으며, 작은 과립세포질그물(rER) 가닥이 세포 전체에 흩어져 있다. 섬모의 미세구조에 결함이 있으면 섬모박동(ciliary beat)이 제대로 이루어지지 않거나, 섬모운동이 불가능해질(immotility) 수 있다. 부동섬모증후군(immotile cilia syndrome)은 선천성 섬모이상과 관련된 질환으로, 호흡기감염(respiratory tract infection)을 유발한다.

호흡상피의 **분비세포(secretory cell)**는 바닥판에서 상피 표면까지 뻗어 있다. 속공간면(luminal surface)은 미세융모

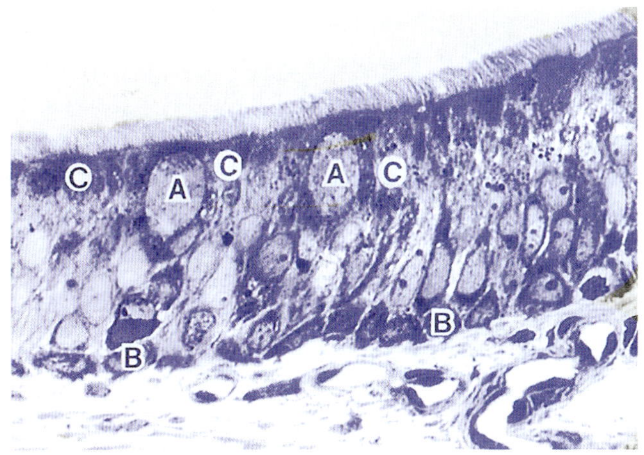

그림 9-3 • 코안 호흡부위를 덮는 잔세포를 가진 거짓중층섬모원주상피. 잔세포(A), 바닥세포(B), 섬모세포(C). 1 μm. Azure II. (×590).

가 있다. 이 세포의 형태학적, 조직화학적 외형은 종에 따라 다르며 부위에 따라 다양하다. 점액성 또는 장액성으로 구분하는 것은 그들 당단백질(glycoprotein) 함량에 따른 것이다. **점액상피세포(mucous epithelial cell)**의 과립은 비교적 전자투과성이 높으며 시알화(sialated) 또는 황화(sulfated) 산성당단백질을 포함한다. 점액상피세포의 핵위부위(supranuclear portion)는 분비기에 따라 과립이 거의 없는 길고 가느다란 형태부터 점액과립이 많은 넓고 둥근 형태까지 다양한 외형을 보인다. **잔세포(goblet cell)**로 알려진 공모양 점액세포는 핵위

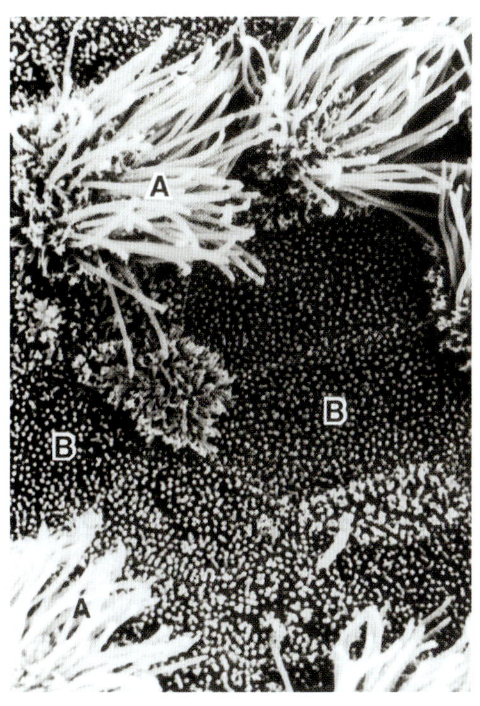

그림 9-4 • 호흡상피(거짓중층섬모원주상피)의 주사전자현미경사진. 섬모와 미세융모를 가진 섬모세포(A), 꼭대기 쪽에 미세융모를 가진 분비세포(B). (×3,500).

큰 점액과립 덩어리에 의해 세포바닥 쪽으로 눌려 있는 핵을 가지고 있다. 잔세포의 핵주위 부위에 일반적으로 존재하는 세

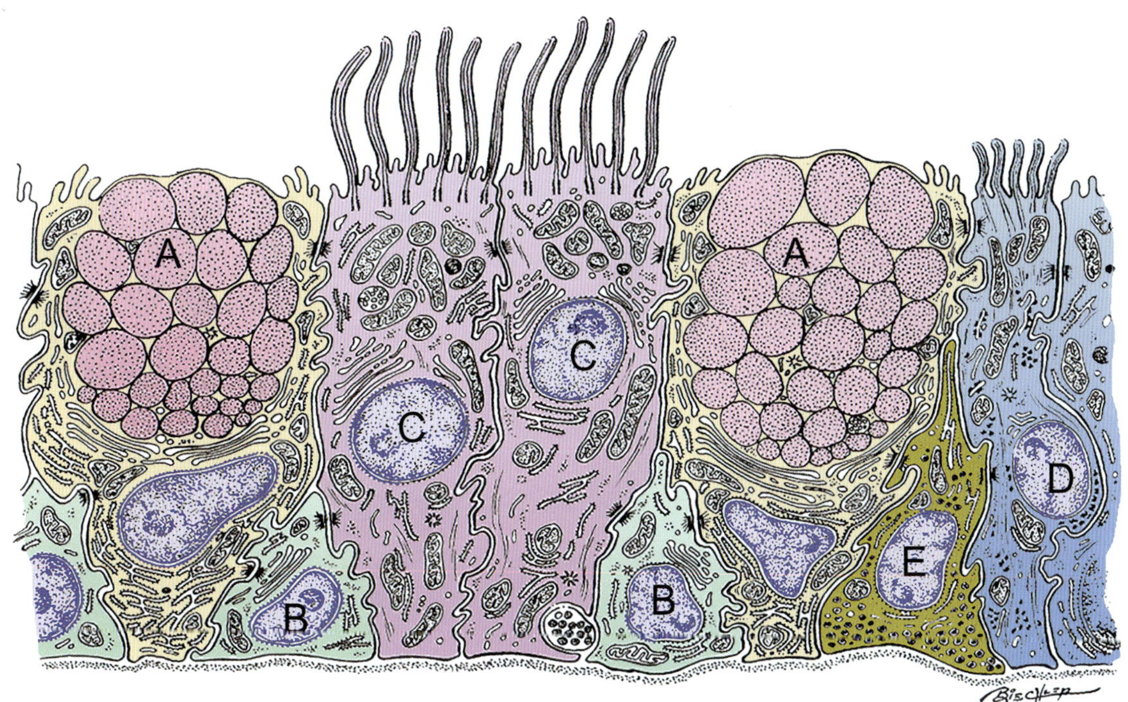

그림 9-5 • 호흡상피세포의 미세구조적 특징의 그림. 잔세포(A), 바닥세포(B), 섬모세포(C), 솔세포(D), 작은 과립세포(E).

포소기관으로는 골지복합체, 과립세포질그물, 사립체가 있다. 대부분 종의 잔세포는 점액의 주요 성분인 황화 당단백질(sulfated glycoprotein)을 주로 분비한다.

장액상피세포(serous epithelial cell)의 과립은 전자밀도가 높은 중심부를 가지고 있으며, 중성 당단백질을 함유하고, 점액세포의 과립보다 작다.

솔세포(brush cell)는 길고 두꺼운 미세융모와 사립체와 많은 잔섬유를 포함한 세포질은 가지고 있다. 이 세포는 삼차신경종말과 관련된 감각수용기일 가능성이 있다.

바닥세포(basal cell)는 바닥판(basal lamina)을 따라 위치하는 작은 뭇면체세포이다. 바닥세포의 세포질에는 수많은 당김잔섬유(tonofilament) 다발과 자유리보소체(free ribosome)가 포함되어 있다. 바닥세포는 다른 세포 유형과는 부착반점(desmosome)과 바닥판과는 반부착반점(hemidesmosome)의 부착물을 고정하는(anchoring attachments) 특징이 있다. 바닥세포가 다른 세포 유형을 대체하는 역할을 하는 것으로 보이지만, 세포 증식률은 매우 낮고, 대체되는 세포는 대부분 상피의 다른 세포 유형에서 유래한다.

코점막에 있는 또 다른 이름 없는 세포는 표면에 미세융모를 가지고 있으며, 상당량의 무과립세포질그물(sER)을 함유하고 있지만 분비물질은 거의 없다. 이 세포는 외인성화합물(xenobiotic compound)의 대사에 관여하는 것으로 알려져 있다(아래 참조).

코안의 호흡점막(호흡상피와 고유판-점막밑층)에는 피부부위, 이행층, 후각부위의 점막보다 혈관이 더 많다. 혈관이 많은 고유판-점막밑층은 동맥과 큰 얇은 벽의 정맥을 포함하고 있으며, 주둥이에서 꼬리 방향으로 향하고 있어 **해면층(cavernous stratum)**이라고 한다(그림 9-6). 정맥은 풍부하게 연결되며, 점막 울혈의 정도와 반대로 코개방성(nasal patency)을 결정하기 때문에 **수용혈관(capacitance vessel)**이라고 한다. 코혈관 수축은 교감신경계통을 통한 α-아드레날린자극(α-adrenergic stimulation)의 영향을 받는다. 포유동물의 해면층에서는 일반적으로 30분에서 4시간까지 다양한 혈관충혈기(period of engorgement)과 그 후의 탈충혈기(period of decongestion)가 정상적으로 일어난다. 이러한 코주기 동안 코 한쪽의 혈관 활동이 반대쪽의 혈관 활동과 번갈아 나타난다.

해면층의 수많은 정맥 사이에 장액샘 또는 혼합코샘(mixed nasal gland)이 존재한다(그림 9-7). 코샘 꽈리(acini)는 분비성 면역글로불린A(IgA), 용균효소(lysozyme), 후각자극제결합단백질(odorant-binding protein)을 분비한다.

코 점막에 분포하는 신경에는 삼차신경의 종말가지, 후각신경, 보습코신경, 위턱가지에서 나오는 감각섬유와 자율신경계통의 날신경섬유(efferent fiber)가 포함된다. 신경은 상피 속을 포함한 코점막의 모든 구획에 분포한다.

림프소절(lymphatic nodule)은 일반적으로 코안의 뒤쪽부분에 위치하며, 코안과 코인두(nasopharynx) 사이의 구멍인

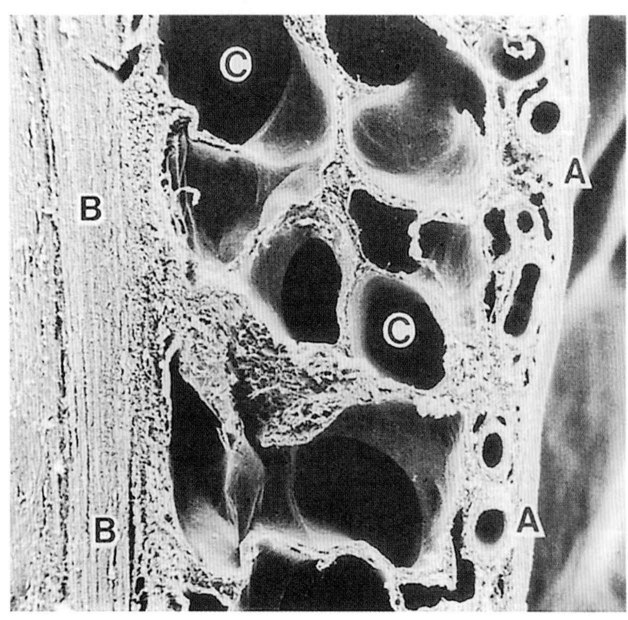

그림 9-6 • 소 코안의 호흡점막 절단면의 주사전자현미경사진. 상피(A), 연골막(B), 해면층에 있는 혈관의 속공간(C). (×40).

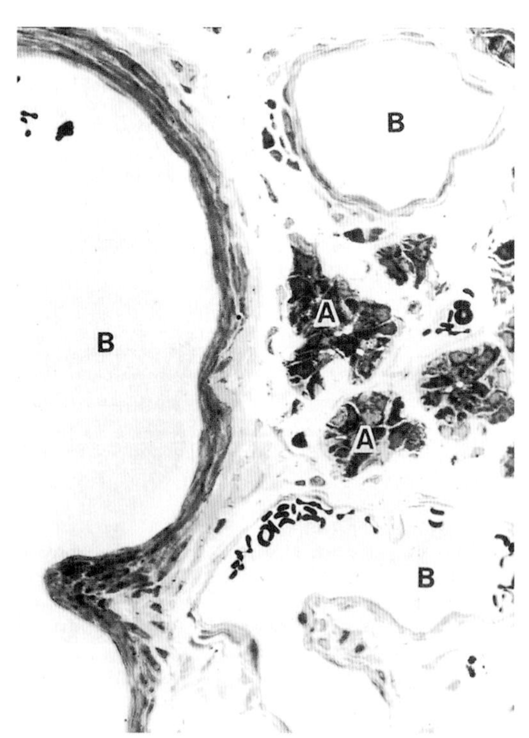

그림 9-7 • 코샘 꽈리(A)는 호흡점막의 해면층 정맥(B) 사이 결합조직을 차지한다. 1 μm. Azure II. (×425).

뒤콧구멍(choana)에 인접하여 있다.

공기나 혈액을 통해서 코 조직에 도달하는 대사활성 외인성 화합물(xenobiotics)은 분해되지 않는 한 조직 구성요소에 단단하게 결합된 상태를 유지할 수 있다. 가쪽코샘의 표면상피와 꽈리세포(acinar cell)(아래 참조)에 존재하는 cytochrome P-450 의존성 monooxygenase(CYP) 효소는 내인성화합물(예, progesterone과 testosterone)과 외인성화합물을 활발하게 대사한다. 이들 효소는 일부 고독성 화합물(예, formaldehyde와 acetaldehyde)을 포함한 지용성 외인성화합물을 수용성 대사산물로 전환한다.

3) 후각부위 Olfactory Region

후각부위(olfactory region)는 벌집선반(ethmoid conchae), 등쪽콧길(dorsal nasal meatus), 코중격(nasal septum) 일부 표면을 포함하는 코안 등뒤쪽부위(dorsocaudal portion)를 구성한다. 후각점막은 더 두꺼운 상피, 수많은 대롱샘(tubular gland), 고유판에 많은 민말이집신경섬유다발(bundles of nonmyelinated nerve fiber)을 가지고 있어 인접한 호흡점막과 구별하기 쉽다.

후각점막(olfactory mucosa)은 신경감각세포(neurosensory cell), 버팀세포(sustentacular cell), 바닥세포(basal cell)의 세 가지 주요 세포 유형으로 구성된 거짓중층섬모원주상피, 즉 **후각상피(olfactory epithelium)**로 덮여 있다(그림 9-8).

신경감각후각세포(neurosensory olfactory cell)는 상피의 넓은 바닥 영역에 위치한 세포체(perikarya), 속공간으로 뻗은 가지돌기, 뇌의 후각망울(olfactory bulb)에 도달하는 축삭을 가진 두극신경세포(bipolar neuron)이다. 곤봉 모양의 꼭대기인 **가지돌기망울(dendritic bulb)**은 각 가지돌기(dendrite)에서 속공간으로 돌출되어 있다(그림 9-9), 각 가지돌기망울에서 10~30개의 섬모가 뻗어 나온다. 각 섬모는 길이가 50~80 μm이며, 넓고 짧은 바닥부분과 길고 가늘며 가늘어지는 먼쪽부분으로 구성된다. 미세관의 수는 바닥부위에서 전형적인 아홉 쌍의 주위미세관두짝(peripheral doublets, 융합된 쌍 미세관)과 두 개의 단일중앙미세관(two single central microtubules)에서 먼쪽으로 갈수록 1~4개의 미세관의 단관체(singlets of one to four microtubules)로 감소한다. 신경세포체(perikarya)는 전형적인 신경세포의 구조적 특징을 보인다. 각 축삭(axon)은 고유판 속으로 이동하면서 수렴하여 민말이집신경섬유(nonmyelinated nerve fiber) 다발을 형성한다. 신경감각세포는 동물이 생존하고 있는 동안 바닥세포에서 유래한 세포로 지속적으로 대체된다.

버팀세포(sustentacular cell, supporting cell)는 좁은 바닥부분과 넓은 끝부분을 가진 원주세포이다. 타원형 핵

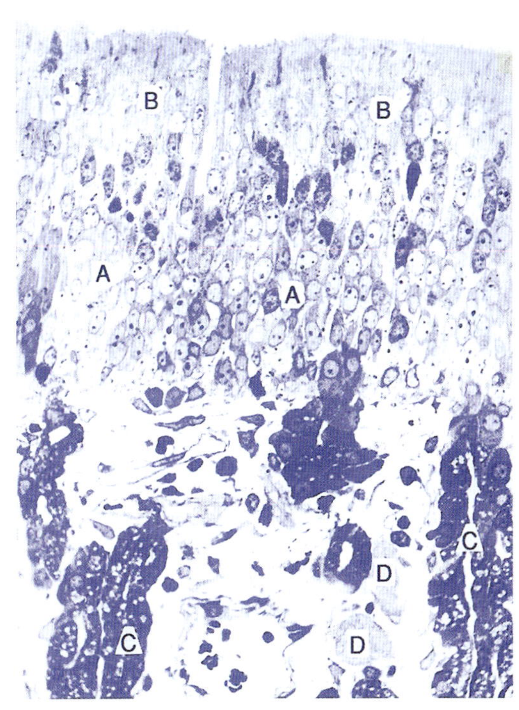

그림 9-8 • 개 후각부위의 점막. 신경감각세포의 핵(A), 버팀세포의 핵(B), 후각샘(C), 후각신경(D), 1 μm. Azure II. (×410).

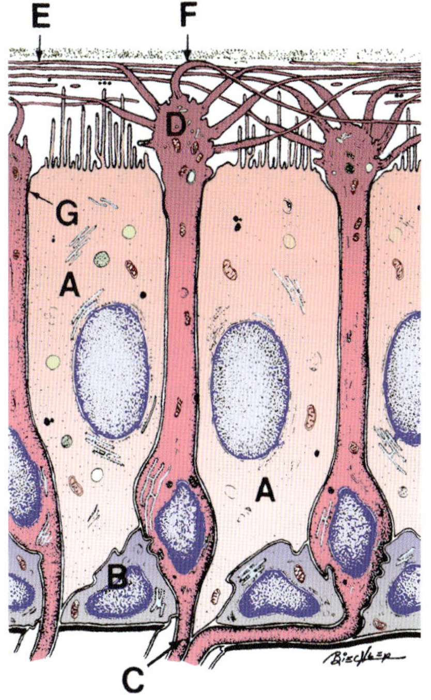

그림 9-9 • 후각상피의 도해. 버팀세포(A), 바닥세포(B), 수용기세포의 축삭(C), 가지돌기망울(D), 섬모의 가는 먼쪽부분(E), 섬모의 굵은 몸쪽부분(F), 수용기세포와 버팀세포 사이의 세포사이이음복합체(G).

은 상피에서 가장 얕은 핵층을 형성한다. 종종 분지되어 있는 미세융모가 버팀세포의 속공간 표면(luminal surface)을 덮고 있다. 속공간결이음복합체(juxtaluminal junctional complex)는 버팀세포와 인접한 신경감각세포의 가지돌기 사이에 나타난다. 색소과립이 핵아래 세포질(infranuclear cytoplasm)에 존재한다. 버팀세포는 또한 바닥세포에 의해서 대체된다.

후각점막의 **바닥세포(basal cell)는** 비후각상피의 바닥세포 구조와 유사하다.

후각샘(olfactory gland, Bowman's gland)은 세포 내에 색소과립(pigment granule)을 포함하며, 고유판-점막밑층에 위치한다. 분비관의 상피 속부분은 편평세포로 덮여 있다. 이 샘은 수성물질(watery product)을 분비하는데, 이는 공기 중의 후각자극제(odorants)의 용해를 높이고, 섬모를 깨끗하게 하여 새로운 후각자극제의 접촉을 돕는다.

후각점막은 cytochrome P-450 monooxygenase 활성이 매우 높아, 화학적으로 유발된 코 종양의 주요 발생 부위이다.

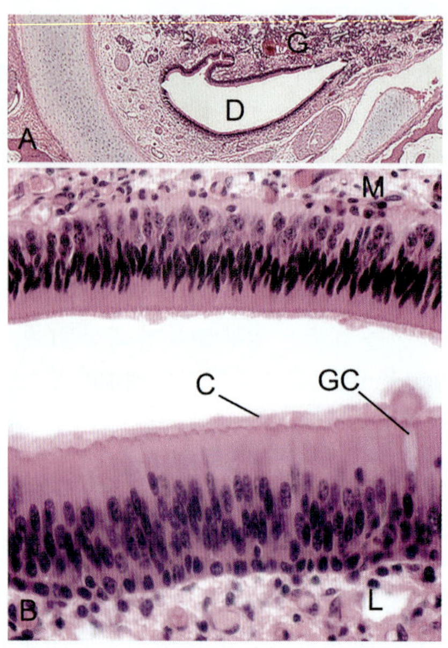

그림 9-10 • **A.** 개의 보습코샘(G)과 보습코관(D). (×25). **B.** 가쪽상피(L)는 섬모세포(C), 무섬모세포인 잔세포(GC)가 포함되는 반면, 안쪽상피(M)는 신경감각세포와 버팀상피세포를 포함한다. H&E. (×400). (Image by W. E. Haensly).

2. 보습코기관 Vomeronasal Organ

코중격 배쪽 점막에 위치한 대롱 모양의 끝이 막힌 양측성 **보습코기관(vomeronasal organ)**은 속층의 상피관인 보습코관(vomeronasal duct), 중간 고유판-점막밑층, 그리고 바깥 연골 지지체로 구성된다. 보습코관은 코안과 입안을 연결하는 **앞니관(incisive duct)**과 앞쪽으로 연결되지만, 말에서는 예외적으로 앞니관의 배쪽끝이 막혀 있다.

가로단면에서 **보습코관(vomeronasal duct)**은 볼록한 가쪽과 오목한 안쪽 점막벽을 가진 초승달 모양이다. 상피는 앞니관 근처의 앞부분에서 중층입방상피에서 보습코관 뒷부분의 대부분을 덮는 거짓중층섬모원주상피로 이행된다. 안쪽 거짓중층원주상피는 신경감각세포, 버팀세포, 바닥세포를 가지고 있다(그림 9-10). 보습코신경감각세포(vomeronasal neurosensory cell)의 가지돌기부위는 가지돌기망울이 없으며, 개를 제외하고는 세포의 꼭대기면에 섬모대신 미세융모가 있다. 신경감각세포는 성체 포유동물에서 주기적으로 대체된다. 가쪽 거짓중층원주상피는 섬모원주세포, 무섬모원주세포, 잔세포, 바닥세포를 가지고 있다.

보습코샘(vomeronasal gland)은 혈관이 풍부한 고유판-점막밑층에 위치하며, 주로 가쪽과 안쪽 점막벽 사이의 연결부를 통해 보습코관으로 분비한다. 꽈리세포(acinar cell)의 분비과립에는 중성 당단백질을 함유하고 있다. 유리연골의 **보습코연골(vomeronasal cartilage)**은 J자 모양으로, 기관의 등가쪽부위(dorsolateral portion)를 제외한 모든 부분을 둘러싸고 있다.

보습코기관은 휘발성이 낮은 액체 용해화합물 화학수용에 기능한다. 이러한 화합물의 감지는 암컷과 수컷 모두의 성적 행동, 모성 행동, 태아와 양막 환경의 상호작용에 작용하는 것으로 생각된다. 여러 포유동물에서, 암컷의 냄새를 보습코기관에서 감지하면 수컷의 혈장 테스토스테론이 상승한다. 보습코기관은 일부 수컷 포유동물이 암컷의 오줌 속에 있는 물질을 탐지할 때 입술을 말아 올리는 얼굴표정(lip-curl type of facial grimace, Flehmen 반응)과 관련이 있다. 후각자극입자(odorant particle)는 혀와의 접촉을 통하거나 음식이나 물과 함께 입안을 통과하면서, 흡입된 공기와 함께 앞니관에 도달할 수 있다. 앞니관의 액체에 용해된 이러한 물질은 보습코기관의 고유판-점막밑층에 있는 혈관 수축을 통해 보습코관으로 빨려 들어간다. 혈관이 확장되면 용해된 물질이 보습코관 속공간으로 배출된다. 냄새 입자는 흡입된 공기와 함께, 혀와의 접촉을 통해, 또는 음식이나 물과 함께 입으로 들어와 앞니관(incisive duct)에 도달할 수 있다. 이 물질들은 앞니관 내의 액체에 용해되며, 보습코기관의 고유층-점막밑층에 존재하는 혈관수축에 의해 보습코관(vomeronasal duct)으로 흡입된다. 이 혈관이 확장되면 용해된 물질이 보습코 속공간에서 배출된다.

3. 코곁굴 Paranasal Sinuses

코곁굴(paranasal sinus)의 점막은 연결되어 있는 코안의 호흡부위보다 얇다. 고유판-점막밑층에는 샘과 혈관이 거의

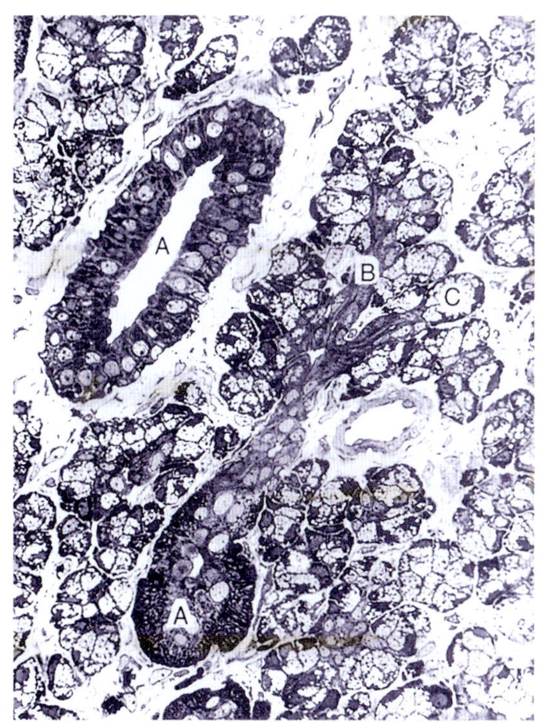

그림 9-11 • 개 가쪽코샘에서의 두 개의 줄무늬관(A), 사이관(B), 꽈리세포(C). 1 μm. Azure II. (×425).

없다. 상피는 거짓중층섬모원주상피이며, 소수의 잔세포를 포함한다. 섬모운동은 코곁굴과 코안을 연결하는 구멍으로 점액을 운반한다.

가쪽코샘(lateral nasal gland)은 비교적 큰 복합샘(compound gland)으로, 긴 관을 통해 코안뜰(nasal vestibule)로 중성 당단백질을 분비한다(그림 9-11). 이 샘은 육식동물의 위턱오목(maxillary recess), 돼지의 위턱굴(maxillary sinus), 말과 작은 되새김동물의 코위턱구멍(nasomaxillary aperture)에 존재하지만, 소에는 없다. 육식동물에는 별도의 위턱오목샘(maxillary recess gland)이 존재한다.

제2절 코인두 *Nasopharynx*

코인두(nasopharynx)는 물렁입천장(soft palate) 등쪽에 위치한 인두부위로, 코안에서 후두인두(laryngopharynx)까지 뻗어 있다. 코인두를 덮고 있는 상피는 주로 호흡상피이지만, 물렁입천장의 뒤등쪽부위는 중층편평상피로 덮여 있으며, 삼킴(deglutition) 동안 코인두의 등쪽 벽이나 후두덮개와 접촉한다. 고유판-점막밑층은 혼합샘을 포함하는 성긴결합조직이며, 림프소절(lymphatic nodule)은 코인두의 등쪽부위에서 두드러지게 나타나며, 이곳에서 인두편도(pharyngeal tonsil)로 모인다.

제3절 후두 *Larynx*

후두(larynx)는 앞쪽으로 후두인두로 열리고 뒤쪽으로 기관과 연결되어 있다(그림 9-12). 후두는 점막으로 덮여 있고 연골로 지지된다.

후두덮개(epiglottis), 후두안뜰(laryngeal vestibule), 성대주름(vocal fold)을 덮는 상피는 비각질중층편평상피이며, 성대주름 뒤쪽의 후두상피는 점차 호흡상피로 변한다(그림 9-13). 호흡상피는 또한 말의 후두실(laryngeal ventricle)을 덮는다. 후두덮개의 후두면, 모뿔덮개주름(aryepiglottic fold), 모뿔연골(arytenoid cartilage)의 후두면에 있는 상피는 말을 제외한 모든 종에서 맛봉오리(taste bud)를 포함할 수 있다. 상피에 존재하는 앞후두신경(cranial laryngeal nerve)의 감각수용기는 물, 우유, 위액, 침과 같은 체액의 존재에 반응하며, 이 수용기가 자극되면 반사무호흡(reflex apnea)이 발생한다.

중층편평상피 아래의 고유판-점막밑층은 치밀불규칙결합조직인 반면, 호흡상피 아래의 고유판-점막밑층은 탄력섬유, 백혈구, 형질세포, 비만세포가 풍부한 성긴결합조직이다. 퍼진림프조직이나 홑림프소절이 자주 관찰된다. 돼지와 작은 되

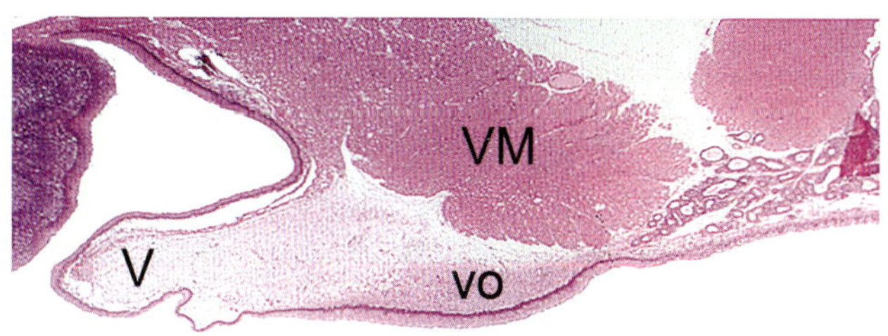

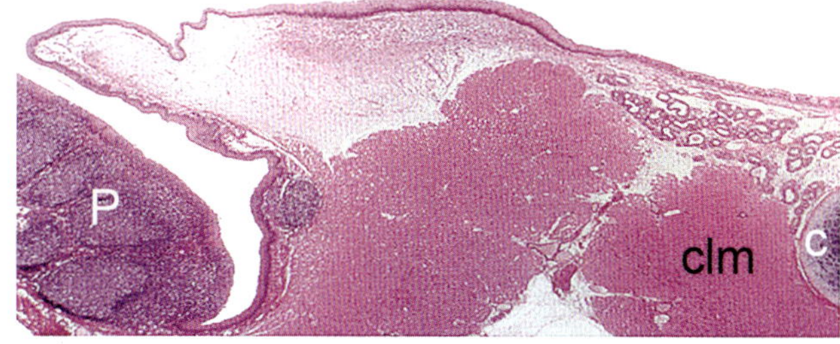

그림 9-12 • 고양이 후두의 수평단면. 후두실인대(V)와 성대인대(vo)가 속공간으로 돌출되어 있다. 이 부위는 비각질중층편평상피로 덮여 있으며, 이는 호흡상피로 변한다. 뼈대근육에는 성대근(VM)과 가쪽반지모뿔근(clm)이 포함된다. 후두덮개 바닥에는 후두덮개곁편도(P)가 있다. 반지연골(c)의 일부가 존재한다. H&E. (x16). (Image by W.E. Haensly).

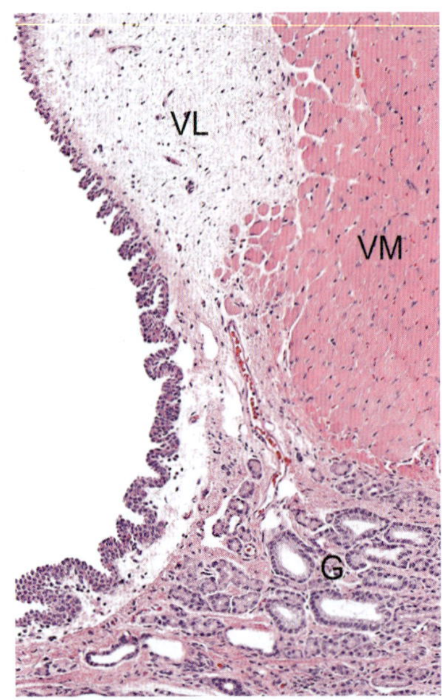

그림 9-13 • 쥐 성대주름의 뒤쪽부분을 지나는 단면. 혼합샘(G), 성대인대(VL), 그리고 성대근(VM). H&E. (×200). (Courtesy of Purdue Veterinary Medicine).

새김동물의 후두덮개 바닥부분 양쪽에 후두덮개곁편도(paraepiglottic tonsil)가 존재한다. 이 편도는 가끔 고양이에서 발생한다. 혼합샘이 고유판-점막밑층에 나타나지만(그림 9-13), 안뜰주름(vestibular fold)과 성대주름(vocal fold)에는 없다. 수많은 탄력섬유가 성대인대(vocal ligament)에 존재하며, 안뜰인대(vestibular ligament)에도 그보다 덜 존재한다.

후두연골은 인대를 통해 서로, 기관과 혀뼈장치(hyoid apparatus)와 연결되어 있다. 외인뼈대근육(extrinsic skeletal muscle)은 삼키는 동안에 후두를 움직이는 반면, 내인뼈대근육(intrinsic skeletal muscle)은 호흡과 발성 동안 개별 후두연골을 움직인다. 대부분의 후두연골은 유리질(hyaline)이다. 후두덮개(epiglottis), 쐐기연골(쐐기돌기, cuneiform cartilage/process), 잔뿔연골(잔뿔돌기, corniculate cartilage/process), 모뿔연골(arytenoid cartilage)의 성대돌기(vocal process)에는 탄력연골을 포함한다. 육식동물의 경우, 후두덮개는 종종 백색지방조직, 탄력섬유가닥, 작은 탄력연골부위를 둘러싼 주위 연골벽(peripheral cartilaginous wall)으로 구성된다. 성긴결합조직은 후두연골과 근육을 둘러싼 바깥막을 형성한다.

제4절 | 기관과 허파밖기관지
Trachea and Extrapulmonary Bronchi

후두에서 먼쪽의 호흡계통은 여러 개의 분지관으로 구성되어 있으며(그림 9-14), 이를 기관기관지기도(tracheobronchial airway)로 연결되어 있으며, 이 기도는 몸 표면의 약 25배에 달하는 광범위한 꽈리가스교환(alveolar gas exchange)으로

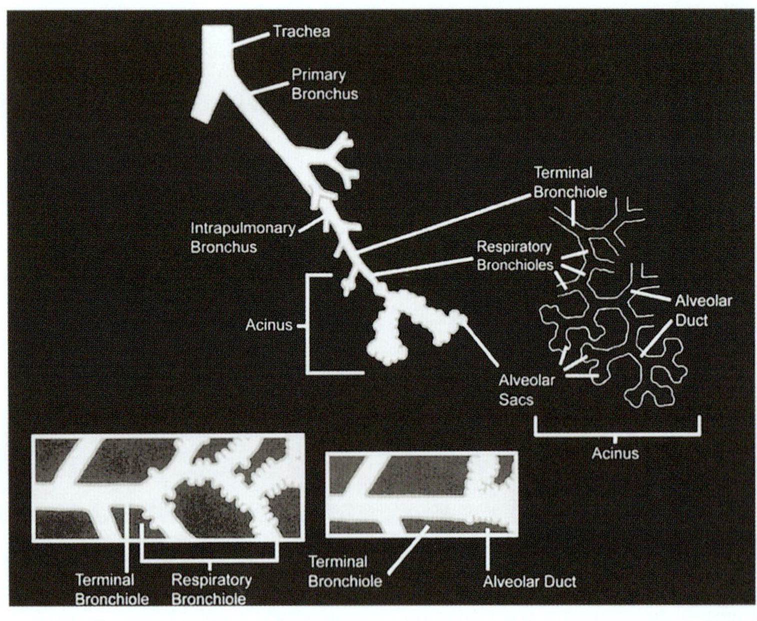

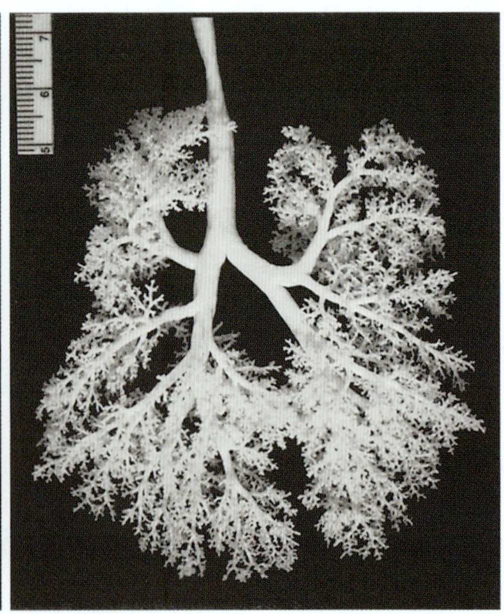

그림 9-14 • 기관기관지기도(tracheobronchial airways)와 가스교환구역의 도해(왼쪽)와 기관기관지기도의 공기공간 석고주조(cast, 오른쪽) 비교. 많은 종에서 종말세기관지(terminal bronchiole)는 꽈리관(alveolar duct)으로의 이행이 매우 짧지만(삽입 그림, 오른쪽 아래), 다른 종에서는 꽈리 바깥주머니를 포함하는 여러 세대의 세기관지로 이행이 광범위하여 호흡세기관지(respiratory bronchiole)라고 한다(왼쪽 아래 삽입 그림).

이어진다. 이들 관 중 지름과 길이가 가장 큰 **기관(trachea)**은 후두와 기관지를 연결하는 공기의 통로 역할을 한다. 기관은 후두에서 가슴안(thoracic cavity)으로 이어지는 반유연성(semiflexibility), 반허탈성(semicollapsibility) 관(tube)이다.

기관기관지나무(tracheobronchial tree)의 상피는 호흡상피로(그림 9-15), 섬모세포(ciliated cell), 솔세포(brush cell), 분비세포(secretory cell), 세기관지외분비세포(bronchiolar exocrine cell), 바닥세포(basal cell), 신경내분비세포(neuroendocrine cell)를 포함한다. 기관의 섬모세포, 솔세포, 분비세포는 상부호흡계통의 세포와 유사하다(호흡부위 참조). **잔세포(goblet cell)**는 가축에서 우세한 분비세포 유형이다. 세기관지외분비세포(bronchiolar exocrine cell)는 이 장의 후반부에서 설명하는 더 큰 기도에서는 비교적으로 드물거나 아예 존재하지 않는다. **신경내분비세포(neuroendocrine cell)**는 APUD세포, 즉 ***a***mine ***p***recursor ***u***ptake and ***d***ecarboxylation을 특징으로 하며, 조직화학적 방법으로 식별할 수 있다. 구조적으로, 이들 신경내분비세포는 바닥판에 바닥을 둔 전형적인 피라미드모양이며, 치밀한 핵을 가진 은친화성과립, 풍부한 세포질그물, 골지복합체, 리보소체, 그리고 미세구조 수준에서 많은 잔섬유를 포함한다. 이들 세포는 어린 동물에서 가장 풍부하며, 때때로 신경과 연관되어 있다.

상피에서는 다양한 **이주세포(migratory cell)**도 관찰되며, 림프구, 공모양백혈구, 비만세포가 포함된다. **공모양백혈구(globule leukocyte)**는 비교적 큰 호산성 딴색듦과립(metachromatic granule)을 포함하는, 기능이 알려지지 않은 세포이다.

기관의 고유판 점막밑층은 성긴결합조직과 세로로 배열된 탄력섬유를 가진 상피밑층으로 구성된다. 존재하는 세포 유형으로는 섬유세포, 림프구, 형질세포, 공모양백혈구, 비만세포가 있다. 고유판-점막밑층에는 대롱꽈리장액점액샘이 있으며, 이 샘은 섬모세포, 점액분비세포, 그리고 다양한 중간세포(intermediate cell)로 이루어진 관(duct)을 통해 기관 속공간으로 연결된다. **기관샘(tracheal gland)**의 대롱부분은 점액분비세포로 덮여 있고, 꽈리부위(acinar portion)는 주로 장액분비세포로 덮여 있다. 점액분비세포는 일반적으로 황화 산성당단백질(sulfated acid glycoprotein)을 분비한다. 장액세포는 대부분 종에서 샘의 주요 분비세포이며, 분비산물은 때때로 황화된 중성당단백질(neutral glycoprotein)이다. 기관샘은 기관의 섬모표면을 덮는 분비물질 대부분을 공급하며, 사실상 모든 가축 종의 기관의 앞쪽부분에서 풍부하다.

기관의 가장 뚜렷한 특징은 유리연골이며(그림 9-15), 대부분 종에서 대략 C자 또는 U자 모양의 분리된 조각으로 나타난다. 그러나 일부 개체에서는 연골이 곳곳에 융합되어 연속체를 형성한다. 연골의 등쪽 자유말단(dorsal free end)은 민무늬근육띠인 **기관근(trachealis muscle)**에 의해 연결된다. 대부분 종에서 기관근은 연골 안쪽의 연골막에 부착된다. 육식동물의 경우, 이 부착은 연골 바깥면에 있다. 신경과 큰 혈관은 일반적으로 민무늬근육띠와 관련이 있다. 바깥연골막(external perichondrium)은 바깥막의 성긴결합조직으로 둘러싸여 있다.

가슴안 내에서 기관은 두 개의 **일차기관지(primary bronchi)**로 갈라져 끝난다. 갈라진 곳의 먼쪽에서 일차기관지는 허파로 들어가는 가지를 낸다. 일차기관지의 구조적인 특징은 연골이 불규칙한 판을 형성하는 것을 제외하면 기관과 동일하다.

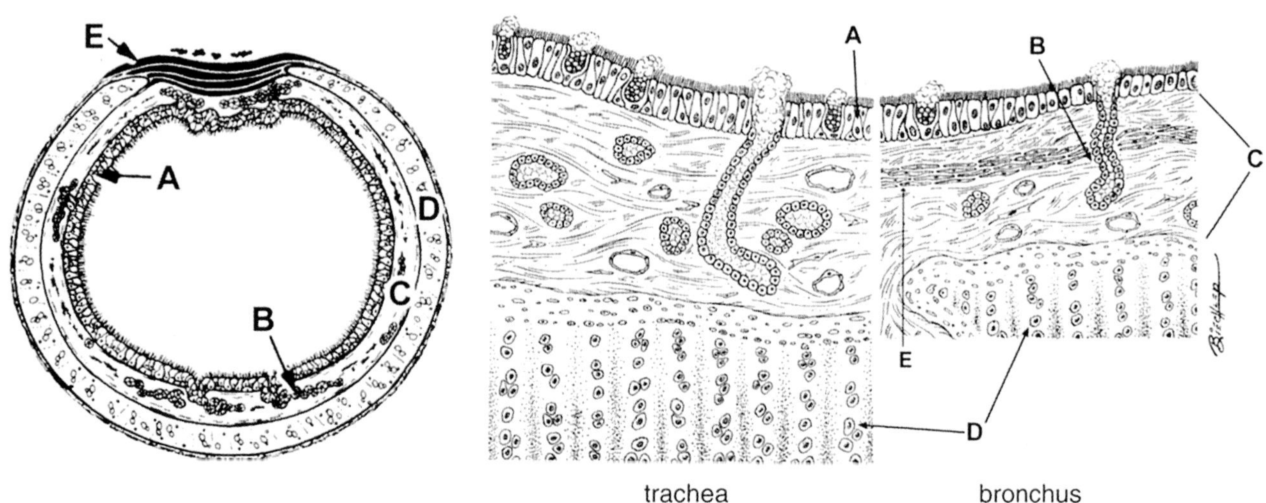

그림 9-15 • 기관 가로단면의 도해와 기관벽 일부와 기관지의 상세 단면. 상피 높이 차이(A), 샘밀도(B), 고유판-점막밑층의 물렁조직의 두께(C), 기관에는 고리 형태로 존재하는 유리연골(D)과 기관지에는 판 형태로 존재하는 유리연골(E), 그리고 민무늬근육 위치에 주목하시오.

제5절 허파 *Lung*

가슴안(thoracic cavity)의 대부분은 오른허파와 왼허파가 차지하고 있다. 포유동물의 허파는 허파속전도기도(intrapulmonary conducting airway), 가스교환구역(gas exchange area, 실질), 가슴막으로 나눌 수 있다(그림 9-14). 허파속전도기도(기관지와 세기관지)는 허파의 약 6%를 구성한다. 호흡세기관지(respiratory bronchiole, 이행층이라고도 함), 꽈리관(alveolar duct), 꽈리주머니(alveolar sac), 꽈리(alveoli)로 구성된 가스교환구역은 허파의 약 85%를 구성한다. 허파는 중피세포로 덮인 결합조직층으로 둘러싸여 있으며, **허파가슴막(pulmonary pleura, visceral pleura)**이라고 한다. 가슴막과 함께 허파속 신경과 혈관조직(허파동맥, 허파정맥, 기관지동맥)은 허파의 나머지 9~10%를 구성한다.

1. 허파속전도기도 Intrapulmonary Conducting Airways

1) 기관지 Bronchi

기관지나무(bronchial tree)는 일차기관지와 그것이 공급하는 여러 단계의 기도에 의해서 형성된다(그림 9-14). 허파속전도기도(intrapulmonary conducting airway)의 가장 큰 구역을 **엽기관지(lobar bronchus)**라고 하며, 각 기관지는 허파문(hilum)에서 허파엽으로 들어간다. 엽기관지는 두 개의 작은 가지로 나뉘고, 다시 나뉘며, 이 과정은 가스교환구역에 도달할 때까지 계속된다. 엽기관지에서 처음 두세 세대의 분지는 기관지는 **허파구역(bronchopulmonary segment)**이라고 하는 허파엽의 일부에 공급한다. 이후 세대의 분지는 이전 세대보다 더 많은 기도로 구성되고, 총 단면적이 더 크다.

기관지(bronchus)의 조직학적 구조는 다양한 층이 더 얇은 것을 제외하면, 일반적으로 기관(trachea)과 유사하다(그림 9-15). 기관지는 주로 섬모세포, 분비세포, 바닥세포로 구성된 호흡상피로 덮여 있다. 기관지나무의 몸쪽에서 먼쪽으로(proximodistally) 갈수록 상피의 구성이 변한다. 점액세포와 바닥세포의 수는 감소하는 반면, 섬모세포는 거의 동일한 밀도로 유지하고, 세기관지외분비세포는 증가한다. 동시에 상피의 높이와 고유판-점막밑층 두께는 점진적으로 감소한다.

산양을 제외한 모든 종에서 고유판-점막밑층은 혼합샘(mixed gland), 즉 **기관지샘(bronchial gland)**을 포함하는 성긴결합조직이며, 먼쪽기관지에서는 기관지샘이 덜 풍부하다. 몸쪽기관지의 유리연골은 불규칙한 판의 형태이며, 민무늬근육은 판 사이 또는 속공간쪽에 흩어져 있다. 근육세포는 일반적으로 기도의 장축에 수직으로 돌림상으로 배열되어 있다. 연골의 양은 몸쪽에서 먼쪽으로 갈수록 점차 감소하는 반면, 민무늬근육은 상대적으로 더 풍부해진다. 바깥막은 주로 성긴결합조직이고, 많은 아교섬유와 다양한 수의 탄력섬유를 가지고 있다. 많은 섬유가 세로로 배열되어 있는 반면, 다른 섬유는 기도의 장축에 수직으로 배열되어 있다. 바깥막신경얼기(adventitia nerve plexus), 점막밑신경얼기(submucosal nerve plexus), 상피속신경종말(intraepithelial nerve ending)이 존재한다. 대부분의 가축 종에서 광범위한 혈관 공급은 기관지동맥(bronchial artery)을 통한 온몸순환에서 유래한다.

2) 세기관지 Bronchioles

세기관지(bronchiole)는 기관지에서 발생하여 여러 세대로 갈라지고, **종말세기관지(terminal bronchiole)**로 끝난다(그림 9-14). 말, 소 면양에는 여러 세대의 세기관지가 존재하지만, 육식동물에는 일반적으로 한두 세대만 존재한다.

세기관지는 가로단면이 거의 원형이고, 섬모세포와 **세기관지외분비세포(곤봉세포, bronchiolar exocrine cell, club cell)**로 구성된 단층원주상피 또는 입방상상피로 덮여 있다(그림 9-16). 이 세포는 분비세포와 외인성화합물을 대사할 수 있는 세포의 특성을 모두 가지고 있다. 분비과립은 중성 당단백질이나 저분자량 단백질을 포함한다. 무과립세포질그물(sER)은 말과 면양의 세포에 풍부하지만 육식동물, 소, 돼지의 세포에는 최소한으로 존재한다. 당원은 육식동물과 소의 세기관지외분비세포의 주요 특징이며 대부분의 다른 종에서는 거의 관찰되지 않는다. 육식동물에서 종말세기관지의 상피는 주로 세기관지외분비세포로 구성된다.

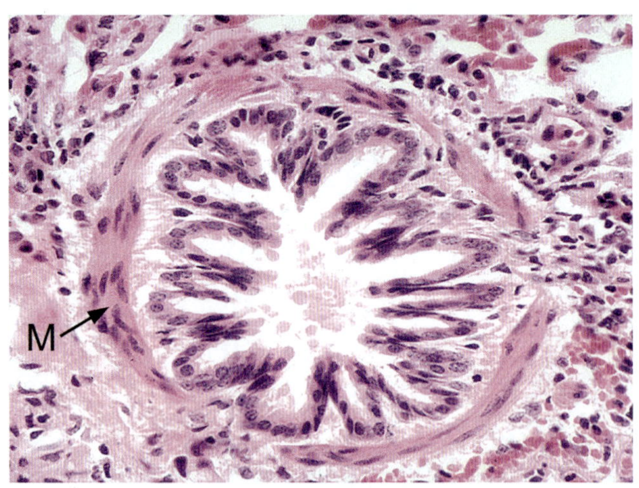

그림 9-16 • 세기관지 가로단면. 세기관지 상피는 단층입방상피에서 단층원주상피이며, 섬모세포와 세기관지외분비세포를 포함한다. 고유판-점막밑층에는 연골과 분비샘이 없으며, 민무늬근육(M)이 세기관지 벽의 주요 특징이다. 결합조직의 얇은 바깥막은 근육바깥에 위치한다. 허파, 말. H&E. (×400). (Image by W. E. Haensly).

고유판-점막밑층은 성긴결합조직이며, 분비샘과 연골은 없다. 민무늬근육은 별도의 돌림과 비스듬한 다발로 배열되어 있다. 수많은 신경섬유가 상피의 바로 아래 영역에 존재하고 근육다발 사이에 흩어져 있다.

바깥막은 돌림 또는 비스듬하게 배열된 탄력섬유를 포함한 성긴결합조직이다. 바깥막의 바깥경계는 꽈리가스교환구역(alveolar gas exchange area)에 부착되어 있으며, 꽈리상피세포(alveolar epithelial cell)와 허파모세혈관바탕(pulmonary capillary bed)으로 둘러싸여 있다.

2. 가스교환구역 Gas Exchange Area

가스교환구역(gas exchange area)은 실질(parenchyma)이라고도 하며, 기능적 단위나 구조적 단위로 조직화될 수 있다. 가스교환구역의 기능적 단위는 **허파세엽(acinus, pulmonary acinus)** 또는 종말호흡단위(terminal respiratory unit)라고 한다(그림 9-14, 9-17). 허파세엽은 분지 호흡세기관지(respiratory bronchiole), 꽈리관(alveolar duct), 꽈리주머니(alveolar sac), 꽈리(alveoli)를 포함하여 단일 종말세기관지의 먼쪽의 모든 공기 공간을 포함한다.

소엽(lobule)은 기능적 단위라기보다는 구조적 단위이다. 소엽은 인접한 허파세엽무리(a cluster of acini)와 분리된 결합조직사이막으로 구성된다. 이 결합조직사이막은 **소엽사이막(interlobular septum)**이라고 하며 아교섬유, 탄력섬유, 그리고 혈관으로 구성된다. 기관지동맥과 허파정맥은 모두 소엽사이막 안에 위치한다. 소, 면양, 돼지의 허파는 고도로 소엽화되어 있으며 완전한 사이막을 가지고 있다. 말의 허파는 불완전한 사이막을 가지고 있으며, 소엽화가 잘 되지 않는 것으로 간주된다. 육식동물은 소엽사이막을 가지고 있지 않다.

1) 호흡세기관지 Respiratory Bronchioles

벽에 꽈리(가스교환조직)가 주머니 모양으로 돌출되어 있는 세기관지를 **호흡세기관지(respiratory bronchiole)**라고 한다. 이를 **이행층(transition zone)**이라고도 하며, 대부분 허파질환의 초점이다. 호흡세기관지의 조직학적 구조는 상피가 꽈리에 의해 중단된다는 점을 제외하면 종말세기관지에서와 유사하다(그림 9-17, 9-18). 민무늬근육은 단층원주상피 또는 단층입방상피의 아래에 있는 다발로 배열된다. 꽈리는 이러한 근육다발 사이에서 열린다.

육식동물의 호흡세기관지에서는 광범위한 꽈리화(alveolarization)가 발생한다(그림 9-18). 일반적으로 분지의 몸쪽 세대에는 꽈리가 더 적다. 상피는 거의 전적으로 세기관지외분비세포(bronchiolar exocrine cell)로 구성된다. 말, 소, 면양, 돼지에서는 호흡세기관지는 짧거나 없다. 육식동물에서는 최소 3~4세대의 호흡세기관지 분지가 존재한다(그림 9-19).

2) 꽈리관과 꽈리주머니 Alveolar Ducts and Alveolar Sacs

호흡세기관지는 **꽈리관(alveolar duct)**이라고 하는 대롱구조로 분지된다(그림 9-14, 9-17, 9-18, 9-19). 꽈리관은 어느 쪽에도 문이 없는 방이 늘어선 복도와 비슷하다. 문이 없는 방은 각각 꽈리이다. 1세대에서 5세대 사이의 꽈리관은 하나의 호흡세

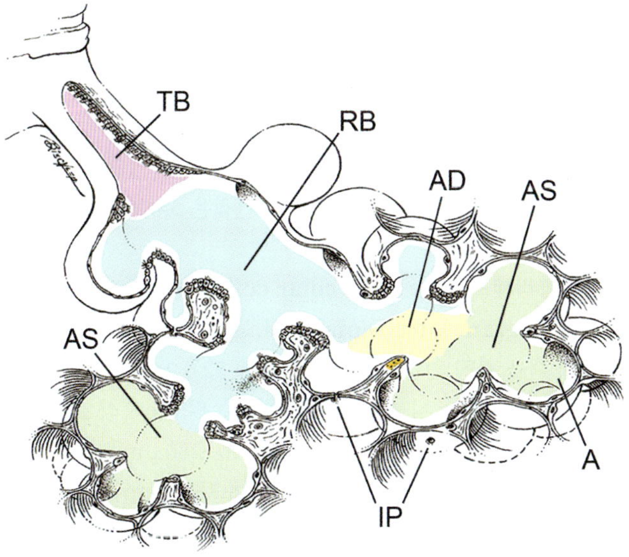

그림 9-17 • 종말세기관지(TB)에서 기원하는 가스교환구역의 도해삽화. 호흡세기관지(RB), 꽈리관(AD), 꽈리주머니(AS), 꽈리(A), 꽈리구멍(꽈리사이구멍, IP).

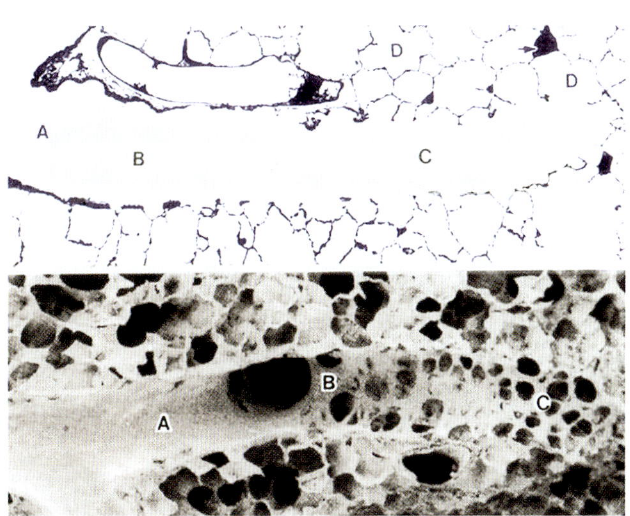

그림 9-18 • 고양이 허파의 종말세기관지와 가스교환구역의 광학현미경, 주사전자현미경으로 관찰한 모습. 종말세기관지(A), 몇 개의 꽈리가 열린 호흡세기관지(B), 꽈리로 완전히 둘러싸인 꽈리관(C), 꽈리주머니와 꽈리(D). Methylene blue-Azure II. (위: ×55; 아래: ×70).

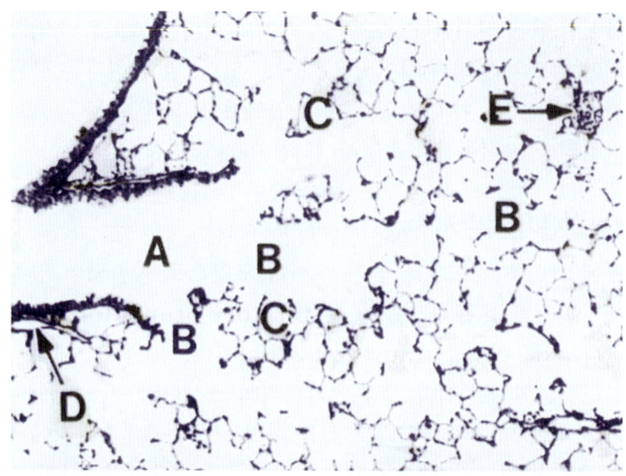

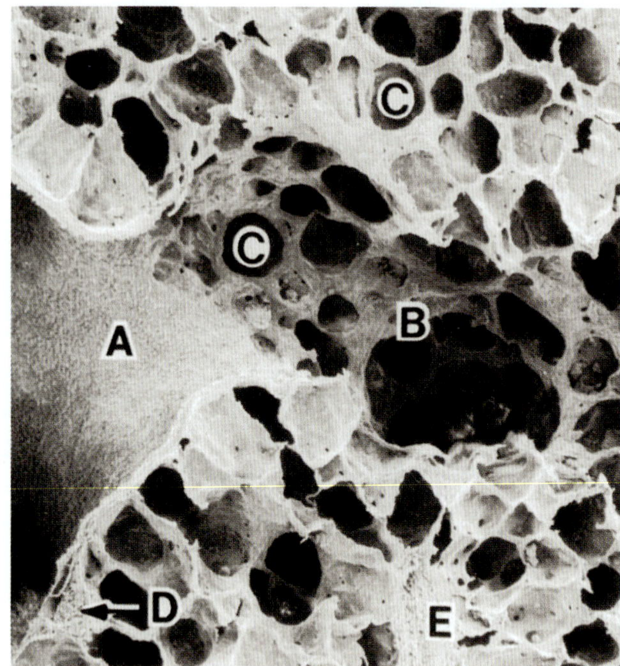

그림 9-19 • 생쥐(위)와 쥐(아래)의 종말공기공간의 광학현미경, 주사전자현미경으로 관찰한 모습. 종말세기관지(A), 꽈리로 완전히 둘러싸인 꽈리관(B), 꽈리(C), 허파세동맥(D), 허파세정맥(E). Toluidine blue. (위: ×85; 아래: ×110).

기관지에서 갈라진다. 꽈리관 벽은 꽈리공기공간의 열린 면과 꽈리(alveoli)를 분리하는 꽈리사이막의 끝부부으로 구성된다. 민무늬근육과 탄력섬유의 나선형 띠는 꽈리관의 장축에 수직으로 배열되어 있다. 이들은 꽈리사이막의 끝부분의 상피 아래에 있다.

꽈리관은 **꽈리주머니(alveolar sac)**라고 하는 꽈리무리(clusters of alveoli)로 끝난다(그림 9-14, 9-17). 여러 개의 꽈리주머니가 열리는 공유된 공간을 **꽈리방(alveolar atrium)**이라고 한다.

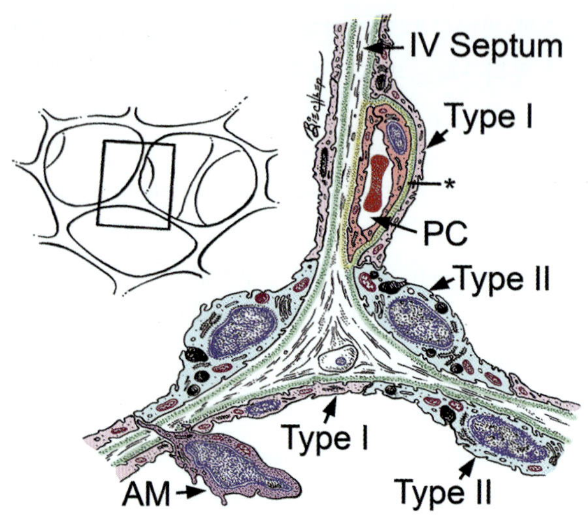

그림 9-20 • 직사각형(삽입 그림)에 표시된 세 개의 인접한 꽈리의 각 부분의 도해삽화: 1형꽈리세포, 2형꽈리세포, 꽈리사이막(IV), 허파모세혈관(PC), 꽈리큰포식세포(AM). 허파모세혈관의 바닥판(*)과 인접한 꽈리의 융합에 주목하시오.

3) 꽈리 Alveoli

허파 실질(pulmonary parenchyma)에서 가스교환의 기본 단위는 **꽈리(alveolus)**이다(그림 9-14, 9-20, 9-21). 꽈리는 상피로 덮여 있는 공모양 공기 공간으로, 꽈리주머니, 꽈리관 또는 호흡세기관지로 이어지며, 꽈리사이막에 의해서 분리된다.

공기 공간에 인접한 꽈리상피막(alveolar epithelial lining)은 두 가지 유형의 상피세포로 구성되는데, 1형꽈리세포와 2형꽈리세포이다. **1형꽈리세포(type I alveolar cell)** 또는 **편평꽈리세포(호흡꽈리세포, squamous alveolar cell, respiratory alveolar cell)**는 중앙에 핵이 있는 편평하고 연속적인 바닥판 위에 놓여 있다(그림 9-20). 얇은 세포질에는 사립체가 거의 없고, 과립세포질그물의 양이 최소이며, 세포내섭취소포(endocytotic vesicle)의 사가 적당하다. 이 세포 유형은 지금까지의 연구된 모든 종에서 꽈리사이막면의 약 97%를 차지한다. 1형꽈리세포의 평균 표면적은 5,000~7,000 μm² 이다.

2형꽈리세포(type II alveolar cell), 즉 **과립꽈리세포(큰꽈리세포, granular alveolar cell, great alveolar cell)**는 중앙에 핵을 가진 입방세포이다(그림 9-22). 이 세포 유형은 허파사이막 표면적의 나머지(약 3%)를 덮는다. 이 꽈리 표면에는 미세융모가 있으며 세포당 표면적은 100~280 μm²이다. 이 세포에는 사립체, 과립세포질그물, 미세소포(microvesicle), 골지복합체, **층판소체(lamellar body)**라고 하는 여러 가지 특징적인 오스뮴친화소포(osmiophilic vesicle)가 있다. 이 층판소체는 주로 인지질로 구성되어 있으며, 공기공간을 덮는 허파표면활성제(pulmonary surfactant)의 인지질 공급원이라고

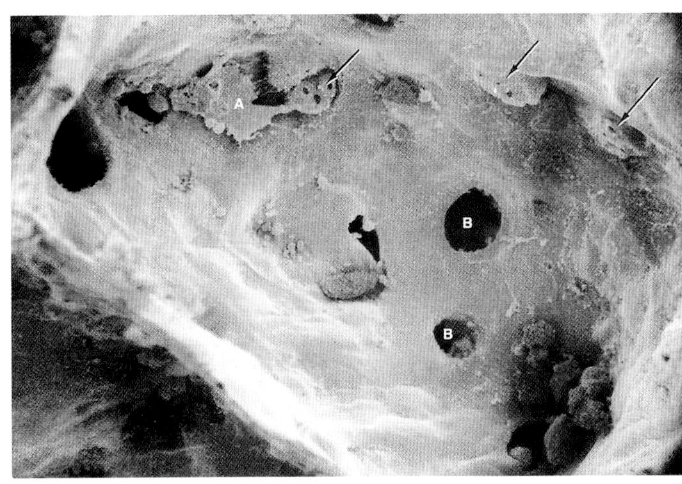

그림 9-21 • 말 허파의 꽈리 일부를 촬영한 주사전자현미경사진. 2형꽈리세포가 속공간으로 돌출되어 있다(화살표). 왼쪽은 꽈리큰포식세포(A)이다. 꽈리사이막에 있는 구멍(B)에 주목하시오. (×1,232). (Courtesy of W. S. Tyler).

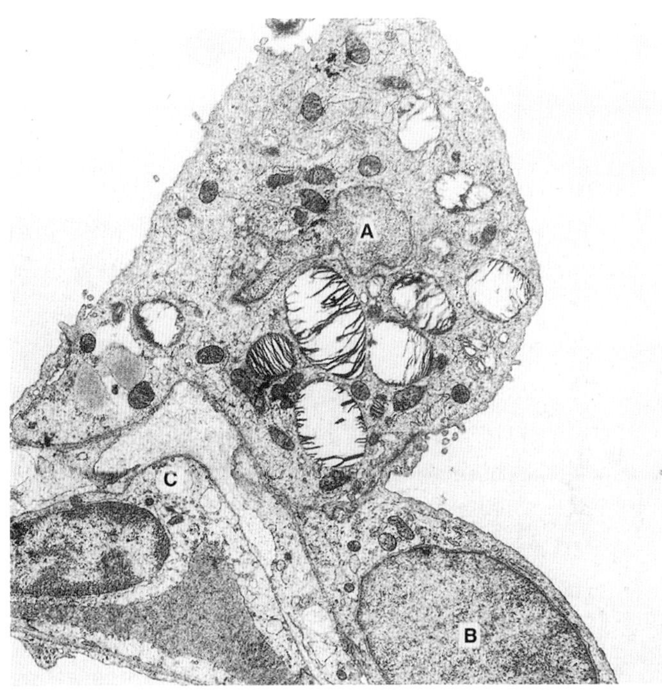

그림 9-22 • 다수의 특징적인 층판소체를 포함하는 2형꽈리세포(A)와 1형꽈리세포(B)의 전자현미경사진. 모세혈관내피세포(C). (×8,200). (From Tyler WS, Gillespie JR, Nowell JA. Modern functional morphology of the equine lung. *Equine Vet J* 1971).

여겨진다. 2형꽈리세포는 1형꽈리세포와 2형꽈리세포 모두의 선조세포(progenitor cell)이다.

꽈리큰포식세포(alveolar macrophage)는 꽈리사이막의 공기 쪽에도 존재한다(그림 9-23). 활동적인 포식세포로서, 이들은 전신에 분포하는 단핵포식세포계통(mononuclear phagocyte system)의 일부이다.

꽈리사이막(alveolar septum, interalveolar septa)은 모세혈관얼기(capillary plexus)를 포함하는 얇은 결합조직판이다(그림 9-20). 꽈리 **사이질결합조직(interstitial connective tissue)**에는 아교섬유, 탄력섬유, 그리고 섬유세포가 포함되어 있다. 또한, 혈관주위세포, 큰포식세포, 림프구, 형질세포도 존재할 수 있다.

꽈리사이막의 모세혈관바탕(capillary bed)은 짧고 분지하는 혈관이 서로 맞물려 있는 그물망(network)이다. 개별 모세혈관바탕은 허파세동맥(pulmonary arteriole)에서 허파세정맥(pulmonary venule)으로 이동할 때 3~7개의 꽈리벽을 가로지른다. 대부분의 내피세포는 1형꽈리세포에 인접한 부위에서 세포질이 얇아져 있다. 이 얇은 부위에서 꽈리상피세포와 내피세포의 바닥판이 융합한다. 모세혈관내피세포(그림 9-20)는 세포소기관이 적고 세포내섭취소포(endocytotic vesicle)가 비교적 많은 것이 특징이다. 세포사이이음은 느슨하거나 누출되는 경향이 있으며, 치밀이음에는 연결융기(anastomosing ridge)가 거의 없다. 가스교환모세혈바탕(gas exchange capillary bed)의 표면적은 꽈리사이막의 공기 쪽 표면적의 66~75%이다.

꽈리(alveoli)는 얇은 인지질층으로 덮인 이상층(biphasic layer)의 혈장 여과액으로 구성된 소량의 액체를 함유하고 있다. 이 인지질층 또는 **허파표면활성제(pulmonary surfactant)**는 꽈리속 표면장력(surface tension)을 감소시켜 꽈리 붕괴(alveolar collapse, 허탈)를 방지한다.

혈액공기장벽(blood-air barrier)은 허파표면활성제와 액체의 표면층, 1형꽈리세포, 꽈리상피세포와 모세혈관내피세포의 융합바닥판(fused basal laminae), 그 아래 모세혈관내피세포, 적혈구의 혈장막으로 구성된다(그림 9-20). 이 장벽의 평균 두께는 대부분 종에서 1.5 μm이고, 가장 얇은부위는 0.2~0.7 μm이다. 가장 두꺼운 경우 이 장벽은 위에서 언급한 층과 상피세포와 내피세포의 바닥판 사이의 사이질결합조직과 세포로 구성된다. 혈액공기장벽은 모세혈관에서 공기 공간으로 액체 여과액이 대량 방출되는 것을 방지하는 동시에 모세혈관과 꽈리 사이에서 산소와 이산화탄소가 확산되는 것을 허용한다(그림 9-20, 9-23).

꽈리사이막의 구멍은 인접한 꽈리를 연결한다. **꽈리구멍(사이막구멍, alveolar pore, septal pore)**이라고 불리는 이 구멍은 상피세포로 덮여 있으며, 공기와 꽈리큰포식세포가 한 꽈리에서 다른 꽈리로 이동할 수 있도록 한다(그림 9-21, 9-23).

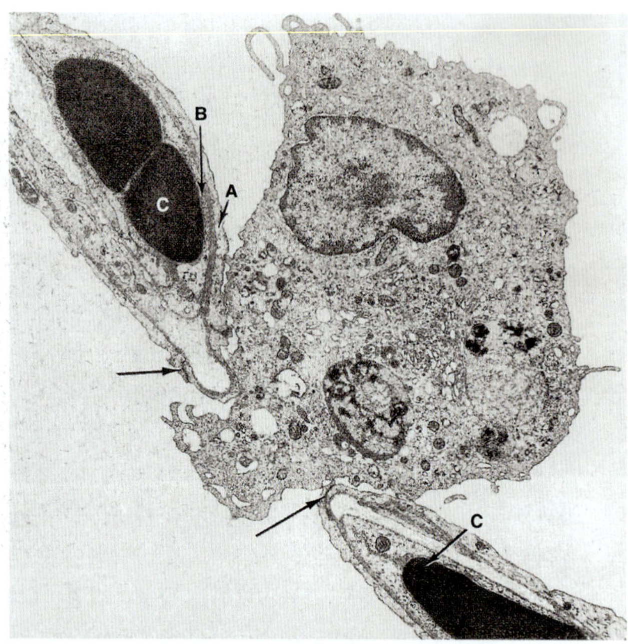

그림 9-23 • 꽈리구멍을 통해 돌출된 꽈리큰포식세포의 전자현미경사진. 이 큰포식세포는 수많은 실돌기(filopodia), 포식소체, 그리고 포식용해소체를 가지고 있다. 1형꽈리세포(A)의 얇은 세포질은 바닥판에 의해 모세혈관내피(B)와 분리되어 있다. 적혈구(C)는 모세혈관 속공간에 있다. 어두운 선(화살표)은 인접한 편평꽈리세포 사이의 치밀이음이다. (×8,100). (From Tyler W. S., Gillespie J.R., Nowell J.A. Modern functional morphology of the equine lung. *Equine Vet J* 1971;3:84–94.)

3. 가슴막 Pleura

허파가슴막(pulmonary pleura, visceral pleura)은 허파문(hilum)과 허파인대(pulmonary ligament)를 제외하고 양쪽 허파를 완전히 덮는 장막(serous membrane)이다. 이 덮개층은 다양한 양의 탄력섬유와 치밀불규칙결합조직을 덮는 편평에서 입방형 중피세포로 구성된다. 가슴막중피세포(pleural mesothelial cell)는 많은 양의 과립세포질그물과 사립체가 포함되어 있으며, 자유표면은 미세융모(microvilli)로 덮여 있다. 가장 두꺼운 부위에서 **가슴막(pleura)**의 결합조직 성분은 두 개 이상의 탄력판(elastic laminae), 많은 치밀불규칙 아교섬유다발, 허파모세혈관(pulmonary capillary)과 두 종류의 혈관으로 구성된다. 이 두 혈관에는 기관지순환계통(bronchial circulatory system)의 모세혈관과 작은세동맥(arterioles), 그리고 림프관을 포함한다. 허파모세혈관은 가스교환구역의 얇은 부위에 공급한다. 허파가슴막의 결합조직은 꽈리사이막(alveolar septa)의 결합조직과 연속적이다. 허파가슴막의 두께는 종마다, 그리고 같은 종의 다른 부위에서도 다르다. 개와 고양이에서 가슴막이 가장 얇으며, 중피밑 결합조직은 최소화되고, 혈액공급은 허파동맥에서만 받는다. 반대로, 대형 가축에서는 가슴막이 두껍다.

4. 혈관과 림프관 Blood Vessels and Lymphatics

혈액은 **허파순환계통(pulmonary circulatory system)**과 **기관지순환계통(bronchial circulatory system)**이라는 두 가지 다른 순환계통을 통해 허파로 공급된다. **허파동맥(pulmonary artery)**은 오른심실(right ventricle)에서 산소를 포함하지 않은 전체 혈액을 운반한다. 이 동맥과 그 가지들은 낮은 압력에서 작용한다. 따라서 동맥벽에는 온몸순환계통(systemic circulation system)의 비슷한 크기의 혈관보다 탄력섬유, 아교섬유, 민무늬근육세포가 적다. 허파동맥과 기관기관지나무(tracheobronchial tree)는 공통의 바깥막을 가지고 있다.

기관지동맥(bronchial artery)은 온몸동맥순환계통의 일부로서 높은 압력을 받는다. 이 계통의 혈관은 같은 크기의 다른 온몸순환계통의 동맥과 동일한 벽의 구조이다. 모든 종에서 기관지동맥은 큰기관지, 주요 허파혈관, 허파림프절에 혈액을 공급한다. 말, 소, 면양의 중간 크기의 기관지와 세기관지의 벽에서 기관지동맥순환계통과 허파동맥순환계통 사이의 연결(anastomoses)이 확인되었다.

허파에서 나오는 모든 혈액은 혈압이 낮은 **허파정맥(pulmonary vein)**에 의해서 심장으로 다시 운반된다. 개, 고양이, 말, 산양의 허파정맥은 민무늬근육이 거의 없는 얇은 벽을 가지고 있다. 반대로, 소와 돼지의 허파정맥은 큰 근육다발을 가지고 있다. 대부분 종에서 허파정맥은 소엽(lobule) 주변(periphery)에 위치하며, 소엽사이막(interlobular septa) 내에서 허파문(hilum)을 향해서 흐른다. 그러나 소, 말, 돼지, 면양에서는 허파정맥은 허파동맥의 반대편에서 기관지나무와 함께 흐른다.

허파림프관(pulmonary lymphatics)은 꽈리사이막의 사이질(interstitium)을 제외한 사이질 전체에 분포하는 모세림프관(lymph capillary)에서 시작된다. 집합림프관(collecting lymph vessel)은 꽈리, 꽈리주머니, 꽈리관, 호흡세기관지 주변을 제외한 허파의 결합조직 전체에서 발견된다.

5. 신경분포 Innervation

허파 신경분포(innervation)는 미주신경(vagus nerve)을 경유하는 부교감신경계통(parasympathetic system)과 중간목신경절(middle cervical ganglia)과 목가슴신경절(cervicothoracic ganglia)을 경유하는 교감신경계통(sympathetic system)의 두 가지 기원에서 시작된다. 또한, 허파조직으로부터 일반내장들감각신경섬유(general visceral afferent sensory fiber)도 미주신경을 통해 전달된다. 미주신경에서 나오는 신경섬유는 기도나무(airway tree)와 허파혈관(pulmonary vasculature)의 벽을 따라 서로 뒤섞여 신경얼기(plexus)를 형성하며, 신경절(ganglia)은 큰 기도의 바깥막에 존재한다. 개별 신경섬유는 동맥, 정맥, 기도 벽에 불규칙하게 분포한다. 자유신경종말(free nerve ending)은 샘 근처, 민무늬근육다발(smooth muscle bundle) 내부, 꽈리사이막(alveolar septa)에 존재한다.

제6절 조류 호흡계통
Avian Respiratory System

포유동물 호흡계통과 달리, 조류 호흡계통는 더 단순한 후두(larynx), 울대(syrinx), 4단계(4세대)의 전도기도(conducting airway), 치밀한 해면상 허파, 공기주머니(air sac)를 가지고 있다. 매우 효율적인 조류의 호흡계통은 전도기도와 공기주머니 사이에 위치한 허파조직으로 구성된다. 흡기 시에 공기는 코안으로 들어와서 허파조직을 거쳐 공기주머니에 도달하고 호기 시에는 이와 반대 방향으로 진행된다. 조류는 포유동물보다 더 천천히 더 깊게 호흡하고, 포유동물과는 달리 허파의 부피는 비교적 일정하게 유지되고, 호흡 시 공기주머니의 부피만 변화한다.

코안은 포유동물의 코안과 유사한 상피로 덮여 있는데 앞쪽은 중층편평상피, 뒤등쪽은 후각상피, 나머지 대부분은 호흡상피로 덮여 있다. 호흡상피에서 잔세포의 무리가 상피속샘을 형성한다. 쌍으로 된 큰 공기공간인 눈확아래굴(infraorbital sinus)은 코안으로 배출되이 임상적으로 흔히 호흡감염을 일으키기도 하는데, 이 굴(sinus)은 호흡상피로 덮여 있다. 큰 공기공간인 쌍을 이루는 눈확아래굴은 흔히 임상적으로 호흡감염과 관련이 있다. 이 굴은 코안으로 배출되며, 호흡상피로 덮여 있다.

후두는 성대주름이 없어 거의 발성을 할 수 없다. 기관은 기관연골이 기도를 둘러싸는 완전한 고리를 형성하는 것을 제외하면 포유동물과 구조적으로 유사하며, 연골고리는 인접한 고리에 겹쳐지고 포개진다. 기관근(trachealis muscle)은 존재하지 않으며 상피속 점액샘은 많다(그림 9-24). 연골구조와 민무늬근육 함량의 차이로 인해, 조류의 기관은 포유동물의 기관과 달리 호흡하는 동안 지름의 위상변화(phasic change)가 나타나지 않는다.

조류의 발성은 기관기관지경계(tracheobronchial junction)에 특수한 구조인 **울대(명관, syrinx)**에서 일어나는데 이것은 종에 따라 구조적으로 상당한 차이가 있다. 발성하는 동안에 진동하는 울대속막(울대속고막, intrasyringeal tym-

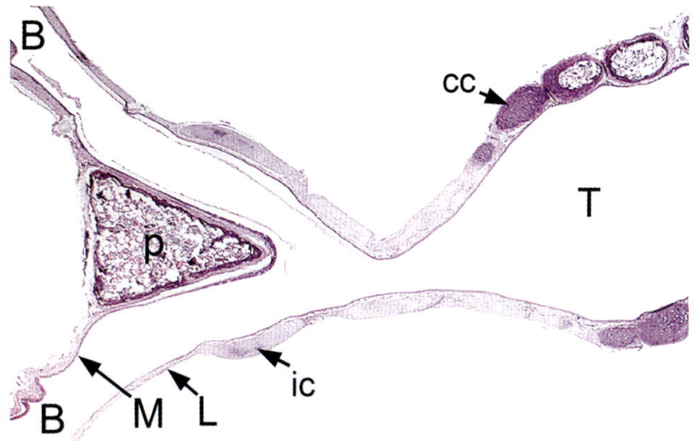

그림 9-24 • 닭 울대(syrinx)는 기관(T)과 기관지(B)의 경계에 위치한다. 안쪽(M)과 가쪽(L) 고막이 진동하여 소리를 낸다. 울대는 암컷의 경우 앞쪽연골(cc)이 3개, 수컷의 경우 4개로 이루어져 있다. 네 개의 중간연골(ic), 한 개의 쐐기뼈(p), 세 개의 뒤쪽연골(보이지 않음)이 울대의 균형을 이룬다. H&E. (×25). (Image by W.E. Haensly.)

paniform membrane)은 중층편평상피로 덮여 있다.

허파는 일차기관지, 이차기관지, 삼차기관지, 꽈리방(atria), 공기모세관(air capillary)을 포함한다. 허파밖일차기관지(extrapulmonary primary bronchus)는 허파속**일차기관지(intrapulmonary primary bronchus)** 또는 **중기관지(mesobronchus)**로 연속되며, 이것은 각각 배공기주머니(abdominal air sac) 속으로 구멍을 열면서 끝난다. 일차기관지 상피는 기관상피와 유사하다. 기관지연골은 몸쪽기관지의 안쪽을 따라 불완전하며, 먼쪽에서는 반점처럼 보인다. **이차기관지(secondary bronchus)**는 허파속일차기관지에서 갈라져 나오며, 많은 기관지가 다른 공기주머니와 연결된다. 지름이 약 100~150 μm인 **삼차기관지(tertiary bronchus)** 또는 **곁기관지(parabronchus)**는 이차기관지를 연결한다. 상피는 이차기관지에서의 호흡상피로부터 삼차기관지의 단층입방상피 또는 단층편평상피에 이르기까지 다양하다. 이차기관지와 삼차기관지의 고유판에는 나선형으로 배열된 민무늬근육 다발 그물망이 존재한다. 수많은 작은 공기공간, 즉 **꽈리방(공기소포, atrium, air vesicle)**은 삼차기관지에 열려 있으며, **꽈리방사이막(interatrial septum)**의 돌출된 끝부분에는 민무늬근육이 있으며 편평세포로 덮여 있다(그림 9-25).

조류 허파에서의 가스교환은 모세혈관(blood capillary)과 **공기모세관(air capillary)** 사이에서 일어난다. 지름이 5~15 μm인 이 공기모세관은 꽈리방으로 연결된다. 꽈리방과 공기모세관의 대부분은 단층편평상피로 덮여 있다. 가스교환구역의 상피 부분은 포유동물에서와 유사하게 1형과 2형세포로 구성되고, 포유동물의 표면활성제와 유사한 두 층의 액체피복층(biphasic fluid lining layer)도 조류에서 관찰된다.

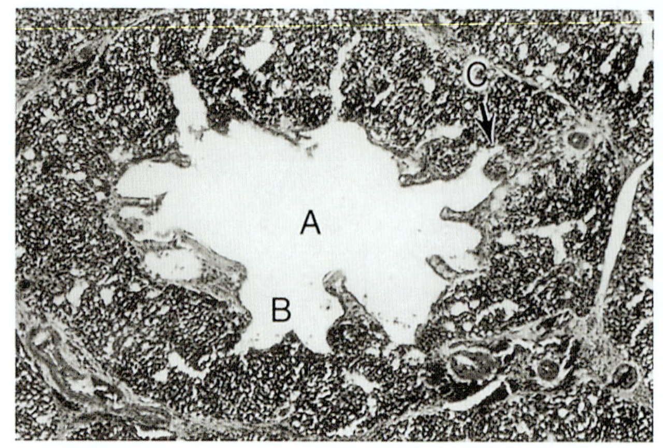

그림 9-25 • 닭 허파의 삼차기관지(곁기관지). 꽈리방(B)이 삼차기관지의 속공간(A)으로 연결된다. 공기모세관(air capillary, C)은 꽈리방(atrium)으로 연결된다. H&E. (×110).

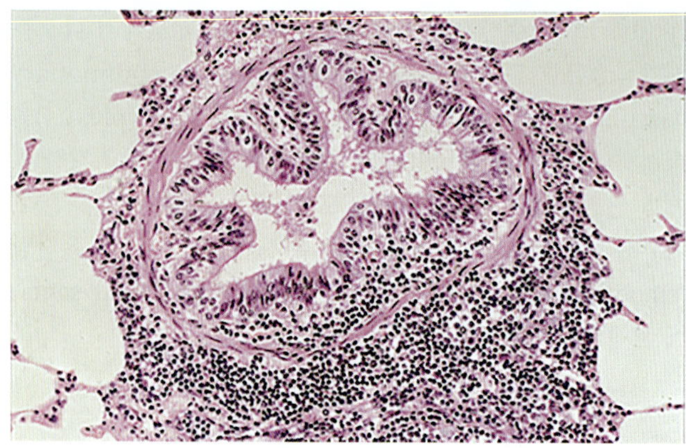

그림 9-26 • 송아지 허파의 세기관지. H&E. (Reprinted with permission from Salguero Bodes FJ, Pallares Martinez FJ. Aughey and Frye's Comparative Veterinary Histology with Clinical Correlates. 2nd ed. Boca Raton: CRC Press, 2023.)

말단 **공기주머니(air sac)**는 단층편평상피 또는 단층입방상피로 덮여 있다. 기관지 입구에 인접한 상피표면은 섬모로 덮여 있다.

임상 관련 *Clinical Correlations*

호흡기도(respiratory tract)는 흡입된 공기나 혈액 공급을 통해 들어오는 미생물이나 독성 물실과 같은 잠재적 해로운 물질에 지속적으로 노출된다. 포유동물과 조류에서 호흡기 질환은 바이러스, 세균, 곰팡이, 기생충 병원체를 포함한 매우 광범위한 원인체에 의해 발생한다. 호흡계통의 모든 부위가 질병에 영향을 받으며, 후두(larynx), 기관(trachea), 기관지(bronchi)의 염증이 흔히 발생하고, 더 깊은 기도부위에서는 다양한 유형의 폐렴(엽성폐렴, 국소폐렴, 사이질폐렴)이 나타난다. 호흡계통의 구조와 기능은 이 부위에서 관찰되는 질병 양상을 결정한다. 기관지는 기관지연관림프조직(bronchus-associated lymphatic tissue, BALT)이 자주 존재하며, 허파 감염 시 활성화되고 증식한다. 그림 9-26에서는 짙은 핵과 적은 세포질을 가진 작은 세포(림프구)로 둘러싸인 세기관지(bronchiole)가 보인다. 기관지벽으로 림프구가 침윤하는 현상은 그 배열 형태 때문에 "커핑(cuffing) 폐렴"이라고 불리며, 송아지에서 흔히 나타나는 만성 비화농성 폐렴의 한 예이다. 이 경우에 마이코플라스마 감염이 자주 관련되어 있다.

핵심 정리 *Essentials*

기관의 가로단면에서는 점막, 점막밑샘을 가진 점막밑층, 기관의 유리연골 표면을 덮는 연골막이 관찰된다. 기관의 한쪽에는 기관근(trachealis muscle)을 관찰할 수 있다. ***기관(trachea)***은 기관상피 아래에는 두꺼운 바닥막을 가진다. ***허파밖일차기관지(extrapulmonary primary bronchi)***는 기관보다 더 완전한 연골고리를 가지며, 기관지를 완전히 둘러싸는 민무늬근육의 나선형 띠를 가진다. ***허파속기관지(intrapulmonary bronchi)***는 불규칙한 연골판과 민무늬근육의 근육층(muscularis)을 가지고 있다. ***기관지(bronchus)***가 작아질수록 상피는 거짓중층섬모원주상피에서 단층섬모원주상피로 변한다. ***세기관지(bronchiole)***에는 연골판이 없지만 민무늬근육은 존재한다. ***종말세기관지(terminal bronchiole)***에는 잔세포가 거의 없고, 세기관지외분비세포(곤봉세포, bronchiolar exocrine cell, club cell)가 두드러진 세포 형태로 존재한다. 종말세기관지는 호흡세기관지로 이어지며, 몸쪽에는 세기관지외분비세포와 일부 섬모세포가 존재하고, 먼쪽에는 주로 세기관지외분비세포가 분포한다. ***호흡세기관지(respiratory bronchiole)*** 벽은 꽈리(alveoli)에 의해 중단되어 있다. 호흡세기관지는 ***꽈리관(alveolar duct)***으로 연결된다. 꽈리관은 민무늬근육이 존재하며, 상피는 단층편평상피인 1형꽈리상피세포로 이루어져 있다. 꽈리관은 ***꽈리주머니(alveolar sac)***와 ***꽈리(alveoli)***로 이어진다. 표면활성제(surfactant)를 생성하는 2형꽈리상피세포는 꽈리 사이에 위치한다. 꽈리큰포식세포(alveolar macrophage)가 꽈리 속공간에는 존재할 수 있다. 허파 안의 ***혈액공기장벽(blood-air barrier)***은 얇아 효율적인 가스교환을 가능하게 하며, 1형꽈리상피세포, 혈관 내피세포(endothelial cell), 공유하는 바닥막으로 구성된다. 허파가슴막(visceral pleura)은 얇은 중피층(mesothelial layer)으로 덮여 있으며 허파에 부착되어 밀봉하는 역할을 한다. 중피 아래에는 혈관, 림프관, 신경을 포함하는 결합조직층이 있다.

CHAPTER 10

소화계통

Digestive System

소화계통(digestive system)은 일련의 **관상장기(tubular organ)**와 **부속샘(associated gland)**으로 구성되며, 소화계통의 주요 기능은 섭취한 먹이를 작은 단위로 분해하여 순환기 내로 흡수되게 하여 생체의 유지에 쓰이도록 하는 것이다.

특수 기능에 대한 형태학적 적응(morphologic adaptation)은 가축 종(domestic species) 소화계통의 특징이다. 주로 섭취하는 먹이의 종류에 따라 치아, 위, 큰창자의 구조에서 상당한 차이가 있다. 예를 들면 육식동물의 치아는 고기를 찢기에 적합하며, 초식동물의 치아는 거친 사료를 가는 데 특화되어 있다. 되새김동물의 앞위(forestomach)와 말의 막창자(맹장)와 잘록창자(결장)는 거친 섬유질 먹이를 미생물이 용이하게 소화시킬 수 있는 구조를 가지고 있다.

큰 부속 소화샘인 침샘, 간, 이자는 소화관 밖에 위치하고 있지만, 그것은 소화관상피의 팽출(evagination)에 의해 형성된다. 이 샘의 관은 관상장기 벽을 관통하여 그 분비물을 속공간(lumen)으로 분비한다.

제1절 | 관상장기의 일반 구조 *General Structure of Tubular Organs*

일반적인 구조적 양상(pattern)이 소화계통, 호흡계통, 비뇨계통, 생식계통의 모든 관상장기에 존재한다(그림 10-1). 일반적인 구조적 유형을 숙지하는 것은 각 장기의 특성을 이해하는 데 도움을 준다. 전형적인 관상장기의 벽은 네 개의 층으로 구성된다. 각 층은 영어로 'tunic' 또는 'tela'라고 부른다. **Tela(층, 조직)**는 섬세한 그물 모양의 구조(delicate weblike structure)를 하고 있으나, **'tunic(층)'**은 더 치밀한 조직으로 구성되어 있다.

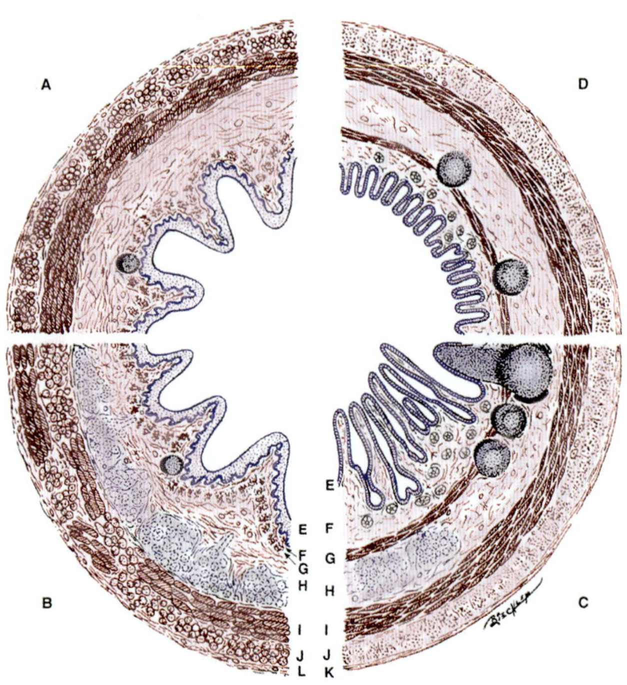

그림 10-1 • 소화관 각 부위의 가로단면 도해. 점막밑샘이 없는 식도부분(A). 점막밑샘이 있는 식도부분(B). 점막밑샘이 있는 작은창자와 점막밑샘이 없고 무리림프소절이 있는 작은창자(C). 큰창자(D). 점막: 상피(E). 고유판(F). 점막근육판(G). 점막밑층(H). 근육층: 돌림근육층(I), 세로근육층(J), 장막(K), 바깥막(L).

1. 점막 Tunica Mucosa

속공간(lumen)에 직접 접한 층을 **점막(tunica mucosa, mucosa)**이라고 부른다. 점막층은 간단하게 점막(mucous membrane 또는 mucosa)이라고도 한다. 점막은 신체의 외부와 교통하는 모든 장기의 내면을 덮고, **점액층(mucus layer)**에 의해 보호되는데, 이 점액물질은 특수한 샘에서 생산된 **점액소(mucin)**뿐만 아니라, 탈락된 상피와 백혈구를 포함한다. 입술(lip), 볼(cheek), 혀(tongue)와 같은 입안(oral cavity) 관련 또는 그 안에 있는 구조는 전형적인 관상장기는 아니지만 점막을 가지고 있다. 점막은 상피(epithelium), 고유판(lamina propria), 점막근육판(lamina muscularis)의 세 층으로 구성된다.

점막**상피(mucosal epithelium)**는 항상 바닥막(basement membrane) 위에 놓여 있으며, 장기의 특정 기능에 적합한 유형의 표면상피로 구성된다.

상피 바로 아래에 있는 결합조직층을 **고유판(lamina propria)**이라 한다. 대부분의 장기에서 이 부분은 전형적인 결합조직세포와 더불어 섬세한 아교섬유, 탄력섬유, 그물섬유를 포함하는 성긴결합조직이다(3장 참조). 고유판은 면역기능을 가진 T림프구와 B림프구를 가지고 있기 때문에 퍼진림프조직으로 분류하기도 한다. 림프구는 상피를 통과해 들어가는 상해인자에 대한 면역반응을 개시한다. 고유판에는 상피에 영양분을 공급하기 위한 혈관과 함께 모세림프관과 신경이 분포하고 있다. 어떤 장기의 고유판에서는 점막에 국한하여 존재하는 **점막샘(mucosal gland)**이 관찰된다.

점막근육판(lamina muscularis)은 **점막근육(muscularis mucosae)**이라고도 하는데, 항상 있는 것은 아니다. 이것은 한 층 내지 세 층의 민무늬근육층으로 구성된다. 점막근육판은 점막이 독립적으로 움직일 수 있게 하는데, 이것은 창자 내용물의 이동 또는 점막샘의 분비를 돕는다.

2. 점막밑층 Tela Submucosa

점막밑층(tela submucosa, submucosa)은 **점막밑샘(submucosal gland)**을 포함하는 한 층의 결합조직층으로 이루어져 있다. 대부분의 장기에서 점막밑의 결합조직은 고유판의 결합조직보다 더 치밀하다. 이곳에는 혈관, 림프관, 자율신경계통의 신경절신경얼기인 **점막밑신경얼기(submucosal plexus, Meissner's plexus)**가 분포되어 있다. 점막근육판이 없는 장기에서는 고유판과 점막밑층이 명확한 경계 없이 섞여 **고유판-점막밑층(propria-submucosa)**을 형성한다.

3. 근육층 Tunica Muscularis

근육층(tunica muscularis, muscularis externa)은 민무늬근육층 또는 뼈대근육층이며, 이것은 소화관내의 섭취물을 이동시키고, 샘분비물과 섭취물이 서로 섞이게 한다. 소화계통 관상장기의 근육층은 보통 두 개의 층이 존재한다. 속층의 근육섬유는 돌림방향으로 또는 치밀하게 코일처럼 배열되어 있고, 바깥층의 근육섬유는 세로배열이거나 또는 성글게 코일처럼 배열된다. 이들 두 층 사이에는 자율신경계통의 신경절신경얼기(ganglionic nerve plexus)인 **근육층신경얼기(myenteric plexus, Auerbach's plexus)**가 존재한다.

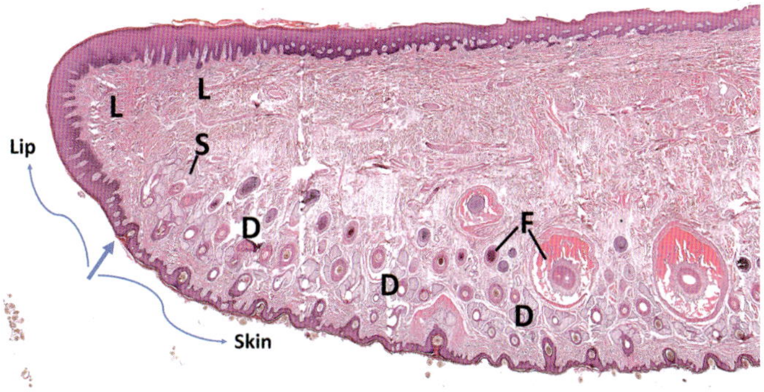

그림 10-2 • 면양의 입술. 피부의 각질중층편평상피와 점막의 경계(화살표). 털주머니(hair follicles, F)와 기름샘(sebaceous gland, S)이 피부의 진피(dermis, D)에서는 존재하는 반면 입술의 고유판(lamina propria, L)에서는 관찰되지 않는다. H&E. (×20). (Image by J. Feng.)

4. 장막 또는 바깥막 Tunica Serosa/Adventitia

소화관의 가장 바깥층은 장막(tunica serosa) 또는 바깥막(tunica adventitia)이다. 장막**(tunica serosa, serous membrane, serosa)**은 결합조직층과 이것을 덮는 중피(mesothelium)로 구성된다. 가슴막안(pleural cavity), 심장막안(pericardial cavity), 배막안(복막안, peritoneal cavity)에 싸인 장기는 장막으로 덮여 있다. 이 장막은 위치에 따라 가슴막, 심장바깥막(epicardium), 그리고 배막(복막, peritoneum)이라고 하는 특수한 명칭으로 부른다. 체강에 면하지 않은 장기, 즉 식도의 목부위(cervical portion)에는 중피가 없다. 이들은 **바깥막(tunica adventitia, adventitia)**이라는 결합조직층을 가지고 있으며, 주위의 근막과 섞여 있다(그림 10-1).

제2절 입안 *Oral Cavity*

1. 입술 Lips

입술(lip)는 외피에서 소화계통으로 이행하는 부위로 입술의 바깥쪽은 피부로, 안쪽은 점막으로 각각 덮여 있다. **점막피부경계(mucocutaneous junction)** 근처의 피부는 털주머니가 없고, 표피는 더 두껍고 아래층의 결합조직과 더욱 정교한 깍지결합(interdigitation)을 하고 있다(그림 10-2). 입술의 점막은 되새김동물과 말에서는 각질중층편평상피로 덮여 있고, 육식동물과 돼지에서는 비각질중층편평상피로 덮여 있다. 고유판과 점막밑층은 뚜렷한 경계 없이 이어진다. 장액성 또는 장점액성의 작은 침샘인 **입술샘(labial gland)** 무리가 고유판-점막밑층에 분포한다. 근육층은 뼈대근육섬유로 된 입둘레근육(orbicularis oris muscle)으로 구성된다.

2. 볼 Cheeks

볼(cheeck)은 입술과 마찬가지로 바깥은 피부로 덮여 있고, 중간 근육층, 즉 볼근(buccinator muscle)과 안쪽의 점막으로 구성되며, 점막은 특정한 부위 또는 동물에 따라서 각질 또는 비각질중층편평상피로 덮여 있다. 되새김동물의 점막에는 육안으로도 관찰할 수 있는 뒤쪽으로 향하고 있는 원뿔모양 **볼유두(buccal papillae)**가 분포하고 있어서 사료의 채식(prehension)과 저작(mastication)에 도움을 준다(그림 10-3). **볼샘(buccal gland)**은 작은 침샘의 하나로서 볼의 고유판-점막밑층과 뼈대근육다발 사이에 존재하는데 일부 분비단위는 진피에까지 연장되어 있다. 볼샘은 복합대롱꽈리샘(compound tubuloacinar gland)이며 위치와 종에 따라 장액샘, 점액샘

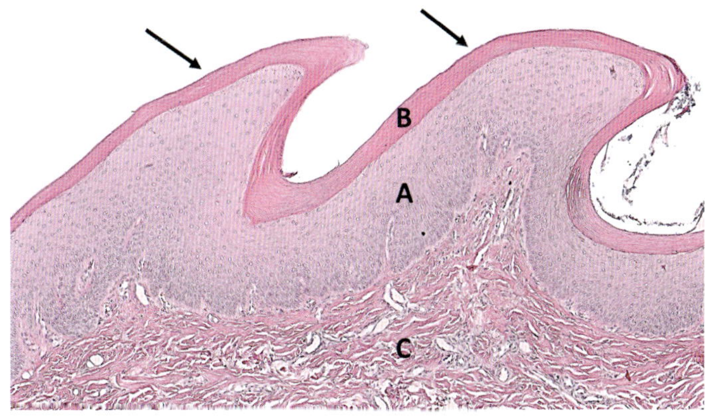

그림 10-3 • 소의 볼. 각질층(B)를 가진 중층편평상피(A)로 덮여 있는 원뿔볼유두(conical buccal papillae)(화살표), 고유판(C). H&E. (×100). (Image by J. Feng.)

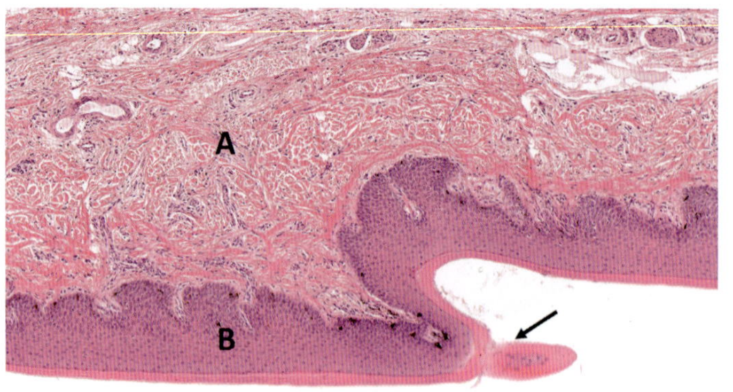

그림 10-4 • 소의 단단입천장 점막. 고유판-점막밑층(A), 각질중층편평상피(B), 점막주름(ruga)의 뒷면(화살표). H&E. (×100). (Image by J. Feng.)

또는 혼합샘으로 되어 있다.

3. 단단입천장 Hard Palate

단단입천장(hard palate)의 뼈는 점막으로 덮여 있는데, 그것은 **주름(rugae)**이라는 일련의 가로융기(transverse ridge)를 형성한다. 점막은 각질중층편평상피로 덮여 있는데, 되새김동물에서 특히 두껍다(그림 10-4). 고유판에는 잘 발달된 유두층이 있는데 이것은 점막근육판이 없이 고유판-점막밑층을 형성한다. 고유판-점막밑층은 아교섬유와 그물섬유의 치밀한 그물망(dense network)으로 구성되며, 인접한 뼈막(periosteum)과 융합된다. 모세혈관과 정맥의 치밀한 그물망이 고유판-점막밑층으로 침투해 들어와 있는데, 말에서 특히 잘 발달되어 있다. 작은침샘의 일종으로 분지대롱꽈리 점액샘과 장액점액샘인 **입천장샘(palatine gland)**이 돼지를 제외한 모든 포유동물의 단단입천장점막의 뒤쪽 부분에 존재한다. 단단입천장 점막의 앞부분은 되새김동물에서 특별히 두꺼워서 **치아받침(dental pad, pulvinus dentalis)**을 형성하고 있다. 치아받침은 두꺼운 치밀불규칙결합조직층과 그 위에 심하게 각질화된 중층편평상피로 이루어져 있다(그림 10-5). 아래턱앞니(lower incisor teeth, inferior incisor teeth)는 치아받침을 누름으로써 풀을 뜯을 때 풀을 단단히 잡도록 한다.

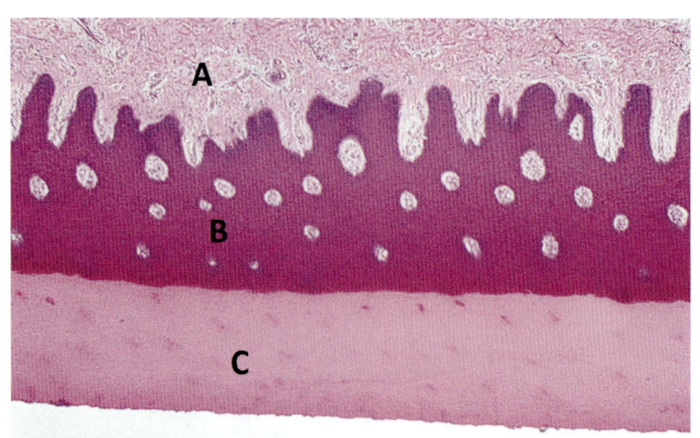

그림 10-5 • 면양의 치아받침(dental pad). 중층편평상피(B)와 깍지결합을 하고 있는 유두를 가진 고유판-점막밑층(A)과 매우 두꺼운 각질층(C). H&E. (×48).

4. 물렁입천장 Soft Palate

물렁입천장(soft palate)은 중심부에 뼈대근육이 있고, 그 양쪽면을 점막이 덮고 있다. 배쪽면인 입인두면(oropharyngeal surface)은 중층편평상피로 덮여 있다. 등쪽면인 코인두면(nasopharyngeal surface)은 앞쪽은 거짓중층섬모원주상피로, 뒤쪽은 중층편평상피로 덮여 있다. 이 두 상피 사이에는 이행상피로 구성되는 좁은 이행층(transitional zone)이 존재한다. 고유판-점막밑층에는 분지대롱꽈리 점액샘과 장액점액샘인 **입천장샘(palatine gland)**이 존재한다. 입인두면과 코인두면 점막에는 림프조직(lymphatic tissue)이 있는데 돼지와 말의 입인두면에는 육안으로 볼 수 있는 **편도(tonsil)**가 존재한다. 세로로 배열된 뼈대근육섬유, 즉 입천장근(palatinus muscle)과 결합조직이 두 점막 사이에 위치하고 있다.

5. 혀 Tongue

혀**(tongue)**는 점막으로 덮여 있는 근육기관이다. 혀는 먹이 잡아줘(채식, prehension), 씹기(저작, mastication), 그리고 삼킴(deglutition)에 중요하다.

1) 혀유두 Lingual Papillae

혀는 중층편평상피로 덮여 있다. 혀의 등쪽면은 두껍고 각질화되어 있으며, 배쪽면은 얇고 비각질화되어 있다. 등쪽면에는 육안으로 관찰할 수 있는 수많은 **혀유두(lingual papilla)**가 있다. 이들은 모양이 서로 다르고 형태적 특징에 따라 각기 다른 명칭을 가지고 있는데, 기계적 기능(mechanical function)이나 미각기능(gustatory function)을 수행한다. 실유두(filiform papillae), 원뿔유두(conical papillae), 렌즈유두(lenticular papillae)는 기계적인 작용으로 입안의 섭취물 이동을 용이하게 한다. 버섯유두(fungiform papillae), 성곽유두(vallate papillae), 잎새유두(foliate papillae)는 맛봉오리(taste bud)를 갖고 있어 맛을 감지하는 미각기능에 관여한다.

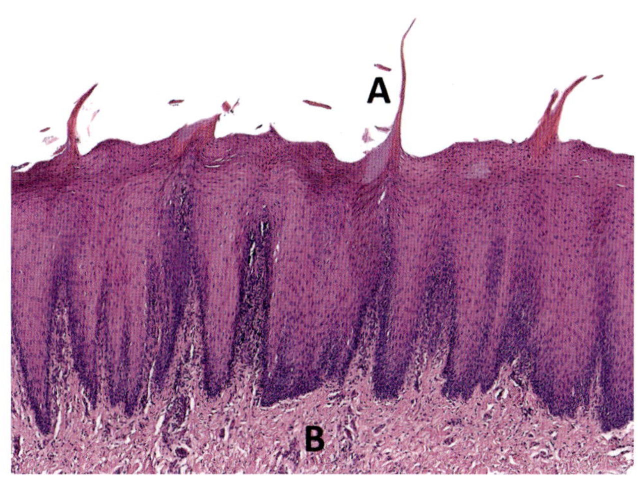

그림 10-6 • 말 혀. 실유두가 혀 등쪽의 중층편평상피 표면으로부터 뻗어 나와 각질화된 실모양의 실유두가 관찰된다(A), 고유판(B). H&E. (×80). (Image by J. Feng.)

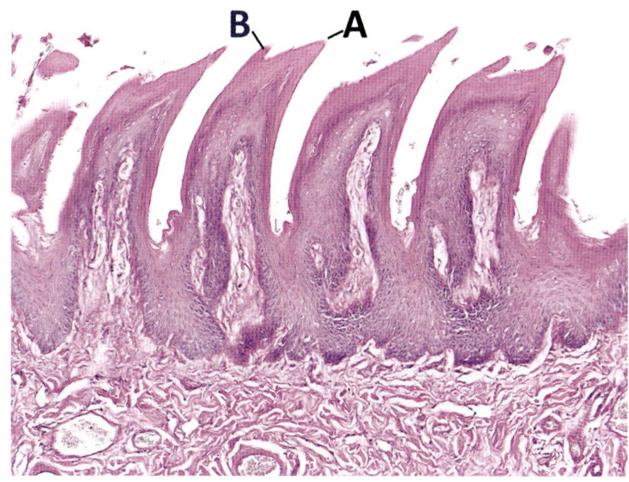

그림 10-8 • 개 혀. 꼭대기가 뒤쪽으로 향하고 있는 두 개의 가시(A, B)를 가진 실유두. H&E. (×120). (Image by J. Feng.)

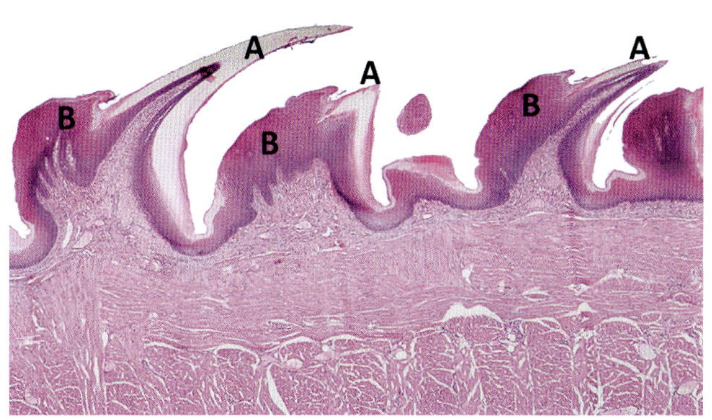

그림 10-7 • 고양이 혀. 뒤융기로부터 나와서 뒤쪽을 향해 뻗어 있는 각질화된 가시를 가진 실유두(A)와 지지하고 있는 앞유두(B). H&E. (×80). (Image by J. Feng.)

(1) 실유두 Filiform Papillae

실유두(filiform papilla)는 혀유두 중에서 가장 많이 관찰된다. 실유두는 가늘고 끝이 뾰족한 모양으로 혀표면에 돌출되어 있으며, 두꺼운 각질층을 가진 중층편평상피로 덮여 있다. 이 유두는 혈관이 잘 발달된 결합조직 중심(core)에 의해 지지되고 있다. 말의 실유두는 혀표면에 돌출된 각질화된 매우 가는 돌기로 이루어져 있다(그림 10-6). 결합조직의 중심은 이 각질화된 실모양의 돌기 바닥부분에서 끝난다. 되새김동물에서는 각질화된 원뿔모양 돌기가 혀표면에 돌출되고, 결합조직 중심은 몇 개의 이차유두를 가지고 있다. 고양이에서는 크기가 서로 다른 두 개의 융기를 가진 큰 유두가 있다(그림 10-7). 뒤융기(caudal prominence)는 특히 크며 뒤쪽으로 향한 각질가시(keratinized spine)를 내는데, 이 가시는 얇은 각질층을 가진 보다 둥근 모양의 앞유두(rostral papilla)에 의해서 지지된다. 개의 실유두는 두 개 이상의 정점(apices)을 가지는데, 그중 뒤꼭대기(caudal apex)가 가장 크고, 가장 두꺼운 각질층을 가지고 있다(그림 10-8).

(2) 원뿔유두 Conical Papillae

원뿔유두(conical papilla)는 개, 고양이, 돼지에서는 혀뿌리 부분에 있고, 되새김동물에서는 **혀융기(torus linguae)**에 위치하고 있다(아래 혀의 특수구조 참조). 이 유두는 실유두보다 크고 일반적으로 각질화 정도가 낮으며, 일차와 이차 결합조직유두(connective tissue papillae)를 모두 가지고 있다. 돼지에서 이 유두는 중심부에 림프조직(core of lymphatic tissue)을 가지고 있어서 **편도유두(tonsillar papillae)**라고 부르고, 이들은 모여서 **혀편도(lingual tonsil)**를 이룬다.

(3) 렌즈유두 Lenticular Papillae

렌즈유두(lenticular papilla)는 되새김동물의 혀융기(torus linguae)에서 관찰되는 납작한 볼록렌즈 모양의 유두이다. 이 유두는 각질중층편평상피로 덮여 있고 그 중심에는 치밀불규칙결합조직이 있다.

(4) 버섯유두 Fungiform Papillae

버섯유두(fungiform papilla)는 실유두 사이에 불규칙하게 흩어져 있으며, 말과 돼지에서는 돔모양(dome-shaped)이다(그림 10-9). 이 유두의 모양은 버섯(mushroom)을 연상시키기 때문에 버섯유두(fungiform)라고 부른다. 이 유두는 위쪽 표면에 한 개 이상의 맛봉오리(taste bud)를 가진 비각질중층편평상피로 덮여 있다. 맛봉오리는 말과 소의 혀에는 드물고, 면양과 돼지에는 조금 더 있으며 육식동물과 산양에서 풍부하

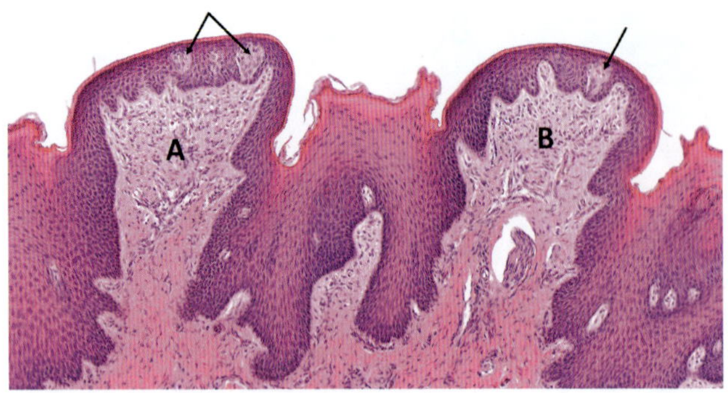

그림 10-9 • 산양(goat) 혀. 맛봉오리(화살표)를 가진 두 개의 버섯유두(A, B). H&E. (×130). (Image by J. Feng.)

게 관찰된다. 유두 중심부의 결합조직에는 혈관과 신경이 풍부하게 분포한다.

(5) 성곽유두 Vallate Papillae

성곽유두(vallate papilla)는 혀의 등쪽면(the dorsum of the tongue) 혀뿌리의 바로 앞쪽에 위치하고 있다. 이 유두는 크고 편평한 모양으로, 상피로 덮인 고랑(sulcus)에 의해 완전하게 둘러싸여 있다(그림 10-10). 이 유두는 혀표면으로 약간만 돌출되어 있으며 중층편평상피로 덮여 있다. 고랑의 유두 옆면 상피 속에는 많은 맛봉오리가 있다. 고랑의 깊은 부위 밑에는 장액성 **미각샘(gustatory gland)** 집난이 위치하고 있는데, 이 샘의 관은 고랑의 여러 부위로 구멍을 열고 있다(그림 10-10). 유두의 밑에는 점액샘이 나타나기도 하는데, 이들의 분비물은 혀표면으로 바로 유출된다. 유두 중심부의 결합조직에는 많은 혈관과 신경이 분포되어 있다. 성곽유두의 수는 종에 따라 다양한데, 말과 돼지에서는 전형적으로 한 쌍이 존재하고, 육식동물에서는 4~6쌍이 존재하고, 되새김동물에서는 8~24쌍이 존재한다.

(6) 잎새유두 Foliate Papillae

잎새유두(foliate papilla)는 점막의 평행한 주름(parallel fold)으로 입천장혀활(palatoglossal arch)의 바로 앞의 혀 가장자리에 위치한다. 맛봉오리는 주름의 가쪽면 상피 속에 존재한다. 주름(fold)은 맛고랑(gustatory sulci)에 의해서 분리되어 있다(그림 10-11A). 맛고랑의 깊은 층에는 장액성 미각샘(serous gustatory gland)이 놓여 있고, 관은 고랑으로 구멍을 연다. 잎새유두는 되새김동물에는 없고, 고양이에서는 흔적으로 남아 있으며 맛봉오리가 없다.

(7) 맛봉오리 Taste Buds

맛봉오리(taste bud)는 버섯유두, 성곽유두, 잎새유두의 중층편평상피속에 매몰되어 있는 타원형의 특수한 상피세포 무리이며, 실유두에는 없다. 맛봉오리는 물렁입천장, 후두덮개(epiglottis), 또는 입안과 인두의 다른 부위에도 널리 분포되어 있다. 맛봉오리는 방추모양 상피세포무리로 이루어져 있는데, 이 세포무리는 바닥막으로부터 상피표면에 있는 작은 **맛구멍(taste pore)**에까지 연장되어 있다(그림 10-11B). 대부분의 포유동물의 맛봉오리에서는 세 종류의 세포가 관찰된다. 이 세포는 각각 1형, 2형, 3형의 세포로 부른다. 1형세포(type I cell)와 2형세포(type II cell)의 꼭대기에는 맛구멍으로 뻗어 있는 미세융모(apical microvilli)가 있다. 반면, 3형세포(type III cell)는 역시 맛구멍으로 뻗어 있는 곤봉모양 꼭대기를 가지고 있다. 3형세포는 상피속민말이집들신경섬유(intraepithelial nonmyelinated afferent nerve fiber)와 인접한 부위의 세포질내에 연접소포(synaptic vesicle)와 유사한 소포 무리가 특징적으로 관찰된다. 따라서 3형세포가 **화학수용기세포(chemoreceptor cell, taste cell)**로 생각되고, 반면에 1형세포와 2형세포는 **버팀세포(sustentacular cell, supporting cell)** 역할을 하는 것으로 생각된다. 이들 세포의 평균 수명은 대략 10일 정도이며, 봉오리주위(perigemmal region)에 위치하고 있는 유사분열세포로부터 새로운 세포가 생성된다.

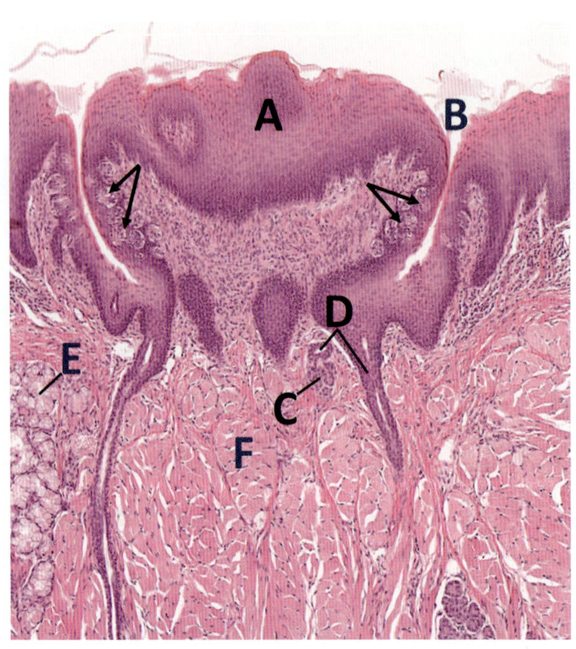

그림 10-10 • 포유동물 혀. 고랑(B)에 둘러싸인 성곽유두(A), 상피 속에 있는 맛봉오리(화살표), 고랑으로 구멍을 열고 있는 장액성 미각샘(C)과 도관(D), 점액샘(mucous glands)(E), 가로무늬근육섬유(striated muscle fiber)(F). H&E. (×100). (Image by J. Feng.)

(8) 혀근육 Lingual Muscles

고유혀근(proper lingual muscle, intrinsic lingual muscle)은 세로, 가로, 수직으로 배열된 뼈대근육다발로 구성된다

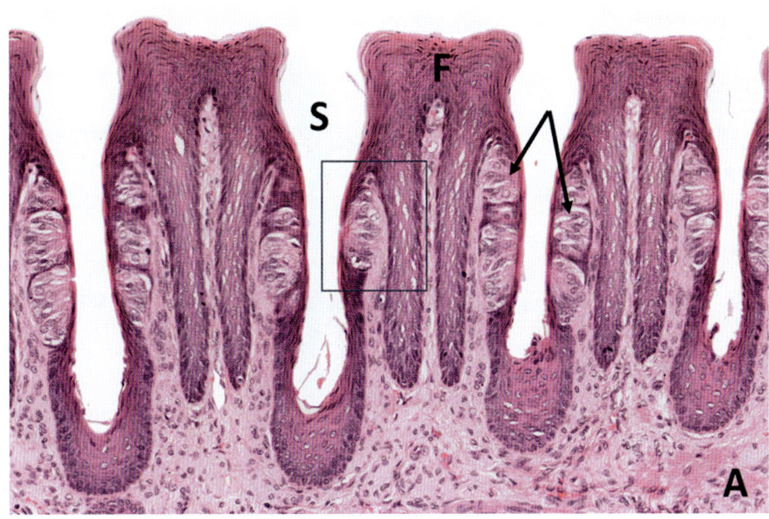

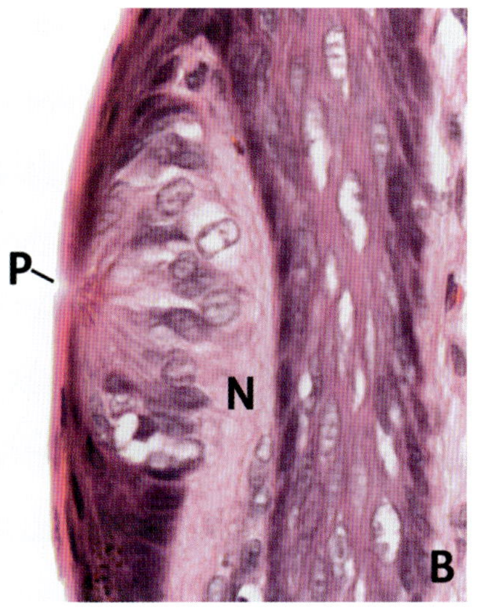

그림 10-11 • 토끼 혀. 뚜렷한 맛봉오리(화살표)를 가진 잎새유두(F)와 깊은 미각 고랑(S)(A, ×100). 왼쪽 사진에서 박스로 표시된 부위의 맛봉오리 확대 사진(B, ×600). 맛구멍(taste pore)과 민말이집신경섬유(N). H&E. (Image by J. Feng.)

(그림 10-12). 이러한 근육섬유의 다양한 배열 때문에 혀는 사료를 입안으로 넣거나 입안에서 사료를 이동시킬 때 용이하다.

혀의 배쪽면(ventral surface)은 비각질중층편평상피로 덮여 있다. 점막은 풍부한 모세혈관, 동정맥연결(arteriovenous anastomoses), 혀의 동·정맥 분지를 포함한다. 이들은 체온조절에 관여한다.

혀의 근육섬유 사이와 고유판-점막밑층에는 작은 장점액 침샘(minor salivary gland)의 무리가 흩어져 존재하는데, 이들을 총괄하여 **혀샘(lingual gland)**이라고 부른다.

2) 혀의 특수구조 Special Lingual Structures

육식동물 **혀속덩이(lyssa)**는 치밀불규칙결합조직 피막에 싸인 끈모양 구조(cordlike structure)로서 혀끝(apex)의 배쪽면 가까이 정중선상에 세로로 뻗어 있다. 개 혀속덩이는 지방조직, 뼈대근육, 혈관, 신경으로 채워져 있으나, 고양이에서는 주로 백색지방조직으로 채워져 있다(그림 10-12). 돼지의 혀도 이와 비슷한 구조를 가지고 있다. 말의 혀 정중등쪽에는 유리연골, 뼈대근육, 백색지방조직을 갖는 정중등쪽 섬유탄력끈(fibroelastic cord)이 존재한다. 이것을 **혓등연골(lingual dorsal cartilage, dorsal lingual cartilage)**이라고 부른다.

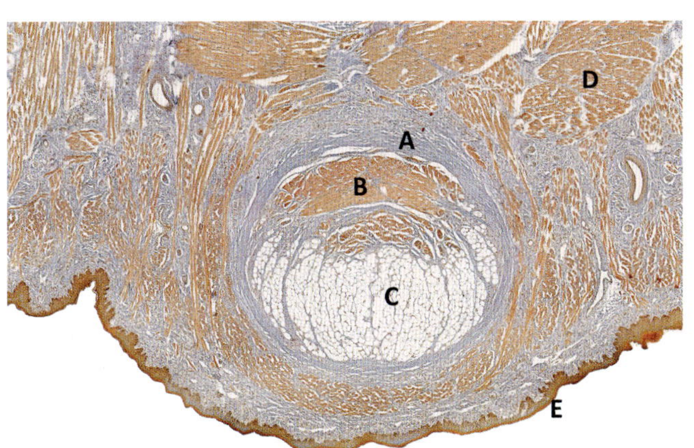

그림 10-12 • 개의 혀속덩이(lyssa). 치밀불규칙결합조직(A)이 등쪽으로는 뼈대근육(B)을, 배쪽으로는 백색지방조직(C)을 에워싸고 있다. 고유혀근(D), 혀의 배쪽면(E). Trichrome staining. (×30). (Image by J. Feng.)

되새김동물 혀는 **혀융기(torus linguae)**라고 하는 큰 돌출구조를 가지고 있는데, 이것은 혓등 뒤부위(caudal portion of the dorsum)를 덮고 있고 두꺼운 점막이 특징적이다. 결합조직 유두는 대부분 상피의 표면까지 연상되어 있고 혀의 다른 부분에서보다 더 두껍다. 렌즈유두(lenticular papillae)와 원뿔유두(conical papillae)가 이 부위의 표면에 흩어져 있다.

6. 치아 Teeth

치아(teeth)는 고도로 석회화된 구조로서, 포유동물에서는 사료를 섭취하고(procuring) 절단하며 분쇄시키는 작용을 하고, 또한 치아는 공격과 방어를 위한 무기로 사용되기도 한다. 치아는 고도로 석회화된 바깥부분과 **치수(dental pulp)**를 간직하고 있는 내부의 **치수공간(pulp cavity, dental cavity)**으로 구성되어 있으며, 치수에는 혈관, 림프관, 신경이 분포하고 있다(그림 10-13).

1) 짧은치아와 긴치아 Brachydont and Hypsodont Teeth

포유동물에서는 **짧은치아(brachydont teeth)**와 긴치아

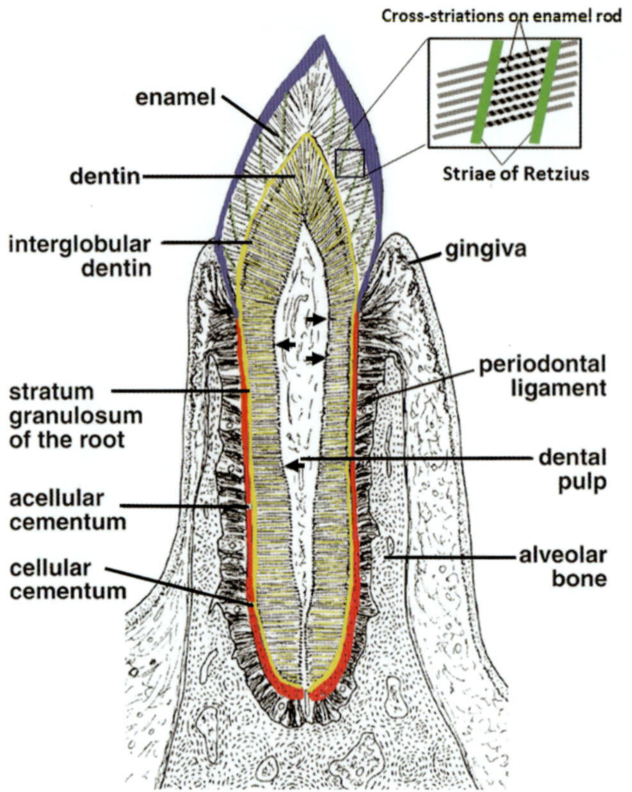

그림 10-13 • 짧은치아 세로단면의 도해. 치수가 치아의 치수공간을 채우고 있다. 치수의 주변부에서 상아질모세포의 위치는 화살표로 나타내었다. 상아질모세포의 돌기들은 상아질세관을 통과하여 바깥을 향하여 뻗어 있다. (From Dellmann HD. Veterinary Histology: An Outline Text—Atlas. Philadelphia: Lea & Febiger, 1971.; Modified by J. Feng).

(hypsodont teeth)의 두 종류의 치아가 있다. 이들 치아는 성장속도와 무기물층의 배열이 서로 다르다.

(1) 짧은치아 Brachydont Teeth

짧은치아(brachydont teeth)는 길이가 짧고 치아의 맹출(eruption)이 끝나면 성장이 멈추게 된다(그림 10-13). 짧은치아는 잇몸(gingiva) 위로 솟아 있는 부분인 **치아머리(dental crown)**, 잇몸선(gingival line) 바로 아래의 극히 좁은 부분인 **치아목(dental neck)**, 치아 아래에 있는 한 개 이상의 **치아뿌리(dental root)**로 구성된다. 치아뿌리는 **이틀(dental alveolus)** 또는 **치아확(dental socket)**이라는 뼈로 된 소켓(socket)에 매몰되어 있다. 치아머리는 치아목(neck)까지 내려가며, 사기질에 의해 덮여 있다. 치아뿌리는 시멘트질에 의해 덮여 있는데, 치아목에서 사기질과 살짝 겹칠 수 있다. 사기질과 시멘트질 아래에는 두꺼운 상아질이 존재한다. 짧은치아는 육식동물과 사람의 모든 치아, 되새김동물의 앞니(incisor teeth), 돼지의 송곳니를 제외한 모든 치아가 이에 해당된다.

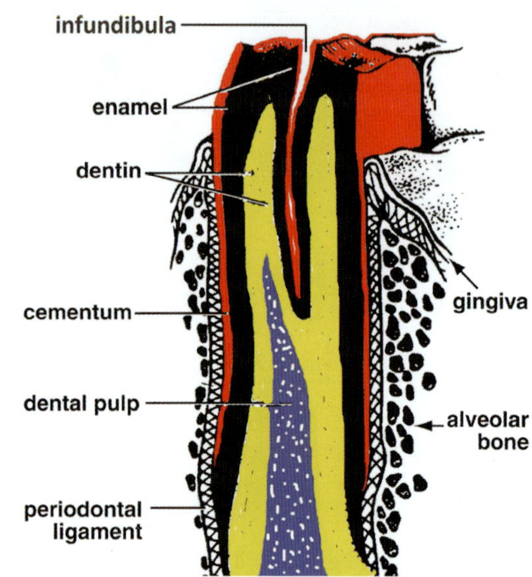

그림 10-14 • 긴치아 세로단면의 도해. (Modified by J. Feng.)

(2) 긴치아 Hypsodont Teeth

긴치아(hypsodont teeth)는 짧은치아보다 훨씬 긴 치아로서, 잇몸선 아래까지 연장되는 '치아몸통(body)'이라고도 하는 길다란 치아머리(crown)가 특징이다. 일부 종에서는 치아뿌리가 상당히 늦게 형성되거나(말의 치아), 돼지 송곳니(tusk)와 설치류 앞니(incisor)처럼 아예 존재하지 않아, 동물의 전 생존기간은 아니지만, 동물이 완전히 성장할 때까지 계속해서 발육한다(그림 10-14). 짧은 치아와 달리 긴치아는 시멘트질이 잇몸선 위와 아래의 전체 치아머리를 덮고 있다.

시멘트질 아래에는 치아몸통 전체와 치아뿌리의 거의 꼭대기까지 사기질층이 존재한다. 사기질층은 상아질 안으로 함입되어 들어가 **깔때기(infundibula)**를 형성하는데, 깔때기는 씹는면(교합면, occlusal surface)으로부터 치아 속으로 함입되어 들어간 부분을 말한다(그림 10-14). 치아의 옆면을 따라 함입된 부분은 **사기질주름(enamel plicae)**을 형성하는데, 말과 되새김질동물의 어금니(작은어금니와 큰어금니)의 특징이다. 각 어금니의 씹는면은 석회화된 조직의 불규칙한 마모때문에 울퉁불퉁하다. 사기질은 석회화된 조직 중에 가장 단단하기 때문에 마모에 가장 강하고 날카로운 **사기질능선(enamel crest, enamel ridge, enamel loph)**을 형성하여 솟아나 있다. 상아질과 시멘트질은 마모에 대한 저항성이 상대적으로 적어 보다 쉽게 닳아 없어진다. 이러한 울퉁불퉁한 사기질능선은 불규칙한 치아 표면을 만들어 음식을 가는 데 매우 효과적이다.

2) 구조 Structure

치아의 석회화된 조직은 사기질, 상아질, 시멘트질이다. 이들

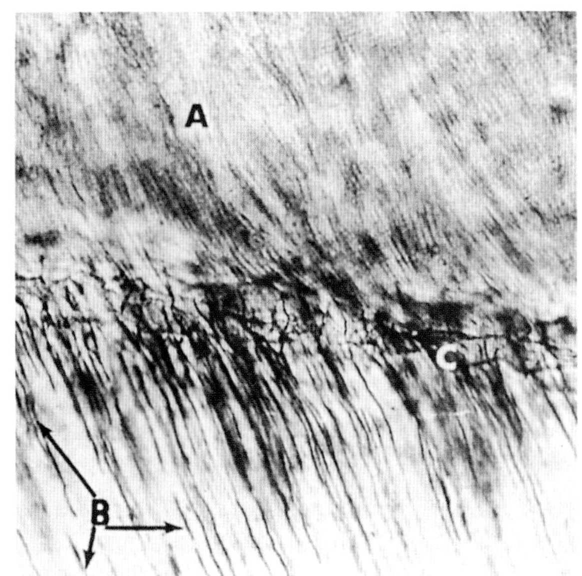

그림 10-15 ◦ 사람의 연마치아. 사기질(A)과 상아질(B)과의 경계. 많은 뚜렷하지 않은 가로줄무늬를 가진 수많은 사기질기둥을 사기질층에서 볼 수 있다. 곧은 상아질세관(dentinal tubules)(dark line, 상아질에서 화살표가 지시하는 것)은 상아질모세포돌기의 살아있는 상아질조직으로의 침투를 촉진한다. 사기질과 상아질 경계부위(C)에서 상아질세관은 방향을 바꾸어 꾸불꾸불하게 꼬이는데, 그들 사이공간에 구슬사이상아질(interglobular dentin)을 형성한다. 염색안함. (×235).

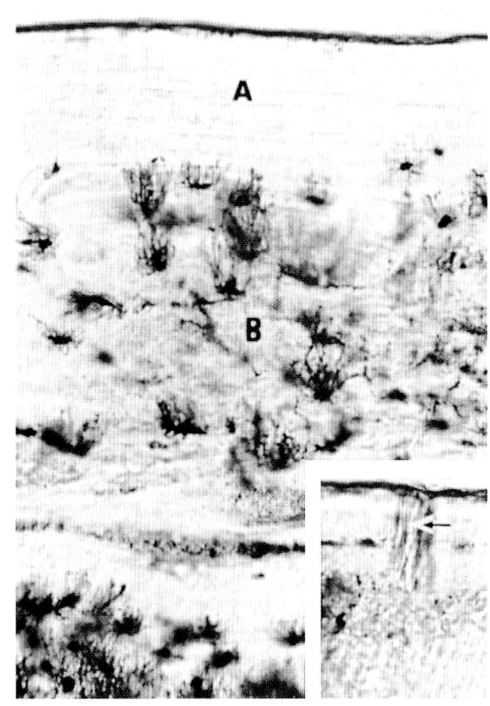

그림 10-16 ◦ 사람의 연마치아. 무세포시멘트질의 층판(A)은 치아뿌리의 표면에 평행하게 배열되어 있다. 시멘트질세포를 가진 세포시멘트질(B). (×185). 삽입그림: 시멘트질이틀섬유(화살표)가 시멘트질에 묻혀 있다. 염색안함. (×185).

각 조직은 서로 다른 기원을 가지며 형태와 석회화 정도에도 차이가 있다.

(1) 사기질 Enamel

사기질(enamel)은 짧은치아에서는 치아머리의 바깥면을 덮고 있지만, 긴치아에서는 시멘트질 밑에 위치한다. 사기질은 신체에서 가장 단단한 부위로 중량의 99%는 무기질, 즉 **수산화인회석결정(hydroxyapatite crystal)**이고, 1%는 유기질로 구성된다. 조직학적으로 사기질은 **사기질기둥(enamel prism)**이라고 부르는 길고 가는 기둥으로 이루어져 있는데, 이 기둥은 **기둥사이사기질(interrod enamel)**에 의해서 서로 지지되고 있다. 사기질기둥은 상이질-사이질 교차점으로부터 거의 수직방향으로 사기질 표면으로 뻗어 있다. 각각의 사기질기둥은 뚜렷하지 않은 가로줄무늬(cross-striation)가 나타나는데(그림 10-13, 10-15), 치아발생과정 동안에 매일 있었던 사기질 침착을 나타내는 것이다.

사이질기둥을 비스듬하게 가로지르는 보다 잘 볼 수 있는 선 또는 띠들은 **사기질성장선(incremental line, line of Retzius)**이며, 사기질의 보다 긴 기간(weekly)의 주기적 침착을 나타낸다(그림 10-13). 사기질은 사기질기관(enamel organ)의 속사기질상피(inner enamel epithelium)로부터 분화되는 **사기질모세포(ameloblast)**에서 생산된다(아래 발생 부분 참조). 사기질모세포는 완전히 발달한 짧은치아에서는 없어지지만, 긴치아의 바닥부에는 적은 수의 원주형세포가 남아 계속해서 사기질을 생산한다.

(2) 시멘트질 Cementum

시멘트질(cementum)의 구조는 뼈와 유사하다. **무세포시멘트질(acellular cementum)**은 치아의 표면에 평행하게 배열된 층판으로 구성된다(그림 10-13, 10-16). **세포시멘트질(cellular cementum)**은 **시멘트질세포(cementocyte)**를 가지고 있는데, 이 세포는 뼈조직에서와 유사하게 **방(lacuna)**속에 위치하며, 시멘트질 바탕질내로 모세관을 뻗고 있다(그림 10-13, 10-16). **시멘트질이틀섬유(관통섬유, cementoalveolar fiber, perforating fiber, Sharpey's fiber)**라고 불리는 아교섬유다발은 이틀뼈(alveolar bone)로부터 치아의 시멘트질까지 뻗어 있다(그림 10-16). 이들 섬유는 합쳐서 **치아주위인대(치주인대, periodontal ligament)**를 형성하여 치아를 이틀(alveolus)에 고정시키는 역할을 한다. 시멘트질과 치아주위인대가 만나는 부위에 자리하고 있는 **시멘트질모세포(cemementoblast)**는 시멘트질의 섬유성 바탕질을 생산하고, 후에 그 바탕질 속에 수산화인회석결정(hydroxyapatite crystal)을 침착시켜 시멘트질을 석회화시킨다. 일단 시멘트질모세포가 바탕질에 의해 둘러싸이게 되면 **시멘트질세포(cementocyte)**라고 한다. 짧은치아의 뿌리는 시멘트질층에 의해 덮여 있는데, 이 시멘트질은 치아목의 사기질을 살짝 덮을 수도 있다. 시멘트질은 말과 되새김동물의 긴치아의 바깥표면과 잇몸의 위와 아래를 덮는다. 시멘트질은 치아의 바닥(base)부분 사기질모세포가 사기질을 생산하는 부위 바로 위에서 시작된다. 말의 시멘트질은 전체적으로 시멘트질세포를 가지고 있으며 짧은치아에서 관찰되는 무세포시멘트질에 해당하는 부위는 없다. 말의 시멘트질은 또한 독특하게 혈관과 신경이 분포하고 있다.

(3) 상아질 Dentin

상아질(dentin)은 고도로 석회화된 조직으로 치아의 대부분을 차지한다. 상아질은 짧은치아에서 치아머리(crown)의 사기질 아래와 치아뿌리의 시멘트질 아래에 있으며, 긴치아에서는 사기질 아래에 위치한다. 상아질은 또한 **치수공간(pulp cavity, dental cavity)**의 벽을 형성한다. 상아질은 불규칙하게 배열된 아교원섬유와 당단백질로 이루어진 유기물 바탕질에 약간의 탄산수소염(carbonate), 마그네슘(magnesium), 플루오린화물(fluoride)과 함께 수산화인회석결정(hydroxyapatite)을 주요 성분으로 하는 무기질(mineral)이 침착되어 이루어진다. 이것은 무기질이 약 70%, 유기질이 30% 정도의 비율로 이루어졌다. 상아질은 치수공간의 바깥층을 구성하고 있는 상아질의 안쪽면에 인접하여 원주상의 세포층을 형성하고 있는 **상아질모세포(odontoblast)**에 의해 만들어진다. **상아질모세포돌기(odontoblast process)**는 상아질의 내부에서 바깥표면으로 어느 정도 평행하게 배열되어 있는 연결관인 **상아질세관(dentinal tubule)**이라 하는 통로를 통하여 뻗어간다. **세관주위상아질(peritubular dentin)**은 상아질모세포돌기를 에워싸고 있으며, 상아질의 나머지를 구성하고 있는 **세관사이상아질(intertubular dentin)**보다 더욱 석회화되어 있다. 아직 석회화되지 않은 유기질 부분인 **전구상아질(predentin)**은 상아질모세포 몸통의 꼭대기와 석회화된 상아질 사이에 위치한다. 전구상아질의 석회화는, 상아질-사이질 경계부에서 작고 석회화되지 않거나 불완전하게 석회화되어 있는 부위로 이루어진 **구슬사이상아질(interglobular dentin)**에 의해 둘러싸여 있는 구형의 작은 소구(spherule)로 시작한다(그림 10-15). 상아질의 주변부, 즉 사기질 또는 시멘트질에 바로 인접하여 석회화되지 않거나 불완전하게 석회화되어 있는 작은 부분으로 구성된다. 석회화가 미미한 이러한 상아질 부분은 시멘트에 가까운 치아뿌리에 더욱 많으며, Tomes' granular layer로 알려진 상아질과립층(granular layer of dentin, stratum granulosum)을 형성한다(그림 10-13, 10-17). 상아질모세포는 치아가 수명을 다할 때까지 지속적으로 상아질을 생산하는데, 치아가 나온 후 그 속도는 느려진다. 상아질에 존재하는 두 개의 성장선은 보다 긴 주간침착선(weekly depositional line)인 Andresen's line과 짧은 기간 일일침착선(daily depositional line)인 von Ebner line이다.

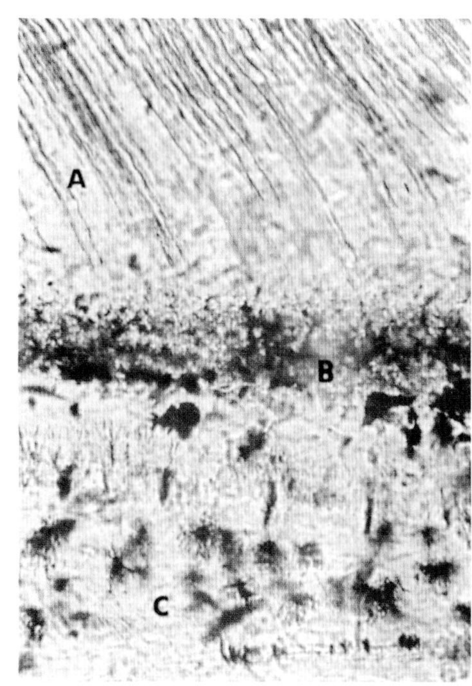

그림 10-17 • 사람의 연마치아. 상아시멘트질경계. 상아질세관(어두운 선)을 가진 상아질(A), 치아뿌리의 불완전하게 석회화된 Tome's 과립층(B), 방(lacunae)을 가진 시멘트질(C). 염색 안함. (×185).

(4) 치수 Dental Pulp

치수(dental pulp)는 치수공간을 차지하고 있다. 이것은 결합조직세포와 섬유, 무형질, 많은 혈관과 신경으로 구성된다. 치수는 섬세한 아교섬유가 무형질 속을 따라 주행하고 있는데, 구조적으로 배아결합조직과 유사하다. 속질의 가장 바깥 주변부는 상아질모세포층인데, 이곳으로부터 상아질모세포돌기가 상아질세관(dentinal tubule) 속으로 뻗어 있다. 상아질모세포의 바닥돌기는 치수의 무형질속으로 연장되거나 또는 인접한 세포의 바닥돌기와 연결되어 있다. 상아질은 치아의 안쪽에 계속해서 침착되기 때문에, 치수공간의 크기는 동물의 나이가 많아짐에 따라서 점점 줄어든다.

3) 발생 Development

배아기에 입안외배엽(oral ectoderm)은 아래층의 중간엽 속으로 함입되어 들어가서 **치아판(dental lamina)**을 형성하는데(그림 10-18), 치아판은 위턱과 아래턱에서 장차 잇몸이 될 부위를 따라 뻗어 있는 활모양의 연속적인 상피세포판이다. 치아판의 입술 쪽(labial side)에서 독립된 비후(thickening)가 일어나 이곳에서 젖니(탈락치아, deciduous teeth)와 간니(영

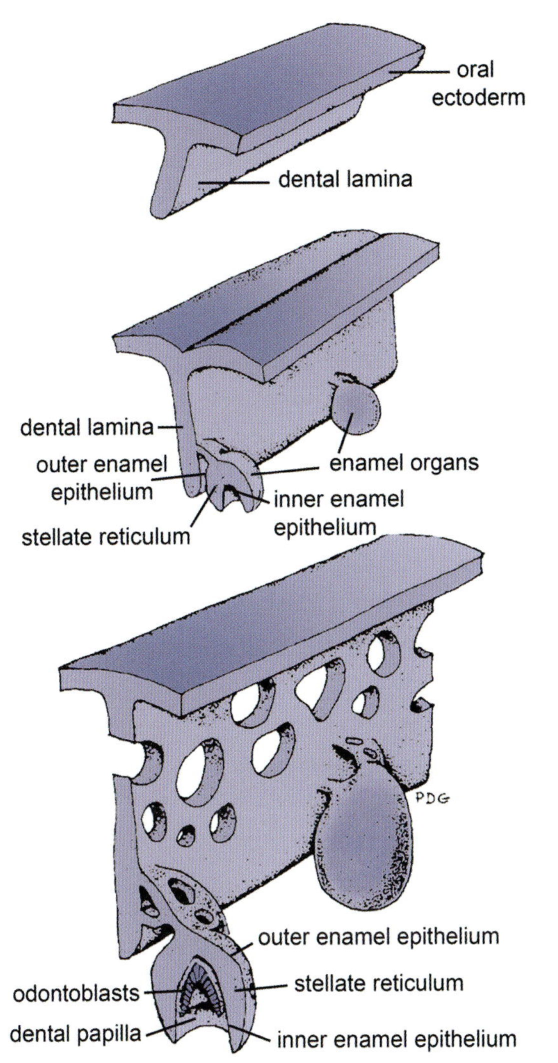

그림 10-18 • 치아의 발생단계. 치아가 성숙함에 따라서 치아판은 퇴화한다(구멍).

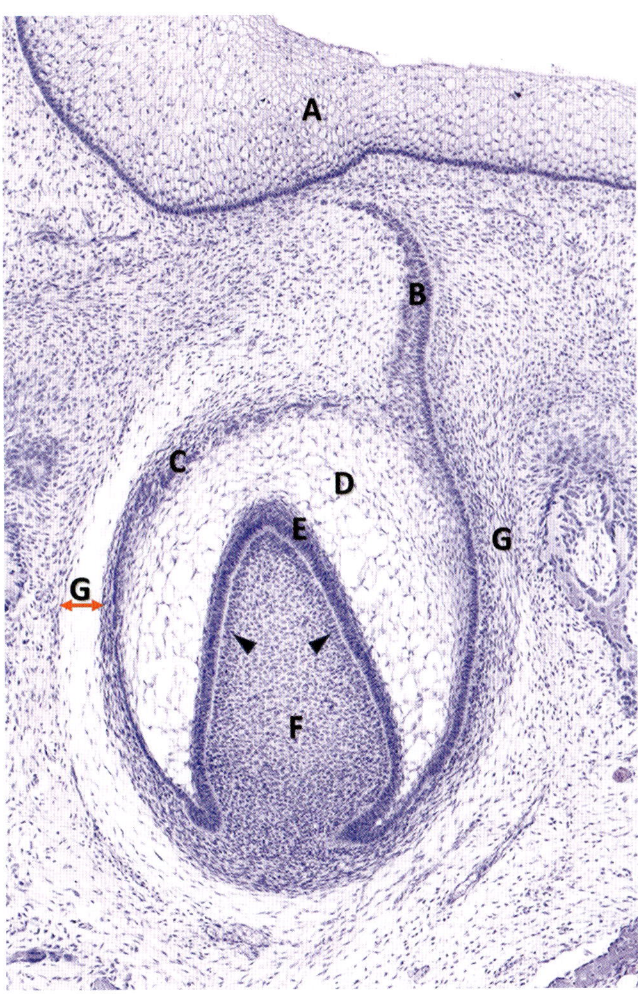

그림 10-19 • 돼지의 발생 중인 치아. 입안외배엽(A), 치아판(B), 사기질기관의 바깥사기질상피(C), 사기질기관의 별그물(D), 사기질기관의 속사기질상피(E), 가장자리에 상아질모세포(화살표)를 가진 치아유두(F), 발생 중인 치아주머니(G). H&F. (×85). (Image by J. Feng.)

구치아, permanent teeth)가 발생한다. 이와 같은 비후 부위는 **사기질기관(enamel organ)**의 원기(primordia)이고, 후에 사기질을 만들게 된다. 사기질기관은 발육함에 따라서 가는 줄기(stem)에 의해 치아판에 부착되어 마치 엎어 놓은 컵모양으로 보인다(그림 10-18, 10-19). 컵의 안쪽을 덮고 있는 상피세포는 **속사기질상피(inner enamel epithelium)**가 되고, 바깥쪽을 덮고 있는 상피는 **바깥사기질상피(outer enamel epithelium)**가 된다. 이 두 층 사이의 상피세포는 별모양으로 되고 결합조직의 형태가 되어 사기질기관의 **별그물(stellate reticulum)** 또는 **사기질속질(enamel pulp)**을 형성하게 된다. 사기질기관의 컵에 의해 둘러싸인 중간엽(신경능선외배엽에서 유래하는)은 밀집해서 장차 치수가 될 **치아유두(dental papilla)**를 형성한다. 이때 컵의 내부 모양은 후에 형성될 치아머리(tooth crown)의 형태와 같다(그림 10-20).

사기질기관이 커짐에 따라 또 다른 세포층이 별그물로부터 발육하여 속사기질상피를 덮는다. **중간층(stratum intermedium)**으로 불리는 이 새로운 층은 단층편평형태의 속사기실상피세포로 사기질을 생산하는 **사기질모세포(ameloblast)**로 변형된다. 한편, 사기질모세포에 바로 인접해 있는 치아유두의 신경능선유래 중간엽세포는 상아질을 생산하는 **상아질모세포(odontoblast)**로 분화한다. 상아질은 속사기질상피의 바닥막 위에 고정된 상아질모세포의 돌기 주위에 석회화된 물질이 집(sheath) 모양으로 침착되어서 만들어진다. 더 많은 상아질이 형성됨에 따라 상아질모세포의 몸통은 발육 중인 치수공간 쪽으로 밀려난다. 상아질 침착(dentin deposition)이 시작되면 바로 사기질모세포는 사기질 바탕질을 만들기 시작한다(그림 10-20, 10-21). 상아질과 사기질의 침착은 치아머리의 꼭대기에서 시작하여 치아머리의 측면을 따라 내려가서 치아의 목까

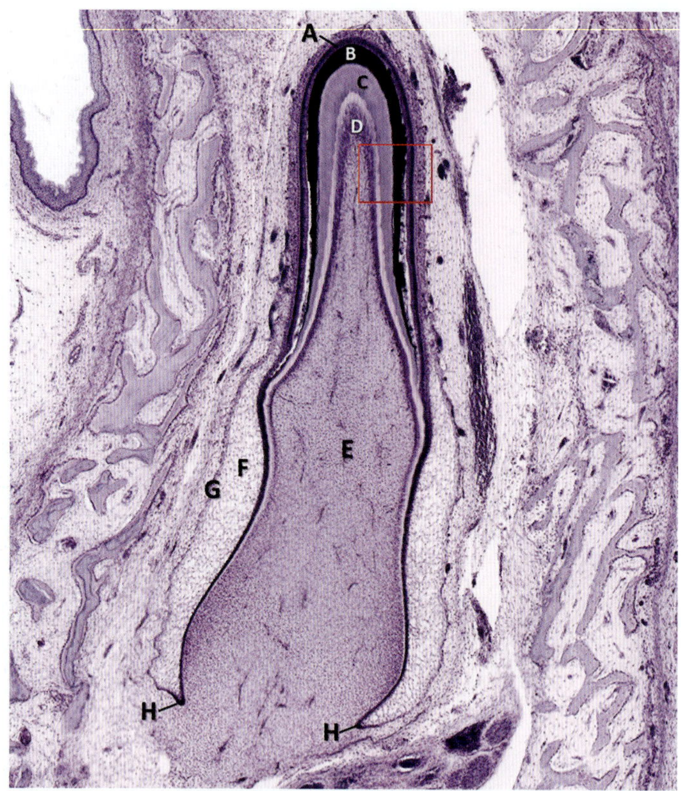

그림 10-20 • 고양이의 발생 중인 영구치아. 사기질모세포(A), 사기질(B), 상아질(C), 상아질모세포(D), 치수(E), 별그물(F), 바깥사기질상피(G), 상피뿌리집(H). (×43). (사각형 표시 부분은 그림 10-21에 확대됨).

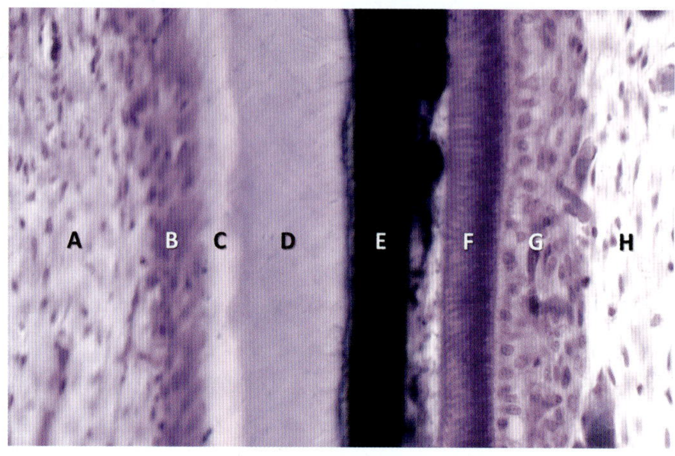

그림 10-21 • 그림 10-20의 사각형 부위를 확대한 것으로 발육 중인 치아의 세부구조를 보여주기 위하여 재표시됨. 치수(A), 상아질모세포(B), 전구상아질(C), 상아질(D), 사기질(E), 사기질모세포(F), 중간층과 별그물(G). H&E. (×400). (Image by J. Feng.)

지 진행된다.

치아뿌리의 형성은 치아가 잇몸 밖으로 이돋이(맹출, eruption)하기 직전에 시작된다. 치아뿌리는 속사기질상피와 바깥 사기질상피의 경계에서 사기질기관에서 유래하는 한 층의 세포가 아래쪽으로 자라서 형성된다. 이와 같이 밑으로 자라서 내려가는 세포층, 즉 **상피뿌리집(epithelial root sheath, Hertwig's epithelial root sheath)**은 치아유두의 결합조직을 둘러싸고 상아질모세포의 형성을 유도하며, 이들 상아질모세포는 치아뿌리의 상아질을 생성한다(그림 10-20).

모든 사기질기관과 발생 중에 있는 치아는 비후된 결합조직층인 **치아주머니(치아소포, dental sac, dental follicle)**로 완전히 싸여있다(그림 10-19). 짧은치아에서 치아머리는 치아주머니를 뚫고 맹출(erupt)한 후에 붕괴된 치아주머니에서 유래하는 **치아중배엽줄기세포(dental mesenchymal stem cell)**는 붕괴된 상피뿌리집을 침투하여 치아뿌리의 상아질과 만나게 된다. 치아중배엽줄기세포는 **시멘트질모세포(cementoblast)**로 분화하여 치아뿌리를 덮는 **시멘트질(cementum)**을 생산한다. 긴치아의 경우 붕괴된 치아주머니에서 유래한 시멘트질모세포의 분화는 치아가 맹출하기 전에 일어나며, 시멘트질은 치아의 전체를 싸게 된다.

제3절 | 침샘 *Salivary Glands*

1. 일반 특징 General Characteristics

침샘(salivary gland)은 입안외배엽으로부터 유래하는 일련의 분비단위(샘상피)로 구성되며, 아래층의 중배엽 속으로 성장해 들어가서 큰 복합샘 무리가 된다(2장 참조). **큰침샘(major salivary gland)**에는 귀밑샘(parotid gland), 턱샘(mandibular gland), 혀밑샘(sublingual gland)이 있다. **작은침샘(minor salivary gland)**은 샘이 있는 부위에 따라 입술샘(labial gland), 혀샘(lingual gland), 볼샘(buccal gland), 입천장샘(palatine gland), 어금니샘(molar gland, 고양이), 광대샘(zygomatic gland, 육식동물)이라 부른다.

침은 침샘에서 생산되는 장액분비물과 점액분비물의 혼합물이다. 채식한 사료를 습윤하게 해주고 상부 소화관의 표면을 매끄럽게 해주어 위 속으로 섭취물의 이동을 용이하게 한다. 침은 섭취물 중에서 물에 녹는 성분을 분해하여 맛봉오리와 접촉을 쉽게 해준다. 따라서 맛(미각)은 침과 어느 정도 관계가 있다. 포유동물에서 침은 사료가 위에 도달하기 전까지 소화에 그다지 큰 역할을 하지 않지만, 되새김동물에서는 다량의 침이 분비되어 1위의 위액 공급원으로서

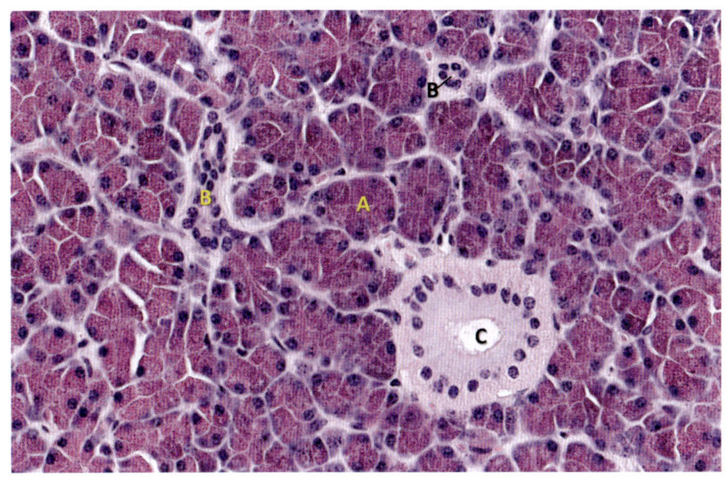

그림 10-22 • 말의 귀밑샘. 장액꽈리(A), 사이관(B), 줄무늬관(C). H&E. (×530). (Image by J. Feng.)

중요하다.

2. 귀밑샘 Parotid Gland

포유동물의 **귀밑샘(parotid gland)**은 주로 장액샘이지만, 개와 고양이에서는 가끔 고립된 점액분비단위(mucous secretory unit)가 관찰된다. 귀밑샘은 복합꽈리샘(compound acinar gland)으로서 얇은 결합조직 사이막(septa)에 의해서 분리된 많은 소엽(lobule)으로 구성된다. 소엽은 피라미드 모양의 분비세포로 이루어진 꽈리(acini)로 구성되는데, 이 분비세포의 세포질은 호염기성으로 핵은 바닥부위에 위치한다(그림 10-23). 세포 꼭대기에는 **효소원과립(zymogen granule)**이라고 부르는 분비과립으로 채워져 있으며, 이 과립 속에는 소화효소의 전구물질이 들어 있다. 분비세포와 바닥막 사이에는 근육상피세포(myoepithelial cell)가 있다.

꽈리의 좁은 속공간(lumen)은 낮은 입방상피로 싸인 길이가 짧은 **사이관(intercalated duct)**에 연결된다(그림 2-18). 사이관은 단층원주상피로 덮인 큰 **줄무늬관(striated duct)** 또는 **침샘관(salivary duct)**으로 이어지는데, 이 줄무늬관의 세포바닥부분에서는 줄무늬가 특징적으로 관찰된다(그림 2-18, 10-22). 이 줄무늬는 바닥세포막의 깊은 함입에 의해 형성된 수많은 세포질 구획 내에 수직으로 배열되어 있는 사립체에 기인한 것이다. 이와 같은 구조는 사립체에 가까이 위치한 에너지요구이온펌프(energy-requiring ion pump)를 포함하여 바닥막의 표면적을 넓게 만들어 세포와 하부 조직(underlying tissue)사이에 물질의 능동수송이 가능하도록 해준다. 줄무늬관은 소엽속에서 가장 큰 구조물로 쉽게 관찰되며 분비과정에 참여한다. 줄무늬관은 소엽의 가장자리까지 연장되고, 거기에서 줄무늬관은 소엽사이의 결합조직사이막(connective tissue septa)에 위치하는 **소엽사이관(interlobular duct)**에 연결된다(그림 2-18).

소엽사이관은 단층원주상피로 둘러싸여 있지만, 관이 커지고 다른 소엽에서 오는 관과 합쳐지면서 중층원주상피로 바뀐다. 소엽사이관이 모여서 귀밑샘관(parotid duct)을 형성한다. 귀밑샘관이 입안뜰(vestibule)로 구멍을 열 때 중층원주상피에서 중층편평상피로 바뀐다.

3. 턱샘 Mandibular Gland

턱샘(mandibular gland)은 장액점액 복합대롱꽈리샘(seromucous compound tubuloacinar gland)이다. 분비단위(secretory unit)의 형태는 종에 따라 다소 차이가 있지만, 일반적으로 넓은 종말꽈리(terminal acinus)를 가진 대롱 단위(tubular unit)로 이루어진다. 점액분비세포는 대롱꽈리의 속공간을 둘러싸고 장액반달(serous demilune)이 그 주변부에 위치한다(그림 10-23). 그것들의 배열과 위치는 조직의 고정과 처리방법에 의해 영향을 받을 수 있다. 장액분비물은 점액세포 사이에 있는 세포사이모세관(intercellular canaliculus)을 통해서 속공간으로 도달한다. 이러한 기본적인 구조에서 벗어난 다른 형태로는 각각의 분리된 장액꽈리와 점액꽈리를 가지고 있는 경우, 또는 확장된 장액꽈리 종말부분(serous acinar end piece)을 가진 점액대롱단위(mucous tubular unit)로 구성되어 있기도 하다. 개와 고양이

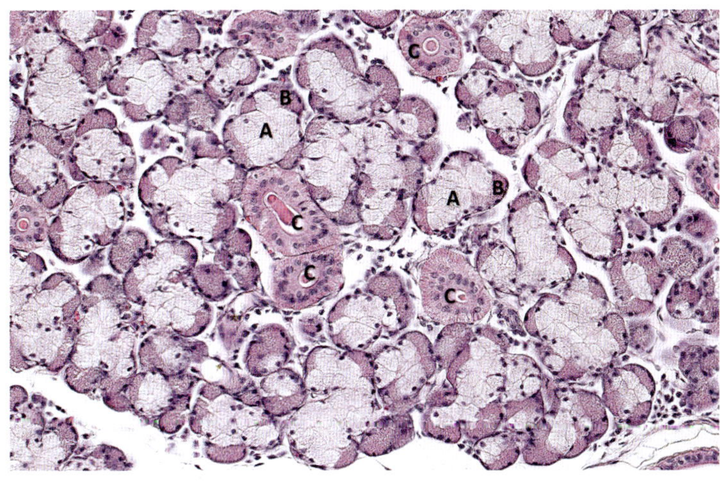

그림 10-23 • 말의 턱샘. 주위에 장액반달(B)을 가지고 있는 점액꽈리(A), 줄무늬관(C). H&E. (×280). (Image by J. Feng.)

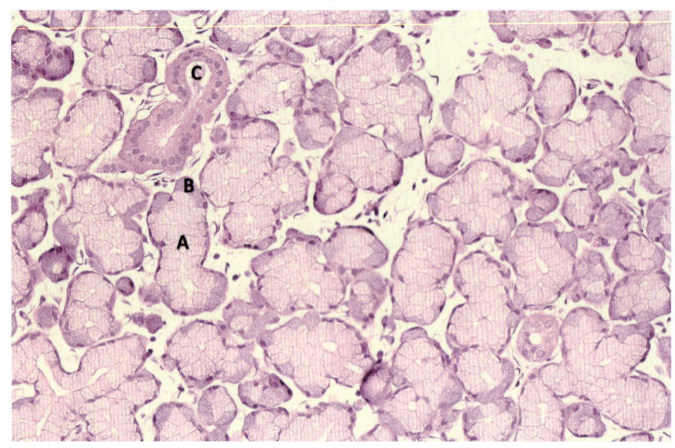

그림 10-24 • 개의 혀밑샘. 점액꽈리(A), 장액반달(B), 줄무늬관(C). H&E, (×320). (Image by J. Feng.)

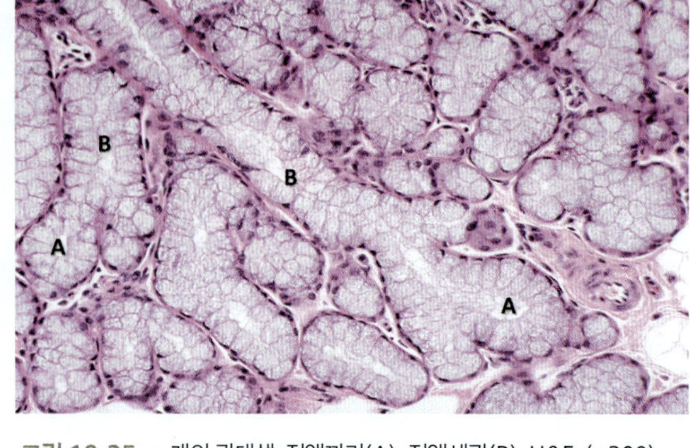

그림 10-25 • 개의 광대샘. 점액꽈리(A), 점액세관(B). H&E. (×300).

에서는 점액분비부가 훨씬 우세하다. **근육상피세포(myoepithelial cell)**는 분비단위를 둘러싸고 있다(그림 2-19 참조). 관계통(duct system)은 귀밑샘과 동일하다. 주관(main duct)의 상피에 잔세포가 존재할 수도 있다.

4. 혀밑샘 Sublingual Gland

혀밑샘(sublingual gland)도 턱샘처럼 장액점액(혼합) 복합 내롱꽈리샘(seromucous compound tubuloacinar gland)이다(그림 10-24). 점액꽈리와 장액반달의 수와 분비물의 성상은 종에 따라 차이가 있다. 소, 면양, 돼지의 혀밑샘은 거의 대부분 점액샘으로 장액반달은 거의 없다. 개와 고양이의 혀밑샘은 전형적인 점액꽈리와 장액반달 외에도 바닥부위에 PAS양성과립을 가진 장액꽈리 무리(cluster)를 가지고 있다. 점액세포는 대롱분비단위를 이루어 사이관을 통해서 장액꽈리에 연결된다. 개와 고양이에서는 줄무늬관과 사이관이 존재하지만 뚜렷하지 않다. 그러나 말, 되새김동물, 돼지에서는 이들 관이 잘 발달되어 있다. 소엽사이관은 시작점에서는 낮은 단층원주상피이지만, 점차 키가 커져서 큰 관에서는 두 층으로 된다. 주관(main duct)은 중층입방상피로 덮여 있는데, 소와 돼지에서는 잔세포가 존재한다.

5. 작은침샘 Minor Salivary Glands

장액성, 장액점액성, 또는 점액성 **작은침샘(minor salivary gland)**의 무리가 입안 전체에 걸쳐 분포되어 있으며, 존재하는 부위에 따라서 일반적으로 이름이 붙여진다. **혀샘(lingual gland)**은 혀의 고유판-점막밑층과 근육다발(intrinsic muscle bundle) 사이에 위치한다. **미각샘(gustatory gland)**은 성곽유두와 잎새유두에 존재하고(그림 10-10), 전적으로 장액성이며 관은 유두 바닥부의 고랑(sulcus) 속으로 열린다. **입술샘(labial gland), 볼샘(buccal gland), 입천장샘(palatine gland), 인두샘(pharyngeal gland)**도 역시 점액과 장액 분비물을 침으로 보내주고 있다. 조직학적으로 이러한 샘은 꽈리샘(acinar gland), 대롱꽈리샘(tubuloacinar gland), 또는 대롱샘(tubular gland)의 여러 형태가 있다. 점액세관과 꽈리는 빈번히 장액반달을 가지고 있지만, 줄무늬관은 작은침샘의 특징적인 구조는 아니다. 관계통은 소엽 속에서는 단층입방상피로 덮여 있고, 좀 더 큰 소엽사이관에서는 두 층 입방상피로 덮여 있다. 관의 상피층은 입안으로 갈수록 높아져서 중층편평상피로 바뀐다.

포유동물 중에서 **광대샘(zygomatic gland)**은 육식동물에만 있다. 실질은 길고 분지된 대롱꽈리분비단위로 구성되며 주로 점액을 분비한다(그림 10-25). 사이관과 줄무늬관은 거의 존재하지 않는다. 소엽사이관과 주관은 다른 침샘에서와 유사하다.

고양이의 **어금니샘(molar gland)**은 조직학적으로 광대샘과 유사하다. 어금니샘은 복합대롱꽈리샘으로 주로 점액을 분비한다. 사이관과 줄무늬관은 존재하지 않고, 소엽사이관은 두 층의 입방상피로 덮여 있다. 몇 개의 주관은 어금니의 맞은편 입안뜰 속으로 구멍을 연다.

제4절 인두 *Pharynx*

인두(pharynx)는 입안을 식도에 연결시키고 또한, 코안을 후두에 연결시킨다. 인두는 입안으로 통하는 **입인두(oropharynx)**, 코안과 귀관으로 통하는 **코인두(nasopharynx)**, 후두와 식도로 통하는 **후두인두(laryngopharynx)**가 있다. 인두

벽은 점막, 뼈대근육으로 이루어진 근육층과 바깥막으로 구성된다. 점막은 거짓중층섬모원주상피로 덮인 코인두 부분을 제외하고는 모두 중층편평상피로 덮여 있다. 인두에는 점막근육판이 없다. 고유판과 점막밑층은 아교섬유와 탄력섬유를 포함하며 림프조직과 점액샘이 섞여 있다. 근육층은 전부 뼈대근육으로 구성된다. 바깥막은 치밀불규칙결합조직으로 인두를 주위 조직에 연결시킨다.

제5절 | 식도 *Esophagus*

식도(esophagus)는 후두인두(laryngopharynx)를 위와 연결시키고 동물종에 따라 다양성이 다소 있기는 하지만(표 10-1), 소화계통의 전형적인 관상장기의 모든 층을 가지고 있다(그림 10-1, 10-26). 육식동물에서는 속돌림주름(internal annular fold)인 **인두식도경계(pharyngoesophageal junction, pharyngoesophageal limen)**가 있어서 후두인두와 식도의 경계가 된다.

1. 점막 Tunica Mucosa

점막(tunica mucosa, mucosa)은 중층편평상피(stratified squamous epithelium), 고유판(lamina propria), 점막근육판(lamina muscularis)의 세 층으로 구성된다. 중층편평상피의 각질화 정도는 종에 따라 차이가 있다. 육식동물에서는 보통 각질화되어 있지 않고, 돼지에서는 약간 각질화, 말에서는 좀 더 각질화, 되새김동물에서는 매우 각질화되어 있다. 고유판은 균등하게 분포된 풍부한 탄력섬유와 더불어 아교섬유의 치밀한 그물구조(dense feltwork)로 이루어져 있다. 식도는 고유판의 결합조직이 점막밑층의 결합조직보다 더 치밀하다는 면에서 전형적인 형태와 다르다. 점막근육판은 세로로 배열된 민무늬근육다발로만 이루어졌다. 점막근육판은 개와 돼지의 식도 앞쪽 끝부위에는 결여되어 있지만 고양이, 말, 되새김동물에서는 인두 가까이에 고립된 형태의 민무늬근육섬유다발이 존재하고 위(stomach) 쪽으로 가면서 그 수가 증가하고 융합된다. 돼지에서 점막근육판은 식도의 뒤쪽 끝부위에서 특히 잘 발달되어 있는데, 거기에서는 바깥근육층만큼이나 두껍다.

2. 점막밑층 Tela Submucosa

점막밑층(tela submucosa, submucosa)은 세로로 달리는 큰 동맥과 정맥, 큰 림프관, 신경을 가지고 있는 성긴결합조직이다. 돼지와 개에서는 이 층에 점액꽈리와 장액반달을 가진 장액점액샘이 있다(그림 10-26). 돼지에서 이 샘은 식도의 앞쪽 절반부위까지는 많으나, 뒤쪽 절반부위까지 연장되지는 않는다. 반면에, 개에서는 식도 전체에 걸쳐 있으며 위의 들문샘부위까지도 연장되어 있다. 샘의 밀도는 식도의 시작부(앞쪽)에서보다 위 가까운 부위(뒤쪽)에서 네 배 이상 더 치밀하다. 말, 고양이, 그리고 되새김동물에서 샘은 단지 인두와 식도의 경계에서만 볼 수 있다. 소에서는 장액반달을 가진 혼합꽈리샘을 가지고 있다. 점막밑층은 성글게 구성되어 있어서 식도가 이완될 때 식도 점막은 세로주름을 형성한다.

3. 근육층 Tunica Muscularis

식도의 **근육층(tunica muscularis)**은 두 층으로 구성된다. 되새김동물과 개에서 근육층은 전체가 뼈대근육으로 구성된다(그림 10-26). 말에서 앞쪽 2/3는 뼈대근육으로 구성되지만, 뒤쪽 1/3은 점차 민무늬근육으로 바뀐다. 돼지의 식도근육층은 말과 유사하지만 중간 1/3 부분은 민무늬근육과 뼈대근육이 섞여 있다. 고양이에서는 뼈대근육이 식도 길이의 앞쪽 4/5

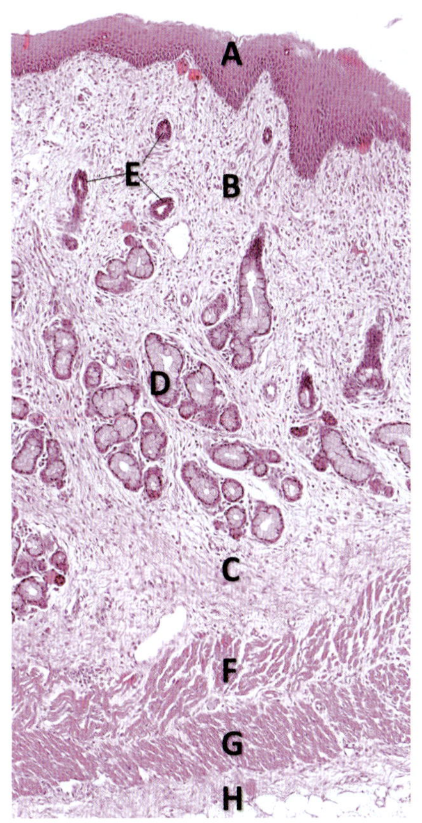

그림 10-26 • 개의 식도 중간목부분. 점막의 비각질중층편평상피(A), 점막의 고유판(B), 점막밑층(C), 점막밑샘(D), 점막밑샘의 관(E), 속돌림근육층(F), 바깥세로근육층(G), 바깥막(H). 개의 식도에서는 이 부분에 점막근육판이 없다. H&E. (×73). (Image by J. Feng.)

표 10-1 • 포유동물 식도의 특징(Characteristics of the Esophagus)

	Horses	Pigs	Cattle	Goats	Sheep	Dogs	Cats
Stratified squamous epithelium[a]	Keratinized	Keratinized	Keratinized	Keratinized	Keratinized	Nonkeratinized	Nonkeratinized
Lamina muscularis	[b]	Absent in cranial part Highly developed in caudal part	[b]	[b]	[b]	Absent in cranial part Interrupted in middle part	[b]
Submucosal glands	[c]	Present only in cranial half	[c]	[c]	[c]	Present throughout and extend into stomach	[c]
Tunica muscularis[d]	Cranial two-thirds striated Caudal one-third smooth	Cranial part striated Middle part mixed Caudal part smooth	Striated throughout and extends into the reticular sulcus			Striated throughout	Cranial part striated Caudal one-third to one-fifth smooth
Tunica adventitia	Loose CT cells and fibers with blood and lymph vessels and nerves surround the esophagus. A tunica serosa may be present in the thoracic cavity (mediastinal pleura) or near the stomach (visceral peritoneum).						

[a] Epithelial adaptation to food texture: Coarse food ingestion leads to highly keratinized epithelia; soft food results in slightly keratinized to nonkeratinized epithelia.
[b] Isolated bundles of smooth muscle near pharynx, increases in thickness near stomach.
[c] Present only at the pharyngoesophageal junction.
[d] Inner circular muscle layer becomes thicker at the cardiac ostium of the stomach (forming the cardiac sphincter muscle), especially in horses.

까지 연장될 수 있고 그 뒤에서는 민무늬근육으로 바뀐다. 식도의 앞쪽 끝부위에서는 두 층의 근육이 깍지모양과 나선모양으로 꼬여 있지만, 뒤쪽으로 가면서 이들 두 층은 속돌림층과 바깥세로층으로 바뀐다. 속돌림근육층은 모든 포유동물에서 위(stomach)의 들문입구(cardiac ostium)에서 두꺼워져서 **들문조임근(cardiac sphincter muscle)**을 형성한다. 이 근육은 말에서 특히 뚜렷하게 발달하여 10~15 mm 정도로 두껍다. 되새김동물에서는 뼈대근육이 식도로부터 **2위고랑(reticular sulcus, reticular groove)**의 벽까지 연장되어 있다.

4. 바깥막 Tunica Adventitia

목부위(cervial part) 식도의 근육층은 혈관, 림프관, 신경, 지방을 포함하는 성긴결합조직인 **바깥막(tunica adventitia, adventitia)**에 의해 둘러싸여 있다(그림 10-26). 대부분의 동물에서 가슴부분(thoracic part)의 식도는 주로 장막인 세로칸가슴막(mediastinal pleura)으로 싸여 있다. 말에서 배부분(abdominal part)의 식도는 약 2.5 cm의 길이로서 역시 장막인 내장복막(visceral peritoneum)으로 덮여 있다. 육식동물에서 배부분의 식도는 짧지만, 역시 내장복막으로 덮여 있다. 다른 종에서 식도-위경계(esophagus-stomach junction)는 가로막 부위나 그 근처에 위치하고 있으며 중피로 덮여 있지 않다.

5. 식도-위경계 Esophagus-Stomach Junction

식도-위경계(esophagus-stomach junction)의 형태적 특징은 종에 따라 매우 다르다. 육식동물에서 식도의 중층편평상피와 들문샘부위의 단층원주상피의 연결은 갑자기 일어난다(그림 10-27). 고양이에서 이런 경계는 들문(cardia) 앞쪽 3~5 mm 부위에 있고, 개에서는 들문의 1~2 cm 앞쪽에 있다. 말과 돼지에서 중층편평상피는 위점막의 민샘위부위 전체에 연장되어 있고, 되새김동물에서는 앞위(forestomach) 전체가 중층편평상피로 덮여 있다. 식도샘은 식도 길이 전체에 걸쳐 나타나는 종에서 위의 점막밑층 속으로 짧게 연장되어 있는 경우도 있다. 식도의 뼈대근육이 위까지 연장되어 있는 동물(육식동물과 되새김동물)에서는 뼈대근육에서 민무늬근육으로 점차적으로 바뀐다.

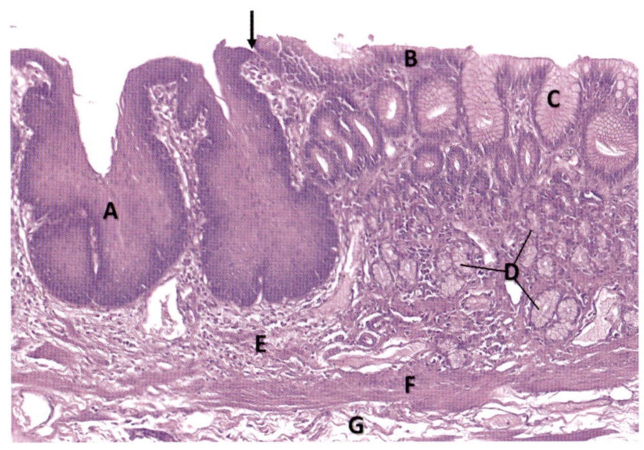

그림 10-27 • 고양이의 식도-위경계. 식도 상피(A), 위의 상피(B), 단층 원주상피와 중층편평상피의 경계(화살표), 위오목(C), 들문샘(D), 고유판(E), 점막근육판(F). H&E. (×180). (Image by J. Feng.)

제6절 | 위 *Stomach*

위(stomach)는 소화관의 일부가 팽대된 부위로 효소와 가수분해작용을 통하여 사료를 소화가 가능한 영양물로 분해한다. 근육층은 섭취물이 위액과 혼합되는 것을 도와준다. 위는 육식동물에서 샘이 있는 점막으로만 덮여 있는 반면, 초식동물에서는 샘부위뿐만 아니라 중층편평상피로 덮여 있는 민샘부위(nonglandular region)의 점막을 가지고 있다.

위벽은 전형적인 관상장기의 모든 층을 가지고 있다(그림 10-28[1]). 점막은 상피, 고유판(전형적인 성긴결합조직), 그리고 점막근육판으로 구성된다. 점막밑층은 아교섬유, 백색 지방조직, 혈관, 점막밑신경얼기(submucosal plexus, Meissner's plexus)를 포함한다(그림 10-28[2]). 근육층은 속빗근육(inner oblique muscle), 중간돌림근육(middle circular muscle), 바깥세로근육(outer longitudinal muscle)의 세 층으로 이루어져 있다. 근육층신경얼기(myenteric plexus, Auerbach' plexus)는 중간근육층과 바깥근육층 사이에 위치한다. 장막은 성긴결합조직과 이를 싸고 있는 중피세포로 되어 있다.

1. 점막의 민샘위부위

Nonglandular Region of Tunica Mucosa

민샘위부위(nonglandular region)는 육식동물에는 없고, 돼지에는 약간 있다. 말에서는 민샘위 부위가 식도로부터 상당부분 연장되어 **주름가장자리(**주름모양모서리, **margo pli-**

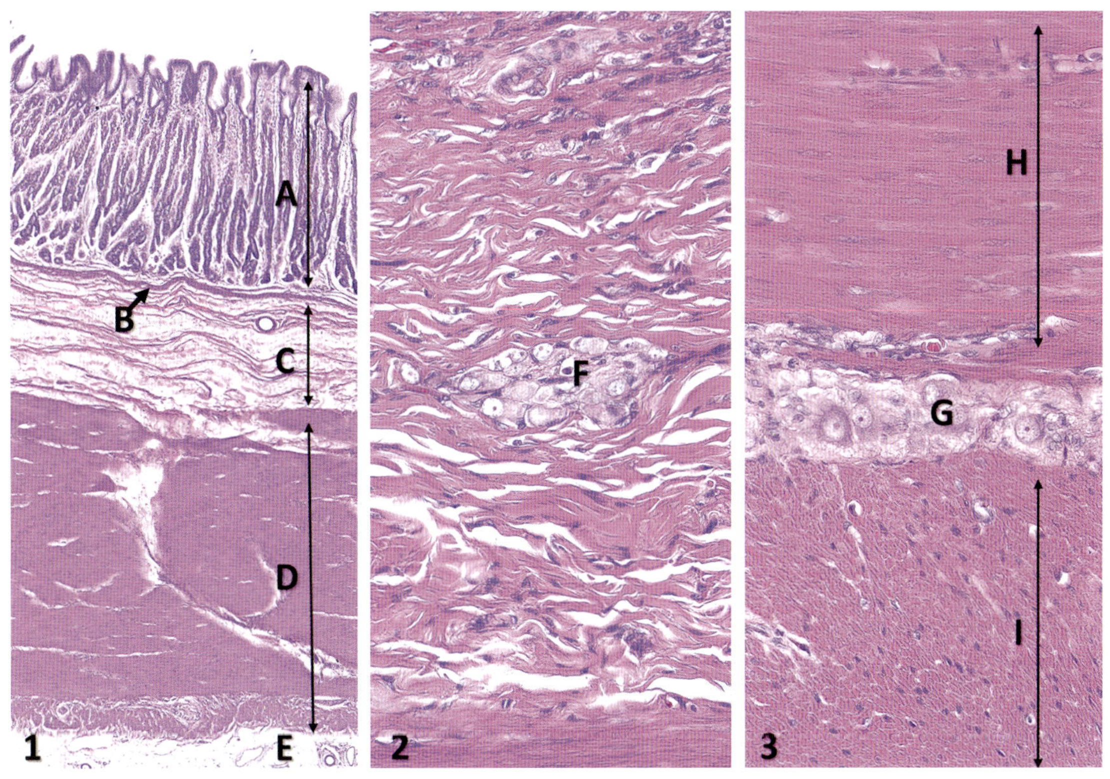

그림 10-28 • 개 위의 고유위샘부위. 1. 고유위샘부위의 단면. 점막(A), 점막근육판(B), 점막밑층(C), 근육층(D), 장막(E). H&E. (×50). 2. 점막밑층에 있는 점막밑신경얼기(F). H&E. (×200). 3. 돌림근육층(H)과 세로근육층(I) 사이에 있는 근육층신경얼기. H&E. (×200). (Image by J. Feng.)

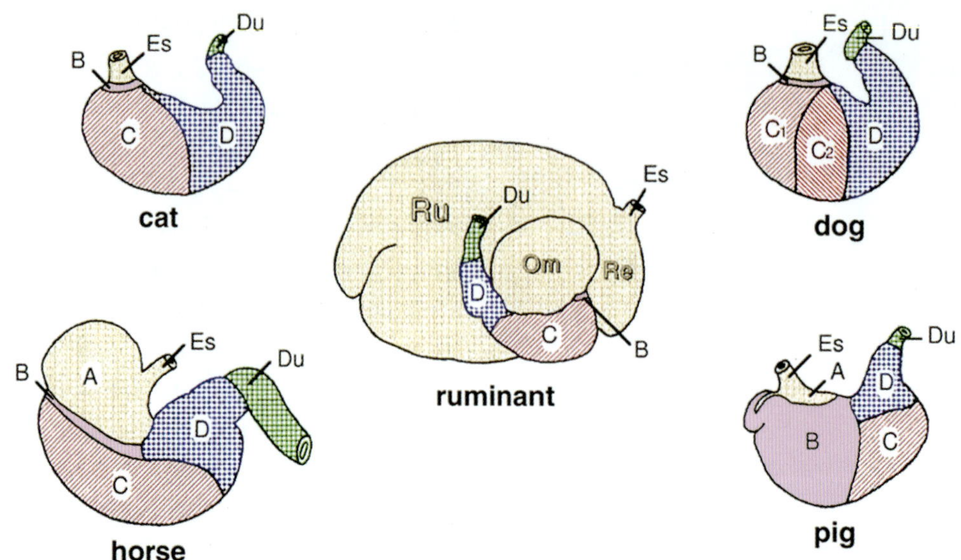

그림 10-29 • 위점막 각 부위를 나타내는 도해. A: 중층편평상피에 의해 둘러싸인 점막의 민샘위부위, 1위(Ru), 2위(Re), 3위(Om); B: 들문샘부위, C: 개의 밝은 구역(C1)과 어두운 구역(C2)으로 구분되는 바닥샘부위; D: 날문샘부위, 식도(Es), 샘창자(Du).

catus)에서 끝난다. 되새김동물의 위에서 민샘위부위는 모든 **앞위(민샘위, forestomach, nonglandular stomach)**, 즉 1위(혹위, rumen), 2위(벌집위, reticulum), 3위(겹주름위, omasum)에서 가장 잘 발달되어 있다(그림 10-29). 앞위에 대해서는 이 장의 되새김동물의 위에서 자세하게 기술하였다.

민샘위부위를 덮는 상피는 중층편평상피로서 동물종과 채식하는 사료에 따라서 각질화 정도가 다르다. 고유판은 전형적인 성긴결합조직으로 이루어졌고 점막근육판이 뚜렷하다. 점막의 민샘위부위의 중층편평상피는 샘부위의 단층원주상피로 갑자기 바뀐다.

2. 점막의 샘위부위 Glandular Region of Tunica Mucosa

샘위부위(glandular region) 점막의 조직학적 구조는 이미 기술한 소화관의 일반적인 구조를 따른다. 위점막에는 잘 발달된 **위주름(gastric fold)**이 있는데, 위가 꽉 차면 주름은 펴진다. 점막의 표면에는 **위오목(gastric pit)**이라 부르는 약간 패인 곳(small invagination)이 있는데, 이것은 **위샘(gastric gland)**에 연속되며 이곳을 통하여 위샘의 분비물이 흘러나온다(그림 10-30). 위오목을 포함한 위 점막 표면은 키가 큰 단층원주상피세포로 덮여 있고, 위샘에서 생산되는 점액분비물이 지속적으로 흘러나와 보호막을 형성하여 점막이 소화되는 것을 막는다. 표면상피세포는 약 3~4일 이내의 빠른 교체율(turnover rate)을 가지며, 표면 상피세포는 위오목에서 유사분열에 의해 신생되는 세포에 의해 대체된다. 위샘은 점막고유판 속에 치밀하게 배열되어 있다(그림 10-30). 종종 이 부위의 성긴결합조직은 다량의 샘상피 때문에 관찰하기 쉽지 않다. 육식동물에서는 **치밀층(stratum compactum)**이라고 부르는 치밀한 아교섬유층을 위샘의 바닥부위와 점막근육판 사이에서 볼 수 있다(그림 10-31). 이 층의 기능은 날카로운 뼈로 인한 위벽의 천공(penetration)을 막는 것이다.

점막근육판은 비교적 두꺼우며 보통 세 층으로 구성된다(그림 10-31). 민무늬근육섬유의 작은 다발이 위샘 사이의 고유판 속으로 연장된다(그림 10-30[1]).

위점막의 샘부위는 샘의 유형에 따라 이름이 붙여진 세 개의 뚜렷한 작은 영역으로 구분되며, 이들은 **들문샘(cardiac gland), 고유위샘(바닥샘, proper gastric gland, fundic gland), 날문샘(pyloric gland)**이다. 포유동물에서 여러 샘부위에 대한 내용은 그림 10-29에 삽화로 나타내었다.

1) 들문샘부위 Cardiac Gland Region

돼지를 제외한 모든 포유동물에서 **들문샘부위(cardiac gland region)**는 샘점막과 민샘점막의 경계에 있는 띠모양(strip)의 좁은 부분을 차지하며, 돼지에서의 들문샘부위는 **위곁주머니(diverticulum of stomach, diverticulum ventriculi)**의 대부분을 포함하여 위의 거의 절반 정도를 덮고 있다(그림 10-29). **들문샘(cardiac gland)**은 비교적 짧은 단순분지나선대롱샘으로 점액성 물질을 분비한다(그림 10-32). 들문샘세포는 입방형으로 핵은 세포의 바닥부위에 위치하고 있다. 들문샘은 비교적 얕은 위오목으로 분비물을 내보낸다(그림 10-32). 벽세포(parietal cells)는 들문샘부위와 고유위샘부위(바닥부위)의 경계에서 나타나기도 한다.

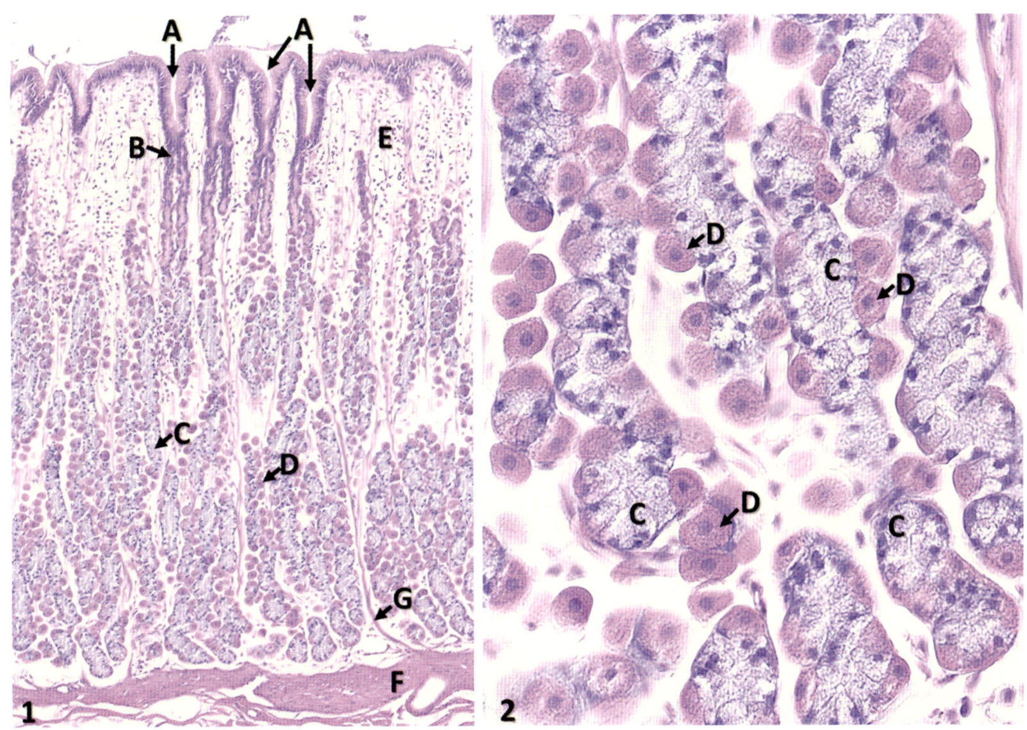

그림 10-30 • 개 위의 고유위샘부위. 1. 낮은 배율사진(×80). 2. 바닥샘 부위 확대 사진(×400). 위오목(A), 목점액세포(B), 으뜸세포(C), 벽세포(D), 고유판(E), 근육층(F)과 고유판으로 들어가고 있는 근육섬유(G). H&E. (Image by J. Feng.)

2) 고유위샘부위

Proper Gastric Gland Region, Fundic Gland Region

점막의 **고유위샘부위(바닥샘부위, proper gastric gland region, fundic gland region)**는 모든 포유동물에서 잘 발달되어 있다(그림 10-29). 육식동물에서 고유위샘부위는 위 점막의 절반 이상을 차지하고, 말에서는 1/3 이상, 돼지에서는 거의 1/4을 차지하고 있다. 되새김동물의 4위 점막의 2/3는 고유위샘부위가 차지하고 있다. 그림 10-29에서와 같이 개와 고양이에서만 사람에서처럼 고유위샘부분이 실질적으로 위의 바닥부위(fundus)를 차지하고 있다. 따라서 위 속에서의 위치에 관하

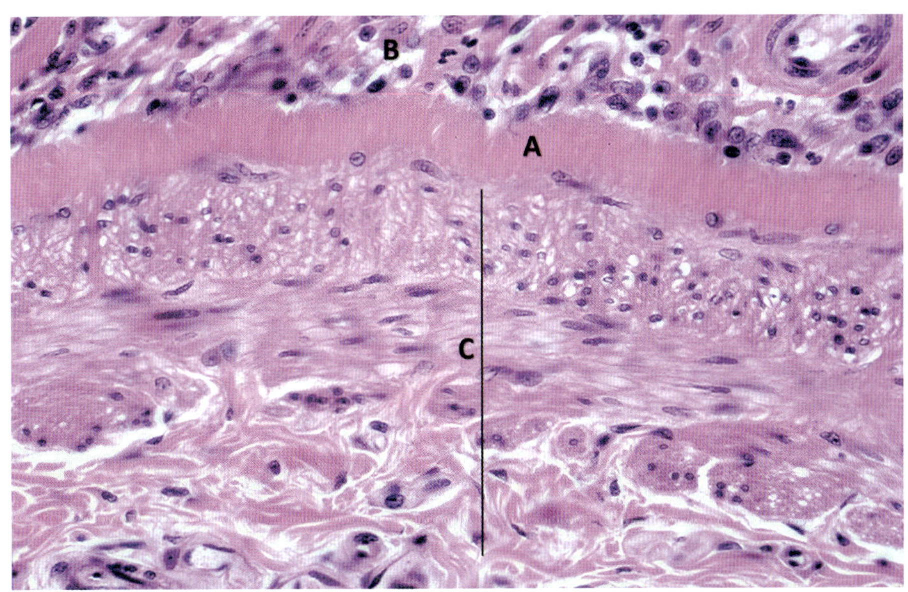

그림 10-31 • 고양이 위의 고유위샘부위. 고유판의 치밀층(A), 고유위샘의 바닥부분(B), 세층의 다른 방향성을 가진 점막근육판(C). H&E. (×300).

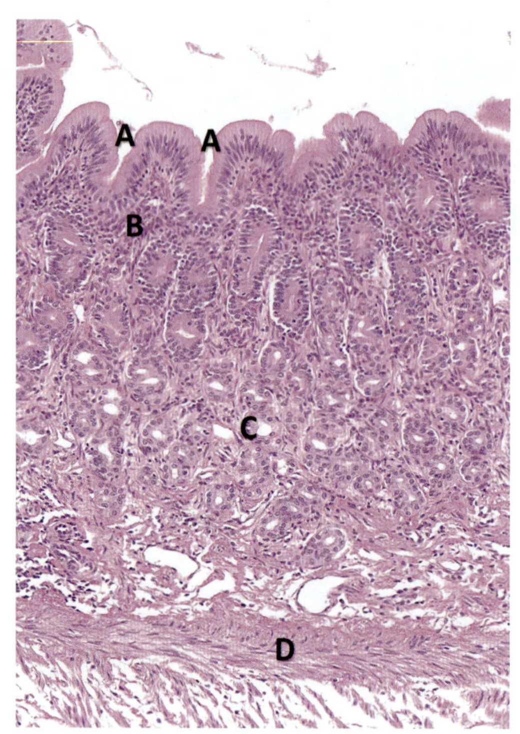

그림 10-32 • 개 위 들문샘부위의 점막. 낮은 위오목(A), 고유판(B), 들문샘(C), 점막근육판(D). H&E. (×130). (Photo by J. Feng.)

여 혼란을 없애기 위하여 **고유위샘(proper gastric)**이라는 용어가 사용된다.

고유위샘(proper gastric gland)은 곧은 단순분지대롱샘으로 점막근육판까지 연장되어 분포한다(그림 10-30[1]). 샘은 **짧은목(neck)**, **긴몸통(body)**, 약간 확장되어 막힌 끝부분인 **바닥(fundus)**으로 구성된다. 구조적으로나 기능적으로 뚜렷한 4가지 종류의 세포가 고유위샘의 분비상피를 구성하는데, 이들은 목점액세포(mucous neck cell), 으뜸세포(chief cell), 벽세포(parietal cell), 내분비세포(endocrine cell)이다.

(1) 목점액세포 Mucous Neck Cells

목점액세포(mucous neck cell)는 고유위샘의 목부분에서 관찰된다(그림 10-30[1]). 이들은 전형적인 점액세포로서 세포 바닥쪽에 납작한 핵을 가지고 있다. 이 세포는 점액을 생산하는 표면상피세포와 비슷하게 보이지만 표면세포보다 세포질이 더 호염기성이다. 또한 PAS염색 시 목점액세포는 전체적으로 강한 양성반응을 보이는 반면, 표면세포는 세포의 위쪽 2/3 부위에만 PAS양성반응을 나타내는 물질을 가지고 있다.

(2) 으뜸세포 Chief Cells

으뜸세포(chief cell)는 위샘세포 중에서 그 수가 가장 많은 세포이다(그림 10-30[1], [2]). 이들 세포는 입방 또는 피라미드 모양으로 세포 바닥 가까이에 둥근 핵을 가지고 있다. 핵과 세포자유면 사이에는 고정처리 후에 남아 있는 투명한 공간 때문에 레이스처럼(lacy) 보인다. 살아있는 상태에서 이러한 공포(vacuole) 속에는 효소원과립(zymogen granule)이 차 있는데, 이것은 특수한 고정과 염색으로 증명할 수 있다. 따라서 으뜸세포를 **효소원세포(zymogen cell)**라고도 부른다. 으뜸세포의 바닥부위에는 많은 과립세포질그물(rER)이 있어서 호염기성의 염색반응을 나타낸다. 으뜸세포는 **펩시노젠(pepsinogen)**을 분비하는데, 이것은 염산(HCl)에 의해서 펩신으로 전환된다.

(3) 벽세포 Parietal Cells

벽세포(parietal cell) 또는 **산분비세포(oxyntic cell)**는 으뜸세포에 비해서 크지만 수는 적다. 이 세포는 독립적으로 존재하는 경향이 있으며 으뜸세포 주위에서 관찰된다(그림 10-30[1], [2]). 보통 세포의 좁은 꼭대기만이 샘 속공간에 면하고 있다. 세포의 바닥은 흔히 샘의 외부 표면밖으로 돌출되어 있다. 벽세포는 둥근 핵을 가지고 있다. 세포질은 에오신(eosin)에 짙게 염색되고 세포질 속에는 많은 수의 사립체가 있어서 과립상으로 보인다. 꼭대기 쪽의 세포막은 세포질 속으로 함입되어 분지된 **세포속모세관(intracellular canaliculus)**을 형성하고 있는데, 이것은 세포의 중심부 쪽으로 뻗어 위샘 속공간과 교통하고 있다. 다양한 길이의 수많은 미세융모가 모세관 안으로 돌출하여 염산의 생산에 필요한 능동수송을 위하여 표면적을 넓혀준다. 벽세포는 탄산무수화효소(carbonic anhydrase)의 작용을 통하여 탄산(carbonic acid)을 생산한다. 탄산은 세포에 남게 되는 탄산수소염이온(bicarbonate ion)과, 세포막을 가로질러 세포속모세관 속으로 수송되는 수소이온으로 해리된다. 그곳에서 수소이온은 위샘의 모세관과 속공간에서 염소이온과 결합하여 자유 염산(free HCl)을 생성한다.

(4) 내분비세포 Endocrine Cells

위점막과 작은창자와 큰창자의 샘부분에는 가스트린(gastrin), 세크레틴(secretin), 콜레시스토키닌(cholecystokinin), 위억제성펩타이드(gastric inhibitory polypeptide, GIP)와 같은 위창자호르몬을 생산하는 일련의 **내분비세포(endocrine cell)** 또는 **창자내분비세포(enteroendocrine cell)**가 있다. 호르몬은 혈류나 림프관으로 방출되어 전신을 순환하거나 주변분비방식(paracrine mode)으로 표적세포에 국소적으로 확산된다. 이 세포들은 통상적인 H&E염색표본에서는 감별이 어려우며 일반적으로 밝게 또는 약하게 염색된다. 이들의 많은 세포가 은염색에 친화성이 있어서 **은친화세포(argentaffin cell, argyrophilic cell)**라고 부른다(그림 10-49). 이들 세포의 일부는 창자크로뮴친화세포(enterochromaffin cell)와 같이 다이크로뮴산염(potassium dichromate)으로도 증명이 가능해서 이들 세포를 **창자크로뭄친화유사세포(enterochromaffin-like cell)**라고 부른다. 두 세포의 차이는 창자크로뭄친화세포는 세로토닌(serotonin)을 분비하는 반면, 창자크로뭄친화유사세포는 벽세포에서 위산 생성의 잠재적 자극인자인 히스타민(histamine)을 분비한다. 이들 내분비세포는 흔히 바닥막과 으뜸세포 사이에 끼어 있으며, 상피의 표면까지 도달하지는 않는다. 그러나 이들 세포 중에서 어떤 것은 속공간까지 도달하여, 그 내용물을 모니터하여 호르몬의 방출을 유발한다. 전자현미경에 의해 적어도 12종류의 내분비세포가 위창자관에서 확인되고 있다. 이들 세포는 모두 막으로 둘러싸인 다수의 작은 과립을 가지고 있는데 이 과립은 대부분 세포질의 바닥에 존재한다. 이 세포는 또한 상대적으로 적은 수의 과립세포질그물(rER)과 작은 골지복합체를 가지고 있다. 위창자관의 내분비세포는 **퍼진신경내분비계통(diffuse neuroendocrine system, DNES)**으로 정의되는 큰 세포군의 일부이다(12장 참조).

3) 날문샘부위 Pyloric Gland Region

날문샘부위(pyloric gland region)는 육식동물에서 위점막의 약 절반을 차지하지만, 말의 위와 되새김동물의 4위에서는 1/3 정도를 차지한다. 돼지에서는 날문샘부위가 작아서 위점막의 약 1/4 정도만을 차지한다(그림 10-29).

위오목은 들문샘부위나 고유위샘부위에서 보다 상당히 더 깊다(그림 10-33). **날문샘(pyloric gland)**은 단순분지나 선대롱샘으로 다른 위샘에 비해서 상대적으로 짧다. 날문샘의 샘세포는 전형적인 점액분비세포로서 납작한 핵이 세포의 바닥에 있으며, 밝게 염색되는 세포질을 가지고 있다.

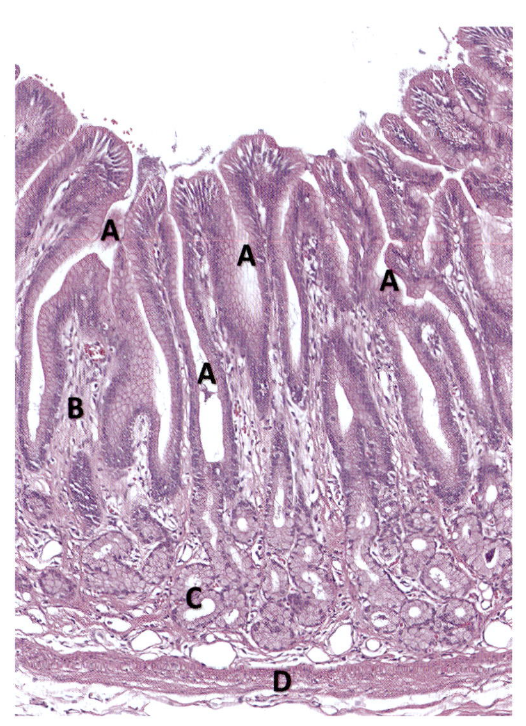

그림 10-33 • 개 위 날문샘부위의 점막. 깊은 위오목(A), 고유판(B), 짧은 날문샘(C), 점막근육판(D). H&E. (×80). (Image by J. Feng.)

날문-샘창자경계(pyloric-duodenal junction)에서는 **점막밑창자샘(submucosal intestinal gland)**이 샘창자로부터 날문샘부위의 점막밑층 속으로 연장되어 있다. 또한 중간돌림근육층은 날문부위에서 두꺼워져서 **날문조임근(pyloric sphincter muscle)**을 형성하는데, 이 조임근에 의해서 점막과 점막밑층이 속공간 속으로 돌출된다. 되새김동물과 돼지에서는 이와 같은 돌출구조인 **날문융기(torus pyloricus)**가 특히 뚜렷하다.

3. 종 차이 Species Differences

육식동물에서는 들문샘부위가 비교적 좁고 고유위샘부위와 날문샘부위가 위의 나머지 부분을 차지하고 있다. 개에서 고유위샘부위는 두 개의 구역으로 구분된다. 밝은 구역(light zone)은 깊은 위오목(gastric pits)과 함께 얇은 점막을 가지고 있으며, 짧고 꼬인 위샘을 가지고 있는데, 이 샘은 무리를 지어 존재하고 점막근육판까지 연장되지는 않는다. 어두운 구역(dark zone)은 날문샘부위에 인접하여 존재하고 두꺼운 점막과 얕은 위오목을 가지고 있으며, 고유위샘부위의 어두운 구역은 다른 동물 종의 고유위샘부위와 매우 유사하다(그림 10-29).

돼지의 위는 매우 큰 들문샘부위를 가지고 있으며, 고유판에 많은 림프절이 있다. 고유위샘부위의 벽세포는 무리를 지어 존재하는 경향이 있다.

말의 위는 넓은 민샘위부위를 가지고 있으며, 이 부분은 **주름가장자리(margo plicatus)**를 형성하면서 갑자기 끝난다(그림 10-34). 들문샘부위는 거의 존재하지 않지만, 고유위샘부위와 날문샘부위는 일반적인 유형을 따른다.

제7절 되새김동물의 위 Ruminant Stomach

되새김동물의 위는 구조적으로 서로 다른 네 개의 부분으로 이루어져 있다. 앞쪽 세 개의 부분, 즉 1위(rumen), 2위(reticulum), 3위(omasum)를 총괄해서 **앞위(forestomach, proventriculus)** 또는 **민샘위(nonglandular stomach)**라고 부른다(그림 10-29). 앞위(민샘위)는 중층편평상피로 덮여 있는 샘 없는 점막으로 이루어져 있다. **4위(주름위, abomasum)**는 다른 동물의 위(stomach)와 유사하게 샘점막으로 덮여 있다.

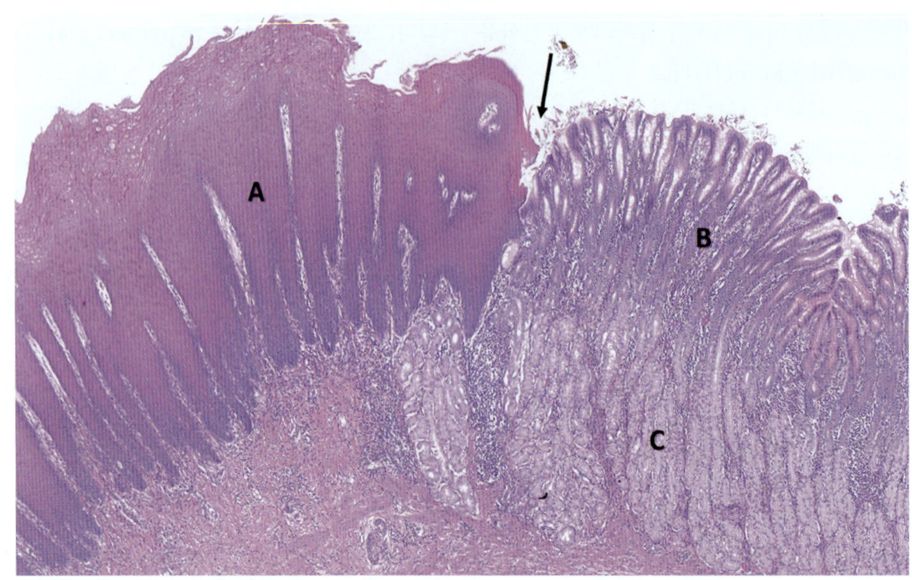

그림 10-34 • 말 위 민샘위와 샘위의 경계(주름가장자리). 민샘위의 비각질중층편평상피(A), 위오목이 있는 단층원주샘상피(B), 중층편평상피와 샘상피의 경계(화살표). 위샘(C). H&E. (×60). (Image by J. Feng.)

앞위는 거친 섬유성 섭취물(coarse, fibrous ingesta)을 기계적 작용과 화학적 작용으로 분쇄해서 흡수 가능한 영양물로 분해시키는 작용을 한다. 1위(rumen)는 많은 세균(bacteria)과 원충(protozoa)이 섭취물에 작용하는 발효통의 역할을 하는데, 이곳에서는 짧은 사슬의 휘발성 지방산(short-chain, volatile fatty acid)을 만들며, 이들은 점막을 통해서 혈액 속으로 흡수된다. 한편, 2위(reticulum)와 3위(omasum)는 섭취물에 기계적 작용을 가하여 음식물 덩어리를 미세한 입자로 바꿔준다. 특히 3위의 벽은 이러한 기능에 적합하게 되어 있다. 발효와 기계적인 작용 외에도 상당한 정도의 흡수가 앞 위 세 부분의 각질중층편평상피에서 이루어진다. 4위(abomasum)에서는 홑위동물 위(stomach)에서와 같이 효소 소화과정과 미생물작용을 통하여 섭취물을 포도당과 아미노산과 같은 물질로 분해한다.

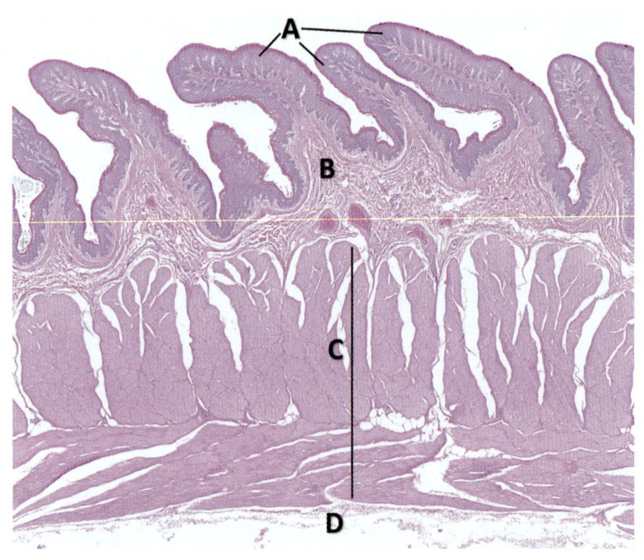

그림 10-35 • 산양의 1위. 유두(A), 고유판-점막밑층(B), 근육층(C), 장막(D). H&E. (×30). (Image by J. Feng.)

1. 1위 Rumen

1위(혹위, rumen) 점막에서는 작은 혀모양의 **유두(papillae)**가 특징적으로 보이는데(그림 10-35, 10-36), 이 유두의 크기와 형태는 부위에 따라 상당한 차이가 있다. 유두는 출생 전에 발생해서 송아지가 분만되어 젖을 먹을 때까지는 작은 상태로 유지된다. 그러나 거친 사료를 먹기 시작하고 1위에서 발효가 시작되면, 유두의 크기는 빠르게 증가한다(그림 10-36).

1위상피(ruminal epithelium)는 각질중층편평상피로, 적어도 보호(protection), 대사(metabolism), 흡수(absorption)의 세 가지 중요한 기능을 수행한다(그림 10-40, 10-41). 각질층은 거친 섬유성의 섭취물로부터 위점막을 보호하고, 깊은 상피층에서는 짧은 사슬의 휘발성 지방산 특히, 뷰티르산(butyric acid), 아세트산(acetic acid), 프로피온산(propionic acid)과 같은 주요 발효산물을 대사한다. 또한 소듐(sodium), 포타슘(potassium), 암모니아(ammonia), 요소(urea), 그 밖의 여러 산물(product)이 역시 1위의 내용물로부터 흡수된다.

각질층(stratum corneum)은 한두 개의 세포 두께에서 10~20개의 세포 두께에 이르기까지 차이가 많다. 염색되어 나오는 세포의 핵이 존재하기도 하고 그렇지 않을 수도 있다. **과**

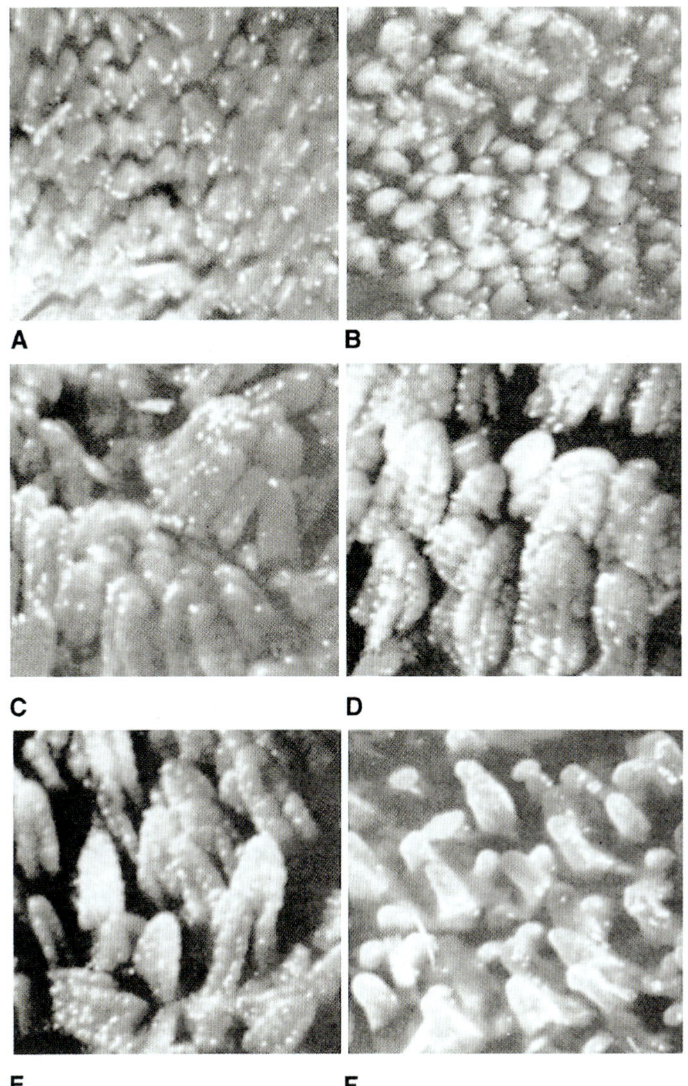

그림 10-36 • 연령과 사료에 따른 1위 유두의 변화. 어린 수송아지. (×2). A. 생후 6개월, 생후 우유만 섭취. 유두는 발달이 미약한 상태임. B. 3주간 건초와 곡물 섭취. 유두가 커짐. C. 2개월간 건초와 곡물 섭취. D. 3개월간 건초와 곡물 섭취. 유두의 길이가 최대로 됨. E. 다시 3일간 젖으로 사육. 유두는 작아짐. F. 다시 10일간 젖으로 사육. 유두는 현저하게 축소됨. (From Stinson AW, Brown EM. Veterinary Histology Slide Sets. East Lansing, MI: Michigan State University, Instructional Media Center, 1970.)

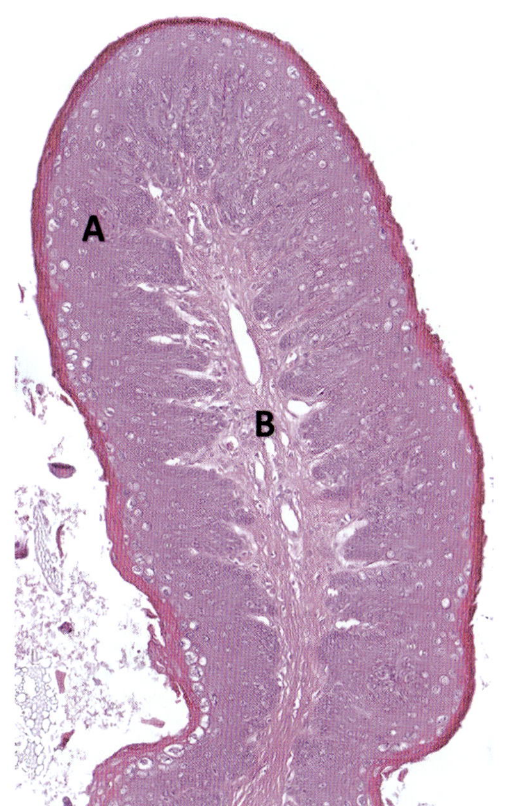

그림 10-37 • 산양의 1위 유두 끝부분. 각질중층편평상피(A), 고유판(B). H&E. (×150). (Image by J. Feng.)

립층(**stratum granulosum**)은 보통 1~3개의 세포층으로 되어 있는데, 세포는 아주 편평하며 세포질 속에는 각질유리과립(keratohyalin granule)이 존재한다. 각질층에 가까운 과립층의 세포는 종창되어 있고(swollen), 밝고 전자밀도가 낮은 세포질에 둘러싸인 농축된 핵을 가지고 있는 것이 특징이다. 이들 세포의 세포질 주변부에는 각질유리과립, 당김잔섬유, 막으로 둘러싸인 전자밀도가 높은 수많은 과립이 존재한다(그림 10-38). **가시층(stratum spinosum)**은 바닥세포보다 약간 더 큰 뭇면체 세포로 구성된다(그림 10-38). 이 층의 두께는 1~10개의 세포로 다양하다. 이 세포에서는 세포질 전체에 분포되어 있는 수많은 사립체와 리보소체를 볼 수 있다. 인접한 세포와는 다수의 부착반점에 의해서 서로 연결되어 있다(그림 10-38). **바닥층(stratum basale)** 세포는 원주형이고, 수많은 세포질 돌기가 바닥막까지 뻗어 바닥세포막의 표면적을 크게 증가시킨다. 이 바닥세포의 세포학적인 구조는 가시층세포와 유사하다.

모든 상피층에서 세포사이공간(intercellular space)은 확장된 정도가 다르다. 세포사이공간은 넓을 수도 있고 상피를 가로지르는 솜털 같은 물질을 갖고 있는 경우도 있다(그림 10-38). 혹은 어떤 곳에서는 세포사이공간에 솜털 같은 물질이 없고, 붕괴되어 있는 경우도 있는데, 이러한 소견은 상피를 가로질러 이동하는 물질이 거의 없거나 또는 전혀 없는 시기임을 나타낸다.

점막근육판은 존재하지 않으며, 고유판은 점막밑층과 합쳐져 있어서 고유판-점막밑층(propria-submucosa)을 형성한다. 각 유두는 아교섬유, 탄력섬유, 그물섬유의 치밀한 그물구조(dense feltwork)를 포함하는 고유판-점막밑층이 확장되어 중심(core)을 이루고 있다. 상피의 바닥막 바로 아래에는 창모세혈관(fenestrated capillary)의 치밀한 그물망(network)

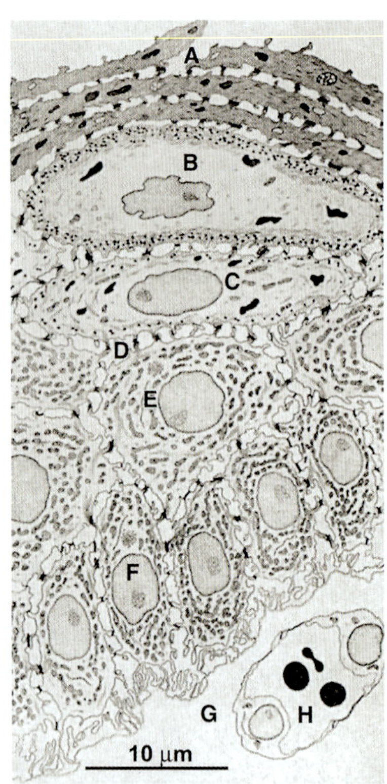

그림 10-38 • 1위 상피의 전자현미경사진의 도해. 각질층(A), 과립층의 종창된 세포(B), 과립층의 편평한 세포(C), 세포사이세관(D), 세포 사이의 부착반점을 가진 가시층(E), 바닥층(F), 고유판(G), 고유판의 모세혈관(H). (From Stinson AW, Brown EM. Veterinary Histology Slide Sets. East Lansing, MI: Michigan State University, Instructional Media Center, 1970).

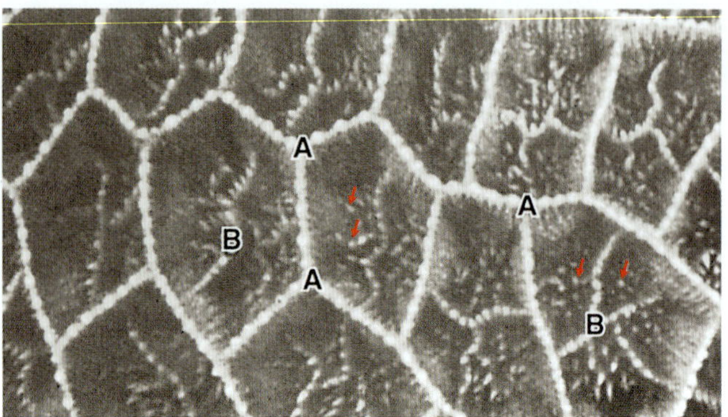

그림 10-39 • 2위 점막의 표면모습. 일차능선(A)이 큰 2위칸을 경계 짓는다. 이차능선(B)은 큰 2위칸을 더 작은 칸으로 나눈다. 원뿔유두(화살표). (Courtesy of A. Hansen.)

이 존재한다. 근육층에 가까운 부위에서 고유판-점막밑층의 결합조직은 보다 성글게 배열되어 있다. 혈관그물과 점막밑신경얼기(submucosal plexus)가 이 층에 위치한다.

근육층은 속돌림근육층과 바깥세로근육층의 민무늬근육으로 이루어져 있으며, 근육층신경얼기(myenteric plexus)가 두 층 사이에 위치한다.

1위의 장막은 중피로 덮여 있는 성긴결합조직이다. 혈관, 림프관, 신경뿐만 아니라 다양한 양의 백색지방조직이 장막의 성긴결합조직 속에 존재한다.

2. 2위 Reticulum

2위(벌집위, reticulum)의 점막은 서로 연결된 영구적 주름(permanent interconnecting folds)인 **2위능선(reticular crest)**이 있어서 벌집모양(honeycomb appearance)을 나타낸다(그림 10-39). 이들 능선은 두 종류로 높이가 서로 다르다. 높은 능선은 점막표면을 얕은 구역(shallow compartments), 즉 **2위칸(벌집방, reticular cell)**으로 분리하며, 이것은 다시 더 짧은 능선에 의해서 더 작은 구역으로 나누어진다. 능선의 옆면은 수직융기를 가지고 있고, 능선 사이의 점막은 속공간으로 돌출되어 있는 원뿔모양의 **2위유두(reticular papillae)**로 덮여 있다.

각질중층편평상피는 1위에서와 유사하다. 고유판-점막밑층은 주로 아교섬유와 탄력섬유의 그물구조(feltwork)로 이루어져 있다. 점막근육판은 큰 2위능선 상부에만 있기 때문에 고유판과 점막밑층은 구별하기 어려울 정도로 서로 섞여 있다(그림 10-40). 점막근육판은 식도의 점막근육판에 연속된다. 민무늬근육 다발은 2위능선이 교차하는 부위에서 하나의 능선에서

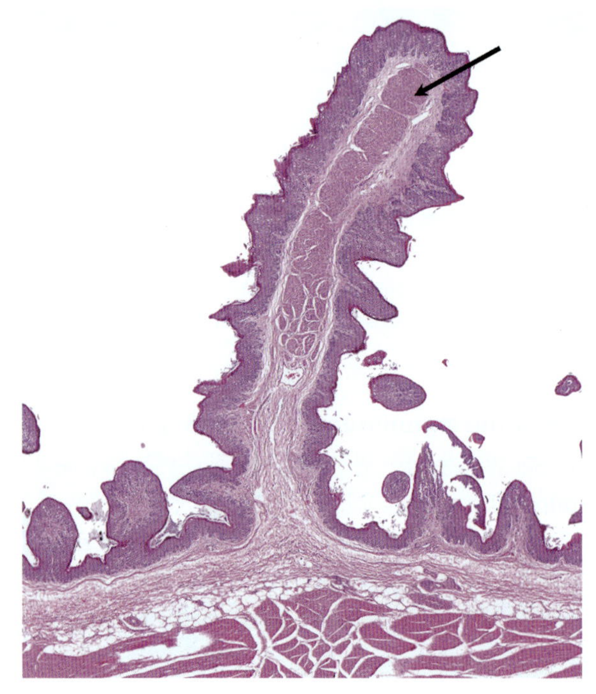

그림 10-40 • 산양의 2위. 밀집된 점막근육판(화살표)을 가진 일차능선의 가로단면이 위쪽에 보인다. H&E. (×30). (Image by J. Feng.)

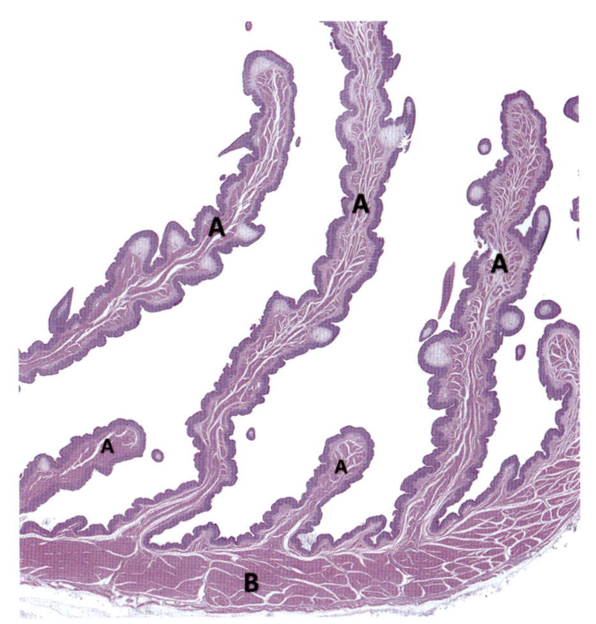

그림 10-41 • 면양의 3위. 서로 다른 크기의 판을 가지고 있는 벽부위(A), 근육층(B). H&E. (×9). (Image by J. Feng.)

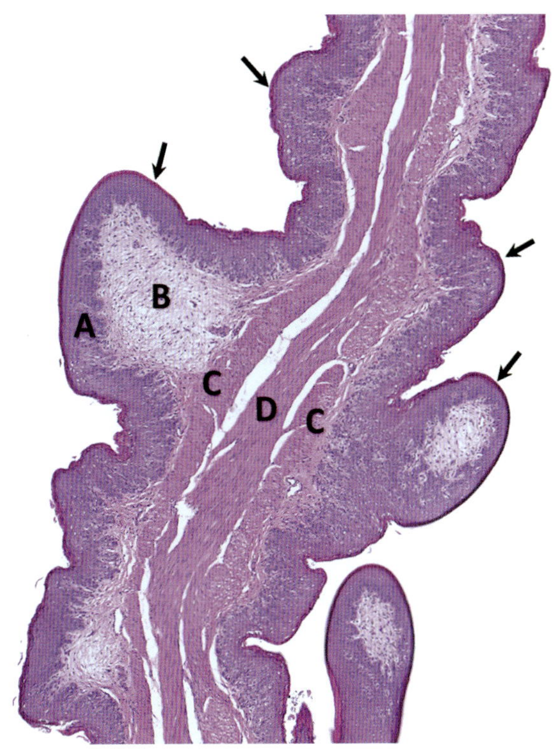

그림 10-42 • 면양의 3위. 3위유두(화살표)를 포함하는 큰판 부위. 각질중층편평상피(A), 고유판(B), 점막근육판(C), 속돌림근육층의 연장(D). H&E. (×50). (Image by J. Feng.)

다른 능선으로 서로 연결되기 때문에 2위 점막 전체에서 민무늬근육은 연속적인 그물망(network)을 형성하고 있다.

근육층은 두 층의 민무늬근육섬유로 구성되며, 비스듬하게 주행하여 직각으로 교차한다. 장막은 1위에서와 같다.

3. 3위 Omasum

3위(겹주름위, omasum)는 거의 대부분이 약 100매 정도의 세로주름인 **3위판(laminae)**으로 채워져 있는데, 3위판은 3위의 큰굽이(greater curvature)의 속면과 위의 측면에서 나온다(그림 10-41). 가장 큰판은 약 12개 정도로 두껍고 오목하게 생긴 자유모서리(edge)를 가지고 있는데, 이것은 작은굽이(lesser curvature)의 가까이까지 이르고 있다. 여기에서 짧은 2차, 3차, 4차, 5차의 판이 나오는데, 이들은 순차적으로 길이가 짧아진다. 3위 내용물은 판 사이의 좁은 공간, 즉 **판사이오목(interlaminar recess)**의 얇은 층으로 눌려 들어가서 점막표면에 붙어있는 다수의 둥글고 각질화된 **3위유두(omasal papillae)**에 의해 미세한 재질(pulp)로 갈아진다(그림 10-42). 유두는 고형 사료가 판(laminae)의 운동에 의해서 2-3위구멍(reticuloomasal ostium)으로부터 판사이오목(interlaminar recesse)을 거쳐 3-4위구멍(omaso-abomasal ostium)을 빠져나가도록 한다.

점막상피는 각질중층편평상피이고, 샘이 있는 고유판은 치밀한 상피밑모세혈관그물을 포함한다. 점막근육판은 3위판의 양쪽면에서 고유판의 바로 아래에 두꺼운 층을 형성한다(그림 10-42). 점막밑층은 매우 얇다.

근육층은 얇은 바깥세로층과 두꺼운 속돌림층의 민무늬근육으로 이루어져 있다. 속돌림층의 가장 안쪽에 위치하는 섬유는 중간근육판(intermediate muscle sheet)으로서 커다란 3위판(omasal laminae, 첫째에서 셋째의 순서로)의 내부로 연속된다(그림 10-42).

4. 4위 Abomasum

3-4위구멍은 두 개의 점막주름인 **4위주름막(abomasal velum, vela abomasica)**에 의해 뚜렷하게 나타나는데, 이곳에서 상피는 각질중층편평형에서 단층원주형으로 갑자기 바뀐다. 소에서 이런 변화는 주름의 꼭대기(apex)에서 일어나지만, 작은 되새김동물에서는 이런 변화가 3위 쪽에서 일어난다. 점막고유판은 4위 쪽 주름에서는 덜 치밀하며 상피형태가 바뀌는 경계부위에서는 림프소절이 관찰된다. **4위(abomasum)**점막은 앞에서 기술한 것과 같은 샘위 부위의 모든 특징을 가지고 있다(그림 10-29).

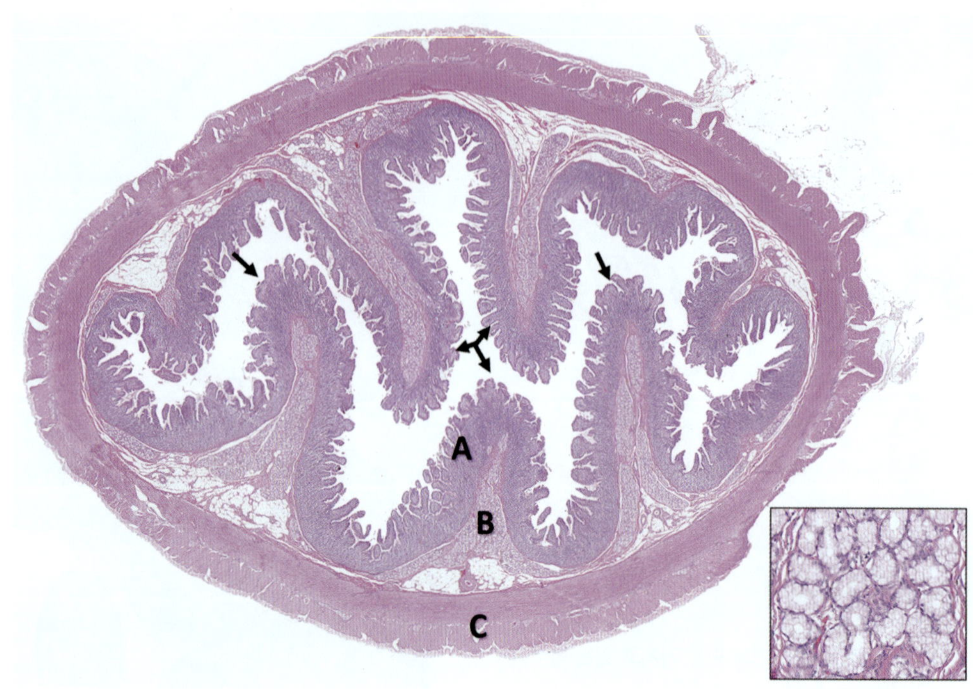

그림 10-43 • 개 샘창자의 빗단면. 돌림주름(plicae circulares, 화살표). 점막(A), 점막밑샘(B), 근육층(C). H&E. (×10). 삽입그림: 점막밑샘의 확대사진. H&E. (×400). (Image by J. Feng.)

제8절 작은창자 *Small Intestine*

작은창자(소장, small intestine)는 세 부분, 즉 **샘창자(duodenum)**, **빈창자(jejunum)**, **돌창자(ileum)**로 구성된다. 작은창자에서 소화 또는 음식물이 흡수 가능한 형태로 변형되는 것은 위에서 이동된 내용물에 이자액, 쓸개즙, 창자분비액이 작용할 때부터 시작되어 작은창자 전체에 걸쳐서 진행된다.

작은창자의 소화와 흡수기능은 몇 가지 특수한 구조에 의해 촉진된다. 소화기능은 상피세포를 기계적인 손상과 자극성 화합물로부터 보호하기 위하여 풍부한 점액의 공급이 필요하며, 또한 많은 양의 소화효소를 필요로 한다. 소화효소는 원주흡수상피세포와 이자로부터 유래한다. 원주흡수상피세포에 의해 생산된 효소는 미세융모로 덮인 속공간면에서 막으로 둘러싸여 있는 반면, 이자에서 생산된 효소는 창자내용물과 자유롭게 섞인다. 점액은 샘창자의 **점막밑샘(submucosal gland,** 그림 10-43, 10-44)과 창자 전체에 걸쳐서 원주형흡수세포 사이에 섞여 존재하고 있는 **잔세포(goblet cell)**에 의해서도 생산된다(그림 10-46, 10-47).

흡수기능의 효율성은 창자내용물에 노출되는 표면적은 다음 세 가지의 구조적 특징에 의해 증진된다. ① 작은창자 위쪽 2/3에는 돌림상으로 배열된 점막주름인 **돌림주름(plicae circulares)**이 있는데, 이것은 속공간 폭의 약 2/3 정도까지 안쪽

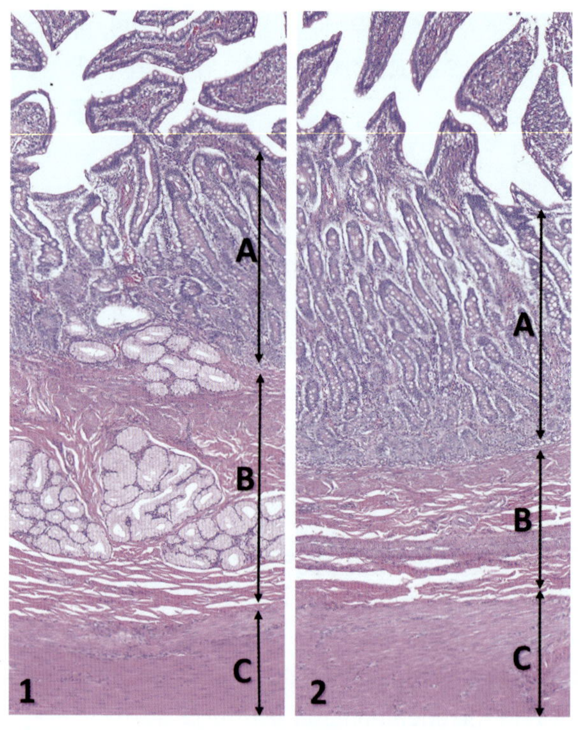

그림 10-44 • 개의 샘창자. 1. 점막밑샘이 있는 날문 근처 부위. 2. 점막밑샘이 없는 보다 뒤쪽 부위. 창자융모와 창자샘(점막샘)을 가진 점막(A), 점막밑층(B), 근육층(C), 점막근육판(D). H&E. (×50). (Image by J. Feng.)

그림 10-45 • 송아지 돌창자, 창자융모의 주사전자현미경사진. 창자융모는 수축상태에 있음. (×85). (Courtesy of J. F. Pohlenz.)

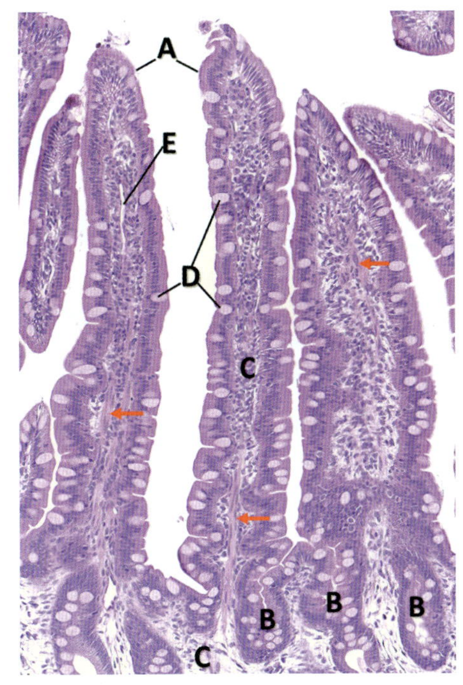

그림 10-46 • 개 작은창자의 창자융모와 창자샘. 속공간으로 돌출해 있는 손가락모양의 창자융모(A)와 고유판(C) 안으로 함입되어 있는 창자샘(B). 많은 잔세포를 가진 단층원주상피(D), 모세림프관(암죽관 또는 중심림프관, E), 민무늬근육(화살표). H&E. (×140). (Image by J. Feng.)

으로 뻗어 있다. 되새김동물에서 점막주름은 영구적이지만, 다른 모든 포유동물 가축(domestic mammal)에서는 창자가 확장되면 사라진다(그림 10-43). ② 점막의 표면에는 손가락 모양의 돌출구조인 **창자융모(intestinal villi)**가 덮고 있다(그림 10-45, 10-46). 창자융모의 길이는 작은창자의 부위와 종에 따라 다르다. 육식동물에서는 길고 가늘며, 소에서는 짧고 굵다. ③ 창자융모의 단층원주상피의 자유표면에는 미세융모(microvilli)가 있다(그림 10-47).

1. 점막 Tunica Mucosa

점막은 상피, 샘을 가진 고유판, 점막근육층으로 구성된다. 창자융모는 점막이 돌출된 구조로서 작은창자의 가장 큰 특징이다. **창자샘(창자움, intestinal gland, intestinal crypt)**은 창자융모바닥 사이에 구멍을 여는데, 창자샘은 점막으로 파고 들어가 점막근육판까지 이른다. 이들 단순대롱샘을 가끔 점막샘(mucosal gland)이라 한다(그림 10-44, 10-46).

작은창자 속공간은 원주흡수세포 사이에 많은 잔세포(goblet cell)를 함유하는 단층원주상피로 덮여 있다(그림 10-47). 속공간면에서 상피세포 사이에 위치한 이음복합체(junctional complex)는 액체성의 창자 내용물이 세포를 통과하지 않고 고유판 속으로 확산되어 들어가는 것을 막는다. 원주 **흡수세포(absorptive cell)**는 세포의 바닥 가까이에 타원형의 핵이 위치하고, 뚜렷한 미세융모가 있어서 줄무늬가장자리(striated

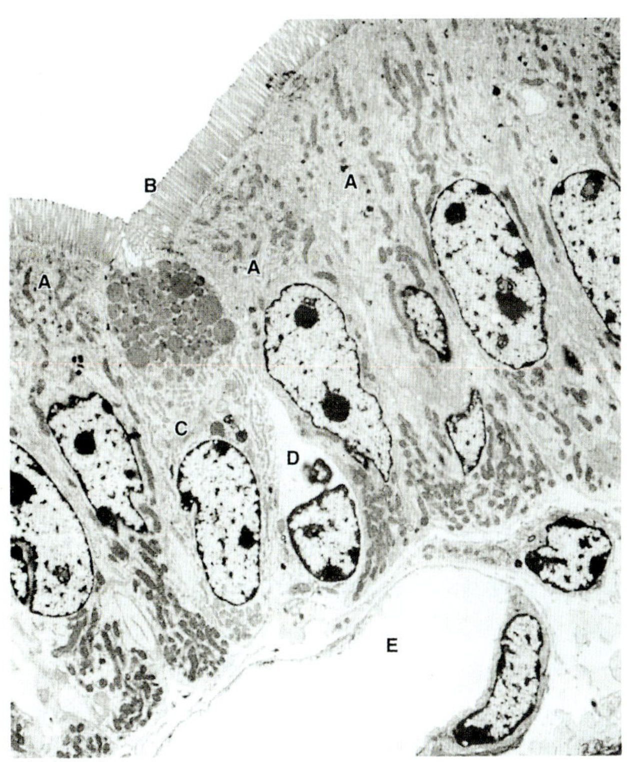

그림 10-47 • 송아지 빈창자 상피의 투과전자현미경사진. 미세융모(B)를 가진 단층원주상피세포(A), 하나의 잔세포(C)와 이동 중인 하나의 림프구(D)가 보인다. 상피 바로 밑에 있는 모세혈관(E). (×5,000). (Courtesy of J. F. Pohlenz.)

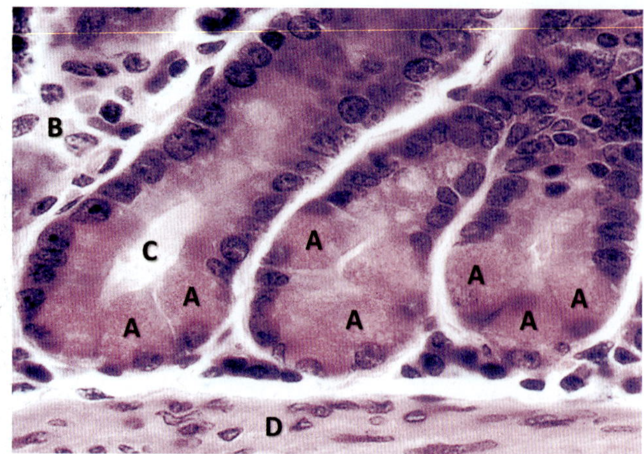

그림 10-48 • 말 작은창자의 점막샘. 세 개의 창자 점막샘 바닥부에 위치하는 호산과립세포(Paneth cell, A), 고유판(B), 창자 점막샘 속공간(C), 점막근육판(D). H&E. (×400).

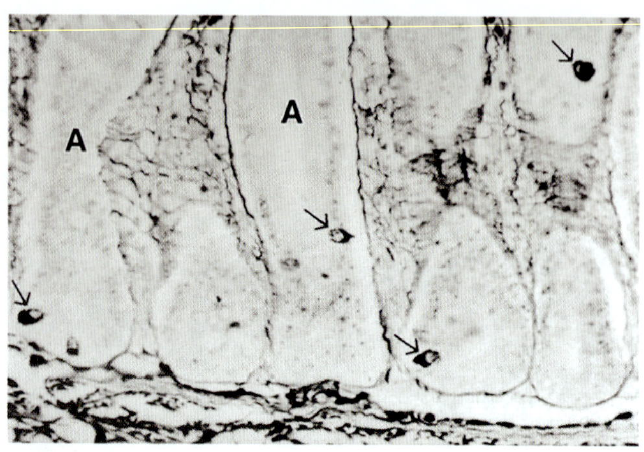

그림 10-49 • 고양이 작은창자의 점막샘. 창자 점막샘 속공간(A), 창자내분비세포(화살표). Silver stain. (×320).

border)를 형성한다. 전자현미경으로 관찰하면 사립체는 핵 근처와 세포의 바닥부분에 분포되어 있다(그림 10-47). 세포의 꼭대기세포질(apical cytoplasm)에는 종말그물(terminal web)과 중성지질(triglyceride)의 합성에 필요한 많은 무과립세포질그물(sER)을 가지고 있다. 핵의 상부에서 뚜렷하게 관찰되는 골지복합체는 유화된 지방을 작은 지방방울인 암죽미립(chylomicron)으로 전환시키는 것은 물론이고 소화효소를 분비하는 기능에도 관여한다. 자유리보소체와 과립세포질그물(rER)은 세포의 바닥에 분포한다.

잔세포(goblet cell)는 원주흡수세포 사이에 흩어져 있다(그림 10-46, 10-47). **점액원(mucinogen)**이 이 세포에서 생산될 때 세포의 꼭대기는 확장되고 점액원방울(mucinogen droplet)이 축적되고, 핵과 나머지 세포질은 바닥막 위 세포의 좁은 바닥부위까지 밀려나 있다(그림 10-47)(자세한 것은 2장 참조). 잔세포 수는 창자융모의 끝(tip)에서는 감소하고, 잔세포 밀도는 샘창자(duodenum)에서보다 돌창자(ileum)에서 2~3배 정도 높다.

단순대롱 **창자샘(창자움, intestinal gland, intestinal crypt)**은 여러 종류의 세포에 의해 둘러싸여 있다. 창자샘의 주요세포는 **미분화원주세포(undifferentiated columnar cell)**이다. 이 세포는 증식하고 분화하여 창자융모 쪽으로 이동해서 원주흡수세포와 잔세포가 된다. 이들 세포는 창자융모 끝쪽(toward the tip)으로 밀려나서 창자 속공간으로 탈락된다. 지속적인 세포갱신(renewal)이 일어나기 때문에 샘을 이루고 있는 세포에서는 많은 유사분열상(mitotic figure)이 관찰된다. 세포분열 활동은 섭취물의 양이나 효소의 기능과는 관계없이 항상 일정하다. 상피는 대략 2~3일 간격으로 갱신된다.

되새김동물과 말에서는 창자샘의 바닥 가까이에서 **호산과립세포(acidophilic granular cell, Paneth cell)**가 존재한다(그림 10-48). 이 세포는 피라미드모양 세포로 핵과 세포 꼭대기(apex) 사이에 뚜렷한 둥근 호산성과립을 가지고 있다. 호산과립세포는 효소생산세포의 모든 특징을 가지고 있으며, 펩타이드결합을 가수분해시키는 **펩타이드분해효소(peptidase)**와 항균성화합물의 일종인 **용균효소(lysozyme)**를 생산하는 것으로 알려져 있다. 이 세포는 또한 아연을 갖고 있으며, 아연은 펩타이드분해효소 활성화에 중요한 역할을 하는 것으로 알려져 있다. 창자샘에는 **창자내분비세포(enteroendocrine cell)**도 존재하는데 여기에 대해서는 고유위샘부위(바닥샘부위)에서 이미 기술하였다(그림 10-49).

고유판은 창자융모의 중심(cores)을 이루고 창자샘을 둘러싸고 있다. 이것은 뚜렷한 그물섬유뼈대(prominent reticular fiber framework)를 가진 성긴결합조직으로 되어 있다. 이 광범위한 섬유그물망(fiber network) 안에는 혈관, 림프관, 백혈구, 섬유세포, 민무늬근육세포, 형질세포, 비만세포가 존재한다. 대부분 동물종의 창자점막에서는 **공모양백혈구(globule leukocyte)**가 관찰된다. 이 세포는 작은 핵을 둘러싸고 있는 커다란 에오신호성의 공모양 물질을 가지고 있다. 최근 연구에 의하면 이 세포는 비만세포(mast cell)에서 유래하여 면역반응에 관여하는 것으로 추정된다. 퍼진림프조직과 홀림프소절이 작은창자의 고유판 전체에 흩어져 있다. 림프소절의 수는 돌창자 쪽으로 갈수록 증가한다. 위(stomach)에서 보이는 것과 유사한 **치밀층(stratum compactum)**이 육식동물 창자샘의 바닥과 점막근육판 사이에 존재할 수 있다.

창자융모 고유판 중심부에는 단일 모세림프관인 **암죽관(중심림프관, lacteal, central lacteal)**이 위치한다(그림 10-46). 이 림프관은 창자융모의 꼭대기에서 막혀 있는데(blind terminal end), 이것은 창자융모의 바닥에서 림프관얼기를 형성하는 림프관의 시작부가 된다. 이 바닥의 림프관얼기는 창자샘과 림프소절을 둘러싸는 더 큰 림프관얼기를 형성한다. 세로로 주행하는 민무늬근육섬유는 점막근육판에서 유래하여 창자융모의 끝(tip)까지 연장되어 있다(그림 10-46). 이들 근육섬유가 수축하면 창자융모가 짧아지게 되며 창자융모가 측면으로 움직일 수 있게 된다. 또한, 이 근육의 수축은 암죽관(중심림프관) 속의 림프액을 아래쪽에 있는 림프관얼기로 이동시키는데 도움을 준다. 점막밑층의 동맥얼기에서 유래한 하나의 세동맥이 점막근육판을 지나서 창자융모에 이르는데, 표면상피 아래에서 동정맥고리(arteriovenular loop)와 모세혈관그물(capillary network)을 형성한다. 소화 활동 동안 혈관그물에 혈액이 차게 되면 창자융모는 길어진다. 반대로 근육이 수축하는 동안에는 창자융모가 짧아짐에 따라 혈액이 밖으로 밀려나간다. 이와 같이 창자융모는 혈액과 림프를 전신순환(general circulation)으로 이동시키는 펌프장(pumping station)의 기능을 수행한다.

점막근육판은 속돌림층과 바깥세로층으로 배열된 민무늬근육층으로 개를 제외한 동물에서 이 층은 얇고 불완전하다. 점막근육판의 두께와 완전성은 동물의 종, 개체, 부위에 따라서 다르다.

2. 점막밑층 Tela Submucosa

점막밑층(submucosa, tela submucosa)은 고유판보다 좀 더 치밀한 결합조직층이다. 이 결합조직에 위치하는 대롱꽈리 **점막밑샘(submucosal gland, Brunner's gland)**은 창자점막샘(intestinal mucosal gland)의 바닥으로 구멍을 연다(그림 10-43, 10-44). 이 샘은 개와 되새김동물에서 점액샘, 돼지와 말에서 장액샘, 고양이에서는 장액점액샘이다. 이 샘에서 나오는 장액성(단백질이 풍부함) 또는 점액성 분비물은 상피의 표면을 윤활하게 하고 산성 위미즙(acidic gastric chyme)으로부터 보호 역할을 수행한다. 이 샘은 모든 포유동물에서 존재하지만, 그 분포양상은 종에 따라 다르다. 예를 들면 개에서는 샘창자의 앞부위에 국한되어 있으나, 말에서는 빈창자까지도 연장되어 있다.

홑림프소절(solitary lymphatic nodule)은 작은창자 전체의 점막밑층에 존재한다. 큰 **무리림프소절(aggregated lymphatic nodule)**, 즉 **파이어반(Peyer's patch)**은 작은창자의 세 부위 모두에서 관찰되지만, 일반적으로는 돌창자에서 더욱 특징적인 것으로 알려져 있다(그림 10-50). 이들 림프조직의 덩어리는 고양이를 제외하고는 점막 표면으로 윤곽이 뚜렷하게 융기하여 육안으로 알아볼 수 있다. 무리림프소절은 소에서 가장 크고 말에서 수가 가장 많다. 창자샘은 점막근육판

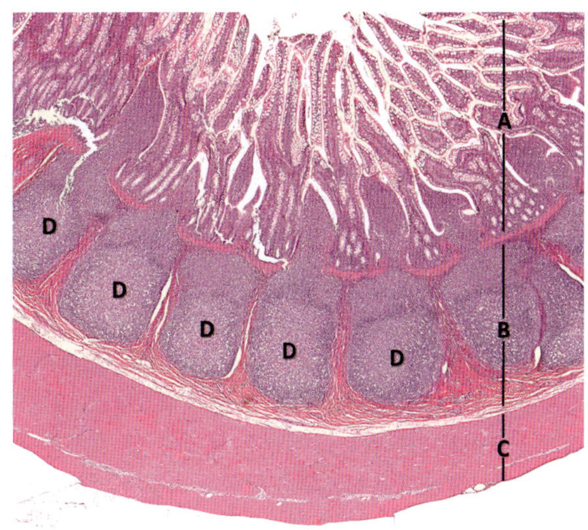

그림 10-50 • 고양이의 돌창자. 점막(A), 점막밑층(B), 근육층(C), 무리림프소절(Peyer's patch, D). H&E. (×25). (Image by J. Feng.)

이 무리림프소절의 존재 때문에 끊어져 있는 작은창자 부분에서 점막밑층까지 연장되어 나타난다(8장 창자연관 림프조직 참조).

또한 점막밑층은 점막밑신경얼기(submucosal plexus, Meissner's plexus)를 가지고 있다. 이들 신경얼기에서 나온 신경섬유는 창자융모 속으로 연장된다.

3. 근육층 Tunica Muscularis

모든 동물에서 작은창자의 **근육층(tunica muscularis)**은 속돌림층과 바깥세로층의 민무늬근육으로 이루어졌다. 근육층은 말에서 가장 두꺼운데, 두 층이 거의 같은 두께이다. 두 근육층 사이의 결합조직에는 근육층신경얼기(myenteric plexus)가 있다.

4. 장막 Tunica Serosa

장막은 작은창자 전체를 덮고 있으며, 이는 중피로 덮인 성긴결합조직층으로 이루어져 있다.

5. 혈관분포 Blood Supply

복강동맥(celiac artery)과 앞창자간막동맥(cranial mesenteric artery)의 가지는 샘창자간막(mesoduodenum), 빈창자간막(mesojejunum)과 돌창자간막(mesoileum) 등의 창자간막(mesentery) 속을 주행하여 창자간막이 붙는 선을 따라 근육층 속으로 들어간다. 이들 동맥은 근육층에 가지를 내고 점

막밑층으로 들어가서 점막밑동맥얼기(submucosal arterial plexus)를 형성한다. 이 동맥얼기는 짧은 세동맥을 내어 점막근육판과 창자샘 둘레에 모세혈관그물을 형성하고, 긴 세동맥을 내어 창자융모 끝까지 연장된다. 창자융모에서 하나의 세동맥은 모세혈관그물에 혈액을 공급하고 창자융모 끝까지 연장되는데, 거기에서 세정맥에 연속되어 동정맥고리(arteriovenular loop)를 형성한다. 창자융모에서 내려오는 세정맥과 샘주위모세혈관그물바탕(periglandular capillary bed)은 합쳐져서 점막밑정맥얼기(submucosal venous plexus)를 형성한다. 이 정맥얼기는 동맥과 나란히 달려 근육층을 가로지르는 정맥을 내어서 간문맥으로 혈액을 보낸다. 말, 육식동물, 돼지의 작은창자에서의 순환계통은 앞에서 기술한 것과 다른 양상을 나타내어 창자융모에서 동정맥고리를 형성하지 않고, 대신 점막밑층에서 동정맥연결(arteriovenous anastomoses)을 형성한 다음 융모순환(villous circulation)을 한다. 소화작용을 하는 동안에 동정맥연결에서 돌림상으로 배열된 민무늬근육세포가 수축해서 창자융모로 혈액이 흐르는 것을 막고 다른 부분으로 혈액을 돌린다. 소화과정이 활발하지 않을 때 이들 동정맥연결이 열려진 채로 있어 융모순환의 부분적인 우회로(bypass)가 만들어진다.

6. 일반적 감별 특징 General Identifying Features

포유동물에서 작은창자의 각 부위는 사람에서와 같이 현미경적으로 확실하게 구분되지 않는다. 예를 들면 면양, 산양, 육식동물의 점막밑샘은 샘창자의 전체 길이까지 연장되지 않지만, 말, 소, 돼지에서는 이 샘이 빈창자까지도 연장되어 있다. 또한 **무리림프소절(aggregated lymphatic nodule, Peyer's patch)**도 종종 돌창자를 구분하는 특징적인 구조로 생각되지만, 포유동물의 작은창자 어느 부위에서도 나타날 수 있다.

창자융모의 길이는 생리적인 기능과 종에 따라서 다르기 때문에 작은창자의 각 부위를 구분할 수 있는 믿을 만한 특징이 되지 못한다.

제9절 큰창자 Large Intestine

큰창자(대장, large intestine)는 막창자(cecum), 잘록창자(colon), 곧창자(rectum), 항문관(anal canal)으로 구성된다. 큰창자(대장)는 섭취물에 대한 미생물의 작용이 일어나는 부위이고 물, 비타민, 전해질(electrolyte)의 흡수가 일어나고 점액이 분비되는 부위이다. 큰창자의 육안적, 기능적인 차이는 초식동물에 의해 섭취되는 다량의 섬유소 함유물질

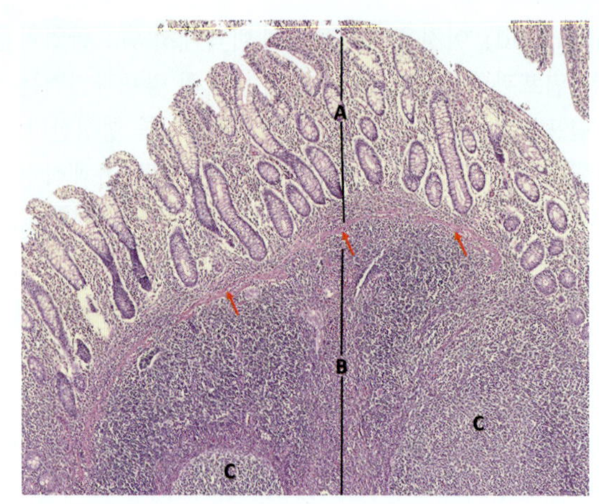

그림 10-51 • 돼지의 막창자. 점막(A), 점막밑층(B), 림프소절(C)과 점막근육판(화살표). H&E. (×26). (Image by J. Feng.)

(cellulose-containing material)을 분해할 필요성이 어느 정도 되느냐에 따라 달라진다. 육안해부학적 차이에도 불구하고 막창자, 잘록창자, 곧창자는 조직표본에서 각 부위를 식별하는 것은 어렵다. 큰창자 각 부위의 공통적인 특징은 창자융모(villi)가 없고, 다수의 잔세포를 가지고 있는 길고 비교적 곧은 단순대롱창자샘이 있는 것이다(그림 10-51). **호산과립세포(acidophilic granular cell, Paneth cell)**는 없으며, 림프소절의 수도 증가한다. 큰창자에는 돌림주름은 없으나, 세로주름(longitudinal fold)이 있다. 도축을 위해 비육시킨 동물의 점막밑층에는 백색지방조직이 축적되는 경향이 있다.

1. 막창자 Cecum

막창자(cecum)의 크기는 종에 따라서 많은 차이가 있다. 말과 같이 홑위를 가진 초식동물에서 막창자는 크고 미생물발효통(bacterial fermentation reservoir)으로서 중요하지만, 육식동물에서는 작다. 모든 포유동물에서 막창자에는 많은 수의 림프소절이 창자 전체에 걸쳐 분포되어 있다(그림 10-51). 림프소절은 돼지, 되새김동물, 개에서는 돌창자구멍(ileal ostium; 돌창자에서 막창자 또는 잘록창자로 들어가는 구멍) 주위에 특히 많이 분포되어 있고, 말과 고양이에서는 막창자의 꼭대기(apex) 근처에 집중되어 있다.

2. 잘록창자 Colon

잘록창자(colon)의 점막은 창자샘의 길이가 길기 때문에 작은창자의 점막보다 훨씬 두껍다. 창자융모가 없기 때문에 점막 표면은 평활하다(그림 10-52). 잔세포의 수는 작은창자에 비해서 증가한다. 점막밑층은 림프조직 때문에 팽창되고 점막근육

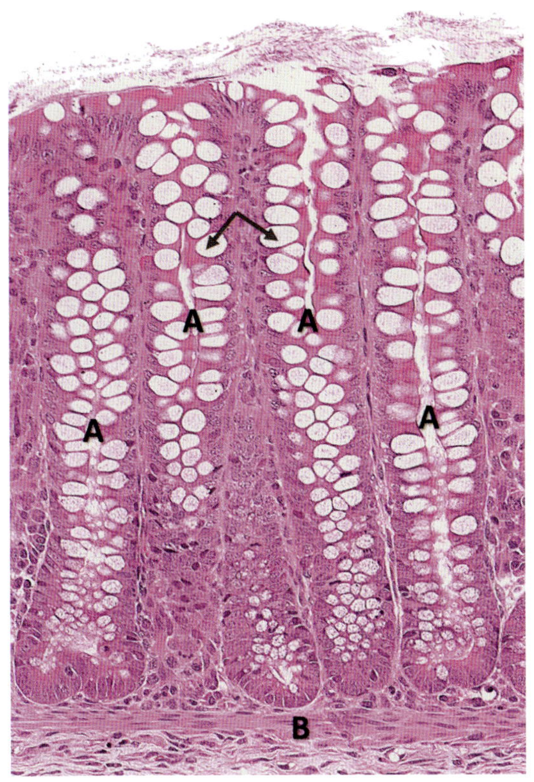

그림 10-52 • 개의 잘록창자. 수많은 잔세포(화살표)를 포함하는 창자샘(A)을 가진 점막, 점막근육판(B). H&E. (×180). (Image by J. Feng.)

판이 단절되어 있다. 이런 경우 창자샘은 점막밑층까지 연장되어 분포할 수 있다.

돼지와 말에서 막창자와 잘록창자의 바깥세로근육층은 크고 납작한 근육띠(muscle bands), 즉 **막창자띠(taenia ceci)**와 **잘록창자띠(taenia coli)**를 형성한다. 말의 막창자와 배쪽 잘록창자의 띠에는 민무늬근육섬유보다 탄력섬유가 더 많이 있다.

3. 곧창자 Rectum

곧창자(rectum)의 점막은 막창자와 잘록창자의 점막처럼 평활하고 잔세포의 수가 증가된 것을 제외하면 기본적인 구조는 같다. 말과 소에서 곧창자벽은 잘록창자벽보다 두껍다. 육식동물에서는 바깥세로근육층이 두껍다. 탄력섬유는 말과 소의 곧창자에서 가장 뚜렷하며, 면양과 산양의 곧창자에서는 가장 적게 분포한다. 바깥세로근육층은 속돌림근육층보다 많은 탄력섬유를 갖고 있다. 곧창자 앞부분은 장막으로 싸여 있지만, 복막뒤부분(retroperitoneal portion)은 골반근막에 합쳐지는 바깥막으로 둘러싸여 있다.

항문관(anal canal)과 접하는 부위 가까이에서 되새김동물의 곧창자 점막은 **곧창자기둥(rectal columns, columnae rectales)**이라고 하는 세로주름을 형성한다. 모든 포유동물에서 이 부위의 고유판에는 광범위한 정맥얼기가 존재한다. 개에서는 특징적으로 100개 정도의 많은 홀림프소절이 곧창자에서 관찰된다. 이 림프소절 위의 점막에는 함몰된 **곧창자오목(rectal pit)**이 있기 때문에 육안으로도 관찰이 가능하다.

4. 항문관 Anal Canal

항문관(anal canal)은 소화관의 마지막 부분으로 **항문곧창자경계(anorectal junction)**에서 곧창자의 단층원주상피가 갑자기 비각질중층편평상피로 바뀐다(그림 10-53). 곧창자의 점막근육판도 항문곧창자경계에서 끝난다.

되새김동물과 말에서 항문관 점막은 평활하고 샘이 없다. 돼지와 육식동물에서 항문관의 점막은 다음과 같은 뚜렷한 세 개의 영역으로 구분된다. (1) 기둥구역(columnar zone), (2) 중간구역(intermediate zone), (3) 피부구역(cutaneous zone). **기둥구역(columnar zone, zona columnaris ani)**은 세로주름인 **항문기둥(anal column)**을 가지고 있으며, 이들 사이의 고랑인 **항문굴(anal sinus)**이 있다(그림 10-53). **중간구역(intermediate zone, zona intermedia)**은 기둥구역과 피부구역 사이의 좁은 부분이다. 기둥구역과 중간구역의 점막은 모두 비각질중층편평상피로 싸여 있으며, 변형된 대롱꽈리땀샘(tubuloalveolar sweat gland)인 **항문샘(anal gland)**이 고유판-점막밑층에 존재한다. 항문샘은 개와 고양이에서는 지방 분비물을 생산하고(그림 10-53), 돼지에서는 점액분비물을 생산한다. **피부구역(cutaneous zone, zona cutanea)**

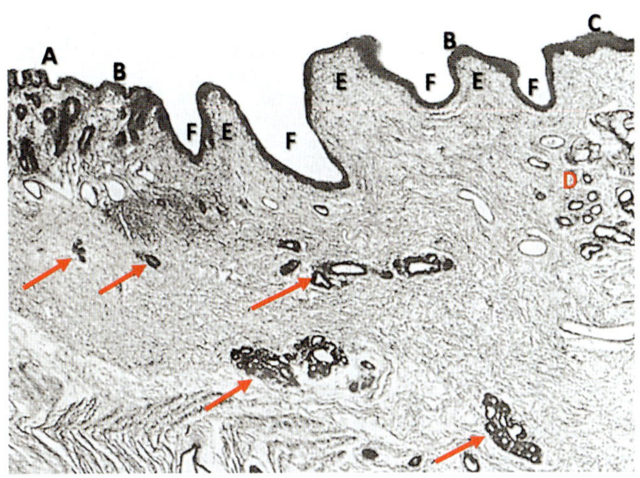

그림 10-53 • 개의 곧창자와 항문관. 곧창자(A), 항문관(B), 땀샘과 기름샘(D)을 가진 피부(C), 항문기둥(E), 항문굴(F), 항분샘(화살표). H&E. (×66). (Modified from Adam WS, Calhoun ML, Smith EM, et al. Microscopic Anatomy of the Dog: A Photographic Atlas. Springfield, IL: Charles C. Thomas, 1970.)

은 **항문피부경계(anocutaneous junction)**에서 시작하는데, 여기에서 중간구역의 비각질중층편평상피는 갑자기 각질화되면서 피부구역이 시작된다. 피부구역은 각질중층편평상피로 덮여 있다. 육식동물에서 **항문주머니(anal sac)** 또는 **항문곁굴(paranal sinus)**에서 나오는 관은 중간구역과 피부구역 경계에 구멍을 연다. 항문주머니(항문곁굴)와 관은 항문점막의 양쪽 팽출(bilateral evagination)에 의해 형성된 것이다. 개에서 피부와 접하는 부위 근처에서 피부구역의 가장 바깥부분의 점막에는 변형된 큰 기름샘인 **항문둘레샘(circumanal gland)**이 존재한다. 항문주머니와 이와 관련된 샘, 항문둘레샘에 대해서는 16장 외피에서 기술하였다.

곧창자의 바깥세로근육층은 항문곧창자경계(anorectal junction)에서 끝난다. 그러나, 속돌림근육층은 항문관 속으로 연장되어 속항문조임근(internal anal sphincter muscle)으로 끝난다. 돌림상으로 배열된 뼈대근육인 바깥항문조임근(external anal sphincter muscle)은 속항문조임근을 덮는다.

제10절 간 *Liver*

간(liver)은 몸에서 가장 큰 샘으로 여러 가지 복합적인 기능을 가지고 있는 장기이다. 즉 배설(노폐늘), 분비(쓸개즙), 저장(지질, 비타민A와 B, 당원), 합성(섬유소원, 글로불린, 알부민, 혈액응고인자), 포식작용(이물질입자), 해독(지용성 약물), 중합(독성물질, 스테로이드호르몬), 에스터화(유리지방산을 중성지방으로), 대사(단백질, 탄수화물, 지방, 혈색소, 약제), 조혈(배아에서 혈구를 형성하고 성숙 동물에서는 잠재적으로 조혈기능을 가짐)기능을 가지고 있다. 간의 구조를 이해하는 것은 이러한 기능적인 과정을 이해하는 데 도움이 된다.

1. 피막과 버팀질 Capsule and Stroma

간의 각엽(lobe)은 얇은 결합조직 피막으로 싸여 있고, 그 바깥쪽을 전형적인 장막(serosa, 내장복막)이 덮고 있다. 피막(capsule)을 이루고 있는 결합조직은 각 엽속으로 연장되어 들어가 소엽사이결합조직이 되어 각각의 간소엽을 둘러싸며 혈관과 쓸개관계통을 지지한다. 그물섬유의 섬세한 그물망(fine network of reticular fiber)이 간세포와 굴모세혈관(sinusoid)을 둘러싸고 있다. 피막과 소엽사이결합조직 속에는 민무늬근육세포가 존재하는 경우도 있다. 소엽사이결합조직사이막(interlobular connective tissue septa)이 뚜렷한 돼지의 간을 제외하고(그림 10-54), 그 밖의 동물에서는 소엽사이결합조직이 별로 없어서 소엽 구분이 어렵다(그림 10-55). 이러한 차이 때문에 돼지의 간이 소의 간에 비하여 더 질긴 특성을 보여 준다.

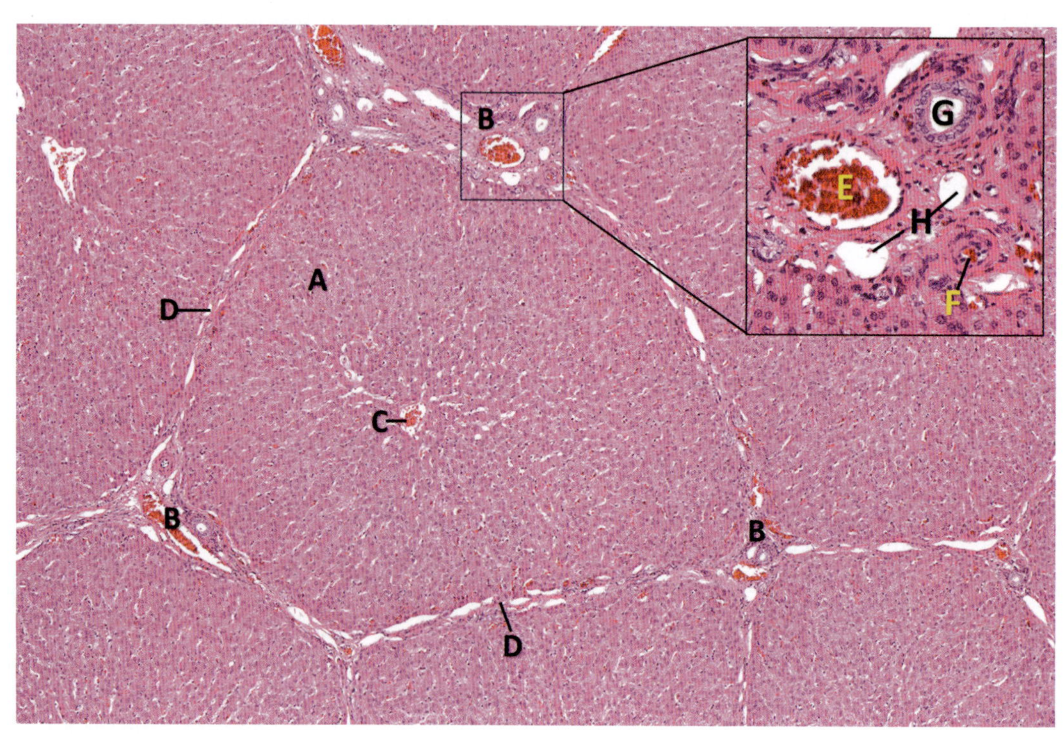

그림 10-54 • 돼지의 간. 간소엽(A), 문맥구역(B), 중심정맥(C), 뚜렷한 소엽사이결합조직(D). H&E. (×63). 삽입그림: 간문맥(E)의 가지, 간동맥(F), 쓸개관(G), 모세림프관(H)을 포함하고 있는 문맥구역의 확대사진. H&E. (×400). (Image by J. Feng.)

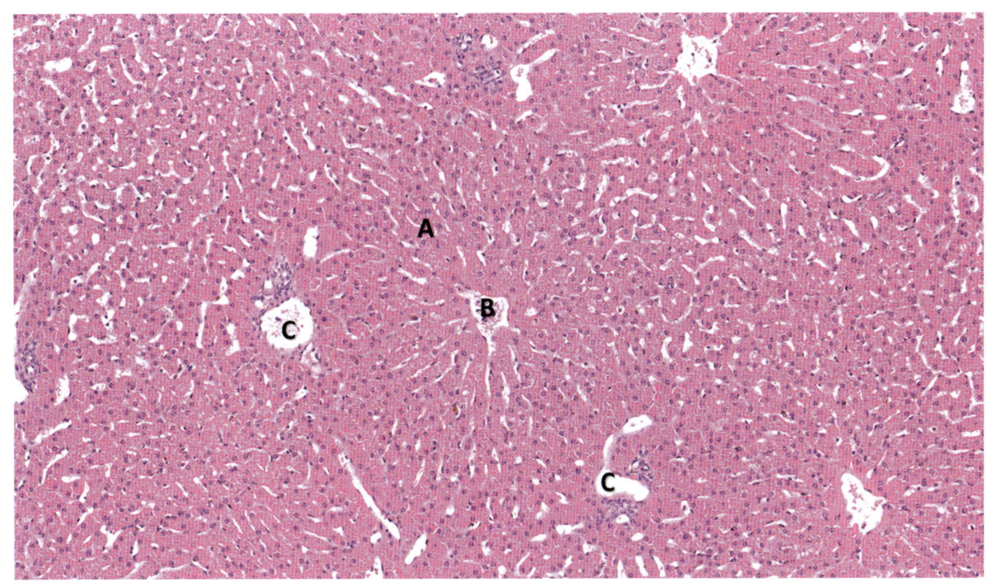

그림 10-55 • 말의 간. 중심정맥(B)을 가진 간소엽(A)이 그림 10-54에서 볼 수 있는 돼지의 간소엽처럼 결합조직에 의해 인접된 소엽과 분리되어 있지 않다. 문맥구역에 있는 소엽사이문세정맥(C). H&E. (×124). (Image by J. Feng.)

문맥구역(문맥관, portal area, portal canal)은 **간동맥(hepatic artery)**, **간문맥(hepatic portal vein)**, 그리고 **쓸개관(bile duct)**의 가지와 **림프관(lymph vessel)**을 포함하고 있는 소엽사이결합조직의 확장부위로, 간의 어떤 단면에서도 이러한 구조를 볼 수 있다(그림 10-54, 10-55).

2. 실질 Parenchyma

간세포(hepatocyte)는 **중심정맥(central vein)**으로부터 방사상으로 줄(row)과 판(plate) 형태로 배열되어 **간세포판(hepatic laminae)**을 형성한다. 각각의 간세포는 여섯 면 이상의 표면을 가지며 이것은 세 개의 다른 유형으로 관찰되는데, (1) 굴주위공간(perisinusoidal space)에 면하고 있는 미세융모면(microvillous surface), (2) 쓸개모세관(bile canaliculi)에 접하고 있는 쓸개모세관면(canalicular surface), (3) 인접한 간세포 사이의 접촉표면(contact surface)은 맞닿은 세포막이 치밀이음(tight junction)과 부착반점(desmosome)을 가질 수 있다(그림 10-56).

간세포는 한 개 또는 그 이상의 뚜렷한 핵소체를 갖고 있고, 중심에 위치한 둥근핵과 흩어진 뭉친염색질(scattered clumps of heterochromatin)을 가지고 있는 것이 또 다른 특징이다. 때때로 두 개의 핵을 가진 간세포가 보이는 경우도 있다. 간세포에서 세포질의 형태는 세포의 영양상태와 기능적 변화에 따라서 크게 차이가 있을 수 있다. 사립체는 풍부하며 골지복합체는 일반적으로 쓸개모세관 가까이에 있지만, 핵 가까이에 있는(juxtanuclear) 경우도 있다. 또한 다수의 용해소체, 자유리보소체무리, 잘 발달된 과립세포질그물(rER)과 무과립세포질그물(sER)이 관찰되는데 이들은 종종 서로 연결되어 있다. 전자현미경으로 관찰하면 당원(glycogen)은 장미꽃 모양(rosette configuration)으로 전자밀도가 높은 입자로 나타난다. 일반적인 파라핀 절편표본에서 당원이 많은 부위는 과립상(grainy)이거나 불규칙한 형태의 빈공간으로 나타나지만, 지방으로 채워진 부위는 둥근 공포로 관찰된다. 쓸개즙색소가 정상적인 간세포의 세포질 속에서 가는 황색 입자로 관찰되는 경우도 있다. Wright 염색을 한 세포표본(cytology preparation)에서 쓸개즙색소는 간세포의 안쪽과 바깥쪽에서 모두 청록색과립으로 보인다.

모든 간세포가 기능적으로 동일하지 않다는 상당한 증거가 있지만, 특정한 효소의 양상(enzyme pattern)과 대사계통은 간소엽 속에서 간세포의 위치와 관련되어 있다. 일반적으로 간세포의 대사기능은 혈액공급과 밀접한 관계가 있다고 하지만, 대사계통(metabolic system), 상해에 대한 감수성, 영양분의 요구에 관하여 간세포가 어느 정도의 유사성과 상이성을 가지고 있는가에 대해서는 더 밝혀져야 할 것이다.

3. 쓸개모세관과 쓸개관 Bile Canaliculi and Bile Ducts

간세포는 혈액에서 주 쓸개즙색소인 빌리루빈(bilirubin)을 흡수하여 중합한 후 하나의 쓸개즙 성분으로서 그것을 분비한다. 그 밖의 성분은 담즙산염(bile salt), 단백질, 콜레스테롤이다.

쓸개즙은 맞닿아 있는 간세포 사이에 있는 작은 관(지름 0.5~1.0 μm)인 **쓸개모세관(bile canaliculus)** 속으로 분비

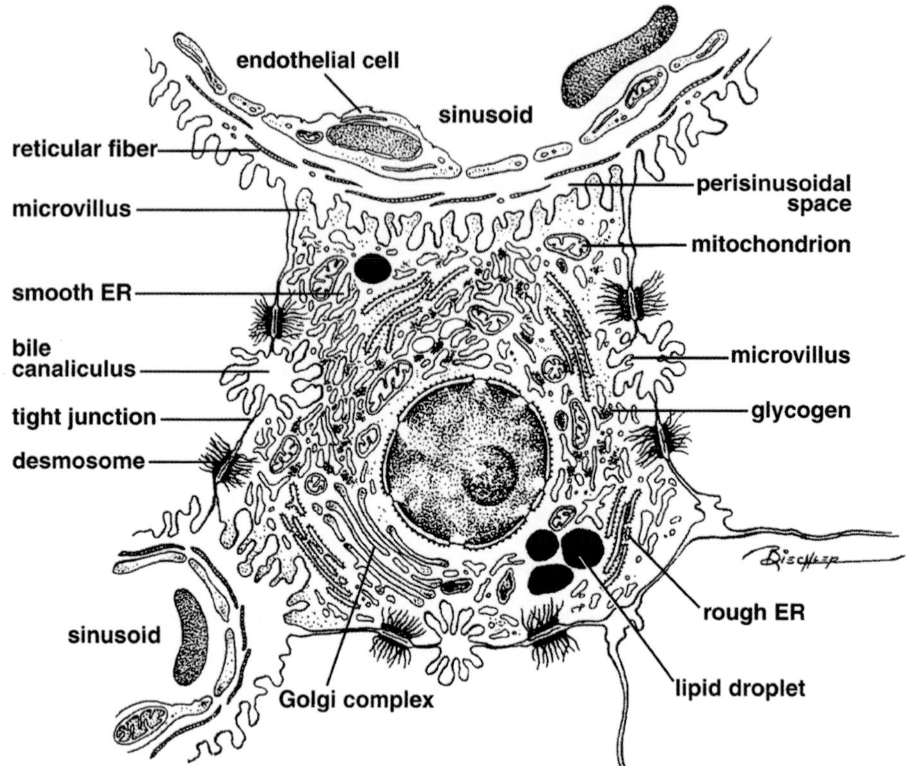

그림 10-56 • 간세포와 인접된 구조의 전자현미경 도해.

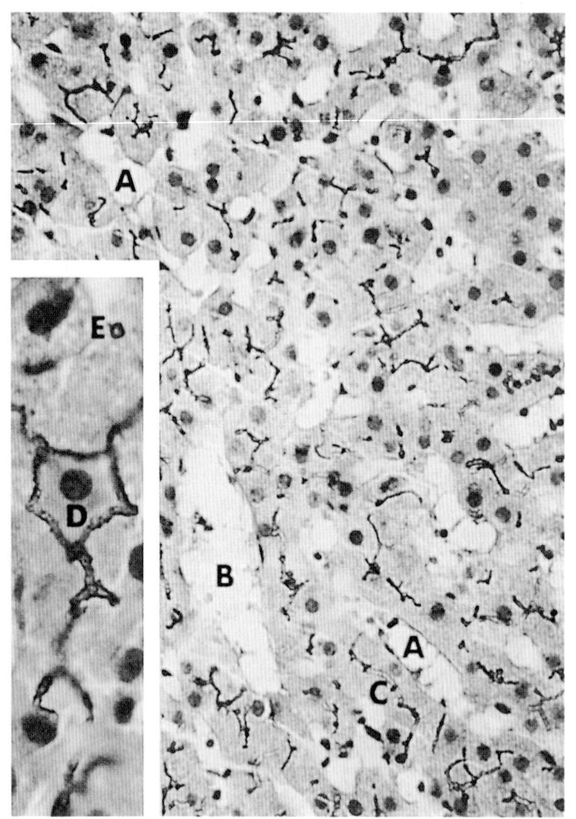

그림 10-57 • 돼지의 간. 굴모세혈관(A), 중심정맥(B), 세포 사이에 쓸개모세관을 가진 간세포판(C). Silver stain. (×300). 삽입그림: 간세포(D)를 둘러싸고 있는 쓸개모세관(E)의 가로단면. Silver stain. (×768).

된다(그림 10-56, 10-57). 쓸개모세관은 세포막으로 경계지어진 확장된 세포사이공간으로, 세포막에는 속공간 속으로 돌출한 짧은 미세융모를 가지고 있다. 치밀이음(폐쇄띠)은 쓸개모세관에 인접해 있는 좁은 세포사이공간 속으로 쓸개즙이 새어나가는 것을 막는다.

쓸개즙은 쓸개모세관 속에서 소엽의 주변부 쪽으로 흘러, 낮은 단층입방상피로 덮여 있는 작은 **쓸개세관(bile ductule)** 속으로 들어간다. 쓸개세관은 문맥구역에 있는 **소엽사이쓸개관(interlobular bile duct)**에 연속된다. 이 관은 단층입방상피 또는 단층원주상피로 덮여 있다. 이들 소엽사이쓸개관은 합쳐져서 더 큰 **간속쓸개관(intrahepatic duct)**을 이루게 되고, 마지막에는 **간관(hepatic duct)**을 거쳐 간을 떠나게 된다. 간밖에서 쓸개즙의 통로는 간관, 쓸개주머니관(cystic duct), 쓸개관(bile duct), 쓸개(gallbladder)로 구성된다. 간관은 각 엽(lobe)의 쓸개즙을 배출시킨다. **쓸개주머니관(cystic duct)**은 쓸개(말에서는 없음)로 쓸개즙을 배출시킨다. 간관과 쓸개주머니관은 합쳐져서 샘창자로 연결되는 **쓸개관(bile duct)**을 형성한다. 간밖에 있는 모든 간바깥쓸개관통로(extrahepatic biliary passage)는 키가 큰 단층원주상피로 덮여 있다.

4. 혈관분포 Blood Supply

간의 혈관분포는 간의 다양한 기능과 직접적으로 관련된다. 간은 두 혈관에 의해 혈액을 공급받는다. **간문맥(hepatic portal vein)**은 창자(intestine)와 이에 관련된 장기로부터 혈액을 받고, **간동맥(hepatic artery)**은 산소가 풍부한 혈액을 간세포에 공급한다. 이들 혈관은 간의 배쪽면에 있는 간문(hilum, porta)으로 진입한다. 이 두 혈관의 가지는 간엽(lobe)으로 들어간 다음 이곳에서 가지를 내어서 소엽사이결합조직(interlobular connective tissue)을 따라간다. 문맥구역에 있는 간문맥과 간동맥의 작은 가지를 각각 **소엽사이문세정맥(interlobular portal venule)**과 **소엽사이간세동맥(interlobular hepatic arteriole)**이라고 부른다(그림 10-54).

소엽사이문세정맥은 가끔 분배세정맥(distributing venule)이라고도 부르는 작은 가지를 내는데, 이것이 간꽈리(liver acinus)의 축을 형성한다. 분배세정맥으로부터 짧은 종말세정맥(terminal venule)이 분지되어 직접 굴모세혈관(sinusoid)에서 끝난다. 소엽사이 간세동맥으로부터 온 대부분의 혈액은 문맥구역과 소엽사이결합조직 속에 있는 모세혈관얼기로 들어가고, 단지 소량의 혈액만 종말세동맥을 경유하여 굴모세혈관으로 들어간다.

간굴모세혈관(hepatic sinusoid)은 간세포판 사이에 있는 모세혈관으로, 소엽사이간세동맥과 소엽사이문세정맥의 종말가지로부터 중심정맥(central vein)까지 혈액을 운반한다. 이들은 가끔 간세포판을 가로질러 서로 교통하기도 한다. 간 굴모세혈관의 이와 같은 분지 배열은 간세포가 적어도 하나의 간굴모세혈관에 접하는 면을 가지게 한다. 굴모세혈관은 불연속성의 바닥판 위에 놓인 구멍내피세포(porous endothelium)로 둘러싸여 있다(그림 10-56). 내피세포는 가로막(diaphragm)이 없는 작은 구멍을 가지고 있다. 구멍은 너무 작아서 혈구가 통과할 수 없으나, 혈장은 자유롭게 통과할 수 있다. 되새김동물의 간굴모세혈관은 위에 기술한 다른 동물의 것과 달라서 내피세포에 구멍이 없고 바닥판은 연속석이다.

별큰포식세포(stellate macrophage, Kupffer cell)는 굴모세혈관 속공간에 존재하며 내피세포의 속공간면에 부착되어 있다(그림 10-58). 이 세포는 혈액 단핵구에서 유래하며, **단핵포식세포계통(mononuclear phagocyte system)**의 구성요소이다. 이들 세포는 내피세포의 구멍이나 내피세포 사이로 긴 거짓발(pseudopodia)을 가끔 뻗고 있으며, 포식작용이 매우 활발하다(그림 10-59).

내피세포는 **굴주위공간(perisinusoidal space, space of Disse)**에 의해서 간세포로부터 분리되어 있다. 간세포의 미세융모가 굴주위공간으로 돌출되어 있는데, 이곳에서 미세융모가 혈장에 잠겨서 혈액과 간세포 사이에 직접적인 물질교환이 일어난다.

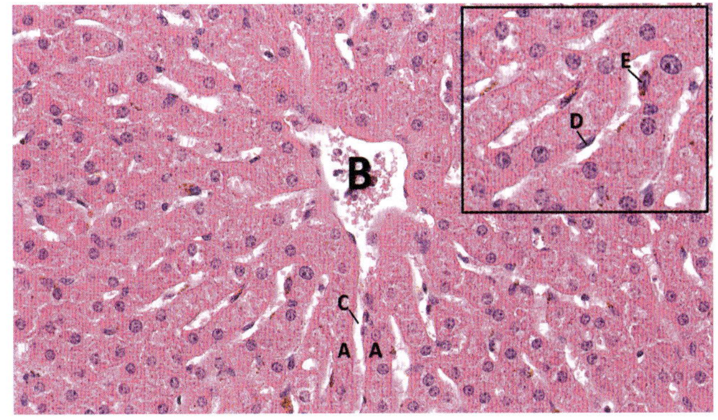

그림 10-58 • 말의 간. 간세포는 중심정맥(B) 중심으로 방사상으로 판형태로 배열되어 있다(A). 간굴모세혈관(C)은 간세포판 사이의 좁은 공간이다. H&E. (×400). 삽입그림: 굴모세혈관 내피세포(D)와 별큰포식세포(Kupffer cell, E). H&E. (×800). (Image by J. Feng.)

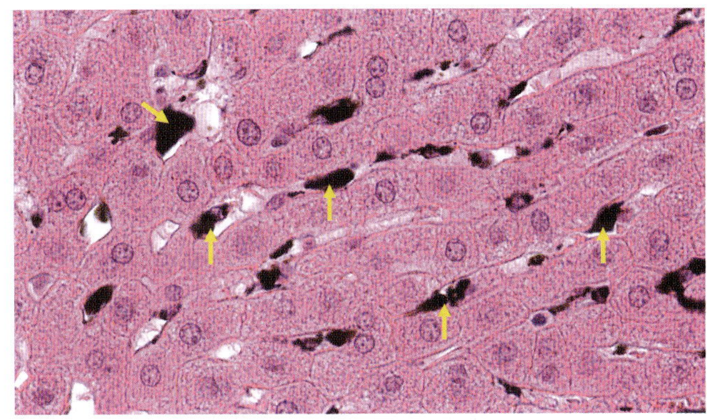

그림 10-59 • 쥐(래트) 간에서 별큰포식세포의 포식작용. 혈관 내로 주입된 탄분(carbon particle)을 포식하고 있는 별큰포식세포가 검은점으로 관찰된다(화살표). H&E. (×800). (Image by J. Feng.)

굴주위공간에는 간세포의 미세융모가 있는 것 외에 **굴주위지방세포(간별세포, perisinusoidal adipocyte, Ito cell, hepatic stellate cell)**와 그물섬유가 존재한다. 이들 굴주위지방세포는 비타민A를 저장하고 간이 상해를 받았을 때 3형아교섬유를 합성하는 것으로 믿어진다.

굴모세혈관 속의 혈액은 **중심정맥(central vein)**을 통해서 간소엽을 떠난다(그림 10-54, 10-55). 중심정맥은 얇은 바깥막 위에 놓인 내피세포로 덮여 있다. 중심정맥은 간소엽의 주변부에서 **소엽밑정맥(sublobular vein)**에 연결된다. 소엽밑정맥은 합쳐져서 점차적으로 더 큰 정맥이 되고 결국 **간정맥(hepatic vein)**이 되어 뒤대정맥(caudal vena cava)으로 바로 이어진다.

5. 림프와 림프관 Lymph and Lymph Vessels

간의 림프는 굴주위공간에서 생산된다. 림프는 소엽주위 쪽으로 흘러서 문맥구역의 세포사이공간과 소엽사이결합조직으로 들어간다(그림 10-54). 이곳에서 림프는 문맥구역에 있는 모세림프관속으로 확산되어 들어간다. 림프는 더 굵은 림프관을 통해서 문맥구역을 빠져나가고 결국 간문(hepatic porta)을 통해서 간을 떠나게 된다. 이들 림프관은 간림프절(hepatic lymph node)로 림프를 배출시킨다.

6. 고전적 간소엽-간의 해부학적 단위

The Classic Liver Lobule-The Anatomic Unit of the Liver

돼지 간에서는 잘 발달된 소엽사이결합조직이 있어서 **간소엽(hepatic lobule, classic liver lobule)**이 명확하게 구분된다. 이 형태학적 단위(morphologic unit)는 중심정맥(central vein)을 중심으로 형성된 구조적 단위이다(그림 10-54, 10-55, 10-60). 각 소엽은 길이가 2 mm 정도 되고 폭이 1 mm 정도 되는 간조직의 뭇면체 프리즘으로 구성된다. 이 소엽의 가로단면은 대체로 육각형의 모양을 나타내는데, 굴모세혈관(sinusoid)이 가장자리로부터 중심정맥쪽으로 방사상으로 배열되어서 혈액을 배출시키는 형태로 되어 있다. 문맥구역(portal area)은 간소엽이 갖는 여섯 개의 꼭지점 중에서 대략적으로 세 개에 위치하고 있다. 문맥구역과 중심정맥 사이에 위치한 실질(parenchyma)은 분지하는 판(plates 또는 laminae)의 형태로 배열된 간세포로 구성된다(그림 10-58). 간세포판(laminae)은 하나의 세포 두께로 되어 있고, 세포의 자유면이 굴모세혈관과 접해 있다. 인접한 간세포의 세포막에 의해 형성된 쓸개모세관(bile canaliculi)이 서로 연결되어 있는 그물망(anastomsing network)이 간세포판에 폭넓게 존재한다(그림 10-57).

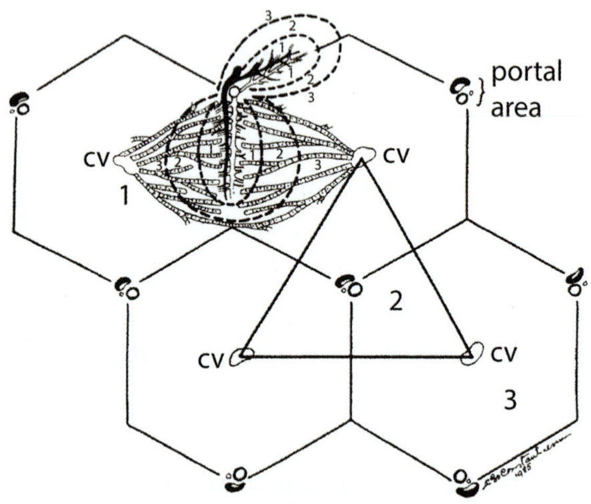

그림 10-60 • 구조적 단위와 관련된 간의 기능적 단위의 도해. 1. 맥관축(vascular backbone)의 양쪽에 세 개의 구역(zone)을 가진 *간 꽈리(liver acinus)*, 2. 축으로서의 소엽사이쓸개세관(interlobular bile ductule)과 삼각형의 각 꼭짓점에 중심정맥이 위치하는 *문맥소엽(portal lobule)*, 3. 축으로서 중심정맥을 가진 *고전적 간소엽(hepatic lobule)*.

7. 문맥소엽과 간꽈리-간의 기능적 단위

The Portal lobule and the Liver Acinus-Functional Units of Liver

문맥소엽(portal lobule)은 간의 외분비기능, 즉 쓸개즙분비(bile secretion) 기능에 근거하여 만들어진 기능적 단위이다. 문맥소엽은 문맥구역에 있는 쓸개세관(bile ductule)을 중심으로 인접한 세 개의 간소엽(hepatic lobule)의 실질을 연결해서 세 개의 중심정맥을 꼭지점으로 하는 삼각형의 영역을 말한다. 따라서 문맥소엽의 축(중심)은 문맥관의 소엽사이쓸개세관이 되고 주변부의 꼭지점은 세 개의 인접한 소엽의 중심정맥이 된다(그림 10-60).

간꽈리(liver acinus, hepatic acinus)는 간실질의 혈관분포를 기술하는 기능적 단위(functional unit)이다. 간꽈리는 소엽사이문세정맥(interlobular portal venule)과 소엽사이간세동맥(interlobular hepatic arteriole)의 종말가지에 의해서 공급되는 두 개의 간소엽의 부분들로 이루어진 다이아몬드 모양의 영역이다. 혈관은 두 개의 간소엽 사이의 문맥구역(portal area)으로부터 직각으로 뻗어서 간꽈리의 축(axis)을 형성하고, 두 개의 중심정맥은 이 다이아몬드에서 마주 보는 대각점에 위치한다(그림 10-60). 간꽈리는 경계가 불분명한 세 개의 구역(zone)으로 나눈다. **1구역(주위구역, zone 1, peripheral zone)**은 맥관축에 가장 가까운 곳으로 이 영역에 있는 간세포는 많은 영양분과 산소의 공급을 받아 대사작용이 가장 활발한 부위이다. 이 구역에 위치하는 간세포는 간에 들어오는 독성물질에도 제일 먼저 노출된다. **2구역(중간구역, zone 2, intermediate zone)**은 중간 정도의 산소와 영양을 공급받으며, 중간 정도의 대사활성을 가진다. **3구역(중심구역, zone 3, central zone)**은 중심정맥과 경계를 하고 있어서 산소와 영양공급을 가장 불리하게 받는 위치에 있기 때문에 간세포의 대사활동이 상대적으로 약하고 산소가 결핍된 환경에서 상해를 받기 쉬운 부위이다.

제11절 쓸개 Gallbladder

간에서 생산된 쓸개즙(bile)은 **쓸개(gallbladder)**에 저장되

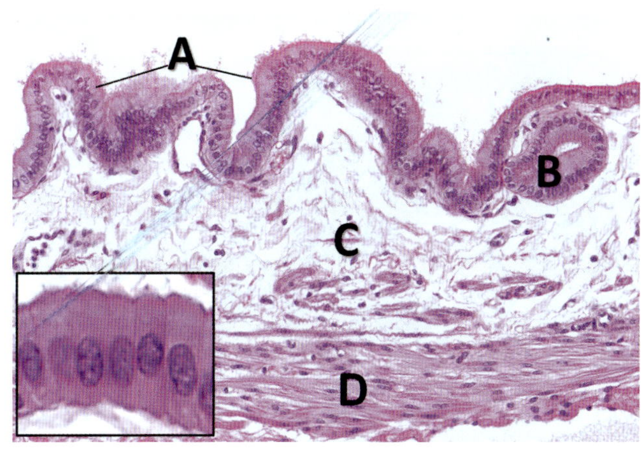

그림 10-61 • 개의 쓸개. 점막주름(A), 점막움의 가로단면(B), 고유판-점막밑층(C), 근육층(D). H&E. (×250). 삽입그림: 단층원주상피. H&E. (×800). (Image by J. Feng.)

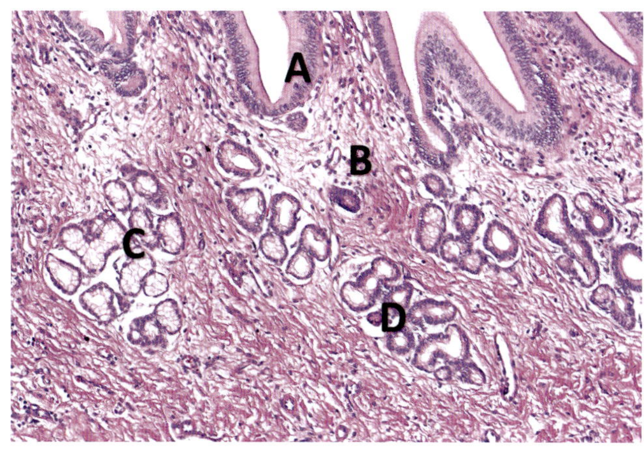

그림 10-62 • 소의 쓸개. 단층원주상피(A), 고유판-점막밑층(B), 점액샘(C), 장액샘(D). H&E. (×186). (Image by J. Feng.)

고, 물과 무기염류의 재흡수에 의해 농축된다. 수축(비어있는) 상태에서 쓸개 점막에는 수많은 **주름(plicae)**이 생긴다. 쓸개가 쓸개즙으로 채워져서 확장될 때 주름은 납작해지는 경향이 있고, 결과적으로 점막의 표면은 매끈하게 된다. 단층원주상피가 쓸개 속공간면을 덮고 **점막움(mucosal crypt)** 속으로 연장되는데, 이것은 작은 상피곁주머니(epithelial diverticulum)로서 때로는 샘처럼 보인다(그림 10-61). 쓸개 상피에는 두 가지 유형의 원주세포가 있다. 가장 숫자가 많은 유형은 투명세포('light' cell)로서 전자밀도가 균일하고 엷은 세포질을 갖고 있다. 세포의 꼭대기 쪽에 소포가 나타나지만 세포소기관은 없다. 꼭대기 아래, 핵위 부분의 세포질에는 윤곽이 평탄하고 전자밀도가 높은 소체가 관찰된다. 어두운 세포('dark' cell)는 수가 적으며 투명세포 사이에서 관찰된다. 이들 세포의 폭은 좁고 세포소기관은 별로 없이 어둡고 치밀한 세포질을 가지며, 투명세포에서보다 핵 내에 더 많은 뭉친염색질을 가지고 있다. 상피세포의 표면은 미세융모로 덮여 있고, 인접한 세포 사이에는 치밀이음(폐쇄띠, tight junction)이 있어서 쓸개 속공간으로부터 액체가 세포사이공간으로 스며들어가는 것을 방지한다. 소의 쓸개상피에서는 잔세포가 특징적으로 관찰되며, 고양이의 쓸개상피에서는 공모양백혈구(globular leukocyte)가 나타나기도 한다. 소의 쓸개상피에는 APUD계(아민 전구물질을 흡수하여 카복실기제거반응 특징이 있음)의 것으로 여겨지는 내분비세포가 있는 것으로 보고되었다.

고유판-점막밑층(점막근육판이 없음)은 성긴결합조직으로 이루어졌다. 퍼진림프조직 또는 소절림프조직이 결합조직 속에서 자주 보인다. 특히 되새김동물에서는 고유판-점막밑 조직에 샘이 존재한다. 샘은 동물의 종류, 개체 또는 점막 내의 위치에 따라서 장액샘 또는 점액샘으로 존재한다(그림 10-62). 얇은 민무늬근육다발로 이루어진 근육층은 일반적으로 돌림상으로 배열되며 교감신경과 부교감신경이 분포한다. 간관(hepatic duct), 쓸개주머니관(cystic duct), 쓸개관(bile duct)벽의 구조는 쓸개(gallbladder)에서와 같은 층으로 구성된다.

제12절 이자 *Pancreas*

이자(pancreas)는 외분비부분과 내분비부분을 모두 가지고 있으며, 피막으로 싸이고, 소엽으로 나뉘어진 복합대롱꽈리샘(compound tubuloacinar gland)이다(그림 10-63). 외분비부분의 기능은 녹말분해효소(amylase), 지방분해효소(lipase), 트립신(trypsin) 등 여러 종류의 효소를 생산하며, 위의 소화산물이 샘창자에 도달하여 역할을 수행한다. 내분비 부분은 이자섬(pancreatic islet, islet of Langerhans)이라고도 하며, 'A'세포는 주로 글루카곤(glucargon)을, 'B'세포는 인슐린(insulin)을 생성한다(그림 10-64). 이자섬의 조직학적 구조에 대해서는 12장에서 기술하였다.

이자의 실질(parenchyma)은 결합조직인 버팀질(stroma)에 의해 뚜렷하게 소엽으로 분리되어 있다. 각각의 소엽은 분비단위(secretory unit)와 소엽속관(intralobular duct)으로 구성된다.

이자의 분비단위는 작은 속공간을 갖는 대롱꽈리이다. 대롱꽈리분비단위는 도관부와 함께 되새김동물에서 더 뚜렷하다. 분비상피세포는 일반적으로 피라미드모양이고 둥근 핵이 세포의 바닥 가까이에 놓여 있다(그림 10-65). 핵을 둘러싸고 있는 세포질은 강한 호염기성을 나타내는데, 잘 발달된 과립세포질그물(rER)과 많은 사립체를 가지고 있다. 세포 꼭대기에는 호

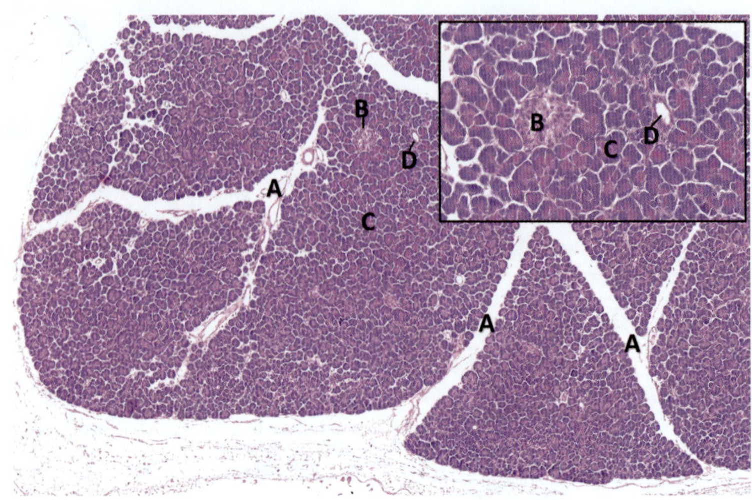

그림 10-63 • 개의 이자. 소엽사이결합조직(A)에 의해 소엽으로 구획되어 있다. 이자섬(B), 이자꽈리(C), 소엽속관(D). H&E. (×180). 삽입그림: 이자 실질 확대사진. H&E. (×400). (Image by J. Feng.)

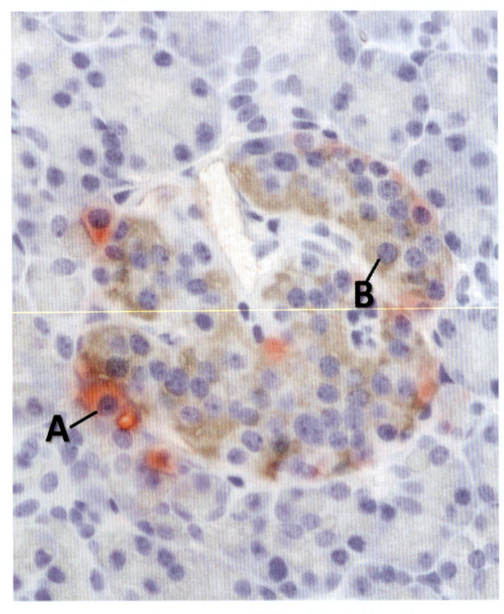

그림 10-64 • 개의 이자. 이자꽈리로 둘러싸인 이자섬. 글루카곤을 생성하는 A세포(A, 빨간색으로 염색된 세포)와 인슐린을 생성하는 B세포(B, 황갈색으로 염색된 세포). 헤마톡실린으로 대조염색한 면역조직염색(Immunohistochemistry). (×400). (Image by J. Feng.)

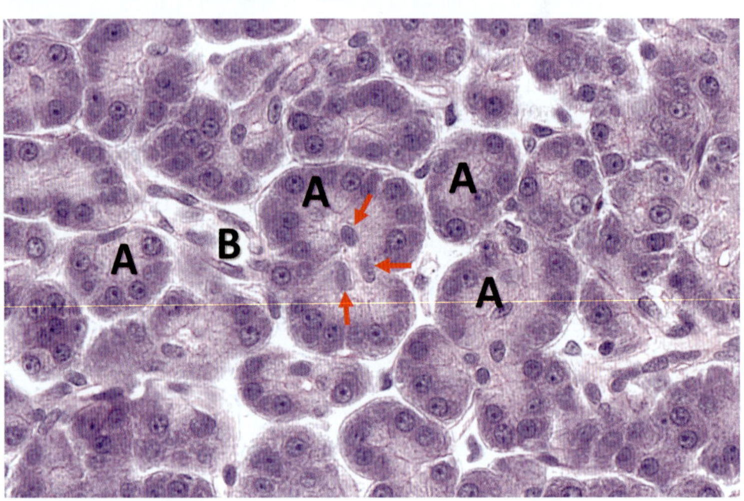

그림 10-65 • 개의 이자. 이자꽈리(A), 사이관(B), 꽈리중심세포(화살표). H&E. (×800). (Image by J. Feng.)

산성 효소원과립(zymogen granule)이 있는데, 이들 과립은 과립세포질그물에서 합성된 효소(zymogen)로 차 있다. 핵과 효소원과립 사이에 골지복합체가 광범위하게 분포되어 있다. 꽈리세포는 **콜레시스토키닌(cholecystokinin)**에 대한 수용체를 가지고 있는데, 콜레시스토키닌은 작은창자의 내분비세포에서 생산되어 이자효소의 방출과 쓸개 근육층의 수축을 자극한다.

대롱꽈리분비단위의 작은 속공간은 짧은 **사이관(intercalated duct)**과 연결되어 있다. 사이관이 꽈리 속공간까지 들어가 납작한 세포에 접해 있는데, 이 세포를 **꽈리중심세포(centroacinar cell)**라고 부른다(그림 10-65). 이들 세포는 폴리펩타이드인 **세크레틴(secretin)**의 자극을 받으면 탄산수소염(bicarbonate)과 수분을 분비한다. 탄산수소염은 창자내용물의 pH를 높여서 창자속 소화효소의 기능을 촉진시킨다. 사이관은 낮은 단층입방상피로 덮여 있는 **소엽속관(intralobular duct)**과 연결되어 있다. 이자의 소엽속관은 귀밑샘의 소엽속관에서와 같은 줄무늬관(striated duct)은 아니다. 소엽속관은 단층원주상피로 덮여 있는 **소엽사이관(interlobular duct)**에 연결된다. 소엽사이관은 결국 모여서 **이자관(pan-**

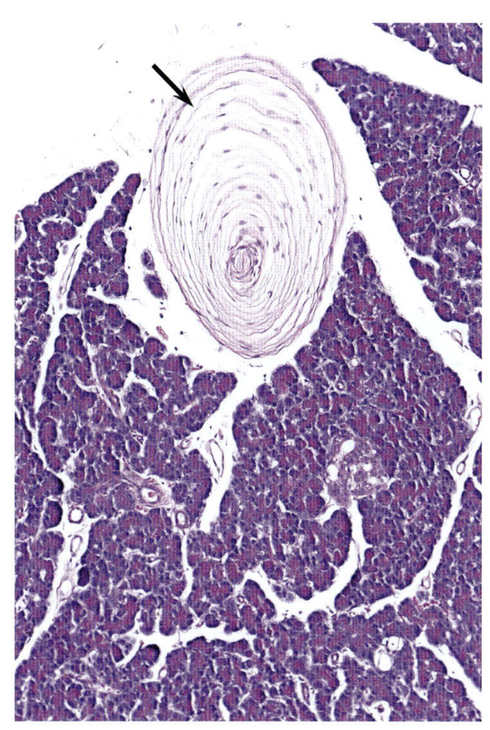

그림 10-66 • 고양이의 이자. 소엽사이결합조직내에서 양파모양의 층판소체(Pacinian corpuslce)(화살표)가 관찰된다. H&E. (×150). (Image by J. Feng.)

creatic duct)과 **덧이자관(accessory pancreatic duct)**을 이루어 모두 샘창자로 들어간다. 잔세포는 더 큰 관의 상피에 존재할 수 있다.

이자의 버팀질은 얇은 피막으로 구성되며, 거기에서 소엽을 분리시키는 섬세한 결합조직사이막(connective tissue septa)이 나온다. 고양이 이자의 소엽사이결합조직에는 **층판소체(lamellar corpuscle, Pacinian corpuscle)**가 자주 관찰되는데(그림 10-66), 이는 소화, 이자분비조절 또는 외부의 기계적자극에 대한 반응과 같은 생리학적 과정과 관련하여 이자의 긴장도 또는 압력 변화를 감지하는 역할을 하는 것으로 여겨진다.

제13절 | 조류 소화계통 *Avian Digestive System*

1. 입안 Oral Cavity

입안(oral cavity)은 전체적으로 각질중층편평상피로 덮여 있다. 고유판-점막밑층에는 많은 퍼진림프조직과 침샘을 가지고 있다. 혀는 또한 각질중층편평상피로 덮여 있고, 뼈대근육다발, 혀샘(lingual gland), 혀속뼈(entoglossal bone)를 포함하고 있다. 맛봉오리는 혀의 바닥부분과 입안의 바닥에서만 관찰된다. 모든 침샘은 분지대롱점액샘으로서 공통공간(common cavity) 속으로 구멍을 열며 이곳에서 나온 배출관은 입안으로 들어간다.

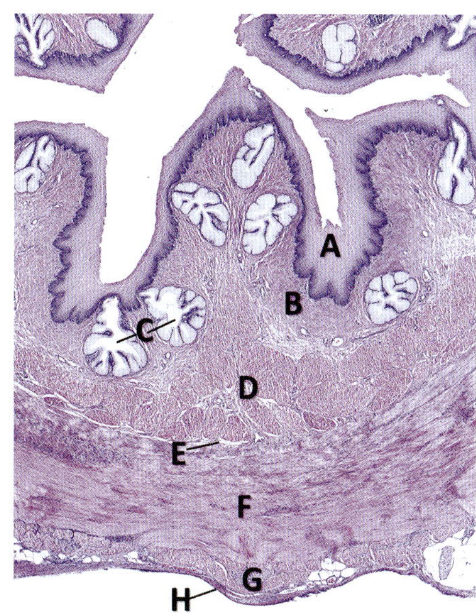

그림 10-67 • 닭의 식도. 비각질중층편평상피(A), 고유판(B), 점액샘(C), 세로점막근육판(D), 매우 얇은 점막밑층(E), 속돌림근육층(F), 바깥세로근육층(G). H&E. (×40). (Image by J. Feng.)

2. 식도 Esophagus

식도(esophagus)의 구조는 앞쪽과 뒤쪽에서 모이주머니의 구조와 유사하다. 식도점막은 두꺼운 비각질중층편평상피로 덮여 있다. 점막고유판은 큰 점액샘을 포함하는 성긴결합조직이다. 점막근육판은 세로로 달리는 민무늬근육섬유로 이루어져 있다. 점막밑층은 얇은 결합조직층으로 이루어져 있다. 근육층은 민무늬근육으로 되어 있으며 두꺼운 속돌림층과 얇은 바깥세로층으로 구성된다(그림 10-67).

3. 모이주머니 Crop

모이주머니(crop)는 식도가 확장된 곁주머니(saclike diverticulum)이다. 이것은 사료의 저장장기로, 섭취된 사료는 식도샘(esophageal gland)에서 분비되는 점액으로 축축하게 적셔진다. 모이주머니의 조직학적 구조는 식도와의 경계부위에 가까운 부분까지에만 샘이 있는 것을 제외하면 식도와 유사하다(그림 10-68).

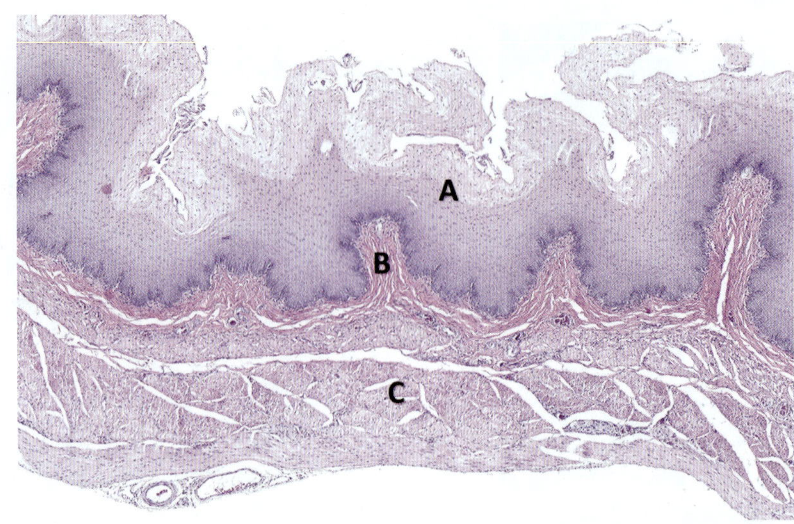

그림 10-68 • 닭의 모이주머니. 두꺼운 비각질중층편평상피(A), 고유판(B), 근육층(C). 고유판에 점액샘이 없음을 주목. H&E. (×83). (Image by J. Feng.)

4. 앞위 Proventriculus

조류에는 포유동물에서와 같은 샘위는 없지만, 그 대신 식도와 샘창자 사이에 두 개의 분리된 기관이 존재한다. **앞위(proventriculus)**, 즉 **샘위(glandular stomach)**와 **모래주머니(ventriculus, gizzard)**, 즉 **근육위(muscular stomach)**는 포유동물의 위와 같은 여러 가지 기능을 수행한다.

앞위(proventriculus)의 점막에는 육안으로 식별이 가능한 유두를 특징적으로 가지고 있는데, 유두에는 키가 크고 작은 수많은 미세주름(plicae)이 관찰된다. 각 유두의 꼭대기에

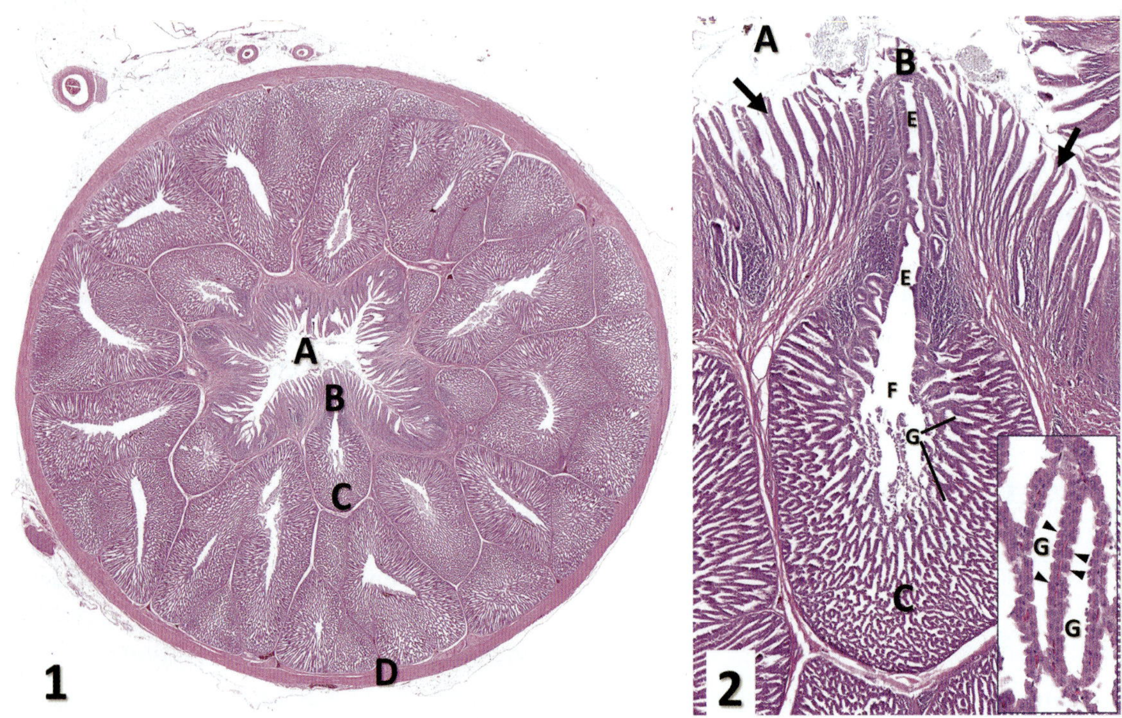

그림 10-69 • 닭의 앞위(proventriculus). 속공간(A), 주름(화살표)을 가지고 있는 유두(B), 단층입방의 호산성샘세포(삽입그림의 화살표머리)로 덮인 앞위샘(C), 근육층(D), 앞위샘의 1차도관(E), 2차도관(F), 3차도관(G). 1. 저배율사진. (×8). 2. 주름을 가진 유두의 확대사진. (×52). 삽입그림: 3차도관을 가진 두 개의 확대된 앞위샘. H&E. (×400). (Image by J. Feng.)

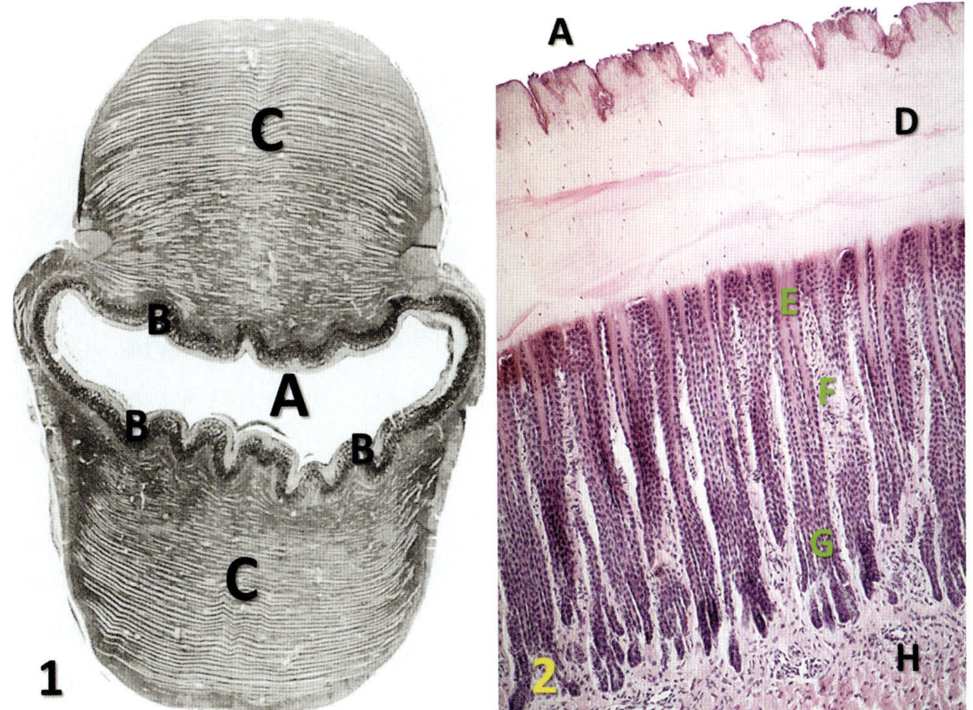

그림 10-70 • 닭의 모래주머니(ventriculus, gizzard). 속공간(A), 점막층(B), 근육층의 민무늬근육(C), 껍질/코일린막(D), 위오목(E), 고유판(F), 점액샘(G), 점막밑층(H). 1. 저배율사진. (×10). 2. 점막층의 확대사진. H&E. (×200).

하나의 샘관이 구멍을 열고 그 둘레에 동심원상으로 미세주름이 둘러싼다(그림 10-69). 단층원주상피는 미세주름을 덮고 **앞위샘(proventricular gland)**의 관이 3세대씩 분지되는 곳까지 연속되어 있다(그림 10-69). 앞위샘은 단층입방상피 또는 낮은 원주상피로 덮여 있고, 샘 안에서 인접하는 세포는 그 바닥쪽 절반만 서로 접하고 있기 때문에 샘속공간면은 톱니모양을 나타낸다. 펩시노젠(pepsinogen)과 염산(HCl)을 생산하는 것으로 추측되는 오직 한 종류의 **호산성샘세포(oxynticopeptic cell)**만 구별된다. 분비물은 일련의 도관(삼차, 이차, 일차도관)을 통하여 속공간으로 분비된다. 고유판은 전형적인 성긴결합조직으로 이루어졌다. 점막근육판은 앞위샘의 안쪽에서 매우 얇은 속층과 두꺼운 바깥층으로 구분된다. 뚜렷한 두 층의 근육층은 전적으로 민무늬근육으로 구성되며, 매우 얇은 성긴결합조직으로 이루어진 점막밑층의 아래에 놓여 있다(그림 10-69). 앞위는 전형적인 **장막(serosa)**으로 싸여 있다.

5. 모래주머니 Ventriculus

모래주머니(근육위, ventriculus, gizzard, muscular stomach)는 근육이 발달하여 섭취물을 갈아서 잘게 부수고, 부드럽게 하는 기능을 한다(그림 10-70[1]). 모래주머니의 속은 **껍질(코일린막, cuticle, koilin membrane)**(그림 10-70[2])로 덮여 있어 근육벽을 보호하는 역할을 한다. 이 껍질은 각질이 아니고 다당류-단백질 각질양복합체(polysaccharide-protein keratinoid complex, koilin)이며, 각질에 비하여 시스틴양(cystine content)이 훨씬 적게 함유되어 있어 각질과는 다르다. 이것의 두께는 먹이에 따라 다른데, 곡물과 씨앗을 먹는 조류는 과일, 벌레 또는 고기류와 같이 부드러운 먹이를 섭취하는 조류에 비하여 두껍다. 코일린(koilin)은 점막샘(그림 10-70[2])과 표면상피세포에 의해 생산된 분비산물이다. 점막샘은 단단한 코일린막대무리(koilin rod cluster)를 형성하는데, 이것은 막을 통과해 들어가서 표면상피세포에 의해 생산된 부드러운 코일린과 분리된다. 표면상피는 단층원주상피이지만, 그곳에 존재하는 단순분지대롱점막샘의 상피는 단층입방상피이다.

샘 속공간은 분비물로 채워져 있으며, 각질유리염색(keratohyalin stain)에 밝은 적색으로 염색된다. 고유판과 점막밑층은 성긴결합조직으로 구성된다. 점막근육판은 매우 불연속적이다. 근육층은 모래주머니의 중앙에 있는 두 개의 널힘줄(aponeuroses)에서 뻗어 나온 평행으로 달리는 민무늬근육세포로 구성된 한 층의 두꺼운 층이다. 이 층은 치밀한 결합조직의 띠에 의해서 십사형 교차를 이루고 있다. 가장 바깥층은 전형적인 장막이다.

6. 작은창자 Small Intestine

작은창자(small intestine)의 조직학적 구조는 포유동물에서와 비슷하다. 고유판과 점막밑층에는 많은 퍼진 또는 소절 림프조직이 있다. 점막밑샘(submucosal gland)은 일반적으로 샘창자에는 없다. 근육층은 민무늬근육으로 된 속돌림층과 바깥세로층으로 구성된다. 가장 바깥층은 전형적인 장막이다.

7. 큰창자 Large Intestine

두 개의 **막창자(ceca)**가 돌창자와 곧창자의 경계에서 소화관으로 연결되어 있다. 막창자는 조직학적으로 약간 다른 세 곳의 구별되는 부위를 가지고 있다. 몸쪽부위(proximal portion)에는 뚜렷한 창자융모(villi)가 있다. 성숙한 조류에서는 많은 퍼진림프조직과 소절림프조직의 무리가 고유판과 점막밑층까지 침투하여 육안으로 볼 수 있는 **막창자편도(cecal tonsil)**를 형성하고 있다. 중간부위(middle portion)에서 창자융모는 짧고 굵으며, 점막주름이 존재한다. 먼쪽 막창자(distal ceca)에는 창자융모가 없으며, 점막의 표면상피는 잔세포가 있는 단층원주상피이다.

큰창자의 한 부분인 **곧창자(rectum)**는 돌창자(ileum)에서 배설강의 분동(coprodeum)까지 뻗어 있다. 창자융모가 존재하는 것은 작은창자와 유사하다. 고유판과 점막밑층에는 퍼진림프조직과 소절림프조직이 군데군데 관찰된다.

8. 배설강 Cloaca

배설강(cloaca)은 가로주름(transverse fold)에 의해서 **분동(coprodeum)**, **요동(urodeum)**, **항문동(proctodeum)**의 세 부분으로 구분된다. 이들 세 부분은 모두 유사한 구조를 가지고 있다. 창자융모가 존재하며 점막상피는 단층원주상피이다. **배설강주머니(cloacal bursa, bursa of Fabricius)**는 배설강의 항문동(proctodeum)벽 등쪽에 있는 막힌 주머니모양 곁주머니(blind sac-like dorsal diverticulum)이다. 소절모양 림프조직덩이(follicle-like lymphoid tissue masses)가 상피층 아래의 고유판에 축적되어 있다(그림 10-71). 배설강주머니는 포유류에서 'B'세포의 성숙을 담당하는 골수에 상응하는 일차림프기관으로 생각된다. 배설강주머니는 생식활동을 시작하는 시기(암컷에서 알을 낳기 시작하는 시기)에서 나이가 많아짐에 따라 퇴화한다.

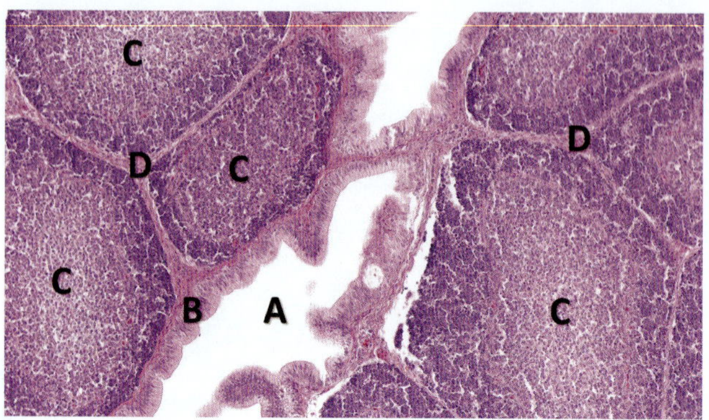

그림 10-71 • 닭의 배설강주머니. 속공간(A)은 항문동으로 열려있다. 원주형 상피세포(B), 고유판내의 림프조직(C), 결합조직사이막(D). H&E. (×200). (Image by J. Feng.)

9. 그 밖의 장기 Other Organs

조류의 간, 쓸개, 외분비 이자(exocrine pancreas)의 조직학적 구조는 포유동물과 큰 차이가 없다.

임상 관련 *Clinical Correlations*

간은 문맥계통(portal system)을 통하여 창자로부터 들어오는 물질을 처리하는데 중심적인 역할을 하며, 유해물질과 병원체에 노출된다. 대사성, 영양성, 감염성 질환과 국지적 또는 전이성 종양 등이 간에 영향을 줄 수 있다. 간에서의 염증, 즉 간염도 발생할 수 있다(그림 10-72). **간지질증(hepatic lipidosis)** 또는 간에서의 과다지방축적은 생리적 스트레스(분만 후의 젖소, 쌍태를 가진 임신후기의 암양-임신중독증)를 겪고 있는 비만동물에서 임상적 관심사이다. 다량의 중성지방 이동은 지방산이 간의 처리능력을 초과하게 되어 급격하고 치명적인 결과를 초래할 수 있으며, 돌연사의 사례도 드물지 않다.

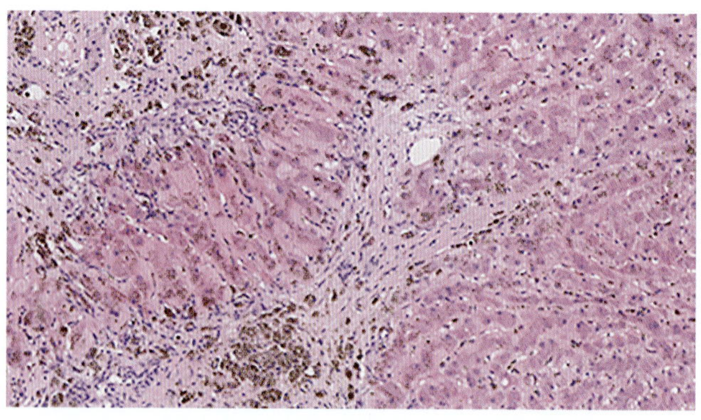

그림 10-72 • 말의 간에서의 만성간염. 심한 섬유화, 정상구조의 소실, 많은 혈철소(갈색세포), 간세포변성이 관찰된다. (Reproduced with permission from Salguero Bodes FJ, Pallares Martinez FJ. Aughey and Frye's Comparative Veterinary Histology with Clinical Correlates. 2nd ed. Boca Raton: CRC Press, 2023.)

핵심 정리 *Essentials*

위(Stomach). 점막은 육식동물의 경우 샘상피, 초식동물의 경우 민샘위상피와 샘상피세포로 덮여 있다. 샘위의 표면상피세포는 점액원을 생성하며, 위샘은 소화효소(으뜸세포)와 염산(벽세포)를 생성한다. 민샘위의 상피는 중층편평상피이며 종에 따라 각질화 정도가 다르다.

작은창자(Small intestine: 샘창자, 빈창자, 돌창자). 점막은 융모를 따라 점액을 생성하는 잔세포와 흡수세포를 포함하는 단층원주상피로 덮여 있다. 융모의 기저부에서는 상피가 창자움(crypt)으로 확장되어 창자내분비세포(enteroendocrine cell)와 항균펩타이드를 생성하는 호산과립세포(Paneth cell)가 있을 수 있다. 돌창자에는 파이어반(Peyer's patch)이 존재하며, 표면상피에서는 거대분자(항원)을 면역세포로 수송하는 미세주름세포(M cell)를 포함할 수 있다.

큰창자(Large intestine: 막창자, 잘록창자, 곧창자, 항문관). 점막에 작은창자에서 볼 수 있는 창자융모가 없으며, 단순대롱창자샘으로 다수의 잔세포를 포함하고 있다. 막창자에서는 종종 림프소절이 관찰된다.

간(Liver). 섬유결합조직이 간을 엽과 소엽으로 나눈다. 간은 간동맥(hepatic artery)으로부터 20~30%의 혈액을 받으며, 나머지 70~80%는 간문맥(portal vein)으로부터 받는다. 혈액은 굴모세혈관을 통해 흐르며, 굴모세혈관은 불연속성의 내피를 가지고 있으며, 고정된 큰포식세포인 별큰포식세포(Kupffer cell)를 포함하고 있다. 혈액은 중심정맥을 경유하여 간소엽을 빠져 나간다. 실질세포인 간세포는 연결(anastomosing)과 분지(branching)의 판으로 배열되어 있다. 간세포는 풍부한 과립세포질그물(rER)과 무과립세포질그물(sER), 다수의 용해소체와 과산화소체와 사립체, 당원침착물과 지방방울 등을 포함하고 있다.

간의 조직화(Liver organization).

고전적 간소엽(classic liver lobule): 문맥구역에서 중심정맥으로 혈액이 흐르는 경로를 정의한다.

문맥소엽(portal lobule): 세 개의 인접한 소엽에서 쓸개관으로 흐르는 담즙의 경로를 정의한다.

간꽈리(liver acinus): 두 인접한 중심정맥과 문맥구역(portal area)을 포함하는 다이아몬드형 구역이며, 문맥주변부위로부터 중심정맥방향으로의 대사경사(metabolic gradient)를 정의한다; 1구역(산화 기능), 2구역(중간구역), 3구역(산소농도가 낮아 저산소증에 취약한 구역)

간의 주요기능(Liver major functions)

포도당생성(gluconeogenesis): 아미노산, 젖산(lactate), 글리세롤(지방의 구성성분)을 포도당으로 전환

해독(detoxification): 미세소체 혼합기능 산화효소계(cytochrome P450)는 약물, 독소, 화학물질의 메틸화, 산화, 결합(conjugation)을 촉매함.

저장(storage): 당원, 중성지방, 비타민A 저장

혈장단백질 생성(plasma protein production): 섬유소원, 프로트롬빈(prothrombin), 알부민과 요소 생성

급성기 단백질(acute phase proteins): 쓸개즙 생성과 쓸개즙으로 IgA의 분비

이자(Lancreas)

구조와 외분비 기능(structure and exocrine function): 이자는 얇은 피막으로 둘러싸여 있으며, 소엽으로 나누어져 있다. 소화효소의 분비는 도관체계(사이관, 소엽속관 소엽사이관으로)를 통하여 일어난다. 사이관세포는 HCO_3^-를 분비하여 도관내 효소활성을 억제한다. 효소는 트립시노겐(trypsinogen), 카이모트립시노겐(chymotripsinogen), 지방분해효소(lipase), 녹말분해효소(amylase)를 포함한다. 고양이 이자의 결합조직내에는 층판소체(Parcinian corpuscle)가 있다.

내분비기능(endocrine function): 알파세포에 의한 글루카곤 분비, 베타세포에 의한 인슐린 분비, 델타세포에 의한 성장억제호르몬(somatostatin) 분비, 입실론세포에 의한 그렐린(ghrelin) 분비, PP세포에 의한 이자폴리펩타이드(pancreatic peptide) 분비를 포함한다(12장 참조).

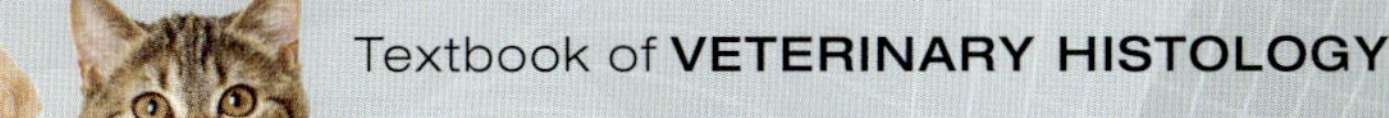

CHAPTER 11

비뇨계통
Urinary System

비뇨계통(urinary system)은 두 개의 콩팥, 두 개의 요관, 하나의 방광, 하나의 요도로 구성된다. 콩팥은 질소성 부산물을 오줌의 형태로 배출하고, 혈액 여과, 용질과 수분의 재흡수, 전해질의 분비에 의해 체액의 양과 조성을 조절한다. 요관은 콩팥에서 방광까지 오줌이 통하는 관이다. 방광은 오줌을 저장하고 요도를 통해 배출한다.

제1절 콩팥 *Kidney*

1. 일반 구성 General Organization

1) 표면의 해부학적 특징 Superficial Anatomic Features

모든 종에서 두 개의 콩팥은 배막(복막) 뒤쪽에 있고, 허리근육에 편평하게 마주하거나, 등쪽복부(dorsal abdomen)에 매달려 있다. 보통 오른쪽 콩팥은 왼쪽 콩팥보다 약간 앞쪽에 있다. 콩팥동맥, 콩팥정맥, 림프관, 신경 및 요관은 오목하게 들어간 부분인 콩팥문(hilum)을 통해서 출입한다.

포유동물의 콩팥은 다양한 형태를 가지고 있다(그림 11-1). 개, 고양이, 면양, 산양에서 콩팥의 외부형태는 매끈한 콩 모양이다. 돼지의 콩팥은 매끈하고 길며 납작하다. 말의 콩팥은 매끈하지만 왼쪽 콩팥만이 콩 모양이고 오른쪽 콩팥은 심장모양이다. 큰 되새김동물의 콩팥은 전체적으로 타원형이지만 표면에 많은 엽(multiple lobe)이 존재한다. 콩팥표면은 아교섬유로 구성된 섬유피막으로 둘러싸여 있으며(그림 11-2), 민무늬 근육과 혈관을 포함할 수도 있다.

포유동물 콩팥의 가장 단순한 형태는 **홑유두콩팥(unipapillary kidney)**이며, 이는 겉질 바로 옆의 바닥부분과 하나의 꼭짓점 또는 유두를 가지고 있는 하나의 콩팥피라미드를 가

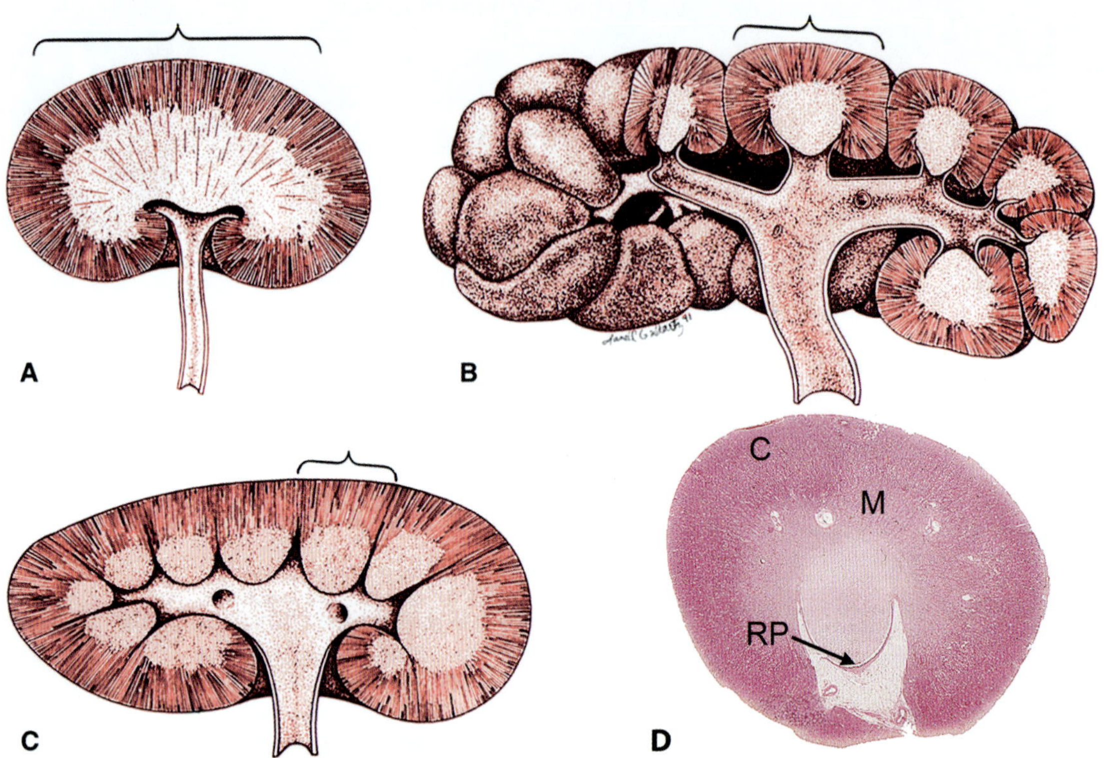

그림 11-1 • 세 가지 다른 콩팥의 육안적 구조와 엽형성 형태의 도해. **A, D.** 육식동물의 전형적인 홑엽콩팥. **B.** 큰 되새김동물의 전형적인 뭇엽콩팥. 콩팥의 표면에서 각 엽은 깊은 함입으로 윤곽이 뚜렷하다. 이러한 콩팥에는 콩팥깔때기가 없다. **C.** 돼지의 뭇엽콩팥. 콩팥의 표면이 매끈하다. 소의 콩팥은 엽의 경계가 뚜렷한 반면(B) 돼지에서는 엽의 겉질 부분이 융합되어 있다(C에서 괄호부분). 육식동물 콩팥(말과 작은 되새김동물 포함)에서는 엽이 광범위하게 융합되어 홑엽처럼 보인다(A에서 괄호부분). **D.** 고양이 콩팥겉질(C)은 속질(M)보다 더 어둡게 염색된다. 집합세관에서 나온 오줌은 콩팥깔때기(renal pelvis, RP)로 배출된다. H&E. (×1). (Image by W.E. Haensly)

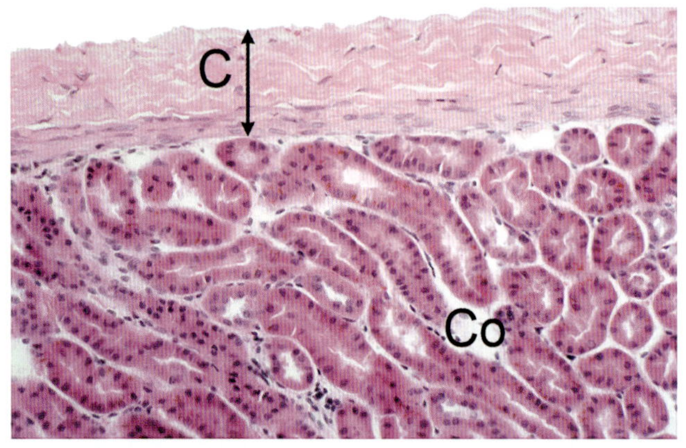

그림 11-2 • 개 콩팥. 치밀불규칙결합조직이 콩팥의 피막(C)을 형성한다. 피막의 아래에 콩팥겉질(Co)은 많은 토리쪽곱슬세관이 관찰된다. H&E. (×250). (Image by W.E. Haensly)

지고 있다. 홑유두콩팥은 실험동물에서 흔히 볼 수 있고, 다양한 정도로 융합되어 뭇엽을 형성하는 더 복잡한 콩팥의 기본단위가 되기도 한다. 고양이, 개, 말, 면양, 산양은 유두가 융합되어 콩팥깔때기로 이어지는 하나의 콩팥능선을 형성하는 **홑엽콩팥(unilobar kidney)**을 가지고 있다(그림 11-1). 돼지, 큰 되새김동물, 사람은 많은 속질피라미드와 유두를 가진 **뭇엽콩팥(multilobar kidney,** multipyramidal kidney)을 가지고 있다. 콩팥유두는 오줌을 요관이 확장된 부위인 **콩팥잔(renal calice, renal calyce;** 작은콩팥잔, 큰콩팥잔)이나 콩팥깔때기로 바로 배출시킨다.

2) 겉질과 속질 Cortex and Medulla

콩팥의 가로단면이나 세로단면을 관찰하면 실질이 바깥쪽의 진한 붉은색의 **겉질(cortex)**과 안쪽 밝은 색의 **속질(medulla)**로 구분된다(그림 11-1D). 겉질 내의 구조는 **속질부챗살(medullary ray)**과 **겉질미로(cortical labyrinth)**에 배치되어 있다(11-3). 이 용어들은 완전히 곧은세관 부분으로 이루어진 속질과는 달리 겉질은 곧은세관부분과 곱슬세관부분 모두를 포함하기 때문이다. 가로단면에서는 속질은 전체에 걸쳐 줄무늬로 보이고, 겉질 곧은부분은 많든 적든 평행한 다발들이 속질에서 섬유피막을 향해 부챗살 모양으로 배열되어 있어서

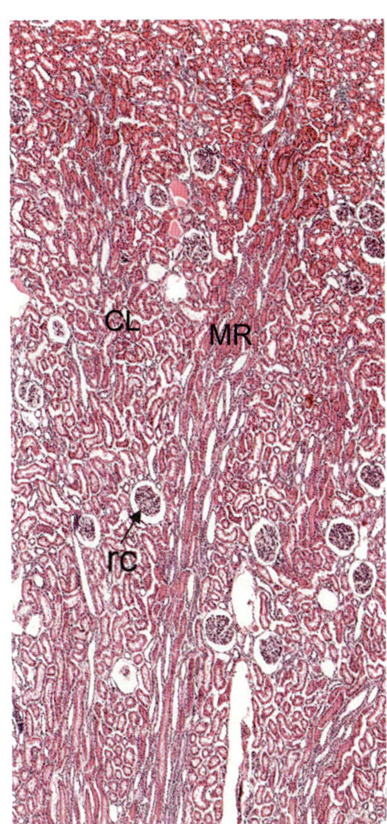

그림 11-3 • 콩팥겉질은 겉질미로(CL)와 속질부챗살(MR)로 구성되어 있으며, 겉질미로에는 곱슬세관, 콩팥소체(rc), 먼쪽굵은오름부분, 그리고 초기의 집합관이 있다. 속질부챗살 겉질 집합관, 겉질콩팥세관고리의 굵은오름부분, 그리고 토리쪽곧은세관이 있다. H&E. (×40).

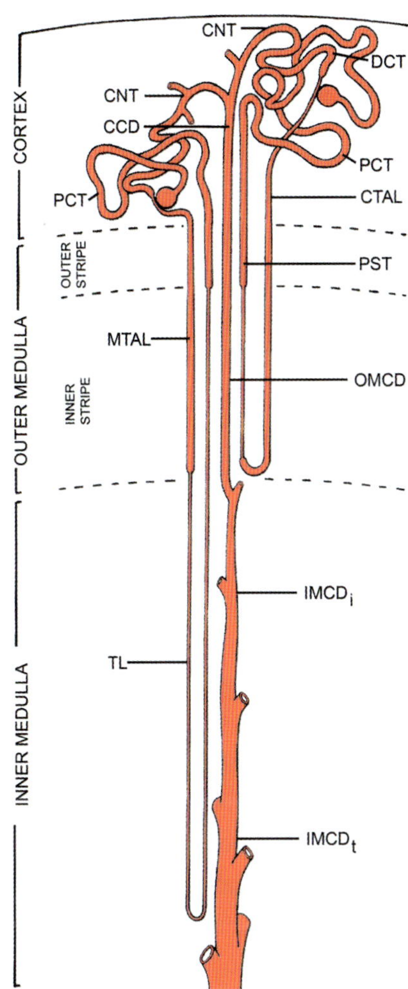

그림 11-4 • 콩팥단위의 여러 분절과 집합관, 콩팥부위의 관계 도해. 긴고리콩팥단위(왼쪽)와 짧은고리콩팥단위(오른쪽)가 있다. 겉질집합관(CCD); 연결세관(CNT); 겉질굵은오름부분(CTAL); 먼쪽곱슬세관(DCT); 속속질집합관의 시작부분(IMCDi); 속속질집합관의 끝부분(IMCDt); 속질굵은오름부분(MTAL); 바깥속질집합관(OMCD); 토리쪽곱슬세관(PCT); 토리쪽곧은세관(PST); 콩팥세관고리의 가는부분(TL). 콩팥토리, PCT, DCT, CTAL의 끝부분, CNT는 겉질미로에 위치하고, PST, CTAL, CCD는 겉질에서 속질부챗살에 위치하고 있다. (From Madsen KM, Verlander JW. Renal structure in relation to function. In: Wilcox CS, Tisher CC, eds. *Handbook of Nephrology and Hypertension*. 5th Ed. Philadelphia, PA: Lippincott Williams and Wilkins, 2004.)

'속질부챗살'이다. 속질부챗살에는 겉질집합관, 겉질콩팥세관고리의 굵은오름부분, 토리쪽곧은세관이 존재한다.

겉질미로의 단면에는 토리쪽곱슬세관, 먼쪽곱슬세관, 연결세관, 콩팥소체, 먼쪽굵은오름부분(속질부챗살로부터 나와서 토리의 토리곁복합체에 접촉하여 주행함), 집합관의 시작부위로 이루어진 불규칙한 곱슬세관을 포함한다.

바깥속질(outer medulla)은 겉질보다 깊은 쪽에 위치해 있으며 활꼴혈관이 겉질과 바깥속질 사이의 경계를 표시한다(그림 11-4). 바깥속질은 **바깥줄무늬(outer stripe)**와 **속줄무늬(inner stripe)**로 더 나눠질 수 있다. 바깥줄무늬에는 바깥속질의 가장 바깥부분이며 토리쪽곧은세관, 굵은오름부분, 집합관이 존재한다. 속줄무늬에는 토리쪽세관은 존재하지 않고, 토리쪽곧은세관에서 콩팥세관 고리의 가는내림부분으로의 이행부위가 바깥줄무늬와 속줄무늬의 경계를 형성한다. 따라서 속줄무늬에는 집합관, 콩팥세관고리의 굵은오름부분, 가는내림부분이 존재한다.

속속질(inner medulla)은 바깥속질의 깊은 부위에 위치한다. 콩팥세관고리의 가는부분과 굵은오름부분 사이의 이행구역이 속속질과 바깥속질의 경계를 형성한다. 따라서 속속질에는 콩팥세관고리의 굵은오름부분은 존재하지 않고, 단지 집합관과 콩팥세관고리의 가는내림부분과 가는오름부분, 그리고 모세혈관과 림프관만이 존재한다. 육안적으로 속속질은 피라미드 **바닥(base)**과 **유두(papilla)** 또는 **콩팥능선(renal crest)**으로 세분될 수 있다. 바닥은 바깥속질에 인접해 있다. 유두 또는 콩팥능선은 속속질의 끝부분으로 콩팥깔때기(renal pelvis)나 콩팥잔(renal calices)까지 뻗어 있다.

3) 콩팥소체와 콩팥세관의 부분

Parts of the Renal Corpuscle and the Renal Tubule

콩팥소체의 구성, 콩팥세관의 부분, 즉 여과액이 형성되어 오줌으로 배출되는 곳까지 콩팥세관의 연결순서는 다음과 같다.

- I. **콩팥단위(Nephron)**
  - A. 콩팥소체(Renal corpuscle)
    - 1. 토리(Glomerulus)
      - a. 토리모세혈관(Glomerular capillaries)
      - b. 혈관사이막(Mesangium)
    - 2. 토리주머니(Glomerular capsule)
  - B. 토리쪽세관(Proximal tubule)
    - 1. S1, S2상피를 포함하는 토리쪽곱슬세관(Proximal convoluted tubule)
    - 2. S2, S3상피를 포함하는 토리쪽곧은세관(Proximal straight tubule)
  - C. 콩팥세관고리의 가는부분(Thin limb of Henle's loop)
    - 1. 내림부분(Descending portion)
    - 2. 오름부분(Ascending portion)
  - D. 콩팥세관고리의 굵은오름부분(Thick ascending limb of Henle's loop)
  - E. 먼쪽곱슬세관(Distal convoluted tubule)
  - F. 연결분절(Connecting segment)
- II. **집합관(Collecting duct)**
  - A. 활꼴: 초기집합세관(Arcade: initial collecting tuule)
  - B. 곧은부분(Straight portions)
    - 1. 겉질집합관(Cortical collecting duct)
    - 2. 바깥속질집합관(Outer medullary collecting duct)
    - 3. 속속질집합관(Inner medullary collecting duct)

4) 콩팥단위 Nephron

콩팥단위(nephron)는 전통적으로 콩팥의 구조적 단위와 기능적 단위로 생각되고, 토리와 연결세관(연결분절)을 통해 이어진 모든 콩팥세관 부분을 포함한다. 콩팥단위의 수는 동물 종류에 따라 다양하다. 각 콩팥당 개의 경우 약 40만 개, 고양이의 경우 약 20만 개 정도의 콩팥단위를 가지고 있다. 육식동물과 돼지에서는 새끼가 태어날 때 미성숙한 콩팥단위를 가지고 있으며, 이들의 형성은 출생 후 수 주 동안 콩팥단위 형성이 계속될 수 있다. 그러나 콩팥이 성숙한 후 일반적으로 새로운 콩팥단위는 형성될 수 없다.

콩팥단위는 겉질에서 콩팥토리의 위치에 따라서 피막 근처에 있는(near the capsule) **얕은콩팥단위(겉질콩팥단위, superficial nephron, cortical nephron)**와 속질 근처(near the medulla)에 있는 **겉질중간콩팥단위(midcortical nephron)** 또는 **속질곁콩팥단위(juxtamedullary nephron)**로 분류되고, 콩팥세관고리(Henle's loop)의 길이에 따라서 **짧은고리(short-looped)**와 **긴고리(long-looped)**로 각각 분류할 수 있다(그림 11-4). **짧은고리콩팥단위(short-looped nephron)**는 일반적으로 얕은토리와 겉질중간토리를 가지고 있으며, 겉질로 돌아가기 전에 겉속질(outer medulla) 부위까지만 뻗어있는 세관들을 가지고 있다. 돼지에서는 겉질콩팥단위의 콩팥세관고리는 겉질의 속질부챗살에서 굽는다. **긴고리콩팥단위(long-looped nephron)**는 속질곁토리와 겉질로 돌아가기 전에 속속질(inner medulla)까지 확장되는 세관들을 포함한다. 대부분 동물은 짧은고리콩팥단위와 긴고리콩팥단위를 모두 가지고 있다. 그러나 개와 고양이, 건조한 기후에서 사는 많은 종에서는 짧은고리콩팥단위보다 수분보존에 효율적인 긴고리콩팥단위만 가지고 있는 반면에, 비버와 같이 맑은 물에서 사는 동물에서는 단지 짧은고리콩팥단위만을 가지고 있다.

2. 콩팥소체 Renal Corpuscle

1) 일반 구조 General Structure

콩팥소체(renal corpuscle)는 토리모세혈관그물(glomerular capillary rete), 혈관사이막(mesangium), 토리주머니(glomerular capsule, Bowman's capsule)로 구성된다(그림 11-5, 11-6). **토리(glomerulus)**라는 용어는 전에는 단지 토리모세혈관그물(glomerular capillary rete)과 혈관사이막(mesangium)만을 언급하였으나, 현재 이 용어는 전체 콩팥 소체를 언급하는 말로 널리 사용되고 있다. 콩팥소체는 공모양이고 동물 종에 따라 크기가 다르다. 큰 동물은 작은 동물에 비해서 큰 콩팥소체를 가지고 있는데, 말에서는 지름이 220 μm이고, 고양이에서는 지름이 120 μm이다. 혈관은 **혈관극(vascular pole)**에서 토리(콩팥소체)로 들어오고 나간다. **요세관극(urinary pole)**은 혈관극의 반대편에 위치하며, 이 부위에서 토리주머니는 토리쪽곱슬세관(proximal convoluted tubule)으로 개구한다.

2) 토리모세혈관 Glomerular Capillaries

토리모세혈관그물(토리그물, glomerular capillary rete, glomerular rete)은 모세혈관이 분지되고(branching) 연결(anastomosing)되어 형성되는 그물(network)이다. 이들 모세혈관은 매우 얇은 창내피세포(fenestrated endotehlium)로 덮여 있으며, 내피세포 창(구멍; fenestrations, pores)의 지름은 50~150 nm이다(그림 11-7). 혈액은 혈관극에서 들세동맥으로 들어와서 날세동맥을 통해 나간다(그림 11-6).

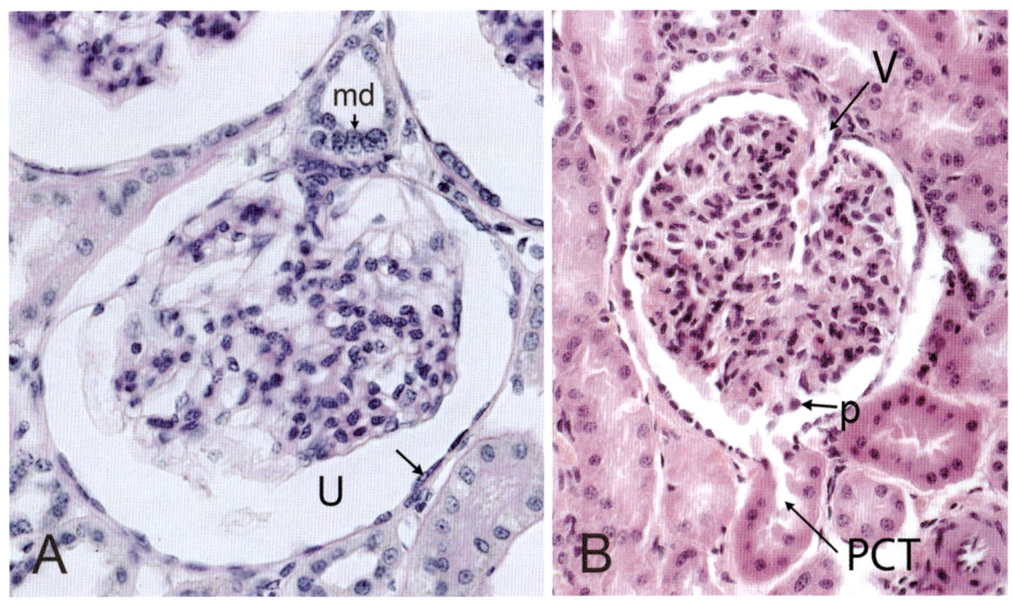

그림 11-5 • A. 토리곁복합체의 치밀반점(md)은 콩팥소체 혈관극의 굵은오름부분에 위치한다. 토리여과액은 먼저 토리주머니의 주머니공간(U)에 모인다. 토리주머니는 편평세포(화살표)의 벽층으로 둘러싸여 있다. PAS. (×200). B. 혈관극(V)에서 들세동맥과 날세동맥이 콩팥소체로 출입한다. 토리모세혈관은 발세포(p)의 내장층으로 둘러싸여 있다. 토리쪽곱슬세관(PCT)은 콩팥소체의 요세관극에서 시작된다. H&E. (×200).

토리바닥막(glomerular basement membrane, GBM)은 안쪽면의 내피세포와 바깥면을 덮는 내장상피세포(visceral epithelial cell) 또는 발세포(podocyte)를 분리한다(그림 11-7). 토리바닥막은 세 층으로 구성되며, 내피세포에 인접한 층이 **속투명판(lamina rara interna)**, 발세포에 인접한 층이 **바깥투명판(lamina rara externa)**, 투명판 사이의 층이 **치밀판(lamina densa)**이다. 투명판과 치밀판이라는 용어는 투과전자현미경으로 관찰하였을 경우 층의 전자밀도를 반영하는데, 투명판(lamina rara)은 전자밀도가 낮아서 색이 열고, 치밀판은 전자밀도가 높아 전자현미경에서 어둡게 나타난다. 토리바닥막(GBM)은 개에서 100~250 nm 두께이며, 주로 4형 아교섬유, 헤파란황산염프로테오글리칸(heparan

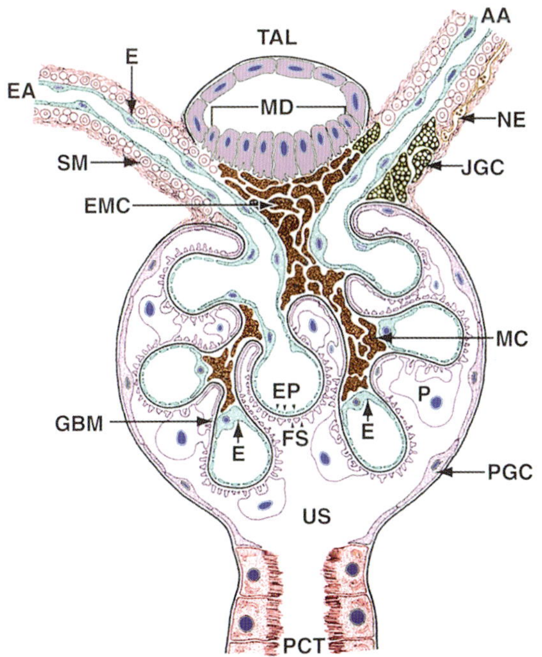

그림 11-6 • 콩팥소체와 토리곁복합체의 도해. 들세동맥(AA)은 토리에 혈액을 공급하고 날세동맥(EA)은 토리밖으로 혈액을 내보낸다. 세동맥을 싸는 내피세포(E)에는 구멍이 없으나, 토리모세혈관 내피세포는 구멍(EP)을 가지고 있다. 토리의 혈관사이세포(MC)는 내피세포에서와 마찬가지로 토리바닥막(GBM)의 같은 쪽에 있다. 토리주머니는 토리를 둘러싸고 있다. 발세포(P)는 내장층을 형성하는 모세혈관을 덮는다. 이들 발세포는 혈관극에서 반전되어 단층편평상피세포(PGC)의 벽층으로 연속된다. 발세포는 토리바닥막(GBM)에 접촉하는 발돌기를 가지고 있다. 발돌기사이의 공간은 여과틈새(FS)이다. 주머니공간(US)은 토리쪽곱슬세관(PCT)의 속공간으로 연속된다. 토리곁복합체는 굵은오름부분(TAL) 안에 있는 치밀반점(MD), 토리바깥혈관사이세포(EMC), 토리곁세포(JGC), 중간막의 민무늬근육세포(SM)를 가지고 있는 들·날세동맥을 포함한다. 신경종말(NE)은 토리곁세포 근처에서 관찰된다. (Redrawn from Koushanpour E, Kriz W. Renal Physiology. *Principles, Structure and Function*. New York: Springer-Verlag, 1986.)

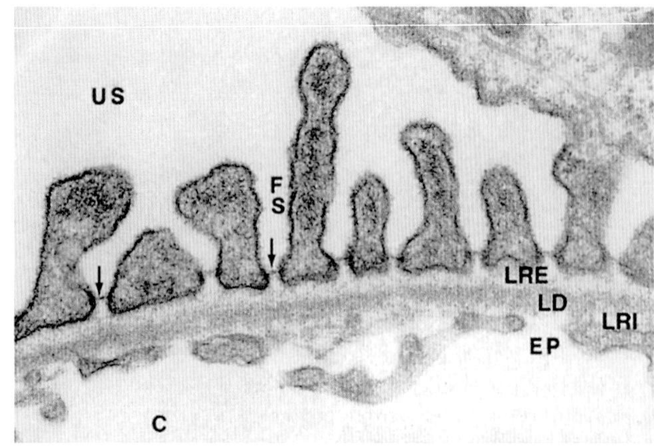

그림 11-7 • 토리바닥막의 투과전자현미경사진(쥐). 토리모세혈관(C) 속에 있는 혈액은 내피세포구멍(EP)을 지날 때 선택적으로 여과되고, 토리 바닥막의 세 층[속투명판(LRI), 치밀판(LD), 바깥투명판(LRE)]과 발세포의 발돌기 사이의 여과틈새(FS)를 지나서 주머니공간(US)으로 들어간다. 인접한 발돌기 사이에 다리를 놓는 여과가로막(filtration diaphragm, 화살표)을 주목한다. (×67,000).

sulfate proteoglycan)과 라미닌, 섬유결합소(fibronectin), 엔탁틴(entactin)과 같은 당단백질로 구성된다. 토리바닥막은 PAS(과아이오딘산시프, periodic acid-Schiff)에 염색이 되며, 이는 콩팥 생검 시에 토리에 대한 현미경적 평가를 할 때 유용하다.

3) 혈관사이막 Mesangium

혈관사이막(mesangium)은 토리의 중심(core)을 형성하며, 무세포바탕질 속에 매몰되어 있는 특수하게 분화된 수축성 세포로 구성된다(그림 11-6). 혈관사이세포(mesangial cells)는 모양이 불규칙하고 긴 세포돌기를 가지고 있으며, 이곳에는 수축단백질로 이루어진 잔섬유 다발이 존재하며, 혈관 사이세포는 틈새이음에 의해서 서로 연결된다. 혈관사이세포는 포식작용, 혈관사이바탕질의 생산, 모세혈관 고리의 부착성 유지, 모세혈관 저항을 조절함으로써 토리의 혈류를 조절하는 기능을 담당한다. 혈관사이바탕질(mesangial matrix)은 토리바닥막과 유사한 무정형 물질로 둘러싸인 미세잔섬유의 치밀한 그물망이 특징적이다.

4) 토리주머니 Glomerular Capsule

토리주머니(glomerular capsule, Bowman's capsule)는 토리를 둘러싸고 있다(그림 11-5, 11-6). 토리모세혈관그물과 토리주머니의 관계는 부분적으로 부풀려진 풍선에 주먹을 넣은 것에 비유된다. 이 비유에서 주먹은 토리모세혈관그물을 나타내고, 주먹을 직접 덮고 있는 풍선 부분은 내장상피(visceral epithelium)를 나타내며, 주먹과 직접 닿지 않는 풍선의 바깥

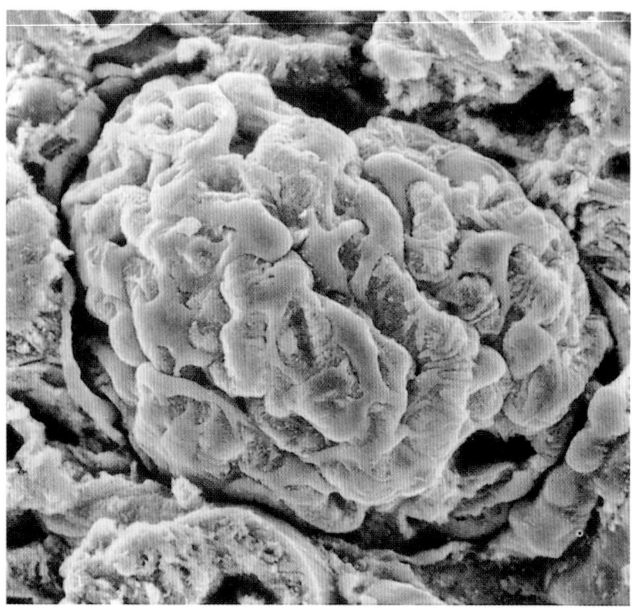

그림 11-8 • 콩팥소체의 주사전자현미경사진(쥐). 이것은 토리주머니 공간에서 본 콩팥소체의 모습이다. 토리주머니의 벽층은 제거되었고, 토리모세혈관을 둘러싸는 발세포의 벽층을 보여준다. 크고 매끈한 면의 발세포의 세포체가 일차돌기를 내며, 이로부터 이차돌기와 삼차돌기, 즉 발돌기(pedicels)로 분지한다. (×1,300).

쪽 부분은 벽상피(parietal epithelium)를 나타낸다. 내장층과 벽층 사이의 공간은 **주머니공간(urinary space, capsular space)**이다(그림 11-6, 11-7).

내장상피세포(visceral epithelial cell) 또는 **발세포(podocyte)**는 토리모세혈관의 바깥면을 둘러싼다(그림 11-8, 11-9,

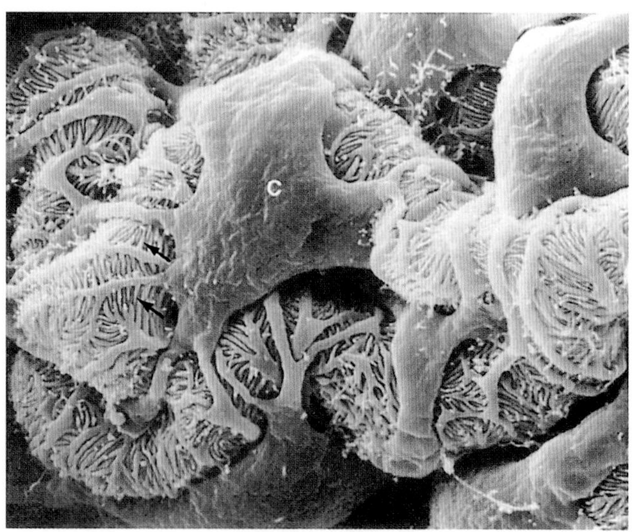

그림 11-9 • 발세포의 주사전자현미경사진(쥐). 발세포의 세포체(C)는 시야의 중심부에 있다. 여러 가지 크기의 수많은 돌기가 세포체로부터 뻗어 나와서 토리모세혈관 주위를 감싼다. 발돌기는 다른 발돌기의 이차돌기와 삼차돌기와 함께 서로 깍지결합을 하고 있다. (×4,100).

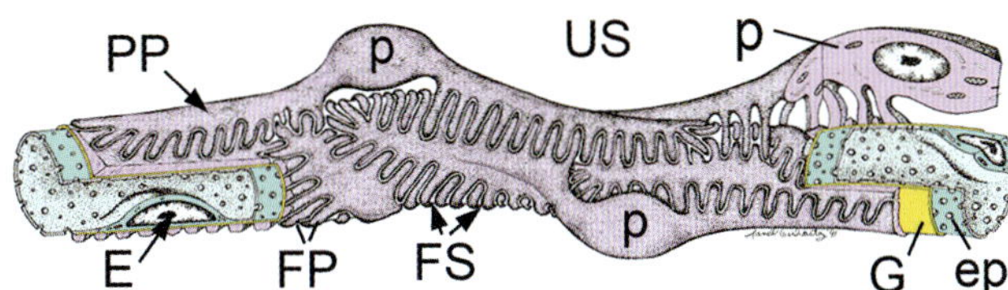

그림 11-10 • 콩팥의 여과장벽 구성요소의 도해. 모세혈관을 둘러싸는 내피세포(E)는 수많은 구멍(ep)을 가지고 있다. 모세혈관을 둘러싸는 것은 토리바닥막(G)이고 그 바깥면을 싸는 것이 발세포(p)이다. 발세포는 일차돌기(PP), 이차돌기, 삼차돌기로 분지하며 작은 발돌기(FP)를 형성한다. 혈장성분은 내피세포구멍, 토리바닥막, 여과틈새(FS)를 통과하여 주머니공간(US) 속에서 여과액이 된다.

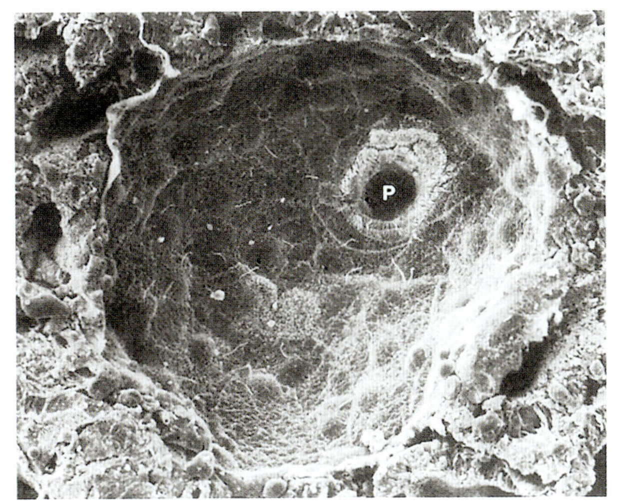

그림 11-11 • 토리주머니 벽층의 주사전자현미경사진(쥐). 벽층을 제외하고 콩팥소체의 모든 요소가 제거되었다. 벽층의 각각의 편평세포는 윤곽이 분명하고 중앙에 한 개의 섬모가 위치한다. 토리쪽곱슬세관(P)으로 들어가는 구멍은 솔가장자리를 가진 세포로 둘러싸여 있으며, 벽상피에서 토리쪽세관상피로 급격한 이행을 보인다. (×1,200).

11-10). 핵이 존재하는 세포체부분은 여러 개의 큰 일차돌기를 내고, 또 일차돌기에서 더 작은 이차돌기와 삼차돌기가 나온다. 이러한 확장 중 가장 작은 것을 **발돌기(foot process, pedicel)**라고 한다. 한 세포의 이차와 삼차발돌기는 인접한 세포의 발돌기와 깍지처럼 맞물려 있다. 발돌기 사이의 좁은 공간(25~60 nm)은 **여과틈새(filtration slit)**라 하고, **틈새가로막(slit diaphragm)**에 의해서 다리가 놓여 있다(그림 11-7). 피막을 싸고 있는 단층편평상피층으로 구성되어 있는 **벽상피(parietal epithelium**, parietal layer of glomerular capsule)는 요세관극에서 토리쪽세관의 입방상피(cuboidal proximal tubule epithelium)로 급격하게 이행하게 된다(그림 11-11).

토리주머니를 구성하는 또 다른 상피세포는 **극주위세포(peripolar cell)**이다. 극주위세포는 토리 혈관극(vascular pole)에서 주머니공간(urinary space) 쪽으로 벽층과 내장층의 상피세포 사이 경계에 위치하며, 면양과 산양에서 가장 크고 많이 존재한다. 극주위세포는 어둡게 염색되는 막으로 둘러싸인 과립을 가지고 있는데, 이 과립에는 알부민, transthyretin, 면역글로불린, neuron-specific enolase, kallikrein을 포함하지만 레닌은 포함하지 않는다. 이 세포는 또한 분비세포에서 세포외배출을 매개하는 단백질인 adseverin을 포함한다. 따라서 극주위세포는 분비세포라 생각되나, 특이적 기능은 알려지지 않았다.

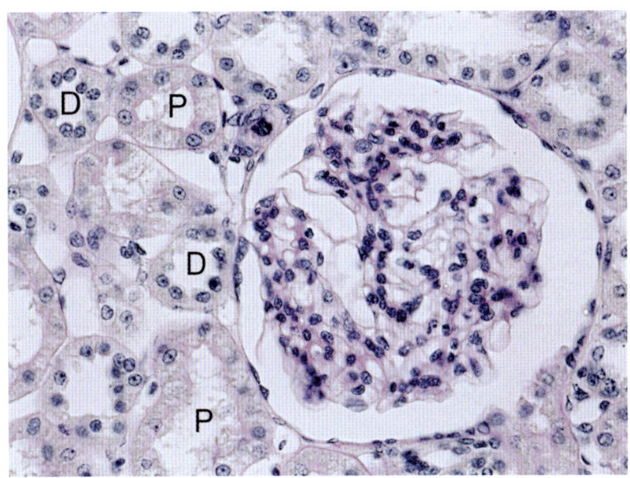

그림 11-12 • 겉질미로. 겉질미로는 콩팥소체, 토리쪽곱슬세관(P), 먼쪽곱슬세관(D), 연결세관, 집합관 시작부분, 굵은오름부분의 끝부분을 포함한다. 먼쪽곱슬세관 세포의 핵은 토리쪽곱슬세관 세포의 핵보다 위쪽에 위치한다. 이 표본에서 사용한 PAS 염색은 토리바닥막, 세관을 둘러싸는 바닥판, 토리쪽곱슬세관의 솔가장자리와 관련되어 세포를 덮고 있는 구조(cell coat)에 대한 염색성을 향상시킨다. PAS stain. (×400).

3. 콩팥세관 Renal Tubule

1) 토리쪽세관 Proximal Tubule

토리쪽세관(proximal tubule)은 콩팥소체의 요세관극에서 시작한다(그림 11-11, 11-12, 표 11-1). 토리쪽세관은 가장 긴 겉질세관구역(cortical tubule segment)이며, 겉질의 조직학적 단면에서 토리쪽세관 형태(proximal tubule profiles)가 매우 흔하게 나타난다. 토리쪽세관의 시작부분은 속질부챗살에 도달할 때까지 겉질미로(cortical labyrinth)에서 꼬이고 회전하기 때문에 **토리쪽곱슬세관(proximal convoluted tubule, PCT)**이라고 한다. 여기에서 **토리쪽곧은세관(proximal straight tubule, PST)**으로 전환된다. PST는 속질부챗살을 통과하여 바깥속질(outer medulla)의 바깥줄무늬(outer stripe)로 확장된다. 토리쪽세관분절(proximal tubule segments)은 모든 토리쪽세관세포에 공통적인 특징의 풍부함에

표 11-1 • 조직학용어에 따른 콩팥 세관 분절의 명칭(Names of the Renal Tubule Segments with Corresponding Nomina Histologica)

일반적으로 사용되는 용어	동의어	Nomina Histologica
토리쪽세관		**토리쪽세관**
토리쪽곱슬세관(S_1분절과 S_2분절의 처음부분)(PCT)		토리쪽곱슬세관
토리쪽곧은세관(S_2분절의 뒷부분과 S_3분절)(PST)	콩팥세관고리의 굵은내림부분	토리쪽곧은세관
콩팥세관고리 가는부분(TL)		**가는세관(Thin tubules, TT)**
가는내림부분(DTL)		가는내림세관
가는오름부분(ATL)		가는오름세관
먼쪽세관		
굵은오름부분(MTAL과 CTAL)		먼쪽곧은세관
먼쪽곱슬세관(DCT)		먼쪽곱슬세관
연결분절(연결세관, CNT)		
집합관		
집합세관시작부위		활꼴집합세관
겉질집합관(CCD)		곧은집합세관
바깥속질집합관(OMCD)		곧은집합세관
속속질집합관(IMCD)		
속속질집합관의 시작부위($IMCD_1$)		곧은집합세관
속속질집합관의 마지막부위($IMCD_2$와 $IMCD_3$)	유두집합관	유두관

따라 분절S_1, 분절S_2, 분절S_3로 더 분류된다. 분절S_1은 PCT의 시작부분에 해당하며, 잘 발달된 솔가장자리(brush border)와 높은 대사 활성을 특징이다. 포도당과 아미노산을 포함한 대부분의 여과된 용질의 재흡수를 담당한다. 분절S_1에 이어 세관은 분절S_2로 이어지며, 솔가장자리 밀도와 대사 활성이 점차 감소한다. 분절S_3는 토리쪽곧은세관(PST)으로의 전환을 나타내, 솔가장자리는 덜 두드러지고 재흡수 용량이 더욱 감소한다.

일반적으로 토리쪽세관의 꼭대기면(apical surface of proximal tubules)은 미세융모라 부르는 세포막 끝부분의 광범위한 돌출로 형성된 솔가장자리로 덮여 있다(그림 11-13, 11-14). 상피세포의 가쪽모서리(lateral border)는 가쪽세포돌기(lateral cell process)의 정교한 깍지결합(elaborate interdigitation)이 특징이다. 한편, 세포 바닥면(basal surface)은 깊게 주름진 막구조를 가지며, 인접한 세포의 돌기가 이 주름 사이에 끼워져 있다. 이 배열은 뿌리가 서로 얽힌 단단히 뭉친 나무 그루터기 무리와 유사하다. 꼭대기솔가장자리(apical brush border)와 바닥가쪽세포막주름(basolateral plasma membrane infolding)은 세포의 표면적을 증가시켜, 이로 인하여 이 부분에서 상피통과수송(transepithelial transport)을 원활하게 한다.

다수의 긴 사립체가 가쪽세포막주름(lateral plasma membrane fold) 사이에 위치하며 이는 광학현미경에서 수직줄무늬(vertical striation)로 관찰된다. 세포막과 사립체의 밀접한 배열은 바닥가쪽세포막(basolateral plasma membrane)에 위치한 ATP 의존 수송단백질이 에너지를 쉽게 공급할 수 있게 한다.

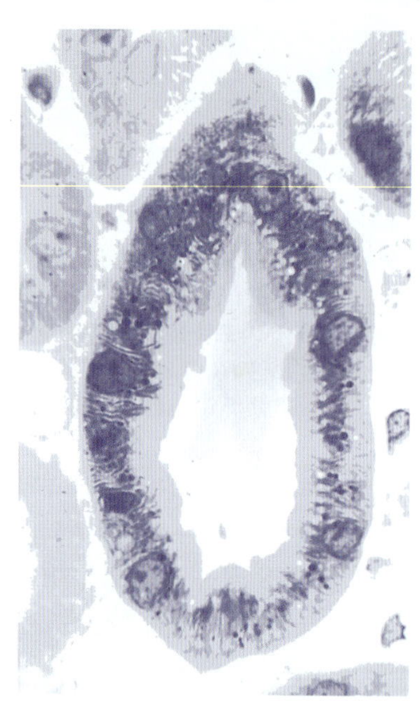

그림 11-13 • 토리쪽곱슬세관(개). 미세융모로 구성된 솔가장자리는 세포의 꼭대기면을 덮는다. 속공간 가까이에 있는 흰색의 공포와 세포질의 깊숙한 곳에 존재하는 검고 둥근 과립은 각각 세포내섭취공포(endocytotic vacuoles)와 용해소체이다. 세포질 꼭대기에서 바닥쪽을 따라 배열된 타원형 과립은 사립체이다. Epon-Araldite. Azure Ⅱ, methylene blue stain. (×1,320).

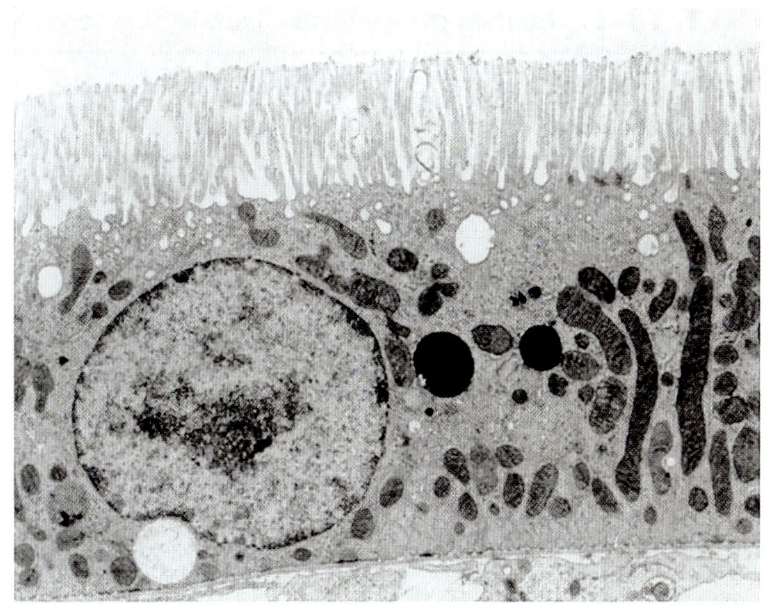

그림 11-14 • 토리쪽곧은세관(S3)세포의 투과전자현미경사진(쥐). 수많은 미세융모가 세포의 꼭대기를 덮고 있다. 작은 세포내섭취공포(endocytotic vacuoles)가 세포의 꼭대기에서 관찰되며, 그 안에 염색되지 않은 큰 섭취소체와 진하게 염색되는 용해소체를 볼 수 있다. 많은 사립체가 관찰된다. (×8,800).

꼭대기면 근처에서 세포의 가쪽은 치밀이음(폐쇄띠, tight junctions, zonulae occludentes), 부착띠(zonulae adherentes), 부착반점(maculae adherentes, desmosomes)에 의해서 서로 연결된다. 가끔씩 존재하는 틈새이음(gap junction)도 세포 사이를 연결시킨다. 치밀이음은 세포 둘레를 돌아가면서 연속적인 띠를 형성하지만, 토리쪽세관의 치밀이음은 먼쪽세관이나 집합관의 치밀이음에 비하여 상대적으로 용질과 수분을 잘 투과할 수 있다.

핵은 공 모양이고 세포의 중앙에서 바닥부위까지 위치한다. 토리쪽세관 세포는 수많은 꼭대기소포(apical vesicles), 섭취소체, 용해소체를 포함하는 광범위한 세포내섭취장치(endocytotic apparatus)를 가지고 있다. 독성 물질을 대사시키는 산화효소를 포함하는 세포소기관인 과산화소체는 토리쪽곧은세관(PST)에 풍부하다. 고양이에서 PCT세포는 많은 지방방울을 포함한다(그림 11-15). 유사하게, 개에서는 PST세포가 지방방울을 포함하고 있어서 속질부챗살이 주위 실질에 비해 밝게 보인다(그림 11-16).

불행히도 콩팥으로 가는 혈류가 차단되어 토리쪽세관의 독특한 구조적 특징이 많은 조직학적 절편에서 명확하게 드러나지 않는다. 이러한 차단은 세관의 붕괴, 상피세포의 부종, 세관 속공간의 소실, 그리고 솔가장자리의 붕괴를 초래한다. 살아있는 동물에서 발견되는 많은 구조적 특징은 신중한 관류고정기술(perfusion

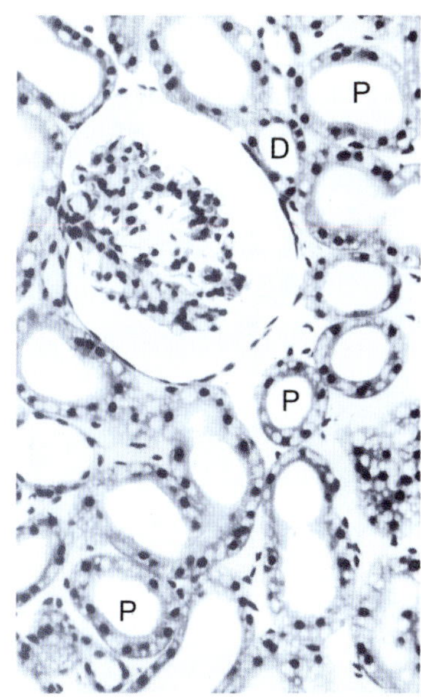

그림 11-15 • 겉질미로(고양이). 토리쪽곱슬세관은 수많은 지방방울을 포함하며, 이것은 고양이에서는 정상적이다. 토리쪽곱슬세관(P)의 단면은 토리쪽곱슬세관의 길이가 길기 때문에 먼쪽곱슬세관(D)의 단면보다 그 수가 많이 나타난다. H&E. (×335).

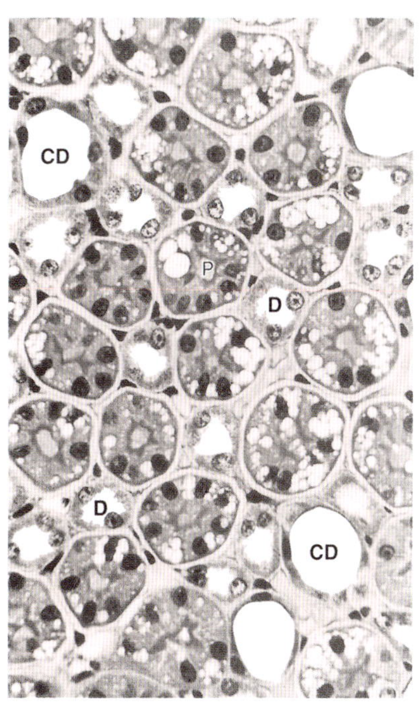

그림 11-16 • 속질부챗살(개). 속질부챗살의 세 가지 주 구성 요소는 토리쪽곧은세관(P), 먼쪽곧은세관(D), 집합관(CD)이다. 개에서 토리쪽곧은세관은 수많은 지방방울을 갖고 있는데, 이 사진에서 염색되지 않은 공포로 보인다. H&E and phloxine stain. (×530).

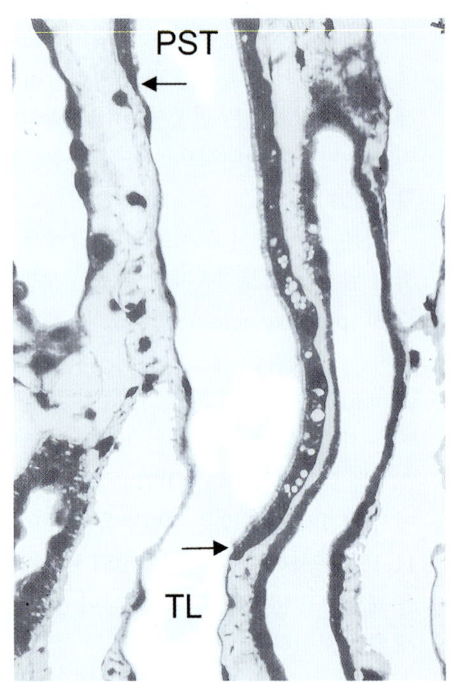

그림 11-17 • 토리쪽곧은세관이 콩팥세관고리의 가는내림부분으로 이행되는 부위(개). 토리쪽곧은세관(PST)의 단층입방상피(꼭대기쪽의 솔가장자리를 주목)가 가는세관(TT)에서 단층편평상피로 변한다. 이행이 세관주위의 다른 지점(화살표)에서 일어남을 주목한다. H&E and phloxine stain. (×510).

fixation techniques)을 통해서만 보존될 수 있다.

PST는 바깥속질까지 확장되어 일반적으로 바깥속질(outer medulla)의 속줄무늬(inner stripe)와 바깥줄무늬(outer stripe) 사이의 경계에서 가는내림부분(thin descending limb)의 단층편평상피로 갑작스럽게 이행한다(그림 11-17). 개에서는 이러한 변화가 겉질속질경계(corticomedullary junction)에서 발생하므로 개의 콩팥에는 바깥줄무늬가 없다.

2) 콩팥세관고리 Nephron Loop, The Loop of Henle

콩팥세관고리(nephron loop, loop of Henle)의 구조는 다음 네 개의 세관분절을 갖는다. ① **굵은내림부분(thick descending limb)**[요즘에는 주로 **토리쪽곧은세관(proximal straight tubule)**이라 불린다]. ② **가는내림부분(descending thin limb)**, ③ **가는오름부분(ascending thin limb**, 콩팔단위의 긴고리에 존재한다), ④ **굵은오름부분(thick ascending limb**, 때로는 **먼쪽곧은세관(distal straight tubule)**이라 불린다).

(1) 콩팥세관고리의 가는부분 Thin Limb of the Loop of Henle

콩팥세관고리의 **가는부분**(가는다리, **thin limb, TL**)은 토리쪽세관 끝부분에서 시작하여(그림 11-4, 11-17), 속질 안으로

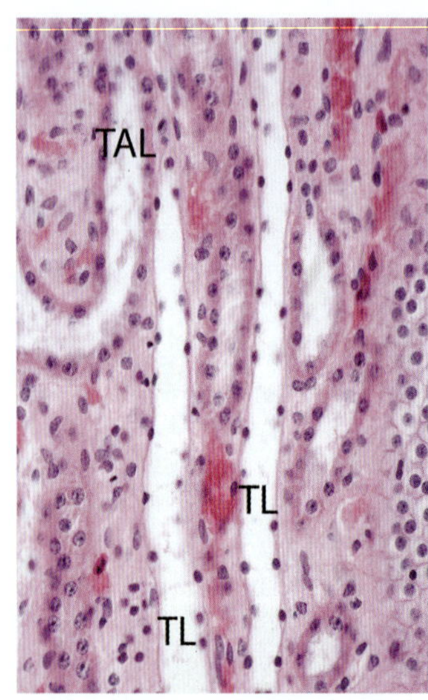

그림 11-18 • 말 콩팥. 바깥속질의 속줄무늬. 바깥속질의 속줄무늬 가는부분(TL), 속질의 굵은오름부분(TAL), 그리고 집합관(보이지 않음)이 포함되어 있다. 이 조직사진에서 짧은고리콩팥단위의 가는부분이 내려가 바깥속질과 속속질 경계부분에서 머리핀 모양으로 휘어져 굵은오름부분이 되어 겉질 쪽으로 돌아간다. 긴고리콩팥단위와 관련된 가는부분들은 휘어지지 않고 속속질 깊숙이 이어진다. H&E. (×250). (Image by W.E. Haensly.)

내려가서 머리핀 모양으로 휘어져서(그림 11-18), 속질을 따라 계속 올라가 속속질과 바깥속질 사이의 경계부위에서 끝난다. 긴고리콩팥단위 콩팥세관고리의 가는 상피는 속속질까지 확장된다. 토리쪽곧은세관(PST) 부위에서 머리핀처럼 구부러지는 부위까지를 **가는내림부분(descending thin limb)**이라 하고, 다른 일부에서 머리핀 모양으로 휘어져 나와 속속질과 바깥속질의 경계를 나가는 부위를 **가는오름부분(ascending thin limb)**이라 한다. 가는세관(thin tubule)은 상피의 높이, 꼭대기 쪽과 바닥가쪽세포막의 확대, 사립체의 수, 치밀이음의 복잡성과 같은 초미세구조의 차이에 의해 네 가지의 다른 부분으로 구별되며, 이 모든 부분은 그 길이에 따른 기능적인 차이에 관련되어 있다. 일반적으로 가는부분(thin limb)은 단층편평상피로 덮여 있으며, 이 양 끝부분에서 단층편평상피로부터 단층입방상피로 바뀌는 것은 종에 따라 갑자기 또는 점진적으로 일어날 수 있다. 핵은 다소 납작하지만, 인접한 모세혈관 내피세포의 핵보다는 훨씬 더 속공간으로 돌출되어 들어가 있다. 또한 핵은 속공간에서 보면 둥글지만, 내피세포의 핵은 혈관의 세로축 방향으로 길게 연장되어 있다.

(2) 콩팥세관고리의 굵은오름부분

Thick Ascending Limb of the Loop of Henle

콩팥세관고리의 **굵은오름부분(thick ascending limb)**은 바깥속질과 속속질의 경계부위에서 시작되고 속질부챗살에서 겉질로 계속 올라간다(그림 11-19). 속질굵은오름부분

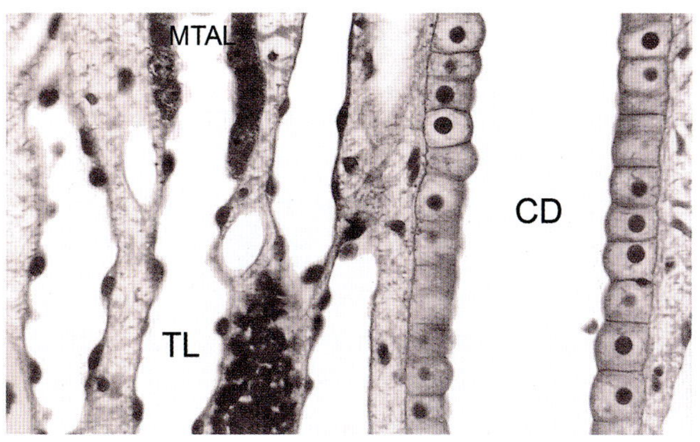

그림 11-19 • 가는오름부분이 굵은오름부분으로 이행하는 부위(말). 이 단면은 속속질과 바깥속질의 경계부에서 촬영한 것이다. 이 부위는 단층 편평상피로 된 가는오름부분(TL)과 단층입방상피로 된 속질굵은오름세관(MTAL) 사이의 이행부이다. 속속질집합관(CD)은 키가 큰 입방상피를 나타낸다. H&E and phloxine stain. (×530).

(medullary thick ascending limb, MTAL)의 상피는 겉질굵은오름부분(cortical thick ascending limb, CTAL)의 상피보다 키가 크다. 짧은고리콩팥단위(short-looped nephrons)에서 굵은오름부분은 바깥속질의 다양한 부위(depths)에서 콩팥세관고리의 머리핀처럼 구부러진 곳에서 시작한다. 긴콩팥단위(long-looped nephrons)에서 머리핀처럼 구부러진 선회부위는 속속질에서 나타나고, 가는오름부분(thin ascending limb)은 구부러진 곳에서 굵은오름부분으로의 이행부위인 속속질과 바깥속질의 경계까지 이어진다. 각각의 콩팥단위의 굵은오름부분은 그 자체의 토리 혈관극(vascular pole of its own glomerulus)으로 다시 돌아간다. 굵은오름부분의 이 부위는 특수한 상피세포의 무리를 형성하는데, 이것을 **치밀반점(macula densa)**이라고 부르고, 토리곁복합체(juxtaglomerular complex)의 한 부분으로, 이에 대해서는 아래에 기술하였다. 굵은오름부분에서 먼쪽곱슬세관까지의 이행은 치밀반점을 지난 후 다양한 거리에서 일어난다.

굵은오름부분세포는 짧고 뭉툭한 꼭대기 미세돌기, 물결치는 세포경계, 그리고 꼭대기면에 단일중심섬모(single central cilium)를 가진 입방형이다. 세포는 수직으로 배열된 사립체와 바닥가쪽세포막주름(basolateral plasma membrane infoldings)이 있어서, 이 부위에서 능동수송이 많이 일어날 수 있게 해준다. 밀집된 사립체와 이들의 수직 배열은 매우 명확해서 광학현미경에서 세관 내에 어두운 수직줄무늬, 즉 바닥줄무늬(basal striation)를 볼 수 있다.

3) 먼쪽곱슬세관 Distal Convoluted Tubule

먼쪽곱슬세관(distal convoluted tubule, DCT)은 토리쪽곱슬세관보다 훨씬 짧기 때문에 겉질미로(cortical labyrinth)에서 비교적 드물게 관찰된다. 먼쪽곱슬세관(DCT)세포는 겉질굵은오름부분(CTAL) 세포보다 키가 크며 세포의 꼭대기 부분은 물결모양이 아니라 비교적 단순형태를 보인다. 그러나 굵은오름부분처럼 꼭대기 쪽 면은 짧은 미세돌기로 덮여 있고, 세포는 높은 사립체 밀도를 가지고 있다. 핵은 세포의 꼭대기 부분에 존재하고, 바닥가쪽세포막주름과 이 주름 사이에 수직으로 배열된 사립체가 전체 바닥부위를 채우고 있다(바닥줄무늬, basal striation)(그림 11-20). 비록 먼쪽곱슬세관이 동일한 세포로 구성되나, 어떤 종에서는 사이세포(intercalated cell)가 존재하기도 한다. 사이세포는 다음에 자세하게 기술할 것이다.

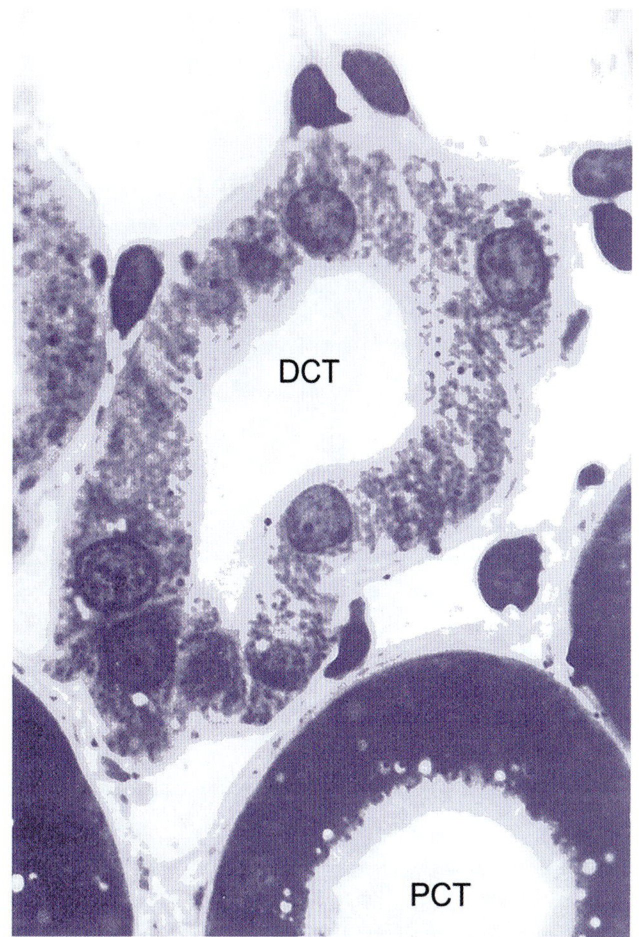

그림 11-20 • 먼쪽곱슬세관(개). 먼쪽곱슬세관(DCT)의 세포에는 솔가장자리가 없고, 수많은 사립체를 가지고 있으며, 종종 세포의 꼭대기에 위치하는 핵을 가지고 있다. 뚜렷한 솔가장자리를 가진 토리쪽곱슬세관(PCT)도 보인다. Azure II, methylene blue stain. (×1,320).

4) 연결분절 Connecting Segment

연결세관(연결분절, connecting tubule, connecting segment, CNT)상피는 먼쪽곱슬세관(DCT)과 대략 같은 높이이다. 그러나 먼쪽곱슬세관과 다르게 연결세관은 먼쪽곱슬세관세포, 연결세관세포(connecting tubule cells), 사이세포, 으뜸세포를 포함하는 다양한 상피세포를 가진다. 세포 높이, 염색정도, 모양이 다른 다양한 세포의 혼합으로 구성된 연결세관은 광학현미경상에서 균일한 형태와 매끈한 속공간면을 갖는 먼쪽곱슬세관(DCT)과 비교하여 불규칙한 형태로 보인다.

연결세관(CNT)세포는 현저한 바닥가쪽세포막주름, 수직으로 배열된 사립체, 약간의 짧은 세포막꼭대기의 미세돌기, 꼭대기에 위치하는 핵 등 형태학적으로 먼쪽곱슬세관세포와 유사하다. 연결세관(CNT)세포와 먼쪽곱슬세관(DCT)세포의 차이는 전자현미경을 통해서 나타나는데, 연결세관세포에서는 흔히 더 적은 꼭대기 미세돌기, 낮은 사립체 밀도, 더 둥근 핵을 가지고 있다. 그러나 먼쪽곱슬세관과 연결세관세포가 구조적으로 유사하나, 그 기능은 완전히 다르기 때문에 세포특이수송체(cell-specific transporter)에 대한 면역세포화학적 염색을 통해 이 두 세포 종류를 명확히 구별하는 일이 필요하다. 으뜸세포와 사이세포는 구조적으로 명확하며 집합관 문단에서 기술할 것이다.

5) 집합관 Collecting Ducts

여러 개의 콩팥단위는 하나의 **겉질집합관(cortical collecting duct, CCD)**으로 이어지고, 속질부챗살의 곧은세관분절로 이어진다. 집합관은 속질을 따라 내려가고, 반복적으로 융합된다. 속속질, 집합관 또는 유두관(papillary duct)의 끝부분은 유두의 끝부분이나 콩팥능선을 따라서 끝나는데, **체구역(area cribrosa)**이라 부르는 표면에 구멍을 형성하고 오줌(urine)이라고 할 수 있는 세관액을 방출한다.

집합관(collecting duct)은 콩팥단위(nephron)의 구성성분이라 여겨지지 않는데, 그 이유는 발생과정에서 기원이 다르기 때문이다. 초기의 집합세관(collecting tubule)과 집합관(collecting duct)은 요관싹(ureteric bud)에서 발생하는 반면, 콩팥단위의 모든 구성성분은 뒤콩팥싹(metanephric blastema)에서 발생한다. 그러나 발생과정 동안 이들 두 구성성분이 융합해 연속적인 세관을 형성한다. **콩팥세관(요세관, renal tubule, uriniferous tubule)**이라는 용어는 콩팥단위와 집합관을 모두 포함한다. 과거에는 집합관은 단지 오줌이 지나가는 관이라고 생각했다. 그러나 현재 집합관은 염분, 수분, 산염기 배출의 조절에 중요한 역할을 한다는 것이 잘 알려져 있다. 따라서 콩팥단위를 콩팥의 '기능적 단위'로 정의하는 고전적인 정의가 널리 받아들여지고 있지만, 집합관이 비록 콩팥단위의 부분이 아니더라도 콩팥기능(renal function)을 중요하게 담당하고 있다는 점을 유의해야 한다.

연결세관은 겉질미로에 존재하는 **집합세관시작부분(initial collecting tubule)**과 융합되고, 이러한 융합은 속질부챗살에서 **겉질집합관(cortical collecting duct)**과 융합된다. 집합세관시작부분은 **으뜸세포(principal cell)**와 **사이세포(intercalated cell)**로 구성된 이질성상피(heterogeneous epithelium)이다. 집합세관시작부분 상피의 높이는 연결세관과 겉질집합관의 중간 정도이다.

집합관은 속질부챗살을 통해서 내려가고, 바깥속질과 속속질을 지나서 다른 집합관과 여러 번 융합하고, 유두의 끝부분 또는 콩팥능선 모서리를 따라 종지한다. 집합관은 주로 단층입방상피로 덮여 있다(그림 11-19, 11-21, 11-22). 육식동물에서 상피세포의 높이는 전체 길이를 통해서 낮지만, 발굽동물에서 속질부위 상피는 단층원주상피나 유두관이 구멍을 여는 곳 가까이에서는 이행상피까지도 나타날 수 있다.

겉질집합관(CCD)과 **바깥속질집합관(outer medullary collecting duct, OMCD)**은 으뜸세포와 사이세포 모두 가지고 있다(그림 11-22). **으뜸세포(principal cell)**는 전체 세포의 2/3 정도를 차지하며 높이가 낮고 평활한 꼭대기 면을 가지며, 소수의 짧은 꼭대기 미세돌기를 가지고, 하나의 중심섬모를 가지고 있다. 으뜸세포는 세포소기관이 많지 않고 사립체가 작고 불규칙하게 배열되어 있으며, 현저한 바닥가쪽세포막 주름과 비교적 곧은 가쪽세포막을 가지고 있다. 으뜸세포는 포타슘을 배출하며, 소듐과 염소를 재흡수하고, 항이뇨호르몬(antidiuretic hormone, ADH)에 의해 조절되는 수분의 재흡수를 담당한다. **사이세포(intercalated cell)**는 집합관계통의

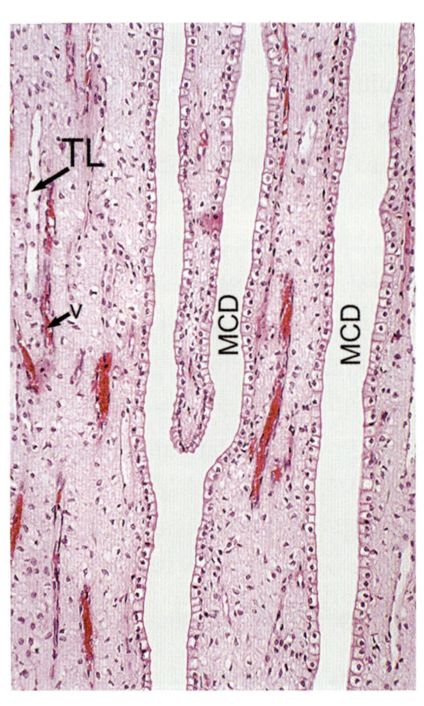

그림 11-21 • 말 콩팥. 속속질에는 합류하는 속질집합관(MCD)과 가는부분(TL)이 있고, 가는부분은 곧은혈관(v)을 형성하는 혈관으로 둘러싸여 있다. H&E. (×160). (Image by W.E. Haensly.)

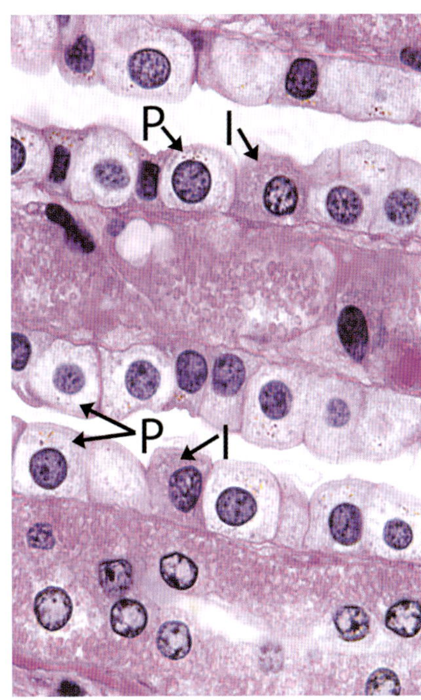

그림 11-22 • 토끼 콩팥. 집합관. 겉질 및 바깥속질의 집합관 상피는 으뜸세포와 사이세포를 포함한다. 으뜸세포(P)는 높이가 낮고 세포소기관이 거의 없고, 포타슘을 분비한다. 사이세포(I)는 산이나 탄산수소염을 분비하며 으뜸세포보다 더 어둡게 염색이 된다. H&E. (×1,000). (Image by J. Eurell).

대부분에서 관찰된다. 연결세관, 집합세관시작부분, 겉질집합관에서는 적어도 다음 세 가지 종류의 뚜렷한 사이세포가 존재한다. *A형* 사이세포는 산분비세포(acid-secreting cell)이고 *B형* 사이세포는 탄산수소염 분비세포(bicarbonate secreting cell)인데, *non-A*, *non-B* 사이세포는 아직 그 기능을 모르고 있다. 사이세포의 분류는 전자현미경을 통한 초미세구조적인 특징과 산염기 조절에 관여하는 특이수송체의 세포보다 작은 수준의 위치(subcellular location)에 의해 구별된다. 사이세포 아형에서 특이수송체 단백질의 위치는 구조-기능관계 절에서 기술할 것이다.

일반적인 기본조건에서, A형 사이세포는 많은 사립체, 중간 정도의 세포꼭대기 미세돌기, 많은 세포꼭대기의 세포질 세관소포(cytoplasmic tubulovesicle), 중간 정도의 바닥가쪽 세포막주름, 세포중심부위의 핵을 가지고 있다. B형 사이세포는 A형 사이세포보다 좀 더 밀집된 세포질과 사립체를 가지며, 매끈한 꼭대기면, 세포꼭대기 세포막 아래 부위의 세포질을 제외하고 세포 전반적으로 존재하는 작은 소포, 현저한 바닥가쪽세포막주름, 편심 핵을 가지고 있다. Non-A, non-B 사이세포는 연결세관에서 가장 쉽게 볼 수 있다. 이들 세포는 매우 높은 사립체밀도, 세관속공간으로 돌출된 현저한 꼭대기세포막 미세돌기, 비교적 적은 세포질소포를 가지고 있다.

바깥속질과 속속질집합관(IMCD) 시작부분은 으뜸세포와 A형 사이세포와 유사한 산분비사이세포를 포함한다. 사이세포는 집합관 끝으로 갈수록 그 수가 점점 줄어들며, 속속질집합관 끝(종말)에서는 존재하지 않는다.

끝부분의 **속속질집합관(inner medullary collecting duct, IMCD)**에서는 으뜸세포는 사라지고, 속속질집합관세포라 부르는 월등하게 많은 세포 형태가 나타나는데 이 세포는 현저한 당질층(glycocalyx)을 가진 짧고 뭉툭한 꼭대기 미세돌기, 비교적 적은 바닥가쪽세포막, 적은 세포소기관을 갖는 키가 큰 상피세포이다.

4. 콩팥의 혈관 Vasculature of the Kidney

콩팥은 배대동맥에서 분지하는 하나의 **콩팥동맥(renal artery)**에 의해서 혈액공급을 받는다. 콩팥동맥은 콩팥문 근처나 안쪽, 또는 콩팥굴(renal sinus)에서 분지될 수 있다. 이 분지는 **엽사이동맥(interlobar artery)**으로 갈라지며, 이것은 콩팥실질을 따라 올라가서 겉질속질경계에 이른다(그림 11-23). 여기에서 엽사이동맥은 **활꼴동맥(arcuate artery)**이라고 하는 다양한 활모양의 동맥을 형성한다.

활꼴동맥은 **소엽사이동맥(interlobular artery)**으로 이어지며 이 혈관은 겉질미로를 따라 토리에 혈액을 공급하는 **들세동맥(afferent arteriole)**으로 이어진다. 들토리세동맥의 벽은 레닌(renin)을 생산하는 토리곁세포(juxtaglomerular cell)의 주요한 위치이다. 토리모세혈관그물은 **날세동맥(efferent arteriole)**에 이어진다. 얕은겉질 또는 중간겉질에 위치하는 토리에서 나오는 날세동맥은 겉질미로와 속질부챗살의 창모세혈관인 **세관주위모세혈관그물(peritubular capillary network)**에 분포한다. 겉질세관주위모세혈관의 내피세포는 적혈구생성을 자극하는 적혈구형성호르몬(erythropoietin)을 합성한다. 홑엽콩팥에서는 단일엽구조로 인하여 엽사이동맥의 수가 적고 배열이 다를 수 있지만, 뭇엽콩팥에서는 소엽사이동맥이 더 명확하게 구분되어 콩팥엽을 구분한다.

속질곁토리에서 나오는 날세동맥은 전체 속질에 혈액을 공급한다. 이 날토리세동맥은 겉속질의 바깥줄무늬에서 곧은혈관인 **내림곧은혈관(descending vasa recta, DVR)**으로 나뉜다. 내림곧은혈관은 속질 모든 부위에서 인접한 세관주위모세혈관그물에 혈액을 공급한다. 모세혈관은 속질에서 올라가는데, 이를 **오름곧은혈관(ascending vasa recta, AVR)**이라 한다. 내림곧은혈관은 연속내피(continuous endothelium)를 가진 세동맥인 반면에, 오름곧은혈관은 창내피세포(fenestrated endothelium)를 가진 세정맥이다. 많은 내림곧은혈관과 오름곧은혈관은 함께 속질에 고르게 분포되어 있는 혈관다발을 형성한다(그림 11-24).

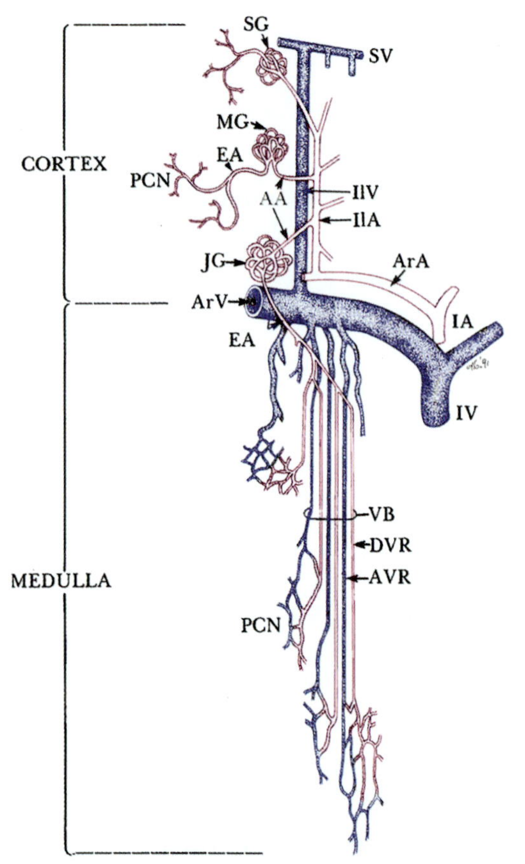

그림 11-23 • 콩팥혈관 분포의 도해. 동맥혈액은 콩팥동맥, 엽사이동맥(IA), 활꼴동맥(ArA), 소엽사이동맥(IIA), 들세동맥(AA), 토리, 날세동맥(EA)을 통과한다. 얕은토리(SG)와 겉질중간토리(MG)에서 나오는 날세동맥은 겉질의 모든 부분에서 세관주위모세혈관그물(PCN)에 혈액을 공급한다. 속질곁토리(JG)에서 나오는 날세동맥은 내림곧은혈관(DVR)과 속질의 모든 세관주위모세혈관그물(PCN)에 혈액을 공급한다. 겉질에서 세관주위모세혈관그물의 정맥배출은 별정맥(SV), 소엽사이정맥(IIV), 활꼴정맥(ArV)을 포함한다. 속질에서 세관주위모세혈관그물의 정맥배출은 주로 오름곧은혈관(AVR)을 통한다. 겉질의 소엽사이정맥과 속질의 오름곧은혈관은 겉질속질경계에서 활꼴정맥(ArV)에 합류된다. 활꼴정맥은 엽사이정맥(IV)으로 배출되며, 이것은 콩팥정맥으로 배출된다. 내림곧은혈관과 오름곧은혈관은 종종 혈관다발(VB)을 형성한다. (Redrawn from Koushanpour E, Kriz W. *Renal Physiology. Principles, Structure and Function*. New York: Springer-Verlag, 1986.)

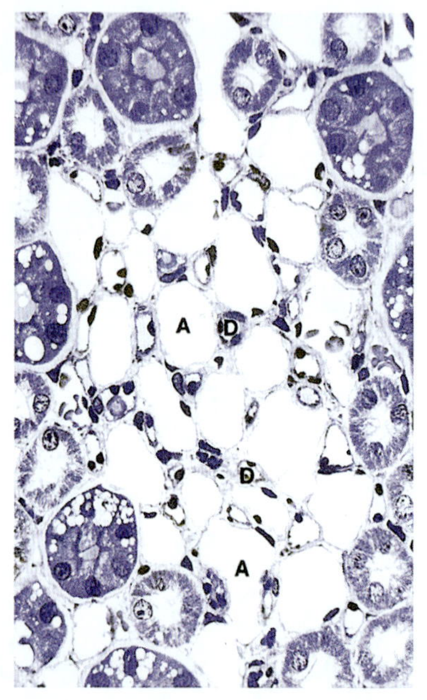

그림 11-24 • 바깥속질의 혈관다발(개). 내림곧은혈관(D)은 혈관다발에서 작고 둥근 세동맥이고, 오름곧은혈관(A)은 혈관다발에서 크고 불규칙한 모양의 정맥성모세혈관이다. 이 혈관은 속질의 주요 공급혈관과 배출혈관이다. JBL-4 plastic. H&E and phloxine stain. (×530).

정맥은 대부분 동맥을 동반하고 함께 주행하는 동맥과 같은 이름을 갖는다. 속질에서의 정맥배출은 활꼴정맥(arcuate veins) 또는 때때로 소엽사이정맥(interlobular veins)으로 들어가는 오름곧은혈관에 의해서 이루어진다. 겉질에서 정맥배출은 우선 세관주위모세혈관으로부터 **별정맥(stellate vein)**, **소엽사이정맥(interlobular vein)**, 또는 **활꼴정맥(arcuate vein)**으로 들어간다. 활꼴정맥은 **엽사이정맥(interlobar vein)**으로 혈액을 배출시키는데, 이 정맥은 유합하여 콩팥문을 떠나 뒤대정맥으로 흘러들어가는 하나의 콩팥정맥을 형성한다. 육식동물에서 얕은겉질정맥(superficial cortical veins)과 깊은겉질정맥(deep cortical veins)계통은 각각 얕은겉질영역과 깊은겉질영역의 모세혈관을 큰정맥에 연결시킨다. 얕은겉질정맥은 혈액을 겉질 표면 근처의 별정맥으로 배출시키는 반면에, 깊은겉질정맥은 혈액을 활꼴정맥으로 배출시킨다. 별정맥이 육식동물에서는 크다. 육식동물, 특히 개에서 두드러지게 나타나며, 콩팥표면 근처의 겉질 조직에 묻혀 있다. 고양이에서는 표면에 존재하며, 피막정맥(capsular vein)이라 한다. 대부분 종에서 별정맥은 소엽사이정맥으로 흘러들어가지만, 고양이의 피막정맥은 소엽사이정맥, 활꼴정맥, 그리고 엽사이정맥을 거치지 않고 콩팥문에서 모여서 직접 콩팥정맥(renal vein)에 직접 합류한다.

콩팥속 동맥계통은 견고한 곁순환계통(robust collateral circulatory system)이 부족하다. 따라서 주요 동맥이 막히면 해당 동맥으로 혈액을 공급받는 조직의 괴사가 발생한다. 예를 들어, 활꼴동맥이 막히면 겉질과 속질 모두가 콩팥의 쐐기모양 부분으로 손상된다.

5. 사이질, 림프관, 신경

Interstitium, Lymphatics, and Nerves

콩팥세관과 혈관 사이에 있는 사이질은 콩팥의 부위에 따라 상당히 다른 양상을 보인다. 겉질에서는 콩팥세관과 혈관 사이에 있는 사이질콩팥세관과 혈관이 치밀하게 채워져 사이질공간이 희박한 반면, 속질 특히 안쪽부분은 더 광범위한 바탕질(matrix)을 가지고 있다. 이 특수한 사이질(specialized interstitium)에서는 섬유모세포, 골수유래세포, 지질함유사이질세포(lipid-laden interstitial cell)를 포함한 다양한 사이질세포가 있다. 이 중 지질을 가진 사이질세포는 프로스타글란딘 E2를 생산하여 국소혈관 긴장(local vascular tone)과 콩팥생리에 영향을 미친다. 콩팥은 또한 겉질과 속질에 분포하는 특수한 세포들을 통해 내분비 기능을 수행한다. 세관주위모세혈관 내피세포와 사이질섬유모세포(intersitial fibroblast)에서 EPO를 합성한다. EPO는 산소 농도에 따라 적혈구생성을 조절하며 이는 산소 공급 유지에 필수적이다. 콩팥속질에서는 결합조직(connective tissue)이 콩팥단위를 지지하여, 주변의 혈관주위세포(pericytes)와 지질함유사이질세포(lipid-laden interstitial cell)는 메둘리핀 I(medullipin I)의 합성에 관여한다. 이 물질은 간에서 메둘리핀 II(medullipin II)로 전환되면 혈관확장제로 작용하여 혈압과 콩팥관류(renal perfusion)에 영향을 미친다.

림프관은 사이질에서 존재하며 콩팥속동맥을 둘러싸고 전략적으로 위치하며, 콩팥토리의 혈관극이나 들세동맥을 따라 더 먼쪽에서 시작하여 콩팥문(renal hilum)까지 뻗어 있다. 이 림프그물은 콩팥 내 면역감시와 체액평형을 지원한다.

콩팥은 동맥, 들·날세동맥, 내림곧은혈관의 민무늬근육에 분포하는 날신경분포(efferent innervation)를 받으며, 신경은 혈관주위의 사이질을 통과한다. 많은 축삭과 신경종말이 토리곁복합체에 존재하고 레닌을 생산하는 들세동맥의 토리곁세포와 상호작용한다.

6. 토리곁복합체 Juxtaglomerular Complex

토리곁복합체(juxtaglomerular complex)는 토리 혈관극(vascular pole)에 위치한다(그림 11-6, 11-25). 이 장치의 구성요소는 치밀반점, 토리바깥혈관사이세포, 토리곁세포이다. **치밀반점(macula densa)**은 들·날토리세동맥 사이를 지나는 곳의 겉질굵은오름부분[cortical thick ascending limb, 교재에 따라서 먼쪽곧은세관(*DST*), 먼쪽세관(*DT*), 먼쪽곱슬세관(*DCT*)으로 기술되어 있음]에서 특수하게 분화된 특수한 상피세포 집단이다(그림 11-5, 11-6, 11-25). 세포는 전형적인 굵은오름부분세포에 비하여 키가 크고 폭이 좁으며, 그들 세포 사이공간이 넓게 확장되어 있다. 세포 바닥부위는 토리바깥혈관사이세포와 이웃하고 있다. **토리바깥혈관사이세포(extraglomerular mesangial cell, Polkissen cell, Lacis cell, Goormaghtigh cell)**는 치밀반점과 두 세동맥 사이에서 관찰되고, 토리속의 혈관사이세포와 연속된다. 세포는 납작하고 여러 층으로 배열되어 있다. 틈새이음이 토리바깥혈관사이세포를 서로 연결시키고, 토리속혈관사이세포(intraglomerular mesangial cells)와 토리곁세포와도 연결시키나, 이 세포는 치밀반점세포와는 연결되어 있지 않다. **토리곁세포(Juxtaglomerular cell, granular cell)**는 주로 들세동맥에서 관찰되는 민무늬근육 세포가 변형된 것이다(그림 11-6, 11-25). 이 세포는 막으로 둘러싸인 불규칙한 크기와 모양의 레닌 과립을 포함한다. 토리곁세포 근처에서 관찰되는 교감신경종말은 교감신경자극이 레닌 분비를 자극한다는 것과 일치한다.

7. 콩팥에서 구조-기능 관계

Structure-Function Relationships in the Kidney

1) 일반 기능 General Function

콩팥은 대사산물을 배출하고 체액의 양과 성분을 조절하며 전신 혈압을 조절한다. 크레아티닌(creatinine), 요소(urea), 요산(uric acid)과 같은 질소성 대사산물의 제거는 토리에서 이들 물질을 여과함으로써 일어난다. 콩팥에서 체액의 양과 성분의 조절은 토리여과율(glomerular filtration rate)과 다양한 콩팥세관상피의 수송과정에 의해 일어난다. 콩팥은 체액, 전해질, 산염기 항상성에 관련된 국소적이거나 전신적인 인자와 반응한다.

2) 여과와 혈압조절

Filtration and Regulation of Blood Pressure

포유동물의 콩팥은 고양이에서 최대 1%부터 소에서 0.2%까지, 체중에 비하여 작은 비율밖에 차지하지 않지만, 심장 박출량의 20~25%를 받는다. 콩팥으로 향하는 혈액 중에서 대략 20%가 토리모세혈관벽을 통과해서 토리여과액을 형성한다. 토리여과액의 99%는 콩팥세관에서 재흡수되고, 여과액의 1%만이 오줌으로 배출된다. 토리모세혈관벽을 통한 여과는 주로 모세혈관 내 정수압에 의하여 이루어지며, 전신 혈압과 들·날세동맥의 저항에 의해 모세혈관내 정수압에 영향을 미친다. 여과는 혈장단백질에 의해 생기는 삼투압에 의해 억제되고 토리주머니공간(urinary space, capsular space)의 정수압에 의해서도 억제되지만, 토리주머니 정수압은 정상상태에서는 무시해도 된다. 토리 모세혈관벽에 의해 형성되는 여과장벽은 크기와 전하에 선택적이다. 따라서 분자량이 대략 40,000 Da 이상의 물질은 일반적으로 모세혈관 속공간에 남는다. 더 작은 음이온 거대분자의 경우 양이온 거대분자에 비해 더 효과적으로 모세혈관 속공간에 남는데, 이는 여과장벽이 음이온을 형성하고 있기 때문이다.

내피는 혈액세포와 혈소판의 여과를 차단한다. 수분과 여과될 수 있는 용질의 대부분은 모세혈관 내피구멍, 토리바닥막

(GBM), 발세포 발돌기사이에 있는 여과틈새를 통과해 나가서 토리주머니에 싸인 주머니공간(urinary space, capsular space)에 이른다. 크기에 따른 여과장벽의 선택성은 우선 토리바닥막치밀판(GBM lamina densa)의 치밀하게 짜여진 단백질에 의해 형성된다. 전하에 따른 여과장치는 토리바닥막(GBM) 내피세포와 발세포 세포층에도 관련된 수많은 음전하(음이온)분자에 의해서 만들어진다. 이러한 요소는 혈장 내에서 작은 음전하의 분자(음이온)가 장벽을 통과하지 못하게 하지만, 동일한 크기나 모양의 작은 중성 또는 양이온 분자는 여과될 수 있게 한다. 정상적인 여과과정은 또한 여과장벽에 잡혀있는 거대분자를 제거해야 하는데, 이는 토리바닥막(GBM)에서 여과되는 분자는 혈관사이세포(mesangial cell)에 의해서 포식되는 반면에, 발세포면 또는 틈새막(slit membrane)에서 여과되는 분자는 발세포에 의해서 포식 또는 세포내섭취된다.

혈관사이세포와 발세포(podocyte)는 모세혈관그물의 구조적인 안정성을 유지한다. 혈관사이세포는 또한 토리모세혈관의 관류를 조절하기도 한다. 치밀반점에서 오는 신호에 대한 반응으로 혈관사이세포는 수축하거나 이완하여 모세혈관고리 내의 저항을 바꾸고, 이에 따라 토리 혈류를 조절한다. 여과는 또한 들·날세동맥의 저항에 의해서도 조절된다.

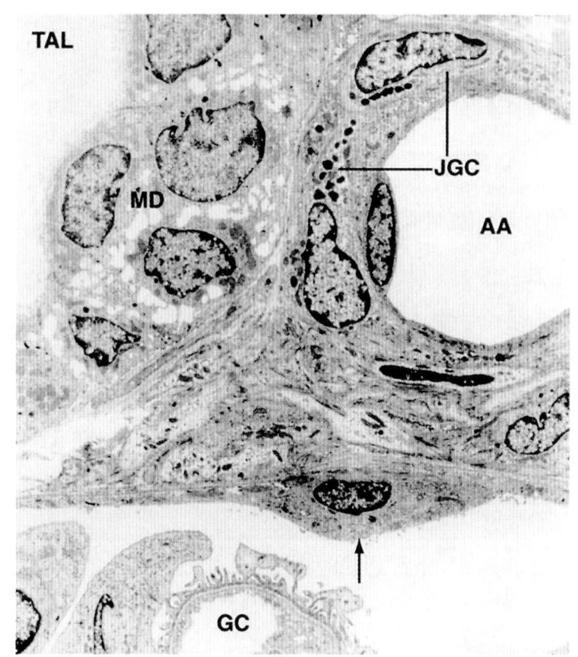

그림 11-25 • 토리곁복합체의 투과전자현미경사진(쥐). 치밀반점(MD)은 들·날세동맥 사이를 지나가는 굵은오름부분(TAL, 먼쪽세관 또는 먼쪽곧은세관)에 위치한다. 치밀반점세포는 주위 굵은오름부분세포보다 전형적으로 키가 크고 폭이 좁으며 세포사이공간이 확장되어 있다. 전자밀도가 높은 과립을 가진 두 개의 토리곁세포(JGC)가 들세동맥(AA)의 벽에 위치하고 있다. 치밀반점과 토리 혈관극 사이에 토리바깥혈관사이세포가 있다. 토리주머니의 벽상피세포(화살표)와 토리모세혈관(GC) 부위를 관찰할 수 있다. (×3,700).

마지막으로 토리곁복합체는 각각의 토리로 들어가는 혈류나 관류압을 조절할 뿐만 아니라, 전신혈압을 조절하는 데 관여한다(그림 11-25). 토리곁세포는 콩팥관류압의 감소, 교감신경자극, 또는 치밀반점으로부터의 신호에 반응해서 레닌을 분비한다. **레닌(renin)**은 혈장 안지오텐시노젠(angiotensinogen)을 안지오텐신 I(angiotensin I)으로 변환시키는 것을 촉매하고, angiotensin I은 많은 조직에서 **안지오텐신 II(angiotensin II)**로 변환된다. 안지오텐신 II는 혈관을 수축시키고 혈류량을 증가시킴으로써 전신 혈압을 상승시킨다. 안지오텐신 II는 토리쪽세관에서 소듐 재흡수(물의 재흡수를 의미)를 자극하고, 또한 부신 알도스테론 분비(aldosterone secretion)를 촉발하여 집합관에서 소듐의 재흡수를 자극함으로써 혈관내 체액량을 증가시킨다.

3) 세관 기능 Tubule Function

토리여과액은 콩팥세관을 지나며, 이곳에서 용질과 물의 재흡수, 용질의 배출이 일어난다. 용질과 용매가 콩팥세관상피를 통해서 세관주위모세혈관 속으로 되돌아가는 현상인 재흡수(reabsorption)는 두 가지 길을 이용하는데, 하나는 세포막통과경로(transcellular pathway)이고, 다른 하나는 세포곁경로(paracellular pathway)이다.

세포막통과경로(transcellular pathway)는 물질을 세포막과 세포질을 통해 능동수송과 수동수송으로 이동시킨다. 능동수송은 전기화학적인 농도기울기(농도구배)를 거스르는 특이적인 이온의 세포막을 통한 이동을 위해 세포막의 **수송단백질(transport protein)**과 ATP로부터의 에너지를 필요로 한다. 세포막은 또한 ATP를 사용하지 않는 **통로단백질(channel protein)**과 **운반단백질(carrier protein)**을 가지고 있는데, 이들 단백질은 지질막을 통과하여 이온이나 수분의 이동을 촉진하는 작용을 하는데, 이는 종종 능동수송체에 의해 형성된 농도기울기에 의해 일어난다.

세포곁경로(paracellular pathway)는 세관 속공간으로부터 사이질로 내피세포사이이음과 가쪽세포사이공간을 통한 물과 용질의 수동이동을 포함한다. 세포곁경로를 통한 이동은 능동수송체(active transporter)에 의해 형성된 농도 기울기에 의해 일어나기도 하나, 이는 세포의 치밀이음의 투과성에 의해 제한된다. 토리쪽세관은 삼투성 치밀이음을 가지고 있다. 이것은 중요한 세포곁경로이나, 상피는 큰 농도기울기를 유지할 수 없다. 굵은오름부분(thick ascending limb), 먼쪽곱슬세관, 집합관에서 치밀이음은 비교적 투과성이 없으며, 세포곁경로로 약간의 수송이 일어나긴 하지만 높은 농도의 염(salt)과 물의 농도기울기는 유지될 수 있다.

콩팥세관상피세포의 구조는 그 세포의 기능을 반영한다. 예를 들어 막경유수송(transmembrane transport)은 세포막 표면부위와 사립체의 ATP생산에 의존한다. 토리쪽세관에서의 세포막통과수송의 높은 능력은 꼭대기와 바닥가쪽세포막의 증강(amplification)과 높은 사립체 밀도(high mitochondrial density)에 의해 가능해진다. 반대로 콩팥세관고리의 가는부분에서는 제한된 세포막통과수송(transcellular transport)만이 일어나는데, 이는 이 부분의 세포막이 비교적 단순하고 적은 사립체를 가지고 있기 때문이다.

4) 토리쪽세관 Proximal Tubule

토리쪽세관(proximal tubule)은 정상적으로 토리에서 여과되는 물과 염분의 85%, 여과되는 당, 아미노산, 펩타이드, 분자량이 작은 단백질의 100%를 재흡수한다(그림 11-13, 11-14). 용질과 물의 재흡수는 바닥가쪽세포막을 통한 소듐의 능동수송에 의해 형성되는 세관속공간(lumen)과 혈액 사이의 소듐 농도기울기에 의해 이루어진다. 솔가장자리(brush border)에 의해 광범위하게 증가된 꼭대기 세포막 표면적 부위에 특이적인 **수송단백질(transport protein)**을 가지고 있으며, 이러한 운반체들은 탄산수소염(bicarbonate)이나 당 등 다른 물질의 재흡수와 함께 소듐의 재흡수를 연계한다. 물은 소듐의 능동수송에 의해 형성된 화학적 농도기울기에 의해 재흡수되는데, 이는 물통로(water channels)인 **아쿠아포린(aquaporin, AQP)**을 통해 소수성의 지질막을 물이 통과할 수 있기 때문이다. 토리쪽세관은 치밀한 상피가 아니어서 큰 전기화학적 농도기울기를 형성할 수 없다. 따라서 토리쪽세관에서 여과된 물과 용질의 재흡수가 주로 일어나더라도 가는내림부분으로 들이가는 세관 여과액은 등장성(isotonic)이다.

저분자단백질과 펩타이드는 여과되지만 정상적으로 토리쪽세관에서 모두 재흡수된다. 이러한 분자는 수용체매개세포내섭취(receptor-mediated endocytosis)를 통해 속공간(lumen)에서 세포내섭취소포(endocytic vesicle)로 흡수되고 섭취소체와 용해소체에서 대사된다. 콩팥토리 질환의 특징은 여과된 단백질의 양과 크기가 증가하여 토리쪽세관의 용해소체가 광학현미경으로도 보일 정도로 증가하는 것이다. 용해소체의 포식능력을 초과했을 경우 오줌에 단백질이 나타나고, 이는 대부분 콩팥질환의 초기증상이다.

토리쪽세관은 많은 약과 독소를 포함하는 유기이온을 분비한다. 혈중으로부터 이러한 물질의 흡수와 세관으로의 분비는 토리쪽세관내에 유기이온을 축적시키고, 때로는 독성수준까지 증가할 수 있다. 토리쪽세관 손상(damage)은 종종 독성상해(toxic injury)의 첫 징후이며, 콩팥부전(renal failure)을 일으킬 수 있다. 임상현장에서의 예는 토리쪽세관에서 분비되는 항생제 겐타마이신 투여에 의해 발생하는 콩팥부전이다.

5) 콩팥세관고리의 가는부분과 굵은오름부분

Thin Limbs and Thick Ascending Limb of the Loop of Henle

콩팥세관고리의 가는부분(thin limb)(그림 11-4, 11-17, 11-18, 11-19)과 굵은오름부분(thick ascending limb)(그림 11-19)의 물리적인 배열과 수송 특징은 콩팥에서 최소한의 에너지 소비로 농축된 오줌(요)을 생산할 수 있도록 해준다. **역류계통(countercurrent system)**은 나란히 가깝게 위치하는 가는내림부분과 가는오름부분에서 액체가 반대방향으로 흐르는 것에 의해 형성된다. 오름곧은혈관과 내림곧은혈관도 유사한 역류배열을 가지고 있다. 역류기전은 굵은오름부분에 의한 염화소듐(NaCl)의 능동적인 재흡수와 가는부분의 물, 염분, 요소에 대한 선택적인 투과성이 고장성(hypertonic)의 속질사이질을 만들고 유지하며 농축된 오줌을 생산하게 한다.

세관액은 토리쪽곧은세관을 떠나서 속질의 깊은 부위를 통해 가는내림부분을 가로질러 머리핀 모양 선회를 하고, 긴고리콩팥단위에서는 가는오름부분과 굵은오름부분을 통해 올라가거나 짧은고리콩팥단위에서는 굵은오름부분을 통해 올라간다. 가는내림부분과 가는오름부분은 비록 구조적으로 유사하지만 역류농축기전의 필수적인 부분으로서 전혀 다른 투과성을 가지고 있다. 또한 이 체계의 기본은 속질 내 사이질의 삼투압이 점차적으로 증가하는 것과, 내림곧은혈관과 오름곧은혈관의 역류배열이다. 이러한 요소는 아래와 같은 기능을 수행한다. 긴콩팥세관고리의 가는 내림부분은 물에 대한 투과성이 높고 소듐(sodium)과 요소에 대한 투과성이 낮다. 등장성(isotonic)의 세관액은 가는내림부분으로 들어간 후 주위 삼투압이 증가하는 속질을 경유하여 지나가는데, 여기에서 물은 수동기전(passive mechanism)에 의해 재흡수되고 머리핀 모양 선회 부위(hairpin turn)에서는 세관액의 삼투압(tonicity)은 높아진다. 연속으로 이어지는 가는오름부분은 삼투압이 점진적으로 낮아지는 사이질을 따라서 올라간다. 이 부위에서는 상대적으로 수분을 통과시키지 못하지만, 소듐은 통과시킬 수 있어, 소듐은 사이질의 농도가 낮아짐에 따라 사이질로 이동하고 물의 재흡수는 일어나지 않는다, 그 결과 여과액이 굵은오름부분에 도달했을 때는 거의 등장액의 상태가 된다. 이러한 과정은 전적으로 수동기전에 의하여 일어난다. 가는오름부분의 낮은 수준의 능동수송과 선택적 투과성은 단순한 구조의 세포막, 적은 수의 사립체, 물질을 새지 않게 하는 복잡한 치밀이음과 같은 구조와 관련이 있다.

곧은혈관(vasa recta)은 가는부분과 유사한 형태로 배열되어 있고(그림 11-23, 11-24), 내림부분와 오름부분는 머리핀처럼 구부러진 곳에서 연결된다. 내림곧은혈관(DVR)은 속질을 통과하면서 염화소듐(NaCl)과 요소 농도가 점진적으로 높아지는 사이질을 통과한다. 내림곧은혈관(DVR)은 창모세혈관은 아니지만 특이단백질을 통해, 염화소듐의 세포결확산

(paracellular diffusion), 요소와 물의 세포통과(transcellular movement)로 속질의 사이질로 이동 가능하다. 반면 오름곧은혈관(ascending vasa recta, AVR)은 창모세혈관이며, 따라서 물, 염화소듐(NaCl), 요소에 대해 투과성이 있고, 고장성의 속질을 나올 때 거의 등장성으로 평형이 유지되는 것이 가능하다. 이러한 체계는 사이질의 고장성을 낮추지 않고 속속질로 적절한 혈액공급이 가능하게 해 준다

굵은오름부분(thick ascending limb)은 또한 물은 제외하고 염분만 재흡수함으로써 속질의 고장성 환경을 형성한다. 굵은오름부분 상피는 많은 **소듐-포타슘펌프(Na^+-K^+ ATPase)**를 가진 광범위한 바닥가쪽세포막주름을 가지고 있으며, 이는 소듐을 세포로부터 사이질로 능동적으로 내보내고, 세포막주름사이에 분포하는 많은 양의 사립체가 필요한 에너지를 생산한다. 바닥가쪽의 소듐펌프에 의해 형성된 전기화학적 농도기울기는 세포막꼭대기의 **Na^+-K^+-$2Cl^-$ cotransporter**를 통해 속공간(lumen)으로부터 이온을 흡수하게 한다. 이러한 수송체는 굵은오름부분에 특징적으로 나타나며, '고리이뇨제(loop diuretics)'로 알려진 furosemide와 bumetanide라는 약에 의해 불활성화되며, 이 약의 이뇨기전은 콩팥세관고리에서 염(salt)과 물의 배출을 촉진하기 때문이다. 굵은오름부분은 물에 대해 투과성이 없으므로, 많은 이온의 재흡수는 속공간 내 정수압(tonicity)을 낮추고 속질의 사이질 정수압을 높이게 된다.

6) 먼쪽곱슬세관 Distal Convoluted Tubule

먼쪽곱슬세관(distal convoluted tubule, DCT)에서 소듐(sodium)과 염소(chloride)는 능동수송에 의해 재흡수된다(그림 11-20). 먼쪽곱슬세관(DCT)은 물에 대해 투과성이 없기 때문에 세관 내 여과액의 삼투압은 약 100 mOsm/kg까지 떨어진다. 때문에 먼쪽곱슬세관(DCT)은 '희석부분(diluting segment)'이라 불린다. 바닥가쪽의 소듐포타슘펌프(Na^+-K^+ ATPase)는 소듐을 사이질로 수송하고, thiazide계 이뇨제 작용부위인 꼭대기쪽 세포막에 존재하는 **Na^+-Cl^- cotransporter**는 세관으로부터 소듐과 염화물의 재흡수를 매개한다. 먼쪽곱슬세관(DCT)은 바닥가쪽의 **칼슘펌프(Ca-ATPase)**에 의한 능동수송을 통해 칼슘을 재흡수하고, 이차적으로 꼭대기쪽에 존재하는 칼슘통로와 바닥가쪽에 존재하는 소듐/칼슘 교환기(sodium/calcium exchanger)에 의해 칼슘을 재흡수한다. 복잡한 바닥가쪽 세포막주름에는 많은 이온수송단백질이 존재하며, 높은 수준의 능동수송에 필요한 에너지를 생산하는 많은 양의 사립체가 존재한다.

7) 집합관 Collecting Duct

집합관(collecting duct)은 오줌의 최종성분을 조절하고 전신의 산염기, 소듐, 포타슘, 물의 항상성을 유지시킨다. 집합관의 다양한 상피세포 유형은 이러한 특수한 생리학적 기능을 수행하게 한다(그림 11-19, 11-21, 11-22).

사이세포는 산염기평형을 조절한다. 겉질집합관(cortical collecting duct, CCD)은 산과 탄산수소염을 모두 분비할 수 있는데, 이는 서로 다른 종류의 사이세포에 의해 이루어진다. A형 사이세포는 꼭대기의 **H^+-ATPase**와 **H^+, K^+-ATPase**에 의해 산을 능동적으로 분비하고 탄산수소염은 세포바닥가쪽의 Cl^-/HCO_3^- **anion exchanger** (AE1)에 의해 재흡수된다. B형 사이세포는 탄산수소염을 펜드린(pendrin)이라는 독특한 세포꼭대기 음이온교환기(apical anion exchanger)를 통해 분비하고, 수소이온은 바닥가쪽의 수소이온펌프에 의해 사이질로 수송된다. Non-A, non-B사이세포의 기능은 아직 명확하지 않지만, 이들 세포는 꼭대기에 **펜드린(pendrin)**을 가지고 있어 탄산수소염을 분비할 것으로 추정되고, 또한 꼭대기에 H^+-ATPase를 가지고 있어 수소이온을 분비할 것으로 생각된다. 속질집합관은 겉질집합관의 A형 사이세포와 유사하게 오직 산을 분비하는 사이세포만 포함하고 있어서 산은 분비할 수 있지만, 탄산수소염은 분비하지 못한다.

산을 분비하는 사이세포는 산분비를 증가시키기 위해 구조적으로 변화한다. 세포 꼭대기 세관소포는 수소이온펌프를 가지고 있다. 산증(acidosis)이 발생하면 이들 소포는 꼭대기세포막과 융합하고 표면적을 증가시키고, 수소이온펌프를 재배치하여 산을 효과적으로 세관여과액 쪽으로 이동시킨다. 탄산수소염 분비가 활성화 되면 B형 사이세포에서 유사한 구조적 변화를 자극하고, 음이온 교환기인 펜드린 함유 소포가 꼭대기세포막으로 유입된다.

으뜸세포와 속속질집합관(inner medullary collecting duct, IMCD) 세포는 소듐과 물의 배출을 조절한다. 으뜸세포는 바닥가쪽세포막의 소듐-포타슘펌프와 꼭대기세포막의 소듐 통로에 의해서 소듐을 재흡수한다. 소듐을 재흡수하는 이러한 두 가지 통로는 모두 부신겉질호르몬인 **알도스테론(aldosterone)**에 의해 촉진된다.

으뜸세포와 속속질집합관(IMCD)세포는 콩팥의 수분배설을 조절하지만, 이는 고장성의 속질부위 사이질과 **항이뇨호르몬(antidiuretic hormone, ADH, vasopressin)**에 의존적이다. 으뜸세포는 세포꼭대기 쪽과 바닥가쪽부위의 수분통로인 아쿠아포린(aquaporin, AQP)을 가지고 있다. 집합관과 속질집합관(IMCD)의 으뜸세포는 항이뇨호르몬(ADH)에 의해 반응하여 수분 재흡수를 촉진하는 세포꼭대기쪽 수분통로인 AQP2를 포함하며, 바닥가쪽부위의 수분통로인 AQP3와 AQP4를 가지고 있다. 이러한 AQPs(아쿠아포린)은 수분 요구에 따라 재흡수를 정밀하게 조절할 수 있도록 하며 세포꼭대기 수분통로인 AQP2는 항이뇨호르몬(ADH)에 의해 엄격

하게 조절된다. 물이 보존되어야만 할 상황에서는 뇌하수체로부터 분비된 항이뇨호르몬이 세포꼭대기의 수분통로인 AQP2를 활성화시킨다. 세관여과액과 사이질 사이의 삼투압 농도기울기가 세포꼭대기 수분통로를 통해 수분을 사이질로 이동시킨다. 과도한 수분이 배출되어야만 할 경우에는 항이뇨호르몬(ADH) 분비가 중단되고, 세포꼭대기 수분통로는 불활성화되고, 물은 세관 속공간에 남아있게 된다.

속속질집합관(IMCD)에서 으뜸세포와 속속질집합관(IMCD)세포는 요소수송체(urea transporter)를 가지고 있다. 세포꼭대기의 요소수송체(UT-A1, UT-A3)는 요소의 재흡수를 촉진한다. 바닥가쪽의 촉진된 요소수송 역시 존재하나, 특이수송체는 아직까지 밝혀지지 않았다. 이러한 수송체를 통한 요소의 재흡수는 항이뇨호르몬에 의해 자극되고 고장성의 속질사이질을 유지하는 데 기여하고 이에 따라 수분은 보존될 수 있다.

사이세포와 으뜸세포 모두 포타슘 배출에 관여한다. 으뜸세포는 바닥가쪽 소듐-포타슘펌프와 꼭대기 쪽 포타슘통로에 의해서 포타슘을 배출한다. 한편 사이세포는 꼭대기 쪽 H^+, K^+-ATPase와 세포바닥가쪽 포타슘통로를 통해 포타슘을 재흡수할 수 있다.

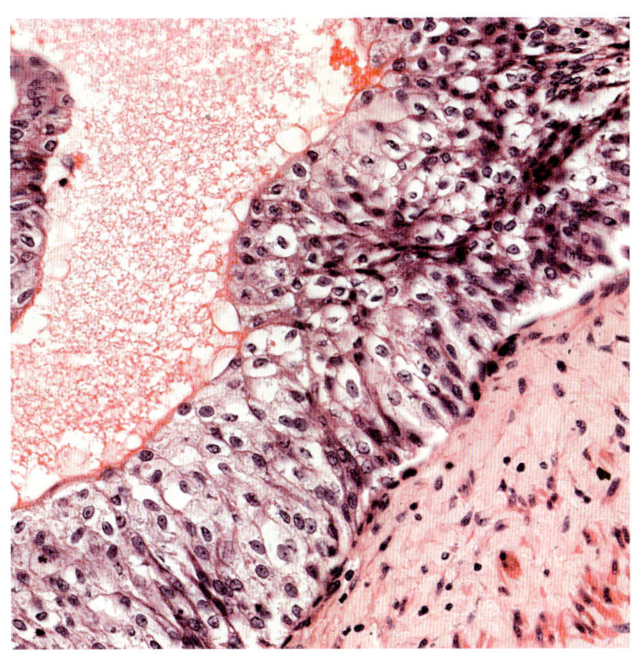

그림 11-26 • 콩팥잔. 요로상피는 콩팥잔 안쪽 표면을 덮고 있다. H&E. (×400).

제2절 요배출로 *Urinary Passages*

요배출로는 콩팥잔(renal calyces; 큰 되새김동물과 돼지)(그림 11-26), 콩팥깔때기[renal pelvis; 말(그림 11-27), 육식동물, 작은 되새김동물, 돼지], 요관(urctcrs)(그림 11 28), 방광(urinary bladder)(그림 11-29), 요도(urethra)(그림 11-30)를 포함한다. 이 구조들은 비슷한 조직학적 구성을 보이며, 8층 이상의 이행상피로 된 점막을 가진다. 밑에는 성긴결합조직층(고유판점막밑층)과 속세로층, 중간돌림층, 바깥세로층으로 구성된 민무늬근육의 근육층(tunica muscularis)이 있다. 성긴결합조직의 바깥막(tunica adventitia), 중피로 싸인 장막(serosa)은 내장복막(peritoneum)을 덮고 있는 형태이다. 이들의 일반적인 유형에서의 차이는 다음과 같다.

1) 콩팥깔때기 Renal Pelvis

말에서 점막에 존재하는 점액샘(단순분지대롱꽈리샘)은 오줌이 점성의 끈적끈적한 성질을 나타내게 한다(그림 11-27). 이행상피는 단지 소수의 세포층이다.

2) 요관 Ureter

요관 속공간은 좁다. 요관이 확장되지 않으면 점막이 세로로 접혀 가로 단면에서 속공간이 별모양으로 나타난다(그림 11-28). 말에서 점액샘은 몸쪽요관에 존재한다.

3) 방광 Urinary bladder

얕은세포(superficial cell)는 속공간 안쪽을 싸는 크기가 큰

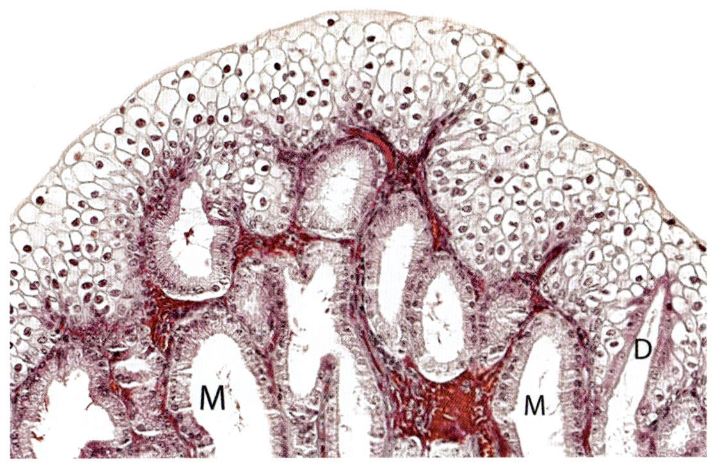

그림 11-27 • 말 콩팥깔때기. 점액샘(M)은 말, 노새, 당나귀에서 콩팥깔때기와 몸쪽요관의 요로상피 바로 아래에 있는 점막에서 관찰된다. 관(D)은 상피를 관통하여 분비물을 속공간으로 운반한다. H&E. (×200). (Courtesy of Purdue University College of Veterinary Medicine.)

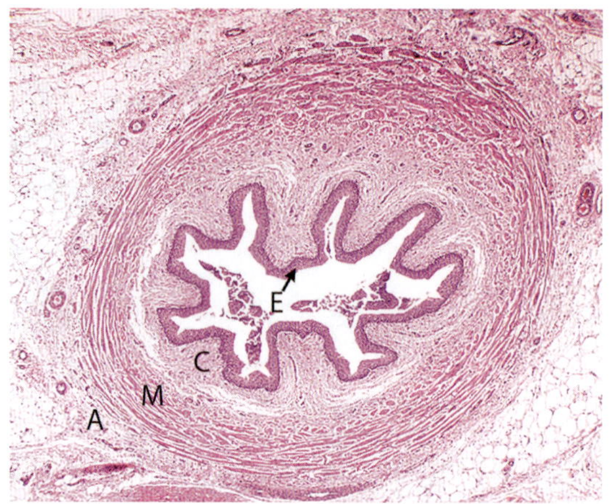

그림 11-28 • 돼지 요관. 요관(ureter)은 오줌을 콩팥에서 방광까지 이동시킨다. 세로점막주름은 별모양 속공간을 형성한다. 요로상피(E)는 결합조직(C)의 고유판-점막밑조직을 덮고 있다. 요관 근육층(M)은 민무늬근육이다. 결합조직은 주위 지방조직과 섞이는 바깥막(A)을 형성한다. H&E. (×40). (Image by W.E. Haensly).

이행상피이다. 방광이 이완될 때, 얕은세포는 광범위한 세포질속막성 세관소포(intracytoplasmic membrane tubulovesicle)를 가지고 있는데, 이들 세관소포는 방광이 확장될 때 세포막으로 유입되는 것으로 보인다(그림 11-29). 바깥쪽의 이행상피세포는 많은 바닥가쪽 세포막주름을 가지고 있는데, 이 주름은 아래쪽의 이행상피세포의 세포막과 깍지를 이루고 있다. 인접한 이행상피세포는 세포질 내로 확장된 긴 중간잔섬유(intermediate filament)를 함유한 많은 부착반점에 의해 연결되어 있는데, 이들 부착반점과 중간잔섬유는 방광이 확장되는 동안 늘어나고 납작해짐으로써 상피의 보전성을 유지하는 것으로 믿어진다. 작고 분리된 민무늬근육다발로 된 점막근육판이 말, 되새김동물, 개, 돼지에서 존재하지만, 고양이에서는 존재하지 않는다. 점막근육판은 성긴결합조직층을 안쪽의 고유판과 바깥쪽의 점막밑층으로 나눈다. 배뇨근(detrusor muscle)이라고 부르는 민무늬근육은 세층 또는 때로는 명확히 구별할 수 없는 민무늬근육층으로 구성된다.

4) 암컷요도 Female Urethra

상피는 방광 근처에서는 주로 이행상피이지만, 바깥요도구멍(external urethral orifice) 근처에서는 상피의 형태가 중층편평상피로 바뀌며 중간부위는 중층원주상피 또는 입방상피를 가지고 있다. 내피세포로 덮인 해면체공간으로 기술된 혈관은 고유판-점막밑층의 결합조직에 흩어져 있어서 발기조직의 형태를 나타낸다. 이 해면체공간의 양과 분포는 동물 종에 따라서 다르다. 세로로 주행하는 약간의 민무늬근육다발은 흔적만 있는 근육층을 형성할 수 있다. 근육층의 민무늬근육은 불규칙하게 배열된 돌림층과 세로층을 가지고 있다. 요도의 먼쪽끝부분에서 세로와 돌림으로 배열된 뼈대근육다발은 근육층에 있는 민무늬근육과 섞여 있거나 또는 이를 대체한다. 이행상피와 그 밑의 성긴결합조직층으로 덮인 **요도밑곁주머니(suburethral diverticulum)**는 돼지와 되새김동물에서 바깥요도구멍의 배쪽에 존재한다. 수컷요도(male urethra)에 대해서는 13장에서 기술하였다.

이 통로는 오줌의 관(통로)과 저장 장소가 되며 또한 방광의 충만과 오줌 방출의 기전을 제공한다. 오줌은 잔콩팥깔때기(calices renal pelvis)와 요관에서 민무늬근육의 꿈틀운동수축(peristaltic contractions)에 의해 콩팥에서 방광으로 이동

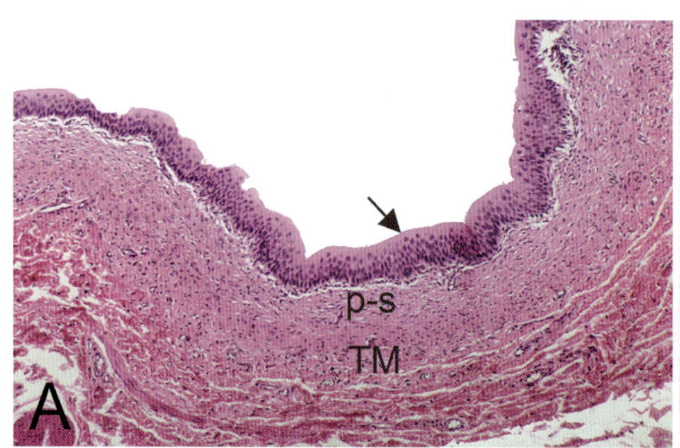

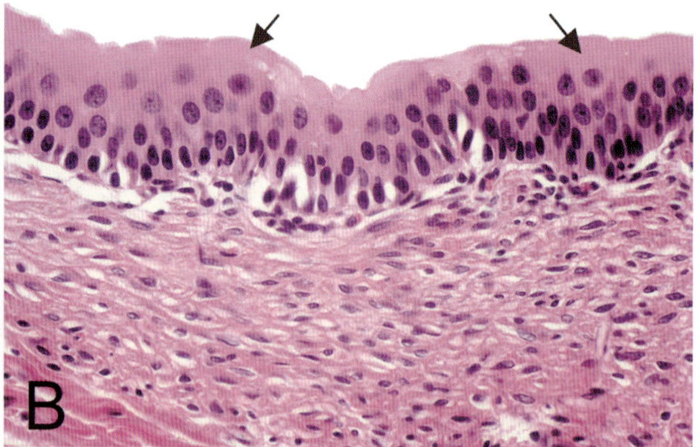

그림 11-29 • **A.** 고양이 방광. 요로상피(또는 이행상피)는 방광(화살표)을 덮고 있다. 고양이 방광에는 점막근육판이 없지만 다른 종에는 존재한다. 고유판-점막밑조직(p-s)은 전형적인 결합조직으로 구성되며, 잘 구분이 되지 않은 민무늬근육층이 근육층을 형성한다. H&E. (×100). **B.** 얕은세포(화살표)는 방광의 속공간을 덮고 있는 큰 요로상피이다. 이 세포들은 이완될 때 세포질속막 세관소포를 포함하며, 방광이 확장될 때 세포막에 통합되는 것으로 여겨진다. 광범위한 바닥가쪽세포막주름은 밑에 있는 세포의 세포막과 깍지를 이루어 조직이 펴질 때 상피의 보존성을 유지하는 데 도움을 준다. H&E. (×400). (Images by W.E. Haensly).

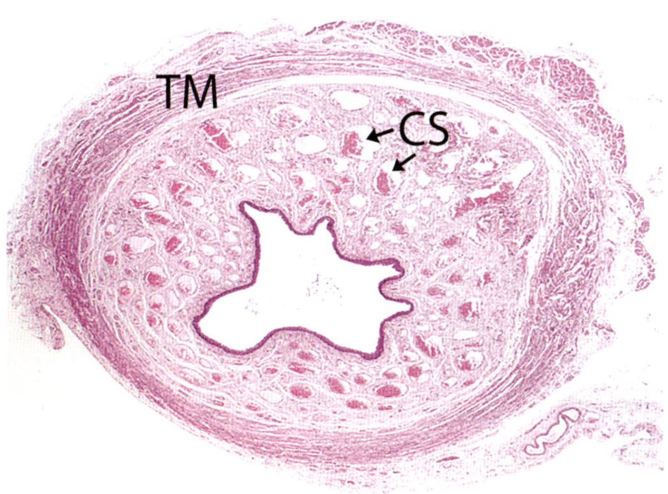

그림 11-30 • 암캐 요도. 요도 고유판-점막밑층의 성긴결합조직의 해면공간(CS)에는 혈액이 담겨 있으며, 발기조직과 유사하다. 근육층(TM)은 주로 민무늬근육으로 이루어져 있다. H&E. (× 250). (Image by W.E. Haensly).

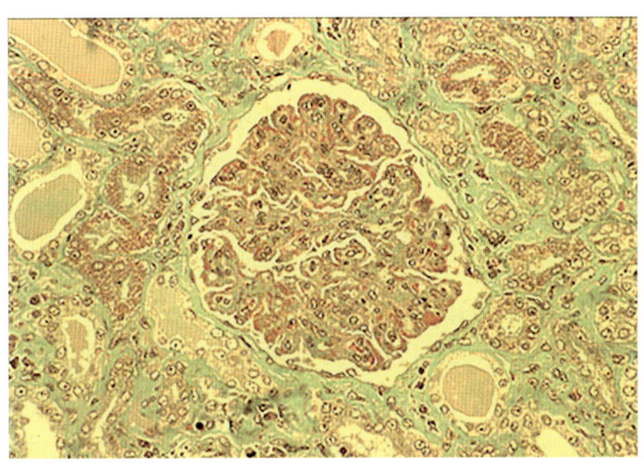

그림 11-31 • 개의 만성 토리콩팥염(glomerulonephritis). 토리모세혈관 고리가 두꺼워지고, 미세한 사이질 섬유증이 생기며, 세관에 단백질성 액체가 축적되는 모습이 나타난다. 이 질병은 종종 면역매개로 발생하며 종종 말기 콩팥부전으로 진행된다. Masson's trichrome & Orange G. (×250). (Reprinted with permission from Salguero Bodes FJ, Pallares Martinez FJ. Aughey and Frye's Comparative Veterinary Histology with Clinical Correlates. 2nd ed. Boca Raton: CRC Press, 2023.)

한다. 요관은 방광에 예각으로 진입한다. 방광입구의 이러한 각도는 요관 속으로 오줌이 역류되는 것을 방지하기 위한 판막 역할을 한다. 이곳에 분포된 신경은 방광이 차거나 비워지는 동안에 방광과 요도(urethra)의 근육을 조절하도록 한다. 방광이 차기 위해서는 방광벽이 이완되고 배설이 제한되는 균형이 필요하다. 배설제한(restriction of outflow)은 요도뼈대 근육의 음부신경(pudendal nerve) 자극으로 요도조임근(urethral sphincter)이 조이게 되거나, 방광목민무늬근육(α-수용체)의 교감신경(아랫배신경, hypogastric nerve)자극에 기인한다. 방광이완(bladder relaxation)은 방광배뇨근(detrusor muscle)으로 가는 부교감신경분포(골반신경)가 억제되고, 방광배뇨근(β-수용체)에 대한 교감신경성 자극이 수축을 억제시킴으로써 나타난다.

요배설을 **배뇨(urination, micturition)**라 부른다. 수의적인 배뇨는 대뇌겉질과 소뇌의 조절하에서 뒤쪽뇌줄기에 의해서 조정된다. 정상적인 배뇨는 방광이 채워지는 것과 반대의 기전으로 나타나는데, 이는 요도조임근의 이완, 방광목과 방광의 수축에 의해 일어난다. 따라서 요배설(urine outflow)은 요도뼈대근육에 분포된 음부신경이 억제되고, 방광목에 분포된 교감신경억제에 의해 일어난다. 방광수축(bladder contraction)은 방광배뇨근에 분포된 부교감신경이 자극되고, 방광배뇨근에 분포된 교감신경의 억제에 의해 일어난다.

임상 관련 *Clinical Correlations*

가축의 경우 콩팥질환은 종종 증상이 없다. 다양한 발달, 순환, 대사, 염증 및 신생물(neoplastic) 상태가 콩팥에 영향을 미칠 수 있다. **토리콩팥염(glomerulonephritis**, 그림 11-31)은 종종 면역 매개성이며 개와 고양이 모두에서 만성 콩팥부전의 흔한 원인이다. 토리손상은 상당한 단백질 손실로 이어지고, 그 결과 저알부민혈증(hypoalbuminemia), 전신부종, 고콜레스테롤혈증(hypercholesterolemia)을 특징으로 하는 콩팥증후군(nephrotic syndrome)이 발생할 수 있다. **콩팥암종(renal carcinoma)**은 개, 면양, 소에서 가장 잘 알려진 콩팥신생물인 반면, 돼지에서는 모세포종(blastoma)이 특히 어린 동물에서 더 자주 발견된다.

핵심 정리 *Essentials*

비뇨계통의 주요 기능 단위는 콩팥단위(nephron)이다. 콩팥단위는 독특한 혈류 순서를 가지고 있는데, 이는 콩팥토리의 모세혈관으로 유입되는 들세동맥에서 시작하여, 날세동맥을 통해 배출되고, 모세혈관그물을 통과하여 최종적으로 세정맥(venule)으로 유입된다.

들세동맥에는 레닌 호르몬을 생성하는 변형된 민무늬근육 토리곁세포(juxtaglomerular cell, JG)가 포함되어 있다. 토리곁복합체(juxtaglomerular complex)는 토리바깥혈관사이세포(Lacis세포)와 먼쪽곧은세관(또는 굵은오름부분, thick ascending limb, TAL)의 일부인 치밀반점세포(macula densa cell)를 포함한다. 토리곁복합체는 혈압조절에 중요한 역할을 한다.

토리혈관사이세포(glomerular mesangial cell)는 토리모세혈관고리 사이의 사이질 조직에서 발견되며, 토리바닥막(golmerular basement membrane)의 순환을 돕는다.

콩팥 토리의 모세혈관은 오줌 생성에 필수적인 여과장벽(filtration barrier) 역할을 하는 발세포(podocyte)의 내장층으로 덮여 있다.

토리(glomerulus)는 토리주머니(glomerular capsule) 안에 있으며, 이 토리주머니 피막은 편평상피의 벽층과 발세포로 구성된 내장층으로 둘러싸여 있다. 토리와 주머니 사이의 공간은 주머니공간(urinary space)이라 한다.

여과장벽(Filtration barrier): 두꺼운 바닥막과 발세포 위에 있는 창모세혈관내피세포로 구성된다. 발세포의 발돌기(pedicel)는 여과구멍을 형성하며, 이 장벽은 물, 이온, 작은 분자는 통과시키지만 큰 단백질과 음전하를 띤 분자는 제한한다.

세관계통(Tubule system): 콩팥단위 세관은 PCT를 갖는 콩팥소체의 요세관극에서 시작된다. PCT는 풍부한 사립체, 용해소체, 그리고 포음세포소포(pinocytotic vesicles)를 포함하는 단층입방상피로 덮여 있으며, 세포 표면에는 미세융모 솔가장자리가 있다. PCT는 콩팥세관고리(loop of Henle)로 이어진다.

콩팥세관고리(Nephron loop, Loop of Henle)−토리쪽 굵은 내림부분: PCT와 유사하게 보인다.

내림 및 오름가는부분: 단층편평상피로 덮여 있다.

치밀반점(macula densa)으로 이어지는 먼쪽곧은세관(DST): 단층입방으로 덮여 있다.

먼쪽곱슬세관, 연결세관, 그리고 집합관: 이들은 단층입방상피로 덮여 있으며, 연결세관에는 으뜸세포(principal cell)와 사이세포(intercalated cell)가 있다.

콩팥세관고리(loop of Henle)의 역류증폭기(Countercurrent multiplier)와 곧은혈관(vasa recta)의 역류교환기(countercurrent exchanger)의 기능 원리: 콩팥단위의 각 영역은 물, 소금, 요소(urea)에 대한 투과성이 다르다. 이 세 가지 성분은 모세혈관, 콩팥 사이질조직, 그리고 콩팥단위 세관 사이에서 교환되어 오줌을 농축한다.

- *토리쪽곱슬세관(Proximal convoluted tubule, PCT)*: 여과물질은 높은 비율로 재흡수되며 포도당, 아미노산, 작은 단백질(small protein), 그리고 대부분의 소금(NaCl)이 물과 함께 재흡수된다. 칼슘과 수분은 소듐과 함께 흡수된다. 세관의 여과액은 기본적으로 등장성을 유지하며, 세포바닥쪽에 있는 Na^+/K^+ ATP ase는 소듐(Na^+)을 혈액으로 다시 내보낸다.
- *콩팥세관고리의 굵은내림부분 또는 토리쪽곧은세관(Descending thick limb of Henle's loop or proximal straight tubule)*: 수분은 재흡수되지만, 소금(NaCl)은 재흡수되지 않는다.
- *가는내림부분(Descending thin limb)*: 수분을 투과할 수 있으며, 초여과액(ultrafiltrate)은 콩팥 사이질과 평형을 이룬다.
- *가는오름부분(Ascending thin limb)*: 물을 투과할 수 없으며, 소금(NaCl)이 재흡수되고 요소가 세관(tubule)으로 이동한다.
- *굵은오름부분(Thick ascending limb, TAL)*: 굵은오름부분은 콩팥소체의 혈관극(vascular pole)을 지나며 이곳에서 토리곁복합체의 일부인 치밀반점(macula densa)을 형성한다. 치밀반점은 소듐(Na^+)을 감지(sensor)하는 역할을 한다.
- *먼쪽곱슬세관과 일부분의 집합세관(Distal convoluted tubule and part of collecting tubule)*: 소금(NaCl)을 재흡수한다.
- *집합세관 또는 집합관(Collecting tubule or duct)*: 오줌 성분을 조절하고 산-염기, Na^+, K^+, 그리고 수분 항상성을 유지한다. ADH가 없을 때는 속질집합관은 소금(NaCl)을 재흡수하고 수분과 요소에 대해 적당한 투과성을 가지며, 일부 요소는 사이질조직에서 세관으로 유입된다. 반대로, ADH가 있을 경우 수분 재흡수가 증가하여 세관액이 농축되고 소금(NaCl) 재흡수로 인해 요소 수치가 상승한다.

CHAPTER 12

내분비계통
Endocrine System

내분비계통(endocrine system)은 호르몬을 분비하는 관이 없는 샘으로 구성되어 있으며, 뇌하수체, 갑상샘, 부갑상샘, 솔방울샘, 부신, 그리고 이자에 있는 세포무리, 즉 이자섬으로 구성된다. 또한 내분비 기능에는 시상하부와 호흡계통, 비뇨계통, 그리고 소화계통 상피 내의 호르몬분비세포, 심장 근육층, 혈관의 압력수용기와 화학수용기, 간의 간세포(hepatocyte), 콩팥의 콩팥세포(renal cell), 그리고 암수 생식샘계통(gonadal system)도 포함된다. 또한 호르몬을 분비하는 지방세포는 결합조직 세포이자 내분비계통의 필수 요소(integral component)로 간주된다.

내분비세포에서 분비되는 호르몬은 사이질액에서 국소적으로 확산되어 자가분비방식(autocrine mode)이나 주변분비방식(paracrine mode)으로 국소적으로 작용할 수 있다. 또한 모세혈관이나 모세림프관으로 유입되어 멀리 떨어진 표적세포(target cell)로 순환한다. 순환호르몬은 조직액에 의해 비교적 낮은 농도(10^{-9}~10^{-11} M)로 희석되고 높은 친화도로 수용체, 즉 전형적인 G-단백질결합수용체(G-protein-coupled receptors, GPCRs)에 결합한다.

제1절 시상하부-뇌하수체계통 *Hypothalamus-Hypophyseal System*

많은 내분비 기능을 제어하는 구조는 **시상하부-뇌하수체계통 (hypothalamus-hypophysis system)** 또는 시상하부-뇌하수체축(axis)이다(그림 12-1). 시상하부(hypothalamus)는 안장(sella turcica)이라고 하는 나비뼈(sphenoid bone) 안에서 사이뇌(diencephalon)보다 배쪽에 있다. 이 영역의 시상하부 신경세포는 체온, 혈액량 및 삼투압, 음식섭취와 같은 중요한 신체기능을 조절한다. 이러한 신경세포(neuron)에는 한 쌍의 시각로위핵(supraoptic nuclei), 뇌실곁핵(paraventricular nuclei), 활꼴핵(arcuate nuclei) 등이 있다. 이들은 뇌, 척수, 특수 감각의 여러 영역에서 들신경입력(afferent neural input)을 받는다. 이 뇌실주위부위에서는 혈액뇌장벽(blood-brain barrier)이 감소하거나 없어져 신경세포가 혈액의 이온과 호르몬 신호에 쉽게 반응할 수 있다.

뇌하수체는 *샘뇌하수체*(*adenohypophysis*: pars distalis, pars intermedia, pars tuberalis)와 *신경뇌하수체*(*neurohy-*

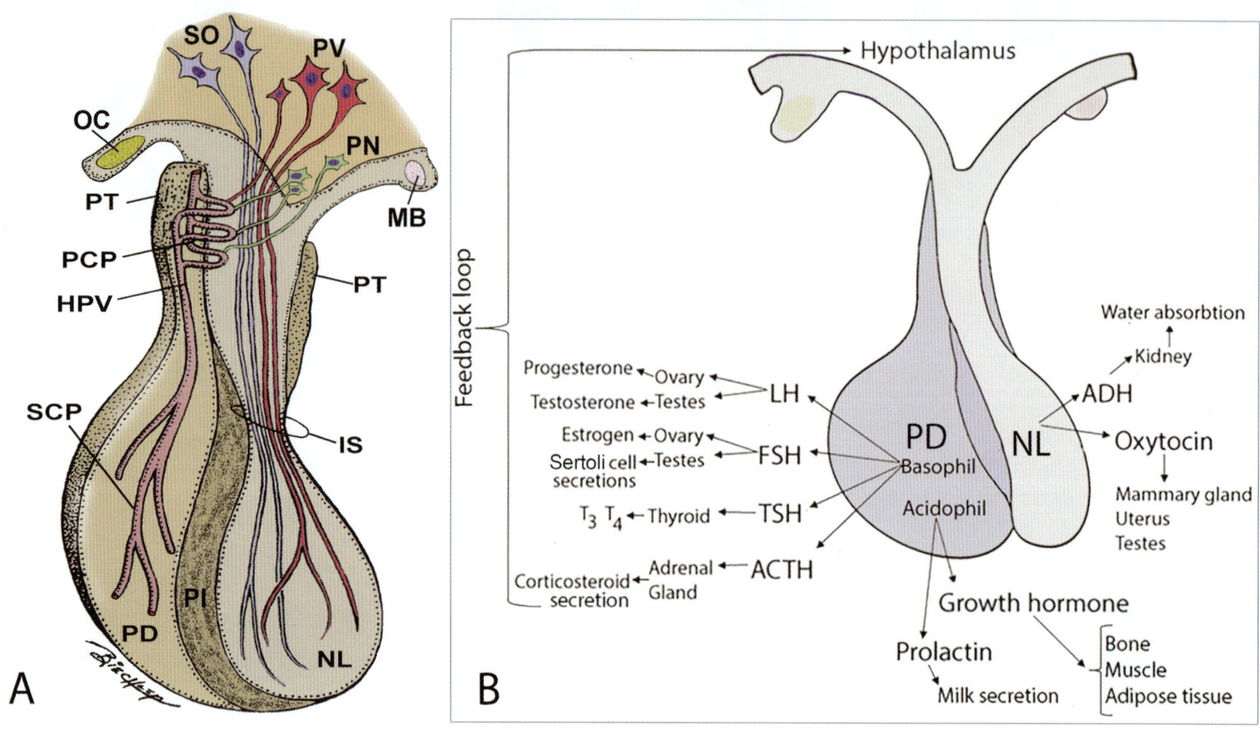

그림 12-1 • **A.** 시상하부-샘뇌하수체계통과 시상하부-신경뇌하수체계통의 도해. 시상하부 시각교차(optic chiasm, OC), 유두체(mamillary body, MB), 작은신경세포(parvicellular neurons, PN)의 축삭은 정중융기(median eminence, ME) 바깥부분에 있는 뇌하수체문맥계통의 일차모세혈관얼기(primary capillary plexus, PCP) 근처에서 끝나며, 분비인자 또는 억제인자(호르몬, releasing or inhibiting factor, hormone)를 분비한다. 이 호르몬은 뇌하수체문맥세정맥(hypophyseal portal venules, HPV)을 통해 먼쪽부분(PD)으로 전달되며, 이차모세혈관얼기(secondary capillary plexus, SCP)를 통해 먼쪽부분 세포로 전달된다. 중간부분(PI)과 융기부분(PT). 큰세포시상하부시각로위핵(magnocellular hypothalamic supraoptic nuclei, SO)과 뇌실곁핵(paraventricular nuclei, PV)에서 유래한 축삭은 정중융기와 깔때기줄기(infundibular stalk, IS)를 통해 주행하여 신경엽(pars nervosa, neural lobe, NL)에서 끝나며, 옥시토신과 바소프레신을 저장, 분비한다. **B.** 먼쪽부분(PD)과 신경엽(NL)에서 생산되는 호르몬의 표적 조직 또는 기능을 나타내는 도해.

pophysis: infundibulum, pars nervosa)로 구성된다(그림 12-2). 발생 초기에 신경뇌하수체(pars nervosa)는 장차 사이뇌(diencephalon)로 발달 할 부위의 바닥에서 아래쪽으로 성장하여 구성되는데, 이는 신경외배엽 기원이라 할 수 있다. 이 구조는 시상하부의 중간융기(median eminence)와 깔때기(infundibulum)라는 신경 조직 줄기로 연결되어 있다(그림 12-2A). 샘뇌하수체는 입안외배엽(oral ectoderm)에서 기원한다. 샘뇌하수체의 융기부분(pars tuberalis)은 깔때기를 부분적으로 감싸고 있으며, 여기서 먼쪽부분은 융기부분에서 뻗어 나온 형태이다. 중간부분(pars intermedia)은 먼쪽부분과 신경뇌하수체 사이에 위치한다. 시상하부의 신경세포에 의

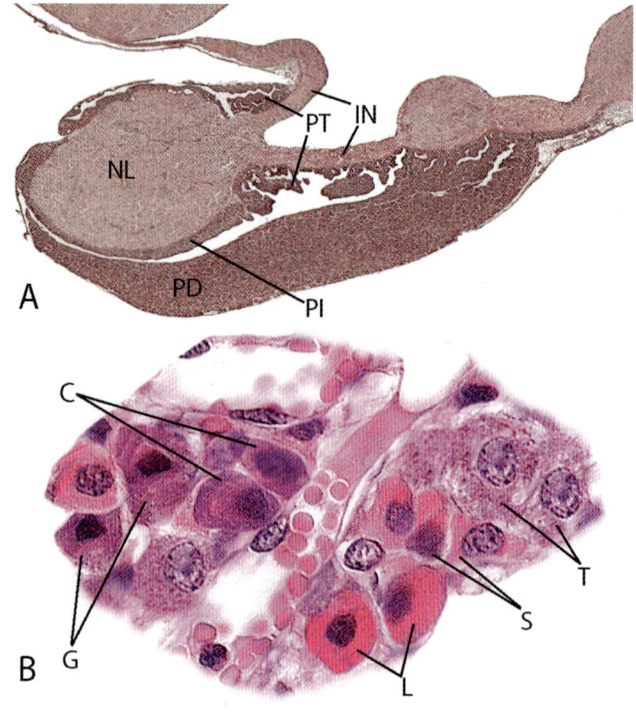

그림 12-2 • **A.** 강아지 뇌하수체의 정중단면. 먼쪽부분(PD); 신경엽(NL); 중간부분(PI); 융기부분(PT); 깔때기(IN). (×4.5). 샘뇌하수체는 신경엽에 접해있다. (×40). **B.** 샘뇌하수체 실질. 부신겉질자극세포(C); 생식샘자극세포(G); 젖분비호르몬세포(L); 성장자극세포(S); 갑상샘자극세포(T). (×100). H&E.

표 12-1 • 시상하부의 분비호르몬, 샘뇌하수체에서 분비되는 호르몬, 표적세포에서 분비되는 호르몬의 관계(Relationship of Hypothalamic Releasing Hormones, Hormones Released from Adenohypophysis, and Hormones Released by Target Cells)

Hypothalamus Secretion	Cell of Origin in Hypothalamus	Hormone from Adenohypophysis, Pars Distalis	Cell of Origin in Adenohypophysis	Chief Target Cell	Hormone Released by Target Cell
Growth hormone-releasing hormone (GHRH)	Hypothalamic neuron	Growth hormone (GH)	Somatotroph	All cells Hepatocyte	— Insulin-like growth factor 1 (IGF-1)
Prolactin-releasing factor (PRF)	Hypothalamic neuron	Prolactin (PRL)	Lactotroph	Mammary ductal/alveolar epithelium	—
Thyrotropin-releasing hormone (TRH)	Hypothalamic neuron	Thyroid-stimulating hormone (TSH)	Thyrotroph	Thyroid follicular epithelium	Triiodothyronine (T_3) and tetraiodothyronine (T_4)
Gonadotropin-releasing hormone (GnRH)	Hypothalamic neuron	Follicle-stimulating hormone[a] (FSH)	Gonadotroph[a]	Ovarian follicular cells	Estrogen, inhibin, and activin
				Testicular Sertoli cell	Estrogen, inhibin, and activin
		Luteinizing hormone (LH)[a]	Gonadotroph[a]	Corpus luteum	Progesterone
				Ovarian internal thecal cell	Testosterone
				Testicular Leydig cell	Testosterone
Corticotropin-releasing hormone (CRH)	Hypothalamic neuron	Adrenocorticotropin (ACTH)	Corticotroph	Zona glomerulosa[b]	Mineralocorticoid
				Zona fasciculata	Glucocorticoid
				Zona reticularis	Androgen

[a] FSH and LH are coexpressed by the same gonadotroph.
[b] Cells of the zona glomerulosa are 10-fold less responsive than those of the zona fasciculata.

해 생산되는 자극(방출)인자 또는 억제인자, 즉 호르몬은 표 12-1에 나열되어 있다. 이 호르몬들은 정중융기 근처의 축삭을 통해 수송되어, 시상하부-뇌하수체문맥계통의 일차모세혈관얼기(primary capillary plexus)로 분비된다. 이후 호르몬은 융기부분을 지나 뇌하수체세정맥(hypophyseal venules)을 통해 먼쪽부분의 이차모세혈관얼기(secondary capillary plexus)로 전달되며, 그곳에서 혈관을 빠져나와 표적세포에 결합한다. 샘뇌하수체 세포에서 생성되고 분비(방출)된 호르몬은 전신에 분포되어 다른 기관의 표적세포에 작용하며, 효과기호르몬(effector hormones)의 생성을 자극한다. 신경뇌하수체(pars nervosa)는 호르몬이 합성 장소가 아니지만, 뇌하수체의 이 부위에서 분비되는 호르몬은 시상하부의 신경세포에서 생성되어 축삭을 따라 전달되고, 분비(방출)되기 전까지는 신경분비소체(neurosecretory body, Herring body)에 저장된다.

1. 샘뇌하수체 영역 Adenohypophysis Regions

샘뇌하수체의 세 영역은 **먼쪽부분(pars distalis)**, **중간부분(pars intermedia)** 및 **융기부분(pars tuberalis)**이다. 각 부분의 상대적인 크기와 위치(orientation)는 종에 따라 다르다(그림 12-3).

먼쪽부분은 샘뇌하수체에서 가장 큰 부분이다. 융기부분은 뇌의 바닥(정중융기)과 접하고 있으며, 신경뇌하수체의 깔때기(infundibulum) 부분을 부분적으로 감싸고 있다. 일부 종에서는 중간부분과 먼쪽부분 사이에 **뇌하수체안(hypophyse-**

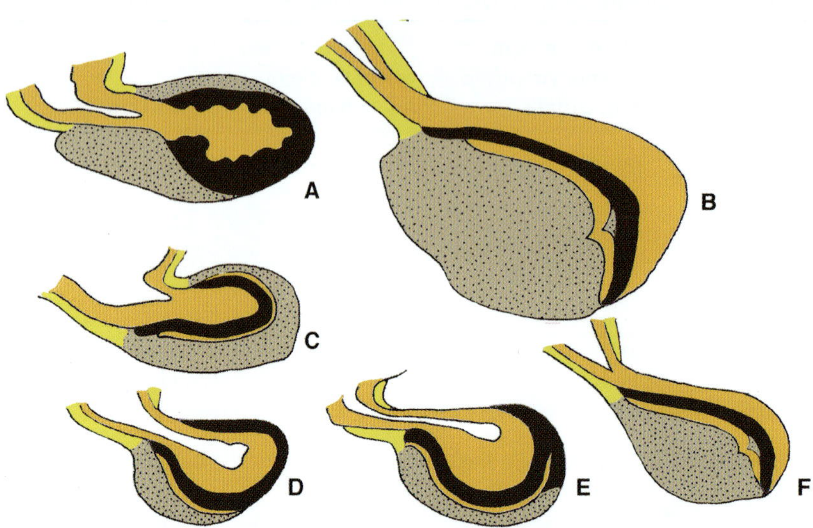

그림 12-3 • 뇌하수체 정중단면의 도해. **A.** 말. **B.** 소. **C.** 개. **D.** 돼지. **E.** 고양이. **F.** 양. 오렌지색: 깔대기오목을 포함한 신경뇌하수체; 노란색: 샘뇌하수체의 융기부분; 점찍힌 황갈색: 샘뇌하수체의 먼쪽부분; 검정색: 샘뇌하수체의 중간부분. (Modified from original by colorization. From Dellmann H-D. *Veterinary Histology: An Outline Text—Atlas*. Philadelphia, PA: Lea & Febiger, 1971.)

al cavity)이 있을 수 있다.

1) 먼쪽부분 Pars Distalis

먼쪽부분(pars distalis)의 세포는 **이차모세혈관얼기(secondary capillary plexus)**라고 하는 창모세혈관(fenestrated capillary) 주위를 둘러싸고 있다. 세포 유형은 종, 성별, 연령 및 생리적 상태(예, 임신 및 수유 중 또는 생식샘 제거 후)에 따라 크기, 모양, 수 및 위치가 다르다. 분비물은 세포외배출(exocytosis)을 통해 방출되기 전에 치밀분비과립에 저장된다(그림 12-4). 샘뇌하수체에는 총 6가지 유형의 분비세포가 있으며, 출생 후에도 기관-특이적인 줄기세포 집단도 존재한다.

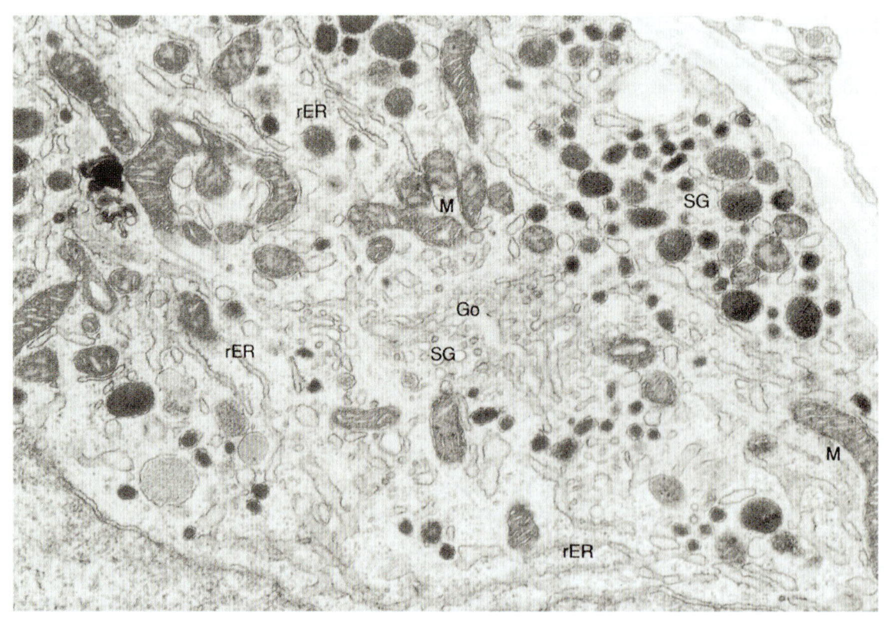

그림 12-4 • 전형적인 샘뇌하수체세포의 세포소기관. 과립세포질그물(rER), 골지복합체(Go), 사립체(M), 다양한 성숙단계에 있는 분비과립(SG). (×28,000).

2) 중간부분 Pars Intermedia

중간부분(pars intermedia)은 종에 따라 매우 다양하다. 단층원주상피로 나타나거나, 신경뇌하수체(신경엽)를 침범하는 거짓중층원주상피로 나타나기도 한다. 말과 같은 일부 종에서는 이 부위가 광범위하게 발달되어 있다. 중간부분에는 멜라닌자극세포(melanotroph)가 많이 존재한다(아래 참조).

3) 융기부분 Pars Tuberalis

융기부분(pars tuberalis)은 뇌하수체문맥계통의 정맥을 포함하는 혈관이 풍부한 영역이다. 이 혈관은 정중융기(median eminence)의 일차모세혈관얼기(primary capillary plexus)에서 혈액을 받아 먼쪽부분의 이차모세혈관얼기로 운반한다. 이 영역에는 때때로 작은 주머니를 갖는 주름진 조직을 형성하는 세포무리(cell cluster)가 있다. 실질세포는 멜라토닌수용체가 있으며, 일부 포유동물의 계절번식주기에 중요한 역할을 하는 것으로 추정된다. 다른 세포로는 생식샘자극세포와 갑상샘자극세포가 있다.

4) 샘뇌하수체의 세포 Cells of the Adenohypophysis

일반적인 헤마톡실린-에오신(H&E) 염색은 세포가 호산성, 호염기성, 또는 염색이 안 되는 특성을 나타낸다. 이러한 세포는 **호산세포(acidophil)**, **호염기세포(basophil)**, **색소안듦세포(chromophobe)**로 분류된다.

(1) 호산세포 Acidophils

공통의 줄기세포는 폴리펩타이드호르몬을 분비하는 **호산세포(acidophil)**로 성장한다(그림 12-2B, 12-5). **성장자극세포(somatotroph)**는 성장호르몬(growth hormone, **GH**)을 분비하고, **젖분비호르몬세포(lactotroph)**는 **젖분비호르몬(prolactin, PRL)**을 분비한다. 시상하부의 신경세포에서 나오는 **성장호르몬-분비호르몬(growth hormone-releasing hormone, GHRH)**은 성장자극세포를 자극하여 GH를 분비하게 한다. 성장자극세포의 분비과립은 에오신과 오렌지G에 잘 염색된다. 성장호르몬은 간에서 인슐린유사성장인자1(insulin-like growth factor I, IGF-1, 즉 somatomedin)의 합성과 분비를 유도하여 동화작용(anabolic metabolism)에 중요한 역할을 한다. IGF-1은 결과적으로 세포분화, 증식 및 조직 성장을 자극한다. IGF-1의 중요한 효과는 뼈의 성장과정에서 연골모세포의 성장을 촉진하는 것이다. IGF-1의 음성되먹임(negative feedback loop) 효과는 항상성을 유지하기 위해 GH와 GHRH의 방출을 모두 억제하는 것이다. 또한 GH의 분비는 시상하부에서 생산되는 성장억제호르몬(somatostatin, SST)에 의해 조절된다. 성장억제호르몬(SST)은 성장호르몬을 생산하는 성장자극세포의 GPCR(G단백질-연결수용체)과 결합하여, cAMP생산을 줄이고 성장호르몬(GH) 분비를 억제한다.

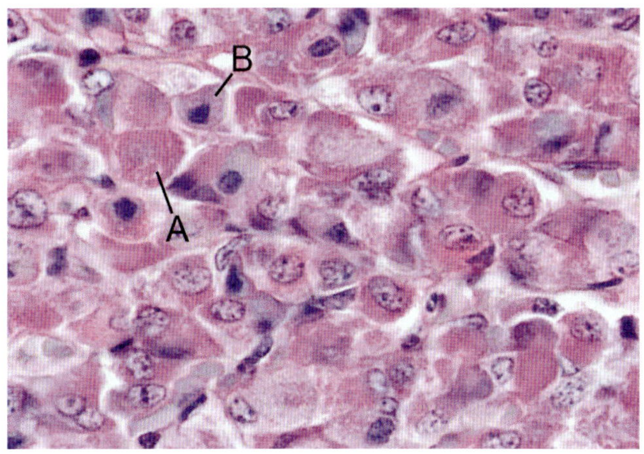

그림 12-5 • 포유동물 샘뇌하수체 먼쪽부분의 H&E 염색 절편에서 호산세포(A)와 호염기세포(B)의 형태. (×40).

젖분비호르몬(PRL)을 생성하는 **젖분비호르몬세포(lactotroph)**는 에오신에 의해 밝게 염색된다. 젖분비호르몬세포의 크기와 염색 친화력은 임신과 수유 중에 증가한다. 세포는 둥글거나 타원형 또는 뭇면체 모양이다. 위치는 종에 따라 다를 수 있지만, 쥐의 경우 중간부분 근처에 띠 모양으로 모여 있다. 젖분비호르몬(PRL)은 뇌하수체에서 주로 생산되지만, 중추신경계통, 면역계통, 자궁, 태반, 그리고 젖샘에서도 합성된다. 젖샘에서 젖분비호르몬(PRL)은 젖샘상피세포의 증식과 젖합성세포로의 분화를 자극한다. 수유에서의 역할 외에도 현재 300가지의 생물학적 기능을 가진 것으로 알려져 있다. **젖분비호르몬-분비펩타이드(prolactin-releasing peptide, PRL-RP)**가 이를 자극한다고 확인되었지만, 다른 여러 기능을 가지고 있으며 젖분비호르몬(PRL) 방출 자극에만 국한되어 있지 않다. 젖분비호르몬-분비펩타이드(PRL-RP)는 음식 섭취, 에너지 소비, 스트레스 조절, 수면 촉진을 조절하는 역할을 하는 것으로 보이며, 신경 보호 효과도 있다. **갑상샘자극호르몬-분비호르몬(thyrotropin-releasing hormone, TRH)**과 **난포자극호르몬(follicle-stimulating hormone, FSH)**, 그리고 **황체형성호르몬(luteinizing hormone, LH)** 분비를 촉진하는 호르몬은 젖분비호르몬(PRL)의 분비를 자극하고, 신경원성 스트레스(neurogenic stress) 또는 젖먹이 감각자극을 일으킨다. 젖분비호르몬(PRL)은 자극 신호와 시상하부에서 방출되는 도파민에 의한 억제의 조합에 의해 조절된다. 도파민이 젖분비호르몬세포의 막수용체에 결합하면 cAMP를 분리하고 세포 내 칼슘을 낮추어 젖분비호르몬(PRL)의 방출을 억제한다.

(2) 호염기세포 Basophils

당단백질인 **갑상샘자극호르몬(thyroid-stimulating hormone, TSH, thyrotropin)**을 생산하는 갑상샘자극세포(thyrotroph)는 주로 중간부분(mid-ventrally)에서 배쪽에 위치하며, 알데하이드-푹신(aldehyde-fuchsin) 염색으로 확인된다. **갑상샘자극호르몬-분비호르몬(TRH)**은 뇌실곁핵(paraventricular nucleus)에 있는 신경세포에서 분비되어 갑상샘자극세포(thyrotroph)에 결합하면 **갑상샘자극호르몬(TSH, thyrotropin)**의 세포외배출을 촉진한다. 갑상샘자극호르몬(TSH)은 차례로 갑상샘글로불린(thyroglobulin)의 합성, 저장과 갑상샘호르몬인 **T_3 (triiodothyronine)** 또는 **T_4 (타이록신, tetraiodothyronine, thyroxine)**의 분비를 자극한다. 시상하부와 샘뇌하수체 먼쪽부분에 대한 **T_3** 또는 **T_4**의 음성되먹임은 각각 TRH(갑상샘자극호르몬-분비호르몬)와 TSH(갑상샘자극호르몬)의 생산을 조절한다.

생식샘자극세포(gonadotroph)는 **난포자극호르몬(follicle-stimulating hormone, FSH)**과 **황체형성호르몬(luteinizing hormone, LH)**을 생산하며, 상대적으로 크기가 작고, aldehyde-thionine에 잘 염색된다. **생식샘자극호르몬-분비호르몬(gonadotropin-releasing hormone, GnRH)**은 시상하부의 폭넓게 분포된 신경세포에서 분비된다. GnRH는 당단백질호르몬인 FSH와 LH 동시발현(coexpression), 합성, 분비를 신호로 전달한다. 암컷의 경우 FSH는 **난포상피세포(follicular epithelial cell)**를 표적으로 삼아 난포 발달을 자극한다. 수컷의 경우 FSH는 안드로젠결합단백질(androgen-binding protein, ABP)을 생산하도록 고환의 **버팀세포(sustentacular cell, Sertoli cell)**를 자극한다. FSH는 또한 암수 모두에서 에스트로젠의 생성을 자극한다. 난소의 경우 LH는 **속난포막세포(internal theca cell)**를 표적으로 삼아 **테스토스테론(testosterone)** 생성 신호를 보내고, 배란 후 난포(postovulatory follicle)의 난포세포(follicular cell)와 난포막세포(theca cell)에 작용하여 **프로제스테론(progesterone)** 생성 신호를 보낸다. 돼지, 개, 고양이, 토끼, 사람의 난소 사이질버팀질세포(interstitial stroma cell)도 테스토스테론을 생산한다. 수컷의 경우 LH는 사이질내분비세포(Leydig interstitial endocrine cell, Leydig cell)를 표적으로 삼아 테스토스테론을 생산한다. 생식샘스테로이드는 시상하부와 먼쪽부분의 세포에 결합하여 GnRH와 생식샘자극호르몬(gonadotropin) 생산을 음성적으로 억제한다. FSH는 난포세포, 황체세포, 버팀세포를 자극하여 **인히빈(inhibin)**과 **액티빈(activin)**을 합성한다. 인히빈과 액티빈은 성장인자인 TGF-β superfamily에 속하며, 원위부분에서 FSH 생산을 억제하거나 활성화한다.

부신겉질자극세포(corticotroph)는 **멜라닌자극세포(melanotroph)**와 밀접한 관련이 있으며, 중추멜라노코틴계통(central melanocortin system)을 구성한다. 이들 세포는 공통된 줄기세포를 공유하지만, 멜라닌자극세포는 부신겉질자극세포와 다른 분화 경로를 따르며 다른 전사인자를 발현한다. 부신겉질자극세포는 먼쪽부분 전체에 분산되어 있는 반면, 멜라닌자극세포는 중간부분에 존재한다. 두 세포 유형 모두 **프로오피오멜라노코틴(pro-opiomelanocortin, POMC)**을 생성한다. POMC는 시상하부의 활꼴핵에 있는 펩타이드성 신경세포에서도 생성된다. POMC는 세포 내의 치밀중심과립(dense core granule)에 저장된 수많은 펩타이드호르몬으로 쪼개진 전구체호르몬이다. 먼쪽부분에서 POMC는 pro-ACTH로 분활된 다음 **부신겉질자극호르몬(adrenocorticotropic hormone, ACTH)**과 **베타지질자극호르몬(β-lipotropic hormone, β-LPH)**으로 분리된다. 중간부분에서 ACTH는 **알파멜라닌세포자극호르몬(α-melanocyte-stimulating hormone, α-MSH)**으로 더 분활되고 β-LPH는 **ß-MSH**로 분리된다. 뇌실곁핵(paraventricular nucleus)의 신경세포에서 분비되는(released) **부신겉질자극호르몬-분비호르몬(corticotropin-releasing hormone, CRH)**은 부신겉질자극세포에서 호르몬의 세포외배출(exocytosis)을 자극한다. 이들 호염기세포는 PAS와 염기성 염료인 알시안 블루(alcian blue)로 염색된다. 부신겉질자극세포는 시상하부-뇌하수체-부신축(hypothalamic-pituitary-adrenal axis)의 일부이다. ACTH는 부신의 다발층(zona fasciculata) 세포에 작용하여 코티솔을 생성한다. 인터루킨(IL-1과 IL-6)과 종양괴사인자(TNF-α)는 시상하부에 작용하여 CRH 생성을 증가시킨다. 항이뇨호르몬(antidiuretic hormone, ADH)은 부신겉질자극세포의 부신겉질자극호르몬(ACTH) 분비를 증가시킨다. 글루코코티코이드(glucocorticoid)는 시상하부의 CRH 생성, POMC 합성, 그리고 먼쪽부분에서 ACTH 분비를 음성적으로 조절한다(negatively regulate). 스트레스는 시상하부로의 신경원성 입력을 증가시키고 글루코코티코이드에 의한 ACTH 억제를 완화시킨다.

(3) 색소안듦세포 Chromophobes

색소안듦세포(chromophobe)는 호산세포와 호염기세포를 염색하는 염료에 염색이 되지 않는다. 이러한 세포는 탈과립세포 또는 미분화된 줄기세포로 여겨진다. 또한 이 세포는 때때로 중요하지 않은 낭종(낭포, cyst)을 덮는 단층상피를 형성하기도 한다. 그러나 별모양의 색소안듦세포는 때때로 먼쪽부분의 다른 세포 사이에 흩어져 있기도 하다.

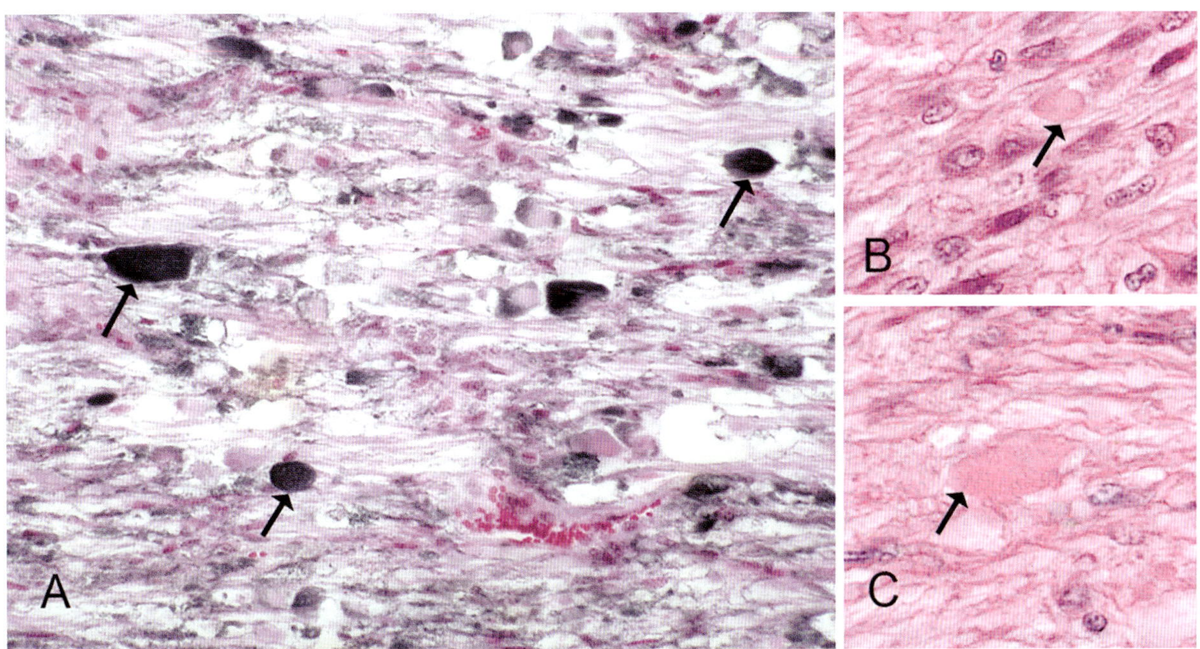

그림 12-6 • A. 특수 염색법을 이용하여 신경엽 내에서 신경분비소체(neurosecretory body, Herring body, 화살표)를 관찰한 모습으로, 이 소체는 옥시토신과 항이뇨호르몬을 포함하고 있다. 신경뇌하수체, 소, Bargmann's chrome hematoxylin. (×250). B, C. 포유동물의 신경엽을 H&E 염색한 절편에서 관찰한 신경분비소체(화살표)의 형태. (×400).

2. 신경뇌하수체 Neurohypophysis, Pars Nervosa

1) 시상하부-신경뇌하수체로 Hypothalamo-Neurohypophyseal Tract

시상하부에 있는 큰신경세포(magnocellular neuron)는 **시각로위핵(supraoptic nuclei)**과 **뇌실곁핵(paraventricular nuclei)**의 대부분을 형성한다. 이런 신경세포는 축삭으로부터 분비소포의 세포외배출(exocytosis)을 신호하는 들신경연접유입(afferent synaptic input)을 받는다. 이 축삭 다발과 이를 지지하는 아교세포는 정중융기, 깔때기, **신경뇌하수체(neurohypopysis)**를 구성한다. 신경뇌하수체는 시상하부의 신경세포와 뇌하수체의 축삭을 포함하지만, 신경세포의 세포체는 포함하지 않는다. 시상하부의 시각로위핵과 뇌실곁핵의 세포체는 **옥시토신(oxytocin)**과 항이뇨호르몬(antidiuretic hormone, ADH, vasopressin)을 합성한다(그림 12-6). 항이뇨호르몬(ADH)은 아르지닌바소프레신(arginine vasopressin, AVP)이라고도 불리지만, 돼지에서는 라이신(lysin)이 아르지닌(arginine)을 대신하여 라이신바소프레신(lysine vasopressin, LVP)을 생산한다.

옥시토신은 시상하부핵에서 시초전구펩타이드(prepropeptide)인 시초전구옥시토신(preprooxytocin)으로 생성되어 축삭운반 동안 변형을 거친다. 옥시토신은 운반단백질인 뉴로피신(neurophysin)과 함께 신경세포의 축삭 말단에 있

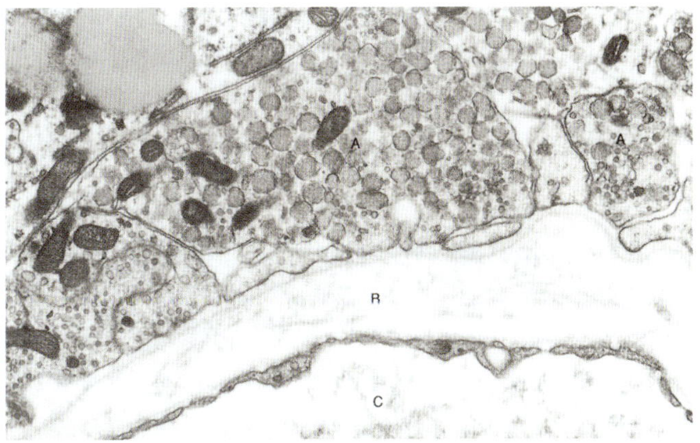

그림 12-7 • 신경분비세포의 축삭(A)은 바닥막, 사이질 결합조직(B), 신경뇌하수체에 있는 창모세혈관(C)에 인접해 있다. 축삭 끝에는 전자밀도가 높고 호르몬을 함유하는 분비소포가 있다. 신경세포가 탈분극되면 소포 내용물은 세포외배출에 의해 분비된다. (×31,500).

는 분비과립에 저장된다(그림 12-7). 이러한 분비과립의 축적은 신경분비소체(neurosecretory body, Herring body) 내에 위치한다. 옥시토신의 방출은 뇌줄기(brainstem)의 감각그물망(sensory network)을 통한 생식 및 모계자극(maternal stimuli)에 의해 유발된다[예, 착유(milking) 동안 젖소의 유방을 씻을 때 감각 입력 또는 암퇘지의 배설물에서 나는 소리]. 옥시토신은 젖샘꽈리와 젖샘관의 근육상피세포(myoepithelial cell)에 결합하여 세포 수축을 일으키며, 이로 인해 '젖내림(milk letdown)'이 발생한다. 또한, 옥시토신은 자궁속막 민무늬근육세포에 있는 수용체와 결합하여 자궁수축과 분만을 유도한다. 옥시토신은 ADH와 함께 생식 역할 외에도 탈수, 고혈량증, 고삼투압 및 출혈과 같은 스트레스 요인에 의해 조절된다. 저산소증, 스트레스, 고혈압 질환 또는 심장 기능부전의 경우 옥시토신 분비는 감소하고 ADH 분비는 증가한다.

ADH는 옥시토신과 2개의 아미노산이 다르며, 시초전구펩타이드(prepropeptide)인 시초전구바소프레신(preprovasopressin)으로 합성된다. 축삭운반 동안 축삭수송과정에서 운반단백질(carrier protein)인 뉴로피신(neurophysin)과 당펩타이드인 코펩틴(copeptin)과 함께 변형되고 분비과립으로 포장된다. 옥시토신과 마찬가지로 ADH 분비는 내부 환경의 특성을 모니터하는 신경세포로부터 감각신경연접에 의해 신호가 전달된다. 탈수의 경우 ADH는 콩팥에 작용하여 집합세관세포의 수분통로(aquaporin 2, AQP2)를 활성화시켜 오줌을 통한 수분 손실을 줄인다. ADH는 또한 혈관민무늬근육의 V1 수용체와 결합하여 근육세포 긴장도 증가, 혈관 수축, 혈압 상승을 유발한다. 뇌하수체의 부신겉질자극세포의 V3수용체에 ADH가 결합하면 ACTH 분비(release)와 알도스테론의 분비(secretion)가 촉진된다.

제2절 솔방울샘
Epiphysis Cerebri, Pineal Gland

솔방울샘(epiphysis cerebri, pineal gland)은 멜라토닌(melatonin)을 생성하는 기관으로, 빛주기(photoperiod) 환경에 민감하게 반응한다. 야간에 생성된 멜라토닌은 동물의 하루주기리듬(circadian rhythm)을 조절한다. 척추동물과 포유동물에서 솔방울샘의 크기는 생존 환경과 관련이 있어 북쪽으로(적도에서 극으로) 갈수록 커지는 경향이 있다. 솔방울샘에서 분비되는 멜라토닌은 24시간 생체시계, 각성-수면 주기와 관련이 있으며, 계절번식동물의 번식주기를 조절한다. 빛주기에 민감한 번식동물에서는 멜라토닌이 시상하부 생식샘자극호르몬-분비호르몬(GnRH) 분비를 억제하여, 샘뇌하수체에서 황체형성호르몬(LH)과 난포자극호르몬(FSH)의 분비를 감소시킴으로써 번식주기를 조절한다. 사립체는 모든 세포에서 멜라토닌을 생성하게 하는데, 흥미롭게도 솔방울샘에서 분비되는 멜라토닌은 전체 멜라토닌 생산의 극히 일부에 불과하다. 500배 더 많은 멜라토닌이 위창자계통(gastrointestinal system, GI system)의 창자내분비세포(enteroendocrine)에서 생성되어 국소적으로 작용한다. 위창자계통에서 멜라토닌은 항산화제로 기능하며 위창자 병변의 치유 및 창자운동에 중요한 역할을 한다. 또한 멜라토닌은 상피털주머니(epithelial hair follicle), 침샘, 혈소판 및 림프구에 의해서도 생성된다. 솔방울샘 외의 멜라토닌 생산의 역할은 현재 광범위한 연구 분야이다.

솔방울샘의 발달은 포유동물 전반에 걸쳐 비슷하지만, 세포의 유형과 형태는 다르다. 이 샘은 조직으로 된 줄기(stalk)를 통해 시상상부(epithalamus)와 연결되어 있으며, 뇌의 셋째 뇌실로부터 공급되는 뇌척수액(cerebrospinal fluid)에 둘러싸여 있다(bath). 솔방울샘(라틴어 *pinea*, pine cone, '솔, 솔

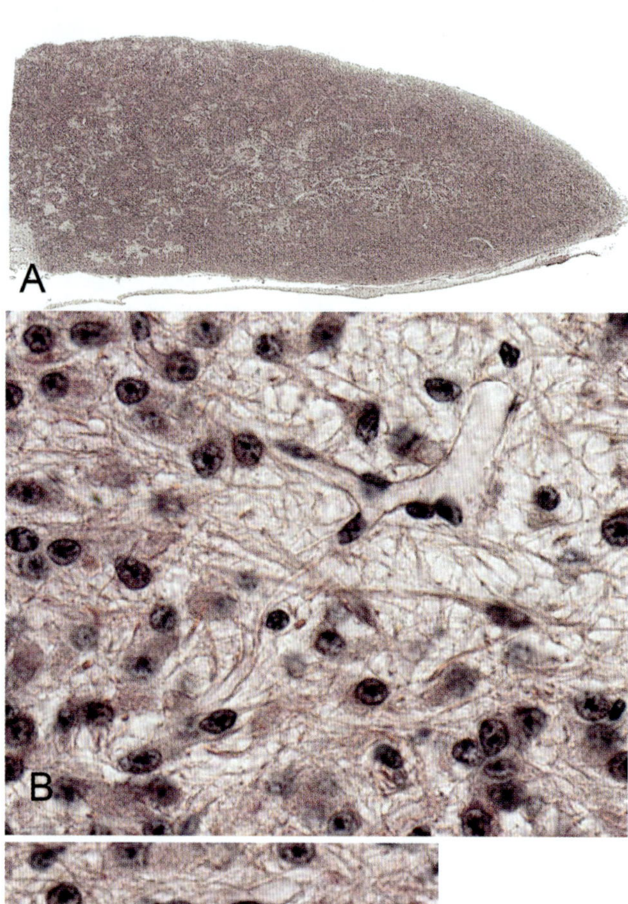

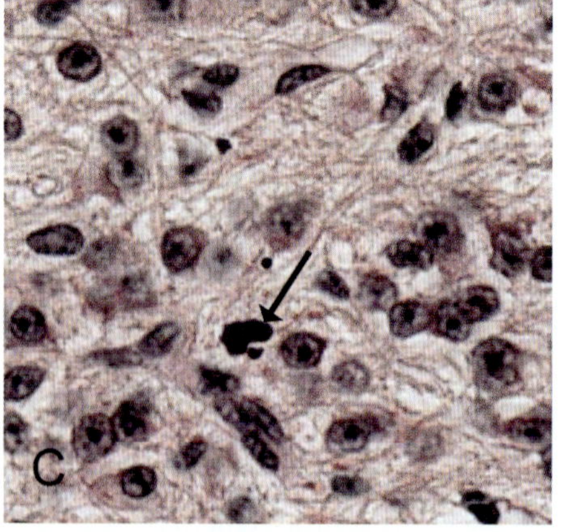

그림 12-8 • **A.** 소의 솔방울샘. **B.** 솔방울샘세포와 신경그물(neuropil). **C.** 뇌모래(brain sand, 화살표). (Courtesy of Purdue College of Veterinary Medicine.)

방울')은 연질-거미막(pia-arachnoid)으로부터 혈액을 공급받는다(그림 12-8A). 샘내의 세포 덩어리(cluster)와 끈(cord)은 주로 **솔방울샘세포(pinealocyte)**이며(그림 12-8B), 샘에는 미세아교세포(microglia) 및 별아교세포(astrocyte)와 유사한 **신경아교세포유사사이질세포(glial-like interstitial cell)**도 포함되어 있다. 이러한 신경아교세포는 아교세포원섬유산성단백질(glial fibrillary acidic protein, GFAP)에 양성으로 염색된다. 이 샘에는 혈액뇌장벽(blood-brain barrier)이 없기 때문에 샘 분비물이 창모세혈관(fenestrated capillary)과 뇌척수액에 접근할 수 있다. 노령 동물은 **뇌모래(corpus arenaceum, acervulus, brain sand)**라는 석회화된 단백질 결석(protein concretion)이 존재할 수 있다(그림 12-8C). 이 침착물의 원인은 알려져 있지 않지만, 샘 기능에는 영향을 미치지 않는 것으로 보인다. 이러한 석회화된 침착물은 조직학적 절편에서 쉽게 관찰되며, 뇌 정중선을 확인하는 방사선 표지자로 사용된다.

솔방울샘세포의 세포질은 약한 호염기성(basophilic)이며, 핵은 불규칙하거나 분엽 형태(lobulated)일 수 있다. 세포질 내에는 잘 발달된 골지복합체와 과립세포질그물, 그리고 많은 소포(vesicle)가 있다. 민말이집신경섬유(nonmyelinated nerve fiber)가 일부 솔방울샘세포와 연접을 형성한다. **솔방울샘세포(pinealocyte)**는 틈새이음(gap junction)을 통해 서로 연결되어 있으며, 인접한 솔방울샘세포, 인근 모세혈관, 그리고 뇌실오목(ventricular recess)의 뇌실막층 바닥까지 뻗어 있다. 시상하부의 **교차위핵(suprachiasmatic nucleus, SCN)**은 중추생체시계(central circadian clock)로 간주된다. 망막신경절세포(retinal ganglion cell)가 빛을 받으면 시각신경(optic nerve)을 통해 교차위핵(SCN)으로 신호를 보낸다. 일부 종에서는 멜라놉신(melanopsin)이라는 청색빛에 민감한 빛색소가 빛억제 멜라토닌 반응을 시작하지만, 다른 색소도 관여한다는 증거가 있다.

교차위핵(SCN)에서 신호는 척수목신경절(spinal cervical ganglion)로 전달된 후, 신경절이후신경섬유(postganglionic nerve fiber)를 거쳐 솔방울샘으로 돌아와 멜라토닌 생성을 억제한다. 어둠주기(dark cycle)가 시작될 때, 교차위핵(SCN)에서 솔방울샘으로 공급되는 교감신경경로는 노에피네프린(norepinephrine, NE)을 분비한다. 노에피네프린(NE)은 솔방울샘세포의 아드레날린수용체에 결합하여 N-아세틸전이효소(N-acetyltransferase)를 활성화시켜 세로토닌(serotonin)을 멜라토닌으로 전환한다. 멜라토닌은 합성되면 저장되지 않고 분비된다.

제3절 갑상샘
Thyroid Gland

시상하부-뇌하수체-갑상샘축(hypothalamus-pituitary-thyroid axis)은 에너지 대사 조절에 필수적이다. 시상하부에서 분비되는 TRH는 샘뇌하수체에서 TSH 분비를 자극한다. **갑상샘(thyroid gland)**은 내배엽 소화관의 머리부분에서 유래한다. 두 엽은 중앙의 잘록부분으로 연결된다. 갑상샘에는 풍부한 창모세혈관(fenestrated capillary)과 모세림프관(lymph capillary)을 가지고 있다. 발달과정에서 넷째인두주머니(pharyngeal pouch IV)에서 세포가 나중에 이주하는 인두기관끝소체(아가미끝소체, ultimopharyngeal body)를 형성한다. 이 소체가 발달 중인 갑상샘과 융합하고, 신경능선세포가 이곳에 정착한다. 이 신경능선세포는 갑상샘 내에서 소포곁세포(parafollicular cell, calcitonin을 생산하는 뜻으로 'C'라고 함)로 분화한다(그림 12-9B).

갑상샘소포(thyroid follicle)는 단층상피로 덮여 있다(그림 12-9A). 일반적으로 이 세포들은 입방 형태를 띠지만, 합성 활성에 따라 더 편평하거나 원주형 세포로 변할 수 있다. 소포의 크기는 지름이 수 μm에서 수백 μm까지 매우 다양하다. 원주세포는 분비가 왕성한 소포를 나타내는 반면, 편평세포는 휴지상태의 소포와 관련된다. 소포세포 세포질에는 풍부한 과립세포질그물(rER), 골지복합체, 분비소포가 있다. 틈새이음은 소포를 둘러싼 모든 세포의 활동을 동기화한다.

당단백질인 **갑상샘글로불린(thyroglobulin)**은 소포 속공간으로 세포외배출(exocytosis)이 되어 **교질(**콜로이드, **colloid)**이라는 물질을 형성한다. 무기아이오딘화물(inorganic iodide)은 혈액에서 소포세포의 세포질로 능동적으로 유반된다(아이오딘화공동운반체, iodide symporter). 세포질 내에서 아이오딘화물은 산화된 후 교질로 들어가 갑상샘글로불린의 타이로신잔기(tyrosine residue)를 아이오딘화한다. TSH가 소포세포의 수용체에 결합하면 교질은 세포내 섭취되어(endocytosed) 섭취소체(endosome)가 용해소체(lysosome)와 융합한다. 아이오딘화잔기는 T_3와 T_4가 세포질액(cytosol)으로 유리되어 갑상샘글로불린에서 분리된다. 그런 다음 이 호르몬은 세포바닥막을 통해 확산된다. 유리된 호르몬의 대부분은 T_4형태이며, 이는 세포 내에서 아이오딘제거효소(deiodinase)에 의해 활성 형태인 T_3로 전환된다(그림 12-10).

TSH와 아드레날린 유입은 GPCR을 자극하여 세포속 cAMP를 상승시키고, 이는 갑상샘글로불린 합성과 갑상샘호르몬의 뷰비를 매개한다. 갑상샘글로불린은 아이오딘화될 수 있는 타이로실부위(tyrosyl sites)를 포함하는 당화이량체(glycosylated dimer)이다. 갑상샘글로불린의 아이오딘화에 관여

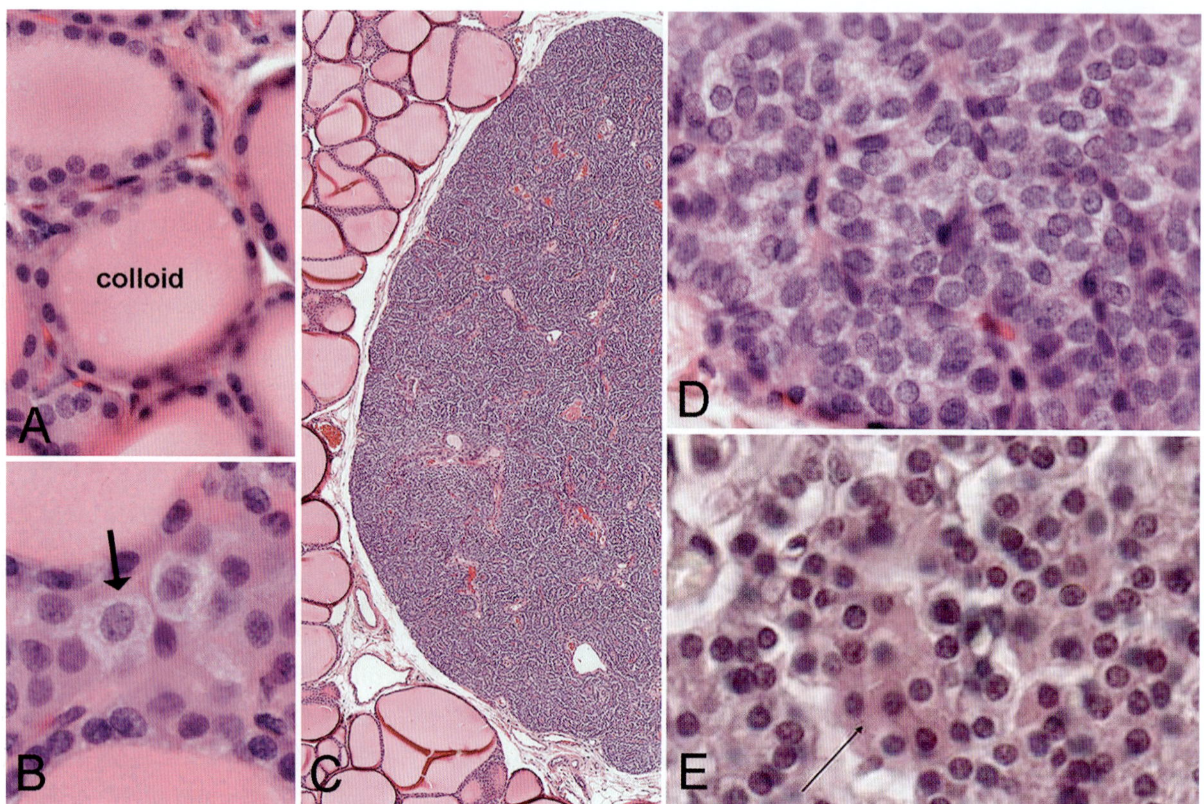

그림 12-9 • A. 교질(colloid)로 채워지고 단층상피로 둘러싸인 갑상샘소포(이 상피의 형태는 세포의 합성활성 정도에 따라 편평상피, 입방상피, 또는 원주상피로 다양하게 나타날 수 있다). B. 칼시토닌을 분비하는 소포곁세포(화살표). C. 갑상샘(왼쪽)과 그에 인접해 위치한 부갑상샘(오른쪽). D. 부갑상샘 실질은 주로 으뜸세포로 구성된다. E. 호산세포(oxyphil cell, 화살표)가 부갑상샘 내에 작은 무리로 존재한다.

하는 효소로는 아이오딘화공동운반체(iodide symporter)와 갑상샘과산화효소가 있다.

갑상샘과산화효소(thyroid peroxidase)는 발현되어 꼭대기세포막(apical membrane)에 결합한다. 과산화수소의 존재 하에서 아이오딘화물(iodide, 요어드화물)은 아이오딘(iodine, 요오드)으로 전환되고, 하나 또는 두 개의 이온이 각각의 타이로실잔기(tyrosyl residue)에 결합되어 **T_1 (monoiodotyrosine, MIT)** 또는 **T_2 (diiodotyrosine, DIT)**를 형성한다. 과산화효소는 갑상샘글로불린 이합체(thyroglobulin dimer) 내에서 아이오도타이로실잔기의 결합을 촉매하여 **T_3 (triiodothyronine)** 또는 **T_4 (tetraiodothyronine)**를 형성한다. T_4는 일반적으로 **타이록신(thyroxine)**이라 한다.

T_3수용체는 리간드-유도전사활성화인자(ligand-induced transactivator)이며, 전사된 유전자는 기초대사율(basal metabolic rate), 열생성(thermogenesis), 포도당신생성(gluconeogenesis)에 영향을 미친다. 중앙융기와 먼쪽부분에서 T_3는 각각 TRH와 TSH의 분비를 음성적으로 조절하는 역할을 한다.

소포곁세포(parafollicular cell, C thyrocyte)는 소포상피세포사이 바닥가쪽구획(basolateral compartment)과 바닥판에 위치하는 반면, 다른 세포들은 소포 사이에서 무리(clusters)를 형성한다(그림 12-9B, 12-11).

이 큰 상피모양세포(개에서 두드러짐)는 **칼시토닌(calcitonin, thyrocalcitonin)**을 합성하고, APUD (*a*mine *p*recursor *u*ptake and *d*ecarboxylation)세포이다(아래의 Diffuse Neuroendocrine System Cells 참조). 칼시토닌의 합성과 분비는 세포사이액의 칼슘 농도에 의해 조절된다. 세포사이 칼슘 농도가 상승하면, 소포곁세포의 칼슘-감지수용체(calcium-sensing receptor)가 이를 감지하고 칼시토닌 방출을 촉발한다. 가스트린 또한 칼시토닌 방출을 촉진한다(Enteroendocrine Cells 참조). 칼시토닌은 뼈파괴세포와 콩팥 상피에 있는 수용체에 결합하여, 뼈파괴세포의 활성을 억제하고 콩팥세관에서 칼슘 재흡수(tubular resorption of calcium)를 감소시켜 혈액과 사이질액의 칼슘 농도를 각각 낮춘다.

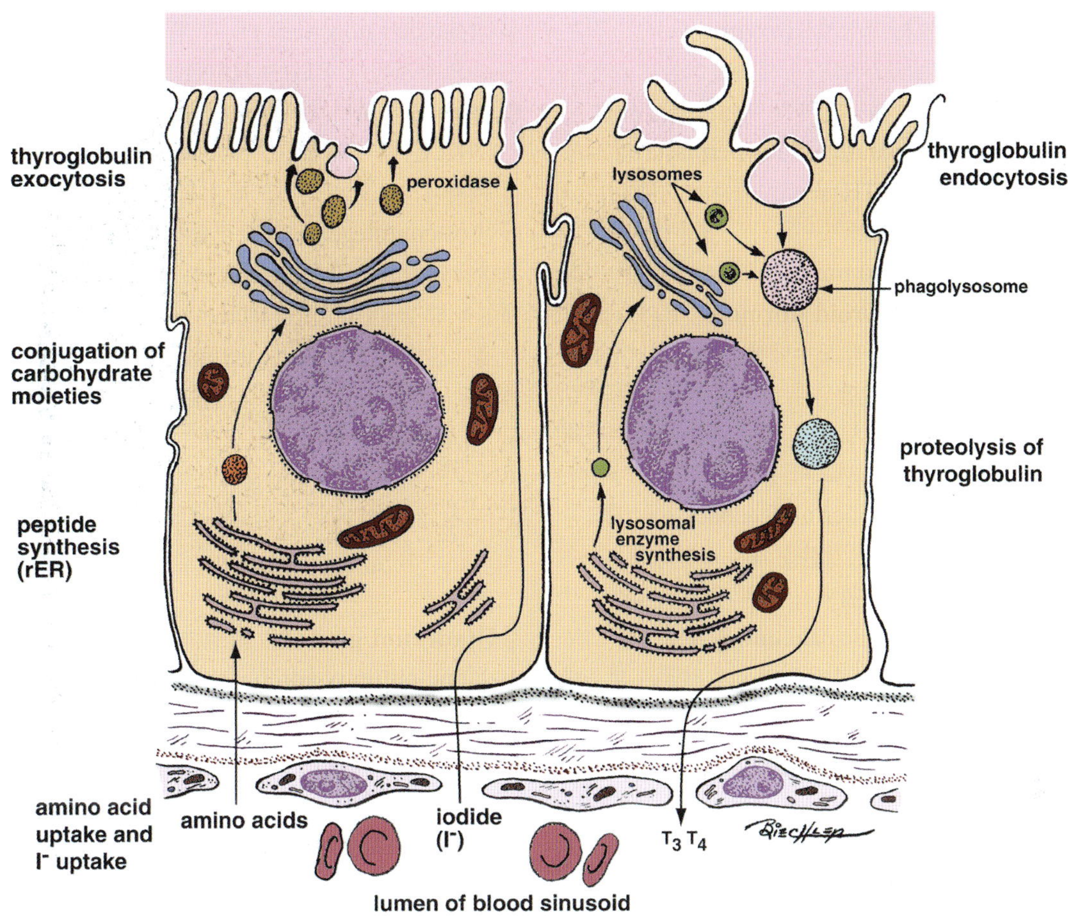

그림 12-10 • 갑상샘글로불린의 생합성(왼쪽 세포), 재흡수와 단백질분해 및 T_3, T_4 분비(오른쪽 세포) 도해.

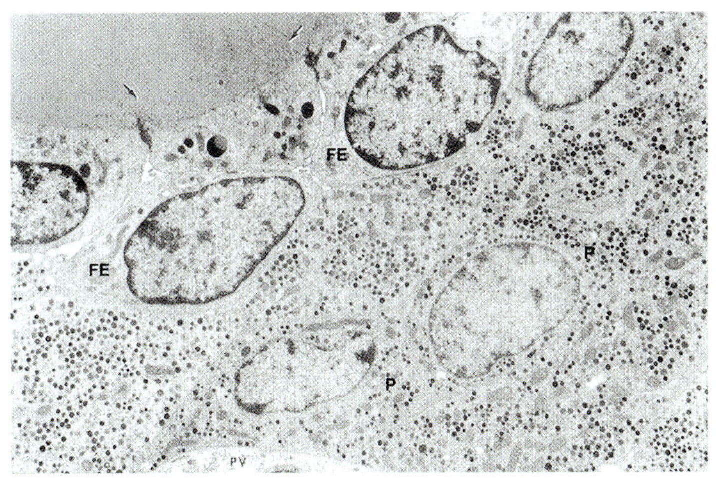

그림 12-11 • 개의 갑상샘 실질. 소포세포(FE)가 소포의 안쪽 면을 덮고 있다. 미세융모(화살표)가 교질(colloid) 속으로 돌출해 있다. 칼시토닌을 생산하는 소포곁세포(P)가 모세혈관주위공간(PV) 가까이에 놓여 있다. (×7,900). (Courtesy of K.R. Moore and S.L. Teitelbaum).

제4절 | 부갑상샘 *Parathyroid Gland*

부갑상샘(parathyroid gland)은 셋째와 넷째 인두주머니의 내배엽(endoderm of pharyngeal pouches III and IV)에서 유래한다. 앞바깥부갑상샘(cranial external parathyroid, external parathyroid gland)은 셋째 인두주머니(pouch III)로부터 형성되고, 뒤속부갑상샘(caudal internal parathyroid, internal parathyroid gland)은 넷째인두주머니(pouch IV)로부터 형성된다. 이 샘에는 피막이 있고 실질에는 광범위한 모세혈관얼기가 있다(그림 12-9C). 섬세한 잔기둥이 섬유피막으로부터 부갑상샘으로 침투한다. 실질은 미세한 아교띠(collagenous band)로 분리된 작은 **으뜸세포(principal cell, chief cell)**가 균일한 무리로 배열된다(그림 12-9D). 으뜸세포의 염색 친화도의 변화는 분비 주기의 차이를 나타낼 가능성이 높으며, 밝게 염색된 세포는 과립세포질그물(rER)과 골지복합체가 덜 두드러진다.

말, 소, 사람의 부갑상샘에는 **호산세포(oxyphil cell)**가 작은 무리로 흩어져 있으며(그림 12-9E), 이 세포는 으뜸세포에 비해 호산성 염색이 더 강하다. 사람의 경우 나이가 들면서 그 수가 늘어나고, 부갑상샘증식(parathyroid hyperplasia)의 일부 사례에서는 부갑상샘호르몬(PTH)을 분비하는 것으로 나타났으나, 그 기능은 알려져 있지 않다.

으뜸세포는 지름이 200~400 nm의 세포질과립 내에 저장되는 **부갑상샘호르몬(parathyroid hormone, PTH)**을 합성한다. PTH는 혈액과 사이질액 모두에서 정상적인 칼슘 농도를 높이고 유지한다. PTH의 합성과 분비는 세포외액의 칼슘 농도에 의해 조절된다. 으뜸세포에 있는 칼슘-감지수용체(calcium-sensing receptor)는 세포외 칼슘 농도를 감시한다. PTH는 내분비 되먹임고리(endocrine feedback loop)를 통해 칼슘 항상성을 유지하는 여러 기전을 가지고 있다. 칼슘 수치가 정상 범위 내에 있을 때, 결합되지 않은 세포밖 이온성 칼슘(unbound extracellular ionic calcium)은 부갑상샘 세포의 칼슘-감지수용체에 결합한다. 수용체의 신호전달은 세포내 칼슘 농도를 증가시켜 PTH 분비를 억제한다. 그러나 칼슘 농도가 낮아지면 PTH 분비 억제가 해제되어 PTH의 합성과 분비가 모두 증가한다.

혈청 내 유리 칼슘(serum-free calcium) 농도가 낮으면 PTH 분비가 시작되어 주로 세 가지 기관계통(organ system)에 주로 작용하여 칼슘 농도를 증가시킨다. PTH는 뼈파괴세포신생(osteoclastogenesis)을 촉진하여 뼈에서 칼슘을 방출하는 주요 인자이다. PTH는 **RANKL (nuclear factor-kappa B ligand)**을 분비하도록 뼈모세포(osteoblast)를 자극한다. RANKL은 뼈파괴세포(osteoclast) 전구체가 성숙한 뼈흡수성 뼈파괴세포로 분화하도록 유도하고, 또한 오스테오프로테게린(osteoprotegerin)의 분비를 억제한다. PTH는 콩팥 먼쪽세관에서 칼슘 재흡수를 촉진하는 동시에 인산염(phosphate) 배설을 증가시킨다. 또한 PTH는 비타민D 합성을 자극하여 창자에서 칼슘-결합단백질(calcium-binding protein)의 합성을 촉진함으로써 간접적으로 창자에서 Ca^{2+} 흡수를 증가시킨다.

제5절 | 부신 *Adrenal Gland*

부신(adrenal gland)은 시상하부-뇌하수체-부신축(hypothalamic-pituitary-adrenal axis)의 일부이다. 바깥겉질(outer cortex)은 중배엽에서 유래하고, 속속질(inner medulla)는 신경능선외배엽(neural crest ectoderm)에서 유래한다. 얇은 결합조직이 겉질과 속질을 분리시킨다(그림 12-12). 치밀불규칙아교결합조직의 단단한 피막이 겉질을 둘러싸며, 얇은 잔기둥으로 확장되어 속질로 뻗어 있다. 부신동맥(adrenal artery)의 가지가 피막내의 모세혈관, 겉질의 창굴모세혈관(fenes-

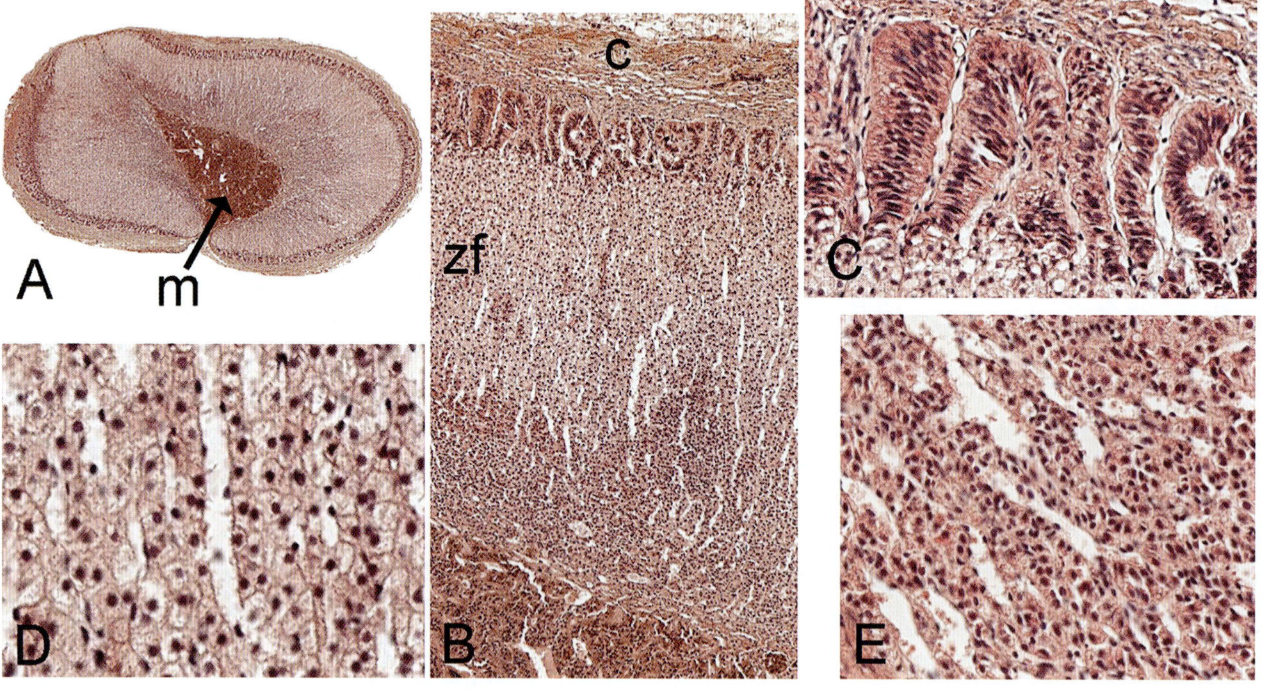

그림 12-12 • 개 부신. **A.** 속질(m)을 보여주는 샘의 단면. **B.** 피막(c)과 다발층(zona fasciculata, zf). **C.** 토리층(zona glomerulosa). **D.** 다발층(zona fasciculata). **E.** 그물층(zona reticularis). (Courtesy of Purdue College of Veterinary Medicine.)

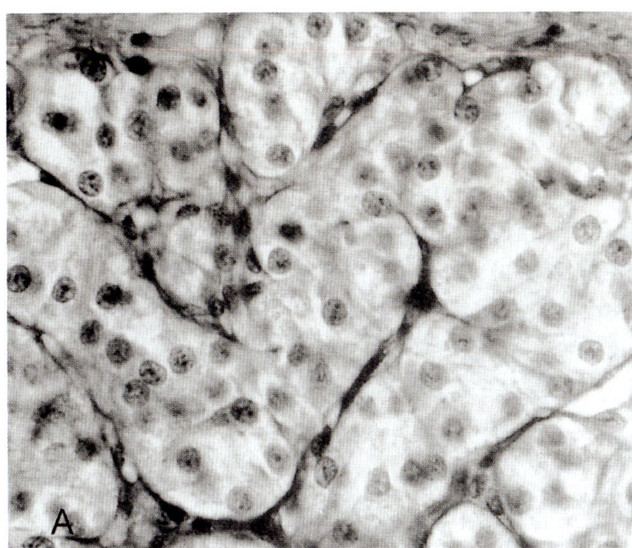

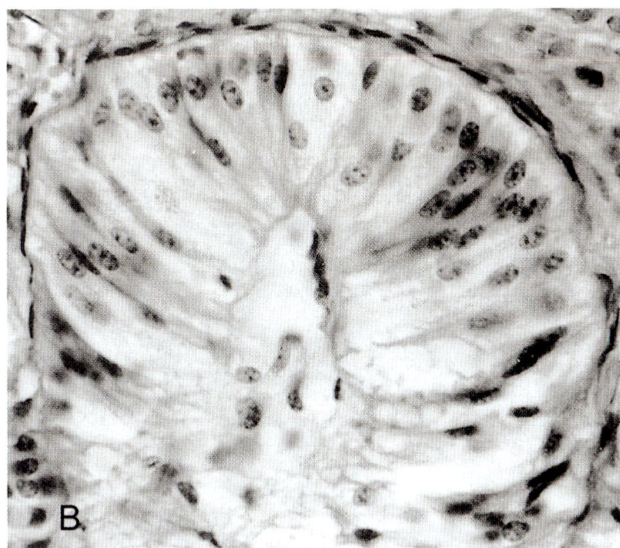

그림 12-13 • 소 부신겉질(A)에서 가장 바깥층은 세포무리 또는 뭉치(토리, glomeruli)를 형성하는 반면, 당나귀 부신겉질(B)에서 세포는 활모양(arcs) 세포배열을 나타낸다. H&E. (×20). (From Dellmann H-D. *Veterinary Histology: An Outline Text—Atlas*. Philadelphia, PA: Lea & Febiger, 1971.)

trated sinusoidal capillary), 그리고 속질 세동맥과 굴모세혈관으로 분포한다. 이러한 순환은 속질에서 합쳐져서 속질굴모세혈관(medullary sinusoid), 정맥굴(venous sinus)을 이루고 마침내 속질정맥(medullary vein)을 이룬다. 신경절이전교감신경축삭(preganglionic sympathetic axon)은 순환계 요소(circulatory element)와 인접한 실질 내를 따라 주행한다. 림프관(lymphatic vessel)은 피막과 성긴(sparse) 버팀질조직 일부에 포함되어 있다.

1. 부신겉질 Adrenal Cortex

토리층(활꼴층, zona glomerulosa, zona arcuata), 다발층(zona fasciculata), 그물층(zona reticularis)은 바깥겉질(outer cortex)의 세 영역이다. 토리층의 세포 배열은 종에 따라 다르다(그림 12-12C, 12-13). 되새김동물과 사람의 경우 가장 바깥층은 타원형 세포의 무리(**토리층, zona glomerulosa**)로 배열되어 있는 반면, 말, 돼지, 육식동물의 경우 원주세포가 활꼴(**활꼴층, zona arcuata**)로 배열되어 있다, 무기질코티코이드(mineralocorticoid), 즉 **알도스테론(aldosterone)**은 바깥겉질에서 생성된다. 이 영역의 세포는 인접한 **다발층(zona fasciculata)** 영역에 비해 둥근 핵과 적은 세포질을 가지고 있다. 겉질 내 세 영역의 모든 세포는 전형적인 스테로이드호르몬 생성 세포의 풍부한 무과립세포질그물(sER)을 가지고 있으며, 사립체는 스테로이드 생합성에 필요한 효소가 들어 있는 세관형능선(tubular cristae)을 가지고 있다.

토리층 세포는 안지오텐신 II(angiotensin II) 신호전달(레닌-안지오텐신-알도스테론계통, renin-angiotensin-aldosterone system)에 반응하여 **알도스테론(aldosterone)**을 분비한다. **레닌(renin)** 분비(아래의 Heart and Kidney와 11장 참조)는 토리세동맥의 혈액 관류압이 낮아지면 유발된다. 혈장단백질인 **안지오텐시노젠(angiotensinogen)**은 레닌의 기질(substrate)이다. 안지오텐시노젠에서 펩타이드인 **안지오텐신 I(angiotensin I)**으로 분리되고, 다시 안지오텐신 I은 허파순환에서 효소작용에 의해 **안지오텐신 II(angiotensin II)**로 전환된다.

알도스테론은 집합세관과 먼쪽곱슬세관에 작용하여 Na^+ 재흡수와 K^+ 배설을 증가시킨다. 알도스테론이 콩팥세관세포로 확산되면 세포질액 수용체에 결합하고 핵으로 수송되어 표적유전자에 있는 호르몬반응요소(hormone response elements)와 결합한다. 집합세관과 먼쪽곱슬세관에서 이러한 표적유전자 발현이 증가되면 바닥가쪽세포막(basolateral membrane)에서의 소듐-포타슘펌프 수송체(Na^+-K^+ ATPase transporter)와 꼭대기세포막(apical membrane)에서의 소듐통로(sodium channel)가 더 많이 생성된다. 그 결과 K^+ 배설이 증가하고 Na^+ 저류가 증가하여 혈액량을 유지하는 데 도움이 된다. 체액량 증가와 K^+ 농도 감소는 레닌과 알도스테론의 분비를 억제하는 음성되먹임고리(negative feedback loop)를 형성한다. 알도스테론은 주로 안지오텐신 II에 반응하여 분비되지만, 포타슘수준(화학수용기신호, chemoreceptor signal)과 ACTH의 증가에 반응하여 더 적은 양으로 분비된다. 토리층의 만성적인 자극(예, 콩팥 질환)은 중간층(zona intermedia) 내에서 세포 증식, 토리층의 성장, 피막을 통하

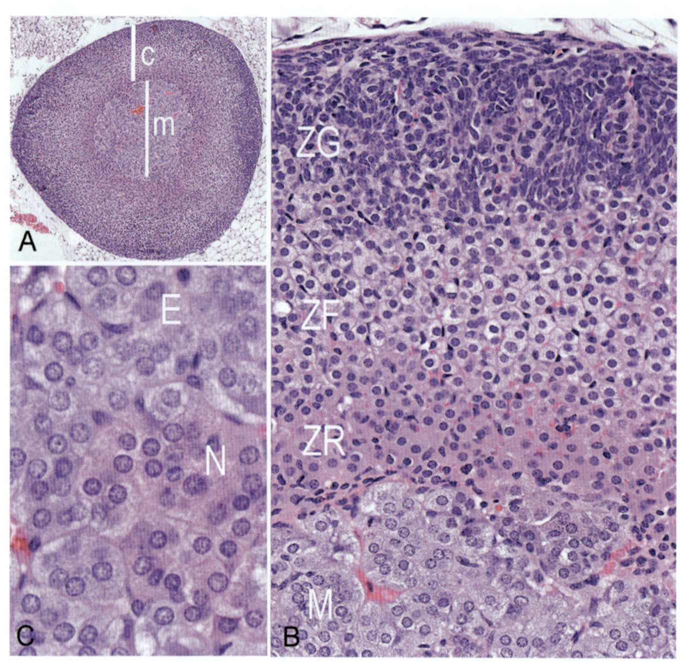

그림 12-14 • 생쥐 부신. **A.** 겉질(c)과 속질(m)을 보여주는 단면. **B.** 토리층(ZG), 다발층(ZF), 그물층(ZR), 속질(M). **C.** 부신속질의 에피네프린(E)과 노에피네프린(N)을 분비하는 세포.

여 실질의 침입, 실질의 덧소절(accessory nodules of the parenchyma) 형성을 유발한다.

다발층(zona fasciculata)은 겉질 중간층(middle zone of cortex)으로, 큰 창모세혈관과 미세한 아교질 버팀질로 분리된 세포 기둥(column) 또는 끈(cord)으로 이루어져 있다(그림 12-12D, 12-14B). 이 층에는 많은 큰 굴모세혈관이 있다. 세포질은 토리층(zona glomerulosa)에 비해 더 풍부하며, 세포는 흐리게 염색되고 많은 지방방울(lipid droplet)로 거품 모양을 띠고 있다. 글루코코티코이드 **코티솔(cortisol)**은 사람과 대부분의 포유동물에서 다발층 세포에서 17α-수산화효소(17α-hydroxylase)를 통해 생산된다. 설치류는 이 효소가 부족하여 이를 대신하여 글루코코티코이드 **코티코스테론(corticosterone)**을 생산한다.

글루코코티코이드는 일주기적(circadian manner)으로 방출되며, 그리고 시상하부의 생리적 스트레스 신호에 반응하여 분비되며, 이로 인해 샘뇌하수체 먼쪽부분의 부신겉질자극세포(corticotroph)에서 ACTH가 분비된다. ACTH는 수용체에 결합하여 스테로이드호르몬 합성효소의 전사를 증가시키는 단백질을 활성화한다. 코티솔은 콜레스테롤에서 프로제스테론, 17-하이드록시프로제스테론(17-hydroxyprogesterone), 그리고 최종적으로 코티솔로 이어지는 일련의 효소반응을 통해 생성된다.

대부분의 코티솔은 코티코스테로이드-결합 글로불린(corticosteroid-binding globulin)이나 알부민(albumin)과 같은 운반단백질(carrier protein)에 결합된 비활성 형태로 순환한다. 운반체에서 분리되면(free from carrier) 코티솔은 표적세포로 확산되어 세포속 글루코코티코이드 수용체(intracellular glucocorticoid receptor)와 결합한다. 리간드-수용체복합체가 핵구멍을 통해 핵 안으로 들어가고 표적유전자의 호르몬반응요소에 결합하여 유전자 전사를 활성화한다. 코티솔은 대사 및 면역 항염증(immune anti-inflammatory) 효과를 모두 나타낸다. 스트레스에 대한 반응으로 코티솔 분비는 에너지 대사를 변화시킨다. 이는 지방분해(lipolysis), 지방산 방출, 지방세포에 의한 포도당 흡수를 자극하고, 동시에 지방세포의 분화와 증식을 자극한다. 근육에서는 단백질 합성이 억제되어 새로운 근육원섬유단백질(myofibrillar protein)의 생성을 방해한다. 코티솔은 또한 근육에서 인슐린의 동화작용 효과에 길항하여 단백질과 근육량의 추가 손실을 초래한다. 간세포에서는 글루코코티코이드가 당원축적(glycogen storage)과 포도당신생성(gluconeogenesis)을 촉진하는 역할을 한다.

글루코코티코이드는 항염증 효과도 발휘한다. 코르티솔은 사이토카인 합성을 억제할 수 있는 NK-κB와 같은 염증성 전사인자를 하향조절 한다. 또한, 글루코코티코이드는 샘뇌하수체 먼쪽부분에 음성되먹임으로 POMC 합성을 억제한다. 시상하부에서는 CRH와 ADH의 합성을 억제한다.

그물층(zona reticularis)은 불규칙한 끈이나 판(plate)으로 배열된 작은 뭇면체세포의 얇은 띠이다(그림 12-12E, 12-14B). 이 층에는 많은 큰 굴모세혈관이 있다. 이 세포는 인접한 다발층보다 지질소포가 적고 더 어둡게 염색된다. 이들은 **안드로젠성호르몬(androgen sex hormone**; dehydroepiandrosterone and androstenedione)을 합성하는 동시에 소량의 글루코코티코이드도 생성한다. 이들 안드로젠은 다른 조직에서 테스토스테론과 에스트로젠으로 전환될 수 있다. 그물층 세포는 종종 갈색 지방갈색소과립(lipofuscin granule)과 농축핵(pyknotic nucleus)을 포함하는데, 이는 세포자멸사(apoptosis)를 나타낸다.

2. 부신속질 Adrenal Medulla

부신속질(adrenal medulla) 세포의 대부분은 카테콜아민(catecholamine)인 에피네프린과 노에피네프린을 분비하는 크로뮴친화세포(chromaffin cell)이다. 신경능선(neural crest)에서 유래한 이 세포들은 변형된 교감신경절세포(modified sympathetic ganglion cell)로 간주된다. 이 세포는 **에피네프린(epinephrine)**과 **노에피네프린(norepi-**

nephrine)을 합성하고, 이러한 신경전달물질을 전자밀도가 높은 분비과립에 저장한다(그림 12-14C). 포타슘다이크로뮴산(potassium dichromate)이 함유된 고정제(fixative)는 세포 내 카테콜아민을 갈색으로 산화시킨다. 카테콜아민과 유사한 분자(catecholamine-like molecules)를 함유하는 이 세포와 다른 세포는 **크로뮴친화세포(chromaffin cell)**라고 한다. 실질 내 크로뮴친화세포 무리는 신경절이전교감신경섬유(preganglionic sympathetic nerve fiber)와 가끔씩 교감신경 신경세포(sympathetic neuron)와 함께 굴모세혈관에 의해 분리되어 있다. 속질 주변부와 속질굴모세혈관에 인접한 원주세포(말, 되새김동물, 돼지)는 에피네프린을 생성하는 반면, 속질의 둥근세포는 노에피네프린을 생성한다. 노에피네프린은 phenylethanolamine *N*-methyltransferase 효소에 의해 에피네프린으로 전환된다.

피막에서 잔기둥을 따라 뻗어 있는 확장된 신경절이전교감신경축삭(preganglionic sympathetic axon)은 여러 속질세포와 연접한다. 신경전달물질인 아세틸콜린은 연접에서 분비되어 분비과립으로부터 에피네프린과 노에피네프린의 세포외배출(exocytosis)를 유발한다. 교감신경계통에 의한 에피네프린과 노에피네프린의 분비는 이차적인 스트레스반응축(secondary stress response axis)을 구성한다. 에피네프린과 노에피네프린은 모두 다양한 조직과 기관의 GPCR 계열 α- 및 β-아드레날린수용체에 결합한다. 에피네프린과 노에피네프린은 '**싸움도피기전(fight-or-flight mechanism)**' 중재자이며, 심박동수를 증가시키고 뼈대근육과 간에서 당원분해를 일으킨다.

제6절 내분비조직과 세포

Endocrine Tissues and Cells

1. 이자섬 Pancreatic Islets

이자의 내분비세포는 외분비 이자조직 내에서 자체 혈관을 가진 섬(islets)을 형성한다(그림 12-15). 섬에서 나오는 정맥은 인접한 외분비이자꽈리(exocrine pancreas acinus)에 공급된다. 이자섬(pancreatic islets)의 크기는 몇 개의 내분비세포에서 수천 개의 세포가 무리를 이루는 것까지 다양하다. 이자섬의 주요세포에는 글루카곤(glucagon)을 분비하는 **알파세포(alpha cell, α cell)**, 인슐린(insulin)을 분비하는 **베타세포(beta cell, β cell)**, 성장억제호르몬(somatostatin, SST)을 분비하는 **델타세포(delta cell, δ cell)**가 포함된다. 감마-이자펩타이드(γ-pancreatic peptide)를 분비하는 이자펩타이드세포(PP cell)와 그렐린(ghrelin)을 분비하는 입실론세포(ε cell)도 소수 있다. 일반 H&E 염색으로는 이러한 세포 유형을 구분할 수 없으며, 면역세포화학이 분비과립 내용물을 확인하는 가장 정확한 방법이다.

알파세포와 베타세포는 포도당의 항상성을 유지하기 위해 주변분비방식(paracrine mode)으로 서로 영향을 미친다. 베타세포의 인슐린은 알파세포 기능을 억제하는 반면, 알파세포는 베타세포 기능을 자극하고 포도당에 의해 자극된 인슐린 분비를 증가시키는 인자(글루카곤 및 아세틸콜린)를 분비한다. 델타세포에서 분비되는 성장억제호르몬(SST)은 주변분비방식으로 알파세포와 베타세포 모두의 활성을 억제할 수 있다.

글루카곤(glucagon)을 합성·저장하는 알파세포는 섬 세포 집단의 5~30%를 차지한다. 돼지의 경우 알파세포의 수는 출생 시 거의 50%에서 성체(성돈)가 되면 8~20%로 감소한다. 말의 경우 알파세포는 섬의 중앙에 있는 반면, 소의 경우 주변부에 있다. 개 이자의 오른쪽엽 배쪽에 위치한 섬에는 알파세포가 없다. 글루카곤 분비는 저혈당(hypoglycemia)에 반응하여 일어난다. 글루카곤은 분비 후 간세포, 뼈대근육세포, 지방세포의 수용체에 결합하여 아데닐산고리화효소(adenylate cyclase)를 활성화하고, cAMP 농도를 증가시킨다. 이 과정은 저혈당에 대항하는 당원분해(glycogenolysis)와 포도당신생성(gluconeogenesis)을 촉진한다.

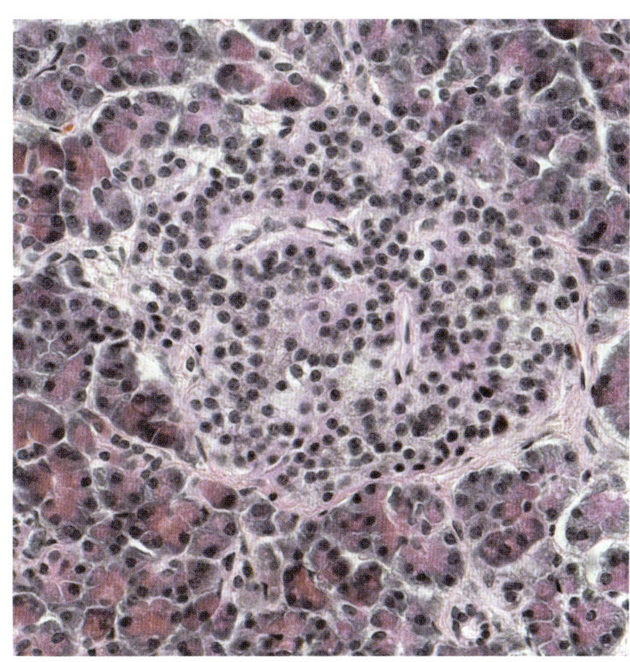

그림 12-15 • 개 내분비 이자섬. 내분비섬(중앙에 밝게 염색된 부분)이 외분비꽈리에 둘러싸여 있다. 꽈리세포는 어둡게 염색되는 효소원과립을 갖고 있다. 이자섬은 주로 베타세포(인슐린), 알파세포(글루카곤), 그리고 델타세포(SST)를 포함하고 적은 수의 이자폴리펩타이드세포(PP)와 입실론세포(그렐린)을 갖는다. 굴모세혈관이 이자섬에 관류되어 있다. (×100). (Courtesy of Purdue College of Veterinary Medicine.)

인슐린(insulin)을 합성·저장하는 베타세포는 섬 세포의 대부분(60~80%)을 구성하며, 면양에서는 더 높은 비율(98%)이 관찰되었다. 혈당 수치가 상승하면 베타세포에 인슐린을 분비하라는 신호가 전달되고, 이 반응은 다른 영양소(아미노산과 유리지방산)에 의해 강화된다. 포도당은 GLUT-2에 의해 베타세포 안으로 운반된다. 포도당은 베타세포 안에서 ATP를 생성하고, 전압개폐칼슘통로(voltage-gated Ca^{2+} channel)를 활성화하는 막 탈분극을 유발하여 ATP-민감포타슘통로(ATP-sensitive K^{+} channel)를 닫는다. 세포속 칼슘 농도 증가는 인슐린의 세포외배출을 유발한다. 인슐린은 간세포, 뼈대근육세포, 지방세포에 있는 리간드-활성화된 타이로신인산화효소 수용체(ligand-activated tyrosine kinase receptor)에 결합한다. 활성화된 수용체는 인슐린수용체기질단백질 1과 2(insulin receptor substrate protein)의 인산화를 시작하고, 단백질인산화효소(protein kinase)와 인산염분해효소(phosphatase)를 통해 하향신호(signals downstream)를 전달한다. 인슐린은 동화작용을 지지하고 고혈당(hyperglycemia)에 대항하는 효소의 합성을 촉진한다.

델타세포에 의해 합성(및 저장)되는 성장억제호르몬(SST)은 광범위한 내분비 및 신경 효과를 나타낸다. 앞서 언급했듯이, SST는 주변분비방식(paracrine mode)으로 알파세포와 베타세포를 억제하지만, 자가분비방식(autocrine mode)으로도 작용하여 자신의 분비를 억제할 수 있다. SST는 시상하부 신경세포에서 발현되며 GHRH와 TRH의 분비를 억제할 수 있다. 또한 SST는 중추적 신경전달물질로 작용하여 창자내분비세포의 주변분비를 조절한다. SST가 수용체에 결합하면 세포속 Ca^{2+} 농도를 낮추어 호르몬 분비를 억제한다. 이 기전은 또한 표적세포에서 유사분열촉진제-활성화된 인산화효소(mitogen-activated kinase)를 하향조절하여 유사분열주기 진입을 억제한다.

2. 곁신경절 Paraganglia

카테콜아민세포(catecholaminergic cell)가 둥지 또는 토리 형태(nest or glomeruli pattern)로 배열된 작은 무리(small cluster)를 **곁신경절(paraganglia)**이라고 한다. 가장 많이 연구된 곁신경절은 온목동맥의 분기점(bifurcation) 바깥막에 위치하는 **목동맥토리(carotid glomus, carotid body)**이다. 혈관이 풍부한 목동맥토리의 크기는 종에 따라 다르다. 목동맥토리 세포에는 **토리1형세포(토리세포, glomus type I cell, glomus cell)**라고 하는 신경세포-유사 화학수용기 세포(neuron-like chemoreceptor cell)와 아교세포와 유사한 **토리2형세포(버팀세포, glomus type II cell, sustentacular cell)**가 있다. 목동맥팽대신경(carotid sinus nerve)은 여러 개의 신경섬유를 목동맥토리로 보내 토리세포(glomus cell)에서 끝난다. 1형세포(토리세포)는 도파민과 같은 카테콜아민과 아세틸콜린, 세로토닌, GABA, substance P와 같은 신경전달물질의 공급원이다. 화학수용기(chemoreceptor) 기능을 하는 1형세포는 뇌로 흐르는 혈중 포도당 및 젖산 수치뿐만 아니라, 산소와 이산화탄소의 분압, pH를 감시한다. 1형세포는 저산소증 또는 고이산화탄소혈증(hypercapnia)에 의해 활성화되며, 들신경섬유는 뇌줄기의 신경세포를 자극하여 과호흡(hyperventilation)이나 교감신경 활성화라는 보상반응을 유발하여 혈압과 심장박출량(heart stroke volume)을 증가시킨다. 또한 화학수용기세포의 작은 무리는 **대동맥토리(aortic glomus, aortic body)**와 다른 목의 곁신경절에서도 발견된다.

3. 퍼진신경내분비계통세포

Diffuse Neuroendocrine System Cells

퍼진신경내분비계통(diffuse neuroendocrine system, DNES) 세포는 호흡, 비뇨, 생식, 소화계통의 상피 전반에 걸쳐 분포한다. 이 세포는 세포질에 치밀분비과립을 포함하고 있으며, 신경내분비 표지자인 chromogranin A와 synaptophysin을 발현한다. 이러한 신경내분비세포의 하위집단은 원래 염색 반응에 따라 분류되었다. 크로뮴염(chromium)에 반응하는 세포를 크로뮴친화세포(chromaffin cell)라고 불렀다. 마찬가지로, 은 염색에 반응하는 세포는 은친화세포(argentaffin cell)라고 불렀다. 일부 DNES는 아민을 흡수하고 카복실기제거 능력에 따라 분류되었으며, **APUD세포(APUD cell)**이다.

창자내분비세포(enteroendocrine cell)는 위창자 내벽 상피의 약 1%를 차지한다. 이 세포들은 다른 상피세포 사이에 분산되어 바닥판에 부착되어 있다. 대부분은 피라미드 모양이며, 세포질은 속공간으로 뻗어 있고, 분비과립은 바닥부에 더욱 가깝게 저장되어 있다. 면역세포화학법을 이용하여 이 세포들의 분비물을 확인할 수 있다. 창자내분비세포에서 생성되는 호르몬 목록은 연구를 통해 지속적으로 수정되고 있다. 생성되는 호르몬에는 gastrin, secretin, motilin, pancreatic polypeptide(PP), glucagon, glucagon-like peptide 1, insulin, vasoactive intestinal polypeptide(VIP), somatostatin, ghrelin, histamine, neuropeptide Y(NPY), neurotensin, peptide YY, cholecystokinin(CCK)이 있다. 이 호르몬들은 음식물 섭취, 소화, 영양분 흡수, 그리고 기초대사에 영향을 미치는 과정을 억제하거나 자극한다.

허파신경내분비세포(pulmonary neuroendocrine cell, 허파상피의 약 0.5%)는 단일 세포로 존재하거나 신경상피체(neuroepithelial body)라고 하는 무리를 이루기도 한다. 이들은 기도의 분지점에 위치하며 직접 신경 지배를 받는다. 정상 및 질병 상태에서 이 세포의 역할은 최근 연구의 주제로 다루어지고 있다. 이들은 저산소증의 화학수용기(chemosensor) 역할을 할 뿐만 아니라 신경펩타이드의 분비를 통해 면역 반응에 영향을 미치는 역할도 한다.

4. 기타 내분비세포 Other Endocrine Cells

1) 지방세포 Adipocytes

홑칸지방조직(백색지방조직, unilocular adipose tissue, white adipose tissue, 3장 참조)은 한때 주로 에너지 저장 유형의 결합조직으로 간주되었다. 그러나 1994년 렙틴이 발견되면서 **지방세포(adipocyte)**가 포도당 및 지질 대사, 식욕 조절, 응고 및 섬유소용해, 면역 및 생식 기능, 혈관 항상성에 광범위한 영향을 미치는 주요 내분비 기능을 가지고 있다는 사실이 밝혀지면서 이해가 확장되기 시작했다. 지방세포는 인슐린, GH, 노에피네프린, 글루코코티코이드에 대한 수용체를 가지고 있다. 지방세포에서 생성되는 일부 인자는 렙틴(leptin), 인터루킨(IL-6), 종양괴사인자(TNF-α), 아디포넥틴(adiponectin), 레지스틴(resistin), PAI-1, 안지오텐시노겐, VEGF, 그리고 IGF-1이 있다. IL-6계열의 16 kDa 사이토카인 펩타이드인 렙틴은 시상하부의 세포에 작용하여 배고픔과 섭식 행동을 조절하는 데 중추적인 역할을 한다. 렙틴이 시상하부 수용체에 결합하면, 배고픔을 촉진하는 **신경펩타이드 Y(neuropeptide Y, NPY)**와 **아구티-관련펩타이드(agouti-related peptide, AgRP)**의 효과가 억제하고, 또한 배고픔 억제제인 α-MSH 합성을 촉진한다.

2) 심장과 콩팥의 내분비세포 Endocrine Cells of the Heart and Kidney

혈압과 혈액량의 유지는 순환 항상성에 필수적이다. 신경뇌하수체에서 분비되는 ADH 외에도 심장의 특수세포가 펩타이드를 생성하고, 콩팥은 혈압과 혈액량을 유지하기 위해 단백질분해효소(preoteolytic enzyme)와 프로테오글리칸 사이토카인을 생성한다. 심방근육에서 일부 심장근육세포는 **심방나트륨배설펩타이드(atrial natriuretic peptide, ANP)**로 알려진 펩타이드호르몬을 합성하여 분비소포에 저장한다(7장 참조). 혈액량이 정상 수준을 넘어 증가하면 심방근육세포의 늘어남이 증가하여 일련의 효과가 시작된다. 막칼슘통로가 열리고 이로 인해 ANP의 세포외배출이 시작된다. ANP는 표적세포의 수용체에 결합하여 구아닐산 고리화효소(guanylate cyclase)를 활성화하고 cyclic guanosine 3′,5′-monophosphate (cGMP)의 농도를 증가시킨다. cGMP는 cAMP를 비활성화하는 포스포다이에스터분해효소(phosphodiesterase)를 활성화하여 cAMP에 의해 구동되는 세포기능을 억제한다. 콩팥에서 ANP는 집합관에 작용하여 ADH의 효과를 길항하고, 토리곁세포에서 레닌 분비를 억제한다. 뇌에서 ANP는 ADH 분비를 억제한다.

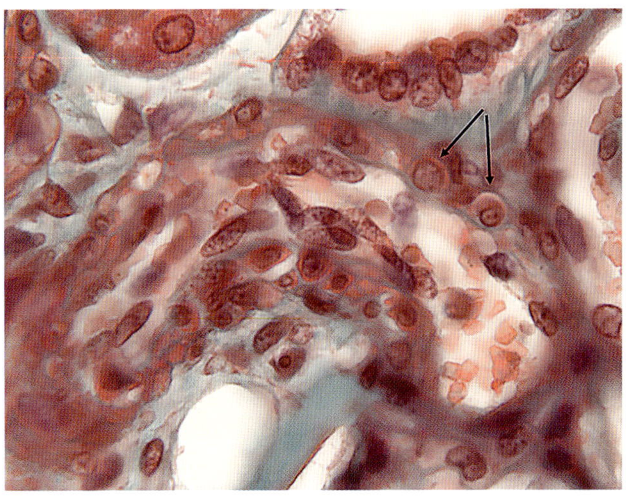

그림 12-16 • 콩팥 토리의 들세동맥 벽에 있는 레닌을 분비하는 토리곁세포. (×400).

토리들세동맥의 중간막에는 **레닌** 과립(**renin** granule)을 합성하고 저장하는 변형된 민무늬근육세포(토리곁세포, juxtaglomerular cell)가 있다(그림 12-16). 이 세포는 레닌-안지오텐신-알도스테론계통(rennin-angiotensin-aldosterone system)의 일부이다(11장 참조). 토리에서 혈액 관류가 감소하면 압력수용기 신호가 발생하고 그에 따라 레닌을 분비한다. 이 신호는 세동맥 근육세포 막의 기계적 교란이나 특정 신호(예, [K^+] 증가, 프로스타글란딘 E_2 합성 또는 ATP분비)에 대해 치밀반점세포(macula densa cell)에 의한 화학수용기 반응으로 발생한다. 레닌 분비는 안지오텐신 II(angiotensin II)를 생성하는 효소연쇄반응을 촉발한다. 안지오텐신 II는 부신겉질의 토리층에 있는 AT1 수용체와 결합하여 알도스테론(aldosterone)을 분비한다. 알도스테론은 먼쪽세관(distal tubule)과 집합관의 상피에서 소듐-포타슘펌프 수송체와 소듐통로(Na^+ channel)의 발현을 증가시켜 체액량을 증가시키고 포타슘농도(K^+ level)를 낮춘다.

3) 난소 내분비세포 Endocrine Cells of Ovary

난포(ovarian follicle)에는 과립층세포(granulosa cell)와 난포막세포(theca cell)를 포함하는 내분비세포와 생식세포(gamete cell; 난자, 난모세포)가 있다(14장 참조). 바닥판(basal lamina, 바닥막, basement membrane)은 내분비성 속난포막층(theca interna layer)과 비내분비성 바깥난포막층(theca externa layer)으로 구성된 혈관화된 난포막층(theca

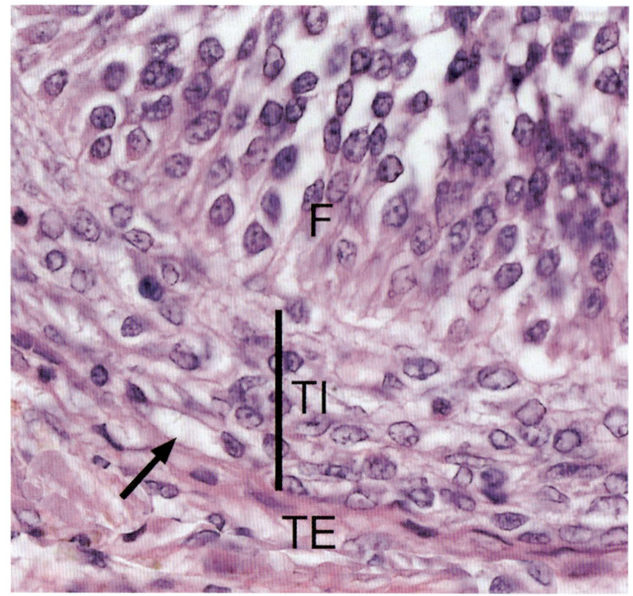

그림 12-17 • 난소 삼차난포의 난포세포(F). 속난포막세포(TI)는 스테로이드 생성세포의 지방 내용물 때문에 투명한 세포질(화살표)을 갖는다. 바깥난포막세포(TE)는 섬유모세포유사 결합조직세포이다. (×400).

layer)으로부터 무혈관의 과립층세포층을 분리한다(그림 12-17). 난소의 내분비세포인 과립층세포와 난포막세포는 배아중배엽(embryonic mesoderm)에서 발생한다. 배아 발생 중에 원시종자세포(primodial germ cells; 난조세포, oogonia)는 배꼽소포(umbilical vesicle, 난황주머니, yolk sac)에서 이동하여 생식샘융기(gonadal ridge)에 정착하여 난소 형성에 기여한다. 배아 난소에서 원시종자세포(난조세포)는 중간엽세포(mesenchymal cell)로 둘러싸여 있으며, 이 세포는 나중에 분화하여 난포세포(follicular cell, 과립층세포의 전구체, granulosa cell precursor)로 지정된 상피세포로 변형된다. 바닥판(바닥막)은 전체 구조를 감싸 원시난포(primordial follicle)를 형성한다.

성체 난소에는 원시난포, 일차난포, 이차난포, 그리고 삼차난포(Graafian follicle)를 포함하는 다양한 발달 단계의 난포가 있다. 또한 난소에는 활동성이거나 퇴행 중인 황체(corpus luteum)와 폐쇄난포(atretic follicle)가 있을 수 있다. 발달 중인 난포는 에스트라디올(estradiol, estrogen)을 생성하며, 이 과정에는 난포막세포와 과립층세포의 복합적인 작용이 필요하다.

난포막세포는 안드로젠(androgen)을 생성하는데, 과립층세포는 이를 에스트로젠(estrogen)으로 전환한다. 과립층세포는 안드로젠 생성에 필요한 CYP17 (17 alpha-hydroxylase/C17, 20-lyase)효소가 없고, 난포막세포는 aromatase(CYP19) 활성이 없기 때문이다.

FSH는 작은 난포에서 과립층세포의 증식, aromatase(CYP19)의 발현, 에스트로젠의 생산을 자극한다. FSH는 에스트로젠과 연합하여 큰 난포 과립층세포에서 LH 수용체의 발현을 유도한다. 과립층세포는 또한 폴리펩타이드호르몬인 인히빈(ihnibin)과 액티빈(activin)을 분비한다. 황체형성호르몬(LH)은 난포막세포를 자극하여 안드로젠을 생성한다. 큰 난포에서 LH는 과립층세포를 자극하여 안드로젠을 에스트로젠으로 전환한다.

배란 후 과립층세포와 난포막세포가 증식하고, 난포의 전체 벽이 황체로 변형되어, 황체는 일시적인 내분비기관 역할을 하며 다량의 프로제스테론(주기황체, corpus luteum cyclicum, corpus luteum of cycle)을 생성한다. 초기에 발달 중인 황체에는 작은황체세포(난포막황체세포, small luteal cell, theca lutein cell)와 큰황체세포(과립층황체세포, large luteal cell, granulosa lutein cell)라는 두 가지 주요 유형의 내분비세포가 있다. 나중에 작은황체세포가 비대해져 큰황체세포로 변형된다. 황체는 혈관이 매우 발달되어 있다. 임신이 되면, 수태물(conceptus)의 영양막세포(trophoblast cell)는 호르몬(예, 융모막생식샘자극호르몬, chorionic gonadotropin) 또는 황체의 기능을 향상시키는 인자를 분비하여, 임신황체(corpus luteum graviditas, corpus luteum of pregnancy)로 지속된다. 임신이 되지 않으면 황체는 퇴화하여 백체(corpus albicans)를 형성한다.

난소에서 분비되는 스테로이드호르몬은 자궁과 젖샘의 기능을 조절하고, 시상하부에서 분비되는 GnRH와 샘뇌하수체(뇌하수체 앞엽)에서 분비되는 FSH와 LH에 대한 음성되먹임 조절을 한다. 인히빈과 액티빈은 각각 FSH 분비를 억제하거나 자극한다.

4) 태반 내분비세포 Endocrine Cells of Placenta

임신 중 발달하는 태반은 황체와 같은 일시적인 기관이며(15장 참조), 태반은 **태아태반(fetal placenta, pars fetalis)**과 **모체태반(maternal placenta, pars uterina)**이 있다. 침습적 착상(invasive implantation)을 하는 종(예, 사람, 설치류)에서는 탈락막(decidua)이라 불리는 모체태반이 자궁속막 버팀질(stroma)에 있는 세포의 변형과 분화로 형성된다. 반대로 비침습적 착상(noninvasive implantation)을 하는 종(예, 되새김동물, 말, 돼지)에서는 자궁속막의 일부가 모체태반을 구성한다. 영양막층 또는 그 파생물인 융모융모막(villous chorion)이 태아태반을 형성한다. 태반의 태아와 모체 부분은 모두 시상하부나 샘뇌하수체에서 분비되는 호르몬(예, 태반락토젠, 젖분비호르몬, POMC 펩타이드, 옥시토신, 렙틴, 아디포넥틴) 및 난소에서 생성되는 스테로이드호르몬(예, 프로제스테론과 에스트로젠)과 구조 그리고/또는 기능이 유사한 여러 단백질 또는 펩타이드호르몬을 합성하고 분비한다. 사람의 경우, 태아태반의 영양막세포는 LH처럼 작용하는 **사람융모생식샘자극호르몬(human chorionic gonadotropin, HCG)**을 분비한다. 또한, 말 배아의 영양막세포는 자궁속막에서 분리되어 침입하고, 그곳에서 증식하여 **자궁속막컵endometrial cups)**이라는 세포 무리를 형성하여 **말융모막생식샘자극호르몬(equine chorionic gonadotropin, eCG)**을 분비한다. 이전에는 '임신말혈청생식샘자극호르몬(pregnant mare's serum gonadotropin, PMSG)'이라고 불렸던 eCG는 다른 종에 주입되면 FSH의 역할을 한다. 태반호르몬의 표적에는 태아의 생식샘, 모체의 자궁, 난소, 젖샘, 모체의 포도당대사 등이 있다.

5) 고환 내분비세포 Endocrine Cells of Testis

고환은 내분비세포(사이질세포, interstitial cell, Leydig cell), 양육세포(nuturing cell) 또는 버팀세포(sustentacular cell, Sertoli cell), 그리고 서로 다른 발달 단계에 있는 생식세포를 포함한다(13장 참조). 고환에는 사이질칸, 바닥칸, 속공간쪽칸(adluminal compartment)이라는 여러 공간이 있다. 바닥칸(basal compartment)과 속공간쪽칸(adluminal compartment) 모두 정세관(seminiferous tubules) 내에 있다. 근육모양세포를 포함하는 바닥막은 정세관을 둘러싸고 있으며, 바닥과 사이질칸(interstitial compartment)을 분리한다. 근육모양세포(myoid cell)는 민무늬근육을 닮은 수축세포(contractile cell)이며, 정세관에 구조적 지지를 제공하고, 변형된 세관주위세포(peritubular cell)로 간주된다. 서로 인접한 버팀세포 사이의 폐쇄띠는 바닥칸과 속공간쪽칸을 구분한다. 버팀세포는 정세관 주변에 있고 사이질세포(Leydig cell)는 사이질칸에 있다. 원시종자세포(primordial germ cell, 정조세포 spermatogonia)는 바닥칸에서 발견된다. 발달 중인 정모세포(spermatocyte), 둥근 정자세포(round spermatid), 그리고 길쭉한 정자세포(elongated spermatid)는 정세관 속공간(lumen)으로 뻗어 있는 속공간쪽칸의 버팀세포에 부착된다.

사이질세포와 버팀세포는 배아 중배엽에서 발생한다. 배아 발생과정에서 원시종자세포(정조세포)는 배꼽소포(난황주머니, umbilical vesicle, yolk sac)에서 이동하여 고환형성과정에서 생식샘능선에 정착한다. 사이질세포는 주로 LH에 반응하여 테스토스테론(안드로젠)을 생성한다. 또한 옥시토신과 같은 다른 호르몬도 합성한다. FSH는 버팀세포가 ABP를 합성하고 분비하도록 자극하는데, ABP는 정세관 속공간에 다량의 테스토스테론을 격리하는 역할을 한다. 버팀세포는 또한 인히빈과 액티빈을 분비한다.

테스토스테론은 FSH와 연합하여 정자(spermatozoa, 정자발생 spermatogenesis)의 발달을 조절한다. 또한 수컷 덧생식샘(예, 전립샘) 기능과 수컷 이차성징 발현(예, 근육조직의 발달)을 조절한다. 테스토스테론은 시상하부에서 GnRH 분비와 샘뇌하수체(뇌하수체 앞엽)에서 LH와 FSH 분비에 음성되먹임 조절한다. 인히빈과 액티빈은 각각 FSH 분비를 억제하거나 자극한다.

임상 관련 *Clinical Correlations*

성체-발병 범뇌하수체저하증(Adult-onset panhypopituitarism): 압박 또는 손상(보통 샘종)은 부적절한 샘뇌하수체호르몬과 다른 내분비기관에 대한 후속효과(downsream effect)를 초래한다. 개나 고양이에서 흔하다.

소아-발병 범뇌하수체저하증(Juvenile-onset panhypopituitarism): 샘뇌하수체가 완전히 발달하지 않거나 종양에 의해 손상되는 경우가 있다.

요붕증(Diabetes Insipidus): 뇌하수체에서 항이뇨호르몬(ADH)을 충분히 분비하지 못하는 중추성요붕증(central diabetes insipidus)과, 콩팥에서 ADH에 대한 반응이 저하되는 콩팥기원 요붕증(nephrogenic diabetes insipidus)으로 나눌 수 있다. 개와 고양이에서 흔히 발생한다.

갑상샘저하증(hypothyroidism), 갑상샘항진증(hyperthyroidism): 모두 반려동물에서 발생할 수 있다. 개의 갑상샘기

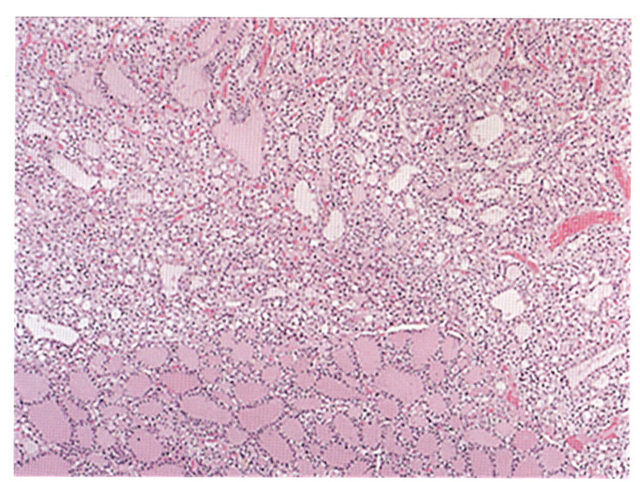

그림 12-18 • 고양이 갑상샘항진증. 노령 고양이에서 흔히 나타나는 내분비 상태로, 체중감소, 식욕증가, 구토, 그리고 설사 소견을 보인다. 이는 갑상샘의 비대로 인해 갑상샘호르몬이 과다하게 생성되면서 발생하며, 비대한 갑상샘은 갑상샘종(goiter)으로 추지된다. (Reprinted with permission from Salguero Bodes FJ, Pallares Martinez FJ. Aughey and Frye's Comparative Veterinary Histology with Clinical Correlates. 2nd ed. Boca Raton: CRC Press, 2023.)

능저하증의 주요 증상으로는 털빠짐 또는 털질이 얇아짐, 체중 증가, 무기력이 있으며, 개에서 갑상샘기능항진증은 드물지만, 고양이에서는 상대적으로 흔하다(그림 12-18).

고코티솔증(쿠싱증후군, hypercortisolism, Cushing's syndrome): **다음증(polydipsia)**과 **다뇨증(polyuria)**을 동반하며, 가장 흔하게는 뇌하수체 종양에 의해 발생하고, 때로 부신 종양에 의해서도 발생할 수 있다.

부신겉질저하증(애디슨병, hypoadrenocorticism, Addison's disease): 코티솔과 알도스테론의 농도에 모두 영향을 줄 수 있다.

핵심 정리 *Essentials*

뇌하수체(Pituitary): 시상하부 깔때기를 통해 연결되어 있으며, 샘부분(샘뇌하수체)과 신경부분(신경뇌하수체)으로 나뉜다. **샘뇌하수체(adenohypophysis)**는 부신겉질자극세포(ACTH), 갑상샘자극세포(TSH), 생식샘자극세포(FSH, LH), 멜라닌자극세포(α-MSH) 같은 **호염기세포(basophil)**와 성장자극세포(GH, somatotropin), 젖샘분비호르몬세포(PRL) 같은 **호산세포(acidophil)**를 포함한다. 호르몬의 생성은 시상하부에서 일차모세혈관얼기(primary capillary plexus)로 분비되는 촉진 또는 억제인자(releasing/inhibiting factor)에 의해 조절된다. **신경뇌하수체(neurohypophysis)**는 시상하부에서 생성된 항이뇨호르몬(ADH)과 옥시토신(oxytocin)이 분비되는 부위로, 신경분비소체(neurosecretory body)라 불리는 축삭 말단 내 신경분비과립을 포함한다.

갑상샘(Thyroid): 소포세포(follicular cell)가 갑상샘글로불린(thyroglobulin)을 소포 내로 분비하여 아이오딘화시키고, 이를 세포내섭취하여 용해소체에서 분해한 뒤, T3와 T4를 세포 바닥으로 분비한다. 소포곁세포(parafollicular cell, C cell)는 칼시토닌을 분비한다.

부갑상샘(Parathyroid): 부갑상샘호르몬(PTH)을 분비하는 으뜸세포(chief cell)를 포함한다.

부신(Adrenal gland): ***겉질(cortex)***은 무기질코티코이드, 글루코코티코이드, 생식샘스테로이드(gonadocorticoid)를 생성하는 세 층으로 되어 있다. ***속질(medulla)***에는 신경절신경세포(ganglion neuron)와 에피네프린과 노에피네프린을 생성하는 세포가 존재한다.

솔방울샘(Pineal gland): 솔방울샘세포가 멜라토닌을 생성하며, 망막을 통한 빛 자극에 의해 조절된다. 빛은 멜라토닌 분비를 억제한다.

내분비이자(Endocrine pancreas): 알파세포(글루카곤), 베타세포(인슐린), 델타세포(소마토스타틴), 이자폴리펩타이드세포(PP cell), 입실론세포(그렐린)를 포함한다.

위창자관의 퍼진신경내분비계통(DNES of GI tract): 위산분비와 장운동을 조절한다.

콩팥내분비세포(Kidney endocrine cells): ***적혈구형성호르몬(erythropoietin)***과 ***레닌(renin***, 변형된 민무늬근육에 의해)을 분비해 혈액량 및 혈압을 조절한다.

심장(Heart): 변형된 심방근육세포가 **ANP**를 생성하여 혈압을 조절한다.

지방조직(Adipose tissue): 호르몬 ***렙틴(leptin)***을 통해 식욕을 조절한다.

CHAPTER 13

수컷생식계통

Male Reproductive System

수컷생식계통은 (1) 결합조직피막(백색막, 고환집막)으로 둘러싸인 고환, (2) 부고환, (3) 정관, (4) 덧생식샘(정관팽대, 정낭샘, 망울요도샘, 전립샘), (5) 요도, (6) 음경꺼풀에 둘러싸인 (7) 음경으로 구성된다.

제1절 | 고환 *Testis*

1. 결합조직 Connective Tissue

고환은 치밀불규칙결합조직으로 구성된 **백색막(tunica albuginea, TA)**에 의해 둘러싸여 있다(그림 13-1). 백색막의 뒤쪽 두꺼워진 부위에 **고환세로칸(mediastinum testis, MT)**이 위치하며, 이곳에는 **고환그물(rete testis)**이 위치한다. 백색막은 주로 아교섬유로 구성되어 있고, 약간의 탄력섬유(elastic fiber)도 포함한다. 고양이의 경우, 백색막 부위에서 사이질내분비세포(interstitial endocrine cell, Leydig cell)가 드물게 관찰되기도 한다. 백색막의 안쪽 표면에는 혈관층(tunica vasculosa)이 존재하며, 이 층에는 고환동맥의 가지(testicular artery branch)와 복잡하게 얽힌 정맥얼기(anastomosing venous plexus)가 분포한다. 고환의 앞면과 옆면은 배막(복막, peritoneum)에서 유래된 중피 장막주머니인 **고환집막(tunica vaginalis)**에 의해 부분적으로 덮여 있다.

고환집막은 고환을 직접 덮는 내장층(visceral layer)과 음낭(scrotum) 내면을 따라 존재하는 벽층(parietal laycr)으로 구성된다. 이 두 층 사이에는 고환집안(vaginal cavity)이라는 공간으로 분리되어 있다. 결합조직 잔기둥(trabeculae)

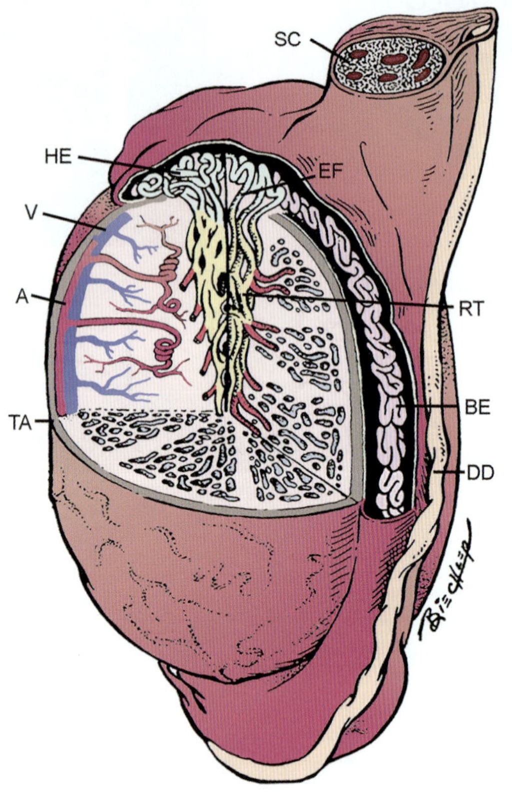

그림 13-1 • 소의 고환의 도해. 백색막(TA), 정삭(SC), 부고환 머리(HE), 고환날세관(EF), 고환그물(RT), 부고환 몸통(BE), 정관(DD), 동맥(A), 정맥(V).

은 백색막에서 뻗어나와 고환사이막(septulum testis)을 형성하며, 이는 고환 내부를 여러 개의 **고환소엽(lobule, lobulus testis)**으로 나누는 역할을 한다. 개와 돼지에서는 이러한 잔기둥이 완전한 사이막(septa)을 형성하지만, 다른 가축에서는 고환 내 혈관을 감싸는 가느다란 결합조직섬유로 존재한다.

각 소엽은 일반적으로 1개에서 4개의 꼬불꼬불한 정세관(convoluted seminiferous tubule)이 있다(그림 13-2). 고환세로칸에는 혈관, 림프관, 그리고 고환그물이 위치하며, 이들의 위치는 종에 따라 다르다. 예를 들어, 말과 대부분의 설치류에서는 고환세로칸이 비교적 작고 고환의 가장자리에 위치하지만, 되새김동물, 돼지, 고양이, 개에서는 고환의 세로축을 따라 중심부에 위치한다.

2. 사이질내분비세포

Interstitial Endocrine Cells, Leydig Cells

정세관(seminiferous tubule)을 둘러싸고 있는 조직은 성긴 결합조직, 혈관 및 림프관, 자유단핵세포, 사이질내분비세포로 구성되어 있다. 이 중 **사이질내분비세포(interstitial endocrine cell, Leydig cell)**는 성호르몬을 분비하는 내분비세포로, 성숙한 수양(ram)에서는 약 1%, 수소(bull)에서는 5%, 그리고 수퇘지(boar)에서는 20~30%를 차지한다. 낙타(camel) 같은 계절 번식 동물에서는 번식기와 비번식기에 따라 사이질내분비세포의 부피와 수가 주기적으로 변화한다. 사이질내분비세포는 끈 또는 군집 형태로 존재하며, 형태가 다양하고 크기가 크며 둥근 핵을 가진다. 무과립세포질그물(sER)은 사이질 세포 내에 풍부하게 분포하며, 특히 수소의 경우에는 과립세포질그물(rER)도 함께 나타난다. 이 무과립세포질그물에는 스테로이드 호르몬의 생합성에 필요한 효소들이 존재한다.

사이질내분비세포의 사립체는 부신겉질세포(adrenal cortex cell)의 사립체와 유사하게 관상능선(tubular cristae) 구

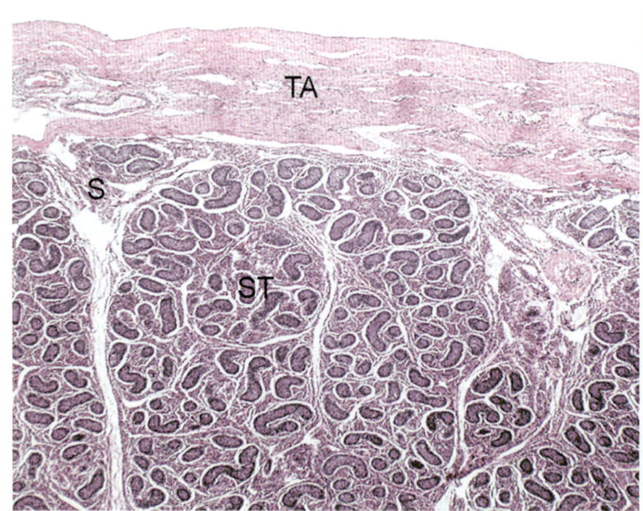

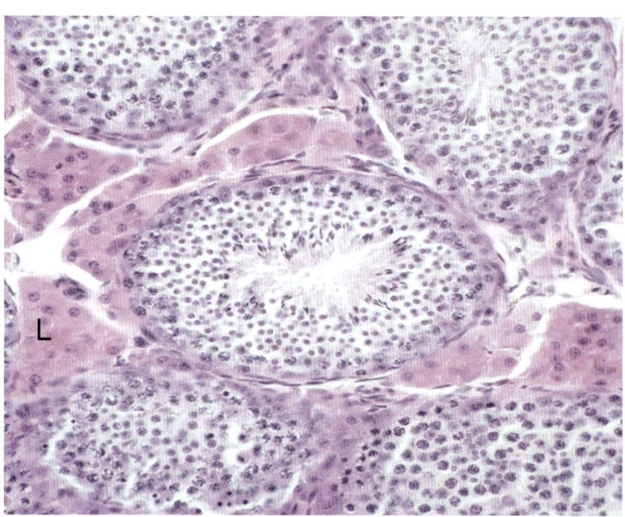

그림 13-2 • **왼쪽:** 고환은 치밀불규칙결합조직 피막인 백색막(TA)에 의해 싸여 있다. 정세관(ST)은 결합조직 사이막(S)으로 분리된 소엽 내에 포함된다. **오른쪽:** 호산성 사이질내분비세포(Leydig cell, L)는 정세관 주위 결합조직에 존재한다. 상피를 둘러싸는 고유판에는 아교섬유와 탄력섬유로 이루어져 있으며, 납작한 세관주위세포가 동반된다. 고환, 말. H&E. (×250). (Image by W.E. Haensly.)

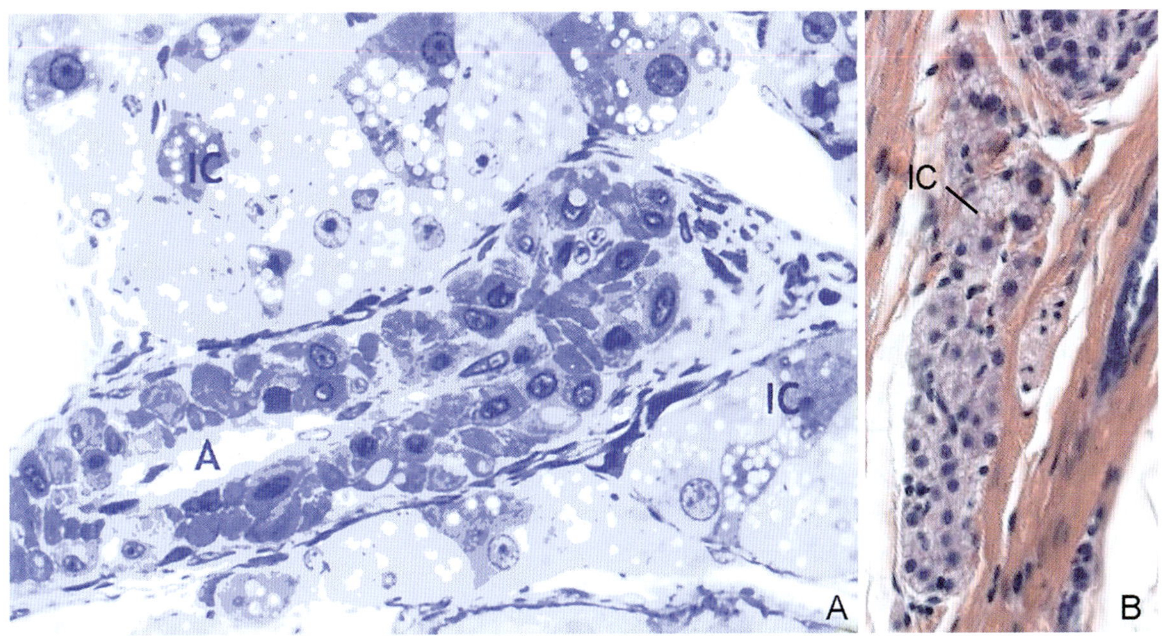

그림 13-3 • A. 고양이 고환의 세관사이부위. 사이질내분비세포(IC)는 둥근 핵과 지방포함물을 가진다. 작은동맥(A). Semithin section. (×450). B. 고양이 백색막 내의 사이질내분비세포. H&E.

조를 가진다. 사이질내분비세포는 황체형성호르몬(LH)의 자극에 반응하여 테스토스테론을 형성한다. 또한, 콜레스테롤을 사립체로 운반한 후 프레그네놀론(pregnenolone)으로 전환시킨다. 비교적 작은 골지복합체(Golgi complex)는 안드로젠 분비에 관여하지 않는다. 사이질내분비세포 내에는 대부분 종에서 지방포함물(lipid inclusion)이 존재하며, 특히 고양이에서 매우 풍부하다(그림 13-3). 인접한 사이질내분비세포 사이에는 세포사이모세관(canaliculi)과 틈새이음(gap junction)이 형성되어 있다.

발생학적으로 사이질내분비세포는 중간엽유사 전구세포(mesenchymal-like precursor)로부터 분화되어 형성된다. 사이질내분비세포는 고환 안드로젠(테스토스테론)을 생성하며, 수퇘지에서는 에스트로젠(estrogen)도 함께 분비한다. 일반적으로 체내 안드로겐의 90% 이상이 고환에서 생산된다. 테스토스테론은 5-α reductase에 의하여 DHT(dihydrotestosterone)로 전환된다. 테스토스테론과 DHT는 다음과 같은 기능을 수행한다: ① 제2차 성징과 성적 행동을 촉진하고, ② 음경 기능, 수컷 덧생식샘 성장과 유지를 유도하며, ③ 난포자극호르몬(FSH)과 함께 정자발생(spermatogenesis)을 조절하고, ④ 시상하부, 뇌하수체를 음성되먹임으로 조절하고, ⑤ 전신적인 동화작용(anabolic effect)을 촉진하고, ⑥ 발생 과정 중 중간콩팥관(mesonephric duct)을 유지하고, 부고환 및 정관으로의 분화를 유도한다.

3. 정세관 Seminiferous Tubules

대부분 포유동물에서 **정세관(seminiferous tubule)**은 지름 약 150~300 μm의 양 끝이 꼬여 있는 고리모양(convoluted loop)이다. 정세관은 정자발생세포(spermatogenic cell)와 **버팀세포(sustentacular cell, Sertoli cell)**로 구성된 **정자발생세포층(spermatogenic cell layer)**으로 덮여 있으며, 고유판으로 둘러싸여 있다. 정세관 상피는 버팀세포가 반부착반점(hemidesmosome)을 통해 바닥에 부착되어 있지 않으며, 부착반점(desmosome)을 통해 가쪽면으로도 부착되어 있지 않으며, 또한 중간잔섬유(intermediate filament)를 포함하지 않는다는 점에서 독특하다. 그러나 일부 포유동물 이외의 척추동물(nonmammalian vertebrate)에서는 부착반점이 보고된 바 있다. 부착이음(adherens junction)은 또한 생화학적으로 독특하다. 정세관은 양 끝이 특수한 종말분절(specialized terminal segment)을 통해 곧은세관(straight tubule)에 연결되어 있다. 성체 소에서 모든 정세관의 총 길이는 약 5,000 m에 이른다.

1) 고유판 Lamina Propria

고유판(고유층, **lamina propria**, tunica propria)은 정세관을 둘러싸는 구조로, 그 가장 안쪽에는 바닥막(basement membrane)이 위치한다. 일부 종(예, 소)에서는 이 바닥막이 버팀세포층 안으로 함입되며, 사람과 돼지에서도 약간의 함입이 관찰된다. 바닥막 바로 아래에는 세관주위벽(peritubular wall)이 위치하며, 이 부위는 종에 따라 1~5층까지 편평한 세관주위 민무늬근육세포의 세포층을 형성하는데, 이는 아교섬유와 탄력섬유로 이루어진 세포바깥바탕질(extracellular matrix)이 층을 이루며 교대로 배열된 형태이다.

출생 시 **세관주위세포(peritubular cell)**는 중간엽세포와 유사한 형태를 띠고 있으나, 출생 후에는 수축성 민무늬근육세포로 분화하게 된다. 세관주위세포는 민무늬근육 α-액틴, 민무늬근육 마이오신, 데스민(desmin), 비멘틴(vimentin), 스무델린(smoothelin) 등 모든 민무늬근육 표지자를 발현한다. 이 세포는 정세관 수축을 담당하며, 카드헤린(cadherin) 기반의 부착이음을 통해 연결된다. 정세관과 고환의 사이질 공간(interstitial space) 사이에는 얇은 단층세포층이 존재한다. 과거에는 이 세포층은 림프관 내피(lymphatic endothelium)로 여겨졌으나, 최근 연구에 따르면 이 세포는 내피세포 표지자(endothelial marker)를 발현하지 못하고 독립적인 새로운 세포 유형(unique cell type)일 가능성이 제기되고 있다. 세관주위 민무늬근육세포는 정세관 내용물의 수송과 정자의 속공간으로의 방출에 참여한다.

2) 버팀세포 Sustentacular Cells, Sertoli Cells

버팀세포(sustentacular cell, Sertoli cell)는 고환 내에서 지지(sustentacular) 기능을 수행하는 세포이다(그림 13-4, 13-5). 발달 중인 버팀세포에 대한 연구 결과, 이들은 복강상피 기원의 몸세포(coelomic epithelial smatic cell)에서 유래하며, 상피-중간엽 변화(epithelial-mesenchymal transition) 과정을 통해 분화하는 것으로 추정된다. 분화 이전의 생식샘(indifferent gonad)에서 미분화된 버팀세포는 유사분열을 활발히 수행하며, TGF-β(transforming growth factor beta superfamily)에 속하는 당단백질 호르몬인 **항중간콩팥곁호르몬(antiparamesonephric hormone)**을 분비한다. 이 호르몬은 수컷 개체에서 자궁관(uterine tube), 자궁(uterus), 질(vagina)의 발생을 억제한다. 버팀세포는 성 성숙기 전까지 지속적으로 유사분열을 하지만, 성 성숙기에 도달하면 최종 분화(terminal differentiation)되어 더 이상 유사분열을 하지 않게 된다.

버팀세포의 바닥은 반부착반점 부착 없이 바닥막에 놓여 있으며, 분지하는 세포질(branching cytoplasm)은 정세관 속공간(tubular lumen)으로 뻗어 있다. 이러한 버팀세포는 정세관 내에 비교적 균일하게 배열되어 있으며, 이들의 세포질돌기(cytoplasmic process)는 인접한 정자발생세포와의 공간을 채우고 있다. 타원형이며 오목하게 들어간 형태의 핵은 세포 바닥 부위에 위치하며, 큰 핵소체를 포함하고 있다. 막성세포소기관[무과립세포질그물(sER), 과립세포질그물(rER), 사립체, 골지복합체 등]은 주로 바닥 부위와 중앙 부위에 분포하며, 버팀세포의 가쪽면과 꼭대기 세포돌기에서는 소수의 세포소기관만이 관찰된다.

버팀세포는 정자발생세포주기 동안 형태와 부피가 변화한다. 인접한 생식세포와 형성하는 일시적인 이음은 정자세포의 이동과 정자의 속공간 방출에 중요한 역할을 한다. 인접한 버팀세포 사이에는 N-카드헤린(N-cadherin) 기반의 독특한 부착이음이 존재하며, 이는 세포질소판(cytoplasmic plaque)에 고정된다. 이러한 연결 구조는 상피조직에서 흔히 보이는 E-카드헤린(E-cadherin) 기반의 부착이음과는 생화학적으로 구별된다. 이들 이음(junction)은 정세관 내에서 **바닥칸(basal compartment)**과 **속공간쪽칸(adluminal compartment)**을 구분하여 **혈액고환장벽(blood-testis barrier)**

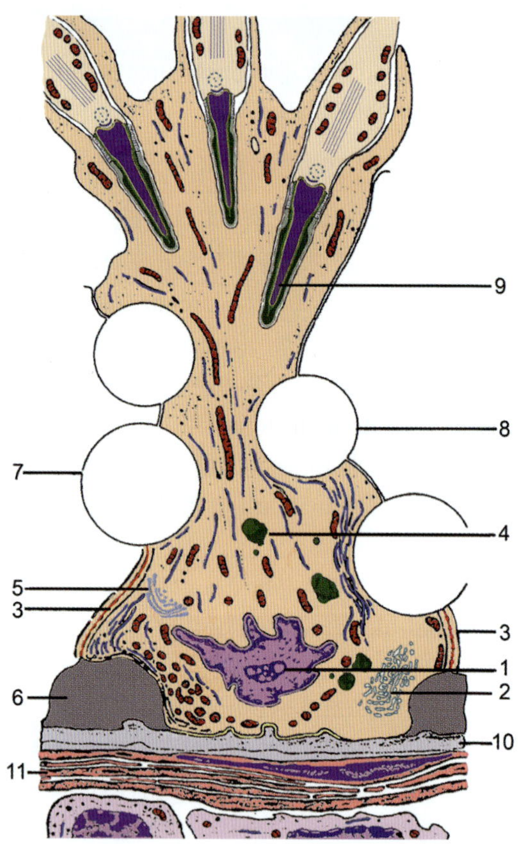

그림 13-4 • 수소의 버팀세포 상호관계를 보여주는 그림. 1. 버팀세포핵. 2. 무과립세포질그물(sER). 3. 인접한 버팀세포 사이의 치밀이음, 이는 형태학적으로 혈액고환장벽(blood-testis barrier)에 해당함. 4. 포식용해소체. 5. 골지복합체. 6. 정조세포가 차지하고 있는 공간. 7. 일차정모세포가 차지하고 있는 공간. 8. 둥근정자세포(spherical spermatid)가 차지하고 있는 공간. 9. 버팀세포의 꼭대기오목(apical recess) 내에 위치한 긴정자세포(elongated spermatid). 10. 바닥막. 11. 세관주위세포. (With permission from Mosimann M, Kohler T. *Zytologie, Histologie und mikroskopische Anatomie der Haussäugetiere*. Hamburg: Paul Parey, 1990. Modified from the original.)

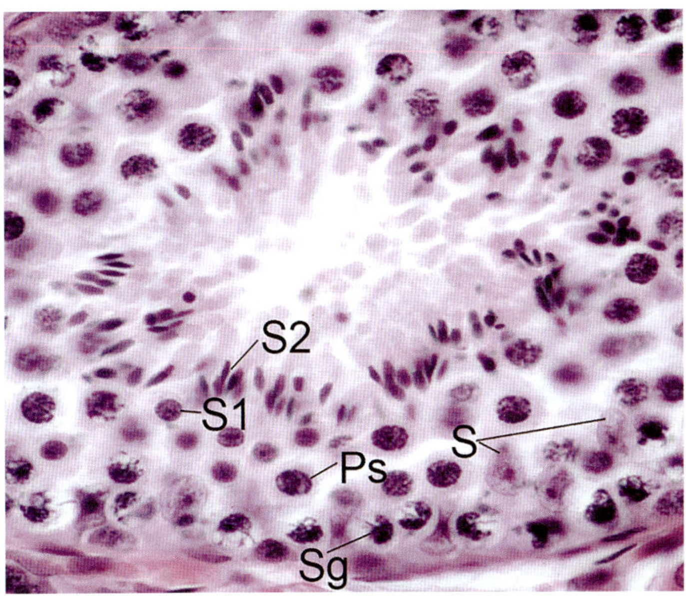

그림 13-5 • 말의 정세관 상피. 버팀세포(S), 정조세포(Sg), 일차정모세포(Ps), 이른정자세포(S1), 늦은정자세포(S2). H&E. (×400). (Image by W.E. Haensly.)

을 형성한다. 이 장벽은 혈액 내 물질이 속공간 쪽으로 유입되는 것을 선택적으로 차단하며, 미성숙 생식세포에 대한 자가면역 반응을 예방하는 역할을 한다. 이른정모세포(early spermatocyte)는 혈액고환장벽의 생리학적 기능을 방해하지 않으면서 이 특수한 버팀세포 사이의 이음을 통과한다.

버팀세포는 정자발생세포에 대한 영양 공급, 보호, 지지 기능을 수행한다. 이 세포는 퇴행하는 정자발생세포와 떨어져 나온 정자세포의 잔류소체(residual body)를 포식작용을 통해 제거한다. 또한, 테스토스테론, 난포자극호르몬(FSH), 갑상샘호르몬(T_3) 등 다양한 호르몬의 신호를 수용한다. 특히 난포자극호르몬은 수컷호르몬결합단백질(androgen-binding protein)의 분비를 조절하며, 수컷호르몬결합단백질은 안드로젠에 대해 높은 친화성을 나타내어, 속공간 내 테스토스테론 농도를 유지시킴으로써 정자 형성에 필수적인 환경을 제공한다. 이 외에도 버팀세포는 인히빈(inhibin), 액티빈(activin), 철결합글로불린(transferrin) 등을 분비한다. 인히빈은 고환날세관(efferent ductule)과 부고환 앞부분에서 재흡수되며, 시상하부에서 분비되는 생식샘자극호르몬분비호르몬(GnRH)과 뇌하수체 앞엽의 난포자극호르몬 분비를 음성되먹임 방식으로 조절한다. 반면, 액티빈은 난포자극호르몬 분비를 자극하는 양성되먹임 기능을 한다. 버팀세포는 자체는 스테로이드 생성 기능이 거의 없으나, 드물게 발생하는 버팀세포종양(Sertoli cell tumor)은 비정상적으로 많은 양의 에스트로젠을 생성하여, 암컷화(feminization) 현상을 초래할 수 있다.

3) 정자발생세포 Spermatogenic Cells

버팀세포 사이에는 서로 다른 발달 단계와 분화 상태에 있는 **정자발생세포(spermatogenic cell)**가 있다. 정자발생세포로부터 정자(spermatozoa)가 발달하는 과정을 **정자발생(spermatogenesis)**이라 하며, 이 과정은 다음의 세 단계로 나뉜다. ① 정모세포발생(spermatocytogenesis), 정모세포의 증식 단계, ② 정모세포 감수분열기(spermatocyte meiotic phase), ③ 정자완성(spermiogenesis), 감수분열 이후 정자세포(spermatid)가 정자가 되는 단계. 정자발생의 전체 소요 기간은 종에 따라 차이를 보이며, 수퇘지는 약 39일, 수소는 61일, 수양과 수말은 50일, 개는 55일 정도이다.

4) 정모세포발생 Spermatocytogenesis

정모세포발생(spermatocytogenesis)은 레티노산 신호전달(retinoic acid signaling)이 버팀세포와 정조세포 줄기세포(spermatogonic stem cell, As)에 작용하면서 시작된다. A정조세포는 풋정모세포(prospermatogonia, Apr)를 생성하고, 이는 다시 분화형 A정조세포(differentiating type A spermatogonia)로 발달한다. 분화형 A정조세포는 세포질 다리로 연결된 4개, 8개, 또는 16개로 연결된 융합체(syncytia)를 형성하며, 이들은 B정조세포(type B spermatogonia)로 전환된다. B정조세포는 바닥판에서 떨어져 나가면서 풋섬유기일차정모세포(preleptotene primary spermatocyte)가 된다. 이후 일차정모세포(primary spermatocyte)는 이후 두 번의 감수분열을 거쳐 생식세포 수를 네 배로 증가시킨다.

A정조세포(type A spermatogonium)는 바닥막에 접촉하며 존재하고, 이 중 일부는 세포주기 G_0기에 해당하는 유사분열 비활성 상태로 진한 호염기성 핵을 가진다. 반면, 세포주기로 진입한 A정조세포는 뚜렷한 핵소체와 희미한 핵을 가진다. 작은 **B정조세포(type B spermatogonium)**는 둥근 핵에 다수의 염색질입자(chromatin particles)와 뚜렷하지 않은 핵소체를 가지고 있다. 풋섬유기일차정모세포는 버팀세포 사이의 세포사이이음을 지나서 수동적으로 정세관의 속공간쪽세관칸(adluminal compartment)으로 이동한다. 이 단계에서 일차정모세포의 핵 DNA의 복제가 일어나고, 모든 염색체는 두 개의 자매염색분체(sister chromatid)를 가지게 된다.

5) 감수분열 Meiosis

감수분열(meiosis) 동안, 일차정모세포는 DNA의 복제 없이 두 차례의 핵분열을 거쳐 4개의 반수체정자세포(haploid spermatid)를 형성한다. **일차정모세포(primary spermatocyte)**는 모든 정자발생세포 중 가장 큰 세포이다. 일차감수분

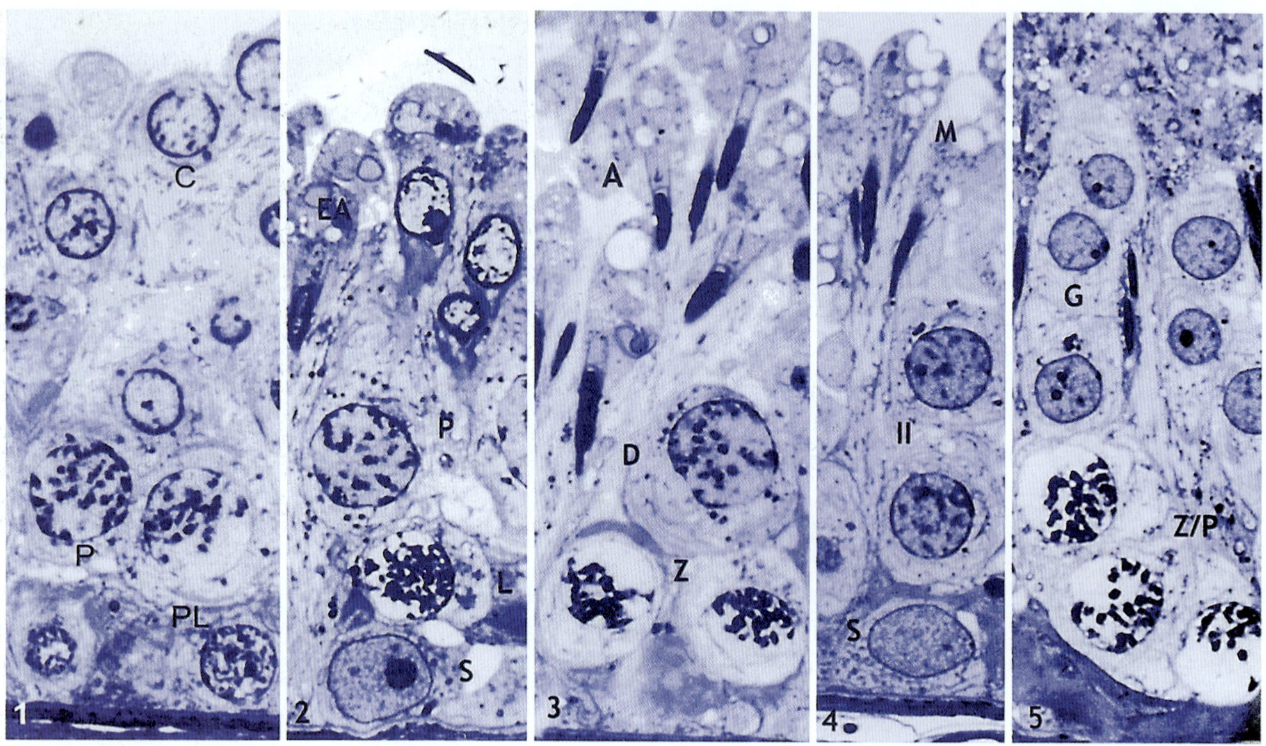

그림 13-6 • 정자발생상피 내 다양한 세포의 전형적인 형태(물소). 그림에 있는 번호는 상피주기(epithelial cycle)의 단계에 해당한다(그림 13-9와 비교). 정조세포(S), 풋섬유기 일차정모세포(PL), 가는섬유기 일차정모세포(L), 접합기 일차정모세포(Z), 굵은섬유기로 진입하는 접합기 세포(Z/P), 굵은섬유기 일차정모세포(P), 겹섬유기 일차정모세포(D), 이차정모세포(II), 골지기 정자세포(G), 모자기 정자세포(C), 이른 첨단체기 정자세포(EA), 첨단체기 정자세포(A), 성숙기 정자세포(M). Semithin section. (×1,560).

열의 전기(prophase of the first meiotic division)는 다섯 단계로 나뉜다: 가는섬유기(leptotene), 접합기(zygotene), 굵은섬유기(pachytene), 겹섬유기(diplotene), 이동기(diakinesis)이다. 각 단계는 핵 염색질의 특징적인 변화로 구별한다(그림 13-6). 일차감수분열의 전기(prophase) 동안, 세포는 빠르게 성장한다.

예를 들어, 면양의 일차정모세포는 풋섬유기(preleptotene)에서 겹섬유기로 진행함에 따라 세포 부피가 약 4.8배, 핵 부피는 3.3배 증가한다. 전기 후반에 접어들면 핵막(nuclear membrane)이 사라진다. **가는섬유기(leptotene)** 동안에 모계와 부계의 상동염색체(homologous chromosome)가 가늘고 실 같은 구조로 나타난다. **접합기(zygotene)** 단계에서는 전자현미경으로 관찰이 가능한 연접복합체(synaptonemal complex)가 상동염색체 사이에 형성되며, 각각 네 개의 염색분체로 이루어진 네동이염색체(tetrad)가 나타난다. 상동염색체가 완전히 짝을 이루는 **굵은섬유기(pachytene)** 단계에서는 상동염색체의 비자매염색분체(nonsister chromatid) 사이에서 유전적 교차(crossing-over)가 발생한다.

이 감수분열 단계에서는 일차정모세포를 쉽게 식별할 수 있다. **겹섬유기(diplotene)**에는 쌍을 이룬 염색체는 서로 분리되지만, 딸염색분체는 하나 이상의 교차(chiasmata, 유전적 교차가 일어나는 부위)를 통해 여전히 연결되어 있다. 중기(metaphase) 직전에 중심체(centriole)가 복제되고, **이동기(diakinesis)**에는 염색체가 짧아지고 두꺼워지며, 네 개의 염색분체가 분리되어 뚜렷하게 보이기 시작한다. 이와 동시에 미세관으로 구성된 방추사(spindle)가 형성되기 시작한다.

일차감수분열의 중기, 후기, 말기는 비교적 빠르게 진행된다. 이 시기에 쌍을 이룬 염색체는 세포의 적도판에 배열되며, 이후 상동염색체가 세포의 양극으로 이동하여 각각의 이차정모세포(secondary spermatocyte)로 분배된다. 이로써 **이차정모세포(secondary spermatocyte)**는 염색체 수가 절반으로 줄어들고, 각 염색체는 두 개의 염색분체로 이루어져 있다. 이차정모세포는 생존기간이 짧으며(수 시간 이내), 크기는 겹섬유기 단계의 일차정모세포보다 작고 둥근정자세포보다 크다.

짧은 유사분열사이기(interphase)를 거친 후, 이차정모세포는 짧은 전기와 중기, 후기, 말기로 이루어진 **이차성숙분열(second maturation division)**을 시작하며, 이 과정은 기본적으로 몸세포분열과 유사하게 진행된다. 이 과정에서 중심절(centromere)이 분열되고, 이차정모세포의 자매염색분체가 분리되어 각각의 정자세포로 분배된다. 이 분열의 결과로 생성된 정자세포는 각각 반수체의 염색체를 가지며, 1N DNA를 포함하게 된다.

6) 정자완성 Spermiogenesis

이차성숙분열을 통해 새롭게 형성된 정자세포는 세포사이다리(intercellular bridge)로 연결되어 있으며, 이후 둥근 반수체 정자세포에서 정자(spermatoza)로 변화하는 형태적 변화 과정을 거친다(그림 13-7). 이 과정의 완전한 수행에는 테스토스테론이 필요하다. 정자완성 중에 일어나는 주요 형태학적 변화로는 첨단체(acrosome) 형성, 핵 염색질(nuclear chromatin) 농축, 운동성 꼬리(motile tail)의 돌출, 과도하게 남은 정자세포의 세포질 제거 등이 포함된다.

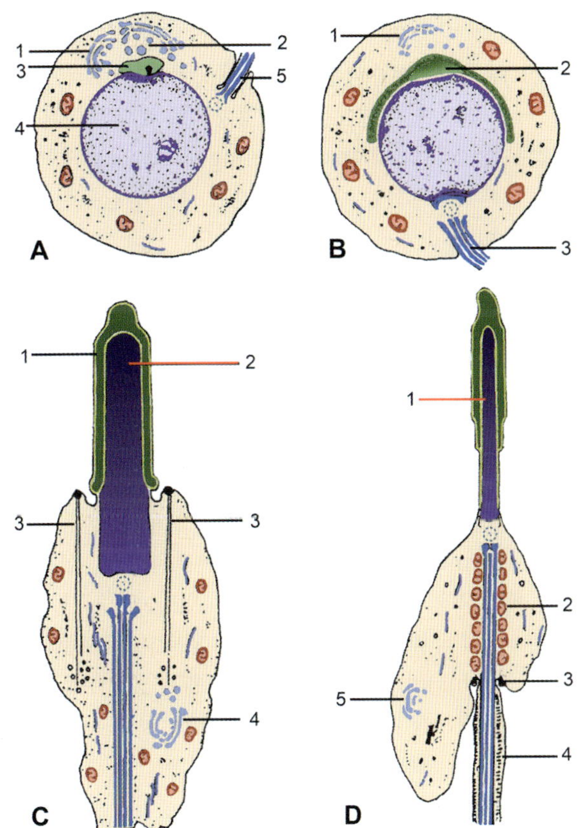

그림 13-7 • 정자완성(수소). **A.** 둥근정자세포, 골지기(Golgi phase). 1. 골지복합체, 2. 골지소포, 3. 첨단체과립을 포함한 첨단체소포, 4. 핵, 5. 발달 중인 꼬리. **B.** 둥근정자세포, 모자기(cap phase). 1. 골지복합체, 2. 첨단체를 포함한 머리모자, 3. 발달 중인 꼬리(developing tail). **C.** 긴정자세포, 첨단체기. 1. 첨단체를 포함한 첨단체모자, 2. 핵, 3. 소매, 4. 골지복합체. **D.** 긴정자세포, 성숙기. 1. 핵, 2. 사립체집이 있는 중간부분, 3. 꼬리, 4. 으뜸부분, 5. 골지복합체. (With permission from Mosimann W, Kohler T. *Zytologie, Histologie und mikroskopische Anatomie der Haussäugetiere. Hamburg*: Paul Parey, 1990. Modified from the original.)

정자완성(spermiogenesis)은 골지기(Golgi phase), 모자기(cap phase), 첨단체기(acrosomal phase), 성숙기(maturation phase)의 네 단계로 구분된다. 일반 조직표본에서 골지기와 모자기에서는 둥근 핵이 특징이고, 첨단체기와 성숙기에서는 긴 핵을 가지고 있는 것이 특징이다.

골지기(Golgi phase)에는 날골지그물(trans-Golgi network)로부터 풋첨단체과립(proacrosomal vesicle)이 발생하여 핵의 오목한 부위에 모여 서로 융합하여, 중심부가 핵막에 접하는 거대한 첨단체과립(acrosomal granule)을 형성한다. 동시에 한 쌍의 중심체는 첨단체 반대편 극으로 이동하기 시작한다.

모자기(cap phase)에서 첨단체는 핵의 1/3에서 2/3 정도를 덮는 머리모자(head cap)의 구조를 형성한다. 이 모자는 첨단체과립(acroplaxome)이라 불리는 F-actin 기반의 세포뼈대판을 통해 핵막에 부착된다. 한편, 골지복합체는 향후 정자의 목(neck) 부위가 될 자리로 이동하고, 가까운 중심소체(proximal centriole)에서부터 축미세관(axoneme)이 형성되기 시작한다. 축미세관은 정자의 꼬리인 편모(flagellum) 내부의 미세소관 기반 세포골격 구조이다. 또한, 두 번째 먼쪽중심소체(distal centriole)와 그 주변 기질의 발달이 시작되어, 머리-꼬리연결부분(head-tail connecting piece)이 형성되기 시작한다. 이 과정에서 둥근정자세포는 극성(polarization)을 띄게 되며, 발달 중인 정자세포는 회전하여 첨단체가 정세관의 기저부 방향을 향하도록 정렬된다.

첨단체기(acrosomal phase)에는 핵과 세포체가 길게 연장되기 시작하는데, 이 과정은 소매(manchette)라 불리는 일시적 미세소관 고리 구조에 의해 조절된다. 핵이 길어지면서 염색질은 더 높은 수준으로 응축되며, 이 과정에서 DNA에 결합한 핵의 히스톤(histone)이 아르지닌과 라이신이 풍부한 프로타민(arginine and lysine-rich protamines)으로 대체되어 염색질이 치밀하게 포장된다. 이와 같은 응축 후에, DNA는 전사가 불가능한 비활성 상태가 된다. 이 시점의 정자세포는 버팀세포의 꼭대기오목(apical recess) 내에 자리하게 된다.

성숙기(maturation phase)에는 핵의 응축이 완료되며, 첨단체과립이 퍼져 전체 첨단체막을 덮게 된다. 정자의 길이 연장이 완료되면 길이 연장을 도와주는 소매 구조가 분해된다. 이때, 불필요한 세포질과 세포소기관(사립체, 리보소체, 소포 등)은 잔류소체로 남아 있게 되며, 잔류소체는 버팀세포(Sertoli cell)에 의해 포식되고 분해된다. 향후 정자 중간부분(middle piece)이 될 부위에는 사립체가 축미세관 주변을 나선형으로 감싸며 배열된다. 장차 으뜸부분(principal piece)이 될 부위에는 바깥섬유와 섬유집(fibrous sheath)이 형성된다. 마지막으로, 정자세포 여분의 세포질은 세포질방울(cytoplasmic droplet)로 남아있으며, 이는 부고환을 통과하는 동안 제거된다. 고환에서 형성된 정자세포는 형태적으로는 성숙되어 있지만, 기능적으로는 아직 완전히 성숙하지 않은 상태이다.

7) 정자 Spermatozoon

정자(spermatozoon)는 그 길이가 약 60 μm(수퇘지, 수말), 약 75 μm(되새김동물)로 길이가 다양하다. 정자는 크게 머리와 꼬리의 두 부분으로 나뉘며, 꼬리는 다시 목, 중간부분, 으뜸부분, 끝부분으로 세분된다(그림 13-8).

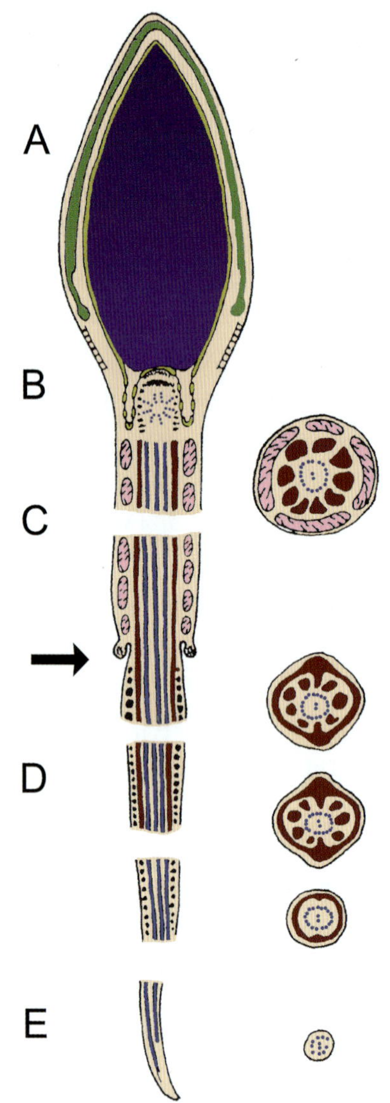

그림 13-8 • 정자의 도해. 왼쪽: 세로단면. 오른쪽: 가로단면. **A.** 첨단체로 덮여 있는 핵을 덮고 있는 머리. 첨단체와 첨단체뒤집의 적도분절. **B.** 목. **C.** 중심미세관, 아홉 개의 바깥치밀섬유, 사립체가 둘러싸고 있는 중간부분, 중간부분은 고리(anulus, 화살표)에서 끝난다. **D.** 으뜸부분에 있는 바깥치밀섬유는 섬유집에 둘러싸여 있고, 으뜸부분이 끝나기 전에 이 치밀섬유는 끝난다. **E.** 끝부분에서는 중심축섬유복합체의 미세관이 서로 다른 위치에서 끝난다.

(1) 머리 Head

머리의 형태는 핵과 첨단체의 모양에 따라 결정되며, 종에 따라 다양하게 나타난다. 핵의 앞쪽 끝은 **첨단체모자(acrosomal cap)**로 덮여 있으며, 이 부분은 바깥첨단체막과 속첨단체막이 꼬리 쪽에서 융합한 구조를 이룬다. 첨단체모자에는 가수분해효소와 단백질분해효소가 포함되어 있으며, 이 효소는 자궁관에서 수정능을 획득한 정자(capacitated spermatozoa)가 **첨단체반응(acrosome reaction)**을 일으키는 동안 방출된다. 첨단체효소는 수정 중에 투명층(zona pellucida)의 침투를 용이하게 한다. 핵 바닥 부위는 황(sulfur)이 풍부한 섬유성 단백질로 구성된 첨단체뒤집(postacrosomal sheath)으로 둘러싸여 있다. 죽은 정자에서 이 첨단체뒤집은 에오신(eosin)이나 브로모페놀블루(bromophenol blue)에 강하게 염색된다. 이 반응을 이용하여 정자의 질을 평가할 수 있다.

(2) 목 Neck

목(neck)은 머리와 중간부분 사이의 짧은 연결부로, 중앙에 중심소체가 있으며, 주변에는 세로방향으로 정렬된 아홉 개 섬유(연결부분, coarse fiber, connecting piece)가 존재한다. 이 주변부 연결부분 섬유는 주변으로 뻗어 나가 중간부분의 바깥치밀섬유(outer dense fiber)와 연결된다.

(3) 중간부분 Middle Piece

중간부분(middle piece) 중심부는 한 쌍의 중심미세관(central microtubule)과 아홉 개의 주위미세관두짝(peripheral microtubule doublet)을 가진 편모의 특징적인 구조를 가지고 있다. 이 미세관두짝은 세로로 배열된 아홉 개의 가늘어지는 바깥섬유(outer fiber)로 둘러싸여 있으며, 이 섬유는 목의 연결부분(connecting piece) 섬유와 연결된다. 이 섬유는 다시 사립체에 의해 나선형으로 둘러싸여 있다. 되새김동물에서 사립체 나선이 약 40회전으로 이루어져 있다. 중간부분의 세포막(고리, anulus)이 고리모양으로 두꺼워져 중간부분과 으뜸부분 사이의 경계를 나타낸다.

(4) 으뜸부분 Principal Piece

으뜸부분(principal piece)은 정자의 가장 긴 부분이다. 이 부분의 축미세관복합체(axial filament complex)는 중간부분과 동일한 구조를 가지며, 중간부분에서 이어진 바깥섬유가 연속되어 둘러싸고 있다. 바깥섬유는 크기와 형태가 다양하며, 으뜸부분의 끝으로 가면서 점차 가늘어진다. 나선형으로 배열된 반원형의 구조단백질은 바깥섬유 두 개와 융합하여 주위섬유집을 형성한다.

(5) 끝부분 End Piece

섬유집의 끝이 바로 **끝부분(end piece)**의 시작 지점이다. 끝부분에는 축미세관복합체만 존재한다. 이 복합체는 몸쪽부분에는 아홉 개의 주위미세관두짝이 있으며, 이들 두짝은 끝으로 갈수록 점차 단관체(singlet)로 전환되며 다양한 높이에서 끝난다.

8) 정세관 주기변화

Cyclic Events in the Seminiferous Tubules

한 번의 정자발생과정이 종결되기 전에 새로운 세대의 정자세포가 발달을 시작한다. 이로 인해, 일정한 시간 간격을 두고 연속적으로 세포 세대가 뒤따르게 된다.

정세관의 일정 구역에서는 세포분열 동안 핵의 형태, 염색 특성의 변화와 정자가 속공간으로 방출되는 과정을 조직학적으로 분류할 수 있다. 수소, 수양, 수퇘지의 정자발생주기는 총 8단계로 분리된다. 문헌에 따라 이 과정을 설명하는 방식에 다소 차이가 있다. 그러나 여러 세대의 발달 단계가 겹쳐 나타나므로, 아래의 여덟 단계에서 다음과 같은 분화 세포가 순서대로 관찰된다: ① A정조세포(type A spermatogonia), ② 중간정조세포(intermediate spermatogonia, In) ③ B정조세포(type B spermatogonia), ④ 일차정모세포(primary spermatocyte: 가는섬유기, 접합기, 굵은섬유기, 겹섬유기), ⑤ 이차정모세포(secondary spermatocyte), ⑥ 정자세포[spermatids: 둥근정자세포(Sa-round spermatids)와 완전히 긴정자세포(Sb1, Sb_2, Sc, Sd_1, Sd_2)].

1기(Stage 1): A 및 B정조세포, 풋섬유기 및 가는섬유기 정모세포, 굵은섬유기 일차정모세포, Sb_1정자세포

2기(Stage 2): A정조세포, 접합기 일차정모세포, 굵은섬유기 일차정모세포, Sb_2정자세포

3기(Stage 3): 두 세대의 A정조세포, 접합기와 겹섬유기 일차정모세포, Sc 정자세포

4기(Stage 4): 긴정자세포(elongated spermatids)가 섬유다발의 형태로 버팀세포의 깊은 첨단부에 위치한다. 접합기와 겹섬유기 일차정모세포와 둥근이차정모세포도 함께 존재한다.

5기(Stage 5): A정조세포, 비동기 분열(asynchronous division)로 생성된 중간정조세포, 굵은섬유기 일차정모세포, 두 세대의 정자세포. 새로운 둥근정자세포(Sa)와 오래된 긴정자세포(Sd_1).

6기(Stage 6): 오래된 정자세포 다발(Sd_1)이 버팀세포 핵 주변에서 멀어짐. A정조세포, 중간정조세포, 굵은섬유기 일차정모세포, Sa와 Sd_1정자세포.

7기(Stage 7): 성숙기의 정자세포가 정세관 속공간 가까이 위치한다. 또한 A와 B 정조세포, 굵은섬유기 일차정모세포, Sa와 Sd_2 정자세포가 존재한다.

8기(Stage 8): A정조세포, B_1 및 B_2 정조세포, 굵은섬유기 일차정모세포, Sa와 Sb_2 정자세포. 정자는 잔류소체로부터 분리

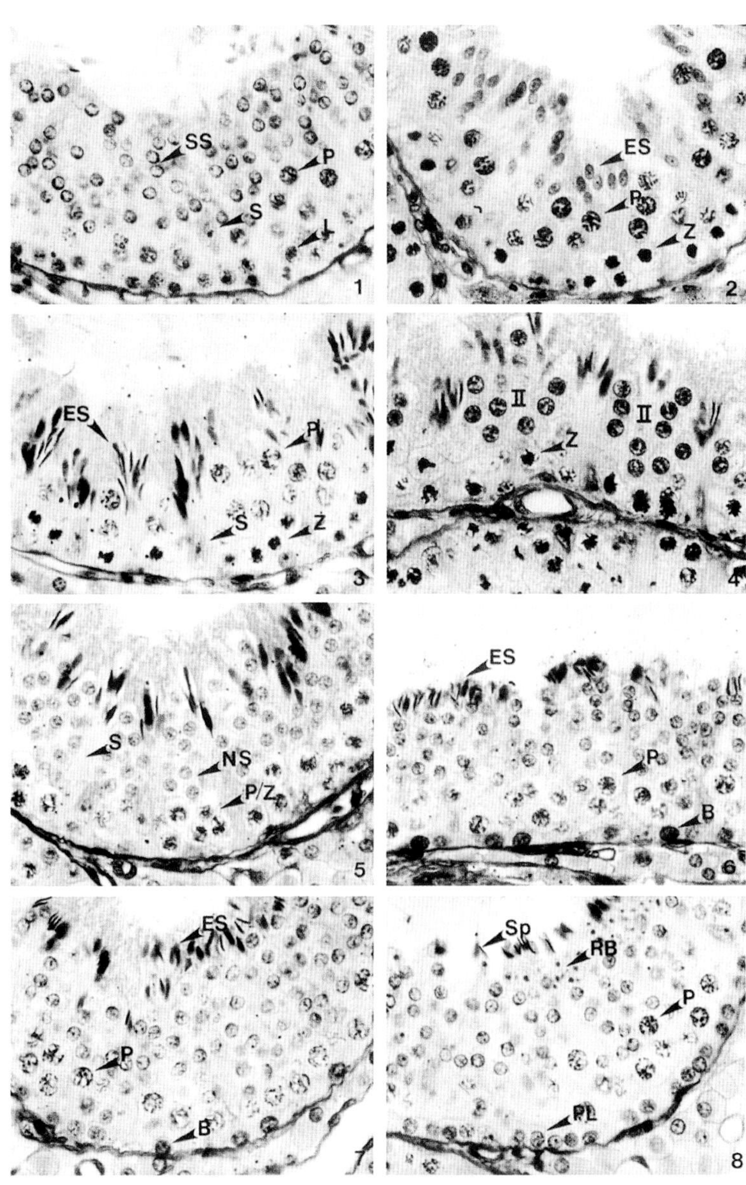

그림 13-9 • 정자발생주기(수퇘지)의 8단계. 정조세포(B), 가늘고 긴정자세포(ES), 가는섬유기 일차정모세포(L), 새롭게 형성된 정자세포(NS), 굵은섬유기 일차정모세포(P), 풋섬유기 일차정모세포(PL), 접합기를 벗어나 굵은섬유기로 들어가는 일차정모세포(P/Z), 접합기(Z), 잔류소체(RB), 버팀세포(S), 정자유리 중인 정자(spermatozoa in spermiation, Sp), 둥근정자세포(SS), 이차정모세포(II). Periodic acid-Schiff. (×500).

되어 정세관 상피를 빠져 나간다(정자유리, spermiation).

성숙한 정자의 생성은 위에서 설명한 바와 같이 정세관의 특정 영역 내에서 주기적으로 일어난다(그림 13-9). 정조세포는 일정한 시간 간격으로 세포분열을 시작하며, 하나의 세포세대가 정자세포로의 분화를 마치기 전에 다음 세대가 새로운 정자발생을 시작한다. 정세관 상피의 한 구역 내에서는 세포간 상호작용이 일어나며, 정자세포의 발달이 동기화되어 진행된다. 버팀세포와 정조세포는 정세관 상피를 전달되는 레티노산(retinoic acid)의 주기적인 신호에 반응하여, 분화되지 않은 정조세포가 정자세포로 분화를 시작하도록 유도한다. 이러한 주기적인 세포분열은 정세관 내의 일정한 영역 또는 구획에서 일어나며, 이를 **정자발생파(spermatogenic wave)**라고 한다. 수소의 경우, 약 10 mm 길이의 정세관 구획이 하나의 정자발생파를 이루며 주기적인 정자 생성이 일어난다.

4. 곧은세관 Straight Tubules

모든 가축과 설치류에서 정세관은 **곧은세관(straight tubule, tubulus rectus)**의 구역(segment), 즉 **이행구역(transitional region)**을 통하여 고환그물(rete testis)로 이어진다(그림 13-10). 수말과 수퇘지에서 일부 정세관은 고환의 가장자리부위에서 끝나며, 이들은 결합조직사이막에 위치한 길고 곧은세관을 통하여 고환그물과 연결된다. 정세관의 종말구역 또는 이행구역은 변형된 버팀세포가 존재하여, 세관속공간을 부분적으로 막는 밸브 또는 마개 형태의 구조를 형성한다. 이 부위에는 큰포식세포가 다수 존재한다. 모든 정자는 곧은세관으로 이동하는 과정에서 변형된 버팀세포 사이의 좁은 세포사이틈(intercellular slit)을 통과해야 한다. 이 종말구역은 고환그물에서 정세관으로 체액이 역류하는 것을 방지하는 기능을 한다.

곧은세관 상피는 단층편평상피부터 단층원주상피까지 다양하게 구성되며, 수소에서는 곧은세관 몸쪽부위는 단층입방상피이며, 먼쪽부위는 단층원주상피로 구성된다. 이 상피는 큰포식세포와 림프구를 다수 포함하여 정자세포 포식능력을 지닌다.

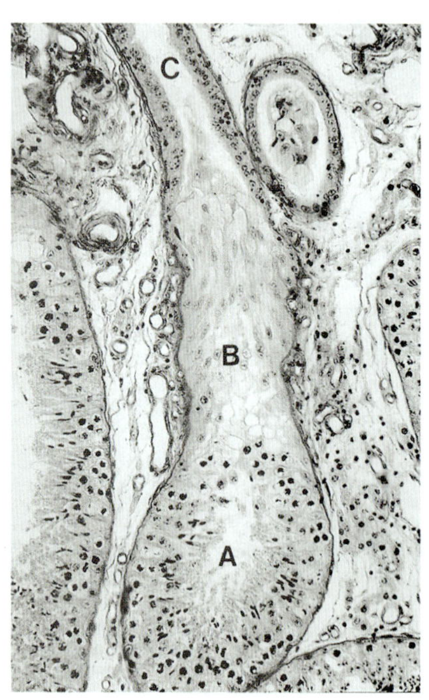

그림 13-10 • 수소 고환. 정세관(A), 혈관얼기에 쌓여있는 종말구역(B), 곧은세관(C). Iron hematoxylin. (×140).

5. 고환그물 Rete Testis

고환그물(rete testis)은 성긴결합조직으로 둘러싸인 연결관의 얼기(plexus of anastomsing channel)로 구성된다(그림 13-11). 대부분의 고환그물은 고환세로칸 내에 위치하지만, 더 작은 고환 막안부위(intratunical portion)와 고환바깥부위(extratesticular portion)에도 존재한다. 고환그물은 단층편평상피 또는 단층입방상피에서 단층원주상피로 덮여 있으며, 상피 아래에는 탄력섬유와 수축세포가 있다. 고환그물은 고환액(testicular fluid, 수양에서 하루 약 40 mL)을 생성하며, 이 고환액은 대부분 부고환 머리에서 재흡수된다. 고환그물 액은 정세관액, 고환림프, 혈장과 구성이 다르다.

6. 고환 혈액공급과 고환 신경분포

Testicular Blood Supply and Testicular Innervation

고환동맥(testicular artery)은 배대동맥(abdominal aorta)에서 분지되며, 정삭(spermatic cord)에 도달한 이후 심하게 꼬인 형태(highly coiled)를 띤다. 이 꼬인 부위는 작은 혈관 가지와 큰 부고환동맥(epididymal artery)이 일어난다. 고환에서 동맥은 백색막에 매립되어 부고환과 평행하게 주행한다. 고환동맥은 뒤쪽 고환극(caudal testicular pole)에서 갈라져 백색막 혈관층에 동맥을 형성한다. 고환사이막 내에서 구심성사이막동맥(centripetal septal artery)이 고환세로칸으로 주행하며, 되새김동물(ruminant)에서는 이 꼬인 나선형 또는 사이막동맥에서 더 작은 동맥혈관이 고환실질에 혈액을 공급하기 위해 분지한다(그림 13-12).

대부분의 고환정맥은 백색막 혈관층에 위치하는 얕은정맥(superficial vein)으로 흘러 들어간다. 백색막정맥(albugineal vein)은 정삭의 바닥에서 모여서 고환동맥의 굴곡을 둘러싸는 **덩굴정맥얼기(pampiniform plexus)**를 형성한다.

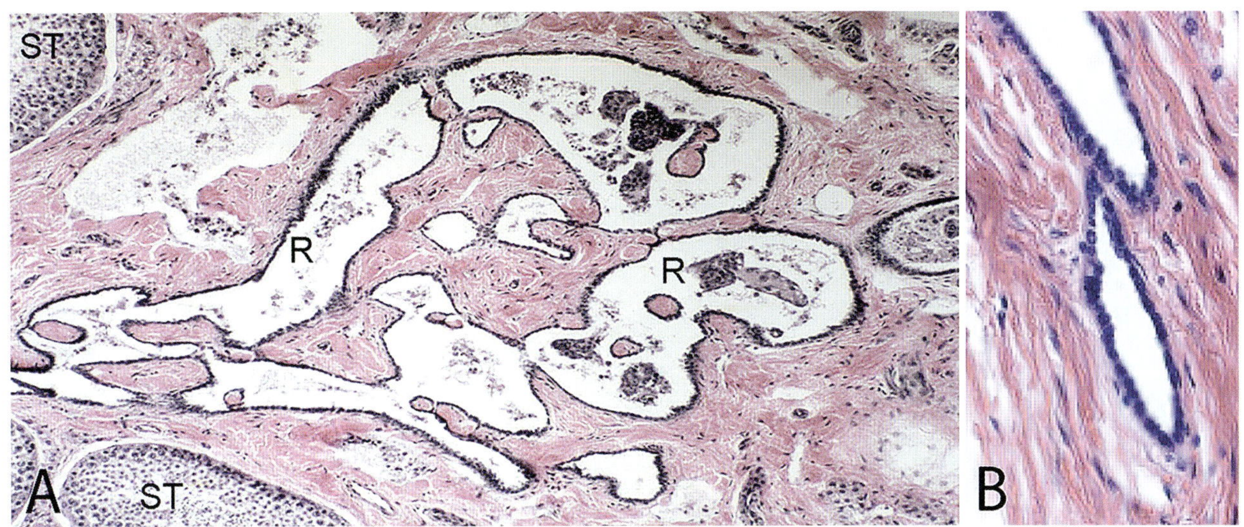

그림 13-11 • A. 정세관(ST)은 곧은세관으로 끝나며, 이 세관은 다시 고환그물(R)의 교차하는 통로로 연속된다. 그물세관은 단층편평상피에서 단층원주상피로 이루어져 있고, 결합조직에 둘러싸여 있다. 고환, 고양이. H&E (×100). B. 고양이 고환세로칸 내 고환그물. H&E. (×400).

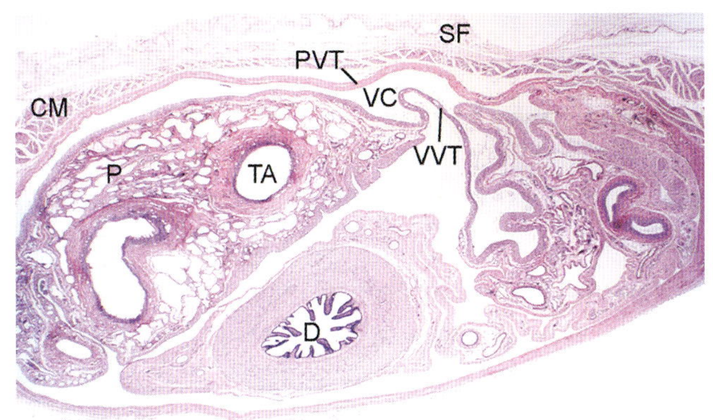

그림 13-12 • 정삭(spermatic cord)에는 고환정맥(덩굴정맥얼기, P), 정관(D), 고환동맥(testicular artery, TA)이 포함되어 있다. 복막주름인 고환집막이 고환과 정삭을 감싼다. 내장층고환집막(visceral vaginal tunic, VVT)은 정관과 혈관을 감싸며, 뒤집혀 벽층고환집막(parietal vaginal tunic, PVT)이 된다. 두 층 사이에는 고환집안(vaginal cavity, VC)이 위치한다. 고환올림근(cremaster muscle, CM)의 뼈대근육은 벽층고환집막 바깥에 존재한다. 정삭근막(spermatic fascia, SF) 결합조직이 정삭 전체를 둘러싼다. 정삭. 개. H&E. (×16). (Image by W.E. Haensly.)

이러한 혈관 구조는 열교환 기능을 하여 동맥혈을 냉각시키며, 정맥-동맥 간 스테로이드호르몬을 전달하기 위한 것으로 추측된다. 판막은 모든 가축의 정삭에 있는 정맥과 돼지의 고환사이막 정맥에 존재한다.

음낭부위는 허리엉치신경얼기(lumbosacral plexus)에서 유래한 말이집신경가지와 민말이집신경가지에 의해 지배된다. 고환 신경분포는 종에 따라 뚜렷한 차이를 보인다. 고양이에서는 백색막, 사이막, 세로칸, 고환소엽에 많은 신경이 분포하는 반면, 성숙 수퇘지의 큰 고환에서는 이러한 신경분포가 전혀 나타나지 않는다. 또한 수소와 당나귀의 고환에서는 고환 안쪽의 넓은 영역에 신경섬유가 발견되지 않는다. 고환 내부에 있는 대부분 신경섬유는 신경절이후교감신경섬유(postganglionic sympathetic fiber)이다. 고양이의 경우 세로칸, 사이막, 고환소엽 내의 중간 크기의 세동맥은 노아드레날린성(noradrenergic)과 콜린성(cholinergic) 축삭에 의해 이중신경분포를 받는다. 대부분 종 고환에는 칼시토닌유전자 관련 펩타이드(calcitonin gene-related peptide, CGRP) 양성 축삭인 감각신경이 존재한다. 고환사이질내분비세포(testicular interstitial endocrine cell)에 대한 자가신경분포와 신경-내분비 조절 사이의 기능적 연관성은 아직 명확히 규명되지 않았다. 낙타의 고환에서는 계절에 따른 용적변화가 나타나며, 신경활성과 내분비활성 사이에 역상관관계가 있음이 보고되었다. 겨울철에는 사이질내분비세포구획(interstitial endocrine cell compartment)의 부피가 가장 크고 3-β-HStDH(3-β-hydroxysteroid-dehydrogenase) 함량이 가장 높으며, 이 시기에 고환 신경 분포가 퇴행하는 양상을 보인다. 반대로, 여름철에는 3-β-HStDH 활성이 약하거나 전혀 없고, 사이질내분비세포의 부피가 감소하며 세관사이신경섬유(intratubular nerve fiber)가 증가한다.

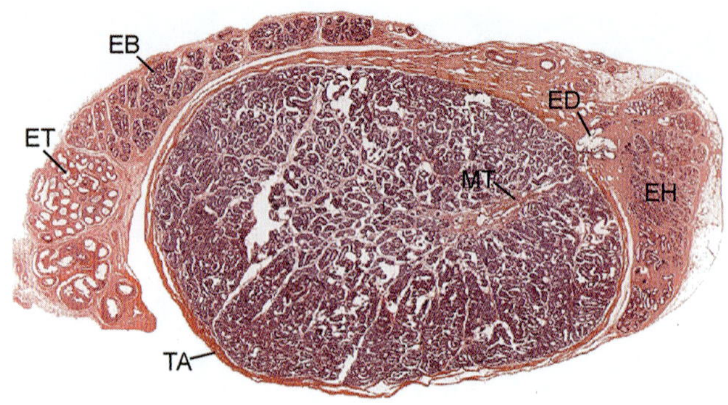

그림 13-13 • 고양이 고환. 백색막(TA), 고환세로칸(MT, 고환그물 포함), 고환날세관(ED), 부고환머리(EH), 부고환몸통(EB), 부고환꼬리(ET). H&E. (Courtesy of Purdue College of Veterinary Medicine.)

제2절 부고환 *Epididymis*

포유동물의 **부고환(epididymis)**은 분화된 상피를 유지하기 위하여 고환수컷호르몬(testicular androgen)에 의존한다. 부고환은 여러 개의 고환날세관(efferent ductule)과 길고 꼬인 부고환관(ductus epididymidis)으로 구성된다. 부고환은 머리, 몸통, 꼬리로 나뉜다(그림 13-13). 부고환은 치밀불규칙결합조직으로 이루어진 두꺼운 백색막에 의해 둘러싸여 있으며, 이 백색막은 고환집막의 내장층(고환층, visceral layer of tunica vaginalis)으로 덮여 있다. 수말의 백색막은 치밀결합조직 전체에 민무늬근육세포가 드물게 섞여 있다.

1. 고환날세관 Efferent Ductules

다양한 지름을 갖는 8~25개의 **고환날세관(efferent ductule, ductulus efferens)**이 고환그물과 부고환관을 연결한다. 이들 날세관은 결합조직으로 경계가 구분된 작은 엽(small lobule)으로 모여 있다. 단층편평상피에서 단층원주상피의 고환그물은 고환날세관에서 섬모세포(ciliated cell)와 무섬모으뜸세포(nonciliated principal cell)가 있는 단층원주상피로 전환된다(그림 13-14). 고환날세관 내에는 드물게 자유 단핵면역세포(mononuclear immune cell)가 관찰되기도 한다. 섬모세포(핵이 세포의 꼭대기에 위치)는 정자를 부고환관 쪽으로 이동시키는 역할을 한다.

무섬모으뜸세포의 핵은 세포의 바닥에 위치하며, 미세융모솔가장자리(microvillus brush border)를 가지고 있어 고환액의 세포내섭취(endocytosis)에 활발히 관여한다. 이러한 세포는 이온의 세포막통과수송(transcellular transport of ion)을 통해 삼투압에 의한 수분 흐름 생성 외에도, 대부분 재흡수 작용에도 관여한다. 세관 내의 액체와 고분자 물질을 흡수하고 분해한 후, 둥근 PAS (Periodic Acid-Schiff) 양성 잔류소체를 포함할 수 있으며, 일부는 분비기능을 가지기도 한다. 섬모세포와 무섬모상피세포 사이의 중간형 세포가 종종 관찰된다. 섬모세포와 무섬모세포 간의 비율은 날세관의 위치에 따라 달라지며, 부고환관으로 갈수록 섬모세포의 수가 점차 증가한다. 날세관상피는 3~6층으로 느슨하게 배열된 근육섬유모세포와 결합조직으로 둘러싸여 있다. 고환날세관과 부고환관의 시작

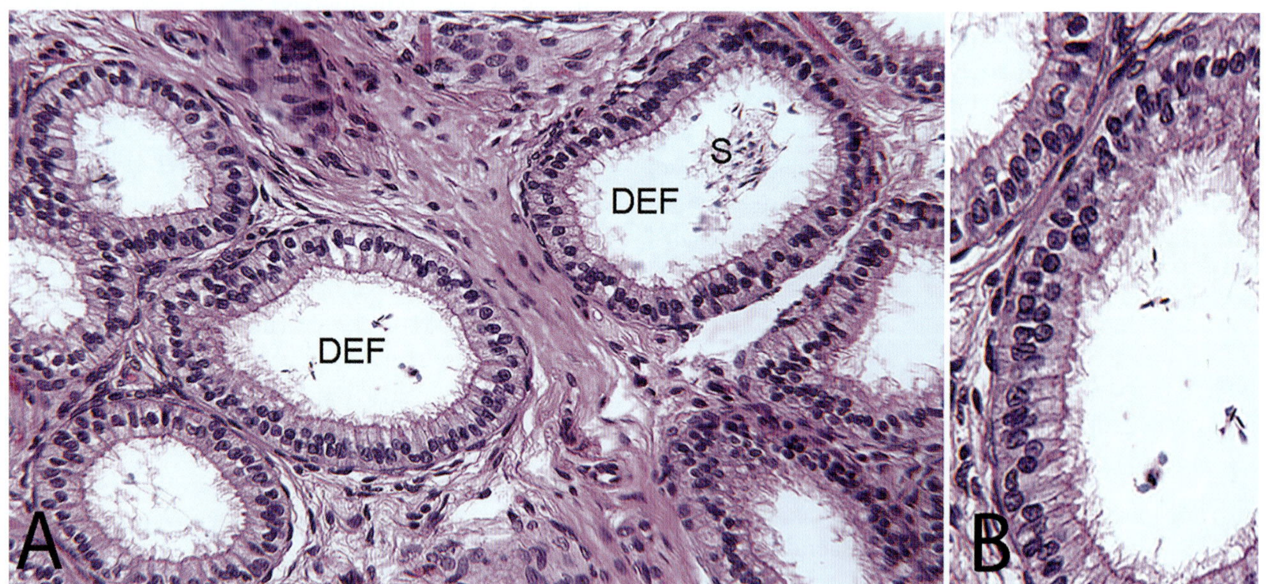

그림 13-14 • A. 8개에서 25개의 세관이 모여 고환날세관(DEF)을 형성한다. 단층원주상피는 섬모세포와 무섬모세포로 구성되어 있으며, 정자(S)의 속 공간 이동을 돕는다. 상피는 또한 세관 내 용액을 재흡수한다. 상피는 근육섬유모세포와 결합조직에 둘러싸여 있다. 고환날세관, 쥐(래트). H&E. (×250). B. 쥐 고환날세관 상피의 고배율. (Image by J. Eurell.)

부위가 부고환머리를 구성한다.

2. 부고환관 Ductus Epididymidis

부고환관(ductus epididymidis)은 매우 복잡하게 꼬여 있으며, 관의 길이는 종에 따라 크게 달라진다(그림 13-15~13-17). 수소와 수퇘지의 경우 최대 40 m, 수말에서는 최대 80 m에 이를 수 있다. 정자는 부고환을 통과하는 9~15일 동안 운동성과 수정 능력(fertilizing ability)을 획득한다.

부고환관은 거짓중층원주상피로 속공간이 덮여 있고, 그 주위에는 성긴결합조직과 민무늬근육층으로 둘러싸여 있다. 근육층은 머리쪽이 가장 얇고, 꼬리쪽으로 갈수록 점차 두꺼워진다. 또한, 계절번식동물(예, 낙타)에서는 상피 높이와 근육층의 신경분포 밀도(innervation density)가 계절에 따라 변화한다. 모든 가축의 부고환상피는 원주으뜸세포(columnar principal cell)와 작은 뭇면체바닥세포(small, polygonal basal cell)의 두 가지 주요 세포 유형이 존재한다. 많은 종에서 추가적으로 꼭대기세포(apical cell), 좁은세포(narrow cell), 투명세포(clear cell), 달무리세포(halo cell) 등이 관찰된다.

으뜸세포(principal cell)는 부고환 전체에서 가장 풍부하게 존재하는 세포 유형이며, 일반적으로 부고환머리 부위에서 가장 키가 크다. 이 세포들은 분비 및 흡수(endocytosis) 기능이 매우 활발하여, 정자의 성숙과 정액 성분의 조절에 핵심적인 역할을 수행한다. 이 세포의 꼭대기표면(apical surface)에는 가지처럼 뻗은 미세융모(고정섬모, sterocilia)가 존재하며, 이는 부고환꼬리 부위로 갈수록 점차 짧아진다. 으뜸세포는 소포형 부고환소체(epididymosome)를 부분분비기전(apocrine mechanism)으로 분비한다.

부고환소체는 정자의 성숙에 중요한 역할을 하며, 그 안에 포함된 지질, 단백질, 효소 등의 성분은 종에 따라 다양하게 나타난다(그림 13-17). 부고환소체에는 수백 가지의 단백질이 존재하며, 이들의 구성은 부고환의 부위에 따라 달라진다. 부고환머리 초기부위에 위치한 꼭대기세포와 좁은세포는 세포내섭취작용에 활발하며, 특히 좁은세포는 수소 이온을 분비하여 속공간의 pH를 조절한다. 투명세포 역시 강한 세포내섭취 활동을 하며, 주로 정자 성숙 과정에서 방출되는 세포질 방울(cytoplasmic droplet)을 흡수하는 역할을 한다. 투명세포는 부고환 초기 부위에는 존재하지 않으나, 그 외의 여러 부위에서는 광범위하게 분포한다. 달무리세포는 상피세포에 속하지 않는 면역세포로, 단핵구나 다양한 아형의 림프구로 구성되며, 상피세포 내로 침윤하여 국소면역관용(local immune tolerance)을 조절하는 역할을 한다. 달무리세포는 부고환 전반에서 관찰할 수 있으며, 질병 상태에서는 자가항원에 대한 방어를 위해 형태와 기능을 변화시킬 수 있다.

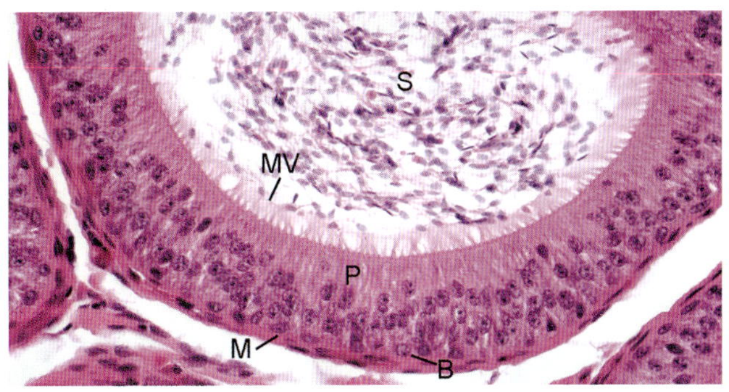

그림 13-15 • 부고환관은 거짓중층원주상피로 덮여 있으며, 이 상피는 원주으뜸세포(P)와 작은 뭇면체 바닥세포(B)로 구성된다. 으뜸세포는 긴 분지 미세융모(MV)(고정섬모라고도 함)를 가진다. 이 상피는 돌림 민무늬근육층(M)으로 둘러싸여 있으며, 부고환꼬리 쪽으로 갈수록 근육층이 두꺼워진다. 정자(S)는 부고환관을 통과하면서 진행성 운동성을 획득하고, 대사 활성을 조절하며, 세포막 구성을 수정하여 수정 준비를 위한 변화를 겪는다. 부고환, 개. H&E. (×400). (Image by W.E. Haensly.)

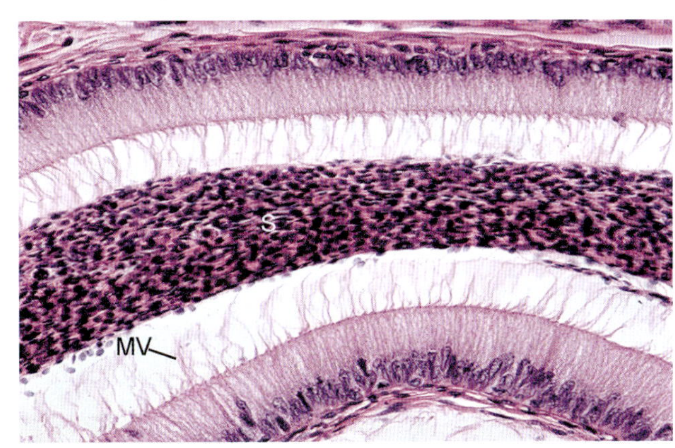

그림 13-16 • 부고환관 상피세포의 분지 미세융모(MV), 즉 고정섬모는 부고환머리에서 가장 길고, 꼬리 쪽으로 갈수록 짧아진다. 정자(S)가 부고환관을 따라 이동하면서 고환액이 상당량 제거되고, 그 결과 정자가 농축된다. 부고환, 개. H&E (×250). (Image by W.E. Haensly.)

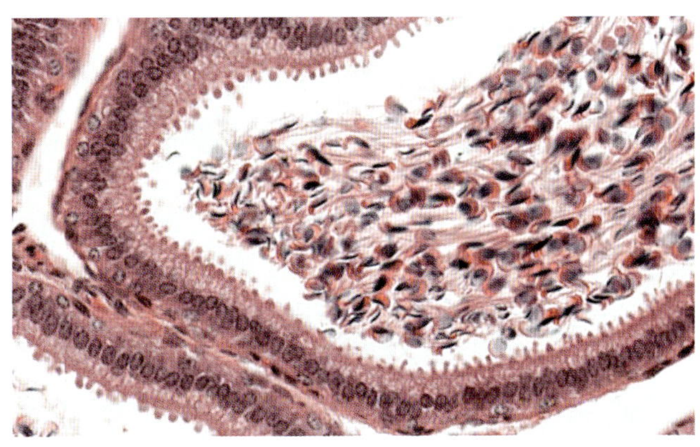

그림 13-17 • 기니피그 부고환관 상피. H&E. (×400). (Courtesy of Purdue College of Veterinary Medicine.)

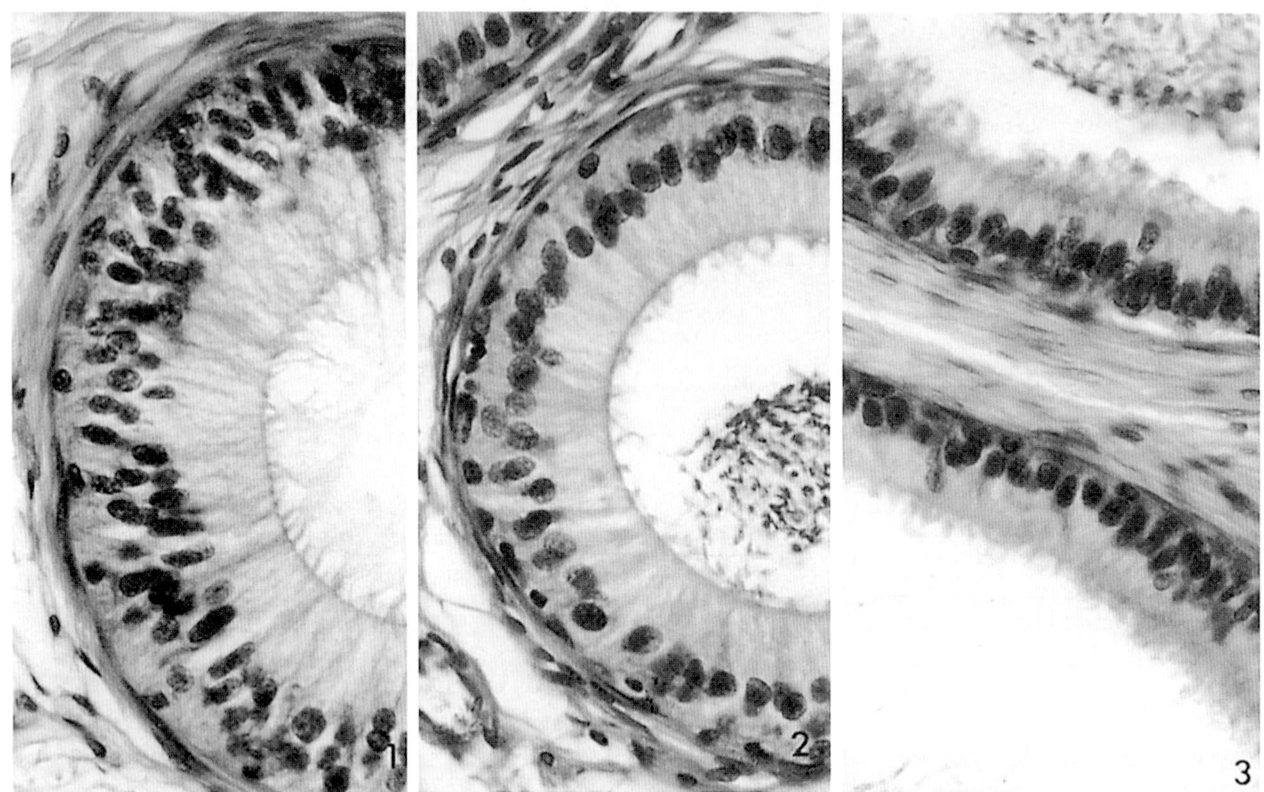

그림 13-18 • 고양이 부고환관 벽의 단면. 부고환의 머리(1), 몸통(2), 꼬리(3) 위치에서 채취된 단면. 핵 위치, 거짓중층원주상피 높이, 미세융모 길이, 민무늬근육층의 두께에서 보이는 변화를 확인할 수 있음. H&E. (×435).

고환날세관과 부고환을 덮고 있는 다양한 세포는 세포내섭취(endocytosis) 특성을 가지고 있어 고환액의 90% 이상을 재흡수한다. 이와 함께, 버팀세포에서 생성된 안드로젠결합단백질(ABP)과 인히빈 역시 부고환관 시작분절(initial segment)에서 재흡수된다. 부고환소체 외에도 글리세롤인산콜린(glycerophosphoryl choline), 인산염분해효소(phosphatase), 글리코시데이스(glycosidase) 등의 다양한 물질도 분비한다.

조직학(그림 13-18), 조직화학, 미세구조, 유전자 발현 양상을 기준으로 부고환관은 여러 구역으로 세분될 수 있다. 각 종마다 구역의 분포와 수가 다르다(예, 수소는 6개).

부고환관 몸쪽부분(시작분절, 머리, 몸통)은 정자의 성숙과정을 담당한다. 꼬리 부분은 성숙한 정자의 주요 저장 장소의 기능을 수행한다(예, 수소에서는 총 부고환 정자의 약 45%가 꼬리 부분에 저장됨). 정자는 고환을 떠날 때는 운동성과 수정 능력이 없으며, 부고환을 거치며 점진적으로 다음의 기능을 획득한다. ① 점진적 운동능력의 발달, ② 대사작용의 변화, ③ 세포막 표면 특성의 변경(수정 인지 과정에서 필요한 막결합 분자의 활성화), ④ 통합된 설프하이드릴기(-SH)의 산화에 의한 세포막의 안정화, ⑤ 세포질방울(세포질잔류)의 꼬리쪽 이동(정자세포의 꼬리끝부분을 향해)과 소실. 세포질방울(cytoplasmic droplet)이 남아있는 정자는 불임일 가능성이 높다. 완전히 성숙한 정자는 부고환꼬리에 장기간 저장될 수 있다. 부고환정자(epididymal spermatozoa)는 항정자항체에 의한 자가면역반응을 유발할 수 있는 강력한 항원을 가지고 있지만, 이는 꼭대기상피이음복합체(apical epithelial junctional complex)와 유사한 부고환 상피의 혈액부고환장벽(blood-epididymal barrier)에 의해 예방되거나 약화된다.

제3절 정관 *Ductus Deferens*

부고환 꼬리 부분에는 날카로운 굴곡이 있으며, 이 굴곡은 곧게 펴져 **정관(ductus deferens)**으로 이어진다. 수말과 되새김동물의 정관은 정낭샘의 배출관과 합쳐져 짧은 사정관(ejaculatory duct)을 형성하며, 이 사정관은 요도둔덕에서 요도로 연결된다. 수소 사정관의 거짓중층상피는 삼켜진 정자가 들어있다. 수퇘지의 정관과 배출관이 각각 요도로 연결된다. 육식동물에는 정낭샘이 없으며 정관만이 요도에 연결된다.

정관은 부고환관과 유사한 거짓중층원주상피로 덮여 있지

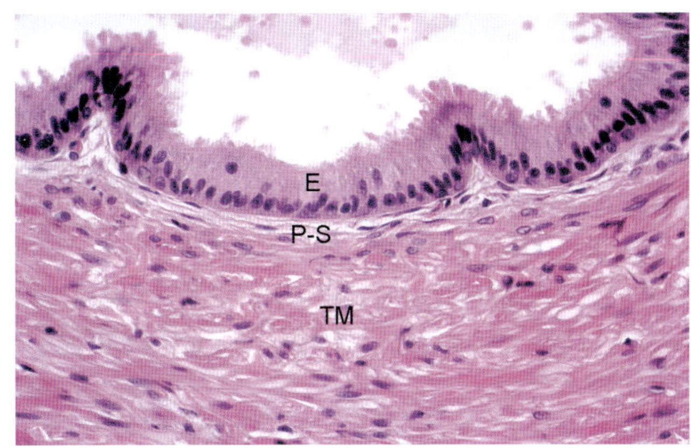

그림 13-19 • 정관은 거짓중층원주상피(E)로 속공간이 덮여 있으며, 그 아래에는 성긴결합조직으로 이루어진 고유판-점막밑층(P-S)이 위치한다. 여러 층의 민무늬근육이 근육층(TM)을 이룬다. 정관, 고양이. H&E. (×400).

만 바닥세포(basal cell)가 더 많다(그림 13-19). 정관의 끝부분으로 갈수록 단층원주상피로 변할 수 있다. 정관의 시작부위에서 원주상피세포는 짧고 분지된 미세융모(microvilli)를 가지고 있다. 수소에서는 바닥세포에 작은 지질방울이 존재한다. 고유판-점막밑층의 성긴결합조직에는 혈관이 매우 풍부하고(그림 13-20, 저배율), 섬유모세포와 탄력섬유가 풍부하며, 콜린성신경그물을 포함하는 반면, 근육층은 신경절이후교감신경섬유에 의해 치밀하게 지배된다. 수말, 수소, 수퇘지의 근육층은 돌림층, 세로층, 경사층이 뒤섞인 구조로 이루어져 있다. 작은 되새김동물과 육식동물의 경우, 속돌림근육층과 바깥세로근육층이 존재한다. 장막이 정관을 싸고 있다.

정관의 끝부분은 수컷의 덧생식샘 기능을 한다. 수말, 되새김동물, 수캐에서는 **정관팽대(ampulla)**를 형성하지만, 수퇘지와 고양이에서는 그렇지 않다(그림 13-21). 정관팽대의 고유판-점막밑층에는 단순분지대롱꽈리샘(simple branched tubuloalveolar gland)을 포함하고 있다. 수말, 수소, 수양의 경우, 이 샘은 민무늬근육세포가 풍부한 고유판-점막밑층의 많은 부분을 차지한다.

수캐와 수사슴의 샘은 민무늬근육세포가 없이 결합조직에 둘러싸여 있다. 샘은 타원형 핵을 가지고 있는 키 큰 원주세포부터 둥근 핵을 가지고 있는 입방세포까지 다양한 세포로 덮여 있다. 구형에서 뭇면체형 바닥세포는 원주세포 사이에 불규칙하게 분포한다. 되새김동물의 샘상피는 당원이 풍부하고, 바닥세포에는 크기가 다양한 지방방울을 포함한다. 수소의 원주세포에도 지방방울이 존재한다. 소의 바닥세포에 있는 지방방울은 합쳐져서 지방세포처럼 보일 수 있다. 정관 종말부위의 근육층은 다양하게 배열된 민무늬근육다발로 이루어져 있으며,

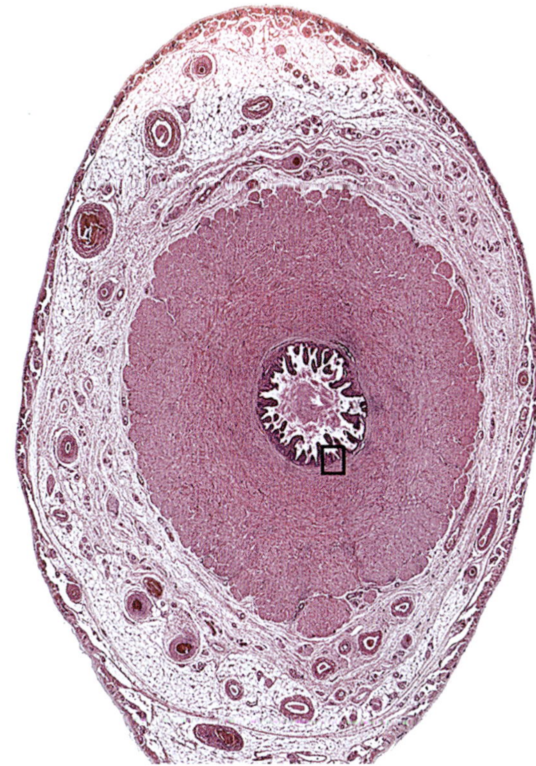

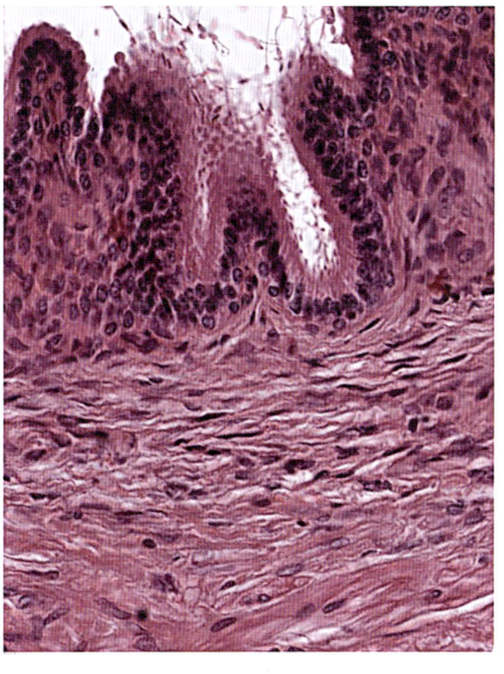

그림 13-20 • 말 정관. 오른쪽의 고배율 이미지는 전체 단면에서 강조된 사각형부위를 확대한 것이다. H&E. (×250). (Courtesy of Purdue College of Veterinary Medicine.)

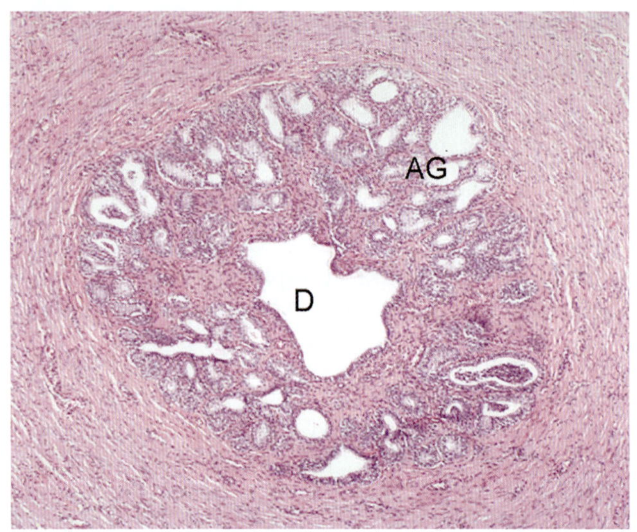

그림 13-21 • 개 정관의 끝부분(D) 상피 아래에 팽대샘(AG)이 존재한다. 분비부위는 단층원주상피로 덮여 있으며, 민무늬근육이 없는 샘주위 결합조직으로 둘러싸여 있다. 정관팽대, 개. H&E. (×40). (Image by W.E. Haensly.)

이 근육다발은 혈관이 풍부하게 분포된 바깥막의 성긴결합조직으로 둘러싸여 있다.

제4절 덧생식샘 *Accessory Glands*

수컷생식계통 **덧생식샘(accessory gland)**은 구조 단백질을 포함한 분비물을 생성하여 정장(seminal plasma)을 형성한다. 덧생식샘에는 정관의 분비샘부위, 정낭샘(vesicular gland), 전립샘(prostate gland), 망울요도샘(bulbourethral gland)이 포함된다. 이들 샘에서 분비된 분비물은 요도로 유입되어 사정액을 구성한다. 사정액은 정자와 정장으로 구성되며, 정장은 부고환과 수컷덧생식샘에서의 분비물이 들어 있다. 수말, 되새김동물, 수퇘지에는 모든 덧생식샘이 존재하며 육식동물은 정낭샘이 없으며, 개는 망울요도샘이 없다. 고양이의 경우 전립샘과 망울요도샘은 유일한 덧생식샘이다.

1. 정낭샘 Vesicular Glands

정낭샘(vesicular gland, seminal vesicle)은 일반적으로 유두돌기(papillary projection)가 속공간으로 들어간 쌍을 이루는 대롱(tubular) 또는 대롱꽈리(tubuloalveolar) 구조이다(그림 13-22). 이 샘은 정관팽대 측면에 위치하고, 방광의 목에 인접해 있다. 샘 상피는 키 큰 원주상피와 드물게 존재하는 둥근 바닥세포를 가진 거짓중층상피이다. 풍부한 결합조직에는

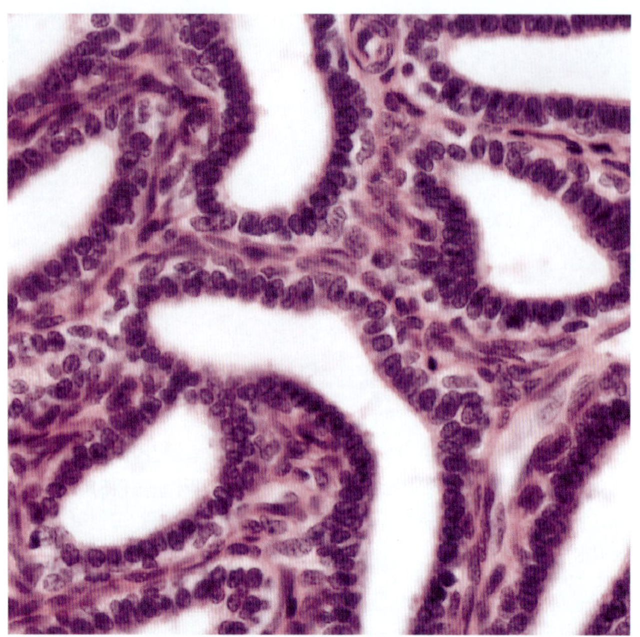

그림 13-22 • 정낭샘 상피는 거짓중층원주상피로 분류되며, 주로 키 큰 원주세포와 일부 바닥세포로 구성된다. 이 상피는 주름져 있으며, 대롱꽈리 분비단위가 넓은 속공간쪽으로 돌출된다. 정낭샘, 돼지. H&E. (×400).

섬유모세포, 아교섬유, 작은 혈관이 버팀질(stroma)에 흩어져 있다.

소엽속배출관과 주배출관(main excretory duct)은 단층입방상피로 덮여 있고, 말의 경우에는 중층원주상피로 덮여 있다. 샘은 엽(lobe)과 소엽(lobule)으로 세분될 수 있으며, 혈관이 매우 풍부한 결합조직으로 구성되어 있다(그림 13-23). 고유판-점막밑층은 더 치밀한 결합조직 잔기둥으로 연결되어 있으며, 이는 기관을 엽과 소엽으로 나눌 수 있다. 두께와 배열

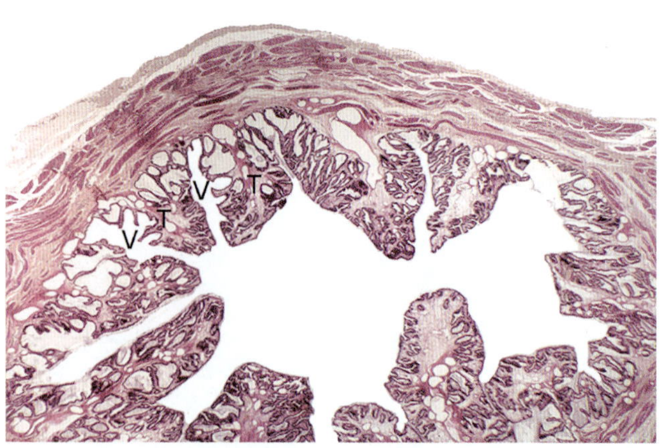

그림 13-23 • 말 정낭샘. 진성 소포(V)는 중심관과 연결된 짧은 분지대롱꽈리샘으로 구성된다. 이 소포는 얇은 결합조직잔기둥(T)에 의해 분리되어 있다. 다른 종에서는 이 샘 구조가 다양하다. H&E. (×16). (Image by W.E. Haensly.)

이 다양한 근육층이 정낭샘을 둘러싸고 있으며, 장막 또는 바깥막이 근육층을 덮고 있다. 주변부위에서는 더 큰 혈관과 신경분포를 볼 수 있다.

1) 종 차이 Species Differences

정낭샘은 수말과 수퇘지에서 발달이 뚜렷하며, 두 종 모두 주머니모양(sac-like) 형태를 갖는다. 수말 정낭샘은 넓은 중심관(central duct)으로 열리는 짧은 분지대롱꽈리샘(branched tubuloalveolar gland)을 포함하고 있는 진성 소포(true vesicle)를 가지고 있다. 이 중심관은 불규칙하게 배열된 민무늬근육세포가 섞여 있는 얇은 결합조직 잔기둥에 의하여 분리된다.

수퇘지는 두 개의 크고 소엽으로 이루어진 정낭샘을 가지고 있으며, 공통 결합조직 피막과 얇은 근육층을 가진다. 소엽사이결합조직 사이막은 약간의 민무늬근육세포가 있다. 대롱형 속공간(tubular lumina)은 넓고, 분비상피는 주름져 있다.

수소와 수양의 경우 정낭샘은 치밀하고 소엽이다. 수소의 경우, 이 관은 약간 나선대롱샘부분으로, 이후 주배출관(main excretory duct)을 통해 배출된다. 모든 종의 정낭샘 분비물은 구연산이 풍부하며, 수소와 작은 되새김동물에서는 과당도 많이 함유되어 있다. 분비성 원주세포에는 작은 지방방울이 존재하며, 세포 내 당원 때문에 알칼리성 인산염분해효소(alkaline phosphatase) 반응이 양성으로 나타난다. 정낭샘의 원주상피세포에서는 작은 지방방울이 관찰되고, 이들 세포는 원당을 함유하여 알칼리성 인산분해효소 양성 반응을 보인다. 일부 원주세포에서는 밝고 물집모양 꼭대기돌출물(bleb-like projection)을 가진다. 수소의 정낭샘 분비물은 지질 함량이 높아 약 50%가 콜레스테롤이고 나머지는 중성지질과 인지질로 구성된다. 소엽사이막은 두꺼운 근육층에서 유래한 근육층이고, 그 바깥은 약간의 민무늬근육세포를 가진 치밀불규칙결합조직 피막으로 둘러싸여 있다.

수양와 수사슴의 정낭샘은 수소와 형태적으로 유사하다. 수산양의 정낭샘 바닥세포에는 지방방울이 존재하지만, 수양에서는 이러한 방울이 관찰되지 않는다. 번식기의 수사슴에서는 정낭샘 상피의 높이가 증가한다. 정낭샘은 사정액의 일부를 생성하며, 전체 사정액에서 차지하는 비율은 종에 따라 다르다. 샘에서 분비되는 분비액은 보통 젤라틴처럼 점성이 있으며 흰색 또는 황백색을 띤다. 정낭샘 분비물은 수소에서는 전체 사정액의 약 25~30%, 수퇘지에서는 약 10~30%, 수양·수사슴에서는 약 7~8%를 차지한다. 정낭샘 분비물에는 과당 함량이 높아, 사정된 정자의 에너지원으로 활용된다.

2. 전립샘 Prostate

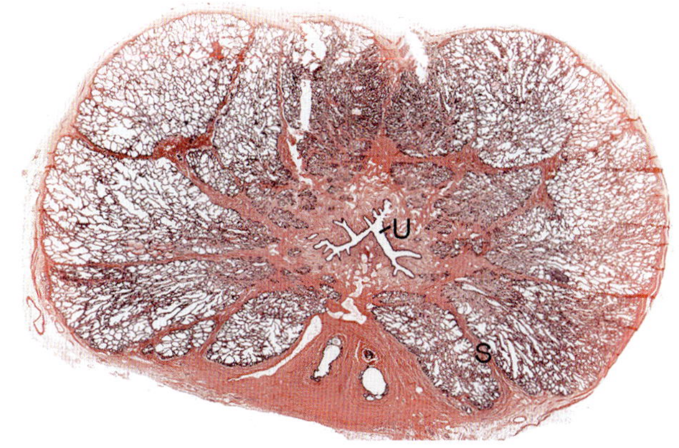

그림 13-24 • 개 전립샘. 전립샘요도(U)와 사이막(S). H&E. (Courtesy of Purdue College of Veterinary Medicine.)

전립샘(prostate, prostate gland)은 대롱꽈리샘(tubuloalveolar gland) 구조를 가진 샘기관으로, 치밀불규칙결합조직과 민무늬근육세포와 탄력섬유가 풍부한 섬유근육피막(fibromuscular capsule)으로 둘러싸여 골반요도(pelvic urethra)를 감싸고 있다(그림 13-24). 전립샘은 해부학적으로 **몸통(body of the prostate, corpus prostatae)**과 **퍼짐부분(disseminate part of the prostate, pars disseminata prostatae)**의 두 부분으로 구분된다. 몸통은 요도둔덕(colliculus seminalis) 위치에서 골반요도 전체를 둘러싸거나, 일부 등쪽면 만을 덮는다. 퍼짐부분은 골반요도의 고유판-점막밑층(propria-submucosa)에 위치한다. 전립샘 상피는 속공간세포(luminal cell), 바닥세포, 신경내분비세포로 구성된다.

전립샘 버팀질은 섬유근육조직으로 이루어져 있으며, 단층입방상피 또는 단층원주상피로 된 적당한 양의 대롱꽈리샘을 지지한다(그림 13-25). 관의 종말부분으로 갈수록 상피는 중층원주상피 또는 이행상피로 변한다. 전립샘의 바닥층은 타원형의 핵과 소량의 세포질을 가진 세포로 이루어져 있다. 바닥세포는 보통 흩어져 분포하며, 개에서는 불연속적인 바닥세포층을 형성한다.

상피원주전립샘세포(epithelial columnar prostate cell, luminal)는 단백질을 생성하고 분비하며, 그 결과 세포질 내에 단백질 분비과립을 포함하여 양성 점액반응을 일으킨다. 속공간세포(luminal cell)는 전립샘 세포 아형 중 가장 많은 비중을 차지하며, 세린 단백질분해효소(serine protease)의 일종인 칼리크레인(kallikrein)을 생성하는 원주형 세포층을 형성한다. 이 세포층은 주로 관 형태로 배열되며, 원주세포 표면에 미세융모가 존재하고 때때로 물집모양 꼭대기돌출물(bleb-like apical protrusion)이 관찰된다. 전립샘의 관(tubule)과 꽈리(alveoli)에서 흔히 보이는 특징은 농축된 층판분비물(lamellar secretory material)인 **아밀로이드소체(amylaceous corpuscles, corpora amylacea)**가 관찰된다. 또한,

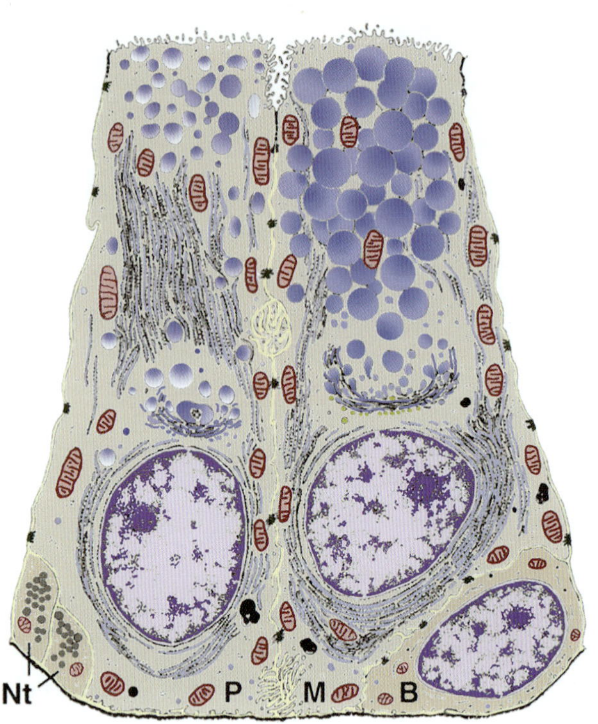

그림 13-25 • 되새김동물의 전립샘 상피. 왼쪽의 세포(P)는 단백질 과립을 포함한 특수 분비세포이고, 오른쪽 세포는 점액(M)을 분비한다. 바닥세포(B), 상피속자율신경종말(Nt).

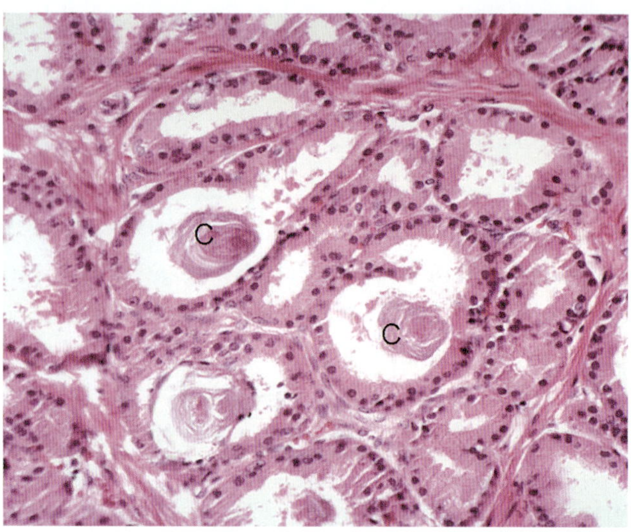

그림 13-26 • 전립샘은 대롱꽈리샘으로, 속공간은 단층입방상피 또는 단층원주상피로 구성되어 있다. 키 큰 원주세포는 미세융모를 가지며, 물집모양의 꼭대기 돌출부가 자주 보인다. 샘의 속공간에서는 때때로 분비물로 된 동심원 층판 구조, 즉 아밀로이드소체(amylaceous corpuscle, C)가 관찰된다. 전립샘, 돼지. H&E. (×250). (Image by W.E. Haensly.)

전립샘 관계통(duct system)은 분비물이 저장될 수 있는 주머니 확장부(saccular dilation)를 가진다.

요도는 세포질이 적은 여러 층 세포로 이루어진 요로상피(urothelium, transitional epithelium)로 구성된다. 전립샘 피막(prostate capsule)에는 지름이 큰 동맥과 말초신경이 존재한다.

전립샘 피막은 민무늬근육세포와 탄력섬유가 풍부한 치밀불규칙결합조직으로 구성되어 있다. 피막으로부터 큰 잔기둥(trabeculae)은 전립샘의 몸통과 퍼짐부분을 각 소엽으로 나눈다. 특히, 샘의 몸통 부분에서는 근육성 성분이 우세하다.

전립샘의 분비부위와 관은 민무늬근육세포를 포함하는 성긴결합조직으로 둘러싸여 있으며, 이러한 민무늬근육세포는 전립샘 몸통부분에서 특히 풍부하다. 세관의 속공간에서는 아밀로이드소체가 관찰되기도 한다(그림 13-26).

1) 종 차이 Species Differences

전립샘은 모든 가축과 야생 포유동물에서 존재하며, 일반적으로 두 개의 뚜렷한 엽으로 구분된다. 개의 전립샘은 섬유혈관피막(fibrovascular capsule)으로 둘러싸여 있으며, 방광 바로 뒤쪽에 위치하고 골반요도를 완전히 감싼다. 고양이는 전립샘이 개보다 더 꼬리쪽에 위치해서, 골반결합(pelvic symphysis)의 앞쪽 경계의 뒤편, 곧창자 배쪽벽 아래에 자리한다. 개의 전립샘 퍼짐부분(disseminate part of prostate)은 몇 개의 샘소엽으로 이루어진 반면, 고양이의 퍼짐부분에 있는 하나하나의 소엽이 요도둔덕과 망울요도샘 사이에 흩어져 나타난다. 사이질(interstitium)에서는 층판소체(lamellar corpuscle)가 관찰될 수 있다.

수말의 전립샘은 복막뒤부위(retroperitoneal region)에 위치하며, 골반요도의 등쪽에 오른쪽과 왼쪽 두 엽으로 이루어진다. 수말 전립샘의 피막, 잔기둥, 사이질결합조직에는 민무늬근육세포가 매우 풍부하다. 되새김동물의 전립샘은 짝이 없는 홑샘(unpaired gland)으로, 수소와 작은 되새김동물 간에 일부 차이가 보고되고 있다. 수소에서는 전립샘이 다른 가축에 비해 비교적 작고 눈에 잘 띄지 않으며, 퍼짐부분이 요도를 둘러싸고 있다. 그러나 작은 되새김동물에서는 전립샘이 육안으로는 확인되지 않으며, 내부의 샘조직으로만 구성되어 있다.

전립샘의 주된 역할은 전립샘액(prostatic fluid) 분비이며, 이 분비물이 사정액 전체에서 차지하는 비율은 종에 따라 다르다. 개에서는 전립샘액이 전체 사정액의 90%를 차지하고, 되새김동물은 4~6%, 수말은 25~30% 정도를 차지한다. 전립샘의 기능 중 하나는 대사 과정에서 생성된 이산화탄소와 젖산으로 산성화된 정장(seminal plasma)을 중화시키고, 사정된 정자의 활발한 운동을 유도하는 것이다. 전립샘은 호르몬에 의존하며, 거세(castration)하면 샘조직이 위축(atrophy)되고 세관사이결합조직(intertubular connective tissue)이 더 많아지게 된다.

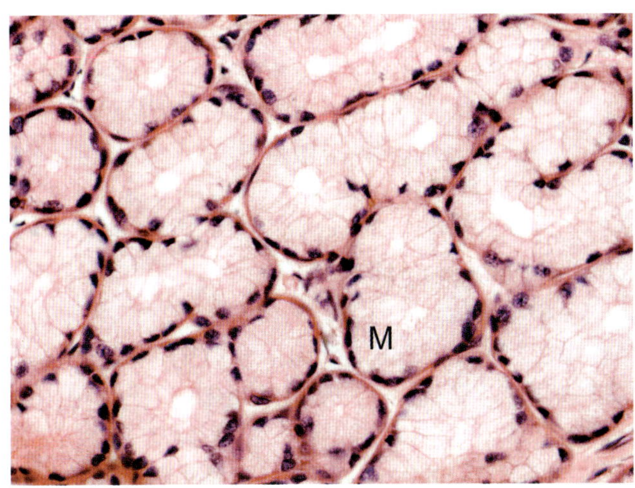

그림 13-27 • 망울요도샘의 분비단위는 점액(M)을 분비하는 단층원주 상피세포로 이루어져 있다. 점액 및 단백질 분비물은 요도와 질 내 환경을 윤활하고 중화시키는 데 도움을 준다. 망울요도샘, 수소. H&E. (×400).

3. 망울요도샘 Bulbourethral Gland

망울요도샘(bulbouretheral gland)은 한 쌍의 샘으로, 음경망울(bulb of the penis)의 등가쪽(dorsolateral) 표면에 붙어 있으며, 전립샘의 뒤쪽에 위치한다(그림 13-27). 이 샘은 종에 따라 형태가 다른데, 돼지, 고양이, 산양에서는 복합대롱샘(compound tubular gland)의 형태이고, 수말, 수소, 수양에서는 대롱꽈리샘(tubuloalveolar gland) 형태의 구조를 가진다. 개에서는 존재하지 않는다. 망울요도샘은 뭇엽(multilobular) 구조이며, 각 소엽은 중심관(central duct)으로 연결되는 꽈리(acinus)로 구성된다. 망울요도샘의 관 상피는 어두운 세포질을 가진 한 층의 입방상피로 이루어져 있다. 샘의 분비부위는 키가 큰 단층원주상피로 덮여 있다. 이 샘은 탄력섬유와 민무늬근육과 가로무늬근육 모두를 포함하는 결합조직 사이막에 의해 엽으로 구분된다. 각 꽈리는 얇은 바닥세포층(basal cell layer, myoepithelial cell layer)이 둘러싼다.

각 꽈리는 관으로 이어지며, 서로 다른 관이 합쳐져서 더 큰 샘속관(intraglandular duct)인 중심배출관(central excretory duct)을 형성한다. 각 꽈리에 연결된 관은 단층입방상피 또는 단층원주상피로 덮여 있다. 이에 비해, 더 큰 샘속관은 거짓중층원주상피로 덮이며, 이들은 최종적으로 요로상피로 이루어진 하나(또는 여러 개)의 관으로 개구한다.

이 샘은 상당량의 가로무늬근육섬유가 섞여 있는 섬유탄력피막으로 둘러싸여 있다. 이 피막에서 바깥쪽으로는 치밀불규칙결합조직으로 된 잔기둥이 뻗어 나오며, 여기에는 민무늬근육과 가로무늬근육이 함께 분포한다. 사이질조직은 성긴결합조직으로 이루어져 있고, 소량의 민무늬근육섬유가 포함된다.

1) 종 차이 Species Differences

고양이의 망울요도샘은 지름 약 4~5 mm의 한 쌍의 둥근 샘으로 존재한다. 이 샘은 넓고 굴처럼 생긴 샘속관과 짧고 좁으며 대부분 분지되지 않은 대롱종말부분으로 구성된다. 분비세포의 표면적은 잘 발달된 세포사이세관에 의해 확장되어 있다. 수말의 망울요도샘은 망울샘근(bulboglandularis muscle)과 요도근(urethralis muscle)으로 완전히 둘러싸고 있기 때문에 직장 촉진으로는 만져지지 않는다. 3~4개의 개별적인 망울요도샘관(bulbourethral duct)이 있다.

돼지에서는 망울요도샘이 매우 크고 두드러지며, 망울샘근으로 둘러싸여 있다. 조직학적으로는 샘 사이질에는 소수의 민무늬근육세포가 관찰되고, 집합관은 단층원주상피로 덮여 있는 것이 특징이다. 되새김동물에서는 이 샘이 망울해면체근(bulbospongiosus muscle)에 의해 둘러싸여 있다. 수소와 수양에서는 짧은 연결부위가 분비부위와 집합관을 이어주며, 이 집합관은 단층입방상피로 덮여 있고, 때때로 분비 기능까지 수행한다. 수사슴에서는 분비물이 직접 이 통로로 흘러 들어간다. 특히, 샘 사이질에는 민무늬근육세포가 흔히 발견된다.

망울요도샘은 점액과 단백질이 혼합된 분비물을 생성한다. 되새김동물에서는 이 분비물이 사정 전에 방출되어, 요도 환경을 중화시키고, 요도와 질에 대한 윤활 작용이라는 두 가지 기능을 담당한다. 수돼지의 망울요도샘 분비물은 주로 점액 성분으로 구성되고 시알산(sialic acid)이 풍부하며, 사정액의 15~30%를 구성한다. 이 분비물은 인공수정 후 자궁목을 밀봉(sealing)하여 정자 손실을 방지하는 역할을 하기도 한다. 고양이의 망울요도샘 분비물은 주로 점액 성분으로 구성되며 당원도 포함되어 있다. 고양이는 정낭샘이 없어서 이 망울요도샘에서 분비되는 당원은 정자의 대사에 필요한 에너지원으로 작용할 수 있다.

제5절 요도 *Urethra*

수컷 요도는 관상장기(tubular organ)로, 전립샘부분(prostatic portion), 골반부분(pelvic portion), 음경부분(penile portion)으로 구분한다. 전립샘부분은 방광에서 시작하여 전립샘 몸통의 꼬리 끝까지 이어지며, 전립샘 실질(prostate parenchyma)을 가로질러 통과한다. 골반부 요도는 전립샘부분 끝에서 시작해 음경망울(bulb of the penis)까지 이어지고, 음경부 요도는 음경망울에서 시작해 바깥요도구멍(external urethral opening)까지 계속된다.

요도 점막은 세로주름(longitudinal fold)을 가지는데, 이는 발기나 배뇨 중에 납작해지거나 사라진다. 전립샘부분 요도에는 요도능선(urethral crest)이라 불리는 뚜렷하면서도 지속적인 등쪽안쪽주름(dorsomedial fold)이 존재한다. 이 구조는 **요도둔덕(seminal colliculus, colliculus seminalis)**이라고 불리는 확장 부위까지 연장된다. 요도둔덕에서는 종에 따라 다양한 관이 요도에 개구한다. 되새김동물과 수말에서는 사정관, 수퇘지에서는 정관과 정낭샘의 관, 육식동물에서는 정관이 개구한다. 이들 관 중 일부에서는 합쳐진 중간콩팥곁관(paramesonephric duct)의 흔적인 수컷자궁(uterus masculinus)이 관찰되며, 수컷자궁은 단단한 상피끈(solid epithelial cord)이나 짧은 관으로 나타난다.

요도의 상피는 요로상피(이행상피, urothelium, transitional epithelium)로 덮여 있으며, 이는 다양한 크기의 단층원주상피로 구성된 부분을 포함하고 있다. 이러한 부분은 골반요도와 전립샘요도에서 거짓중층원주상피로 변화할 수 있다. 음경요도(penile urethra)의 바깥요도구멍(external urethral orifice) 부위에서는 상피가 중층편평상피로 변형되어 외부 개구부(external meatus)를 덮는다(그림 13-28).

요도의 고유판-점막밑층은 탄력섬유와 민무늬근육세포를 포함하는 성긴결합조직으로 구성된다. 개의 경우, 이 층에 드물게 퍼진림프조직 또는 림프소절이 관찰된다. 수말과 고양이에서는 이 조직층에 단순대롱점액샘(simple tubular mucous gland)이 존재한다. 또한 요도상피와 비뇨생식굴(urogenital sinus)에서 유래된 덧생식샘(예, 전립샘, 망울요도샘)의 상피에는 퍼진신경내분비계통(diffuse neuroendocrine system)의 일부인 조절 펩타이드를 함유한 세포가 항상 존재하고 있다.

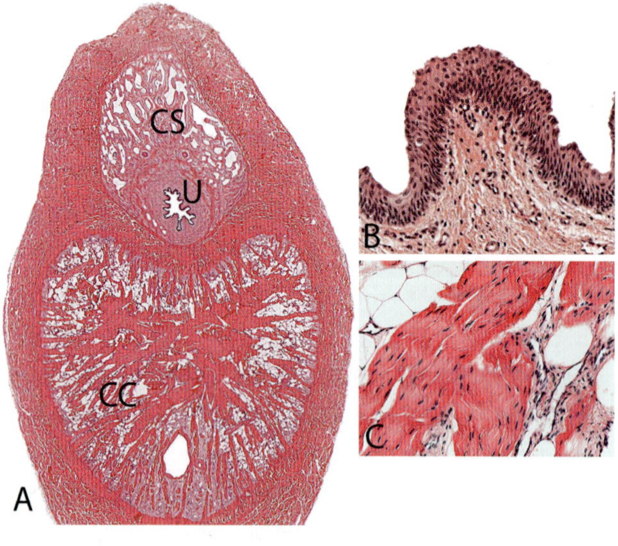

그림 13-28 • **A.** 수소 음경. 요도(U)는 요도해면체(CS)의 해면공간(cavernous space)으로 둘러싸여 있다. 음경해면체(CC)는 섬유탄력결합조직을 포함한다. **B.** 음경요도의 요로상피. **C.** 음경해면체의 섬유탄력결합조직. H&E. (Courtesy of Purdue College of Veterinary Medicine.)

요도의 전 길이에 걸쳐 고유판-점막밑층은 내피로 덮인 다양한 크기의 굴(cavern)이 존재하여 발기 특성(erectile property)을 나타낸다. 이 굴은 전립샘부분과 골반부분에서 소위 혈관층(vascular stratum)이라 불리는 구조를 형성한다. 음경요도를 둘러싼 부위에서는 해면공간(cavernous space)의 수와 크기가 현저히 증가하며, 이 부위의 혈관층을 **요도해면체(corpus spongiosum)**라 한다. 요도해면체로 알려진 혈관층은 궁둥활(ischiatic arch)에서 시작하여 두 옆으로 확장된 구조인 음경망울(bulb of the penis)을 형성한다. 요도 근육층은 방광 근처는 민무늬근육이지만, 나머지 요도부위에서는 가로무늬근육으로 구성되어 있다. 이는 성긴결합조직 또는 치밀불규칙결합조직으로 이루어진 바깥막에 의해서 둘러싸여 있다.

되새김동물과 수말에서는 요도 종말부위가 음경귀두(glans penis)를 부분적으로(수소) 또는 완전히(수말, 수양, 수산양) 지나쳐 확장되며 요도돌기(urethral process)를 형성한다. 요도돌기는 이행상피 또는 중층편평상피로 덮여 있으며, 요도해면체로 둘러싸여 있다. 이 요도해면체는 수말에서 많은 해면공간을 포함하고 있고, 되새김동물에서는 이보다 적고 작은 해면공간을 포함한다. 수양과 수산양에서는 두 개의 섬유연골끈(fibrocartilaginous cord)이 요도를 따라 길게 주행한다. 요도돌기는 피부점막으로 덮여 있다.

제6절 | 음경 *Penis*

음경(penis)은 모든 포유동물 종에서 수컷생식기관으로 체내수정(internal fertilization)을 가능하게 한다. 형태학적으로 (a) 음경해면체(corpus cavernosum), (b) 요도를 둘러싼 요도해면체(corpus spongiosum), (c) 음경귀두(glans penis)로 구성된다(그림 13-28~13-30).

1. 음경해면체 Corpus Cavernosum

음경해면체(corpus cavernosum)는 다양한 수의 탄력섬유와 민무늬근육세포를 포함하고 있는 두꺼운 치밀불규칙결합조직 층인 백색막으로 둘러싸여 있다. 결합조직사이막이 음경해면체를 완전히 또는 부분적으로 나눈다.

백색막과 백색막에서 이어진 잔기둥그물(trabeculae network) 사이공간은 발기조직(erectile tissue)으로 채워져 있다. 수말과 육식동물에서는 이 발기조직이 내피로 덮인 공간으로 구성되어 있으며, 이 공간은 성긴결합조직으로부터 치밀불규칙결합조직까지 다양한 형태의 결합조직이 둘러싸고 있고, 그 안에는 민무늬근육세포도 포함되어 있다. 수말의 경우,

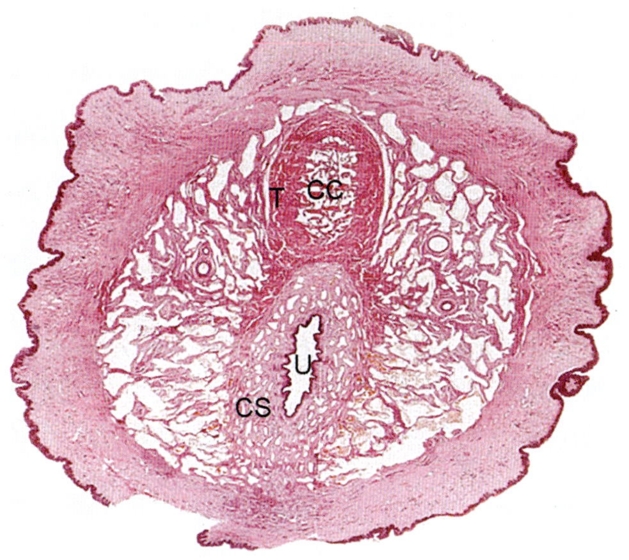

그림 13-29 • 말의 근육해면체음경에서 해면체(CC)는 두 개의 배쪽가쪽과 하나의 중심안쪽 돌출을 형성하여 지지 구조를 이룬다. 해면공간(cavernous space)은 내피로 덮여 있으며, 결합조직(CT)으로 둘러싸여 있다. 요도해면체(CS)가 요도(U)를 둘러싸며, 두꺼운 백색막(T)은 해면조직을 둘러싼다. 말 음경은 음경뼈가 없다. H&E. (Image by W.E. Haensly.)

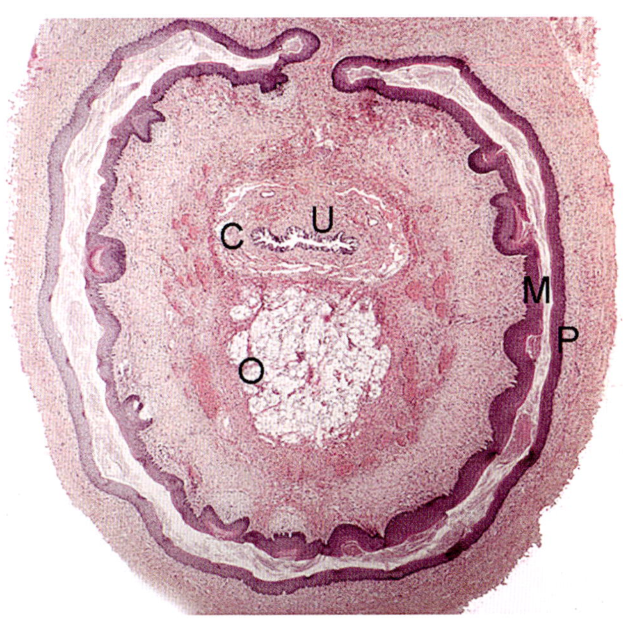

그림 13-30 • 고양이의 음경은 각질중층편평상피로 이루어진 점막(M)으로 덮여 있다. 요도해면체(C)는 음경요도(U)를 둘러싸며, 음경뼈 잔류물(O)은 요도의 배쪽에 위치한다. 음경꺼풀(P)은 음경 둘레에 두꺼운 원형 주름을 형성한다. H&E. (×25). (Image by W.E. Haensly.)

이 민무늬근육다발이 음경의 세로축으로 배열되어 있어, 해면공간의 속공간이 완전히 폐쇄되는 경우도 흔하다. 민무늬근육세포가 이완하면, 음경은 확장되어 음경꺼풀(prepuce)에서 나오는데, 이는 일반적으로 배뇨 과정에서 발생한다. 수퇘지와 되새김동물의 경우, 이러한 굴을 싸고 있는 결합조직에 민무늬근육이 거의 없거나 전혀 없다.

해면공간(cavernous space)으로의 주요 혈액 공급은 **나선동맥(helicine artery)**에 의해 이루어진다. 이 동맥은 속막(tunica intima)에 상피모양민무늬근육세포(epithelioid smooth muscle cell)가 있는 것이 특징이며, 이 세포는 혈관 속공간으로 융기(ridge) 또는 받침(pad)의 형태로 돌출되어 부분적인 수축을 유발한다. 이 민무늬근육세포가 이완하면, 해면공간으로 혈류가 증가하여 발기를 유발한다. 해면공간의 혈액 배출은 세정맥에 의해 촉진되며, 그중 일부는 벽이 두꺼운 정맥을 형성한다.

2. 음경귀두 Glans Penis

잘 발달된 음경귀두는 수말과 수캐에서만 나타난다. 고양이과 동물(feline species)에서는 귀두표면에 각질화된 돌기가 발달한다(그림 13 31). 귀두는 탄력섬유가 풍부한 백색막에 의해 둘러싸여 있으며, 이 백색막은 잔기둥(trabeculae)을 형성하며 내부로 뻗어 들어가 발기조직(erectile tissue)으로 채워진 공간을 구획한다. 이러한 공간은 수말에서는 요도해면체

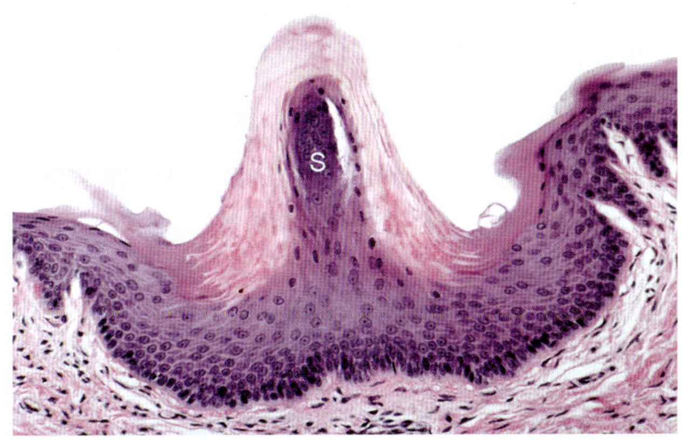

그림 13-31 • 고양이 자유음경의 음경가시(S)는 각질편평상피에서 일어난다. 이 구조는 성적으로 성숙하면서 발달하며, 거세 이후 퇴화한다. 음경, 고양이. H&E. (×250). (Image by W.E. Haensly.)

(corpus spongiosum)와 유사하고, 개에서는 큰 해면공간이 그물처럼 분포하는 형태를 띤다(그림 13-32). 귀두는 음경꺼풀(prepuce)에 의해 덮여 있다(이 장의 뒷부분 참조).

3. 종 차이 Species Differences

개 음경해면체(corpora cavernosa penis)는 결합조직사이막에 의해 완전히 분리되어 있으며, 앞쪽으로 뻗어가면서 **음경뼈(os penis)**로 이어진다. 음경뼈 끝은 섬유연골돌기로 끝난다

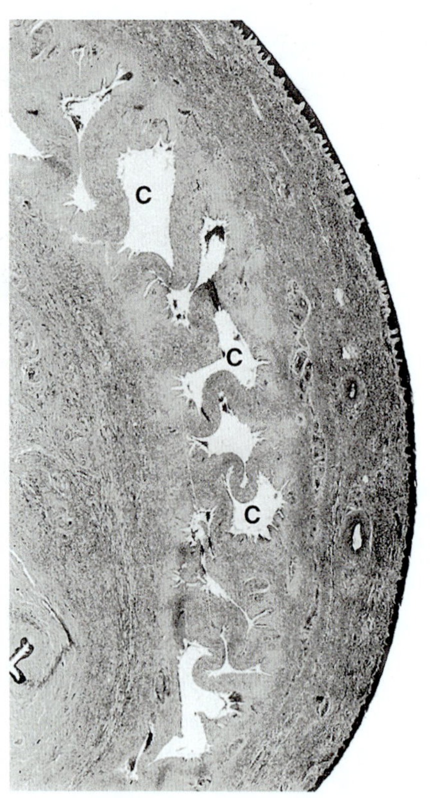

그림 13-32 • 개 음경귀두의 귀두긴부분(pars longa). 발기조직 내의 큰 해면공간(C)을 확인할 수 있다. H&E. (×11).

(그림 13-32). 음경귀두는 귀두망울과 귀두긴부분으로 구성되어 있다. 이 두 부분은 음경뼈와 음경요도의 먼쪽부위, 이를 둘러싼 요도해면체를 거의 완전하게 둘러싼다. **귀두망울(bulbus glandis)**은 탄력섬유가 풍부한 결합조직 잔기둥에 의해 나뉘는 큰 정맥동굴(large venous cavern)로 이루어져 있다. **귀두긴부분(pars longa glandis)**은 귀두 앞부위를 형성하며, 그 구조는 귀두망울 구조와 동일하다.

고양이에서는 음경해면체 공간 속에 다수의 지방세포가 존재한다. 지방세포는 해면체 끝부분으로 갈수록 증가하고, 이 부위에서는 발기조직이 상대적으로 더 적다. 또한, 작고 미세한 음경뼈가 귀두해면체(corpus spongiosum of glans)에 의해 둘러싸여 있다.

수말의 음경해면체는 탄력섬유와 민무늬근육세포가 풍부한 결합조직으로 구성되어 있다. 수말의 귀두는 음경해면체의 앞쪽 부분을 감싸고 있으며, 뒤쪽으로 길게 연장된 **등쪽돌기(dorsal process)**를 가진다. 이 부위에는 귀두관(corona glandis)이라 불리는 확대부가 있으며, 원통모양유두(cylindricla papillae)를 가진 상피로 덮여 있다. 귀두 내부에는 귀두오목(fossa glandis)이라 불리는 오목한 부위가 있으며, 이곳에는 요도돌기(urethral process)라 하는 요도의 돌출된 끝이 있다. 귀두부위에서 망울해면체근(bulbospongiosus muscle) 다발은 음경당김근(retractor penis muscle)에 의해 단절되어 있다.

수퇘지의 음경 앞쪽 3분의 1은 독특하게 코르크 마개와 같은 나선형(corkscrew-like spiral)으로 왼쪽으로 말려있는 특징을 가지고 있다. 수퇘지 음경의 나머지 구조는 수소의 음경구조와 매우 유사하다. 수소의 음경해면체에는 여러 개의 잔기둥이 합쳐져 형성된 중앙결합조직가닥을 가지고 있다. 음경의 끝부분인 귀두는 젤라틴결합조직, 지방세포와 큰 세포사이공간으로 구성되어 있으며, 발기 기능을 위한 광범위한 정맥얼기(venous plexus)를 포함하고 있다. 수사슴과 수양의 음경 구조 역시 수소 음경구조와 유사하게 큰 모자 모양의 귀두를 갖는다. 요도는 귀두로부터 나선형의 요도돌기 형태로 연장된다.

4. 발기기전 Mechanism of Erection

혈관음경(vascular type penis) 또는 중간형 음경(intermediate type penis)을 가진 동물에서 발기 시 음경의 크기와 강직도가 증가한다. 나선동맥 내 민무늬근육세포가 이완하면, 음경해면체해면공간(cavernous spaces of corpus cavernosum)으로 혈액이 유입된다. 이로 인해 혈류량이 증가하고, 증가된 혈류량은 정맥을 압박하여 혈액의 유출을 감소시켜 결국은 음경해면체, 요도해면체, 음경귀두의 발기조직 공간을 혈액으로 가득 채우게 된다. 발기감퇴(detumescence) 과정은 나선동맥 내의 근육층이 수축하면서 동맥 혈액유입이 감소함으로써 시작된다. 이와 함께 백색막, 잔기둥, 음경 발기조직 내의 민무늬근육세포가 수축하여 음경은 이완된 상태로 돌아가게 된다. 섬유탄력음경(fibroelastic penis type)을 가진 종에서는 발기가 주로 음경이 포피에서 돌출되며 길어지는 현상으로 나타난다. 되새김동물과 수퇘지의 경우, 음경당김근(retractor penis muscle)이 음경을 다시 음경꺼풀 안으로 들어가게 하는 역할을 하여 발기감퇴 과정에서 중요한 역활을 한다.

교미 중에 암캐는 질어귀수축근(constrictor vestibuli muscle)이 귀두 전체, 특히 귀두망울(bulbous glandis)에서 혈액을 배출하는 수캐의 정맥을 수축한다. 이 압박으로 인해 귀두망울은 현저히 커져서 질에서 음경이 바로 빠져나오는 것이 불가능하게 되어 결과적으로 교미가 길어진다.

제7절 음경꺼풀 *Prepuce*

음경꺼풀(prepuce)은 음경 본체의 윗부분을 이루며, 음경귀두는 관 모양으로 연장된 피부 구조에 둘러싸여 있다(그림 13-33). 음경꺼풀은 바깥층과 속층으로 구성된다. 바깥층은 음경

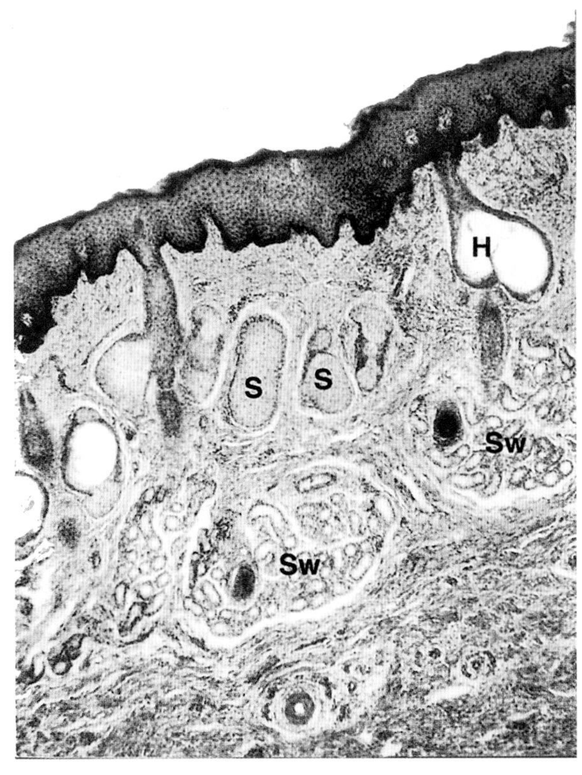

그림 13-33 • 말 음경을 덮고 있는 피부에는 털주머니(H), 기름샘(S), 땀샘(Sw)이 포함되어 있다. H&E. (×40).

꺼풀구멍(preputial opening)에서 안쪽으로 굽어 속층을 형성하며, 이 속층은 음경의 앞부분을 감싸고 음경귀두와 단단히 연결한다.

음경꺼풀의 바깥층은 일반적인 피부로 구성되며, 음경꺼풀구멍에는 털주머니와 연결된 수많은 기름샘이 존재한다. 되새김동물과 수퇘지에서는 이 부위에 길고 뻣뻣한 털이 존재한다. 수말, 되새김동물, 수퇘지, 개에서는 속층 전반에 걸쳐 미세한 털과 함께 기름샘, 땀샘이 다양한 길이로 분포한다. 수말에서는 가끔 털이 나타나는데 이 부위에는 기름샘과 땀샘도 풍부하다. 개와 되새김동물에서는 음경꺼풀 속층과 음경피부 모두에서 홑림프소절(solitary lymphatic nodule)이 있으며, 수퇘지에서는 이러한 홑림프소절이 오직 속층에만 존재한다. 고양이에서는 음경귀두를 덮는 점막은 수많은 각질유두(keratinized papillae)를 가지고 있다.

수퇘지는 음경꺼풀 속층이 위쪽으로 돌출된 구조물인 음경꺼풀곁주머니(preputial diverticulum)를 가진다. 이 구조는 중간사이막에 의해 양쪽 측면으로 부분적으로 나뉘어 있다. 각질피부점막에는 주름이 흔하게 관찰된다. 탈락상피세포와 오줌의 혼합물은 귀두지(smegma)를 형성하고, 이는 곁주머니에 쌓여 특유의 악취를 풍기는 것이 특징이다.

임상 관련 *Clinical Correlations*

가축에 발생하는 다양한 병리적 질환은 임상적 중요성이 다양하며, 종에 따라 특정 질환이 수컷생식계통의 특정기관에 더 자주 발생한다. 돼지와 되새김동물에서는 불임이 흔하게 나타나며, 이는 일반적으로 감염성 병원체[예, 브루셀라증(brucellosis), 렙토스피라증(leptospirosis), 톡소포자충증(toxoplasmosis)]와 연관되어 있다. 말에서는 영양 결핍, 외상, 독성 물질, 유전적 요인과 관련된 다양한 질환들이 불임을 유발할 수 있다. 또한, 말에서는 정낭의 세균감염으로 인한 정낭염, 귀두염, 음경꺼풀종양 등도 발생할 수 있다. 개에서는 거세되지 않은 온전한 개체에서만 다양한 병리적 질환이 임상적으로 중요하다. 가장 흔한 질환은 전립샘 질환으로, 전립샘비대, 전립샘곁주머니, 전립샘염 등이 있다. 고환종양의 빈도도 높으며, 한 개의 고환에서 조직학적으로 다른 종양(예, 고환종, 사이질내분비세포종)이 동시에 관찰되기도 한다. 열대 지방 국가에서는 전염생식기종양(transmissible venereal tumor)이 주로 음경에 발생한다. 고양이는 수컷생식계통 질환의 발생 빈도가 매우 드물며, 임상적으로 의미 있는 질환이 거의 나타나지 않는다.

핵심 정리 *Essentials*

생식능력(fertility)은 내분비 조절(endocrine regulation)과 밀접하게 연관된다. 포유동물에서는 시상하부(hypothalamus)에서 분비되는 생식샘자극호르몬분비호르몬(GnRH)은 샘뇌하수체(adenohypophysis)를 사극하여 황체형성호르몬(LH)과 난포자극호르몬(FSH)의 분비를 유도한다. 황체형성호르몬은 사이질내분비세포(Leydig cell, interstitial endocrine cell)에 작용하여 테스토스테론(testosterone) 생산을 유도하며, 난포자극호르몬은 버팀세포(Sertoli cell, sustentacular cell)를 자극하여 안드로젠결합단백질(ABP)과 인히빈 B(inhibin B)의 분비를 촉진한다. 이 중 ABP는 세정관 내강에 테스토스테론을 고농도로 집중시켜 정자 성숙을 가능하게 한다. 테스토스테론은 시상하부와 샘뇌하수체 세포에 동시에 작용하여 음성되먹임(negative feedback)을 유도하고, 인히빈 B는 샘뇌하수체에만 작용하여 난포자극호르몬 분비를 조절한다.

버팀세포(sustentacular cell, Sertoli cell)는 정자의 발달과 성숙을 위한 지지 구조물로 기능하며, 서로 간에 특이한 치밀이음(tight junction)을 형성하여 바닥칸(basal compartment)과 속공간쪽칸(adluminal compartment)을 분리시킨다. 이 구조는 혈액고환장벽(blood-testis barrier)을 형성하여, 정자발생 단계에서 나타날 수 있는 자가면역 반응으로부터 정자를 보호한다. **부고환(epididymis)**은 사정 이전 정자의 최종 성숙과 수정능획득(capacitation) 조절에 중요하며, **전립샘(prostate gland)**과 **정낭샘(vesicular gland)**은 각각 사정 시 정자에 영양과 활성을 부여하는 분비물을 담당하여 정자의 생존과 기능 유지에 기여한다. 마지막으로, **음경(penis)**은 종(species)에 따라 형태와 기능에 뚜렷한 차이를 보이며, 이러한 종 특이성은 교미 방식과 생식 전략에 결정적인 역할을 한다.

CHAPTER 14

암컷생식계통
Female Reproductive System

암컷생식계통(female reproductive system)은 양쪽의 난소(ovary), 자궁관(난관, uterine tube, oviduct), 자궁(uterus), 자궁목(cervix), 질(vagina), 질어귀(vestibule), 음부(vulva), 그리고 관련 샘(associated gland)으로 구성된다. 암컷생식계통의 기능은 난자의 생산과 수송, 정자 수송, 수정, 출생 시까지 수태물(conceptus)의 수용을 포함한다.

제1절 난소 *Ovary*

난소(ovary)는 난자와 난소 호르몬인 에스트로젠과 프로제스테론(내분비 분비)을 생성한다. 정상 난소의 구조는 종, 연령, 발정주기의 시기에 따라 다양하다. 난소는 타원 구조로서 바깥 겉질(outer cortex)과 속속질(inner medulla)로 구분된다(그림 14-1).

성숙한 말의 경우, 속질과 겉질의 위치가 바뀌어 있으며, 겉

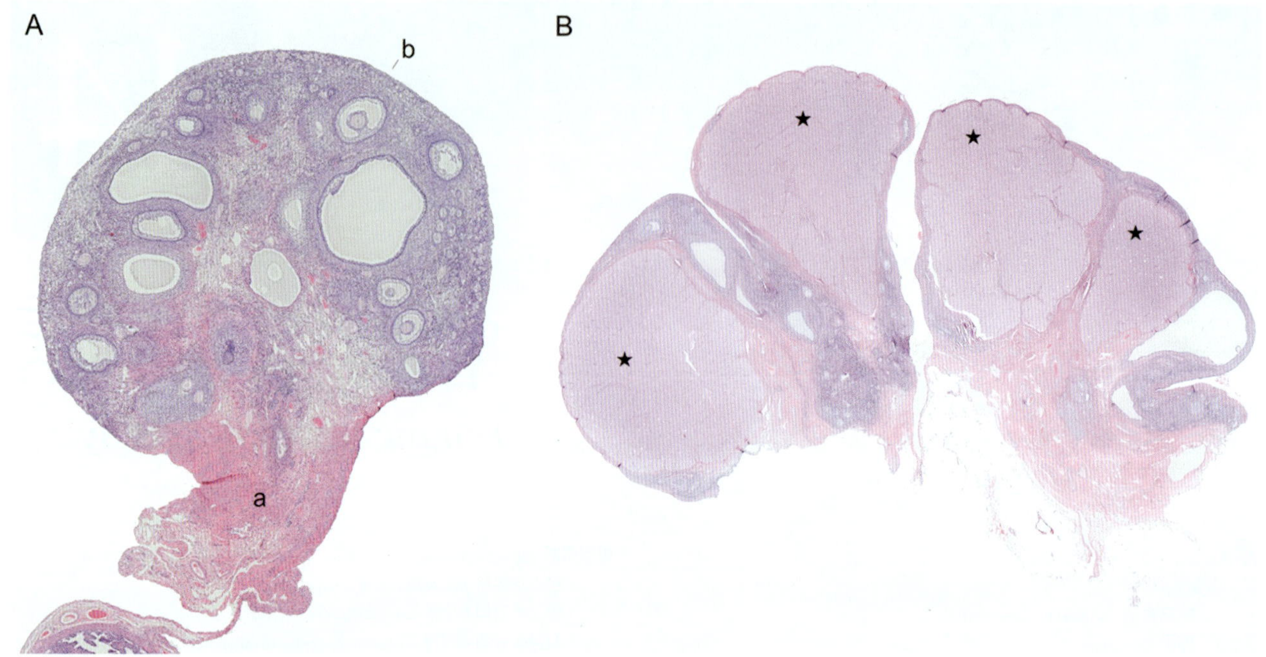

그림 14-1 • A. 난소겉질에서 난포의 발달과 퇴행을 보여주는 고양이 난소. 난소속질에는 난소간막에서 난소문을 통해 난소로 들어가는 혈관(a)과 표면상피(b)가 있다. B. 여러 개의 잘 발달된 황체(별표)를 보여주는 개 난소. H&E.

질조직은 배란이 일어나는 부위인 배란오목(ovulation fossa, fossa ovarii)의 표면에서만 남아있다.

1. 겉질 Cortex

겉질(cortex)은 다양한 발달 단계의 **난포(follicle), 황체(corpora lutea), 백체(corpora albicans)**가 성긴결합조직 버팀질(stroma) 속에 묻혀 있는 넓은 주변구역이다(그림 14-1). 겉질은 **표면상피(surface epithelium)**로 덮여 있다. 이 상피세포층은 어린 동물에서는 입방형이지만, 나이가 들면서 편평상피로 변한다. 표면상피 바로 밑에는 결합조직층의 **백색막(tunica albuginea)**이 있다. 이 백색막은 난포와 황체의 성장으로 인하여 파괴되거나 난소의 기능이 증가되었을 때는 육안적으로 확인하기 어려울 수도 있다. 설치류, 개, 고양이의 난소겉질버팀질(cortical stroma)은 뭇면체의 **사이질세포(interstitial cell, interstitial endocrine cell,** granulosa rest) 끈을 포함한다(그림 14-2). 개의 난소에서는 **상피밑표면구조(subepithelial surface structure)**가 뚜렷하게 나타나며, 이는 입방상피로 이루어진 좁은 관 형태로, 표면상피와 연결될 수 있다(그림 14-3).

1) 난포발생 Follicular Development

난포(ovarian follicle)는 난모세포와 주위를 둘러싸는 특수한 상피세포로 구성된 구조이며, 난포발생(follicular development) 동안 상피세포는 특수한 버팀질세포(stroma cell)로 둘러싸이고 상피세포 사이에 난포액이 채워진 공간이 발달한다.

원시난포(primordial follicle)는 편평한 상피성 난포세포로 둘러싸인 일차난모세포(primary oocyte)로 구성된다(그림 14-4). 원시난포 내의 난모세포는 태생기 동안 난소겉질로 이동한 생식세포가 유사분열로 증식하여 발생한다. 일부 종(예, 개)에서는 원시난포가 출생 후에도 발생할 수 있다. 난소 발달과정에서, 배아의 체강(coelomic cavity) 내 등쪽 체벽에서 생식샘능선(gonadal ridge)이라고 불리는 조직 돌출부가 발생한다. **원시종자세포(primordial germ cell)**는 난황주머니(yolk sac) 벽으로부터 생식샘능선(gonadal ridge)으로 이동한다. 생식샘능선 표면을 덮고 있는 상피의 일부는 원시 생식세포와 상호작용하여 생식샘능선의 바탕질(stroma)로 침투하고, 난자형성끈(ovigerous cord)이라고 불리는 덩어리로 모인다. 이 덩어리의 중심 세포는 **난조세포(oogonium)**가 된다. 난조세포는 커져서 일차감수분열의 전기에 들어가고 이것을 **일차난모세포(primary oocyte)**라고 부르며, 대부분 동물에서 일차난모세포의 지름은 약 20 μm가 된다.

일차난모세포는 가는섬유기(leptotene), 접합기(zygotene), 굵은섬유기(pachytene), 겹섬유기(diplotene)를 거친 후, 휴지기(dictyotene stage)라고 불리는 장기간의 겹섬유기(diplotene) 단계에 머무른다. 일차난모세포가 발달함에 따라, 주변 세포들은 바닥판(basal lamina) 위에 놓인 한 층의 편평

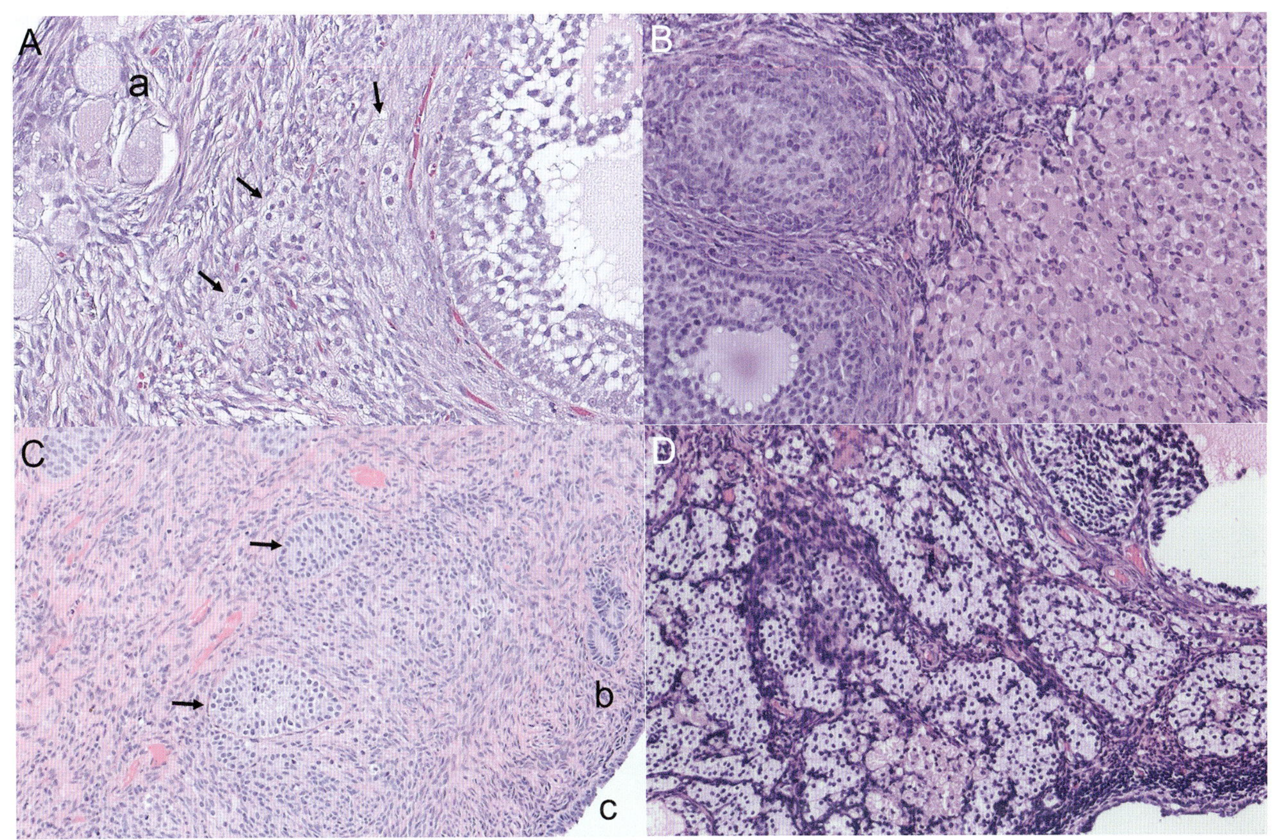

그림 14-2 • 여러 종의 난소겉질은 사이질세포 또는 과립층잔여물(granulosa rest, 화살표)을 나타낸다. 원시난포(a), 개 상피밑 표면구조(subepithelial surface structure, b), 표면상피(c)도 관찰할 수 있다. **A.** 고양이. **B.** 토끼. **C.** 개. **D.** 쥐. H&E.

한 난포세포를 형성한다. 이 모든 구성 요소가 합쳐져 지름이 약 40 μm가 되는 원시난포를 이룬다. 원시난포는 주로 바깥겉질(outer cortex)에 위치한다. 되새김동물과 돼지(sow)에서는 균일하게 분포하지만, 육식동물에서는 무리(cluster)로 관찰된다. 말의 경우, 대부분은 배란오목에서 관찰되지만, 난소바탕질에서도 개별적으로 관찰될 수 있다.

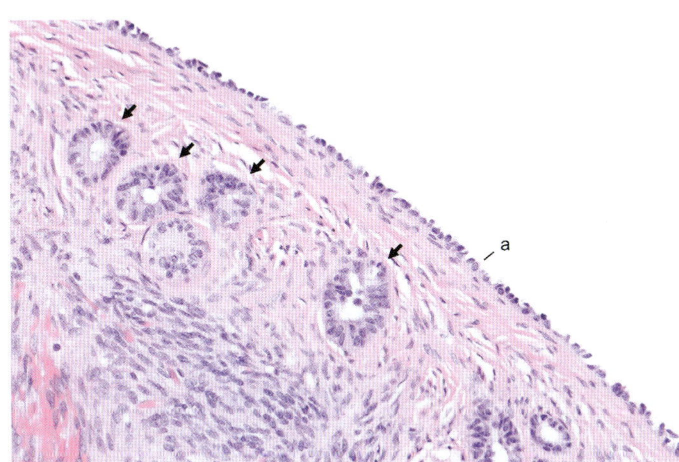

그림 14-3 • 다수의 상피밑 표면구조(화살표)와 표면상피(a)를 나타내는 개의 난소겉질. H&E.

난모세포의 원형질막 주위에 3~5 μm 두께로 형성된 당단백질(glycoprotein)층인 **투명층(zona pellucida)**은 일차 또는 이차난포에서 관찰된다(그림 14-6, 14-7). 투명층은 난모세포를 둘러싸고 있는 과립층세포(granulosa cell)에 의해 분비되거나, 종에 따라 일부는 난모세포 자체에 의해서도 분비된다. 이 투명층은 난모세포의 미세융모(microvillus)에 의해 부분적으로 관통된다. 난모세포를 둘러싼 과립층세포의 세포질돌기는 투명대를 관통하여 이 미세융모와 밀접하게 접촉한다.

이차난포(secondary follicle)는 일차난모세포(primary oocyte)가 중층의 뭇면체난포세포(stratified epithelium of polyhedral follicular cells)로 둘러싸인 형태이며, 이 난포세포를 **과립층세포(granulosa cell)**라고 한다(그림 14 6, 14 7). 뭇층의 과립층(multilaminar stratum)은 일차난포의 난포세포가 증식하여 형성된 것이다. 육식동물, 돼지, 면양에서는 두 개 이상의 난모세포를 포함하는 뭇난자난포(polyovular follicle)가 발생하

Key Concept:

일차난포(primary follicle)는 단층입방상피의 난포세포로 둘러싸인 일차난모세포(primary oocyte)로 구성된다(그림 14-4, 14-5). 일차난모세포는 출생하기 전에 일차감수분열을 시작하지만, 배란 전까지는 전기(prophase)가 끝나지 않는다. 따라서 일차난모세포는 사춘기 이후까지 전기(prophase, dictyotene)에서 정지된 상태로 존재한다. 한쪽 난소에는 출생 시 수십만 개에서 백만 개의 잠재적인 난모세포가 존재할 수 있다. 이들 난모세포의 대부분은 출생 전후에 퇴화(atresia)되고 평생 수백 개만 배란된다. 비증식성원시난포(nonproliferating primordial follicle)에서 성장할 난포가 선택되는 과정은 분명하지 않다.

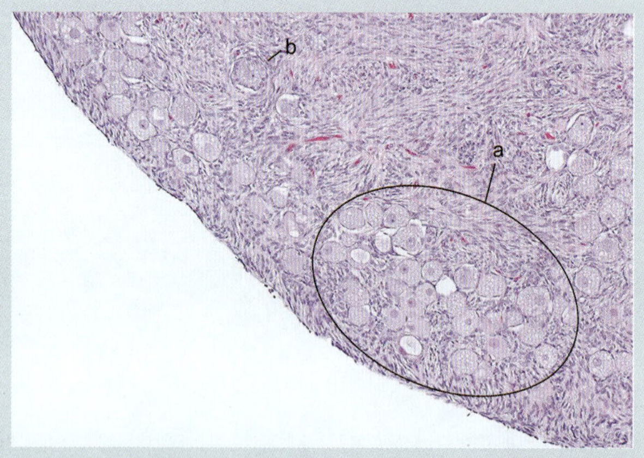

그림 14-4 • 고양이 난소는 단층편평상피로 둘러싸인 일차난모세포로 구성된 수많은 원시난포(a)를 보여주고 있다. 단층편평상피는 비대되어 일차난포(b)에서 입방상피가 된다. H&E.

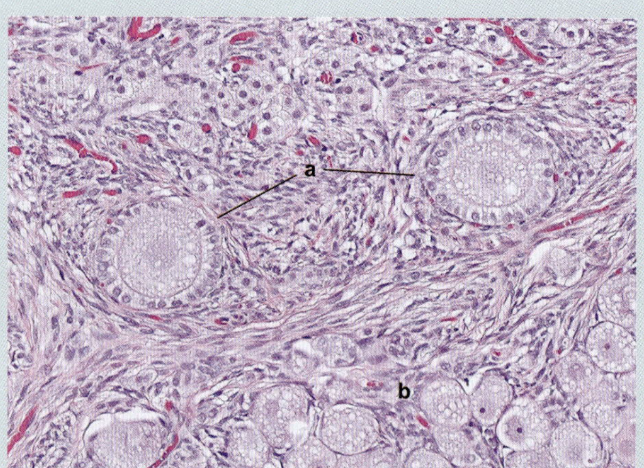

그림 14-5 • 고양이 난소겉질에 있는 두 개의 일차난포(a). 일차난포 아래에는 난소표면(그림에는 표시되지 않음) 가까이에 위치한 원시난포군(b)이 있다. H&E.

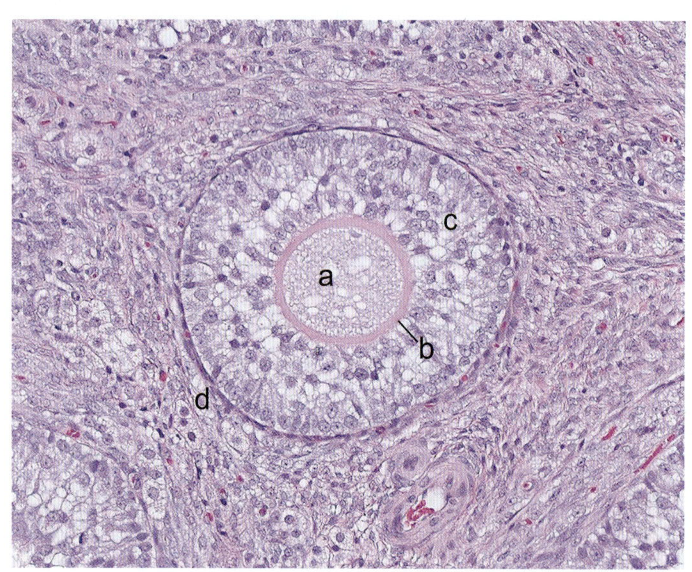

그림 14-6 • 이차난포(뭇층 일차난포라고도 함)를 가진 고양이의 난소. 일차난모세포(a)가 얇은 투명층(b)과 뭇면체세포의 중층상피(c)로 둘러싸여 있다. 난포를 둘러싸는 결합조직세포는 속난포막(d)을 형성한다. H&E.

기도 한다. 소에서 이차난포의 지름은 120 μm 정도이고 난모세포의 크기는 80 μm 정도가 된다. 난포 발달이 계속됨에 따라, 과립층세포 사이에 작은 액체로 채워진 틈새(clefts)들이 형성된다. 이차난포 후기에는 **난포막세포(theca cell)**라고 하는 혈관이 발달된 뭇층의 방추모양 버팀세포가 과립층을 둘러싸기 시작한다.

일차난포는 한 층의 입방 과립층세포(cuboidal granulosa cell)로 구성되어 있으며, 이차난포는 난포방(follicular antrum)이 형성되기 이전에 여러 층의 과립층세포로 구성된 구조로 분류된다. 그러나 문헌에는 일차난포와 이차난포의 분류에 관하여 약간의 차이가 있다. 가장 두드러진 차이는 **일차난포(primary follicle)**의 분화를 두 가지 유형으로 구분하는 것이다. 한 층의 입방형 과립층세포로 구성된 유형(홑겹난포 또는 초기일차난포), 중층의 입방형 과립층세포로 구성된 유형(뭇겹난포 또는 후기일차난포). **이차난포(secondary follicle)**는 중층의 입방형 과립층세포로 구성된 난포 구조로 정의된다. 이 과립층세포층 내에 난포액(follicular fluid)의

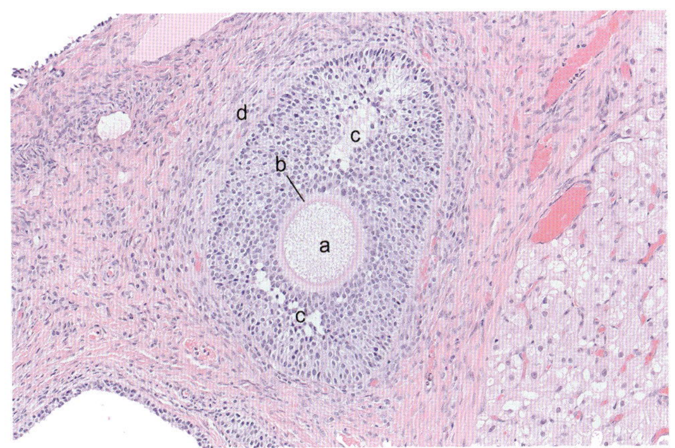

그림 14-7 • 고양이 난소의 이차난포. 난포에는 투명층(b)과 이와 관련된 일차난모세포(a)가 포함되어 있다. 과립층세포 사이에 공간(c)이 형성되기 시작하며, 이는 결국 난포방(antrum)이 된다. 과립층세포를 둘러싼 세포는 난포막 구조(d)로 조직화되기 시작한다. H&E.

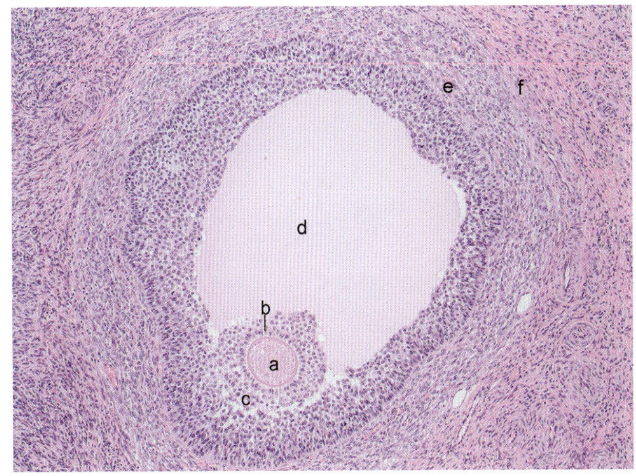

그림 14-9 • 소 난소의 성장 중인 삼차난포. 난포는 부챗살관(b)이라고 하는 과립층세포의 원형 배열로 둘러싸인 일차난모세포(a)를 포함하고 있다. 난포세포더미(c)는 난모세포를 둘러싼 모든 과립층세포로 구성된다. 난포방(d)은 크며, 난포막은 속난포막(e)과 바깥난포막(f)으로 나뉜다. H&E.

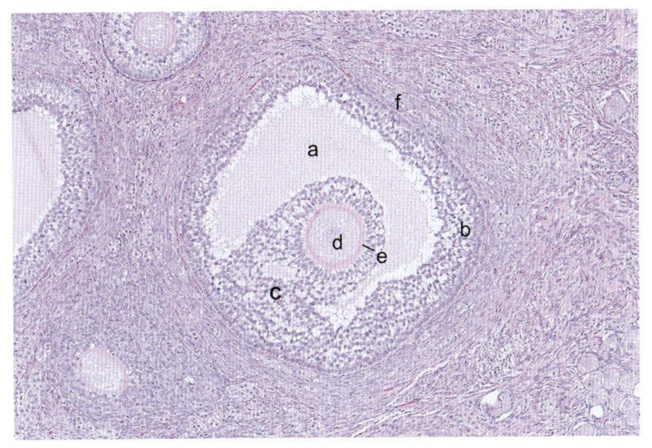

그림 14-8 • 고양이 난소의 초기 삼차난포. 난포방(a)과 뭇층상피인 과립층(b)으로 구성된다. 일차난모세포(d)와 연관된 투명층(e)을 둘러싸고 있는 난포세포더미(c)가 과립층에서 형성된다. 난포방에는 솜털모양의 난포(난포액)가 들어 있다. 결합조직층인 난포막(f)이 과립층을 둘러싸고 있다. H&E.

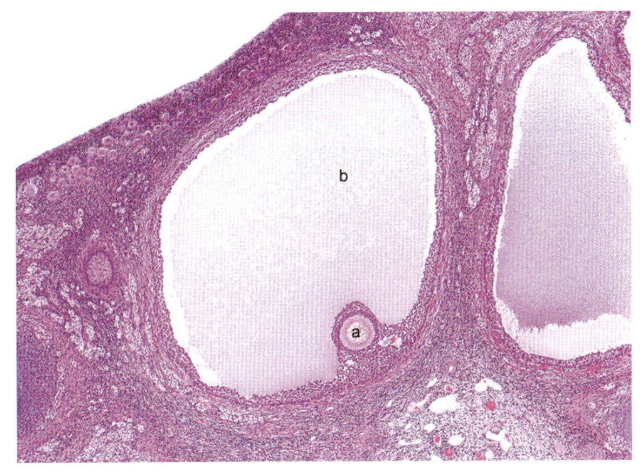

그림 14-10 • 고양이 난소의 배란전난포. 난모세포(a)와 매우 큰 난포방(b)이 관찰된다. H&E.

분비 및 축적으로 인해 공간이 형성된다. 이차난포는 과립층세포 사이에 소량의 액체가 채워진 공간이 존재하는 풋방난포(preantral follicle)와, 중앙에 잘 발달된 방(antrum)이 존재하는 방난포(antral follicle)로 분류된다.

삼차난포(tertiary follicle)는 **Graafian follicle**라고 불리며, **일차난모세포(primary oocyte)**가 중층의 과립층세포(granulosa cell)로 둘러싸인 구조이다. 이 과립층세포는 **난포막(theca)**으로 불리는 여러 층의 특수한 버팀질세포로 둘러싸이며, 과립층세포 사이에는 액체가 차 있는 공간인 **난포방(antrum)**이 발달한다(그림 14-8, 14-9). 난포방은 삼차난포의 특징적인 구조로 이차난포의 과립층세포 사이에 액체를 가진 작은 틈새가 융합하여 **난포액(liquor folliculi)**을 갖는 하나의 큰 공간이 형성된 것이다. 배란 직전의 후기 삼차난포는 **성숙난포(mature follicle)** 또는 **배란전난포(preovulatory follicle)**라고 불린다(그림 14-10). 성숙난포에서, 일차난모세포는 종에 따라 배란 직전 또는 직후에 일차감수분열을 완료한다. 이 과정에서 이차난모세포와 **첫째극체(first polar body)**가 형성된다.

삼차난포의 일차난모세포는 종에 따라 지름이 150~300 μm 정도이며, 둥글고 세포중심부에 위치한 핵을 가지며, 염색질은 성글게 분포하고 핵소체는 뚜렷하다. 골지복합체는 처음에는 세포질 속에 퍼져 있다가 점차 세포막 근처에 모이게 된다. 지방과립과 지용성색소(lipochrome pigment)가 세포질 속에 나타난다. 난포액의 축적으로 난포방이 커지면서 난모

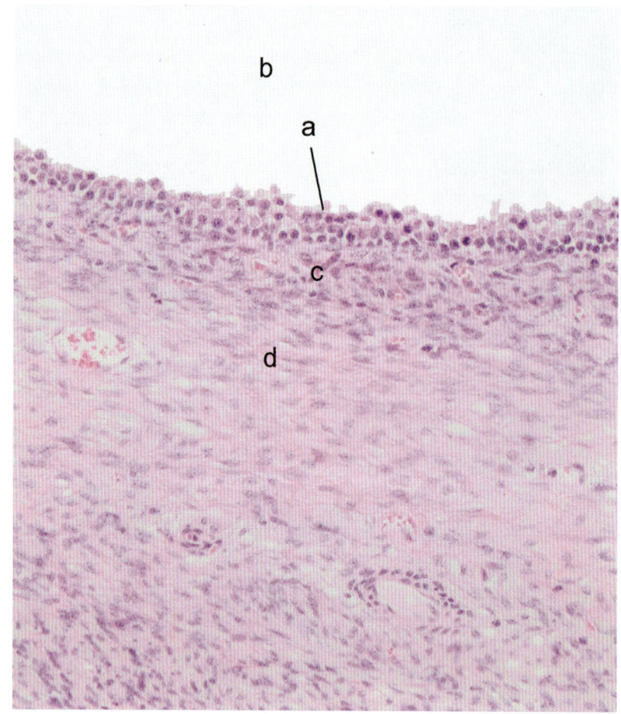

그림 14-11 • 말의 배란전난포. 큰 배란전난포에서 과립층(a)은 난포방(b)이 발달할 때 몇 층에 불과하다. 속난포막(c)은 과립층에 가장 가까이 위치하고, 바깥난포막은 속난포막의 바깥에 위치한다. H&E.

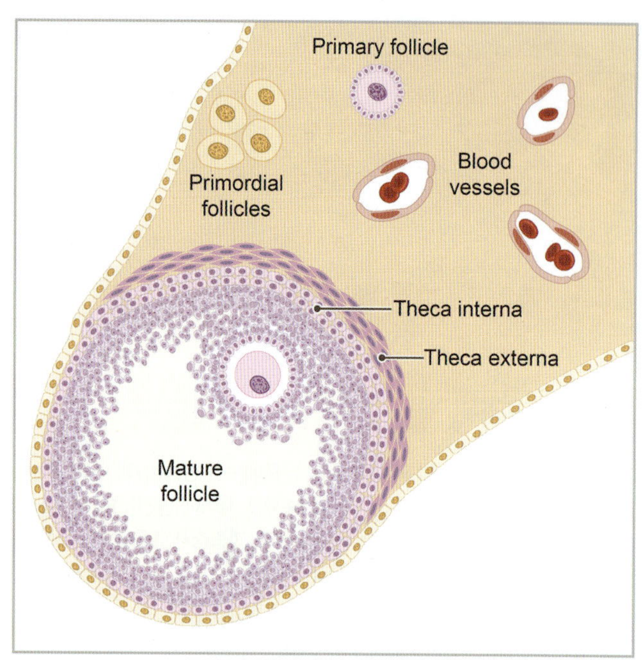

그림 14-12 • 난포의 도해. 배란부위인 배란점(stigma)에서 얇아지고 돌출된 난포벽의 반대편에서 난모세포가 과립층에서 분리될 준비를 하고 있는 모습을 보여준다. 속난포막, 바깥난포막, 원시난포, 일차난포, 혈관에 주목하시오. (Illustration by Tim Vojt, courtesy of The Ohio State University®.)

세포는 난소의 중심에서 벗어나 한쪽으로 밀려난다(그림 14-8, 14-9, 14-10). 난모세포는 과립층세포가 모여 형성된 **난포세포더미(cumulus oophorus)**에 놓이게 된다(그림 14-9, 14-10). 큰 삼차난포에서 난모세포를 둘러싸고 있는 과립층세포는 부챗살모양으로 배열되어 있으며, 이를 **부챗살관(corona radiata)**이라고 한다(그림 14-9). 부챗살관세포는 난모세포에 영양분을 공급하는 것으로 여겨지며, 대부분의 종에서 배란 후 수정 직전까지 존재한다.

삼차난포에서 과립층세포(granulosa cell)는 벽난포(parietal follicular lining)를 형성하는데, 이 층을 **과립층(granulosa, stratum granulosum)**이라고 한다(그림 14-8, 14-11). 대부분의 벽쪽 과립층세포는 뭇면체(polyhedral) 모양이지만, 바닥층(basal layer)의 세포는 원주형(columnar)일 수 있다. 큰 삼차난포의 과립층세포는 단백질을 분비하는 세포의 미세구조적 특징을 가지며, 특히 과립세포질그물(rER)이 잘 발달되어 있다. 배란 직전 성숙난포의 과립층세포는 스테로이드 호르몬 분비세포의 특징을 가지며, 특히 무과립세포질그물(sER)과 관상능선(tubular cristae)이 있는 사립체가 발달되어 있다.

과립층은 난포막(theca)에 의해 둘러싸이며, 이 난포막이 삼차난포에서는 두 층으로 분화된다. 안쪽에 위치하며 혈관이 많은 **속난포막(theca interna)**과 바깥에 있는 지지구조인 **바깥난포막(theca externa)**으로 이루어져 있다(그림 14-9, 14-11). 속난포막세포는 삼차난포의 초기에는 방추형(spindle-shaped)이고 미세한 그물섬유그물망에 위치한다. 속난포막에는 모세혈관과 림프모세관 그물망이 광범위하게 분포하지만, 과립층까지는 침투하지 않는다(그림 14-12). 교감신경종말은 큰 난포의 주변에 존재하고 있다. 성숙난포에서 과립층에 인접한 방추형의 속난포막세포 중 대부분은 크기가 증가하고, 뭇면체모양의 상피모양세포가 된다. 이 상피모양세포의 핵은 방추형 세포보다 염색질이 더 옅고 핵소체가 더 뚜렷하다. 상피모양세포의 세포소기관은 스테로이드분비세포의 전형적인 특징을 가진다. 관상능선(tubular cristae)을 가진 사립체, 무과립세포질그물과 지방포함물이 존재한다. 상피모양세포는 발정전기, 발정기, 퇴행 초기의 성숙난포에 많다.

바깥난포막(theca externa)은 속난포막의 주위에 동심원상으로 배열된 섬유세포를 포함하는 얇은 성긴결합조직층으로 구성된다. 바깥난포막의 혈관은 난포막 속난포막에 모세혈관을 공급한다. 바깥난포막의 세포와 결합조직은 난소 사이질(ovarian interstitium)로 섞여 들어간다.

배란시기가 가까워지면 하나 또는 그 이상의 성숙난포(mature follicle)가 최대 크기에 도달한다. 일차난모세포(primary oocyte)는 일차감수분열을 끝내고 이차난모세포(secondary oocyte)가 된다. 이 시기에 염색체는 쌍을 이루며 유전물질의 혼합이 일어난다. 염색체 쌍의 분리와 이차난모세포의 생성 및 첫째극체(염색체 반수체를 포함하지만 세포질은 거의 없음) 생성이 일차감수분열이 완료될 때 일어난다. 가축에서 일차감수분열은 배란 바로 직전에 끝나며, 개는 예외적으로 배란 직후에 끝나 일차난모세포가 배란된다. 이차감수분열(second meiotic division)은 일차감수분열 직후에 시작하지만, 중기(metaphase)에서 정지되며 수정이 되지 않으면 불완전한 상태로 남아있다. 수정이 일어나면, 이차감수분열이 다시 시작되어 이차난모세포는 난자(ovum)로 변하고, 둘째극체(second polar body, 세포질은 거의 없음)가 생성된다. 난자는 수컷과 암컷 염색체가 합쳐져 두배수체염색체(diploid number chromosome)인 **접합자(zygote)**가 된다.

2) 배란 Ovulation

난포가 완전히 발달하면, 난포는 대부분의 종에서 난소 표면으로 돌출한다. 혈관과 림프관의 그물이 난포를 둘러싸고, 묽은 난포액의 분비율의 증가로 이어진다. 이 분비율의 증가는 발정 전기(proestrus)와 발정기(estrus) 동안 난포 모세혈관의 압력과 투과성이 증가함으로써 촉진된다. 그 결과, 난포 내 압력은 크게 증가하지 않지만, 난포액의 축적 증가로 인해 난포가 팽창한다. 작은 출혈이 난포벽에서 일어나며, 난포벽이 파열될 부위는 얇고 투명하게 되는데 이 부위를 **배란점(stigma, follicular stigma)**이라고 한다(그림 14-12). 배란될 성숙난포의 크기는 소 15~20 mm, 말 50~70 mm, 면양, 산양, 돼지 10 mm, 개 5~8 mm, 고양이 3 mm 정도이다.

난포벽 파열은 아교질분해효소(collagenase)의 방출에 의해 일어난다. 황체형성호르몬(luteinizing hormone, LH)이 PGF_2와 PGE_2의 생산을 촉진한다. PGF_2는 난포세포가 아교질분해효소를 방출하여 난포벽을 소화하고 배란점을 팽창시키게 한다. 난포벽이 소화되는 과정에서 백혈구침윤과 히스타민방출을 동반하는 염증반응을 유발하는 단백질이 방출된다. 이 모든 과정은 난포벽의 결합조직과 난포세포더미의 무형질을 분해시켜 최종적으로 배란점 파열과 난모세포 방출을 일으킨다. 일반적으로 부챗살관에 둘러싸인 난모세포는 배막안(복막강, peritoneal cavity)으로 나가 난관깔때기로 직접 끌려 들어가게 된다. 대부분의 종에서 부챗살관세포는 정자와 접촉 시 자궁관(난관) 속으로 흩어지게 된다. 난모세포는 일반적으로 1일 미만 동안 수정능력을 유지하며, 수정이 되지 않으면 퇴화하여 흡수된다. 대부분의 가축은 배란이 자발적으로 일어나지만, 일부 종에서는 교미자극(copulatory stimulus)에 의해 배란이 유도된다(예, 고양이, 토끼).

3) 난포폐쇄와 사이질세포

Follicular Atresia and Interstitial Endocrine Cells

대부분의 난포는 발달 중 어느 시점에 퇴행하며, 모든 잠재적 난모세포 중 오직 소수만이 난소에서 배란된다. 이러한 퇴행을 **폐쇄(atresia)**라 부른다. 성숙에 도달하는 난포보다 훨씬 더 많은 난포가 폐쇄된다. 난포벽세포에서 퇴행의 현저한 증상은 핵농축(nuclear pyknosis)과 염색질융해(chromatolysis)이다(그림 14-13). 폐쇄 동안 과립층의 바닥판은 주름지고, 두터워지며, 유리화(hyalinization)가 일어난다. 이때 바닥판을 **유리막(glassy membrane)**이라고 부른다(그림 14-14). 결국, 폐쇄난포(atretic follicle)는 흡수되지만, 큰 난포의 폐쇄 후에는 작은 섬유성 반흔조직이 남는다. 또한, 투명대(zona pellucida)의 잔여물이 겉질 바탕질에서 관찰될 수도 있다.

소에서는 일차난포와 이차난포가 폐쇄될 때는 난모세포가 난포벽보다 먼저 퇴화하는 것이 일반적이지만, 삼차난포에서는 그 반대이다. 소의 삼차난포에서 폐쇄난포의 변화는 두 가지 다른 형태학적 유형인 소멸형(obliterative)과 낭종형(cystic)으로 나타난다. **소멸형폐쇄(obliterative atresia)**에서는 과립층과 난포막층이 모두 주름을 형성하고 비대해지며, 난포방 안쪽으로 확장되어 들어가서 난포방을 차지한다. **낭종형폐쇄(cystic atresia)**에서는 과립층과 난포막층 모두 위축되거나 또는 과립층은 위축되고 난포막층은 황체화(luteinization), 섬유화(fibrosis), 유리화가 난포방 주위에서 일어난다(그림 14-14). 낭종형 폐쇄난포에서 LH 수용체를 가진 속난포막세포는 안드로젠을 에스트로젠으로 전환시키는 과립층세포의 퇴행 후에도 안드로젠을 지속적으로 합성한다.

개, 고양이, 설치류의 난소에서는 **사이질세포(interstitial cell, interstitial endocrine cell)**가 현저하게 발달되어

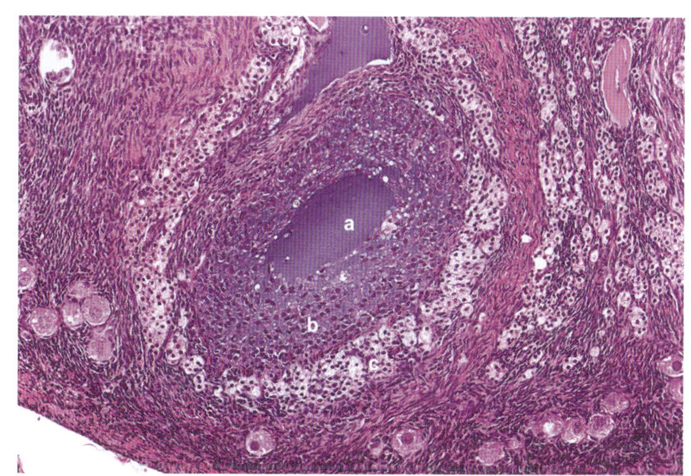

그림 14-13 • 고양이 폐쇄 삼차난포. 난포방(a)이 붕괴되기 시작하며, 과립층(b)의 세포가 분리되어 이전의 난포방 안으로 떨어진다. 난포막(c)은 상피모양 사이질세포로 대체되었다. H&E.

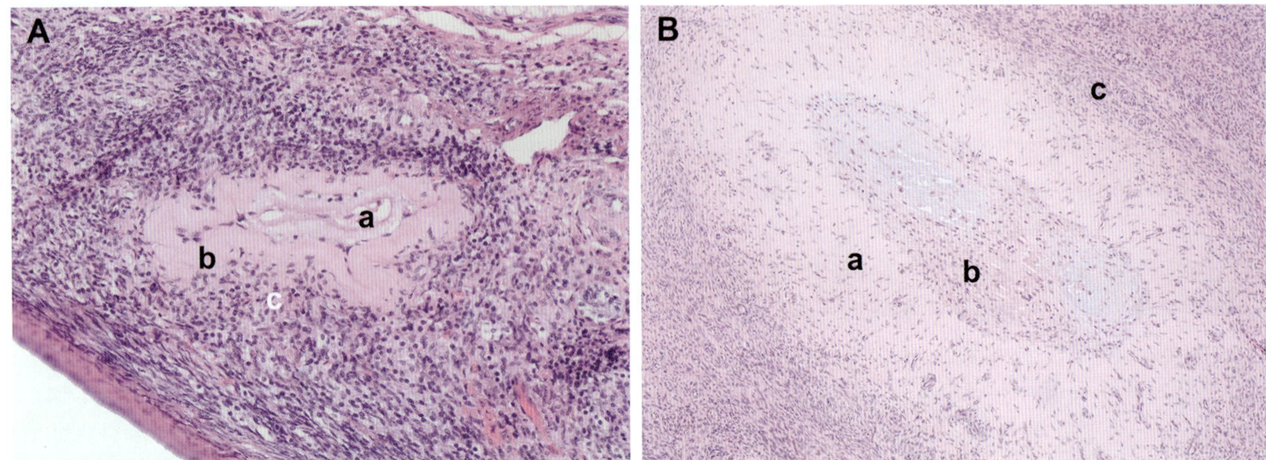

그림 14-14 • A. 성숙 개 폐쇄 삼차난포. 난모세포(a)와 과립층이 퇴화되었고, 바닥막은 응축되어 유리막(b)을 형성하고. 난포막(c)은 섬유화되었다. B. 소 큰 삼차난포의 폐쇄. 속난포막(a)의 광범위한 유리질화(hyalinization), 과립층세포의 소실 또는 농축(b), 바깥난포막(c). H&E.

있다. 이 사이질세포는 폐쇄방난포(atretic antral follicle)의 상피모양속난포막세포나 폐쇄풋방난포(atretic preantral follicle)의 비대한 과립층세포에서 유래한다(그림 14-2). 사이질세포는 일반적으로 성숙한 다른 동물의 난소에는 없다. 사이질세포(interstitial endocrine cell)는 뭇면체, 상피모양이며 지방방울을 포함한다. 토끼와 산토끼(hares) 같은 종에서는 스테로이드-합성세포소기관(steroid-synthesizing organelle)이 많고, 난소 사이질의 큰 부분을 차지한다.

4) 황체 Corpus Luteum

배란 시, 난포는 파열되고, 허물어지며, 난포액 압력이 감소함에 따라 수축한다. 난포벽은 허물어지면서 광범위한 주름을 형성한다. 파열된 난포는 파열 후 혈액이 난포방을 채우기 때문에 **출혈체(corpus hemorrhagicum)**라고 한다. 말, 소와 돼지에서 난포의 파열 후 출혈은 육식동물과 작은 되새김동물에서 보다 더 많다. 배란 직전 과립층의 일부 세포는 핵농축 소견을 나타낸다. 배란 후 과립층은 속난포막의 혈관에서 유래되는 모세혈관얼기에 의해 혈관화된다. 과립층세포는 커지고 황체화되어 황체의 **큰황체세포(과립층황체세포, large luteal cell, granulosa lutein cell)** 군집을 형성한다. 동시에, 난포벽의 주름 형성으로 인해 속난포막이 황체에 포함되며, 대부분의 종에서 속난포막세포는 초기에 **작은황체세포(난포막황체세포, small luteal cell, theca lutein cell)** 형성에 참여하게 된다. 작은황체세포와 큰황체세포의 구분은 작은 되새김동물, 소, 일부 낙타류에서 더 뚜렷하게 나타난다.

황체화(luteinization)는 과립층세포와 난포막세포가 황체세포(luteal cell)로 변화하는 과정이다(그림 14-15). 이 과정에서는 두 세포 모두 비대(hypertrophy)와 증식(hyperplasia)이 일어난다. 황색색소인 루테인(lutein)은 소, 말, 육식동물의 황체세포에서 나타나고, 면양, 산양과 돼지에서는 나타나지 않는다. 유사분열기 이후에 황체(corpus luteum)의 크기 증가는 주로 큰황체세포의 비대에 의해 이루어진다. 작은황체

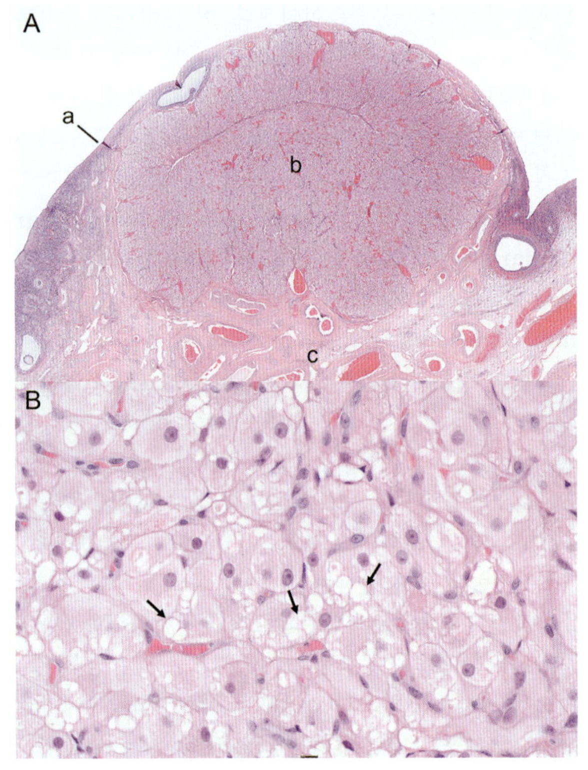

그림 14-15 • A. 난소 표면상피, 인접한 백색막(a), 성숙황체(b), 속질(c)을 보여주는 개 난소. B. 지방방울(화살표)을 포함하는 황체세포를 보여주는 황체의 고배율 사진. H&E.

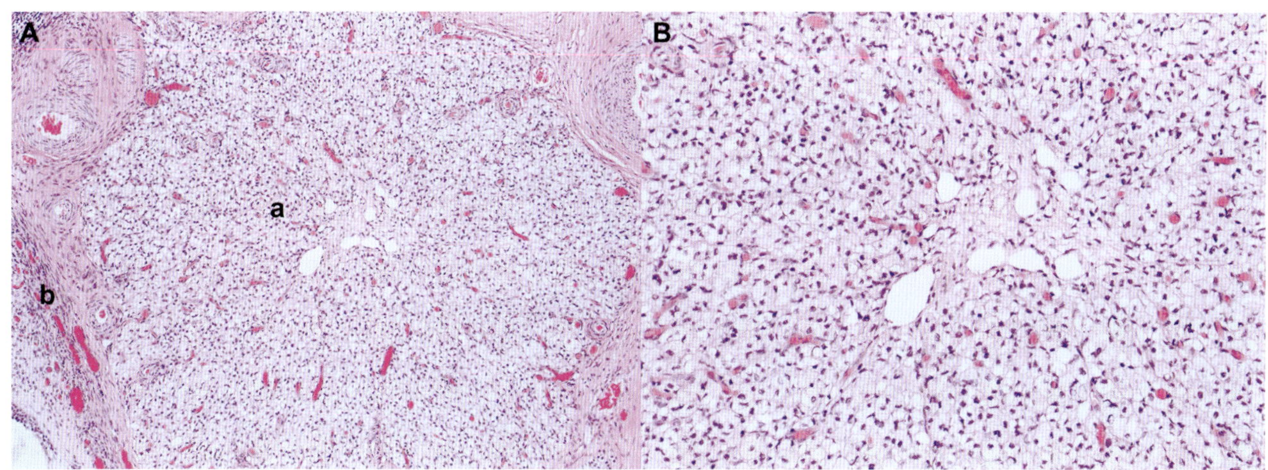

그림 14-16 • A. 퇴행 중인 개 황체, 즉 퇴화황체(corpus regressivum, a)와 인접한 난포막 유래 결합조직(b). B. 크기가 다양한 지방방울은 퇴행하는 황체세포의 전형적인 모습이다. H&E.

세포는 황체의 적은 부분을 차지하며, 주로 잔기둥과 황체의 주변부에 분포한다.

큰황체세포(large luteal cell)는 뭇면체로 크고 둥근 소포성 핵과 많은 대사성 지방포함물(metabolic lipid inclusion)을 포함한다(그림 14-15, 14-16). 발정후기와 발정사이기 동안 이들 세포는 관상능선(tubular cristae)이 있는 사립체와 많은 수의 관상 무과립세포질그물 등 스테로이드합성세포의 특징적인 세포소기관을 포함한다. 작은황체세포(small luteal cell)는 큰황체세포보다 더 많은 지질을 가지고 있지만 스테로이드합성과 관련된 세포소기관은 더 적다(그림 14-16). 두 황체세포는 황체 내에서 혼합되어 구별하기 어려우며, 모두 프로제스테론을 생산한다.

황체퇴행(luteal regression)의 첫 번째 소견은 늦은 발정사이기에 나타나며, 루테인색소가 농축(condensation)되어 적색화(reddish)되고, 황체의 대부분이 섬유화(fibrosis)와 재흡수가 일어난다. 소에서 황체퇴행 소견은 배란 후 15일에 처음 관찰된다. 황체의 추가적인 수축은 18일 이후 빠르게 진행되며, 퇴행은 발정(estrus) 후 1~2일 내에 완료된다. 큰 지방방울(large lipid droplet)과 결정포함물(crystalloid inclusion)은 퇴행하는 황체세포의 전형적인 특징이다(그림 14-17). 황체의 혈관성결합조직(vascular connective tissue)은 퇴화 시 뚜렷해지며, 황체동맥의 벽(walls of luteal artery)을 구성하는 근육세포는 세포 비대와 경화(sclerosis)에 의해 변형이 일어난다. 황체의 퇴행 후에 남은 결합조직 반흔을 **백체(corpus albicans)**라고 한다(그림 14-18). 나이가 많은 동물의 난소에는 이러한 반흔이 많다.

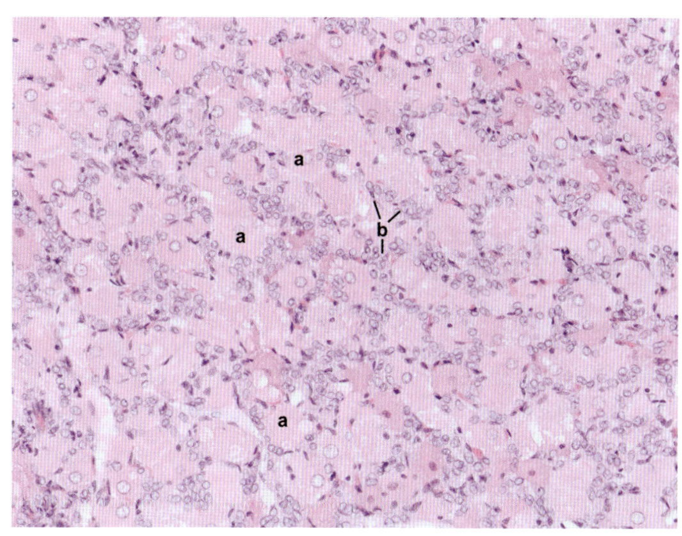

그림 14-17 • 뚜렷한 큰황체세포(a)와 작은황체세포(b)를 가진 성숙황체(알파카). H&E.

2. 속질 Medulla

속질(medulla)은 신경과 큰 나선상의 혈관, 림프관을 포함하는 난소의 속 부위이다(그림 14-1). 속질은 성긴결합조직과 난소간막(mesovarium)에 연속되는 민무늬근육의 다발로 구성된다. 난소그물(rete ovarii)은 속질에 위치하며, 고형세포끈(solid cellular cord)이나 입방상피로 둘러싸인 불규칙한 관상 그물로 구성된다. 이 구조는 육식동물과 되새김동물에서 뚜렷하게 나타난나. 난소그물은 육식동물과 되새김동물에시 뚜렷하게 나타난다.

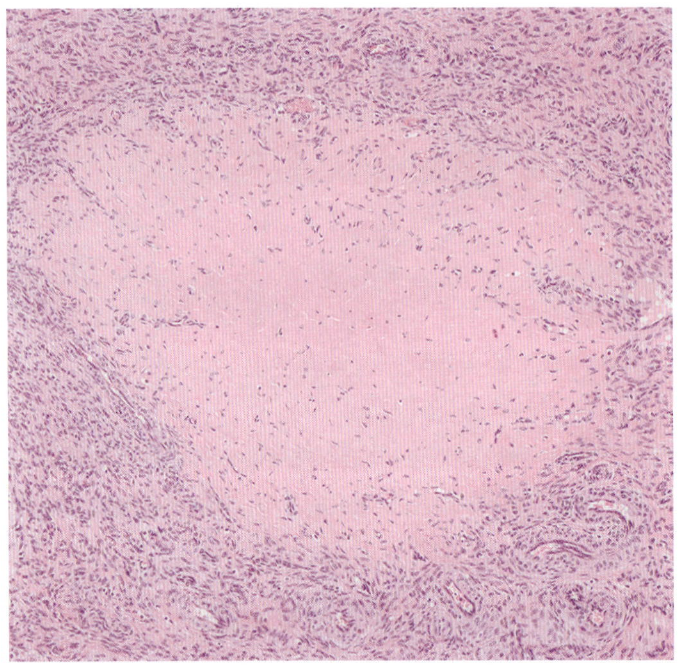

그림 14-18 • 소 난소 백체. 섬유조직과 퇴화하는 황체세포를 포함한 퇴행된 구조를 보여준다. 백체는 황체퇴화 후 형성되며, 이는 난소주기의 마지막 단계를 나타낸다. H&E.

3. 혈관, 림프관, 신경

Blood Vessels, Lymphatics and Nerves

동맥은 난소문으로 들어와 속질에서 혈관얼기(plexus)를 형성하고 난포막세포, 황체, 버팀질로 분지한다. 큰 난포 주위에서는 동맥가지가 모세혈관고리(capillary wreath)를 형성한다. 황체와 난포의 주기적 퇴행 동안, 이 구조물에 분포하는 동맥벽의 근육 비대와 경화(sclerosis)가 일어난다. 정맥 환류는 동맥 공급과 평행하게 분포한다. 모세림프관은 난포막과 황체의 혈관과 함께 분포한다.

난소에 공급되는 신경은 일반적으로 말이집이 없다. 이 신경들은 주로 혈관운동(vasomotor) 신경이지만 일부 감각섬유도 포함하고 있다. 신경은 혈관을 따라 주행하며 혈관벽과 난포 주위, 황체, 백색막(tunica albuginea)에 분포한다. 신경은 주로 콩팥신경얼기와 대동맥신경얼기를 통해 교감신경계통에서 유래하지만, 난소에 미주신경이 분포한다는 주장도 있다.

제2절 | 자궁관, 난관

Uterine Tube

자궁관(난관, uterine tube, oviduct)은 양쪽 난소에서 자궁뿔까지 연결되는 구불구불한 구조이며 정자, 난자, 수정란을 운반하는 통로가 된다. 자궁관(난관)은 큰 깔때기 모양의 ① **난관깔때기(infundibulum)**(그림 14-19), 난관깔때기에서 자궁뿔 쪽으로 연속되고 벽이 얇은 ② **난관팽대(ampulla)**(그림 14-20), 자궁과 연결되는 좁은 근육성 부위인 ③ **난관잘록(isthmus)**의 세 부분으로 구성된다(그림 14-21). 포유동물 가축에서 자궁관은 비교적 짧은 반면, 홑자궁을 가진 종(예, 영장류)에서는 자궁관이 더 길다.

1. 조직학적 구조 Histologic Structure

자궁관(난관) 상피는 대부분 운동섬모를 가진 단층원주상피 또는 거짓중층원주상피이다(그림 14-19). 이들 섬모세포와 무섬모세포 모두 미세융모가 있다. 분비 활동의 형태학적 징후는 무섬모세포에서 현저한다. 분비세포는 황체기에 섬모세포보다

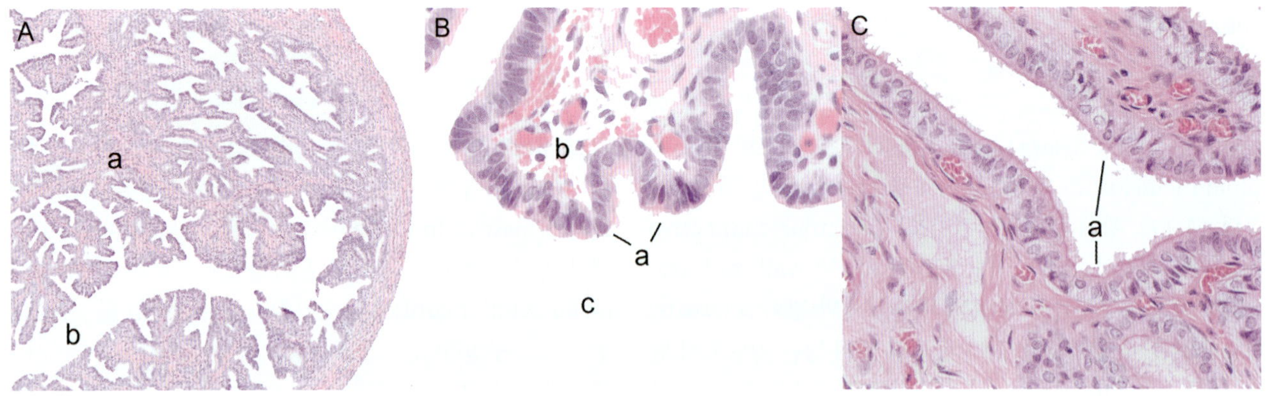

그림 14-19 • **A.** 고양이 난관깔때기 가로단면. 이 구조는 이차 및 삼차 주름이 있는 속공간(b)으로 확장되는 수많은 주름(a)을 포함한다. **B.** 고양이 난관깔때기의 원주상피(a). 상피는 수많은 모세혈관과 세정맥(b)이 있는 버팀질을 덮고 있다. 속공간(c). **C.** 꼭대기 표면에서 확장되는 섬모(a)가 있는 개 난관깔때기의 원주상피. 장막이 존재하며, 많은 혈관과 신경을 포함한다.

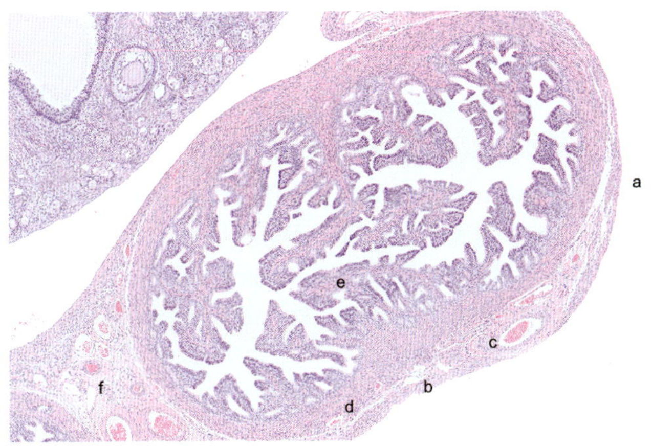

그림 14-20 • 고양이 난관팽대 가로단면. 장막(a), 세로근육층(b), 혈관층(c), 돌림근육층(d), 점막-점막밑주름(e), 혈관이 있는 난관간막(f). H&E.

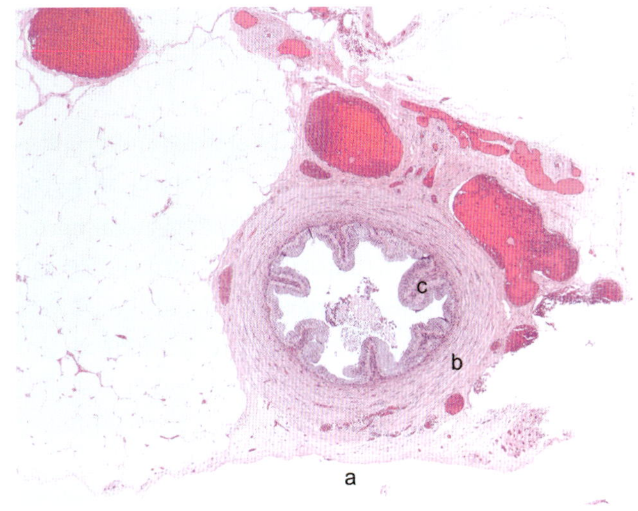

그림 14-21 • 토끼 난관잘록 가로단면. 장막(a), 근육층(b), 점막-점막밑주름(c). H&E.

더 길어지며, 이들 분비물은 난자와 접합자에 필요한 영양분을 공급한다.

암컷생식관에서 점막은 점막근육판이 없으므로 점막밑층이 바로 연속된다. 난관팽대(ampulla)의 점막과 점막밑층은 주름져 있으며 특히 말과 돼지에서 주름이 많다. 소에서는 팽대부에 약 40개의 일차세로주름이 있고 이들 사이에는 이차, 삼차주름이 있다(그림 14-20). 난관잘록(isthmus)에서는 팽대부에서 멀어질수록 이차, 삼차주름은 점차 소멸되며, 난관잘록-자궁경계(isthmus-uterus junction)에서는 4~8개의 일차주름만 있고 이차, 삼차주름은 없다.

근육층은 주로 돌림 민무늬근육다발로 구성되지만, 이 외에 세로 근육다발과 비스듬 근육다발도 있다. 근육섬유 띠가 근육층에서부터 점막-점막밑층으로 부챗살모양으로 뻗어 있다. 근육층은 난관깔때기와 난관팽대에서는 얇다(그림 14-19, 14-20). 난관잘록에서는 속근육층이 발달되어 자궁 돌림근육층과 뒤섞여있다(그림 14-21).

2. 혈관, 림프관, 신경

Blood Vessels, Lymphatics, and Nerves

혈관은 상피 밑에서 혈관얼기를 형성하며 임신기간 동안에는 증식이 일어난다. 림프관은 점막층과 장막층에서 모세림프관 그물을 형성한 후 허리림프절(lumbar lymph node)로 연속된다.

말이집신경섬유와 민말이집신경섬유는 상피 밑에서 많은 가지를 형성하는데, 이들은 주로 교감신경으로부터 유래된다.

3. 기능 Function

난관깔때기(infundibulum)는 난소에서 배출된 난자를 자궁관 내로 유입시킨다. 난관깔때기는 난소주머니(ovarian bursa)에 둘러싸여 있거나, 뚜렷한 난소주머니가 없는 종(예, 말, 고양이)에서는 발정 시 난소 주위를 부분적으로 둘러싼다. **난관술(fimbriae)**이라고 불리는 손가락 모양의 돌출부를 가지며, 대부분의 종에서 배란 시 난관술 내의 혈관이 충혈된다. 팽창된 난관술은 민무늬근의 주기적인 수축으로 인해 난소 표면을 따라 움직인다, 이와 동시에, 주로 자궁 쪽으로 움직이는 난관술 상피의 섬모가 난자를 난관팽대(ampulla)로 이동시킨다.

난관팽대는 수정이 일어나는 장소이며, 섬모 운동(ciliary activity)이 난자 또는 접합자를 난관잘록(isthmus) 쪽으로 이동시키나, 어떤 동물에서는 근육수축운동도 난자이동에 관여한다. 난관잘록에서는 근육수축운동이 수정란을 자궁 쪽으로 이동시키는 주요한 힘이 되고 어떤 동물에서는 섬모운동도 관여한다. 난관잘록의 수축방향은 발정주기에 따라서 다르다. 난포기에는 항연동성(antiperistaltic) 수축운동이 난관팽대 쪽으로 내용물을 이동시키고, 황체기에는 분절성(segmental) 수축운동이 자궁쪽으로 수정란을 이동시킨다.

정자(spermatozoon)의 난관팽대 통과는 자궁과 자궁관벽의 근육수축에 의해 촉진된다. 불활성 입자와 비운동성 정자는 운동성 정자와 같은 속도로 난관을 따라 상승할 수 있는데, 이는 정자 운반이 단지 정자의 고유한 운동성만으로 이루어지는 것이 아님을 시사한다. 소의 경우, 교미 후 5분 이내에 정자가 난관팽대에 도달하는 것으로 보아 정자운동과 자궁관 세포의 섬모운동만으로 이동을 설명하기에는 너무 속도가 빠르다. 정자는 수컷 생식기관에서 생성되지만, 가축에서는 난관 내에서 **수정능획득(capacitation)**을 거쳐야만 비로소 수정능력을 갖추게 된다.

제3절 | 자궁 *Uterus*

자궁(uterus)은 수태물(conceptus)의 착상부위이며 발정기와 임신기간 동안에 뚜렷한 연속적인 변화가 일어난다. 대부분 동물에서 자궁은 난관에 연결된 양쪽의 자궁뿔(bilateral horns, cornua), 하나의 자궁몸통(unpaired body, corpus), 질(vagina)과 연속된 자궁목(neck, cervix)으로 구성되며, 이를 통틀어 두뿔자궁(bicornuate uterus)이라고 한다. 자궁뿔의 길이와 발달 정도는 동물마다 다르다. 자궁목은 별도의 절에서 기술한다. 영장류에서는 전체 자궁이 하나의 관으로 형성되어 있으며, 이를 홑자궁(simple uterus)이라 한다.

1. 조직학적 구조 Histologic Structure

자궁벽은 세 개의 층으로 구성된다(그림 14-22A, 14-23): ① 점막-점막밑층 또는 **자궁속막(endometrium)**, ② 근육층 또는 **자궁근육층(myometrium)**, ③ 장막 또는 **자궁바깥막(perimetrium)**. 자궁바깥막, 자궁근육층의 세로층, 자궁근육층의 혈관층은 자궁넓은인대(broad ligament of uterus)의 해당 구조와 연속된다.

1) 자궁속막 Endometrium

자궁속막(endometrium)은 구조와 기능이 다른 두 개의 층으로 구성된다. 얕은층은 임신이나 발정후 부분적으로 또는 완전히 퇴화한다. 이러한 퇴화 과정 후에도 얇고 깊은층이 유지되며, 이를 통해 얕은 조직이 재생된다. 말에서는 얕은 부위를

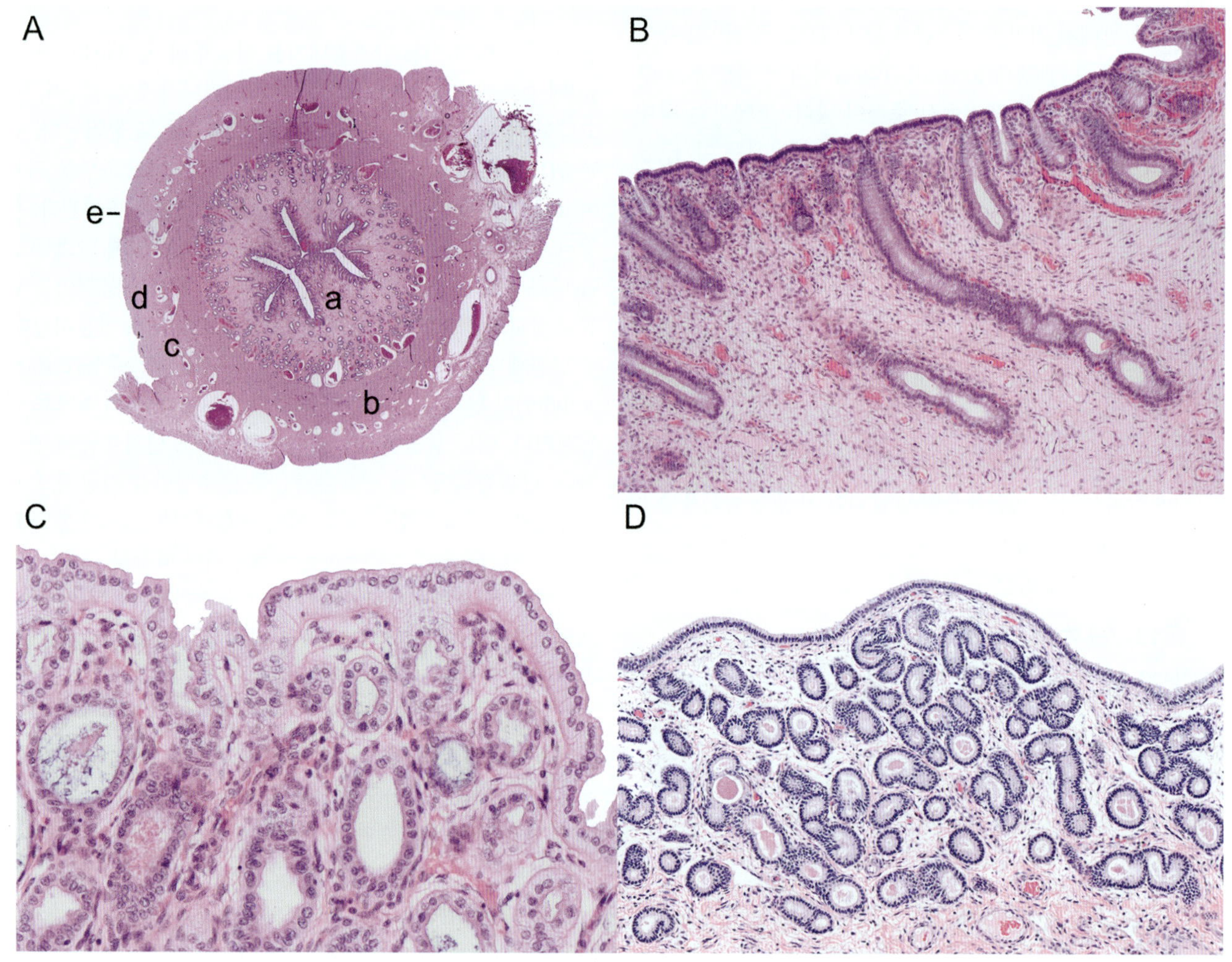

그림 14-22 • **A.** 개 자궁몸통 가로단면. 여러 개의 샘(나선과 곧은)을 가진 자궁속막(a). 근육층은 속근육층(b), 혈관층(c), 바깥근육층(d)으로 구성된다. 자궁주위 표면(e). **B.** 개 자궁속막. 발정전기와 발정기에 전형적인 곧은 샘. **C.** 개 자궁속막은 발정사이기에 나선형 확장샘과 발정후기의 전형적인 공포화된 상피. **D.** 말 자궁속막. 원주상피와 나선 자궁속막샘. H&E.

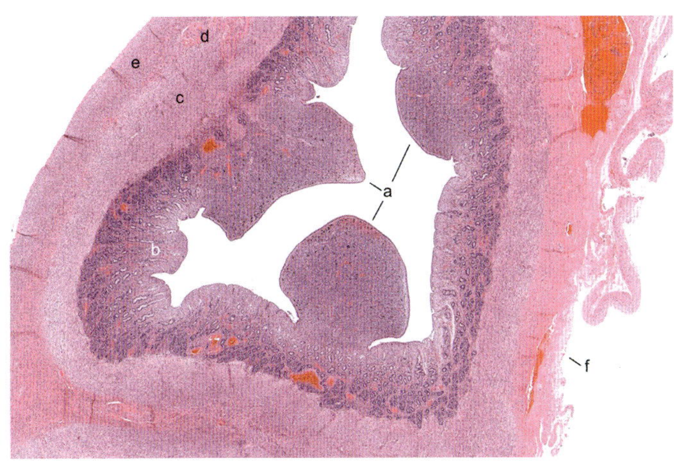

그림 14-23 • 소 자궁뿔 가로단면. 자궁속막은 세 개의 자궁속막언덕(a)을 형성하고, 그 사이에는 자궁샘(b)이 존재한다. 자궁근육층은 속근육층(c), 혈관층(d), 바깥근육층(e)으로 구성된다. 자궁바깥막 또는 장막(f). H&E.

치밀층(stratum compactum)이라고 부르며, 이 부위는 샘 구조(glandular structure)의 밀도가 가장 높다. 치밀층 아래 부위는 **해면층(stratum spongiosum)**이라고 불리며, 샘 구조의 밀도가 낮은 것이 특징이다.

표면상피(surface epithelium)는 말, 개, 고양이에서 단층 원주상피이다. 돼지와 되새김동물에서는 거짓중층원주상피 또는 단층원주상피이며, 일부 영역에서는 단층입방상피가 관찰된다. 상피세포의 높이와 구조는 발정주기에 따른 난소호르몬의 분비와 관련이 있다. 개의 자궁속막 얕은상피는 발정휴지기(diestrus) 동안 현저한 세포질 공포화(cytoplasmic vacuolization)를 나타낸다. 자궁속막의 상피밑 얕은부분은 혈관이 풍부하고, 섬유세포, 큰포식세포, 비만세포가 있는 성긴결합조직으로 구성되어 있다. 중성구(neutrophil), 호산구, 림프구, 형질세포도 존재하며, 면양은 멜라닌세포(melanophore)도 추가로 가지고 있다. 자궁속막의 더 깊은 부위는 얕은층보다 세포 수가 적은 성긴결합조직으로 구성된다. 되새김동물의 발정기(estrus) 동안 자궁속막버팀질(endometrial stroma)에는 크고 불규칙적인 체액으로 가득 찬 사이질공간이 존재하는데, 이를 **자궁속막부종(endometrial edema)**이라고 한다.

대부분 종에서 자궁속막에는 단순나선분지대롱샘(simple coiled branched tubular gland)이 존재한다(그림 14-22). 그러나, 되새김동물의 자궁속막언덕(자궁소구, caruncle)에는 이 샘이 없다(그림 14-23). 단층원주 샘상피(simple columnar glandular epithelium)는 분비세포와 비분비섬모세포를 모두 포함한다. 에스트로젠(estrogen) 수치가 상승하면 샘의 성장과 분지가 촉진되지만, 샘의 꼬임(coiling)과 대량 분비는 일반적으로 프로제스테론(progesterone)에 의한 자극이 일어나기 전에는 나타나지 않는다. 샘의 분지와 꼬임은 말에서 광범위하게 나타나며, 육식동물에서는 분지가 적게 일어난다. **자궁속막컵(endometrial cup)**은 말에서 임신초기에 태아의 영양막세포(trophoblast)가 자궁속막으로 침윤하여 생성된다(15장 참조).

되새김동물(ruminants)에서는 자궁속막에 국소적으로 두터워진 부위(circumscribed thickening)인 **자궁속막언덕(caruncle)**이 존재한다(그림 14-23). 자궁속막언덕(caruncle)은 섬유세포가 풍부하고 혈액 공급이 활발하다. 소, 면양, 산양의 각 자궁뿔(uterine horn)에는 약 15개의 자궁속막언덕이 4열로 배열되어 있다. 소에서는 돔 모양(dome-shaped)이고, 면양과 산양에서는 중앙에 움푹 들어간 부분이 있는 돔과 비슷한 컵 모양(cup-shaped)이다. 자궁속막언덕은 모체태반(maternal placenta)을 태아태반(fetal placenta)의 상응하는 구조인 태반엽(태아태반엽, cotyledon, fetal cotyledon)에 부착시키는 자궁속막 구조이다(15장 참조).

2) 자궁근육층 Myometrium

자궁근육층(myometrium)은 민무늬근육으로 되어 있으며, 두껍고 돌림 모양의 속층과 세로로 배열된 바깥층으로 구성되며, 임신 기간에는 근육세포의 수와 크기가 증가한다. 이 두 층 사이 또는 속층의 깊은 부위에는 동맥, 세동맥, 정맥, 세정맥, 모세혈관 등이 있는 혈관층(stratum vasculare)이 있다,

3) 자궁바깥막 Perimetrium

자궁바깥막(perimetrium)은 중피로 덮인 성긴결합조직으로 구성된다. 민무늬근육세포가 자궁바깥막에 산재해 있으며, 많은 혈관, 림프관, 신경이 이 층에 존재한다.

2. 혈관, 림프관, 신경 Blood Vessels, Lymphatics and Nerves

자궁근육층의 속층과 바깥층 사이 또는 속층의 깊은 층에는 혈관층(vascular layer)이 존재하며, 이 층은 자궁속막에 혈액을 공급하는 큰동맥, 정맥, 림프관이 있으며(그림 14-22, 14-23), 되새김동물의 자궁속막언덕(caruncular region)에서 특히 크다. 자궁바깥막에는 많은 림프관과 혈관, 신경섬유가 분포한다.

신경은 자궁신경얼기와 골반신경얼기를 통해 교감신경에서 유래하며, 이 신경은 자궁의 모든 층에 걸쳐 분지된다. 부교감신경은 엉치척수팽대(sacral spinal cord segment)로부터 골반신경얼기를 통해 자궁에 분포한다.

제4절 자궁목 *Cervix*

자궁목(cervix, uterine cervix)은 벽이 두꺼운 근육으로 되어 있으며 탄력섬유가 풍부하다. 점막-점막밑층은 이차주름과 삼차주름을 가지고 있는 큰 일차주름을 형성한다. 소에서는 큰 돌림주름(circular fold)과 세로일차주름(longitudinal primary fold)이 있고, 이들은 각각 많은 이차, 삼차주름을 가지고 있다(그림 14-24A). 이 주름은 샘으로 오인하기 쉽다. 자궁목의 샘분비 성분은 대부분 점액이며(그림 14-24B), 자궁샘은 자궁목까지는 뻗어 있지 않다.

1. 조직학적 구조 Histologic Structure

대부분 종에서 자궁목 상피는 잔세포를 포함한 많은 점액분비세포(mucigenous cell)를 가진 단층원주상피로 이루어져 있다. 발정기(estrus) 동안에는 점액(mucus)의 분비량이 증가하며, 점액의 많은 양이 질로 이동한다. 임신 중에는 점액이 질어져서 자궁목을 폐쇄한다. 일부 종에서는 상피세포의 일부가 섬모를 가진다. 되새김동물에서는 상피속샘과 단순대롱샘이 존재하며, 돼지에서는 자궁목의 90% 이상이 질(vagina)처럼 주기적으로 변화하는 중층편평상피로 구성되어 있다. 이 상피의 주기적 변화는 돼지의 교미기전(copulatory mechanism)과 관련이 있다.

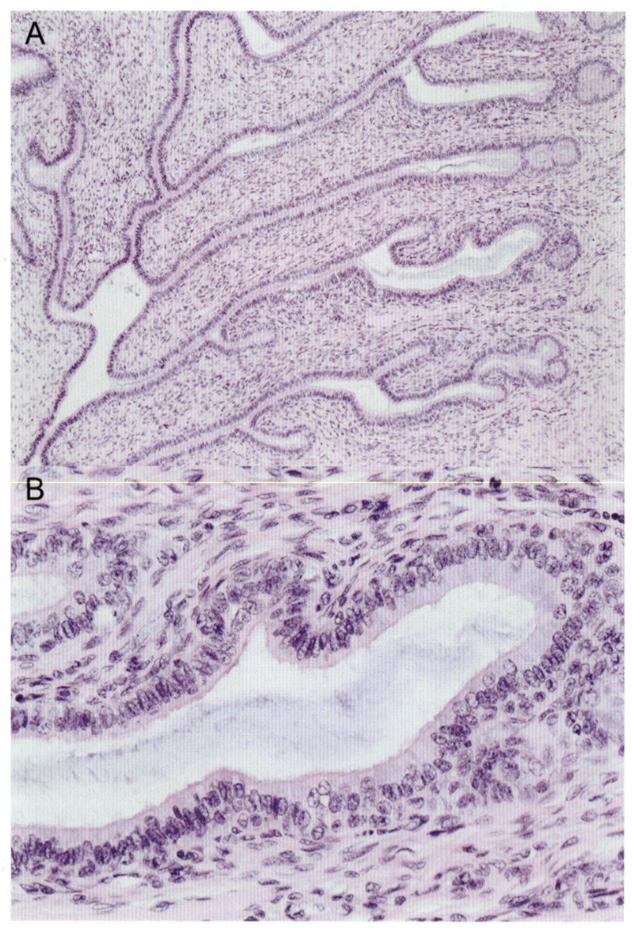

그림 14-24 • 산양 자궁목. **A.** 자궁목 속공간으로 돌출된 작은 이차 및 삼차주름을 가진 큰 일차 점막-점막밑주름의 단면. **B.** 자궁목 속공간에 응고된 점액을 통해 상피세포의 점액분비 활성을 확인할 수 있다. H&E.

고유판-점막밑층은 치밀불규칙결합조직으로 구성되며, 발정기에는 부종성(edematous)이고 성긴 구조가 된다. 말과 개에서는 정맥얼기(venous plexus)가 고유판-점막밑층의 깊은 부위에 존재한다.

근육층은 속돌림층과 바깥세로층의 민무늬근육으로 구성되며, 돌림층 내에는 탄력섬유가 뚜렷하게 발달되어 있다. 근육과 탄력섬유는 분만 후 자궁목의 구조를 회복하는 데 중요한 역할을 한다. 자궁목의 근육층은 자궁몸통과 질의 근육층에 연속되어 있다.

자궁목의 돌림근육층은 종에 따라 다양하게 나타난다. 작은 되새김동물과 돼지에서는 돌림주름이나 돌출부 부위에서 돌림층이 두꺼워지고 접히는 구조가 나타난다. 말과 소에서는 두꺼운 돌림층이 자궁목의 질 부분의 몸통을 형성한다. 개에서 자궁목의 질부분의 입구(orifice)는 질 근육으로 된 고리로 둘러싸여 있다.

자궁목의 장막은 중피로 덮인 성긴결합조직이다.

제5절 질 *Vagina*

질(vagina)은 자궁목에서부터 질어귀(vestibule)까지 이어지는 근육성 관이다. 질 전체에 걸쳐 납작하고 세로로 된 점막-점막밑층 주름(mucosal-submucosal fold)이 존재하며, 소에서는 질 앞부분에 뚜렷한 돌림주름이 있다. 발정주기에 따라 질점막 상피의 높이와 구조가 달라질 수 있으며, 어떤 동물에서는 상피속샘이 존재한다. 발정기 동안 증가되는 많은 양의 질 점액은 주로 자궁목에서 분비된 것이다.

1. 조직학적 구조 Histologic Structure

질점막은 중층편평상피로 덮여 있고 발정전기와 발정기 동안에는 두께가 증가한다(그림 14-25). 소의 질 앞부분에는 원주세포와 PAS양성 점액물질을 함유한 잔세포로 이루어진 표면층이 중층편평상피 위에 존재한다. 말에서 상피세포는 일반적으로 뭇면체모양이며, 표면에는 납작한 세포(flattened cell)가 몇 층 존재한다. 고유판-점막밑층은 질의 뒤쪽부분에 림프소절

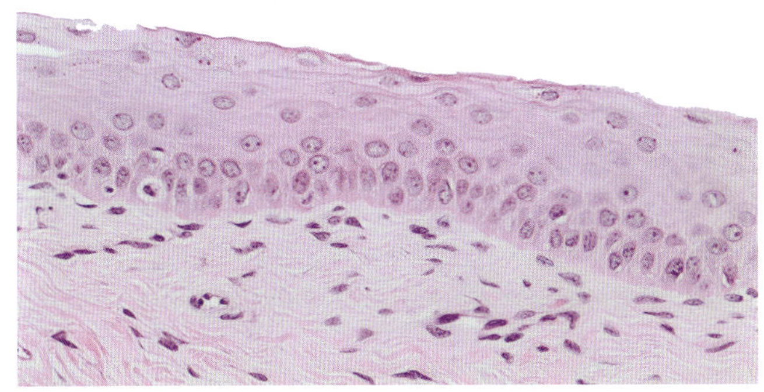

그림 14-25 • 개 질점막 상피. 이 사진은 각질화되지 않은 상태의 상피층을 보여준다. H&E.

을 포함하는 성긴 또는 치밀불규칙 결합조직으로 구성된다.

근육층은 2~3층으로 구성되며, 두꺼운 속돌림 민무늬근육층이 결합조직에 의해 다발로 분리되며, 얇은 바깥 세로민무늬근육층으로 둘러싸여 있다. 돼지, 개, 일부 고양이에서는 돌림층의 안쪽에 얇은 세로민무늬근육층이 추가적으로 존재한다.

질의 앞쪽에서 바깥층은 전형적인 장막(중피로 덮인 성긴결합조직)이다. 질의 뒤쪽도 또한 성긴결합조직으로 구성된 바깥막으로 덮여 있다. 장막과 바깥막 모두 큰 혈관, 광범위한 정맥얼기와 림프관얼기를 포함한다. 장막과 바깥막에는 수많은 신경다발과 신경절이 나타나며, 이들 신경은 주로 골반신경얼기에서 유래하는 교감신경이다.

제6절 질어귀, 음핵, 음부

Vestibule, Clitoris and Vulva

1. 질어귀 Vestibule

질어귀(vestibule)의 벽은 특히 음핵 부위에 상피밑림프소절이 더 많은 것을 제외하고는 질의 뒤쪽 부위와 유사하다. 질어귀 벽에는 혈관, 발기해면조직, 정맥얼기, 작은림프관 등이 많고 발정기에는 충혈된다. 말과 개에서는 발기성 해면체로 된 **질어귀망울(vestibular bulb, bulbus vestibuli)**이 질어귀 점막 밑에 존재하며, 이것은 수컷 요도해면체(corpus spongiosum penis)와 유사하다.

큰질어귀샘(major vestibular gland)은 양쪽에 존재하는 복합대롱꽈리점액샘(compound tubuloacinar mucous gland)이며 고유판-점막밑층의 깊은 부위에 위치하며, 소, 면양, 고양이에 있다. 종말분비꽈리는 큰 점액분비세포(mucinogen cell)로 구성되어 있으며, 꽈리와 연결된 작은 관은 원주상의 점액세포로 덮여 있는데, 잔세포가 일부 존재한다. 질어귀로 연결되는 큰 관은 두꺼운 중층편평상피로 덮여 있으며, 홑림프소절 또는 무리림프소절이 이들 관을 둘러싸기도 한다. 이 샘은 질어귀를 점액으로 윤활하게 하며, 교미 시에는 수축하여 점액을 분비하여 질의 뒤쪽 부위도 점액으로 윤활하게 한다. 이 샘은 수컷 망울요도샘과 유사하다.

작은질어귀샘(minor vestibular gland)은 대부분 동물에서 질어귀 점막층 양쪽에 작은 분지대롱점액샘(branched tubular mucous gland)으로 산재해 있으며 수컷 요도샘과 유사하다.

2. 음핵 Clitoris

음핵(clitoris)은 한 쌍의 음핵해면체(corpus cavernosum clitoridis), 발달하지 않은 음핵귀두(glans of clitoris), 음핵꺼풀(prepuce clitoris)로 구성된다. 음핵해면체는 수컷의 음경해면체(corpus cavernosum penis)와 유사하며, 말에서 잘 발달되어 있다. 음핵귀두(glans clitoridis)는 음경귀두와 상응하는 조직으로 말에서는 발기기능이 있다. 고양이, 돼지, 면양에서는 발기하지 않는 섬유탄력조직 덮개가 음핵귀두를 대체하고 있다. 면양의 음핵꺼풀에는 정맥얼기가 있다. 음핵에는 많은 림프소절이 있고 감각 신경종말과 자율신경종말이 많이 분포되어 있다.

3. 음부 Vulva

음부(vulva)는 음순으로 구성되며, 땀샘인 부분분비샘과 기름샘을 포함하는 피부로 덮여 있다. 피부밑조직에는 음부를 수축시키는 가로무늬근육섬유(striated muscle fiber)가 있다. 음순에는 작은 혈관과 림프관이 많이 분포되어 있으며 발정기에는 충혈되며, 특히 돼지와 개에서 충혈이 뚜렷하다.

제7절 발정주기

The Estrous Cycle

1. 난소호르몬 Hormones of the Ovary

난소는 성호르몬을 분비하는 중요한 내분비 기관이다. **에스트로젠(estrogen)**은 주로 발정기(estrus)에 과립층세포(granulosa cell)에서 생성되며, 이 세포들은 속난포막세포(theca interna cell)에서 분비한 안드로젠(androgen)을 에스트로젠으로 전환한다. 반면, **프로제스테론(progesterone)**은 주로 발정후기, 발정사이기, 임신기 동안 황체세포(luteal cell)에서 생성되며, 일부 종에서는 태반(placenta)에서도 분비된다. 에스트로젠은 암컷 생식기관의 성장과 발달, 발정행위를 유도하며,

프로제스테론은 자궁샘의 발달을 촉진하고, 분비 기능을 활성화시키며, 자궁속막(endometrium)에 발달 중인 배아의 부착 또는 착상을 수용할 수 있게 한다. 또한 프로제스테론은 난포의 성숙과 발정을 억제하고, 임신에 적합한 행동을 유도한다. 에스트로젠과 프로제스테론 모두 젖샘(mammary gland)의 발달에 관여한다.

난포의 성장과 성숙, 에스트로젠의 분비는 뇌하수체의 분비되는 **생식샘자극호르몬(gonadotropin)**에 의해 조절된다. 후기 이차난포와 초기 삼차난포를 구성하는 과립층세포와 난포막세포는 생식샘자극호르몬에 반응하게 된다. 과립층세포에는 난포자극호르몬(follicle-stimulating hormone, FSH)의 수용체가 발달하고 난포막세포에는 황체형성호르몬(luteinizing hormone, LH)의 수용체가 발달한다. 성숙한 삼차난포의 과립층세포에도 난포자극호르몬(FSH)에 의해 황체형성호르몬(LH)의 수용체가 발달한다.

삼차난포에서 LH는 속난포막세포 수용체에 결합하여 안드로젠과 소량의 에스트라디올(estradiol)을 생산한다. 이 안드로젠은 모세혈관 안으로 들어가거나 바닥판을 경유하여 과립세포층에 도달한다. 과립층세포의 수용체는 FSH와 결합하여 aromatase 효소계를 활성화시키고, 난포막의 안드로젠(androgens: testosterone, androstenedione)을 에스트로젠(estrogens: estradiol-17, estrone)으로 전환한다. 과립층세포 자체만으로 안드로젠을 생산하지는 못한다. 에스트로젠은 난포액으로 분비되어 모세혈관으로 들어간다. 난포방 내 estradiol-17의 농도는 혈류 내에서 보다 1,000배 정도 높다. 이와 같이 에스트로젠의 국소적인 높은 농도는 난포성숙에 적합한 환경을 유지한다. 난포세포에서 FSH와 LH의 작용은 세포내 제2전달자(second messenger) 역할을 하는 cyclic adenosine-3′, 5′-monophosphate(cAMP)의 생산 증가에 의해 조정된다. 이러한 상황에서 에스트로젠 생성 과정을 '두 세포, 두 생식샘자극호르몬 이론(two-cell, two-gonadotropin theory)'이라고 불린다.

배란 바로 직전 LH의 급증(surge)은 과립층세포의 수용체와 결합하여 배란을 유도하는 일련의 과정을 시작한다. 또한 LH의 급증은 과립층세포의 aromatase 활성을 억제하여 에스트로젠 분비를 감소시키는 것으로 보인다. 배란 직전의 성숙한 난포에서 LH는 난모세포의 성숙(일차감수분열 완성)을 유도한다. 여러 가지 생리활성물질이 배란 직전의 성숙한 난포의 난포액에 축적된다. 이들 물질 중에는 뇌하수체의 FSH 분비를 선택적으로 억제하는 큰 단백질인 인히빈(inhibin)이 포함되어 있다.

난소에서 분비되는 에스트로젠이 일정 수준에 도달하면, LH의 배란 급증을 일으키고 이로 인해 배란을 일으키게 된다. 뇌하수체에서 분비된 LH는 황체 형성을 시작한다. LH는 파열된 난포벽의 세포내 수용체와 결합하여 황체형성과 프로제스테론 분비를 유도한다. 쥐(랫드), 생쥐(마우스) 같은 일부 동물에서는 프로락틴(prolactin)이 황체의 유지와 프로제스테론 분비에 필요하다. 발정후기(metestrus), 발정사이기(diestrus), 임신 기간 동안 황체세포에서 프로제스테론 수용체의 발현은 황체의 자가조절기전이 프로제스테론의 생산을 조절할 수도 있음을 시사한다.

황체세포(luteal cell)는 늦은발정후기(late metestrus)와 대부분의 발정사이기 동안에 프로제스테론을 분비하며, 그 분비는 황체퇴행이 시작되기 직전인 후기발정사이기(late diestrus)에 최고치에 달한다. 발달하고 있는 황체세포와 성숙한 황체세포에 있는 지질은 주로 인지질(phospholipid)이며, 소량의 중성지질(triglyceride), 콜레스테롤(cholesterol), 에스터(esters)도 포함되어 있다. 황체가 퇴행하는 동안 황체세포에는 콜레스테롤이 축적되는데, 이는 스테로이드호르몬 합성에 콜레스테롤의 이용이 감소했음을 나타낸다. 활성 황체세포에서는 지방방울이 크기가 작고 균일하게 분포하나, 퇴화 중에는 크기가 크고 불균일하게 분포한다. 광학현미경에서 이들 지방방울은 큰 공포로 나타난다(그림 14-16). 황체퇴행 기전은 동물에 따라 다르지만, 주된 황체융해인자는 PGF2α이다. 임신이 되면 황체는 임신기간 동안 임신황체(corpus luteum of pregnancy)로 유지되며, 그 유지기간은 종에 따라 다르다. 소와 사슴에서는 황체호르몬인 프로제스테론(progesterone)의 생산은 임신기간 내내 지속되며, 뇌하수체, 태반, 국소황체자기조절기전(local luteal autoregulatory mechanism)의 황체자극호르몬(luteotropic hormones, LTH)에 의해 유지된다. 임신 후반기에는 대부분 종에서 태반이 임신을 성공적으로 지속시키기 위해 프로제스테론을 분비하기 때문에 황체는 중요하지 않다. 난소와 태반에서 분비되는 스테로이드호르몬은 시상하부에 대한 되먹임효과(feedback effect)에 의해 뇌하수체의 생식샘자극호르몬분비(pituitary gonadotropin secretion)에 영향을 미치며, 주로 시상하부생식샘자극호르몬방출호르몬(hypothalamic gonadotropin-releasing hormone)의 방출을 조절한다. 또한 솔방울샘과 같은 중추신경계의 다른 구조들도 생식샘자극 기능에 영향을 미친다.

2. 발정주기의 단계 Phases of the Estrous Cycle

발정주기(estrous cycle)는 환경과 내부 신경내분비인자(neuroendocrine factor)에 의해서 조절되는 내재성 시상하부-뇌하수체-난소주기의 상호조절작용으로 이루어진다. 가축에서 발정주기는 일반적으로 다음과 같은 연속적인 기로 나눈다.

(1) **발정전기(Proestrus):** 발정전기는 이전 주기의 황체 퇴행 이후 난포 성숙과 자궁속막 증식이 일어나는 시기이다. 이 시기에는 프로제스테론 농도가 낮아지고 FSH가 분비되며 에스트로젠 농도가 상승하여 발정(estrus)이 유도된다.

(2) **발정기(Estrus):** 발정기는 성행위를 수용하는 시기이며, 대부분 종에서 배란이 일어난다. 배란 전에 황체형성호르몬의 급증(surge of LH)이 일어나며, 발정기 말기에는 에스트로젠 분비가 감소한다.

(3) **발정후기(Metestrus):** 발정후기는 황체가 발달하고, 프로제스테론의 분비가 시작되는 시기이다.

(4) **발정사이기(Diestrus):** 발정사이기는 황체의 활동기로서 주로 프로제스테론을 분비하는 시기이다. 이 기간 동안 자궁속막샘이 비대하고 분비가 가장 왕성하다. 그러나 발정사이기 말기에는 황체가 퇴화하면서 자궁속막도 퇴화하고, 샘 조직도 감소한다. 발정사이기는 거짓임신이나 임신, 수유 중 발정사이기(lactational diestrus)로 연장될 수 있다.

(5) **무발정기(발정휴지기, Anestrus):** 무발정기는 장기간 성적 비활동 상태가 지속되는 기간이다.

3. 자궁속막의 주기변화

Cyclic Changes of the Endometrium

자궁속막의 주기적 변화는 에스트로젠과 프로제스테론 같은 난소 호르몬에 의해 크게 조절되며, 생식 과정에서 중요한 역할을 한다. 임신기에는 이들 호르몬은 주로 태반에서 생성된다.

어떤 동물(예, 개)에서는 **홑발정(monestrous)**으로 1년에 한 번 또는 두 번의 발정주기를 거친 뒤 긴 무발정기(anestrous period)가 이어진다. 무발정기(anestrous) 없이 지속적으로 발정주기를 반복하는 동물(예, 소, 돼지)이나 계절적으로 발정주기를 가지는 동물(예, 고양이, 말, 면양, 산양)은 **뭇발정(polyestrous)**이라 한다. 자궁의 재생 변화는 에스트라디올(estradiol)에 의해 유도되며, 프로제스테론에 의해서 지속되며, 이는 자궁샘의 분비 활동을 유도하고 주머니배(blastocyst)에 의해 자극을 받아 자궁속막이 모체태반을 형성하게 된다. 소와 개에서 주기 변화에 대한 자세한 기술은 다음과 같다.

1) 소 Cow

소의 발성주기는 21일이나(그림 14-26). 소에서 배란은 발정 시작 후 다음 날, 즉 발정 시작 후 약 30시간에 일어난다. 발정 시작일을 발정주기의 0일(day 0) 또는 21일(day 21)이라고 부르며 발정전기의 마지막 날을 20일(day 20)이라고 부른다. **발정사이기(diestrus)**의 마지막 3~4일에 자궁속막 버팀질(endometrial stroma)이 수축하고 상피가 낮아지며 샘조직이 짧아지고 이들의 샘상피도 낮아지며 분비가 중지된다. **발정전기(proestrus)**에 에스트로젠의 영향으로 자궁속막이 다시 회복된다. 점막이 두꺼워지고 충혈되며, 상피세포에 점액소(mucin)가 충만되어 부종이 일어난다. 그러나 자궁샘의 증식은 뚜렷한 분지나 꼬임 없이 곧은 속공간의 성장(straight lumen growth)에 국한된다. **발정기(estrus)** 동안에는 자궁속막의 부종과 충혈이 최대에 이른다. **발정후기(metesrus)**에는 부종이 줄어들고 충혈된 일부 혈관이 파괴된다. **발정사이기(diestrus)**에는 프로제스테론의 작용으로 자궁속막이 증식기에서 분비기로 바뀌며, 샘상피가 증식하여 분지하고 나선상으로 되며 분비가 이루어진다. 발정사이기의 처음 11일 동안에 자궁속막샘의 분비가 가장 활발하다. 임신이 되지 않으면 발정사이기 마지막 3일 동안에 자궁샘과 황체의 퇴행이 일어난다.

유사분열은 발정기 동안 표면상피, 샘상피, 사이질 조직에서 시작되어 발정 후 약 6일간 지속된다. 중성구가 늦은 발정전기에서 발정 후 3~4일까지 고유판, 상피, 자궁 속공간으로 침윤한다. 무과립백혈구, 주로 림프구가 발정 후 3~5일부터 침윤하며, 이들 림프구는 자궁속막 바닥층에 많이 분포한다. 호산구의 침윤은 발정기에서 발정주기의 중간까지 일어날 수 있다. 비만세포는 부종이 가장 심할 때 수가 증가하며, 특히 자궁속막언덕(caruncular area)에 많다. **자궁출혈(metrorrhagia)**은 소에서 배란이 일어나기 직전에 자궁속막 기능층에서 일어나는 미세한 현미경적 출혈을 말한다. 배란 시에는 자궁출혈이 광범위하게 일어나며 자궁속막언덕(caruncle)의 패인 중심부에서 현저하다. 자궁출혈은 자궁속막부종이 최대로 일어난 직후에는 절정에 이른다. 점막 속의 모세혈관이 파열되고 표면상피 아래에 혈액이 '물집(blister)' 속에 축적된다. 이 물집이 파열되어 혈액과 점막 조각이 자궁 속공간으로 유출된다. 자궁속막언덕 부위의 혈액은 주로 포식되어 재흡수되고, 일반적으로 자궁 속공간까지 도달하지는 않는다. 조직액과 혈액은 자궁속막언덕사이구역(intercaruncular area)의 파열 부위에서 소실된다. 자궁출혈(metrorrhagia)은 발정 후 2일이 지날 때 갑자기 끝난다. 혈액이 섞인 질의 분비물은 이 시기에 나오게 된다.

2) 개 Bitch

발정전기와 발정기가 각각 약 9일간 지속된다. 임신이 되지 않으면 거짓임신(pseudopregnancy) 또는 무발정기가 연속된다. 발정전기에는 자궁속막의 부종, 충혈과 출혈이 일어나고 배란은 발정 시작 직후에 일어난다. 개에서 프로제스테론은 배란 전에 상승하기 시작하며, 이는 배란 시점을 추정하는 대략적인 지표로 활용된다. 발정 6일 정도에 황체의 기능이 나타나

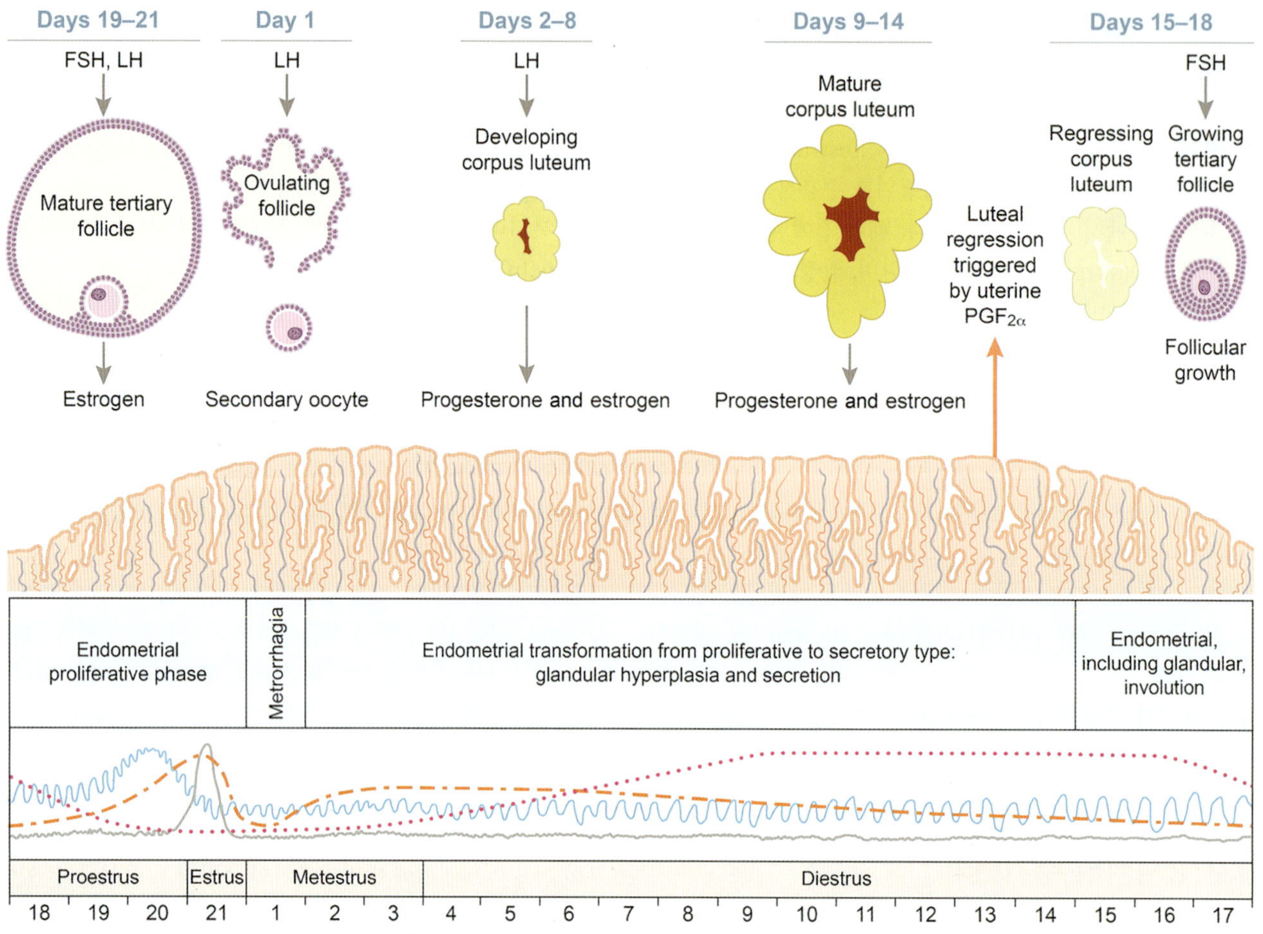

그림 14-26 • 소의 발정주기 동안 난소와 자궁 변화의 도해. 난포기(15~21일)와 황체기(1~14일), 자궁속막 증식기와 분비기, 샘의 분지와 활성이 8~12일에 최고조에 이른다. 국소 $PGF_{2\alpha}$에 의해 유발되는 자궁속막의 퇴행이 표시되어 있다. 주요 호르몬의 상대적 혈중 농도가 도표로 표시된다(파란색 선: 에스트로젠, 빨간색 점선: 프로제스테론, 회색: LH, 주황색 점선: FSH). 눈금은 발정주기 1~21일을 나타낸다. (Illustration by Tim Vojt, courtesy of The Ohio State University®.)

고 자궁샘과 사이질조직이 증식하기 시작한다. 샘상피는 키가 커지고 원주형이 되며 공포화(vacuolated)되고, 샘은 나선형으로 꼬이게 된다. 임신이 되지 않으면 발정 개시 후 20~30일경에 자궁속막샘과 버팀질(stroma)의 퇴화가 시작된다. 무발정기 동안에 자궁속막은 얇고 퇴화되어, 주로 입방상피로 이루어진다.

3) 영장류 Primates

영장류의 월경(menstruation)은 소에서 보이는 자궁출혈(uterine bleeding)과는 전혀 다른 현상이다. 소의 자궁출혈(uterine hemorrhage)은 발정기 근처인 자궁속막 **재생기(regenerative phase)**에 일어난다. 반면에, 월경은 자궁속막 **퇴행기(degenerative phase)**에 발생하며, 황체퇴행 이후 에스트로젠과 특히 프로제스테론의 감소로 유발된다. 영장류의 출혈은 프로제스테론과 에스트로젠이 감소되어 자궁속막 기능층에서 특수한 나선동맥(coiled artery)이 주기적으로 수축되고 확장됨으로써 일어난다. 동맥의 수축은 조직의 빈혈과 괴사를 일으키며, 동맥의 확장은 혈관의 파열, 출혈, 기능층 조직의 소실을 유발한다.

개에서는 임신이 이루어지지 않더라도 발정과 자발적 배란 후 항상 거짓임신(pseudopregnancy)이 나타난다. 다른 동물에서도 만약 교미자극이 거짓 임신황체(corpus luteum of pseudopregnancy)를 형성하면 발정과 배란 후에 거짓임신이 나타나게 된다(이런 황체가 보통 발정사이기에 있는 황체보다도 더 오래 지속되고 더 활발하게 기능한다). 황체 퇴화는 프로제스테론과 에스트로젠 공급을 감소시켜 자궁속막의 퇴화를 유발하고 거짓임신을 종료시키게 된다. 개에서 이 시기에 외부출혈은 없어도 자궁속막의 현미경적인 출혈은 관찰된다.

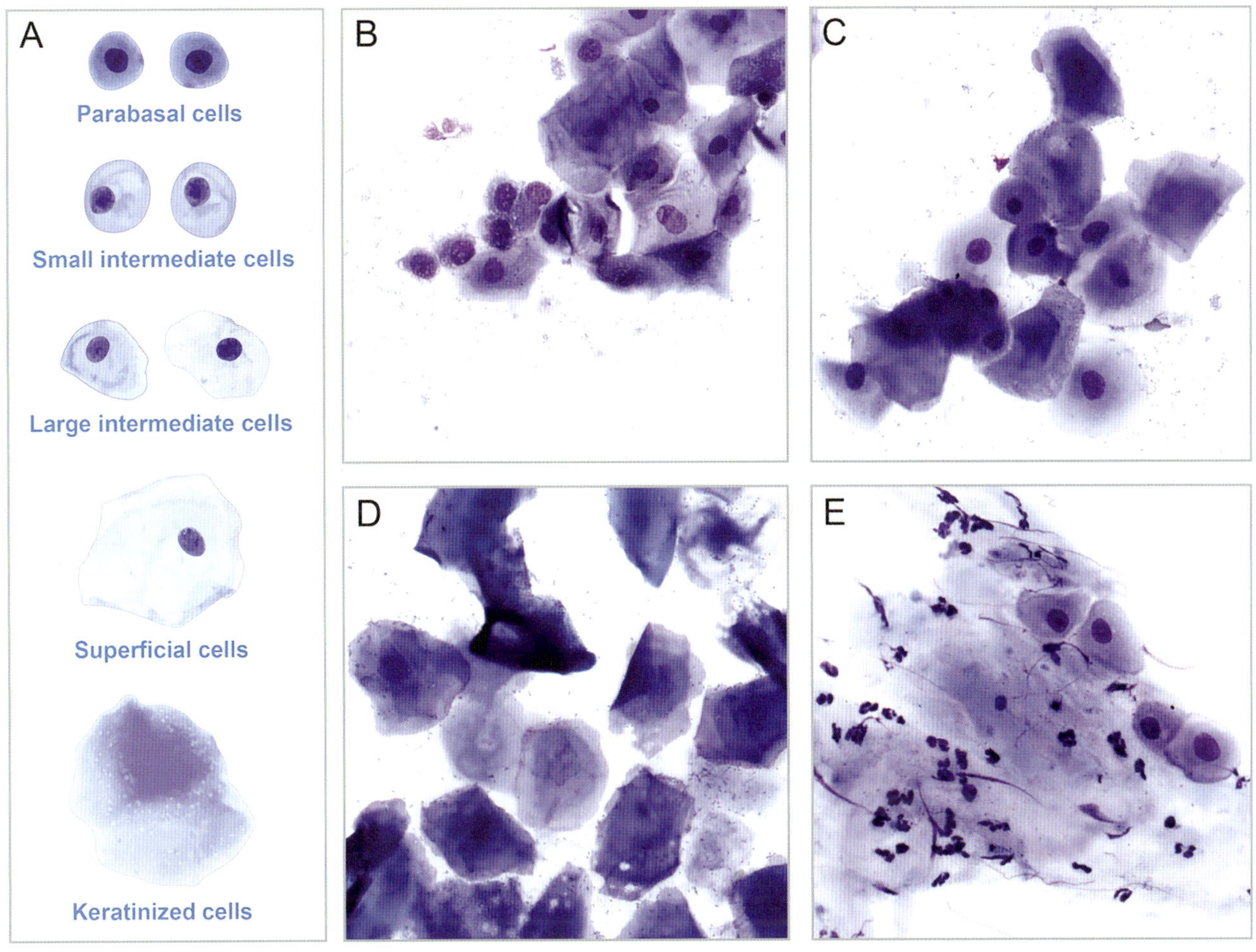

그림 14-27 • A. 개 질상피의 발정주기별 상피세포의 변화. 질 도말(상피 및 혈액세포). B. 무발정기: 바닥곁세포 C. 발정전기: 작은중간세포, 큰중간세포, 표층세포(각질화됨). D. 발정기: 얕은세포(각질화됨). E. 발정사이기: 작은중간세포, 큰중간세포, 과립백혈구. Wright-Giemsa 염색. (Illustration by Tim Vojt / Courtesy of The Ohio State University.)

4. 질상피의 주기변화

Cyclic Changes of the Vaginal Epithelium

1) 소 Cow

질상피는 질의 부위와 동물의 호르몬 상태에 따라 달라진다. **프로제스테론(progesterone)**의 영향 하에 있을 때는 질 앞부분의 상피가 약 3개 세포층이 되고, 뒷부분은 10개 세포층 정도로 증가한다.

에스트로젠(estrogen)의 영향 하에 있을 때는 상피세포의 증식이 질의 전체 부위에서 일어나서 상피가 두꺼워진다. 초기 발정기에는 질 앞부위 표면층은 원주세포와 잔세포로 이루어져 있는데, 점액이 축적되어 최대로 두꺼워진다. 질 뒷부위 상피는 발정 후 2일부터 발정 중간시기까지 가장 높아진다. 이 시기에 얕은상피는 다른 시기에서보다 더 편평해지고 탈락된다. 얕은상피세포의 진정한 각질화(keratinization)는 관찰되지 않는다.

중성구는 발정일로부터 발정종료 후 2일까지는 질상피에 침입한다. 림프구와 형질세포는 프로제스테론의 영향 하에서 더 흔하게 관찰된다.

2) 개 Bitch

개에서 질점막도말법(vaginal smear method)은 질상피에서 일어나는 주기적인 변화를 측정하는 방법으로, 발정과 출혈의 시기를 측정하는데 임상적으로 가치가 있어서 광범위하게 이용되고 있다(그림 14-27). 질점막 도말표본을 염색한 소견은 다음과 같다.

(1) **발정전기(Proestrus):** (약 9일간) 자궁유래의 많은 적혈구와 크고 편평한 각질화세포(keratinized cell)가 많이 관찰된다.
(2) **발정기(Estrus):** (약 9일간) 약간의 적혈구와 많은 각질화세포(keratinized cell)가 존재하며 발정이 진전됨에 따라서 각질화세포가 주름지고 일그러지며 세균의 침입이 있다.

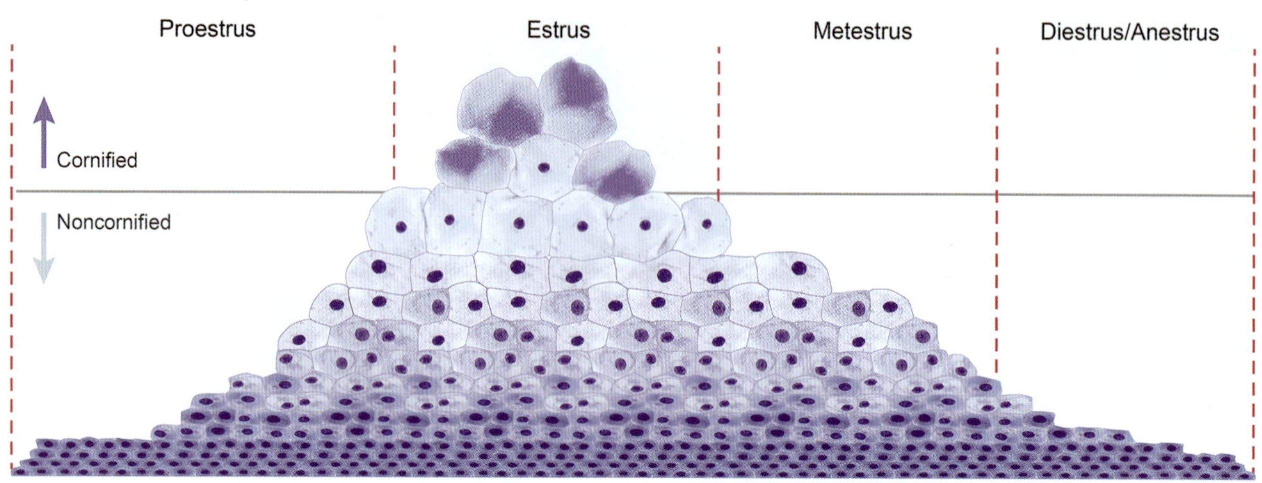

그림 14-28 • 개 질상피의 발정주기별 변화. (Illustration by Tim Vojt, courtesy of The Ohio State University®.)

(3) **발정사이기(Diestrus):** (약 2개월간) 상피세포는 각질화가 미약하고 염색이 되지 않은 정상세포와 같이 보인다. 중성구는 발정후기 3일에는 많으나 발정후기 10~12일까지 점차로 사라진다.

(4) **무발정기(발정휴지기, Anestrus):** (약 2개월간) 많은 수의 염색되지 않는 비각질상피세포(nonkeratinized epithelial cell), 농축핵(pyknotic nuclei)을 가진 소수의 염색된 큰 세포, 소수의 중성구와 림프구가 출현한다.

질상피세포가 무발정기(anestrus)에는 약 2~3층의 세포로만 구성되어 얇으나, 발정전기(proestrus)에는 증식하여 발정기(estrus) 초기에 이르면 12~20층의 두께에 이르며, 표면층의 각질화가 동반된다(그림 14-28). 발정기 말기에는 각질층의 탈락이 시작된다. 발정기 동안에는 상피속샘(intraepithelial gland)이 흔히 관찰된다.

제7절 | 조류 암컷생식계통 *Avian Female Reproductive System*

1. 난소 Ovary

성숙한 조류에서는 왼쪽 난소만 존재한다. **난소(ovary)**의 겉질과 속질은 다양한 발달 단계나 폐쇄 단계에 있는 큰 난포로 변형되어 있으며, 각각의 난포는 줄기(peduncle)에 의해 난소에 부착되어 있다. 조류의 난소에서는 난포액으로 채워진 난포방(follicular antrum)이 발달하지 않으므로 진정한 난포(true follicle)는 존재하지 않는다. 난포 내에서 난모세포가 하나 또는 여러 층의 과립층으로 둘러싸여 있고, 과립층세포는 속난포막과 바깥난포막으로 둘러싸여 있다. 과립층세포는 배란 시 난모세포와 함께 떨어져 나가지만, 난포막세포는 남아 일시적인 황체를 형성하게 된다. 사이질세포가 난소 주변부(periphery)에 존재한다.

난포형성은 일반적으로 부화 이후 시기(posthatching period)에 시작되며, 난조세포(oogonium)는 커져서 난포세포로 둘러싸인 일차난모세포가 된다. 일차난모세포는 이후 일차감수분열에 들어간다. 성성숙기(닭에서는 5~6개월)에 이차난모세포가 배란된다. 이차감수분열은 수정 시에 완료되며, 난자(ovum)가 형성되고 접합자(zygote)로 된다. 일차난모세포는 주로 원형질로 되어 있으나 이차난모세포는 주로 난황을 함유하고 있으며 세포의 한쪽 끝에 많은 난황이 축적되어 있으며, 핵은 다른 쪽 끝에 위치한다. 이차난모세포와 난자를 **다량난황세포(macrolecithal cell), 편재난황세포(telolecithal cell)**라고 한다. 난황은 동심원층으로 배열된 레시틴(lecithin), 콜레스테롤(cholesterol), 카로텐(carotene) 등의 지질을 포함한다. 난모세포는 **난황막(vitelline membrane)**이라고 하는 세포막으로 둘러싸여 있다. 배란 후에는 암컷생식관을 통과하는 동안 난모세포의 바깥쪽에 다른 층이 추가로 형성된다.

2. 난관 Oviduct

조류에서 **난관(oviduct)**이란 용어는 성숙한 개체에서 왼쪽에만 존재하는 전체 생식관을 기술하는 데 사용된다. 왼쪽 난관은 **난관깔때기(infundibulum), 난관팽대(magnum), 난관잘룩(isthmus), 자궁(난각샘, uterus), 질(vagina)**로 구성된다(그림 14-29). 이 각각의 부위는 구조적, 기능적으로 특성이 있지만, 모두 난자 형성에 필수적인 두 가지 형태학적 요소를 가지고 있다: ① 난관을 지지해 주고 난자를 운반하는 근육

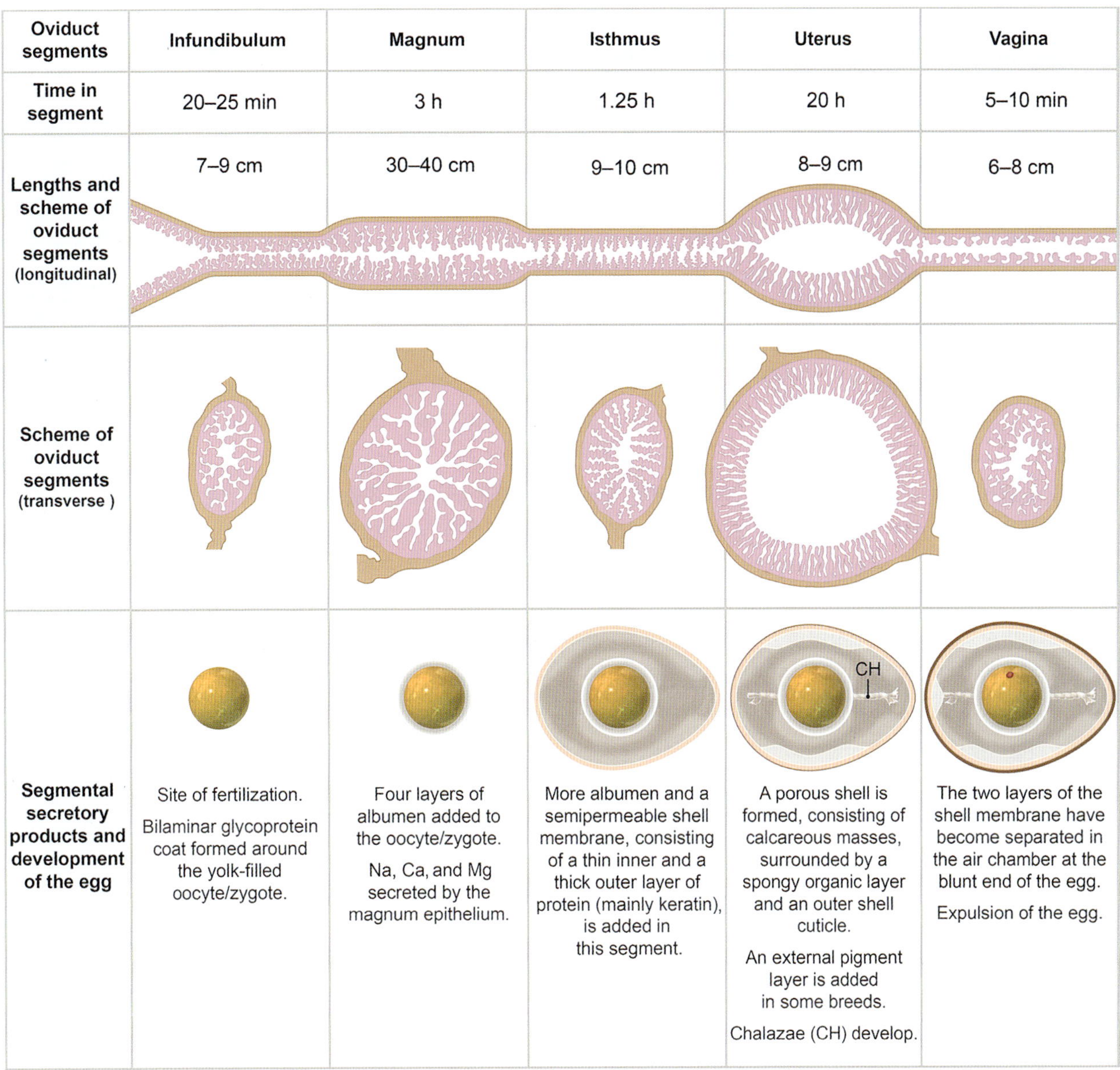

그림 14-29 • 산란계 알의 발달. 난관의 여러 부위에서 알의 구조적 변화. (Image courtesy of Tim Vojt.)

층, ② 난황이 가득 찬 난자/접합자 바깥의 모든 물질을 분비하는 샘상피층. 또한 점막은 알이 난관을 통과하는 동안 유연하고 복원력이 있는 쿠션을 형성하는 분비물을 분비한다.

다음과 같은 난관의 분비물이 난모세포/수정란에 추가된다.

(1) 난관팽대(magnum, 난관의 앞부분)에서 네 층의 난백(albumen)이 추가된다.

(2) 난각막(shell membrane)은 단백질잔섬유(주로 각질)의 얇은 속층(inner layer)과 두꺼운 바깥층(outer layer)으로 난관잘록(isthmus) 부위에서 추가된다. 이 두 층은 계란의 넓은 한쪽 끝의 부위에서는 분리되어 기실(air chamber)을 형성한다.

(3) 뭇공난각(porous shell)은 자궁(uterus)에서 형성된다. 난각(shell)은 원뿔모양의 석회질 덩어리의 속층, 해면상 유기질층, 바깥알껍질(outer shell cuticle)로 되어 있다. 일부 품종(breeds)에서는 유기질 색소층이 바깥에 추가되어 있다.

1) 난관깔때기 Infundibulum

난관깔때기(infundibulum)의 앞쪽 끝은 확장되어 있고, 긴 난관술(fimbriae)이 있어 난소에서 배란되는 이차난모세포를 잡아준다. 난관깔때기는 **수정(fertilization)**이 일어나는 장소이다. 점막과 점막밑층에는 낮은 세로 융기(ridge) 또는 일차주름(primary fold)이 형성되어 있고, 뒤쪽깔때기(caudal infundibulum)에서는 이차 점막-점막밑주름이 존재한다. 알은 깔때기 속에서 약 25분간 머문다.

상피는 거짓중층섬모원주상피이다. 주름의 바닥 부위에서는 상피가 무섬모단층원주상피로 전환되며, 이 부위를 제외한 다른 부위에는 간헐적으로 잔세포가 존재한다. 깔때기 뒤쪽으로 갈수록 샘세포의 수가 증가하며, 난관팽대의 대롱샘과 비슷한 **샘고랑(glandular groove)**으로 모인다.

고유판-점막밑층은 많은 림프구와 형질세포를 포함한 성긴결합조직으로 구성된다. 근육층에는 세로민무늬근육다발이 퍼져 있으며, 장막은 성긴결합조직과 중피로 구성된다.

2) 난관팽대 Magnum

난관팽대(magnum)는 두꺼운 벽과 키가 크고 두꺼운 세로로 배열된 일차와 이차 점막-점막밑주름을 가진다. **난백(albumen)**은 발달 중인 알에 추가되며, 이 과정은 약 3시간 정도 걸린다.

난관팽대의 상피는 단층원주상피로 구성되며, 섬모세포와 잔세포의 수는 거의 비슷하다. 고유판-점막밑층의 성긴결합조직은 긴 분지나선대롱샘으로 채워져 있고, 샘세포는 피라미드모양이며 거친 염기성 과립을 포함하고 있다. 민무늬근육층은 속돌림층과 바깥세로층이 존재한다. 얇은 장막은 성긴결합조직과 중피로 구성된다. 난관팽대는 샘이 없는 1~3 mm 길이의 구간에 의해 다음 부위인 난관잘록과 뚜렷하게 구분된다.

3) 난관잘록 Isthmus

난관잘록(isthmus)은 뚜렷한 세로융기가 있고, 알은 보통 약 1.25시간 동안 이곳에 머문다. 이 부위에서 **난각막(shell membrane)**이 형성된다.

상피는 단층원주상피이며, 섬모세포와 잔세포가 거의 같은 수로 존재한다. 고유판-점막밑층은 팽창된 분지대롱샘으로 채워져 있다. 샘세포는 세포질에 많은 호산성분비 과립을 가진 피라미드 세포로 둘러싸여 있다. 근육층은 민무늬근육의 속돌림층과 바깥세로층으로 구성되고 장막은 성긴결합조직과 중피로 구성된다.

4) 자궁 Uterus

자궁(uterus) 또는 **난각샘(shell gland)**은 벽이 두껍고 주머니모양이며 팽창이 가능하다. 일차와 이차세로주름은 일차와 이차돌림주름에 의해 가려진다. 알의 회전은 이곳에서 일어나며, 알끈(chalaza)의 꼬임과 관련이 있다. 알은 자궁에서 약 20시간 동안 머무르며, 이 시간 동안 유기물 바탕질, 알껍질(shell cuticle), 무기물질을 포함한 껍질 구성 요소들이 형성된다.

상피는 거짓중층섬모원주상피이며, 고유판-점막밑층은 분지나선대롱샘을 갖는다. 샘세포는 피라미드모양이며 과립과 공포가 세포질 내에 넓게 퍼져 있다. 샘조직 사이에는 성긴결합조직이 있다. 근육층은 두 층의 민무늬근육층으로 구성되며, 속돌림층은 두껍고 질과의 경계부위에서 조임근을 형성한다. 장막은 성긴결합조직과 중피로 구성된다.

5) 질 Vagina

질(vagina)의 벽은 두껍고 낮은 일차주름과 이차주름을 가지고 있다. 알은 질에 잠시 머물며, 질은 알 형성에 관여하지 않는다. 질에는 자궁-질경계에 정자를 저장하는 역할을 하는 **정자저장샘(sperm host gland)** 외에는 샘이 없다.

질을 덮고 있는 상피는 거짓중층섬모원주상피이며, 잔세포는 거의 없다. 고유판-점막밑층은 림프구, 형질세포, 과립백혈구를 가진 성긴결합조직으로 구성된다. 근육층은 알(egg)을 밖으로 밀어내는 기능을 하며, 속돌림층과 바깥세로층으로 이루어져 있다. 장막은 성긴결합조직과 중피로 구성된다.

3. 배설강 Cloaca

질(vagina), 잘록창자(colon), 요관(ureter)은 **배설강(cloaca)**으로 구멍을 연다. 배설강상피는 단층원주상피이며, 많은 잔세포를 포함한다.

임상 관련 *Clinical Correlations*

1. 낭종성자궁속막증식증

Cystic Endometrial Hyperplasia

낭종성자궁속막증식증(그림 14-30)은 주로 개에서 흔히 관찰되는 질환이다. 이 병변은 자궁속막이 높은 수준의 에스트로젠에 노출되고 이후 프로제스테론의 영향을 받을 때, 즉 발정사이기(diestrus) 동안 발생한다. 병변은 다수의 낭포성으로 확장된 자궁속막샘으로 구성되며, 심한 경우 자궁몸통과 양쪽 자궁뿔 전체에서 관찰될 수 있다. 심한 낭종성자궁속막과형성증은 육안으로도 관찰 가능하며 자궁 조직의 초음파 검사로 진단할 수 있다.

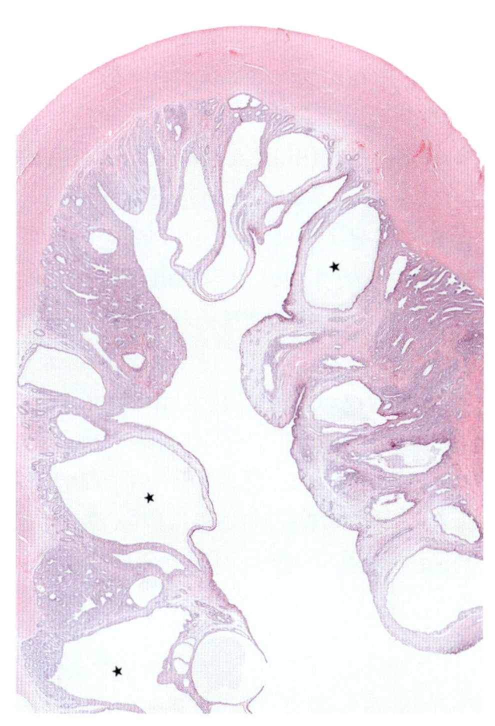

그림 14-30 • 낭종성자궁속막증식증(cystic endometrial hyperplasia, 개). 자궁 가로단면에서 자궁속막 구조를 변형시키는 여러 개의 큰 낭포성의 확장된 자궁샘(*)을 보여준다. H&E.

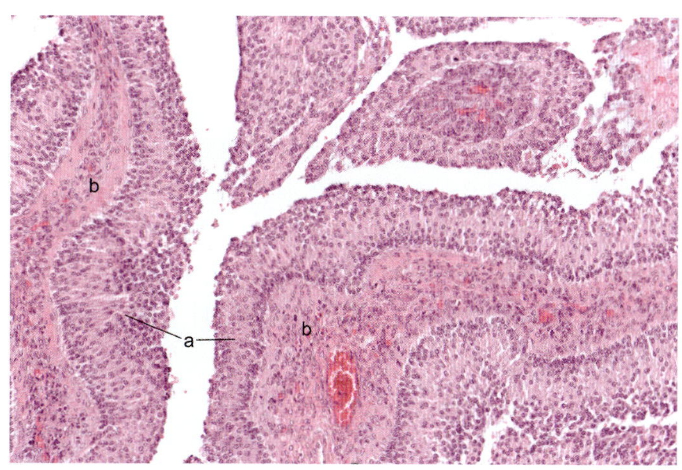

그림 14-31 • 과립층난포막세포종양(granulosa theca cell tumor, 말). 일반적으로 난소를 확장하는 큰 낭포성 종양으로 나타난다. 현미경으로 보면, 종양은 과립층세포가 무질서하게 배열되어 섬유결합조직(b) 내에서 잔기둥(a)을 형성하며, 난포 구조를 모방하려는 양상을 보인다. H&E.

2. 과립층난포막세포종양 Granulosa Theca Cell Tumor

과립층난포막세포종양 또는 난포막종(theca cell tumor)은 난소에서 발생하는 종양으로, 생식샘끈버팀질종양(sex cord stromal tumor)으로 분류된다. 다양한 가축에서 발견될 수 있으며, 이 종양은 호르몬 생산과 관련된 여러 임상 증상을 유발할 수 있다. 말에서는 지속적이거나 간헐적인 발정, 비정상적인 무발정기(무발정 기간의 이상) 등의 발정주기 이상이 나타날 수 있다(그림 14-31). 또한 이 종양이 발생된 암말은 수컷과 비슷한 행동을 보일 수 있으며, 일반적으로 종양이 발생한 난소의 외과적 제거로 치료될 수 있다.

핵심 정리 *Essentials*

난소 구조(Ovary structure): 겉질(cortex)은 입방상피(cuboidal)에서 편평상피(squamous)로 이루어진 표면상피(germinal epithelium)로 덮여 있다. 표면상피 아래에는 치밀불규칙결합조직인 백색막(tunica albuginea)이 있다. 난포는 원시난포(primordial)에서 삼차난포(tertiary)로 진행되며, 과립층세포(granulosa cell)가 난포막(theca layer)과 난포방(antrum)을 형성한다. 대부분의 난포는 퇴행(난포위축, atresia)하며, 그 잔재가 바탕질(stroma)에서 관찰된다. *속질(medulla)*에는 혈관, 림프관, 신경이 있어 난소 기능을 지원한다.

난소 기능(Ovary function): 배란 후 형성된 황체(corpus luteum)는 퇴행할 때까지 프로제스테론을 분비한다. 퇴행 과정에서 황체화(luteinization)와 섬유화가 일어난다. 난소는 발정기(estrus)에는 주로 에스트로젠을, 배란후기(metestrus), 발정사이기(diestrus), 임신 기간에는 프로제스테론을 분비한다. 에스트로젠은 생식기계 성장과 발정 행동을 촉진하며, 프로제스테론은 자궁을 수정란 착상에 적합하게 준비시킨다. 황체형성 및 배란은 황체형성호르몬(LH)에 의해 유도된다. 황체세포는 휴지기 동안 프로제스테론을 생산하며, 임신이 이루어지지 않으면 PGF2α에 의해 황체가 퇴행한다.

자궁관(Uterine tube, 포유동물)/난관(Oviduct, 조류): 난자와 수정란이 자궁으로 이동하도록 돕는다. 구성 구간은 깃털모양 돌기가 있는 난관깔때기(infundibulum), 난관팽대(ampulla), 난관잘록(isthmus)이다. 상피는 단층 또는 거짓중층원주상피이며, 운동성 섬모와 분비세포를 포함한다. 점막은 난관팽대에서 주름이 많고 난관잘록으로 갈수록 줄어든다. 근육층은 주로 돌림 민무늬근육으로 구성되며, 난관잘록에서 더 두껍고 자궁 근육과 연결된다. 신경분포는 난자 및 배아 수송을 위한 민무늬근육 수축 조절에 도움을 준다.

자궁(Uterus): 수정란 착상에 필수적이며, 종에 따라 자궁뿔(horns), 몸통(body), 목(neck)으로 구성된다. *자궁속막(endometrium)*, *근육층(myometrium)*, *자궁바깥막(perimetrium)*으로 이루어져 있다. 자궁속막에는 나선분지샘(coiled, branched gland)이 있고, 근육층은 속돌림과 바깥세로 민무늬근육층으로 구성된다. 장막층은 성긴결합조직으로 구성된다. 혈관, 림프관, 신경이 풍부하며, 되새김질동물에서는 자궁속막언덕(caruncle)에서 특히 두드러진다. 각 층은 발정주기와 임신에 따라 서로 다른 역할을 수행한다. 자궁속막은 호르몬 변화에 따라 주기적인 변화를 겪으며, 수정란이 착상된다.

자궁목(Cervix): 자궁의 두꺼운 목 부분으로 점막-점막밑에 주름이 많다. 단층원주상피이며, 점액세포가 풍부하다. 속돌림과 바깥세로 민무늬근육층으로 구성된다. 장막층은 성긴결합조직으로 되어 있다. 점액 분비와 정자 수송을 돕는다.

질(Vagina): 자궁목에서 질어귀(vestibule)까지 이어지는 근육의 관으로, 주기적인 상피 변화가 있다. 중층편평상피로 덮여 있으며, 근육층(tunica muscularis)과 풍부한 혈관, 신경다발이 장막과 바깥막에 존재한다.

질어귀, 음핵, 음부(Vestibule, clitoris, and vulva): 질어귀는 질의 뒤쪽부분과 유사하며, 풍부한 혈관, 해면조직, 림프절이 있다. 주요 음부샘은 점액 윤활액을 제공한다. 음핵은 쌍으로 된 해면체와 발달이 미미한 귀두(glans)로 구성되며 신경종말이 풍부하다. 음부는 풍부한 혈관과 가로무늬근육섬유가 있는 대음순으로 구성된다.

발정주기(Estrous cycle): 발정전기(proestrus, 난포 성숙), 발정기(estrus, 성적 수용기 및 배란), 발정후기(metestrus, 황체 형성), 발정사이기(diestrus, 황체의 프로제스테론 영향), 무발정기(anestrus, 성적 비활동기)를 포함한다. 호르몬에 의해 조절되는 자궁속막 상피의 변화는 생식 과정에서 매우 중요한 역할을 한다.

CHAPTER 15

태반형성
Placentation

제1절 서론 *Introduction*

태반은 출생전기 동안 모체와 발달 중인 배아/태아 사이에 영양분, 가스, 노폐물을 교환하는 일시적인 기관이다. 또한 태반은 종 특이적 호르몬 생성과 분비, 면역글로불린 전달에도 관여한다. 태반의 구조는 복잡하며 임신 동안 시간이 지남에 따라 변화한다. 태반의 주요 기능(분자교환 등)은 유사해 보이지만, 육안적인 형태, 조직학적 구조, 생화학적 구성 등이 종에 따라 상당한 차이를 보인다. 태반의 특징과 종 특이적 특성 때문에 태반은 고등 포유동물에서 가장 가변적인 기관이다.

제2절 발생학 *Embryology*

자궁 안에 있는 포유동물 배아의 초기 영양 공급원은 자궁속막 샘에서 분비되는 자궁젖(uterine milk), 즉 **조직영양(histotrophic nutrition)**이다. 그러나 증가하는 영양분 수요를 충족시키기 위해 배아는 효율적인 전략이 필요로 하는데, 여기에는 가스 및 영양 교환을 수행할 수 있는 바깥막인 **융모막(chorion)**의 분화와 자궁속막에 자리 잡는 착상이라는 과정이 있다. 이 과정은 태아와 모체의 순환계통 사이에 생리적 교환을 위한 긴밀한 관계를 형성한다. 결과적으로, 태아부분(태아쪽태반, pars fetalis)과 모체부분(모체쪽태반, pars uterina)으로 구성된 통합 기관인 **태반(placenta)**이 형성된다. 태아와 태반의 태아부분을 포함한 태아막은 **수태물(conceptus)**이라

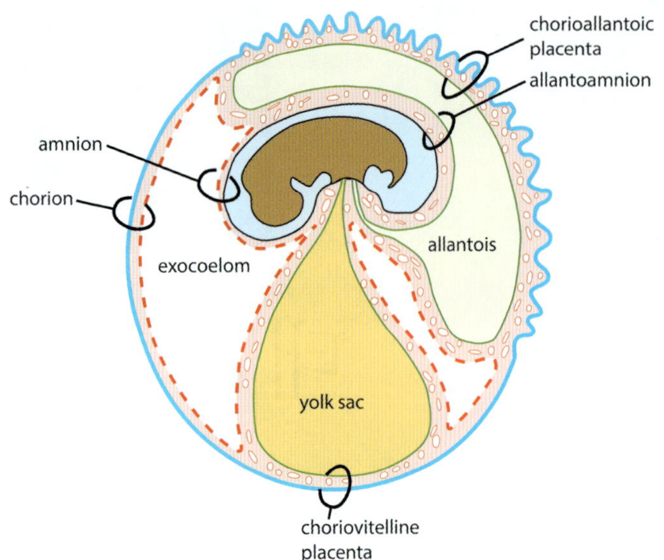

그림 15-1 • 태아막의 도해. 양막은 양막안(amniotic cavity, 연한 파란색)과 배아를 둘러싸고 있다. 영양막(파란색 선)과 몸중배엽(벽장막, somatic mesoderm, somatopleure)은 일차융모막을 형성한다. 난황주머니와 요막은 내배엽(녹색)과 내장중배엽(내장장막, splanchnic mesoderm, splanchnopleure)에 의해 형성된다. (From Dellmann H-D, Carithers JR. Cytology and Microscopic Anatomy. Philadelphia: Williams & Wilkins, 1996).

고 한다. 태반의 부착과 태반이 형성되는 일련의 방식을 **태반형성(placentation)**이라 한다.

태반형성의 첫 번째 과정은 주머니배(blastocyst)의 발달 중에 일어난다. 주머니배는 상피벽인 **영양막(trophoblast)**과 몇 개의 세포 덩어리인 **속세포덩이(inner cell mass, embryoblast)**를 가진 액체로 가득 찬 소포이다. 주머니배의 바깥층인 영양막은 자궁 속 자손에게 영양분을 전달하는 데 필수적이지만, 출생 이후에는 기능을 하지 못하고 후산(afterbirth, secundinae)과 함께 배출된다. 속세포덩이는 두 단계에 걸쳐 세 개의 배엽으로 분화하는데, 처음에는 **외배엽(ectoderm)**과 **내배엽(endoderm)**을 형성하고, 그 층 사이에 **중배엽(mesoderm)**을 형성한다. 이 세 개의 배엽은 배아를 형성할 뿐만 아니라 태아막 발달에도 관여한다.

외배엽의 일부는 막**(양막, amnion)**의 발달에 기여하고 양막은 배아를 둘러싸는 소포, 즉 **양막안(amniotic cavity)**을 형성한다. 양막안은 배아 발달을 위한 부력과 보호 공간을 제공한다.

내배엽은 중간창자(midgut)와 연결되는 **난황주머니(yolk sac)**와 뒤창자(hindgut)에서 나오는 곁주머니인 **요막(allantois)**을 형성하는 데 기여한다(그림 15-1). 요막은 포유동물 가축에서 체액으로 가득 찬 상당한 크기의 주머니를 형성하며, 태아의 외부 방광으로 간주될 수 있다. 이는 요막이 초기에만 발달하고, 체액으로 가득 찬 방을 형성하지 않는 사람과 대조된다. 결과적으로, 사람 태아는 체액으로 찬 방인 양막주머니(amniotic sac) 하나에만 둘러싸여 있는 반면, 가축에서는 양막주머니와 요막주머니(allantoic sac)라는 두 개의 주머니가 존재한다.

배아바깥막(양막, 난황주머니, 요막)의 발달은 중배엽과 결합한 후에 완성된다. 배아 조직에서 창자배형성(gastrulation) 후, 가쪽중배엽은 **벽층(somatic layer)**과 **내장층(splanchnic layer)**으로 분리된다. 그 결과 생긴 중배엽 내부의 틈새는 체강(배아속체강, intraembryonic coelom)을 형성한다. 이 단계에서 배아중배엽은 확장되어, **배아바깥체강(exocoelom)**이라 불리는 배아바깥공간(extraembryonic cavity)을 덮고 있는 배아바깥중배엽(extraembryonic mesoderm)과 융합하며, 양막, 난황주머니, 요막, 영양막과도 융합한다.

영양막층과 연결된 벽중배엽(somatic mesoderm, 배아바깥중배엽, extraembryonic mesoderm)은 **융모막(chorion)**을 형성하고, 외배엽(ectoderm)과 연결된 **양막(amnion)**을 형성한다. 이들 막은 **배아바깥벽장막(extraembryonic somatopleure)**을 구성한다. 내장중배엽(splanchnic mesoderm, 배아바깥중배엽, extraembryonic mesoderm)은 난황주머니와 요막의 내배엽을 덮고 있으며, 이 층들은 함께 **배아바깥내장장막(extraembryonic splanchnopleure)**을 형성한다.

배아바깥벽장막, 즉 융모막은 초기에는 혈관이 존재하지 않는다. 혈액섬과 혈관은 먼저 난황주머니의 배아바깥내장장막에서 발생하고, 나중에는 요막에서 발생한다. 시간이 지나면서 융모막의 무혈관중배엽이 요막중배엽과 융합하여 **요막융모막(allantochorion)**을 형성하고, 이후 혈관이 형성되어 요막액(allantoic fluid)으로 채워진다. 태반 혈관과 난황관(vitelline duct), 요막관(allantoic duct)은 몸줄기(body stalk)에 포함되어 있으며, 이는 나중에 **탯줄(umbilical cord)**로 발달한다. 출생 시 요막과 양막이 융합된 **요막양막(allantoamnion)**이 파열된 요막융모막을 뚫고 나와 분만 중 자궁목의 확장을 돕는다.

태아막 분비물은 모체의 임신 인지와 그 유지에 필수적인 역할을 한다. 이 분비물은 자궁속막에서 난소로 전달되는 신호를 변화시켜 황체가 보존되도록 한다. 돼지의 경우, 주머니배에서 분비되는 에스트로젠은 황체용해를 억제하는 작용을 하는데, 되새김동물에서는 인터페론 타우(interferon τ)가 유사한 효과를 나타낸다.

제3절 태반 분류 Classification

태반 구조의 다양성으로 인해 특정 측면을 기준으로 하는 여러 분류 체계가 제시되어 왔다. 일반적으로 사용되는 다섯 가지 분류 기준은 다음과 같다. (a) 배아바깥막의 기여, (b) 태반의 육안적 구조, (c) 태아-모체 접촉부위의 입체적 구조, (d) 태아-모체 혈관사이장벽의 조직층, 그리고 (e) 태아-모체의 부착 정도 및 분만 시 모체조직의 변화.

1. 배아바깥태아막의 기여

Contributions of Fetal Extraembryonic Membranes

포유동물 가축에서 배아바깥태아막(extraembryonic membranes)의 기여에 기초하여, **융모막난황태반(choriovitelline placenta, yolk sac placenta)**과 **융모막요막태반(chorioallantoic placenta)**, 두 가지 유형의 태반으로 구별할 수 있다(그림 15-1). 이러한 구별은 난황주머니나 요막 중 어느 내배엽 구조가 위의 영양막층과 접촉하는지에 따라 달라진다. 난황주머니가 요막보다 일찍 발달하므로 융모막난황태반은 융모막요막태반에 앞서게 된다. 임신 초기에는 두 가지 태반 유형이 일시적으로 공존하지만, 배아바깥체강과 요막이 확장되어 난황주머니가 융모막에서 분리되면서 융모막난황태반은 퇴행한다. 융모막요막태반은 남아 대부분의 임신 기간 동안 중추적인 기능을 담당한다.

1) 융모막난황태반 Choriovitelline Placenta

융모막난황태반(choriovitelline placenta, yolk sac placenta)은 내배엽과 배아바깥내장장막으로 구성된 난황주머니 벽이 융모막과 결합하여 자궁속막과 접촉할 때 형성된다(그림 15-1). 이 태반은 난황얼기(vitelline plexus)에 의해 완전히 또는 부분적으로 혈관이 형성될 수 있으며, 난황얼기는 배꼽창자간막정맥(omphalomesenteric vein)과 연결되어 발달 중인 심장으로 혈액을 공급한다. 혈액은 배아에서 등쪽대동맥(dorsal aorta)에서 분지되는 탯줄창자간막동맥(omphalomesenteric artery)을 경유하여 난황주머니의 난황순환(vitelline circulation)으로 돌아간다.

암퇘지와 되새김동물에서 융모막은 그 아래의 난황주머니 벽과 함께 자궁속공간상피(uterine luminal epithelium)에 단순히 접해 있다. 이러한 동물에서 난황주머니는 수태 후 3~4주에 퇴화되기 시작한다. 그러나 육식동물과 암말에서는 난황주머니가 초기 단계에서 더 현저하게 발달하여 임신 기간 내내 지속된다. 융모막에 여러 개의 주름이 있는 일시적인 층판(lamellar) 융모막난황태반이 육식동물에서 또한 발생한다. 이러한 차이에도 불구하고, 융모막난황태반은 모든 가축의 생리적 태아-모체 교환에서 그다지 중요하지 않다.

2) 융모막요막태반 Chorioallantoic Placenta

확장하는 요막은 융모막과 접촉하면서 **요막융모막(allantochorion)**을 형성한다. **융모막요막태반(chorioallantoic placenta)**은 요막융모막이 자궁속막(endometrium)에 부착되어 발생한다(그림 15-1). 이 태반은 태아의 방광과 요막관(urachus)을 따라 달리는 배꼽동맥(umbilical arteries)에 의해 혈관화가 매우 잘 되어 있다. 이 동맥의 경로로 볼 때 혈관이 요막으로부터 유래한 것임을 나타내며, 요막안(allantoic cavity)이 잘 발달하지 않은 사람과 같은 종에서도 마찬가지이다. 이 유형의 태반의 동물 종에 따른 구조적 차이는 층의 배열과 세포 유형의 구성에 따라 결정된다.

2. 태반의 육안적 구조

Macroscopic Structure of the Placenta

융모막(chorion)이 주름(folds), 융모(villi), 또는 층판(lamellae, 교환영역)을 형성하여 표면이 광범위하게 확대되어 있는 영역을 **거친융모막(융모융모막, frondose chorion, chorion frondosum, villous chorion)**이라고 한다. 이러한 돌출부가 없는 나머지 융모막은 **매끈융모막(smooth chorion, chorion laeve)**이라 한다. 태반의 육안적 분류는 거친융모막과 자궁 내 상응하는 구조의 모양과 분포를 기반으로 한다. 유형은 **퍼진(diffuse)**, **태반엽(cotyledonary)**, **띠(zonary)**, **원반(discoid)**으로 구분할 수 있다(그림 15-2).

3. 융모막과 자궁속막의 입체적 배열

Three-Dimensional Arrangement of the Chorion and Endometrium

임신 중에 태아의 요구가 증가함에 따라 이에 적응하기 위해 거친융모막과 자궁속막 사이의 접촉면적이 확장되는데, 이로 인하여 태아와 모체의 접촉면의 모양이 달라지게 된다.

1) 주름태반 Folded Placenta

거친융모막은 혈관이 발달한 다양한 크기의 육안적 **주름(plicae)**과 현미경으로 보이는 다양한 높이의 **능선(rugae)**을 형성한다. 이 주름은 자궁속막의 상응하는 모양에 부착되어 있다. 이러한 유형의 태반은 **암퇘지(sow)**에서 관찰된다.

2) 융모태반 Villous Placenta

거친융모막의 융모는 손가락과 같은 단순한 모양이거나, 나뭇

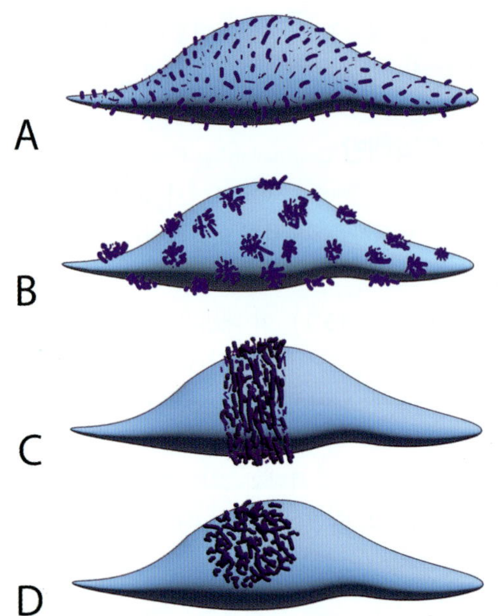

그림 15-2 • 태반의 육안적 형태를 설명하기 위한 융모막주머니 도해. **A. 퍼진태반(diffuse placenta)**: 거친융모막(frondose chorion)은 작은 융모 또는 주름을 형성하며 융모막주머니 표면의 대부분을 덮는다. 이 유형은 돼지, 말과동물, 낙타과동물에서 관찰된다. **B. 태반엽태반(cotyledonary placenta, placenta multiplex)**: 되새김동물에서 거친융모막이 융모막융모 뭉치(태반엽, chorionic villi, cotyledon)로 집중되어 있으며, 이는 자궁속막의 미리 형성된 부위(자궁속막언덕, caruncle)에 부착된다. 태반엽(cotyledon)은 자궁속막언덕과 함께 태반소엽(placentome)을 형성한다. 자궁속막의 자궁속막언덕사이 표면은 매끈융모막(smooth chorion, chorion laeve)으로 덮여 있다. **C. 띠태반(zonary placenta)**: 거친융모막이 융모막주머니 적도 주위에 띠 또는 띠 모양(band or girdle)을 형성한다. 이 띠 바깥에는 매끈융모막(smooth chorion)이 자궁속막에 부착되어 있다. 이 태반 모양은 개와 고양이에 존재한다. **D. 원반태반(discoid placenta)**: 거친융모막이 원반 모양의 부위를 형성하며, 그 주위는 매끈융모막(chorion laeve)으로 둘러싸여 있다. 이 유형은 사람, 많은 설치류와 토끼와 산토끼 같은 중치목(lagomorphs)에서 나타난다.

가지 모양으로 갈라진 보다 큰 구조를 형성할 수도 있다. 융모는 **되새김동물(ruminants)**에서 태반엽(cotyledon)과 같이 특정 부위에 집중되어 분포할 수도 있고, **낙타과동물(camelids)**과 **말과동물(equids)**에서 볼 수 있듯이 더 퍼져 있을 수도 있다. 이 융모는 자궁속막의 상응하는 움(crypt)에 맞물려 있다. **사람(humans)**은 모체의 융모막융모나무(chorionic villous tree)가 융모사이혈액공간(intervillous blood space)까지 뻗어 있다.

3) 층판태반 Lamellar Placentation

요막융모막(allantochorion)의 영양막은 잎모양 층판(lamellar sheet)을 형성하여 모체 자궁속막에 존재하는 혈관의 내피(endothelium)를 감싸고 있다[**육식동물(carnivores)**에서 관찰됨]. **설치류(rodents)**와 **토끼목(lagomorphs)** 동물에서 이 층판은 영양막으로 둘러싸인 혈관 통로를 형성하며, 이 통로는 모체 혈액으로 채워져 있다.

4. 혈관사이장벽의 현미경적 구조

Microscopic Structure of the Interhemal Barrier

태반에서 태아와 모체의 혈액은 태아와 모체의 조직층에 의해 분리된 별도의 혈관을 순환하며, 이 조직층은 혈액사이장벽(혈액-태반장벽, interhemal barrier, blood-placental barrier)을 형성한다. 이 구조는 축소되어 태아와 모체 혈관 사이의 거리가 짧아지게 됨으로써 혈관을 통한 모체로부터 태아로의 물질 이동을 가능하게 한다. 일반적으로 모체조직층의 수는 축소될 수 있지만, 태아의 조직층(혈관내피, 결합조직, 영양막)은 모든 유형의 태반에서 그대로 유지된다. 모체조직 축소 정도는 영양막의 침습 정도에 따라 달라지며, 이는 종마다 다르다.

1) 상피융모막태반

Epitheliochorial Placenta, Placenta Epitheliochorialis

이 유형의 태반에서는 영양막(trophoblast)이 비침습적이다(그림 15-3A). 태아의 세 층(혈관내피, 결합조직, 영양막)과 모체의 세 층(혈관내피, 결합조직, 자궁 상피)이 모두 존재한다. 미세융모는 영양막과 자궁 상피 사이의 접촉 면적을 양쪽에서 증가시키며, 서로 맞물려 있다. 결합조직은 양쪽에서 크게 감소하여 혈관과 상피의 바닥막만 남을 수 있다. 이 유형의 태반은 **돼지(sow), 말(mare), 낙타과동물(camelids)**에서 관찰된다.

2) 결합상피융모막태반

Synepitheliochorial Placenta, Placenta Synepitheliochorialis

이 유형은 단순상피융모막 유형(simple epitheliochorial type)과 많은 유사점을 가진다(그림 15-3B). 그러나 두핵영양막세포(binucleated trophoblast cell)라고 알려진 특수 영양막세포가 제한적인 침습성을 나타낸다고 하는 차이가 있다. 이 세포는 자궁속막 표면상피로 이동하여 모체 상피세포와 융합한다. 결과적으로 자궁 상피는 부분적으로 태아와 모체에서 기원하는 혼합된 세포로 구성된다. 이 태반 유형은 **되새김동물(ruminants)**에 존재한다.

3) 내피융모막태반

Endotheliochorial Placenta, Placenta Endotheliochorialis

이 유형에서는 영양막이 침습적이다(그림 15-3C). 자궁속막 표면상피가 없고, 그 아래에 있는 모체 결합조직이 크게 감소하여 사실상 모체 혈관내피만 남아 모체 혈액과 영양막을 분리한다. 이 태반 유형은 **개(dog)**와 **고양이(cat)**에 존재한다.

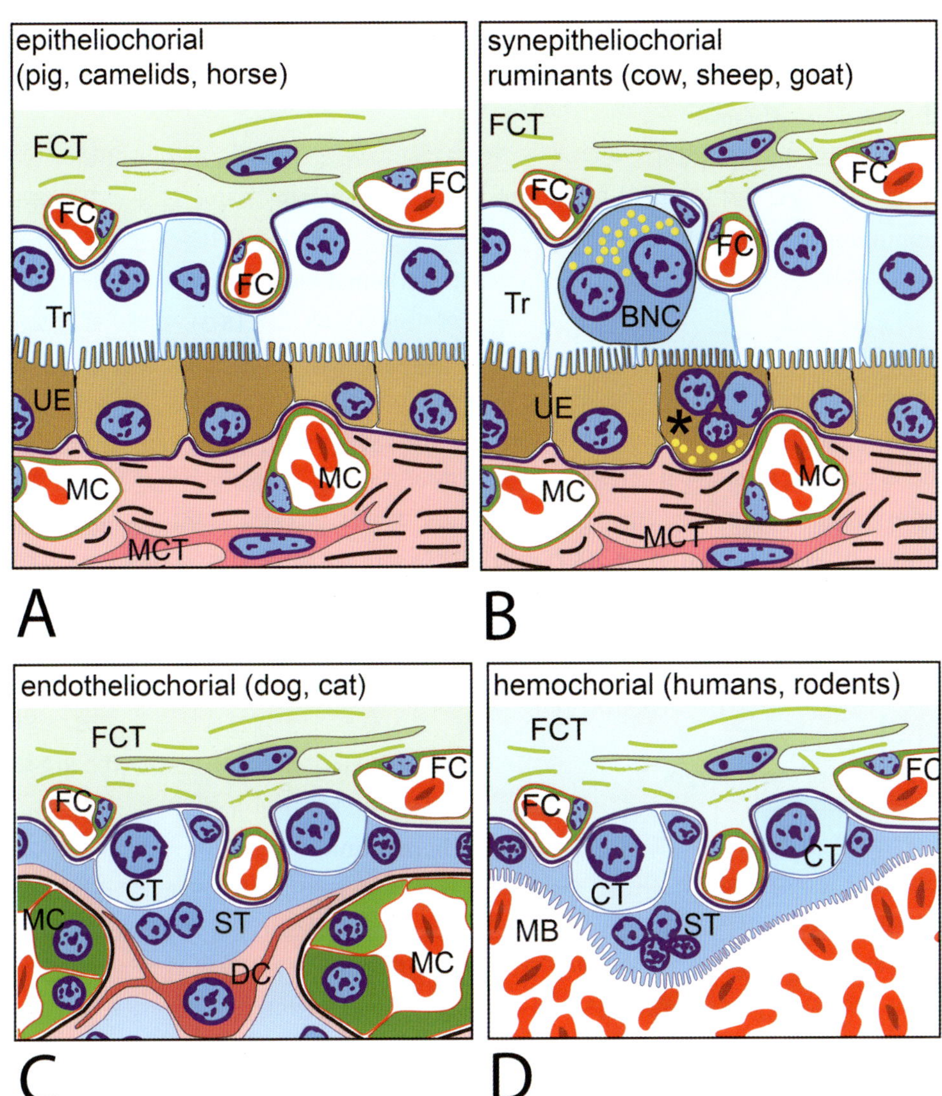

그림 15-3 • 태아-모체 경계면의 조직층을 나타낸 도해. A. 상피융모막태반(epitheliochorial placenta)에서 영양막(Tr, 파란색)이 자궁상피(UE, 갈색)와 맞닿아 있고, 이들 사이에는 미세융모가 서로 맞물려 있다. B. '결합상피융모막(synepitheliochorial)'이라는 용어는 기본적으로 상피융모막태반을 의미하며, 여기서 'syn(결합)'은 특정 두핵영양막세포(BNCs)와 자궁 상피세포의 융합을 의미한다. 소에서 이 융합은 두 개의 태아 핵과 하나의 모체 핵을 포함하는 세핵세포(trinucleated cell, *)를 형성한다. C. 내피융모막태반(endotheliochorial placenta)에서는 세포영양막세포(CTs)가 증식하여 뭇핵융합영양막(syncytiotrophoblast, ST)을 형성하고, 이 세포는 높은 내피(어두운 녹색)를 가진 모체 모세혈관(MCs)과 두꺼운 바닥막(사이질층, 분홍색)과 접촉한다. 변형된 모체 섬유모세포(탈락막세포, decidual cells, DC)는 이 사이질층에 묻혀 있다. D. 혈액융모막태반(hemochorial placenta)에서 융합영양막(ST)은 모체혈액(MB)과 직접 접촉한다. FCT, 태아 결합조직; FC, 태아 모세혈관; Tr, 영양막; BNC, 두핵세포(영양막); CT, 세포영양막; ST, 융합영양막; UE, 자궁상피; MC, 모체 모세혈관; MCT, 모체 결합조직; DC, 탈락막세포; MB, 모체 혈액.

4) 혈액융모막태반

Hemochorial Placenta, Placenta Hemochorialis

영양막이 자궁내막을 침범하여 모체 자궁속막 혈관이 열리게 된다. 결과적으로 모체의 세 층이 모두 사라지고 융모막이 그대로 모체 혈액에 노출된다(그림 15-3D). 이 태반 유형은 **사람(humans), 설치류(rodents), 중치목(lagomorphs)**에 존재한다.

5. 출생 시 모체조직의 탈락

Shedding of Maternal Tissues at Birth

출생 시, 태반 전체 또는 일부가 후산(afterbirth, secundinae)으로 배출된다. 후산이 자궁 내에 남아 있는 모체조직과 분리되는 깊이는 영양막의 침습성과 태아조직의 자궁속막에의 부착유형에 따라 달라진다. 이를 바탕으로 비탈락막태반과 탈락막태반의 두 가지 유형으로 구분된다.

1) 비탈락막태반 Nondeciduate Placentae

이 경우, 분리는 태아와 모체의 접촉 부위에서 일어나며, 분만 중 모체조직은 거의 또는 전혀 탈락하지 않는다. 비탈락막태반 형성은 **발굽동물(ungulates)**의 상피융모막 태반과 결합상피융모막 태반형성에서 나타난다.

2) 탈락막태반 Deciduate Placentae

이 유형은 침습성 영양막을 가진 태반에서 발견되는데, 자궁속막 버팀질(endometrial stroma)의 일부가 변환되어 **탈락막(decidua)**이라는 새로운 조직을 형성한다. 탈락막은 분만 후 태아막과 함께 탈락된다. 이 유형의 예로는 **육식동물(carnivores), 사람(humans), 설치류(rodents), 중치목(lagomorphs)**의 태반이 있다.

제4절 배아의 영양공급 *Nourishment of the Embryo*

융모요막태반의 주요 기능은 모체와 태아 혈액 사이에 효율적인 분자교환 면을 제공하여 배아에 영양분과 산소를 공급하고 독성 대사산물과 이산화탄소를 제거하는 것이다.

배아에 영양을 공급하는 물질의 출처에 따라 명칭은 달라진다. 포유동물 배아에 영양을 공급하는 모체의 조직이나 세포파편에서 나온 체액과 분비물로 구성된 물질을 통칭하여 **배아영양소(embryotroph)**라 한다. 배아영양소가 모체 혈액에서 유래하는 경우 **혈액영양소(hemotroph)**라고 한다. 자궁샘 분비물이나 세포파편에서 유래하는 경우 **조직영양소(histotroph)**라 한다. 배아영양소의 기원과 관계없이 항상 영양막세포에 의해 포착되어 흡수된다.

조직영양소는 착상 전 배아의 주요 영양 공급원이다. 이 물질은 태아 태반의 특수한 교환 영역인 작은공간(areolae)에 존재하며, 이 작은공간은 자궁속막샘의 입구에 맞추워 정렬된 융모막 함몰부위로 나타난다. 작은공간은 돼지, 낙타과동물, 말의 퍼진태반(diffuse placenta)이나 되새김동물의 태반엽태반(cotyledonary placenta)의 매끈융모막(smooth chorion)에서 나타난다.

착상 후, 배아는 모체 순환에서 태반 장벽을 통과한 대사산물인 혈액영양소로부터 영양을 공급받는다.

제5절 태반의 혈관분포와 순환 *Placental Vascularity and Circulation*

상피융모막 및 내피융모막 태반의 태아 및 모체 혈액 순환계통은 모체 및 태아조직에 의해 완전히 분리되어 있다. 태아 및 모체 모세혈관을 분리하는 조직은 통칭하여 혈액사이장벽(interhemal barrier)이라 한다. 그러나 이 장벽의 층수는 종에 따라 다르다(그림 15-3). 이 태반에서 모체 혈액은 자궁모세혈관 내에 포함되어 있으므로 태반 장벽은 태아 혈관과 영양막뿐만 아니라 모체 혈관 내피도 포함한다.

반대로 혈액융모막태반(hemochorial placenta)에서는 자궁 혈관이 태반 장벽에 없으므로 모체 혈액은 영양막으로 둘러싸인 통로나 융모사이공간(intervillous space, lacunae)을 통해 흐르며 융모막과 직접 접촉한다. 이 경우 태반 장벽은 가장 적은 수의 조직층으로 구성된다. 그러나 융모막요막태반의 유형에 관계없이 영양막과 태아 내피는 항상 태반의 혈액사이장벽에 존재한다(그림 15-3).

육식동물과 되새김동물에서는 자궁속막 상피와 영양막(trophoblast) 사이에서 모체로부터 유출된 혈액의 침착물이 관찰된다('개와 고양이 태반' 절 참조). 이러한 침착물은 **혈종(hematoma)**이라고 하며, 자궁속막 조직의 국소적 변성으로 인해 자궁 혈관이 파열되어 발생한다. 이 부위에서는 주로 적혈구에 대한 인접한 영양막세포의 포식작용이 관찰되며, 따라서 해당부위가 모체로부터 태아로의 철분 이동에 관여할 가능성이 제기되고 있다.

융모막의 모세혈관은 모체 모세혈관보다 속공간이 더 작고, 부분적으로 창을 가지며(fenestrated), 바닥판(basal laminae)으로 둘러싸여 있다.

모체-태아 경계면(maternal-fetal interface)에 도달하는 자궁속막 동맥은 자궁동맥(uterine artery)의 분지로, 난소 및 질 혈관의 분지와 연결이 된다. 혈액은 자궁정맥(uterine vein)을 통해 모체의 몸순환계통으로 다시 배출된다. 임신 중 동맥이 확장되고, 태반 모세혈관그물은 태반의 내부 3차원 구조를 반영하는 종 특이적 구조로 발달한다.

태아 태반 혈관은 모체 순환(maternal circulation)으로부터 산소와 영양분을 흡수하고, 요소와 요산과 같은 독성물질을 대사를 위하여 방출한다. 융모막난황태반(choriovitelline placenta)이 존재할 경우, 산소가 제거된 혈액이 배꼽창자간막동맥을 통해 유입되고, 산소가 결합된 혈액은 배꼽창자간막정맥을 통해 심장으로 되돌아간다. 융모막요막태반(chorioallantoic placenta)에서는 산소가 제거되고 영양분이 고갈된 태아 혈액이 배꼽동맥(umbilical artery)을 통해 태반에 도달하고, 분자 교환 후 배꼽정맥(umbilical vein)을 통해 태아 전신순환(fetal systemic circulation)으로 되돌아간다.

제6절 태반의 특수한 세포
Specialized Cells of the Placenta

육식동물의 내피융모막(endotheliochorial) 태반과 혈액융모막(hemochorial) 태반(에서는 항상), 침습적 영양막(trophoblast)과 접촉하는 자궁속막 버팀질(endometrial stroma)에서 변화가 일어날 수 있다. 이러한 태반에서는 자궁속막 섬유모세포(fibroblast)가 변환되어(transdifferentiation) 특수화된 **탈락막세포(decidual cell)**를 생성한다(그림 15-3C, 15-16C, E). 이들 세포는 새로운 형태(커지고 둥글거나 다각형)와 내용물(지질과 당원)을 가지며, 면역 및 내분비 기능(호르몬, 사이토카인, 성장인자)을 수행한다. 돼지와 되새김동물에서는 자궁속막 상피밑섬유모세포(subepithelial fibroblast)가 수축성 **근육섬유모세포(myofibroblast)**로 분화한다.

자궁속막(endometrium) 내 면역세포의 이동 또는 재분포 또한 임신에 대한 모체조직의 적응 과정의 일부이다. 이러한 세포는 사람과 설치류의 태반에서 가장 많이 연구되어 왔으며, 이들 태반에서는 큰포식세포(macrophage), 자궁자연살해세포(uterine natural killer cell), 특정 림프구 아군(subpopulation of lymphocyte)의 이동이 관찰된다. 그러나 상피융모막형(epitheliochorial) 및 내피융모막형(endotheliochorial) 태반에서도 이들 면역세포 집단의 분포와 활성이 변화하는 것이 관찰된다. 이러한 세포는 임신 면역조절 및 태반 부위의 병원체 방어와 밀접한 관련이 있는 기능을 수행한다.

태반의 태아 쪽에서 영양막은 주로 융모막 기능을 수행한다. 여기에는 가스 교환, 영양분 흡수, 대사산물 배설, 호르몬(말융모막생식샘자극호르몬, 프로제스토젠, 에스트로젠 등) 및 신호전달 분자 분비, 혈관신생(angiogenesis) 유도, 방어 및 면역조절이 포함된다. 특수한 영양막 세포 유형은 주머니배(blastocyst)를 덮는 단층세포에서 분화되며, 종에 따라 형태, 밀도 및 기능이 다르다. 이러한 특성은 임신 전체 기간 동안에 걸쳐 변할 수 있으며, 이는 시간에 따른 태반 활성의 변화를 반영한다.

영양막세포(trophoblast cell)는 개별화된 세포층으로 존재할 수 있으며, 이들은 **세포영양막세포(cytotrophoblast cell)**라고 한다(그림 15-3). 두핵영양막세포(binucleate trophoblast cell, BNC)는 새김질동물과 말에서 세포분열 없이 핵분열만 일어나는 무세포질분열(acytokinetic mitosis)을 통해 세포영양막세포로부터 생성된다(그림 15-3B). 세포영양막세포는 서로 융합하여 융합세포층층(syncytial layer)을 형성할 수 있으며, 이를 **융합영양막(syncytiotrophoblast)**이라 한다(그림 15-3C, D, 15-16B, C, E). 이러한 세포 융합은 원래 포유동물 유전체에 통합된 바이러스 외피단백질인 신시틴(syncytin)에 의해 촉진된다(syncytins 관련 박스 참조). 또한, 세포영양막세포는 증식 능력을 가진 두배체 세포, 또는 뭇배체 세포로 분화할 수 있다. 예를 들어, 설치류 태반에서 이러한 세포는 512C 수준의 배수성에 도달할 수 있는데, 이는 복제가 필요 없이 512쌍의 염색체가 존재한다는 것을 나타낸다.

세포영양막(cytotrophoblast)과 융합영양막(syncytiotrophoblast)은 육식동물과 사람에서 두 층으로 된 막 형태로 공존할 수 있다(그림 15-3C, D). 이러한 배열에서는 융합체 형태 발달은 융합을 위한 세포영양막세포의 공급원에 따라 달라지며, 세포소기관 발달 측면에서 더 고도로 분화된 상태를 보인다.

두핵 또는 뭇핵영양막세포(trophoblastic cell)의 존재는 자궁속막에 대한 침습성 증가와 관련이 있다. 새김질동물과 말의 태반에서는 홑핵세포영양막이 아닌 두핵세포(binucleate cell)만이 어느 정도 침습성을 보인다. 이러한 침습성은 육식동

신시틴 Syncytin: 포유동물 생식 과정을 변화시킨 내인성 레트로바이러스-유래 외피단백질

숙주의 유전체에 유전물질을 삽입하는 바이러스를 레트로바이러스(retrovirus)라고 하며, 이들이 생식세포를 감염시키면 다음 세대로 유전될 수 있다. 삽입된 바이러스 DNA 조각은 내인성 레트로바이러스(endogenous retrovirus, ERV)라고 한다. 사람 유전체 DNA의 상당부분(약 8%, 소의 경우 약 12%)이 이러한 ERV로 구성되어 있으며, 일부는 1억 년 이상 전에 삽입되었다. 감염 과정에서 바이러스의 외피단백질은 바이러스를 숙주 세포막에 융합시킨다. 많은 포유동물의 태반은 현재는 이를 '신시틴(syncytin)'이라고 불리는 이러한 외피단백질 유전자를 발현한다. 이러한 융합능력은 태반에 의해 세포영양막과 융합영양막의 융합과 같은 과정에 활용되었다. 신시틴의 융합기능은 태반에서 세포융합 과정[예, 세포영양막세포의 융합을 통한 융합영양막(syncytiotrophoblast) 형성]에 활용되도록 진화 과정에서 차용되었다. 진화 역사 전반에 걸쳐 다양한 레트로바이러스가 포유동물을 반복적으로 감염시켜 왔으며, 이는 포유동물 집단마다 태반의 신시틴이 다른 이유를 설명한다. 이러한 발견은 시로 다른 종에시 태빈의 형대학적 변이가 서로 디른 ERV를 포함히고 서로 다른 신시틴을 발현하는 데 기인했을 수 있다는 가설을 제기하였다. 태반 신시틴 발현은 생식 생물학에서 중요한 생물학적 기능을 위해 레트로바이러스 유전자가 차용된(co-option), 수렴진화(convergent evolution)가 이루어진 사례이다.

물, 설치류, 영장류에서 융합영양막(syncytiotrophoblast)이 관찰되는 유의미한 자궁속막 침습에 비해 상대적으로 낮다.

제7절 태반형성 동안의 변화
Changes During Placentation

태반은 임신 기간 동안 크기, 모양, 그리고 내부 구조가 지속적으로 변화하는 역동적인 기관이다. 착상 후 초기 발달 단계에서는 빠르게 성장하며, 후기에 이르러서는 성장 속도가 점차 감소한다. 태반의 유형에 따라 만삭 전에 경미한 퇴행이 발생할 수 있다. 세포 수준에서의 재배열은 세포자멸사(apoptosis, 조절된 세포 사멸)와 유사분열 활성 사이의 균형이 반영된 것이다. 또한, 모체와 태아 순환계통 사이의 물리적 장벽 또한 시간이 지남에 따라 변화하여 점진적으로 약화될 수 있다(자세한 내용은 아래 '기능-구조 관계' 절 참조).

제8절 기능-구조 관계
Function-Structure Relationships

태반을 통한 수송은 확산 또는 어떤 유형의 능동수송 또는 촉진수송에 의해 발생한다. 다양한 태반 유형의 구조적 차이가 반드시 이 기능의 차이를 나타내는 것은 아니다. 호흡 가스(즉, 산소와 이산화탄소)의 전달 기전은 모든 태반 유형에서 주로 단순 확산이다. 그러나 가스 분자가 태반 장벽을 통과하는 속도는 모체와 태아 혈액을 분리하는 세포층의 수에 따라 달라질 수 있다. 따라서 혈액사이거리(interhemal distance)는 확산과 능동 수송 모두 매우 중요하다. 여러 층을 포함하는 태반(예, 상피융모막태반)에서는 태아와 자궁 양쪽에서 전략적으로 위치한 모세혈관이 해당 상피에 접근하여 함몰된다(그림 15-3). 결과적으로, 혈액사이장벽의 층수의 차이에도 불구하고 확산 장벽은 종 전체에서 유사한 2 μm로 얇아진다.

물질이 세포(또는 융합체, syncytium)를 통과하려면 꼭대기막과 바닥막을 모두 통과해야 하며, 이러한 이동을 촉진하는 세포막 내부의 기전, 예를 들어 수용체나 기타 수송 기전에 의존해야 한다. 태반에서 막은 영양분의 세포 흡수 및 이동을 조절하고, 사용할 수 없는 대사성분을 배출한다. 따라서 태반의 선택적 장벽과 수송 기능은 통과해야 하는 세포막의 수와 활성에 결정적으로 좌우된다.

필수 무기 원소(예, 칼슘, 인, 아이오딘, 철)는 일반적으로 모체에서 태아로의 방향성 선호도를 보인다. 이 특징은 특히 철(iron)에서 두드러지며, 철은 태아에서 모체로의 역방향 이동이 일어나지 않는다. 그러나 종에 따라 철분 이동은 서로 다른 기전을 통해 일어난다. 육식동물과 반추동물에서는 그보다 덜하지만, 철분은 영양막에 인접한 모체 출혈의 혈액혈색소로부터 포식작용(phagocytosis)에 의해 흡수된다. 돼지와 말, 그리고 어느 정도 되새김동물에서는 철의 공급원은 자궁샘에서 분비되는 당단백질복합체이다. 혈액융모막태반형성(hemochorial placentation)에서 영양막은 순환하는 모체 철결합글로불린(트랜스페린, transferrin)으로부터 철을 흡수한다. 칼슘은 종에 따라 태아막의 다른 부위에서도 이동된다. 돼지에서는 작은공간사이영역(interareolar area)의 주름진 혈액사이장벽을 통해 이동이 일어난다. 이와 대조적으로, 소에서는 태반엽사이부위(intercotyledonary region), 말에서는 작은공간-자궁샘 복합체(areolar-gland complex)를 통해 일어난다.

지방산과 케토산과 같은 영양 인자의 전달은 이들의 흡수를 촉진하는 수송체(transporter)의 발현 및 밀도에 따라 달라지며, 이는 태반 유형에 따라 다를 수 있다. 이러한 분자는 설치류, 토끼, 영장류에서 나타나는 혈액융모막태반을 빠르게 통과하는 반면, 되새김동물, 돼지, 말의 상피융모막태반에서는 흡수가 효율적이지만 속도가 느리다.

태아 적혈구 분화는 일시적이며, 해부학적으로 조절되며, 혈색소의 유형 또한 마찬가지이다. 가장 초기의 (핵이 있는) 적혈구는 난황주머니 중배엽에서 유래하며, 배아 혈색소를 포함한다. 이후 자궁안 생활 중 적혈구는 간과 지라 조직에서 분화하여 태아 혈색소를 운반한다. 출생 무렵에는 골수에서 이러한 분화가 일어나 점차 성체 혈색소로 전환된다. 배아 및 태아 혈색소는 성체 혈색소보다 산소 친화도가 높아 태반 장벽을 통해 산소를 더 효율적으로 추출할 수 있다. 이러한 차이는 산소압이 낮은 자궁안 생활에 적응한 결과이다.

태반 조직은 다양한 유전자의 발현 수준이 매우 높다. 영양막은 융모막자극호르몬(chorionic gonadotropin, 말), 젖샘자극호르몬(placental lactogen, 되새김동물), 그리고 에스트로젠 및 프로제스테론과 같은 호르몬을 분비한다. 임신 기간 동안 태반은 대사 활성, 성장, 그리고 구조적 변화(주변분비인자)를 조절하는 다양한 다른 인자들을 생성한다. 이러한 임신을 조절하고 성공적인 태반형성을 보장하기 위해 종마다 다르게 발현된다(자세한 내용은 아래 '임상 관련' 참조).

제9절 종 차이
Species Differences

태반형성의 시작과 임신 기간의 길이는 종에 따라 상당한 차이를 보인다. 간략한 요약은 표 15-1에 나와 있다.

표 15-1 • 동물의 착상과 임신기간(Implantation and Gestation in Domestic Animals)

	Beginning of Implantation (days)	Gestation Time (days)
Dog	17~18	58~63
Cat	12.5~14	63~65
Horse	35~40	329~345
Pig	13~14	112~115
Alpaca/llama	22~30	340~350
Dromedary/Bactrian camel	12~13	350~410
Cow	16~18	279~285
Sheep/goat	15~20	144~152

1. 돼지 Pig

융모막요막태반(chorioallantoic placenta)은 퍼진, 주름, 상피융모막, 비탈락막(diffuse, folded, epitheliochorial, nondeciduate)이다(그림 15-4). 다태아의 길쭉한 융모막주머니(chorionic sac)는 무혈관 끝부분(괴사끈끝, necrotic tip, necrotic apex)과 자궁샘(endometrial gland) 입구를 제외한 전체 부위가 자궁속막에 부착되어 있으며, 자궁샘 입구에 작은공간(areolae)이 형성되어 있다(그림 15-5).

주머니배(blastocyst)는 매우 빠르게 길어져, 10일째에는 지름 5 mm의 구형에서 13일째에는 길이 1 m의 실 모양으로 변한다. 이들은 자궁뿔(uterine horn) 양쪽에 고르게 분포하며 이동한다. 영양막은 에스트로젠을 분비하는데, 이는 모체가 임신을 인식하는 신호 역할을 한다. 임신이 성공적으로 유지되기 위해서는 최소 네 개의 주머니배가 필요하다. 주머니배는 13~14일 사이에 자궁상피에 부착하며, 15일째부터 태아와 모체의 미세융모가 서로 맞물리기 시작한다.

임신이 진행됨에 따라 태아-모체 접촉 영역은 넓어지고 더욱 복잡해진다. 자궁속막은 융모막과 함께 긴 대롱 모양의 자궁뿔 장축에 수직으로 배열된 육안적으로 관찰되는 원형의 주름(plicae)을 형성하고, 미세하게는 속막과 융모막이 작은 능선(rugae)을 이루어 서로 얽힌다(그림 15-6A). 임신 말기에는 융모막 주름에 짧은 물집 모양의 융모(bullous villus)가 형성된다.

주름의 융모막 표면은 두 가지 유형으로 구분된다. 융모막 주름의 능선(ridge)과 측면(flank)은 혈액영양소(hemotroph)의 전달이 이루어지는 부위이다. 이 부위의 영양막 세포는 입방형이고, 태아 모세혈관은 이들 세포 사이에 깊게 움푹 들어간다(그림 15-6B). 임신이 진행됨에 따라 이러한 함입은 더 깊어지고 태아 및 모체 혈관 사이의 거리가 약 2 μm로 줄어든다. 초미세구조 수준에서, 접촉 면적은 서로 맞물린 미세융모(interdigitating microvillus)에 의해 더욱 확대된다(그림 15-6C).

융모막 능선의 바닥에 있는 오목(troughs, fossa)에서는 영양막 세포가 원주형이다. 모세혈관의 함입(indentation)이 일어나지 않으며, 태아와 모체 혈관 사이의 거리는 20~100 μm에 이른다. 이 영양막 세포는 스테로이느 호르몬 생성에 관여한다.

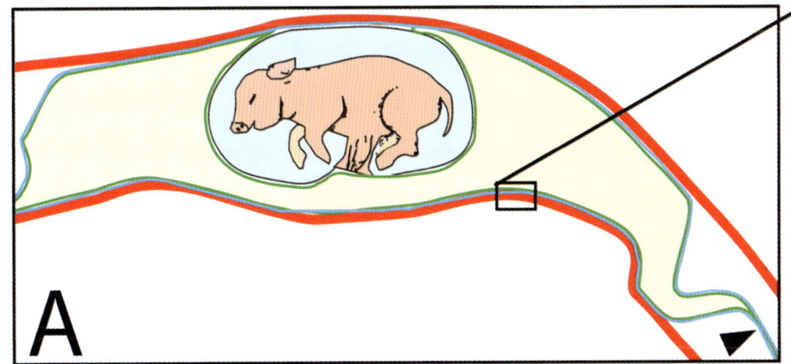

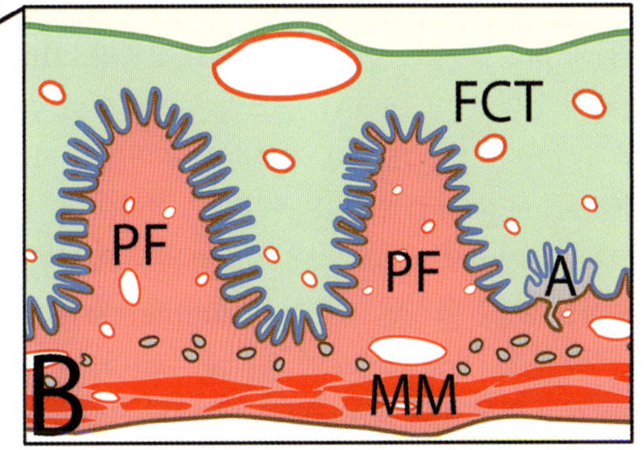

그림 15-4 • 돼지 태반의 도해. A. 태아는 양막안(파란색) 안에 싸여 있으며, 이는 다시 요막안(노란색)으로 둘러싸여 있다. 융모막주머니의 끝부분(회살표머리)은 혈관이 분포하지 않는다. 작은 사각형 안의 영역이 B에서 확대되었다. B. 자궁속막의 두 개의 일차주름(PF)이 나타나 있으며, 이 위를 이차주름 또는 능선(rugae)이 덮고 있다. 그림의 오른쪽에는 작은공간(areola, A)이 보인다. FCT, 태아결합조직; MM, 자궁근육층. 파란색 선은 영양막(trophoblast)을 나타내며, 그 아래 갈색 선은 모체상피를 나타낸다.

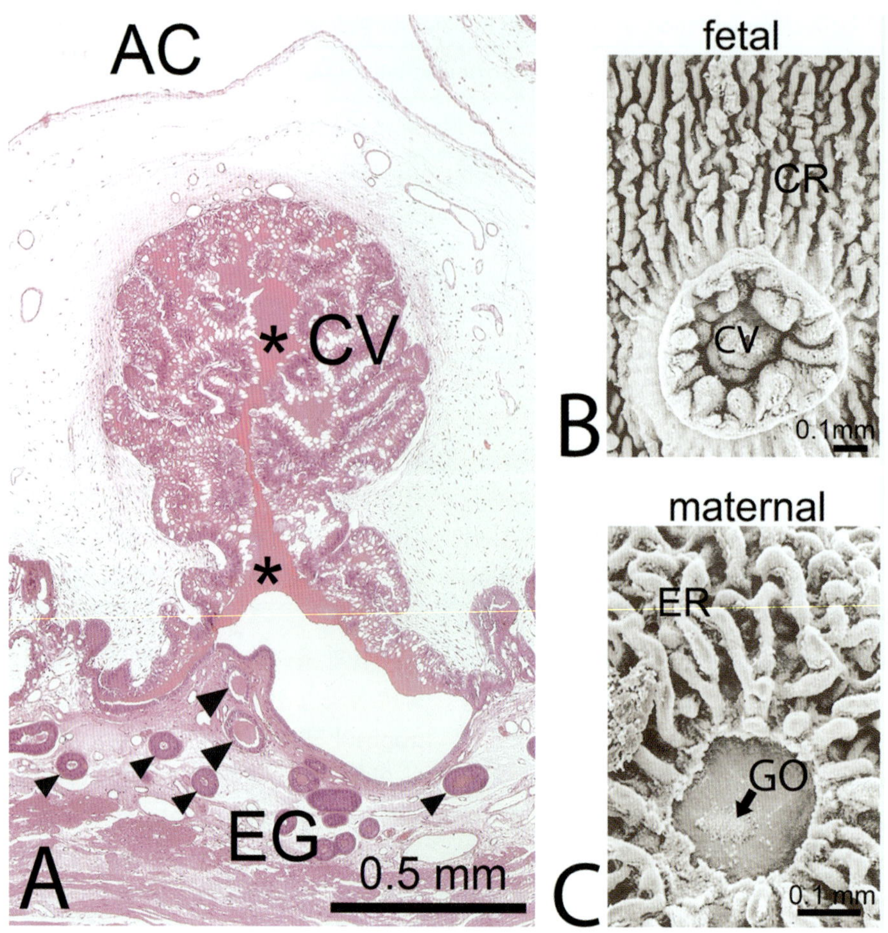

그림 15-5 • 돼지 태반에서 작은공간(areola)의 구조. **A.** 접힌 융모막융모(CV)가 작은공간의 속공간 쪽으로 돌출되어 있으며, 속공간은 부분적으로 자궁유즙(*)으로 채워져 있다. 태아측(위쪽)에서 작은공간은 요막안(AC)과 인접해 있다. 자궁속막에서는 여러 개의 자궁샘과 분비관(작은 및 큰 화살표머리)이 관찰된다. H&E. **B.** 태아쪽 작은공간의 주사전자현미경 사진. 작은공간 내부에 융모막융모(CV)가 보인다. 융모막주름(CR)은 작은공간에서 방사형으로 퍼지며, 그 사이에는 긴 고랑(fossa)이 존재한다. **C.** 작은공간의 모체쪽 주사전자현미경사진. 자궁샘의 입구(GO)가 샘 분비물로 덮여 있는 것이 보인다. 모체 자궁속막의 주름(ER)은 태아 융모막주름 사이의 고랑에 맞물린다. (B and C: From Dantzer V. Scanning electron microscopy of exposed surfaces of the porcine placenta. Acta Anat 1984;118:96.)

작은공간(areolae)은 육안적으로는 작은 불투명한 구조물로 관찰된다(그림 15-5). 태아와 모체 표면 사이의 속공간은 분비물과 퇴행성 세포 물질로 구성된 조직영양소(histotroph)로 채워져 있다(그림 15-5A). 융모막은 안쪽으로 주름진 주머니를 형성한다(그림 15-5B). 자궁속막 표면에서 작은 컵이 자궁샘(uterine gland) 입구를 둘러싸고 있다(그림 15-5C). 작은공간은 모체에서 태아로 철을 전달하는 주요 위치이다. 자궁샘은 철함유당단백질인 자궁철분(uteroferrin)을 분비하고, 이는 작은공간 영양막 세포에 의해 흡수된다. 작은공간-자궁샘 복합체는 또한 비타민 A (레티노이드)의 전달에 참여한다.

2. 낙타과동물 Camelids

낙타과동물(camelids)의 태반은 상피융모막, 퍼진, 융모, 비탈락막(epitheliochorial, diffuse, villous, nondeciduate)이다(그림 15-7). 낙타에서는 교미 후(post coitus, pc) 14일째에 부착 단계(apposition phase)가 시작되며, 보다 복잡한 상호작용은 교미 후 75일이 지나야 관찰된다. 이 단계부터는 영양막과 자궁 상피의 미세융모사이 맞물림(interdigitation)에 의한 전형적인 부착 부위가 관찰된다. 라마와 알파카(신대륙의 낙타과동물)의 경우, 배아 착상은 각각 임신 30일과 22일에 시작되며, 임신 45일 이후부터는 미세융모의 밀접한 맞물림(interdigitation)이 관찰된다.

처음에는 약간 물결 모양인 이 경계면은 자궁속막움에 맞춰 점진적으로 영양막 세포가 자라나면서 변화한다. 융모막(chorion)은 단순한 물집 모양의 융모(bullous villi)를 형성하며, 임신이 진행됨에 따라 더 뚜렷한 분지 구조의 뭉치(tufts)로 변형된다(그림 15-8A). 자궁속막샘 입구에 위치한 작은공

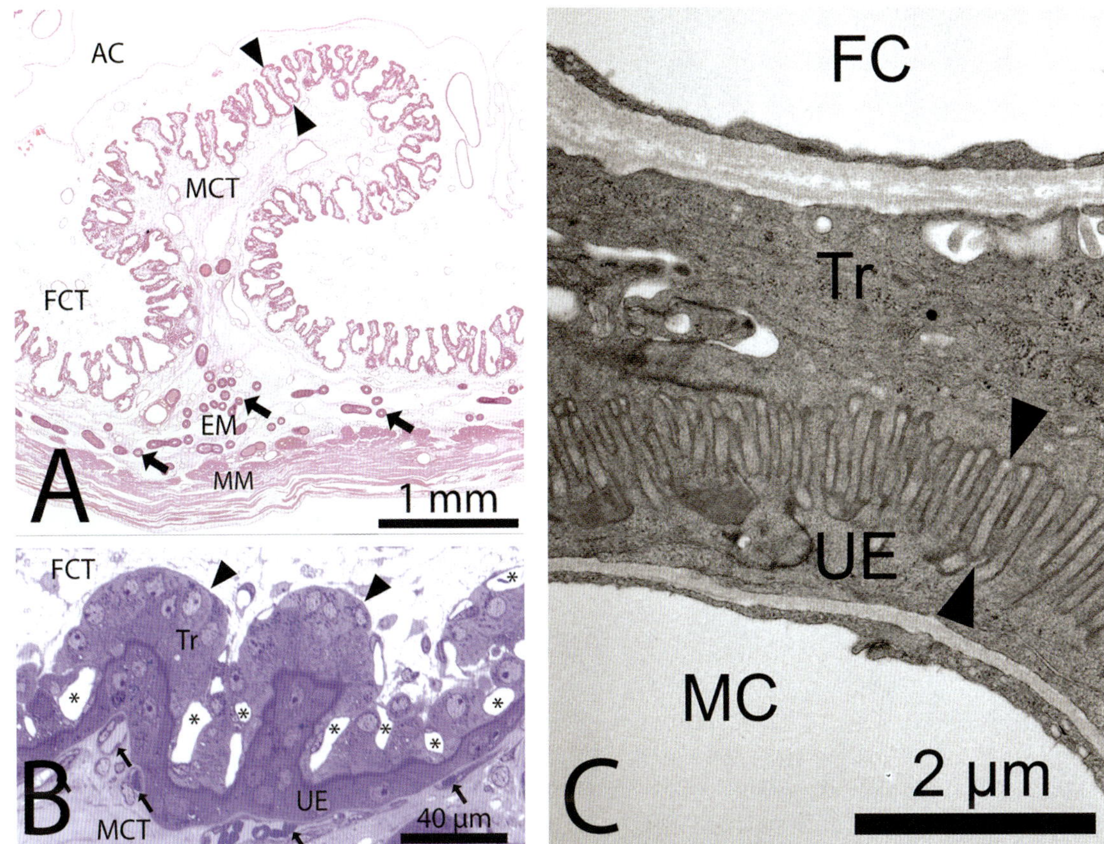

그림 15-6 • 돼지에서 태아-모체 경계면의 구조. **A.** 임신 중기의 암퇘지 자궁뿔의 종단절편. 자궁속막의 일차주름(plica)은 자궁속막결합조직(MCT)으로 이루어진 심부를 가지며, 이곳에는 자궁샘이 소수 존재한다. 자궁샘(화살표)은 주로 자궁속막(EM)의 깊은 부분에 위치한다. 태아결합조직(FCT)은 섬유 성분이 매우 적어 염색 강도가 약하다. 영양막과 자궁상피는 이차주름(능선, rugae, 화살표머리 사이) 형태로 얽혀 있다. MM, 자궁근육층; AC, 요막안. H&E. **B.** 임신 초기 돼지 태반. 태아 모세혈관(*)이 영양막 상피를 깊게 함입하고 있으며, 자궁쪽 모세혈관(MCT, 화살표)은 상대적으로 드물다. 두 가지 유형의 영양막세포(Tr)가 구별된다. 태아 주름의 끝과 측면은 영양막세포로 덮여 있으며, 이들 사이에 태아 모세혈관이 분포한다. 태아 주름 사이의 고랑(fossa)은 모세혈관 함입이 없는 원주형 영양막세포(화살표머리)로 구성된다. Methylene blue. **C.** 후기 돼지 태반에서의 투과전자현미경사진. 영양막세포(Tr)와 자궁상피세포(UE)가 미세융모의 맞물림(화살표머리 사이)을 통해 접촉하고 있는 모습이다. FC, 태아 모세혈관; MC, 모체 모세혈관.

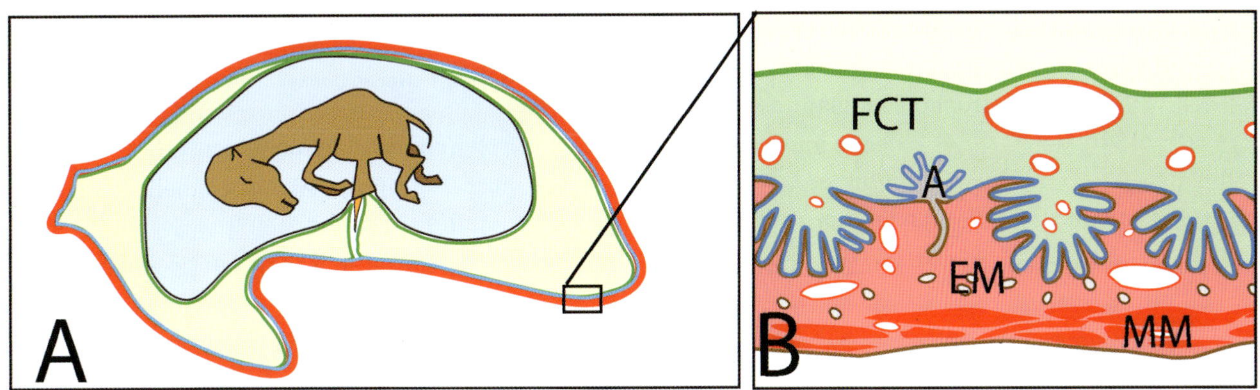

그림 15-7 • 낙타과동물 태반의 도해. **A.** 낙타과동물의 태아와 태아막의 전체 모습(파란색: 양막안, 노란색: 요막안). **B.** 융모막은 단순융모의 다발을 형성하며, 자궁속막(EM)과 얽힌다. 작은공간(areolae)(A)은 돼지의 그것과 유사하다. FCT, 태아결합조직; MM, 자궁근육층. 파란색 선은 영양막(trophoblast)을 나타내고, 그 아래 갈색 선은 모체상피를 나타낸다.

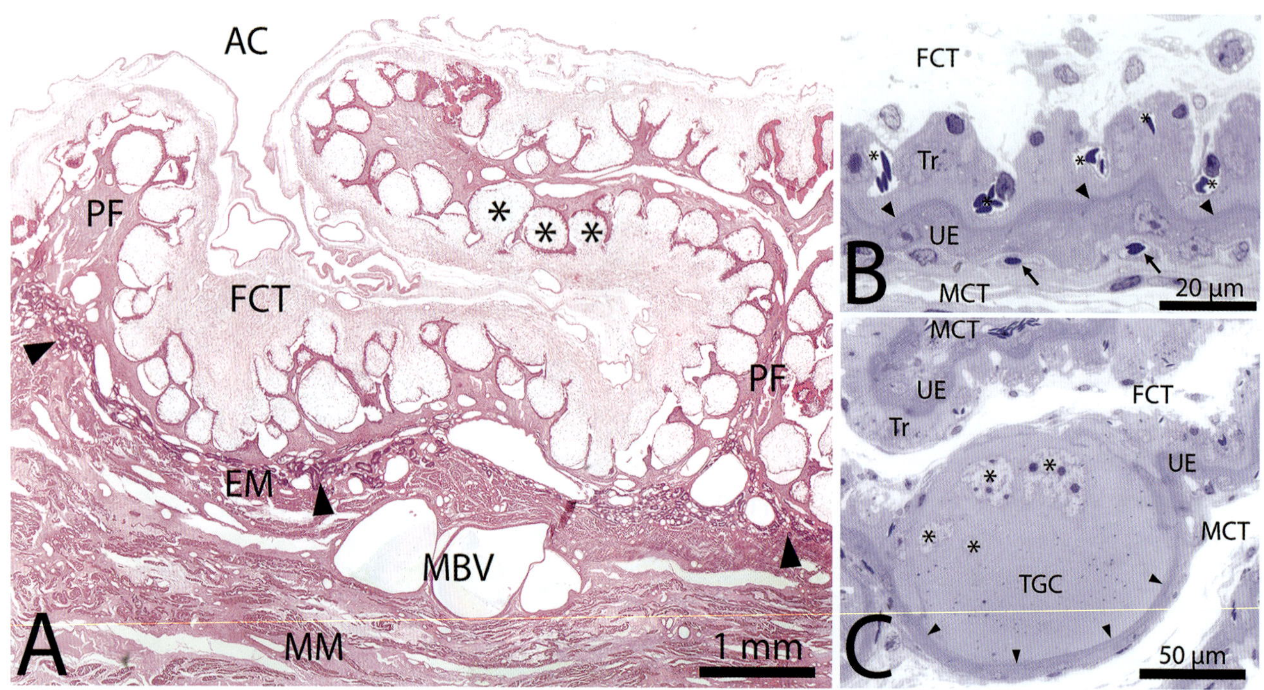

그림 15-8 • 낙타과동물 태반 구조. **A.** 임신 후기의 단봉낙타(*Camelus dromedarius*) 태반의 저배율 사진. 자궁속막(EM) 내에 자궁샘(화살표머리)과 모체 혈관(MBV)이 관찰된다. 자궁속막의 일차주름(PF)은 태아-모체 접촉면을 확장시키며, 이 주름 사이로 모체조직의 얇은 사이막이 돌출되어 부풀어 오른 융모막 돌기(bullous chorionic protrusion/villus, *)를 구획 짓는다. AC, 요막안; MM, 자궁근육층; FCT, 태아결합조직. H&E. **B.** 알파카(*Vicugna pacos*)의 태아-모체 경계면 사진. 모체결합조직(MCT)에는 자궁상피(UE) 가까이에 위치한 모체 모세혈관(화살표)이 보인다. 태아모세혈관(별표)은 영양막세포(Tr) 사이로 깊이 파고든다. 태아결합조직(FCT)의 오른쪽 위 모서리에는 액포화된 태아 큰포식세포(Hofbauer 세포)가 관찰된다. Methylene blue. **C.** 임신 기간 내내 고도로 엽상화된 핵(*)을 포함한 큰 영양막거대세포(TGCs)가 존재한다. 이들의 핵은 세포의 바닥부위, 즉 태아결합조직(FCT) 인접 부위에 위치하며, 세포의 꼭대기 부분(화살표머리)은 자궁상피(UE)의 미세융모와 맞물리는 미세융모로 덮여 있다.

간은 돼지에서 관찰되는 것과 매우 유사하다.

두 가지 유형의 영양막 세포가 발견되며, 둘 다 자궁상피(uterine epithelium)와의 미세융모 맞물림(interdigitation) 형성에 참여한다. 입방형 영양막 세포는 융모막 표면 대부분을 덮고 있다(그림 15-8B). 이들 사이로 태아 모세혈관이 함입되어 혈액영양소(hemotroph) 전달을 용이하게 한다. 두 번째 유형은 영양막거대세포(trophoblast giant cell)이다(그림 15-8C). 이 거대세포는 지름이 최대 150 μm에 이르며, 여러 개의 고도로 소엽화된 핵을 가지고 있다. 이 세포는 후속 세포분열 없이 여러 차례의 유사분열을 겪으며(비세포질유사분열, acytokinetic mitosis), 결과적으로 고도로 다배수체 세포(polyploid cell)가 된다. 거대세포는 주로 융모막융모(chorionic villus)의 끝부분에 위치하며, 분만에 가까워질수록 그 빈도가 증가한다. 이 세포의 주요 기능 중 하나는 스테로이드 호르몬을 생성하는 것이다.

3. 말, 당나귀 Horse, Donkey

융모막요막태반(chorioallantoic placenta)은 퍼진, 융모, 상피융모막, 비탈락막(diffuse, villous, epitheliochorial, non-deciduate)이다(그림 15-9). 초기 발달 단계에서 태아-모체 교환에 필수적인 영역을 가진 큰 난황주머니가 존재하여 난황주

돼지와 낙타과동물의 표피막(Epidermal Membrane)

낙타과동물과 돼지에서는 비혈관성 태아막인 표피막(epidermal membrane, epithelion)이 추가로 존재한다. 이 막은 거의 만삭에 가까운 태아의 털이 난 신체 부위를 둘러싸며, 점막과 피부의 경계, 발굽갓띠(coronary band), 발바닥(footpad), 그리고 배꼽(umbilicus) 부위에서 태아와 부착되어 있다. 이 막은 피부의 표층이 탈락되면서 형성되며, 편평상피로 이루어져 있다. 표피막은 분만 시 태아를 윤활하는 데 기여하는 것으로 보인다.

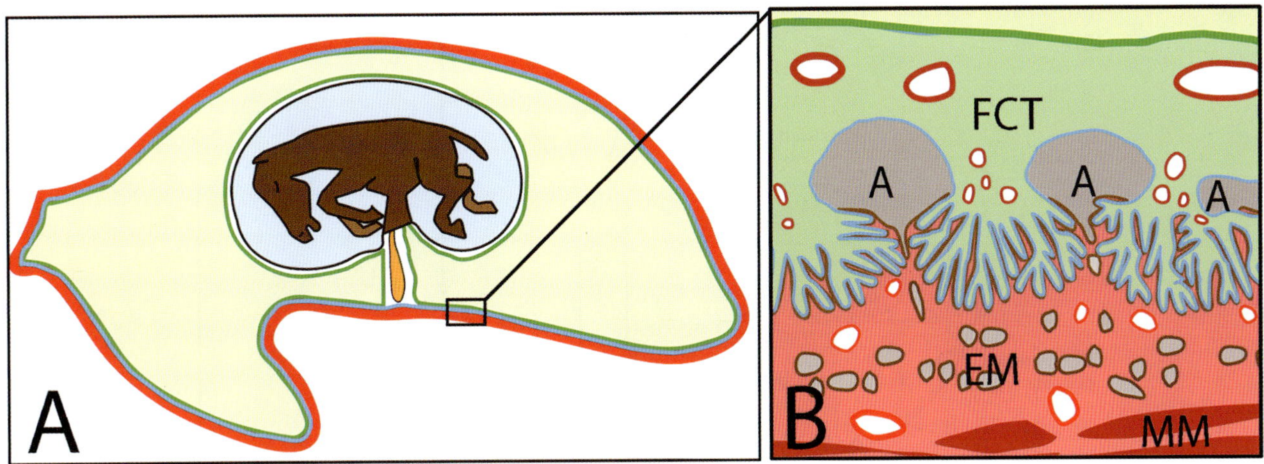

그림 15-9 • 말 태반의 도해. **A.** 양막안(파란색)과 요막안(노란색)으로 표시된 태아막을 포함한 말 태아의 모형. **B.** 융모막은 융모다발(미세태반엽, microcotyledon)을 형성하며, 자궁속막(endometrium, EM)과 얽혀 있다. 작은공간(areolae, A)은 미세태반엽 사이의 자궁샘 입구 위에 위치한다. FCT는 태아결합조직(fetal connective tissue), MM은 자궁근육층(myometrium)을 나타낸다. 파란색 선은 태아상피를, 작은공간 아래의 갈색 선은 모체 상피를 나타낸다.

머니태반(yolk sac placenta)의 특징을 보인다. 이 태반은 무혈관부분(bilaminar omphalopleure)과, 혈관이 분포하는 융모막난황태반(choriovitelline placenta)을 형성하는 부분으로 구분된다(그림 15-10A). 임신 6주 말까지 태반에서 난황순환(vitelline circulation)이 요막순환(allantoic circulation)으로 전환되며, 난황주머니는 만삭까지 지속되지만 점진적으로 퇴화된다.

배아는 8~9일에 투명층(zona pellucida)에서 나온 후, 무세포 당단백질 피막에 완전히 싸이게 되며, 이 피막은 적어도 21일까지 지속된다. 자궁 속공간 내에서 격렬한 이동 단계를 거친 후, 말의 주머니배는 약 16일에 위치가 고정된다. 이때 수태물(conceptus)은 자궁 속공간 내에서 구형(spherical)으로 붙어 있지 않은 상태로, 단지 현저히 증가된 자궁의 탄력(uterine tone)의 의해서 50일까지 그 자리를 유지한다. 요막융모막 융모(allantochorionic villus)는 60일경에야 덩어리(tufts)로 모여 **미세태반엽(microcotyledon)**을 형성한다(그림 15-11A).

발달 중인 요막융모막과 퇴행하는 난황주머니의 경계에서, 융모막은 빠르게 증식하는 영양막의 돌출로 고리 모양의 **융모막띠(chorionic girdle)**를 형성한다(그림 15-10A-C). 36~38일 사이에 이 띠의 영양막 세포는 두핵세포(binucleate)가 되고, 아메바 운동을 통해 자궁속막으로 침습하기 시작한다. 이들은 맞닿은 자궁 상피를 파괴하고 자궁속막의 버팀질에 착상하여 **자궁속막컵(endometrial cup)**을 형성한다(그림 15-10D). 이 컵은 지름이 수 mm에서 약 5 cm까지 다양하다. 자궁속막 상피는 빠르게 재생되고, 아래에 있는 컵세포는 비교적 희소한 자궁속막혈관에서 영양을 공급받는 자궁샘 사이에 밀집되어 있다. 이 세포는 두 개의 핵과 발달된 과립세포질그물(rER)을 가진 큰 뭇면체세포로 발달한다. 이 컵세포는 내분비샘 역할을 하여 말융모생식샘자극호르몬(equine chorionic gonadotrophin, eCG)을 생성하는데, 이 호르몬은 황체(corpora luteum)의 호르몬 기능을 안정화하는 데 도움이 되며 임신 진단에 사용될 수 있다.

자궁속막컵은 결국 백혈구에 의해 침윤되는데, 백혈구는 임신 약 80일 후 자궁속막컵이 변성되기 시작하면서 침윤하여 컵세포를 파괴한다. 20일에서 150일 사이에 세포 잔여물은 제거된다. 이 과정은 컵 형성과 동시에 형성된 일차 및 이차 황체의 퇴행과 맞추어져 있고, 이후 태반이 프로제스토젠(progestogen)을 감소된 수준으로 생성하는 기능을 대신 맡는다. 자궁벽에서 떨어져 나온 컵은 융모막 주름에 의해 둘러싸여 요막융모막주머니(allantochorionic pouch)를 형성한다. 또한, 요막액(allantoic fluid)에 자유롭게 떠다니는 **태병(hippomanes)**이라 불리는, 기원에 있어 논란의 여지가 있는, 납작한 타원형 소체도 있다.

태아의 미세태반엽(microcotyledon)과 상보적인 모체 자궁속막움(endometrial crypt)은 자궁속막컵이 형성되기 시작한 후(임신 38~40일 사이)에 발달하기 시작한다. 약 임신 150일경에는 전형적인 **미세태반엽태반(microcotyledonary placenta)**이 자궁속막 전체 표면에 형성된다. 치밀한 모세혈관계통과 그에 상응하는 움을 가진 태아 다발은 **미세태반소엽(microplacentome)**이라고 하는 태반단위(placental unit)를 형성한다(그림 15-11A). 이러한 미세태반소엽 사이에는 작은 공간-자궁샘복합체(areola-gland complex)가 위치하며, 작은공간은 미세태반소엽의 바닥을 둘러싸고 있다(그림 15-11A).

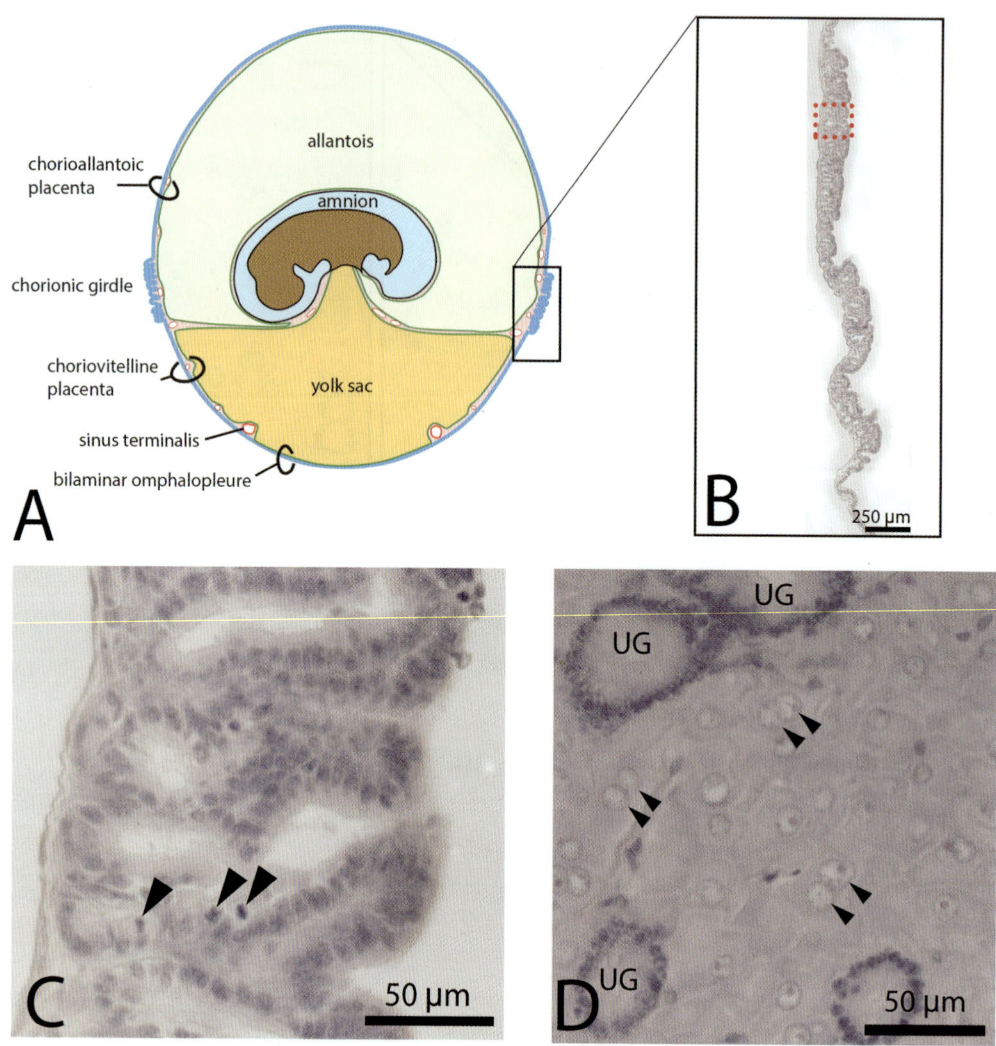

그림 15-10 • A. 말 수태물(conceptus)의 도해. 융모막요막태반(chorioallantoic placenta)과 융모막난황태반(choriovitelline placenta)의 경계 부위에서 융모막은 융모막띠(chorionic girdle)로 분화된다. B. 임신 34일의 융모막띠는 융모막의 광범위한 주름 형성으로 인해 두꺼워진다. 빨간 사각형으로 표시된 부위는 C에서 고배율로 확대되어 나타난다. C. 융모막띠는 높은 세포 증식률이 특징이며, 다수의 유사 분열상이 관찰된다(화살표머리). D. 자궁속막컵(endometrial cup, 임신 45일). 자궁샘(UG) 사이 공간은 말융모생식샘자극호르몬(equine chorionic gonadotrophin, eCG)을 생성하는 크고 침습적인 태아 영양막세포로 가득 차 있다. 이들 세포 중 많은 수는 두핵세포이다(이중 화살표머리).

자궁샘 분비산물은 자궁속막상피와 작은공간 융모를 덮는 영양막세포 사이의 작은공간안(areolar cavity)으로 분비된다. 따라서 이 상피는 밀접하게 접촉하지 않는다. 모체로부터 태아로의 철과 칼슘 전달은 이러한 작은공간-자궁샘복합체에서 일어난다.

미세태반엽(microcotyledons)에서 태아융모는 영양막(trophoblast)으로 덮여있는 혈관성 중간엽으로 구성되어 있다(그림 15-11B, C). 이 융모는 높이가 다양한 단층원주자궁상피로 둘러싸인 움(crypt)에 들어 맞는다. 움은 혈관이 풍부한 자궁 결합조직으로 이루어진 사이막으로 분리되어 있다. 임신 말기에는 모세혈관이 영양막 안쪽으로(그림 15-11C), 그리고 덜한 정도로 모체상피 안으로 함입된 모습이 보인다.

영양막과 자궁상피세포의 꼭대기 표면에는 미세융모(microvilli)가 서로 맞물려 어두운 경계를 형성하며, 이는 광학현미경과 전자현미경 모두에서 명확하게 관찰된다(그림 15-11C). 임신 말기, 분만 후 태반 박리에 앞서 영양막과 움상피의 국소적 세포자멸사(apoptosis)는 세포질이 어둡게 염색되고 세포조각의 존재로 나타난다.

4. 되새김동물 Ruminants

되새김동물[가장 기초적인 계통 가지인 사향노루과(Tragulidae) 제외하고]는 태반엽태반(cotyledonary placenta)을 가진다. 이러한 태반 유형은 뭇태반엽[polycotyledonary, 소, 면

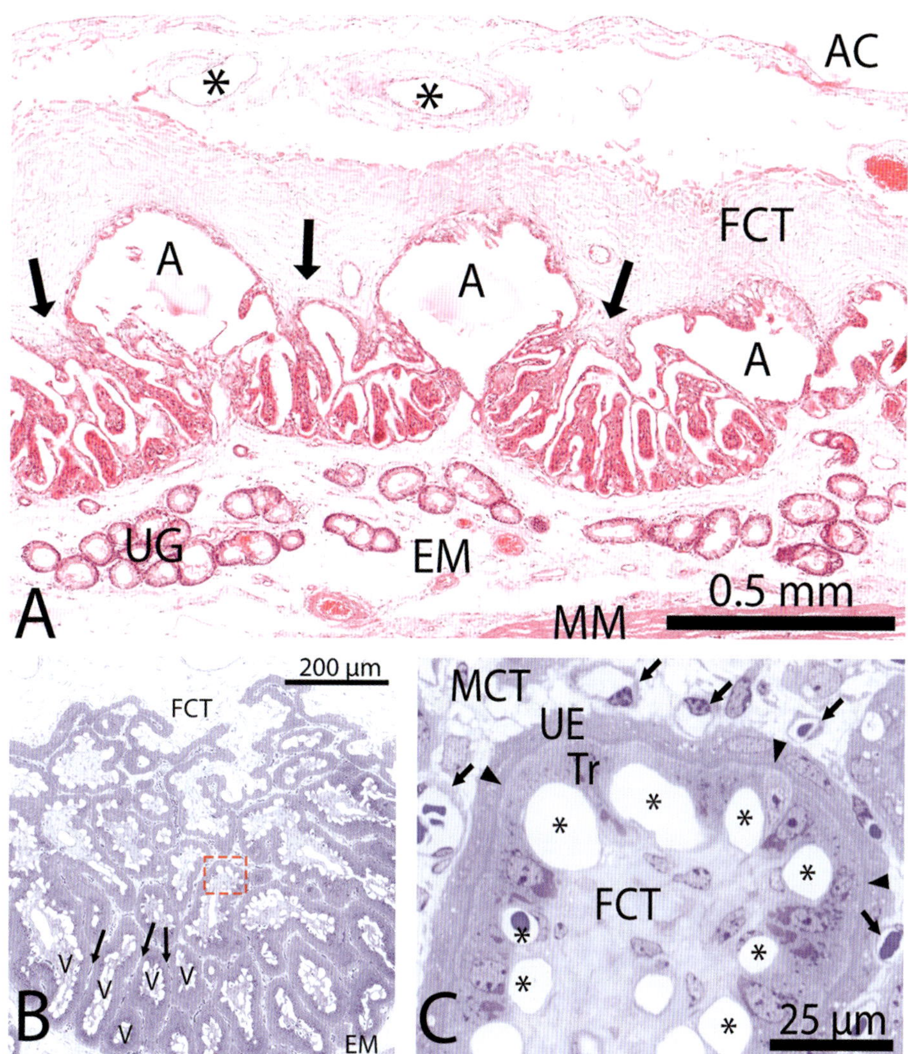

그림 15-11 • 말 태반 구조. **A.** 세 개의 미세태반엽(microcotyledon, 화살표 아래)이 자궁속막(EM)으로 돌출되어 있으며, 그 사이에 작은공간(areolae, A)이 존재한다. 태아결합조직(FCT) 내에는 태아 혈관(*)이 관찰된다. AC, 요막인; UG, 자궁샘, MM, 자궁근육층. H&E. **B.** 미세태반엽은 융모막융모(V)를 보여주며, 이는 자궁속막(EM)의 격벽(화살표)으로 분리되어있다. 빨간 사각형으로 강조된 중심부는 C에서 고배율로 나타난다. Methylene blue. **C.** 태아 모세혈관(*)은 영양막세포(Tr) 사이를 파고들고 있으며, 자궁상피(UE)는 영양막세포와 맞물리는 미세융모(화살표머리)를 통해 접하고 있다. 모체결합조직(MCT) 내에 있는 모체 모세혈관은 화살표로 표시되어 있다.

양, 산양의 경우 80~120개의 태반소엽(placentome)]과 과소태반엽(oligocotyledonary, 사슴의 경우 4~12개의 태반소엽)으로 더 세분화될 수 있다. 태반소엽 사이의 부위에서는 매끈 융모막이 자궁속막 상피에 느슨하게 부착되어 있다.

1) 소 Cow

융모막요막태반(chorioallantoic placenta)은 태반엽, 융모, 결합상피융모막, 비탈락막(cotyledonary, villous, synepitheliochorial, nondeciduate)이다(그림 15-12). 조기에 난황주머니는 비교적 넓은 혈관 영역을 가지며 기능적인 융모막난황태반을 형성한다. 그러나 난황주머니는 요막에 의해 빠르게 성장하고, 3주 후에는 퇴화하기 시작한다.

길쭉한 주머니배의 착상은 18일째에 시작된다. 21일째, 영양막층은 유두를 발달시키고, 이 유두는 자궁샘의 입구까지 확장되어 고정 장치 역할을 한다. 주머니배는 동일하게 양쪽 자궁뿔로 확장되고, 27일째에는 영양막세포와 모체 상피 사이에 미세융모가 맞물림을 통해 밀접한 결합이 형성된다. 견고한 태아-모체 연결은 32~34일째 시작한다. 자궁샘이 없는 모체 자궁속막의 볼록한 구조(언덕, caruncle)와 접촉하는 융모막주머니 부위에서 난순융모가 발달한다. 단순융모막융모(simple chorionic villus)는 갈라져 자궁속막언덕의 움으로 돌출한 **태반엽(cotyledon)**을 형성한다. 모체 혈관은 자궁속막언덕줄기

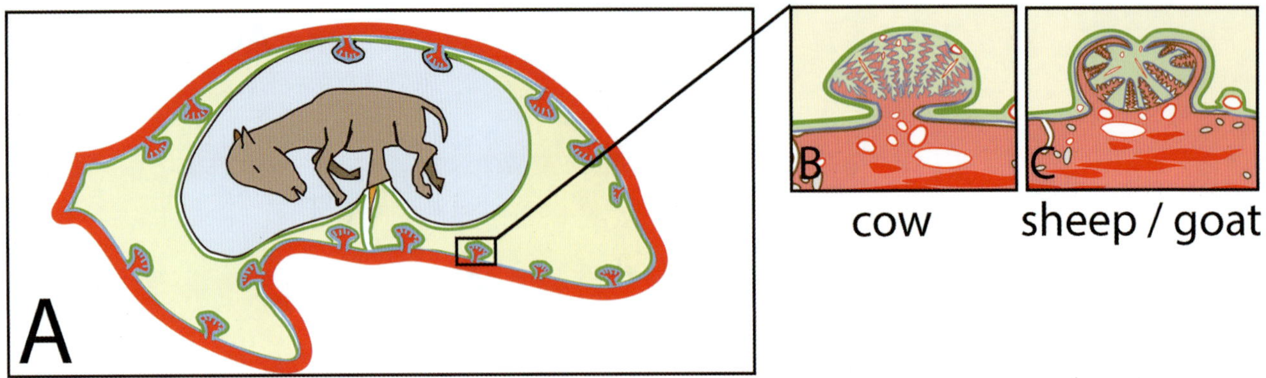

그림 15-12 • 되새김동물 태반의 도해. **A.** 되새김동물 태아와 태아막의 개요. 양막안(파란색)과 요막안(노란색). **B.** 소의 경우, 태반소엽(placentome)은 볼록한 형태를 가지며, 각각은 태아 부분(태반엽, cotyledon)과 모체 부분(자궁속막언덕, caruncle)으로 구성된다. 태반소엽 내부에서는 복잡하게 가지 친 융모막 융모가 태반소엽의 바닥을 향해 모인다. **C.** 작은되새김동물(면양과 산양)의 경우, 태반소엽의 형태는 오목하다.

(caruncular stalk)를 통해 자궁속막언덕(caruncle)으로 들어간다. 태아 태반엽과 모체 **자궁속막언덕(caruncle)**은 함께 버섯 모양의 **태반소엽(placentome)**을 형성한다(그림 15-13A). 임신 기간 동안 태반소엽은 지름 약 10 cm, 높이 약 4 cm까지 성장하며, 형성되는 태반소엽의 수는 자궁속막 언덕 수에 의해 제한된다.

양막소판(amniotic plaque)은 양막 안쪽 표면을 덮고 있는 중층외배엽상피가 흰색 또는 노란색으로 불규칙하게 융기된 형태를 이룬 구조를 말한다. 양막소판은 전형적으로 지름이 수 mm이며, 많은 양의 당원을 함유하고 있다(그림 15-13A, C).

태반엽의 융모막융모는 혈관성 중간엽으로 구성되며, 단층의 영양막 세포로 덮여 있다(그림 15-13D). 이 영양막세포에는 원주형 또는 불규칙한 모양의 **홑핵세포(mononuclear cell)**와 큰 **두핵세포(binucleate cell)**가 포함된다(그림 15-13B). 홑핵세포는 큰 핵소체가 있는 구형 또는 불규칙한 모양의 핵을 가지며(그림 15-13E), 또한 이 세포는 과립세포질그물(rER)은 드물게 분포하고, 꼭대기에 상대적으로 많은 수의 사립체를 가진다. 두핵영양막세포는 뚜렷한 핵소체가 있는 구형 핵을 가지며 세포질이 풍부하다(그림 15-13E, F). 초미세구조 수준에서, 세포 표면에는 미세융모가 없다. 세포질에는 매우 다양한 세포소기관과 포함물이 존재한다(그림 15-14C). 골지복합체는 잘 발달되어 있으며, 이 세포는 태반락토젠, 프로락틴-관련단백질, 그리고 임신관련 당단백질을 포함하는 과립을 생성한다. 홑핵세포와 달리, 거대세포는 흡수와 관련된 형태학적 증거를 보이지 않는다. 더욱이, 이들 거대세포는 부착반점(desmosome)이 없고 융모막 상피 내에서 이동성이 있다. 이들은 자궁상피 쪽으로 이동하여 자궁상피세포와 융합하여 삼핵잡종세포(trinucleate hybrid cell)를 형성함으로써, 이를 통해 태아에서 모체 쪽으로 호르몬을 함유하는 과립을 전달한다. 이러한 과립에서 유래한 임신관련당단백질은 소의 혈액이나 우유에서 검출되어 임신 진단에 사용된다.

자궁속막언덕의 모체 자궁상피(maternal uterine epithelium of the caruncle)는 입방형이거나 편평하다(그림 15-13E, F). 이 세포는 뚜렷한 핵소체를 가진 둥근 핵을 가지고 있다. 이들 중에는 영양막 두핵세포와의 잡종화로 생성된 세 개 이상의 핵을 가진 움거대세포(cryptal giant cell)가 있다. 대부분 자궁상피세포는 핵 아래쪽에 지질포함물을 함유하고 있다.

영양막과 움상피세포의 꼭대기 경계에는 서로 맞물리는 미세융모가 있으며, 이는 말이나 돼지보다 소에서 더 불규칙하다.

혈종(hematoma)은 자궁속막 움벽의 태아쪽과 융모막 융모 바닥 사이의 태반소엽의 볼록면(convex side of placentome)에서 발생하며, 임신 말기에 형성된다. 혈액은 누출되는 혈관(leaky vessels)을 둘러싸고 있는 태아조직에 모인다. 적혈구는 영양막에 의해 포식되어용해소체에 의해 분해된다. 적혈구의 혈색소는 소화되어 철이 방출된다. 이러한 부위는 임신 중 세균 감염에 취약할 수 있다.

태반엽사이영역(intercotyledonary area)에서는 매끈융모막이 작은공간(areolae)이 형성되는 샘 입구를 제외하고는 자궁속막에 부착되어 있다. 영양막과 자궁상피의 단층원주세포는 서로 맞물리는 솔무늬가장자리(미세융모)를 가지고 있다. 깍지결합이 임신 초기에는 긴밀하나, 임신이 진행됨에 따라 덜 뚜렷하게 된다. 태반엽사이영역에서는 두핵영양막세포(BNC)도 자주 관찰된다. 분만 후, 융모막 융모는 자궁속막 움(crypt)에서 분리된다. 이 분리는 서로 맞물린 미세융모 사이에서 일어나며, 영양막세포와 자궁 상피는 모두 손상되지 않고 남게 된다. 이러한 분리 실패는 소 생식에서 흔히 발생하는 문제이다('태아막 잔류'에 대한 상자 참조).

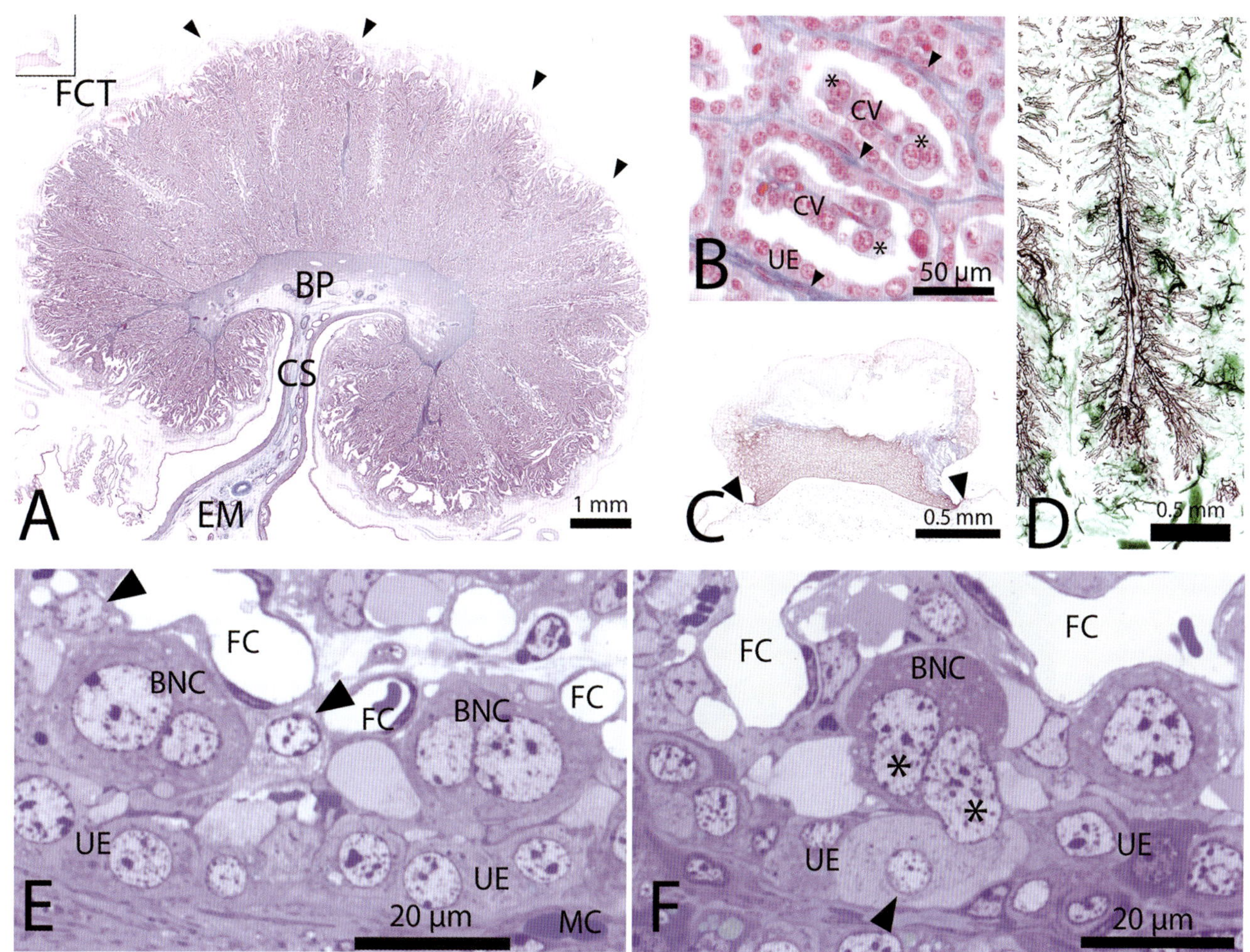

그림 15-13 • 소 태반 구조. **A.** 소의 태반소엽. 볼록한 표면은 양막융모막(화살표머리)으로 덮여 있으며, 복잡하게 가지 친 융모막 융모들이 중심부를 향해 모인다. 태아 부분(태반엽, cotyledon)과 모체 부분(자궁융기, caruncle)은 바닥판(BP)에 부착되어 있으며, 이 바닥판은 자궁속막(EM)에 자궁융기자루(CS)를 통해 부착된다. 모체조직은 또한 융모를 둘러싸는 움(crypts)을 형성한다. 하나의 양막판(왼쪽 위 모서리의 사각형)은 C에서 확대되어 나타나 있다. Azan. **B.** 태반소엽 내부 단면. 두 개의 수축된 융모막 융모(CV)가 태아-모체 접촉부에서 자궁 상피(UE)로부터 분리되어 있으며, 이는 포말린으로 고정된 파라핀 조직에서 흔히 나타나는 인공산물이다. 융모막 융모 내에는 두핵영양막세포(*)가 존재한다. 모체 결합조직(화살표머리)은 태아 융모를 둘러싸는 그물을 형성한다. Azan. **C.** 양막소판(A의 확대). 양막소판은 많은 종에서 관찰되는 양막 상피의 희미한 부위로, 상피가 다층 구조로 갑자기 변화하는 곳(화살표머리)이다. **D.** 소 태반소엽의 태아 혈관(자주색)과 모체 혈관(녹색)에 잉크를 주입한 상태. 하나의 수직 줄기 융모에서 이차 융모가 갈라져 나오는 구조가 나타난다. **E.** 영양막은 홑핵영양막세포(화살표머리)와 두핵영양막세포(BNC)라는 두 가지 명확한 세포 유형으로 구성된다. 자궁상피(UE)는 개별 세포로 구성되어 있다. FC, 태아 모세혈관; MC, 모체 모세혈관. Semithin section. Methylene blue. **F.** 두핵영양막세포(BNC)의 자궁 상피세포(UE)와의 융합. 두핵영양막세포의 두 개의 핵(*)은 아래에 있는 자궁 상피세포 내로 밀려 들어가며, 두 개의 태아 핵과 하나의 모체 핵을 가지는 세핵세포를 형성한다. FC, 태아 모세혈관. Semithin section. Methylene blue.

2) 면양과 산양 Sheep and Goat

면양과 산양의 태반은 소의 태반과 많은 유사점을 보이지만, 몇 가지 면에서는 차이가 있다. 착상은 14~15일에 시작되며, 영양막 세포와 모체 상피 사이에 서로 맞물린 미세융모(interdigitating microvillus)가 16~18일에 발달한다. 융모막융모는 13~20일 사이에 관찰된다. 육안적으로, 태반소엽(placentome)은 오목한 표면을 가지고 있다(그림 15-12C, 15-14A). 산양의 태반소엽은 면양에서 보다 편평하지만 내부 구조는 유사하다.

현미경적으로, 융모막 융모는 소의 태반보다 더 불규칙하다(그림 15-14A, B). 영양막층에도 홑핵세포가 있어 전형적인 타원형 두핵세포가 발생한다. 움을 이루는 상피는 주로 뭇핵세포덩이로 구성된 융합체소판(syncytial plaque)으로 구성되며(그림 15-14B), 이는 이후 두핵세포(BNC)와 자궁속막언덕 상피의 융합으로 형성된다(그림 15-14C).

혈종은 더 두드러지고 태반소엽 중앙의 오목한 부위에 위치하며 소보다 더 초기에 발생한다. 면양에서도 양막소판(amniotic plaque)은 발견된다.

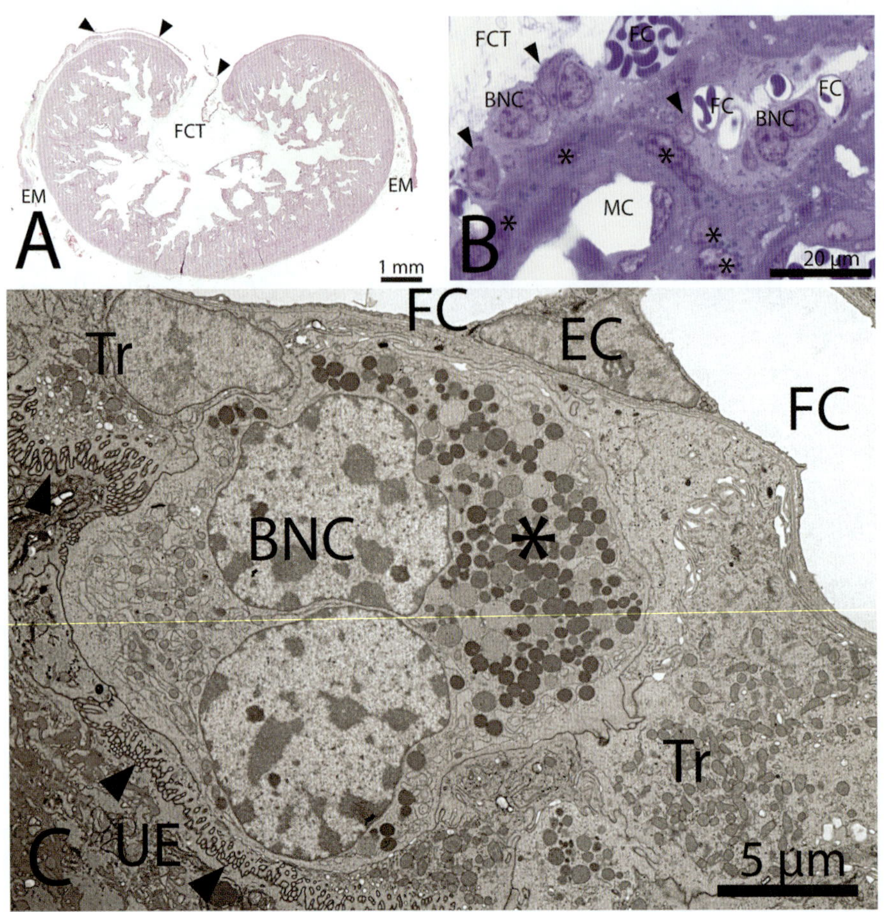

그림 15-14 • 면양과 산양 태반의 구조. **A.** 산양의 태반엽은 오목한 형태를 가지며, 융모막요막이 표면을 덮고 있다(일부만 보임, 화살표머리). 이 구조는 자궁속막(EM)에 느슨하게 부착되어 있다. **B.** 산양의 태반소엽. 자궁상피에 홑핵영양막세포(화살표머리), 두핵영양막세포(BNC), 그리고 뭇핵 융합소판이 존재한다(*). FCT, 태아 결합조직; FC, 태아 모세혈관; MC, 모체 모세혈관. Semithin section. Methylene blue. **C.** 면양의 태반을 투과전자현미경사진. 두핵영양막세포(BNC)는 홑핵영양막세포(Tr)에 의해 둘러싸여 있다. BNC의 세포질에는 다수의 분비과립(*)이 포함되어 있으며, 이 과립은 BNC가 자궁상피(UE)와 융합한 뒤 모체 결합조직으로 방출된다. 태아-모체 접촉 부위에는 미세융모의 맞물림이 보이며, 화살표머리로 표시되어 있다. FC, 태아 모세혈관; EC, 내피세포.

5. 개와 고양이 Dog and Cat

난황주머니는 영양막 융모(trophoblastic villi)가 침식된 자궁 점막을 침습하는 융모막난황태반(choriovitelline placenta)을 형성한다. 이 일시적인 층판태반은 초기에는 넓게 분포하지만 결국 사라진다. 그러나 난황주머니는 출산까지 존속된다.

융모막요막태반(chorioallantoic placenta)은 띠, 층판, 내피융모막, 탈락막(zonary, lamellar, endotheliochorial, deciduate)이다(그림 15-16). 암캐의 경우 17일에, 고양이의 경우 13일에 영양막과 모체상피 사이에 틈새이음이 형성되어 착상이 일어난다. 거친융모막(frondose chorion)과 자궁 모세혈관은 **태반미로(층판층, placental labyrinth, lamellar zone)**를 형성하며, 촘촘히 배열된 **층판(lamellae)**은 융모막주머니 적도 부위를 따라 띠 형태로 국한되어 있다(그림 15-15, 15-16A-C). 이 띠 안에는 태반층판의 말단부분, 모체 혈관, 세포 부스러기, 그리고 샘 분비물이 포함된 경계층이 태반미로(층판층) 아래에 위치한다. **경계층(junctional zone)**은 특히 암컷에서 확대되어 있고 **샘위층(supraglandular zone)**의 치밀결합조직에 인접해 있다(그림 15-16A). **샘층(glandular zone)**은 자궁샘의 확장된 아랫부분으로 구성되어 있으며 자궁근육층(myometrium) 바로 위에 존재한다(그림 15-16A). 임신 말기에는 샘층의 침습은 거의 샘의 깊은 부분까지 조직영양과 세포 부스러기가 축적된다. 샘층 잔류물은 분만 시에 남게 된다. 띠 바깥쪽에는 매끈융모막(chorion laeve)이 자궁 표면상피에 접하고 있어 샘 발달이 제한된다.

자궁혈액 출혈이 태반띠(placental girdle) 내부와 가장자리에 발생하면 혈종(hematoma)이 형성된다. 개에서는 큰 혈액 구획이 있는 뚜렷한 **가장자리혈종(marginal hematoma)**

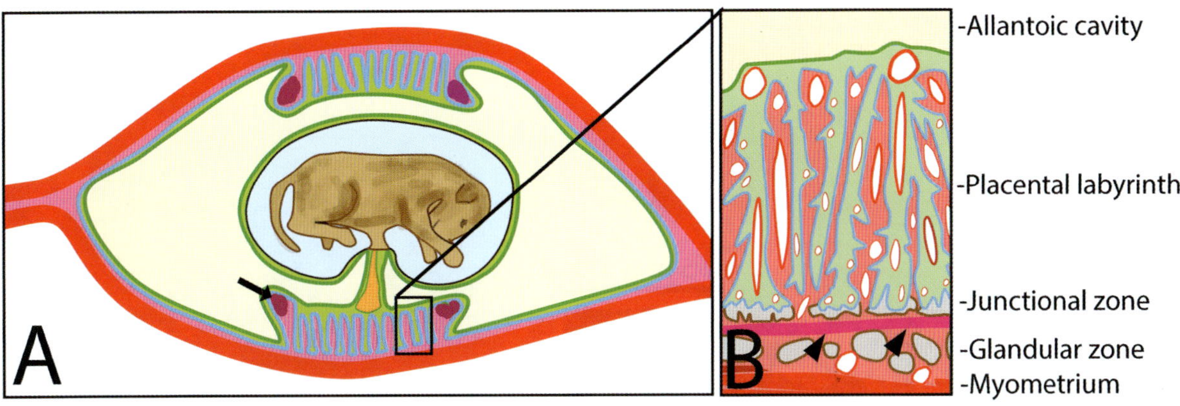

그림 15-15 • 육식동물(개) 태반의 도해. **A.** 거친융모막은 융모막주머니의 적도 둘레에 원형 띠 모양을 형성한다. 이 띠의 가장자리는 가장자리혈종(화살표)으로 표시되며, 중심부는 주로 태반미로(층판층)로 구성된다. 그 외의 융모막 부위는 매끈융모막(chorion laeve)을 형성한다. **B.** 태반미로 또는 층판층에서는 태아조직(녹색 및 파란색)과 모체조직(분홍색)의 층판이 서로 얽혀 있다. 경계층(junctional zone)에서는 태아 층판의 돌기가 자궁샘의 얕은 부위로 돌출한다. 태반은 분만 시 경계층과 깊은샘층 사이의 자궁샘위층(화살표머리)에서 분리된다.

이 형성된다(그림 15-16A). 고양이에서는 태반띠의 불규칙한 위치와 매끈융모막과 자궁속막 사이에서, 즉 띠를 따라 더 작은 출혈이 발생한다. 혈종구획을 둘러싸고 있는 원주영양막세포(clolumnar trophoblast cell)는 파괴된 모체 적혈구에서 큰 분자와 철분을 흡수하는 데 관여하는 것으로 여겨지는 포식세포 특성을 가지고 있다. 혈액이 분해되면, 혈색소의 분해로 인해 혈종은 갈색(고양이) 또는 녹색(개, uteroverdin)으로 변한다.

태반의 태아 부분은 영양막으로 덮인 중간엽판막(mesenchymal lamellae)으로 구성되며, 이 안에는 벽이 얇고 작은 모세혈관들이 포함되어 있다(그림 15-16B~E). 개의 경우, 이 판막은 분지(branching)되어 있으며(그림 15-16B), 고양이에서는 보다 규칙적으로 층을 이루며 배열되어 있다(그림 15-16C). 비교적 넓고 벽이 두꺼운 모체의 모세혈관은 영양막에 둘러싸여 있으며, 이들을 둘러싸는 태아의 모세혈관 그물망에 의해 미로(labyrinth)와 같은 구조를 형성한다(그림 15-16B~D). 모체 모세혈관은 두꺼운 무정형층인 **사이질층(interstitial layer)**으로 둘러싸여 있으며, 특히 고양이에서는 불규칙하다(그림 15-16C). 수정된 모체 자궁속막섬유모세포인 거대 탈락막세포(decidual cells)는 모체 모세혈관 주변에 불완전한 층을 형성하며, 이 세포들은 매우 크고 고양이에서는 종종 두핵을 가진다(그림 15-16C). 개에서는 탈락막세포가 덜 눈에 띄며, 여러 개의 세포돌기(cellular processes)가 사이질층 안에 박혀 있는 형태를 보인다(그림 15-16E).

영양막층은 원래 별개의 세포(세포영양막, cytotrophoblast)에 의해 형성된다. 이들 중 일부가 융합하여 융합체(융합영양막, syncytium, syncytiotrophoblast)를 형성한다. 이 융합체는 층판 대부분을 차지하고 연속적인 혈액사이장벽을 형성한다(그림 15-16B~E). 세포영양막은 불연속적이며 세포는 주로 층판의 중간엽 부분을 따라 발생한다(그림 15-16B, C, E). 세포영양막은 사유리보소체와 발달되지 않은 세포질그물(ER)을 포함한다. 융합체는 뚜렷한 세포질그물, 수많은 사립체, 용해소체로 보이는 치밀소체를 가지고 있다. 고양이에서 융합체는 수많은 지방방울을 포함한다(그림 15-16C).

분만 시 태반은 샘위층 위의 경계층을 통해 자궁속막에서 분리된다(그림 15-16A).

임상 관련 *Clinical Correlations*

1. 태반을 통한 항체전달
Placental Transfer of Antibodies

갓난새끼(신생아)에게 충분한 항체를 공급하는 것은 생존에 필수적이다. 모체 항체는 모체 혈액에서 혈액융모막태반(hemochorial placenta, 사람과 설치류)을 통해 전달되지만, 대부분 대형 가축에서 흔히 볼 수 있는 상피융모막태반(epitheliochorial placenta)을 통해서는 전달되지 않는다. 따라서 상피융모막태반을 가진 종의 갓난새끼는 출생 직후 섭취하는 초유(colostrum) 속 면역글로불린에 전적으로 의존하게 되며, 이 시기의 창자상피는 일시적으로 이러한 고분자 물질에 대해 투과성을 갖는다. 육식동물의 내피융모막태반(endothe-

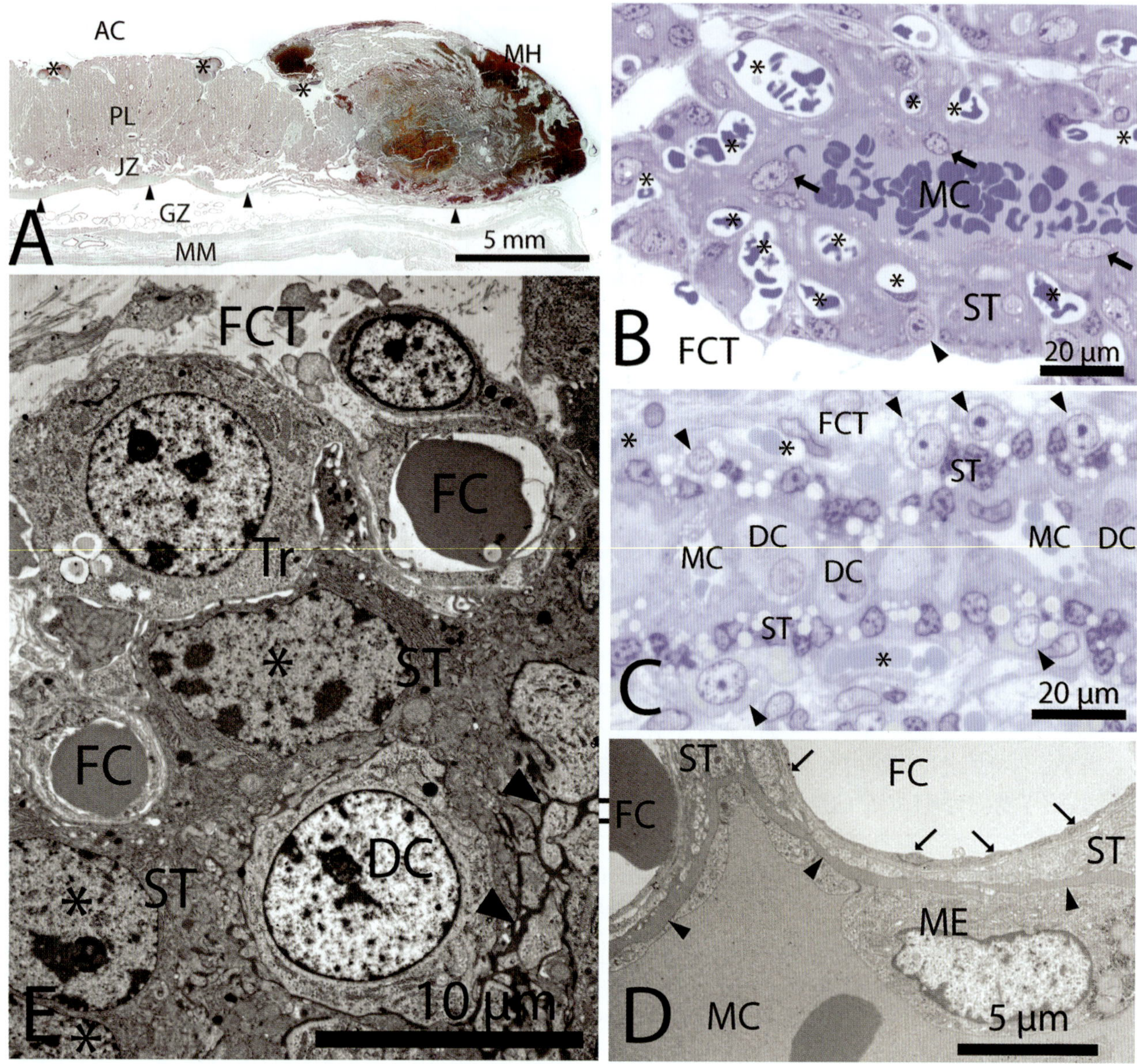

그림 15-16 • 육식동물 태반 구조. **A.** 저배율에서 본 개의 태반에서는 한쪽 가장자리를 따라 가장자리혈종(MH)이 관찰된다. 태반미로(PL) 또는 층판층은 혈액영양(hemotrophic) 전달을 담당한다. 자궁샘위층(화살표머리)은 깊은샘층(GZ)와 경계층(JZ)를 구분한다. MM, 자궁근육층; AC, 요막안. **B.** 개 태반미로(층판층). 내피세포가 높은 내피를 형성한 큰 모체모세혈관(MC)(화살표)이 보인다. 이 혈관은 태아모세혈관(*)에 의해 깊게 함입된 융합영양막(ST)에 둘러싸여 있다. 하나의 세포영양막세포는 화살표머리로 표시된다. FCT, 태아결합조직. Semithin section. Methylene blue. **C.** 고양이 태반미로(층판층). 중심을 가로지르는 모체조직 층판이 보이며, 이는 모체 모세혈관(MC)과 큰 탈락막세포(DC)로 구성되어 있다. 융합영양막(ST)는 진한 응축된 핵을 가진다. 몇몇 세포영양막세포(화살표머리)는 뚜렷한 인(nucleolus)을 가진 큰 퍼진염색질 핵을 지닌다. *: 태아모세혈관; FCT, 태아결합조직. Semithin section. Methylene blue. **D.** 개 태반사이장벽의 투과전자현미경 사진. 태아모세혈관(FC) 내의 태아 혈액과 모체모세혈관(MC) 내의 모체 혈액 사이의 층이 관찰된다. 이 층은 다음과 같다: 얇은 태아 내피세포층(화살표), 모세혈관과 영양막의 바닥막, 융합영양막, 사이질층(화살표머리), 그리고 모체 모세혈관 내피(ME). **E.** 개 융합영양막의 투과전자현미경사진. 융합영양막(ST)이 태아 모세혈관(FC)에 의해 깊게 함입되어 있는 모습이 나타난다. 융합영양막의 핵은 별표(*)로 표시되어 있다. 홑핵영양막세포(Tr)는 태아결합조직(FCT) 옆에 위치한다. 하나의 탈락막세포(DC)는 사이질층(화살표머리) 인근에 있으며, 오른쪽 아래 모서리에서는 탈락막세포 돌기를 부분적으로 둘러싸고 있다.

liochorial placenta)은 면역글로불린에 대해 투과성이 낮거나 중간 정도이며, 강아지는 모체의 5~10%에 해당하는 면역글로불린 농도를 가지고 태어난다. 초유를 충분하게 섭취하지 못하면 갓난새끼에게 면역 결핍이 발생하여 감염에 매우 취약해진다.

2. 태아막 잔류 Retention of Fetal Membrane

소의 분만에서 흔한 합병증(약 5%)은 **후산정체(retained afterbirth, retentio secundinarum)**로, 융모막융모가 자궁샘에 갇히고 태아와 모체조직 사이의 유착이 지속적으로 유지되는 상태이다. 정상적으로 태아막(융모막, 요막, 양막)은 송아지가 태어난 후 12시간 이내에 자궁에서 배출된다. 세포 수준에서 모체상피(자궁속막언덕상피, caruncular epithelium)가 편평해지고, 태아의 두핵영양막세포(BNC)의 수가 분만 전에 감소한다. 후산정체의 경우 분만 전 성숙과 관련된 전형적인 세포 과정이 발생하지 않는다(그림 15-17). 태반의 태아 부분과 태아막은 자궁속막언덕(endometrial caruncle)에 계속 부착되어 수일 후에 부패하여 떨어진다. 이는 소의 건강에 심각한 영향을 미치며 번식 지연을 초래할 수 있다.

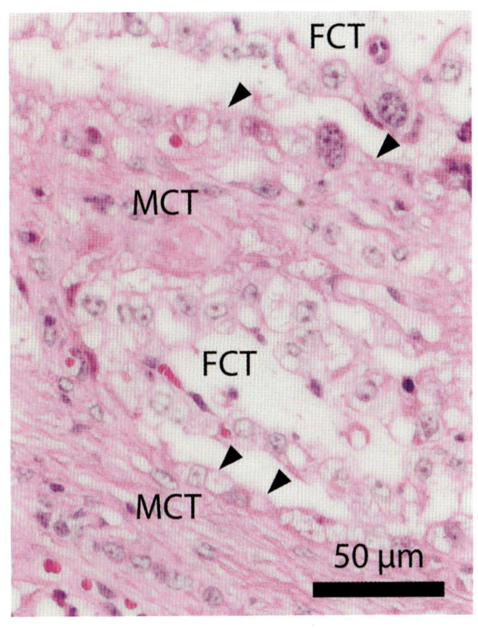

그림 15-17 • 송아지 출산 후 소의 태반소엽. 이후 이 소는 태아막잔류를 겪었다. 모체결합조직(MCT)으로 된 사이막이 넓고, 자궁상피(화살표머리)는 여전히 높다. FCT, 태아결합조직. H&E.

핵심 정리 *Essentials*

포유동물 태반은 종 사이에 다양한 구조적 변이를 보인다.

태반 장벽의 태아 쪽은 항상 영양막에 의해 형성된다. 이 영양막은 종에 따라 여러 지역적 특화성을 보인다. 돼지와 말과동물에서 영양막은 주로 홑핵세포영양막세포(uninucleate cytotrophoblast cell)로 구성된다. 그러나 낙타과동물은 큰 뭇핵영양막거대세포(multinucleate trophoblast giant cell)를 가진다. 되새김동물은 모체 자궁 세포와 융합하는 두핵영양막세포(BNC)가 존재한다. 육식동물에서는 세포영양막세포가 융합하여 한 층의 뭇핵융합영양막(multinucleated syncytiotrophoblast)을 형성하며 모체조직과 직접 접촉한다.

모체 쪽을 살펴보면, 돼지, 말과동물, 낙타과동물에서 자궁상피는 홑핵세포로 존재한다. 되새김동물에서 자궁 상피는 태아 두핵영양막세포(BNC) 융합으로 인해 변형된다. 육식동물의 경우 자궁상피가 없고, 영양막이 모체 혈관의 내피와 직접 접촉한다.

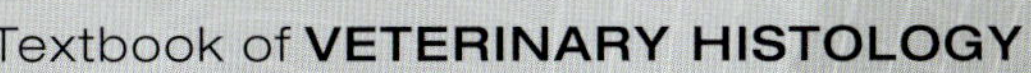

CHAPTER 16

외피

Integument

피부는 환경장벽이라는 역할 그 이상의 기능을 하는 복잡하고 통합적이며 역동적인 장기이다(표 16-1). **피부(skin)** 또는 외피[integument; 라틴어의 '덮다(to cover)'라는 뜻에서 유래]는 몸의 가장 큰 기관계통(organ system)이며, 표면의 표피(epidermis)와 아래의 진피(dermis)로 구성된다(그림 16-1).

일반적으로 모든 포유동물의 외피 기본구조는 유사하다. 그러나 신체 여러 부위의 표피와 진피 두께는 종 간, 그리고 동일 종 내에서도 차이가 있다. 피부학, 피부 약리학, 독성학 연구에서는 다양한 동물 종과 몸 부위를 사용하므로 피부 구조의 종 차이를 고려해야 한다.

일반적으로 피부는 몸의 등쪽면과 다리의 가쪽면에서 가장 두껍다. 몸의 배쪽면과 다리의 안쪽면에서 가장 얇다. 피부 표

표 16-1 • 피부의 기능(Functions of the skin)

환경장벽
확산장벽
대사장벽
온도조절
혈액흐름조절
털과 털가죽
땀흘림
면역학적 조절자와 효과기 축
기계적지지
신경감각/수용
내분비(예, 비타민 D)
부분분비샘/샘분비샘/기름샘 분비
대사작용
각질
아교질
멜라닌
지질
탄수화물
호흡
외인성물질의 생체내변화

면은 일부 부위는 매끈할 수 있지만, 다른 부위에는 그 아래에 있는 결합조직층의 윤곽(contour)을 반영하는 융기(ridge)나 주름(fold)이 있다(그림 16-2).

제1절 표피 *Epidermis*

표피(epidermis)는 외배엽에서 유래한 각질중층편평상피이며, 피부의 가장 바깥층이다(그림 16-1, 16-2). 많은 보호털로 덮인 부위에서는 표피가 얇고, 점막피부경계와 같이 털이 없는 피부에서는 표피가 더 두껍다. 표피세포는 증식, 분화 및 각질화의 질서 있는 양상을 거치는데, 그 과정은 아직 완전히 밝혀지지 않았다. 발생 중에 표피는 털, 땀샘, 기름샘과 같은 다양한 피부부속기, 발가락기관(발굽, 갈고리발톱, 발바닥), 깃(깃털), 뿔 및 특수한 샘을 형성하도록 특수화될 수 있다.

표피세포는 각질세포와 비각질세포의 두 가지 주요 그룹으로 분류된다. 표피층(epidermal layer)은 바닥막에서 바깥쪽 표면까지 바닥층, 가시층, 과립층, 투명층, 각질층으로 분류할 수 있다.

1. 표피각질세포 Epidermal Keratinocytes

각질세포(keratinocyte)는 표피세포의 약 85%를 차지하며, 형태에 따라 여러 개 층으로 분류된다. 크기와 모양이 다양하며, 위로 이동하여 각질(keratin)을 형성하면서 분화한다.

2. 표피비각질세포 Epidermal Nonkeratinocytes

비각질세포(nonkeratinocyte)는 표피 전체에 흩어져 있으며, 멜라닌세포(melanocyte), 촉각상피세포(tactile epithelioid cell, Merkel cell), 랑게르한스세포(Langerhans cell)를 포함한다.

1) 멜라닌세포 Melanocytes

멜라닌세포(melanocyte)는 신경능선외배엽(neural crest ectoderm)에서 유래하고 표피의 바닥층에 위치한다(그림 16-1). 또한 바깥뿌리집(external root sheath), 털주머니 털바탕질(hair matrix), 땀샘관, 그리고 기름샘에서도 발생한다. 멜라닌세포는 인접한 각질세포사이로 확장되거나 바닥막에 평행하게 달리는 여러 개의 가지돌기가 있다. 멜라닌세포는 둥근 핵을 가지고 있으며 전형적인 세포소기관(리보소체, 세포질그물, 골지복합체 등)을 포함한다. 세포질은 멜라닌소체(melanosome)라고 하는 색소를 함유하는 타원형 과립을 제외하고는 투명하다. 이 멜라닌소체는 피부와 털에 색상을 부여한다. 피부의 암갈색 색소(dark brown pigment)를 **진정멜라닌(eumelanin)**이라고 하고, 황적색 색소(yellowish-red pigment)를 **갈색멜라닌(pheomelanin)**이라 한다. 효소 타이로시네이스(tyrosinase)는 멜라닌세포내에서 멜라닌을 생산하는 데 필요하며, 반응은 간단히 말해 '타이로신(tyrosine) → 도파(dopa) → 도파퀴논(dopaquinone) → 멜라닌'의 일련의 단계로 구성된다. 백색증(albino) 동물은 타이로시네이스가 부족하므로 정상적인 수의 멜라닌세포가 있더라도 멜라닌을 생성할 수 없다. 멜라닌 생성 후, 멜라닌소체는 멜라닌세포의 가지돌기 끝으로 이동하고 그런 다음 끝부분이 꼬집혀 인접한 각질세포(keratinocyte)에 의해 포식된다. 이것은 세포막으로 둘러싸인 세포소기관으로 남아 있거나 응집되어 막으로 둘러싸여 멜라닌소체복합체(melanosome complex)를 형성한다. 멜라닌소체는 각질세포의 세포질 내에 무작위로 분포하지만, 종종 핵 위에 국한되어 핵을 자외선으로부터 보호하는 모자구조(cap-like structure)를 형성한다(그림 16-3). 피부색(skin color)은 멜라닌소체의 수, 크기, 분포, 멜라닌화(melanization) 정도 등 여러 가지 요인에 의해 결정된다.

2) 촉각상피세포 Tactile Epithelioid Cells, Merkel cells

촉각상피세포(tactile epithelioid cell, Merkel cell)는 털의 유무와 상관없이 표피의 바닥부위에 위치한다. 이 세포의 세로축은 피부의 표면과 평행하다. 따라서 그 위의 원주바닥상피 세포와는 수직으로 배열된다(그림 16-1, 16-4). 핵은 분엽되어 불규칙하며 세포질은 투명하고 당김잔섬유가 없다. 이 세포들은 진피 근처에 전자밀도가 높은 둥근 과립이 있는 공포

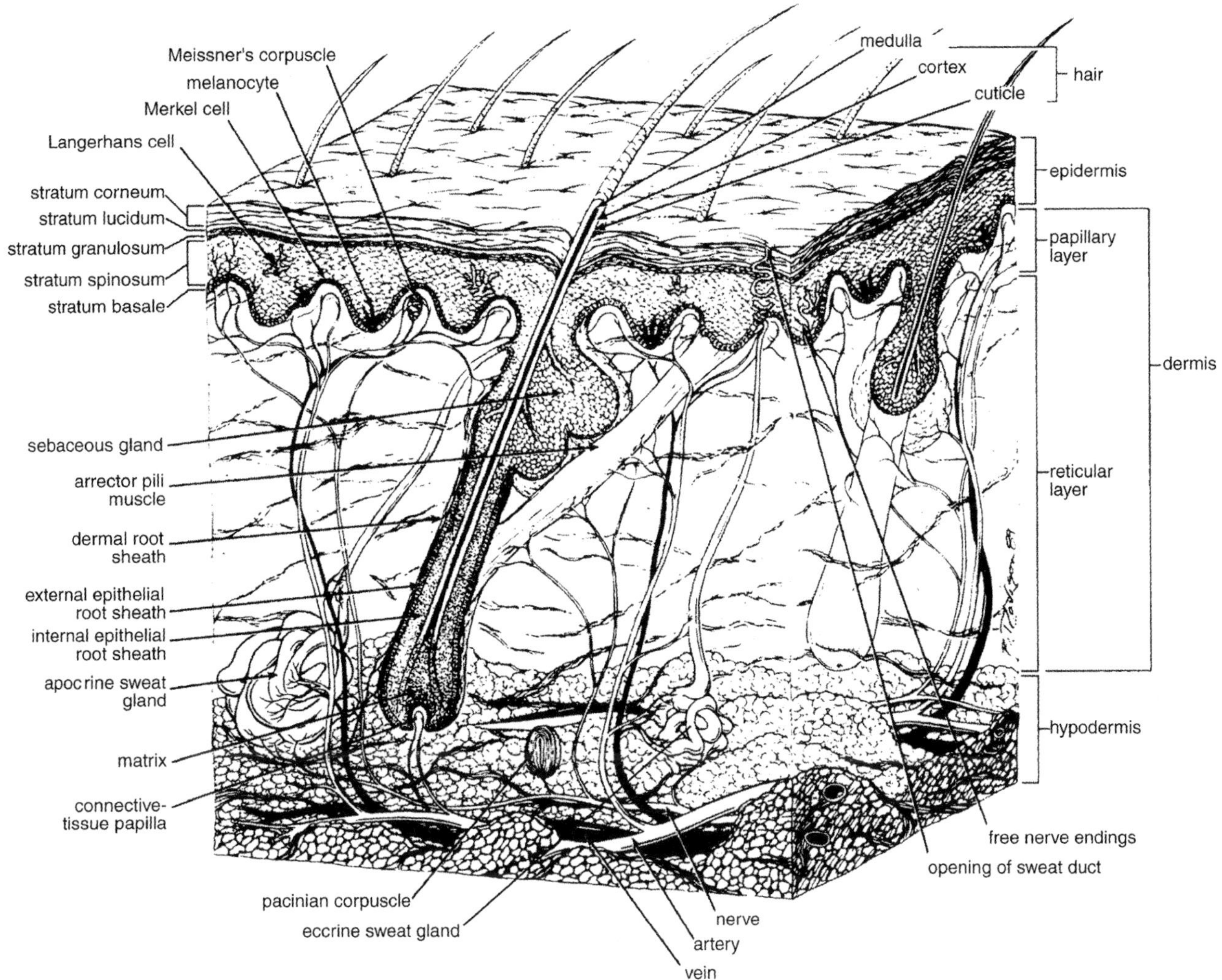

그림 16-1 ◦ 피부 도해. 몸 여러 부위에 있는 전형적인 피부의 모습이다. 털주머니의 오른쪽은 사람 피부를 묘사한 것으로, 피부 표면으로 샘분비샘(eccrine gland)이 열리는 모습을 보여주고, 털주머니의 왼쪽은 동물의 부분분비샘(apocrine gland)을 묘사한 것으로, 털주머니의 표피를 관통하는 관이 피부 표면으로 열리기 직전의 모습을 보여준다. (Monteiro-Riviere, N.A. Comparative anatomy, physiology, and biochemistry of mammalian skin. In Hobson DW ed. Dermal and Ocular Toxicology. Fundamentals and methods. Boca Raton, FL: CRC Press 1991;1:3 – 74.)

성 세포질 영역을 특징으로 하며, 이 과립에는 종 특이적 화학매개물질(세로토닌, 세로토닌유사물질, vasoactive intestinal polypeptide, peptide histidine-isoleucine, substance P)이 들어 있다. 촉각상피세포는 부착반점을 통해 인접한 각질세포와 연결된다. 축삭과 결합하면 촉각상피세포-축삭복합체(tactile epithelioid cell-neurite complex) 또는 무피막촉각소체(nonencapsulated tactile corpuscle)가 형성되며, 이러한 복합체를 포함하는 피부의 특정 부위를 **촉각털원반(tactile hair disc, hair disc, tactile pad, tylotrich pad)**이라고 한다. 촉각상피세포와 관련된 축삭은 원래 말이집으로 덮여 있지만, 표피에 접근하면서 축삭은 말이집(myelin sheath)을 잃고 세포의 바닥면에서 납작한 원반(flat meniscus)으로 끝난다(그림 16-4). 촉각상피세포는 신경종말을 표피로 유인하는 영양인자(trophic factor)를 분비하여 각질세포의 성장을 자극할 수 있다. 또한, 촉각상피세포는 촉각(touch)에 대해 적응이 느린 기계수용기로서 기능을 할 수 있다.

3) 랑게르한스세포 Langerhans Cells

표피 속에 존재하는 가지돌기세포(dendritic cell)에 속하는 특수한 세포를 **랑게르한스세포(Langerhans cell)**라 하며, 이전에는 표피속큰포식세포(intraepidermal macrophage)로 언급하였다. 이들은 성체 돼지, 고양이, 개에서 발견되며, 설치류와 사람에서 잘 특성화되어 있다. 그러나 특이적 표현형(면역기능과 관련된 막 수용체 및 항원)은 종마다 다를 수 있다. 랑게르한스세포는 표피 가시층 윗부분에서 발견되며(그림 16-1 및 16-5), 상부 소화관, 암컷 생식관 및 면양 1위(ovine

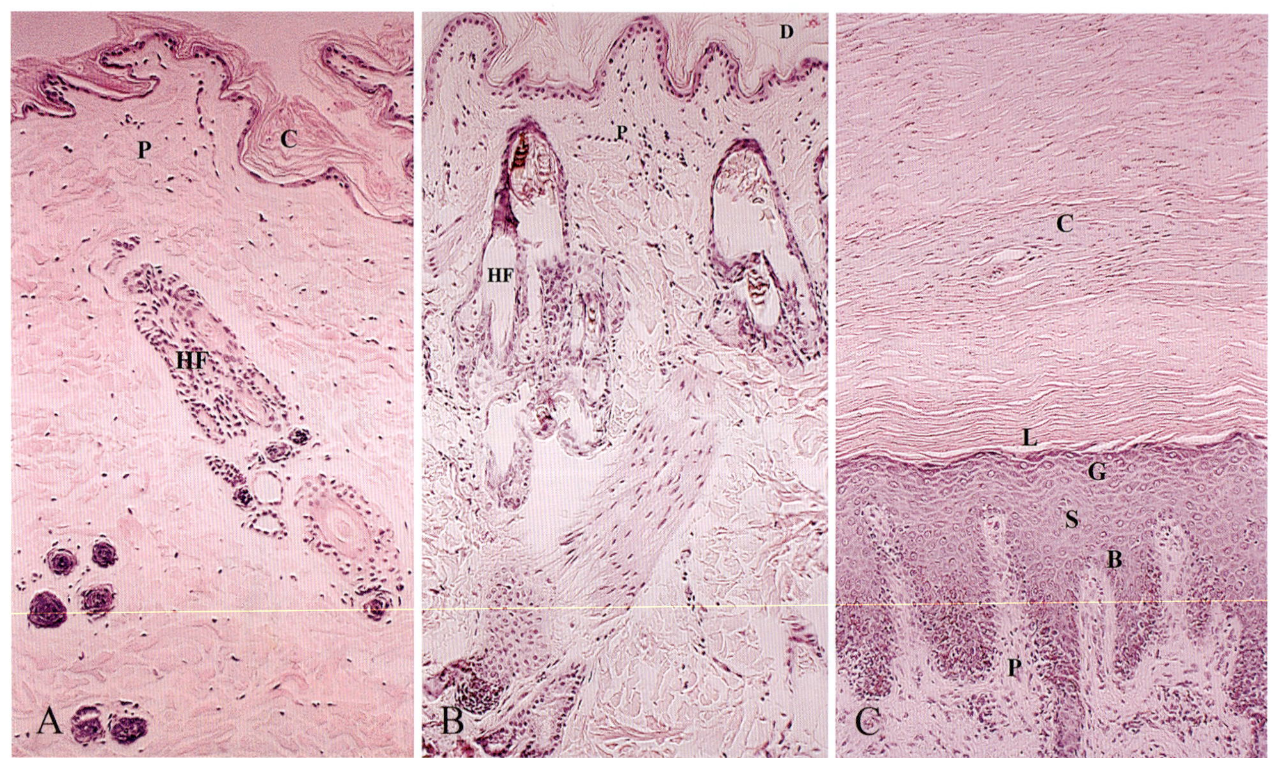

그림 16-2 • 고양이 피부. **A.** 하나 또는 두 개의 표피세포층을 가진 얇은 피부, 배(abdomen). **B.** 얇은 표피를 갖는 허리부위(lumbar region) 피부. **C.** 두꺼운 각질층과 표피를 갖는 발볼록살(foot pad) 피부. 박리층(D), 각질층(C), 투명층(L), 과립층(G), 가시층(S), 바닥층(B), 진피의 얕은유두층(superficial papillary layer, P). 진피의 털주머니무리(HF). H&E. (×120).

rumen)의 중층편평상피에서도 확인되었다. 또한, 랑게르한스세포는 항원제시 단핵구 큰포식세포와 유사한 면역표현형을 가진 골수 유래 백혈구로 간주 된다. 들진피림프관(afferent dermal lymph vessel) 가지돌기세포(dendritic cell)는 '가려진세포(미성숙가지돌기세포, veiled cell)', 림프절의 가지돌기세포는 '깍지가지돌기세포(interdigitating cell)'로 불린다. 또한, 허파섬유질환, 균상식육종(mycosis fungoides), 아토피피부염, 그리고 비피부과 질환인 호산구육아종증(eosinophilic granulomatosis)에서도 가지돌기세포가 발견되었다.

랑게르한스세포는 일반적으로 처리한 조직표본에서는 나타나지 않지만, 표피의 바닥층 윗부분(suprabasal epidermis)에서 투명세포로 나타날 수 있다. 이들은 특수염색으로만 양성으로 식별할 수 있다. 전자현미경 수준에서 이 세포는 함입된 핵(indented nucleus)을 가지며, 세포질에는 전형적인 세포소기관은 있지만, 당김잔섬유와 부착반점이 없다. 이 세포의 고유한 특징은 **버벡과립(Birbeck granule)**이라고 알려진 독특한 막대 또는 라켓 모양의 세포소기관이다. 이 과립에는 랑게르한스세포의 C형 렉틴수용체가 있는 'lag' 항원이 포함되어 있는 것으로 밝혀졌으며, 따라서 버벡과립에서 발견되는 구성요소인 랑게린(langerin)이라고 한다. 1868년 이래로 이 가지돌기세포는 다양한 기능을 가지고 있다고 주장되어 왔으며, 단핵구 큰포식세포계통(monocyte-macrophage system)의 일부이다. 그들은 생체 내에서 CD4+ T 세포에 항원을 제시할 수 있고, 접촉 민감성을 유도할 수 있으며, 지금까지 알려진 바에 따르면 랑게르한스세포는 전형적인 항원제시세포이다. 종양괴사인자-알파(TNF-α)가 쥐와 사람 피부에서 랑게르한스세포가 빠져나가는 데 역할을 하는 것으로 나타났다. 각질세포는 표피분화에 역할을 하며 표피를 따라 위로 이동하여 각질이 되어 탈락된다. 가지돌기를 가진 랑게르한스세포는 상피 각질층 장벽을 통과하거나 들어온 항원이나 병원체를 잡기 위해 위로 이동할 수도 있다. 세포 이동은 잘 알려져 있으나, 분자적 기전은 완전히 이해되지 않았다.

3. 표피층 Layers of Epidermis

1) 바닥층 Stratum Basale

바닥층(stratum basale) 또는 **종자층(stratum germinativum)**은 바닥막 위에 놓인 한 층의 원주세포 또는 입방세포로 구성된다(그림 16-6). 이 세포는 가쪽면과 그 위에 있는 가시층세포와는 부착반점(desmosome)에 의해서, 그 아래의 바

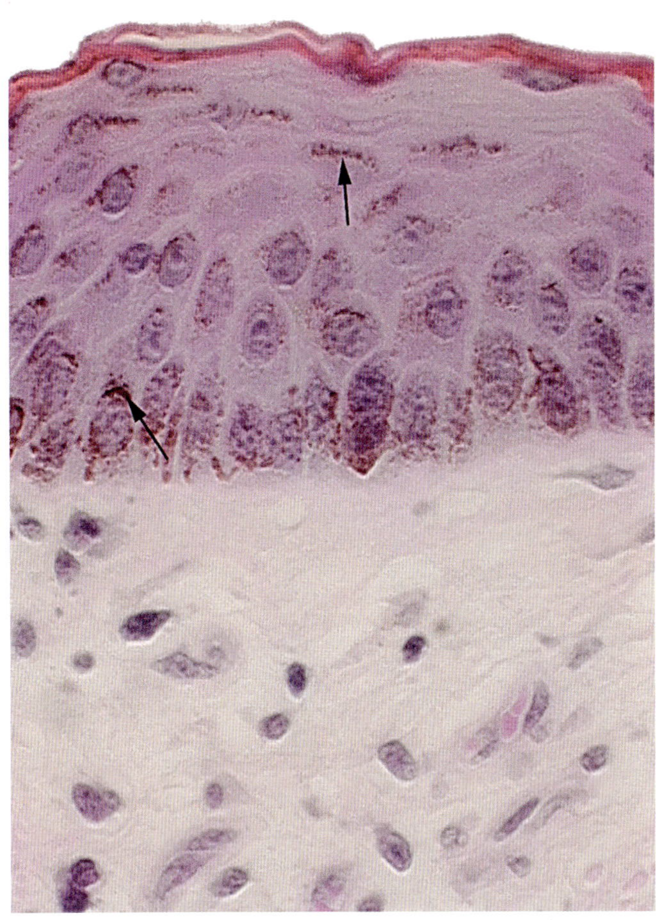

그림 16-3 • 멜라닌과립(화살표)은 바닥층 세포층에 고농도로 농축되어 말배 피부의 위층에 꼭대기모자(apical cap)를 형성한다. H&E. (×800).

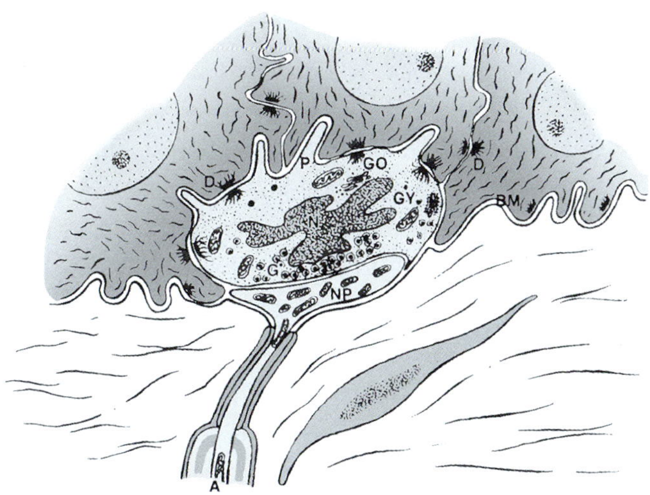

그림 16-4 • 고양이 발볼록살의 촉각상피세포-축삭복합체(tactile epithelioid cell-neurite complex)의 도해. 불규칙한 핵(N), 골지복합체(GO), 인접 각질세포와 연결되는 부착반점(D), 당원(GY), 세포질돌기(P), 바닥막(BM), 촉각상피세포의 치밀중심과립(G), 축삭(A), 신경판(nerve plate, NP).

닥판과는 반부착반점(hemidesmosome)에 의해 서로 부착되어 있다. 핵은 크고 타원형이며 세포의 대부분을 차지한다. 이들 바닥세포는 기능적으로 이질적이다. 일부 바닥세포는 분열하고 새로운 세포를 생성하는 능력을 가진 줄기세포(stem cell) 역할을 하는 반면, 다른 세포는 주로 표피를 고정하는(anchor) 역할을 한다.

2) 가시층 Stratum Spinosum

다음 바깥층은 여러 층의 불규칙한 뭇면체세포로 구성된 **가시층(stratum spinosum, prickle cell layer)**이다(그림 16-2C 및 16-7). 부착반점은 이 세포를 인접한 가시층 세포와 그 아래의 바닥층 세포에 연결한다. 당김잔섬유(tonofilament)가 바닥층에서 보다 가시층에서 더 두드러진다. 이 층에서 일반적으로 볼 수 있는 큰 세포사이공간은 광학현미경연구를 위한 샘플을 준비하는 동안 발생하는 수축 인공산물(shrinkage artifact)이다. 가시층의 맨 위에는 **층판과립(lamellar granule**, Odland body, lamellated body, membrane-coating granule)으로 알려진 작은 막으로 둘러싸인 세포소기관이 포함되어 있다.

3) 과립층 Stratum Granulosum

세 번째 층인 **과립층(stratum granulosum)**은 각질층과 평행하게 놓인 여러 층의 납작한 세포로 구성되어 있다(그림 16-2C 및 16-8). 이 층에는 불규칙한 모양이며, 막으로 둘러싸여 있지 않은 전자밀도가 높은 각질유리과립(keratohyalin granule)이 포함되어 있다. 이 과립에는 구조단백질이자 필라그린(filaggrin)의 전구체인 전구필라그린(profilaggrin)이 포함되어 있으며, 각질화 및 장벽 기능에 중요한 역할을 하는 것으로 알려져 있다. 과립층은 입안점막(볼점막, buccal mucosa)처럼 모든 중층편평상피에 항상 존재하는 것은 아니다. 과립층의 또 다른 특징은 층판과립의 존재이다. 층판과립은 사립체보다 작고 골지복합체와 무과립세포질그물(sER)의 근처에서 관찰된다. 표피의 위로 갈수록 과립의 수와 크기가 증가하고 이 과립은 세포막 쪽으로 이동하여 세포외배출(exocytosis)을 통해 과립층과 각질층 사이의 세포사이공간으로 지질을 방출하여 각질층 세포의 세포막을 덮는다(그림 16-8). 이제 알 수 있듯이, '피막과립(membrane-coating granule)'이라는 용어가 적절하다. 이 층판과립의 주요 성분은 지질[세라마이드(ceramides), 콜레스테롤, 지방산, 소량의 콜레스테롤에스터(cholesteryl esters)]과 가수분해효소[산성인산염분해효소(acid phosphatases), 단백질분해효소(protease), 지방분해효소(lipases), 당분해효소(glycosidases)]이다. 내용물과 지질의 함량과 혼합물은 종에 따라 다를 수 있다.

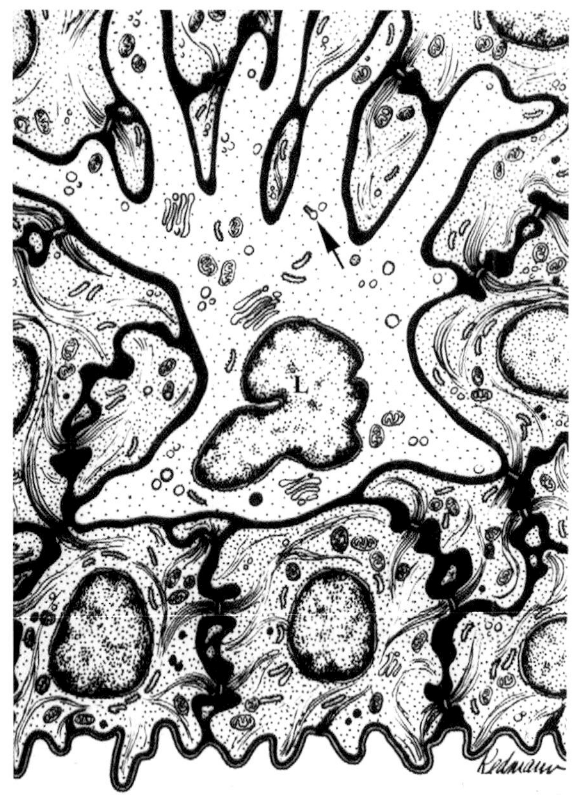

그림 16-5 • 랑게르한스세포(L) 도해. 짙은 검은색 영역은 세포사이공간을 나타낸다. 라켓모양과립(화살표)은 가지돌기(dendritic process)에서 관찰될 수 있다. 함입된 핵과 더불어 전자투명 세포질에 주목하시오. (From Monteiro-Riviere NA. Ultrastructural evaluation of the porcine integument. In: Tumbleson ME, ed. Swine in biomedical research. New York: Plenum Press, 1986;1:641.)

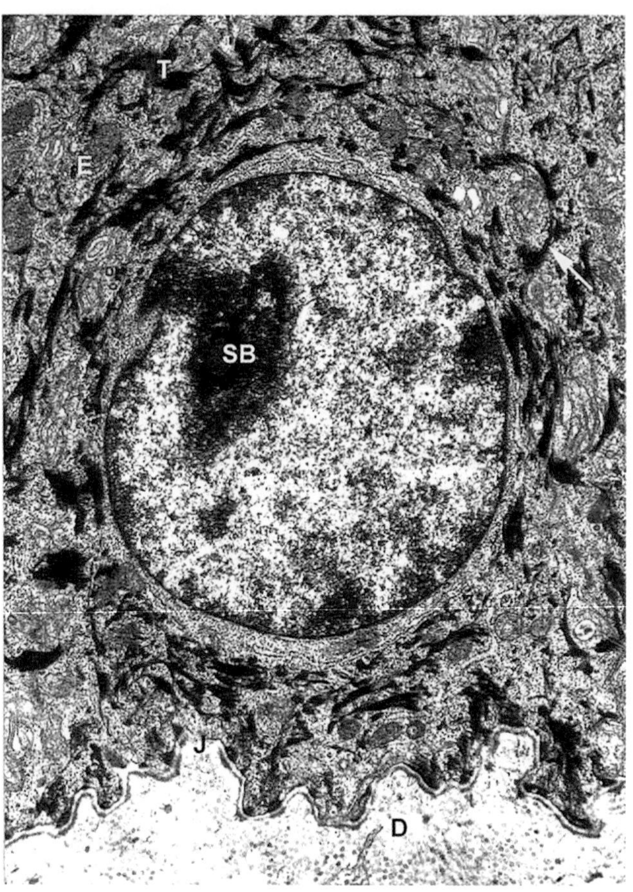

그림 16-6 • 돼지 피부 바닥세포의 투과전자현미경사진. 표피(E), 진피(D), 표피진피경계(J), 바닥층세포(SB), 당김잔섬유(T), 부착반점부착물(화살표). (×10,700).

4) 투명층 Stratum Lucidum

투명층(stratum lucidum, clear layer)은 예외적으로 두꺼운 피부의 특정 부위와 앞발바닥면, 뒷발바닥면, 코평면과 같은 털이 없는 부위에서만 관찰된다(그림 16-2C). 그것은 과립층과 각질층 사이의 얇고 투명하며 균질한 선이다. 이 층은 핵과 세포소기관이 없는 완전히 각질화되고 밀집되어 있으며 여러 층의 고밀도 세포로 구성되어 있다. 세포질에는 단백질결합 인지질 및 각질과 유사하지만 염색친화성이 다른 단백질인 엘라이딘(eleidin)이 포함되어 있다.

5) 각질층 Stratum Corneum

각질층(stratum corneum)은 표피의 가장 바깥층으로 완전히 각질화된 죽은 세포의 여러 층으로 구성되어 있으며 끊임없이 떨어져 나간다. 이 층은 투명하게 보이며 핵이나 세포소기관이 없다(그림 16-2, 16-2C, 16-8). 끊임없이 박리되는 각질층의 가장 표면적인 층을 **박리층**(stratum disjunctum)이라고 한다. 각질층은 몸의 다른 부위(예, 배와 등)와 종에 따라 두께가 다르다. 상당한 마찰 작용이 일어나는 앞발바닥면과 뒷발바닥면에서 각질층이 가장 두껍다(그림 16-2C). 각질층 세포는 고도로 조직화되어 평평한 사십이면체 모양의 수직으로 맞물리는 기둥을 형성한다. 이 14면의 다각형 구조는 최소 표면 대 부피 비율을 제공하여 틈 없이 쌓일 수 있다. 털 피부에서 흔히 나타나는 이러한 공간적 배열은 표피경유수분손실(transepidermal water loss, TEWL)이 이 층의 완전성과 투과성의 함수임을 이해하는 데 도움이 된다. 층판과립에서 유래한 세포사이물질은 각질층 세포 사이에 존재하며, 복잡한 각질층 장벽의 세포내지질성분을 형성하는 데 기여하여 환경으로부터 물질 침투와 체액 손실을 방지한다. 각질화된 세포는 원형질막과 인볼루크린(involucrin)이라는 단백질을 함유하는 두꺼운 세포막밑층(submembraneous layer)으로 둘러싸여 있다. 이 단백질은 가시층에서 합성되고 과립층에서 효소에 의해 가교되어 매우 안정적이다. 따라서 인볼루크린은 세포에 구조적 지지를 제공하여 미생물의 침입과 환경 요인에 의한 파괴에 저항할 수 있도록 하지만, 투과성을 조절하는 것으로는 보이지 않는다.

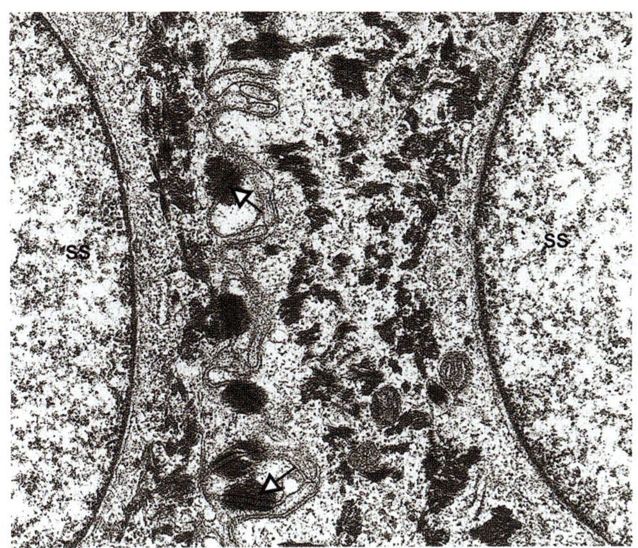

그림 16-7 • 돼지 피부 가시층세포의 투과전자현미경사진. 부착반점(화살표)에 의해 부착된 두 개의 가시층(SS) 세포의 핵이 보인다. (×23,500).

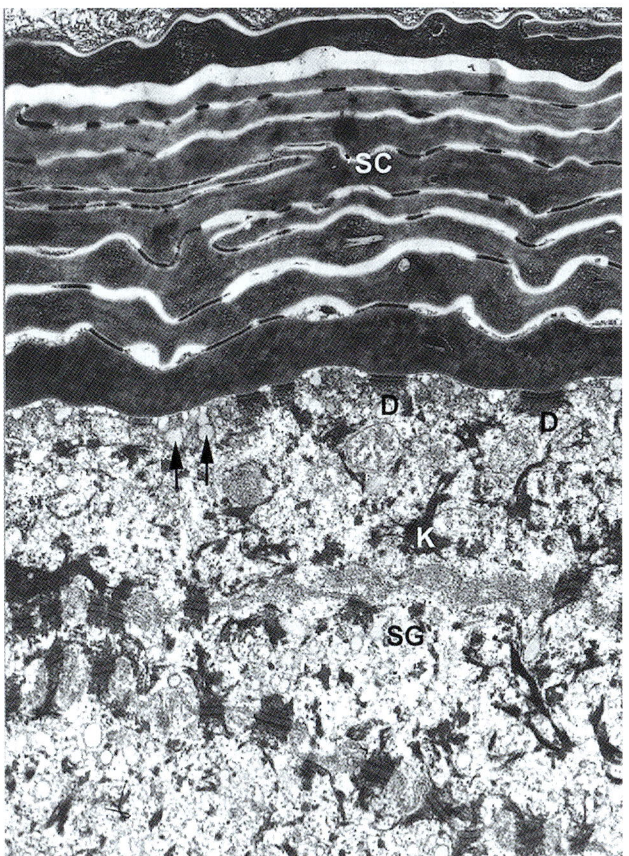

그림 16-8 • 돼지 피부 위쪽 과립층(SG)과 각질층(SC)의 투과전자현미경사진. 과립층에는 피막과립 또는 층판과립(화살표)이 존재하며, 일부는 세포막과 융합되어 그 내용물을 방출한다. 각질유리과립(K)과 다수의 부착반점(D)이 존재한다. (×14,900).

4. 각질화 Keratinization

각질화(keratinization)는 표피세포(즉, 각질세포, keratinocyte)가 분화되는 과정이다. 바닥상피세포(basal epithelial cell)는 유사분열을 거친 후 위쪽으로 이동한다. 이 과정에서 세포질의 부피가 증가하고 당김잔섬유, 각질유리과립, 층판과립과 같은 분화산물이 대량으로 생성된다. 당김잔섬유와 무형질인 각질유리질(keratohyalin)은 그물망(meshwork)을 형성한다. 세포 내용물이 증가함에 따라 핵은 붕괴되고, 층판과립은 내용물을 세포사이공간으로 방출하여 세포를 덮는다. 사립체와 리보소체와 같은 나머지 세포소기관은 붕괴되며, 납작해진 세포는 잔섬유와 각질유리질로 채워져 다발을 형성한다. 이러한 표피 분화와 각질화과정의 최종 산물은 각질층이다. 각질층은 두꺼운 세포막을 지닌 단백질이 풍부한 세포로 구성된다. 이 세포에는 섬유성 **각질(keratin)**과 각질유리질(keratohyalin)을 함유한 단백질이 풍부한 세포로 구성되어 있으며, 외부 지질바탕질(lipid matrix)로 덮인 더 두꺼운 세포막으로 둘러싸여 있다. 이는 흔히 알려진 '벽돌과 회반죽(brick and mortar)' 구조를 형성하는데, 지질바탕질이 벽돌인 세포사이에서 회반죽 역할을 한다.

5. 피부경유흡수 Percutaneous Absorption

화학물질이나 약물이 피부에 침투하는 능력은 운반체와 그 구성요소, 질병 상태, 털주머니 밀도, 나이, 두께, 몸 부위, 혈류, 그리고 해당 종의 대사 등 다양한 요인에 따라 달라진다. 이러한 요인들은 화학물질의 흡수를 조절하고 피부장벽에 영향을 미칠 수 있다. 화학 혼합물과 운반제의 다른 성분들, 그리고 땀, 피부기름, 죽은세포, 대사 부산물과 같이 피부에서 생성되는 물질들은 피부의 물리화학적 특성을 변화시키고 독성물질의 침투 또는 독성 속도에 영향을 미칠 수 있다. 하지만 많은 피부 침투 연구에서는 이러한 요인들을 고려하지 않았다. 예를 들어, 종의 털주머니 성장 주기와 몸 부위는 하이드로코티손 흡수에 중요한 요인이다. 연구자의 과제는 화학물질의 경피 통과 또는 독성에 가장 큰 영향을 미치는 핵심 요인을 파악하는 것이다. 화학물질이 피부를 통과하는 능력은 피부독성 가능성을 결정하는 주요 요인이다. 화학물질이 속도제한장벽(rate-limiting barrier)인 각질층을 어떻게 통과하여 하위 세포층에 영향을 미치는지 파악하려면 피부층을 이해하는 것이 중요하다. 국소 도포된 화학물질의 경피침투(피부 내) 및 경피흡수(피부를 통한) 속도와 정도를 정량적으로 예측하는 것은 위에서 논의된 생물학적 복잡성으로 인해 더욱 복잡해진다.

피부는 일반적으로 국소로 투여되는 대부분 약물의 흡수(및 전신 노출)를 막는 효과적인 장벽으로 여겨진다. 피부는 대부분 이온과 수용액에 대해서는 비교적 불투과성이지만, 많은 친유성 고체, 액체 및 기체에 대해서는 투과성을 나타내므로, 이러한 물질에는 '장벽'이라는 용어가 적합하지 않음을 시사한다. 여러 농업 종사자는 살포 중 파라싸이온(parathion)과 같은 살충제에 직접 노출되거나, 이전에 살충제로 처리된 식물과의 접촉으로 인한 2차 노출로 인해 급성 피부 중독을 경험했다. 실제로 담배 종사자의 니코틴 **피부경유흡수(percutaneous absorption)**는 현대식 경피 니코틴 '패치' 전달 시스템의 개념으로 이어졌다. 앞서 논의한 바와 같이, 대부분의 약물 흡수 경로와 비교했을 때 피부는 종(예: 면양 대 돼지)과 몸 부위(예: 사람의 팔뚝 대 두피)에 따라 가장 다양하다. 각질층은 흡수를 가장 크게 억제한다. 죽은 각질화된 세포(keratinized cell)는 수분을 매우 지연시키지만, 동시에 수분 흡수성(친수성)도 매우 높다. 이 세포가 표면에서 증발하는 과정 중에 물을 흡수하여 피부를 유연하고 부드럽게 유지하는 특성이다. 이것이 대부분의 화장품 보습제의 작용 기전이다. 또한 피부기름은 표피의 수분 보유 능력을 증가시키는 것으로 보이지만 이물질의 침투를 지연하는 데는 눈에 띄는 역할을 하지 않는다. 여러 연구에서 각질층을 파괴하면 침투를 방해하는 표면적인 요소만 남고 모두 제거된다는 것이 입증되었다. 이는 접착제(셀로판 테이프)를 피부에 반복적으로 붙여 각질층의 연속적인 층을 제거하는 '테이프 스트리핑' 실험으로 뒷받침된다. 피부는 결국 침투를 지연하는 능력을 잃고 화합물 흐름(compound flux)이 크게 증가한다. 이것은 표피장벽을 통한 분자전달의 지표로 물을 활용하여 몸에서 환경으로의 감지할 수 없는 증발성 수분손실을 막는 피부의 능력을 측정하여 비침습적으로 평가할 수 있다. 이는 증발계라는 기구를 사용하여 표피경유수분손실(transepidermal water loss, TEWL)을 측정하여 수행된다. 각질층이 벗겨지거나, 아세톤과 같은 용매를 사용하여 세포사이장벽 지질을 추출하여 제거되거나, 피부 독성물질에 반응하여 손상되면 TEWL이 크게 증가한다.

대부분의 다른 상피조직과 마찬가지로, 피부의 다른 두 층(진피와 피부밑조직)은 침투에 대한 저항성이 거의 없다. 물질이 바깥 각질층을 통과하면 이러한 조직은 빠르게 통과한다. 하지만 지질용해성이 높은 화합물의 경우, 진피가 표피를 통과한 화학물질이 혈액으로 흡수되는 것을 막는 추가적인 수성장벽 역할을 할 수 있기 때문에 이러한 저항성이 적용되지 않을 수 있다.

6. 표피진피경계 Epidermal-Dermal Junction

표피진피경계(epidermal-dermal junction, dermoepidermal junction, skin basement membrane zone)는 광학현미경(과아이오딘산-시프 염색, PAS)에서 얇고 균일한 띠로 인식되는 복잡하고 고도로 특수화된 구조이다. 그러나 투과전자현미경으로 볼 때 표피진피경계는 네 가지 구성요소로 구성된다. ① 반부착반점을 포함한 바닥층 상피세포의 세포막, ② 투명판(lamina lucida, lamina rara), ③ 치밀판(바닥판, lamina densa, basal lamina), ④ 다양한 섬유구조[고정원섬유(anchoring fibril), 진피미세원섬유다발(dermal microfibril bundle), 미세실모양잔섬유(microthreadlike filament)]가 있는 바닥밑판(sub-basal lamina)[치밀밑판(sublamina densa) 또는 그물판(reticular lamina)]이다(그림 16-9). 바닥

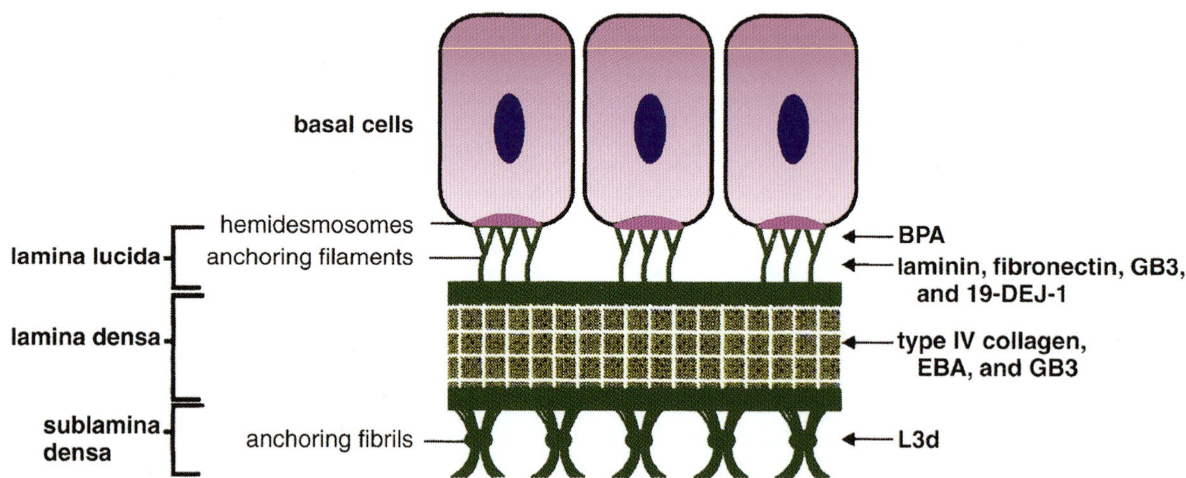

그림 16-9 • 거대분자성분의 정확한 위치를 나타내는 피부 바닥막 도해. (From Monteiro-Riviere NA, Inman AO. Indirect immunohistochemistry and immunoelectron microscopy distribution of eight epidermal-dermal junction epitopes in the pig and in isolated perfused skin treated with bis (2chloroethyl) sulfide. Toxicol Pathol 1995;23:313).

막은 표피가 진피와 부착하는 데 핵심적인 역할을 하는 수많은 구성요소로 구성된 복잡한 분자구조를 가지고 있다. 모든 바닥막의 보편적인 구성요소인 거대분자는 4형아교섬유, 라미닌(laminin), 엔탁틴/니도겐(entactin/nidogen), 황산헤파란프로테오글리칸(heparan sulfate proteoglycan)이 포함된다.

물집유사물집증항원(bullous pemphigoid antigen, BPA), 후천성물집표피박리증(epidermolysis bullosa acquisita, EBA), 섬유결합소(fibronectin), GB3, L3d 및 19-DEJ-1과 같은 기타 바닥막 성분은 피부의 상피 바닥막에서 특이적으로 발견된다. 진피표피경계의 바닥세포막은 항상 매끄럽지 않으며, 불규칙할 수 있으며 진피로 손가락모양 돌출을 형성할 수 있다. 바닥막은 ① 표피와 진피의 부착(adhesion)을 유지하는 역할을 하고, ② 일부 분자는 제한하고 다른 분자의 통과를 허용하여 표피와 진피 사이의 선택장벽 역할을 하고, ③ 세포 행동이나 상처 치유에 영향을 미치고, ④ 면역학적 손상(수포성 질병)이나 비면역학적 손상(마찰과 화학물질에 의한 물집)의 표적부위로서의 역할을 한다.

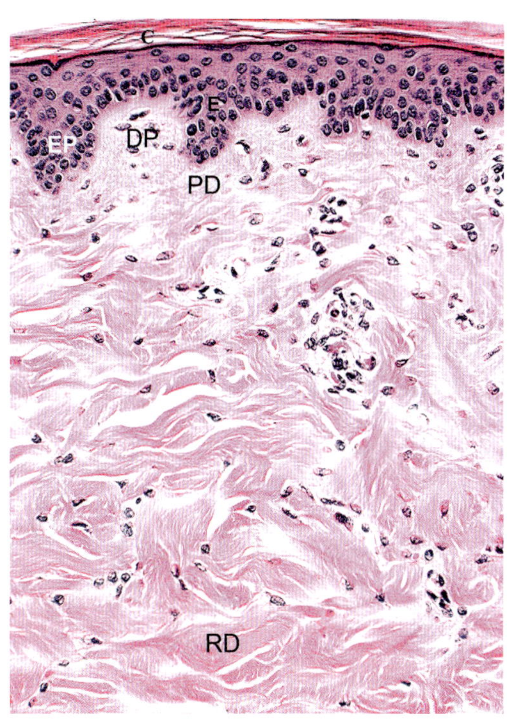

그림 16-10 • 돼지 배 피부. 표피(E), 각질층(C), 얕은 유두진피(유두층, superficial papillary dermis, PD), 표피쐐기(epidermal peg, EP), 진피유두(dermal papilla, DP), 깊은 그물진피(그물층, deep reticular dermis, RD). H&E. (×250).

제2절 진피 *Dermis*

진피(dermis, corium)는 바닥막 아래에서 피부밑조직까지 이른다. 이 층은 중배엽에서 유래하며, 무형질에 묻힌 아교섬유, 탄력섬유, 그물섬유로 구성된 잔그물(feltwork)이 있는 치밀불규칙결합조직으로 구성된다. 진피의 가장 우세한 세포 유형은 섬유모세포, 비만세포, 큰포식세포이다. 형질세포, 색소간직세포, 지방세포, 혈관에서 빠져나온 백혈구가 종종 발견된다. 진피에는 혈관, 림프관, 신경이 통과한다. 기름샘과 땀샘도 털주머니와 털세움근이 함께 존재한다.

진피는 얕은 유두층과 깊은 부분의 그물층으로 명확한 경계 없이 나눌 수 있다(그림 16-10). **유두층(유두진피, papillary layer, papillary dermis)**은 가장 얇은 층으로 성긴결합조직으로 구성되어 있으며, 표피와 접촉하고 바닥층의 윤곽을 따른다. 유두층은 표피로 돌출되어 **진피유두(dermal papilla)**를 형성할 수 있다. 표피(epidermis)가 진피 쪽으로 함입하면 **표피쐐기(epidermal peg)**가 형성된다. **그물층(그물진피, reticular layer, reticular dermis)**은 더 두껍고 치밀불규칙결합조직으로 구성되어 있는 반면, 진피의 더 깊은 층에서는 결합조직세포가 더 적다.

진피에서 민무늬근육세포는 털주머니 근처에 위치하며, 이를 **털세움근(arrector pili muscle)**이라 한다. 또한, 진피 민무늬근육세포는 음낭, 음경, 젖꼭지(유두)와 같은 특수한 부위에도 존재한다. 몸통피부근(cutaneous trunci)인 뼈대근육섬유는 진피를 관통하여 피부의 자발적인 움직임을 가능하게 한다. 또한 뼈대근육세포는 얼굴부위의 큰 촉각털(large sinus hairs)과 연관되어 있다.

제3절 피부밑조직 *Hypodermis*

진피 아래에는 성긴결합조직 층인 **피부밑조직(hypodermis, subcutis)**이 있는데, 이는 피부의 일부가 아니라 해부에서 볼 수 있는 얕은근막(superficial fascia)이다. 피부밑조직은 진피를 그 밑의 근육이나 뼈에 부착시킨다. 성글게 배열된 아교섬유와 탄력섬유 덕분에 피부는 유연하고 하부 구조 위로 자유롭게 움직일 수 있다. 지방조직은 이 층에 존재하며 작은 세포 덩어리나 큰 덩어리를 형성하여 **지방층(panniculus adiposus)**이라고 하는 지방으로 된 받침(cushion) 또는 볼록살(pad)을 형성할 수 있다(그림 16-11). 돼지 베이컨과 등지방은 이 지방층에서 유래한다. 피부밑조직의 큰 지방 축적(구조지방, structural fat)은 앞발볼록살(carpal pad), 앞발허리볼록살(metacarpal pad), 발가락볼록살(digital pad)의 특징으로, 충격흡수제(shock absorbers) 역할을 한다.

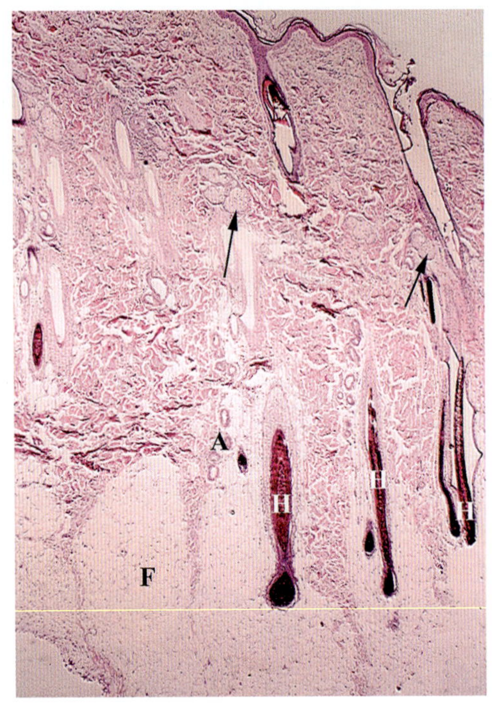

그림 16-11 • 피부밑지방(F)으로 확장된 세 개의 큰 일차털주머니(H)가 있는 피부밑조직(개). 기름샘(화살표)과 부분분비샘관(A)을 주목하시오. H&E. (×35).

제4절 피부부속기 *Skin Appendages*

1. 털 Hair

포유동물 가축의 경우, 털은 발가락볼록살, 발굽(hoof), 음경귀두(glans penis), 점막피부경계(mucocutaneous junction), 일부 종의 젖꼭지를 제외한 온몸을 덮고 있다. **털(hair)**은 털주머니(hair follicle)에서 생산된 유연하고 각질화된 구조이다. 피부 표면 위로 털의 먼쪽부분 또는 자유 부분이 **털줄기(hair shaft)**이다. 털주머니 안에 있는 부분은 **털뿌리(hair root)**이며, 털뿌리에는 **털망울(hair bulb)**이라고 하는 속이 빈 끝이 있고, 이는 진피유두(dermal papilla)에 붙어 있다.

털줄기는 세 층으로 구성되어 있다. 가장 바깥층인 껍질(cuticle), 각질세포가 치밀하게 배열된 겉질(cortex), 그리고 중앙에 있는 느슨한 입방세포 또는 납작한 세포로 이루어진 속질(medulla)이다(그림 16-12). **껍질(cuticle)**은 한 층의 납작한 각질세포로 이루어져 있으며, 지붕의 기와처럼 겹치는 자유모서리는 털줄기 먼쪽 끝을 향한다. **겉질(cortex)**은 긴 축이 털줄기와 평행한 치밀하게 밀집된 각질화된 세포층으로 구성

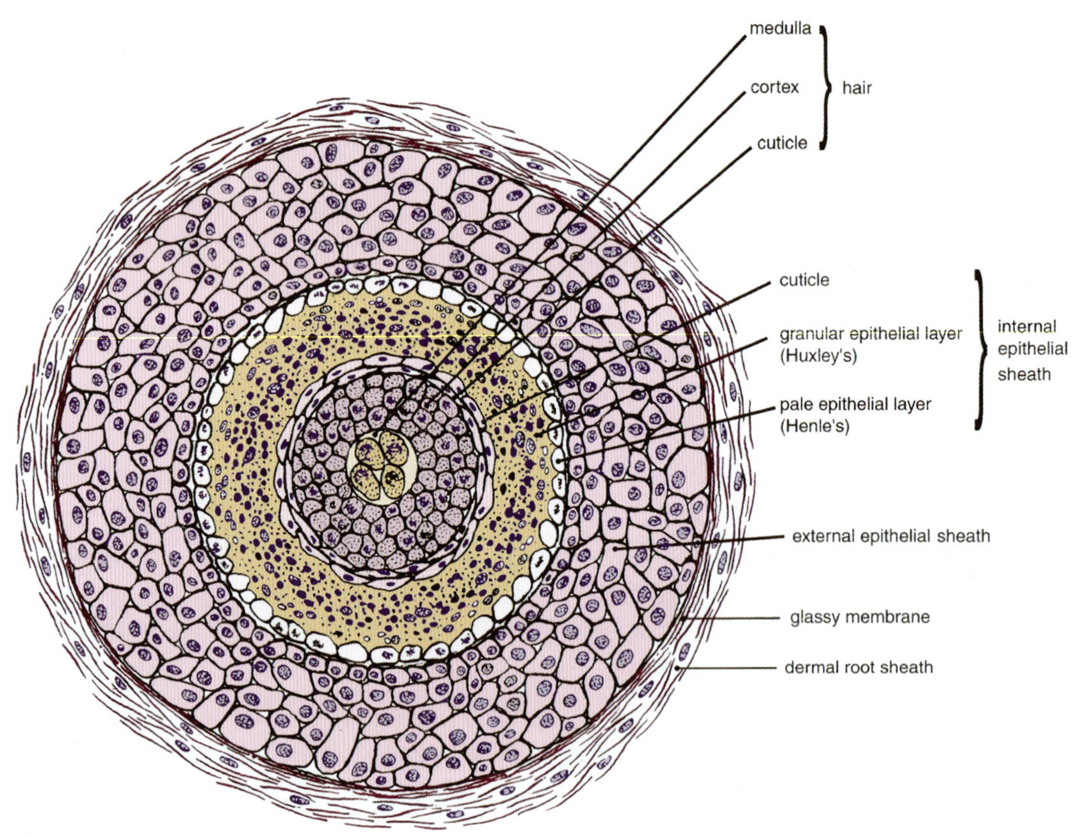

그림 16-12 • 털주머니의 가로단면 도해.

된다. 핵 잔존물과 색소과립이 세포 내에 존재한다. 부착반점(desmosome)은 세포를 단단히 고정한다. 털망울 근처의 세포는 더 짧고 타원형에 가깝고 둥근 핵을 포함한다. 속질(medulla)은 털의 중심을 형성하고 입방세포 또는 납작한 세포로 느슨하게 채워져 있다(그림 16-12). 털뿌리에서는 속질이 단단하지만, 털줄기에서는 공기로 채워진 공간이 있다. 속질 세포배열과 함께 껍질세포(cuticular cell) 표면의 모양은 각 종마다 특징적이다.

면양의 털 혹은 양모(fleece)는 섬유(fiber)라고 한다. 섬유에는 세 종류가 있다. ① 속질이 없고 지름이 작으며 촘촘하게 꼬인 양털섬유(wool fibers), ② 거칠고 특징적인 속질을 갖는 거친털섬유(kemp fibers), ③ 양털섬유와 거친털섬유의 중간 크기의 굵은섬유(coarse fibers)이다. 면양의 품종에 따라 특성이 다른 특징의 양모가 생산되며, 이러한 다양한 종류의 양털은 각기 다른 용도로 사용된다.

2. 털주머니 Hair Follicles

1) 구조 Structure

털주머니(hair follicle)는 외배엽이 배아의 그 아래 중배엽으로 성장하여 형성된다. 상피가 아래쪽으로 성장하여 관이 형성되고 주위 세포가 털뿌리를 둘러싼 여러 층 또는 집(sheath)이 된다. 털주머니는 보통 각을 이루어 진피에 묻혀 있으며, 털망울(bulb)은 피부밑조직만큼 깊이까지 뻗어 있을 수 있다(그림 16-11, 16-13). 털주머니는 네 가지 주요 요소인 ① 속뿌리집(internal root sheath), ② 바깥뿌리집(external root sheath), ③ 진피유두(dermal papilla), ④ 털바탕질(hair matrix)로 구성된다.

털뿌리 옆에 있는 가장 속층은 **속뿌리집(internal root sheath, internal epithelial root sheath)**으로 ① 껍질(cuticle, internal root sheath cuticle), ② 중간 속상피층(granular epithelial layer, Huxley's layer), ③ 바깥상피층(pale epithelial layer, Henle's layer)의 세 층으로 구성되어 있다

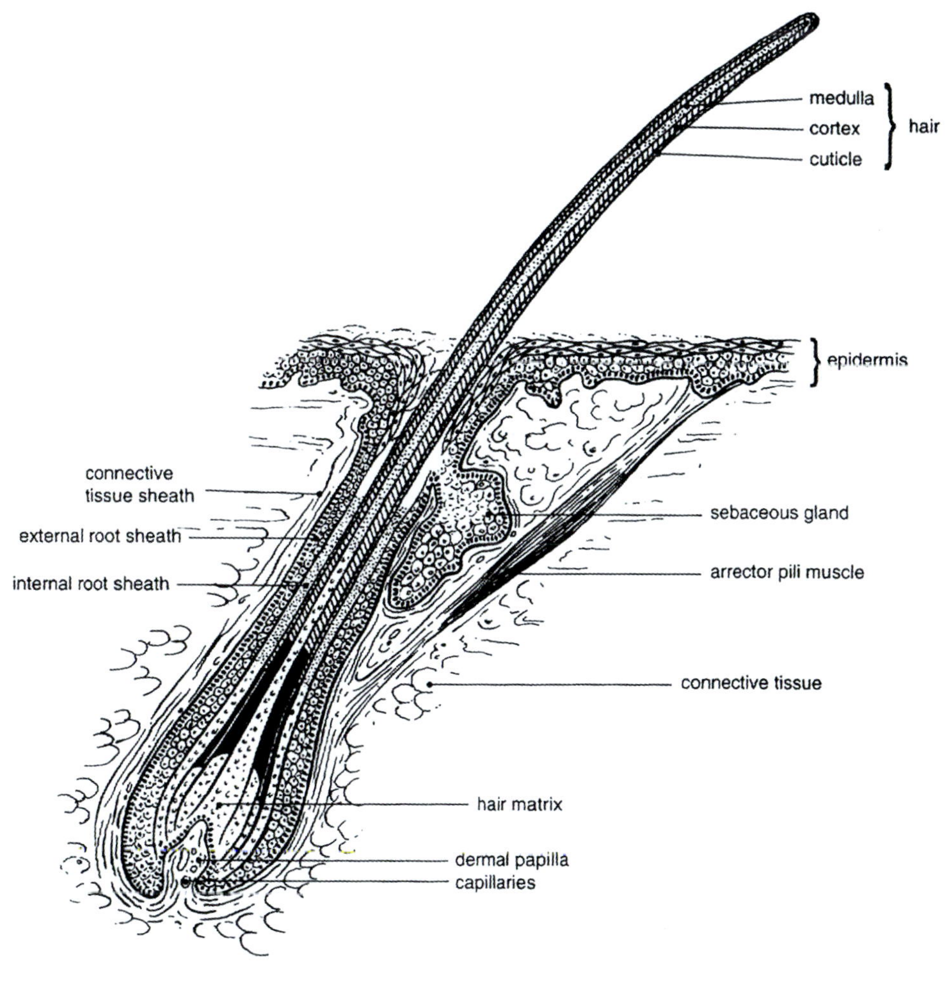

그림 16-13 • 털주머니의 세로단면 도해.

(그림 16-12). 속뿌리집의 **껍질(cuticle)**은 털껍질(cuticle of hair)과 마찬가지로 겹쳐진 각질화된 세포에 의해 형성되지만, 자유모서리는 반대 방향 또는 털망울 쪽으로 향한다. 이러한 배열로 인해 털뿌리는 털주머니에 단단히 이식된다. **속상피층(과립상피층, granular epithelial layer, Huxley's layer)**은 털유리과립(trichohyalin granule, 즉 털의 각질유리질)이 풍부한 한 층 내지 세 층으로 구성된다. **바깥상피층(투명상피층, pale epithelial layer, Henle's layer)**은 속뿌리집의 가장 바깥층이며 한 층의 각질화된 세포로 구성된다. 기름샘의 입구(opening) 바로 아래에서, 큰 털주머니의 속뿌리집은 주름져 여러 개의 돌림주름 또는 털주머니주름(follicular fold)을 형성한다. 이 집은 더 얇아지고, 세포들은 융합하고 분해되어 피부기름(sebum)의 일부가 된다.

바깥뿌리집(external root sheath, external epithelial root sheath)은 털주머니의 윗부분에서 연속되는 표피와 유사한 여러 층의 세포로 구성된다. 이 층의 바깥쪽에는 표피의 바닥판에 해당하는 균질한 유리막(glassy membrane)이 있다(그림 16-12). 전체 상피뿌리집(속뿌리집과 바깥뿌리집)은 혈관과 신경(특히 진피유두에서 풍부하게 공급된다), 아교섬유와 탄력섬유로 구성된 **진피뿌리집(dermal root sheath)**으로 둘러싸여 있다.

털주머니 진피유두(dermal papilla)는 털바탕질(hair matrix) 바로 아래의 결합조직 부위이다. 진피유두를 덮고 털망울의 대부분을 구성하는 세포는 털바탕질세포(hair matrix cells)이다. 이들은 일반 표피의 바닥층 세포와 유사하며 털을 형성하기 위해 각질화된 세포를 생성한다(그림 16-13). 이들은 생성된 각질의 유형과 관련하여 표면 표피(surface epidermis)의 각질세포와 다르다. 표면 각질세포는 각질유리질 단계(keratohyalin phase)를 거쳐 물렁각질(soft keratin)을 생성한다. 물렁각질을 함유하는 세포는 지질 함량이 높고 황함량이 낮으며, 표피 표면에 도달하면 탈락한다. 반면, 털주머니의 바탕질세포는 뿔(horn)과 깃(feather)의 특징인 단단각질(hard keratin)을 생성한다. 털주머니의 각질세포는 각질유리질 단계를 거치지 않고 탈락하지 않으며, 지질 함량이 낮고 황 함량이 높다.

털색소(hair pigment)는 진피유두 위에 위치한 표피 멜라닌세포(epidermal melanocytes)에서 유래한다. 회색털(gray hair)은 털망울의 멜라닌세포가 타이로시네이스(tyrosinase)를 생성할 수 없어서 발생한다. 털색(hair color)은 색소의 양과 분포, 그리고 반사광에서 흰색으로 보이는 공기의 존재에 따라 결정된다. 색소가 희미해지고, 속질이 공기로 채워지면 은백색 털(silvery white hair)이 된다.

대부분 털주머니는 털세움근(arrector pili muscle)이라고 하는 민무늬근육섬유다발이 연관되어 있다. 이 근육은 털주머니의 진피뿌리집에 붙어 있고 진피의 유두층과 연결되어 있는 표피까지 뻗어 있다(그림 16-13, 16-14). 이 근육은 부착부위에 탄력섬유로 고정되어 있으며 자율신경섬유의 지배를 받는다. 털세움근은 특히 개의 등을 따라 잘 발달되어 이 근육이 수축하면 털이 '뻣뻣하게(bristle)' 된다. 날씨가 추워지면 털세움근이 수축하면 털이 올라가서 털가죽에 작은 공기주머니가 형성된다. 이러한 막힌-공기공간(dead-air space)은 상당한 단열효과를 제공하여 체온을 유지하는 데 도움이 된다. 이 털세움근의 수축은 털을 세우는 것뿐만 아니라 기름샘을 비우는 역할을 할 수도 있다. 털세움근 외에도 돼지에서는 털주머니 세동이(triad)를 둘러싸는 **털주머니사이근(interfollicular muscle)**이 있다(그림 16-14, 16-15). 이 근육은 기름샘과 부분분비땀샘 사이의 중간에 위치한다. 수축 시 털주머니사이근은 세 개의 털주머니를 가까이 끌어당기고, 세동이의 바깥털주머니를 새로운 배열이 되도록 회전시킨다. 털주머니와 털의 조정은 체온조절, 감각기능, 피부샘 비움, 자기방어에 부분적으로 역할을 할 수 있다.

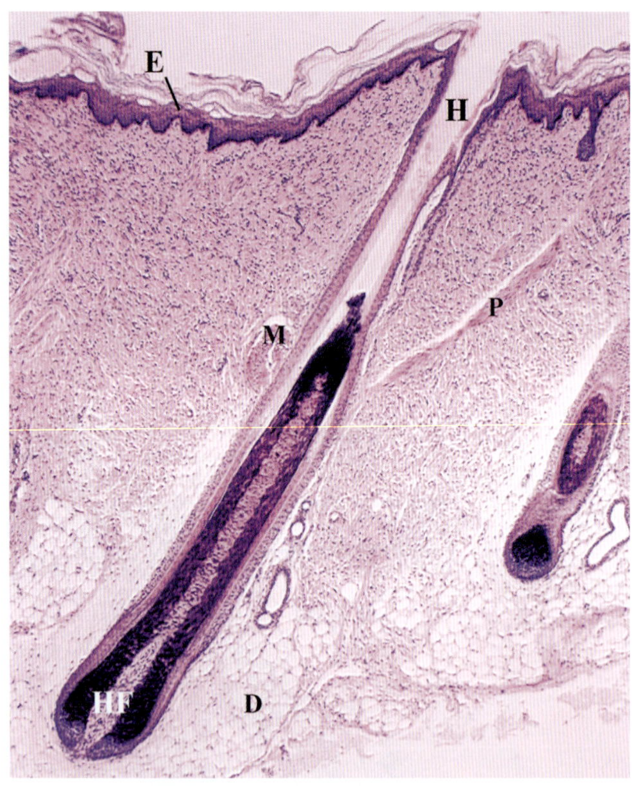

그림 16-14 • 돼지 털주머니(HF)의 세로단면. 부착된 털세움근(P), 털주머니사이근(M)의 가로단면, 표피(E), 털(H), 피부밑조직(D). H&E. (×50). (From Stromberg MW, Hwang YC, Monteiro-Riviere NA. Interfollicular smooth muscle in the skin of the domesticated pig (*Sus scrofa*). Anat Rec 1981;201:455.)

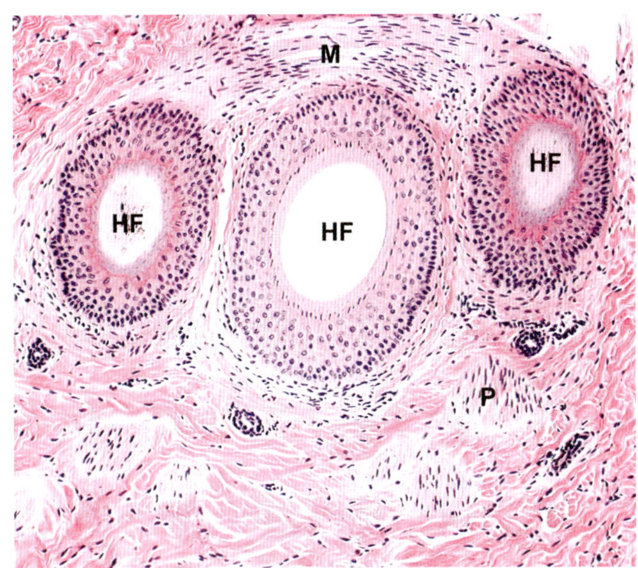

그림 16-15 • 돼지 털주머니 세동이(triad). 어린 돼지에서 흔히 볼 수 있는 세 개의 털주머니(HF)가 모여 있는 것을 주목하시오. 털주머니사이근(M)과 털세움근(P)이 보인다. H&E. (×100).

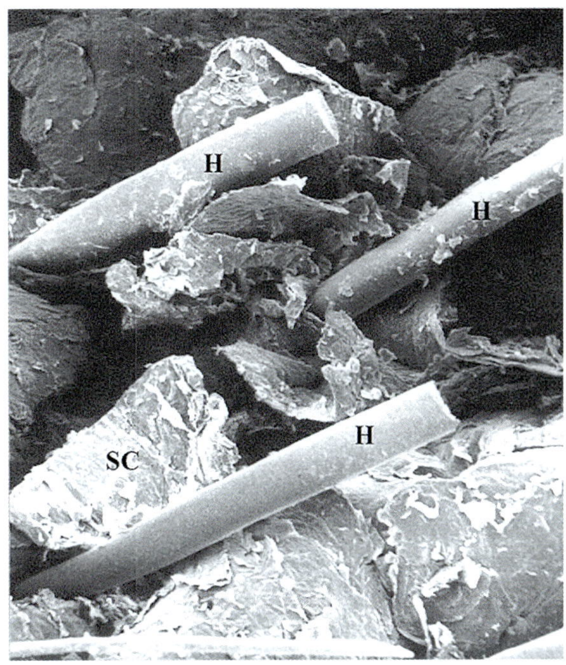

그림 16-16 • 돼지 피부 주사전자현미경사진. 각질층에서 세 개씩 모여 자라는 털(H)을 보여준다. 각질층(SC) 세포는 비늘 같은 모습에 주목하시오. (×60). (From Monteiro-Riviere NA. Comparative anatomy, physiology, and biochemistry of mammalian skin. In: Hobson DW, ed. Dermal and Ocular Toxicology: Fundamentals and Methods. Boca Raton, FL: CRC Press, 1991;1:3 – 74.)

2) 털주머니 종류 Types of Hair Follicles

털주머니(hair follicle)는 여러 유형으로 분류된다. **일차털주머니(primary hair follicle)**는 지름이 크고 진피 깊숙이 뿌리를 내리고 일반적으로 기름샘, 땀샘, 그리고 털세움근과 관련이 있다(그림 16-11). 이러한 털주머니에서 나오는 털을 **일차털(primary hair)** 또는 **보호털(guard hair)**이라 한다. **이차털주머니(secondary hair follicle)**는 일차털주머니보다 지름이 작고 털뿌리도 표면에 더 가깝다. 이것에는 기름샘이 있을 수 있지만 땀샘과 털세움근은 없다. 이러한 털주머니에서 나오는 털은 **이차털(secondary hair)**, 즉 **속털(underhair)**이다. 이차털에는 속질(medulla)이 없다.

표면으로 올라오는 털이 하나만 있는 털주머니를 **단순털주머니(single follicle, simple follicle)**라고 한다. **복합털주머니(compound follicle)**는 진피에서 위치한 여러 개의 털주머니가 모여 있는 형태이다. 기름샘의 입구가 있는 수준에서 털주머니는 융합하여 여러 개의 털이 하나의 바깥구멍을 통해 나온다. 복합털주머니는 일반적으로 하나의 일차털주머니와 여러 개의 이차털주머니를 가지고 있다.

가축의 털주머니 배열에는 많은 차이가 있다. 말과 소에서는 고르게 분포하는 단순털주머니를 가지고 있다. 돼지는 2~4개의 단순털주머니를 가지고 있으며, 어린 돼지에서는 세 개가 한 무리를 이루는 것이 가장 흔하다(그림 16-15, 16-16). 이 털주머니는 일반적으로 치밀결합조직으로 눌러싸여 있다. 개의 복합털주머니는 하나의 큰 일차털과 그 아래에 위치하는 작은 이차털 집단(group)으로 구성된다(그림 16-17). 개의 품종마다 다양한 털유형이 있다. 예를 들어 저먼셰퍼드(German Shepherd)에서는 이차털이 더 많은 반면, 로트와일러(Rottweilers)나 테리어(Terriers)와 같은 단모종(short-coat breeds)에서는 일차털이 더 많다. 고양이의 털주머니 배열은 하나의 큰 일차털(보호털)주머니와 그 주위를 싸는 2~5개의 복합털주머니 무리로 구성된다(그림 16-18). 각 복합털주머니에는 세 개의 거친 일차털과 6~12개의 이차털을 가지고 있다. 면양의 피부에는 얼굴부위, 다리의 끝부위, 귓바퀴처럼 털성장구역(hair-growing region)과 몸의 대부분을 차지하는 양털성장구역(wool-growing region)이 있다. 털성장구역은 대부분 단순털주머니가 있는 반면, 치밀하게 덮인 양털성장구역에는 많은 복합털주머니가 있다. 전형적인 털주머니 무리는 세 개의 단순일차털주머니와 여러 개의 이차털주머니가 있다. 산양의 경우, 단순일차털주머니는 세 개씩 모여 있으며, 3~6개의 이차털주머니가 각 무리와 연관되어 있다.

머리의 **촉각털주머니(sinus hair follicle, tactile hair follicle)**로써 고양이의 수염(vibrissae, whiskers)은 촉각을 위한 매우 특수한 구조이나. 그것은 매우 큰 단순털주머니이며, 진피뿌리집의 속층과 바깥층 사이에 혈액으로 채워진 굴(blood-filled sinus)이 있는 것이 특징이다(그림 16-19). 이 굴

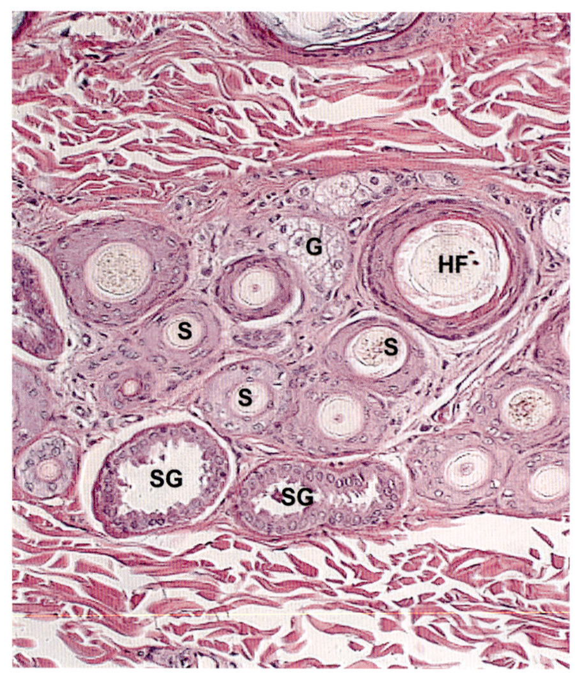

그림 16-17 • 개 복합털주머니. 일차털주머니(HF), 기름샘(G), 땀샘(SG). 나머지 둥근 구조는 모두 이차털주머니(S)이다. H&E. (×150).

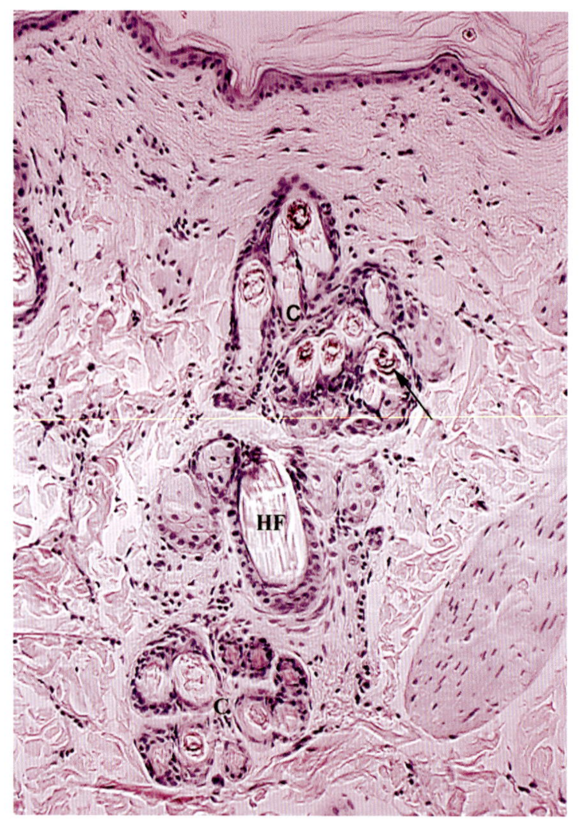

그림 16-18 • 고양이 털주머니무리. 일차털주머니(HF)는 일차털과 이차털(화살표)이 포함된 복합털주머니무리(C)에 의해서 둘러싸여 있다. H&E. (×160).

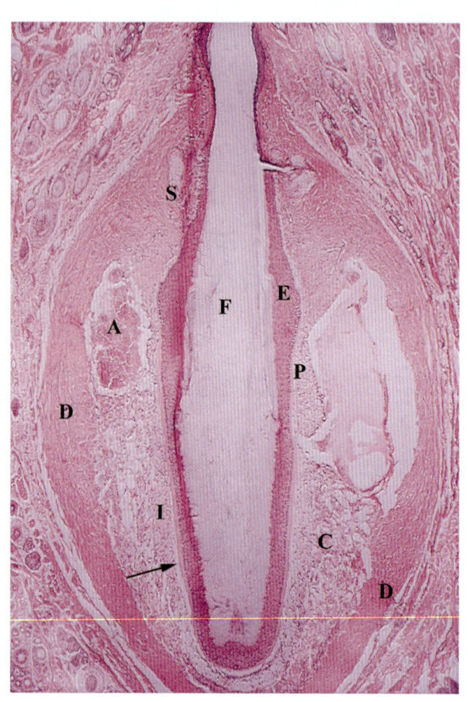

그림 16-19 • 고양이 촉각털주머니(sinus hair follicle). 진피뿌리집 바깥층(D), 속층(I), 잔기둥이 없이 혈액으로 가득 찬 위쪽 고리혈굴(upper anular sinus, A), 잔기둥이 있는 해면정맥굴(C), 유리막(glassy membrane, 화살표), 바깥뿌리집(E), 털(F), 혈굴받침(sinus pad, P), 그리고 털기름샘관으로 열리는 기름샘(S). H&E. (×50).

은 위쪽의 고리혈굴(upper anular sinus, 잔기둥이 없고 결합조직에 의해서 분리되지 않음)과 아래 해면정맥굴(lower cavernous sinus, 잔기둥이 있고 결합조직으로 분리됨)로 나뉘지만 말과 되새김동물에서는 예외적으로 이 고리혈굴의 길이 전체에 걸쳐 섬유탄력성 잔기둥(fibroelastic trabeculae)이 가로지르고 있다. 그러나 돼지와 육식동물에서는 촉각털주머니의 윗부분에서 진피뿌리집 속층이 두꺼워져 혈굴받침(sinus pad)을 형성하고, 이것은 잔기둥이 없는 고리혈굴로 둘러싸여 있다(그림 16-20). 뼈대근육은 털주머니의 진피뿌리집 바깥층에 부착되어 있어 털움직임을 어느 정도 수의적으로 조절할 수 있다. 수많은 신경다발이 진피뿌리집 바깥층을 뚫고 잔기둥과 진피뿌리집 속층으로 분지한다.

3) 털주기 Hair Cycle

표피 표면에서 새로운 각질세포가 끊임없이 생성되어 각질화 과정이 지속적으로 일어나지만, 털주머니에서는 바탕질세포에서 유사분열이 일어나지 않는 휴지기(periods of quiescence)가 존재한다. 바탕질세포 증식이 재개되면 새로운 털이 형성된다. 이러한 털망울의 주기적인 활동 덕분에 가축의 털(hair coat)은 계절에 따라 변화한다. 털은 깍은 후 다시 자라기까지 일반 털 또는 짧은 털(normal or short coat)의 경우 약 3~4개

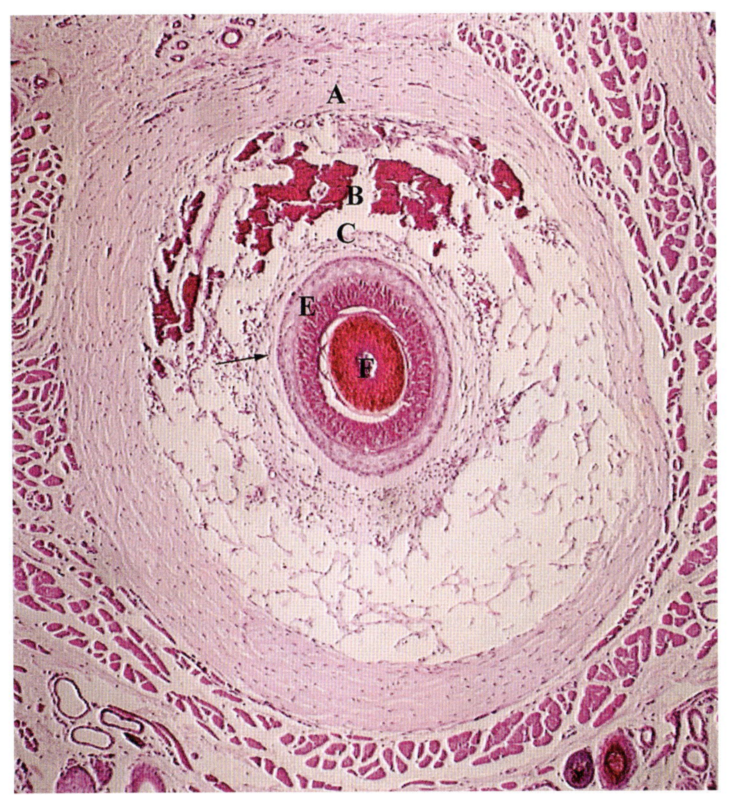

그림 16-20 • 고양이 촉각털주머니의 가로단면. 뿌리진피집의 바깥층(A), 잔기둥이 있는 아래쪽 해면정맥굴(B), 속뿌리집(C), 유리막(화살표), 바깥뿌리집(E), 털(F). H&E. (×60).

월, 긴 털(long coat)의 경우 최대 18개월이 걸린다. 이 기간은 털주머니의 성장단계에 따라 달라진다.

털망울의 세포가 유사분열 활동을 하는 기간을 **성장기(anagen)**라 한다(그림 16-21). 이 성장기가 끝나면 털주머니는 퇴행단계(regressive stage)를 거치는데, 이를 **퇴행기(catagen)**라고 한다. 이 기간 동안 대사 활동이 느려지고 털주머니 밑부분이 피부 위쪽, 표피 표면으로 이동하여 결국 털주머니에 남아 있는 것은 약하고 무질서한 세포 기둥인 곤봉털(club hair)뿐이다. 그런 다음 털주머니는 **휴지기(telogen**, resting phase, quiescent phase)에 들어가는데, 이 단계에서는 성장이 멈추고 털주머니 밑부분이 기름샘관 위치에 있다. 휴지기가 끝나면 재생된 성장기에서 유사분열 활동과 각질화가 다시 시작되고 새로운 털이 형성된다. 새로운 털이 휴지기 털주머니(telogen follicle) 아래에서 자라면서 점차 오래된 털을 표면을 향해 위로 밀어 올리고 결국 빠지게 된다. 이러한 간헐적인 유사분열 활동과 털바탕질세포의 각질화는 **털주기(hair cycle)**를 구성하는데, 이는 일조 시간, 주변 온도, 영양분, 호르몬(특히 에스트로젠, 테스토스테론, 부신스테로이드호르몬, 갑상샘호르몬)을 포함한 여러 요인에 의해 조절된다.

3. 피부샘 Skin Glands

1) 기름샘 Sebaceous Glands

기름샘(sebaceous gland)은 단순분지샘 또는 복합꽈리샘으로, 분비산물인 **피부기름(sebum)**을 온분비 방식으로 분비한다. 지질과 분해된 세포의 혼합물을 함유하는 기름분비물인 피부기름은 항균제 역할을 하며, 털이 많은 포유동물에서는 방수제 역할을 한다. 기름샘은 대부분 털주머니와

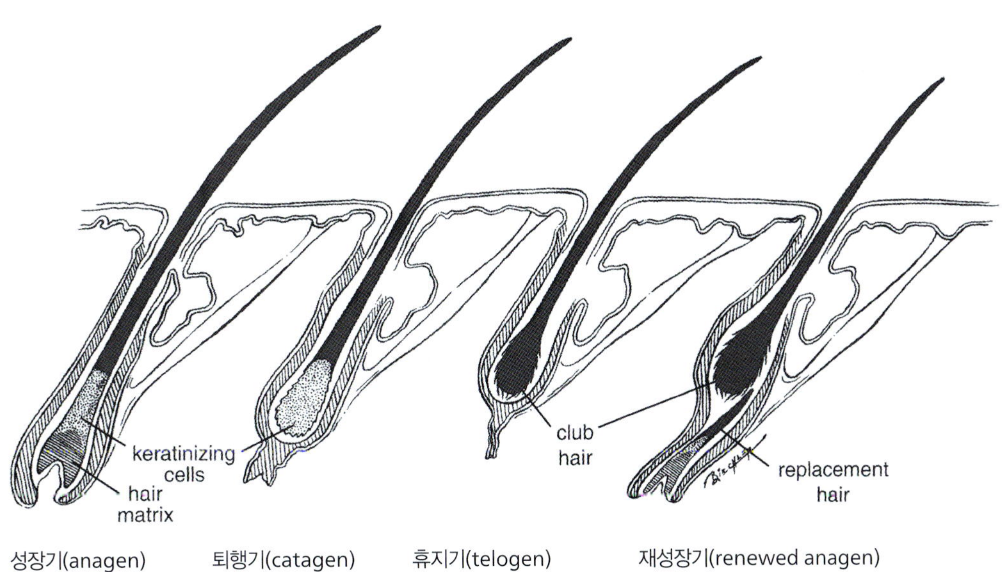

그림 16-21 • 털주머니 성장과 교체의 주요한 세 단계 도해.

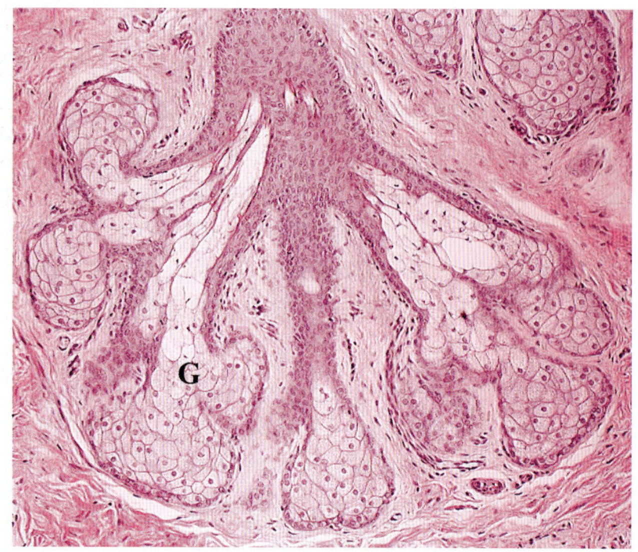

그림 16-22 • 말 입술의 뭇소엽 기름샘(G). H&E. (×110).

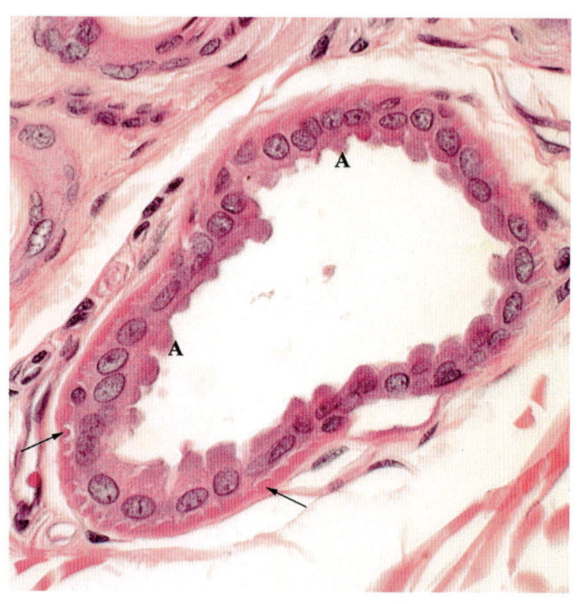

그림 16-23 • 개 부분분비땀샘. 근육상피세포(화살표)와 꼭대기의 분비 모자(A). H&E. (×660).

연관되어 있으며, 기름샘 도관은 털주머니로 들어가 털기름샘관(pilosebaceous canal)을 형성한다(그림 16-19). 말의 항문과 젖꼭지, 일부 종의 음경꺼풀 속층과 같이 털이 없는 특정 부위에서 기름샘은 중층편평상피로 덮인 관을 통해 피부 표면으로 직접 분비한다. 분비단위(secretory unit)는 주변 진피와 섞인 결합조직집으로 둘러싸인 단단한 표피세포 덩이로 구성되어 있다. 샘덩이 주변부에서는 낮은 입방세포의 단일 층이 바닥판 위에 놓여 있다(그림 16-22). 대부분의 유사분열 활동은 이 층에서 일어나며, 세포가 안쪽으로 이동함에 따라 크기가 커지고 뭇면체가 되며 수많은 지방방울이 축적된다. 관 근처의 세포에는 농축핵(pyknotic nuclei)이 있는데, 이 핵은 염색질 응축으로 인해 밀도가 높고 수축되어 있으며, 이는 일반적으로 괴사나 세포자멸사에서 나타난다. 피부기름은 중층편평상피로 덮인 짧은 관을 통해 털주머니의 속공간으로 들어간다. 특정 종의 몸 여러 부위에는 특히 잘 발달된 기름샘이 축적되어 있으며, 그중 일부는 땀샘과 관련이 있다. 이러한 부위에는 면양의 눈아래부위(infraorbital region), 고샅부위(inguinal region), 발가락사이부위(interdigital region), 산양의 뿔바닥, 고양이의 항문주머니(항문결굴, anal sacs), 개의 음경꺼풀과 항문둘레부위(circumanal region)가 포함된다. 이 장의 뒷부분에서 이에 대해 설명한다. 발볼록살(foot pads), 발굽(hoofs), 갈고리발톱(claws), 뿔(horn)과 같은 피부의 일부 부위에는 기름샘이 없다.

2) 땀샘 Sweat Glands

땀샘(sweat gland, sudoriferous gland)은 분비물을 분비하는 방식에 따라 부분분비(apocrine)와 샘분비(merocrine, eccrine) 두 유형으로 분류된다. 부분분비샘은 포유동물에서 가장 광범위하게 발달된 유형이다. 그 구조는 종마다 상당히 다르다. 부분분비로 지정된 모든 땀샘에서 부분분비 분비방식이 나타나는지, 모든 가축 종에서 그러한지는 확실하지 않다. 그럼에도 불구하고, 주로 교육적 이유로 부분분비라는 용어는 그대로 유지된다.

부분분비땀샘(apocrine sweat gland)은 나선형 분비부위와 곧은 관(단순나선대롱샘, simple coiled tubular gland)이 있는 단순주머니 또는 단순대롱샘이다. 분비부위는 분비활성의 단계에 따라 납작한 입방에서 낮은 원주상피세포로 둘러싸인 큰 속공간이 있다(그림 16-23). 세포질에는 당원, 지질 또는 색소과립이 포함될 수 있다. 부분분비땀샘 세포 자유면에는 분비 활성도를 나타내는 다양한 세포질 돌출(varying cytoplasmic protrusion)이 있다. 근육상피세포(myoepithelial cell)는 분비세포와 바닥판 사이에 위치한다. 관(duct)은 진피의 윗부분으로 곧게 주행하며, 좁은 속공간과 두 층의 납작한 입방세포가 있다. 관이 피부의 표면으로 열리기 직전에 털주머니의 표피를 관통하는 경우가 가장 흔하다. 가축의 부분분비샘은 피부 대부분에 존재한다. 이 특성은 주로 겨드랑부위, 두덩부위, 항문주위 부위에 존재하는 사람에서의 분포와 대조된다. 말의 경우 이 샘은 다량의 분비물을 분비하며 운동을 하거나 고온에서 눈에 띨 정도로 땀을 생성한다. 다른 종에서는 분비가 빈약하여 거의 눈에 띄지 않는다. 개와 고양의 경우 샘은 구불구불하거나 뱀모양일 수 있으며, 되새김동물의 경우 속공간이 확장되어 큰 주머니처럼 보인다. 부분분비샘은 산양과 고양

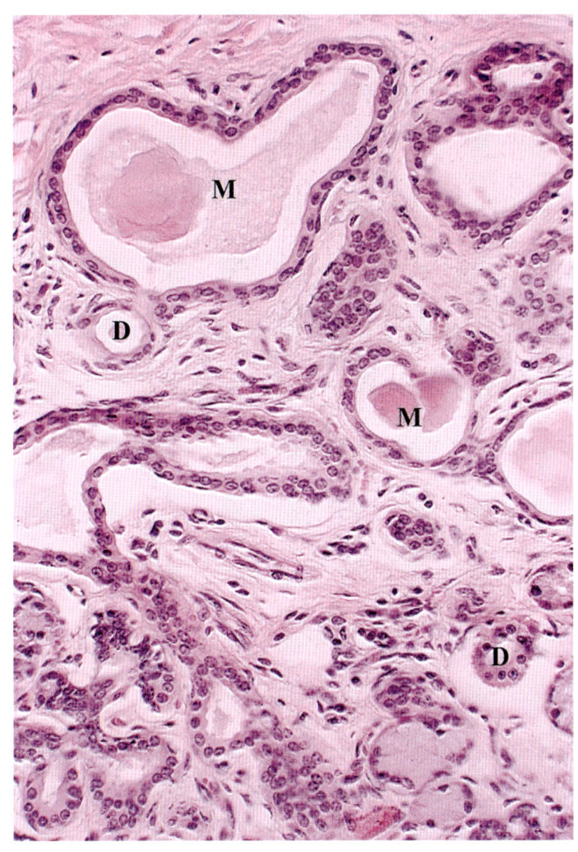

그림 16-24 • 소 코입술평면의 샘분비땀샘(M)과 관(D). H&E. (×300).

이에서 활동성이 가장 낮다. 이 샘의 기능은 지방, 단백질, 그리고 다른 유기화합물의 점성 분비물을 생성하는 것이다. 이 분비물에는 종 사이의 의사소통과 관련된 향(scent)이 포함되어 있으며, 아마도 성적 유인제(sex attractant) 또는 영역표시(territorial marker) 역할을 할 것이다. 여러 부위에 있는 부분분비샘은 구조와 기능이 특화되어 있으며, 이 장의 뒷부분에서 설명한다.

샘분비땀샘(외분비땀샘, merocrine sweat gland, eccrine sweat gland)은 주로 개와 고양이의 발볼록살(foot pads), 말발굽의 발굽쐐기(frog), 돼지의 주둥이코평면(planum rostrale), 소의 코입술평면(planum nasolabiale), 돼지의 앞발목샘(carpal glands)과 같이 특수한 피부에서 관찰된다(그림 16-24). 이들은 털주머니가 아닌 피부표면에 직접 여는 단순대롱샘이다. 분비부위는 두 가지의 뚜렷한 세포 유형이 있는 입방상피로 구성된다. **어두운세포(dark cell)**는 투명세포보다 리보소체가 더 많고 세포 꼭대기에 수많은 점액방울이 있다. 대조적으로 **투명세포(clear cell)**는 호염기성 세포질이 없으며, 지방포함물을 함유하며 수성 땀을 생성한다. 이들 세포의 바닥에는 세포막 주름(infolding)이 있어 전해질 수송에 역할을 하는 것으로 보인다. 세포사이모세관은 인접한 투명세포 사이에 발생하고 속공간에서 상피 바닥으로 이어진다. 근육상피세포는 분비단위를 둘러싸고 분비샘이 분비물을 배출하는 데 도움을 준다. 두 층의 입방 상피세포로 구성된 이 관은 비교적 곧게 주행하여 표피 표면으로 직접 연결된다.

제5절 혈관, 림프관, 신경
Blood Vessels, Lymph Vessels, Nerves

피부 동맥의 종말가지는 세 개의 **혈관얼기(plexuses)**를 생성한다. ① 깊은, 즉 **피부밑얼기(subcutaneous plexus)**, 이는 다시 ② 중간, 즉 **피부얼기(cutaneous plexus)**로 분지를 생성하고, 이 신경얼기는 ③ 얕은, 즉 **진피유두밑얼기(subpapillary plexus)**를 구성하는 분지를 제공한다(그림 16-1). 피부정맥으로의 정맥환류는 그 반대 방향으로 일어난다. 이러한 배열을 통해 피부의 모든 구성요소에 적절한 혈액 공급이 보장된다. 얕은진피유두얼기(superficial plexus)는, 존재하는 경우 진피유두까지 뻗은 모세혈관고리를 또한 제공한다. 모세림프관은 진피의 얕은층에서 발생하여 피부밑얼기로 배출되는 그물(network)을 형성한다.

피부에 분포하는 신경은 몸의 부위에 따라서 각각 다르다. 작은 피부밑신경은 진피를 관통하고 표피로 가는 작은 분지를 보내는 신경얼기를 생성한다. 여러 유형의 신경종말이 존재한다. 표피와 진피의 들자유신경종말(털주머니를 둘러싸고 있음); 피부밑조직의 날자유신경종말(털세움근, 샘, 혈관); 무피막촉각소체(nonencapsulated tactile corpuscle, 촉각상피세포, Merkel cell); 그리고 피막촉각소체(encapsulated tactile corpuscle, Meissner's corpuscle)(4장 참조). 층판소체(lamellar corpuscle, Pacinian corpuscle)는 말발굽(equine hoof)의 발굽쐐기(frog), 개와 고양이의 발가락받침(digital cushion), 고양이의 항문주머니벽(anal sac wall)에서 관찰된다.

제6절 외피의 특수구조
Special Structures of the Integument

1. 바깥귀 External Ear

귓바퀴(auricle, pinna)는 양쪽 면이 땀샘, 기름샘, 털주머니가 있는 얇은 피부로 덮여 있다(그림 16-25). 귓바퀴의 볼록한 면에는 오목한 면에서보다 단위 면적당 더 많은 털주머니가 있다. 혈관은 귓바퀴의 중심부를 이루는 탄력연골의 작은 구멍을 관통한다. 개에서는 연골의 외상이나 연골을 구부러뜨리

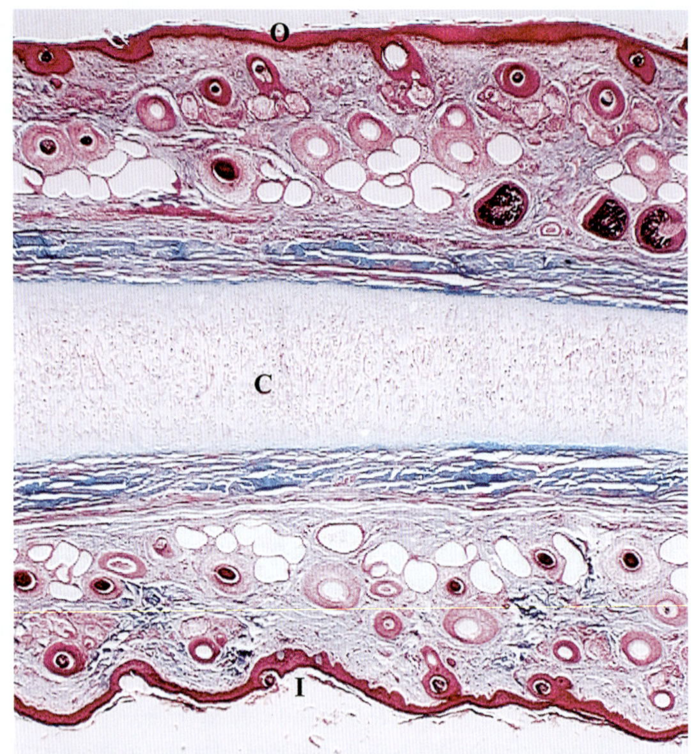

그림 16-25 • 소 귓바퀴. 바깥면(O), 속면(I), 귓바퀴탄력연골(C). Masson's Trichrome 염색. (×30).

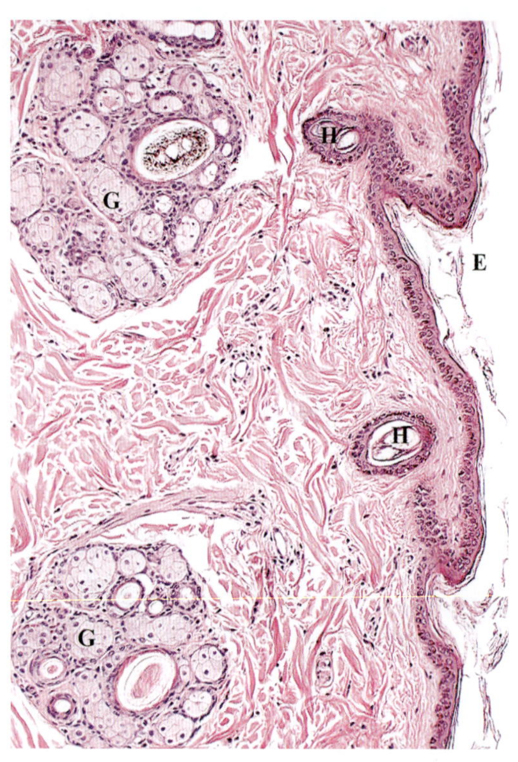

그림 16-26 • 개 윗눈꺼풀. 피부 표면(E). 여러 개의 털(H)과 기름샘(G)이 있다. H&E. (×50).

는 것만으로도 혈관에 손상이 생겨 피부밑혈종(subcutaneous hematomas)이 생기기도 한다.

바깥귀길(external acoustic meatus)의 속공간은 불규칙한 모습이며, 여러 개의 영구적인 피부주름이 나타난다. 바깥귀길을 덮는 피부에는 작은 털주머니, 기름샘, **귀지샘(ceruminous gland)**이 있다. 귀지샘은 단순나선대롱샘인 부분분비땀샘(apocrine sweat gland)이다. 귀지샘은 털주머니나 피부표면으로 구멍을 연다. 이 샘은 바깥귀길 아래 1/3 부위에서 그 수가 증가한다. 귀지샘의 분비물인 피부기름(sebum)과 박리된 중층편평상피가 섞여 **귀지(cerumen, ear wax)**가 만들어진다. 바깥귀길은 바깥부위에서는 탄력연골이 지지하고 고막(tympanic membrane) 근처에서는 뼈가 지지한다.

2. 눈꺼풀 Eyelids

위, 아래의 양쪽 **눈꺼풀(eyelids)**의 가장 바깥쪽은 땀샘, 기름샘, 털주머니가 있는 전형적인 피부로 이루어져 있다(그림 16-26). 고양이를 제외한 대부분의 동물에서 윗눈꺼풀(upper lid)에는 많은 속눈썹(cilia, eyelashes)과 그와 관련된 기름샘, 즉 속눈썹기름샘(ciliary sebaceous gland, gland of Zeis)이 있다. 아랫눈꺼풀(lower lid)의 속눈썹(cilia)은 되새김동물과 말에서 적으며, 일반적으로 고양이, 개, 돼지에는 없다. 촉각털(tactile hairs)이 눈꺼풀이나 그 근처에 존재하기도 한다. 눈꺼풀의 속면인 눈꺼풀결막(palpebral conjunctiva)은 점막이며, 그 결막구석(conjunctival fornix)에 림프조직이 있다. 이곳의 상피는 위치와 동물에 따라 다양하여 눈꺼풀가장자리 근처에서는 중층편평상피이지만, 그 외에는 원주세포, 입방세포, 뭇면체세포, 편평세포가 뒤섞여 나타난다. 결과적으로 중층편평상피, 중층입방상피, 중층원주상피, 이행상피 또는 거짓중층상피로 다양하게 나타난다. 잔세포도 종종 나타난다(그림 16-27).

눈꺼풀에서 특징적으로 보이는 **눈꺼풀판샘(tarsal gland, meibomian gland)**은 윗눈꺼풀에서 더 잘 발달되어 있다(그림 16-28). 이 샘은 뭇소엽의 기름샘으로 중심관을 통해서 눈꺼풀가장자리로 열려 있다. 이 샘은 고양이에서 가장 잘 발달하였으며, 돼지에서는 발달이 미약하다. 이 샘은 아교섬유와 탄력섬유의 치밀층인 **눈꺼풀판(tarsal plate)**으로 둘러싸여 있다. 눈둘레근(orbicularis oculi)에서 유래한 뼈대근육섬유는 눈꺼풀을 지나며 민무늬근육섬유다발도 흩어져 분포한다.

속눈썹샘(ciliary gland, gland of Moll)이라 부르는 부분분비땀샘은 눈꺼풀판샘의 앞쪽, 속눈썹 근처, 또는 속눈썹의 털주머니에 구멍을 연다. 속눈썹샘은 정상적인 땀샘과는 달리, 그 종말부위가 약간 나선형을 이루고 샘 속공간은 더 확장되어 있다. 이곳은 전형적인 원통형 분비세포와 근육상피세포로 덮

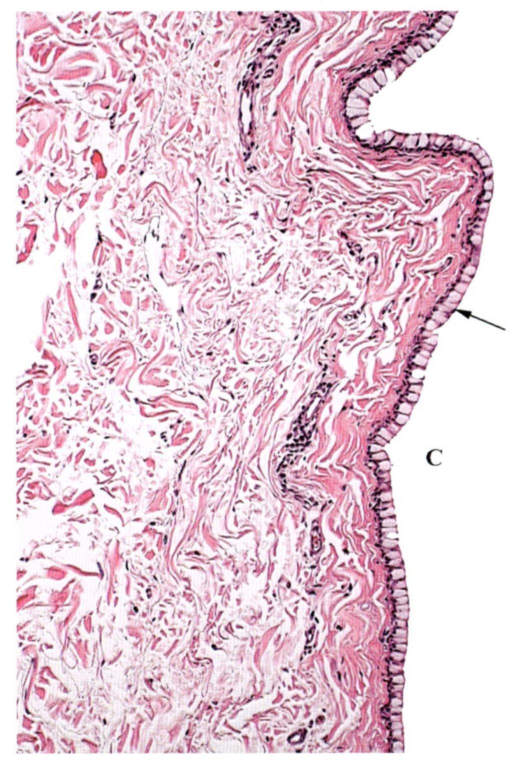

그림 16-27 • 개 윗눈꺼풀. 결막 표면(C)에는 많은 잔세포를 가진 거짓중층상피이다. H&E. (×150).

여 있다. 이들 구조와 위치는 모든 포유동물에서 유사하지만 그 기능은 명확하지 않다.

3. 눈확아래굴 Infraorbital Sinus, Infraorbital Pouch

면양의 **눈확아래굴(infraorbital sinus, infraorbital pouch)**은 눈의 안쪽의 앞쪽에 위치하며, 털이 거의 없는 얇은 피부로 덮여 있다. 이 굴의 주위에는 연속된 층을 형성하는 커다란 기름샘이 있으며, 주변에는 약간의 부분분비땀샘이 위치한다. 이러한 샘 분비물은 피부에서 끈적한 노란색의 지방물질로 나타난다.

4. 코 Nose

코안(nasal cavity)의 바깥구멍을 싸는 피부(콧구멍, nares)는 동물종에 따라 약간씩 변형되어 있다. 소에서 코입술평면(planum nasolabiale)은 매끄럽고 두꺼운 각질표피(keratinized epidermis)를 가지고 있는 반면(그림 16-29), 개와 고양이의 코평면(planum nasale)은 뚜렷한 이랑(elevations)과 고랑(grooves)이 있는 두꺼운 각질표피로 구성되어 있다. 이

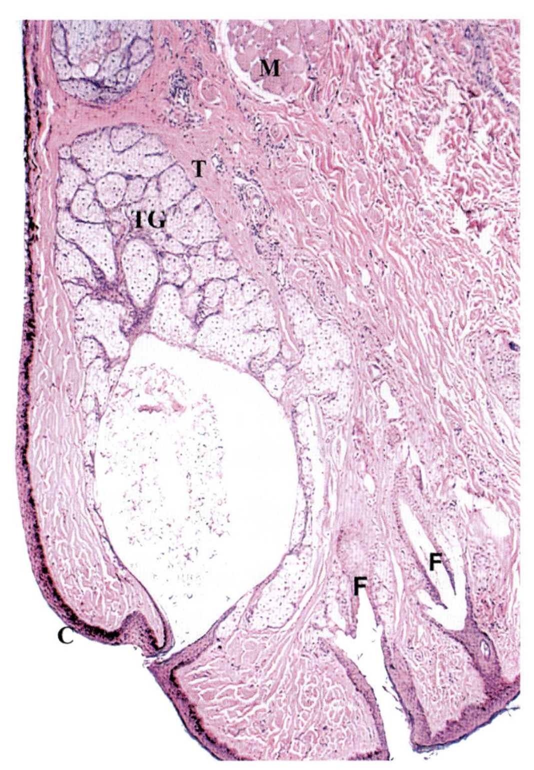

그림 16-28 • 개 윗눈꺼풀의 눈꺼풀판샘. 뭇소엽 기름샘인 눈꺼풀판샘(TG)의 세로단면이 눈꺼풀판(T), 뼈대근육(M), 그리고 털주머니(F)로 싸여 있다. 결막 표면(C)은 비각질중층편평상피이다. H&E. (×40).

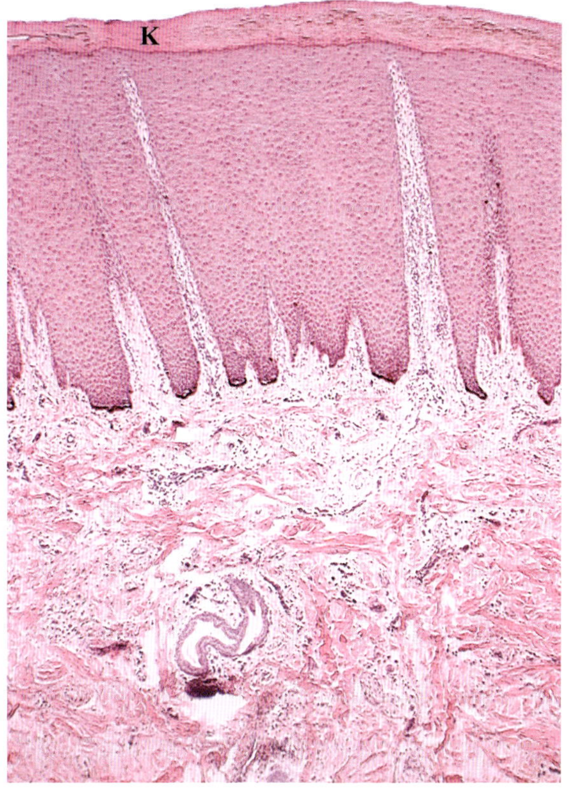

그림 16-29 • 소 코입술평면. 두꺼워진 각질중층편평상피(K)에 주목하시오. H&E. (×50).

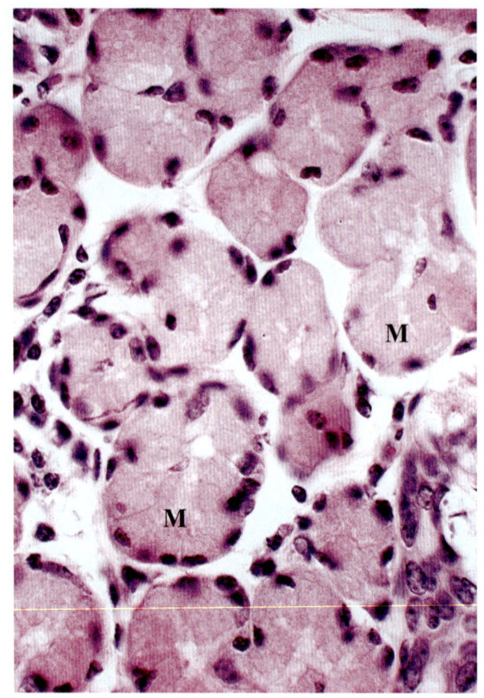

그림 16-30 • 소 코입술부위의 점액 샘분비샘(M). H&E. (×780).

러한 특징이 있어 지문과 유사하게 코문(nose printing)으로 개체 식별을 하는 근거가 된다. 땀샘이나 기름샘은 이 부위에는 없다. 말의 콧구멍 주위의 피부는 얇으며 가는 털과 많은 기름샘이 나타난다. 돼지의 주둥이코평면(planum rostrale)에서는 표면에 촉각털(tactile hairs, sinus hairs)이 분포하고 수많은 큰 샘분비땀샘(large merocrine sweat glands)이 분포한다. 작은 되새김동물의 코평면과 큰 되새김동물의 코입술평면에는 털주머니가 없고, 침샘의 형태학적 특징을 갖는 큰 샘분비샘(large merocrine glands)이 있다(그림 16-30). 이들 샘 분비는 콧잔등(코입술평면)이 촉촉하게 젖어있게 한다.

5. 턱끝기관 Mental Organ

돼지의 **턱끝기관(mental organ)**은 턱의 각진부위 뒤쪽의 턱사이 중간부위에 위치하며, 약간의 촉각털이 있는 부분분비샘과 기름샘으로 된 큰 공모양덩이(large spherical mass)로 구성된다. 진피에는 촉각소체(tactile corpuscles, Meissner's corpuscles)와 신경섬유가 존재하며, 이는 기계적인 자극을 전달하는 역할을 하는 것으로 생각된다.

6. 턱밑기관 Submental Organ

고양이의 **턱밑기관(submental organ)**은 아래턱사이공간에 위치하며 기름샘소엽으로 이루어져 있는데, 각 엽의 중심에는 집합공간이 있다. 이들 소엽은 뼈대근육으로 둘러싸여 있다.

고양이는 특별한 후각표시(olfactory marking)를 할 때 물체에 이 기관을 문질러서 기름샘분비물(sebaceous scent)이 옮겨가게 한다.

7. 앞발목샘 Carpal Glands

돼지의 **앞발목샘(carpal gland)**은 앞발목 안쪽표면에 위치하며, 다수의 소엽으로 된 치밀한 샘분비땀샘의 집합체이다. 이 샘은 중층편평상피로 덮인 3~5개의 곁주머니를 통해서 피부표면으로 열린다. 각 소엽은 두 층의 입방상피로 이루어진 관을 통해서 분비하는데, 이 관은 진피와 표피를 꾸불꾸불하게 지나 곁주머니로 열린다.

8. 발가락사이굴 Interdigital Sinus

면양의 **발가락사이굴(interdigital sinus)**은 발굽 바로 위의 발가락 사이에 위치한다. 이 굴의 개구부는 발가락사이공간의 등쪽 끝에 있다. 이 굴의 피부에는 기름샘과 관련된 약간의 털주머니가 있고 수많은 큰 부분분비샘이 있다. 이 무리를 **발가락사이굴샘(interdigital gland)**이라 한다.

9. 고샅주머니 Inguinal Sinus, Inguinal Pouch

면양의 **고샅주머니(inguinal sinus, inguinal pouch)**는 암수 모두에서 고샅부위(inguinal region)에 있는 피부곁주머니로서, 흩어져 있는 작은 털주머니, 기름샘, 부분분비샘이 들어있다.

10. 음낭 Scrotum

음낭(scrotum) 피부는 일반적으로 몸의 다른 부위보다 얇다. 기름샘과 부분분비땀샘이 있는데, 그 크기와 수는 종에 따라 다양하다. 수퇘지에는 약간의 부분분비땀샘이 있으나, 수말에는 큰 기름샘과 잘 발달된 부분분비땀샘이 있다. 색소의 양도 종(species)과 품종(breed)에 따라 다양하다. 모든 동물에서 짧고 가는 털이 있는 것이 특징이다. **음낭근막(dartos fascia, tunica dartos)**은 음낭의 피부밑층의 안쪽에 있는 섬유탄력결합조직과 민무늬근육으로 구성된 독특한 층이다. 이 근육섬유는 고환의 온도조절에 중요한 역할을 한다.

11. 항문주머니 Anal Sacs

육식동물에서 **항문주머니(anal sacs)** 또는 **항문곁굴(paran-**

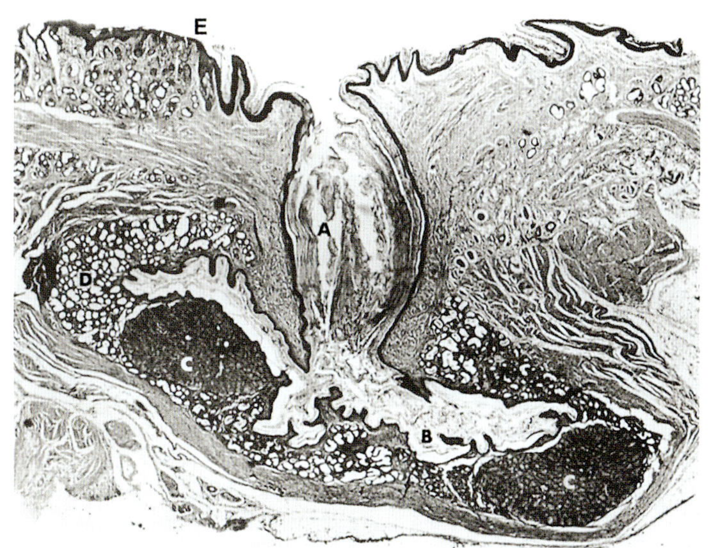

그림 16-31 • 고양이 항문주머니(항문곁굴)와 이와 관련된 샘. 항문주머니의 관(A)과 속공간(B)에는 각질화된 상피 조각과 분비물로 차 있다. 기름샘덩어리(C), 부분분비 항문주머니샘(D), 항문피부경계(E). H&E. (×17). (Greer MB, Calhoun ML. The anal sacs of the domestic cat- *Felis domesticus. Am J Vet Res* 1966;27:773.)

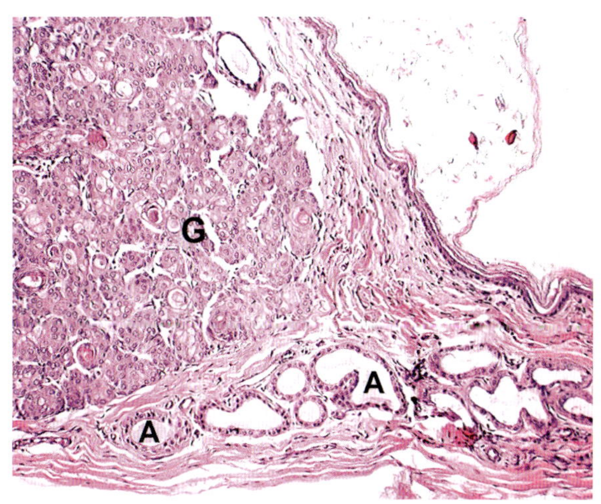

그림 16-32 • 고양이 항문주머니(항문곁굴)의 확대사진. 큰 부분분비샘(A)과 기름샘(G)에 주목하시오. H&E. (×100).

al sinuses, sinus paranales)은 한 쌍의 피부곁주머니로, 이들 관이 항문피부경계(anocutaneous junction)의 위치에서 항문관(anal canal)으로 열린다(그림 16-31). 관과 주머니는 각질중층편평상피(keratinized squamous epithelium)로 덮여있다. **항문주머니샘(gland of anal sac)**은 상피밑에 위치하는 변형된 땀샘으로, 항문주머니(항문곁굴) 속공간 쪽으로 흐른다. 고양이에서 항문주머니의 벽에는 기름샘과 부분분비 땀샘을 모두 가지고 있으나(그림 16-32), 개에서는 큰 부분분비샘만 존재한다. 개의 항문주머니관(anal sac duct)이 종종 폐쇄되는데 이로 인해 항문주머니(항문곁굴)는 분비물과 노폐물로 팽창된다. 흔히 폐쇄에 이어 감염이 일어나면 항문주머니의 내용물을 제거하거나 항문주머니 자체를 수술로 제거해야 한다. 이런 문제는 고양이에서는 드문데, 그 이유는 항문주머니 벽에 있는 기름샘이 많은 양의 지질을 분비물에 첨가하여 관이 폐쇄될 가능성을 감소시키기 때문이다. 이러한 샘 분비물은 개에서는 갈색의 기름기 있는 액으로 사회적인 개체인식의 역할을 하는 것으로 생각된다. 분비물이 충만하거나 감염 시에 자극성 냄새(pungent odor)를 풍길 수 있다. 항문관(anal canal)으로 열리는 **항문샘(anal gland)**은 10장에서 기술하였다.

12. 항문둘레샘 Circumanal Glands

개에서 **항문둘레샘(circumanal gland)**은 분엽화되

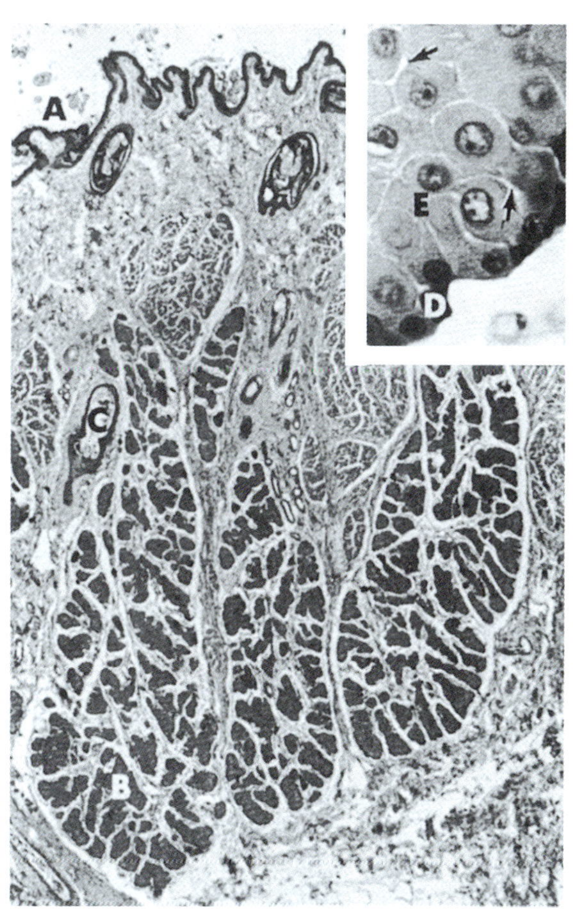

그림 16-33 • 개 항문둘레샘. 피부구역(A), 간모양(hepatoid)의 항문둘레샘(B), 관(C). H&E. (×20). 삽입그림. 주위세포(D), 비기름샘세포(E), 세포사이세관(화살표). H&E. (×480).

어 있으며, 변형된 형태의 기름샘으로 피부구역에 있으며 항문주위에 위치한다(그림 16-33). 이는 점막피부경계에서 시작하여 주변의 모든 방향으로 1~3 cm 정도 확장된다. 이와 유사한 샘이 음경꺼풀(prepuce), 꼬리(tail), 허리(loin), 고샅부위(groin)의 피부에 있다. 이 샘은 출생 후 곧 나타나서 성장하면서 크기가 커지고, 노화와 함께 위축된다. 이 샘의 얕은부위는 전형적인 기름샘으로 이루어져 있고, 깊은부위는 관이 없이 소엽으로 구성된 뭇면체세포의 단단하고 치밀한 덩이로 구성된다. 세포는 과립성의 호산성세포질과 세포사이모세관을 갖는다(그림 16-33). 밀집되어 있는 간세포와 유사하기 때문에 각 소엽의 샘 실질을 기술하는 데 **'간모양(hepatoid)'**이라는 용어를 사용하여 왔다. 이 샘의 정확한 기능은 밝혀지지 않았다. 그러나 아마도 스테로이드호르몬 대사와 관련이 있을 것으로 여긴다. 항문둘레샘은 개에서 세 번째로 호발하는 종양의 발생부위이기에 임상적으로 중요하다.

13. 꼬리윗샘 Supracaudal Gland

개와 고양이의 **꼬리윗샘(꼬리샘, supracaudal gland, tail gland)**은 꼬리의 등쪽면(꼬리의 바닥에서 3~9 cm 떨어진 지점)의 타원형으로 둘러싸인 영역에 위치하며 큰 기름샘들이 모여 하나의 단순털주머니 속으로 개구한다(그림 16-34). 이 부위에서 부분분비땀샘은 흔적기관이다. 잘 발달된 털세움근이 큰 민무늬근육다발의 형태로 나타난다. 꼬리윗샘 위의 표피는 매우 얇고, 항문둘레샘의 얕은부위와 구조적으로 매우 유사하다. 샘의 분비물은 후각적 개체인식(olfactory recognition)에 도움을 주며, 특히 샘이 과도하게 활성을 띠면 이 분비물은 이 부위에서 털을 엉키게 한다. 고양이의 경우, 흔히 종마꼬리(stud tail)라고 한다. 이 엉킴은 관상용고양이에서 문제를 일으킬 수 있으며, 꼬리 털의 모습(appearance of the hair coat)에 영향을 미친다.

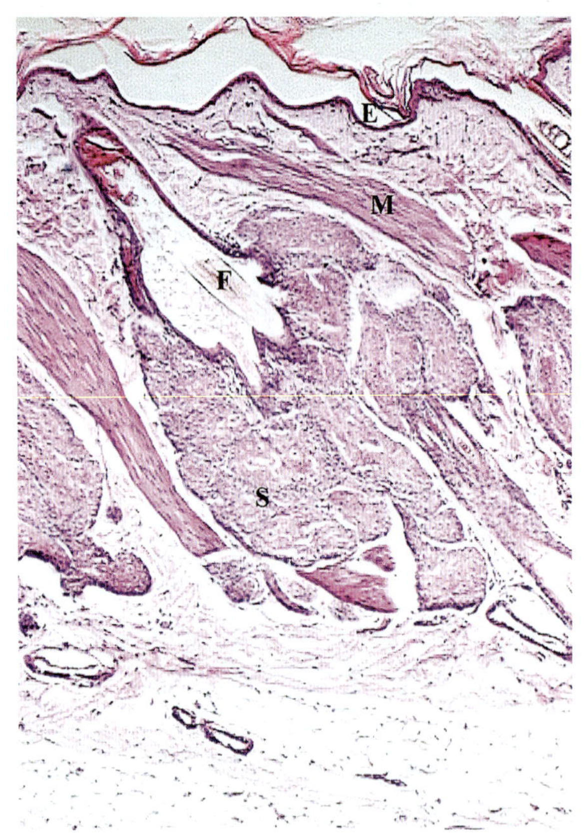

그림 16-34 • 고양이 꼬리부위의 꼬리윗샘(supracaudal gland). 얇은 표피(E)와 기름샘(S), 털주머니로 통하는 관(F), 큰 민무늬근육다발(M)이 있다. H&E. (×80).

14. 젖샘 Mammary Gland

젖샘(mammary gland)의 조직학적 구조를 아는 것은 대동물의 유방염과 소동물의 유방암(mammary tumors)에 대해 이해하는 데 중요하다. 유방염(mastitis)은 젖샘의 염증으로 소에서 가장 흔한 질병의 하나이며, 경제적으로 큰 피해를 주는 중요한 임상질병이다. 세균감염에 대한 반응으로 혈액에서 유래한 많은 중성구의 유입으로 젖샘에서의 염증성 변화가 일어난다.

젖샘은 복합대롱꽈리샘(compound tubuloalveolar gland)이다(그림 16-35). 대롱꽈리분비단위의 집단은 결합조직 사이막에 의해 분리되는 소엽을 형성한다.

1) 꽈리 Alveoli

젖샘의 **분비꽈리(secretory alveolus)**는 큰 속공간을 가지고

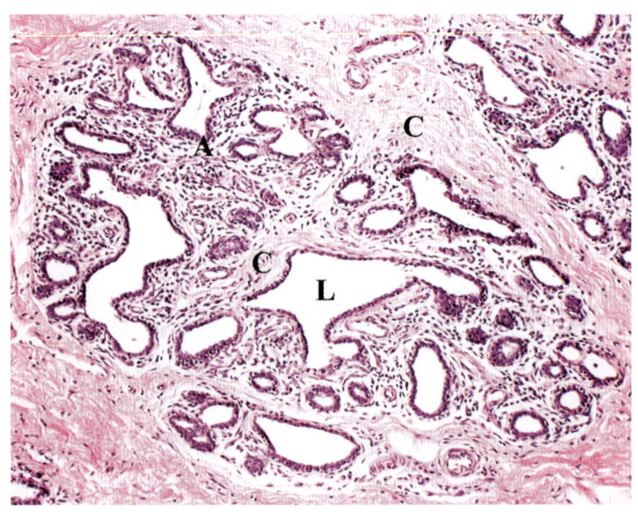

그림 16-35 • 소 비수유기 젖샘. 꽈리가 있는 샘소엽(A), 소엽속관의 크고 불규칙한 구멍(L)과 성긴결합조직(C). H&E. (×100).

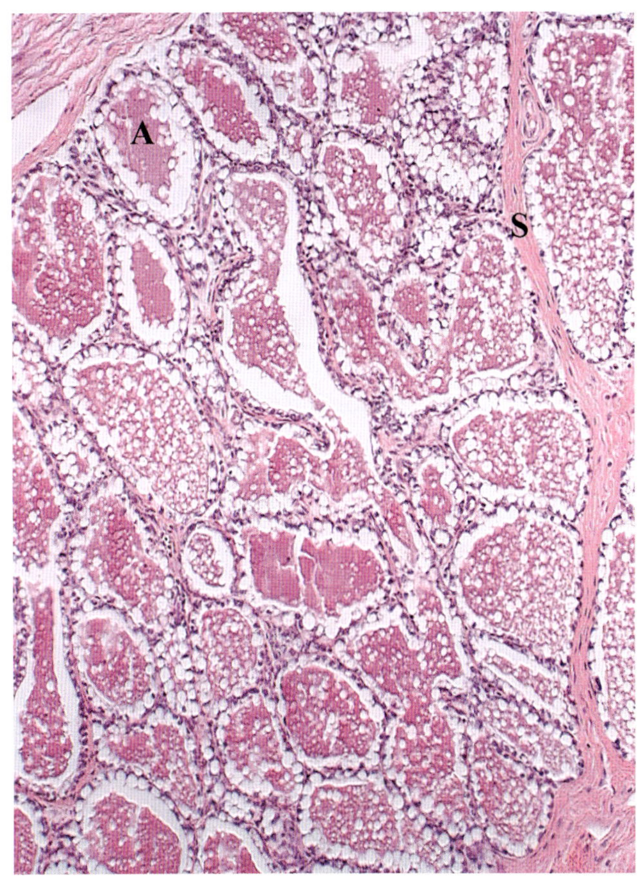

그림 16-36 • 초유(colostrum)로 채워진 면양 수유기 젖샘. 꽈리(A), 소엽사이막(S). H&E. (×120).

있으며 둥글거나 타원모양이다(그림 16-35, 16-36). 지속적인 젖 생산을 통해 속공간은 커지고 인접한 꽈리가 부분적으로 융합되기도 한다(그림 16-36). 착유 직후 꽈리는 새로운 분비주기(new secretory cycle)를 시작한다. 이 시기에 속공간은 부분적으로 위축되고 불규칙한 윤곽을 보인다.

꽈리 무리(clusters)는 샘 안의 소엽을 형성한다. 모든 소엽이 동시에 같은 분비기(same secretory phase)에 도달하는 것은 아니다. 일부 소엽은 분비주기가 완료되어 젖으로 채워지지만, 다른 소엽에서는 이제 분비주기가 시작된다. 따라서 하나의 조직절편에서 여러 가지 활성 단계의 소엽이 나타난다. 보통 한 소엽 내의 모든 분비꽈리는 거의 동일한 분비기를 가진다.

꽈리 상피는 다양한 분비활성 단계(stage) 동안 그 높이가 현저하게 다르게 나타난다. 활성을 띤 분비 동안 원주상피세포의 바닥부위는 잘 발달된 과립세포질그물(rER)을 갖는다. 둥근 핵은 세포의 중앙 근처에 위치한다. 사립체와 밀접한 연관이 있는 지방방울(lipid droplets)과 젖단백질 입자(micelles)로 채워져 있는 소포는 세포의 꼭대기(apex)에 흩어져 있다. 분비주기가 계속되면 지방방울은 세포 표면으로 이동하여 분비꽈리 속공간으로 돌출된다. 지방방울은 세포질과 세포막으로 둘러싸여 세포로부터 방출된다. 단백질로 채워진 소포 역시 세포 표면으로 이동하여 세포외배출(exocytosis)에 의해 방출된다. 그러므로 젖(milk)은 부분분비(apocrine secretion)와 샘분비(merocrine secretion)의 두 가지 방법으로 생산된다. 분비주기가 끝나는 시기에 상피세포는 낮은 입방모양이다.

꽈리상피세포를 둘러싸는 근육상피세포(myoepithelial cells)는 신경뇌하수체에서 방출되는 옥시토신(oxytocin)에 반응하여 수축한다. 수축(contraction)은 젖을 분비단위로부터 관계통(duct system)으로 밀어내게 된다. 이러한 현상을 젖내림(milk letdown)이라 한다.

2) 사이질조직 Interstitium

젖샘의 **사이질조직(interstitium)**은 분비단위를 위한 중요한 구조적 지지를 제공하며, 이곳에 혈관, 림프관, 신경이 들어 있다. 각 분비단위는 풍부한 혈관과 모세림프관의 얼기를 갖는 성긴결합조직으로 둘러싸여 있다. 형질세포와 림프구가 관찰되며, 특히 면역글로불린이 풍부한 초유(colostrum)를 분비하는 분만(parturition) 시에 더욱 잘 관찰된다. 소엽사이결합조직은 두꺼우며 소엽사이관, 큰 혈관과 큰 림프관(larger blood and lymph vessels)을 갖고 있다.

3) 관 Ducts

관계통(duct system)은 **소엽속관(intralobular duct)**에서 시작되어 **소엽사이관(interlobular duct)**으로 연결된다(그림 16-35). 이 소엽사이관은 엽(lobe)의 일차배출관인 **젖샘관(lactiferous duct)**으로 연결된다. 소엽속관 상피는 단층입방상피이다. 방추모양근육상피세포는 이 관과 연관되어 있다. 소엽사이관은 분비부 가까운 부위에서는 단층입방상피이나 먼 부위로 갈수록 두 층의 입방상피로 덮여 있다. 세로민무늬근육세포는 이들 관과 연관되어 있으며, 다른 소엽사이관과 합쳐져서 큰 젖샘관을 형성한다. 두 층의 입방상피는 커다란 관으로 연결되며 민무늬근육은 더 뚜렷해진다. 작은주머니(sacculations)는 속공간의 지름이 다양하게 나타난 결과이다. 작은주머니사이의 잘록부위는 민무늬근육이 있는 돌림주름(anular fold)을 가질 수 있다. 몇몇 젖샘관(lactiferous ducts)은 젖꼭지바닥(base of teat)에서 **젖샘관팽대(lactiferous sinus)**의 **젖샘굴(gland sinus**, glandular part of lactiferous sinus)로 흘러 들어간다.

4) 젖꼭지 Teat

젖꼭지(유두, teat, nipple)는 관계통 끝부분이다. 젖샘관팽대(lactiferous sinus)는 중층입방상피로 덮여 있는 **젖꼭지굴**

(**teat sinus, teat cistern,** teat cistern, cavity of teat)로 이어진다. 젖꼭지굴의 고유판에는 작은 무리의 젖샘조직이 존재한다. 일부 동물에서는 젖꼭지의 세로축과 평행하게 배열되어 있는 민무늬근육다발이 뚜렷하며, 이는 젖꼭지점막과 주위의 피부진피 사이의 경계를 이룬다. 진피에 있는 수많은 커다란 혈관은 혈관층(vascular stratum)을 형성하는데, 젖이 분비될 때 또는 수유과정 동안에 혈액으로 채워져 있으며, 젖꼭지 아래 피부가 잡아당겨져서 표면이 매끈해진다. 젖을 짠 후 혈액은 젖꼭지혈관에서 유출되고, 세로민무늬근육이 수축하면 젖꼭 지표면은 전형적인 주름진 모양으로 되돌아간다.

점막의 돌림주름(anular fold)은 젖샘관팽대(lactiferous sinus)와 젖꼭지굴(teat sinus) 사이의 구멍까지 이어진다. 이 구멍의 크기는 동물에 따라 다소 차이가 있다. 경우에 따라서 결합조직의 잔기둥(trabeculae)이 구멍을 가로질러 펴지게 되면, 젖샘관팽대에서 젖꼭지굴로 들어가는 젖흐름이 감소하게 된다. 이 잔기둥을 '거미(spiders)'라고 부르며, 외과적으로 제거해야만 한다.

젖꼭지굴(teat sinus, papillary part of lactiferous sinus)은 하나 또는 그 이상의 **젖꼭지관(papillary duct, teat canal, streak canal)**으로 흘러서 젖꼭지 밖으로 나가게 된다. 되새김동물이 한 개의 젖꼭지관(single papillary duct)을 갖는 것과는 달리, 다른 동물에서는 여러 젖꼭지관(multiple papillary ducts)이 개별적으로 젖꼭지표면으로 열린다. 말은 2개, 돼지는 2~3개, 고양이는 4~7개, 개는 7~16개의 젖꼭지관을 갖는다. 젖꼭지관은 중층편평상피로 덮여 있다. 점막의 돌림배열 민무늬근육다발(circularly oriented bundles of smooth muscle)은 젖을 짜거나, 젖을 빨 때 젖꼭지굴에 젖을 담아두는 조임근(sphincter) 역할을 한다.

소와 돼지의 젖꼭지 피부는 두꺼운 각질중층편평상피와 털주머니(hair follicles), 땀샘 또는 기름샘이 없는 진피로 구성된다. 그러나 면양과 산양과 같은 다른 포유동물에서는 젖꼭지는 가는 털(fine hairs)과 함께 땀샘과 기름샘을 갖기도 한다.

5) 젖샘 퇴화 Mammary Gland Involution

젖샘의 퇴화는 수유기 이후, 또는 젖을 빨거나(suckling) 젖짜기(milking)가 갑자기 정지되면 시작된다. 꽈리(alveoli)는 축적된 젖에 의해서 확장되고, 꽈리가 빌 때까지 더 이상의 분비는 일어나지 않는다. 분비산물이 수일 동안 제거되지 않으면 상피세포는 변성되기 시작하고 속공간 내에 남은 젖은 점차 흡수된다고 생각하였다. 그러나 최근의 연구에 의하면 젖샘상피세포의 손실은 생각보다 적은 것으로 밝혀졌다. 퇴화된 젖샘은 샘조직보다 사이질조직이 더 많이 나타나는 특징이 있고, 실질의 잔여물로는 소수의 작은 꽈리와 함께 고립되어 무리를 지어 나타나는 분지된 세관이 전부이다(그림 16-35). 꽈리는 낮은 입방상피와 함께 그 아래의 뚜렷한 근육상피세포(myoepithelial cell)로 덮여 있다. 결합조직사이막은 두꺼우며, 지방세포는 홀로 또는 무리지어 나타난다. 림프구와 형질세포는 많이 나타난다. 작고 어둡게 염색되는 녹말소체(amylaceous body, corpus amylaceum)가 꽈리, 도관 또는 사이질조직에서 관찰되기도 한다.

제7절 발가락기관과 뿔
Digital Organs and Horn

발가락기관(digital organ)은 각질화된 표피(keratinized epidermis), 그 아래의 진피, 그리고 두께가 다양한 피부밑조직으로 구성된다. 단단 각질 또는 뿔(hard keratin or horn)은 말, 되새김동물, 돼지의 발굽(hoofs)과 육식동물 갈고리발톱(claws)의 각질화된 부위(keratinized portion)를 형성한다. 진피(corium, dermis)에는 혈관과 신경이 있다. 발가락의 일부 부위(발굽벽, 발굽바닥, 갈고리발톱)에서 피부밑조직이 없지만, 지면에 닿는 부위에서는 피부밑조직이 변형되어 진피 깊숙이 위치한 발가락받침(digital cushion)을 형성한다. 뼈 또는 발가락뼈와 그들 인대와 힘줄은 발가락을 지지하는 구조를 형성한다.

1. 말발굽 Equine Hoof

말의 다리 피부 표피는 멀리 **발굽둘레(periople)**로서 이어지며, 발굽둘레는 발굽의 발굽갓모서리(coronary border) 위에 부드럽고 색소가 없는 세관각질(tubular horn)과 세관사이각질(intertubular horn)을 형성하는 표피고리(ring of epidermis)이다. 발 뒤쪽으로 갈수록 발굽둘레는 넓어져 넓은 각질층, 즉 **발굽볼록살(bulb of heel)**을 형성한다. 발굽둘레에서 표피는 안쪽으로 각을 이루어 **발굽갓고랑(coronary groove)**을 덮는다. 마지막으로 **표피층판(epidermal laminae, epidermal lamellae, laminar epidermis)**은 발굽갓고랑에서 발굽의 바닥면까지 수직으로 뻗어 있다.

발굽 진피는 보통 **corium(진피)**이라고 한다. **발굽둘레진피(perioplic corium)**는 **발굽갓진피(coronary corium)**와 연속되어 표피 구조[발굽둘레와 발굽갓표피(coronary epidermis)]를 아래 조직에 고정한다. **진피층판(laminar corium)**은 표피층판(epidermal laminae)과 서로 맞물려 표피층판과 끝마디뼈(distal phalanx) 사이의 공간을 채운다. 진피는 굵은 아교섬유 다발과 큰 동맥과 판막이 없는 정맥의 방대한 그물로 구성된다. 이 혈관층(vascular bed)은 단단하고 뻣뻣한 발굽(hard inflexible hoof)에서 발가락뼈(phalanx)로

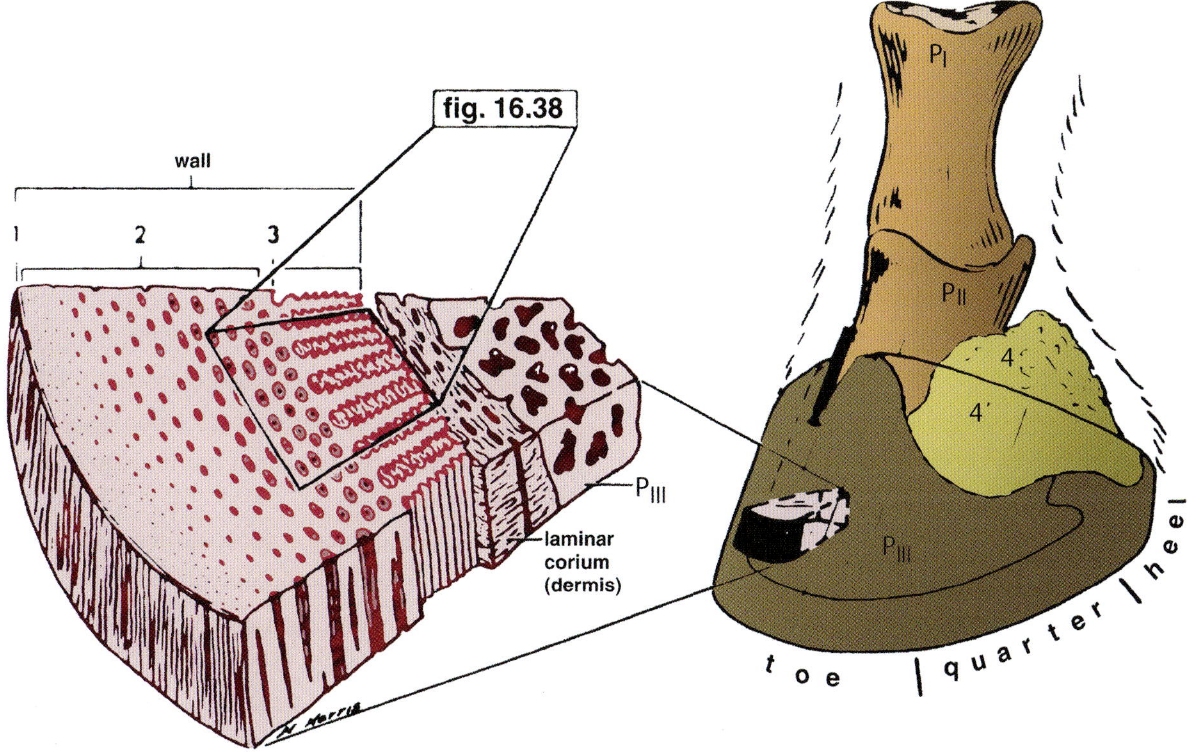

그림 16-37 • 말발굽 등가쪽면. 발굽벽은 바깥층(1), 중간층(2), 속층(3)의 세 층으로 구성되어 있다. 또한 첫마디뼈(PI), 중간마디뼈(PII), 끝마디뼈(PIII), 그리고 발굽 연골(4 & 4′)도 보인다. (From Stump JE. Anatomy of the normal equine foot, including microscopic features of the laminar region. *J Am Vet Med Assoc* 1967;151:1588.)

전달되는 누르는 힘(compressive forces)을 완화하는 데 도움이 된다.

말발굽의 각질화된 부위는 세 가지 주요 부분으로 구성된다. 발굽벽(wall, paries)은 발이 땅을 딛고 섰을 때 보이는 부분이다. 발굽바닥(sole, solea)은 발의 배쪽면에서 가장 큰 부분을 형성한다. 발굽쐐기(frog, cuneus ungulae)는 발굽바닥으로 돌출된 쐐기모양구조(wedge-shaped structure)이다.

1) 발굽벽 Wall

발굽벽(wall of hoof, paries)은 세 층으로 구성된다(그림 16-37). 바깥쪽에서 안쪽으로 **바깥층(stratum externum)**, **중간층(stratum medium)**, **속층(stratum internum)**이다. 각층은 구조적으로 구별되며, 다음 단락에서 별도로 설명한다.

바깥층(stratum externum, stratum tectorium)은 세관각질과 세관사이각질로 이루어진 얇은 층으로, 발굽둘레표피 각질층이 연장된 형태이다. 이 층은 발굽벽의 바깥표면을 덮는다.

중간층(stratum medium)은 '단단한' 세관각질(tubular horn)과 세관사이각질(intertubular horn)로 구성되며, 발굽벽의 주요 지지구조이다(그림 16-38). **각질세관(horny**

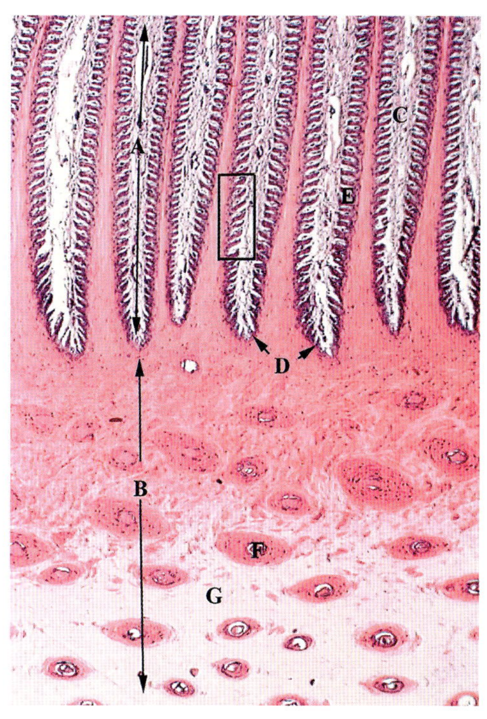

그림 16-38 • 그림 16-37에 표시된 부위의 말발굽벽. 속층(A), 중간층(B), 일차진피층판(C), 일차표피층판(D), 이차표피층판과 이차진피층판(E), 세관각질(F), 세관사이각질(G). 직사각형 안의 영역은 그림 16-40이다. H&E. (×40).

tubule)은 단단한 막대이며, 발굽의 바깥면과 평행하게 배열되어 있다. 각질화된 세포는 매우 질서 있는 배열을 한다. 각질세관의 가로단면은 둥글고, 타원형 또는 쐐기 모양일 수 있다. 털줄기 속질과 유사한 성긴 각질화된 세포의 중심영역인 **속질(medulla)**과 더 치밀한 각질화된 세포로 이루어진 주위 겉질을 가지고 있다. 각질세관 **겉질(cortex)**에는 세 개의 층이 있다(그림 16-39). **속층(inner zone)**에는 치밀한 코일처럼 속질을 중심으로 배열된 각질화 세포가 있다. **중간층(middle zone)** 세포는 성글게 나선형을 형성하고, **바깥층(outer zone)** 세포는 또 다른 치밀한 코일을 형성한다. 각질세관 세포가 이런 코일, 용수철처럼 배열되어 있어 발굽이 단단한 표면에 부딪힐 때 발굽에 오는 압력을 완화하는 데 도움이 된다. **세관사이각질(intertubular horn)**은 세관각질 사이 공간을 채운다.

중간층은 발굽갓고랑을 덮고 있는 표피의 바닥층과 가시층에서 생성된다. 이 표피(epidermis)는 긴 유두를 갖는 혈관이 잘 발달된 결합조직층인 **발굽갓진피(coronary corium)**를 덮고 있다. 유두 끝을 덮고 있는 종자세포에서 세관 속질의 성긴 세포가 유래하는 반면, 유두의 양면과 바닥부위를 덮는 세포는 증식하여 각질세관 겉질의 각질화된 세포를 형성한다. 발굽갓진피의 유두사이부분을 덮고 있는 종자세포는 세관사이각질을 생성한다. 세관사이각질의 층은 세관을 함께 지탱하는 데 도움이 되는 단단한 각질로 구성된다. 발굽갓진피에서 깊숙한 곳의 피부밑조직은 발굽갓받침(coronary cushion)이라고 한다. 이것은 치밀한 아교섬유와 수많은 큰 혈관으로 구성되어 있다.

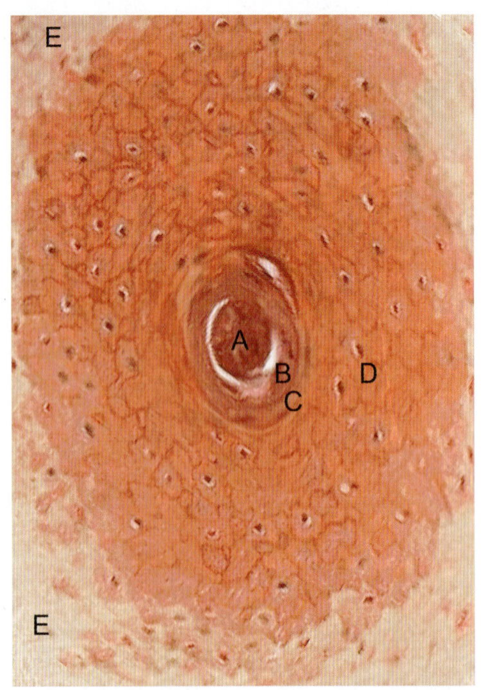

그림 16-39 • 말발굽 세관각질 중간층의 세포배열. 속질(A), 겉질 속층(B), 겉질 중간층(C), 겉질 바깥층(D), 세관사이각질(E). H&E. (×250).

속층(stratum internum, stratum lamellatum)은 중간층에서 안쪽으로 뻗어 나온 약 600개의 수직으로 배열된 각질화된 일차표피층판으로 구성되어 있으며, 중간층과 연속적이다(그림 16-38). 100~200개의 이차층판이 각 일차층판에서 예각(acute angle)으로 돌출되어 있다(그림 16-40). 이 이차층판은 진피층판과 유사한 층판과 서로 맞물려(interdigitate) 각질화된 발굽아래의 결합조직에 고정하는 복잡한 표피진피연관(complex epidermal-dermal association)을 형성한다. **일차표피층판(primary epidermal laminae, primary laminar epidermis)**은 발굽갓고랑의 깊은 가장자리에 있는 진피층판(dermal laminae)의 몸쪽끝(proximal end) 사이에 위치한 종자층(stratum germinativum)에 의해서 형성된 각질층(stratum corneum, hard keratin)의 일부이다. 이 세포는 발굽 바닥을 향해 아래로 이동하면서 각질화되며, 중간층의 두꺼워짐이 동반된다. **이차표피층판(secondary epidermal laminae, secondary laminar epidermis)**은 세포성이고 종자층으로 구성되어 있다. 이차표피층판의 바닥층은 각각 **이차진피층판(secondary laminar corium, secondary dermal lamina)**의 결합조직 위에 놓여, 두 층판 사이에 서로 깍지결합(interdigitation)을 형성한다. 각 이차표피층판의 중심핵(central core)은 두께가 1~3개의 세포층인 가시층으로 구성되어 있으며, 각질화된 일차표피층판 측면에 붙어 있다(그림 16-40). 이차표피층판의 종자세포는 각질일차층판(horny primary laminae)이 아래쪽으로 성장하는 속도로 층판의 전체 길이에 걸쳐 증식한다. 발굽벽에서 길이 성장은 한 달에 6.4 mm의 속도로 길이가 자란다. 발굽갓모서리에서 발가락부위의 지면에 닿는 부위까지 자라려면 9~12개월이 필요하다. 발굽벽의 성장은 고정된 이차표피층판 위로 중간층과 일차표피층 판이 먼쪽으로 미끄러짐으로써 이루어진다. 색소침착이 없는 발굽벽층판(nonpigmented wall laminae)과 색소가 침착된 발굽바닥(sole)의 세관각질과 세관사이각질 사이의 깍지결합을 **백색띠(white line, linea alba ungulae)**라고 한다.

발굽의 조직 구조에 대한 지식은 말발굽(equine hoof)에서 가장 치명적인 임상 질병인 발굽층판염(제엽염, laminitis)을 이해하는 데 중요하다. 발굽 여러 부위에 대한 물리적, 생리적(영양혈액공급) 장애는 발굽층판(laminae)에 염증을 초래하여 종종 발가락에서 발굽이 분리되고 말을 잃게 된다.

2) 발굽바닥 Sole

발굽바닥(sole, solea)의 표피는 세관각질과 세관사이각질을 생성한다. 이 표면층(superficial layers)은 단단히 부착되어

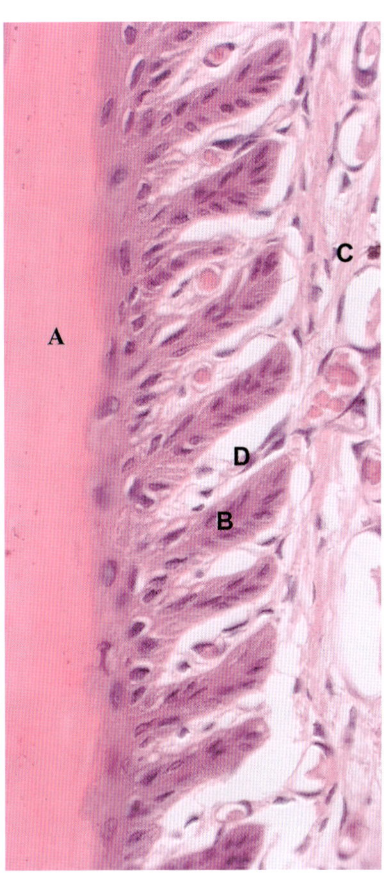

그림 16-40 • 말발굽 이차층판. 그림 16-38에서 표시된 부위. 발굽벽의 일차표피층판(A), 이차표피층판(B), 일차진피층판(C), 이차진피층판(D). H&E. (×725).

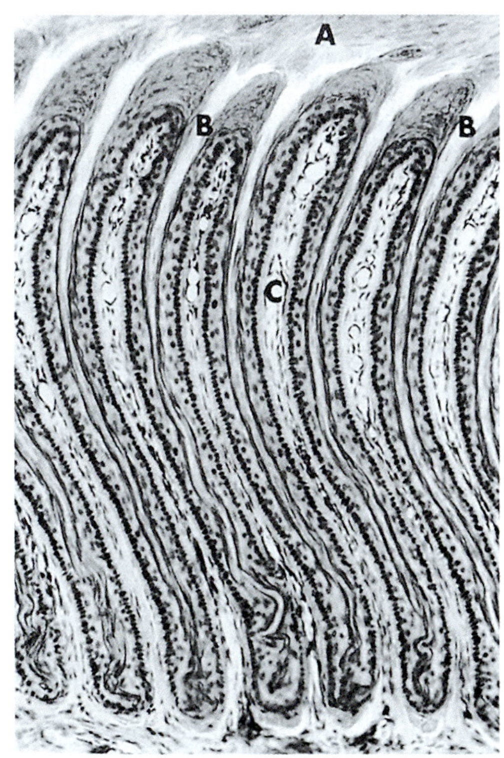

그림 16-41 • 면양발굽 속층 중간층(A), 일차층판(B), 수많은 모세혈관이 있는 진피층판(C). H&E. (×120).

있지 않아 작은 조각 형태로 벗겨질 수 있다. 발굽바닥 진피는 긴 유두가 있으며, 이 유두의 표피가 발굽바닥의 세관각질을 형성한다. 또한 진피는 끝마디뼈 배쪽면 뼈막과 합쳐진다.

3) 발굽쐐기 Frog

발굽쐐기(frog, cuneus ungulae)의 표피는 발굽벽과 발굽바닥보다 부드러운 세관각질과 세관사이각질을 생성한다. 발굽쐐기의 진피는 작고 짧은 유두를 형성한다. 진피는 지방 덩어리 사이에 있는 아교섬유와 탄력섬유로 이루어진 쐐기모양의 덩어리인 **발가락받침(digital cushion)**과 합쳐져 충격흡수장치(shock absorder) 역할을 한다. 분지나선 샘분비땀샘(branched coiled merocrine sweat gland)은 주로 발굽쐐기의 중심고랑를 덮는 부위에 존재한다.

2. 되새김동물과 돼지 발굽 Ruminant and Swine Hoofs

되새김동물과 돼지의 발굽은 몇 가지 예외를 제외하면 말발굽과 유사하다. 속층(stratum internum)과 그에 해당하는 진피층판(laminar corium)은 일차층판으로만 구성된다(그림 16-41). 발굽바닥은 발굽벽의 굴절각 옆에 있는 좁은 테두리로 이루어져 있다. 발굽쐐기(frog)는 없지만, 피부와 이어진 부드럽고 얇은 각질(soft thin horn)의 뚜렷한 발굽볼록살(bulb)이 발굽 배쪽면(ventral surface of the hoof)의 많은 부분을 차지한다.

3. 갈고리발톱 Claws

개와 고양이의 **갈고리발톱(claw, nail)**은 표피와 진피로 연속되는 특수한 구조로, 끝마디뼈를 덮는 단단한 각질로 된 보호물이며 발톱벽(wall)과 발톱바닥(sole) 모두를 갖고 있다(그림 16-42).

갈고리발톱벽(wall, claw plate)은 발톱갓진피(coronal corium)와 발톱벽진피(wall corium)를 덮는다. 이것은 등쪽융기부위에서 가장 두껍고, 옆으로 갈수록 점차로 얇아진다. 이 얇은 배쪽모서리는 발톱벽과 발톱바닥의 경계까지 뻗어 있다. 등쪽융기의 표피는 소수의 짧은 층판을 형성하고, 유사한 진피층판과 서로 깍지결합을 하고 있다.

갈고리발톱바닥(sole)의 표피(epidermis)는 두꺼우며 발톱벽보다 물렁각질을 형성하며, 과립층과 투명층이 존재한다.

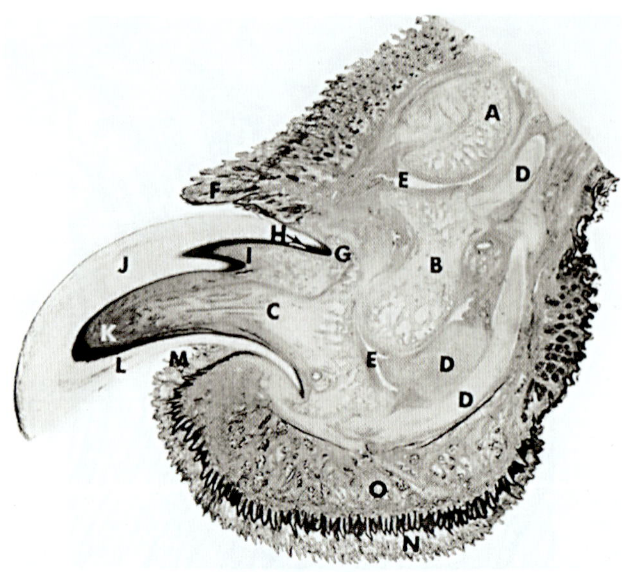

그림 16-42 • 개 갈고리발톱(claw). 첫마디뼈(A), 중간마디뼈(B), 끝마디뼈(C), 힘줄(D), 관절주머니와 관절연골이 동반한 관절안(E), 갈고리발톱을 덮고 있는 피부주름(F), 갈고리발톱능선(ungual crest, G), 갈고리발톱의 비각질표피층(H), 등쪽융기(I), 갈고리발톱표피의 각질층(J), 진피(K), 갈고리발톱바닥(L), 갈고리발톱바닥과 갈고리발가락볼록살(N) 사이의 경계고랑(M), 나선샘분비샘 땀샘과 지방이 많이 모여 있는 발가락볼록살의 진피(O). H&E. (×4). (From Adam WS, Calhoun ML, Smith EM, et al. Microscopic Anatomy of the Dog: A Photographic Atlas. Springfield, IL: Charles C. Thomas, 1970.)

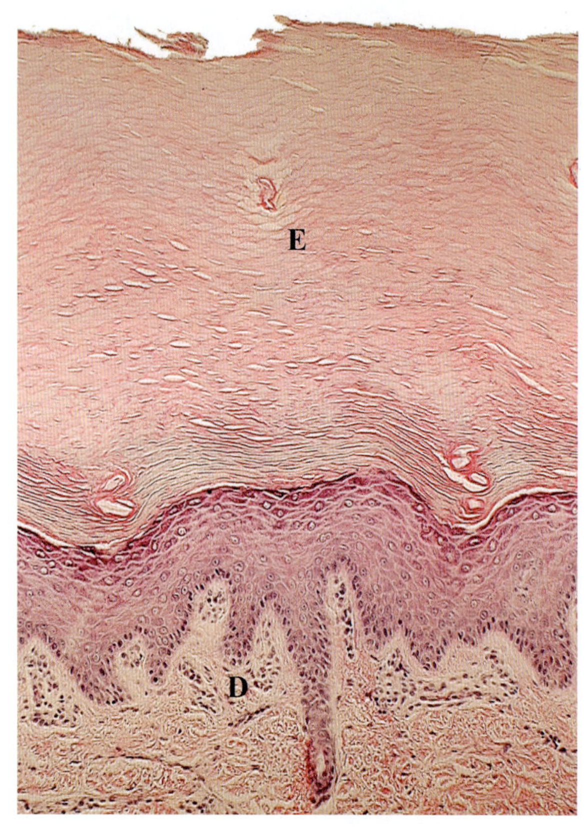

그림 16-43 • 고양이 발볼록살. 각질표피(E)는 매끄럽고, 진피(D)는 유두를 갖고 있다. H&E. (×130).

갈고리발톱의 진피(dermis)는 치밀불규칙결합조직으로 구성되며, 이 결합조직은 끝마디뼈의 등쪽면 위에 두꺼운 융기(thick ridge)를 형성한다. 이곳에는 많은 혈관이 분포하기 때문에 발톱을 너무 짧게 자르면 출혈이 일어나기 쉽다.

갈고리발톱주름(claw fold)은 피부의 주름으로 발굽둘레표피(periople of the hoof)와 유사하다. 이것은 등쪽모서리와 가쪽모서리에서 짧게 갈고리발톱판(claw plate)을 덮는다. 갈고리발톱판이 성장하면서 얇은 층의 각질화된 세포들이 형성된다. 이 세포층은 갈고리발톱주름 속표면의 표피(epidermis)에서 생산된다.

4. 발가락볼록살 Digital Pads

개와 고양이에서 털이 없는 두꺼운 표피로 덮여 있는 **발가락볼록살(digital pad)**에는 투명층을 포함하여 모든 표피세포층이 있다. 고양이에서는 표면이 매끄럽지만(그림 16-43), 개에서는 각질의 원뿔/둥근 유두(by keratinized conical/ rounded papillae)로 인하여 표면이 거칠게 된다(그림 16-44). 진피는 표피쐐기(epidermal pegs)와 서로 깍지결합하고 있는 뚜렷한 유두가 있으며, 또한 나선샘분비땀샘이 발가락받침(digital cushion), 즉 피부밑조직(hypodermis)까지 뻗어 있다. 피부밑지방조직덩이(subcutaneous masses of adipose tissue)는 아교섬유와 탄력섬유에 의해 서로 분리되어 싸여 있다.

5. 밤눈과 각질돌기 Chestnut and Ergot

말의 **밤눈(chestnut)**과 **각질돌기(ergot)**는 맺음목(fetlocks)의 굴곡부위에서 긴 진피유두와 서로 깍지결합하고 있는 세관각질과 세관사이각질로 구성된 두꺼운 표피를 가지고 있다(그림 16-45). 이들 구조 모두에서 털세움근(arrector pili muscles), 샘, 털이 없다.

6. 뿔 Horn

되새김동물의 **뿔(horn, cornu)**은 실제로 머리의 이마뼈 뿔돌기(cornual process)의 덮개이다. 뿔은 단단하게 각질화된 표피, 진피, 피부밑조직으로 구성된다.

표피는 단단한 세관각질(hard tubular horn)과 세관사이각질(intertubular horn)로 이루어진 두꺼운 각질층을 가

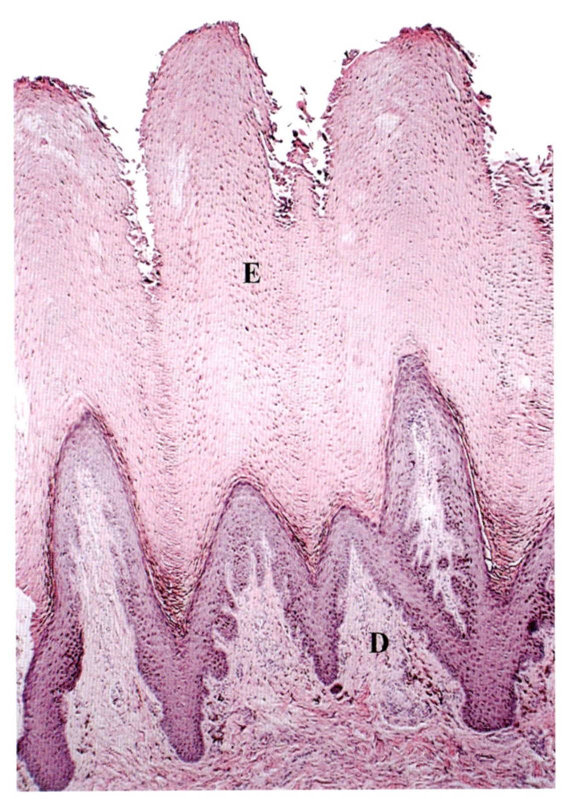

그림 16-44 • 개 발볼록살. 각질표피(E)는 거칠고(rough), 진피(D)는 유두를 갖고 있다(papillated). H&E. (×50).

그림 16-45 • 말 밤눈(chestnut). 표피유두(epidermal papilla, E), 과립층(G), 진피유두(D), 각질세관(T). H&E. (×25).

진다. 부드러운 각질로 된 가장 바깥층의 얇은 **뿔바깥막(epikeras, epiceras)**은 뿔의 뿌리에서 형성되며, 발굽둘레표피(epidermis of periople)와 유사하다. 이것은 발굽의 바깥층(stratum externum)과 유사하게 각질화된 비늘(keratinized scales)이 되어 벗겨진다. 진피는 유두를 가지며, 얇은 피부밑조직과 함께 표피와 뼈막 사이 공간을 채운다.

제8절 조류 외피
Avian Integument

조류의 **표피(epidermis)**는 포유동물과 비슷하지만 더 얇은 각질중층편평상피로 이루어져 있다(그림 16-46). 깃이 있는 피부(feathered skin)의 표피는 단지 몇 개의 세포층으로만 이루어져 있는 반면(그림 16-47), 민깃피부(unfeathered skin)는 훨씬 두껍다. 표피 세포층의 용어는 포유동물과 다르다. 조류의 층에는 **바닥층(stratum basale)**, **중간층**(**stratum intermedium**; 실제로 가시층), **이행층**(**stratum transitivum**; 실제로 과립층이나 각질유리과립이 없음) 및 **각질층(stratum**

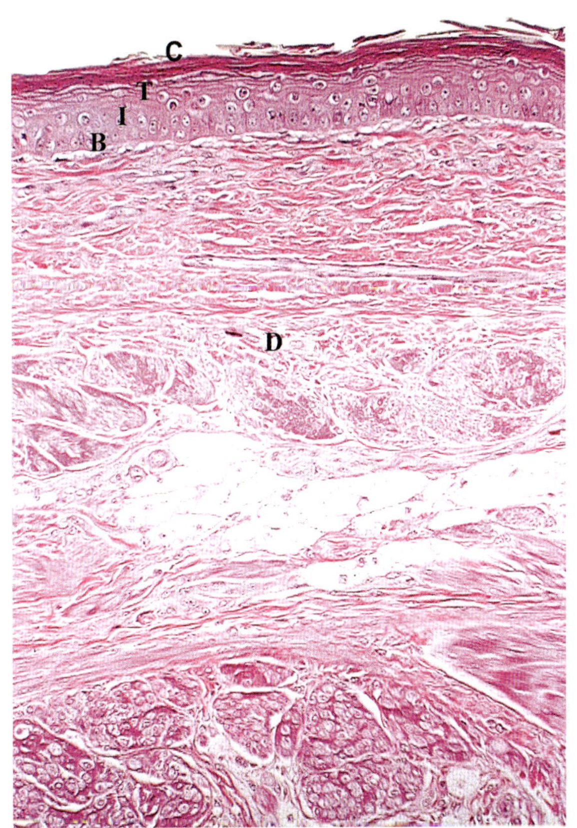

그림 16-46 • 닭의 민깃피부(unfeathered skin). 바닥층(B), 중간층(I), 이행층(T), 각질층(C)의 세포층이 관찰되며, 진피(D)는 층으로 세분된다. H&E. (×250).

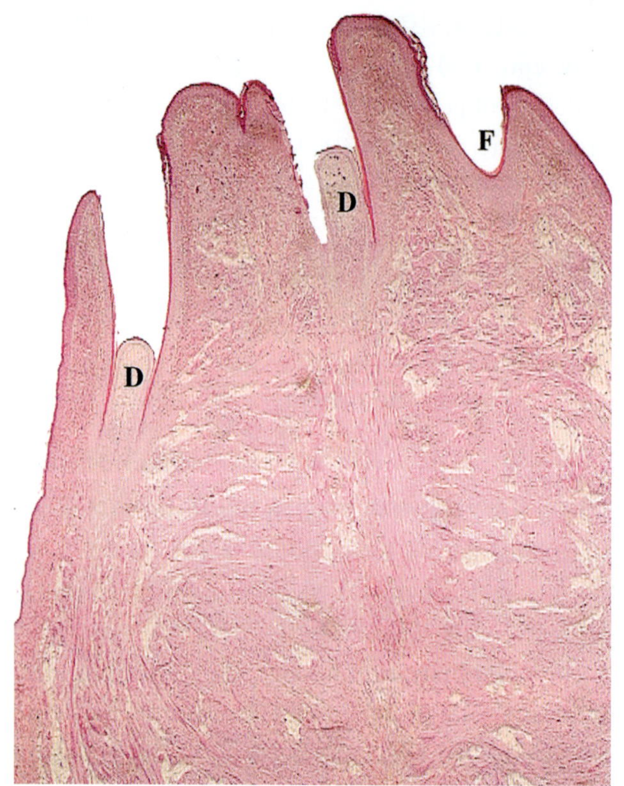

그림 16-47 • 닭 깃피부(feathered skin). 발달 중인 두 개의 털주머니(D)와 하나의 성숙한 털주머니(F)에 주목하시오. H&E. (×35).

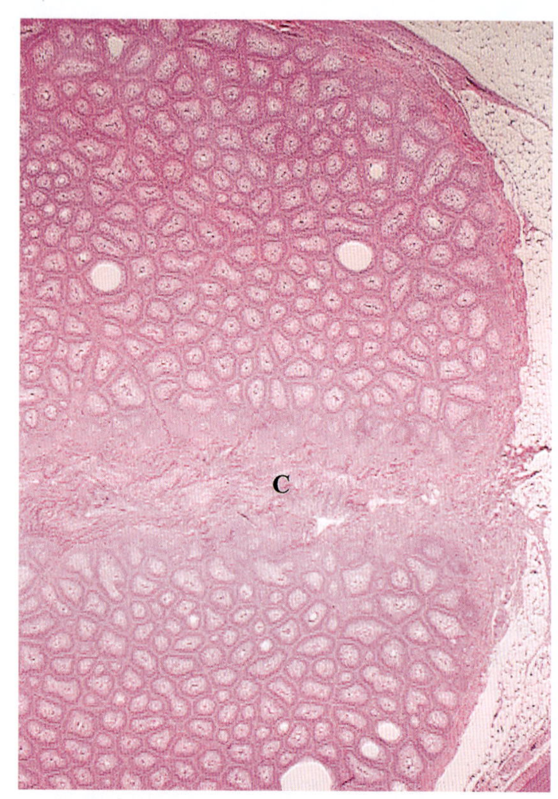

그림 16-48 • 꼬리샘(uropygial gland). 결합조직(C)에 의해 구분된 두 개 분엽구조에 주목하시오. H&E. (×35).

corneum)이 포함된다. **종자층(stratum germinativum)**이란 용어는 각질층을 제외한 모든 세포층을 나타내는 데도 사용된다. 조류 외피(avian integument)는 대부분 조류 종의 표피세포에서 발견되는 광범위한 양의 지질 때문에 때때로 지방생성 장기(organ of lipogenesis)라고도 한다. 표피는 트리아실글리세롤(triacylglycerols), 인지질(phospholipids), 왁스에스터(wax esters), 유리지방산(free fatty acid), 모노글리세롤(monoglycerols), 다이아실글리세롤(diacylglycerols)을 합성한다.

포유동물의 피부와 달리 조류 피부는 **꼬리샘(uropygial gland, preen gland)** 이외에는 샘이 없다(그림 16-48, 16-49). 이 샘은 꼬리의 바닥부에서 등쪽에 위치하고 유두를 통해 피부표면으로 개구하는 두 개의 분엽 구조이다(그림 16-48). 이 샘은 포유동물의 기름샘과 상동이며, 분비가 온분비방식(holocrine mode)으로 지방이나 기름 성분을 생산 분비하며, 호르몬에 의해 조절되기 때문이다(그림 16-49). 꼬리샘 피부기름(sebum)과 표피세포 지질이 결합되어 항균제 역할을 하고 깃각질(feather keratin)이 건조해지는 것을 방지하며 방수제 역할을 한다.

깃(깃털, feather)은 구조적으로 털(hair)과 유사하고 표피에서 유래하며 털주머니(follicle) 안에서 성장한다(그림 16-

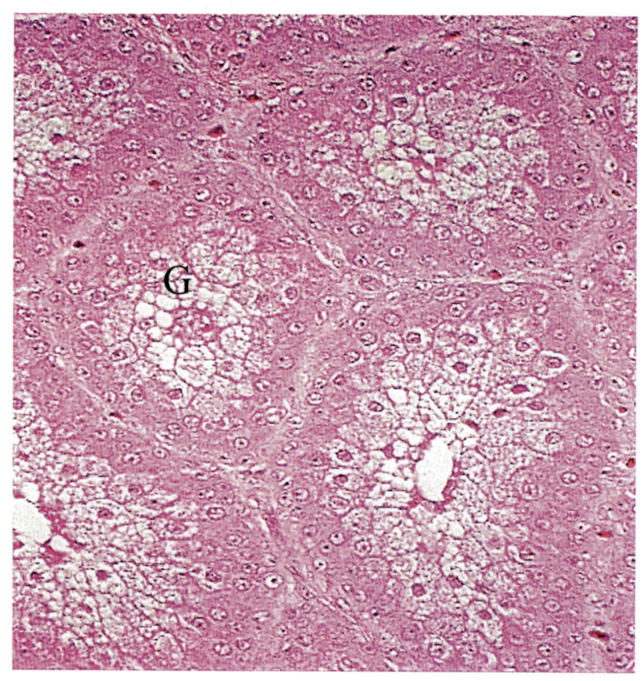

그림 16-49 • 꼬리샘 확대사진(그림 16-48). 큰 기름샘(G에 주목하시오. H&E. (×350).

47). 깃은 주로 각질로 구성되어 있으며 뽑히거나 털갈이를 하기까지 털주머니 안에 남아 있으며, 그 자리에 새 깃이 자란다. 털주머니사이근(interfollicular muscles)은 조류에서 흔하며 깃의 각(angle)을 조정하여 복사열 부하를 조절하는 데 중요한 역할을 하는 것으로 여겨진다.

진피(dermis)는 **얕은층(stratum superficiale**, superficial layer), **깊은층(stratum profundum**, deep layer), 그리고 **탄력판(lamina elastica**, elastic lamina of the dermis)으로 세분된다. 이 깊은층은 **치밀층(stratum compactum**, dense layer)과 **성긴층(stratum laxum**, 지방, 큰 혈관, 민무늬근육, 깃주머니를 포함하는 성긴결합조직)을 포함한다. 그 밖에 탄력힘줄을 가진 여러 개의 민무늬근육이 각 깃주머니(feather follicle)와 연관되어 있으며, 피부 가로무늬근은 자극에 대한 반응으로 피부의 자발적인 움직임을 가능하게 한다.

조류의 발바닥 피부는 개와 고양이의 발바닥 피부처럼 모든 세포층을 가지고 있지 않다(그림 16-50). 이 부위의 피부는 전형적인 과립층(true stratum granulosum)이 없고, 각질융기로 이루어진 두껍고 매끄러운 표면을 가지고 있다.

볏(comb), 쌍으로 된 아랫볏(paired wattles), 귓불(ear lobes)은 이중의 피부층을 이루며, 진피에 많은 혈관이 있다. 교미하는 동안에 혈관은 충혈이 되어 볏과 아랫볏(wattles)이 밝은 적색을 띠게 된다.

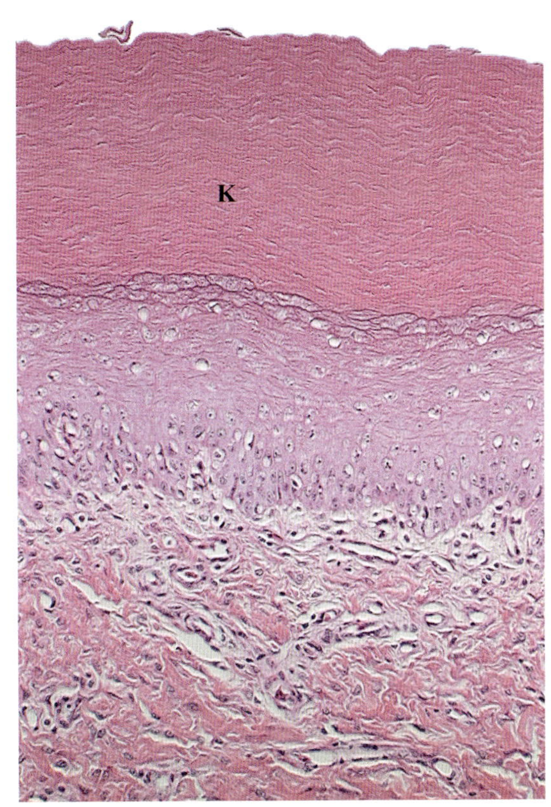

그림 16-50 • 조류의 발바닥피부. 매끄러운 두꺼운 각질부위(K)에 주목하시오. H&E. (×250).

임상 관련 *Clinical Correlations*

백선증(dermatophytosis)은 동물에서 가장 흔한 피부진균 감염 중 하나이며, 사람에게 전염성이 있고, 인수공통감염병이다. 진균 팡이실(균사, fungal hyphae)은 각질층, 털줄기, 발톱을 포함한 피부의 각질화된 구성요소를 감염시킬 수 있다. 개에서 피부사상균인 개작은홀씨균(*Microsporum canis*)에 의한 털줄기 감염(그림 16-51A)은 털줄기의 소실을 일으켜 주요 임상 징후로 탈모증을 유발한다. 일반적으로 감염된 털줄기는 털주머니염이라고 하는 털주머니 염증을 유발하여 탈모증을 유발한다. 각질층이 감염되면 이 층의 생성이 증가하고 각질 탈락이 감소하여 피부 표면에 비늘이 늘어난다. 이것은 백선증과 관련된 또 다른 주요 유형의 피부 병변이다. 진균 유기체는 종종 PAS 염색과 같은 특수한 조직화학적 염색을 사용하여 조직절편에서 시각화된다(그림 16-51B). 피부 병변의 피부사상균은 분절홀씨(그림 16-51A, B)를 생성하고, 이것이 주변 환경으로 배출되어 다른 동물과 사람을 감염시킬 수 있다.

핵심 정리 *Essentials*

1) 피부는 몸에서 가장 큰 기관 중 하나이며, 주요 기능은 외부 환경에 대한 장벽 역할을 한다.
2) 피부는 국소적으로 도포된 약물과 다양한 환경 독소의 중요한 진입 경로 역할을 한다.
3) 피부의 정상적인 해부학적 구조는 피부 장벽 기능에 영향을 미칠 수 있다. 피부의 다른 기능으로는 기계적 지지, 털주머니, 피부기름샘, 땀샘의 바탕질 역할, 촉각과 온도를 감지하는 신경감각기관 역할, 멜라닌을 통한 자외선 차단, 신진대사, 면역계 및 내분비계와 긴밀하게 관련된 기능 등이 있다.
4) 피부의 구조와 기능은 기능에 근거한 다양한 관점에서 개괄적으로 설명되며, 해부학적 복잡성 때문에 다른 종과 비교할 때 드러난다.

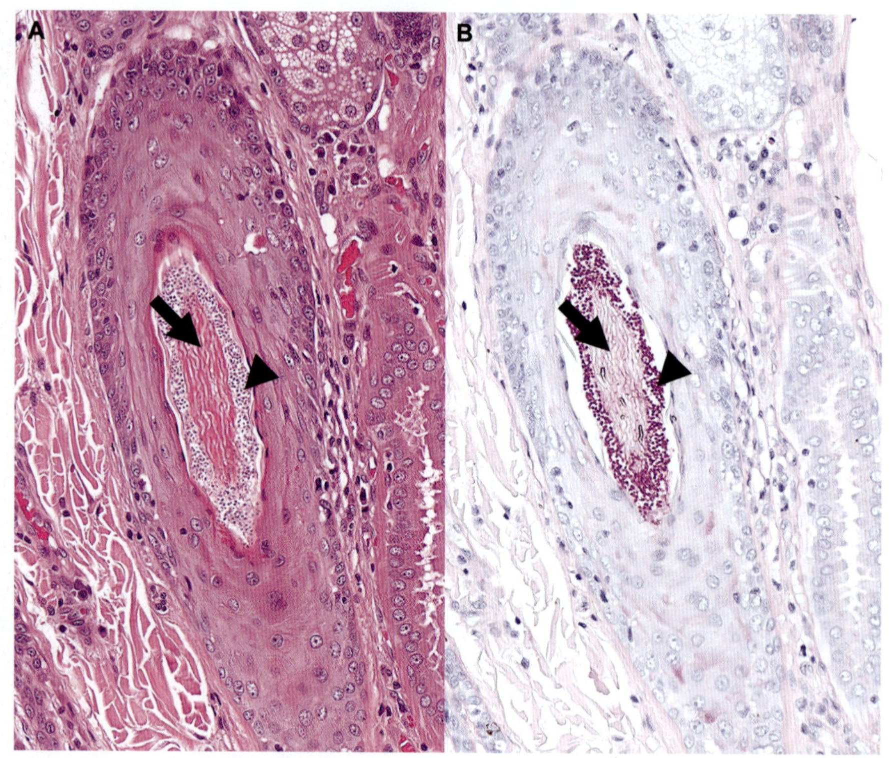

그림 16-51 • 개작은홀씨균(*Microsporum canis*)에 의한 백선증(피부사상균증, dermatophytosis)에 걸린 개의 털 피부. **A.** 털줄기(화살표)에 수많은 선형 곰팡이 팡이실(균사, hypha)이 있는 털주머니의 조직학적 단면. 털줄기는 털주머니 속공간에 있는 수많은 작고 둥근 분절홀씨(arthrospore, 화살표머리)로 둘러싸여 있다. H&E. (×200). **B.** A에서 털주머니의 연속 조직절편은 PAS염색에 양성을 보이며, 피부사상균 곰팡이 팡이실(화살표)과 분절홀씨(화살표머리)의 벽이 자홍색으로 염색되어 나타나고 있다. (×200). (Dr Keith Linder, Zoetis Reference Labs.)

5) 각질화된 표피는 털, 발굽바닥, 비늘, 깃과 같은 수많은 구조의 기초가 된다. 단단한 각질 또는 뿔은 말, 되새김동물, 돼지 발굽의 각질화된 부위와 육식동물의 갈고리발톱을 형성한다. 이러한 피부 유래 구조는 수의학 종을 시각적으로 구별한다.

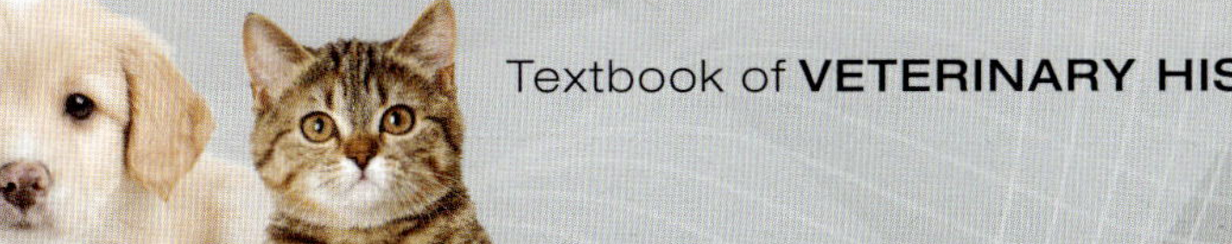

CHAPTER 17

감각기관

Sensory Organs

제1절 눈 *The Eye*

눈(eye)은 빛 에너지가 특수 신경세포인 빛수용기(photoreceptor)에 흡수되어 시신경과 뇌로 전달되어 시각으로 처리되는 과정인 빛수용(photoreception)을 담당하는 구형 기관이다. 눈은 뼈눈확(bony orbit) 안에 안구근육(extraocular muscle), 샘조직 및 이들을 지지하는 결합조직과 함께 있다.

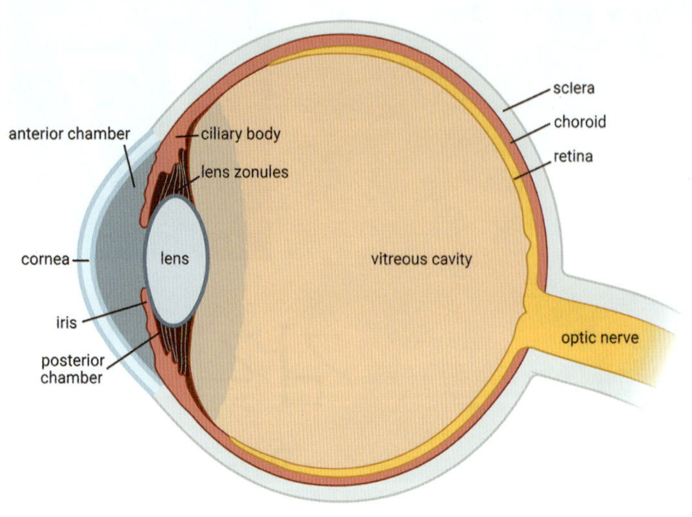

그림 17-1 • 눈 시상단면의 도해.

눈물기관(lacrimal apparatus), 눈꺼풀, 셋째눈꺼풀은 눈을 보호한다. 구조적으로 안구(globe)는 세 개의 기본층(tunic)으로 구성된다.

눈의 세 층(tunic)은 다음과 같다(그림 17-1). ① 안구의 앞쪽 1/6을 덮고 있는 투명한 각막과 안구의 뒤쪽 5/6를 덮고 있는 흰색 아교질공막(collagenous sclera)을 포함하는 바깥**섬유층**(안구섬유층, **fibrous tunic**, fibrous outer tunic); ② 눈의 앞에서 뒤쪽으로 홍채, 섬모체, 맥락막으로 구성된 포도막(uvea)이라고도 하는 중간**혈관층**(안구혈관층, **vascular tunic**, vascular middle tunic); ③ 감각빛수용체신경세포(sensory photoreceptor neuron)를 포함하는 망막과 섬모체 및 홍채의 뒤쪽면을 덮는 상피를 포함하는 속**신경상피층**(안구속층, **neuroepithelial tunic**, inner tunic)이다.

앞방(anterior chamber)은 각막과 홍채 사이에 위치한다. **뒤방(posterior chamber)**은 홍채와 유리체 사이에 위치하며 수정체를 포함한다. 앞방과 뒤방 모두 방수로 채워져 있다. 수정체의 뒤쪽과 망막의 앞쪽 사이에 위치한 **유리체방(vitreous chamber)**은 유리체(vitreous body)로 채워져 있다.

제2절 | 섬유층 *Fibrous Tunic*

1. 각막 Cornea

투명한 **각막(cornea)**은 눈물막과 함께 아교원섬유가 규칙적으로 배열되어 있어 모든 안구 구조물 중 가장 높은 굴절력을 제공한다. 각막은 굴절 능력 외에도 환경적 외상 및 미생물에 대한 물리적 장벽을 제공한다.

각막은 ① 표면상피(앞상피, surface epithelium, anterior epithelium), ② 상피밑바닥막(subepithelial basement membrane), ③ 각막고유질(substantia propria) 또는 버팀질(stroma), ④ 각막내피바닥막(뒤경계판, corneal endothelial basement membrane, posterior limiting lamina, Descemet's membrane), ⑤ 각막내피(뒤상피, corneal endothelium, posterior epithelium)의 다섯 층으로 구성된다,

1) 표면상피, 앞상피 Surface Epithelium, Anterior Epithelium

표면상피(앞상피, surface epithelium, anterior epithelium)는 바닥세포, 다각형 또는 날개세포, 4개 내지 12개 세포 두께의 납작하고 얇은 편평세포로 이루어진 비각질중층편평상피이다. 바닥상피세포는 단일층으로 상피바닥막 위에 놓여 있다. 바닥상피세포의 전분화(transdifferentiation)는 유사분열을 통해 두 개의 날개세포를 생성하고, 이 날개세포는 상피의 앞쪽과 중간층을 향해 정점으로 이동한다. 표면 세포는 꼭대기 미세융모와 미세주름을 가지고 있으며, 상호작용을 통해 뚜렷한 당질층(glycocalyx)을 분비하여, 눈물막을 안정화시킨다. 상피세포는 치밀이음(tight juntion)과 부착반점(desmosome)을 통해 서로 결합되어 있으며 반부착반점(hemidesmosome)을 통해 아래의 바닥막에 부착되어 있다. 상피세포 사이에는 수많은 자유신경종말이 존재한다.

손상된 각막상피(corneal epithelium)의 재생 능력은 뛰어나며, 세포 이동과 함께 유사분열을 통해 손상된 각막상피가 정상 구조로 빠르게 회복되도록 한다.

2) 상피밑바닥막 Subepithelial Basement Membrane

상피밑바닥막(subepithelial basement membrane) 또는 바닥판은 바닥상피 세포에 의해 주로 4형과 7형 아교질 및 프로테오글리칸이 조직적으로 분비되어 형성된다. 이 층은 종종 광학현미경으로 구분할 수 있다(그림 17-2). 많은 비가축 종에서 관찰되는 고유질의 가장 앞쪽의 응축된 층인 **앞경계판(anterior limiting lamina, Bowman's membrane)**과 혼동해서는 안 된다. 상피밑바닥막의 완전성(integrity)은 각막 상처 치유 반응의 정도와 속도 모두에서 중요한 요소이다.

3) 고유질, 버팀질 Substantia Propria, Stroma

각막 **고유질(substantia propria)** 또는 **버팀질(stroma)**은 주로 1형아교질로 이루어진 수백 개의 층(판, lamellae)으로 구성되며, 각막 두께의 약 90%를 차지한다(그림 17-2). 각 층 내에 평행한 아교원섬유가 정밀하게 배열되어 있어 거의 모

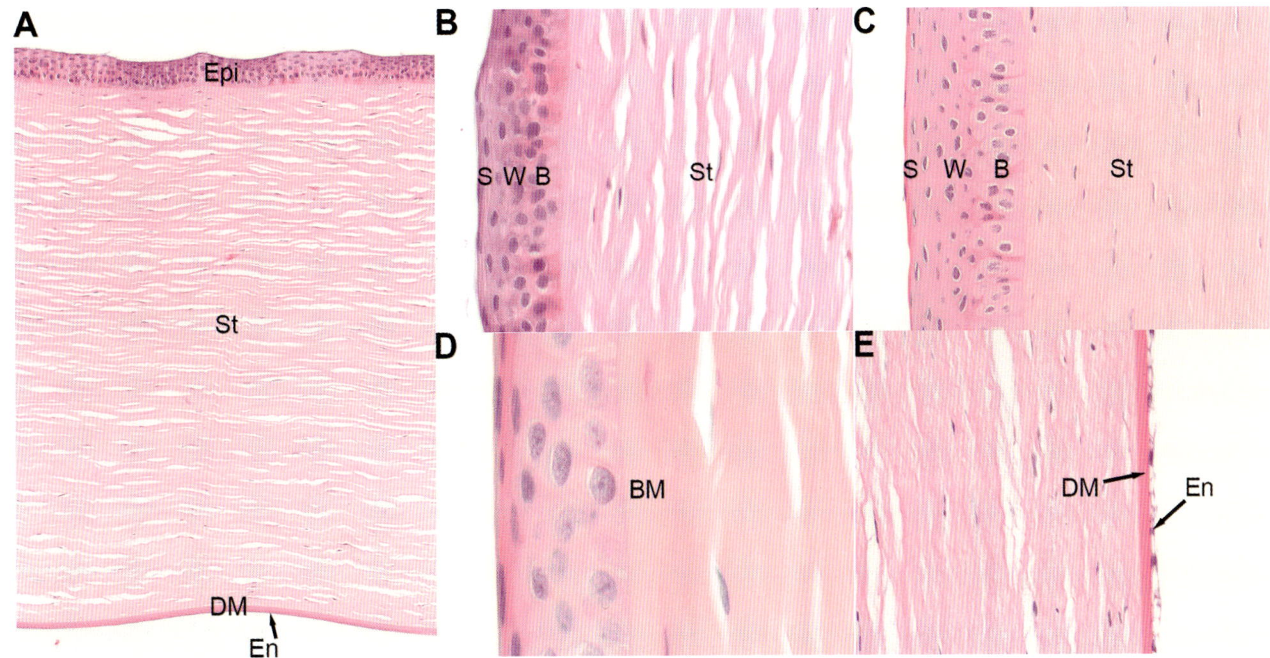

그림 17-2 • 각막. **A. 개 각막**. 각막상피(Epi), 버팀질(St), 각막내피바닥막(Descemet's membrane, DM) 및 내피(En). H&E. (×100). **B. 개 각막**. 각막상피는 바닥세포(B), 중간날개세포(W), 편평한 얕은편평세포(S)로 구성된 비각질중층편평상피이며, 바닥막에 의해 버팀질과 분리되어 있다. H&E. (×200). **C. 산양 각막**. 큰 동물의 각막상피는 작은 동물의 각막상피보다 두껍고 증가된 수의 중간날개세포(W)를 갖는다. **D. 비인간영장류 각막**. 가장 앞쪽 버팀질은 응축되어 있고 무세포질이며 앞경계판(Bowman's membrane, BM)을 형성한다. H&E. (×400). **E. 개 각막**. 각막내피(En)는 두께가 다양한 바닥막(Descemet's membrane, DM)에 의해 지지된다. H&E. (×200).

든 빛이 산란 없이 각막을 투과할 수 있다. 이러한 아교질 층(lamellae) 사이에는 감각신경섬유, 프로테오글리칸, 글리코사미노글리칸 및 상주세포 유형인 각막세포(keratocyte)가 산재되어 있다(그림 17-2). 각막세포는 섬유모세포와 근육섬유모세포로 분화하여 상처 치유에 필요한 이동과 증식을 촉진할 수 있으며, 종종 시력을 위협하는 흉터 형성이 나타날 수 있다.

4) 각막내피바닥막 Corneal Endothelial Basement Membrane, Descemet's Membrane

각막내피바닥막(뒤경계판, corneal endothelial basement membrane, posterior limiting lamina, Descemet's membrane)은 광학 현미경으로 보면 매우 굴절률이 높고 두꺼운 무정형 층으로 나타나며, 과아이오딘산시프(PAS) 염색으로 더 자세히 확인할 수 있다(그림 17-2). 전자현미경으로 이 층은 세 가지 영역으로 구성되어 있다: 5형 및 6형 아교질을 포함하는 앞민띠구역(anterior unbanded zone), 4형 및 8형 아교질을 포함하는 앞띠구역(anterior banded zone), 3형 및 4형 아교질을 포함하는 뒤민띠구역(posterior unbanded zone). 뒤경계판(posterior limiting lamina)은 각막내피(corneal endothelium)에 의해 생애 지속적으로 생성되기 때문에 노령동물(aging animals)에서 더 두꺼운 막을 형성한다.

5) 각막내피 Corneal Endothelium, Posterior Epithelium

각막내피(뒤상피, corneal endothelium, posterior epithelium)는 육각형 모자이크로 배열된 단층편평상피로 각막의 뒤쪽면을 덮고 있다(그림 17-2). 내피세포에는 사립체가 풍부한데, 각막의 수분(corneal hydration)과 투명도(transparency)를 유지하는 세포 펌프에 필요한 ATP를 생성하기 위한 것이다. 각막내피에 결함이 생기면 각막에 부종이 생기고 불투명해진다. 뒤상피의 재생 능력은 제한적이며, 종과 나이에 따라 다르다.

2. 공막 Sclera

공막(sclera)은 눈을 보호하고, 눈의 모양과 안구 내 압력을 유지하는 치밀불규칙결합조직으로 구성되어 있다(그림 17-3). 일부 어류, 양서류, 조류에서는 공막연골(scleral cartilage)이 있으며, 일부 조류에는 공막뼈(bony ossicles)가 있는 등 종에 따라 차이가 있다. 공막 두께는 눈의 여러 부위와 종에 따라 다르다. 공막은 안구 적도(equator of globe)에서 가장 얇고 개와 고양이의 각막둘레(limbus, corneoscleral junction, 각막과 공막의 경계)와 발굽동물의 시각신경 주위에서 가장 두껍다. 공막에는 아교섬유가 우세하지만 탄력섬유, 섬유세포,

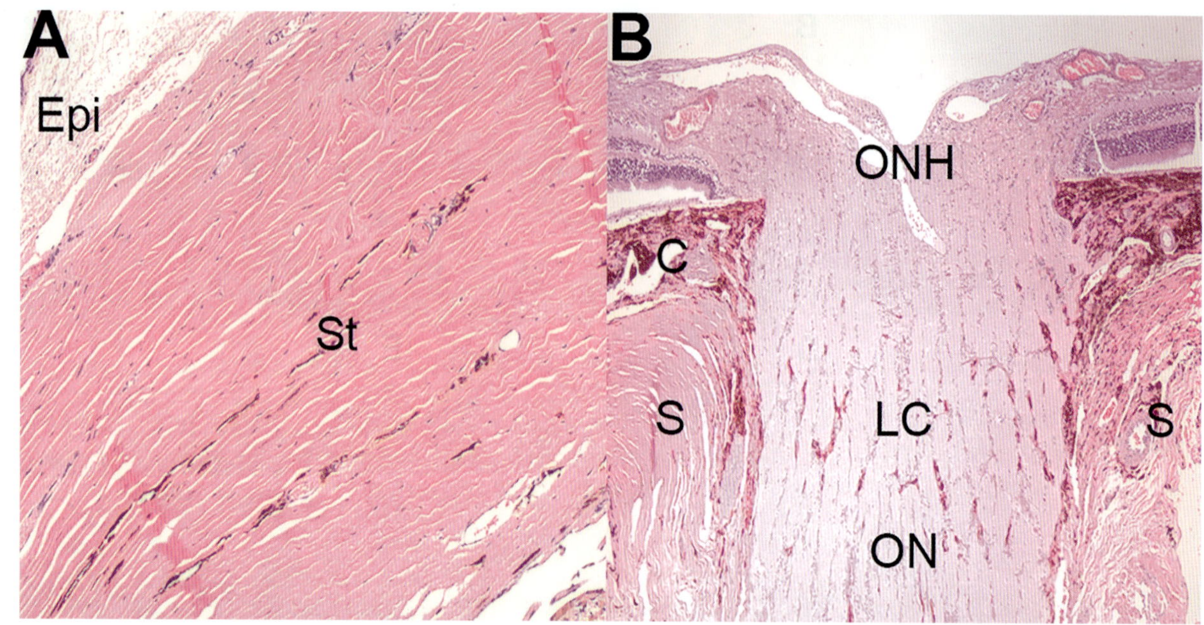

그림 17-3 • **고양이 공막.** **A.** 혈관이 있는 성긴결합조직으로 구성된 공막바깥막(Epi)과 치밀아교질조직으로 구성된 공막 버팀질(St)을 특징으로 하는 공막의 앞면. H&E. (×100). **B.** 공막(S)의 뒤면은 체판(lamina cribrosa, LC)이라는 수많은 구멍이 있으며, 이 구멍을 통해 원반오목(시각신경머리, ONH)에서 나온 축삭이 통과하여 맥락막(C)과 안구를 지나 시각신경(ON)을 형성한다. H&E. (×40).

멜라닌세포도 서로 얽혀 있으며 맥락막과 경계인 뒤공막의 더 깊은 부분에 더 많이 존재한다.

공막 바깥쪽에 위치한 **눈확근막(orbital fasciae)**은 시각신경의 바깥막 또는 경막과 연결된 얇은 결합조직 안구주위막(periorbita), 안구를 둘러싸고 있는 아교질 조직인 안구집(fascial sheath of eyeball, bulbar sheath, Tenon's sheath), 안구근육(extraocular muscle)의 근육바깥막으로 구성된다. 안구근육 힘줄은 힘줄과 공막 섬유가 서로 얽혀 공막에 단단히 부착되어 있다. 시각신경 축삭은 **체판(lamina cribrosa)**이라고 하는 뒤공막의 체모양부위(sieve-like area)에 있는 수많은 구멍을 통해 눈을 빠져나간다(그림 17-3).

3. 각막공막경계, 각막둘레

Corneoscleral Junction, Limbus

각막공막경계(corneoscleral junction) 또는 **각막둘레(limbus, corneal limbus)**에서 공막이 각막을 덮고 있다. 각막상피는 점진적으로 분비성 결막상피로 이행되며, 이는 성긴결합조직의 고유판 위에 놓여 있다. 각막버팀질의 특징적으로 배열된 아교섬유는 더 불규칙한 배열을 취하고 탄력섬유와 연관되며 공막의 적도부위섬유다발(equatorial bundles of sclera)과 연속된다. 각막내피의 뒤경계판(posterior limiting lamina)은 잔기둥그물(trabecular meshwork)의 꼭대기 근처의 각막둘레에서 끝난다(그림 17-4).

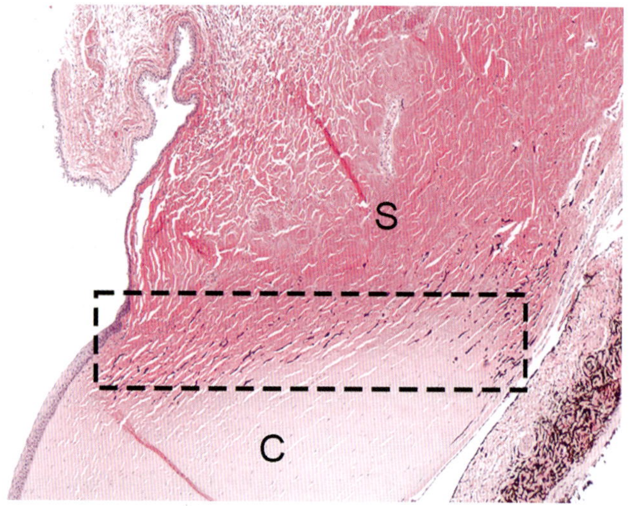

그림 17-4 • **개 각막둘레.** 각막공막경계 또는 각막둘레(직사각형 부위)는 각막(C)과 공막(S) 사이의 이행을 표시한다. 중층편평 각막상피와 각막버팀질의 치밀규칙결합조직은 분비성 결막상피와 공막버팀질의 치밀불규칙결합조직으로 이행된다. H&E. (×40).

각막으로의 혈관 공급은 각막둘레 수준에서만 위치하며, 정상적인 각막에는 혈관이 전혀 없다. 각막신경은 혈관과 같은 수준에서 치밀한 가장자리신경섬유 얼기(dense marginal nerve fiber plexus) 또는 혈관층의 섬모체신경얼기(ciliary plexus)로 부터 유래한다.

제3절 | 혈관층 *Vascular Tunic*

혈관층(포도막, vascular tunic, uvea)은 홍채(iris), 섬모체(ciliary body), 맥락막(choroid)의 중간엽성분(mesenchymal components)의 세 부분으로 구성된다.

1. 홍채 Iris

홍채(iris)는 수정체 앞에 위치하며, 앞방과 뒤방을 분리시키는데 앞방과 뒤방은 중앙 조리개인 **동공(pupil)**을 통해 서로 통하고 있다. 홍채는 색소가 침착된 고도로 혈관분포가 풍부한 성긴결합조직, 동공 크기를 조절하는 **조임근(sphincter muscle)**과 **확대근(dilator muscle)**의 버팀질(stroma), 그리고 뒤면(posterior aspect)의 두층상피(bilayered epithelium)로 구성되어 있다.

1) 홍채버팀질 Iridial Stroma

홍채 앞면에는 상피가 없다. 홍채 앞방을 향한 가장 앞쪽 면은 **앞경계층(anterior limiting layer, anterior border layer)**을 형성하는 멜라닌세포의 치밀집합체 위에 배열된 섬유모세포의 얇은 응축으로 구성된다(그림 17-5). 이 층에는 바닥막과 혈관이 모두 없지만 프로테오글리칸이 풍부하다. 함몰 또는 움(crypts)은 종종 아래에 놓인 버팀질 속으로 깊이 관통해 들어가는데, 특히 동공가장자리(pupillary margin)에서 뚜렷하며, 종종 앞방과 교통한다.

홍채버팀질의 더 깊고 혈관화된 층은 아교질섬유와 섬유모세포의 잔기둥 또는 부챗살 기둥으로 구성되며, 많은 멜라닌세포를 포함하는 고도로 혈관화된 성긴결합조직에 의해 지지된다. 홍채버팀질 내의 다른 무색소세포로는 림프구, 큰포식세포 및 비만세포와 같은 면역세포가 있다.

동맥혈관은 홍채 주변부의 큰동맥고리(major arterial circle)로부터 기원하여 동공가장자리 근처에서 모세혈관바탕을 형성하면서 홍채버팀질로 구심적으로 방사된다. 이 버팀질모세혈관은 창이 없으며, 내피세포 사이의 치밀이음은 혈액-방수장벽(blood-aqueous barrier)을 유지하는 데 도움이 된다.

홍채 색(iris color)은 앞경계층과 버팀질의 색소간직세포 속에 있는 색소의 양과 유형, 멜라닌세포 내 색소 밀도에 따라 결정된다.

2) 홍채근육 Iridial Muscles

두 개의 홍채근육인 조임근과 확대근이 동공 크기를 조절한다. 두 근육은 모두 신경상피(색소상피)세포에서 유래한다. 포유동물인 반려동물의 경우 이 근육은 민무늬근육인 반면, 조류의 경우 가로무늬근육이며 자발적으로 조절될 수 있다.

조임근(sphincter muscle)은 동공가장자리 근처에서 돌

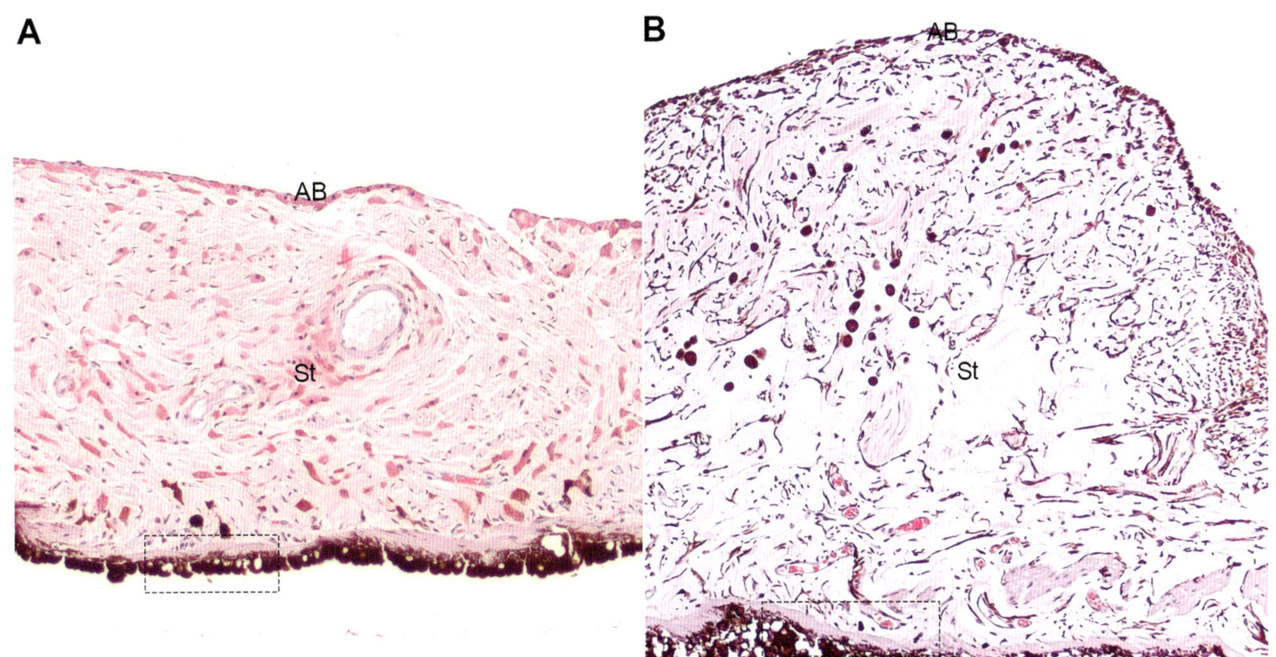

그림 17-5 • 홍채. **A. 고양이 홍채**. 앞경계층(AB)은 전방을 향하고 있으며 많은 혈관과 멜라닌세포를 포함하고 있는 가장 두꺼운 층인 버팀질(St)의 표면이다. 홍채의 뒤면은 두층상피(직사각형 부위)로 덮여 있다. H&E. (×100). **B. 말 홍채**. 앞경계층(AB), 버팀질(St) 및 뒤면(직사각형 부위)의 두층상피 등 형태학적으로 동일한 구조이며, 고양이와 비교하여 버팀질 내에 짙은 색소의 멜라닌세포가 더 풍부하게 존재한다. H&E. (×100).

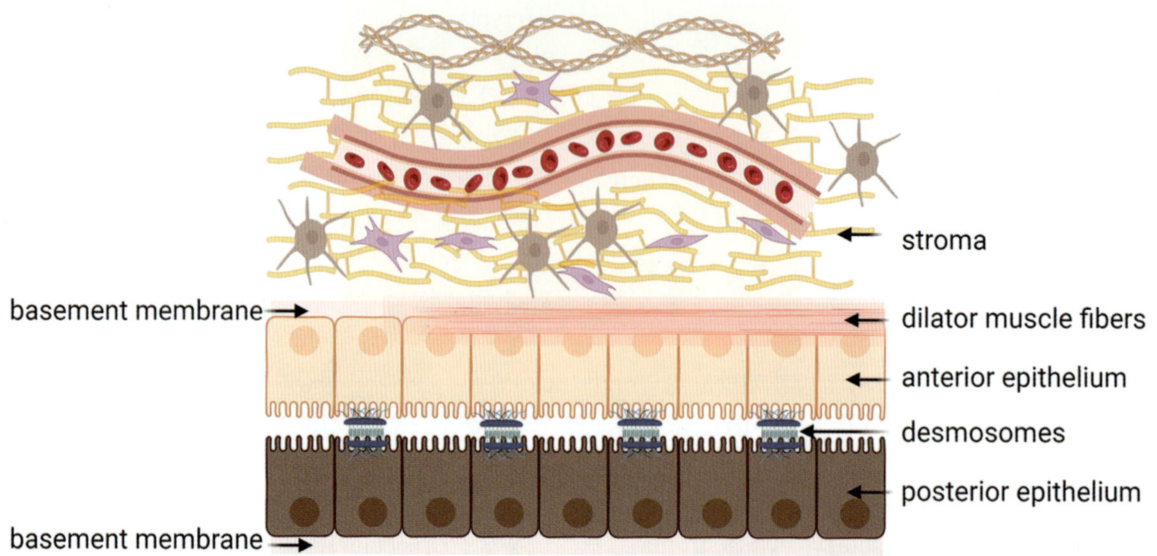

그림 17-6 • 홍채상피. 뒤면의 두 층 홍채상피는 확대근의 근육섬유를 형성하는 근육상피성분이 있는 앞입방상피(anterior cuboidal epithelium)와 앞방상피와 꼭대기대 꼭대기로 배열된 뒤입방상피(posterior cuboidal epithelium)로 구성되어 있다.

림방향으로 배열된 민무늬근육세포 그물(network)로 구성되어 있다. 둥근 동공(circular pupil)을 가진 동물(개, 돼지, 영장류 및 조류)의 경우 이 섬유가 동공을 둘러싸고 있다. 근육섬유는 갈라진 틈모양 동공(slit-like pupils)을 가진 동물(고양이)에서는 동공 주위로 등쪽배쪽방향으로(dorsoventrally) 배열되거나, 되새김동물과 말에서는 동공 주위로 수평방향으로(horizontally) 배열된다. 홍채버팀질에 있는 활모양의 아교섬유다발은 근육그물을 통하여 고리(arch)를 형성하여 근육섬유가 직접 상호작용할 수 있도록 한다. 조임근은 섬모체신경절의 Edinger-Westphal 핵과 연접에서 유래하는 여덟째뇌신경(CN III, 눈돌림신경)을 통해 부교감신경 지배를 받는다. 조임근 수축은 동공축소(miosis, 동공 개구 감소)를 초래한다.

확대근(dilator muscle)은 뒤홍채의 두층상피층의 앞쪽에서 시작하여 부분적으로 분화한다(그림 17-6). 앞상피세포의 바닥부위는 민무늬근육세포의 구조적 특성을 가지고 있으며, 조임근의 중간-끝에서 홍채 뿌리까지 뻗어 있고 꼭대기 부위는 전형적인 색소상피세포의 특징을 유지한다. 확대근은 앞목신경절(cranial cervical ganglion)에 위치한 교감신경절이후신경세포의 신경지배를 받는다. 확대근 수축은 동공확대(mydriasis, 동공 개구 확장)를 초래한다.

3) 홍채상피 Iridial Epithelium

위에서 설명한 **앞홍채상피(anterior iris epithelium)**는 바닥면과 길쭉한 수축성 민무늬근육 돌기가 홍채버팀질을 향하고 있는 반면, 꼭대기돌기는 뒤홍채상피의 꼭대기면을 향하고 있다. 색소침착이 풍부한 **뒤홍채상피(posterior iris epithelium)**는 섬모체돌기의 무색소상피층과 연속되는 한 층의 원주세포로 구성된다(그림 17-6). 상피세포는 넓은 세포사이공간으로 분리되어 있는 경우가 많지만, 앞 및 뒤 홍채상피의 꼭대기면은 부착반점(desmosome)으로 결합되어 있다. 상피의 뒤면(속면)에서는 홍채의 속경계막인 얇은 바닥막으로 덮여 있다.

발굽동물(ungulates)에서는 **홍채과립(iridial granule, granulum iridicum, corpus nigrum)**이라고 불리는 색소

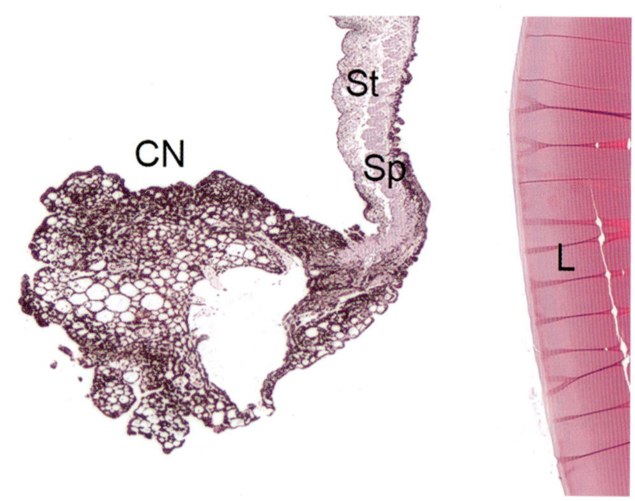

그림 17-7 • 말 홍채과립. 홍채상피의 증식, 즉 홍채과립(CN)은 수정체(L) 앞 동공 가장자리에서 앞방으로 돌출되어 있다. 이 홍채의 절편은 또한 동공구멍을 둘러싸고 있는 홍채의 중간에서 뒤쪽부위의 홍채버팀질(St)과 조임근(Sp)을 보여주고 있다. H&E. (×20).

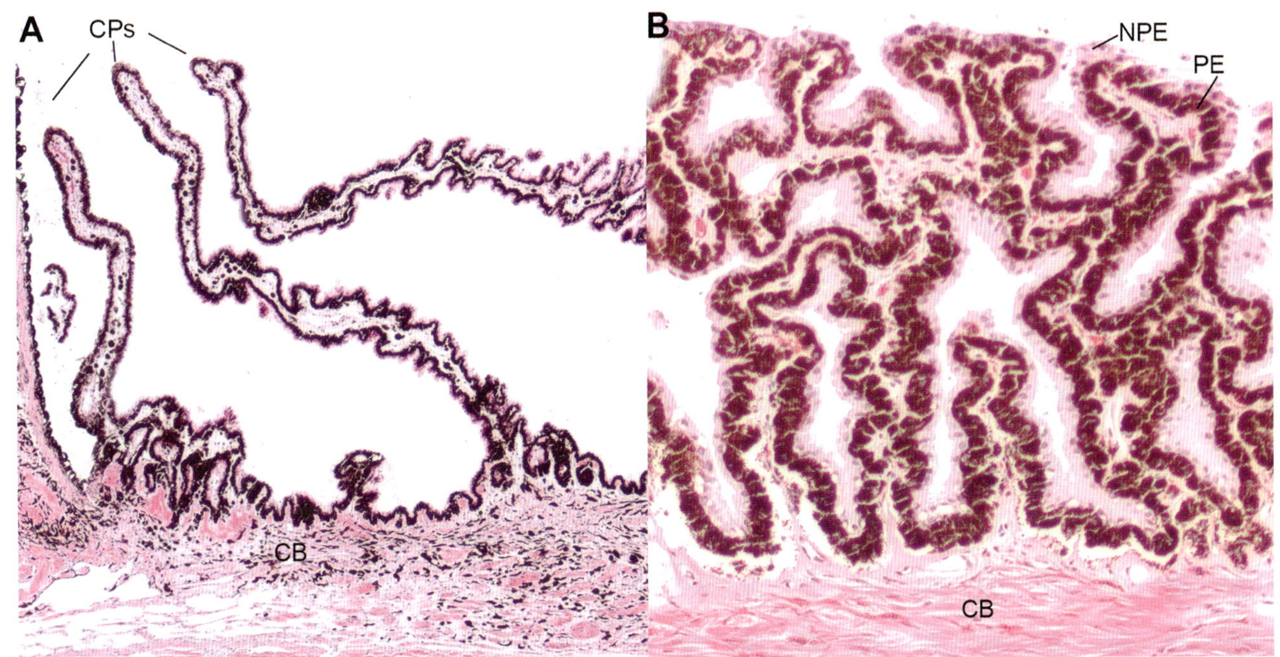

그림 17-8 • 섬모체. **A. 개 섬모체**. 섬모체(CB)는 공막 내부에 위치하며 수많은 섬모체돌기(CP)를 뒤방으로 돌출시킨다. H&E. (×40). **B. 면양 섬모체**. 섬모체돌기는 속무색소상피(NPE)와 바깥색소상피(PE)로 구성된 두층상피로 덮여 있다. H&E. (×100).

조직의 어두운 집합체가 등쪽과 배쪽 동공가장자리에서 관찰된다. 등쪽 동공가장자리에서 발생하는 홍채과립은 배쪽 동공가장자리에서 발생하는 홍채과립에 비해 훨씬 크다. 이 조직은 등쪽과 배쪽 동공가장자리에서 앞방 속으로 돌출된 두 상피층이 국소적으로 증식된 것이다(그림 17-7).

2. 섬모체 Ciliary Body

섬모체(ciliary body)는 홍채와 맥락막 모두와 직접적으로 연속되어 있다(그림 17-1). 가로단면에서 섬모체는 삼각형 모양을 이루며, 앞쪽의 바닥은 홍채뿌리에서 시작해서 뒤쪽으로는 섬모체와 주변부 망막 사이의 이행부인 톱니둘레(ora serrata)까지 뻗어 있다. 외부적으로 섬모체는 공막에 붙어 있고, 내부적으로는 뒤방 방수와 접촉한다.

앞쪽에서 섬모체는 뒤방속으로 **섬모체돌기(ciliary process)**를 뻗고 있다(그림 17-8). 섬모체돌기가 있는 부분은 전체적으로 **섬모체관(ciliary crown, corona ciliaris, pars plicata)**이라고 하는 섬모체부위를 형성한다. 섬모체돌기는 안구방수 생산을 위해 표면적을 증가시키고, 수정체에 붙는 띠섬유(zonular fibers)가 이는 곳(origin)으로서 역할도 한다. 섬모체의 뒤쪽 부분은 납작하고 매끈하며 **섬모체둘레(orbiculus ciliaris, pars plana)**라고 한다. 조직학적으로 섬모체는 섬모체상피, 버팀질층, 섬모체근육(ciliary muscle)으로 구성된다.

1) 섬모체상피 Ciliary Epithelium

섬모체는 신경상피에서 유래한 두 층의 입방상피세포로 덮여 있다. 이 상피층은 홍채상피에서 설명한 배열과 유사하게 세포이음에 의해 꼭대기에서 꼭대기로 연결되며, 바닥막이 바깥쪽을 향하고 있다(그림 17-9).

바깥 **색소상피층(pigmented epithelial layer)**은 망막색소상피(retinal pigmented epithelium, RPE)와 연속된다. 이는 버팀질에 인접한 바닥막에 의해 지지되는 색소가 많은 단층입방상피로 구성된다(그림 17-9). 이들 세포는 세포막이 깊게 바닥으로 함입(basal invaginations)되어 있다.

안쪽 **무색소상피층(nonpigmented epithelial layer)**은 뒤방과 분리시키는 자체 바닥막을 가진 입방세포 또는 원주세포로 구성된다. 이 상피는 망막의 신경감각층과 홍채의 뒤색소상피와도 연속된다. 이들 세포는 세포막이 깊게 함입된 구조를 가지며, 이것은 사립체와 연관된다. 넓게 분포된 과립세포질그물(rER)과 골지복합체가 세포 꼭대기에 있다. 상피세포 가쪽면은 치밀이음(tight junction)으로 연결되어 혈액-방수장벽에 기여한다.

2) 섬모체버팀질 Ciliary Stroma

섬모체와 섬모체돌기는 치밀한 모세혈관그물이 분포해 있는 성긴결합조직을 버팀질 중심에 가지고 있다. 혈관은 앞·뒤 섬모체동맥으로부터 유래하는데, 이 혈관은 섬모체와 섬모체돌기에 혈액을 공급하는 큰동맥고리(major arterial circle)를 형성한다.

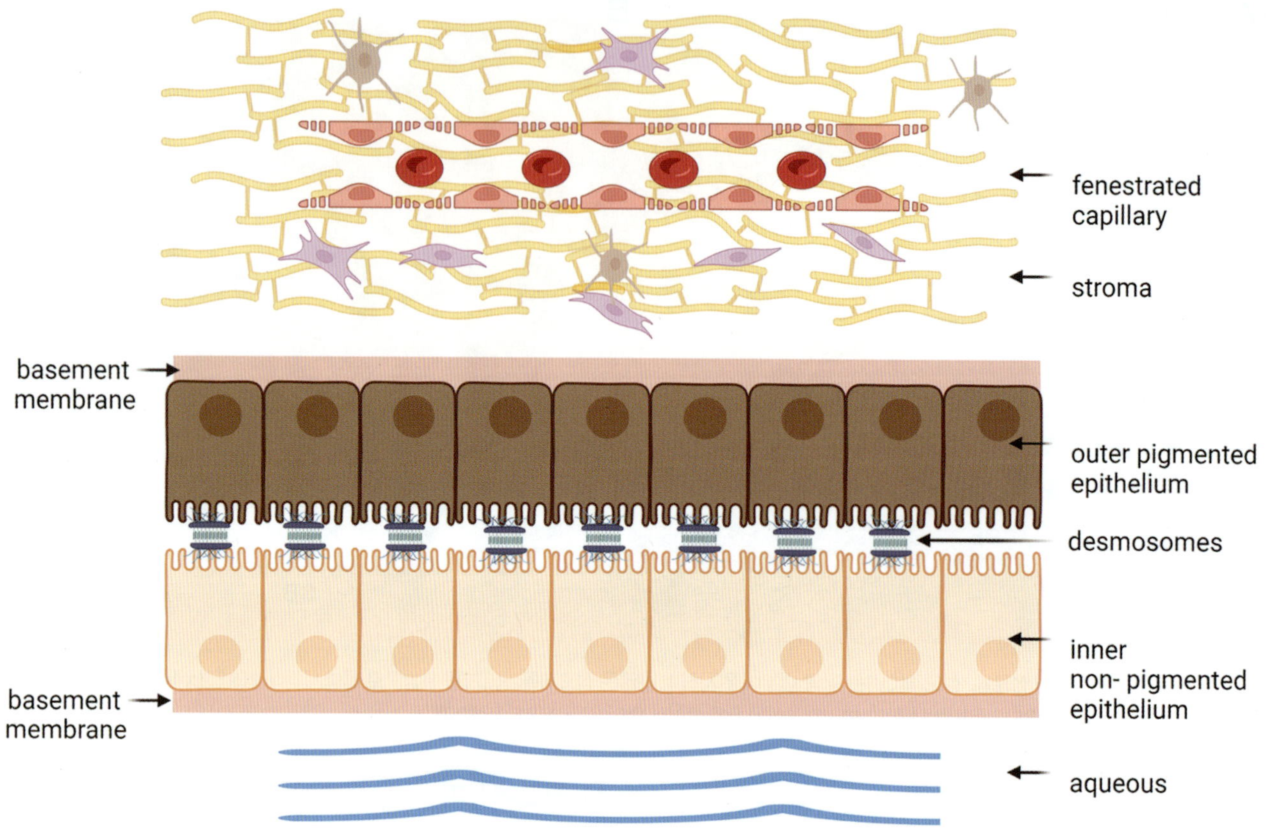

그림 17-9 • 섬모체상피. 섬모체돌기를 덮고 있는 두층의 섬모상피는 속무색소상피와 꼭대기에서 꼭대기로 배열된 바깥색소상피로 구성된다.

3) 섬모체근육 Ciliary Muscle

섬모체근육(ciliary muscle)은 섬모체 주위에 위치하며, 외부에서 내부로 세로, 방사형, 돌림으로 향하는 민무늬근육섬유로 구성된다. 근육섬유는 각막버팀질, 즉 홍채각막구석의 잔기둥그물의 결합조직과 공막에서 시작하여 뒤쪽으로 맥락막과 부착되어 있다. 조절(accomodation) 시 섬모체근육 수축은 수정체 띠섬유(zonular fiber) 긴장을 낮추어 수정체는 더 볼록해지게(convex) 하고, 이완 시는 그 반대이다.

4) 방수 Aqueous Humor

방수(aqueous humor)는 혈장과 비슷하지만 단백질 함량이 상당히 낮은 얇고 투명한 액체이다. 방수는 섬모체버팀질 내의 창모세혈관을 가로지르는 정수압의 차이에 의해서 여과된 혈청 한외여과액이다. 이 한외여과액은 섬모체상피에 의해 변형된 후 뒤방(posterior chamber)으로 분비된다. 효소 탄산탈수효소(carbonic anhydrase, 방수 형성에 필수적인)는 섬모체돌기(ciliary process)의 무색소상피에 국한되어 존재하고 있다. 특정 분자가 상피통과에서 제외된다는 점에서 방수 수송은 선택적이다. 방수는 뒤방에서 동공을 통해 앞방으로 흘러들어가 홍채각막구석(iridocorneal angle, 아래 설명)을 통해 배출한다. 방수는 앞쪽구역 구조물에 영양을 공급하고 노폐물을 제거하며 안압을 유지하고 눈의 광학적 특성에 기여하는 역할을 한다.

3. 홍채각막구석 Iridocorneal Angle

홍채각막구석(여과구석, iridocorneal angle, filtration angle, drainage angle)은 각막공막경계(corneoscleral junction), 섬모체 및 홍채가 수렴하는 부위로 앞방의 주변부에 위치하고 있다(그림 17-10). 구조적으로 홍채각막구석은 빗살인대(pectinate ligament), 잔기둥그물(trabecular meshwork), 잔기둥(방수)정맥으로 구성된 그물이다. 앞방에서 나오는 방수는 홍채각막구석의 혈관으로 배출되기 전 이러한 구조물을 통해 스며든다.

1) 빗살인대 Pectinate Ligament

빗살인대(pectinate ligament)는 각막공막경계와 홍채의 바닥 사이에 뻗어 있는 수많은 길고, 가는 일차가닥(primary strands)과 부속가닥(accessory strands)으로 구성된다(그림 17-10). 각 가닥은 각막내피와 연속된 내피로 덮인 아교원섬

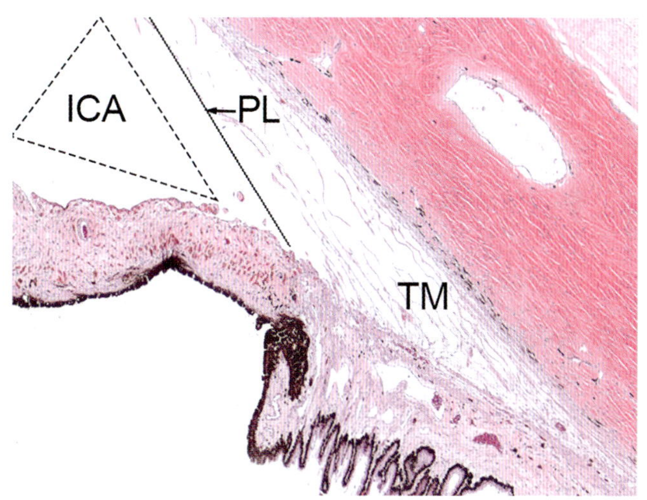

그림 17-10 • 고양이 홍채각막구석. 배액구석(drainage angle) 또는 홍채각막구석(ICA)은 각막둘레와 홍채뿌리 수준에 위치한 삼각형 구역이다. 빗살인대(PL)는 긴 아교질가닥으로 구성되어 있으며, 홍채각막구석(ICA)을 가로질러 연장되고 뒤쪽 잔기둥그물(TM)과 연속된다. H&E. (×40).

유의 중심(core)을 갖고 있다. 빗살인대의 가닥 사이의 공간을 **홍채각막구석공간(폰타나공간, spaces of iridocorneal angle, spaces of Fontana)**이라고 하며, 이 공간을 통하여 방수가 앞방으로 빠져나간다.

2) 잔기둥그물 Trabecular Meshwork

포도막잔기둥그물(uveal trabecular meshwork)은 빗살인대와 연속되어 있으며, 평평하고 고정된 구멍이 뚫린 내피로 덮인 아교원섬유시트의 치밀한 그물을 형성한다(그림 17-10). 이 그물망은 점차 각막과 공막에 인접하여 구조적으로 동일하지만, 더 촘촘하게 얽힌 밧줄같은 **각막공막잔기둥그물(corneoscleral trabecular meshwork)**이 된다.

3) 방수배출 Aqueous Drainage

방수는 통상적 배출과 비통상적(포도막공막) 배출이라는 두 가지 방법으로 눈에서 제거된다. 대부분의 종에서는 통상적 배출이 우세하다. **통상적 배출(conventional outflow)**의 경우, 방수는 빗살인대(pectinate ligament) 사이 홍채각막구석공간(spaces of Fontana)을 통해 잔기둥그물로 배출되며, 그곳에서 방수는 **방수집합정맥(aqueous collecting vein)**에 축적된다. 그 후 방수는 공막의 둘레 뒤쪽에 위치하는 2~4개의 큰 혈관인 **구석방수얼기(공막정맥얼기, angular aqueous plexus, scleral venous plexus, plexus venosus sclerae)** 속으로 통과한다. 그 후 방수는 똬리정맥(vortex vein)을 지나 혈액 순환에 합류한다. 사람과 영장류에서만 존재하는, 둘레가 내피로 둘러싸인 통로인 **구석방수굴(공막방수굴, angular aqueous sinus, scleral aqueous sinus, canal of Schlemm)**은 가축 포유동물에서는 존재하지 않는다. **비통상적 배출(nonconventional outflow)**은 포도막을 통해 방수가 섬모체위 및 맥락막위공간 속으로 이동한 후 인접한 공막 속으로 유입되는 것으로 구성된다.

4. 맥락막 Choiroid

맥락막(choroid)은 앞쪽 섬모체버팀질에서 뒤쪽 시각신경 머리까지 이어지는 두껍고 혈관이 매우 풍부한 층이다(그림 17-11, 17-12). 맥락막의 바깥면은 공막과 연결되어 있고, 안쪽에는 그 바닥막이 망막색소상피(retinal pigment epithelium, RPE)에 밀접하게 부착되어 있다. 맥락막은 다섯 층으로 세분된다.

1) 맥락막위판 Suprachoroid, Suprachoroid Lamina

맥락막위판(suprachoroid, suprachoroid lamina)은 맥락막의 가장 바깥층으로 공막과 맥락막 사이의 이행부위이다. 이 층은 약간의 탄력섬유를 갖는 아교섬유다발과 섬유세포, 수많은 멜라닌세포(melanocyte)로 구성된다.

2) 맥락막버팀질 Choroidal Stroma

맥락막버팀질(choroidal stroma)은 수많은 큰 동맥과 정맥으로 구성된다. 이러한 혈관은 **맥락막위판**에서 발견되는 것과 유사하게 아교질과 탄력 섬유소원, 섬유모세포, 백혈구, 그리고 멜라닌세포를 포함하는 결합조직으로 둘러싸여 있다. 이 혈관은 망막에 산소와 영양분을 공급하는 주요 공급원이다.

3) 반사판 Tapetum Lucidum

맥락막버팀질 내부에는 중간 구경의 혈관과 결합조직의 층이 있다. 이 층의 등쪽부위에는 빛을 반사하는 층으로 작용하여 조명이 약한 조건에서 빛지각을 증가시키는 것으로 추정되는 **반사판(tapetum lucidum)**이 포함되어 있다. 초식동물의 경우, 반사판은 아교섬유와 몇 개의 섬유세포가 섞여 있는 섬유성(fibrous, **섬유반사판, tapetum fibrosum**)이다. 육식동물의 경우, 반사판은 단면이 벽돌처럼 보이는 평평한 다각형 세포의 다양한 층으로 구성된 세포성(cellular, **세포반사판, tapetum cellulosum**)이다(그림 17-12, 17-13). 반사판 두께는 다양하며, 중심부는 여러층으로 되어 있고(개의 경우 최대 15개 세포층, 고양이의 경우 35개 세포층 두께) 주변부는 단층세포로 얇아진다. 돼지와 낙타에는 반사판이 없다.

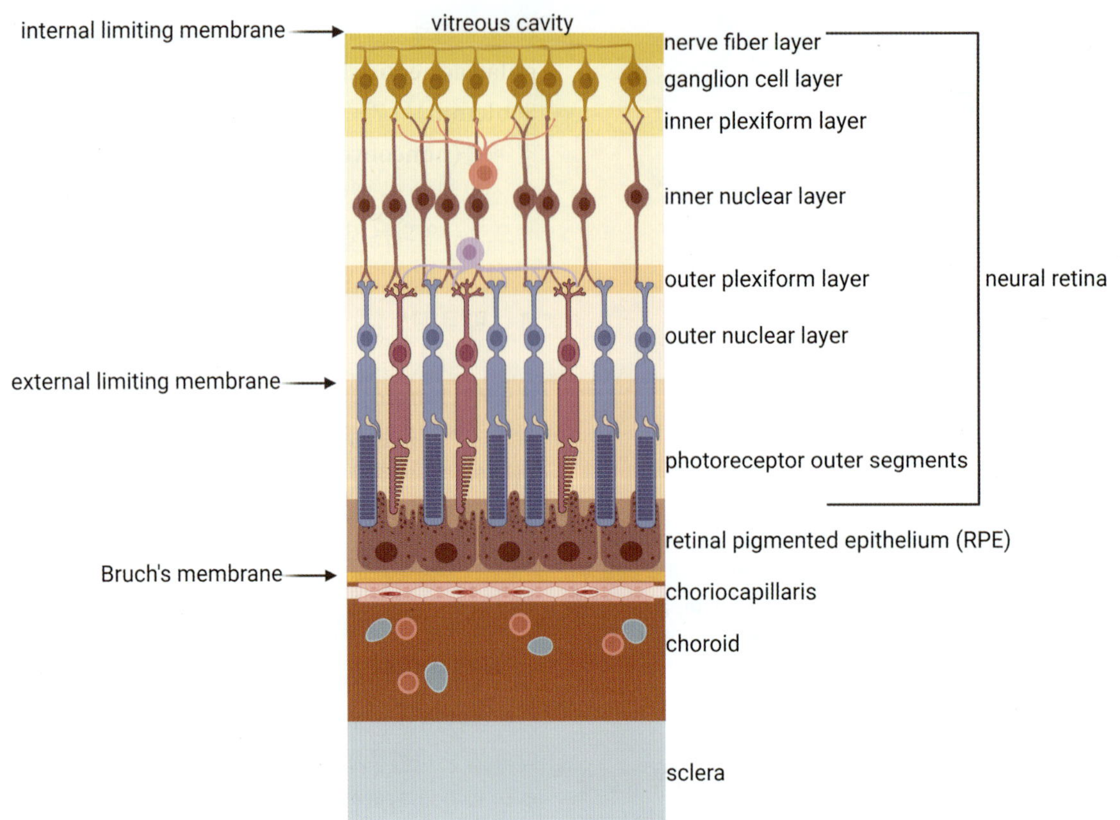

그림 17-11 • 망막과 맥락막의 도해. 신경 망막은 9개의 층으로 구성되어 있다. 속경계막은 유리체방과 접해 있다. 신경섬유층은 신경절세포 축삭을 포함하고 신경절 세포층은 신경절세포체(ganglion cell body)를 포함한다. 나머지 층에는 신경연접과 세포체를 포함한다. 빛수용기층에는 막대와 원뿔의 바깥분절이 있다. 망막색소상피는 신경 망막의 외부에 있으며, 바닥복합체(basal complex, Bruch's membrane)에 의해 지지되고 맥락막의 맥락모세혈관(choriocapillaris layer)에 인접한다. 맥락막 버팀질은 맥락막모세혈관과 공막 사이에 위치한다. 부챗살아교세포(radial glial cell)의 핵(자주색 및/또는 적색 세포)이 다른 핵 사이에 흩어져 있다. 바깥경계막은 부챗살아교세포와 빛수용기 사이의 이음(junction)에 의해 형성된다. 바깥핵층은 빛수용기 핵을 포함한다. 바깥얼기층은 수평신경세포와 두극신경세포의 돌기와 연접을 형성하는 빛수용기 축삭종말로 구성된다.

4) 맥락막모세혈관 Choriocapillaris, Lamina Choroiocapillaris

맥락막모세혈관(choroidocapillaris, lamina choroiocapillaris)은 바닥복합체(basal complex, Bruch's membrane)에 바로 인접한 치밀한 모세혈관그물이다(그림 17-11). 모세혈관내피는 창이 있으며, 내피세포의 핵과 혈관주위세포(pericytes)는 맥락막쪽(바깥쪽)으로만 위치한다. 모세혈관은 색소상피와 빛수용세포(막대 및 원뿔)에 영양분을 공급한다.

5) 바닥복합체

Basal Complex, Complexus Basalis, Bruch's Membrane

바닥복합체(basal complex, complexus basalis, Bruch's membrane)는 반사판이 있는 종과 없는 종에서 맥락막모세혈관과 망막색소상피(RPE) 모두의 바닥막을 포함하는 각각 세 층 또는 다섯 층의 구조이다. 다섯 층을 갖는 세포바깥바탕질에는 추가적인 아교질층과 탄력원섬유의 띠가 포함되어 있다. 이 복합체는 맥락막모세혈관의 혈액을 망막색소상피에서 물리적으로 분리하여 혈액-망막장벽에 기여한다.

제4절 신경상피층, 망막
Neuroepithelial Tunic, Retina

신경상피층(망막, neuroepithelial tunic, retina)은 눈의 감각 기능을 담당하는 신경망막과 망막색소상피(RPE)로 구성된다.

시각신경을 제외한 망막의 신경부분은 다음과 같은 층으로 구성된다(그림 17-11, 17-14): ① 속경계막, ② 신경섬유층, ③ 신경절세포층, ④ 속얼기층, ⑤ 속핵층, ⑥ 바깥얼기층, ⑦ 바깥핵층, ⑧ 바깥경계막, ⑨ 빛수용기 바깥분절. 망막색소상피는 빛수용기 외부에 위치한다.

망막색소상피(retinal pigment epithelium, RPE)는 바닥막 위에 놓인 평평한 뭇면체형에서 낮은 입방세포 층이다(그

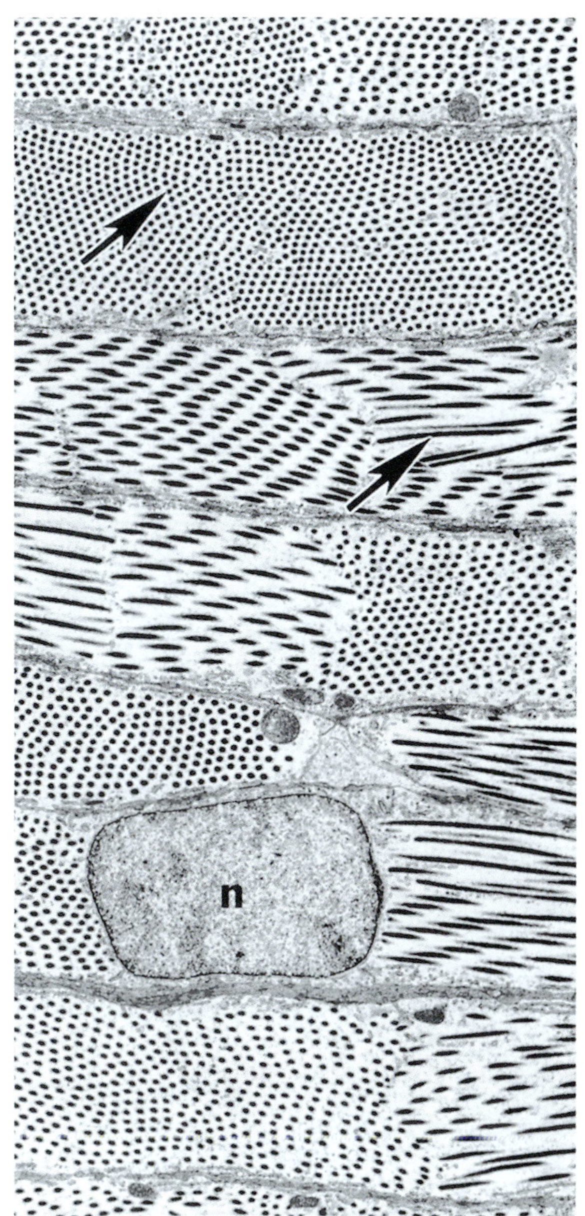

그림 17-12 • 고양이 반사판. 고양이 반사판의 전자현미경사진은 투과되는 빛에 수직인 세로축을 따라 여러 방향으로 배열된 평행한 막대 다발(화살표)과 세포가 벽돌 같은 배열을 하고 있는 반사판세포의 핵(n)을 보여주고 있다. (×3,780). (Courtesy of E.J. King.)

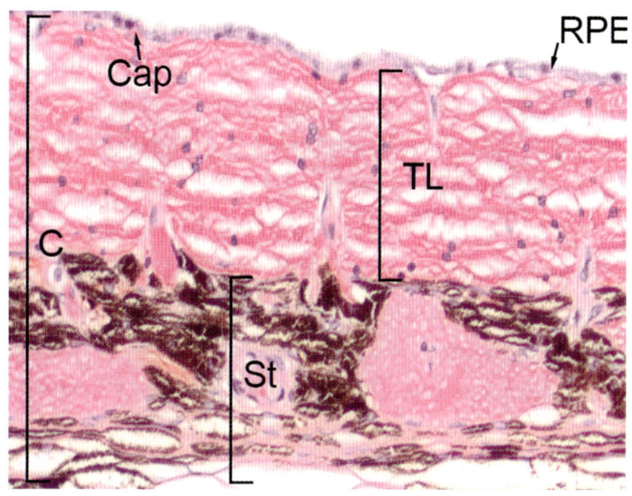

그림 17-13 • 고양이 맥락막. 맥락막(C)은 망막과 공막 사이에 위치한다. 맥락막은 혈관이 풍부하고 많은 색소세포를 포함한다. 맥락막모세혈관(Cap)은 망막색소상피의 바깥쪽과 반사판(TL)의 안쪽에 위치한다. 반사판의 등쪽부분(반사판부분, tapetal region)에는 색소가 없다. 맥락막 버팀질(St)은 반사판의 바깥쪽에서 맥락막위판(suprachoroid)까지 뻗어 있다. 맥락막위판(사진에 없음)은 공막에 인접한 맥락막의 가장 바깥층이다. H&E. (×200).

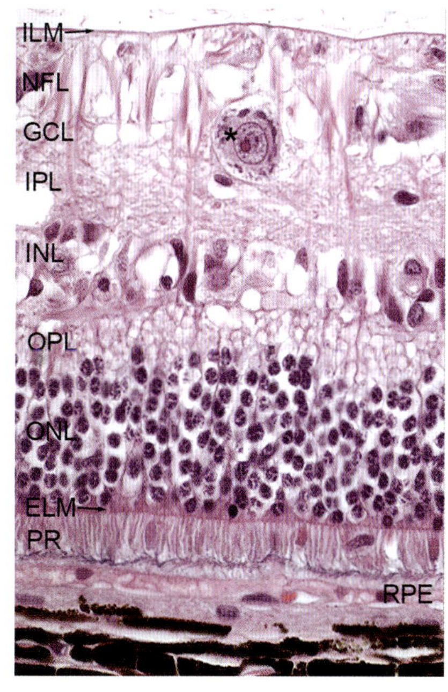

그림 17-14 • 개 망막. 망막의 층에는 속경계막(ILM), 신경섬유층(NFL), 신경절세포층(GCL, *: 신경절세포); 속얼기층(IPL); 속핵층(INL); 바깥얼기층(OPL); 바깥핵층(ONL); 바깥경계막(ELM); 빛수용기 바깥분절(PR); 맥락막모세혈관(Cap)과 바닥막복합체를 공유하는 망막색소상피(RPE)가 있다. 반사판을 덮고 있는 망막의 RPE층에는 색소가 없음을 주목하시오. H&E. (×40).

림 17-11, 17-13). **맥락막모세혈관**(choriocapillaris, **lamina choroiocapillaris**)의 모세혈관은 종종 이 세포를 깊숙이 함입시킨다. 망막색소상피세포 바닥면은 수많은 관련 사립체와 함께 세포막의 깊은 함입이 특징이다. 꼭대기면은 부착띠(zonula adherens)와 폐쇄띠(zonula occludens)로 연결되어 있다. 망막색소상피가 색소침착이 없는 경우, 반사판을 덮고 있는 세포를 제외하고는 수많은 멜라닌과립이 존재한다. 미세융모 꼭대기돌기가 빛수용기의 바깥분절을 부분적으로 둘러싸고 있다(그림 17-11, 17-14). 이러한 배열을 통해 망막색소상피는 영양분과 대사산물을 맥락막모세혈관에서 빛수용기로 운반하고, 막대와 원뿔의 바깥분절을 포식하고 분해할 수 있다.

속분절 형태에 따라 **막대(rod)**와 **원뿔(cone)**이라 불리는 빛수용기는 시각경로의 첫 번째 신경세포이다. 막대는 어두운 빛에서 시력을 담당하는 반면, 원뿔은 밝은 빛에서 기능하며 색시각(color vision)을 담당하므로 야행성 동물은 주간 동물에 비해 더 적은 원뿔을 갖는다. 빛수용기의 핵은 바깥핵층을 구성하고, 그것의 바깥분절은 망막의 빛수용기층(photoreceptor layer)을 구성한다. 각 빛수용기 바깥분절은 섬모(cilium)로 속분절에 연결된다. 막대에서 **바깥분절(outer segment)**은 세포막으로 둘러싸인 막원반 더미(stack of membranous disc)로 구성되는 반면, 원뿔에서는 원반이 때때로 세포바깥공간으로 열려 있다. 막에는 **시각색소(visual pigment)** 분자(막대의 로돕신과 원뿔의 이오돕신)가 존재한다. 가장 오래된 대부분의 외부 원반은 빛수용기에서 정기적으로 배출된 후 망망색소상피세포에 의해 포식되고 분해된다. 새로운 원반은 바깥분절의 안쪽 끝에 지속적으로 추가된다. **속분절(inner segment)**은 빛전달에 필요한 수많은 세포소기관을 함유고 있는 두 부위, 즉 타원모양(ellipsoid)과 근육모양(myoid) 부위를 포함하고 있다.

바깥경계막(external limiting membrane, outer limiting layer)은 **부챗살아교세포(radial glial cell, Müller cell)**와 빛수용기에 인접한 세포바깥돌기 사이에 걸쳐 있는 세포사이이음에 의해 형성된다. 부챗살아교세포의 미세융모는 막대와 원뿔의 속분절 사이에서 주변으로 돌출되어 있다(그림 17-11).

바깥핵층(outer nuclear layer)에는 빛수용기 핵이 포함되어 있다(그림 17-11). **바깥얼기층(outer plexiform layer)**은 빛수용기의 축삭종말, 즉 막대세포구슬 및 원뿔세포발로 구성되어 수평신경세포(horizontal cell)의 돌기와 두극신경세포의 가지돌기와 연접을 형성한다(그림 17-11).

두극신경세포, 수평신경세포, 무축삭세포 및 부챗살아교세포로 구성된 여러 층의 핵이 **속핵층(inner nuclear layer)**을 형성한다(그림 17-11). 이 층의 대부분의 핵은 시각경로의 두 번째 신경세포인 **막대두극세포(rod bipolar cell)**와 **원뿔두극세포(cone bipolar cell)**의 핵이며, 수평신경세포와 무축삭세포의 핵은 드물다. 부챗살아교세포의 핵은 다른 세포 사이에 흩어져 있다. 부챗살아교세포는 속경계막과 바깥경계막 사이에 걸쳐 있는 길쭉한 섬유별아교세포로 망막을 기계적으로 지지하고 영양을 공급한다(그림 17-11).

속얼기층(inner plexiform layer)은 두극신경세포와 신경절세포 사이에 연접을 위한 또 다른 연접층을 형성한다(그림 17-11).

신경절세포층(ganglion cell layer)은 큰 신경세포체(perikarya)로 구성되며, 시각경로의 세 번째 신경세포를 나타낸다(그림 17-14). 신경절세포의 축삭은 별도의 층인 **신경섬유층(nerve fiber layer)**을 형성한다(그림 17-11, 17-14). 이들 축삭은 망막의 **시각신경(optic nerve, CN II)**을 형성하기 위해 망막의 **시각신경원반(optic disc**, papilla)에서 수렴하고 빠져나간다.

속경계막(internal limiting membrane, inner limiting layer)은 유리체 뒤면에 진정한 바닥막을 형성하는 부챗살아교세포(radial glial cell)의 확장된 발돌기에 의해 합성되고 분비된다.

망막중심구역(area centralis retinae)은 시각신경원반의 등쪽과 가쪽에 위치한 망막의 둥글거나 타원형의 작은 구역이다. 이 구역은 원뿔의 수가 많고, 속얼기층이 두껍고, 신경절세포 밀도가 높으며, 신경섬유층이 얇고, 큰 혈관이 없다는 점에서 나머지 망막 영역과 다르다. 망막중심구역은 시력이 가장 예민한 곳이며 영장류의 황반(macula) 부위와 일치한다.

망막의 혈관분포양상(retinal vascular pattern)은 종에 따라 크게 다르다. 고양이, 개, 소, 돼지, 면양과 같은 동물은 신경섬유층에 혈관이 존재하는 **온혈관**양상(**holangiotic** pattern)이다. 망막 주변에는 넓은 모세혈관이 관찰되며, 세정맥과 세동맥이 시각신경원반(optic disc) 쪽으로 존재한다. 속핵층, 신경절세포층, 신경섬유층에도 수많은 모세혈관이 존재한다. **소혈관**양상(**paurangiotic** pattern)을 갖는 말에서는 망막혈관이 시각신경원반으로부터 짧은 거리로만 방사된다. **부분혈관**양상(**merangiotic** pattern)을 갖는 토끼는 혈관이 속질부챗살(medullary rays)내의 말이집시각신경섬유를 따라 안쪽과 가쪽으로 이동한다. **무혈관**양상(**anangiotic** pattern)을 갖는 조류와 파충류에서는 혈관이 없고, 유리체속으로 돌출된 혈관 구조가 있는데, 이를 각각 빗살돌기(pecten)와 유두원뿔(conus papillaris)이라고 한다.

제5절 굴절매질
Refractive Media

1. 수정체와 띠섬유 Lens and Zonular Fibers

수정체(lens)는 홍채와 유리체 사이의 뒤방(posterior chamber)에 위치한 투명하고 양면이 볼록한 구조이며, 섬모체에서 나온 띠섬유(zonular fibers)에 의해 매달려 있다(그림 17-15, 17-16). 수정체는 수정체피막, 수정체상피, 수정체섬유로 구성된다.

수정체는 전체적으로 **수정체피막(lens capsule)**으로 완전히 둘러싸여 있으며(그림 17-15, 17-16), 이는 4형 아교질과 번갈아 가며 바닥막을 형성하는 여러 층의 섬유소원 아교질로 구성되어 있다. 피막은 수정체의 앞면이 뒤면보다 두껍다.

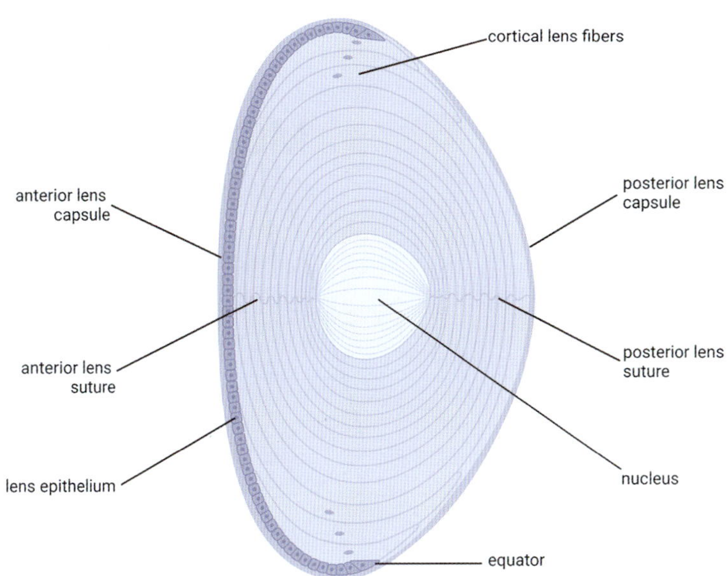

그림 17-15 • 수정체의 도해. 수정체섬유는 적도에서 앞쪽과 뒤쪽면으로 확장하여 서로 맞물려 두 개의 봉합선을 형성한다.

앞수정체피막(anterior lens capsule) 아래에는 한 층의 단층입방상피로 이루어진 **수정체상피(lens epithelium)**가 있다(그림 17-15, 17-16). 세포 바닥부위는 수정체피막을 향해 바깥쪽으로 향하고, 꼭대기부위는 수정체섬유(lens fiber) 쪽으로 향한다. 적도에서는 세포가 길어지고 수정체 대부분을 구성하는 수정체섬유로 분화한다(그림 17-15, 17-16). 완전히 분화된 수정체섬유는 U자 프리즘모양세포로 수정체의 앞극과 뒤극을 향해 뻗어 있다. 수정체섬유에는 핵이 없고 세포소기관이 거의 없다. 수정체섬유는 특히 적도의 반대편에 있는 섬유가 만나 수정체봉합(lens suture)을 형성하는 곳에서 광범위하게 깍지결합을 하며(그림 17-15), 틈새이음(gap junction)과 부착반점을 통해 상호 연결된다. 수정체상피세포의 지속적인 분화를 통해 섬유가 추가되면서 수정체는 평생 동안 계속 성장한다.

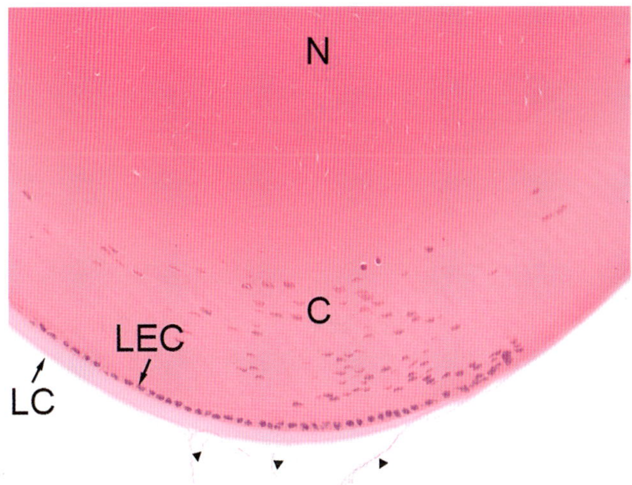

그림 17-16 • 쥐 수정체. 수정체피막(LC)은 앞수정체상피(LEC)를 덮고 있으며, 그 아래에는 수정체섬유가 겉질(C)을 형성하고 수정체 핵(N)을 둘러싸고 있다. 잔류 띠섬유는 적도근처(화살표머리)의 수정체피막에 부착되어 있다. H&E. (×200)

띠섬유(zonular fiber)는 속무색소섬모체상피의 바닥막에서 유래한다(그림 17-17). 섬유는 탄력섬유와 유사한 비아교질 당단백질로 구성되어 있으며(3장 참조), 가장 바깥층과 융합하여 수정체피막에 부착된다.

조절(accommodation) 중에 섬모체근이 수축하면, 띠섬유는 느슨해진다. 이 작용으로 인해 탄력 있는 수정체섬유는 짧아져 수정체는 더 둥근 모양을 띠게 되어 망막에 영상이 초점을 맺게 된다. 섬모체근이 이완되는 동안 띠섬유는 긴장하여 수정체가 원반 모양이 되고 축 두께가 줄어든다.

2. 유리체 Vitreous Body

유리체(vitreous body)는 수정체와 망막 사이의 공간인 유리체방(vitreous chamber) 또는 뒤방(posterior chamber)을 차지하며, 안구 용적의 약 2/3에 해당한다(그림 17-1). 유리체

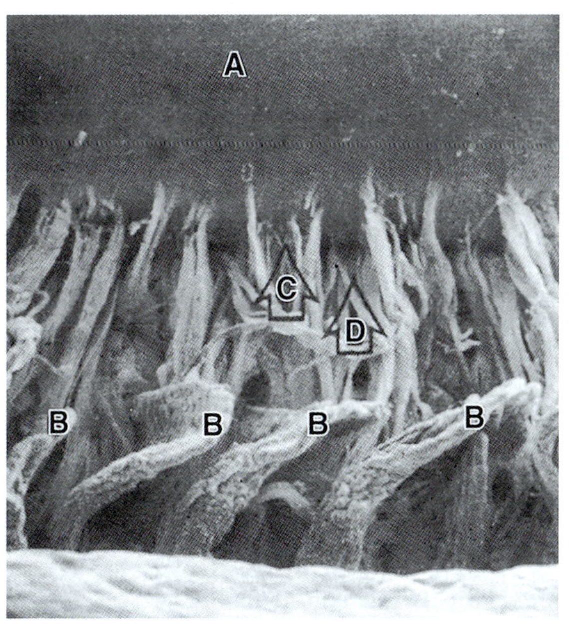

그림 17-17 • 섬모체돌기의 뒤모습과 띠섬유가 수정체에 부착하는 것을 보여주는 주사전자현미경 사진(고양이). 뒤수정체(A), 섬모체돌기(B), 뒤띠섬유(C), 앞띠섬유(D). 띠섬유는 섬모체돌기의 바닥에서 뻗어 나와 수정체의 부착점에서 수렴하는 것에 주목하시오. (From Gelatt KM. Textbook of Veterinary Ophthalmology. Philadelphia: Lea & Febiger, 1981.)

는 99%가 수분으로 이루어진 하이드로젤(hydrogel)이며, 나머지 1%는 주로 하이알루론산(hyaluronic acid)과 넓은 간격의 아교섬유로 구성되어 있다. 유리체는 시각신경원반(시각신경유두, optic disc, optic papilla)과 톱니둘레(ora serrata)에 단단하게 부착되어 있다. 또한 망막의 속경계막과 섬모체의 뒷부분(섬모체둘레, pars plana, orbiculus ciliaris)에도 부착되어 있다. 대부분 포유동물에서 유리체(vitreous body)는 유리체피막인대(hyaloideocapsular ligament)를 통해 뒤수정체피막(posterior lens capsule)에도 단단히 부착되어 있다.

제6절 부속기관 *Accessory Organs*

1. 눈꺼풀 Eyelids

눈꺼풀(eyelid, palpebra)은 눈확(orbit)의 안쪽과 가쪽에서 만나는 눈구석(canthus)이라고 하는 부위의 털 피부와 결막의 움직일 수 있는 주름이다. 눈꺼풀은 눈꺼풀틈새(palpebral fissure, 위눈꺼풀과 아래눈꺼풀 사이의 틈)를 줄여 눈을 보호한다. 눈꺼풀에는 여러 기름샘, 주로 눈꺼풀판샘(tarsal gland, Meibomian gland)이 있으며, 눈물막의 지질층을 형성하는 데 기여한다(그림 17-18, 17-21). 또한, 털이 있는 피부 표면에 존재하는 털기름샘단위(pilosebaceous unit)의 기름샘과 섬모(속눈썹)와 관련되어 있는 속눈썹기름샘(ciliary sebaceous gland, Zeis gland)은 수가 더 적다. 속눈썹샘(ciliary gland, gland of Moll)이라고 불리는 변형된 부분분비땀샘(apocrine sweat gland)도 눈꺼풀 피부 내에 존재한다. 피부와 부속기의 구조는 16장에서 기술하였다.

2. 셋째눈꺼풀과 결막 Third Eyelid and Conjunctiva

셋째눈꺼풀(third eyelid, nictitating membrane)은 유리연골(되새김동물, 개) 또는 탄력연골(말, 돼지, 고양이)로 강화된 결막주름이다. 셋째눈꺼풀은 안구의 아래코면에 인접하여 각막과 아래눈꺼풀 사이에 위치한다. 결막은 결합조직 고유판을 덮고 있는 분비상피로 구성되어 있다(그림 17-19). **결막상피(conjunctival epithelium)는** 거짓중층원주상피이며, 털이 있는 피부와 만나는 곳의 눈꺼풀 가장자리에서 중층편평상피로 전환된다(그림 17-18). 결막(conjunctiva)은 안구결막(공막과 각막둘레 위에 있는 안구 앞면을 덮음), 눈꺼풀결막(눈꺼풀의 안쪽면을덮음), 결막구석[눈꺼풀과 안구면 사이의 결막구석(fornix)를 덮음]의 세 가지 구성 요소로 나눈다. 잔세포는 결막 전체에 흩어져 있으며, 개에서 아래쪽 코에서부터 중

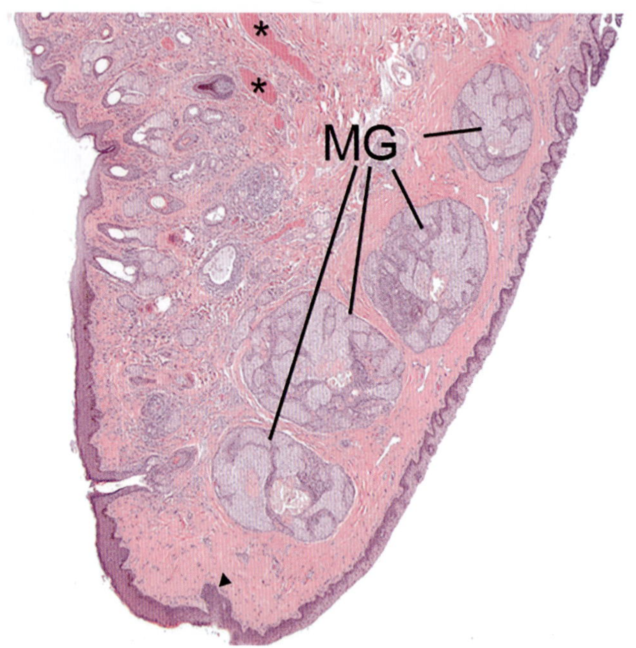

그림 17-18 • 개 눈꺼풀. 눈꺼풀은 눈꺼풀 가장자리(화살표머리)에서 속 결막표면(이미지 왼쪽)으로 전환되는 털 피부 표면(이미지 오른쪽)으로 구성된다. 큰 눈꺼풀판샘(tarsal gland, Meibomian gland, MG)의 수많은 소엽은 기름샘꽈리로 구성되어 있으며, 눈꺼풀 입구에서 지질성분을 분비하여 눈물막의 수성부분의 증발을 방지한다. 눈꺼풀을 닫는 데 도움이 되는 눈둘레근육섬유(orbicularis oculi myofiber) 몇 다발이 단면(*)에서 보인다. H&E. (×20).

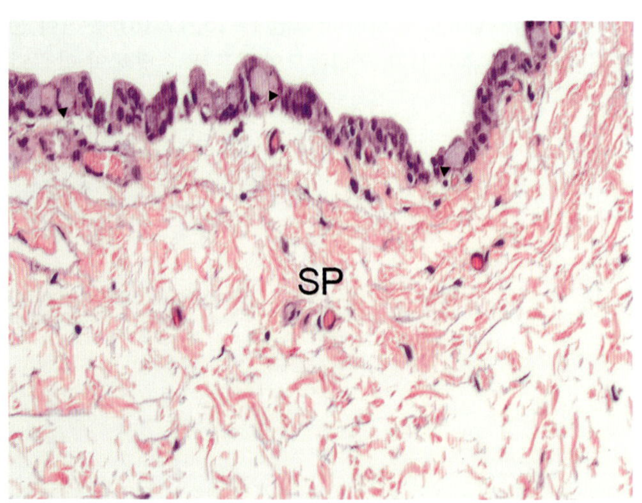

그림 17-19 • 개 결막. 거짓중층원주상피는 여러 개 잔세포(화살표머리)를 포함하고 있으며 혈관이 풍부한 성긴결합조직 버팀질(SP: 고유질)에 의해 지지된다. H&E. (×200).

간결막구석 부위까지 가장 밀도가 높다(그림 17-19). 이들 잔세포는 눈물막의 속점액층을 생산한다(그림 17-21). 결막상피 아래에는 섬유세포, 림프구 및 형질세포가 풍부하고 일부 비만세포와 큰포식세포도 존재하는, 혈관이 풍부한 성긴결합조직

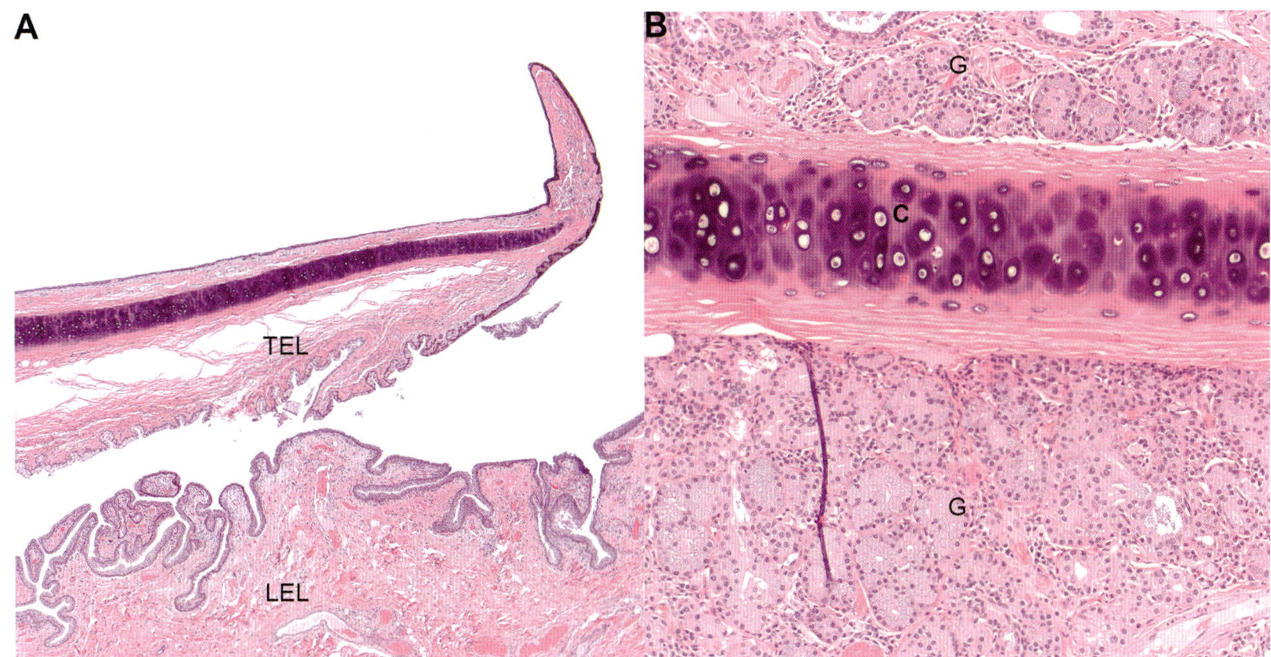

그림 17-20 • 개 셋째눈꺼풀. A. 셋째눈꺼풀(nictitating membrane, third eyelid, TEL)은 아래눈꺼풀(LEL)과 각막 사이에 위치한 연골핵을 포함하는 조직주름이다. H&E. (×20). B. 셋째눈꺼풀의 샘(G)은 T자형 연골(C)의 바닥부를 둘러싸고 있으며, 눈물막의 수성 성분의 일부를 구성하는 분비 조직의 소엽으로 이루어져 있다. H&E. (×100).

의 고유질이 있다. 또한 이 층에는 홑림프소절과 무리림프소절이 포함될 수 있다.

셋째눈꺼풀샘(gland of third eyelid)은 T자 모양 연골판의 축(shaft)의 밑부분을 둘러싸고 있다(그림 17-20). 이것은 눈물샘과 구조가 유사하며 눈물막에 수성분비물을 공급한다. 말과 고양이에서는 장액성(serous)이며, 소와 개에서는 장점액성(seromucous)이고 돼지에서는 점액성(mucous)이다. 종종 꽈리세포(acinar cells)에서 지질(lipid)을 분비한다[셋째눈꺼풀깊은샘(deep gland of third eyelid, Harderian gland)은 소, 돼지, 설치류, 토끼 등의 다양한 동물에 존재한다].

3. 눈물기관 Lacrimal Apparatus

눈물샘(lacrimal gland)은 분비를 돕는 근육상피세포로 둘러싸인 꽈리(acinus)로 구성된 복합샘(compound gland)이다(그림 17-21). 고양이에서는 장액성이고, 개와 발굽동물에서는 장점액성(seromucous)이다. 사이관(intercalated ducts)과 분비관(secretory ducts)은 각각 단층입방상피와 중층입방상피로 덮여 있으며, 눈물세관(lacrimal ductules)은 중층입방상피로 덮여 있다.

셋째눈꺼풀샘(앞에서 기술함)도 역시 눈물기관의 일부이다. 눈물샘과 셋째눈꺼풀샘은 각각 눈물막의 수용성분(aqueous portion)의 약 60%와 35%를 생산한다.

과도한 눈물은 눈물못(lacrimal lake, lacus lacrimalis)에 고이는데, 이 못은 중층편평상피와 중층원주상피로 덮여 있는 결막확장부의 안쪽에 위치한다. 눈물못에서 눈물은 **눈물점(lacrimal punctum)**으로 들어가고, 이 눈물점은 중층편평상피로 둘러싸인 두 개의 작은 구경의 관인 **눈물소관(lacrimal canaliculus)**으로 열린 다음, 눈물주머니와 그 연장선인 코눈물관으로 흘러 들어간다.

코눈물관(nasolacrimal duct)은 잔세포를 가진 중층원주상피 또는 돼지에서 이행상피로 덮여 있다. 코눈물관은 **눈물주머니(lacrimal sac)**라고 하는 확장된 팽대부에서 시작되는데 그 관의 고유판은 림프조직을 포함한다. 그 관의 먼쪽끝으로 단순분지대롱꽈리 점액샘 또는 장액점액샘(면양과 산양에서는)이 존재한다.

제7절 종 차이 *Species Variations*

안구의 해부학적 및 조직학적 변이는 종에 따라 다양하게 나타난다. 포유동물에서 차이점은 안구의 크기와 모양, 각막의 크기와 모양; 각막과 공막의 두께, 시각신경이 빠져나가는 지점, 동공의 모양과 방향, 멜라닌과립의 모양과 분포, 섬모체근의 발달 정도, 수정체의 모양과 상대적인 크기와 색, 여러 망막층

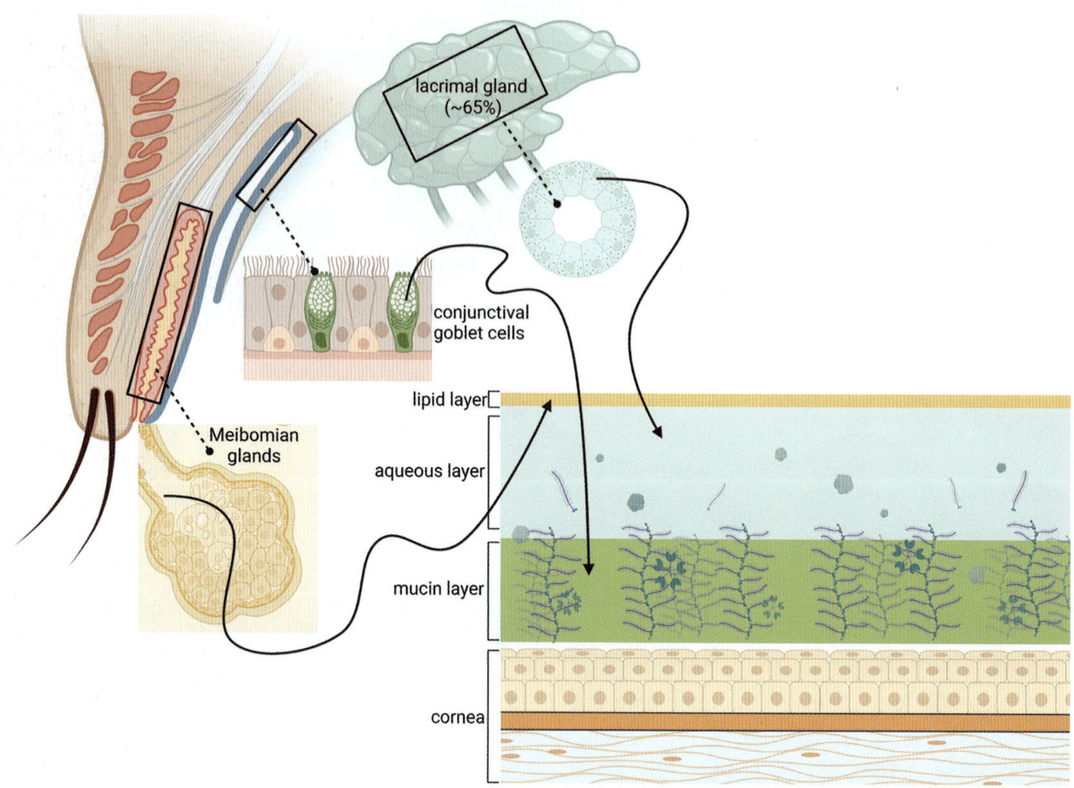

그림 17-21 • 눈물막의 도해. 눈꺼풀판샘(tarsal gland, Meibomian gland)은 눈물막의 가장 바깥쪽 지질성분을 생성하여 증발손실을 방지하는 데 도움을 준다. 눈물샘(lacrimal gland)은 눈물막의 중간 수성부분을 생산하며, 그 정도는 덜하지만 셋째눈꺼풀의 눈물샘도 생산한다. 결막 잔세포(conjunctival goblet cell)는 눈물막의 속점액층을 생산하며, 이는 각막의 얕은상피에서 분비되는 당질층(glycocalyx)에 의해 안구표면에 안정적으로 유지된다.

의 두께, 망막혈관분포양상, 반사판의 유무 또는 위치와 종류, 맥락막의 두께, 눈물샘의 종류 등이 있다.

포유동물의 눈과 다른 척추동물의 눈의 차이는 훨씬 더 두드러진다. 예를 들면 조류의 눈은 모양이 매우 다양하며, 공막에 연골이 있고, 많은 종에서 공막뼈(bony ossicles)가 있다. 또한 조류는 홍채와 섬모체 내에 민무늬근육이 아닌 뼈대근육을 가지고 있으며, 일부 종은 섬모체돌기가 고리수정체받침(annular lens pad)에 직접 부착되어 있다. 포유동물의 눈과 다른 척추동물의 눈 사이에는 몇 가지 다른 차이점이 있으며, 자세한 내용은 권장 참고문헌을 참조하기 바란다.

제8절 귀 *The Ear*

귀(ear)는 바깥귀(external ear), 가운데귀(middle ear), 속귀(internal ear, inner ear)의 세 부분으로 구성된다. 소리를 수집하도록 설계된 바깥귀는 귓바퀴(auricle, pinna)와 바깥귀길(external acoustic meatus)로 이루어져 있다. 가운데귀는 고막(tympanic membrane), 고실(tympanic cavity), 세 개의 귓속뼈(auditory ossicle)와 그와 관련된 근육과 인대로 구성된다. 공기로 채워진 고실은 귀관(auditory tube)을 통해 코인두(nasopharynx)와 연결된다. 소리 전도는 가운데귀의 주요 기능이다. 관자뼈 바위부분(petrous temporal bone) 속에 있는 뼈미로(bony labyrinth)에 둘러싸인 막미로(membranous labyrinth)로 구성된 속귀(inner ear)는 청각과 평형감각(hearing and equilibrium) 모두에 중요한 역할을 한다.

제9절 바깥귀 *External Ear*

귓바퀴(auricle, pinna)와 바깥귀길(external acoustic meatus)의 현미경적 구조에 대해서는 16장에 포함되어 있다.

제10절 가운데귀 *Middle Ear*

1. 고막 Tympanic Membrane

얇은 **고막(tympanic membrane)**은 바깥귀길과 고실(tympanic cavity)을 구분한다(그림 17-22). 이 막은 외부는 중층편평상피로 덮여 있고, 내부는 고실과 연속된 단층편평상피로 덮여 있다. 이 두 상피판 사이에는 원형으로 배열된 아교섬유의 중심부위와 부챗살모양으로 배열된 아교섬유의 주변부위로 구성된 결합조직이다. 배쪽에서 망치뼈자루(manubrium of malleus)가 고막에 부착하는 곳에서 결합조직은 다소 두꺼우며[긴장부분(tense part, pars tensa)이라고 함], 망치뼈자루를 따라서 부챗살모양으로 뻗는 혈관과 신경이 분포한다. 고막 등쪽부위, 즉 **이완부분(flaccid part, pars flaccida)**에는 아교섬유가 드물거나 아예 없다.

2. 고실 Tympanic Cavity

공기로 채워진 **고실(tympanic cavity)**에는 세 개의 작은 뼈인 귓속뼈(auditory ossicle)와 그 뼈의 근육과 인대가 있다(그림 17-22). 고실은 단층편평상피 또는 단층입방상피로 덮여 있으며, 이 상피가 귓속뼈를 덮고 있다. 상피는 얇은 결합조직층 위에 놓여 있다. 몇몇 상피세포, 특히 고실바닥에 있는 상피들은 섬모를 가지고 있다.

3. 귓속뼈와 가운데귀근육 Auditory Ossicles and Muscles of Middle Ear

세 개의 **귓속뼈(auditory ossicle)**, 즉 망치뼈(malleus), 모루뼈(incus), 등자뼈(stapes)는 가운데귀(middle ear)를 가로질러 고막(tympanic membrane)을 속귀의 안뜰창(vestibular window, oval window)의 막에 연결한다(그림 17-22).

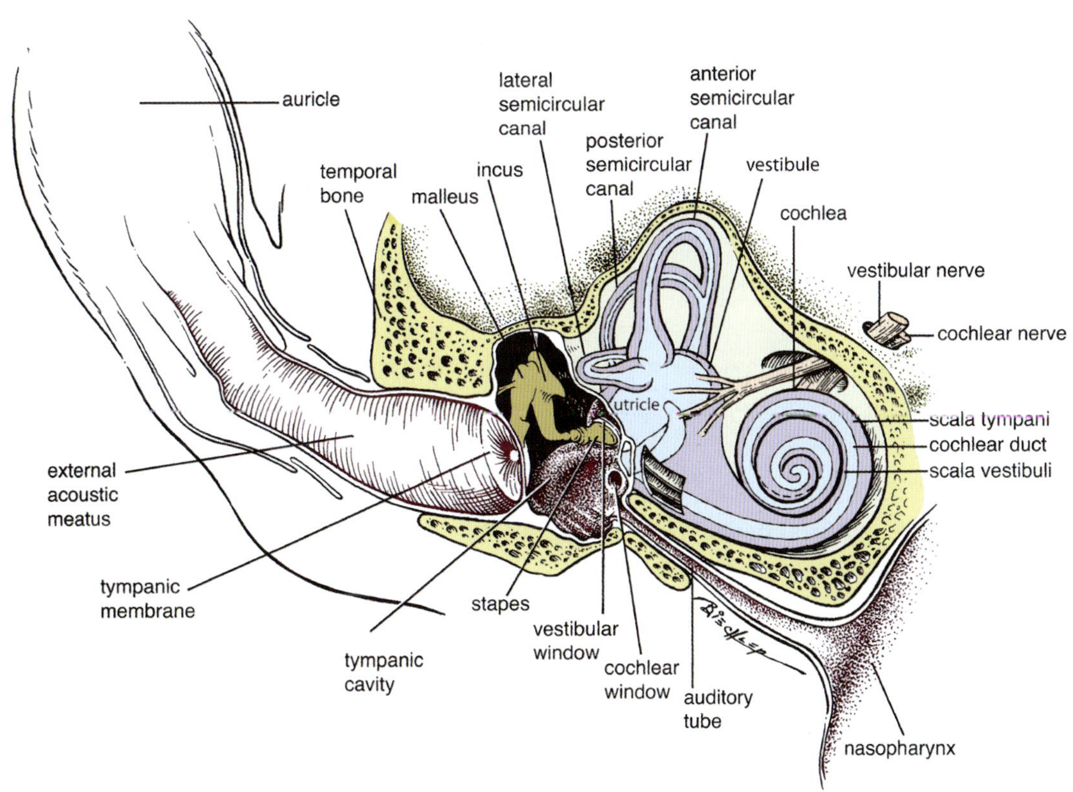

그림 17-22 • 개 오른쪽 귀의 도해(앞면). 바깥귀는 귓바퀴와 바깥귀길로 구성된다. 가운데귀는 고막(tympanic membrane); 망치뼈(malleus), 모루뼈(incus), 등자뼈(stapes)로 구성된 귓속뼈(auditory ossicle); 고실(tympanic cavity); 코인두(nasopharynx)와 연결된 귀관; 달팽이창(cochlear window); 등자뼈바닥(footplate of stapes)이 위치하는 안뜰창(vestibular window) 등으로 구성된다. 속귀는 각각의 뼈팽대(osseous ampulla)를 가지고 있는 앞쪽, 가쪽, 뒤쪽 반고리뼈관(semicircular canals); 안뜰(vestibule); 안뜰계단(scala vestibule)과 고실계단(scala tympani)을 가진 달팽이(cochlea) 등으로 구성된 뼈미로(bony labyrinth)(막미로가 더 잘 보일 수 있도록 뼈를 잘라냄)와 더불어 각각 막팽대(membranous ampulla)를 가지고 있는 앞쪽, 가쪽, 뒤쪽 반고리관(anterior, lateral, and posterior semicircular ducts), 타원주머니, 둥근주머니, 달팽이관으로 이루어진 막미로(membranous labyrinth)(점선으로 표시) 등으로 구성된다. 또한, 안뜰신경(vestibular nerve)과 달팽이신경(cochlear nerve)으로 구성된 속귀신경(여덟째뇌신경, vestibulocochlear nerve, CN VIII)이 관자뼈(temporal bone)를 통해 머리뼈안(cranial cavity)으로 들어가는 모습이 묘사되어 있다.

이들 치밀뼈는 가운데귀공간(middle ear cavity)을 가로질러 진동을 전달한다. 망치뼈자루(manubrium of malleus)는 고막에 단단하게 부착되어 있으며, 망치뼈목(neck of malleus)의 작은 갈고리 모양의 돌기는 고막긴장근(tensor tympani muscle) 힘줄이 부착하는 역할을 한다. 망치뼈머리(head of malleus)는 모루뼈(incus)와 관절하고, 모루뼈는 다시 등자뼈(stapes)와 관절한다. 인대는 이러한 윤활관절을 제자리에 고정한다.

가운데귀근육(muscles of middle ear), 즉 고막긴장근(tensor tympani)과 등자근(stapedius)은 가로무늬근육이며, 귓속뼈의 움직임을 완화하여 속귀 구조를 과도한 진동으로부터 보호한다. 등자근은 등자뼈앞다리(rostral crus of stapes)에 붙어 있고, 등자뼈바닥(footplate of stapes, base of stapes)은 등자고리인대(anular ligament of stapes)에 의해서 안뜰창에 붙어 있다.

4. 귀관 Auditory Tube

귀관(auditory tube)은 고실(tympanic cavity)을 코인두(nasopharynx)에 연결한다(그림 17-22). 귀관은 성긴 결합조직 위에 놓인, 잔세포(goblet cell)가 있는 거짓중층섬모원주상피로 덮여 있다. 귀관의 고유판은 얇고 뼈부위에는 샘이 없다. 연골부위로 갈수록 두꺼워지고 장액점액샘과 림프소절을 포함한 부속기 구조를 띠게 된다. 무리림프소절인 귀관편도(tubal tonsil)가 인두의 몸쪽 개구부 근처에 존재한다. 귀관은 고막근처의 먼쪽에서는 뼈로 둘러싸여 있고, 인두쪽의 몸쪽에는 불완전한 연골관으로 둘러싸여 있다(그림 17-22). 유리연골이 뼈 근처 귀관의 몸쪽에 존재하지만, 이 조직은 인두쪽으로 가면서 탄력연골로 전환된다.

말에서는 귀관이 배쪽으로 확장되어 **귀관곁주머니(diverticulum of auditory tube, guttural pouch)**를 형성한다. 이 주머니는 귀관의 인두 부위와 동일한 조직학적 특징을 가지고 있지만 연골의 지지대가 없다.

귀관의 기능은 고막(tympanic membrane) 양쪽에 동일한 기압을 유지하는 것이다. 귀관은 평소에는 닫혀 있지만, 하품(yawing)하거나 삼킬(swallowing) 때는 열린다.

제11절 | 속귀 *Internal Ear*

속귀(internal ear, inner ear)의 구조적 구분은 뼈미로(bony labyrinth)와 막미로(membranous labyrinth)로 구성된다. 속귀의 기능적인 구분은 안뜰기관과 청각장치이다.

1. 뼈미로 Bony Labyrinth

뼈미로(bony labyrinth)는 관자뼈 바위부분(petrous temporal bone) 속에 위치하는 관(canal)과 공간(cavity)으로 이루어진 체계이다. 뼈미로의 뼈는 매우 치밀하고 층상이다.

뼈미로의 공간에는 안뜰(vestibule), 세 개의 반고리뼈관(semicircular canals), 달팽이(cochlea)를 포함한다(그림 17-22). **안뜰(vestibule)**은 달팽이와 고실 안쪽벽 근처에 위치한 반고리뼈관에 연결하는 작은 타원형 공간이다. 세 개의 **반고리뼈관(semicircular canal)**(앞, 뒤, 가쪽)이 서로 직각으로 놓여 있으며, 모두 안뜰과 연결되어 있다. **달팽이(cochlea)**는 나선형으로 감긴 뼈로 된 관이다. 달팽이의 **나선관(spiral canal)**은 **달팽이축(modiolus)**이라고 부르는 해면뼈로 이루어진 중심축을 중심으로 여러 차례 회전한다. 달팽이축은 달팽이신경(cochlear nerve)과 나선신경절(spiral ganglion)이 위치한 원뿔모양의 속이 빈 뼈구조(cone-shaped hollow osseous structure)이다. 감긴 횟수는 종(예, 개 3¼, 고양이 3, 말 2¼, 돼지 4, 기니피그 4½, 소 33¼)마다 다르다. 달팽이축 바닥은 속귀길의 앞부분을 형성하며, 이곳을 통하여 달팽이신경과 혈관이 달팽이로 들어간다. 뼈관(bony canal)은 속이 빈 뼈돌기인 **뼈나선판(osseous spiral lamina)**에 의해 부분적으로 나눠는데, 이 나선판은 나선기관(spiral organ)으로 향하는 달팽이신경의 가지가 들어 있다. 나선판은 달팽이창(cochlear window)에서 가장 넓고, 달팽이꼭대기(apex of cochlea)로 갈수록 좁아진다.

뼈미로의 관과 공간은 뼈막으로 둘러싸여 있다. 투명한 액체인 **바깥림프(perilymph)**는 뼈막과 막미로 사이의 **바깥림프공간(perilymphatic space)**을 채운다(그림 17-23, 17-24). 바깥림프는 뇌척수액(cerebrospinal fluid)과 혈장과 이온 조성이 유사하며, 주된 양이온은 소듐(sodium)이다. 바깥림프는 거미막밑공간에서 달팽이소관(cochlear canaliculus)을 거쳐 뼈미로 공간으로 흐른다. 속림프관(endolymphatic duct)을 둘러싸는 공간인 **안뜰수도관(vestibular aqueduct)**에도 바깥림프가 들어 있다.

2. 막미로 Membranous Labyrinth

막미로(membranous labyrinth)는 반고리관(semicircular duct), 타원주머니(utricle), 둥근주머니(saccule), 달팽이관(cochlear duct), 속림프관(endolymphatic duct), 속림프주머니(endolymphatic sac)로 구성된다(그림 17-23). 막미로는 단층편평상피로 덮여 있으며, 바깥림프보다 점성이 높은 **속림프(endolymph)**라는 액체로 채워져 있다. 속림프는 바깥림프와 비교해서 높은 포타슘농도(high levels of potassium)와 낮

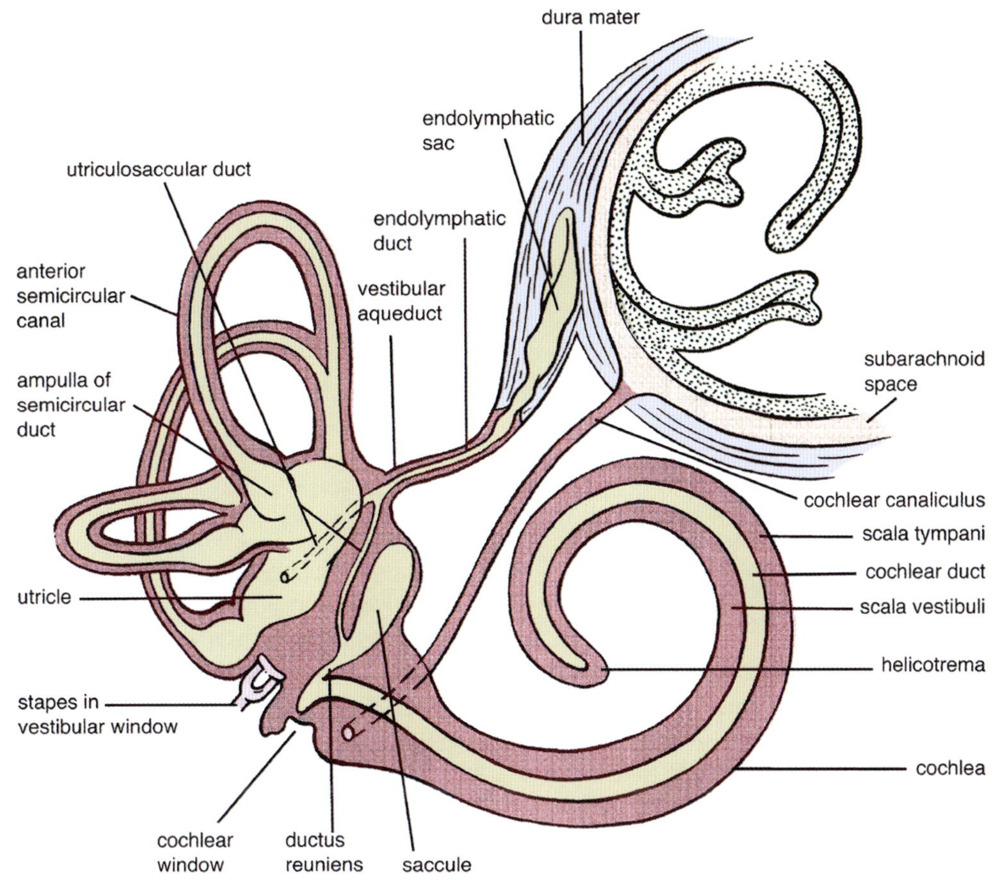

그림 17-23 • 머리뼈안, 경막속공간, 거미막밑공간에 연결된 오른쪽 속귀의 도해(앞면). 달팽이는 그 안에 있는 내용물과 함께 펼쳐 그려서 계단끝통로(helicotrema)를 보여주는데, 계단끝통로는 안뜰계단(scala vestibuli)과 고실계단(scala tympani) 사이의 열린 연결이다. 특히 달팽이소관(cochlear canaliculus)은 뇌척수액(CSF)이 들어 있는 거미막밑공간(subarachnoidal space)과 고실계단 사이가 연결되어 있다는 점을 유의해야 한다. 바깥림프는 막미로와 뼈미로 사이의 공간을 채운다. 머리뼈안과의 또 다른 연결은 속림프관(endolymphatic duct)과 속림프주머니(endolymphatic sac)를 둘러싸고 있는 안뜰수도관(vestibular aqueduct)이다. 속림프를 함유하는 막미로 구조는 황갈색으로 표시되어 있다. 경막(dura mater), 주머니이음관(utriculosaccular duct), 결합관(ductus reuniens), 둥근주머니, 타원주머니, 안뜰창(vestibular window) 속에 있는 등자뼈(stapes)도 표시되어 있다.

거나 최소한 수준의 소듐농도(low to minimal levels of sodium)를 가지고 있다. 속림프는 안뜰상피와 혈관줄무늬(stria vascularis)상피(이 장 뒷부분에서 기술될)에서 생산되며, 바깥림프와 유사한 단백질 구성을 포함하고, 포타슘 함량은 더 높으며, 소듐 함량은 바깥림프보다 낮다. 막미로의 상피 아래에 놓여 있는 결합조직은 섬세한 잔기둥(fine trabeculae)을 형성한다(그림 17-24). 잔기둥은 인접한 바깥림프공간에 걸쳐있고, 유동성이 있는 막미로를 뼈막(periosteum)에 고정시킨다. 뼈막과 잔기둥 사이의 공간은 납작한 중피세포로 덮여 있다.

1) 반고리관 Semicircular Ducts

반고리관(semicircular duct)은 반고리뼈관(semicircular canal) 속에 있다(그림 17-22). 각 관의 한쪽 끝은 **팽대(ampulla)**로 확장되어 있다. 반고리관은 편평상피로 덮여 있다. 반고리관과 타원주머니(utricle) 사이의 연결은 그림 17-23에 나와 있다.

2) 타원주머니와 둥근주머니 Utricle and Saccule

안뜰 안쪽 벽에는 **타원주머니(utricle**, 등뒤쪽으로)와 **둥근주머니(saccule**, 앞배쪽으로)가 위치한 두 개의 움푹 들어간 부분이 있다(그림 17-23). **주머니이음관(utriculosaccular duct)**의 두 부분은 각각 타원주머니와 둥근주머니에서 뻗어나와 합쳐져서 **속림프관(endolymphatic duct)**을 형성하고, 이 관은 **속림프주머니(endolymphatic sac)**로 끝난다. 속림프관 일부와 속림프주머니는 **안뜰수도관(vestibular aqueduct)** 속에 있다. 속림프주머니 나머지 부분은 안에 위치하고, 경막의 두 층 사이에 위치한다. 이 주머니의 기능은 속림프의 압력과 부피를 조절하는 것이다.

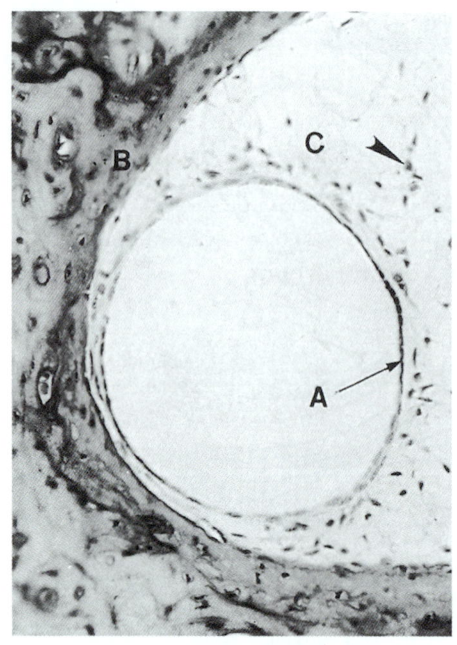

그림 17-24 • 고양이의 반고리뼈관(semicircular canal). 반고리관(semicircular duct)(B)이 상피로 싸인 막관(membranous tube)(A)으로, 뼈미로(osseous labyrinth)의 반고리뼈관(semicircular canal) 안에 있다. 바깥림프공간(perilymphatic space)(C)은 섬세한 결합조직 잔기둥(화살표머리)을 포함한다. 잔기둥 사이의 공간은 중피로 덮여 있다. H&E. (×400).

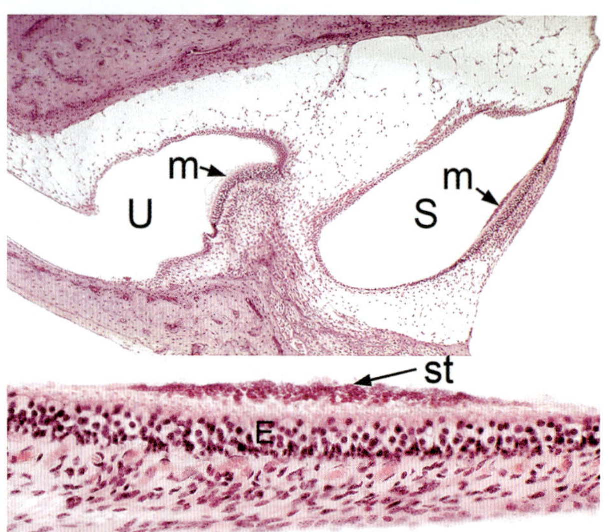

그림 17-25 • 기니피그 속귀. 위: 타원주머니(U)와 둥근주머니(S) 모두에 각각 타원주머니평형반과 둥근주머니평형반이라고 불리는 신경감각상피(m)가 집중되어 있는 초점부가 있다(위). H&E. (×63). 아래: 둥근주머니(S) 벽의 둥근주머니평형반은 1형 및 2형 감각세포를 가진 신경감각상피(E)와 버팀세포로 구성되어 있다. 각 평형반은 탄산칼슘결정(아래)이 묻혀있는 젤라틴질의 평형모래막(st)으로 덮여 있다. 감각세포의 털다발이 평형모래막을 관통한다. 속림프가 타원주머니나 둥근주머니에서 움직이면, 평형모래막이 양쪽 평형반의 털세포로부터 신경자극을 유발한다. 팽대능선에서와 마찬가지로 이러한 자극은 안뜰신경을 통해 뇌로 전달된다. H&E. (×160). (Image by W.E. Haensly.)

3) 달팽이관 Cochlear Duct

달팽이관(cochlear duct)은 작은 관인 **결합관(ductus reuniens)**을 통해 둥근주머니와 연결되어 있으며, 달팽이의 꼭대기에서 막힌 주머니로 끝난다. 삼각형 달팽이관은 달팽이의 두 개의 추가 구획 사이에 있다(그림 17-25). 등쪽 구획 또는 **안뜰계단(scala vestibuli)**은 **안뜰창(vestibular window, oval window)**에서 달팽이 꼭대기까지 확장되며, 그곳에서 **계단끝통로(helicotrema)**라고 하는 작은 구멍을 통해 **고실계단(scala tympani)** 배쪽 구획과 합류한다(그림 17-23). 고실계단은 **달팽이창(cochlear window, round window)**에서 끝난다. 달팽이관은 **안뜰막(vestibular membrane, Reissner's membrane)**에 의해 안뜰계단과 분리되고, **바닥막(basilar membrane, lamina basilaris)**에 의해 고실계단과 분리된다(그림 17-25~17-30). 희소한 아교섬유가 안뜰막을 형성하며, 이 막은 양쪽 표면이 편평상피로 덮여 있다(그림 17-27, 17-28). 바닥막(basement membrane)은 상피와 결합조직을 분리한다. 바닥막(basilar membrane)은 **나선인대(spiral ligament)**에 의해 바깥 뼈달팽이에 부착되어 있으며, 달팽이축(modiolus) **나선판(spiral lamina)**까지 확장된다. 그 바닥막은 균질한 무형질에 묻힌 아교섬유로 이루어져 있으며, 이것은 달팽이창에서 계단끝통로(helicotrema)로 갈

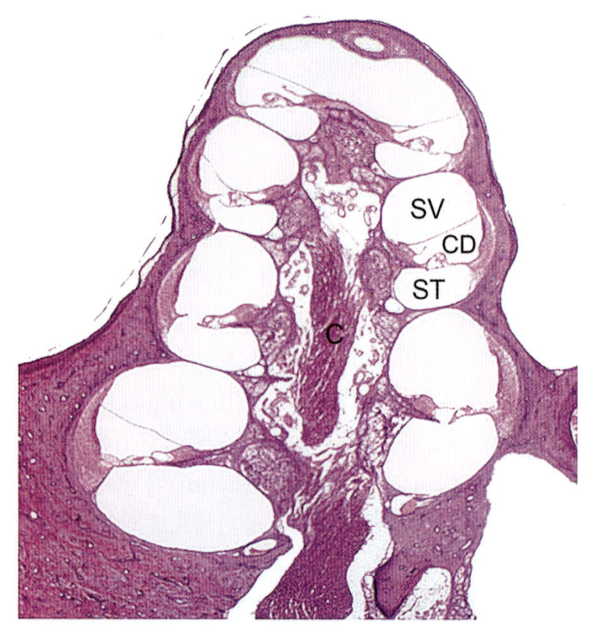

그림 17-26 • 기니피그 달팽이(cochlea). 달팽이는 나선형으로 감긴 뼈관(bony tube)이다. 뼈 안에 있는 나선관(spiral canal)은 달팽이축(modiolus)을 중심으로 여러 바퀴 돈다. 혈관과 달팽이신경(C)은 달팽이축을 통해 들어온다. 달팽이관은 안뜰계단(SV), 달팽이관(CD), 고실계단(ST)의 세 구역으로 나뉜다. H&E. (×25). (Image by W.E. Haensly.)

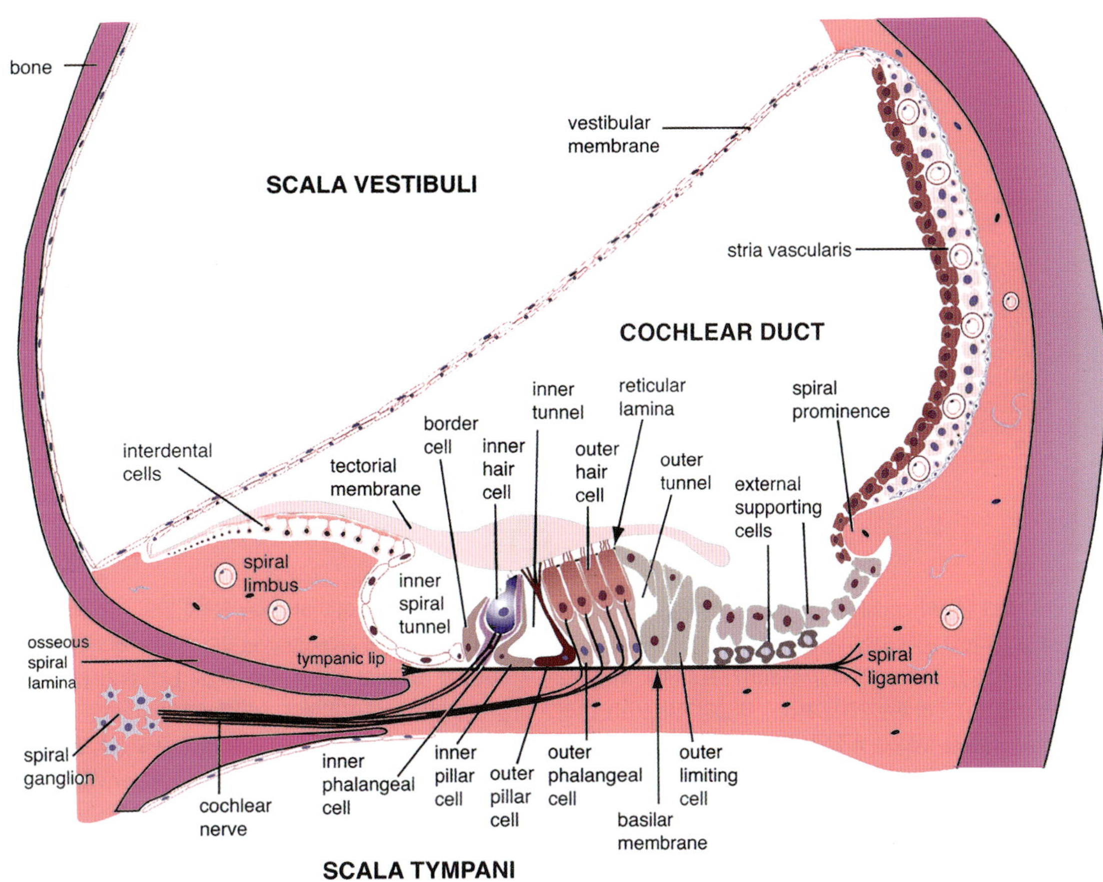

그림 17-27 • 안뜰계단(scala vestibuli), 달팽이관(cochlear duct), 고실계단(scala tympani) 구조를 나타내는 도해. 덮개막(tectorial membrane) 아래 바닥막(basilar membrane) 위에 있는 많은 종류의 세포를 포함하는 나선기관(spiral organ)의 구조를 주목한다. 기타 주요 구조는 혈관줄무늬(stria vascularis), 안뜰막(vestibular membrane), 나선인대(spiral ligament), 달팽이신경(cochlear nerve), 나선신경절(spiral ganglion) 등이다. 혈관줄무늬와 나선기관의 경계에서 중층상피는 갑자기 단순입방으로 바뀐다. 이 이행부위를 나선융기(spiral prominence)라고 한다.

수록 누께가 누꺼워진다. 바닥막의 폭은 가장 좁은 달팽이창(cochlear window)에서 가장 넓은 계단끝통로까지 지속적으로 증가한다. 바닥막은 고실계단을 마주 보는 표면은 편평상피로 덮여 있고, **나선기관(spiral organ, organ of Corti)**은 달팽이관의 표면에 존재한다.

4) 혈관줄무늬 Stria Vascularis

삼각형 모양의 달팽이관의 세 번째 벽은 **혈관줄무늬(stria vascularis)**가 있으며, 이는 속림프의 생성과 이온조절에 기여한다(그림 17-25~17-30). 혈관줄무늬의 중층입방세포는 바닥판(basal lamina) 없이 결합조직층 바로 위에 위치한다(그림 17-28). 전자현미경으로 관찰하면 세 가지 상피세포 유형[바닥세포, 중간세포(intermediate cell), 가장자리세포(marginal cell)]이 유사하게 보인다. 일반적으로 상피는 무혈관으로 간주되지만, 혈관줄무늬 상피세포 사이에는 많은 모세혈관이 존재한다(그림 17-27). 혈관줄무늬와 나선기관과 만나는 경계에서 중층상피는 갑자기 단층입방으로 변한다. 이 전이 영역을 **나선융기(spiral prominence)**라고 한다(그림 17-27).

제12절 | 안뜰기관 *Vestibular Apparatus*

안뜰기관(vestibular apparatus)은 평형을 담당하며 반고리관(semicircular duct), 둥근주머니(saccule), 타원주머니(utricle)로 구성된다. 이러한 구조 안에는 움직임(motion)을 감지하고 평형을 유지하는 특수한 신경상피 영역(neuroepithelial area)인 팽대능선(ampullary crest, crista ampullaris), 타원주머니평형반(macula utriculi), 둥근주머니평형반(macula sacculi)이 있다.

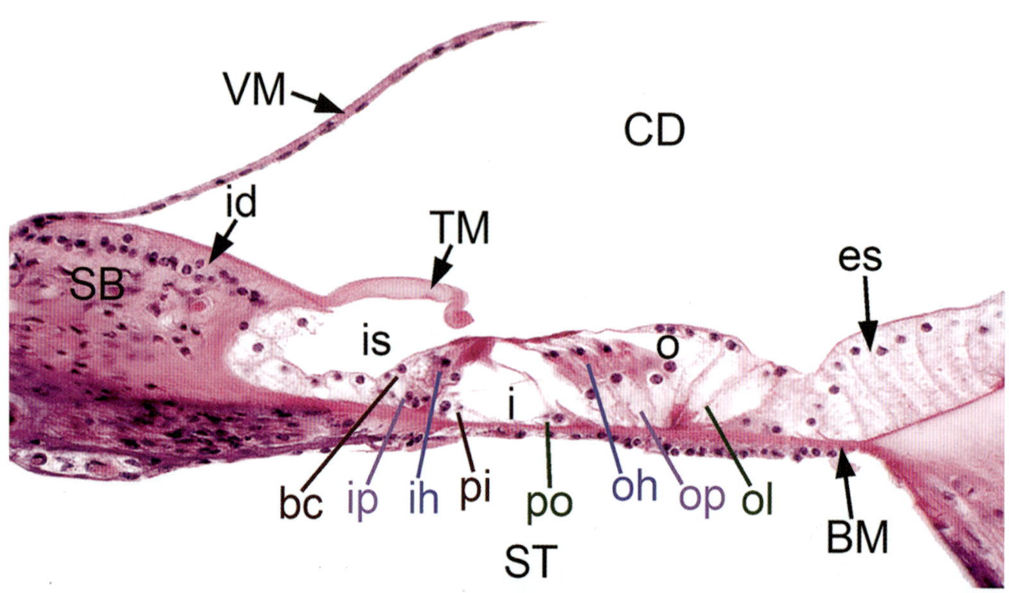

그림 17-28 • 기니피그 달팽이(cochlea). 달팽이관(CD)에는 나선기관(organ of Corti)이 있다. 이 이미지에는 달팽이관의 한쪽 벽을 형성하는 안뜰막(VM)의 일부가 보인다. 나선기관은 고실계단(ST) 위쪽, 달팽이관 안 바닥막(BM) 위에 있다. 기관의 감각세포는 소리의 기계적 에너지를 전기 에너지로 변환한다. 감각세포에는 바깥털세포(oh)와 속털세포(ih)가 포함된다. 버팀세포는 감각세포를 둘러싸고 있으며, 속경계세포(bc), 속기둥세포(pi)와 바깥기둥세포(po), 속손가락세포(ip)와 바깥손가락세포(op), 바깥경계세포(ol), 그리고 바깥버팀세포(es)를 포함한다. 속기둥세포와 바깥기둥세포는 삼각형 공간, 즉 속굴(i)을 형성한다. 바깥경계세포는 바깥굴(o)에 의해 바깥손가락세포와 분리된다. 덮개막(TM)은 바깥털세포 중 가장 큰 고정섬모의 끝부분과 접촉한다. 치아사이세포(id)는 나선막둘레(SB) 위에 위치하며, 덮개막의 젤같은 물질을 분비한다. H&E. (×250). (Image by W.E. Haensly.)

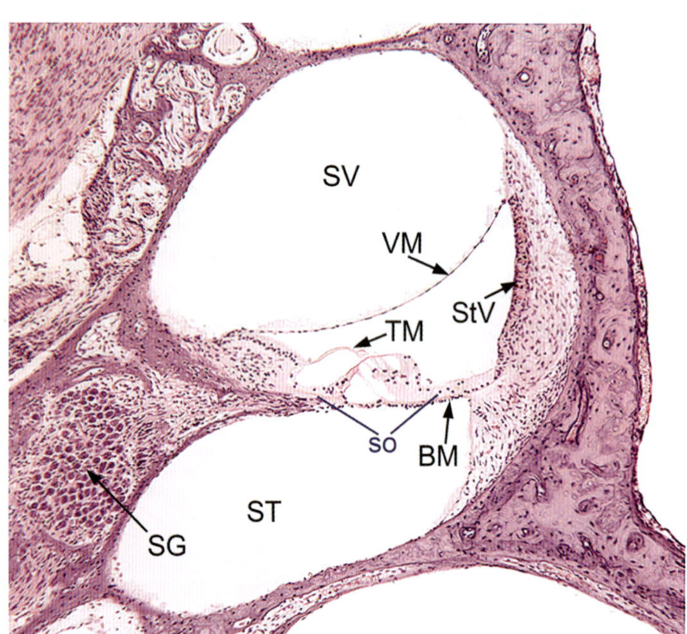

그림 17-29 • 달팽이축(modiolus)을 왼쪽에 두고 한 바퀴 회전된 달팽이의 단면. 안뜰막(VM)은 안뜰계단(SV)과 달팽이관을 분리한다. 덮개막(TM)은 바닥막(BM) 위에 위치한 나선기관(so) 세포 위에 있다. 나선신경절(SG)의 신경섬유는 나선기관(spiral organ) 털세포에 신경을 분포한다. 달팽이관에 있는 혈관이 풍부한 혈관줄무늬(StV) 영역은 속림프를 생산한다. H&E. (×75). (Image by J. Eurell.)

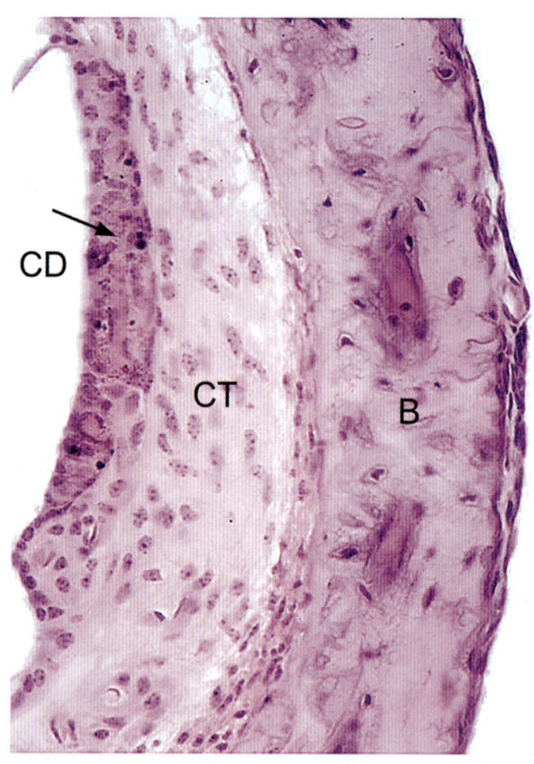

그림 17-30 • 기니피그 달팽이. 삼각형 모양 달팽이관(CD)의 세 번째 벽에는 혈관줄무늬(stria vascularis)가 있는데, 이는 속림프 생산에 기여하고 속림프의 고유한 이온 함량을 조절한다. 중층입방세포(화살표)는 수많은 모세혈관을 포함하는 상피를 형성한다. 이 상피는 바닥막 없이 결합조직에 바로 붙어 있다. 달팽이의 뼈미로(B)는 막미로의 이 부분을 지지한다. H&E. (×400). (Image by W.E. Haensly.)

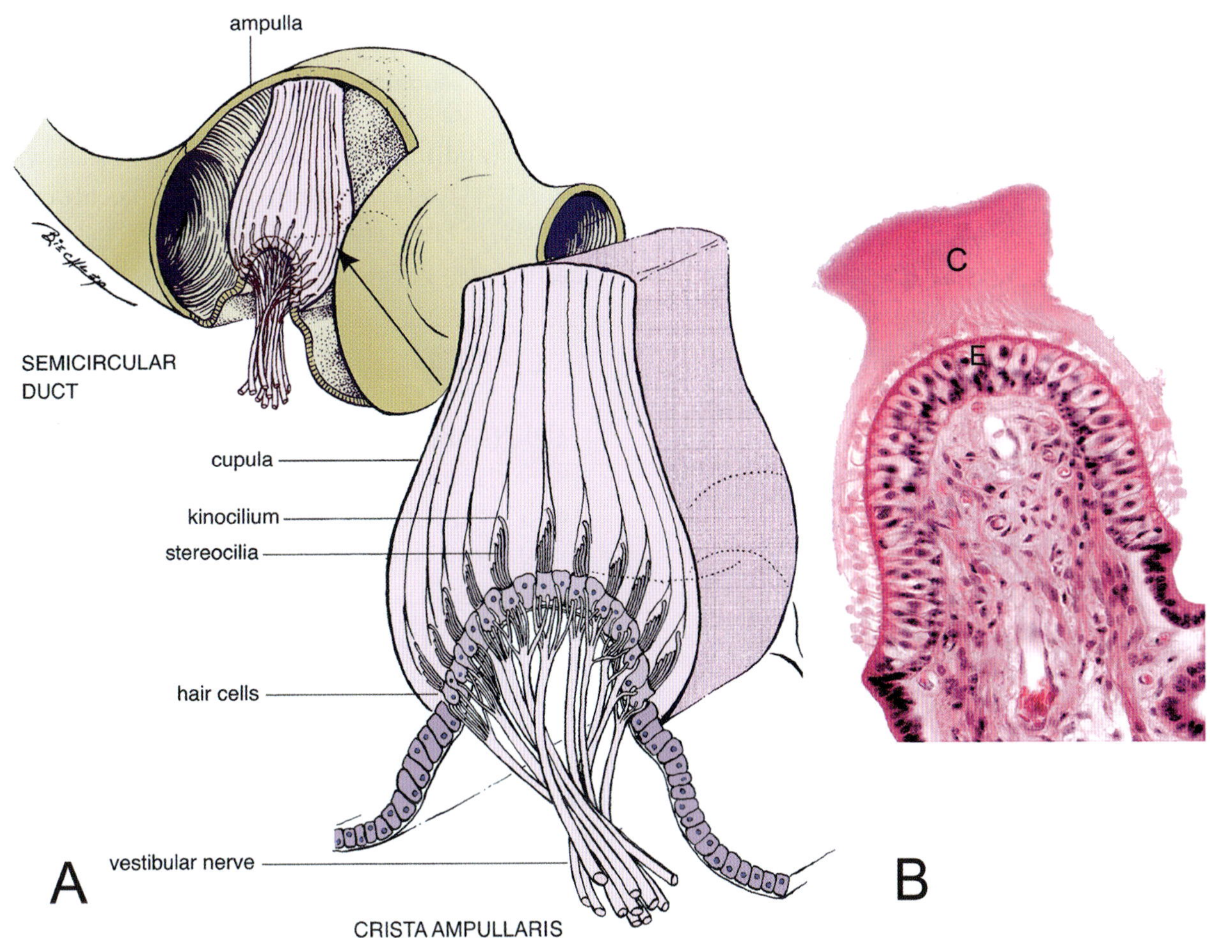

그림 17-31 • A. 팽대능선을 보여주기 위해 펼친 상태의 반고리관 팽대부(ampulla)의 도해. 팽대능선을 확대한 그림은 컵 모양의 젤라틴 팽대마루(cupula) 아래에 있는 털세포를 보여준다. 각 털세포는 하나의 운동섬모(one kinocilium)와 꼭대기면에 길이가 서로 다른 여러 개의 고정섬모(several stereocilia)를 가지고 있다. 안뜰신경의 돌기는 털세포 바닥부위와 접촉한다. B. 기니피그 속귀. 각 반고리관의 막팽대에는 팽대능선이 있다. 팽대능선은 감각상피 능선(E)이 있다. 감각털세포는 위에 있는 젤라틴 팽대마루(C) 안으로 돌출되어 있다. H&E. (×400). (Image by W.E. Haensly.)

1. 팽대능선 Ampullary crest, Crista Ampullaris

각 반고리관의 막팽대(membranous ampulla)는 회전운동(rotary movement, 회전각의 가속과 감속)에 민감한 **팽대능선(ampullary crest, crista ampullaris)**이 있다(그림 17-31). 팽대능선은 팽대부 속공간으로 돌출하는 두꺼워진 결합조직 위에 놓인 감각상피의 능선(ridge)으로 구성되어 있다.

팽대능선의 감각상피(sensory epithelium)는 털세포(hair cell)와 버팀세포(supporting cell)로 구성되어 있다(그림 17-31, 17-32). 털세포는 초미세구조의 형태에 따라 두 가지 유형(1형과 2형)으로 구분된다. 털세포에 존재하는 고정섬모(stereocilia)는 위에 있는 젤라틴 **팽대마루**(overlying gelatinous **cupula**)를 향해 돌출해 있고, 고정섬모의 배열방향(orientation)은 털세포에 기능적 분극성을 전달하여 머리 회전에 따라 발생하는 평형감각의 신경전달을 가능하게 한다. 상피의 **버팀세포(supporting cell)**는 키가 크고 원주모양이며 미세융모(microvilli)를 가지고 있다. 이들은 팽대마루 바탕질(matrix)을 합성하며, 따라서 수많은 분비소포를 포함하고 있다.

2. 타원주머니평형반과 둥근주머니평형반

Maculae of the Utricle and Saccule

두 개의 수용기 기관(receptor organ)인 **타원주머니평형반(macula utriculi)**과 **둥근주머니평형반(macula sacculi)**은 서로 수직으로 놓여 있으며, 각각 타원주머니의 가쪽벽과 둥근주머니의 바닥에 위치한다.

두 평형반(maculae)의 감각상피는 혈관과 신경을 포함하는 성긴결합조직 위에 놓여 있다(그림 17-25). 평형반의 감각상피세포는 팽대능선의 세포와 본질적으로 동일하다. 즉, 1형 및 2형 감각세포와 버팀세포이다(그림 17-25 및 17-34).

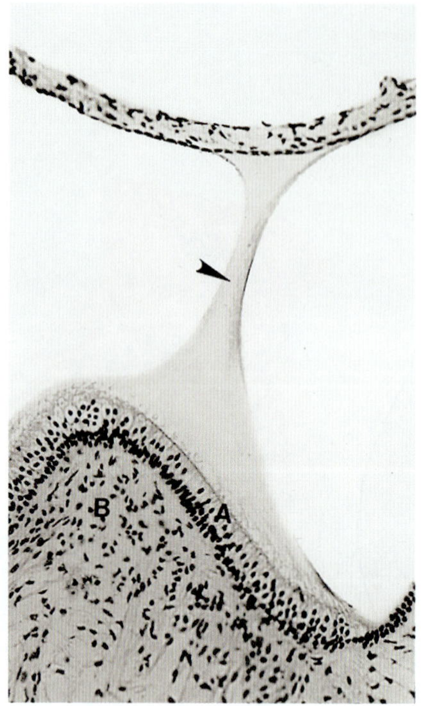

그림 17-32 • 기니피그 팽대능선(crista ampullaris). 감각세포와 버팀세포(A) 및 그 아래 결합조직(B)은 팽대부 속에서 팽대능선을 형성한다. 상피 위의 젤라틴 팽대마루(cupula, 화살표)는 팽대부의 속공간을 가로질러 반대쪽 벽까지 뻗어 있다. H&E. (×400).

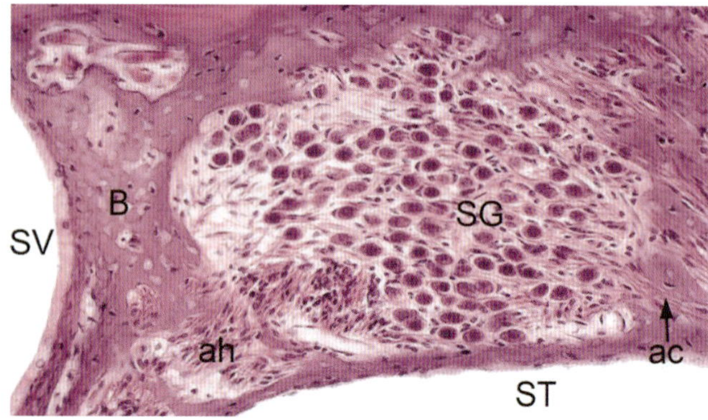

그림 17-33 • 기니피그 달팽이. 나선신경절(SG)의 두극신경세포는 축삭(ah)을 나선기관의 속털세포 또는 바깥털세포로 투사한다. 반대 방향으로 축삭(ac)은 달팽이신경(속귀신경, CN VIII의 가지)으로 뇌쪽으로 투사한다. 신경절은 나선형 달팽이의 중심축인 뼈달팽이축(B)에 있다. 고실계단(ST)과 안뜰계단(SV). H&E. (×250). (Image by W.E. Haensly.)

평형반 감각세포의 털다발(hair bundle)은 **평형모래(statoconium, otolith)**라고 하는 탄산칼슘 결정체를 가지고 있는 젤라틴 덩어리를 관통한다. 털다발, 젤라틴질, 평형모래가 **평형모래막(statoconial membrane, otolithic membrane)**을 형성한다.

제13절 청각장치 *Auditory Apparatus*

청각장치(auditory apparatus)는 고실계단(scala tympani), 안뜰계단(scala vestibuli), 달팽이관(cochlear duct)을 포함하는 청각기관으로 구성된다. 달팽이관 속에는 청각(hearing) 기능을 하는 상피 나선기관(spiral organ)이 있다.

1. 나선기관 Spiral Organ, Organ of Corti

나선기관(spiral organ, organ of Corti)의 감각부위는 바닥막(basilar membrane)의 달팽이관 쪽에 위치한 복잡한 구조이다(그림 17-35, 17-36). 이러한 수용기 기관은 세 가지 주요 구성 요소로 이루어져 있다. ① 소리 진동의 기계적 에너지를 전기 에너지로 변환하는 감각세포(sensory cell), ② 감각세포를 지지하는 지지구조, ③ 여덟째뇌신경(속귀신경, CN VII) 가지인 달팽이신경(cochlear nerve)의 들·날신경종말 등 세 가지 주요 요소로 구성된다(그림 17-33).

1) 감각세포 Sensory Cells

감각세포(sensory cell)는 두 그룹으로 배열되어 있으며, 둘 다 고정섬모를 포함한다. 3~4열(row)로 배열된 바깥털세포(outer hair cell)와 일 열(single row)로 배열된 속털세포(inner hair cell)가 있다. 바깥털세포는 안뜰털세포와 매우 유사하게 형태적으로 극성을 띤다. 바깥털세포는 안뜰털세포와 매우 유사하게 형태학적으로 양극화되어 있다. 가장 긴 고정섬모(stereocilia)는 덮개막(tectorial membrane)에 묻혀있다. 바깥털세포의 바닥에는 적은 수의 들신경종말과 소포(vesicle)를 갖는 수많은 날신경종말이 존재한다. 속털세포의 고정섬모는 덮개막에 묻혀있지는 않지만, 가장 긴 고정섬모는 덮개막에 닿아 있다. 끝연결(tip link)은 바깥털세포에서 볼 수 있는 것과 유사한 방식으로 속털세포의 고정섬모를 연결한다. 바깥털세포와는 달리, 많은 들신경종말과 소수의 날신경종말이 속털세포의 바닥에 존재한다.

2) 버팀세포 Supporting Cells

나선기관(spiral organ)의 **버팀세포(supporting cell)**에는 속경계세포(border cell), 속기둥세포(inner pillar cell)와 바깥기둥세포(outer pillar cell), 속손가락세포(inner phalangeal cell)와 바깥손가락세포(outer phalangeal cell), 바깥경계세포(outer limiting cell), 바깥버팀세포(external supporting cell)가 있다(그림 17-35).

원주 **속경계세포(border cell)**는 나선막둘레(spiral lim-

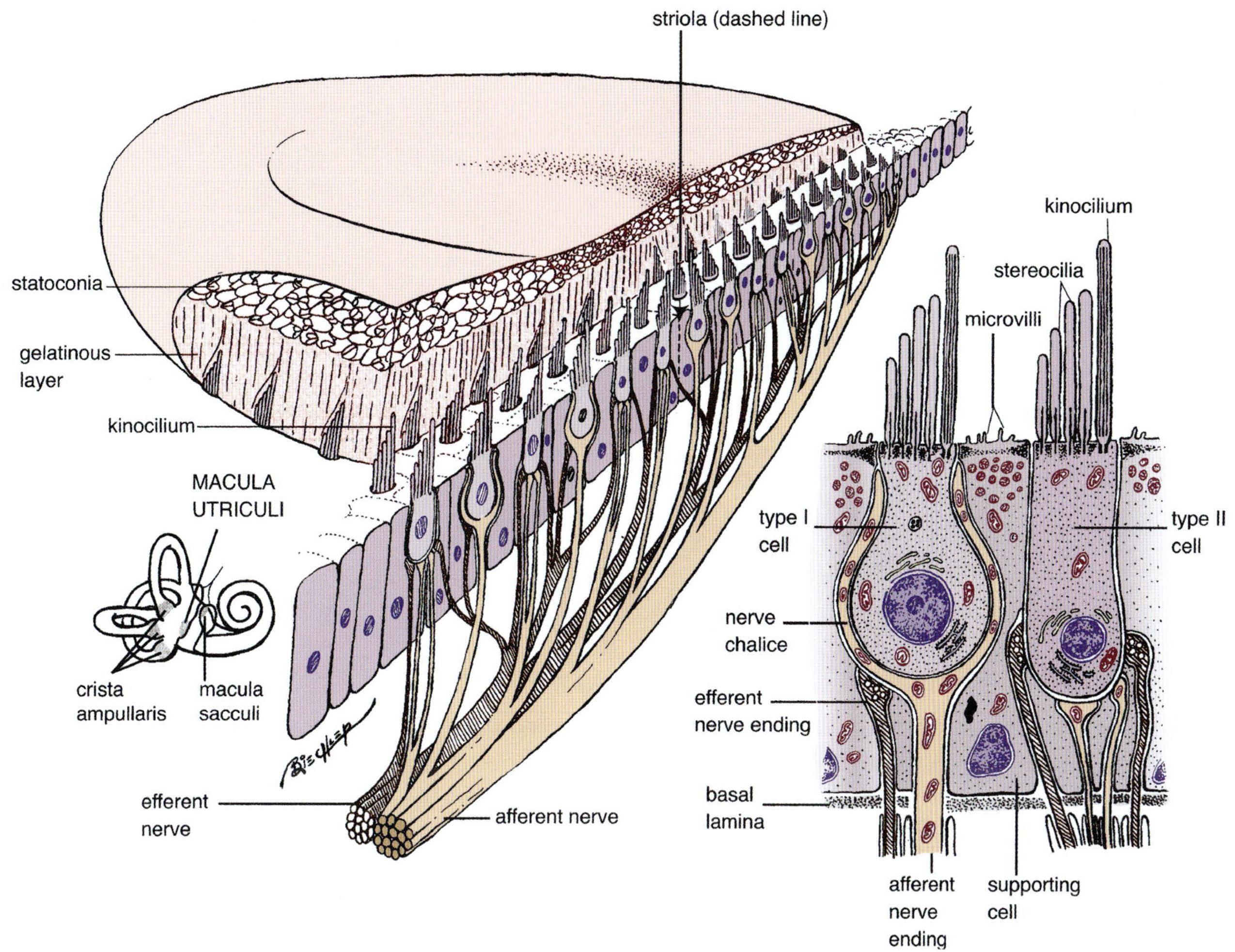

그림 17-34 • 막미로의 도해. 막미로의 왼쪽 아래 그림은 타원주머니평형반, 둥근주머니평형반, 그리고 팽대능선의 위치를 나타낸다. 타원주머니평형반의 큰 도해는 감각상피를 보여준다. 아래에 있는 세포를 더 잘 보여주기 위해 평형모래막(statoconial membrane)을 잘라냈다. 각 감각세포의 수많은 고정섬모와 하나의 운동섬모는 원뿔모양 배열을 이루며, 각 운동섬모는 점선(dashed line)으로 표시한 잔줄(striola)을 향하고 있다. 잔줄에서 감각세포의 형태학적 극성 변화(morphological polarization)에 주목하시오. 들신경섬유는 주황색 실선으로, 날신경섬유는 주황색 빗금으로 표시되어 있다. 오른쪽 아래 모서리의 도해는 안뜰감각상피의 일반적 구조를 보여준다. 1형털세포는 목이 잘록하고 바닥이 둥글며 신경잔(nerve chalice)에 의해 거의 완전히 둘러싸여 있다. 원주형 2형털세포는 두 가지 유형의 꽃봉오리 모양의 신경종말에 의해 지배받는다. 하나는 소포가 거의 없는 들신경(주황색)과 소포가 풍부하게 형성된 날신경(주황색 빗금)이다. (Colorized, modified, and redrawn after Lindemann H.H. Anatomy of the otolith organs. *Adv Otorhinolaryngol* 1973;20:405.)

bus)의 **고실입술(tympanic lip)**에 위치하며, 속털세포 안쪽에 일 열(single row)을 형성한다. **속기둥세포(inner pillar cell)**와 **바깥기둥세포(outer pillar cell)**는 **속굴(inner tunnel, Corti's tunnel)**이라고 하는 뚜렷한 삼각형 공간을 따라 늘어서 있다. **속손가락세포(inner phalangeal cell)**와 **바깥손가락세포(outer phalangeal cell**, 과거에 Deiters cell로 알려져 있음)는 바닥막(basilar membrane) 위에 놓여 있고 위로 뻗어 털세포의 바닥을 받치고 긴 세포질돌기를 표면으로 보내는 버팀세포이다. 속털세포는 속손가락세포에 거의 완전히 둘러싸여 있는 반면, 바깥털세포는 바깥손가락세포에 부분적으로만 둘러싸여 있다. 손가락세포와 털세포의 자유표면은 광범위한 종말그물(terminal web)과 세포사이이음과 함께 털세포의 끝부분을 단단하게 고정하는 **그물판(reticular lamina)**을 형성한다. 바깥경계세포와 바깥버팀세포(external supporting cell)가 나선기관의 세포구성을 완성한다.

3) 덮개막 Tectorial Membrane

나선기관 위에는 당단백질을 함유하는 젤라틴 구조인 **덮개막(tectorial membrane)**이 있으며, 나선막둘레(spiral limbus)에서 털세포 위로 뻗어 있다(그림 17-28, 17-29). 덮개막

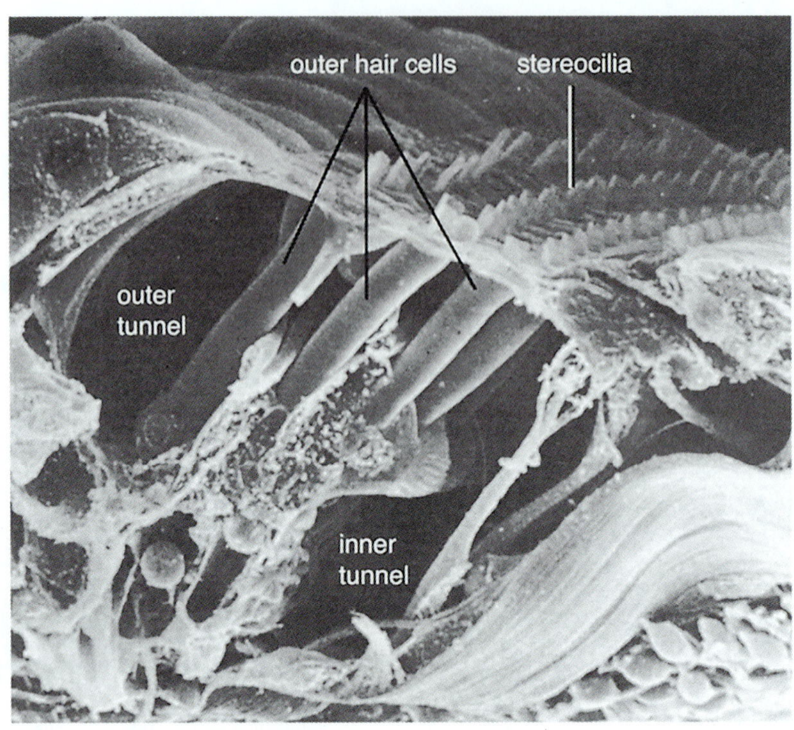

그림 17-35 • 나선기관의 주사전자현미경사진. 나선기관의 일부를 촬영한 이 사진에는 꼭대기 면에 고정섬모가 줄지어 있는 바깥털세포(outer hair cell)가 보인다. (From Weiss L, ed. Cell and Tissue Biology, a Textbook of Histology. 6th Ed. Baltimore: Urban & Schwarzenberg, 1988:1118.)

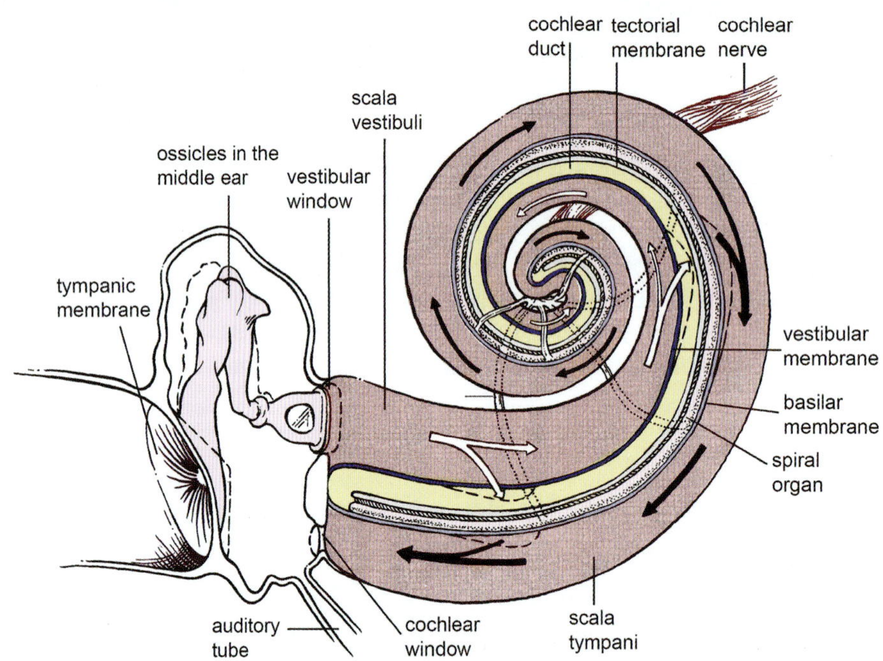

그림 17-36 • 귀에서 소리가 전달되는 과정을 보여주는 도해. 달팽이를 풀어서 과정을 더 쉽게 시각화했다. 음파가 고막에 부딪혀 진동한다. 귓속뼈는 하나의 단위로 진동하며, 귓속뼈의 위치 범위는 점선(dashed line)으로 표시되어 있다. 등자뼈 바닥이 안뜰창의 안팎으로 움직이면서 안뜰계단에서 유체 압력이 변한다. 바깥림프(빨간색)는 안뜰계단과 고실계단을 채우고, 속림프(노란색)는 달팽이관을 채운다. 안뜰계단의 흰색 화살표와 고실계단의 검은색 화살표의 두께는 유체의 압력이 증가(굵은 화살표)하거나 감소(얇은 화살표)함을 나타낸다. 유체는 압축할 수 없기 때문에 압력 변화는 안뜰막과 바닥막(basilar membrane)의 변형(distortion)을 유발한다. 바닥막의 편향(deflection)은 나선기관의 털세포를 그 위에 있는 덮개막(tectorial membrane)으로 밀어 넣어 달팽이신경에서 신경자극을 생성한다. 짧은 음파(고주파 high frequency, 고음 high pitch)는 달팽이의 바닥에 영향을 미치는 반면, 긴 음파(저주파 low frequency, 저음 low pitch)는 달팽이꼭대기에 영향을 미친다. 음파는 달팽이의 꼭대기에 있는 계단끝통로(helicotrema)를 통과할 수도 있다. 달팽이창을 덮고 있는 이차고막에 음파가 충격을 가하면 그것을 안뜰창과 반대 위상(opposite phases)으로 움직이게 된다.

아랫면은 속털세포의 각 다발 중에서 가장 큰 고정섬모(stereocilia)의 꼭대기 위에 놓여 있는 반면에, 바깥털세포의 가장 큰 고정섬모는 이 막에 묻혀있다.

청각치아사이세포(interdental cell)는 덮개막이 나선막 둘레에 붙는 곳에 위치하며, 젤 같은 물질을 분비한다.

2. 나선신경절 Spiral Ganglion

달팽이축(modiolus) 바닥에 있는 **나선신경절(spiral ganglion)**의 두극신경세포는 나선기관의 속털세포(1형나선신경절세포) 또는 바깥털세포(2형나선신경절세포) 쪽으로 뻗어 있다(그림 17-33). 나선신경절신경세포(spiral ganglion neurons)는 반대방향으로 뻗어서 속귀신경(vestibulocochlear nerve, 여덟째뇌신경, CN VIII)의 가지인 달팽이신경(cochlear nerve)을 형성하여 뇌줄기에 있는 달팽이신경핵을 향해 전위를 전파한다.

청력 상실은 귀의 구조를 통한 소리의 전도를 방해하는 모든 상태와 관련이 있을 수 있다. 바깥귀 또는 속귀 감염, 가운데귀 뼈의 변화 또는 신경자극전달에 영향을 미치는 상태는 모두 청력에 영향을 미칠 수 있다(그림 17-36).

임상 관련 *Clinical Correlations*

염증성(각막염) 및 궤양성 각막 질환, 녹내장(안구 신경 조직의 퇴행과 위축을 특징으로 하며, 종종 안압 상승의 후유증으로 나타남), 앞방 내 염증(앞방포도막염, anterior uveitis), 둔기나 관통 외상 등 수많은 안과질환이 일반 진료 또는 응급 진료로 수의사에게 일상적으로 접수된다. 각막은 보호자가 쉽게 볼 수 있으므로 수의사는 **건성각결막염(keratoconjunctivitis sicca)** 또는 개 '마른눈(dry eye)'을 포함한 일반적인 각막 병리에 대해 잘 알고 있어야 한다(그림 17-37).

소동물 의학에서 가장 흔한 증상 중에는 외이도염(otitis externa)이 있으며, 이는 일반적으로 기저 **알레르기피부염(allergic dermatitis)**과 관련이 있다. 박테리아 및/또는 효모 감염으로 인해 염증이 복잡해지면 가운데귀 또는 속귀(중이염 및 내이염)까지 염증이 확장될 수 있다. 고실융기(tympanic bulla) 또는 인접한 교감신경의 얼굴신경(CN VII)과 신경절

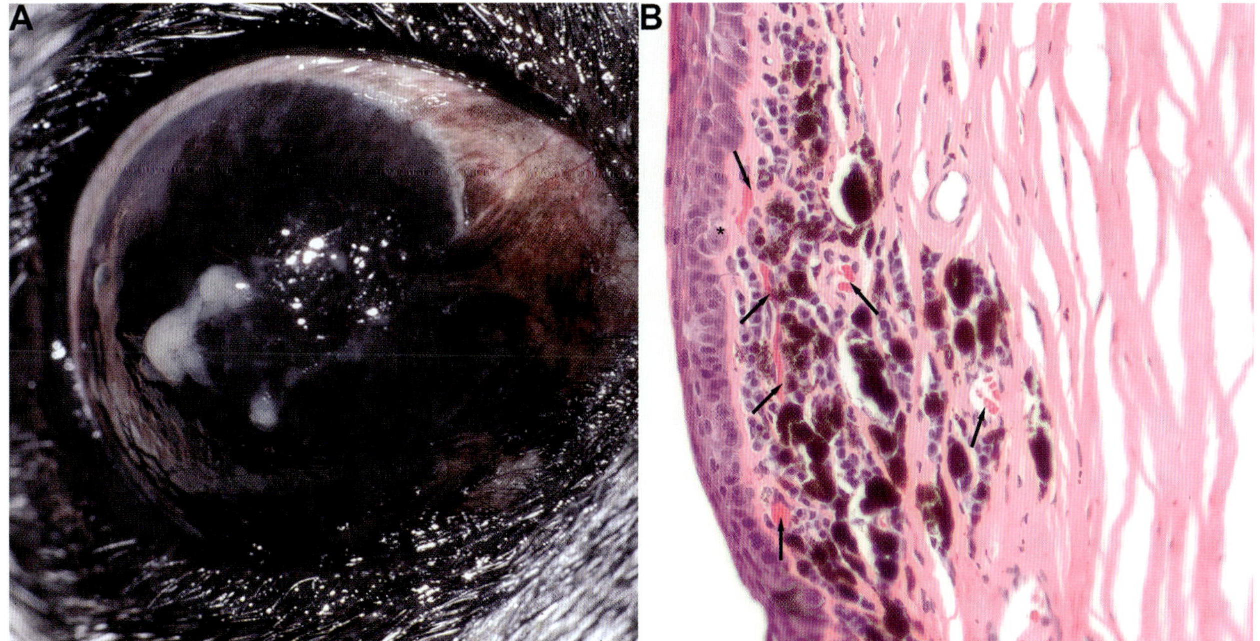

그림 17-37 • **개 '마른눈(dry eye).'** 염증성 및 궤양성 각막 질환, 녹내장, 앞방염증, 안구의 둔상 또는 관통상 등 다양한 안과 질환이 일반 진료 또는 응급 진료로 수의사에게 일상적으로 접수된다. 사진 속 13세 퍼그는 만성 염증, 짙은 갈색에서 검은색 색소침착, 양쪽 각막에 새발성 궤양과 점액 분비물을 동반한다(**A**). 이러한 소견은 건성각결막염(Keratoconjunctivitis Sicca) 또는 '마른눈(dry eye)'과 일치한다. 이는 눈물샘에 영향을 미치는 면역매개질환으로, 눈물막의 수성부분 생성 감소를 초래한다. 조직학적 검사에서도 이 동물의 만성 각막 변화가 두드러지는데, 여기에는 앞방 각막실질의 혈관화(화살표), 심한 색소침착(갈색), 혼합 염증, 바닥상피 세포자멸사(*)가 포함된다(**B**). H&E. (×200).

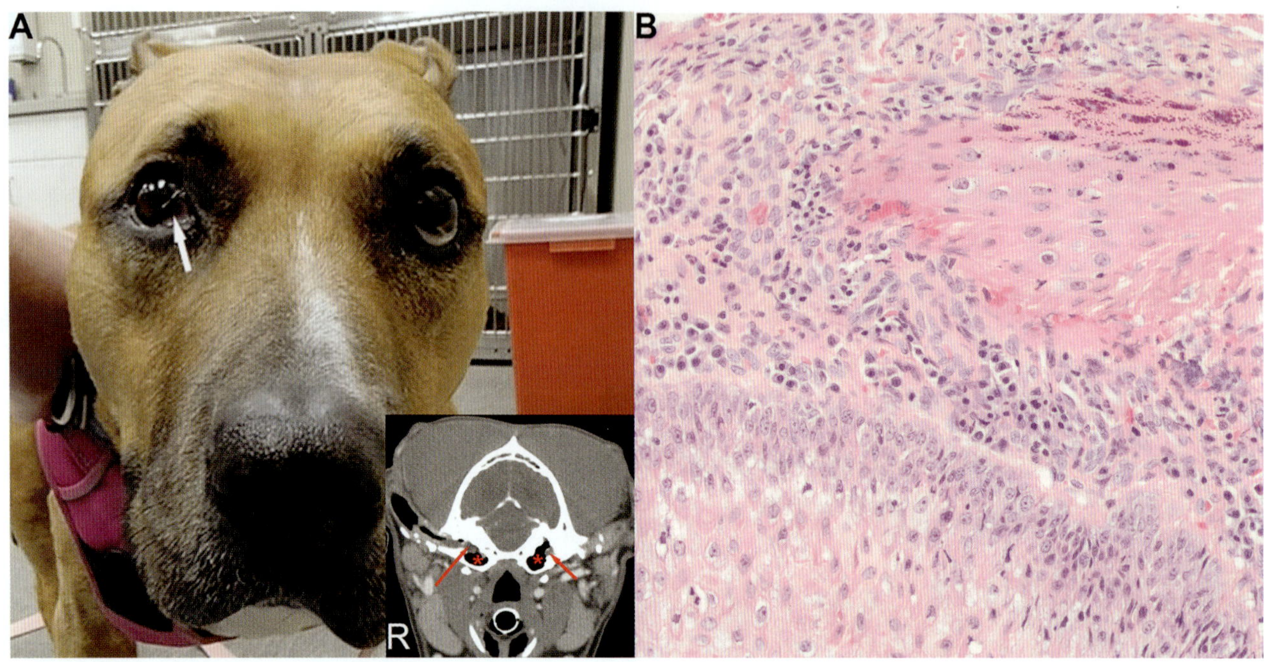

그림 17-38 • 호너증후군(Horner's syndrome)을 동반한 개 중이염. 외이염은 일반적으로 기저 알레르기피부염과 관련이 있다. 사진은 오른쪽 눈에 호너증후군을 앓고 있는 11세 잡종개이다. 호너증후군은 눈의 교감신경 긴장도 소실로 인한 동공축소, 안구함몰, 눈꺼풀처짐, 그리고 셋째눈꺼풀 상승(화살표)을 포함한다. 삽입 그림은 이 동물의 머리뼈 CT 스캔을 보여준다. 양쪽 바깥귀길 속 물렁조직 물질(화살표)이 가운데귀 고실융기(*)까지 확장되어 있다(**A**). 전체귀길절제(total ear canal ablation)를 통해 얻은 조직학적 소견은 고실융기를 덮는 상피가 현저히 두꺼워지고 층판 각질의 수가 증가하였으며, 중성구, 림프구, 형질세포가 점막과 속공간에 중증도로 침윤되어 있음을 보여준다(**B**). H&E. (×200).

이후신경절 부분의 경과로 인해 심한 귀감염은 얼굴신경마비 또는 눈교감신경마비(oculosympathetic paresis)를 초래할 수 있다(호너증후군, 그림 17-38).

핵심 정리 *Essentials*

눈	귀
섬유층 • 각막: 표면상피, 버팀질, 각막내피바닥막 및 내피 • 각막공막경계(각막둘레) • 공막: 공막바깥막과 버팀질 **혈관층** • 홍채: 앞경계층, 버팀질, 앞방상피(교감신경확대근 포함), 뒤상피 및 부교감 조임근 • 섬모체: 상피(속무색소 및 바깥색소) 및 방수생성 • 홍채각막구석: 빗살인대, 잔기둥그물, 방수배출 • 맥락막: 맥락막위, 버팀질, 반사판, 맥락막모세혈관 및 바닥복합체 **신경상피층** • 신경망막: 속경계막, 신경섬유층, 신경절세포층, 속얼기층, 속핵층, 바깥얼기층, 바깥핵층, 바깥경계막 및 빛수용기 • 망막색소상피(RPE) **굴절매체** • 수정체: 피막, 상피, 겉질, 핵, 적도 및 봉합 • 유리체 **부속기관** • 눈꺼풀: 털피부, 결막(상피, 버팀질), 눈꺼풀판샘 • 셋째눈꺼풀: 연골과 샘 • 눈물기관: 눈물샘, 눈물못, 눈물점, 눈물소관, 눈물주머니, 코눈물관	**바깥귀** • 귓바퀴 • 바깥귀길 **가운데귀** • 고막 • 귓속뼈(망치뼈(자루, 목, 머리), 모루뼈 및 등자뼈 • 근육: 고막긴장근과 등자근 • 고실 • 귀관(귀관곁주머니) • 달팽이창(둥근창) **속귀** • 안뜰창(타원창) • 뼈미로: 달팽이: 안뜰계단(안뜰막), 달팽이관(나선기관, 덮개막, 및 나선관), 고실계단(바닥막), 혈관줄무늬 및 달팽이축(나선신경절) 안뜰 반고리뼈관 **바깥림프공간** • 막미로: 반고리관: 팽대부(팽대능선) **타원주머니** **둥근주머니** **속림프관** **속림프주머니**

인명용어

Eponym

인명	영어	우리말
Auerbach's plexus	Myenteric plexus	근육층신경얼기
Barr body	Sex chrmatin, Sex body	성염색질
Bowman's capsule	Glomerular capsule	토리주머니
Bowman's gland	Olfactory gland	후각샘
Bowman's membrane	Anterior limiting membrane	앞경계막
Bruch's membrane	Basal complex, Lamina vitrea	바닥복합체
Brücke's muscle		섬모체근(닭)
Brünner's gland	Submucosal gland	점막밑샘
Bursa of Fabricius	Cloacal bursa	배설강주머니
Canal of Hering		헤링관
Corti's organ	Spiral organ, Organ of Corti	나선기관
Cowper's gland	Bulbourethral gland	망울요도샘
Crampton's muscle		섬모체근(닭)
Crypt of Lieberkühn	Intestinal crypt, Intestinal gland	창자움, 창자샘
Descemet's membrane	Posterior limiting membrane	뒤경계막
Fontana's space	Space of iridocorneal angle	홍채각막구석공간
Gland of Moll	Ciliary gland, Palpebral sweat gland	속눈썹샘, 눈꺼풀땀샘
Gland of Zeis	Ciliary sebaceous gland	속눈썹기름샘
Golgi-Mazzoni corpuscle	Bulbous corpuscle	망울소체
Golgi tendon organ	Neurotendinous spindle	신경힘줄방추, 골지힘줄기관
Harderian gland	Deep gland (of third eyelid)	(셋째눈꺼풀) 깊은샘
Hassall's corpuscle	Thymic corpuscle	가슴샘소체
Haversian canal	Central canal, Osteonal canal	중심관
Haversian system	Osteon	뼈단위
Henle's loop	Nephron loop	콩팥세관고리
Herring body	Neurosecretory body	신경분비소체
Howship's lacuna	Erosion lacuna, Osteoclastic lacuna	침식움

인명	영어	우리말
Krause's corpuscle	Bulbous corpuscle	망울소체
Kupffer's cell	Stellate macrophage	별큰포식세포
Langerhans' cell		랑게르한스세포
Langerhans' islet	Pancreatic islet	이자섬
Leydig's cell	Interstitial endocrine cell	사이질내분비세포
Meibomian gland	Tarsal gland	눈꺼풀판샘
Meissner's corpuscle	Capsulated tactile corpuscle	피막촉각소체
Meissner's plexus	Submucosal plexus	점막밑신경얼기
Merkel's cell	Tactile epithelioid cell	촉각상피세포
Nissl substance	Chromatophilic substance	호색소물질
Node of Ranvier	Myelin node	말이집마디
Pacinian corpuscle	Lamellar corpuscle	층판소체
Paneth cell	Acidophilic granule cell	호산과립세포
Parietal layer of Bowman's capsule	Parietal layer, Capsular epithelium	(토리주머니)벽층
Peyer's patch	Aggregated lymphatic nodule	파이어반, 무리림프소절
Purkinje cell	Piriform cell	조롱박세포
Purkinje fiber	Cardiac conducting muscle cell	심장전도근육세포
Rathke's pouch	Hypophyseal pouch	뇌하수체주머니
Schlemm canal	Scleral aqueous sinus, Angular aqueous sinus	공막방수굴, 구석방수굴
Schmidt-Lanterman cleft	Myelin incisure, Myelin cleft	말이집틈새
Schwann cell	Neurolemmocyte	신경집세포
Sertoli's cell	Supporting cell, Sustentacular cell	버팀세포
Sharpey's fiber	Perforating fiber	관통섬유
Sheath of Schweigger-Seidel	pericapillary macrophage sheath	모세혈관주위큰포식세포집
Spaces of Fontana	Spaces of iridocorneal angle	홍채각막구석공간
Vater's corpuscle	Lamellar corpuscle	층판소체
Visceral layer of Bowman's capsule	Visceral layer, Glomerular epithelium	(토리주머니)내장층
Volkmann's canal	Perforating canal	관통관
Weibel-Palade body	Multitubular body	뭇세관소체

참고문헌
Suggested Readings

CHAPTER 01 | 세포학 *Cytology*

Bystricky K. Chromosome dynamics and folding in eukaryotes: Insights from live cell microscopy. *FEBS letters*. 2015;589 (20):3014–22.

Di Fiore PP, von Zastrow M. Endocytosis, signaling, and beyond. *Cold Spring Harbor perspectives in biology*. 2014;6(8):a016865.

Eurell J. Veterinary histology. Jackson, WY: Teton NewMedia, 2004.

Falahati H, Pelham-Webb B, Blythe S, Wieschaus E. Nucleation by rRNA dictates the precision of nucleolus assembly. *Current Biology*. 2016;26(3):277–85.

Lodish HF, Berk A, Kaiser CA, Krieger M. Molecular cell biology. 8th Ed. New York: W. H. Freeman & Co., 2016.

Munn EA. The structure of mitochondria. Academic Press; 2014 Jun 28.

Okumoto K, Tamura S, Honsho M, Fujiki Y. Peroxisome: metabolic functions and biogenesis. *Peroxisome Biology: Experimental Models, Peroxisomal Disorders and Neurological Diseases*. 2020:3–17.

Paz J, Lüders J. Microtubule-organizing centers: towards a minimal parts list. *Trends in cell biology*. 2018;28(3):176–87.

Perkins GA, Frey TG. Recent structural insight into mitochondria gained by microscopy. *Micron* 2002;31:97–111.

Pol A, Morales-Paytuví F, Bosch M, Parton RG. Non-caveolar caveolins–duties outside the caves. *Journal of cell science*. 2020;133(9):jcs241562.

CHAPTER 02 | 상피 *Epithelium*

Dalghi MG, Montalbetti N, Carattino MD, et al. The urothelium: life in a liquid environment. *Physiol. Rev.* 2020;100:1621–1705.

Franke WW, Jahn L, Knapp AC. Cytokeratins and desmosomal proteins in certain epithelioid and nonepithelial cells. In: Osborn M, Weber K, eds. Cytoskeletal Proteins in Tumor Diagnosis. Cold Spring Harbor, NY: Cold Spring Harbor Laboratory, 1989.

Halfter W, Oertle P, Monnier CA, et al. New concepts in basement membrane biology. *FEBS J.* 2015;282(23):4466–4479. doi: 10.1111/febs.13495.

Harkema JR, Carey SA, Wagner JG. The nose revisited: a brief review of the comparative structure, function, and toxicologic pathology of the nasal epithelium. *Toxicol Pathol* 2006;34(3): 252–269. doi: 10.1080/01926230600713475.

Hashimoto K. The eccrine and apocrine glands and their function. In: Jarret A, ed. The Physiology and Pathophysiology of the Skin. New York: Academic Press, 1978: 5.

Krstić RV. General Histology of the Mammal. New York: Springer-Verlag, 1985.

Krstić RV. Ultrastructure of the Mammalian Cell. New York. Springer-Verlag, 1979.

Rousselle P, Laigle C, Rousselet G. The basement membrane in epidermal polarity, stemness, and regeneration. *Am J Physiol Cell Physiol.* 2022;323(6):C1807–C1822. doi: 10.1152/ajpcell. 00069.2022.

CHAPTER 03 | 결합조직과 지지조직 *Connective and Supportive Tissues*

Alberts B, et al. Molecular Biology of the Cell. 6th ed. New York: Garland Science; 2014.

Athanasiou KA, Darling EM, Hu JC, et al. Articular cartilage. CRC Press; 2017 Oct 19.

Bartl R, Bartl C. Bone disorders: biology, diagnosis, prevention, therapy. Springer; 2016 Sep 20.

Birbrair A. Pericyte biology: development, homeostasis, and disease. *Pericyte Biology-Novel Concepts*. 2018:1–3.

Bronner F, Farach-Carson MC, Roach HI, editors. Bone-Metabolic functions and modulators. Springer Science & Business Media; 2012 Jun 12.

Cheville NF. Cell Pathology. 2nd ed. Ames, IA: Iowa State University Press; 1983.

Florencio-Silva R, Sasso GR, Sasso-Cerri E, et al. Biology of bone tissue: structure, function, and factors that influence bone cells. *BioMed Research International*. 2015;2015:421746.

Keene DR, Tufa SF. Transmission electron microscopy of cartilage and bone. *Methods in Cell Biology*. 2010;96:443–73.

Novack DV, Mbalaviele G. Osteoclasts—key players in skeletal health and disease. *Myeloid Cells in Health and Disease: A Synthesis*. 2017;2017:235–55.

Shapiro IM, Risbud MV. Intervertebral Disc. Springer Verlag Gmbh; 2016.

Sprangers S, Everts V. Molecular pathways of cell-mediated degradation of fibrillar collagen. Matrix Biology. 2019;75:190–200.

CHAPTER 04 | 신경조직 *Nervous Tissue*

Alabi AA, Tsien RW. Synaptic vesicle pools and dynamics. *Cold Spring Harbor Perspect Biol* 2012;4(8):a013680.

Allen NJ, Lyons DA. Glia as architects of central nervous system formation and function. *Science* 2018;362(6411):181–185.

Bergman RA, Afifi AK, Heidger PM Jr. Atlas of Microscopic Anatomy. 4th Ed. Lippincott Williams and Wilkins, 1996.

von Bernhardi R, Eugenín-von Bernhardi J, Flores B, et al. Glial cells and integrity of the nervous system. *Adv Exp Med Biol.* 2016;949:1–24.

Bettio LE, Rajendran L, Gil-Mohapel J. The effects of aging in the hippocampus and cognitive decline. *Neurosci Biobehav Rev* 2017;79:66–86.

Choquet D, Triller A. The dynamic synapse. *Neuron* 2013;80(3):691–703.

Cooper JR, Bloom FE, Roth RH. The Biochemical Basis of Neuropharmacology. 8th Ed. New York: Oxford University Press, 2003.

Deng S, Gan L, Liu C, et al. Roles of ependymal cells in the physiology and pathology of the central nervous system. *Aging Dis* 2023;14(2):468–483.

Dyer CA. The structure and function of myelin: from inert membrane to perfusion pump. *Neurochem Res* 2002;27:1279–1292.

Fawcett DW. A Textbook of Histology. 13th Ed. Chapman & Hall, 1994.

Gibbins I. Functional organization of autonomic neural pathways. *Organogenesis* 2013;9(3):169–175.

Gu C. Rapid and reversible development of axonal varicosities: a new form of neural plasticity. *Front Mol Neurosci* 2021;14:610857.

Hansson E, Ronnback L. Glial neuronal signaling in the central nervous system. *FASEB J* 2003;17:341–348.

Heck N, Benavides-Piccione R. Editorial: dendritic spines: from shape to function. *Front Neuroanat* 2015;9:101.

Jänig I. Sympathetic nervous system and inflammation: a conceptual view. *Auton Neurosci* 2014;182:4–14.

Jensen CJ, Massie A, De Keyser J. Immune players in the CNS: the astrocyte. *J Neuroimmune Pharmacol* 2013;8(4):824–839.

Jones EG. The nervous tissue. In: Weiss L, ed. Cell and Tissue Biology. 7th Ed. Raven Press, 1988.

Junqueira LC, Carneiro J, Kelly RO. Basic Histology. 13th Ed. McGraw-Hill Education, 2013.

Kratzer I, Ek J, Stolp H. The molecular anatomy and functions of the choroid plexus in healthy and diseased brain. *Biochim Biophys Acta Biomembr* 2020;1862(11):183430.

Krstić RV. General Histology of the Mammal. 2nd Ed. New York: Springer-Verlag, 1995.

Marina N, Christie IN, Korsak A, et al. Astrocytes monitor cerebral perfusion and control systemic circulation to maintain brain blood flow. *Nat Commun* 2020;11:131.

Matejuk A, Vandenbark AA, Offner H. Cross-talk of the CNS with immune cells and functions in health and disease. *Front Neurol* 2021;31(12):672455.

Morgan CW. Axons of sacral preganglionic neurons in the cat: I. Origin, initial segment, and myelination. *J Neuro-Oncol* 2001;30:523–544.

Mountcastle VB. Introduction. Computation in cortical columns. *Cereb Cortex* 2003;13:2–4.

Neurocytology PE. Fine structure of neurons, nerves processes, and neuroglial cells. 2nd Ed. New York: Thieme Medical Publishers, 1994.

Orlin JR, Osen KK, Hovig T. Subdural compartment in pig. A morphologic study with blood and horseradish peroxidase infused subdurally. *Anat Rec* 1991;230:22–37.

Ozgen H, Baron W, Hoekstra D, et al. Oligodendroglial membrane dynamics in relation to myelin biogenesis. *Cell Mol Life Sci* 2016;73:3291–3310.

Peters A, Palay SL, Webster HD. The Fine Structure of the Nervous System: Neurons and Supporting Cells. 4th Ed. New York: Oxford University Press, 1991.

Rasband MN, Peles E. Mechanisms of node of Ranvier assembly. *Nat Rev Neurosci* 2021;22(1):7–20.

Sie C, Korn T. Dendritic cells in central nervous system autoimmunity. *Semin Immunopathol* 2017;39:99–111.

Sternberg SS. Histology for Pathologists. 5th Ed. Wolters Kluwer, 2019.

Stevens B, Porta S, Haak LL, et al. Adenosine: a neuron-glial transmitter promoting myelination in the CNS in response of action potentials. *Neuron* 2002;36:855–868.

Varga V, Mravec B. Chapter 8—Nerve Fiber Types. In: Tubbs RS, Rizk E, Shoja MM, et al., eds. Nerves and Nerve Injuries. Academic Press, 2015: 107–113.

Yasuda R. Biophysics of biochemical signaling in dendritic spines: implications in synaptic plasticity. *Biophys J* 2017;113(10):2152–2159.

CHAPTER 05 | 근육조직 *Muscle Tissue*

Alberts B, Bray D, Lewis J, et al. Molecular Biology of the Cell. 6th Ed. Garland Science, 2014.

Bloch RJ, Gonzalez-Serratos H. Lateral force transmission across costameres in skeletal muscle. *Exerc Sport Sci Rev* 2003;**31**:73–78.

Calderón JC, Bolaños P, Caputo C. The excitation-contraction coupling mechanism in skeletal muscle. *Biophys Rev.* 2014 Mar;6(1):133–160.

Cardinet GH III, Leong DL, Means PS. Myocyte differentiation in normal and hypotrophied canine pectineal muscles. *Muscle Nerve* 1982;5:665.

Dellmann HD, Carithers JR. Cytology and Microscopic Anatomy. 8th Ed. Lippincott Williams & Wilkins, 2007.

Fu X, Wang H, Hu P. Stem cell activation in skeletal muscle regeneration. *Cell. Mol. Life Sci.* 2015;72:1663–1677.

Gillies AR, Lieber RL. Structure and function of the skeletal muscle extracellular matrix. *Muscle Nerve* 2011 Sep;44(3): 318–331.

Guyton AC, Hall JE. Textbook of Medical Physiology. 14th Ed. Elsevier, 2020.

Huxley HE. Electron microscopy studies of the structure of natural and synthetic protein filaments from striated muscle. *J Mol Biol* 1963;7:281–308.

Jones DA, Round JM. Skeletal Muscle in Health and Disease. 2ndEd. Human Kinetics, 2005.

Murray IR, Baily JE, Chen WCW, et al. Skeletal and cardiac muscle pericytes: functions and therapeutic potential. *Pharmacol Ther.* 2017 Mar;171:65–74.

Pardo JV, Siliciano JD, Craig SW. A vinculin-containing cortical lattice in skeletal muscle: transverse lattice elements ("costameres") mark sites of attachment between myofibrils and sarcolemma. *Proc Natl Acad Sci U S A* 1983;80:1008–1012.

Paulin D, Li Z. Desmin: a major intermediate filament protein essential for the structural integrity and function of muscle. *Experimental Cell Research* 2004;301(1):1–7.

Pollard TD, Earnshaw WC. Cell Biology. 3rd Ed. Elsevier, 2017.

Salguero Bodes FJ, Pallares Martinez FJ. Aughey and Frye's Comparative Veterinary Histology with Clinical Correlates. 2nd ed. Boca Raton: CRC Press, 2023

Severs NJ. Cardiac muscle cell interaction: from microanatomy to the molecular make-up of the gap junction. *Histol Histopathol* 1995;10:481–501.

Squire JM, Paul DM, Morris EP. Myosin and actin filaments in muscle: structures and interactions. In: Parry D, Squire J, eds. Fibrous Proteins: Structures and Mechanisms. Subcellular Biochemistry. Vol. 82. Cham: Springer, 2017.

Valberg SJ. Skeletal muscle function. In: Kaneko J, ed. Clinical Biochemistry of Domestic Animals. New York: Academic Press, 2008: 459–484.

Webb RC. Smooth muscle contraction and relaxation. APS Refresher Course Report. *The American Physiological Society* 2003;17:4.

Willingham TB, Kim Y, Lindberg E, et al. The unified myofibrillar matrix for force generation in muscle. *Nat Commun* 2020;**11**:3722.

CHAPTER 06 | 혈액과 골수 *Blood and Bone Marrow*

Andreasen CB. Neutrophil structure and biochemistry. In: Brooks MB, Harr KE, Seelig DM, et al., eds. Schalm's Veterinary Hematology. New York, NY: Willey Blackwell, 2022: 333–338.

An X, Mohandas N. Erythroblastic islands, terminal erythroid differentiation and reticulocyte maturation. *Int J Hematol* 2011;93(2):139–143.

Aulbach AD, Weiss DJ. Chronic inflammation and secondary myelofibrosis in domestic and laboratory animals. In: Brooks MB, Harr KE, Seelig DM, et al., eds. Schalm's Veterinary Hematology. New York, NY: Willey Blackwell, 2022: 138–143.

Barger AM. Erythrocyte morphology. In: Brooks MB, Harr KE, Seelig DM, et al., eds. Schalm's Veterinary Hematology. New York, NY: Willey Blackwell, 2022: 188–197.

Boudreaux MK, Christopherson PW. Platelet structure. In: Brooks MB, Harr KE, Seelig DM, et al., eds. Schalm's Veterinary Hematology. New York, NY: Willey Blackwell, 2022: 658–666.

Boudreaux MK, Christopherson PW. Thrombopoiesis. In: Brooks MB, Harr KE, Seelig DM, et al., eds. Schalm's Veterinary Hematology. New York, NY: Willey Blackwell, 2022: 651–657.

Cenariu D, Iluta S, Zimta AA, et al. Extramedullary hematopoiesis of the liver and spleen. *J Clin Med* 2021;10(24):831.

Ciofani M, Zúñiga-Pflücker JC. The thymus as an inductive site for T lymphopoiesis. *Annu Rev Cell Dev Biol* 2007;23:463–493.

Dean, L. Blood Groups and Red Cell Antigens (2005). Bethesda (MD): National Center for Biotechnology Information (US); Chapter 1, Blood, and the cells it contains.

Dos Santos AP, Christian JA. Erythrokinetics and erythrocyte destruction. In: Brooks MB, Harr KE, Seelig DM, et al., eds. Schalm's Veterinary Hematology. New York, NY: Willey Blackwell, 2022: 172–180.

Dzierzak E, Philipsen S. Erythropoiesis: development and differentiation. *Cold Spring Harb Perspect Med* 2012;3(4): a011601.

Florencio-Silva R, Sasso GR, Sasso-Cerri E, et al. Biology of bone tissue: structure, function, and factors that influence bone cells. *Biomed Res Int* 2015;2015:421746.

Garden OA, Kidd L, Mexas AM, et al. ACVIM consensus statement on the diagnosis of immune-mediated hemolytic anemia in dogs and cats. *J Vet Intern Med* 2019;33(2):313–334.

Graham GJ, Pragnell IB. Negative regulators of haemopoiesis—current advances. *Prog Growth Factor Res* 1990;2(3):181–192.

Guilliams M, Mildner A, Yona S. Developmental and functional heterogeneity of monocytes. *Immunity* 2018;49(4):595–613.

Harrier CM, Bennett PM, Gascoyne SC, et al. Erythrocyte size, number and haemoglobin content in vertebrates. *Br J Haematol.* 1991;77(3):392–397.

Harvey JW. Veterinary Hematology: A Diagnostic Guide and Color Atlas. Philadelphia: Saunders, 2012.

Hassanshahi M, Hassanshahi A, Khabbazi S, et al. Bone marrow sinusoidal endothelium as a facilitator/regulator of cell egress from the bone marrow. *Crit Rev Oncol Hematol* 2019;137: 43–56.

Hawk CT, Leary S, Morris T. Formulary for Laboratory Animals. 3rd Ed. Wiley-Blackwell, 2005.

Holinstat M. Normal platelet function. *Cancer Metastasis Rev* 2017;36(2):195–198.

Iijima T, Brandstrup B, Rodhe P, et al. The maintenance and monitoring of perioperative blood volume. *Perioper Med (Lond)* 2012;2:9.

Joles JA, Rabelink TJ, Braam B, et al. Plasma volume regulation: defences against edema formation (with special emphasis on hypoproteinemia). *Am J Nephrol* 1993;13:399–412.

Kastl BC, Pohlman LM. Basophils, mast cells, and their disorders. In: Brooks MB, Harr KE, Seelig DM, et al., eds. Schalm's Veterinary Hematology. New York, NY: Willey Blackwell, 2022: 373–380.

Kaushansky K. Historical review: megakaryopoiesis and thrombopoiesis. *Blood* 2008;3:981–986.

Klamer S, Voermans C. The role of novel and known extracellular matrix and adhesion molecules in the homeostatic and regenerative bone marrow microenvironment. *Cell Adh Migr* 2014;8(6):563–577.

Krystel-Whittemore M, Dileepan KN, Wood JG. Mast cell: a multi-*functional master cell. Front Immunol* 2016;6:620.

Lawrence SM, Corriden R, Nizet V. The Ontogeny of a neutrophil: mechanisms of granulopoiesis and homeostasis. *Microbiol Mol Biol Rev* 2018;82(1):e00057–e00017.

Levine DN, Andreasen CB. Neutrophil function and responses. In: Brooks MB, Harr KE, Seelig DM, et al., eds. Schalm's Veterinary Hematology. New York, NY: Willey Blackwell, 2022: 339–346.

Lucas D. Structural organization of the bone marrow and its role in hematopoiesis. *Curr Opin Hematol* 2021;28(1):36–42.

Marenzana M, Arnett TR. The key role of the blood supply to bone. *Bone Res* 2013;1(3):203–215.

Mathew J, Sankar P, Varacallo M. Physiology, blood plasma. In: StatPearls [Internet]. Treasure Island (FL): StatPearls Publishing, 2023.

Mayer P, Werner FJ, Lam C, et al. In vitro and in vivo activity of human recombinant granulocyte-macrophage colony-stimulating factor in dogs. *Exp Hematol* 1990;18(9):1026–1033.

McCourt MR, Rizzi TE. Hematology of dogs. In: Brooks MB, Harr KE, Seelig DM, et al., eds. Schalm's Veterinary Hematology. New York, NY: Willey Blackwell, 2022: 971–982.

Metcalf D. Hematopoietic cytokines. *Blood* 2008;111(2):485–491.

Messick JB. A primer for the evaluation of bone marrow. *Vet Clin North Am Small Anim Pract* 2023;53(1):241–263.

Newcomer BW, Cebra C, Chamorro MF, et al. Diseases of the hematologic, immunologic, and lymphatic systems (multisystem diseases). *Sheep, Goat, and Cervid Med* 2021: 405–438.

Nichols BA, Bainton DF, Farquhar MG. Differentiation of monocytes. Origin, nature, and fate of their azurophil granules. *J Cell Biol* 1971;50(2):498–515.

Olsen Saraiva Camara N, Lepique AP, Basso AS. Lymphocyte differentiation and effector functions. *Clin Dev Immunol* 2012;2012:510603.

Olver CS. Erythropoiesis. In: Brooks MB, Harr KE, Seelig DM, et al., eds. Schalm's Veterinary Hematology. New York, NY: Willey Blackwell, 2022: 151–157.

Olver CS. Erythrocyte structure and function. In: Brooks MB, Harr KE, Seelig DM, et al., eds. Schalm's Veterinary Hematology. New York, NY: Willey Blackwell, 2022: 158–165.

Passegué E, Jamieson CH, Ailles LE, et al. Normal and leukemic hematopoiesis: are leukemias a stem cell disorder or a reacquisition of stem cell characteristics? *Proc Natl Acad Sci U S A.* 2003;100(Suppl 1):11842–11849.

Radin MJ, Wellman ML. Granulopoiesis. In: Brooks MB, Harr KE, Seelig DM, et al., eds. Schalm's Veterinary Hematology. New York, NY: Willey Blackwell, 2022: 325–332.

Rieger MA, Schroeder T. Hematopoiesis. *Cold Spring Harb Perspect Biol* 2012;4(12):a008250.

Rodnan GP, Ebaugh FG Jr, Fox MR. The life span of the red blood cell and the red blood cell volume in the chicken, pigeon and duck as estimated by the use of Na2Cr51O4, with observations on red cell turnover rate in the mammal, bird and reptile. *Blood* 1957;12(4):355–366.

Rosales C. Neutrophil: a cell with many roles in inflammation or several cell types? *Front Physiol* 2018;9:113.

Sage PT, Carman CV. Settings and mechanisms for trans-cellular diapedesis. *Front Biosci (Landmark Ed)* 2009;14(13):5066–5083.

Sarkaria SM, Decker M, Ding L. Bone marrow micro-environment in normal and deranged hematopoiesis: opportunities for regenerative medicine and therapies. *Bioessays* 2018;40(3):10.

Sebo ZL, Rendina-Ruedy E, Ables GP, et al. Bone marrow adiposity: basic and clinical implications. *Endocr Rev* 2019;40(5):1187–1206.

Sharma R, Sharma S. Physiology, blood volume. In: StatPearls [Internet]. Treasure Island. (FL): StatPearls Publishing, 2023.

Souza CD, Weiss DJ. Monocytes, macrophages, and dendritic cell production. In: Brooks MB, Harr KE, Seelig DM, et al., eds. Schalm's Veterinary Hematology. New York, NY: Willey Blackwell, 2022: 381–394.

Stegner D, vanEeuwijk JMM, Angay O, et al. Thrombopoiesis is spatially regulated by the bone marrow vasculature. *Nat Commun* 2017;8(1):127.

Tvedten H, Moritz A. Reticulocyte and Heinz body staining and enumeration. In: Brooks MB, Harr KE, Seelig DM, et al., eds. Schalm's Veterinary Hematology. New York, NY: Willey Blackwell, 2022: 181–187.

Ushach I, Zlotnik A. Biological role of granulocyte macrophage colony-stimulating factor (GM-CSF) and macrophage colony-stimulating factor (M-CSF) on cells of the myeloid lineage. *J Leukoc Biol* 2016;100(3):481–489.

Warren AL, Yates RM. Lymphocyte ontogeny and lymphopoiesis. In: Brooks MB, Harr KE, Seelig DM, et al., eds. Schalm's Veterinary Hematology. New York, NY: Willey Blackwell, 2022: 395–401.

Wasserkrug-Naor A. Platelet kinetics and laboratory evaluation of thrombocytopenia. In: Brooks MB, Harr KE, Seelig DM, et al., eds. Schalm's Veterinary Hematology. New York, NY: Willey Blackwell, 2022: 971–1033.

Weiss DJ, Smith SA. A retrospective study of 19 cases of canine myelofibrosis. *J Vet Intern Med* 2002;16(2):174–178.

Yoder MC. Blood cell progenitors: insights into the properties of stem cells. *Anat Rec A Discov Mol Cell Evol Biol* 2004;276(1):66–74.

Young KM, Layne EA. Eosinophils and their disorders. In: Brooks MB, Harr KE, Seelig DM, et al., eds. Schalm's Veterinary Hematology. New York, NY: Willey Blackwell, 2022: 363–372.

Yu VW, Scadden DT. Hematopoietic stem cell and its bone marrow niche. *Curr Top Dev Biol* 2016;118:21–44.

Zahr AA, Salama ME, Carreau N, et al. Bone marrow fibrosis in myelofibrosis: pathogenesis, prognosis and targeted strategies. *Haematologica* 2016;101(6):660–671.

CHAPTER 07 | 심장혈관계통 *Cardiovascular system*

Bannykh S, Mironov Jr A, Bannykh G. The morphology of valves and valve-like structures in the canine and feline thoracic duct. *Anatomy and embryology.* 1995;192(3):265–74.

Boyett MR, Honjo H, Kodama I. The sinoatrial node, a heterogeneous pacemaker structure. *Cardiovascular research.* 2000;47(4):658–87.

Caporali A, Martello A, Miscianinov V, Maselli D, Vono R, Spinetti G. Contribution of pericyte paracrine regulation of the endothelium to angiogenesis. *Pharmacology & therapeutics.* 2017;171:56–64.

Castenholz A. Structure of initial and collecting lymphatic vessels. In *Lymph stasis: pathophysiology, diagnosis and treatment* 2019 Jun 4 (pp. 15–42). *CRC Press.*

Gonzalez C, Almaraz L, Obeso A, Rigual R. Carotid body chemoreceptors: from natural stimuli to sensory discharges. *Physiological reviews.* 1994;74(4):829–98.

Iturriaga R, Alcayaga J, Chapleau MW, Somers VK. Carotid body chemoreceptors: physiology, pathology, and implications for health and disease. *Physiological reviews.* 2021;101(3):1177–235.

Mehta D, Malik AB. Signaling mechanisms regulating endothelial permeability. *Physiological reviews.* 2006;86(1): 279–367.

Minami T, Muramatsu M, Kume T. Organ/tissue-specific vascular endothelial cell heterogeneity in health and disease. *Biological and Pharmaceutical Bulletin.* 2019;42(10):1609–19.

Noorman M, van der Heyden MA, van Veen TA, Cox MG, Hauer RN, de Bakker JM, van Rijen HV. Cardiac cell–cell junctions in health and disease: electrical versus mechanical coupling. *Journal of molecular and cellular cardiology.* 2009;47(1): 23–31.

Patan S. Vasculogenesis and angiogenesis as mechanisms of vascular network formation, growth and remodeling. *Review. J Neurooncol.* 2000;50:1–15.

Racker DK, Kadish AH. Proximal atrioventricular bundle, atrioventricular node, and distal atrioventricular bundle are distinct anatomic structures with unique histological characteristics and innervation. *Circulation.* 2000;101(9): 1049–59.

Salguero Bodes FJ, Pallares Martinez FJ. *Aughey and Frye's Comparative Veterinary Histology with Clinical Correlates*. 2nd ed. Boca Raton: CRC Press, 2023.

Simionescu M, Simionescu N, editors. Endothelial cell biology in health and disease. *Springer Science & Business Media*; 2013 Nov 11.

Stone EA, Stewart GJ. Architecture and structure of canine veins with special reference to confluences. *Anat Rec.* 1988;222:154–163.

Thaemert JC. Atrioventricular node innervation in ultrastructural three dimensions. *Am J Anat.* 1970;128: 239–263.

Tse D, Stan RV. Morphological heterogeneity of endothelium. In *Seminars in thrombosis and hemostasis* 2010 Apr (Vol. 36, No. 03, pp. 236–245). *Thieme Medical Publishers.*

Vanhoutte PM, Shimokawa H, Tang EH, Feletou M. Endothelial dysfunction and vascular disease. *Acta physiologica.* 2009;196(2):193–222.

Verna A. Ultrastructure of the carotid body in mammals. *Int Rev Cytol.* 1979;60:271–330.

Wiedeman MP. An introduction to microcirculation. *Elsevier*; 2012 Dec 2.

CHAPTER 08 면역계통 *Immune System*

Abramson J, Anderson G. Thymic epithelial cells. *Annu Rev Immunol* 2017;35:85–118.

Alexandre YO, Mueller SN. Splenic stromal niches in homeostasis and immunity. *Nat Rev Immunol* 2023;23:705–719.

Brandtzaeg P, Kiyono H, Pabst R, et al. Terminology: nomenclature of mucosa-associated lymphoid tissue. *Mucosal Immunol* 2008;1:31–37.

den Hann JMM, Kraal G. Innate immune functions of macrophage subpopulations in the spleen. *J Innate Immun* 2012;4:437–445.

Fletcher AL, Acton SE, Knoblich K. Lymph node fibroblastic reticular cells in health and disease. *Nat Rev Immunol* 2015;15:350–361. doi: 10.1038/nri3846.

Heesters BA, Myers RC, Carroll MC. Follicular dendritic cells: dynamic antigen libraries. *Nat Rev Immunol* 2014;14:495–504. doi: 10.1038/nri3689.

Huang JY, Lyons-Cohen MR, Gerner MY. Information flow in the spatiotemporal organization of immune responses. *Immunol Rev* 2022;306:93–107.

Jalkanen S, Salmi M. Lymphatic endothelial cells of the lymph node. *Nat Rev Immunol* 2020:20. doi: 10.1038/s41577-020-0281-x.

Kondo K, Ohigashi I, Takahama Y. Thymus machinery for T-cell selection. *Int Immunol* 2018;31:119–125.

Lanning D, Zhu X, Zhai S-K, et al. Development of the antibody repertoire in rabbit: gut-associated lymphoid tissue, microbes, and selection. *Immunol Rev* 2000;175:214–228.

Liebler-Tenorio EM, Pabst R. MALT structure and function in farm animals. *Vet Res* 2006;37:257–280.

Nagy N, Oláh I, Vervelde L. Structure of the avian lymphoid system. In: Kaspers B, Schat KA, Göbel TW, et al., eds. Avian Immunology. 3rd Ed. London, UK: Academic Press, 2021: 11–44.

Qi H, Kastenmüller W, Germain RN. Spatiotemporal basis of innate and adaptive immunity in secondary lymphoid tissue. *Annu Rev Cell Dev Biol* 2014;30:141–167.

Roozendaal R, Mebius RE, Kraal G. The conduit system of the lymph node. *Int Immunol* 2008;20:1483–1487.

Thapa P, Farber DL. The role of the thymus in the immune response. *Thorasic Surg Clin* 2019;29:123–131.

Tizard IR. Veterinary Immunology. 10th Ed. St. Louis, MO: Elsevier, 2018.

Watanabe N, Wang YH, Lee HK, et al. Hassall's corpuscles instruct dendritic cells to induce CD4+CD25+ regulatory T cells in human thymus. *Nature* 2005;436:1181–1185.

Weill J-C, Weller S, Reynaud C-A. B cell diversification in gut-associated lymphoid tissues: from birds to humans. *J Exp Med* 2023;220:e20231501. doi: 10.1084/jem.20231501.

Zidan M, Pabst R. Histology of hemal nodes of the water buffalo (*Bos bubalus*). *Cell Tissue Res* 2010;340:491–496.

CHAPTER 09 호흡계통 *Respiratory System*

Adams DR, Hotchkiss DK. The canine nasal mucosa. Zentralbl Veterinärmed C Anat Histol Embryol 1983;12:109.

Bodes FJS, Martínez FPM. Respiratory System. In: Aughey and Frye's Comparative Veterinary Histology with Clinical Correlates, 2nd Ed., CRC Press, 2023: 69.

Farrington JE, Sannes PL. Basement membranes and the extracellular matrix. In: Parent RA, ed. Comparative Biology of the Normal Lung. San Diego: Elsevier, Inc, 2015: 119.

Harkema JR. Comparative anatomy and epithelial cell biology of the nose. In: Parent RA, ed. Comparative Biology of the Normal Lung. San Diego: Elsevier, Inc, 2015: 7.

Lascola KM. Overview of respiratory diseases of horses. In: The Merck Veterinary Manual, 2023. Retrieved [May 5, 2024].

Mercer RR, Crapo JD. Architecture of the gas exchange region of the lungs. In: Parent RA, ed. Comparative Biology of the Normal Lung. San Diego: Elsevier, Inc, 2015: 93.

Peake JL, Pinkerton KE. Gross and subgross anatomy of lungs, connective tissue septa, distal airways and structural units. In: Parent RA, ed. Comparative Biology of the Normal Lung. San Diego: Elsevier, Inc, 2015: 21.

Pinkerton KE, Gehr P. Architecture and cellular composition of the air-blood tissue barrier. In: Parent RA, ed. Comparative Biology of the Normal Lung. San Diego: Elsevier, Inc, 2015: 105.

Pinkerton KE, Van Winkle LS, Plopper CG, et al. Architecture of the tracheobronchial tree. In: Parent RA, ed. Comparative Biology of the Normal Lung. San Diego: Elsevier, Inc, 2015: 33.

Plopper CG, Hyde DM. Epithelial cells of the bronchiole. In: Parent RA, ed. Comparative Biology of the Normal Lung. San Diego: Elsevier, Inc, 2015: 83.

Reynolds SD, Pinkerton KE, Mariassy AT. Epithelial cells of trachea and bronchi. In: Parent RA, ed. Comparative Biology of the Normal Lung. San Diego: Elsevier, Inc, 2015: 61.

Salguero Bodes FJ, Pallares Martinez FJ. Aughey and Frye's Comparative Veterinary Histology with Clinical Correlates. 2nd ed. Boca Raton: CRC Press, 2023.

St George JA. Secretory glycoproteins of the trachea and bronchi. In: Parent RA, ed. Comparative Biology of the Normal Lung. San Diego: Elsevier, Inc, 2015: 53.

Tyler WS, Gillespie JR, Nowell JA. Modern functional morphology of the equine lung. *Equine Vet* J 1971;3:84.

CHAPTER 10 소화계통 *Digestive System*

Adam WS, Calhoun ML, Smith EM, et al. Microscopic Anatomy of the Dog: A Photographic Atlas. Springfield, IL: Charles C. Thomas, 1970: 102.

Boshell JL, Wilborn WH. Histology and ultrastructure of the pig parotid gland. *Am J Anat* 1978;152:447–465.

Chu RM, Glock RD, Ross RF. Gut-associated lymphoid tissue of young swine with emphasis on some epithelium of aggregated lymph nodules (Peyer's patches) of the small intestine. *Am J Vet Res* 1979;40:1720.

Costa M, Brookes SJ, Hennig GW. Anatomy and physiology of the enteric nervous system. *Gut* 2000;47(Suppl 4) :15–19; discussion iv26. doi: 10.1136/gut.47.suppl_4.iv15.iv

Dyce KM, Sack WO, Wensing CJG. Textbook of Veterinary Anatomy. 5th Ed. Philadelphia: WB Saunders Company, 2017.

Gemmell RT, Heath T. Fine structure of sinusoids and portal capillaries in the liver of adult sheep and the newborn lamb. *Anat Rec* 1972;172:57–70.

Herdt T. Regulation of gastrointestinal function. In: Cunningham JG, ed. Textbook of Veterinary Physiology. 6th Ed. Philadelphia: Elsevier, 2019.

Hyttel P, Sinowatz F, Vejlsted M, et al. Essentials of Domestic Animal Embryology. 1st Ed. Edinburgh: Elsevier, 2009.

International Committee on Veterinary Gross Anatomical Nomenclature. Nomina Anatomica Veterinaria. 6th Ed. Ithaca, NY: International Committee on Veterinary Gross Anatomical Nomenclature, 2017.

International Committee on Veterinary Histological Nomenclature. Nomina Histologica. 3rd Ed. revised Ed. Ithaca, NY: International Committee on Veterinary Histological Nomenclature, 2017.

Kadhim KK, Zuki ABZ, Noordin MM, et al. Histomorphology of the stomach, proventriculus and ventriculus of the red jungle fowl. *Anat Histol Embryol* 2011;40:226–233. doi: 10.1111/j.1439-0264.2010.01058.x.

Kmieć Z, Kmieć Z. Introduction—Morphology of the liver lobule. *Cooperation of liver cells in health and disease.* 2001:1–6.

Krstić RV. Ultrastructure of the Mammalian Cell. New York: Springer-Verlag, 1979.

Krstić RV. General Histology of the Mammal. New York: Springer-Verlag, 1985.

Nara T, Yasui T, Fujimori O, et al. Histochemical properties of sialic acids and antimicrobial substances in canine anal glands. *Eur J Histochem* 2011;55(3):e29. doi: 10.4081/ejh.2011.e29.

Salguero Bodes FJ, Pallares Martinez FJ. Aughey and Frye's Comparative Veterinary Histology with Clinical Correlates. 2nd ed. Boca Raton: CRC Press, 2023.

Titkemeyer CW, Calhoun ML. A comparative study of the structure of the small intestines of domestic animals. *Am J Vet Res* 1955;16:152–157.

Zahariev P, Sapundzhiev E, Pupaki D, et al. Morphological characteristics of the canine and feline stomach mucosa. *Anat Histol Embryol* 2010;39(5):464–471.

CHAPTER 11 | 비뇨계통 *Urinary System*

Khan ANM, Hard GC, Alden CL. Kidney. In: Haschek WM, Rousseaux CG, Wallig MA, eds. Haschek and Rousseaux's Handbook of Toxicologic Pathology. 3rd Ed. Academic Press, 2013: 1667–1773.

Kriz W, Kaissling B. Structural organization of the mammalian kidney. In: Alpern RJ, Moe OW, Caplan M, eds. Seldin and Giebisch's the Kidney. 5th Ed. Academic Press, 2013: 595–691.

Madsen KM, Verlander JW. Renal structure in relation to function. In: Wilcox CS, Tisher CC, eds. Handbook of Nephrology and Hypertension. 6th Ed. Lippincott Williams and Wilkins, 2008.

Pollak MR, Quaggin SE, Hoenig MP, et al. The glomerulus: the sphere of influence. *Clin J Am Soc Nephrol* 2014;9(8):1461–1469.

Reddi AS, Kuppasani K. Kidney function in health and disease. In: Byham-Gray LD, Chertow GM, Burrowes JD, eds. Nutrition in Kidney Disease. Nutrition and Health. Humana Press, 2008: 3–15.

Salguero Bodes FJ, Pallares Martinez FJ. Urinary System. In: Bodes FJS, Martinez FJP, eds. Aughey and Frye's Comparative Veterinary Histology with Clinical Correlates. CRC Press, 2023: 1–10.

Sands JM, Verlander JW. Functional anatomy of the kidney. In: McQueen CA, ed. Comprehensive Toxicology. 2nd Ed. Elsevier, 2010: 1–22.

Singh B ed. Dyce, Sack, and Wensing's Textbook of Veterinary Anatomy. 5th Ed. Saunders Ltd., 2017.

Verlander JW. Normal ultrastructure of the kidney and lower urinary tract. *Toxicol Pathol* 1998;26(1):1–17.

Verlander JW. Physiology of the kidney. In: Cunningham JG, ed. Textbook of Veterinary Physiology. 3rd Ed. Philadelphia: WB Saunders, 2002.

Verlander JW, Clapp WL. Anatomy of the kidney. In: ASL Y, Chertow GM, Luyckx V, et al., eds. Brenner and Rector's The Kidney. 11th Ed. Vol. 2. Philadelphia: Saunders Elsevier, 2020: 38–79.e12.

CHAPTER 12 | 내분비계통 *Endocrine System*

Andreoli TE, Reeves WB, Bichet DG. Endocrine control of water balance. In: Goodman HM, ed. Handbook of Physiology. Vol. 3. New York: Oxford University Press, 2000.

Bringhurst FR, Demay MB, Kronenberg HM. Hormones and disorders of mineral metabolism. In: Kronenberg HM, Melmed S, Polonsky KS, et al., eds. Williams Textbook of Endocrinology. 11th Ed. Philadelphia: Saunders, 2008.

Chester-Jones I, Ingleton PM, Phillips JG. Fundamentals of Comparative Vertebrate Endocrinology. New York: Plenum Press, 1987.

Cone RD. Neuroendocrinology. In: Larsen PR, Kronenberg HM, Melmed S, et al., eds. Williams Textbook of Endocrinology. 10th Ed. Philadelphia: Saunders, 2002.

Constanti A, Bartke A, Khardori R. Basic Endocrinology for Students of Pharmacy and Allied Health Sciences. Amsterdam: Harwood Academic Publishers, 1998.

De Bold AJ, Bruneau BG. Natrurietic peptides. In: Goodman HM, ed. Handbook of Physiology. Vol. 3. New York: Oxford University Press, 2000.

Denef C. Autocrine/paracrine intermediates in hormone action and modulation of cellular responses to hormones. In: Goodman HM, ed. Handbook of Physiology. Vol. 1. New York: Oxford University Press, 1998.

Ganguly A. Aldosterone. In: Goodman HM, ed. Handbook of Physiology. Vol. 3. New York: Oxford University Press, 2000.

Halász B. The hypothalamus as an endocrine organ. In: Conn PM, Freeman ME, eds. Neuroendocrinology in Physiology and Medicine. Totowa, NJ: Humana Press, 2000.

Harno E, Ramamoorthy TG, Coll AP, et al. POMC: the physiological power of hormone processing. *Physiol Rev* 2018;98:2381–2430.

Hullinger RL. The endocrine system. In: Evans HE, ed. Miller's Anatomy of the Dog. 3rd Ed. Philadelphia: W. B. Saunders, 1993.

Kaplan NM. The adrenal glands. In: Griffin JE, Ojeda SR, eds. Textbook of Endocrine Physiology. 4th Ed. New York: Oxford University Press, 2000.

Lavine JE. The hypothalamus as a major integrating center. In: Conn PM, Freeman ME, eds. Neuroendocrinology in Physiology and Medicine. Totowa, NJ: Humana Press, 2000.

Lightman SL, Birnie MT, Conway-Campbell BL. Dynamics of ACTH and cortisol secretion and implications for disease. *Endocr Rev* 2020;41(3):bnaa002 https://doi.org/10.1210/endrev/bnaa002.

Low MJ. Neuroendocrinology. In: Kronenberg HM, Melmed S, Polonsky KS, et al., eds. Williams Textbook of Endocrinology. 11th Ed. Philadelphia: Saunders, 2008.

Melmed S, Kleinberg D. Anterior pituitary. In: Kronenberg HM, Melmed S, Polonsky KS, et al., eds. Williams Textbook of Endocrinology. 11th Ed. Philadelphia: Saunders, 2008.

Mendelson CR. Mechanisms of hormone action. In: Griffin JE, Ojeda SR, eds. Textbook of Endocrine Physiology. 4th Ed. New York: Oxford University Press, 2000.

Nilsson M, Fagman H. Development of the thyroid gland. *Development* 2017;144:2123–2140.

Robinson AG, Verbalis JG. Posterior pituitary gland. In: Kronenberg HM, Melmed S, Polonsky KS, et al., eds. Williams Textbook of Endocrinology. 11th Ed. Philadelphia: Saunders, 2008.

Salguero Bodes FJ, Pallares Martinez FJ. Aughey and Frye's Comparative Veterinary Histology with Clinical Correlates. 2nd ed. Boca Raton: CRC Press, 2023.

Sehgal A. Molecular Biology of Circadian Rhythms. Hoboken, NJ: John Wiley & Sons, Inc., 2004.

Szczepanska-Sadowska E, Wsol A, Cudnoch-Jedrzejewska A, et al. Complementary role of oxytocin and vasopressin in cardiovascular regulation. *Int J Mol Sci* 2021;22:11465.

Tucker HA. Neuroendocrine regulation of lactation and milk ejection. In: Conn PM, Freeman ME, eds. Neuroendocrinology in Physiology and Medicine. Totowa, NJ: Humana Press, 2000.

Willis TL, Lodge EJ, Andoniadou CL, et al. Cellular interactions in the pituitary stem cell niche. *Cell Mol Life Sci* 2022;79:612.

Zeidel ML. Physiologic responses to natriuretic hormones. In: Goodman HM, ed. Handbook of Physiology. Vol. 3. New York: Oxford University Press, 2000.

CHAPTER 13 수컷생식계통 *Male Reproductive System*

Aumüller G. Prostate gland and seminal vesicles. In: Handbuch der mikroskopischen Anatomie des Menschen. Vol. 7. Berlin: Springer-Verlag, 1979 (6).

Barrachina F, Battistone MA, Castillo J, et al. Sperm acquire epididymis-derived proteins through epididymosomes. *Hum Reprod* 2022;37(4):651–668.

Cole HH, Cupps PT. Reproduction in Domestic Animals. 3rd Ed. New York: Academic Press, 1977.

Domke LM. The cell-cell junctions of the mammalian testes – a summary. *Cell Tissue Res* 2020;379:73–74.

Fawcett DW, Bedford JM eds. The Spermatozoon. Maturation, Motility, Surface Properties and Comparative Aspects. Baltimore: Urban and Schwarzenberg, 1979.

Guraya SS. Biology of Spermatogenesis and Spermatozoa in Mammals. New York: Springer-Verlag, 1987.

Knobil E, Neill JD eds. The Physiology of Reproduction. 4th ed. New York: Raven Press, 2014.

Russell LD, Griswold MD eds. The Sertoli Cell. Clearwater, FL: Cache River Press, 1993.

Setchell BP. The Mammalian Testis. London: Paul Elek, 1978.

Steinberger A, Steinberger E. Testicular Development, Structure and Function. New York: Raven Press, 1980.

Van Blerkom J, Motta P eds. Ultrastructure of Reproduction. Boston: M. Nijhoff, 1984.

CHAPTER 14 암컷생식계통
Female Reproductive System

Baird DT. The ovary. In: Austin CR, Short RV, editors. *Reproduction in Mammals*. 2nd edition. Vol. 3. Cambridge: Cambridge University Press; 1984. p. 91.

Berisha B, Thaqi G, Sinowatz F, et al. Prostaglandins as local regulators of ovarian physiology in ruminants. *Anatomia, Histologia, Embryologia* 2024;53(1):e12980.

Goodman RL, Karsch FJ. The hypothalamic pulse generator: a key determinant of reproductive cycles in sheep. In: Follett BK, Follett DE, editors. *Biological Clocks and Seasonal Reproductive Cycles*. Colston Papers No. 32. Bristol: John Wright; 1981. p. 223.

Hyttel P. Electron microscopy of mammalian oocyte development, maturation and fertilization. In: Tosti E, Boni R, editors. *Oocyte Maturation and Fertilization: A Long History for a Short Event*. Sharjah, United Arab Emirates (UAE): Bentham Science Publisher; 2011. p. 1–37.

Knobil E, Neill JD. *The Physiology of Reproduction*. 4th edition. New York: Raven Press; 2015.

Liggins GC. The fetus and birth. In: Austin CR, Short RV, editors. *Reproduction in Mammals*. 2nd edition. Vol. 2. Cambridge: Cambridge University Press; 1983. p. 114.

McDonald LE. *Veterinary Endocrinology and Reproduction*. 5th edition. Wiley-Blackwell; 2002.

Mehlmann LM. Stops and starts in mammalian oocytes: recent advances in understanding the regulation of meiotic arrest and oocyte maturation. *Reproduction* 2005;130(6):791–799.

Miyamoto A, Shirasuna K. Luteolysis in the cow: a novel concept of vasoactive molecules. *Animal Reproduction (AR)* 2018;6(1): 47–59.

Moore RM, Seamark RF. Cell signaling, permeability and microvascularity changes during antral follicle development in mammals. *J Dairy Sci* 1986;69:927.

Rekawiecki R, Kowalik MK, Slonina D, et al. Regulation of progesterone synthesis and action in bovine corpus luteum. *J Physiol Pharmacol* 2008;59(suppl 9):75–89.

Rodgers RJ, Irving-Rodgers HF. Morphological classification of bovine ovarian follicles. *Reproduction* 2010;139(2):309.

Windsor P. Abnormalities of development and pregnancy. In: Noakes DE, Parkinson TJ, GCW E, editors. *Veterinary Reproduction and Obstetrics*. 10th edition. Amsterdam: Elsevier Health Sciences; 2018. p. 168–194.

CHAPTER 15 태반형성
Placentation

Cornelis G, Heidmann O, Degrelle SA, et al. Captured retroviral envelope syncytin gene associated with the unique placental structure of higher ruminants. *Proc Natl Acad Sci USA* 2013;110:E828–E837.

Furukawa S, Kuroda Y, Sugiyama A. A comparison of the histological structure of the placenta in experimental animals. *J Toxicol Pathol* 2014;27:11–18.

Johnson GA, Bazer FW, Seo H. The early stages of implantation and placentation in the pig. *Adv Anat Embryol Cell Biol* 2021; 234:61–89.

Kowalewski MP, Kazemian A, Klisch K, et al. Canine endotheliochorial placenta: morpho-functional aspects. *Adv Anat Embryol Cell Biol* 2021;234:155–179.

Pearson JM, Smith MC, Schlafer DH. Gross and histological description of the epidermal membrane found on normal neonatal piglets. *Lab Anim (NY)* 2015;44:445–447.

Père MC. Materno-foetal exchanges and utilisation of nutrients by the foetus: comparison between species. *Reprod Nutr Dev* 2023;43:1–15.

Wooding FBP. Current topic: the synepitheliochorial placenta of ruminants: binucleate cell fusions and hormone production. *Placenta* 1992;13:101–113.

Wooding FBP, Burton G. Comparative Placentation: Structures, Functions and Evolution. Springer, 2008.

CHAPTER 16 외피
Integument

Adam WS, Calhoun ML, Smith EM, et al. Microscopic anatomy of the dog: A Photographic Atlas.

Anderson RR. Mammary gland. In: Larson BL, ed. Lactation. Ames, IA: Iowa State University Press, 1985: 3.

Briggaman RA. Epidermal–dermal junction: structure, composition, function and disease relationships. In: Moshnell AN, ed. Dermatology, Part II. Evanston, IL: Dermatology Foundation, 1990: 1.

Budras KD, Hullinger RL, Sack WO. Light and electron microscopy of keratinization in the laminar epidermis of the equine hoof with reference to laminitis. *Am J Vet Res* 1989;50:1150.

Cameron R. Integumentary system: skin, hoof and claw. *Diseases of swine*. 2012:256–7.

Elias PE. Epidermal lipids, barrier function, and desquamation. *J Invest Dermatol* 1983;80:44s.

Greer MB, Calhoun ML. The anal sacs of the domestic cat- *Felis domesticus*. *Am J Vet Res* 1966;27:773.

Hodges RD. The integumentary system. In: The Histology of the Fowl. New York: Academic Press, 1974: 1.

Jenkinson DM, Elder HY, Bovell DL. Equine sweating and anhidrosis Part 1–equine sweating. *Veterinary Dermatology*. 2006;**17**(6):361–92.

Lavker RM, Sunt TT. Heterogeneity in basal keratinocytes: morphological and functional correlations. *Science* 1982;215:1239.

Lucas AM, Stettenhein PR. Avian Anatomy. Integument. Agricultural Handbook 362, Part II. Washington, DC: U.S. Department of Agriculture, 1972.

Marcarian HQ, Calhoun ML. The microscopic anatomy of the integument of the adult swine. *Am J Vet Res* 1966;27:765.

Menton DN. A liquid film model of tetrakaidecahedral packing to account for the establishment of epidermal cell columns. *J Invest Dermatol* 1976;66:283.

Monteiro-Rivere NA, Stromberg MW. Ultrastructure of the integument of the domestic pig (*Sus scrofa*) from one through fourteen weeks of age. *Anat Histol Embryol* 1985;14:97.

Monteiro-Riviere NA. Ultrastructural evaluation of the porcine integument. In: Tumbleson ME, ed. Swine in Biomedical Research. Vol. 1. New York: Plenum Press, 1986: 641.

Monteiro-Riviere NA. Comparative anatomy, physiology, and biochemistry of mammalian skin. In: Hobson DW, ed. Dermal and Ocular Toxicology: Fundamentals and Methods. Vol. 1. Boca Raton, FL: CRC Press, 1991: 3.

Monteiro-Riviere NA. Integument. In: Pond WG, Mersmann HJ, eds. Biology of the Pig. Vol. 14. Ithaca, NY: Cornell University Press, 2001: 653.

Monteiro-Riviere NA, Inman AO. Indirect immunohistochemistry and immunoelectron microscopy distribution of eight epidermal–dermal junction epitopes in the pig and in isolated perfused skin treated with bis (2-chloroethyl) sulfide. *Toxicol Pathol* 1995;23:313.

Monteiro-Riviere NA, Bristol DG, Manning TO, et al. Interspecies and interregional analysis of the comparative histologic thickness and laser Doppler blood flow measurements at five cutaneous sites in nine species. *J Invest Dermatol* 1990;95:582.

Monteiro-Riviere NA, Inman AO, Mak V, et al. Effect of selective lipid extraction from different body regions on epidermal barrier function. *Pharm Res* 2001;18:992.

Romani N, Brunner PM, Stingl G. Changing views of the role of the Langerhans cells. *J Invest Dermatol* 2012;132:872.

Smith JL, Calhoun ML. The microscopic anatomy of the integument of the newborn swine. *Am J Vet Res* 1964;24:165.

Stettenheim PR. The integumentary morphology of modern birds—an overview. *American Zoologist*. 2000;**40**(4):461–77.

Stromberg MW, Hwang YC, Monteiro-Riviere NA. Interfollicular smooth muscle in the skin of the domesticated pig (*Sus scrofa*). *Anat Rec* 1981;201:455.

Stump JE. Anatomy of the normal equine foot, including microscopic features of the laminar region. *J Am Vet Med Assoc* 1967;151:1588.

Talukdar AH, Calhoun ML, Stinson AW. Sweat glands of the horse: a histologic study. *Am J Vet Res* 1970;31:2179.

Webb AJ, Calhoun ML. The microscopic anatomy of the skin of mongrel dogs. *Am J Vet Res* 1954;15:274.

Wolff-Schreiner EC. Ultrastructural cytochemistry of the epidermis. *Int J Dermatol* 1977;16:77.

CHAPTER 17 | 감각기관 *Sensory Organs*

Couloigner V, Teixeira M, Sterkers O, et al. The endolymphatic sac: its roles in the inner ear. *Med Sei (Paris)* 2004;20(3):304.

Dubielzig RR. Veterinary Ocular Pathology, a Comparative Review. Philadelphia, PA: Elsevier, 2010.

Flock Å. The ear. In: Weiss L, ed. Cell and Tissue Biology. A Textbook of Histology. 6th Ed. Baltimore: Urban & Schwarzenberg, Inc., 1988.

Forrester JV, Dick AD, McMenamin PG, et al. The Eye, Basic Sciences in Practice. 5th Ed. Philadelphia, PA: Elsevier, 2021.

Friedmann I, Ballantyne J. Ultrastructural Atlas of the Inner Ear. London: Butterworths & Co., 1984.

Kumar A, Roman-Auerhahn MR. Anatomy of canine and feline ear. In: Gotthelf LN, ed. Small Animal Ear Diseases: An Illustrated Guide. 2nd Ed. Philadelphia, PA: Elsevier, 2005.

Levin LA, Nilsson SFE, Ver Hoeve J, et al. Adler's Physiology of the Eye. 11th Ed. Philadelphia, PA: Elsevier-Saunders, 2011.

Lindeman HH. Anatomy of the otolith organs. *Adv Otorhinolaryngol*. 1973;20:405–33. doi: 10.1159/000393113. PMID: 4267996.

Meekins JM, Rankin AJ, Samuelson DA. Ophthalmic anatomy. In: Gelatt KN, ed. Veterinary Ophthalmology. 6th Ed. Hoboken, NJ: Wiley-Blackwell, 2021.

Njaa BL, Sula MJ. Collection and preparation of dog and cat ears for histologic examination. *Vet Clin North Am Small Anim Pract* 2012;42(6):1127–1135.

Osborne MP, Comis SD, Pickles JO. Morphology and cross linkage of stereo-cilia in the guinea-pig labyrinth examined without the use of osmium as a fixative. *Cell Tissue Res* 1984;237:43.

Raphael Y, Altschuler RA. Structure and innervation of the cochlea. *Brain Res Bull* 2003;60:397.

Schuknecht HF. Anatomy. In: Schuknecht HF, ed. Pathology of the Ear. 3rd Ed. Philadelphia, PA: Elsevier, 2010.

Singh B. Special senses. In: Dyce KM, Sack WO, CJG W, eds. Dyce, Sack, and Wensing's Textbook of Veterinary Anatomy. 5th Ed. Philadelphia, PA: Elsevier, 2018.

Weiss, Leon. Cell and Tissue Biology: A Textbook of Histology. 6th ed. Baltimore: Urban & Schwarzenberg, 1988. Print.

Yanoff M, Sassani JW. Ocular Histology, a Text and Atlas. 9th Ed. Philadelphia, PA: Elsevier, 2024.

찾아보기

Index

한글 찾아보기

ㄱ

ㄷ

ㄹ

ㅅ

ㅇ

ㅊ

ㅋ

ㅌ

영어 찾아보기

A

B

C

D

E

F

G

H

I

J

K

L

M

N

O

P

R

S

T

U

V

W

Y

Z

기타

| 옮긴이 | 한국수의조직학교수협의회

고필옥 경상국립대학교 수의과대학
김대중 충북대학교 수의과대학
문창종 전남대학교 수의과대학
박상준 경북대학교 수의과대학
오승현 서울대학교 수의과대학
윤병일 강원대학교 수의과대학
이순신 건국대학교 수의과대학
정주영 충남대학교 수의과대학
지영흔 제주대학교 수의과대학
태현진 전북대학교 수의과대학
(이상 가나다순)

| 감 수 | 윤여성 서울대학교 수의과대학 명예교수
장병준 건국대학교 수의과대학 명예교수

수의조직학 7판

Dellmann's **Textbook of Veterinary Histology**

7판 : 2026년 2월 26일

지 은 이 : Marxa L. Figueiredo and John J. Turek
옮 긴 이 : 한국수의조직학교수협의회
펴 낸 이 : 유성권
편 집 장 : 이재선
기　　획 : 신선희
마 케 팅 : 김호철, 최성규, 김진형, 정명한, 김모란, 한태수,
노예련, 임예설, 김지현, 박수경, 윤정아
판　　형 : 215 × 275 mm

발 행 처 : **범문에듀케이션**
서울시 양천구 목동서로 211 범문빌딩 (우: 07995)
전　　화 : (02)2654-5131　　팩　　스 : (02)2652-1500
웹사이트 : www.medicalplus.co.kr

등　록 : 제 2011-000001호
ISBN : 979-11-5943-543-0 (93520)

편집 · 디자인 : (주)우일미디어디지텍

* 옮긴이와 합의 하에 인지를 생략함.
* 잘못된 책은 교환하여 드립니다.